■ 中华人民共和国林业部组织编写

广西森林

■ 《广西森林》编辑委员会 编著

■ 中国林业出版社

图书在版编目(CIP)数据

广西森林/《广西森林》编辑委员会编著．—北京：中国林业出版社，2001.8
ISBN 7-5038-2789-0

Ⅰ．广…　Ⅱ．广…　Ⅲ．森林-概况-广西　Ⅳ．S717.267

中国版本图书馆 CIP 数据核字(2001)第 26059 号

出版　中国林业出版社(100009　北京西城区刘海胡同 7 号)
E-mail　cfphz@public.bta.net.cn　电话　66184477
发行　新华书店北京发行所
印刷　中国科学院印刷厂
版次　2001 年 9 月第 1 版
印次　2001 年 9 月第 1 次
开本　787mm×960mm　1/16
印张　39.125
彩插　10 面
字数　879 千字
印数　1～1000 册
定价　100.00 元

《广西森林》编写领导小组

《广西森林》编辑委员会

序

森林是陆地上最大的生物生产基地。它构成独立的生态系统，并为陆地创造了良好的环境条件。几百万年以来，在劳动创造人的漫长岁月中，一直是由森林及其整个生态系统向人类供应着基本的生活条件；作为栖息场所和取得各种生产与生活资料的基地。因此，可以说，人类正是依靠森林生态系统的供养与庇护才得以生存和繁衍的，是森林哺育了人类。

当然，森林对人类的有益作用决不止于人类的原始阶段。在人类社会形成以后，在不同的历史时期，随着社会实践的发展和人类认识的提高，森林由于其生产效益而成为社会的重要财富，从而也成为统治阶级的掠夺对象。到了近代，随着科学的昌明发达，人类对森林的认识逐步提高。特别是近几十年来，由于现代科学的飞跃发展，人们已经认识到，森林不仅是提供木材和林产品的基地，森林本身也不再被看做郁郁丛莽，而是以乔木为主体，并包括下面的灌木、草被、草木枯落物，林中的土壤、水面、动物、各种微生物等等所构成的生态系统，是维持陆地良好生态环境的关键因素之一。随着风、沙、旱、涝、霜、雹、水土流失等自然灾害的频繁出现和自然环境沙漠化威胁的加重以及由于近代工农业生产发展所引起的大气与水质污染的加剧，保护环境，扩大森林面积，保护和经营、利用好森林，已成为公众的迫切要求，森林与生态平衡问题成了街谈巷议的重要内容，各方有识之士把森林的不断减少视为危及人类生存的重大威胁，科学集会，议会讲坛，公众舆论，到处都有保护森林、发展林业的迫切呼声。发达的林业，已被视为国家富足，民族繁荣和社会文明的一个重要标志。因此，世界各国，尤其是经济发达国家都把保证较高的森林覆盖率和充足的森林蓄积量列为发展国民经济的重要战略措施。适应这样的客观要求，研究森林的工作日益引起各国政府和国际有关组织的重视。例如现有森林的分布状况，不同区域及不同类型森林的起源与演替过程，它们与环境的相互作用，它们的内部结构及其作为生物生产基地的潜力，妨碍它们更好地发挥作用的因素，以及合理的经营措施等等，成为林学家、生态学家和立足于不同学科的环境保护科学工作者的重要研究课题。

但是，由于各国国情不同，或者国力不足，无力进行全面系统的研究；或者国土不够广阔而自然条件单纯；尤其在资本主义制度下，投资者利益与社会利益不尽一致，或者由于研究者在学术观点上的差别，等等，对森林进行的上述研究缺乏统一的纲领和统一的计划，不能在行动上协调一致，以至迄今为止，还没有看到哪个国家出版一本全面系统的反映森林志与森林学的专著。

至于我国，在 1949 年以前，由于林业不受重视，对森林调查工作和森林学的研究都很不够。中华人民共和国建立以后，林业虽然成为国民经济的重要部门，对森林学的研究也开始进行。但在 50 年代中期以前，限于当时的科学水平。50 年代末至 70 年代末，又由于“左”的影响，大量的森林调查与科研成果搁置不用。这种状况必然导致在指导林业建设中的盲目性，从而不断地造成各种失误。党的十一届三中全会以后，随着“四化”任务的提出，林业现代化问题已提上了日程。全面研究我国森林，建立完整的森林志与森林学体系，已成为我国林业科技事业的当务之急。正因为适应客观的需要，所以，关于组织我国各省、自治区、直辖市林业科技人员利用已有资料编写一套兼具中国森林志与森林学内容的书籍的设想，在 1979 年提出后，获得了各方面的支持。首先是在 1979 年 2 月召开的全国林业调查规划座谈会上得到各省、自治区、直辖市林业调查规划单位的积极响应。同年 4 月，得到林业部有关司、局及一些在京林业科技单位的支持。5 月份在林业部主要负责同志关怀下，成立了由一位副部长主持和有关司、局、直属单位负责人参加的编写工作领导小组。6 月份便在林业部于河南省新乡市召开的全国林业区划工作和宣传工作会议上成立了全国编委会。会后发出通知，要求各省、自治区、直辖市林业部门成立编写工作和领导小组和编写组织。从此，编写《中国森林》的事项列入了正式日程。

为了编好《中国森林》，林业部，各省、自治区、直辖市林业（农林）厅（局）和参加编写工作的人员都做了很大努力。从 1980 年起，林业部每年都以全国编委扩大会的形式召开有全国编委委员，各省、自治区、直辖市林业部门主管编写工作的负责人、主编和主要编写人员参加的会议，及时解决编写工作中存在的问题。各省、自治区、直辖市林业部门都由一名厅（局）级领导人负责此项工作，并在人员、工作时间和经费方面给予必要的支持。

总结前一段编写工作，普遍具有以下几个特点：

第一，资料比较齐全，尽可能用上了当地已经掌握的主要资料；取材比较翔实可靠，能全面反映各省、自治区、直辖市森林现状，基本达到了森林志的要求。

第二，根据现代科学原理，对所用的资料进行了综合分析，求得规律性的认识，尽可能用写森林学的方法去写森林志，“寓森林学于森林志之中”。

第三，编写人员多是当地在所写问题方面的专家。通过他们的努力，使各省、自治区、直辖市《森林》内容基本上能够反映当地的较高水平。

但是，应该看到，不同省、自治区、直辖市《森林》的科学水平不尽一致。即使同一本《森林》，不同章、节在资料的多寡和对规律性的探求方面也有相当的差别。这种状况是由不同地区和不同专业的林业科技工作发展不平衡所造成的。从某种意义上说，各省、自治区、直辖市《森林》的编写是一次关于森林志与森林学研究成果的博览会，当然也可以看做一场省际的和专业之间的竞赛。大家都展示长处，也看到了不足，可以互相学习，取长补短，积累经验，有利于进一步写好《中国森林》和提高我国森林志与森林学的研究水平。

现在，各省、自治区、直辖市《森林》正在陆续编写、出版中。不言而喻，它是各省、自治区、直辖市林业部门及其编写组织和编写工作人员辛勤努力的结果。几年来，他们进行了大量的工作，克服了许多困难，尤其参加编写的同志都是有关科技问题的专家。他们的本职工作很忙，除少数例外，编写这本书的工作大多是在业余时间进行，他们是付出了艰苦的劳动的。现在，艰苦的劳动结出了丰硕的果实，我们为此向他们表示深切的感谢和热烈的祝贺！

各省、自治区、直辖市《森林》的陆续出版，不仅为编写《中国森林》增添了一块基石，而且为建立各省、自治区、直辖市的森林志与森林学体系完成了一项重要的基本建设工程，给当地的林业生产、科研和教学业务提供了重要的参考依据。我们希望它将受到广泛的重视，起到它应有的作用。

无庸讳言，在肯定成绩的基础上，还应看到这本书还存在一些重要的不足之处。例如对森林的历史变迁情况及其与自然环境变化之间的关系远未进行充分的论述；对于一些森林类型的起源、演替过程及其在当地生态平衡中的作用也未给予足够的阐明等等。但是，我们完全相信，在广泛听取读者意见和进一步积累资料的基础上，将来到适当的时机经过修订和补充，它在内容的博大精深方面将会达到更高的水平。

董智勇

1984 年 4 月

前言

森林的历史演变是从漫长的自然动态，经历无知破坏的年代，跃进到科学干预的新阶段。因此，对森林的特点、发生和发展，进行一次较现实、较全面的科学总结，是当代经济发展的需要，是科技高度发展的需要，是我国改革开放推动四个现代化建设的需要，也是重新认识森林、更新知识的需要。

《广西森林》是根据林业部《关于组织编写〈中国森林〉的通知》精神，广泛搜集广西森林长期研究积累的有关资料，进行整理和科学总结而编撰成的，以期对今后广西森林的开发利用、保护和发展，以及对广西林业的建设，有一定的指导意义和作用。基于这一认识和愿望，因知编撰工作的重要性和实际价值，而审慎从事，由于人事变动以及一些主要作者又是原单位的骨干，只能利用业余时间断续撰写，以致历时十年，几经易稿，终于补缀成编。

新中国成立以来，林学界和植物学界对广西森林做了多学科的深入调查和研究：

50年代前期即开始广西植被、树种生态调查；60年代初由广西科学技术委员会组织广西农林植被调查队，对广西植被进行全面系统的调查。1966年由于“文革”开始而中断，1973年起才由有关单位主动组成植被协作组继续进行，于1980年完成。

广西森林资源普查，亦在50年代前期开始，在第四个五年计划至第七个五年计划中，每个计划期间都进行一次资源连续清查。

60～80年代期间，进行了红水河流域、桂西南、桂东南生物资源考察，海岸带和海涂及海岛综合考察，花坪、岑岗、大瑶山等自然保护区的综合考察。

对人工林进行采种、育苗、造林、经营管理和利用的研究，是从50年代中成立广西壮族自治区林业科学研究所（现为广西壮族自治区林业科学研究院）开始的，取得系列的研究成果。

通过这些考察和研究，进行整理总结，为编撰《广西森林》提供了详实可靠的资料和科学依据。应该说《广西森林》的成书，是先后30多年许多科学工作者参与的科学成果。

《广西森林》包括总论（由叶湘负责组织）、森林类型（天然林由李治基、人工林由刘承训负责组织）、森林区划（李治基负责组织）和展望（王长春、赵绍益负责组织）四个部分。在总论中，概括了广西森林自然地理环境、森林的历史变迁和森林的地理分布以及森林资源等内容。森林类型：阐明了森林分类原则、依据和系统，从生态学和群落学分别叙述了各级森林特性并加以评价，以及森林地理分布规律。森林分区：论述了分区的原则和系统，以及各级分区中森林群落组合、分布的现状，并进行评价，提供经营利用的意见。在展望中，叙述了广西森林的现状，森林发展的设想和必要措施，林种的三向发展等。至于森林病虫害，过去只对人工林进行探讨，因此仅在各种人工林中，作为生态因子扼要指出其主要病虫害及其防治方法，而不作专章论述。广西开发晚，史书有关森林的记载，特别是明朝以前的森林史料极少，只能从实从简概括一个历史变化的粗略轮廓，有待今后探索。

本书的编写是在广西林业厅（现为林业局）领导主持、广西林学会协助组织下进行的。参加单位主要有广西林业科学研究院、广西林业勘测设计院、广西农业大学林学院、广西植物研究所以及一些地区林业局、林业科学研究所、林业中专学校和其他有关科学研究机构，人员计40余人，具体执笔人见有关章节附注。有关植物的中名、拉丁学名由梁盛业同志审校。

由于水平有限，森林问题又复杂多变，难免有所失误，请专家和读者们惠予指正！

《广西森林》编辑委员会

2001年4月

目 录

第一篇

总　　论

广西森林是特定的广西地理现象和历史现象，又影响和作用于广西大地的生态环境，构成巨大的自然生产力，具有丰富的物种资源和物质资源。

广西地质组成复杂、地区差异很大，为丰富而复杂的森林生物种类和森林生物群落奠定了基础；而复杂的地貌，影响着气温、降雨而形成水热状况的差异，森林生物又在这样复杂不同的生境中生存和进化，而繁衍下来，使本来已经很复杂的森林生物种类更为复杂化，因地带、地段而异，植物区系多样，并分别富有喜荫或适荫，耐热或适热，喜湿或适湿，耐旱或适旱，喜钙或适钙，耐盐或适盐等多种成分不同的物种，汇成广西森林的地理现象并独具特色。

森林的变迁，经历了漫长的地史时期和历史时期。由于人为因素和自然因素，广西原有森林面积大为缩小，热带物种界线南移和部分消失。而近 40 多年来，由于国家政策、资金投入和动员群众绿化造林，广西森林面积又在恢复中扩展，但阔叶林面积的比率在减少，针叶林面积在扩大；既仍保存有冰川期孑遗物种，又有不少珍稀物种在减少和濒临灭绝。这些变迁反映着广西森林的历史现象和变化。

广西森林的变化动向虽然很大，但由于地理、气候、物种的优越和人为等条件的作用，森林资源仍很丰富，可以保证合理开发利用，满足生态环境和社会经济发展的需要。

本篇，从广西森林的自然地理环境、广西森林的变迁历史、广西森林的植物区系和广西森林资源等四章论述于后。

第一章

广西森林的自然地理环境①

广西位于我国的南部，北纬 20°54′～26°24′，东经 104°24′～112°04′，北回归线横贯中部，从纬度看，是我国最南的省（自治区）之一；从经度看，位于我国西部地区，北、东北邻接贵州和湖南，西邻云南，东接广东，南濒北部湾，西南和越南社会主义共和国交界。东西长约 760km，南北宽约 670km，总面积 236 275km^2，占全国总面积的 2.46%。

第一节 地 质

（一）基本特点

广西地层发育较全，自元古界至新生界各时期均有出露。分布面广的为古生界泥盆系、石炭系和中生界三叠系地层，次为古生界寒武系和各时期的岩浆岩。总的说来，以沉积岩占绝对优势，岩浆岩出露面积仅占全区总面积的 8.6%[1]。沉积岩有碳酸盐岩和非碳酸盐岩两大类，出露面积大致相等。前者主要为灰岩和白云岩；后者为砾岩、砂岩、页岩、泥岩和变质岩，如各种片岩和千枚岩。岩浆岩有侵入岩和喷出岩两大类，以侵入岩占的面积大，主要为花岗岩，其他还有橄榄岩、辉绿岩、辉长岩、闪长岩、橄榄辉绿岩、辉长辉绿岩、混合岩等；喷出岩有流纹岩、细碧岩、角斑岩、石英斑岩、橄榄玄武岩、火山碎屑岩等。各类的侵入岩和喷出岩又有超基性岩体（如辉橄岩、橄榄岩、橄辉岩、辉石岩）、基性岩体（辉长辉绿岩、辉绿岩）、中性岩体（闪长岩、石英闪长岩）和酸性岩体（花岗岩、流纹岩等）之别，以酸性岩体分布的面积最大（主要为花岗岩）。因而无论从地层组成、岩石组成还是岩性等方面，广西地质组成是比较复杂的，这就为广西丰富而复杂的生物种类及生物群落打下基础。

---

① 执笔人：苏宗明、黄吉荣

广西自中生代三叠纪末期的印支运动后，即地球处于裸子植物和爬行动物时代就上升为陆地，海水再没侵入，广西地质起源是古老的。在此之前，虽然广西主要为海浸，但自元古代起，已有几处始终出露于海面的陆地，这些陆地的生物经历着由真核藻类和无脊椎动物时代（震旦纪和寒武纪）向裸蕨植物和鱼类时代（奥陶纪和志留纪）、蕨类和两栖动物时代（石炭纪和二叠纪）的进化过程，有着更古老的起源历史。因此，广西地质起源古老，有着不少古老的和特有的生物种类和生物群落。

（二）地 区 差 异

广西地质组成复杂，起源古老，但各地表现不同，差异明显，这种差异是长期历史形成过程和地壳运动的影响产生的。

广西到寒武纪时，除桂北受四堡运动的影响，褶皱上升有少许陆地外，其余全为海浸，到古生代志留纪末期的加里东地壳运动，初次上升为陆地。这个时期沉积了冰水带来的物质，形成广西地质的基础，加里东运动使其褶皱隆起，同时发生了强烈的断裂和岩浆活动。当时桂北、大瑶山、大明山、西大明山、云开大山等地区隆起；桂东北和桂中、桂西、桂南等地坳陷。后来，陆地又慢慢下沉，海水从西南方向浸入广西，大部分地区又为海浸，露出水面的陆地比以前大，除桂北外，还有大瑶山、大明山、西大明山、云开大山和桂东北的一些地区。随后海水时进时退，到三叠纪末期的印支运动，再次上升为陆地。这个时期在前期的基础上，又沉积海水带来的各种物质，其中泥盆纪至早三叠纪以海相碳酸盐岩为主，中三叠纪以海相碎屑岩为主[1]，印支运动使其褶皱并产生断裂和岩浆运动。印支运动后，海水不再进入广西境内，广西由海相沉积而转为晚三叠纪以后的内陆盆地的堆积[1]，即所谓“红色岩系”沉积。中生代侏罗纪末至白垩纪期间的燕山运动，是广西成陆后一次强烈的褶皱运动，以断裂活动为主要特色。经过燕山运动，广西地貌轮廓的基础基本上奠定了。经过这样长期的地质过程，广西在地质组成上形成了几个有明显差异的地区[1]。

1. 桂北地区

桂北地区（罗城、融安、桂林、兴安一线以北）由于四堡期末的四堡运动褶皱上升，到寒武纪时已有稍小出露于水面的陆地，加里东运动后褶皱隆起长期成为陆地。因此，桂北是广西陆地起源最古老的地区。出露地层以泥盆系之前和加里东期侵入岩为主，广西最古老的四堡群、板溪群和元古界震旦系地层主要出露在这里。岩石组成为砂岩、页岩及变质岩系，侵入岩为花岗岩，是广西加里东期花岗岩分布面积最大的地区。

2. 桂东北和桂中地区

这一地区包括罗城、融安、桂林、兴安一线以南，大瑶山、大明山以北，河池、都安一线以东的地区。加里东运动成为坳陷地带，晚古生代长期为海浸，沉积了巨厚的泥盆系、石炭系、二叠系海相碳酸盐岩，印支运动后长期成为陆地。因此，桂东北和桂中大面积分布碳酸盐岩，是广西碳酸盐岩主要分布的地区。但东部自泥盆纪起处于上升阶段，泥盆系出露较多，除碳酸盐岩外，还广泛分布着由砂岩、页岩、砾岩组成的地层。而且东部在晚古生代的海洋中已有稍小出露于水面的陆地，因此有下古生界（寒武、奥陶、志留）砂、页岩的地层。本区加里东期、印支期、燕山期花岗岩和第四系红土分布比较普遍。

3. 大瑶山、镇龙山、大明山、西大明山一带地区

这一地区在加里东运动后褶皱隆起，以后又复下降为海浸，尤以西段下降明显，沉积了泥盆系，印支运动长期隆起成为陆地。在泥盆纪的海浸中，大瑶山、镇龙山、大明山、西大明山等地已成为孤立在海面的陆地或潜丘。因此，本区主要出露寒武系和泥盆系的砂、页岩及砾岩地层，岩浆岩零星分布，为加里东期、印支期和燕山期的花岗岩。

4. 桂西北地区

河池、都安一线以西和西大明山以北地区。加里东运动后下沉为海浸，从中泥盆纪到二叠纪连续沉积巨厚的碳酸盐岩系。中生代初期仍为强烈的沉降带，沉积了巨厚的三叠系砂、页岩，而以中三叠系为主。三叠纪末印支运动上升为陆地，故本区广泛出露三叠系砂、页岩。但其中西大明山以北、右江以南地区，即靖西、德保、那坡一带，是沉降区的相对隆起地带，三叠系的地层较薄，上古生界泥盆系、石炭系、二叠系的碳酸盐岩地层出露范围较大[1]。酸性岩浆活动远不及其他地区，但基性岩浆活动比其他地区强烈，主要为印支期的辉绿岩、辉长辉绿岩和橄榄辉绿岩，分布于隆林高原、田阳右江北岸一带。桂西北地区除右江谷地具有沉积的环境，有白垩系至第三系红色碎屑岩系出露外，其余地区直到第三纪中期发生的喜马拉雅运动皆缺乏沉积环境，缺乏侏罗系以后各期的地层。

5. 桂南地区

大瑶山、大明山、西大明山一线以南的地区（除云开大山外），出露地层较复杂，且古生代和中生代火山岩特别发育。加里东运动本区强烈下陷，成为泥盆系至石炭系碳酸盐岩沉积区，在海退的过程中，又沉积了二叠系至三叠系海退型质地不纯的碳酸盐岩和三叠系砂、页岩，印支运动上升为陆地，但这时十万大山至横县、桂平一带却成为洼陷区，陆相沉积发达，沉积了巨厚的中生界上三叠系和下白垩系红色岩系，燕山运动使之上升，北段（横县、桂平一段）上升较缓较慢，成为现今广阔的以下白垩系红色岩系为主的河谷平原；南段上升较剧较快，成为今日以侏罗系和上三叠系红色岩系为主的十万大山及其山前丘陵。因此，泥盆系、石炭系和二叠系碳酸盐岩主要出露在凭祥、崇左、扶绥一带。钦州、浦北至大容山一带又有所不同，该地区南段在加里东运动时未受影响，保存残留海槽[1]，晚古生界志留系的砂、页岩及砾岩地层发育，是广西志留系地层主要出露的地区；北段（六万大山和大容山一带）加里东运动使下古生界（寒武、奥陶、志留）地层褶皱隆起，印支期岩浆活动强烈，花岗岩山地广泛分布。印支运动后桂南地区具备沉积环境，第三系红色岩系和第四系红土堆积比较普遍。

6. 桂东南的云开大山地区

云开大山地区（梧州、容县、博白、北海一线以北）自加里东运动褶皱上升成为陆地后，海水再没有侵入，也是广西陆地起源最古老的地区之一，主要出露下古生界（寒武、奥陶、志留）的砂、页岩地层，由于加里东运动的强烈影响，不少地方变质成为混合岩。到中生代时出现局部内陆断陷，故有红色岩系沉积。岩浆岩出露也较普遍，为加里东期的花岗岩。

第二节 地 貌

（一）现代广西地貌形成的过程

上面已经提到，自侏罗纪末至白垩纪期间的燕山运动后，即地球处于裸子植物和爬行动物时代，广西地貌轮廓的基础基本上奠定了。许多高大的山脉和低凹的盆地，大都在那时候形成，如东北部的越城岭、海洋山、都庞岭、萌诸岭；中部的大瑶山、大明山、都阳山（即弧形山脉）；东南部的云开大山、大容山、六万大山等以及玉林、南宁、百色、宁明等盆地。北部的元宝山、九万大山、八十里大南山，形成的时间更早。因此，广西的森林生物自很早的时候起，就在一种复杂的地形中生存和进化，不少种类虽经环境的反复变迁，但在这种复杂的地形中始终能找到适合的生境，生存下来，成为现今的残余种或活化石。燕山运动后，到新生代第三纪中新世晚期发生强烈的喜马拉雅造山运动，使原有的构造发生继承性的活动；第三纪末发生的新构造运动，使广西地盘继续上升，先是全面的较大幅度的上升，后是间歇性的上升。这次上升受邻区云贵高原的强烈上升影响很大，使西部和西北部上升量较大，而东部和东南部则较小，因而就形成了整个地势自西部和西北部向东部和东南部缓慢倾斜。随着这种倾斜地面的形成，河流系统随之而改变，许多河流相应地从西北流向东南，内陆水系破坏，确定现今所见的河道的位置[2]。从此，现代广西的地形面貌就基本上形成了。

（二）广西地貌的基本轮廓

根据上述，广西地势西北高，东南低，四周围绕着山地，海拔较高，内部为谷地、平原、台地和丘陵，海拔较低，形状似一盆地，故称为广西盆地。盆地内部并非全是低海拔的谷地、平原、台地和丘陵，也有高耸的山地，这就是著名的弧形山脉。因此，广西地貌的基本轮廓主要由四部分组成：①盆地边缘山地；②盆地内部的弧形山脉；③盆地内部的谷地、盆地、平原、台地和丘陵；④盆地内部的河流水系。

1. 盆地边缘山地

广西盆地边缘山地由 6 个部分组成：

（1）北部山地 九万大山、元宝山、天平山、八十里大南山、越城岭为北部山地，其中九万大山、元宝山和贵州南部山地相连；天平山、八十里大南山、越城岭和湖南西南部山地相联。北部山地主要为四堡群、板溪群、震旦系、寒武系砂岩、页岩及变质岩系和加里东期花岗岩发育成的山地，地势北高南低，山脉走向从东往西依次为北东、南北和北西向。以中山为主，为广西最高的山地，海拔超过 1 000～1 500m 的山峰相当普遍。广西海拔 2 000m 以上的山峰有 5 座，桂北占了 4 座，它们是：猫儿山（2 142m）、真宝顶(2 123m)、元宝山（2 081m）、宝鼎（2 021m），其中猫儿山是广西第一高峰。桂北山地受河流切割相当强烈，山高谷深，相对高差南面一般 600m 左右，北面 1 000m 以上。

（2）西北部山地 天峨、凌云、乐业、田林、隆林一带为西北部山地，它属于云贵高原的南缘部分，由于新构造运动强烈，地理位置又处在高原的边缘，受流水切割强烈，天长日久，高原面貌受到破坏，变成现今的山原面貌。西北部山地地层组成比较单纯，大面积出露的为三叠系砂、页岩，尤其中三叠系，零星分布的有石炭系、泥盆系、寒武系碳酸盐岩和基性岩浆岩。地势西北高东南低，山脉走向一般为北西向。以中山为主，山峰海拔一般 1 300～1 500m，最高峰岑王老山，海拔 2 062m，河谷谷地海拔 300～700m，高差十分悬殊。

（3）西部喀斯特高原 那坡、靖西、德保、天等一带为西部喀斯特高原，它与越南民主共和国北部高原连成一片。岩石组成主要为泥盆系、石炭系、二叠系碳酸盐岩，是广西喀斯特山地主要分布的地区之一。其间普遍见到三叠系砂、页岩，零星分布的有泥盆系紫红色砂岩和砾岩、寒武系浅变质砂页岩和加里东期花岗岩和印支期基性岩浆岩（辉绿岩、辉长辉绿岩、橄榄辉绿岩），因此，岩性组成复杂。地面海拔一般在 700m 以上，顶峰面海拔在 1 100～1 200m，最高峰 1 525m。

（4）西南部山地 西南部山地为一弧形山地，东翼为十万大山，西翼为公母山和大青山，它与越南社会主义共和国北部山地相联，十万大山的东南坡面临北部湾。十万大山和公母山由三叠系、侏罗系“红色岩系”构成，大青山由三叠系砂页岩构成，而且火山岩很发育，酸性和基性岩均有分布。山脉走向十万大山为北东向，大青山、公母山为北西向，一般海拔 500～1 000m，海拔 1 000m 以上的山峰也可见到，十万大山山地，最高峰海拔 1 462m。

（5）东南部山地 包括六万大山、大容山、天堂山、云开大山为广西东南部山地，与广东西部山地相联。花岗岩特别发育，加里东期、印支期、燕山期都有出露，混合岩带（基岩为下古生界砂、页岩）山地也不少，尤其天堂山、云开大山。山脉走向一般北东向，低山为主，一般海拔 1 000m 以下，超过海拔 1 000m 的山峰较少，最高峰在大容山，海拔 1 275m。

（6）东北部山地 海洋山、都庞岭、花山、萌渚岭、大桂山为广西东北部山地，它与湖南南部、广东西部的山地相联，多是由寒武系、奥陶系砂页岩及泥盆系砂岩构成，其中加里东期和印支期花岗岩山地不少。山脉走向一般为北东向，中山为主，一般海拔 1 000m 以上，尤其海洋山、都庞岭山势更高大，海拔 1 500m 以上的山峰不少，海拔近 2 000m 的山峰有 4 座，在高度上仅次于桂北山地。

2. 盆地内部的弧形山脉

盆地中部的弧形山脉，其东翼由 3 座山组成，上段为起自永福和阳朔间的驾桥岭，向西南延伸；中段为大瑶山，北东向；下段为贵县的莲花山，亦呈北东向，总称为大瑶山系。总长约 200km，宽约 50～60km[2]，海拔 700～1 500m，最高峰圣堂顶，海拔 1 979m。河流切割强烈，谷地海拔低至 300m，高差悬殊。西翼由 2 座山系组成，上段为起自天峨、乐业、凤山之南的都阳山，北西向；下段为武鸣、上林间的大明山，也呈北西向。总长约 230km，宽约 10～35km，一般海拔 1 000m 左右，最高峰大明山，海拔 1 760m。东、西两翼在黎塘南面镇龙山相接，称为弧顶，顶峰海拔 1 176m。东西两翼由于岩性不同，地貌各有特色，东翼主要为寒武系浅变质的砂、页岩和泥盆系砂岩、砾岩构成的山地，以流水侵蚀地貌为特色，辅以碳酸盐岩发育的喀斯特地貌；西翼刚相反，以石炭系、二叠系的碳酸盐岩发育的喀斯特地貌为特色，辅以三叠系砂、页岩的山地，但大明山和镇龙山无论从岩性还是地貌特色，均和东翼山地相似。

3. 盆地内部的谷地、盆地、平原和台地、丘陵

主要谷地有右江谷地、左江谷地、红水河谷地、明江谷地、融江谷地、漓江谷地、南流江谷地；主要盆地有玉林盆地、宾阳盆地、武鸣盆地、南宁盆地；主要平原为郁江和浔江河谷平原、鹿寨至来宾的溶蚀平原、钦州至北海一带的滨海平原。这些谷地、盆地、平原主要由侏罗系、白垩系和第三系“红色岩系”组成，滨海平原还多志留系砂、页岩，内中台地和丘陵不少，第四系红土堆积普遍。但红水河谷地、左江谷地主要流经喀斯特地区，河谷深切，普遍缺乏沉积环境，“红色岩系”及红土不太发育。这些地区海拔一般在 100m 以下，也有超过海拔 100m 的。

4. 盆地内部的河流水系[7]

广西山多故河流众多，据统计，集雨面积 50km² 以上的河流有 937 条。根据上面所述，第三纪末的新构造运动后，广西内陆水系破坏，许多河流从西北流向东南而出口。因此，广西河流主要属于西江水系。流入西江水系的河流有 735 条（集雨面积在 50km² 以上），年平均总水量为 1 499 亿 m³。其上游为南盘江，进入天峨境后称红水河，到石龙与柳江汇合后称黔江，经桂平与郁江汇合后称浔江，进入梧州市后称西江。主要支流有右江、左江、融江、龙江、洛清江和桂江。此外，广西还有 2 个水系，一是桂东北的长江水系，有河流 30 条，年平均总水量约 83 亿 m³，主要河流有湘江和资江。另一是桂南独自流入海的河流，共 123 条，年平均总水量为 258 亿 m³，以南流江最大，次为钦江，再次为防城河。

（三）广西地貌的主要特征

根据上面的论述，广西地貌有如下几方面的特征。

1. 山多平地少，山体庞大，联系广泛

据粗略地统计，广西山地（海拔500m以上）占全区总面积的63.9%，丘陵（海拔500m以下）占10.9%，两者合计占全区总面积74.8%，因此，广西有“八山一水一分田”之称。若以海拔1 000m以上为中山，海拔500～1 000m为低山，则广西以中山为主，但广西没有超过海拔2 200m以上的更高山地。多山地区的环境条件无疑是十分复杂的，在这样的环境下生物的种类也是复杂的。不仅如此，广西边缘山地都是周围大地貌的组成部分，例如，西北部山地是云贵高原的组成部分；天平山、八十里大南山、越城岭、海洋山、都庞岭、萌渚岭是南岭山地的组成部分；九万大山、元宝山是苗岭山地的组成部分；西部喀斯特高原是中越边境高原的组成部分，都和外界有着广泛的联系，使本来在复杂环境中已经很复杂的广西森林生物种类更为复杂化。

2. 盆地边缘北高南低，有缺口，山脉走向南北、北东和北西向

广西盆地北部边缘（包括西北和东北角）山地以中山为主，南部山地则以低山为主，北部海拔高，可以减弱北来寒潮对盆地内部的影响。由于断裂和河流的切割，呈现若干缺口，例如：湘桂走廊缺口，萌渚山地缺口；红水河、融江、左江等谷地缺口，因此，确切地说，广西盆地是一个有缺口的盆地。北部边缘的缺口成为寒潮入侵广西盆地的通道，尤以东部三条较为强烈和频繁。通道上的温度比同纬度的其他地区为低。广西山脉多为北东、南北和北西向，这种方向和寒潮的方向大体一致，这就利于寒潮的入侵。但北东向山脉有利于东南季风北上，并造成山前地形雨，增加降水量。

3. 特殊的弧形山脉

广西盆地内缘为山字形构造，在地貌上表现为显著的弧形山脉[2]。广西弧形山脉除以其高大雄伟、构造特殊、地貌特征各异而著名外，还在于它的形成对广西的气候产生巨大的影响。它的两翼，尤其西翼对寒潮有明显的阻挡作用，两翼背后地区的温度比同纬度的其他地区为高，因此，许多热带的生物种类可以北迁到这里。还有，两翼东南面（尤其东翼）与东南季风垂直，雨量特多，成为广西几个多雨地区。弧形山脉位于广西的中部，与外围山地联系不大，位置比较孤立，因而森林生物区系成分地方色彩较浓，特有的种类较多。

4. 面积广大的、奇特的喀斯特地貌

广西喀斯特地貌面积之广是全国少有的，出露于地表的碳酸盐岩约占全区总面积的41%，主要分布在桂东北、桂中北、桂西南等地。碳酸盐岩发育的溶蚀地貌与砂、页岩发育的流水侵蚀地貌在特征上完全不同，它有风景壮丽的峰丛、峰林、孤峰、洞穴，有宽广的溶蚀平原、河谷及地下河[2]，成为广西地貌的主要特征之一。喀斯特地貌还有着特殊的生物环境。喀斯特岩性透水性强，保水性差，故比较干燥；喀斯特地区土壤和红壤、黄壤不同，是一类含钙量高的石灰岩土壤，因此，喀斯特地区生物种类组成和红、黄壤地区很不相同，是一类耐干旱、喜钙或耐钙的种类成分。

5. 多种多样的流水侵蚀地貌

广西山脉不少是由泥盆系莲花山组紫红色硬砂岩、砾岩形成，难于风化，以致岩石裸露，悬崖峭壁，形成另一类砂、砾岩石山；其褶皱轴心部分为寒武系、奥陶系和志留系，岩性不硬，易受剥蚀，故山脉坡度都比较陡峻。广西山脉的骨干受岩浆岩侵入特别强烈，花岗岩出露广泛，形成风化壳透水性强，粘性差的山地。

另一类由三叠系砂、页岩形成的山地，虽具有明显的褶皱走向，但延展不远。

红色岩系在盆地堆积，由于岩性特软，易受侵蚀和剥蚀，又分布在海拔低的地区，故地貌特征多形成盆地内的台地、丘陵和丹霞地形，只有在上升剧烈的地方，如十万大山，才形成山地[2]。

第三节 气 候

（一）广西气候的基本情况和特点

1. 气候形成的因素

（1）太阳辐射[8] 广西地处低纬度，太阳辐射强烈，从北往南，总辐射量为389～494kJ/（cm^2·a），总辐射量是不算高的。但由于广西有效辐射量小，故辐射差额可达188～251kJ/（cm^2·a），与广东、云南等省同为我国热量资源最丰富的地区。在季节分配上，辐射差额夏季最大，为88～100kJ/（cm^2·季）；春、秋次之，为46～71kJ/（cm^2·季）；冬季最小，仅8～25kJ/（cm^2·季）。所以，太阳辐射既是形成广西热带、亚热带气候的基本因素，又是广西各地和各季热量差异的主要原因。

（2）大气环流[8] 我国位于欧亚大陆的东南部，东南濒临太平洋，大气环流变化具明显的季节性质，是一个典型的受季风控制的国家。但广西位于我国的南部，属于濒临海洋的省（自治区），虽然季风决定了各地气候的差异，然而海洋性气候比较明显，使广西成为全国雨量最丰富的省（自治区）之一。夏季，广西为东南季风控制，雨量充沛；7～9月，是台风盛行的季节，由于地形及地理位置的关系，台风对广西的影响主要是降雨，所以7～9月降雨最多；冬季，是东北风盛行的时期，各地气候干燥少雨；3～4月和9～10月间，是冬、夏季风交替的过渡季节，每因季风进退迟早与强弱演变异常，会有春旱或秋旱发生。

（3）地形 地形对广西气候的影响是巨大的，因而也是广西气候形成因素之一。北部，尤其西北部及中部弧形山脉是冷空气南下的天然屏障，弧形山脉西翼外围地区，比同纬度的东部地区，年平均气温高1～2℃。东北边缘山地的湘桂走廊、萌渚岭山地缺口，是冷空气入侵的主要途径，通道上的气温都比同纬度的邻近地区低，无论是年平均气温还是1月平均气温的等温线在通道上均呈弓形向南凸出。春夏之交，冷空气在南岭山地停滞，形成锋面雨，给东北地区带来丰富的雨量。广西山地多作北东、南北、北西向，利于冷空气入侵，尤其缺口地区，冷空气可以由湘桂走廊经大瑶山西侧到弧顶缺口达南宁盆地直抵龙州，从北到南纵贯整个广西。北东向山脉的东南面和东南季风方向垂直，容易形成地形雨，增加降水量，广西几个多雨中心都出现在山地东南面上。例如，十万大山东南面的防城，大瑶山东南面的罗香和东侧的昭平，年降水量在2 000mm以上，防城港和罗香超过2 500mm。相反，西北面是背风区域，又成为少雨地区，十万大山西北面的宁明及大瑶山西北面的象州，年降水量只有1 000～1 300mm，一山两面，相差如此悬殊，可见地形影响之大。海拔高度的差异也有同样的影响，桂西高原上的靖西、那坡，海拔740～790m，年平均温度小于20℃，≥10℃积温6 000～6 200℃；但其北面的右江谷地，海拔110～170m，年平均气温22℃，≥10℃的积温7 800℃。由于地形的影响，使广西气候变得十分复杂。

2. 主要的气候因素

（1）气温[3] 广西低平地区从北到南年平均气温18～23℃；最冷月为1月，平均气温6.4～15.2℃，最热月为7月，平均气温28～29℃，差异远较年平均气温和1月平均气温为小；极端最低气温多年平均值－3.9～4℃，极值为－6.6～2.9℃；极端最高气温多年平均值38℃左右，极值42.5℃（百色）；≥10℃的积温5 644～8 306℃。从气温和热量看，虽然南北有较大的差异，但在全国范围内，属于气温最高和热量最丰富的少数几个省（自治区）之一。

（2）降水[3] 广西年降水量1 100～2 823mm，一般在1 300～1 800mm，雨量丰富，但各地差异明显。约85%以上的降水量集中于3～10月，除桂东北部分地方外，都有雨季和旱季之分，即使是雨量最丰富的防城，每年也有2～3个月的旱季。雨季和旱季长短不一，开始和终止也各不相同，一般3～8月、4～9月和5～8月为雨季，少数地区在2～8月、4～10月；旱季都始于冬季，有的地区在11月开始，有的在12月，长短期不一，一般为2～3个月（12月～次年1月或2月和11月～次年1月），部分地区为4个月（12月～次年3月和11月～次年2月），最长的为桂西、桂西北，可达5个月（11月～次年3月）。

（3）水热系数 所谓水热系数就是≥10℃日数的降雨量与积温之比，用此来表示各地的湿润情况。凡水热系数＞3.0的为潮湿气候，2.0～3.0的为湿润气候，1.5～2.0为半湿润气候，1～1.5为半干燥气候，＜1.0的为干燥气候。广西水热系数一般在2.0左右，属于湿润和半湿润气候，部分地区可超过3.0，也有的地区不足1.5，可见差异是明显的。

（二）广西气候的变化规律

1. 气温和热量由南往北、由低往高递减

广西地处低纬度，南北约跨5个纬度，一年之中纬度对太阳辐射的影响占主要地位，随着纬度的增加，辐射量逐渐减少，而太阳辐射量是大气温度和热量的主要来源，因此，广西气温和热量由南往北（即由低纬度往高纬度）递减。南部，年平均气温22～23℃，部分地区近于22℃（主要是寒潮通道地区），最低月（1月）平均气温13～15℃以上，极端最低气温多年平均值2～4℃，≥10℃的积温7 500～8 300℃；中部，年平均气温20～22℃，最低月（1月）平均气温10～12.5℃，极端最低气温多年平均值0～2℃，≥10℃积温6 500～7 400℃；北部，年平均气温18～20℃，最低月（1月）平均气温6.4～10℃，极端最低气温多年平均值低于0℃，≥10℃积温5 600～6 400℃，气温和热量由南往北有规律地递减（图1-1、图1-2、图1-3）。太阳辐射量除随纬度的增加而减少外，还随着海拔高度的增加而减少，相应的气温和热量也随着海拔高度的增加而递减。东北部的全州和资源，纬度相近，由于海拔高度不同，无论是年平均气温、1月平均气温还是≥10℃的积温，都有明显的差异；中部大瑶山的金秀和昭平，南部贵港和靖西，纬度也大致相近，同样由于海拔高度不同也有相同的规律（表1-1）。

表1-1 广西不同海拔高度气温差异

县名	海拔高度（m）	年平均气温（℃）	1月平均气温（℃）	极端最低气温多年平均值（℃）	≥10℃积温（℃）
全州	195	18.0	6.4	−3.9	5 652
资源	408	16.4	5.6	−5.9	5 043
昭平	105	19.9	10.3	−0.7	6 439
金秀	760	17.0	8.3	−3.4	5 260
贵港	50	21.5	12.3	0.7	7 401
靖西	739	19.1	10.9	0.3	6 269

2. 雨量由东往西递减

广西降水来源第一种是夏季的东南季风，此种来源是最主要的，影响全区；第二种是7～9月的台风雨，主要影响南部，东部和西南部也受一定影响，西北和东北部受影响较弱；第三种为春、夏之交的锋面雨，主要影响东北部。可以看出广西东半部受降水来源影响比西半部强，因而大体上雨量由东往西递减。东半部年降水量除柳州到来宾溶蚀平原为1 200～1 500mm外，一般在1 500mm以上，西半部只有海拔较高地区的迎风面雨量达到1 500mm外，一般只有1 300mm左右，部分河谷地区还不足1 200mm（图1-4）。

3. 水热系数由东往西减少

从上述变化规律可知广西气温和热量由南往北递减，雨量由东往西递减，与此相关的水热系数也是由东往西递减。东半部水热系数一般在2.0左右，其中东北部雨量丰富而热量比南部低，水热系数最大，在2.0以上，部分地区大于3.0。西半部一般在1.5～2.0，河谷地区还不足1.5。

4. 雨季由东往西缩短，出现时间推迟

东北部地区春夏之间已有锋面雨，雨季出现最早，3月雨季就来临了，有的地区还可早到2月。东部和南部在东南季风控制下雨季才来临，故出现在4月。西部虽然也属于在东

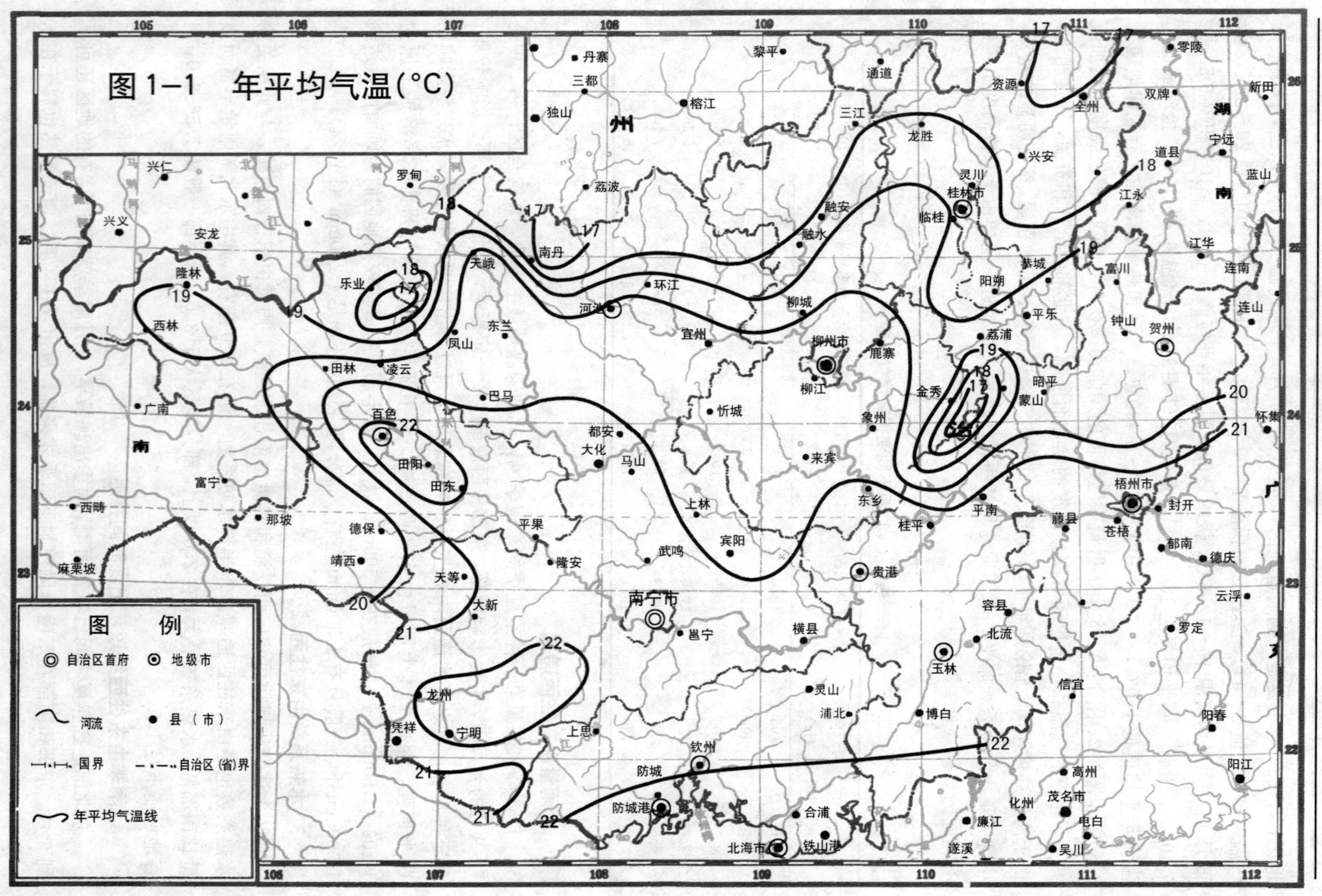

图 1－1 年平均气温（°C）

图例
自治区首府
地级市
河流
县（市）
国界
自治区（省）界
年平均气温线
南宁市
柳州市
桂林市
梧州市
玉林
钦州
北海市
防城港
百色
河池
贵港
贺州
17
18
19
20
21
22

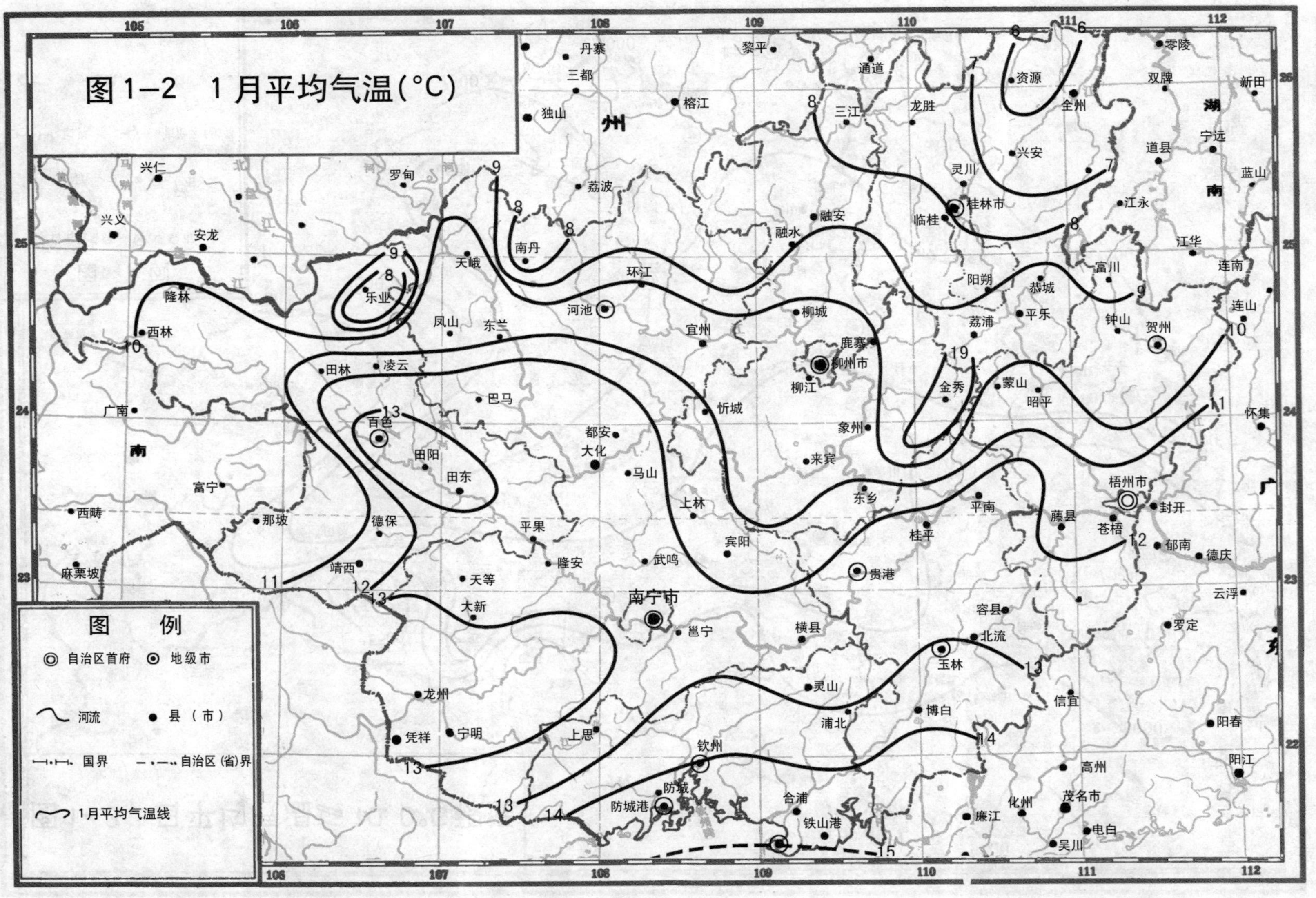

图 例
自治区首府
地级市
河流
县（市）
国界
自治区(省)界
1月平均气温线
南宁市
柳州市
桂林市
梧州市
玉林
钦州
防城港
百色
河池
贺州
贵港
湖
南
广
东
州

图 1－2 1月平均气温(°C)

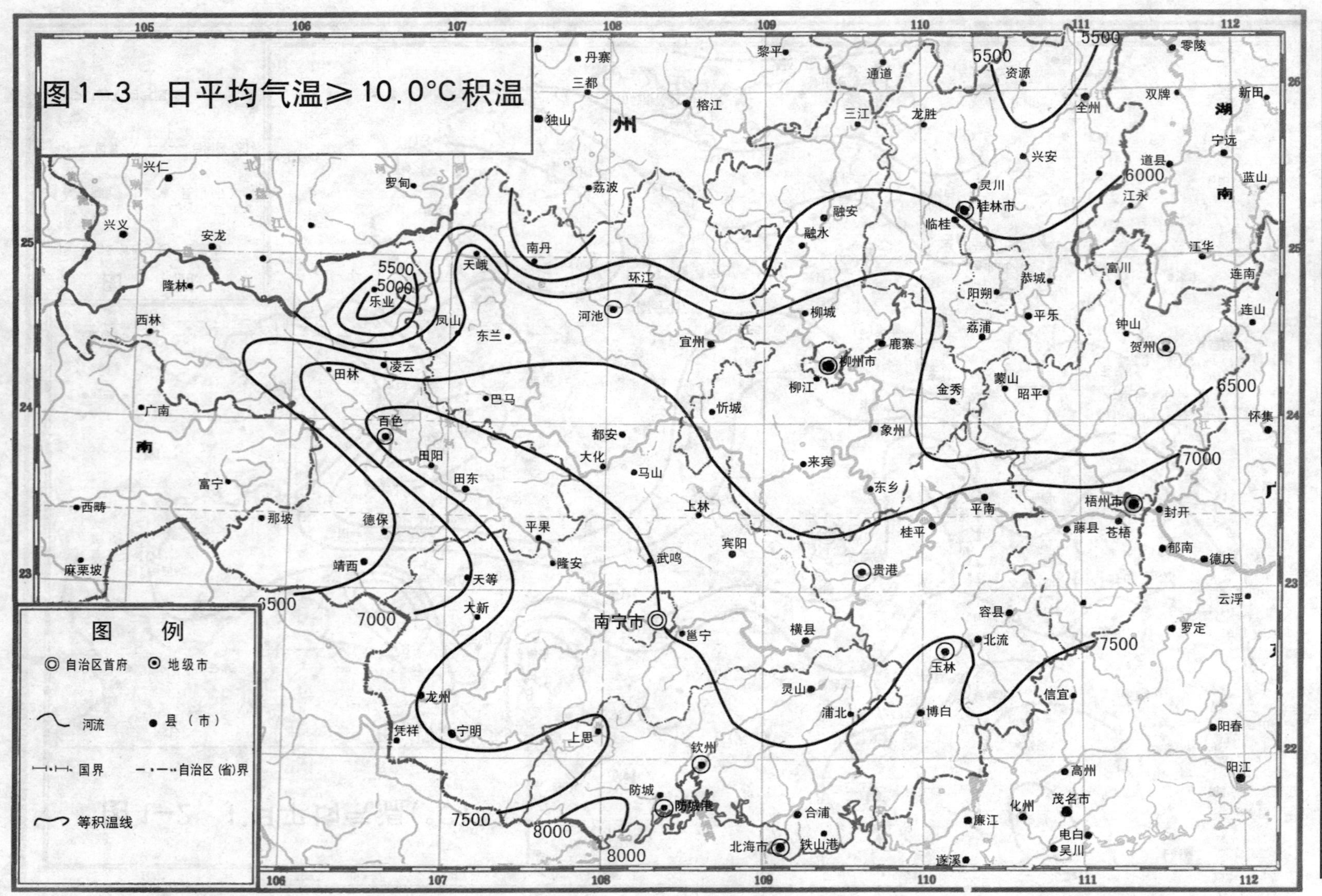

图1－3　日平均气温≥10.0°C积温

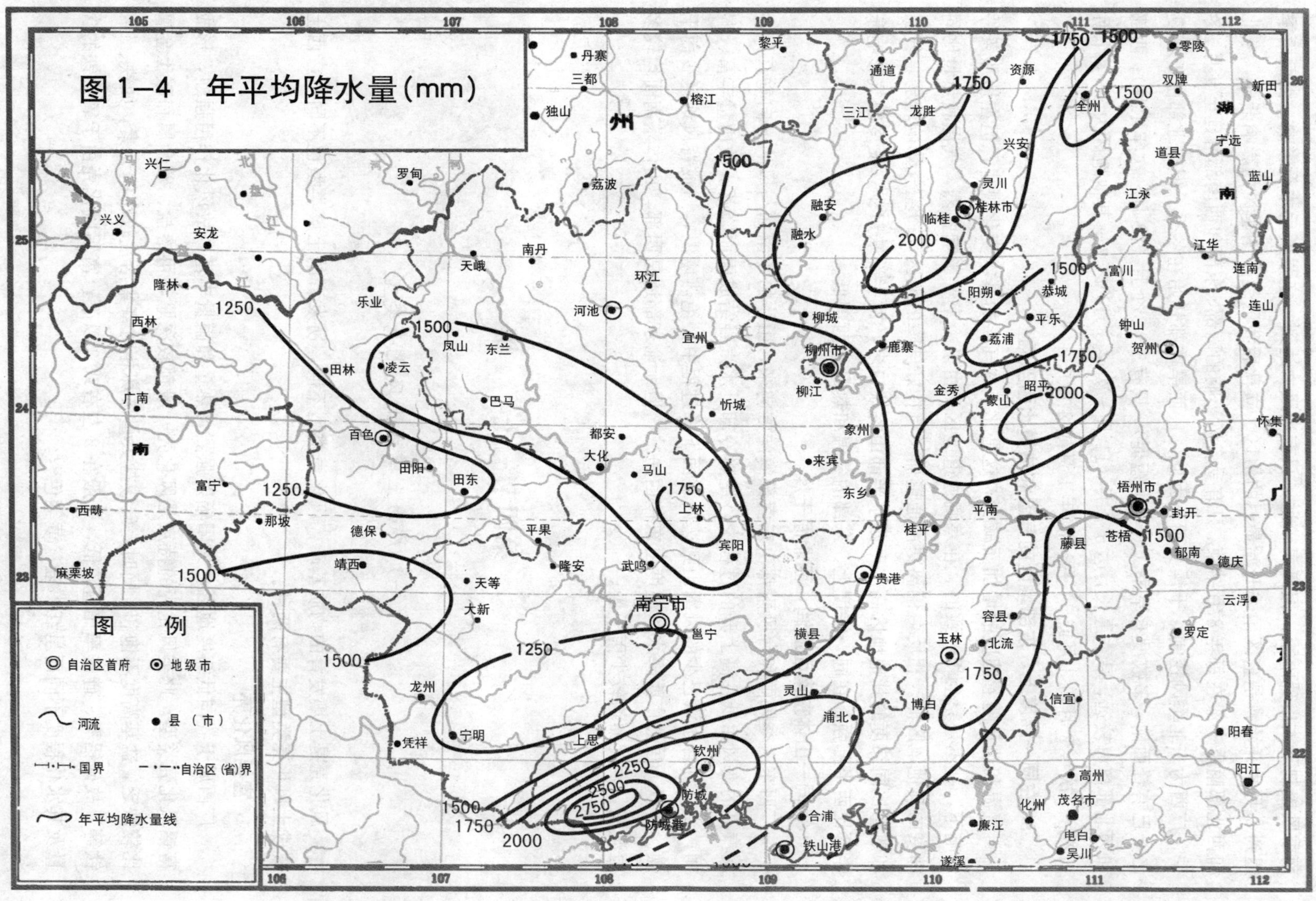

图 1-4 年平均降水量（mm）

南季风控制下才出现雨季，但离海较远，只有当风力达到一定强度后才受影响，因而雨季迟到5月才开始，是全区雨季开始最迟的地区。立秋后我区受东南季风的影响渐弱，东北和西北部雨季一般在每年8月结束，只有受台风影响的南部、东部和西南部可延至9月。冬季，广西为东北季风控制，干燥少雨，因此，广西旱季都开始在冬季。但东北部由于春夏之交已有锋面雨，多数没有旱季（或旱季短促），只有1～2个月（12月～次年1月）；西部和西北部离海较远，旱季最长，达5个月（11月～次年3月）之久；其他地区为3～4个月（12月～次年2月和3月或11月～次年1月或2月）。

5. 在同一纬度上，东部地区的气温和热量比西部低

气温和热量随着纬度的增加而减少，这是北半球气候的基本变化规律，但在地形条件影响下，并不是完全相一致的。在寒潮通道地区，由于冷空气影响强烈，气温和热量比同纬度的其他地区低。相反，偏离寒潮通道而又有良好屏障的地区，冷空气影响较弱，气温和热量比同纬度的其他地区高。广西东半部山岭缺口多，西半部缺口少，受冷空气影响东半部比西半部强，在同一纬度上，东部的气温和热量比西部低。

6. 同一山体东南面湿润，西北面干燥

广西东南季风雨和台风雨都由东南部海洋方向来，山体的东南面与风的方向垂直，含水汽高的海风由低往高上升的过程中，绝热冷却，水汽凝结成雨而降落。故雨量丰富、湿润；当这种含水汽已少的风翻山到达西北面下降过程中，绝热增温，造成背风地区少雨干燥。所以，虽然广西降水和湿度由东往西递减，但无论东部还是西部，山体东南面均较多雨湿润，西北面均较少雨干燥。

第四节 土 壤

（一）广西土壤成土风化壳类型

风化壳是土壤发育的物质基础，风化壳类型不同，所发育的土壤类型也不同。广西土壤成土风化壳类型主要有两种。

1. 富铝风化壳

广西属于我国低纬度地区，太阳辐射强烈，热量和雨量丰富，故风化作用强烈，形成富铝风化壳类型。此类风化壳的特点是风化壳一般都较深厚，可溶盐、碱金属和碱土金属比较缺乏，盐基高度不饱和；同时，硅酸盐大量破坏相对富集活性较小的元素，如铁、铝、钛等，故硅铝率、硅铁率比值较低，一般在2左右或2以下；富铝风化壳由于氧化铁的含量及其水化程度不同而呈红、橙、黄等色[2]。

2. 碳酸盐风化壳

广西约有占全区面积41%的碳酸盐岩地区，故碳酸盐风化壳也是广西主要的风化壳类型。此类风化壳大部分易溶盐已遭淋失，风化壳中以难溶性碳酸钙为主。风化壳上的土壤、地下水和有机体均富含钙，在这样的条件下，Al_2O_3、Fe_2O_3 的水化氧化物及其衍生物迁移很少[4]。

（二）广西土壤成土母质

成土母质不同，不但在同一土壤类型内机械组成、矿物成分不同，而且由于不同母质风化速度和成土过程的地球化学特征也各异，形成不同的土类系列。从论述广西的地质情况可知，广西土壤的成土母质有下列几类。

1. 古生代、中生代和第四纪沉积岩（物）

这类沉积岩又有非碳酸盐类岩和碳酸盐类岩两种。

（1）非碳酸盐岩 非碳酸盐岩有页岩、砂岩、砾岩、泥岩和变质岩，其风化物的机械成分随岩石的种类而异，变化极大，除一部分含石灰砾岩风化物外，都呈酸性或强酸性反应，盐基含量一般不高。大部分页岩（包括变质岩）风化物主要是粉砂和粘粒，属粘质土，一般肥力较好，土层较深厚。砂岩、砾岩风化物，含砂粒多，粘粒少，机械组成以砂质土壤为主，土层较浅薄，特别是泥盆系莲花山组紫红色砂砾岩，因层厚而且坚硬，所形成的土壤土层更瘠薄。三叠系砂、页岩，包括红色岩系，岩性弱，风化容易，虽土层厚，但易引起水土流失。

第四纪沉积物（红土），其层次很厚，机械组成及性质变化大，水流速度小，沉积的主要是细沙壤土、粉沙粘壤土；水流速度大，所沉积的多是砾石砂层。沿海地区属于滨海沉积，机械组成主要是沙土。

上述这些母质，是广西红壤各土类主要成土母质，并在很大程度上决定土壤的理化性质。在浅海沉积物、砂岩形成的为石英质富铝风化壳；在第四纪红土形成的为硅铁质富铝风化壳。

（2）碳酸盐岩 碳酸盐岩有石灰岩、白云岩和钙质紫色砂页岩等。

石灰岩及其风化物在石灰（岩）土的形成中具有十分重要的作用。广西石灰岩为泥盆纪至三叠纪地层，含有大量的碳酸盐类和比例不同的混合物（如粘土、二氧化硅），在高温多雨下极易溶蚀风化，一般富含碳酸盐和粘土物质，所形成的土壤具有相当大的胶结性。石灰岩风化壳虽然形成于热带和亚热带温暖湿润环境，但因石灰岩富含碳酸钙，使土壤中盐基的淋失过程大为减缓，所以很少发生脱硅富铝化作用[4]。

钙质紫色砂页岩是形成石灰性紫色土的母岩。

2. 各地质时代的岩浆岩

广西岩浆岩种类很多，大面积分布的为酸性岩体的花岗岩，其风化物呈酸性反应，机械组成为含石英砂及石英细砾的壤质粘土。花岗岩风化粘粒在水中分散性很强，易受侵蚀，当粘粒被侵蚀后，留下大部分石英细砾，因此，极易引起土壤“沙化”。这种风化物所形成的土壤，土层很厚，富含钾素。花岗岩形成的为硅质富铝风化壳。

（三）广西土壤的分布规律

前面已述，风化壳的形成首要条件是太阳辐射能，太阳辐射能从低纬度到高纬度，从低海拔到高海拔作有规律的变化，因而风化壳形成的速度和强度也作有规律的变化，这样，土壤的水平分布和垂直分布也是有规律的。这就是土壤地带性的分布规律。在同一气候条件下，不同的成土母质，不但在同一土壤类型内机械组成、矿物成分不同，而且由于不同母质风化速度和成土过程的地球化学特征也有各自的特点，形成不同的土类系列，因而形成土壤的地域分布。这就是非地带性土壤。下面分述之。

1. 广西土壤的水平分布

广西的北部属于中亚热带地区，中部属于南亚热带地区，南部属于北热带地区，热量随北而南而递增。土壤带随着热量带做有规律的变化，自北而南由红壤到赤红壤到砖红壤。

2. 广西土壤的垂直分布

不同的地带性土壤有不同的垂直带谱，北部地区，由红壤→山地红壤→山地黄壤→山地黄棕壤→山地矮林草甸土；南部地区，由赤红壤（或砖红壤）→山地赤红壤→山地黄壤，因山体不够高大的，没有山地矮林草甸土分布（表 1-2）。

表 1-2 广西土壤垂直带谱

地带	山地	土 壤 垂 直 带 谱
中亚热带	猫儿山	（<400m）红壤（400m）→山地红壤（700m）→山地黄壤（1 200m）→山地黄棕壤（2 000m）→山地矮林草甸土（2 142m）
南亚热带	大明山	（<300m）赤红壤（300m）→山地赤红壤（650～800m）→山地黄壤（1 400m）→山顶草甸土（1 768m）
北热带	十万大山	（<300m）赤红壤（或砖红壤）（300m）→山地赤红壤（600～700m）→山地黄壤（1 315m）

广西的西北部属于向我国西部半湿润地区过渡区，气候比较干旱，干湿季明显，土壤的垂直分布与东部稍有不同。西部地区因干热条件的影响，基带为褐红壤，山地黄壤的分布下限比东部明显上升，达海拔 1 000m，在南盘江一带可高至 1 300m，而东部为海拔700～800m。广西西部山地海拔不高，一般不出现山地黄棕壤。

3. 广西土壤的地域分布

广西由于大面积石灰岩以及小面积紫色砂页岩的存在，因而在红壤、赤红壤、砖红壤地带内出现与之性质不同的石灰（岩）土和紫色土，同时，由于热带海岸生境的特殊性，也出现一类与砖红壤、赤红壤等地带性土壤不同的滨海盐土，石灰（岩）土、紫色土和滨海盐土是广西一种地域性土壤，即非地带性分布的土壤。

（四）广西土壤的主要类型

由于长期对森林不合理利用的结果，广西大部分的天然森林已被破坏，沦为灌丛、草地和次生林，全区森林覆盖率约25%，故土壤的性质亦发生相应的变化，如肥力下降，土层变薄，湿度减少，水土流失严重，这些普遍的特性，在下面论述各类土壤时，就不一一加以提及了。

1. 地带性土壤

(1) 砖红壤　广西砖红壤面积不大，仅分布于北纬22°以南的低丘陵和台地，原生植被为常绿季雨林，稀为雨林。广西由于处于热带北缘，砖红壤特性没有赤道热带明显，富铝化程度不及赤道热带。广西砖红壤粘粒的硅铝率为1.5～1.7，土层深厚，全剖面赤红—红棕色，土体中有大小铁锰结核，底土网状发达，pH4.0～5.5，代换量有的仅2～3mmol/100g土，盐基高度不饱和，粘土矿物为高岭石—水铝矿—赤铁矿类。

(2) 赤红壤　广西赤红壤分布于北回归线以南—北纬22°之间的低山丘陵区，是广西最大面积土类之一。原生植被以季雨林化常绿阔叶林为主。

赤红壤兼有红壤和砖红壤的特点，其富铝化作用比红壤强，但比砖红壤弱；红壤的淋溶强度介于红壤和砖红壤之间。因此，它的成土过程是处在砖红壤与红壤的过渡阶段。粘粒的硅铝率1.7～2.0，土层中也有铁锰结核和网状斑纹，pH4.5～5.0，有机质含量仅1%～3%，全氮0.05%～0.1%，代换性酸5～10mmol/100g土，以活性铝为主，盐基代换量6～7mmol/100g土，粘土矿物为高岭石—埃洛石类。

(3) 红壤　广西红壤分布于北回归线以北的低山丘陵区，并作为垂直带上的土类出现在北回归线以南的山地，是广西面积最大的土类。原生植被为常绿阔叶林。

广西红壤粘粒硅铝率>2.0，铁锰结核较少，红壤有机质1%～5%，全氮0.01%～0.03%，也有0.05%～0.25%，代换性酸2～4mmol/100g土，以活性铝为主，盐基代换量2～10mmol/100g土，盐基饱和度5%～20%，粘土矿物为高岭石、石英、蒙脱石类。

(4) 黄壤　黄壤为一种垂直带谱的土类，分布在广西山地上，原生植被为山地常绿阔叶林，在红壤地带和赤红壤地带均有分布，而以红壤地带分布的面积大。黄壤也是广西面积最大的土类之一。黄壤富铝化作用较弱，且具独特的成土过程，主要表现在黄化过程上，即由于环境相对湿度大，土层经常保持潮湿，致使土壤中的氧化铁水化而引起黄化。黄壤粘粒硅铝率较高，约在2.5，有机质含量高，可达5%～10%，但淋溶作用强，交换性盐基很低，表土层一般不超过10mmol/100g土，盐基饱和度10%～30%，pH4.5～5.0，潜在酸很强，代换性酸为4～10mmol/100g土。

（5）黄棕壤[5] 黄棕壤也为一种垂直带谱的土类，主要分布在北回归线以北的中山地带，原生植被为中山常绿落叶阔叶混交林。全剖面土色以棕色为主。粘粒及细粉沙粒在剖面中的迁移不明显，在剖面中部有稍微减少的趋势，比黄壤高。表层有机质含量均在10%左右，全剖面呈酸性反应，pH4.5～5.0，随着剖面的加深而增大，代换性酸含量10～15mmol/100g土。盐基饱和度一般为5%～15%。粘粒在机械组成中约占10%或更少。

2. 地域性土壤

（1）石灰（岩）土 广西石灰岩占全区面积的41%，主要分布在桂西南、桂中北和桂东北。广西石灰（岩）土原生植被西南部为季雨林，中北部和东北部为常绿落叶阔叶混交林。石灰（岩）土碳酸盐含量高达80%，由于植物生长茂盛，其枯枝落叶为石灰（岩）土提供大量的有机物质来源，故石灰（岩）土有机质都比较丰富，有较好的团粒状结构。由于受岩性的影响，石灰（岩）土都比较胶结。石灰（岩）土虽为地域性土壤，但成土过程仍受地带性生物气候条件的影响，因而，可分为黑色石灰土、棕色石灰土、红色石灰土和黄色石灰土4种。

棕色石灰土：全区都有分布，是石灰（岩）土最常见的类型。棕色石灰土剖面少有石灰反应，盐基饱和度40%～60%，粘粒硅铝率1.8，pH6.5～7.5，有机质4.4%左右。

黄色石灰土：主要分布在广西西部海拔较高的石灰岩山地，那里大气的湿度大，气候温凉，故土体呈黄色。由于淋溶不强，剖面具石灰反应，pH7.0～8.0。

红色石灰土：分布在石山平缓的麓地和溶谷间的剥蚀阶地或石芽平地。由于形成时间较棕色石灰土长，化学风化强烈，故剖面无石灰反应，粘粒硅铝率低。pH6.0～6.5。

黑色石灰土：零星分布于石灰岩山地的岩缝和坡麓低洼地。有石灰反应，pH6.5～8.0，有机质6%～7%，结构团粒状，是石灰土肥力最高的类型。

（2）紫色土 广西紫色土面积不大，零星分布，宁明、全州、兴安、荔浦、武鸣、东兴、钦州均有出现。紫色土成土时间短，岩性松散，成土母质不断更新，其上植被不茂盛，生物因素作用不明显，这些是紫色土成土条件的特点。因而紫色土土层分化不明显，土层浅薄，质地疏松，没有明显腐殖层，有机质含量低，氮0.03%～0.1%，有机质0.2%～2%，磷0.01%～0.03%，钾稍高，为1.02%～2.13%。紫色土虽处在亚热带或热带气候，但尚不具脱硅富铝化特征，pH6.5～7.0，盐基饱和度高，最低在56%以上，属盐基饱和度高的土壤。不含钙的紫色土，盐基饱和度稍低，属盐基饱和度中等的土壤，pH5.0～6.0。

（3）滨海盐土[6] 广西的滨海盐土面积866.93km^2。滨海盐土是一类年轻的土壤，一般缺乏发生层次，土壤含盐量0.6%～1.5%，以氯化物盐为主，硫酸盐很少；有机质含量一般是中下层高于表层；有机质、盐分、养分含量和代换量均取决于土壤的质地，与质地的沙、壤、粘成正相关（见表1-3）。

表 1-3　滨海盐土质地与有机质等的关系

土　壤	物理性粘粒 (<0.01mm) (%)	有机质 (%)	全　氮 (%)	全　磷 (P_2O_5) (%)	全　钾 (K_2O) (%)	代换量 (mmoL/100g 土)	总盐量 (%)
沙质盐土	<20	<1.0	0.01～0.06	<0.05	<1.0	<5.0	<1.0
壤质盐土	20～60	1.0～2.0	0.06～0.10	0.05～0.10	1～1.5	5.0～10.0	±1.0
粘质盐土	60～90	>2.0	0.10～0.20	>0.10	>1.5	10.0～20.0	1.0～1.5

滨海盐土依生境的不同可分为红树林潮滩盐土、潮滩盐土、草甸滨海盐土和滨海盐土 4 种。

红树林潮滩盐土：面积占滨海盐土的 10.57%。此类土壤绝大部分属粘质或壤质，有机质含量是 4 种中最高的，均在 1.00%以上，多数为 2%～3%，土壤多为酸性至强酸性。

潮滩盐土：是滨海盐土面积最大的一种，占 78.48%。此类土壤多为沙质，弱酸至弱碱反应，有机质不到 0.5%，代换量 2～6mmoL/100g 土，总盐量小于 0.6%，氮、磷、钾养分甚微，是滨海盐土养分较低的一种。

草甸滨海盐土：面积约占滨海盐土的 8.89%。其有机质、养分、盐分、代换量介于红树林潮滩盐土和潮滩盐土之间。

滨海盐土：是滨海盐土面积最小的一种，只占 0.42%。其有机质、养分和代换量均较低。

参　考　文　献

[1] 广西壮族自治区地质局，广西壮族自治区地质图说明书 1：500 000. 1976

[2] 中国科学院华南热带资源综考队，广州地理研究所．广西地貌区划（内部），1963

[3] 广西壮族自治区气象局．广西气候资料（1951～1980）．1982

[4] 中国科学院《中国自然地理》编辑委员会．中国自然地理．土壤地理．北京：科学出版社，1981

[5] 广西花坪林区综合考察队．广西花坪林区综合考察报告（土壤）．济南：山东科学技术出版社，1986

[6] 广西海岸带和海涂资源综合调查领导小组．广西海岸带和海涂资源综合调查报告．第一卷（综合报告）．1986

[7]《广西农业地理》编写组．广西农业地理．南宁：广西人民出版社，1980

第二章

广西森林的变迁历史[①]

第一节　地史时期

根据上述，广西自中生代三叠纪末期的印支运动后，就全部上升为陆地，海水再没侵入，从而结束海浸的历史，给陆生生物的发生、发展提供了基地。生物发展的历史证明，生物种系的形成和生物群落的发展，均与自然环境的改变和其他生物的兴衰有着密切的联系。而且各种成分间的地理联系亦较广泛。森林植物群落的发展和演变也合乎这一规律。因此在论述广西森林地史时期的变迁概况时，有必要首先了解我国森林植被在地史时期变迁的简要情况。

（一）地史时期我国森林概况[①]

现代我国植物区系和植被的存在，不是突然发生的，而是在生物发展的历史长河中逐渐形成的，因此，要了解我国植物区系和植被的性质和形成历史，追本求源，必须借助于古植物的研究，特别是与现代植物区系和植被有密切关系的新生代植物群落的研究成果。

我国新生代的植被，是承袭中生代末期的植被，伴随着自然历史变迁，特别是地质史上的巨大事件而延续演化和发展的。与中生代末期的植被相比，在组成上被子植物种类繁多，且占绝对优势；而裸子植物和蕨类植物从中生代的繁茂景象变得贫乏了。在老第三纪，组成中的被子植物原始类型占较大的比例，而且绝大多数属于乔灌木，而草本植物较少。到了新第三纪，原始的乔灌木种类逐渐减少，新兴种属日见增多，草本植物的种属已经复杂起来。到了第四纪，原始的木本类型更为降低，其分布区也较前期大为收缩，草本植物更

---

① 执笔人：莫新礼、苏宗明

加繁杂，这个时期的被子植物的种属，绝大多数与现代的相同。

新生代的植被地带性分异，随着板块的位移所带来的一系列自然地理变化，在中生代末期的基础上不断发展，愈接近现代面貌。在老第三纪，除了南部有些植被类型属于热带性质外，全国植被基本属于亚热带类型。植被区域从北到南大致分为六大林区。即①东北华北暖温带北亚热带常绿落叶阔叶针叶林区；②东部中亚热带半干旱疏林区；③华东近海中亚热带落叶常绿阔叶混交林和针叶林区；④华南南亚热带常绿落叶阔叶混交林热带红树林区；在西部可分为⑤西部北亚热带中亚热带干旱疏林半荒漠区；⑥藏滇热带南亚热带常绿阔叶林区。

随着地理的分化和气候的变迁，新第三纪植被的区域性比较清楚，植被的类型也较前复杂，逐渐向近代化方向发展，即北部和西部温带性质的植被类型得到明显的发展。在东部地区出现①东北华北温带暖温带落叶阔叶林和森林草原区；②华中华东亚热带落叶常绿阔叶混交林区；③华南亚热带常绿阔叶林和热带稀树草原及红树林区；在西部地区有④西北温带暖温带疏林草原及荒漠草原区；⑤川西云南西藏热带常绿阔叶林区。到了第四纪，我国植被的区域轮廓才大致接近现代的面貌。

（二）新生代广西的植物组成

对于广西境内古植物的研究特别与现代植物区系和植被有密切联系的新生代植物群落的研究做得很少，目前仅有百色盆地、南宁盆地、宁明盆地、稔子坪盆地、合浦盆地、南流江盆地及北部湾涠洲岛等地有较为系统的孢粉研究，广西地史时期植物区系组成是在分析和综合这些研究成果的基础上做出的。

1. 第三纪的植物群

（1）新第三纪 新第三纪时，广西属于华南南亚热带常绿阔叶林和热带稀树草原及红树林林区的范围，据孢粉分析，当时，被子植物占47.46%，裸子植物占42.91%，两者相差无几，属于亚热带、热带成分。从百色盆地、南宁盆地、宁明盆地、稔子坪盆地、广平盆地、合浦盆地新第三纪地层的孢粉研究得知，当时各盆地新第三纪植物群的植物组成大体如下：①②

a. 百色盆地

裸子植物：主要由银杏科（Ginkgoaceae）银杏属（*Ginkgo*）、松科（Pinaceae）油杉属（*Keteleeria*）冷杉属（*Abies*）铁杉属（*Tsuga*）云杉属（*Picea*）落叶松属（*Larix*）雪松属（*Cedrus*）松属（*Pinus*）等、杉科（Taxodiaceae）水松属（*Glyptostrobus*）落羽杉属（*Taxodium*）、柏科（Cupressaceae）、喜暖的罗汉松科（Podocarpaceae）罗汉松属

① 广西石油勘探开发指挥部广西石油地质与勘探论文集（1969～1979）

② 陈维田，1979：广西“邕宁群”划分和对比的初步探讨。广西地质科技情报第一集

(*Podocarpus*)、分布于热带山地的陆均松属 (*Dacrydium*)、南洋杉科 (Araucariaceae) 南洋杉属 (*Araucaria*)、苏铁科 (Cycadaceae) 苏铁属 (*Cycas*) 等热带植物组成。此外，还有耐旱的麻黄科 (Ephedraceae) 麻黄属 (*Ephedra*)。蕨类植物以水龙骨科 (Polypodiaceae) 为多。

被子植物：主要有木兰科 (Magnoliaceae) 木兰属 (*Magnolia*)、桃金娘科 (Myrtaceae)、椴树科 (Tiliaceae) 椴树属 (*Tilia*)、梧桐科 (Sterculiaceae)、大戟科 (Euphorbiaceae)、桑科 (Moraceae)、无患子科 (Sapindaceae)、棕榈科 (Palmae) 等热带植物。还有豆科 (Leguminosae)、蔷薇科 (Rosaceae)、金缕梅科 (Hamamelidaceae) 枫香属 (*Liquidambar*)、杨柳科 (Salicaceae) 柳属 (*Salix*)、杨梅科 (Myricaceae) 杨梅属 (*Myrica*)、桦木科 (Betulaceae) 桤木属 (*Alnus*)、榛木科 (Corylaceae) 榛木属 (*Corylus*) 铁木属 (*Ostrya*)、壳斗科 (Fagaceae) 栗属 (*Castanea*) 栎属 (*Quercus*)、小亨氏栎 (*Quercoidites microhenriei*)、榆科 (Ulmaceae) 榆属 (*Ulmus*)、冬青科 (Aquifoliaceae)、槭树科 (Aceraceae) 槭属 (*Acer*)、漆树科 (Anacardiaceae) 漆树属 (*Toxicodendron*) 黄连木属 (*Pistacia*)、胡桃科 (Juglandaceae) 核桃属 (*Juglans*) 山核桃属 (*Carya*) 化香属 (*Platycarya*) 枫杨属 (*Pterocarya*) 黄杞属 (*Engelhardtia*) 等。在上述植物群中以小亨氏栎占绝对优势，次为桤木等。

b. 南宁盆地

南宁盆地被子植物占优势，其中以桤木属、栎属、胡桃科、桃金娘科、杨柳科等较发达。裸子植物以松、雪松、罗汉松、油杉等属较多。蕨类以水龙骨科和凤尾蕨属 (*Pteris*) 为普遍。各类主要有下列种类：

裸子植物：银杏科银杏属、松科油杉属冷杉属云杉属雪松属松属、杉科及落羽松属水松属、罗汉松科罗汉松属等。

被子植物：大戟科、梧桐科、桃金娘科、山龙眼科 (Proteaceae)、瑞香科 (Thymelaeaceae)、木麻黄科 (Casuarinaceae) 桑科和无患子科等热带树种。此外，还有蔷薇科、豆科、金缕梅科枫香属、杨柳科柳属、杨梅科杨梅属、榛木科榛木属、桦木科桤木属、壳斗科栎属和栗属、冬青科冬青属 (*Ilex*)、鼠李科、槭树科、胡桃科枫杨属和核桃属、紫树科 (Nyssaceae) 紫树属 (*Nyssa*)、五加科 (Araliaceae) 等的种类。总的来看，南宁盆地新第三纪的孢粉组合属亚热带热带种类与百色盆地基本相同。

c. 宁明盆地

裸子植物主要有松科云杉属油杉属雪松属松属、杉科落羽杉属的种类，柏科的种类也有。

被子植物主要有瑞香科、桃金娘科、大戟科、蔷薇科、金缕梅科枫香属、桦木科桤木属和桦木属 (*Betula*)、壳斗科栗属和栎属、榆科榆属、桑科、鼠李科、胡桃科核桃属和山核桃属、八角枫科 (Alangiaceae)、五加科和木犀科 (Oleaceae) 等的种类。

d. 稔子坪盆地

裸子植物主要有苏铁科、松科松属、杉科和柏科等。

被子植物主要有昆栏树科（Trochodendraceae）昆栏树属（*Trochodendron*）、樟科（Lauraceae）、安石榴科（Punicaceae）安石榴属（*Punica*）、桃金娘科、蔷薇科、杨柳科柳属、杨梅科杨梅属、桦木科桤木属、榛木科榛木属、壳斗科栎属、榆科榆属、木麻黄科、檀香科（Santalaceae）、紫树科紫树属、马鞭草科（Verbenaceae）等。此外，还有棕榈科植物。

e. 广平盆地

裸子植物主要有松科铁杉属和松属、杉科、柏科、罗汉松科罗汉松属和麻黄科麻黄属等。

被子植物主要有柽柳科（Tamaricaceae）、桃金娘科、梧桐科、蔷薇科、豆科、杨柳科柳属、杨梅科杨梅属、桦木科桤木属、榛木科鹅耳枥属（*Carpinus*）、壳斗科栎属和栗属、桑科、芸香科（Rutaceae）、槭树科、胡桃科化香属和黄杞属、山茱萸科（Cornaceae）、木犀科白蜡树属（*Fraxinus*）和棕榈科等。

f. 合浦盆地

裸子植物主要有苏铁科苏铁属、松科松属云杉属雪松属落叶松属、杉科、罗汉松科罗汉松属等。

被子植物主要有桃金娘科、椴树科椴树属、梧桐科、蔷薇科、豆科、金缕梅科枫香属、杨柳科柳属、杨梅科杨梅属、壳斗科栎属栗属栲属（*Castanopsis*）、榆科榆属、冬青科冬青属、漆树科漆树属、胡桃科核桃属山核桃属枫杨属黄杞属、山茱萸科梾木属（*Cornus*）、紫树科紫树属、杜鹃花科（Ericaceae）杜鹃花属（*Rhododendron*）、忍冬科（Caprifoliaceae）荚蒾属（*Vibumum*）等。

（2）晚第三纪　根据吴作基对北部湾涠洲岛晚第三纪地层的孢粉组合研究结果：

蕨类植物主要有蚌壳蕨科（Dicksoniaceae）蚌壳蕨属（*Dicksoria*）、金毛蕨属（*Cibotium*）、铁线蕨科（Adiantaceae）铁线蕨属（*Adiantum*）、水蕨科（Ceratopteridaceae）水蕨属（*Ceratopteris*）、水龙骨科、紫萁科（Osmundaceae）、里白科（Gleicheniaceae）等。

裸子植物主要有南洋杉属（*Araucaria*）、松科油杉属冷杉属铁杉属雪松属松属等。杉科水松属、罗汉松科罗汉松属陆均松属等，麻黄科麻黄属、买麻藤科（Gnetaceae）买麻藤属（*Gnetum*）等。

被子植物主要有大戟科油桐属（*Vernicia*）、血桐属（*Macaranga* spp.）野桐属（*Mallotus* spp.）叶下珠属（*Phyllanthus*）、苏木科（Caesalpiniaceae）苏木属（*Caesaepinia*）、木麻黄科木麻黄属（*Casuarina*）、桑科、楝科（Meliaceae）海木属（*Heynea*）、山榄科（Sapotaceae）、夹竹桃科（Apocynaceae）、山龙眼科、天料木科（Samydaceae）天料木属（*Homalium*）、桃金娘科岗松属（*Baeckea*）蒲桃属（*Syzygium* spp.）、木棉科（Bombacaceae）以及棕榈科白藤属（*Calamus*）等热带植物。此外，还有木兰科鹅掌楸属

(*Liriodendron*) 木兰属、昆栏树科昆栏树属、樟科、安石榴科安石榴属、金缕梅科蜡瓣花属 (*Corylopsis* spp.) 枫香属、悬铃木科 (Platanaceae) 悬铃木属 (*Platanus*)、杨柳科柳属、杨梅科杨梅属、桦木科桦木属桤木属、榛木科鹅耳枥属铁木属、壳斗科青冈属 (*Fagus*) 假山毛榉属 (*Nothofagus*) 栎属栗属、榆科榆属榉属 (*Zelkova* spp.) 朴属 (*Celltis* spp.)、冬青科冬青属、卫矛科 (Celastraceae)、芸香科、槭树科槭属、漆树科漆树属、胡桃科山核桃属黄杞属化香属枫杨属、山茱萸科梾木属、八角枫科八角枫属 (*Alangium*)、紫树科、五加科、灰木科 (Symplocaceae) 灰木属 (*Symplocos*)、蓼科 (Polygonaceae) 蓼属 (*Polygonum*) 等植物。

2. 第三纪孢粉组合

根据上述的孢粉资料，按其组合的性质和变化，可划分为三个孢粉组合：

(1) 早中新世 水蕨属 (*Ceratopteris*) 松属蓼属 (*Polygonum*) 组合。

该组合特征为：①孢粉种类繁多，被子植物花粉和蕨类孢子在组合中大致相等；②水蕨属孢子占整个组合的24%～53%，松属占整个组合的6%～19%；③水生植物的孢子和花粉占有相当大的比重；④在被子植物花粉中，胡桃科、壳斗科、榆科、金缕梅科和木兰科占有一定数量。

血桐野桐 *Thelline* 铁线蕨属组合。

该组合的特征为：①以被子植物花粉为优势，占73%～97%，蕨类孢子尤其裸子植物花粉非常不发达；②水生植物孢子已属罕见；以血桐属和野桐属多种为代表的大戟科植物花粉及属于冬青科的 *Phelline* 十分繁多，其中不少占据组合的优势，如 *Macaranga* 占9.4%～82%，*Thelline* 占28.4%～46.9%；③豆科植物花粉和水龙骨科的孢子也占一定数量。值得注意的是 *Macaranga—Mallotus—Phelline* 的花粉一样，水龙骨科、铁线蕨属、石松属 (*Lycopodium*) 的孢子在这一组里首次出现，而且仅限于这一组。

(2) 晚第三纪中晚期 蒲桃属木麻黄属杨梅属组合。该组合的特征为：①孢粉种类十分贫乏；在已找到的孢粉中，被子植物占优势；②以 *Syzygium—Casuarina—Myrica* 等半旱生和典型滨海植物为其特征，并出现里白属 (*Gleichenia*)、紫萁属 (*Osmunda*) 等旱生蕨类；③在上一组合中出现的水龙骨科植物在这一组合显著增多，血桐属的不同种也有出现。

(三) 地史时期广西森林的演变

根据上述第三纪时的植物群的植物组成和孢粉组合，并根据：①上思县七塘村邕宁群底部（上新世）有棕榈科沙巴榈属的粉柄巴榈 (*Sabalites szeiguo*) 的化石；②50年代和80年代分别在龙胜县花坪林区和金秀县大瑶山发现第三纪上新世以前广泛分布的银杉 (*Cathaya argyrophylla*)；③60年代和70年代分别在资源县银竹老山和融水县元宝山发现的第三纪古植物资源冷杉 (*Abies ziyuanensis*) 和元宝山冷杉 (*A. yuanbashanensis*) 以及广西森林中各种属于第三纪的孑遗植物；④考古资料说明，第四纪时，广西森林植物群基本上属于印度、马来区系，都为热带亚热带成分。从文献资料大体推断出广西地史时期的森林植被的演变概况。

1. 老第三纪

在老第三纪，广西的森林植被区域属于华南南亚热带常绿落叶阔叶混交林热带红树林区，森林植被中以常绿和落叶混交林为主。喜热的乔灌木较多，主要有罗汉松属、栎属、无患子科、芸香科、漆树科、山龙眼科、木兰科、五加科、紫树科、金缕梅科、灰木科、核桃、化香、桤木、桦木、榆等，主要反映了旱生性状。在高山还有冷杉和铁杉。

但在桂南滨海台地一带，早期（古新世—早始新世）的森林植被以常绿阔叶林为主，有桑科、大戟科、桃金娘科、楝科、无患子科、苏木科和棕榈科等热带种类；还有金缕梅科、栎属、杨梅等种类。落叶树种以桦木科、胡桃科和榆科为主。山地有松、杉（*Cunninghamia*）等针叶树。中期（始新世晚期—渐新世早期）的森林植被则以青冈属（*Cyclobalanopsis*）等常绿树种为多。其他还有金缕梅科的蜡瓣花阿丁枫（*Altingia*）、东方枫香（*Liquidambar orientalis*）、枫香和冬青属以及广布于热带和亚热带的樟科、桑科、山龙眼科、棕榈科、壳斗科的栲属栗属栎属，桤木、山核桃等种类。沿海地带的海边还有海桑科（Sonneratiaceae）。晚期（渐新世中晚期）的森林植被以常绿落叶混交林为主。常绿阔叶树中有桑科、壳斗科植物；落叶阔叶树中以桤木占优势，常见的为桦木科、胡桃科、榆科的植物，其他还有枫香、木兰属和樟科的种类。裸子植物有松、杉、柏和罗汉松，高山还有冷杉属和铁杉属种类。海边还有海桑、木榄（*Bruguiera*）和红树（*Rhizophora*）组成的红树林。

2. 新第三纪

在新第三纪时期，欧亚大陆，特别是中国及其邻近地区发生了一系列巨大的、影响深远的地史事件：许多巨大的山脉和高原隆起；海浸消退，广阔的陆地得以浮现出来。大气环流发生根本性的变化，但南部地区的气候基本上还保持渐新世时炎热、干旱的状况。在这一过程中，我国新第三纪时期的植被经受了严酷而漫长的自然条件的锻炼，变得比老第三纪时期复杂多了。古老类型的蕨类和裸子植物及原始类型的被子植物，比前期又相对减少了，但松柏类的森林面积有所增加。落叶阔叶林在北部大为繁衍，草本植物数量激增。

此时期广西森林植被区域属于华南南亚热带常绿阔叶林热带稀树草原及滨海红树林区。在新中世早期，这里的气候仍然炎热、干燥，植被继承渐新世的类型，仍属常绿阔叶和落叶阔叶混交林。但在中新世晚期，气候略为湿润，落叶树种逐渐减少，发展成为常绿阔叶林，遍布于平原及丘陵地区。森林茂盛，以栲、青冈、石栎、栗、核桃、金缕梅科和棕榈科植物为主。到了上新世，海洋性气候对本地区影响增加，暖热而湿润。这时期，常绿阔叶树以青冈、石栎、冬青、栲属为主，落叶树有栗、水青冈等。后期气候转干，森林中的栲、栗的数量减少，但枫杨有所增加。同时在石灰岩山地以榆科为主的落叶阔叶林亦有所发展。

但是在百色、南宁和宁明等盆地则以亚热带、热带常绿阔叶林为主，常绿树种以桃金娘科、大戟科、豆科、梧桐科、椴树科、桑科、木麻黄科和棕榈科等热带种类以及壳斗科、木兰科、杨梅科、冬青科等亚热带种类为普遍，落叶阔叶树以桤木、桦木、栎、枫香、槭属、山核桃、核桃、化香、枫杨、紫树等为主，针叶树种主要为松科、柏科、罗汉松科的植物，其他还有银杏科的银杏，南洋杉科的南洋杉，杉科的水松和落羽杉等种类。高山上有耐寒性较强的冷杉、云杉、铁杉、落叶松、雪松和热带山地的陆均松等。

合浦盆地和北部湾涠洲岛的植被以热带、亚热带常绿阔叶林为主，主要由大戟科、桃金娘科、椴树科、梧桐科、豆科、天料木科、木棉科、桑科、木麻黄科、楝科、山榄科、夹竹桃科和棕榈科等热带种类组成，其他还有壳斗科、桦木科、榛木科、金缕梅科、杨梅科、榆科、冬青科、槭树科、胡桃科、樟科、木兰科和耐寒性较强的昆兰树科昆兰树属（*Trochodendron*）等植物。针叶树有松科的松属、油杉属，杉科的水松属，南洋杉科的南洋杉属，高山上还有冷杉、云杉、铁杉、落叶松、雪松和陆均松等。这时，沿海地区海边的红树林已消失。

3. 第四纪

第四纪，在地史上是一个大转折，这时期全球最主要的特点是气温普遍下降，年平均气温与第三纪比较，相差7～10℃之多。在我国整个版图范围的气温也同样相应下降，但北部地区下降多些，南部少些。第四纪冰川时期，我国并没有直接受到北方大陆冰川的破坏，只是在有些地方受到山地冰川及冰川寒冷气候的影响。总的说来，我国第四纪的森林植被是在新第三纪植被的基础上发展起来的。它的区域分化轮廓已与现代的近似。但与前期新第三纪相比，由于冰期和间冰期的反复更迭所引起的气候波动的影响，产生某些变化。只不过因为大部分地区位置偏南，又具有复杂的地形条件，形成许多古老植物的避难所，使不少的古老植物幸免于难或成为新生孤立类群的发源地。

第四纪冰川的遗迹亦到达广西境内的都庞岭、越城岭、驾桥岭、海洋山、融安、罗城、大瑶山、梧州、富川、钟山等地区，大明山、都阳山、百色、德保、靖西、驮芦、大容山、兴业等地区，虽然受到冰川余波所及，但影响很微，且地形复杂，避难所很多。所以广西仍残存着诸如鹅掌楸（*Liriodendron chinense*）、白豆杉（*Pseudotaxus chienii*）、马尾树（*Rhoiptelea chiliantha*）、铁杉等古老孑遗植物，以及50年代初至70年代末先后在桂北林区发现的银杉、资源冷杉、元宝山冷杉等古老的松柏类植物新分类群。

我国南方不但很少受气候波动的影响，相反，在两广最南部、海南岛、台湾和南海诸岛，大部分地区的气温和雨量有所增加，全年高温多雨，相当于现代热带森林植被的特点，森林植被类型与现代近似。

第二节　历史时期

（一）广西古代森林的基本情况

1. 森林资源

广西古代森林茂密，直到18世纪中叶以前，大部分地区仍保存着完好的森林植被。唐代时，“湘江永洲路，水碧山萃兀”，南岭山地，到处山青水秀，森林茂密。到宋代，两广山地丘陵的中部和南部“少见霜雪”，“地气常燠，草木柔脆”①，属于热带性气候。由于开发较晚，大部分地区到宋初仍然“人稀土旷”和“事力微薄”②，“山林翳密”③。直到清朝乾隆时期（18世纪中叶），广西南部地区的天然森林植被仍然保存较多，尤其桂西南地区有“树海”之称④。在“与安南接壤处，皆崇山密箐，斧斤不到，老藤古树，洪荒所生”，描述了当地茂密的热带原始森林的面貌。为了对广西古代的森林植被分布概况有所了解，现根据有关古籍资料的不完全记载，按照广西目前的行政区域所辖范围归纳，简介如下：

（1）桂林地区　　前面已经说过，唐、宋时，南岭山地丘陵，到处山清水秀，森林茂密。桂林隐山“先是榛莽翳荟，古莫知者”⑤。明朝《徐霞客游记》中也记载他于崇祯丁丑年闰四月（公元1637年），从湖南入桂林，到全州时见到“古松连云接嶂”的森林繁茂的景象。他游到阳朔白沙，随江东北行时，那里“林木悠然”⑥。直到清朝以后，桂北地区仍然保存较多的天然森林，“龙胜处万山之中，丛篁深箐”⑦。全州城西湘山“峰密郁郁”，圭山“古木荷蔚”⑧。

至于植物资源方面，主要树种有杉（*Cunninghamia lanceolata*）、松、柏、楠（*Phoebe bournei*）、樟（*Cinnamomum*）、枫、栎（包括*Cyclobalanopsis*、*Lithocarpus*、*Castanopsis*以及竹子等）。常见果树有桃（*Prunus*）、梅、梨（*Pyrus*）、柿（*Diospyros*）、枇杷（*Eriobortrya japonica*）等。较大型的森林鸟兽主要有虎（*Panthera tigris*）、豹（*Panthera pandus fusca*）、熊（*Selenarctos thibetanus*）、野猪（*Sus scrofa chirodontus*）、鹿、猴子（*Maceca*

① （宋）周去非《岭外代答》卷四：“风土门”。

② 同书，卷一：“地理门”。

③ 《宋史志》地理六。

④ （清）《曝杂记》卷三：“树海”。

⑤ （宋）《太平寰宇记》卷162；“岭南道·桂林·临桂县”。

⑥ （明）《徐霞客游记》卷三上（一）“粤西游日记一”。

⑦ （清）《龙胜县志》·序。

⑧ 《全州县志》，1942年。

spp.）以及白鹇（*Lophura nycthemera*）、环颈雉（*Phasianus colochicus*）和锦鸡（*Chrysolophus pictus*）等。

文中关于“植物资源方面”所列举的主要树种以及鸟兽的种类，均根据所属《县志》和有关古籍资料在“物产”或“食货”等章节里的记载摘录而来，原无拉丁文学名，现经作者初步分析考证后补加，以下地区均同。

（2）柳州地区　“桂林尝有雪”，但“稍南则无之”。柳州地区大部分地方位于桂林南边，所以气候又比桂林地区较为温暖，更有利于亚热带森林植物的生长和繁衍。由于多山僻野，故直到清朝以后，仍有茂密的森林。象州县的甘视山“林木阴遂”[①]。武宣县的金龙山“苍松蓊蔚”。其他如大瑶山、融水等地更是“森林连绵，遮天蔽日”。

至于植物资源方面主要树种有：松、杉、樟、楠、枫木、椿（*Toona*）、苦楝（*Melia*）、黄杨木（*Buxus*）以及檀（*Dalbergia*）、胭脂木（*Ormosia*）、黑木（*Ormosia* 或 *Albizzia*）等；其他还有榕（*Ficus*）、木棉（*Bombax malabarica*）和桄榔[②] 等热带树种。栽培果树主要有柚子（*Citrus*）、柑（*Citrus reticulate*）、橙（*Citrus sinensis*）、黄皮（*Clausena lansium*）、李（*Prunus saicina*）、梨等。此外，柳州还有龙眼（*Dimocarpus longan*）、芭蕉（*Musa*）；象州并有仁面子（*Dracontomelon duperreanum*）等热带果树栽培[③]。至于大型的森林鸟兽方面，主要有虎、豹、熊、麂、麝、野猪、猴子以及白鹇、环颈雉、锦鸡和竹鸡等。

（3）南宁地区　本地区由于地气“恒燠少寒，无霜雪”，“暮冬气候暖若三春，树叶不落，桃李乱开，蝮蛇不蛰”[④]，十分有利于热带、亚热带森林树木的生长和繁衍，故在清代（18 世纪）以前，这里不但“山深岚翳，草木不枯”，而且还有大象和孔雀等大型的热带鸟兽。清代时，宣化县城（今南宁市境）十里的盘龙山“乔木参天”，离县较远的逃军山“林木蓊翳，良材野味多出焉”，城南一百八十里，通钦廉达海岛广博无际的敖王山“林木蔽天”，“产铁力木、毛茶”；城南一百七十里，接钦州灵山界的茶山“丛枝蝉联，所产林木不可胜用”[⑤]。明时横州（今横县）西南十里的秀林山“林木郁秀”[⑥]，到清代，横州城南二十里宝华山（又名南山），尚“树木葱郁”，县城较远的三墨山也是“树木丛密”[⑦]，永淳县（今横县境）北三十里的司中山“山深林茂”，“产铁力、樟、楠诸大木”；县北五十里的滕塘山“山多林木”；崇左县太平府养利州的养山“苍翠蓊郁，绵延甚远”。[⑧]“下石西，山峰叠秀，林木郁葱”。清光绪时，天等县上映土州“山深林密”，奉议州北三里的莲花山“层峦

① （清）《象州志》上·纪地。

② 据考究其所指似是 Cargota 而非 Arenga 植物。

③ （清）《柳州县志》·物产。

④ （清）《武缘县志》卷一：“天文志·气候”。

⑤ （清）宣统元年玺刻《南宁府志》卷五：“舆地志·山川·宣化县”。

⑥ （明）《南宁府志》。

⑦ （清）《横州志》卷二：“统辖志·山川”。

⑧ （雍正）《广西通志》卷 150：“山川略 12·南宁府”；卷 160：“山川略 13·太平府”。

叠嶂，树木阴翳，行人不辨东西半步”①。清乾隆时，武缘县“北八十里与上林县接界，名曰鸣山”“古木连云，层峦际日”（《武缘县志》）。直到20世纪初，1937年（中华民国26年）编纂的《邕州县志》仍记载县东北百里的鹿鸣山“林木蓊翳，中多良材，有百年老干，未齿斧斤者；唐宋以来老林，惟此仅存。”② 明朝武缘知县，对当时邕宁接界的“高峰岭”一带林木茂密景象，曾作“高峰歌”予以赞美：“高峰之高高倚天，陡崖石径云中连，郁缪万木自葱芊，交藤络石相纠缠”。明时，南宁地区大型林栖动物也很兴盛。“洪武十八年（即公元1385年），十万山象出害稼”；“神宗万历十五年（即公元1587年）秋，横州北乡象出害稼”③。孔雀分布普遍，不少有关古籍都有“孔雀各州县出”，“生高山乔木之上”④ 的记载。同样反映出该地区古代森林繁茂的景象。

至于植物资源方面，主要树木有：楠、铁力木（*Erythrophleum fordii*）和蚬木（*Burretiodendron hsienmu*）、樟木（*Cinnamomum camphora*）⑤、椿、栗木、栲属（*Castanopsis*）、青冈属（*Cyclobatanopsis*）、紫荆木（*Madhuca pasqieri*）、紫檀木（*Ormosia microphylla*）、银木（*Wrightia*）、思儡木⑥、木棉、桄榔（*Arenga pinnata*）和鱼尾葵（*Caryota ochlandra*）以及松、杉等。果树有荔枝（*Litchi chinensis*）、龙眼、橄榄（*Canarium album*）、乌榄（*C. pimella*）、人面子、菠萝蜜（*Artocarpus heterophyllus*）、扁桃、杧果（*Mangifera indica*）、黄皮、杨桃（*Averrhoa carambala*）、柿、栗等。此外还有银杏（*Gingo biloba*）、核桃（*Juglans regia*）以及波斯橄榄、山韶子⑦ 和毛韶（俗曰毛荔枝、山荔枝）的记载。主要鸟兽有：虎、豹、鹿、麝、熊、山猪、乌猿、猴（有金丝、玉面、黑面三种）以及白鹇、雉鸡、戴胜（*Upupa epops*）和翡翠等。还有野象（*Elephas maximus*）和孔雀（*Pavo muticus imperotor*）等大型的热带动物。

（4）**百色地区**（包括河池地区）　本区地域旷远，西部各县属古之“夜郎地”，山高林密，交通闭塞，自然条件复杂，“气候多垂”；北部“冬寒但夏不甚热”；南部“四时瘴燠”，“罕见霜雪”，“草木不枯”。德保、靖西、那坡一带，直到18世纪初仍然保存着大片完好的原始森林。据《镇安府志》记载：天保县（今德保县境）附郭“山深箐密”，城南五里的狮子山“林木森茂，望之蔚然”，城西三十里上甲的鉴山“林木幽深”，城南六十里的云山“古树参差”，城南九十里的伦山“树木浓密，人迹罕到”，城北的莲花山“树木阴翳，

① 《镇安府志》卷10：舆地志3。

② （民国）《邕宁县志》：地理二。

③ （清·宣统）《南宁府志》卷39：6杂类志3祥7。（清·光绪）《横州县志》卷二：“气远志·祥”。

④ 《广西通志》卷31：“物产·南宁府·太平府·思恩府”卷90：“舆地11·物产2·思恩府”。

⑤ 本地区群众所称的铁力木有二物同名，如《广西通志》所载；南宁府，“各州县俱出，而永淳司中山者佳”的铁力木则为格木；而左、右江石山地区的铁力木系指蚬木。

⑥ 据《岭外代答》卷六记载：“思儡木，生两州峒，竖入水中，百年不腐，峒人及交趾以为弓弩、标枪之树，为天下最”，以及《归顺直隶州志》卷三记载“思儡木，坚实啧盐水中，百年不腐，顺属极多”的思儡木似为蚬木。

⑦ 据《广西通志》卷九十·舆地略十一·物产二·记载：“山韶子，其色红肉如荔枝，叶如栗，赤色子大如栗，有棘刺，破其皮，肉如猪肪”。据此特征，该物似是肖韶子（*Pseudonephelium*）。

行人不辨东西半步”，城南百里的开榜山“古树青翠”。归顺州（今靖西县境）城西二里许的凤凰山“竹木森密”，城南三十里的排山“林木幽深”；都康土州西二十里的隆满山“苍翠如屏，树木阴翳”。小镇安土司（今那坡县城）北一里的甘岩“古树阴翳”①。清光绪年间，靖西县的归顺州北二里的凤凰山仍然是“竹木森茂”。宾山“林木耸翠”②。至于处在云南及安南（今越南）接壤的边远之地，更是到处“皆崇山密箐，斧斤不到”③。与云南交界的西林县，南部的潺巴山“茂林幽蔚”，东部的样山“深林叠嶂”④，现属河池地区东兰、南丹等地，古时皆“深箐密布，草木蓊翳”⑤。植物资源方面，主要树种有：铁力木、楠木、樟木、椿、樗、木棉、枫木、榕、思儡木、松木、桄榔⑥等；果树主要有：柚、柑、橙、梨、栗、核桃、杨桃、橄榄、黄皮、扁桃、菠萝蜜、荔枝、龙眼等，其他还有八角（*Illicium verum*）。森林鸟兽方面主要有：虎、豹、熊、鹿、麝、山羊、野猪、乌猿、白头猿⑦、猴子及白鹇、雉鸡、鹧鸪、金钱鸡等。

（5）**梧州地区** “梧州僻在边南，古称瘴地，大率土广民稀，草木蔚荟”。其地“孟春之月，桃李花柔，”“仲春之月”，“木棉吐英”，“季春之月温风至，梅子熟，槟榔苞拆”。在其南部诸县尤其“多燠少寒，冬不见雪。”⑧大部分地方“山高林茂”。清代，苍梧县城北五十里的文殊山“林木蓊郁”，城南一百里的铜锅山（又称铜锣山）“林树参天”，在多贤堡界连昭平的天雄山“林木蓊郁”⑨；岑溪县东北界苍梧、藤县之间的上下七山更是“丛林修树环数百里无日色”，城南十五里的大雍山“林木森秀”，城东三十二里的通天岭“森郁高峻”，城西四十里的绿袍山“树木丛茂”⑩。至于植物资源方面，主要树种有：樟、楠木、椿、枫、赤犁、榕、铁力木（格木）、紫荆木（*Madhuca*）、荷木（*Schima*）、松、杉、柏等。同时梧州还产多种“其叶则认为渔父之蓑”的藤（*Calamus* spp.），而藤州（今藤县）就是因其“州治之外，常有古藤甚大”而得名⑪。主要果树有：荔枝、龙眼、橄榄、乌榄、阳桃、黄皮、柚、柑、栗等。当时在稍偏北的昭平也“出荔枝”，“贺州长林山多橄榄树”⑫。主要鸟兽有：虎、豹、熊、鹿、獐、野猪、山羊以及白鹇、雉鸡、竹鸡、鸳鸯、翡翠等。此外，据有关古籍记载：在苍梧县北二十里的思良江（又名多贤水）中有鳄鱼⑬。

---

① （清乾隆）《镇安府志》卷二：“山川，天保县，归顺州，都康土州，小镇安土司”。
② （清·光绪）《归顺直隶州志》卷三。
③ （宋）《檐曝杂记》卷三。
④ （清·康熙）《西林县志》·山川。
⑤ 《广西通志》卷 84：“舆地五”。
⑥ 桄榔包括：Caryota ochiandra（鱼尾葵）。
⑦ （清）《镇安府志》卷四：“赋役志”物产，属。
⑧ 《广西通志》卷 84：舆地五。
⑨ （清·雍正）《广西通志》卷 130：“山川略”10. 梧州府《苍梧县志》卷 18：“外传纪事下”卷五：“风土志”。
⑩ （清·乾隆）《岑溪县志》·山。
⑪ 《岭外代答》卷八，花木门。
⑫ 《广西通志》卷 91：“舆地略 12，物产 3，”。
⑬ （宋）《太平寰宇记》卷 164：“岭南道八，梧州，苍梧县”《广西通志》卷 91：“舆地略 12，物产 3，梧州府”。

（6）玉林地区　本地区“地气常燠”，“少见霜雪”，“草木不枯”，到清代时，到处仍是“山林密茂”。陆川县城东三里的东山“乔木蓊郁”；平南县南四十里的思岩山“树木森蔚”，县东南六十里与藤县交界的大水山更是“绵延百余里，密林深箐”，博白县东南五十里的绿秀岭“林木青葱，广三百余里”[①]；桂平县南绵亘数百里至玉林、北流、容县、平南等县的大容山“树木丛茂”，紫荆山“草木莽荟”；贵县城南十里的南山“苍翠郁映”[②]。清乾隆五十七年（1792年）郁林州城西七十里的勾蓊山“树木丛蒙”[③]。容县东北四十里的桂殿山和西南四十里的陆便山均“林木丛杂”，县东南一百余里的天堂山“树木轮囷离奇，蔚然深秀，多千百年古物”[④]。直到1942年（中华民国31年）《陆川县志》还记载县北四十多里与北流接壤地云岭仍“林箐深密，鸟兽群集，人迹罕至”。同时，在县南五十多里吹塘堡新村堡一带的大岭楝“绵亘数里，林木蓊郁，人迹罕至”[⑤]。植物资源方面，主要树种有樟、桂、紫荆、青橼、赤黎（栲）、荷木、枫木、铁力木（格木）、楠木、水松（*Glyptostrobus pensilis*）、松、杉、桄榔、苏木（*Caesalpinia sappan*）等；果树主要有：荔枝、龙眼、橄榄、杧果、乌榄、人面子、菠萝蜜、阳桃、黄皮、柚、柑、橙、水蒲桃（*Syzygium*）、毛荔枝等。据记载还有槟榔（*Areca catechu*）和椰子（*Cocos nucifera*），如（元朝）《永乐大典》就记载了“槟榔子在南流县旧所废党宇州境内”，“椰子在南流县有，土人多种，今广西诸群皆有，惟州为最”[⑥]。《广西通志》等记载“槟榔，一名洗瘴丹，郁林、博白、陆川出”，“椰子出郁林”[⑦⑧⑨]等。经济林有八角、肉桂（*Cinnamomum cassia*）。鸟兽方面，主要有：虎、豹、鹿、山猪、猴、乌猿、猩猩以及白鹇、雉鸡、竹鸡、鸳鸯等。宋代《舆地纪胜》还记载在博白县西四十里的伏割山“多鹦鹉、孔雀、象兽”[⑩]。《广西通志》并记载“南流县土产犀牛，有角在额上，其鼻上又有一角”，鳄鱼南流县出[⑪]。

（7）钦州地区　本区“僻在边南”，“其地近海，地入热带”，“地气常燠，草木柔脆”，“木叶凌冬不凋”，到处“林箐密茂”，直到18世纪以前，各处山地大都仍保存有较完好的原始森林。宋代，合浦县东一百三十里的百良山“林木深广，工匠求良材百不失一”[⑫]，直到清代百良山仍“多产大木良材”。当时，与博白相连的大廉山“林木葱郁，洎数十里”，县东六十里大廉港中的鸦州“林木繁阴”，那环村附近的那怀山“林箐茂密”；灵山县东三

① （雍正）《广西通志》卷140、160、180。
② （清）《浔州府志》卷二：“纪地，山川，桂平”。
③ （清）《郁林州志》卷二，山川。
④ （清）《容县志》卷三：“舆地志三，山川”。
⑤ （民国）《陆川县志》卷二：“舆地类一，山川上”。
⑥ 《明永乐大典》卷2339：“土产，郁林州，物产”。
⑦ 《广西通志》卷31：“物产，太平府”。
⑧ （清）《太平寰宇记》卷165：“岭南道九，郁林州，土产，南流县”。
⑨ （宋）《桂海虞衡志》，志果。
⑩ （宋）《舆地纪胜》卷121：“广南西路，郁林州，景物下”。
⑪ 《广西通志》卷93：“舆地略14，物产5”。
⑫ 《舆地纪胜》卷119：“广南西路，廉州、合浦县，景物下”。

十里的罗阳山“山树繁郁”，县东二十里的凤凰山“多产树”，县西南五十里的林冶山“林木森秀”，“多产红豆”，县西一百里的石六峰“花木深茂”①。清光绪初中年间，“钦州林业，以松为多，而杉少，”“各乡小林业恒多长成松林，到处青葱可爱”②。

据考证，钦州地区在清中期以前，大型林栖动物很发达。（清）《古今图书集成》记载，灵山县的那暮山“产象，每秋熟，辄成群出食，居民甚苦之”；钦州城南五里文笔峰西的三山，因其“山多孔雀”，故又名孔雀山③。（明）“世宗嘉靖二十二年（即1543年）甲午，钦州获野象，象由灵山入钦州界，践踏田禾”④；二十六年（公元1547年）八月，合浦大廉山群象践禾稼⑤；“洪武十八年（公元1385年）八月，上思州象出十万山”⑥。由此可见古时钦州地区的野象和孔雀不少，从而说明在18世纪中叶以前，本地区仍然保存着大片的原始森林。

植物资源方面，主要树种有：铁力木（格木）、紫荆木、椎木（*Castanopsis*）、木荷、黄桐（*Endospermum chinense*）、春花木（*Rhaphiolepis indica*）、车辕木（*Syzygium*）、樟木、楠木、木棉、黄梁木（*Adina*）、枫木、榕木、松木、杉木、桄榔等，其他还有白藤、黄藤。主要果树有：荔枝、龙眼、仁面、橄榄、乌榄、菠萝蜜、胭脂木（*Artocarpus*）、杧果、阳桃、黄皮、柚、柑、柿等。主要森林鸟兽有：虎、豹、熊、鹿（有钦州多出鹿的记载）、羚羊、山犀（间有）、山马、山羊、山猪、猿、猴、狒狒（俗呼山笑）以及白鹇、雉鸡、佛法僧目（Coraciiformes）的翡翠等。同时还有野象和孔雀等大型的热带鸟兽。

2. 基本特点

根据上述，可以看出广西古时森林有两个显著特点。第一是森林茂密，物产丰富。直到18世纪中叶以前（清乾隆年间），广西从北到南，很多地方仍是“峰密郁郁”，“森林连绵，遮天蔽日”，“环数百里无日色”，“行人不辨东西半步”，“多千百年古物”，“所产林木不可胜用”。当时，还“象出十万山”。各地所产的优良材用树种、果树和动物均在数十种以上。第二是表现出浓厚的热带和亚热带性质，规律性明显。从气候看，“桂林尚有雪，稍南则无之”。梧州“孟春之月，桃李花柔”，“仲春之月”，“木棉吐英”，“季春之月温风至，梅子熟，槟榔苞拆”，其南部诸县尤其“多燠少寒，冬不见雪”。玉林地区“地气常燠”，“少见霜雪”，“草木不枯”。南宁地区“恒燠少寒，无霜雪”，“暮冬气候暖若三春，树叶不落，桃李乱开，蝮蛇不蛰”。百色地区“气候多垂”，北部“冬寒但夏不甚热”，南部“四时瘴燠”，“罕见霜雪”，“草木不枯”。钦州地区“其地近海”，“地入热带”，“常燠，草木柔脆”，“木叶凌冬不凋”。从上描述明显看出广西古时气候水平纬向分布的差异性，气温北低

① 《古今图书集成》：“职方典1361卷：廉州府山川考一，合浦县、灵山县”。
② 《钦州县志》“民生志，卷八，林业”。
③ 《古今图书集成》“职方典，廉州府，山川考”。
④ 《廉州府志》卷21：“事记”。
⑤ 《合浦县志》卷五：“事记”。
⑥ 《南宁府志》卷39：“杂类志禨祥”。

南高，从北到南有规律的变化，与现今广西的气温条件和变化大体相近。从植物资源和动物资源组成看，北部的桂林地区主要植物资源为杉、松、柏、楠木、樟、枫、桃、梅、梨、柿、枇杷，为典型的亚热带性质。柳州地区除此外，还有榕、木棉、桄榔、黄皮、龙眼、芭蕉、人面子等热带性种类。南宁地区、钦州地区等地“僻在边南”，植物资源普遍出现有格木、木棉、蚬木、荔枝、杧果、人面子、菠萝蜜和榄类以及槟榔、椰子等众多的热带树种，钦、廉等地和十万大山一带还有野象和孔雀等典型的热带鸟兽出现。上述植物从北到南分布的变化，与现今桂北属于中亚热带常绿阔叶林、桂中属于季雨林化常绿阔叶林、桂南属于常绿季雨林的性质也大体相仿。

（二）广西古代森林的变化

1. 变化情况

与现代森林相比，广西古代森林有两个明显的变化。

（1）面积大为缩小 广西地属“百越”，由于自然地理条件等客观原因，故开发较晚。秦始皇三十三年（公元前214年）统一岭南，在广西设置桂林郡，从此以后，中原汉族不断南迁，南北民族大融合，才促进了南北社会经济文化的发展。广西大部分地区直到宋初仍然“人稀土旷”、“山林翳密”[①]。以后由于下述所分析的原因，使广西古时森林面积日益缩小，但直到18世纪中叶以前，广西森林面积还是相当大的。康熙三十九年（1700年）广西森林面积占土地总面积从公元前的91%下降到39.1%[②]，不过在边远地区尚有大片原始森林。乾隆三十二～三十五年（1767～1770年）赵翼出守镇安府，所见镇安沿边下越南接壤处，皆崇山密林，古树参天[③]。“僻在边南”的钦州地区，据《合浦县志》记载，“清乾隆十六年（1751年）夏秋之交，粤海关役龙作相藉关税名色，招集高、雷、琼无赖之徒，砍伐多颜、赤江石头埠等处官山”。乾隆以后，由于人口激增，特别是湖南、广东等省大批农民迁入，森林遭受破坏更严重。据《钦州县志》记载，“清光绪初、中年间，各乡小林业恒多长成松林，到处青葱可爱”，说明该地区还是有相当面积的森林，只是已退化为次生的松林了。“光绪二十年（1894年）后，日施斧斤，有砍无种”，才“逐渐零落稀疏，甚至童山濯濯”。开发较早地区，森林受破坏的历史也较长。例如光绪三十三（1907年），广西巡抚部院谕：自省城至平乐一带沿河两岸荒山荒地颇属不少，亟应举办植树造林，以开风气而辟利源[④]。又如位于桂中的来宾县，据1937年修的县志记载，当时来宾县已是“瘠土硗确，弥望皆是，农、蚕、垦、牧、森林、渔、猎等自然之利无多”的地方。在中华民国期间，特别是新桂系统治时，对林业建设尚较重视，先后开办一批林场、苗圃，并奖励造林，颁布

① 《宋史》：“志四十二，地理六，广南东西路”。

② 《广西林业大事记》。

③ 赵翼《檐曝杂记》。

④ 《广西清代档案》。

过一些有关政策法令，但收效不大；相反，对乱砍滥伐，毁林开荒、山火的防治等却无所作为，以至森林资源却继续大幅度消减，1950年根据资料分析，广西森林面积只有37.87万hm^2，覆盖率16.04%。①

从与森林息息相关的大型林栖动物的消失过程来看，也在一定程度上，反映广西古代森林变化的过程。南北朝时期，宋文帝元嘉元年（公元424年）时，"白象见零陵、洮阳（今广西全州县境②）"《明通鉴》有"孔雀产高、廉、雷、罗定诸处③"的记载。明太宗洪武二十一年（公元1388年）西平侯沐英讨思伦发时，见"蛮欧百象，被甲荷栏盾④"。从上有关古籍记载。在桂北，全州县境（零陵、洮阳）至宋初仍见到野象出现。在桂南，至19世纪中叶（至清光绪年间），南宁、钦州地区仍有野象群和孔雀，直到19世纪中叶以后才逐渐绝迹。现在我国的野象和孔雀的分布只限于云南省南部的西双版纳地区。有野象和孔雀出没的地方，毫无疑问地反映了当时具有茂盛的原始森林植被，才能为这些大型的热带鸟兽的生活、栖息与繁殖提供有利的条件和良好的处所。当然，对野象和孔雀在绝大部分地方已经绝迹的原因，寒冷低温的影响是其中因素之一，同时还在于森林植物被不断遭受严重的破坏和毁灭，使这些大型的动物失去其生活、栖息和繁殖的处所，无法继续生存下去。当然与人们大肆捕猎和杀戮也有关。

（2）热带物种界线南移和部分热带物种消失 荔枝在广西栽培的北界，12世纪末，曾到达桂林，宋朝范大成的《桂海虞衡志》就曾记述有"荔枝，自湖南界入桂林，才百余里便有之⑤"。直到17世纪初，我国明代著名的地质学家徐弘祖到桂林游览（考察）时，仍见到"桂林荔枝"，虽然"极小而核大"，然一种甘香之气，竟不减枫亭风味⑥。但到了18世纪末，据嘉庆五年的《广西通志》注述说："今桂林实无荔枝"⑦ 了。现在广西荔枝大片栽培的北界已向南推移到浔江谷地以南一带了。又如典型的热带果树槟榔和椰子，自12世纪末到13世纪中（从晚唐到南宋至元初），在玉林地区北流县一带栽培的槟榔和椰子较多，并成为当地主要土产之一。然而现在玉林地区已无槟榔、椰子栽培，其栽培的北界已推到玉林以南的合浦—东兴一带滨海地区。至于热带物种的消失，就是上述所讲的大型热带林栖动物野象和孔雀，早在19世纪初在广西就已经绝迹了。

2. 变化原因

（1）人为因素 广西古代森林面积的缩小，主要原因是人为因素造成的，综合起来可归纳为下列几方面。

---

① 《广西林业大事记》。

② 《宋书》卷28"志18符瑞中"。

③ 《明通鉴》卷九：⑥纪九⑦。

④ 《南越笔记》（二）卷八。

⑤ （宋）范大成《桂海虞衡志》："志果"。

⑥ 《徐霞客游记》卷三上："粤西游日记一"。

⑦ （嘉庆）《广西通志》卷八十九"舆地略，物产一，桂林府"。

①刀耕火种，毁林开荒

广西是个多山多林、多民族的地方，随着农业和手工业的不断发展，人口不断增加，从而需要扩大耕地面积，但由于当时文化落后，生产技术原始低劣，故刀耕火种、毁林开荒的现象极为普遍。据（清代）《镇安府志》记载，19世纪末桂西南一带就有“焚薮泽，筑陡塘”毁林开荒的事实。尤其在封建社会和半封建半殖民地的旧中国时代，广大劳动人民受到残酷的压迫和剥削，民不聊生；特别是少数兄弟民族受到歧视和迫害，致使他们不得不离乡背井，辗转迁徙，流落到偏僻山村，过着不稳定的生活，长期采用刀耕火种，毁林垦殖以营生计，从而不断地加速和扩大对森林的破坏和毁灭。这种恶习，直到今天，在一些边远山区仍有所出现，无疑值得注意。

②统治阶级大兴土木，毁林取材

我国历代封建统治阶级大兴土木，修建宫殿园林，皆选上等木料，因此，森林遭受毁灭性的破坏，而且使不少稀有珍贵树种濒临绝种。

广西古时，在桂林市独秀峰下兴建和修建于元、明间（公元1331～1372年）“皇城”，建于清代同治八年（1869年）的雁山“西林公园”以及容县的“真武阁”（改建于明朝神宗万历元年即1573年）等不同程度地代表这一历史事实的见证。同时据有关史典记载，清代皇帝入关后，扩建北京紫禁城建筑群就经常从四川、广西等地采运大楠木，康熙二十四年（1685年）取粤西大木，经梧州水运进北京，尤其雍正以后，更规定湖南、广西、广东等地每年必需向京都贡献木材和林副产品等。

③战争对森林的摧残和破坏

古今以来大的战争，对森林的摧残和破坏都是十分普遍而严重的，因为交战双方在战术上都需使用木材修筑工事，借助森林环境作隐蔽障碍物。敌对的双方为了铺平前进的道路，火烧毁林。在我国历史上，战争频繁，历代农民革命运动不断兴起和发展，农民起义又都是在山林中安营扎寨。而统治阶级为了镇压农民革命运动，大肆焚烧营寨，毁灭森林。清代残酷地镇压太平天国农民革命运动时，其“兵燹所至，无树不伐”。在历史上广西所遭战争横祸同样严重，故自“粤西当兵燹之后，人民稀少”[①]。两广军阀的混战和广西遭受日本的侵略，不少大好的森林受到摧残和破坏。

（2）自然因素　造成广西森林植被面积缩小的原因，还有长期气候变化和自然灾害的影响。在某一时期灾害性的寒冷天气频繁出现，往往可能导致物种的消失和物种分布的南北界限的推移，但不可能导致所有的物种的灭绝。

宋代杜子美曾描写了当时广西的气候，“五岭皆炎热，宜人独桂林，梅花万里外，雪片一冬深。盖桂林尝有雪，稍南则无之。他州土人皆莫知雪为何形，钦之父母云，数十年前，冬常有雪，岁乃大灾。盖南方地气常燠，草林柔脆，一或有雪，则万木僵死，明岁土膏不

① 《清实录》卷九。

兴，春不发生，正为灾雪，非瑞雪也”[①]。当时广西的气候是比较温暖的，尤其南部更为燠热。但据有关古籍记载，特别是从明初至清末（1384～1892年）这三四百年间，广西遭遇严寒低温的影响很严重，甚至桂南地区也频繁出现特大寒。明朝年间，世宗嘉靖元年至五年（1522～1527年）间，钦廉两次出现“大雨雪，池水冰，草木皆枯，民多冻死[②③④⑤]”。洪武十七年（1384年）梧州、藤县；嘉靖十二年和二十一年（1533和1542年）武缘（今武鸣）；神宗四十二年（1614年）横州；崇祯八、九两年（1635～1636年）藤县都曾“漫天大雪，不殊北方[⑥⑦⑧⑨]”。到了清朝至中华民国初期（17世纪中叶至19世纪末叶）这二百多年时间里，广西出现特大寒的影响更加频繁。桂北的全州县曾经在康熙二十九年（1690年）冬；乾隆二十一年（1756年）冬，同治四年（1865年）春；以及中华民国十八年（1929年）冬，出现大雪，“林木尽凋，鱼虾多死者”[⑩]。桂东的藤县，于雍正、乾隆、同治、嘉庆年间；岑溪在雍正六年（1728年）十一月和十二月；容县在乾隆二年（1737年）十二月和二十三年（1758年）十二月，道光十五年（1835年）十一月二十一日、光绪十八年（1892年）十一月二十七日，出现大雪，“雪如棉花，平地尺余，河鱼冻死，树木尽枯[⑪⑫⑬]”。桂南的陆川，在道光十五年（1835年）十一月、同治元年（1862年）和四年（1865年）、光绪十八年（1892年）十一月二十七日；合浦在清壬辰年（1652年）冬[⑭⑮]；灵山在乾隆二十六年（1761年）冬十二月、同治三、四年（1864～1865年）正月、光绪三年（1877年）以及光绪十八年（1892年）十一月十八日出现大雪，“弥望如琉璃世界，为历年所未有”[⑯]。

综上所述，可见在近三四百年间，广西出现“特大寒”的影响是相当频繁的，甚至地处最南端，属北热带范围的钦廉地区和南流江一带，也频繁遭遇“特大寒”灾害性天气的侵袭，对人类和动植物的影响和摧残是致命的，从而使某些热带树种栽培的北界逐渐向南推移，如前述荔枝和椰子那样。大象和孔雀在广西的消失，无疑与原始森林的消失有关，但与气候的变冷，也有一定的关系。

---

① （宋）《岭外代答》：“桂林风土记岭外代答（一）卷阵，风土门，雪雹”。
② 《廉州府志》卷二十一：“事记”。
③ 《合浦县志》卷五：“事记”。
④ 《钦县志》：“纪事志卷十四”。
⑤ 《钦县志》卷首：“编年大事记”。
⑥ （清）《横州志》卷二：“气运编，淄祥”。
⑦ （清）《武缘县志》卷十四：祥志。
⑧ （清）《藤县志》：“前事，灾异”。
⑨ （清）《广西通志》卷189：“前事十一”。
⑩ （中华民国）《全县志》“灾异附”。
⑪ 《藤县志》“前事”；《藤县志稿》卷三。
⑫ （清）《岑溪县志》“灾祥”。
⑬ 《容县志》“舆地志 祥”。
⑭ 陆川县志卷二：舆地类一。
⑮ 《合浦县志》卷六：“杂志”。
⑯ （中华民国）《灵山县志》“舆地志，灾祥”。

（三）新中国成立后广西森林变化的动向

1. 现代广西森林的基本特点

现代的广西森林植被自北而南可区分为亚热带常绿阔叶林和热带雨林、季雨林两个林带，而亚热带常绿阔叶林带又区分为中亚热带典型常绿阔叶林和南亚热带季雨林化常绿阔叶林两个亚带。天然森林主要有下列十大类型，即①常绿阔叶林；②常绿落叶阔叶混交林；③亚热带落叶阔叶林；④雨林；⑤季雨林；⑥亚热带针叶林；⑦热带针叶林；⑧红树林；⑨亚热带竹林；⑩热带竹林。

森林资源方面，主要的树种除了常见的松、杉、樟木、楠木、椿、青冈、栲、石栎、木荷、桦木、木莲、枫香、黄杞、木棉和竹类之外，还有黄桐、米老排（*Mytilaria laosensis*）、火力楠（*Michelia macclurei*）、格木、紫荆木、紫檀木（小叶红豆）（*Ormosia microphylla*）、蚬木、金丝李（*Garcinia paucinervis*）、肥牛树（*Cephalomappa sinense*）等优良珍贵树种以及银杉、白豆杉、资源冷杉、元宝山冷杉、鹅掌楸和香果树（*Emmenopterys henryi*）等稀有珍贵树种。同时，还有对研究我国和广西的热带森林植被具有重大的科学价值的龙脑香科植物：望天树（擎天树）（*Parashorea chinensis*）、广西青梅（*Vatica guangxiensis*）、华南坡垒（*Hopea chinensis*）；肉豆蔻科植物：海南风吹楠（*Horsfieldia hainanensis*）、风吹楠（*H. glabra*）、小叶红光树（*Knema globularia*）；桑科的见血封喉（*Antiaris toxicaria*）；海桑科的八宝树（*Duabunga grandiflora*）；豆科的顶果木（*Acrocarpus fraxinifolius* var. *guangxiensis*）、锈毛棋子豆（*Cylindrokelupha balanae*）；大戟科的枝花木奶果（*Baccaurea ramiflora*）以及钩枝藤科的钩枝藤（*Ancistrocladus tectorius*）等热带植物。常见栽培的果树主要有：荔枝、龙眼、黄皮、杧果、扁桃、人面子、橄榄、乌榄、菠萝蜜、杨桃和柚、柑、橙、梨、柿、枣等。经济树种有八角、肉桂、油茶、油桐、银杏（白果）和核桃等。此外，还有少量槟榔和椰子。一些从国外引种试验经大面积栽培已获成功或基本成功的热带树种主要有：多种桉树（*Eucalyptus* spp.）、三叶橡胶（*Hevea brasilliensis*）等。森林鸟兽主要有：黑熊、华南虎、云豹、金钱豹、林麝（*Moschus berezovskii*）、水鹿（*Cervns unicolor dejeani*）、毛冠鹿（*Elapodus cephalophus*）、苏门羚（*Capricormis sumatraesis argyochaetes*）、猴子以及白鹇、锦鸡、环颈雉等。同时还有黑叶猴（乌猿）、白头叶猴（*Presbytis lleucocephalus*）和冠斑犀鸟（*Anthracocetros coronatus albirostris*）等稀有珍贵动物。

2. 新中国成立后广西森林的变化动向

前面已经说过，广西古代是个多林之地，直到18世纪中叶，不少地区仍然保存着大面积茂密的原始森林。但是由于历史时期的各种原因，人类活动频繁的影响，致使不少完好的森林植物被遭受严重破坏，童山濯濯。到了50年代，广西的森林覆盖率仅有16.04%而已。

自中华人民共和国建立以来，在党的领导下，贯彻了“绿化祖国”的方针，广西的森林得到迅速的恢复和发展，林业生产建设事业不断扩大和提高。根据1990年广西森林资源连续清查第四次复查结果，有林面积602.17万hm^2，林分蓄积量21 359.23万m^3。森林面积由原来的37.87万hm^2增加到现在的602.07万hm^2，覆盖率由原来的16.04%提高到25.34%，这是广西森林史上一大转折。但是，道路是曲折的，50年代以后，在广西森林发展史上也出现过一些严重的错误，使广西森林的发展受到严重的挫折。50年代，在还保存有较大面积天然常绿阔叶林的一些山区，如大明山、大瑶山、田林老山、泗涧山等，设置伐木场，而且又仿效当时苏联的经验，森工与营林分家，在山坡地也采用大面积皆伐，更新赶不上，不少沦为荒草坡；1958年大炼钢铁，大兵团上山滥伐森林；十年动乱毁林开荒；70年代后期的"三定"以及80年代开放木材市场，由于思想、宣传和管理工作跟不上，又出现乱砍滥伐，使广西森林一再遭受浩劫。但成绩是主要的，而失误已得到扭转或基本扭转过来。随着形势的发展，使人们从正反两面对森林在社会主义建设中的重要意义取得共识。1987年1月，中共广西壮族自治区委员会、区人民政府作出《关于保护森林，发展林业，15年基本绿化广西的决定》。1989年实行各级领导干部保护森林、造林绿化任期责任制，坚决实行奖惩制度，调动了广西广大群众和各行各业造林绿化和积极性，《决定》所提出的任务是完全可以完成的。事实上1992年有的县份已取得全县灭荒达标的成绩。

综合上述，现代广西森林变化的动向大致可表现为：森林面积不断减少又不断恢复；天然林面积逐渐缩小，人工林面积不断扩大；阔叶林面积减少，针叶林面积增加；零星小片林增多，连片大块林减少；中、小径材林多，大径材林少；交通不便的边远山区林多，交通方便的地区林少。由于这种变化，不少稀有珍贵的动植物不断减少，甚至濒临绝种或已经绝迹。就稀有珍贵树种而言，如万年木（华南坡垒）、金丝李、擎天树、广西青梅、紫荆木等已属濒危之列。格木、蚬木等为数已不多。再就珍稀动物来说，犀牛、野象和孔雀早已绝迹，虎已属偶见。白头叶猴和黑叶猴等已濒临绝种之患。以上动向，是今后营林中必须注意的问题。

为了使天然林不再减少，保护具有重要科学研究、生态和经济价值的森林生态系统不再受到破坏，阻止珍贵物种进一步消失，抑制生态环境和水源的继续恶化，广西有针对性地设立各种不同性质、不同作用的自然保护区，至目前为止，已先后建立了64个，面积17 886.39km^2。这些自然保护区的建立，确实发挥了一定的作用，今后还应有计划大力地扩大各种不同目的的自然保护区。

参 考 文 献

[1] 中国植被编委会．中国植被．北京：科学出版社，1980
[2] 斐文中．广西柳城巨猿洞及其洞穴的第四纪哺乳动物．古脊椎动物与古人类．6卷3期．1962
[3] 赵仲如．广西都安九楞山人类化石与共生动物群及其在岩溶发育上的意义．古脊椎动物与古人类，19卷1期，1981

[4] 刘东生等．第四纪地质问题：中国第四纪沉积物区域分布特征的探讨．北京：科学出版社，1964
[5] 吴作基．北部湾涠洲岛晚第三纪的孢粉组合特征及其地层意义（摘要）．南海海洋集刊第一集．1980

第三章

广西森林植物区系①

广西森林是广西植被的主要组成部分，虽然研究广西森林种类成分基本上就可以了解广西森林植物区系的组成、性质和特点。但是，如果把森林破坏后形成的次生植被，如灌丛和草丛的种类成分也一起进行研究，那就更可以全面、深入了解广西森林植物区系的组成、性质和特点，所以下面所研究的森林植物区系包括了灌丛和草丛在内。

第一节　广西森林植物区系的组成

（一）科、属统计

广西森林种类成分约有 217 科 1 027 属，分别占广西目前已知科、属的 78.5%和 59.7%（表 3-1）[1]。种没有详细统计，大约为 3 000 种左右。

表 3-1　广西森林植物科、属统计

植物类别		科　数	占广西科数的（%）	属　数	占广西属数的（%）
蕨类植物		38	67.6	98	65.3
裸子植物		8	100.0	17	77.3
被子植物	双子叶植物	148	80.0	727	60.2
	单子叶植物	23	56.1	183	54.1
	小　计	171	76.0	910	58.9
合　计		217	78.5	1 025	59.7

① 执笔人：苏宗明

在广西森林植物区系组成中，含60属以上的只有1科，即禾本科（63属），从而说明广西以禾本科种类组成的草丛是广泛的。含30～40属有大戟科（34属）、蝶形花科（31属）、茜草科（31属）、菊科（34属）。含20～30属的有兰科（23属）。上述5科占广西森林总科数2.8%。含10～20属的22科占广西森林总科数的10.1%。含5～10属的42科，占19.4%。含5属以下的147科，占67.7%。

（二）优势种统计

广西森林乔木优势种有430种，分属于73科226属（表3-2），科占广西森林总科数的

表3-2　广西森林乔木优势种统计

类别	科　名	属数	种数	类别	科　名	属数	种数	类别	科　名	属数	种数
裸子植物	松科	6	13		梧桐科	4	5		槭树科	1	7
	柏科	3	3		木棉科	1	1		清风藤科	1	4
	杉科	1	1		锦葵科	1	1		省沽油科	1	1
	罗汉松科	1	2		大戟科	13	19		漆树科	6	7
小计	4	11	19		虎皮楠科	1	3		胡桃科	4	7
单子叶植物	棕榈科	2	3		蔷薇科	6	8		马尾树科	1	1
	竹亚科	10	13		含羞草科	3	5		山茱萸科	3	3
小计	2	12	16		苏木科	6	7	双子叶植物	八角枫科	1	1
	木兰科	5	13		蝶形花科	3	5		紫树科	1	1
	八角科	1	2	双子叶植物	金缕梅科	8	10		五加科	4	5
	番荔枝科	4	6		杨柳科	1	1		山柳科	1	2
	樟　科	8	36		桦木科	2	4		杜鹃花科	3	7
	肉豆蔻科	2	3		榛木科	1	5		柿　科	1	4
	远志科	1	1		壳斗科	6	52		山榄科	4	4
双子叶植物	山龙眼科	2	4		榆　科	6	12		肉实科	1	1
	五桠果科	1	1		桑　科	5	10		紫金牛科	3	4
	大风子科	3	3		冬青科	1	8		安息香科	6	9
	茶　科	9	30		卫矛科	1	1		山矾科	1	8
	五列木科	1	1		茶茱萸科	2	2		木犀科	3	3
	龙脑香科	3	3		山柑科	1	1		夹竹桃科	1	1
	桃金娘科	2	4		鼠李科	1	1		茜草科	4	4
	使君子科	1	1		柑橘科	3	3		紫威科	3	4
	红树科	4	4		苦木科	1	1		马鞭草科	2	3
	山竹子科	1	3		橄榄科	2	4				
	椴树科	2	3		楝　科	7	10	小计	67	203	395
	杜英科	2	8		无患子科	9	9	合计	73	226	430

33.6%，属占22.0%。含优势属最多的为大戟科，共13属，次为竹亚科，10属；茶科、无患子科各9属；樟科、金缕梅科各8属。但大多数只含1～3属，其中含1属的29科，占39.7%；含2属的10科，占13.7%；含3属的11科，占15.1%。含优势种最多的是壳斗科，有52种，次为樟科36种，茶科20种，大戟科19种，它们共占了种数的29.5%。含8种至13种的有木兰科、松科、竹亚科、金缕梅科、榆科、桑科、楝科、无患子科、安息香科、杜英科、蔷薇科、冬青科、山矾科，它们占总种数的30.5%。肉豆蔻科、龙脑香科、桦木科、榛木科、山竹子科等种数不太多，但它们在广西有分布的属及多数种均是广西森林优势种成分。桫树科、杉科虽然只有2属3种和1属1种，但它们在森林群落中的重要值可占200～300。上述各科，无疑都为广西森林植物区系重要的科。

（三）各层所含属统计

广西森林植物区系组成的1 025属，如果以森林的层次——乔木层、灌木层、草本地被层、层间植物统计，则乔木层有278属，占27.1%，灌木层198属，占19.3%；草本层403属，占39.3%；层间植物145属，占14.1%，以草本层占的属较多，层间植物占的属较少。

第二节 广西森林植物区系的地理成分

（一）属的分布区类型

广西森林植物区系有种子植物927属，按照吴征镒教授《中国种子植物属的分布区类型》的划分[2]，可分为14个类型和19个变型（表3-3～表3-4）。从大类看主要为热带分布，次为温带分布（表3-5）。热带成分主要与热带亚洲和泛热带关系密切，次为旧世界热带（表3-4）。19个变型中最引人注目的是越南（或中南半岛）至华南（或西南）分布变型，说明广西森林热带植物区系成分地区性色彩较浓。温带成分主要与北温带和东亚关系密切。分布于广西的中国特有成分占有一定的比例，约占中国特有属数10%，说明广西森林植物区系是我国特有属分布中心之一。

（二）各层属的分布区类型

表 3-3　广西森林种子植物属的分布区类型和变型

	分布区类型和变型	属数	占总属数（%）
1	世界分布	37	—
2	泛热带分布	173	19.4
	2－1　热带亚洲、大洋洲和南美洲（墨西哥）间断	6	0.7
	2－2　热带亚洲和南美洲间断	7	0.8
3	热带亚洲和热带美洲间断分布	25	2.8
4	旧世界热带分布	86	9.7
	4－1　热带亚洲非洲和大洋洲间断	8	0.9
5	热带亚洲至热带大洋洲分布	67	7.5
	5－1　中国（西南）亚热带和新西兰间断	1	0.1
6	热带亚洲至热带非洲分布	47	5.3
	6－1　华南、西南到印度和热带非洲间断	1	0.1
	6－2　热带亚洲和东非间断	4	0.5
7	热带亚洲分布	165	18.5
	7－1　爪哇、喜马拉雅和华南、西南星散	13	1.5
	7－2　热带印度至华南	8	0.9
	7－3　缅甸、泰国至华西南	7	0.8
	7－4　越南（或中南半岛）至华南（或西南）	32	3.6
8	北温带分布	62	7.0
	8－4　北温带和南温带（全温带）间断	10	1.1
	8－6　地中海区、东亚、新西兰和墨西哥智利间断	1	0.1
9	东亚和北美洲间断分布	40	4.5
	9－1　东亚和墨西哥间断分布	1	0.1
10	旧世界温带分布	10	1.1
	10－1　地中海区、西亚和东亚间断	5	0.6
	10－2　地中海区和喜马拉雅间断	2	0.2
	10－3　欧亚和南美洲（有时也在大洋洲）间断	3	0.3
11	温带亚洲分布	3	0.3
12	地中海区西亚至中亚分布	1	0.3
	12－3　地中海区至温带热带亚洲、大洋洲和南美洲间断	2	0.1
14	东亚分布	36	4.1
	14－1　中国—喜马拉雅	17	1.9
	14－2　中国—日本	22	2.5
15	中国特有	25	2.8
16	合　计	927	100.0

表 3-4 广西森林种子植物属的分布区类型

	分布区类型	属数	占总属数（%）
1	世界分布	37	—
2	泛热带分布	186	20.9
3	热带亚洲和热带美洲间断分布	25	2.8
4	旧世界热带分布	94	10.6
5	热带亚洲至热带大洋洲分布	68	7.6
6	热带亚洲至热带非洲分布	52	5.8
7	热带亚洲分布	225	25.3
8	北温带分布	73	8.2
9	东亚和北美洲间断分布	41	4.6
10	旧世界温带分布	20	2.2
11	温带亚洲分布	3	0.3
12	地中海区、西亚至中亚分布	3	0.3
14	东亚分布	75	8.4
15	中国特有	25	2.8
	合 计	927	100.0

表 3-5 广西森林种子植物属的分布区类型（大类）

	分布区类型	属数	占总属数（%）
1	世界分布	37	—
2	热带分布	650	73.0
3	温带分布	212	23.8
4	地中海区、西亚至中亚分布	3	0.3
5	中国特有	25	0.8
	合 计	927	100.0

注：上述三表中占总属数%均不包括世界属

以森林乔木层、灌木层、草本层、层间植物统计广西森林927个种子植物属的分布区类型，结果见表3-6。从大类看，各层仍以热带分布的属占优势，温带分布次之，但草本层的世界分布也成为主要成分之一。热带成分中，草本层与泛热带关系较为密切，乔木层则与热带亚洲关系较为密切。越南（或中南半岛）至华南（或西南）分布多为乔木层成员。北温带和东亚分布区类型的成分草本层出现的比例较高，不少温带分布，如北温带和南温带（全温带）间断分布，旧世界温带分布等在乔木层没有出现。但东亚和北美洲间断分布区类型的成分在乔木层出现的比例较高，可见广西森林与东亚和北美洲间断分布区类型的关系也较为密切，如广西常见的天然针叶林和以壳斗科栲属（*Castanopsis*）为主的常绿阔叶林。

表 3-6　广西森林各层种子植物属的分布区类型

分布区类型	乔木层		灌木层		草本层		层间植物		合计
	属数	占该类型（%）	属数	占该类型（%）	属数	占该类型（%）	属数	占该类型（%）	
1	缺	0	4	10.8	32	86.5	1	2.7	37
2	39	22.5	30	17.3	74	42.8	30	17.3	173
2—1	2	33.3	缺	0	3	50.0	1	16.7	6
2—2	1	14.3	2	28.6	2	28.6	2	28.6	7
3	11	44.0	9	36.0	2	8.0	3	12.0	25
4	20	23.3	23	26.7	30	34.9	13	15.1	86
4—1	2	25.0	1	12.5	1	12.5	4	50.0	8
5	19	28.4	18	26.9	18	26.9	12	17.9	67
5—1	1	100.0	缺	0	缺	0	缺	0	1
6	9	19.1	14	29.8	16	34.0	8	17.0	47
6—1	缺	0	缺	0	缺	0	1	100.0	1
6—2	1	25.0	1	25.0	2	50.0	缺	0	4
7	61	37.2	34	20.7	34	20.7	35	21.3	164
7—1	8	61.5	2	15.4	3	23.1	缺	0	13
7—2	2	25.0	3	37.5	2	25.0	1	12.5	8
7—3	4	57.1	1	14.3	1	14.3	1	14.3	7
7—4	26	78.8	4	12.1	缺	0	3	9.1	33
8	19	30.6	7	11.3	30	48.4	6	9.7	62
8—4	缺	0	4	40.0	4	40.0	2	20.0	10
8—6	缺	0	1	100.0	缺	0	缺	0	1
9	15	37.5	10	25.0	7	17.5	8	20.0	40
9—1	缺	0	1	100.0	缺	0	缺	0	1
10	缺	0	3	30.0	7	70.0	缺	0	10
10—1	2	40.0	2	40.0	1	20.0	缺	0	5
10—2	缺	0	缺	0	1	50.0	1	50.0	2
10—3	缺	0	缺	0	3	100.0	缺	0	3
11	缺	0	缺	0	1	33.3	2	66.7	3
12	缺	0	缺	0	缺	0	1	100.0	1
12—3	1	50.0	1	50.0	缺	0	缺	0	2
14	9	25.0	9	25.0	16	44.4	2	5.6	36
14—1	2	11.8	3	17.6	8	47.1	4	23.5	17
14—2	8	36.4	7	31.8	4	18.2	3	13.6	22
15	16	64.0	4	16.0	4	16.0	1	4.0	25
合计	278	30.0	198	21.3	306	33.0	145	15.6	927

（三）优势种的地理分布类型

为了更深刻了解广西森林植物区系的性质和特点，还必须进一步划分乔木优势种的地理分布类型。因为同一分布区类型的属，不同的种其地理分布是不同的。热带分布区类型的属，有的种为热带分布，有的则为亚热带分布；同样，温带分布区类型的属，在广西分布的种，其性质可以是亚热带的，甚至热带的，因此，有必要进一步划分乔木优势种的地理分布类型。乔木层是同外界环境直接接触的层，也是森林环境的创造者，以其优势种划分地理分布类型，最能反映一个地区森林及其植物区系组成的性质和特点。

对广西乔木优势种地理分布类型的划分，主要根据其在广西的地理分布情况，同时还要参考其在国内和国外的地理分布情况。广西从南到北，依次为北热带半常绿湿润雨林地带、南亚热带季风常绿阔叶林地带和中亚热带常绿阔叶林地带；垂直分布多了一个常绿落叶阔叶混交林带，亦属亚热带性质[3]。因此，根据广西植被地理分布规律，把乔木优势种划分为热带分布、南亚热带分布、中亚热带分布三种地理分布类型（表 3-7）。以属为统计单位，广西森林植物区系成分热带分布的占 73.0%，温带分布占 23.8%（表 3-5）。以优势种统计，热带分布占 34.9%，温带分布不存在，代之为南亚热带和中亚热带分布，分别占 28.8%和 36.3%（表 3-7）。从表 3-7 看出，热带分布区类型的属有优势种 310 种，其中热带分布的 143 种，占 46.1%；南亚热带分布的 106 种占 34.2%；中亚热带的 61 种占 19.7%，热带分布＞南亚热带分布＞中亚热带分布。温带分布区类型的属有优势种 105 种，其中热带分布的 4 种（南亚松 *Pinus latteri*、东京槭 *Acer tonkinensis*、黄楣栲 *Castanopsis formosana*、辛果漆 *Drimycarpus racemosus*），占 3.8%；南亚热带分布的 15 种（主要为壳斗科栲属 9 种），占 14.3%；中亚热带分布的 86 种，占 81.9%。中亚热带分布＞南亚热带分布＞热带分布。综合，热带分布的 150 种，占 34.9%，南亚热带分布的 124 种，占 28.8%，中亚热带分布的 156 种，占 36.3%，中亚热带分布＞热带分布＞南亚热带分布，但相差不大，尤其热带分布和中亚热带分布仅差 6 种。这是符合广西森林地理分布的实际情况的。

表 3-7 广西森林乔木优势种地理分布类型

分类区类别	热带分布		南亚热带分布		中亚热带分布		合计	占优势种数（%）
	种数	占该分布区类型种数（%）	种数	占该分布区类型种数（%）	种数	占该分布区类型种数（%）		
2	27	38.6	24	34.3	19	27.1	70	16.3
2—1	2	50.0	1	25.0	1	25.0	4	0.9
2—2	缺	0	1	100.0	缺	0	1	0.2
3	2	12.5	10	62.5	4	25.0	16	3.7
4	20	87.0	3	13.0	缺	0	23	5.3

（续）

分布区类型	热带分布		南亚热带分布		中亚热带分布		合计	占优势种数（%）
	种数	占该分布区类型种数（%）	种数	占该分布区类型种数（%）	种数	占该分布区类型种数（%）		
4—1	4	100.0	缺	0	缺	0	4	0.9
5	16	65.4	8	30.8	2	3.8	26	6.0
5—1	2	100.0	缺	0	缺	0	2	0.5
6	8	66.7	2	16.7	2	16.7	12	2.8
6—2	缺	0	2	50.0	2	50.0	4	0.9
7	45	44.1	40	39.2	17	16.7	102	23.7
7—1	2	18.2	6	54.5	3	27.3	11	2.6
7—2	缺	0	缺	0	1	100.0	1	0.2
7—3	2	50.0	1	25.0	1	25.0	4	0.9
7—4	13	43.3	8	26.7	9	30.0	30	7.0
8	2	4.8	2	4.8	38	90.5	42	9.7
9	1	2.6	10	26.3	27	71.1	38	8.8
10—1	缺	0	缺	0	3	100.0	3	0.7
12—3	1	3.3	缺	0	2	66.7	3	0.7
14	缺	0	3	25.0	9	75.0	12	2.8
14—1	1	50.0	缺	0	1	50.0	2	0.5
14—2	缺	0	缺	0	8	100.0	8	1.9
15	2	16.7	3	25.0	7	58.3	12	2.8
合　计	150	34.9	124	28.8	156	36.3	430	100.0

第三节　广西森林植物区系的特点

（一）组成丰富，特有种多，地理成分复杂

广西森林植物区系组成有217科1 027属，大约3 000种左右，分别占广西植物区系科、属的78.5%和59.7%，种大约占36%。与云南森林植物组成一样[4]，亦属我国森林植物组成丰富的省份之一。

广西保存较好的天然杂木林，单位面积上种类组成同样是丰富的。北热带的常绿季雨林，400～600m² 的范围内有维管束植物80～110种；亚热带的常绿阔叶林，400～500m² 有70～102种，600～1 000m² 的范围，达到104～125种。

再从广西重要的天然林类型的主要组成科看，其优势种组成也是丰富的。松科是广西天然针叶林主要组成的科，乔木有优势种13种；壳斗科、樟科、茶科、木兰科，为广西常

绿阔叶林四大组成的科，乔木优势种分别有 52 种、36 种、20 种和 13 种。这五个科的乔木优势种，占由 73 科组成的广西天然林乔木优势种 430 种的 31.2%。

广西森林植物区系不但组成丰富，而且特有种多。分布于广西的中国特有成分 25 属，约占中国属数 10%；乔木优势种 12 种。广西森林地区特有现象是突出的，例如桂西南地区有异片苣苔属（*Allostigma*）、长檐苣苔属（*Dolicholoma*）、裂檐苣苔属（*Schistolobos*）和圆果苣苔属（*Gyrogyne*）等 4 个地区特有属及 210 个地区特有种，与滇东南共同形成我国特有现象中心[5]。

组成广西森林植物区系的科，大多含属数不多，其中含 5 属以下的 147 科，占 67.1%，说明广西森林种类组成是很复杂的，这是形成其区系地理成分复杂的基础。从表 3-3 看出，在全国 15 个分布区类型和 31 个变型中，广西森林种子植物属有 14 个类型和 19 个变型，只差中亚分布区类型和 12 个变型没有分布，其复杂程度在国内是少有的。

（二）以亚热带和热带成分为主，也有一定的温带成分

根据表 3-5，广西森林种子植物属热带分布占 73.0%，温带分布占 23.8%；从表 3-4 看出，热带分布以热带亚洲和泛热带分布为主，分别占 25.3%和 20.9%，次为旧世界热带分布，占 10.6%。

从表 3-7 以森林乔木优势种地理分布类型看出，温带分布不存在，热带分布减少，增加了亚热带分布类型，其中热带地理分布类型占 34.9%，亚热带地理分布类型占 65.1%。因此，广西森林植物区系以亚热带和热带成分为主。

但是从表 3-4 可知，广西的天然林乔木层有种子植物 19 属为北温带分布区类型；15 属为东亚和北美洲间断分布区类型，可见，广西的天然林同温带分布仍有一定的联系。不过，从上述分析乔木层优势种地理分布类型可知，这两个温带分布区类型分别所含的 42 个和 38 个乔木优势种中，没有一个为温带地理分布类型的。因此，广西天然林种类成分同温带的联系，主要表现在草本和灌木上。

（三）起源古老，多孑遗植物

裸子植物和蕨类植物是一类古老的植物，其中不少为孑遗成分。从广西森林植物科、属统计可知，裸子植物所有的科和 77.3%的属均是广西森林植物区系重要的组成成分；有 65.3%属的蕨类植物为天然林下草本层的重要组成者。被子植物的木兰科、金缕梅科、八角科、樟科、山茶科也是古老的科，不少种类是广西天然林的优势种和建群种；如果认为柔荑花序类植物是比木兰科等更为古老植物的代表，则广西起源古老的森林植物区系成分更多，例如，壳斗科、桦木科、榛木科、榆科、桑科、杨柳科等不少种类，都是广西天然林常见的优势种和建群种。此外，五味子（*Schisandra*）、猕猴桃（*Actinidia*）、南蛇藤

(*Celastrus*)、大血藤（*Sargentodoxa*）等藤本为广西森林群落层间植物的常见成分。

（四）广西天然林表现较为浓厚的热带亚洲和地区性色彩

首先，世界分布的属在乔木层没有出现，其次，泛热带分布共有186属，在乔木层出现的只有42属，占22.5%；热带亚洲分布的共有225属，在乔木层出现的有101属，占44.8%。再从乔木优势种的地理成分看，泛热带分布的乔木优势种有75种，占17.4%；热带亚洲分布的有148种，占34.4%，同样明显高于泛热带分布。

在热带亚洲分布的乔木层101属和148种优势种中，其中有26属和30种只出现在越南（或中南半岛）至华南（或西南）变型，不但表现广西森林具有较浓厚的热带亚洲色彩，而且还具有较浓厚的地区性色彩。

第四节　广西森林植物区系与森林类型的相关性

（一）亚热带常绿阔叶林

1. 樟科、茶科、木兰科、壳斗科（*Cyclobalanopsis* 和 *Lithocarpus*）、金缕梅科、杜英科、清风藤科、安息香科（Styracaceae）、山矾科、冬青科的热带分布区类型多数的种类成分，组成广西南亚热带和中亚热带水平地带的各种常绿阔叶林。例如，广东琼楠（*Beilschmiedia fordii*）、樟树（*Cinnamomum camphora*）、野黄桂（*C. jensenianum*）、黄樟（*C. parthenoxylon*）、厚壳桂（*Cryptocarya chinensis*）、黄果厚壳桂（*C. concinna*）、广东山胡椒（*Lindera kwangtungensis*）、黄椿木姜（*Litsea variabilis*）、华润楠（*Machilus chinensis*）、纳槁润楠（*M. nakao*）、刨花润楠（*M. pauhoi*）、假玉桂（*Neolitsea levinei*）、光叶玉兰（*Magnolia nitida*）、野木兰（*Michelia foveolata*）、白花含笑（*M. mediocris*）、毛杨桐（*Adinandra glischroloma*）、亮叶杨桐（*A. nitida*）、船柄茶（*Hartia sinensis*）、石笔木（*Tutcheria championi*）、黄毛青冈（*Cyclobalanopsis delavayi*）、云南椆（*Cy. schottkyana*）、粤桂椆（*Cy. delicatula*）、毛叶青冈（*Cy. kerrii*）、粤桂柯（*Lithocarpus calophylla*）、烟斗柯（*L. corneus*）、华南石柯（*L. fenestratus*）、椆木（*L. thalassica*）、半边枫（*Altingia chinensis*）、红苞木（*Rhodoleia championii*）、白克木（*Exbucklandia populnea*）、杜英（*Elaeocarpus decipiens*）、山杜英（*E. sylvestris*）、小冬桃（*E. chinensis*）、猴欢喜（*Sloanea sinensis*）、罗浮泡花树（*Meliosma fordii*）、笔罗子（*M. rigida*）、绿樟（*M. squamulata*）、云贵山茉莉（*Huodendron biaristatum*）、岭南山茉莉（*H. biaristatum* var. *parviflorum*）、杷叶山矾（*Symplocos cochinchinensis*）、南岭山矾（*S. confusa*）、美山矾（*S. decora*）、榕叶冬青

(*Ilex ficoidea*)、广东冬青 (*I. kwangtunensis*) 等为南亚热带季风常绿阔叶林的重要种类；红皮木姜 (*Litsea pedumculata*)、毛叶木姜 (*L. elongata*)、华东润楠 (*Machilus leptophylla*)、红润楠 (*M. thunbergii*)、大新木姜 (*Neolitsea chuii*)、杨桐 (*Adinandra millettii*)、厚叶红淡 (*Cleyera pachyphylla*)、荷木 (*Schima superba*)、银荷木 (*S. argentea*)、厚皮香 (*Ternstroemia gymnanthera*)、单性木兰 (*Kmeria kwangsiensis*)、广西木莲 (*Manglietia tenuipes*)、木莲 (*M. fordiana*)、桂南木莲 (*M. chingii*)、深山含笑 (*Michelia maudiae*)、阔瓣白兰花 (*M. platypetala*)、青冈栎 (*Cyclobalanopsis glauca*)、曼青冈 (*Cy. oxyodon*)、黔椆 (*Cy. stewardiana*)、薯豆杜英 (*Elaeocarpus japonicus*)、西藏山茉莉 (*Huodendron tibeticum*)、广西山茉莉 (*H. biaristatum* var. *kwangsiense*)、山矾 (*Symplocos caudata*)、月桂山矾 (*S. laurina*)、茶条山矾 (*S. ernestii*)、小果冬青 (*Ilex micrococca*)、冬青 (*I. purpurea*)、革叶冬青 (*I. championii*)、苗山冬青 (*I. chingiana*) 等中亚热带常绿阔叶林的重要种类。

2. 东亚和北美洲间断分布区类型的常绿阔叶树，不少是广西亚热带常绿阔叶林的重要组成者。例如，壳斗科的锥栗栲、罗浮栲、青钩栲、鬣蒴栲、红锥、东京栲、印度栲、南岭栲等为南亚热带季风常绿阔叶林的建群种；壳斗科的细枝栲、水锥栲、西南栲、高山栲、栲树、贵州毛栲、铁锥栲、丝栗、硬叶栲等为中亚热带常绿阔叶林的建群种。

3. 北温带分布区类型的常绿阔叶树一般组成垂直带谱的山地常绿阔叶林。例如，槭树科的多种槭树和杜鹃花科的多种杜鹃。

(二) 北热带常绿季雨林

广西北热带常绿季雨林主要由龙脑香科、肉豆蔻科、橄榄科、大戟科、桑科、番荔枝科、楝科、山竹子科、椴树科、赤铁科、无患子科、漆树科、苏木科等的热带分布区类型的种类成分组成，重要的有擎天树、狭叶坡垒、海南风吹楠、风吹楠、小叶红光树、橄榄、乌榄、火果、闭花木、假肥牛树、东京桐、网脉核实、肥牛树、见血封喉、越南桂木、红山梅、光榕、米浓液、毛阿芳、阿芳、斜脉暗罗、密榴木、四瓣米仔兰、大叶山楝、香港樫木、海南樫木、海木、割舌树、瑶果 (*Amesiodendron chinense*)、茶条木、柄果木、干果木、肖韶子、金丝李、黄牙果、蚬木、人面子、岭南酸枣、山枇杷、紫荆木、假水石梓、铁榄、格木、仪花、火焰花、格郎央、米杠等。

(三) 亚热带落叶阔叶林

广西亚热带落叶阔叶林，一般由北温带分布区类型的落叶阔叶树组成，如杨柳科、桦木科、榛木科和壳斗科 (Fagaceae) 的种类。

（四）亚热带中山常绿、落叶阔叶混交林

广西亚热带中山常绿、落叶阔叶混交林主要由北温带分布区类型的落叶阔叶树以及东亚和北美洲间断分布区类型的落叶阔叶树组成，前者如槭树科的落叶种类，壳斗科的*Fagus*，后者如银钟树、紫树、缺萼枫香、天目紫茎等。

（五）针　叶　林

广西的针叶林（包括中山针阔混交林）主要由北温带分布区类型以及东亚和北美洲间断分布区类型的针叶树组成，前者如松科的冷杉、松，后者如松科的铁杉。

参　考　文　献

[1] 韦毅刚．广西野生植物最新统计简报．广西植物，1993，13（3）：262

[2] 吴征镒．中国种子植物属的分布区类型．云南植物研究所增刊，Ⅳ1991

[3] 中国植被编委会．中国植被．北京：科学出版社，1980

[4] 李文政．云南森林植物区系研究．广西植物，1991，11（4）：297～298

[5]方瑞征等．滇黔桂热带亚热带（滇黔桂地区和北部湾地区）种子植物区系研究．云南植物研究增刊Ⅶ，1995：122

第四章

广西森林资源[①]

森林生态系统，资源复杂多样，林木是其中主要的资源，其社会经济效益最大，它的存在与发展，也直接关系到其他各种资源的存在与发展。

根据资料和实际情况，本章仅就林木资源、其他林副产品资源、森林鸟兽资源和昆虫资源等分别介绍于后。

第一节　林木资源[②]

广西的森林资源，在1949年前没有进行过全面系统的调查，资源不清。中华人民共和国成立后，对森林资源进行过多次的调查和清查，为了掌握其消长变化动态，于1977年建立了全区森林资源连续清查体系，采用森林资源连续清查的方法，在全区范围内按公里网布设了4950个固定观测点，并在林业用地上的2 909个观测点，全部埋设固定标桩，角规控制检尺，样木全部量测方位角、水平距、胸径、树高，在样木基部10cm处做出标志。用严谨的调查方法，分别于1977年、1978年、1980年、1985年、1990年连续五次测定，获取全面调查数据，并通过电子计算机处理，基本掌握了广西森林资源现状，以及1977～1978年、1978～1980年、1980～1985年、1985～1990年不同时期的森林生长量和消耗量的变化情况，森林资源的变化动态。

（一）林木资源的现状

根据1990年广西森林资源连续清查第四次复查结果，反映了广西土地地类面积、森林

---

① 森林资源由毛子均汇编

② 执笔人：何伟昌（基础材料来源于《广西森林资源连续清查第四次复查》铅印本）

覆盖率和林木蓄积量情况如下：

1. 各地类土地面积

全区土地总面积 2 376 万 hm^2。其中：林业用地面积 1 319.57 万 hm^2，占土地总面积 55.54%；非林业用地面积 1 056.43 万 hm^2，占 44.46%。

在林业用地面积中：有林地面积 602.17 万 hm^2，占林业用地面积 45.64%；疏林地面积 54.74 万 hm^2，占 4.15%；灌木林地 67.71 万 hm^2，占 5.13%；未成林造林地面积 51.38 万 hm^2，占 3.89%；无林地面积 543.57 万 hm^2，占 41.19%。

在有林地面积中：林分面积 479.24 万 hm^2，占有林地面积 79.58%；经济林面积 98.92 万 hm^2，占 16.43%；竹林面积 24.01 万 hm^2，占 3.99%。

在无林地面积中：宜林荒山、荒地面积（含可造林的石山地、灌丛地）503.72 万 hm^2，占无林地面积 92.67%；采伐迹地面积 36.01 万 hm^2，占 6.62%；火烧迹地面积 3.84 万 hm^2，占 0.71%。

2. 森林覆盖率

按有林地计算，森林覆盖率为 25.34%；按有林地加灌木林地计算，森林覆盖率为 28.19%；按有林地加灌木林地加四旁树计算，森林覆盖率为 28.26%。

3. 各类林木蓄积量

林木蓄积量是鉴定森林蕴藏在数量上主要指标。构成活立木的总蓄积量，包括：林分蓄积量、疏林地蓄积量和散生木等的蓄积量。

广西活立木总蓄积量 25 524 万 m^3。其中：林分蓄积量 21 359.23 万 m^3，占活立木总蓄积量 83.68%；疏林蓄积量 1 290.18 万 m^3，占 5.05%；散生木蓄积量 2 367.73 万 m^3，占 9.28%；四旁树蓄积量 506.86 万 m^3，占 1.99%。

按组成树种归类为：杉木蓄积量 3 204.47 万 m^3，占活立木总蓄积量 12.55%；马尾松（包括云南松）蓄积量 7 842.60m^3，占 30.73%；阔叶树蓄积量 14 476.93 万 m^3，占 56.72%。

4. 林分资源

（1）按林种划分 根据国家颁布的《森林法》。森林划分为五个林种：防护林，是指以防护为主要目的的森林。包括：水源涵养林、水土保持林、防风固沙林、护岸、护路林，以及自然保护区的森林；用材林，是经营以生产木材为主要目的的森林，也包括毛竹林；经济林，是经营以生产果品、油料（含食用和工业用）、工业原料和药材类等为主要目的的森林；薪炭林，是经营以生产薪炭材为目的的森林；特种用途林，是以国防和环境保护为主要目的的森林。

用材林面积 378.87 万 hm^2，占林分面积 79.06%；蓄积 15 365.33 万 m^3，占林分蓄积 71.94%。防护林面积 85.96 万 hm^2，占 17.94%；蓄积 5 689.80 万 m^3，占 26.64%。薪炭林面积 12.97 万 hm^2，占 2.70%；蓄积 108.72 万 m^3，占 0.51%。特种用途林面积 1.44 万 hm^2，占 0.30%；蓄积 195.38 万 m^3，占 0.91%。

从防护林、用材林、经济林、薪炭林、特种用途林五个林种分别所占的百分比来看，用材林所占的比例大，防护林面积的比例小，不利于维护生态环境的良性循环，经济林和薪炭林面积占的比例也很小。

(2) 按林龄组划分 林龄组以优势树种（组），按现行采伐年龄作为划分林龄组的依据。其龄级相当于采伐年龄和高一个龄级的林分划为成熟龄组，比成熟龄组更高龄级的林分定为过熟龄组，比采伐年龄低一个龄级的林分定为近熟龄组，近熟林组以下的龄级，前一半为幼龄组，后一半为中龄林组，遇奇数时幼龄林组多划一个龄级。由于各树种生长快慢不同，林龄划分标准也有别。其划分标准见表 4-1。

表 4-1 林龄组划分表①

优势树种（组）	龄级期限	主伐年龄	龄级/年龄					
			新建未成林	幼龄林	中龄林	近熟林	成熟林	过熟林
杉 木	5	21	1～3	Ⅰ～Ⅱ / 4～10	Ⅲ / 11～15	Ⅳ / 16～20	Ⅴ～Ⅵ / 21～30	Ⅶ及以上 / 31 年及以上
马尾松	10	31	1～3	Ⅰ / 4～10	Ⅱ / 11～20	Ⅲ / 21～30	Ⅳ / 31～40	Ⅴ及以上 / 41 年及以上
速生阔叶树	5	16	1～2	Ⅰ / 3～5	Ⅱ / 6～10	Ⅲ / 11～15	Ⅳ～Ⅴ / 16～25	Ⅵ及以上 / 26 年及以上
一般阔叶树	10	31	1～3	Ⅰ / 4～10	Ⅱ / 11～20	Ⅲ / 21～30	Ⅳ / 31～40	Ⅴ及以上 / 41 年及以上
慢生阔叶树	10	51	1～3	Ⅰ～Ⅱ / 4～20	Ⅲ～Ⅳ / 21～40	Ⅴ / 41～50	Ⅵ～Ⅶ / 51～70	Ⅷ及以上 / 71 年及以上
毛 竹	1	6		1～2	3～4	5	6～8	9 年以上

① 《1985 年全区连清复查操作细则》

林龄组可以作为拟定森林经营措施，计算年采伐量的依据。

广西幼龄林面积 201.76 万 hm^2，占林分面积 42.10%；蓄积 2 363.69 万 m^3，占林分蓄积 11.07%。中龄林面积 117.15 万 hm^2，占 24.45%；蓄积量 5 703.08 万 m^3，占 26.98%。近熟林面积 92.65 万 hm^2，占 19.33%；蓄积量 6 981.09 万 m^3，占 32.68%。成熟林面积 40.32 万 hm^2，占 8.41%；蓄积量 3 661.91 万 m^3，占 17.15%。过熟林面积 27.36 万 hm^2，占 5.71%；蓄积量 2 589.46 万 m^3，占 12.12%。在林分资源中，各龄组面积的比例为42.1∶24.45∶19.33∶8.41∶5.71。而蓄积量的比例为 11.07∶26.98∶32.86∶17.15∶12.12。

(3) 按优势树种归类划分 杉木面积 79.70 万 hm^2，占林分面积 16.63%；蓄积量 2 880.37 万 m^3，占林分蓄积 13.48%。马尾松面积（包括云南松）162.84 万 hm^2，占 33.98%；蓄积量（包括云南松）6 366.25 万 m^3，占 29.81%。阔叶树面积 236.70 万 hm^2，占 49.39%；蓄积量 12 112.61 万 m^3，占 56.71%。

林分中针叶树类和阔叶树类相比较：针叶树类面积 242.54 万 hm^2，占 50.61%，蓄积量占 43.29%；阔叶树类面积 236.70 万 hm^2，占 49.39%，蓄积量 12 112.62 万 m^3，占 56.71%。

针叶林主要分布于梧州、桂林、钦州、南宁等地区，其次是分布于玉林、柳州、百色等地区，河池地区也有些分布。阔叶树林多集中分布在百色地区，约占阔叶林林分面积的一半弱，其次是桂林和河池地区，约占 1/3 多。

5. 用材林资源

（1）按龄组划分　幼龄林面积 167.64 万 hm^2，占用材林面积 44.25%；蓄积量 1 849.76万 m^3，占用材林蓄积量 12.04%。中龄林面积 93.62 万 hm^2，占 24.71%；蓄积量 4 228.42 万 m^3，占 27.52%。近熟林面积 75.37 万 hm^2，占 19.89%，蓄积量5 537.60万 m^3，占 36.04%。成熟林面积 26.88 万 hm^2，占 7.1%；蓄积量 2 126.44 万 m^3，占 13.84%。过熟林面积 15.36 万 hm^2，占 4.05%；蓄积量 1 623.11 万 m^3，占 10.56%。用材林林分资源幼、中、近、成、过熟林，各龄组比例：面积为 44.25∶24.71∶19.89∶7.1∶4.05；蓄积为 12.04∶27.52∶36.04∶13.84∶10.56。若以幼龄林、中龄林和近熟林的林分资源，在森林经营上构成了经营蓄积；成熟林和过熟林的林分资源，构成了利用资源。其面积约比例为 88.85∶11.15；蓄积的比例为 75.6∶24.4。

另从用材林林分资源中的马尾松、杉木、阔叶树这三个主要树种来看，各树种各龄组面积、蓄积的结构比例是：

马尾松各龄组面积比例为：39.1∶29.8∶26.8∶3.7∶0.6。

各龄组蓄积比例为：7.1∶32.1∶50.4∶7.9∶2.5。

杉木各龄组面积比例为：56.6∶18.7∶15.7∶7.8∶1.2。

各龄组蓄积比例为：18.6∶25.2∶30.3∶21.6∶4.3。

阔叶树各龄组面积比例为：43.9∶22.6∶14.7∶10.5∶8.3。

各龄组蓄积比例为：14.4∶25.8∶26.9∶15.9∶17.0。

从以上各龄组面积、蓄积所占的比例分析，呈现出明显的结构不合理，应逐步调整到法正林的结构经营。

（2）按组成树种蓄积量划分　用材林近、成、过熟林组成树种总蓄积量 9 287.15 万 m^3。针叶树蓄积量 5 358.37 万 m^3，占 57.70%。杉木蓄积量 1 530.08 万 m^3；马尾松蓄积量（含云南松）3 828.29 万 m^3。

阔叶树蓄积量 3 928.78 万 m^3，占 42.30%。其中：软阔类蓄积 583.66 万 m^3，樟树 15.23 万 m^3，杂木类 1 454.98 万 m^3，栎类 1 745.65 万 m^3，桉类 17.00 万 m^3，楠木 19.46 万 m^3，硬阔类 44.47 万 m^3，桦木 31.66 万 m^3，檫树 16.67 万 m^3。

6. 人工林资源

（1）全区已成林人工林面积 232.38 万 hm^2，占有林地面积 38.59%。其中：林分面积 118.57 万 hm^2，占人工林面积 51.02%。经济林面积 97.48 万 hm^2，占 41.95%。竹林面积 16.33 万 hm^2，占 7.03%。

（2）未成林造林地面积 51.38 万 hm^2。

（3）人工疏林面积 12.00 万 hm^2，占疏林总面积 21.92%，蓄积 301.29 万 m^3，占疏林

总蓄积 23.35%。

(4) 人工林林分面积 118.57 万 hm^2，占林分总面积 24.74%，蓄积 5 241.96 万 m^3，占林分蓄积 24.54%。

按林种划分：

用材林面积 117.61 万 hm^2，占人工林林分面积 99.19%，蓄积 5 222.18 万 m^3，占人工林林分蓄积 99.62%；防护林面积 0.96 万 hm^2，占 0.81%，蓄积 19.78 万 m^3，占 0.38%。

按龄组划分：

幼龄林面积 52.81 万 hm^2，占人工林林分面积 44.54%，蓄积 658.39 万 m^3，占人工林分蓄积 12.56%；中龄林面积 29.76 万 hm^2，占 25.16%，蓄积 1 451.32 万 m^3，占 27.69%；近熟林面积 28.32 万 hm^2，占 23.88%，蓄积 2 252.28 万 m^3，占 42.97%；成熟林面积 6.72 万 hm^2，占 5.67%，蓄积 756.53 万 m^3，占 14.43%；过熟林面积 0.96 万 hm^2，占 0.81%，蓄积 123.44 万 m^3，占 2.35%。

按优势树种分：

杉木面积 67.69 万 hm^2，占 57.09%，蓄积 2 747.01 万 m^3，占 52.40%。马尾松面积 46.08 万 hm^2，占 38.86%，蓄积 2 444.74 万 m^3，占 46.64%。阔叶树面积 4.80 万 hm^2，占 4.05%，蓄积 50.21 万 m^3，占 0.96%。

7. 经济林资源

全区经济林面积 98.92 万 hm^2。其中：油料林面积 58.12 万 hm^2，占 58.76%；特用经济林面积 16.80 万 hm^2，占 16.98%；果树林面积 20.16 万 hm^2，占 20.38%；其他经济林面积 3.84 万 hm^2，占 3.88%。

8. 竹林资源

全区竹林面积 24.01 万 hm^2，株数 469 169 万株。其中：毛竹面积 8.64 万 hm^2，占 35.99%，株数 45 724 万株，占 9.75%。杂竹面积 15.37 万 hm^2，占 64.01%，株数 423 445 万株，占 90.25%。在杂竹中：大径竹面积 4.33 万 hm^2，株数 132 088 万株；小径竹面积 11.04 万 hm^2，株数 291 357 万株。

广西森林蓄积量，在行政区域上主要分布在桂西北的百色地区，桂东北的桂林地区，桂东南的梧州地区和桂中、桂北的柳州地区。这 4 个地区的森林蓄积量，约占全区的 2/3 以上。森林蓄积量分布较少的地区是河池、南宁、钦州和玉林地区。

广西森林总蓄积量占全国林木总蓄积 95 亿 m^3 的 2.6%，居全国各省（区）第 11 位。按全区人口平均，人均占有蓄积 6m^3，低于全国人均占有近 10m^3 的水平，更低于全世界人均占有 65m^3 的水平。

9. 森林资源权属

林业用地各类土地面积按权属划分：

(1) 在林业用地面积中，国有面积 122.44 万 hm^2，占 9.28%；集体面积 1 197.13 万 hm^2，占 90.72%。

(2) 在有林地面积中，国有林面积 77.31 万 hm^2，占 12.84%；集体林面积 524.86 万 hm^2，占 87.16%。

(3) 在无林地面积中，国有面积 30.25 万 hm^2，占 5.57%；集体面积 513.12 万 hm^2，占 94.43%。

(4) 在用材林面积中，国有林面积 49.94 万 hm^2，占 13.18%；集体林面积 328.93 万 hm^2，占 86.82%。

(5) 在人工林林分面积中，国有林面积 32.64 万 hm^2，占 27.53%；集体林面积 85.93 万 hm^2，占 72.47%。

各类林木蓄积量按权属划分：

(1) 在活立木总蓄积中，国有 5 719.83 万 m^3，占 22.41%，集体 19 804.17 万 m^3，占 77.59%。

(2)在林分蓄积中，国有 5 221.02 万 m^3，占 24.44%，集体 16 138.21 万 m^3，占 75.56%。

(3) 在人工林林分蓄积中，国有 2 507.78 万 m^3，占 47.84%，集体 2 734.18 万 m^3，占 52.16%。

(4) 在用材林近、成、过熟林蓄积中，国有 2 599.17 万 m^3，占 27.99%，集体 6 687.98 万 m^3，占 72.01%。

10. 森林资源质量

单位面积平均蓄积量：

(1) 全区林业用地平均每公顷蓄积量为 18.96m^3，林分平均每公顷蓄积量为 44.57m^3。

(2) 各林种平均每公顷蓄积量：用材林 40.56m^3；防护林 66.19m^3；薪炭林 8.38m^3；特种用途林 135.68m^3。

(3) 林分按优势树种平均每公顷蓄积量：

针叶树为 38.12m^3。其中：杉木 36.14m^3；马尾松 39.10m^3。阔叶树为 51.17m^3。

(4) 用材林各龄组平均每公顷蓄积量：幼龄林 11.03m^3；中龄林 45.17m^3；近熟林 73.47m^3；成熟林 79.11m^3；过熟林 105.67m^3。

(5) 人工林林分平均每公顷蓄积量为 44.21m^3。

竹林林分平均每公顷株数：

毛竹 2 193 株，杂竹 20 891 株（其中大径 6 870 株，小径 26 391 株）。

用材林林木的径级分布：

(1) 用材林近、成、过熟林林木径级组按蓄积量分布：小径组（胸径 6～12cm）1 308.66 万 m^3，占 14.1%；中径组（14～24cm）4 279.67 万 m^3，占 46.1%；大径组（26～36cm）2 330.63 万 m^3，占 25.1%；特大径组（38cm 以上），1 368.19 万 m^3，占 14.7%。

(2) 用材林近、成、过熟林林木径级组按株数分布：小径组 43 010 万株，占 53.9%；中径组 30 914 万株，占 38.7%；大径组 4 969 万株，占 6.2%；特大径组 983 万株，占 1.2%。

11. 林木资源生长与消耗

根据广西森林资源连续清查1985年10月～1990年10月间隔生长量、消耗量情况是：

（1）活立木总生长量

①不包括前期未调查的四旁树、检尺5～5.9cm样木及漏测木生长量，1985年10月～1990年10月间隔期内，全区总生长量为10 277.40万m^3，年平均生长量为2 055.48万m^3，年均生长率为7.02%。

②包括前期未调查的四旁树、检尺5～5.9cm样木及漏测木生长量，1985年10月～1990年10月间隔期内，全区现实总生长量为10 776.65万m^3年平均生长量为2 155.33万m^3，生长率为7.36%。

（2）活立木总消耗量

①不包括前期未调查的四旁树、检尺5～5.9cm样木及漏测木中的消耗木蓄积量，则全区总消耗量为10 641.10万m^3，年平均消耗2 128.22万m^3，消耗率为7.27%。

②包括前期未调查的四旁树，检尺5～5.9cm样木及漏测木中的消耗木蓄积量，则全区总消耗量为11 158.00万m^3，年平均消耗2 231.60万m^3，消耗率为7.62%（生长量与消耗量数据详见表4-2）。

表4-2 活立木年生长、消耗量表（1985～1990年）

	不包括前期未调查的四旁树，检尺5～5.9cm样木及漏测木		包括前期未调查的四旁树，检尺5～5.9cm样木及漏测木	
	含未测生长、消耗量	不含未测生长、消耗量	含未测生长、消耗量	不含未测生长、消耗量
生长量（万m^3）	2 055.48	1 725.82	2 155.33	1 811.87
生长率（%）	7.02	5.90	7.36	5.89
消耗量（万m^3）	2 128.22	1 798.66	2 231.60	1 888.14
消耗率（%）	7.27	6.14	7.62	6.45

（3）林分生长量 包括前期未检尺5～5.9cm样木及漏测木的林分总生长量为7 389.5万m^3，年平均生长1 477.90万m^3，生长率为6.0%；净生长量为6 484.5万m^3，年平均净生长1 296.90m^3，净生长率5.27%。

（4）疏林生长量 包括前期未调查的检尺5～5.9cm样木及漏测木折疏林总生长量为928.55万m^3，年均生长185.71万m^3，生长率为7.26%，净生长量为895.25万m^3，年均净生长179.05万m^3，净生长率为7.01%。

（二）森林资源的消长变化[①]

广西于1977年建立了“森林资源连续清查体系”后，并分别于1978年、1980年、1985

① 《广西森林资源连续清查第四次复查》铅印本

年和 1990 年进行了 4 次复查，取得了广西森林资源相隔 1 年、2 年和 2 个 5 年变化动态的大量信息。现就第四次复查和前期第三次复查的结果对比，可看出全区森林资源变化的总趋势是：

林业用地面积减少，有林地面积增加，无林地、疏林地面积减少，未成林造林地面积增加。

森林覆盖率有所提高。按有林地面积计算，森林覆盖率由前期的 22.01%上升到现在的 25.32%，增加了 3.33%；按有林地加灌木林地面积计算，森林覆盖率由前期的 25.07%增加到现在的 28.19%，增加了 3.12%。

活立木总蓄积量略有下降，年平均下降 58.92 万 m^3，与前一复查期年平均下降 486.8 万 m^3 相比，资源下降幅度大大减少。

森林资源质量仍在下降。

表 4-3 森林资源变化动态分析

年度	林业用地面积（万 hm²）	有林地面积（万 hm²）	无林地面积（万 hm²）	疏林地面积（万 hm²）	未成林造林地面积（万 hm²）	森林覆盖率		活立木总蓄积（万 m³）	森林资源质量	
						按有林地面积（%）	按有林地加灌木林面积（%）		林分平均每公顷蓄积（万 m³）	林分平均胸径（cm）
1985 年	1 353.94	523.03	633.01	99.42	25.45	22.01	25.07	24 151.73	50.19	13.1
1990 年	1 319.57	602.17	543.57	54.74	51.38	25.34	28.19	23 857.12	44.57	12.2
增减值	−34.37	79.14	−89.44	−44.68	25.93	3.33	3.12	−294.61	−5.62	−0.9

注：1990 年活立木蓄积量已减去：①前期未调查的四旁树蓄积 375.56 万 m^3；②前期未检尺的胸径 5～5.9cm 样木蓄积 364.11 万 m^3；③前期漏测木蓄积 927.21 万 m^3。1985 年林分平均每公顷蓄积已加上前期未检尺（5～5.9cm）样木和漏测木蓄积

1. 林业用地各地类面积变化动态及分析

现将各地类面积实际增减变化列表如下：

表 4-4 林业用地各地类面积变化动态表

年度		林业用地面积合计	有林地						
			小计	用材林	防护林	薪炭林	特用林	经济林	竹林
1985 年	面积（万 hm²）	1 353.94	523.03	352.05	66.76	7.20	0.48	80.21	16.33
	精度（%）	97.58	94.75	93.32	83.61			85.09	66.50
1990 年	面积（万 hm²）	1 319.36	601.80	378.47	85.97	12.97	1.44	98.94	24.01
	精度（%）	97.51	95.22	93.66	85.62			86.63	72.42
前后期差（万 hm²）		−34.58	78.77	26.42	19.21	5.77	0.96	18.73	7.68
年平均差（万 hm²）		−6.92	15.75	5.28	3.84	1.15	0.19	3.75	1.54
净增率（%）		−0.5	2.8	1.4	5.0	11.4	20.0	4.2	7.6

（续）

年 度		疏林地	灌木林地	未成林造林地	苗圃地	无林地	非林业用地面积合计
1985 年	面积（万 hm^2）	99.42	72.55	25.45	0.48	633.01	1 022.06
	精度（%）	86.66	84.29	73.22		95.38	96.79
1990 年	面积（万 hm^2）	54.76	67.72	51.39	0	543.60	1 056.64
	精度（%）	81.85	83.73	81.26		94.88	96.89
前后期差（万 hm^2）		−44.66	−4.83	25.94	−0.48	−89.32	34.58
年平均差（万 hm^2）		−8.93	−0.97	5.19	−0.1	−17.86	6.92
净增率（%）		−11.6	−1.4	13.5	−40.0	−3.0	0.7

从表 4-4 的面积变化动态可以看出：

（1）林业用地面积减少 根据前、后期调查样地地类变化表，前期林业用地有 73.48 万 hm^2（153 个样地）后期变成非林业用地，而前期非林业用地只有 38.90 万 hm^2（81 个样地）后期变成林业用地，减少量大于增加量 34.58 万 hm^2。且 81 个样地中，有 16 个样地为改设样地，即前期为非林业用地样地，后期改设为林业用地样地，计面积 7.68 万 hm^2。这样，林业用地面积复查期内实际共减少 42.26 万 hm^2，年均减少 8.45 万 hm^2，年均减少率为 0.6%。其主要原因有：

开垦荒山荒地，毁林种地，使林业用地转化为农地 56.19 万 hm^2，扣除同期由农地转化为林业用地面积 18.73 万 hm^2，净减少 37.46 万 hm^2，如考虑样地（8 个）改设的人为因素影响，实际净减少 41.30 万 hm^2。

荒山荒地转化为牧地 8.17 万 hm^2，而同期荒山牧地转化为林业用地 3.36 万 hm^2，净减少 4.81 万 hm^2，改设样地 1 个，实际净减少 5.29 万 hm^2。

复查期内，林业用地转化为水域和其他面积，增加大于减少 7.69 万 hm^2，扣除 7 个改设样地面积 3.36 万 hm^2，实际只增加 4.33 万 hm^2。其面积增减变化详见表 4-5。

表 4-5 林业用地面积变化动态分析表 单位：万 hm^2

1985 年	1990 年	前后期面积差值	面积增加量合计	面积增加来自				面积减少量合计	面积减少转变到			
				农地	牧地	水域	其他		农地	牧地	水域	其他
1 353.94	1 319.36	34.58	38.90	18.73	3.36	0.48	16.33	73.48	56.19	8.17	0	9.12

（2）有林地面积增加 有林地面积由 1985 年的 523.03 万 hm^2 增加到 601.80 万 hm^2，间隔期内共增加 78.77 万 hm^2，年均增加 15.75 万 hm^2，年均净增率为 2.8%。有林地中各林种面积均有增加，但以用材林面积增加最多，防护林次之。面积增加主要来自：

宜林荒山荒地、采伐迹地、火烧迹地经人工造林或封山育林措施转化为有林地 85.97 万

hm²。

疏林地经封山育林或疏林改造等措施转化为有林地面积 37.94 万 hm²。

未成林造林地进入有林地 19.69 万 hm²。

灌木林地经封山育林措施转化为有林地 10.57 万 hm²。其中，因前、后期调查人员对《细则》的理解不一，造成前期地类定错的人为转化至少有 1.92 万 hm²（即 4 个样地）。

非林业用地退耕还林转化为林地 15.85 万 hm²。其中，因样地改设，由非林业用地转化为有林地 5.76 万 hm²。

同期，由于采伐、盗伐、乱砍滥伐、毁林开荒、采伐更新及自然灾害等原因，使有林地转化为其他地类。其中：转化为宜林荒山荒地 25.46 万 hm²；转化为采伐迹地 23.53 万 hm²；转化为火烧迹地 3.36 万 hm²；转化为疏林地 14.89 万 hm²；转化为灌木林地 3.84 万 hm²，转化为未成林造林地 6.25 万 hm²；转化为非林业用地 14.4 万 hm²。详见表 4-6。

表 4-6　有林地面积变化动态分析表　　单位：万 hm²

1985 年	1990 年	前后期面积差值	面值增加值合计	面积增加来自							
				疏林地	灌木林地	未成林造林地	苗圃地	宜林荒山荒地	采伐迹地	火烧迹地	非林业用地
523.03	601.80	78.77	170.50	37.94	10.57	19.69	0.48	73.96	11.05	0.96	15.85

面积减少量合计	面积减少转变到							
	疏林地	灌木林地	未成林造林地	苗圃地	宜林荒山荒地	采伐迹地	火烧迹地	非林业用地
91.73	14.89	3.84	6.25	0	25.46	23.53	3.36	14.40

(3) 用材林面积开始回升　　从 1978 年的第一次复查至 1985 年，用材林面积一直呈下降趋势，本次复查才开始出现回升。间隔期内，用材林面积已由前期的 352.05 万 hm² 增加到 378.47 万 hm²，净增加 26.42 万 hm²，年均增加 5.28 万 hm²，净增率 1.4%。其面积变化原因有：

因林种转换，由防护林、薪炭林、经济林、竹林转化为用材林 7.68 万 hm²；同期由用材林转化为其他林种 23.05 万 hm²，转出大于转入 15.37 万 hm²。

疏林地、宜林荒山荒地、采伐迹地、火烧迹地经人工造林或封山育林措施转化为用材林 87.42 万 hm²。同时，因采伐、盗伐及自然灾害等原因，使用材林转化为疏林地、宜林荒山荒地、采伐迹地、火烧迹地，共计 53.31 万 hm²，转入大于转出，面积净增加 34.11 万 hm²。

未成林造林地成林进入用材林 15.85 万 hm²，同期用材林，采伐后人工造林转化为未成林造林 5.29 万 hm²，转入大于转出 10.56 万 hm²。

灌木林地经封山育林措施或因调查人员对灌木林地和阔叶树幼林的区别和认识不一造成的地类人为转化等原因，使灌木林地转化为用材林 2.4 万 hm²。反之，由用材林转化为灌木林地 3.36 万 hm²，减少大于增加 0.96 万 hm²。其中，由灌木林转化为用材林至少有 1.44 万 hm²（3 个样地）属人为转化。

非林业用地退耕还林或样地改设等原因转化为用材林 4.32 万 hm²。其中 3.36 万 hm²（7 个样地）为改设样地，属人为地类转化。同期，由于毁林开荒使用材林转化为非林业用地 6.24 万 hm²，减少大于增加 1.92 万 hm²。

从上可知，如排除人为的地类转化（即由其他地类转化为用材林的面积 4.8 万 hm²），用材林面积实际净增加 21.62 万 hm²。详见表 4-7。

表 4-7 用材林面积变化动态分析 单位：万 hm²

1985 年	1990 年	前后期面积差值	面积增加量合计	面积增加来自										
				防护林	薪炭林	经济林	竹林	疏林地	灌木林地	未成林造林地	宜林荒山荒地	采伐迹地	火烧迹地	非林地
352.05	378.47	26.42	117.67	1.44	1.44	2.88	1.92	29.78	2.4	15.85	47.55	9.61	0.48	4.32

面积减少量合计	面积减少转变到										
	防护林	薪炭林	经济林	竹林	疏林地	灌木林地	未成林造林地	宜林荒山荒地	采伐迹地	火烧迹地	非林地
91.25	14.88	2.89	3.84	1.44	13.45	3.36	5.29	14.89	22.09	2.88	6.24

(4) 疏林地面积逐年下降 历次复查，疏林地面积均有下降，并下降幅度越来越大。本次复查疏林地面积由前期的 99.42 万 hm²，下降到 54.76 万 hm²，减少 44.66 万 hm²，年均减少 8.93 万 hm²，年均减少率为 11.6%。面积减少主要转化为：

经封山育林或林分改造等措施，使疏林地转化为林分的面积有 33.62 万 hm²。

由于人为的不合理择伐、盗伐或开荒种地等原因，使疏林地转化为无林地、非林地 29.3 万 hm²。

疏林采伐后人工造林更新，转化为未成林造林地 4.8 万 hm²，转化为经济林、竹林 4.32 万 hm²。

同时，间隔期内由于采伐、乱砍滥伐、自然灾害、封山育林等多种因素影响，形成新的疏林地。其中：由用材林、防护林转化为疏林地 14.89 万 hm²；由无林地转化为疏林地 11.53 万 hm²；由非林地转化为疏林地 1.44 万 hm²。详见表 4-8。

(5) 未成林造林地面积继续增加 未成林造林地面积从 1978 年（第一次）复查以来，就开始逐年增加。增加幅度以本复查期为最大。由前期的 25.45 万 hm²，增加到 51.39 万 hm²，增加 25.94 万 hm²，年均增加 5.19 万 hm²，净增率为 13.5%。本复查期的增加量比前两个间隔期（1978～1985 年）的增加总量还多，为前 7 年的 3.2 倍。其面积增减变化情况详见表 4-9。

表 4-8　疏林地面积变化动态分析　　单位：万 hm²

1985 年	1990 年	前后期面积差值	面积增加量合计	面积增加来自					面积减少量合计
				用材林	防护林	宜林荒山荒地	采伐迹地	非林地	
99.42	54.76	44.66	27.86	13.45	1.44	10.09	1.44	1.44	72.52

面积减少转变到									
用材林	防护林	薪炭林	经济林	竹　林	灌木林地	未成林造林地	宜林荒山荒地	采伐迹地	非林地
29.78	2.4	1.44	1.44	2.88	0.48	4.8	12.49	12.49	4.32

表 4-9　未成林造林地面积动态变化分析表　　单位：万 hm²

1985 年	1990 年	前后期面积差值	面积增加量合计	面积增加来自								面积减少量合计	面积减少量转变到				
				用材林	经济林	疏林地	灌木林地	宜林荒山荒地	采伐迹地	火烧迹地	非林地		用材林	经济林	竹林	宜林荒山荒地	非林地
25.45	51.39	25.94	49.47	5.29	0.96	4.8	0.48	30.74	4.32	0.48	2.4	23.53	15.85	3.36	0.48	2.88	0.96

（6）无林地面积显著减少　无林地面积前两次复查曾出现上升，后两次复查开始下降，以本次复查下降最大，由前期的 633.01 万 hm²，下降到 543.69 万 hm²，下降 89.32 万 hm²，年均下降 17.86 万 hm²，年均净减率为 3.0%。面积减少的主要原因有：

经人工造林及封山育林措施，由宜林荒山荒地、采伐迹地、火烧迹地转化为有林地 85.97 万 hm²。

开荒种地，划分放牧地及建房占地原因，使宜林荒山荒地转化为非林业用地 48.51 万 hm²。

人工造林更新转化为未成林造林地 35.54 万 hm²。

经封山育林，使无林地转化为疏林地、灌木林地 18.73 万 hm²。

复查期内，不但前期无林地还有 444.26 万 hm² 仍然未转化，而且又有新的无林地形成，面积为 99.43 万 hm²，年平均 19.89 万 hm²。其中：

人为采伐，破坏森林，使用材林转化为宜林荒山荒地 14.89 万 hm²，转化为采伐迹地 22.09 万 hm²，转化为火烧迹地 2.88 万 hm²；使防护林转化为宜林荒山荒地 1.44 万 hm²，转化为采伐迹地 0.48 万 hm²；使疏林地、灌木林地转化为无林地 30.27 万 hm²；使经济林、竹林转化为无林地 10.09 万 hm²。

人工造林失败，未成林造林地转化为无林地 2.88 万 hm²。

临时农耕地退耕，由农地转化为无林地 13.93 万 hm²。详见表 4-10。

表 4-10 无林地面积变化动态分析表 单位：万 hm²

1985 年	1990 年	前后期面积差值	面积增加量合计	面积增加来自							
				用材林	防护林	经济林	竹林	疏林地	灌木林地	未成林造林地	非林地
633.01	543.69	89.32	99.43	39.86	2.4	8.65	1.44	24.98	5.29	2.88	13.93

面积减少量合计	面积减少转变到								
	用材林	防护林	薪炭林	经济林	竹林	疏林地	灌木林地	未成林造林地	非林地
188.75	57.64	6.24	2.4	15.37	2.32	11.53	7.20	35.54	48.51

2. 活立木总蓄积量变化动态及分析

前期活立木蓄积量为 24 151.73 万 m³，后期为 25 524.0 万 m³。从数字看，是增加的，其实是略有下降，这是因为：

（1）由于前、后期调查的技术标准和方法不同，前期有部分林木未作调查，后期进行了调查。包括两个方面：

其一，后期增加四旁树调查，增加四旁树蓄积量 375.56 万 m³（前期四旁树只有少数样点做了调查）。

其二，前期起测径阶为 6.0cm，后期改为 5.0cm 起测，增加检尺 5～5.9cm 样木蓄积 364.11 万 m³。

（2）由于调查人员漏测样木，前期漏测蓄积为 927.21 万 m³。

按可比口径相比，后期蓄积量应减去以上 3 部分蓄积量之和 1 666.88 万 m³，再与前期比较，间隔期共减少 294.61 万 m³，年均减少 58.92 万 m³。但与前一复查间隔期相比，森林资源减少的幅度大大缩小，资源大幅度下降之势已基本得到控制。

活立木总蓄积量分类型、分组成树种动态变化情况详见表 4-11。

表 4-11 活立木总蓄积分类型、分组成树种动态变化

年 度	林 分	疏 林	散 生	四旁树	杉 木	马尾松	阔叶树
1985 年蓄积量（万 m³）	20 389.77	2 008.00	1 654.12	99.84	2 512.40	7 817.29	13 822.04
1990 年蓄积量（万 m³）	21 359.23	1 290.18	2 367.73	506.86	3 204.47	7 842.60	14 476.93
前期未测漏测蓄积（万 m³）	1 017.47	69.57	204.28	375.56	201.84	365.75	1 099.29
前、后期蓄积实际差值（万 m³）	−48.01	−787.39	509.33	31.46	490.23	−340.44	−444.4
年平均差（万 m³）	−9.60	−157.48	101.87	6.29	98.05	−68.09	−88.88
蓄积净增率（%）	−0.04	−9.35	4.82	1.28	3.31	−0.85	−0.60

3. 林分蓄积变化动态及分析

（1）林分总蓄积量的动态变化分析　　从表 4-11 可以看出，林分资源是下降的，但下降很小，也可说基本持平。林分资源下降率比活立木总蓄积下降率小的原因主要有：

未成林造林地进入幼林，净转入蓄积 182.37 万 m^3。

人工造林或封山育林措施，使疏林地转化为林分，转入蓄积 964.03 万 m^3；使无林地转化为林分，转入蓄积 871.85 万 m^3；使灌木林地转化为林分，转入蓄积 163.14 万 m^3。

由于林种变换，由经济林转化为林分，转入蓄积 28.92 万 m^3；由竹林转化为林分，转入蓄积 20.60 万 m^3。

由于样地改设，非林业用地转化为林分，转入蓄积 86.93 万 m^3。

以上由其他地类转化为林分，共转入蓄积 2 317.84 万 m^3。其中有 215.13 万 m^3 属于林分跨无林地、非林地、灌木林地，前期调查作散生资源统计，本次调查仍归入林分。复查间隔期内，前期林分仍保留 19 041.39 万 m^3。林分蓄积量变化动态详见表 4-12。

表 4-12　林分蓄积量转入　　单位：万 m^3

林分蓄积合计	林分蓄积来自													
	林分						竹林	疏林	灌木林	未成林改造地	宜林荒山荒地	采伐迹地	农地	其他
	计	用材林	防护林	特种用途林	薪炭林	经济林								
21 359.23	19 041.39	14 386.36	4 498.54	79.59	76.90	28.92	20.60	964.03	163.14	182.37	788.93	82.92	54.98	31.95

（2）林分各林种蓄积量动态变化分析　　林分各林种蓄积量动态变化见表 4-13。

表 4-13　林分各林种蓄积量动态变化分析　　单位：万 m^3

林　种	前期蓄积	后期蓄积	前期未测漏测蓄积	前后期蓄积可比差值	年平均差	净增率（%）
林分计	20 389.77	21 359.23	1 017.47	−48.01	−9.60	−0.04
用材林	15 569.13	15 365.33	721.75	−925.55	−185.11	−1.17
防护林	4 645.98	5 689.80	260.95	782.87	156.58	2.95
薪炭林	89.63	108.72	18.87	0.22	0.04	0.04
特种用途林	86.03	195.38	15.00	94.45	18.80	12.75

从表 4-13 可以看出，林分中除用材林蓄积量为减少以外，其余均为增加或持平。用材林蓄积的剧减与防护林蓄积的急增，主要是由于林种变换所致。前期用材林有 31 个样地 1 063.08万 m^3 后期变成防护林，而前期防护林只有 3 个样地 106.44 万 m^3 后期转化为用材林，用材林净转入防护林蓄积 956.64 万 m^3。

防护林蓄积量来自：前期保留 4 303.46 万 m^3；用材林转入 1 063.08 万 m^3；疏林转入

75.75 万 m^3；灌木林地转入 113.61 万 m^3；宜林荒山荒地转入 118.46 万 m^3；采伐迹地转入 15.40 万 m^3。

（3）林分各优势树种蓄积量动态变化分析 林分各优势树种蓄积量动态变化与活立木总蓄积量分组成树种变化趋势一样，也是杉木增加，马尾松、阔叶树减少。详见表 4-14。

表 4-14 林分优势树种蓄积量动态变化分析 单位：万 m^3

优势树种	前期蓄积	后期蓄积	前期未测漏测蓄积	前后期蓄积可比差值	年平均差	净增率（%）
杉 木	2 347.32	2 880.37	140.50	392.55	78.51	2.93
马尾松	6 213.01	6 366.25	250.55	−97.31	−19.46	−0.30
阔叶树	11 820.44	12 112.61	626.42	−343.25	−68.65	−0.56

4. 用材林蓄积变化动态及分析

（1）用材林总蓄积量动态变化分析 从表 4-13 可知：复查间隔期内，用材林蓄积以年均 185.11 万 m^3 的速度下降。用材林蓄积减少的主要原因有：

复查间隔期内采伐、自然枯损，消耗蓄积 1 417.53 万 m^3。

由于林种变换，转化为防护林蓄积 1 063.08 万 m^3；转化为薪炭林 1.98 万 m^3。

不合理的采伐方式，使用材林转化为疏林，转入疏林蓄积 335.55 万 m^3；毁林开荒或自然灾害等原因，使用材林变成其他地类，转化为散生、四旁树蓄积 286.93 万 m^3。

由于样地改设，减少蓄积 82.67 万 m^3（前期蓄积）。

本次复查用材林蓄积来自：前期用材林保留蓄积 13 321.31（包括 1 个新设样地蓄积）万 m^3，占用材林总蓄积量 86.7%，其余 13.3%是由其他地类转入计 2 044.02 万 m^3。其中：由防护林转入 106.43 万 m^3；由薪炭林转入 2.6 万 m^3；由经济林转入 28.92 万 m^3；由竹林转入 20.6 万 m^3；由疏林转入 861.36 万 m^3；由灌木林转入 49.53 万 m^3；由未成林造林地转入 182.37 万 m^3；由宜林荒山荒地转入 664.95 万 m^3；由采伐迹地转入 67.52 万 m^3；由非林业用地（改设）转入 59.74 万 m^3。

（2）用材林分龄组分组成树种蓄积变化动态分析 用材林各龄组各组成树种蓄积动态变化见表 4-15。

从表 4-15 可以看出：

杉木总蓄积是增加的，年平均增加 79.96 万 m^3。但幼、中龄林蓄积减少，近、成、过熟林增加，说明复查间隔期内中龄林进入近熟林较多。

马尾松总蓄积量是减少的，年平均减少 23.87 万 m^3。而减少量主要集中在幼、中龄林，近、成、过熟林则为增加。同样是中龄林进入近熟林多的缘故。

表 4-15 用材林各龄组、各组成树种蓄积变化动态分析 单位：万 m³

树种	幼、中龄林						近、成、过熟林					
	前期蓄积	后期蓄积	前期未测漏测蓄积	前后期蓄积可比差值	年平均差	净增率（%）	前期蓄积	后期蓄积	前期未测漏测蓄积	前后期蓄积可比差值	年平均差	净增率（%）
计	5 775.46	6 078.18	439.21	−136.49	−27.30	−0.44	9 793.67	9 287.15	282.54	−789.06	−157.81	−1.63
杉木	1 265.24	1 261.27	103.57	−107.54	−21.51	−1.64	1 082.08	1 619.10	29.65	507.37	101.47	7.43
马尾松	3 126.95	2 330.25	119.11	−915.81	−183.16	−6.57	3 067.98	3 985.02	120.59	796.45	159.29	4.44
阔叶树	1 383.27	2 468.66	216.53	886.86	177.37	8.68	5 643.61	3 683.03	132.30	−2 092.88	−418.57	−8.85

（3）阔叶树总蓄积的变化 阔叶树总蓄积量是减少的，但幼、中龄林蓄积增加，减少主要集中在近、成、过熟林。其原因主要有三：

其一，复查间隔期内阔叶树近、成、过熟林消耗多，破坏较严重，特别是“拔大毛”式的择伐，使林分龄级降低，属较为普遍的现象。

其二，由于后期阔叶树的优势树种或组成树种比前期划分要细，而阔叶树各优势树种和组成树种的龄级划分不一，造成同树种前、后期龄级、龄组的人为变动。

其三，由于林种变换，使用材林转化为防护林，且主要为阔叶林转化。

5. 人工林资源变化动态及分析

（1）人工林面积不断增加 人工林面积由前期的 196.91 万 hm²，上升到 232.38 万 hm²。间隔期增加 35.47 万 hm²，年均增加 7.09 万 hm²，净增率 3.3%。人工林面积占有林地面积的比重越来越大。前期人工林面积占有林地面积 37.65%，而后期已上升到 38.59%。

（2）人工林蓄积明显上升 前期人工林蓄积量为 4 513.46 万 m³，后期为 5 241.96 万 m³，前期未测、漏测蓄积 204.75 万 m³，按可比部分对比，增加 523.75 万 m³，年均增加 104.75 万 m³，净增率为 2.10%。人工林蓄积占林分蓄积量的比例也由前期的 22.14%，增加到 24.54%。

6. 林分、疏林按郁闭度面积蓄积情况分析

全区林分、疏林总面积为 533.98 万 hm²，总蓄积为 22 649.41 万 m³。其中：

疏密度（郁闭度≤0.3）面积 54.74 万 hm²，占 10.2%；蓄积 1 290.18 万 m³，占 5.7%；

中密度（0.4～0.7）面积 415.27 万 hm²，占 77.8%；蓄积 15 710.80 万 m³，占 60.4%；

密密度（0.8～1.0）面积 63.97 万 hm²，占 12.0%；蓄积 5 642.37 万 m³，占 24.9%。

在用材林中，中密度面积占 88.7%，蓄积量占 76.9%；在用材林近、成、过熟林中，中密度面积占 84.5%，蓄积量占 76.9%；在针叶林中，中密度面积占 78.8%，蓄积量占 74.7%；在阔叶林中，中密度面积占 76.6%，蓄积量占 65.2%。由此可见，全区林分、疏林分郁闭度的面积和蓄积主要集中在中密度范围，对于提高全区林地生产力还有广阔的前景。详见表 4-16。

表 4-16 林分、疏林分郁闭度面积蓄积统计 单位：万 hm^2、万 m^3

林 种	合 计				郁闭度（≤0.3）				郁闭度（0.4～0.7）				郁闭度（≥0.8）			
	面积	（%）	蓄积	（%）	面积	（%）	蓄积	（%）	面积	（%）	蓄积	（%）	面积	（%）	蓄积	（%）
合 计	533.98	100.0	22 649.41	100.0	54.74	10.2	1 290.18	5.7	415.27	77.8	15 716.86	69.4	63.97	12.0	5 642.37	24.9
用材林	378.87	71.0	15 365.33	67.8					336.06	88.7	11 815.94	76.9	42.81	11.2	3 549.39	23.1
防护林	85.96	16.1	5 689.80	25.1					65.76	76.5	3 613.02	63.5	20.20	23.5	2 076.78	36.5
薪炭林	12.97	2.4	108.72	0.5					12.01	92.6	92.52	85.1	0.96	7.4	16.20	14.9
特种用途林	1.44	0.3	195.38	0.9					1.44	100	195.38	100				
用近成过①	117.61	22.0	9 287.15	41.0					99.38	84.5	7 141.82	76.9	18.23	15.5	2 145.33	23.1
针叶林	281.39	52.7	10 064.64	44.4	39.11	13.9	815.23	8.1	221.74	78.8	7 518.29	74.7	20.54	7.3	1 731.12	17.2
阔叶林	252.59	47.3	12 584.77	55.6	15.63	6.3	474.95	3.8	193.53	76.6	8 198.57	65.2	43.43	17.1	3 911.25	31.0

① 系指用材林的近熟林、成熟林与过熟林的简化，下同

7. 森林资源质量变化动态分析

（1）林分平均每公顷蓄积量下降 林分平均每公顷蓄积量由前期的 50.22m^3 下降到 44.57m^3，下降 5.65m^3。林分各林种、各优势树种平均每公顷蓄积量变化情况见表 4-17。

表 4-17 各林种、各优势树种平均每公顷蓄积量

年 度	用材林	防护林	薪炭林	特种用途林	杉 木	马尾松	阔叶树
1985 年（万 m^3）	46.30	73.50	15.07	210.27	41.11	41.79	58.99
1990 年（万 m^3）	40.56	66.19	8.38	135.68	36.14	39.10	51.17
差 值（万 m^3）	−5.74	−7.31	−6.69	−74.59	−4.97	−2.71	−7.82

注：表中 1985 年蓄积量已加上未测和漏测样木蓄积量

（2）林分平均胸径逐年变小 林分平均胸径从 1977 年初查开始就逐年变小，直到 1990 年第四次复查。13 年来，林分平均胸径由 14.1cm，下降到 12.2cm，下降 1.9cm。下降幅度以本复查期为最大。杉木为南方主要用材树种，其平均胸径同样是不断变小，由前期的 10.5cm，下降到 9.9cm。详见表 4-18。

表 4-18 林分平均胸径变化

项 目	1977 年	1978 年	1980 年	1985 年	1990 年
林分平均胸径（cm）	14.1	14.0	13.8	13.1	12.2
其中：杉木（cm）	12.0	11.5	11.3	10.5	9.9

（3）林种结构得到调整 随着社会的进步，人们对森林的需求已不再局限于生产木材，更多的则是发挥森林的多种效益。因此，对比初查和第三次复查，用材林面积比重不断下降，其他林种面积比重相应增加，这正是朝着好的方面发展。不同时期的林种结构

（用材林：防护林和特用林：经济林和竹林：薪炭林）如下：

1977 年林种结构为：76.2：6.6：16.2：1.0

1985 年林种结构为：67.3：12.9：18.4：1.4

1990 年林种结构为：62.9：14.5：20.4：2.2

（4）针叶树比重上升，阔叶树比重下降 前期活立木总蓄积（包括未测和漏测蓄积）的针阔比为 42.2：57.8，复查期内，针叶树的比重有所增加，阔叶树的比重则下降。其针阔比例为 43.3：56.7。林分的针阔比例变化不如活立木总蓄积量变化大。林分按优势树种针阔面积比为：前期为 50.5：49.5，后期为 50.6：49.4；针阔蓄积比前期为 51.7：48.3，后期为 52.5：47.5。

8. 森林资源生长与消耗的变化动态分析

不含未测生长量时，前期年平均生长量为 1 577.0 万 m^3，生长率 5.91%。后期年平均生长量为 1 725.82m^3（不包括前期未测和漏测样木蓄积生长），生长率为 5.90%。对比看出，前后期林木生长率变化很小，生长量后期比前期增加 148.82 万 m^3。

同样，不包含未测消耗量时，前期年平均消耗量为 2 085.0 万 m^3，消耗率 7.81%；后期年平均消耗量为 1 798.56 万 m^3，消耗率为 6.14%。消耗的对比变化比生长明显得多，消耗量年均减少 286.44 万 m^3，消耗率下降 1.67%，由此可见，复查间隔期在控制资源消耗方面已取得显著成效。

根据 1990 年全区森林资源连续清查第四次复查结果，广西森林资源由于各级领导部门的重视，采取了有力的保护措施，使全区森林资源的消耗呈现逐年下降趋势。据林业部工作组 1991 年下半年的抽样调查，全区 1990 年森林资源消耗量为 1 428.2 万 m^3，而森林资源年平均生长量为 1 853.9 万 m^3，初步实现了森林资源生长量大于消耗量，消灭了森林资源“赤字”，扭转了长期以来森林蓄积量持续下降的被动局面。

（三）广西树木种质资源

1. 种质资源丰富

广西地跨北热带、南亚热带和中亚热带，绝大部分属湿润区，植物区系属古热带、泛北极两个植物区系；在第四纪间冰期，广西只有局部山地冰川，保存着较多的古老种属。由于地理、历史条件优越，林木种质资源丰富，据不完全统计，共有 280 多个科 1 670 属 6 000 多种。其中乔木和亚乔木等就有 120 科 480 属 1 800 多种以上。丰富的林木种质资源，为因地制宜，发展多样化的树种提供极为有利条件；但针叶树种少，仅 33 种（人工引进未列入），主要属于亚热带的成分，其中杉木、马尾松提供大量的用材，有的种群数量极少，却是珍稀孑遗种，如银杉、资源冷杉、元宝山冷杉，是我国分布最南的种类，且海拔低至 1 650m，有少数则属于热带种，如南亚松（*Pinus latteri*）、鸡毛松（*Podocarpus imbricalus*），后者可北伸至桂北大苗山一带，从这些少数的针叶树已可略知广西林木资源种质特殊性，而占绝对优势的众多阔叶树更是十分复杂，区系多岐，用材多样。经过初步材性研究的用材树种共 345 种，特类材有擎天树、蚬木、金丝李、广西青梅、华南坡垒、格木、苏木、小叶红豆（紫檀）、紫荆木；一类材有栲属、红椆属、核桃、青冈属、楠木、樟、银杏等 42 种；二类材有木兰属、大叶青冈（*Cyclobalanopsis jenseniana*）、椿木属（*Toona*）、柏木（*Cupressus funebris*）、建柏（*Fokienia hodginsii*）、猪血木（*Euryodendron excelsum*）等 85 种：其余为三至六类材，不胜枚举。而速生优良树种有米老排、顶果木、火力楠、黄桐、泡桐（*Paulownia fortunei*）、香果树、香椿（*Toona sinensis*）、红椿（*Toona ciliata*）、香梓楠（*Michelia hedyosperma*）、苦楝、麻楝（*Chukrasia tabularis*）、南酸枣（*Choerospondias axillaris*）、秋枫（*Bischofia javanica*）、大叶木莲（*Manglietia megaphylla*）、深山含笑（*Michelia maudiae*）、马蹄荷（*Exbucklandia populnea*）、檫木（*Sassafras tzumu*）、鹅掌楸、香合欢（*Albizzia odoratissima*）、八宝树、任豆（*Zenia insignis*）、紫树（*Nyssa sinensis*）、红荷木（*Schima wallichii*）、黄梁木（*Anthocephalus chinensis*）、桦木等等。如此繁多的阔叶树种，只有极少数的几种应用于造林且面积也很小，这和发挥广西的地理优势、林木种质优势是很不相适应的。另一方面，这些阔叶林长期以来遭受滥伐，使一些种类有被消灭的危险。更多的濒危植物是那些生命力衰退的残遗种，天然繁殖困难，天然竞争能力脆弱；或者是生态适应幅度极为狭窄的种类，局限于某些特殊的小环境中，种群稀少，濒临绝境。

2. 珍稀濒危保护植物

国家环境保护局等发表重点保护的中国珍稀濒危植物 389 种，并组织编成《中国植物红皮书》。广西计有 113 种，占 29%强，种类之多，仅次于云南。全国一级保护的 8 种，是指具有极为重要的科研、经济和文化价值的稀有濒危的种类；广西有桫罗、银杉、金花茶（*Camellia nitidissima*）3 种，如加上望天树的变种擎天树计，则应为 4 种。二级保护 143 种，指在科研或经济上有重要意义的稀有或濒危的种类，广西有资源冷杉、元宝山冷杉、蚬木、金丝李、香木莲（*Manglietia aromatica*）、喙核桃（*Annamocarya sinensis*）、紫荆木、格木等 47 种。三级保护 222 种，指在科研或经济上有一定意义的濒危或稀有的种类，广西有 63 种，如肥牛树、顶果木、锯叶竹节树（*Carallia diplopetala*）、广西青梅、土沉香（*Aquilaria sinensis*）等。此外，广西根据地方情况，增补其他金花茶、小叶红光树、大明山松（*Pinus taiwanensis* var. *damingshanensis*）等 14 种。这些保护植物大多数为林木，主要分布于天然林中。

在许多珍稀濒危植物中，有不少的名树古木是可贵的历史文物资源，尤应引起重视，如龙州、大新的蚬木王，金秀的银杉老树，桂南独木成林的高山榕（*Ficus altissima*），银竹老山的资源冷杉，大青山的见血封喉，那坡等地的擎天树，猫儿山的华南铁杉（*Tsuga chinensis* var. *tchekingensis*）、长苞铁杉（*Tsuga longibracteata*），贺县三家村的大樟树等都是众所周知的，其实广西的名树古木远不止此，还有待调查考证。

（四）广西竹材资源

东南亚是世界竹子分布中心，约占世界竹林总面积和竹种资源总数的 80%。中国地处竹子分布中心区，是世界最主要的产竹国之一。广西又是我国竹类的主产区之一，有竹林面积 24.01 万 hm^2，占广西有林地面积 3.99%，多属于集体所有。主要分布在桂林、柳州、梧州等地区。

广西竹类约有 160 多种，分布于桂南热带季雨林地带的有竹类 63 种，主要为丛生竹，并有攀援竹类；分布于桂中南亚热带常绿阔叶林地带内的有竹类 54 种，主要是丛生竹的直立型竹类，桂北中亚热带常绿阔叶林地带内的有竹类 46 种，主要是散生竹，是毛竹的主要产区，分布较广的竹类主要有：毛竹、假楠竹、撑篙竹、粉单竹、油竹、吊丝球竹、吊丝竹、麻竹、茶秆竹、簕竹等。

竹子是可再生资源，生长快，产量高，有多种用途和效益，经济价值大，一次造林，多年收益，各地群众早有种植经营习惯，是广西农村的主要商品资源之一。原竹、竹篾、竹编、竹制工艺品、其他竹制品的内外销量都较大。如毛竹购销量 1954～1984 年 30 年的统计，年平均 482 万多根；篙竹购销量 1957～1984 年 27 年的统计，年平均 450 万多根；小毛竹购销量 1966～1984 年 19 年的统计，年平均 101 万多根；大杂竹购销量 1973～1984 年 12 年的统计，年平均 352 万多根；小杂竹购销量 1973～1984 年 12 年统计，年平均 95 万多条；竹篾购销量 1973～1984 年的统计，年平均 39 万多担。竹编、竹制工艺品、其他日用竹制品、造纸以及竹笋、笋干等消耗的竹子资源没有列入统计。

第二节　林、副产品资源①

森林植物资源除了为经济建设提供木材外，还可利用木本植物的叶、皮、花、果以及林内的各种藤灌草本植物作原材料或加工生产多种产品，为工业和人民生活需要提供大量资源。这方面有传统的林副特产，如松香、松节油、栲胶、茶油、桐油、八角、玉桂、白果等。其他森林植物资源的开发利用，对林业部门来说还只是在改革开放以后才逐步得到重视和发展。目前开展了松节油深加工合成芳樟醇，龙血树制取血竭（一种替代进口的南药），有“南方人参”之称的绞股蓝，有第三代水果之称的刺梨饮料系列，有兼具营养和药用价值的松针粉饲料添加剂，紫胶红色素食品添加剂等开发利用。

森林植物中富含各种天然化合物，如各种维生素、脂肪酸、多糖、萜烯类、黄酮类、生

① 执笔人：毛子均

物碱、皂苷及其他化学成分等。可以加工生产化工产品、香精香料产品、食品和饮料系列产品、药用原料和成药、饲料或饲料添加剂、食品添加剂等。广西森林植物资源丰富，开发利用潜力很大。但是在资源调查与保护，良种选育与人工栽培，植物化学与加工工艺等还处于初试阶段，尚未形成较完整的体系。为此，要有重点、有计划地加强宣传，提高认识，从林业的宏观上来考虑，安排森林植物资源的开发利用项目，培养人才，掌握市场信息，从而把资源优势转化为经济优势，森林植物资源必将为振兴林业，发展林区经济做出更大的贡献。

(一) 林产化工资源

广西林产化工资源极为丰富，现已开发利用的有松香、松节油、栲胶、芳香油、紫胶等4个工业门类。1986年列入广西壮族自治区计划的30个林产化工企业总产值达1.13亿元（不包括芳香油产值和乡镇企业的松香产值），利润1 558万元。松香产量和出口量均占全国首位，栲胶产量也居全国之首。

1. 松香

松香是松脂的工业加工产品。广西可供采脂的松树种类也多，但主要是马尾松，其次是细叶云南松。松脂产量在不断发展中：1950年是198t，1960年11 405t，1970年33 570t，1980年126 550t，1989年181 986t。

据1987年的调查资料（表4-19、不包括乡镇企业的产量）松脂产量最高是梧州地、市约占广西总产量的64%，其次是玉林，河池地区最少。

表4-19 广西1987年马尾松脂资源及采脂量

地市名称	资源面积（万 hm^2）	林木蓄积量（万 m^3）	松脂产量（t）
合　计	182.15	7 408.82	201 440
梧州地区	25.81	1 099.99	129 222
玉林地区	13.07	380.34	23 471
南宁地区	15.92	584.01	18 259
钦州地区	17.26	459.48	15 767
桂林地区	33.01	1 463.93	10 276
柳州地区	23.12	966.79	1 730
百色地区	40.5	1 813.91	1 208
河池地区	13.91	640.45	446

新中国建立40年来，广西松香生产不断发展，现有大小松香厂181个，自1986年以来，松香平均年产量10万～13万t之间，占全国总产的30%左右。松节油年产量在1万～

1.9 万 t，松脂加工产品为松香和松节油，都是重要的化工原料。脂松香具有光泽好，透明度高，粘性大及熔点高等石油树脂无法代替的优点，是化工、轻工、医药等行业不可缺少的用料。世界松香主产的美国、葡萄牙和我国，产量约占世界总产量的 4/5 左右，1985 年世界松香总产量为 111.1 万 t，我国产 25.5t，约占 25%以上，我国出口 15.65 万 t，占 39%。1987 年广西生产松香 10.1 万 t，占全国总产量 39.57 万 t 的 25.5%，出口松香 4 万 t，占全国出口松香的 25%以上。松香生产是广西林产化学工业的支柱，经济价值很大，应很好地保护和发展松脂资源。

近年广西林化工业企业已开始向产品的深加工方面发展，主要产品有聚合松香、马来松香、歧化松香、歧化钾皂和合成樟脑、芳樟醇等。现将 1987～1991 年初加工和深加工产品列表 4-20 如下：

表 4-20　广西 1987～1991 年松脂的产品产量

产品名称	年度产量（t）					生产厂家	备注
	1987	1988	1989	1990	1991		
松香	101 006	122 501	132 619	86 289	115 761	全区合计	初加工产品
松节油	12 882	15 002	15 721	11 595	15 205	全区合计	初加工产品
歧化松香	651	1 535	1 804	1 534	1 997	梧州松脂厂	再加工产品
歧化钾皂	7 368	7 856	8 224	4 292	5 317	梧州松脂厂	再加工产品
异龙脑脂		150	87			梧州松脂厂	再加工产品
双戊烯		235	160			梧州松脂厂	再加工产品
醋酸钠		206	148			梧州松脂厂	再加工产品
合成樟脑		521	305	324	121	梧州松脂厂	再加工产品
马来松香	1 450	898	878	845	827	玉林松脂厂	再加工产品
聚合松香	336	389	430	603	516	桂林化工厂	再加工产品
松香胺		16	18		3	桂林化工厂	再加工产品
松香腈		19	21		8	桂林化工厂	再加工产品
松香树脂		200	216	109	422	岑溪松香厂	再加工产品
芳樟醇			25	25（试销）		梧州松脂厂	再加工产品
浅色松香			700～1 000			容县松脂厂	再加工产品

2. 栲胶

广西森林中可利用的野生栲胶资源的种类很多，已开发利用的主要是杨梅、余甘子、橡椀、木麻黄栲胶，黑荆树（*Acacia mearnsii*）栲胶等。据 1970 年普查，全区杨梅林面积 630hm²，树皮资源 41 694t；余甘子（*Phyllanthus emblica*）面积 1 294hm²，树皮资源 241 547t；橡椀主产地桂西北山区，全区有栎类林 57.6 万 hm²，橡椀资源 127 856t。为了保证原料的正常供应和栲胶的质量，到 1988 年止全区已建立黑荆树人工栲胶原料基地 4 100 多 hm²，其中区直属 3 个栲胶厂有人工林 2 500 多 hm²；此外，河池地区 1 142.27hm²，南宁地区

872.67hm²，柳州地区 733.33hm²，桂林地区 200hm²，百色地区 92.33hm²。

栲胶是用树皮或果壳（橡碗）浸提出的初级产品。广西有 4 个栲胶生产企业，年生产能力可达 1.1 万 t，产出的余甘子、杨梅栲胶是全国优质产品之一，畅销全国各地，已有部分供出口。1985～1991 年全国和广西栲胶生产情况如下：1985 年全国总产量 36 617t，广西产量 8 245t；1986 年全国总产量 40 252t，广西产量 9 642t；1987 年全国总产量 47 715t，广西产量 11 727t；1988 年全国总产量 39 099t，广西产量 8 818t；1989 年全国总产量 25 193t，广西产量 6 063t；1990 年全国总产量 17 024t，广西产量 6 302t；1991 年全国总产量 16 955t，广西产量 7 204t。广西栲胶产量分别占全国总产量的 22%、25%、24.6%…，均居全国首位。

栲胶初级产品主要用于制革工业的鞣皮剂和锅炉除垢。栲胶再加工进行过滤和化学提纯，使单宁含量达到 80%～85%以上（初级产品单宁含量为 70%左右），产品即可用于制木工、纸板的胶粘剂或酚醛树脂胶的加速剂，还可用于机械制造、砂轮生产的高级胶料、塑料、油漆、涂料等，用途很广。

3. 芳香油

芳香油资源在广西森林中种类多，产量较大，已发展为名特产的有茴油、肉桂油、柠檬桉油和山苍子油，是从人工栽培的八角、肉桂、柠檬桉采收其枝叶果或采自野生的山苍子树的果实，通过蒸馏产出的油。广西茴油生产已有 300 多年历史，产量居全国首位，1989 年产茴油 409t，行销国内外，以德保县所产为著，素有“天保茴油”之称。桂油，1989 年产 59t，1992 年达 208.0t，创历史最高水平。柠檬桉（*Eucalyptus citriodor*）油（包括其他桉叶油）一般年产 250t，山苍子（*Litsea cubeba*）油 250t，大都以初级产品投放市场。

这 4 种芳香油都是多组分的，通过分离，从中可分离出更有价值的产品和原材料，如用肉桂醛、香茅醛、柠檬醛、茴香醛制成腈类化合物。腈香料是近 10 多年来国际市场出现的新品种，极受欢迎。广西开发这些粗油的深加工，发展香料工业有广阔前途。

4. 紫胶

紫胶原产于云南西部和西藏南部，产量较少，50 年代初期，国内用量主要靠进口。1959 年，广西先后自云南墨江和景东引种培育获得成功并发展迅速，70 年代中期全区已有 40 个县生产紫胶，年产种胶和原胶 10t 以上的县有 10 个，年产 5t 以上的乡村有 20 个。在德保、田东、田林、北流、容县、玉林、博白、合浦、钦州、天等等地生产形成一定规模。1979 年原胶产量达 150～180 多 t，总产量仅次于云南，居全国第二位。但因保种越冬有一定困难，生产受到挫折和影响。1991 年全区仅产原胶 22t。

紫胶又名虫胶，是由紫胶虫寄生在某些植物上所产生的分泌物。寄主树是养虫产胶的基础，广西实验筛选出具有生产价值较高的优良寄主树有：南岭黄檀（*Dabergia balansae*）、黄檀（*D. hupenana*）、哈氏榕（*Ficus harlandii*）、枫杨、广西芒木（*Eriolaena kwangsiensis*）、光叶合欢、山合欢（*Albizzia kalkora*）、木豆（*Cajanus cajan*）、木槿（*Hibiscus syriacus*）、牛肋巴（*Dalbargia obtusifolia*）等 10 多种，都表现为产胶性能稳定，生长快，萌芽力强，具有经营价值。全区现有紫胶寄主林 24 560hm²。

紫胶化学性稳定，绝缘性优良，可塑性和粘着力强，具有防水、防潮、防锈、防腐、耐油、耐酸、耐磨，并无毒等综合独特的理化性能，广泛用于军工、电器、化工、医药、食品等工业部门。在国内外市场属短缺紧俏商品。

5. 五倍子

五倍子是广西山区一种林特产品。在广西五倍子种类有 5 种，它们分别由 5 种不同的倍蚜寄生于同一寄主植物上致瘿而形成的，其中分布较广，质量好，单宁含量高，商品产量多的主要是角倍（表 4-21）约占全区总产量的 80%左右。广西五倍子的历年产量主要反映在外贸土产部门的收购上，据统计，从 1962～1985 年全区共收购五倍子 934.75t，年均收购量为 40.64t，最高年产量达 188.7t（1977 年），最低年产量仅 2.7t（表 4-22）。1985 年以来，产量逐年有所回升。

表 4-21　广西五倍子种类、质量及其致瘿蚜

倍子名称	寄主植物	致　瘿　蚜	单宁含量（%）
角倍	盐肤木	角倍蚜 *Schlechten dalia chinensis*	61.0
倍旦	盐肤木	倍旦蚜 *S. peitan*	64.4
圆角倍	盐肤木	圆角倍蚜 *Nurudea sinica*	70.0
倍花	盐肤木	倍花蚜 *N.*（*Nurudeopsis*）*shiraii*	31.4
红倍花	盐肤木	红倍花蚜 *N.*（*N.*）*rosea*	32.0

表 4-22　广西五倍子产量分布　　单位：t

1962～1985 年平均年产量（t）	县数	分布地区及县			
		柳　州	桂　林	河　池	百　色
大于 5	3	三江（8.9） 融水（5.1）	龙胜（8.9）	—	—
1～4	5	融安（4.1）	临桂（3.0） 资源（1.8）	环江（3.4） 南丹（2.1） 天峨（1.0）	—
小于 1	8	—	兴安（0.8）、永福（0.58） 全州（0.47）、灵川（0.45） 恭城（0.20）	宜山（0.90） 凤山（0.41） 罗城（0.75）	—
零星产量	10	金秀	阳朔、平乐、荔浦、灌阳	东兰	凌云、乐业 隆林、那坡
占全区总产量（%）	—	56.87	33.29	9.79	0.41

注：（　）括号内数字为产量

据调查，广西有40个县有生产五倍子的记录，但由于受寄主植物及倍蚜种类和五倍子的生境条件等因素的制约，产地分布虽广，而产量极不平衡，其中能提供商品五倍子的产区，主要在柳州地区，五倍子的产量约占全区总产量的56.86%，其次为桂林地区各县约占33.29%，河池、百色两地区分别占9.79%和0.41%（表4-23）。

表4-23 广西1962～1985年五倍子分地区收购量 单位：t

地区	1962	1963	1964	1965	1966	1967	1968	1969	1970	1971	1972	1973	1974	1975	1976
柳州	6.13	3.43	74.97	13.82	2.17	19.04		7.24	11.98	46.96	15.81	54.03	24.20	24.00	13.90
桂林	6.27	10.77	45.56	13.58	2.70	24.10		9.26	7.70	38.10	16.50	27.20	15.10	11.30	4.40
河池								1.15	0.59	10.74	4.28	25.75	1.70	4.67	3.10
百色														0.01	0.01
全区	12.40	14.20	120.53	27.40	4.87	43.14		18.65	20.27	95.80	35.59	106.98	41.00	39.98	21.41

地区	1977	1978	1979	1980	1981	1982	1983	1984	1985	最高年收购量（出现年份）	最低年收购量（出现年份）	1962—1985年总收购量	平均年收购量
柳州	134.20	13.30	10.60	5.50	8.00	23.80	5.10	2.11	11.29	134.20（1977）	2.11（1984）	531.58	23.11
桂林	35.01	6.40	7.40	4.90	4.60	10.80	4.20	0.20	4.25	45.56（1964）	0.20（1984）	311.18	13.50
河池	19.30	5.10	1.90	1.50	1.10	3.90	0.33	0.40	3.69	25.75（1973）	0.33（1983）	91.60	3.98
百色	0.10	0.05	0.03			0.10	0.03			0.1（1975）	0.03（1979）	0.39	0.012
全区	188.61	24.85	19.93	11.90	13.70	38.60	9.66	2.71	19.23	188.61（1977）	2.7（1984）	934.75	40.64

注：1. 资料来源于广西外贸公司土产科

2. 南宁、玉林、钦州、梧州等4地区五倍子产量甚少或无，没有收购资料

从地理分布看，广西五倍子主要分布在融水、融安、三江、环江、龙胜、临桂、南丹7个县，其生产历史长，自然资源较丰富，产量约占全区总产量的80%以上。

广西五倍子生产，由于缺乏科学管理，基本处于野生状态，盐肤木（*Rhus chinensis*）寄主林的权属不定，倍子自生自长，谁采谁得，竞相采摘嫩倍，加以滥伐夏代寄主盐肤木，以及破坏冬寄主苔藓的生境，因而寄主林木稀疏，结倍率低，产量很不稳定。据龙胜瓢里乡和环江龙岩乡产区取样调查，盐肤木平均结倍株率一般为9.5%，最低为5%，最高为20%；单株结倍数一般为1～3个，最多为20个，估算每公顷产仅7.5～15kg。

为了保护和发展五倍子资源，要加强宣传五倍子对发展山区经济重要性，普及五倍子科学生产知识，保护好现有盐肤木寄主林和冬代寄主苔藓资源，禁止采摘嫩倍，从而有计划地建立五倍子生产基地，实行科学经营，开展加工利用。

五倍子内含单宁酸、没食子酸和焦性没食子酸等成分，在医药、石油、纺织、印染、环

保以及军工等方面均有广泛用途。据了解，以五倍子为原料生产的一种抗菌增效剂——甲氧苄氨嘧啶（即 TMP）每吨价达 24 万元，每 3t 五倍子可生产 1t TMP，而每吨五倍子收购价为 1.5 万元，经深加工后产值可翻番。

（二）油脂资源

广西森林木本油脂资源极为丰富，种类繁多，有油茶、油桐、乌桕、蒜头果（*Malania oleifera*）、狗骨木（光皮树）、蝴蝶果、人面子、木花生（*Jatropha curcas*）、石栗、紫荆木、油梨（*Persa americana*）、瑶果（细子龙）和硬毛石笔木（*Tutchheria hirta*）等 50 多种，但不少种还处于野生状态，尚未开发利用，只有人工栽培的油茶、油桐形成了具有较大规模的生产区域，其主产品为油脂，是重要的生活资料和工业原料。

1. 油茶

油茶为主要木本食用油料树种，据 1981 年资料，广西有油茶林面积 433 333hm^2，1978～1981 年 4 年平均年产茶油 2 801 万 kg，是我国油茶主产区之一，主产于柳州、桂林、梧州、玉林等地区。总产和平均单产（每公顷产茶油 60kg）水平很低。为了提高单产，80 年代前后，推广良种岑溪软枝油茶，已造林验收面积 2.05 万 hm^2，同时加强了低产林的改造。

油茶籽主要由粮油部门收购加工，主产茶油（为初制二级油）和茶麸。油茶种仁含油量在 40%～50%，茶油含油酸及亚油酸 77%～90%，为优质食用油，食用易消化，不会使胆固醇增高，有预防血管硬化的作用，而且茶油比其他食用油较耐贮存，无致癌物质，有利于人体健康。在工业上，茶油是调制罐头食品理想的油脂之一，又可制人造奶油，还可调制润滑油、防锈剂，制皂、烛、凡士林等，所以在国际市场上是畅销品。茶壳可用以制碱、糠醛、栲胶、活性炭等。茶麸是优良的有机肥料，茶麸综合利用，可提取皂素制成洗涤剂，脱脂去皂后的茶籽饼粕经发酵后可酿造酒精和作饲料。足见茶油和茶麸进行深加工，可以生产市场需要的系列产品。

现今世界食用植物油含油量在 30%以上者约 100 种，木本与草本之比约 3∶1，发展趋势是食油木本化。

广西历年油茶籽产量见表 4-28。

2. 油桐

油桐是我国特有的工业用油料树种，已引种到世界各国。广西是我国油桐主要产区之一。据 1990 年资料，广西有油桐林 8.67 万 hm^2，其中良种种植面积 3.85 万 hm^2，占全林的 44.5%。年产桐油 16 887t，年产量由全国第五位上升为第二位，仅次于四川。广西产桐油最多是河池地区，其余依次为百色地区、柳州地区、桂林地区、南宁地区、梧州地区、钦州和玉林地区。

据历史资料记载，在 20 世纪 30 年代，广西年产桐油达 1 500 万 kg，外贸出口 1 050 万

kg，居广西出口创汇的首位。当时，国民党政府把油桐作为主要出口商品经营，大力推广。由于第二次世界大战，出口受阻，因而衰退下来。改革开放以后，大力宣传发展油桐生产，推广良种，“七五”期间，平均年收购桐油达到 1 176 万 kg，比“六五”期间平均年收购桐油的 504 万 kg，增加 1.8 倍，1990 年全区桐油收购达 1 688.7 万 kg，仅次于 1939 年的 1 950 万 kg，创 50 年代以来的最高纪录。主要是实施良种化并改进了栽培技术。

广西油桐有三年桐（光桐）(*Vernicia fordii*) 和千年桐（皱桐）(*Vernicia montana*) 2 种，所产桐油主要为三年桐。桐油是国际性商品，每年国际贸易量约为 1 亿 kg，我国出口约 2 000万～3 000 万 kg，是桐油的主要出口国。国际上认为中国桐油品质优良，在相同条件下，南美桐油干燥需要 11～12min，而中国桐油只需 8min，所以享有盛誉。

油桐籽的初加工产品为桐油和桐麸。桐油的主要组成分是：软脂酸 1.988%、硬脂酸 1.908%、油酸 5.07%、亚油酸 7.656%、桐酸 81.878%。桐油是最佳干性油之一，具有干燥快、比重轻、光泽度高；附着力强、耐酸耐碱、防腐防锈、绝缘性能好的特点，在工业上有广泛用途，主要用于涂料、油墨、电子、医药、军工等部门作原料，以及用于农业和渔业，可制成新型农药。用桐油人工合成橡胶，用于制作机械衬垫物、日用橡胶零件、工业用水管、半硬质模型橡胶制品等产品。桐麸是有机肥，含有机质 77%、氮 4%～6%、磷 1.8%～2.7%、钾 1.2%～1.3%，其肥效比化肥高。此外，桐果壳含钾量 3%～5%，可提取粗桐碱。油桐的产品是国内外现代工业必需的物资，还可深加工开发新产品，是有发展前途的植物资源。

表 4-24 广西历年桐油收购出口情况

年 份	收购桐油 (kg)	出口桐油 (kg)	年 份	收购桐油 (kg)	出口桐油 (kg)
1953	6 195 000		1969	5 265 000	
1954	7 440 000		1970	5 470 000	
1955	9 820 000		1971	6 215 000	
1956	9 810 000		1972	6 265 000	
1957	10 065 000	1 807 000	1973	963 100	
1958	4 010 400	2 531 000	1974	594 400	
1959	5 845 000	2 547 000	1975	646 200	1 926 000
1960	4 585 000	2 271 000	1976	579 300	968 000
1961	2 950 400	1 098 000	1977	447 400	5 036 000
1962	3 765 400	1 297 000	1978	565 100	5 022 000
1963	3 835 300	1 450 000	1979	401 500	5 009 000
1964	3 735 200		1980	207 900	5 010 000
1965	3 520 300		1981	325 100	5 011 000
1966	3 480 200		1982	292 800	1 001 000
1967	4 805 400		1983	181 200	1 187 000
1968	4 540 400		1984	554 600	495 000

3. 乌桕

乌桕在广西原为野生资源，多为零星分布。自1974年开始从浙江、湖南引进优良品种，推动建立商品生产基地，到1982年止，在桂林、玉林、柳州、河池、百色、梧州、南宁等7个地区人工栽培发展到47 000hm²。乌桕籽的收购量由60年代初5年平均为6.6万多kg，至1984年前5年收购平均为22.84万kg。1988年全区产乌桕籽67t，1989年降到33t，表4-25。

表4-25 广西历年乌桕籽收购情况

年份	收购量(kg)	年份	收购量(kg)	年份	收购量(kg)	年份	收购量(kg)
1960	34 200	1967	155 400	1973	120 700	1979	161 500
1961	49 700	1968	186 500	1974	335 300	1980	280 900
1962	9 000	1969	—	1975	78 200	1981	162 000
1963	43 800	1970	82 200	1976	223 700	1982	216 200
1964	147 700	1971	141 500	1977	181 200	1983	288 900
1965	162 100	1972	174 600	1978	215 400	1984	192 500
1966	95 200						

乌桕籽可榨取两种理化性质迥然不同而又用途各异的油脂，都是重要的工业原料。乌桕籽外层的白色蜡质称为“桕白”或“桕蜡”，由桕白榨出的油，叫做“皮油”或“桕脂”；乌桕籽仁（内核）榨出的油叫做“梓油”或“青油”；混合榨出的油统称“木油”，不能食用。所以，要采取分榨加工。

皮油是由多种脂肪酸组成，其主要饱和脂肪酸为棕榈酸含量达60%左右；主要不饱和脂肪酸为油酸，含量30%左右。故皮油是制取纯棕榈油和纯油酸的理想原料，可广泛用于食品、医药、肥皂、化妆品和塑料等工业。高纯度棕榈油可制成无味氯霉素和无味合霉素。皮油的饱和脂肪酸和不饱和脂肪酸和可可脂的含量大体一致，故皮油又是一种制类可可脂（代可可脂）的理想原料。类可可脂是巧克力等高级糖果、点心的主要原料，近年来我国食用量不断增加。用皮油还可制取特级硬脂酸，是制造轮胎、电影胶片、塑料薄膜的重要原料。

梓油的脂肪酸组成，主要为亚麻酸、亚油酸和油酸是高度不饱和的干性油，广泛用于高级喷漆、涂料、油墨和润滑油等。梓油中还含有两种稀有天然短链脂肪酸HODA和DDA。HODA可制取一种新型杀菌剂和前列腺素；DDA氢化后可得酸，是难得的资源。

此外，乌桕籽榨油后的桕饼含氮5.6%、磷1.4%、钾1.1%是上好的有机肥，施用于果树，果品味好，产量高。兴安县有“以乌桕保水果”的生产经验。

新技术的发展，使乌桕资源成为特种工业原料。日本科学界说：中国乌桕是“绿色原子弹”。

（三）果类资源

广西林杂果种类繁多，资源丰富，有的有悠久的栽培历史和丰富的人工培育经验，是广西传统的名特优产品；有不少新兴的杂果种类由于其营养丰富，对人体生理效应全面，越来越为人们所重视，开发前景广阔。

广西林杂果资源的开发利用要进一步重视品种质量，繁育优质高产良种，注重规模经营，集约管理，加强果品的保鲜贮运和综合加工利用的研究，从单纯的生产型向生产经营型转轨，同时注意开发无污染的野杂果资源的生产利用，把林果生产作为林业的一项新兴产业来经营。此处仅介绍干杂果类资源。

1. 银杏（*Ginkgo biloba*）

白果是银杏树的种实。我国主产于广西、浙江、江苏、山东、山西和四川等地的部分县。广西白果的地方特色是：品质好，粒大，约比其他各省早 20 多天成熟，在中秋节前上市，是季节性紧俏的外销产品。主要品种有：海洋皇、橄榄佛手、桐子果、棉花果等。

白果在广西主要分布于桂东北，盛产区是灵川县海洋、潮田、大境、大圩和灵田等乡镇，兴安县的高尚、白石、湘离和崔家等乡以及全州县部分乡镇，1990 年有白果 8.7 万株。1988 年全区最高年产白果 2 298t。由于白果是广西的传统出口商品，植物学界和林学界都在开展良种早实丰产综合开发技术的研究，以提高产量和质量。在海洋产区，推广人工辅助授粉技术可增产 1～1.6 倍，经济效益很好。该乡 1987 年产白果 55 万 kg，收入 270 多万元，占其工农业总产值的 30%，全乡有 136 个农户的白果收入超万元，成了富裕户。广西历年白果收购和外贸出口情况，见表 4-26。

表 4-26 广西历年白果商业收购和外贸出口情况

年 份	商业收购 (kg)	外贸出口 (kg)	年 份	商业收购 (kg)	外贸出口 (kg)
1965	736 100	636 000	1975	901 100	785 000
1966	569 500	556 000	1976	1 384 500	881 000
1967	1 662 100	111 100	1977	1 421 600	960 000
1968	826 650	742 000	1978	1 791 600	850 000
1969	12 052 000	843 000	1979	1 125 200	950 000
1970	1 560 550	1 033 000	1980	1 659 200	933 000
1971	1 233 100	947 000	1981	668 500	541 000
1972	605 400	609 000	1982	874 400	926 000
1973	1 411 600	1 021 000	1983	1 526 600	1 421 000
1974	1 352 600	885 000	1984	911 100	600 000

白果是清热解暑有补益的食品，在药用上有食疗和医疗作用。生食可化痰、抗菌、消毒；熟食有润肺益气、化痰止咳；通经利尿，止带下，治梦遗、淋症。可加工制成白果冲剂、白果罐头；银杏叶可提制治疗心血管系统病症的新药（冠心酮），是对外贸易商品，每千克干叶价值 3～3.5 美元。

2. 板栗（*Castanea mollissima*）

我国板栗资源丰富，分布广，是主要干果出口传统产品。广西有 60 多个县市有板栗分布，以桂林地区较为集中，其次为百色、柳州、南宁等地区。大都为小片或零星栽培。主要品种有大果毛栗、大果油栗。据 1984 年资料统计，有板栗林面积 1.67 万 hm^2，约 340 多万株，平均年产板栗 300 万 kg，1989 年达 334 万 kg。常年商品收购量为 175 万 kg，外贸出口 50 万 kg 左右。以桂林地区产量较大，集中产区是阳朔、平乐、荔浦等地，南宁地区隆安有万亩板栗专业林场。

板栗果仁含淀粉 60%～70%，糖分 10%～15%，蛋白质 5%～10%，营养丰富，是群众喜爱的食品，可加工成栗蓉罐头。果壳含单宁，为栲胶原料。板栗木材为优良硬材。广西历年收购板栗情况，见表 4-27。

表 4-27 广西历年板栗、核桃、锥栗商业收购情况

年 份	板 栗 (kg)	核 桃 (kg)	锥 栗 (kg)	锥栗出口 (kg)
1974	2 409 200		3 335 750	237 000
1975	420 950		1 993 950	68 000
1976	2 234 800	62 050	4 235 300	235 000
1977	1 319 300	51 550	4 614 000	147 000
1978	1 778 100	73 700	4 574 850	3 000
1979	608 900	58 100	1 764 100	165 000
1980	1 781 550	61 650	1 041 400	1 000
1981	412 300	62 250	188 350	62 000
1982	926 350	75 900	434 050	272 000
1983	605 100	66 000	400 050	179 000
1984	724 450	73 100	780 000	28 500

3. 核桃（*Juglans regia*）

核桃在我国分布较广，从北纬 25°～42°均有分布。广西主产区在桂北和桂西北的乐业、凌云、天峨、田林等地，1988 年全区产核桃 142t，1989 年为 164t。核桃主要有：薄壳、露仁、米桃、铁桃等品种。乐业县有结果的核桃树 6 万多株，最高年产核桃 10 万多 kg，有 120 年生仍丰产的大树，以县办国营核桃林场为生产基地，群众多在房前屋后种植。

核桃仁含油达60%～65%，油清香，属半干性油，主含亚油酸及油酸75%～98%，并含有多种维生素和矿物质，为优质食用油，可加工制作各种食品，并有较高的药用价值。核桃树亦为优良硬材。收购情况，见表4-27。

4. 锥栗（*Castanea henryi*）

广西锥栗主要分布在桂北和桂中一带。锥栗种实富含淀粉，群众喜食。商业收购最高年达450万kg以上，且有部分出口。锥栗木材坚实，耐水湿，亦为优良用材，是有发展前途的材果两用树种。收购情况，见表4-27。

5. 柿树（*Diospyros kaki*）

柿树在广西各县都有零星栽培，而以中亚热带地区，特别是桂东北和桂中北较多，品质较好，一般在海拔1 000m以下，无论是砂页岩或石灰岩地区的村庄周围都有种植，以海拔500m以下的丘陵地带栽培较集中。主要栽培品种有临桂的牛心柿、恭城月柿、平南的水柿等。全区约有柿林3 300多hm^2。1989年全区产柿子2万多t。柿树结果寿命长达百年以上，栽培管理得好盛果期一般株产量150～200kg，最好的可达500～1 000kg，是具有发展价值的经济果树。

平乐、恭城、荔浦、阳朔等地多有成片柿林，或栽培在畲地边沿，现已成为出口生产基地，柿饼年出口200多万kg。平乐年产210多万kg，出口65万多kg。恭城月柿年产50多万kg。平南水柿也出口港、澳特别行政区。柿果营养价值较高，每100g鲜柿含糖15%～16.5%，蛋白质0.3%～0.5%，维生素C7～11mg。柿果可加工成柿饼、果脯、果酱、果酒等系列产品。平乐县饮料厂和中国科学院植物研究所协作，以柿叶为原料加入其他天然植物制成的维C茶，远销日本、新加坡等国家和我国港、澳特别行政区，1986年出口70多t，1987年即列入星火计划生产。据介绍：维C茶富含维生素C以及黄酮苷、路丁、胆碱、微量元素和17种氨基酸，对人体有益，具有抗衰老、抗菌、止血、镇静和防癌等效能，可以长期饮用。柿饼在加工过程中，使它出霜，每100kg柿饼，可出8kg左右的柿霜，柿霜的成分主要是甘露糖，有治喉痛、口疮之效。

6. 枣树（*Ziziphus jujuba*）

枣树原产我国，为我国栽培最早的果树。本种的野生种即酸枣为枣树的最适砧木。枣树在广西各地都有零星栽植，而以桂东北和桂中北地区海拔在500m以下丘陵平原地区比较普遍，无论酸性土或钙质土都能适应。枣树的栽培品种十分丰富，全国各地估计有四五百个之多，广西主要品种有长枣、大枣、茶园枣、次要品种有短枣、秤头枣、珠枣、丹枣、糠头枣与德保、隆林的小枣等。平南大枣具有肉厚皮薄、核小无渣的特点。枣树较易栽培，寿命长，抗性强，可接连收果百余年。盛果期单株产果25～50kg，多的达100～150kg以上。枣子可鲜食，可加工成红枣、黑枣、蜜枣、枣糖和果酒等系列产品。蜜枣远销美国、加拿大、荷兰、印度尼西亚、新加坡、泰国等国家和我国港澳特别行政区。

灌阳的灌江河谷、富川的富川江河谷和平南的环城、丹竹是枣子集中产区。灌阳年产枣子200多万kg。富川蜜枣获广西优质食品奖。平南大枣树生长快，结果早，稳产高产，单果重 4～10g，蜜枣制品鲜明黄净，是外贸畅销商品，最高年产 80 多万 kg。平南县蜜枣加工厂年吞吐量在 50 万 kg 以上。据测定，鲜枣含蛋白质 1.2%，干枣糖分含量达 60%～80%，每 100g 枣肉含维生素 C187.11mg，比苹果多 60～70 倍，枣花富含蜜汁，且花期长，为重要蜜源植物，枣花蜜色清味香，糖度高，为高级蜂蜜。枣子列为高营养食品，又有补中益气，安神养脾的功效，为常用中药。平南有句民谣："日食三枣，人不见老"。枣子对人体大有补益。平南大枣适宜在西江流域发展，可林粮间种。

7. 余甘子（*Phyllanthus emblica*）

余甘子又名余甘果，属大戟科叶下珠属落叶小乔木。桂中、桂西、桂南在海拔 500m 以下的丘陵荒山、疏林地均有分布。据 1970 年普查，全区有野生资源 1 294hm^2，树皮资源 24 万多 t。近年来，浦北、来宾、防城港、钦州、灵山等地有小规模人工种植，个别地方大面积人工造林达 120hm^2。余甘子品种很多，主要有粉甘、秋白、枣甘、六月白、赤皮、青皮、人仔面、狮头、软枝、山甘等。

余甘子果实，据测定：维生素 C 含量极为丰富，可食部分含 190～470mg/100g，为柑橘类的 20 倍。还含有矿物质钙、磷、铁、烟酸等多种营养成分。果肉有生津止渴、消滞化积、降低胆固醇和降血压等功效；种子含油约 16%，有分解蛋白质和脂肪的酵素，有治哮喘、支气管炎和糖尿病的作用。树皮含单宁纯度在 75%以上是一种优质栲胶原料。由于其有营养价值和化工医药用途，因而引起种植业的重视。

8. 山黄皮（*Clausena anisumolens*）

山黄皮又名鸡皮果，属芸香科黄皮属常绿小乔木或乔木。主产桂西南和桂西的龙州、大新、天等、凭祥、崇左、扶绥、隆安、平果、田东、百色、河池、宁明、上思、防城港等地，石山或土山均有生长。近年来，发展较快，如 1990 年龙州有林面积 327hm^2，产量达 1 803t，1991 年发展到 340hm^2；防城港现有 97hm^2，产量约 1 100t。

山黄皮果实营养丰富，据分析，每 100g 含 17 种氨基酸，总量 700～1 200mg，多种维生素总量 74mg，蛋白质 1.7g，脂肪 0.8g，碳水化合物 13.4g，果除鲜食外，可加工成果酱、蜜饯、饮料、果干等。由于加工业的发展，需求量大。山黄皮为广西北热带、亚热带的一种特优水果，适应性较强。是左、右江流域有发展前景的果品。

9. 大果山楂（*Malus lausdoumeri*）

大果山楂原名台湾林檎，属蔷薇科苹果属落叶乔木。果大似梨形，单果重 100～150g，最大的可达 350g。主要分布在靖西、德保、那坡、西林、凭祥、天峨等县市。果生吃，口感较差，目前，产区主要用于加工成山楂糕、片、晶、以及蜜饯果脯等。

大果山楂每 100g 鲜果含维生素 C24～35mg，钙 255～280mg（在其他水果之上），磷 50～60mg，铁 0.4～0.45mg，此外还含有硫胺素、胡萝卜素、核黄素、解脂酶以及黄酮类、萜类等药用成分。它是一种保健食品，具有开胃，化滞消积，活血、收敛、止痢、增强心肌、降低胆固醇和血压的作用。特别对增补生理钙质有良好功能。

大果山楂是适于桂西南、桂西山区发展的一种果品。

10. 刺梨（*Rosa roxburghii*）

刺梨又名木梨子，属蔷薇科蔷薇属落叶灌木。我区乐业、天峨、南丹、田林、西林、隆林等县均有分布，其中乐业、隆林两县最多，据乐业县1985年调查，全县有野生刺梨137 000株，一般年产果11万～13万kg，近年有较大发展。刺梨有3个品种，即普通刺梨、重瓣刺梨和无籽刺梨。刺梨具有耐寒、耐瘠、耐旱、病虫少等特点，是适于桂西高寒山区发展的一种具有较高经济效益的果品。

刺梨果实肉质肥厚，可生食。据分析，每100g鲜果含维生素C200～354mg，维生素P500～600mg，还含有胡萝卜素、15种氨基酸（比猕猴桃高5倍）和钙、镁、磷等营养元素。特别是有关专家证明鲜刺梨含有一种超氧化物歧化酶（SOD）的活性物质，它能催化氧化物阴离子自由基的歧化作用，从而减轻超氧自由基对机体细胞的损害，减少癌症的发病率和防止衰老的作用，经常食用鲜果，果汁可预防癌症、高血压、动脉硬化和重金属中毒、硅肺等疾病；它是一种防病养生的营养“珍果”。刺梨的花、叶均可入药，有健胃、滋补、消炎的功效。刺梨又是很好的蜜源植物，并有园林观赏价值。

广西主要林产品产量见表4-28。

表4-28 1950～1992年历年主要林产品产量[①] 单位：t

年份	油茶籽	油桐籽	松脂	八角	桂皮	白果	茴油	桂油	五倍子	板栗	核桃	紫胶（原胶）
1950	47 500	7 445		1 335	3 080	500	375	5				
1951	37 500	29 955		1 085	2 485	450	350	20	—	—	—	—
1952	60 000	28 840	990	2 310	3 500	580	310	21				
1953	55 615	24 780	3 205	2 440	2 790	710	300	22				
1954	92 345	29 760	21 830	3 000	4 360	1 260	250	20				
1955	66 395	29 680	42 675	2 425	3 185	1 095	220	18	—	—	—	—
1956	23 935	39 240	38 165	4 050	2 505	1 120	350	23				
1957	72 885	40 260	32 440	3 505	1 925	990	370	23				
1958	42 450	16 510	31 140	2 700	4 895	1 000	725	82				
1959	43 465	25 035	17 755	3 955	1 320	505	251	76				
1960	37 155	18 340	11 405	1 090	2 435	270	88	10	—	—	—	—
1961	39 455	13 500	19 620	2 235	3 295	555	73	4				
1962	21 545	15 060	4 840	3 450	4 755	1 070	129					
1963	38 770	15 750	31 000	1 795	3 490	1 085	216	15				
1964	30 165	14 940	40 500	3 758	965	910	178		—	—	—	—
1965	30 800	14 080	46 485	3 815	3 580	735	180	12				
1966	64 160	13 920	45 960	1 235	3 610	570	194	15				

（续）

年份	油茶籽	油桐籽	松脂	八角	桂皮	白果	茴油	桂油	五倍子	板栗	核桃	紫胶（原胶）
1967	37 470	19 220	49 000	2 830	2 695	1 660	184	23				
1968	66 680	21 720	38 000	8 370	3 090	825	190	28	—	—	—	—
1969	33 765	29 070	49 950	3 270	3 125	1 205	173	22				
1970	33 225	22 280	33 500	7 300	3 300	1 560	143	16				
1971	49 210	24 860	57 455	4 100	1 820	1 295	143	13				
1972	68 440	25 060	70 390	5 650	3 265	605	147	16				
1973	60 695	25 700	76 495	4 950	1 390	1 410	152	10	—	—	—	—
1974	73 405	20 340	86 525	3 500	3 025	1 350	212	16				
1975	67 485	23 515	84 815	7 600	4 485	1 285	243	11				
1976	50 370	20 720	79 315	2 650	6 925	935	217	9				
1977	64 735	23 440	87 075	7 005	5 435	1 705	202	7				
1978	85 425	27 860	106 050	7 905	4 420	1 790	253	6	—	—	—	—
1979	96 000	21 685	105 250	4 000	4 250	1 125	225	22				
1980	58 360	21 220	126 550	6 435	5 825	1 660	255	65				
1981	69 850	24 025	172 280	4 630	3 760	825	321	47				
1982	61 360	20 275	127 680	5 545	6 650	1 005	578	81				
1983	47 395	22 225	34 740	7 160	4 485	1 525	364	86	—	—	—	—
1984	59 975	22 120	106 070	9 280	2 845	1 320	250	50				
1985	81 015	23 890	118 365	6 985	5 050	1 610	360	105				
1986	70 531	24 499	149 315	16 062	2 788	1 765	273	107	30.6	3 077.55	150.55	50
1987	71 821	24 338	187 831	6 803	4 309	1 137	484	86	9.35	3 389.65	160.6	91
1988	57 043	22 696	181 876	7 658	3 903	2 298	574	66	10.6	3 454.85	141.6	23.4
1989	80 606	23 227	181 986	13 439	4 046	696	409	59	14.3	3 649.95	164.3	43.5
1990	58 645	30 789.4		8 483.6	4 191.1	1 624.5	401.5	106.6	25.0	3 954.7	152.7	52.0
1991	99 335	33 856.4		10 422.8	4 904.5	1 147.4	687.1	174.3	42.2	7 144.2	130.2	22.3
1992	112 041.0	45 218.0		17 217.0	6 837.0	1 929.0	681.0	208.0		6 762.0	314.0	28.9

① 广西统计年鉴，1990 年。广西壮族自治区统计局编

（四）饲料资源

广西森林植物饲料资源广泛分布，蕴藏量大。有的群众习惯用以饲养牛、羊、猪、兔等家畜，而工业开发利用尚少。据广西林业科学研究所和广西林学分院的调查资料，广西可作饲料利用的乔灌木种类约有 200 多种。蕴藏量：松针类饲料 1 590 万 t、阔叶类饲料 20

万 t、籽实类饲料 100 万 t、木材废弃物 778 万 m^3。除木材废弃物外，都是可自然再生的资源。主要森林植物饲料有松类、构树、肥牛树、羊蹄甲、泡桐、银合欢、任豆、海南蒲桃、枫香、苦楝、马椰树、白桂木、香椿、合欢、大叶合欢、酒饼叶、广西槐、肥荚红豆、乌檀、粗叶榕、米碎花、蒲桃、山竹子、苹婆、木花生、榲树、山合欢、杭子梢、翅荚香槐、胡枝子类、槐树、壳菜果、响叶杨、臭椿、黄毛榕、斜叶榕、桑叶榕、米浓液、细子龙、山香圆、山核桃、野核桃、八角枫类、野柿、油柿、白檀、毛泡桐以及壳斗科中的栗属、栲属、水青冈属、青冈属、栎属、石栎属和榆科的种类。

许多森林植物是高蛋白的种类，如构树、苦楝、任豆、大叶合欢、泡桐、银合欢等的叶子，粗蛋白的含量都在 20%以上，构树叶是 25.15%，苦楝树叶是 27.98%。我国蛋白质饲料缺乏，还需部分进口鱼粉，开发“绿色蛋白”是解决蛋白质饲料的重要而有效的途径(表 4-29)。

表 4-29 广西部分森林植物饲料常规营养成分

饲料名称	干物质(%)	粗蛋白(%)	粗脂肪(%)	粗纤维(%)	无氮浸出物(%)	粗灰分(%)	钙(%)	磷(%)
苦楝树叶	86.01	27.98	5.81	10.35	35.38	6.49	1.22	0.35
构树叶	85.58	25.15	3.58	10.07	34.76	12.02	2.23	0.30
任豆叶	93.87	24.14	8.99	17.80	37.06	5.88	1.28	0.18
大叶合欢叶	31.70	22.00	10.00	26.50	34.50	7.00	1.84	0.20
泡桐叶	88.09	19.64	6.24	9.76	46.81	5.64	0.73	0.44
银合欢叶	91.20	19.69	10.52	14.02	36.60	10.37	3.04	0.16
马尾松叶	92.88	8.01	8.27	25.14	47.99	3.20	0.72	0.04
云南松叶	90.46	6.36	8.41	29.73	41.73	4.23	0.59	0.06
湿地松叶	90.58	6.23	8.14	24.60	49.39	2.22	0.55	0.04
海南蒲桃叶	90.71	9.46	8.15	14.11	51.84	7.15	0.83	0.18
枫香叶	90.03	9.56	3.59	11.79	58.86	6.23	0.86	0.18
马椰树叶	88.67	9.01	3.48	9.55	49.89	16.74	1.13	0.17
大叶朴叶	90.80	13.53	5.63	13.73	38.58	19.33	5.89	0.24
肥牛树叶	91.71	13.01	4.20	25.73	42.15	6.62	1.43	0.21
白桂木叶	91.51	12.29	4.48	19.76	48.20	6.78	1.26	0.15
香椿叶	89.92	17.71	5.24	14.13	44.62	8.22	2.36	0.23
羊蹄甲叶	84.07	15.23	10.02	22.05	36.18	10.59	1.01	0.17
红花紫荆	92.15	11.66	5.65	22.69	40.86	11.29	3.51	0.15
合欢叶	91.01	17.63	3.70	22.52	41.93	5.23	1.18	0.26
美丽胡枝子叶	89.01	15.56	2.60	16.50	44.31	10.04	3.08	0.14
银合欢种子	94.94	26.65	6.04	14.69	44.82	3.74	0.30	0.31

森林植物饲料作为青饲料已成为地方习惯。构树、泡桐是传统饲料树种。肥牛树、羊蹄甲、米老排叶用以饲养牛、羊、猪、兔适口性好，肥牛树叶，瘦牛吃了可长膘；羊蹄甲叶喂兔，每月可增重 2.5kg，生长健壮，繁殖正常；米老排叶喂长毛兔，每只兔可剪毛100～150g，效果良好。但是，由于利用和加工处理水平低，森林植物饲料在饲料工业中只作为部分配合饲料和添加剂，亟待开发利用研究。因为，有的虽是高蛋白种类，营养成分与禽畜的适口性都好，而消化养分总量和消化热能差，消化率低，要研究加工精制以提高禽畜吃后的消化吸收率。有的是含有毒性物质，如银合欢有一种含羞草碱、茶麸含皂苷和单宁，要去毒后才能大量使用。松针粉在国际上已有 30 多年的工业生产历史，我国上海、江苏、浙江、陕西、四川、广东等地已有 30 多家加工厂生产松针粉，年产 20 000t。广西只有宁明、柳江两家集体所有小型的松针粉加工厂，由于其生产的松针粉有油涩味，适口性差，饲用量仅 10%，加多了则牲畜不喜吃，所以要研究去除油涩味，才能广泛利用。

（五）森林药用资源

中华民族几千年来赖以治病和保健的中药和草药都是自然物，其中大部分是来自森林的自然物。由于现代工业带来的空气、水质、土地污染，食物的纯化与加入化学物质，因而给自然、环境、人类带来不健康因素，随着医药科学的发展，促成了世界心理趋向于自然物，所以，能在世界范围内形成方兴未艾的中医中药热。因此，中草药的开发利用，不只是中华民族本身的问题，而已成了国际人文发展的问题。中草药大部分来源于森林，开发中草药，首先是培育发展和保护森林。

1. 药用资源简况

据有关部门的历次调查和普查资料记载，广西中草药有 4 384 种，其中：维管束植物药 3 708种，菌类药 83 种，地衣苔藓药 26 种，全部编入了《广西中草药名录》。据重点调查的 270 个品种估算的蕴藏量为 45 万 t，其中蕴藏量在 1 000t 上下的有 71 个品种，在 500t 上下的有 77 个品种，在 100t 上下的有 83 个品种，在 10t 或更少的有 38 个品种。有丰有歉，有待开发扩源。

广西药材公司系统收购经营的中药材品种只有 568 种，大多是列入中医处方的，占现知药用资源品种的 13%；而 80%以上的是草药品种，收购经营的草药 786 种，60%销作工业原料，其余的还只是限于民间应用，药用资源潜力很大。1986 年广西总购进中草药 14 696 万元，总销 18 987 万元，体现了一定的经济效益和社会效益。

2. 药用资源的地带性

素富盛名的“川、广、云、桂”南北药材，说明广西是中草药主要产区之一和药材具有特殊的地域性。广西地处热带、亚热带，从南到北都有地带性的常绿阔叶林，使广西药用植物资源以热带、亚热带的种类为主，打上了地带性的烙印。由于地貌的复杂及其对水热条件的分配，使北部某些植物沿着山地或寒潮通道向南伸延，而南部一些种类可随着屏障良好的小环境向北推移，特别是对水热因子适应幅度广的植物，在全广西都有分布。

(1) 北热带季雨林的地带性药材，主要有三七、砂仁、肉桂、八角、巴戟天、千年健、益智仁、土沉香、安息香、龙血树、草果、草豆蔻、蔓荆子、山药、水半夏、郁金、诃子、鸦胆子、乌药、黄藤、广防己、天花粉、水翁花、猪笼草、马槟榔、布渣叶、龙利叶、地枫皮、苏木、苦石莲、广金钱草、鸡骨草、相思豆、苦丁茶、丁公藤、过江龙、千层纸、广豆根、长茎金耳环、鸡骨香……。散布于滨海和海滩的还有：锦地罗、补血草、厚藤、老鼠簕、龙船花、假马齿苋、草海桐、海南草、海桐、苦榔、长柄黄花稔、雀肾树、白花穿心莲等。

(2) 南亚热带常绿阔叶林的地带性药材，主要有：金耳环、山慈菇、青天葵、瞿麦、广豆根、苦参、通草、朱砂莲、红芽大戟、广地西、黑草、马尾千金草、猫爪草、川楝子、白薇、川续断、龙胆草、黄精、玄参、丹参、灵香草、金不换等。

(3) 中亚热带常绿阔叶林的地带性药材，主要有：罗汉果、厚朴、黄柏、杜仲、乌头、银杏、藁本、独活、黄连、槐花、白前、紫草、石香薷、荆芥、玉竹、天麻、白术、白芍、柽柳、不出林、凌霄花等。

(4) 广西广布性药材（绝大部分是8个地区都有分布）主要有：金银花、鹅不食草、钩藤、旱莲草、山栀子、金樱子、枇杷叶、射干、木鳖子、首乌、鱼腥草、狗脊、千斤拔、白茅根、淡竹叶、九里明、苍耳子、青蒿、斛蕨骨碎补、香附子、桂党参、葫芦茶、青葙、石韦、两面针、独脚疳、威灵仙、白花蛇舌草、山芝麻、百部、石菖蒲、救必应、百合、黄药子、夏枯草、商陆、橙茄子、扁蓄、巴豆、卷柏、海金沙等。

3. 传统地道药材

地道药材是指在一定的地域生产，历史悠久，质量优良，疗效显著，社会公认的中药材。广西传统地道药材：三七、罗汉果、肉桂、八角、杜仲、厚朴、黄柏、安息香、茯苓、山药、葛根、金银花、广豆根、薏苡仁、石斛、使君子、桔梗、艾粉、郁金、水半夏、钩藤等驰名中外，享有盛誉。现择其中特别重要的以及木本种类简述如下：

(1) 三七 (*Panax pseudo-ginseng*) 三七亦称参三七、田七，原为野生，分布于靖西、德保、那坡、天等、凌云等地海拔700m上下的山地林下。400多年前已引为家种。70年代曾扩种到8个地区62个县，最高年收购量达25万kg，大量供应全国各地和出口海外，80年代种植面积减少，又激增了工业利用，供应偏紧。

三七，属五加科，多年生草本，纺锤形肉质根，含多种皂苷，入药功能：行瘀止血，消肿定痛，主治跌打损伤以及各种出血病症等。工业用以加工中成药，保健饮料和日用化工产品。

(2) 罗汉果 (*Thladiantha grosvenorii*) 罗汉果原为野生，分布于桂北海拔500m上下的较荫湿山地，100多年前引为家种，主产于永福和临桂等县，70年代曾扩种到桂林地区各县及柳州、玉林两地区，最高年收购量达2 600万只，增加了出口量，由于争抢市场，提早采收，产品质量下降，影响销价和销量。

罗汉果，属葫芦科，多年生草质藤本，果实圆形或长圆形，被黄色及黑色柔毛，供药用，性凉味甘，功能清肺润肠，主治百日咳、痰咳、血燥、便秘等症。叶可治顽癣、痈肿，根可敷疮疖，果毛可疗刀伤。工业利用罗汉果作口服液、冲剂和饮料。

(3) **肉桂** (*Cinnamomum cassia*) 桂皮是广西名产，质量最好，产量居全国首位。历史栽培区以防城、平南、桂平、岑溪、苍梧等县为主。1992 年最高年产量达 6 837t，大量出口。

肉桂亦称“玉桂”，樟科，常绿乔木，树皮含挥发油、极香、入药，性大热，味辛甘，功能温肾补火，祛寒止痛，主治肾阳虚衰、心腹冷痛、久泻、经痛、阴疽等症。桂子、桂枝均入药，嫩枝叶蒸馏成桂油，亦药用。工业利用制中成药及日常化工产品。

(4) **杜仲** (*Eucommia ulmoides*) 杜仲又名川杜仲，以树皮供药用。主产于四川、陕西等地。广西资源、全州、灌阳、田林、乐业、隆林等地有栽培和野生种分布。据 1987 年调查年收购量为 38 500 多 kg，由于需求量增多，多年来药用一直偏紧。

杜仲属杜仲科落叶乔木，植株高达 20m，树皮灰色粗糙。其主要特征是在树皮、叶片、果实折断处有银白色胶丝。其树皮入药具有补肝肾、强筋骨、安胎等功能。用于治疗肾虚腰病、腰膝无力、胎动不安等症。

(5) **黄柏** (*Phellodendron chinense* var. *glabriusculum*) 黄柏是常用的中药材，以树皮入药。分布于田林、凌云、金秀、资源、全州等地。据 1987 年广西中药资源调查，黄柏年收购量为 34 800 多 kg，而实际需求量达 50 000 多 kg，供不应求。

黄柏为芸香科落叶乔木，其树皮外层灰棕色，内层黄色。黄柏皮具有清热泻火燥湿的功能，用于治疗温病发热、痢疾、湿热黄胆、带下、遗精、热毒等症。黄柏木材质优，是优良家具用材。利用山区自然条件发展黄柏生产，可获药、材双收的经济效益。

(6) **厚朴** (*Magnolia officinalis*) 厚朴又名川朴、油朴，以茎皮、根皮及花入药。主产于四川、陕西等地，广西富川、钟山、昭平、融水、全州、资源均有野生种和人工栽培。据 1987 年资源调查年厚朴皮收购量为 47 300 多 kg，而年需求量达 60 000 多 kg。厚朴花年收购量为 300 多 kg，实际需求量达 1 000 多 kg，供求偏紧。

厚朴为木兰科落叶乔木，广西产为凹叶厚朴。其茎皮、根皮具有燥湿、散满行气功能，用于治疗胸腹胀满、呕吐泻痢、痰多喘咳等症；花具有宽中行气功能，用于治疗胸腔痞满、胃气胀痛、肝气郁结等症。

(7) **吴茱萸** (*Evodia rutaecarpa*) 吴茱萸又名茶辣，以果实入药。广西主产于田林、乐业、隆林等地。据调查，年收购量在 10 000kg 左右，可基本满足需求。

吴茱萸为芸香科落叶灌木。其果实入药，具有温中驱寒、开郁止痛功能。用于治疗厥阴头痛、寒疝腹痛、寒湿脚气、行经腹痛、高血压，以及外治口疮和等症。

(8) **安息香** (*Styrax* spp.) 安息香是以安息香树干中分泌出的树脂入药。广西主要分布在龙州、南宁、百色、平南、博白、浦北、天等等地。药用安息香过去都从国外进口，自 60 年代起，广西林业工作者掌握了安息香的栽培和刈脂技术，于 1976 年首次向国内提供了药用安息香商品，从而结束了长期依靠进口的历史。1979年收购量达5 000多kg，1983年收购量有4 000多kg。

安息香为安息香科乔木。目前分布栽培较多有青山安息香（*Styrax macrothyrsus*）；白叶安息香（*S. subnivea*）和越南安息香（*S. tonkinensis*）3种。在对现有资源加强管护利用的同时，可大力营造安息香林，以保证刈脂的需要。

（9）茯苓（*Poria cocos*） 茯苓又名云苓、安苓。为多孔菌科真菌，以菌核入药。茯苓是常用中药材，广西各地有栽培，以梧州、玉林两地区产量较大。据1987年调查，全区年收购量达130多万kg，除国内药用外，历年都有相当数量出口。

茯苓具有益脾胃、宁心神、利水湿等功能，用于治疗小便不利、水肿腹胀、心悸、失眠等症。茯苓菌的生产主要利用马尾松材或根蔸为培养材料，前者为松段木栽培，后者为根蔸栽培，茯苓菌在松木（根）上生长至后期逐渐形成菌核（结苓），菌核为球形、椭圆形或不规则头状物，直径10～40cm不等，个体重量一般2.5～7.5kg，大的可达15kg以上。菌核老熟时为深褐色，硬而粗糙，内部为白色或粉红色颗粒。

广西松树资源丰富，群众有栽培经验，对发展茯苓生产十分有利。但必须加强领导，根据市场需求，合理安排，充分利用松材废料进行生产。

（10）山药（*Dioscorea opposita*） 山药原为野生，清乾隆年间，博白、陆川等地群众引为家种，60年代栽培面积扩大到玉林、桂平、蒙山等地，广西是我国的主产区之一。最高年收购量达408万kg，大量供应全国各地和出口外销。

山药原名“薯蓣”又名“淮山”。薯蓣科，多年生缠绕藤本。圆柱形肉质块茎，入药，用作益健脾胃、补肺肾药，性平味甘，主治脾虚、泄泻、消渴、遗精、带下等症，亦供日常食用。工业利用制作儿童营养食品。

（11）天花粉 天花粉有野生及栽培品，广西大部地区有分布，人工栽培已有百多年历史，平南县是广西天花粉主产县，“思旺花粉”素以肥壮饱满、洁白、粉足、质量好著称，畅销全国和港澳及远销新加坡、日本等地。最高年收购量达12万多kg。

天花粉是葫芦科“栝楼”的根。栝楼（*Trichosanthes kirlowii*）亦称“瓜蒌”。多年生攀援草本，块根肥厚，富含淀粉。果实卵圆形至广椭圆形，熟时黄褐色。“栝楼皮”（果皮）、“栝楼仁”（果仁）、“全栝楼”（果实）均分别入药，性寒味甘，功能润肺宽胸、清热化痰，主治胸痹肋痛、咳嗽、痰多、大便燥结等症。块根称“天花粉”，功能清热生津，主治热病消渴等症。工业用新鲜栝楼根制剂，用于中期妊娠、死胎及流产、引产，对宫外孕，葡萄胎、绒毛膜上皮癌也有一定疗效。使用天花粉制剂会有发热、头痛等副作用。

（12）葛根 葛根分野葛和甘葛，广西各地均有野葛分布。甘葛为栽培品种，栽培范围已扩展到玉林地区各县及梧州、柳州、南宁、钦州等地，最高年收购量达250万kg。历史产区主要是平南县，“思旺葛根”以块根肥大、坚实、色白、粉性足、纤维少，质量好著称，驰名中外，出口东南亚国家已有20多年历史。

葛根是葛（*Pueraria lobasa*）的块根，味甘辛，退热，主治发热口渴、颈项强痛及泄泻等症。本品含有黄酮类及多量淀粉等成分，用于治高血压病伴有颈项强痛、冠心病、心绞痛等症。

(13) 金银花（忍冬 *Lonicera japonica*） 金银花即忍冬，是广西大宗药材之一，各地都有野生的分布，品种多，产量大，不少地区已引为家种。广西收购有8个品种，据1987年调查，年收购量达43万多kg，广西产量自给有余，可调供全国和出口。

金银花是忍冬属多年生缠绕灌木，约有22种，收购的主要以孤腺忍冬为大宗。1967年马山县群众开始人工栽培，以后在全区推广，从而金银花由野生变家种，产量不断提高。金银花夏季开花，初白后黄，故名。花、茎（忍冬藤）入药。花性寒味甘，功能清热解毒，主治温病发热、斑疹、咽痛、热毒下痢、痈肿疮疡等症。茎多用于痈肿疮毒和热痹等。花、叶蒸馏成露，又作饮料，解暑清热。金银花的工业利用，制成冲剂、口服液和清凉饮料。

4. 国家保护的药用植物

由于森林的演变、不合理的利用，人为和自然灾害的破坏等原因，许多物种遭到毁灭性的摧残，处于频危状态，为了保护物种基因，国家采取了强制性的保护政策。广西药用植物属于国家保护的有31种，见表4-30。

5. 药物资源的开发趋向

人口的增长，保健事业的发展，工业利用的扩大，中草药材的销量日益增长，从1954～1983年30年收购金额的增长情况看，第一个10年为6 970万元，第二个10年为31 317万元，比第一个10年增长3.49倍，第三个10年为53 460万元，比第一个10年增长6.8倍，比第二个10年增长70.7%。这一情况说明药物资源的消耗量在不断扩大。为了保证资源的永续利用，就要求在资源开发利用的同时，要积极不懈地作资源本身的开发，即变野生为家种，发展原料生产，建立活性的原料库，把原料开拓作为第一车间来经营。

广西对药物资源的开拓，已有很大的进展，使1000多年来依赖进口的安息香、血竭，可以自己生产，停止进口。广西8个地区都普遍引种了中草药，已有63个品种引种获得成功，使茯苓产量曾一度居全国首位，郁金生产成为全国的主要产品之一，水半夏产品可以供应全国和出口。中草药的扩源有了一定的好势头，但还应在环境保护的原则要求下，作为立法依据：利用资源同时要开拓发展资源，使自然物产永盛不衰。

表4-30 属于国家保护的广西药用植物

	品　名	主要功效	主要产地
一级	金花茶 *Camellia nitidissima*	清热、生津	南宁、防城
(4种)	龙骨风 *Alsophila spinulosa*	祛风湿、强筋骨	临桂、桂平、西林
	海南粗榧 *Cephalotaxus mannii*	抗癌	容县
	篦子三尖杉 *Cephalotaxus oliveri*	抗癌	南丹、兴安
二级	福建柏 *Fokienia hodginsii*	引气止痛、降逆止呕	上林、武鸣、金秀

（续）

	品　　名	主要功效	主要产地
二级	金丝李 *Garcinia paucinervis*	止痛	龙州、隆安、上思
（9 种）	银杏 *Ginkgo biloba*	温肺益气、镇咳止喘	兴安、灵川、桂林
	水松 *Glyptostrobus pensilis*	清热解毒	桂东南
	鹅掌楸 *Liriodendron chinense*	祛风除湿、强筋壮骨	西林、融水、兴安
	合柱金莲木 *Sinia rhodoleuca*	止痒、杀虫	金秀、融水、龙胜
	紫荆木 *Madhuca pasquieri*	风湿性心脏病	龙州、陆川
	穗花杉 *Amentotaxus argotaenia*	去瘀止痛	上思、贵港
	见血封喉 *Antiaris toxicaria*	散结、消肿	龙州、宁明
三级	土沉香 *Aquilaria sinensis*	降气、温中、温肾	玉林、钦州、南宁地区
（18 种）	白桂木 *Artocarpus hypargyreus*	生津止渴、开胃化痰	那坡
	锯叶竹节树 *Carallia diplopetala*	清热去瘀、止痛	隆安、龙州、宁明、上思
	短萼黄连 *Coptis chinensis*	解毒、泻火、燥湿	凌云、金秀、三江
	云南苏铁 *Cycas siamensis*	散瘀、消肿、止咳	大新、龙州、隆安
	八角连 *Dysosma versipellis*	消炎解毒、散瘀止痛	上林、龙州、三江
	天麻 *Gastrodia elata*	平肝息风、祛风定惊	隆林、资源、全州
	海南大风子 *Hydnocarpus hainanensis*	燥湿、杀虫、祛风	宁明、龙州
	地枫皮 *Illicium difengpi*	祛风除湿、行气止痛	田东、那坡、都安
	凹叶厚朴 *Magnolia officinalis*	燥湿、消积散满	扶绥、全州、兴安
	香籽含笑 *Michelia hedyosperma*	散瘀、止痛	上思、龙州、靖西
	巴戟天 *Morinda officinalis*	补肾壮阳、强筋骨	防城港、上思、横县
	兰花蕉 *Orchidantha chinensis*	清热、除烦	上思
	红豆树 *Ormosia hosiei*	散结、活血、止痛	田阳、隆林
	海棠花 *Ottelia acuminata*	化痰、散结	天等
	华南五针松 *Pinus kwangtungensis*	祛风、止痛	龙胜、融水、金秀
	半枫荷 *Semiliquidambar cathayensis*	祛风、止痛	防城港、桂北
	蒟蒻薯 *Tacca chantrieri*	散瘀、消肿、止痛	隆安、平果、那坡

（六）其他资源

广西森林资源除了上述部分外，还有其他许多资源，可滋利用。如属于副食品方面的资源，有香菇、云耳、竹荪、玉兰片、笋干、蜂蜜、椿芽、赤蕨、灵香草等。灵香草古称零陵草，为林下香料植物，出自瑶峒及静江、融州、象州，凡深山荫湿之地，皆可种。历史上年产达 5 万 kg，现以金秀瑶族自治县为主，常年产量为 2 万～3 万 kg。

香菇、云耳是广西传统出口特产，主要产地在桂东北、桂北、桂西北和十万大山等山区密林之中。百色的鲁贤云耳久负盛名，天峨木耳年产12万kg以上；上思香菇品味鲜美，灵川香菇年产21万kg。广西香菇、云耳购销出口情况如下（表4-31）。

表4-31　1981～1984年广西香菇、云耳购销情况　　单位：kg

年　度	香菇收购量	香菇出口量	云耳收购量	云耳出口量
1981	53 950	11 000	816 950	205 000
1982	70 200	6 000	775 800	290 000
1983	132 850	21 000	7 921 500	418 000
1984	224 150	5 000	616 100	180 000

广西各地都有竹林，种类各有异同，因此，几乎所有农贸市场都有鲜笋、笋干购销，1989年全区产竹笋干达1 304t。从冬春到夏初，是鲜笋陆续上市季节，成了人们的桌上佳肴。灵川玉兰片、阳朔冬笋罐头、融水笋干、桂平笋丝、容县容笋等远销国内外，玉兰片最高年出口量是1958年，出口6.9万kg。现在，有的农场专业经营笋用林，生产鲜笋罐头。三江把笋竹两用林作为国家扶贫技术项目。

广西森林蜜源丰富。桉树花蜜是大宗产品，荔枝花蜜是传统出口名产。商业部门和外贸部门每年都有大量购销（表4-32）。

广西森林的观赏植物品类繁多，具有较高价值的野生花卉有20多个科，近300个种，并各有特色。

被誉为世界茶族皇后的金花茶，桂南和桂西南热带地区都有分布。金花茶花瓣为蜡质金黄色，形态美观，高雅别致，秋冬开花，花期长，是园林喜欢引种的珍品。已知世界上金花茶只有22个品种，除越南有2个品种外，其余20个品种和变种（2种）均产于广西。有小果金花茶、多瓣金花茶、东兴金花茶、陇瑞金花茶等不同品种。所以，广西被誉为金花茶的故乡。它的发现，曾经轰动国内外园艺界。

表4-32　1980～1984年蜂蜜购销出口情况　　单位：kg

年　度	商业部门收购	外贸部门收购	出　口
1980	346 000	1 259 000	70 600
1981	2 481 800	337 900	467 000
1982	2 860 700	901 000	327 000
1983	3 501 200	627 000	432 000
1984	2 136 000	176 500	297 000

杜鹃花在国际上是享有盛名的花种。广西森林里的杜鹃花品种多，花色多，还有应时色变的变色杜鹃花。桂北花坪林区、桂南大明山林区的杜鹃花共有50～60个品种，大瑶山

上的变色杜鹃，一朵花在整个花期由淡黄变淡红转淡紫，一花三变色，见者惊叹奇观。

此外，龙州的火焰花，左右江岸的木棉花，红水河边陂上的树兰、金粟兰，还有幽香满谷的墨兰（*Cymbidium sinense*）、建兰（*C. ensifolium*）、春兰（*C. goeringii*）、兜兰（*Paphiopedilum parishii*）和热带兰，都各具地方特色。还有火力楠、大叶紫薇、红苞木、白芨花、石笔木、千里香等等名目繁多的花色，形成自然花市，装点着绿色世界。

参 考 文 献

[1] 广西林化专业委员会．全国各省（区）近年松香、松节油产量．林化动态，1992 年 9 月第 8 期

[2] 广西林化专业委员会．全国各省区近年栲胶产量．林化动态，1992 年 9 月，第 8 期

[3] 梁美玲．广西松香、松节油深加工产品简介．林化动态，1992 年 4 月第 3 期

[4] 丘风波，黄家德．广西五倍子资源调查．广西植物研究所（油印本），1988

[5] 韦学廉整理．广西区外贸收购、出口资料（林产部分）．(1950～1984 年)，1986

[6] 韦学廉整理．广西商业系统收购资料（林产部分）(1950～1984 年)．1986

[7] 区林业局，区粮食局．广西 1973～1980 年油茶生产情况资料（现场会统计油印本），1981

[8] 区林业局．我区主要经济林产品在国内外市场的销售情况及发展初步设想（全区八角生产会议参考资料油印本），1984

[9] 全区油桐种质资源普查队编．全区油桐普查简报，1982

[10] 方嘉兴等．我国油桐生产状况及发展问题研究报告．亚林科技，第 4 期，1985

[11] 覃榜彰等．广西油桐优良品种区域鉴定与推广应用．广西油桐科研生产协作组，1987

[12] 唐瑞芝．板栗良种选育与推广．桂林地区林科所，1985

[13] 庞森．为银杏立档案．广西林业，1982 年第 4 期

[14] 黄继东．乐业县核桃生态环境调查及品种改造．乐业县林科所（油印本），1981

[15] 张超良等．广西中药资源普查技术报告（油印本）．广西中药资源普查办公室，1987

[16] 广西区统计局编．广西统计年鉴．1990

[17] 钟坚．广西林业木本饲料资源调查报告（油印本）．广西林科所，1989

[18] 钟坚，张育华．广西主要木本饲料营养成分表．广西林科所，广西农学院，1989

[19] 罗广烈等．广西配合饲料资源及开发利用．1990

[20] 李士砀．广西杂果植物资源（油印本）．广西林学院，1993

[21] 陆善旦等．名贵中药材高产栽培技术．南宁：广西科学技术出版社，1989

第三节 森林鸟兽资源[①]

森林动物组成十分复杂，而作为资源，本节和下一节主要介绍森林鸟兽和昆虫，旁及

① 执笔人：吴名川

一些重要的爬虫两栖动物，附带叙述。

（一）森林与鸟兽资源的关系

森林鸟兽是一项宝贵的自然资源，它们是森林生态系统中的一个重要组成部分。森林鸟兽与森林环境有着相互依存的关系，森林环境为鸟兽提供了各种栖息活动场所和丰富多样的食料为其生存繁育创造了有利的条件，各种鸟兽都具有对其环境的特殊适应性，不同的森林类型中栖息繁育着不同的鸟兽种群。历史表明，森林环境的扩大可使其中生存的鸟兽繁衍扩展，若森林生态环境被破坏恶化或消失则会导致其鸟兽分布的缩小甚至灭绝。广西龙州县境内的弄岗自然保护区，总面积约100km^{2}的石山林区，那里人烟稀少，北热带雨林、季雨林的原生植被保存较好，森林覆盖面积达80%以上，据调查已知森林鸟兽等达866种，隶属于35目124科，其中尚有属世界珍稀而仅产于广西的国家一类保护野生动物白头叶猴，而来宾县的石山山区，由于森林植被遭到严重破坏，森林覆盖率只有5.4%，石山裸露，据调查全县仅有一般鸟类和地栖兽类50种左右，差异十分明显。

森林鸟兽在维护森林生态环境和促进森林的发展与生态平衡起到积极的作用。如鸟类有传播林木种子、花粉、捕食林木害虫的作用。多数鸟类以昆虫为食，如大杜鹃（*Cuculus canorus*）、大斑啄木鸟（*Picoides major*）、大山雀（*Parus major*）、黄眉柳莺（*Phylloscopus inornatus*）、黑枕黄鹂（*Oriolus chinensis*）、棕背伯劳（*Lanius schach*）、发冠卷尾（*Dicrurus hottentottus*）、灰背椋鸟（*Sturnus sinensis*）等达上百种之多，一只椋鸟一昼夜能吃掉200只左右的蝗虫；在育雏期间，一只大山雀能消灭200条松毛虫幼虫，而其一只幼鸟一天也能吃掉1～2龄松毛虫幼虫上千条之多；经解剖，一只杜鹃的胃有173条松毛虫幼虫，49条舞毒蛾幼虫和12只金龟子及蝼蛄幼虫。因此，有人测算，只要有一对杜鹃就能保护百亩松林免遭松毛虫的危害；啄木鸟是专门捕食林木钻蛀性害虫天牛的能手，在其育雏期间，一天可捕食天牛幼虫150多条，而这种林木害虫隐蔽，人工防治较困难。以浆果为食的鸟类如红耳鹎（*Pycnonotus jocosus*）、冠斑犀鸟（*Anthracoceros coronatus*）、白鹇（*Lophura nycthemera*）等是林木种子的传播者，它们吞食浆果，又把种子排泄到各处，种子经过其消化道后更易于发芽。还有一些鸟类具有专门功能的舌和啄，能以吸取花蜜为食，如暗绿绣眼鸟（*Zosterops japonica*）、红胸啄花鸟（*Dicaeum ignipectus*）等，它们穿梭活动于花丛之间，起到传播花粉的作用。

在鸟类中的猛禽、大嘴乌鸦（*Corvus macrorhynchos*）有嗜食腐肉的习性，它们专以病弱兽类和腐烂的兽尸为食，起到清除病尸减少疫病，净化环境的作用；鼠类是有害动物，而食肉兽类如豹猫（*Felis bengaiensis*）、黄鼬（*Mustela sibirica*）、狐狸（*Vulpes vulpes*）、蛇类则多以鼠类为食，它们对抑制鼠害有积极的作用。据调查测算，一只田鼠一年糟蹋1kg粮食，而一只猫头鹰一年能消灭1 000只田鼠，等于保护了1t粮食。猫头鹰（*Bubo bubo kiautschensis*）可称为灭鼠“能手”。广布于热带亚热带地区的白蚁，对林木危害最大，而穿山甲（*Manis pentadactyla*）则专以蚁类为食，可称灭蚁“专家”。

（二）森林鸟兽资源及其产销概况

根据中国动物地理区划，我国动物区系属于世界动物区系的古北界和东洋界两大区系，广西隶属东洋界区，南部属华南区，闽广沿海亚区；北部属华中区，东部丘陵平原亚区及西部山地高原亚区等的一部分，地跨北热带、南亚热带与中亚热带，由于立地环境复杂的小地域以及石山与土山的差别，森林类群丰富多样，伴随而生的有东洋界区系，东南亚大陆热带、亚热带树栖特有动物，鸡形目雉科种类，有蹄类哺乳动物，两栖爬行动物，分布广，种类多，此外，在北部也出现有不少古北界的种类，因此，种质资源相当丰富。

根据调查和文献记载，广西有鸟类 520 种和亚种，隶属于 19 目 56 科，约占我国鸟类 1 186 种的 43.8%；哺乳类动物兽类 163 种，隶属于 10 目 32 科，约占我国兽类 450 种的 36.2%左右；两栖类 74 种，隶属 2 目 18 科，约占我国两栖类 210 种的 35%；爬行类 157 种，隶属 3 目 25 科，约占我国爬行类 320 种的 49%，其中龟鳖类有 13 种，占我国龟鳖目 24 种的 54.1%；蜥蜴类 39 种，为我国蜥蜴类 117 种的 33.9%，蛇类有 90 种，占我国蛇类 173 种的 52%。

在以上动物中，属国家重点一级保护的有 26 种，有白头叶猴（*Presbytis leucocephalus*）、黑叶猴（*P. francoisi*）、熊猴（*Macaca assamensis*）、懒猴（*Nycticebus coucang*）、黄腹角雉（*Tragopan caboti*）、瑶山鳄蜥（*Shinisaurus crocodilurus*）、蟒蛇（*Python molvrus*）等；二级保护的有 124 种；广西重点保护的 147 种。

我国特有种而产于广西的热带代表种主要有白头叶猴（它是北热带石灰岩山地季雨林的特有种）、黑叶猴、懒猴、树鼩、阔嘴鸟、犀鸟，其中懒猴为我国仅此一种；黄腹角雉、黑颈长尾雉是世界著名珍贵观赏鸟，属濒危的保护种；黑长臂猿（*Hylobates concolor*）系古生动物；瑶山鳄蜥是古生物残留种，仅产于我区大瑶山；还有崇左的虎睑大鲵（*Andrias davidanus*）是现代有尾两栖类最大的一种，在广西其他深山密林中亦有产；此外，毛冠鹿为亚热带代表种。

广西森林鸟兽大多数种群具有经济价值，在国内外贸易中有一定地位。30 多年来，广西出口港澳地区的野生小动物品种、数量与金额都居全国之冠，如 1984 年野生小动物的出口创汇价值相当于出口 25 000 头肉猪的价值。

在广西历史上的主要经济动物种类：①毛皮类有 49 种：虎、豹、云豹、金钱豹、黄麂（*Mantiacus muntjak*）、小麂（*M. reevesi*）、鼬獾（旱獭）（*Melogale moschata*）、巨松鼠（*Ratufa bicolor*）、大灵猫（*Vivera zibetha*）、水鹿（*Cervus unicolor*）、蟒、狼、狐、貉、黄鼬、獾、松鼠、水獭（*Lutra* spp.）等；②药用类有 22 种：蛤蚧（*Gekko gecko*）、黑叶猴（其肉、骨、胆均入药）、熊（胆）、穿山甲（甲片入药）、梅花鹿（鹿茸）、麝和林麝（麝香）、山瑞（*Trionyx steindachneri*）（甲、血入药）、百花锦蛇、眼镜蛇（*Naja naja*）；③肉用类有 40 种：野禽如

鹧鸪、白鹇，兽类如野猪、黄麂、果子狸（*Paguma larvata*）、蟒蛇；④羽绒、笔刷等工艺品用动物有30多种，白鹇（以羽毛作画）；⑤观赏类有43种：黄腹角雉、红腹角雉（*Tragopan temminckii*）、白腹锦鸡（*Chrysolophus amherstiae*）、红嘴相思鸟、黑枕黄鹂（*Oriolus chinensis*）、画鹛（*Garrulax canorus*）、绯胸鹦鹉（*Psittacula alexandri*）、犀鸟、猴类如白头叶猴；⑥医药实验动物主要是猕猴（*Macaca mulatta*）。

50年代以来，广西每年出口不少兽皮、珍禽、小活动物、实验动物等，换取外汇物资，对经济建设做过贡献，但现在有不少珍稀动物已列为保护之列，如虎、豹等，已不准猎杀，以下数字只反映当时情况。全国列为制裘、褥的商品毛皮约62种，广西有39种，占62.9%。但随着岁月的消逝，大中型兽皮不断减少，至今有的已完全消失。据不完全统计，兽皮类如豹猫类、黄麂等1955年全广西产各种兽皮为21.7万张，其中大中型兽皮占有一定比重，如虎、豹猫皮约1 271张（其中百色地区为412张），麂皮（黄麂、小麂）约5万张；1965年产兽皮达26.2万张，其中麂皮达15.8万张；至1975年产兽皮增至52.3万张，而虎皮仅有3张，豹皮18张。1980年兽皮再增至59.6万张，大型兽皮仅水鹿、苏门羚及极少黑熊外，多为小动物皮张。1980年广西仅产麂皮3.5万张，仅为最高年量的22.2%。如田林县自1971～1980年的10年中，麂皮年产量从6 900张逐年下降至1980年只有1 403张，仅及1971年产量的20%。罗城县1973年收购麂皮达11 683张，到1980年仅有5 933张，从该县麂皮资源锐减趋势，反映广西野生动物资源的消耗是严重的。

灵长类动物是广西的优势种群，多为实验动物。列为国家保护种类的，全国约17种，广西有9种，其中如猕猴分布较广，数量多，据估计全区尚存50 000头以上，仅1956～1959年从南宁出口至苏联达16 263头，平均年捕捉量达5 421头；1974～1980年每年全区收购活猴达2 000头（私捕私猎的尚未统计在内）；此外珍稀的白头叶猴，据估计，现尚存800头左右，黑叶猴被猎杀蒸酒制膏药不知其数，尚存有4 000～5 000头。时至今日，不仅数量渐少，且其分布地域紧缩，有的种群，如懒猴，已近灭绝的境地。

雉类野禽鹧鸪，1965年出口14.7万只，鹌鹑（*Coturnix coturnix*）3.6万只，到1975年鹧鸪下降为5.3万只，鹌鹑为0.12万只，其他遭猎杀的候鸟与过往旅鸟也十分严重。龟鳖类，1965年产山瑞13.0t，大头平胸龟又名鹰嘴龟10.0t，到1975年山瑞减至9t，大头平胸龟（*Platysternon megacephalum*）为6t；活蛇类，1965年为42.8万条，外加大蟒蛇9.9t，1975年达52.3万条，而蟒降至5.7t；1965年果子狸产3 684只，杂狸1 841只，到1975年果子狸上升达4 288只，杂狸增至5 732只；此外，1973年穿山甲（*Manis pentadactylo*）最多达5 000多只；1965年蛤蚧（*Gekko gekko*）（大壁虎）最高年产量达24万对，至80年代末上升到50万对，而近年来，年产不足万对。

总之，广西野生动物资源濒临枯竭，主要是由于天然阔叶林遭受滥伐和过度捕猎，因此，亟需加强保护，首先要管护好野生鸟兽动物赖以栖息的森林环境，并采取有力保护措施严禁捕猎，同时，对一些特有的珍稀的和经济价值高的种类如林麝等，应加以人工繁殖。

（三）森林鸟兽资源的地理分布

广西南北跨6个纬度，南临海洋，森林植物形成有规律的地带性分布，在地带内部，由于自然地理条件以及社会经济的发展不同，森林类型有别，森林鸟兽种群资源也有很大差异。现分述如下：

南部地带：地处北热带，尚存一些原生性的热带雨林及季雨林，类型复杂，为森林野生动物生存提供了有利条件，动物种类呈现多样性，有典型的热带、亚热带特有的动物种群。由于地理环境的不同，可分为西南地区与东南地区。

1. 桂西南石山山地

本地区位于右江和邕江谷地以南，十万大山以西，包括南宁、百色两地区南部及钦州地区上思县。纬度低，日照强烈，气温高，年降水量约1 100～1 600mm，常年无霜，平均温度在22℃以上的月份长达7个月，境内山地丘陵起伏，喀斯特地形分布较广，森林植被类型与组成多样，以常绿阔叶大乔木为上层，形成多层次林相，终年花果不断，对森林鸟兽的栖息繁衍十分有利。热带鸟兽种类繁多，灵长类有懒猴科（Lorsidae）、疣猴科（Colobidae）、树鼩科（Tupaiidae），常见的有灵猫科（Viverrdae）、猫科（Felidae）、鼬科（Mustelidae）、松鼠科（Scluridae）、鲮鲤科（Manidae）和翼手目（Chiroptera）等，鸟类有犀鸟科（Bucerotidae）、阔嘴鸟科（Eurylaimidae），两栖爬行类有平胸龟（*Platysternon megacephalum*）、巨蜥（*Varanus salvator*）、蟒（*Python molurus*）等。在我国仅见于云南、广东、海南、国外分布于东南亚的一些种类亦在此有分布。本区内由于植被差别，鸟兽组合不同，分述如下：

（1）石灰岩季雨林区 以左江谷地及其以北，碳酸盐岩构成的地层，占有广大面积，主要属峰丛、峰林石山，多悬崖削壁和洞穴缝隙，洼地小，地表缺水。在一些人迹罕至的地方尚存有较好的原生性植被，如弄岗、陇瑞、弄呼、弄山、尿鸟、裕龙、果先、底长、燕洞、思明等，森林类型繁多，林木茂密，以蚬木、肥牛树等杂木林较常见，适于这种生境生活的动物组成具有以下特点，一是热带性，其代表动物有白头叶猴、黑叶猴、树鼩、棕果蝠（*Rousettus leschenaulti*）、巨松鼠（*Ratula bicolor*）、斑林狸（*Prionodon pardicdor*）、冠斑犀鸟、叉尾太阳鸟（*Aethopyga christinae*）、蟒等，在11月份还可见南草蜥（*Takydromus sexlineatus*）、紫灰锦蛇（*Elaphe porphyracea*）的活动，在树洞水坑中尚可见有未长腿的蝌蚪，并能听到蛤蚧的鸣叫声。二是树栖性，典型的除大多数鸟类外，主要有猴类、树鼩（*Tupala glis*）、红腹松鼠（*Callosciurus erythraeus*）、巨松鼠、果子狸（*Paguma larvata*）、灰鼠蛇（*Ptyas korrosschlegel*）、绿瘦蛇（*Dryophis prasinus*）等。三是石灰岩山地性，其典型种类如鬣羚、白腹巨鼠（*Rattus edwardsi*）、地龟（*Geoemyda spengleri*）等，而在地下水的天窗口则可见到一些稀有鸟类如绿背金鸠（*Chalcophaps indica indica*）、白斑地鸲（*Cinclidium leucurum*）、棕腹大仙鹟（*Niltava davidi*）、灰蓝鹊（*Cissa opica*）、大嘴乌鸦

(*Corvus macrorhynchos*)等的活动。由于土地瘠薄，而雨季洼地淹水，因此小型地栖性啮齿类和食虫类动物贫乏。这里主要为猴类种群的产地，也是国家一类保护动物白头叶猴、黑叶猴的主要产地，它们是本区的特有种群，以左江为地界，白头叶猴分布于左江以南，黑叶猴分布于西南，形成两个猴类种群的明显分界。还有，猕猴、熊猴（*Macaca assamensis*）、豚尾猴（*Macaca nomestrina*）也很普遍，数量也多，以猕猴资源最丰富。猴类均以树栖半岩栖生活。此外，还发现两种食用价值较高的陆生贝类为圆口螺和坚螺。其他鸟兽种类也丰富。动物种类虽多，但数量较少，生境中实有动物数量比其可容纳量要少，主要是捕猎过度。

(2) 常绿阔叶林区 由砂页岩及火成岩构成的山地丘陵，主要分布在左江以南，在北部则镶嵌于石山间，地带性植被为常绿阔叶林，但多已破坏，现存较好的每成小片零星分布，森林组成和石山森林迥然不同，以榄类、榕类等杂木林为代表。还常见红荷木、枫香次生林。森林鸟兽种群多，一些斑纹羽毛艳丽夺目的热带典型鸟兽种群亦可见。有灵长目树鼩，鳞甲目穿山甲；亚热带典型夜行性种类有貉、狐、豹、金猫（*Profelis temmincki*）、椰子猫、斑林猫（*Parradoxurus hermaphroditus*）、大灵猫（*Viverrra zibetha*）、小灵猫（*Viverricula indica*）、果子狸等；热带种类有缟灵猫；华南虎（*Panthera tigris*）亦见活动于十万大山，但已濒临灭绝；松鼠种中有巨松鼠、红腹松鼠、隐纹花松鼠（*Tamiops swinhoei*）、岩松鼠、红颊长吻松鼠（*Dremomys rufigenis*），其中巨松鼠是最大型美观的一种，仅分布于此；翼手目的多种蝙蝠于夜幕降临后活动。鸟类种群也丰富，冠斑犀鸟是热带大型留鸟仅分布于此；还有五彩夜蜂虎（*Nyctyornis athertoni*）、三宝鸟（*Eurystomus artentalis*）、红头咬鹃（*Harpactes erythrocephalus*）、寿带鸟（*Terpsiphone paradisi*）、银耳相思鸟（*Leiothrix axgentauris*）、鹩哥（*Gracula religiosa*）、棕背白劳（*Lanius schach*），以及多种啄木鸟不下百种，它们各自活动于森林、田野，大都以昆虫为食，其捕食的害虫有蝗虫、松毛虫、白蚁、天牛、金龟子、吉丁虫、金花虫、�札象等。在林缘及草灌丛活动的有黄麂、小麂（*Muntiacus reevesi*）、林麝（*Moschus berezovskii*）、鬣羚等。在山谷灌丛水溪活动的有虎纹蛙（*Rana tigrina*）、棘胸蛙（*Rana spinasa*）、泽蛙（*Rana limnocharis*）、圆舌浮蛙（*Ooeidozyga laevis*）等，也是眼镜王蛇（*Ophiophagus hannah*）、金环蛇（*Bungarus fasctiatus*）、银环蛇（*Bungarus multicinctus*）、尖吻蛇（*Agkistrodon acutus*）觅食的地方；而隐藏在草灌丛中的食蟹獴（*Herpestes urva*）、红颊獴（*Herpestes javanicus*）则是蛇类的克星；此外，大头平胸龟、山瑞（*Trionyx steindachneri*）、蛤蚧是本区的特产。

(3) 针叶林区 在明江及其以南的丘陵低山广泛分布以马尾松为主的针叶林，林相单一，食物贫乏又受季节性限制，森林鸟兽种群也贫乏，数量少，常见有啮齿类小动物和在林缘活动的鸟类如大山雀、红嘴蓝鹊（*Urocissa erythrorhyncha*）、灰树鹊（*Dendrocitta fomosae*）、其次为鼬獾（*Melogale moschata*）、华南兔（*Lepus sinensis*）、蛇类，偶而亦可见到麂。

(4) 农田及草坡 在河谷平原低丘地方多已开垦为农田耕地，毗连有荒山草坡、沟谷间仅有少许萌生灌丛和散生树木。鸟类有白鹡鸰（*Motacilla alba*）、翠鸟（*Alcedo atthis*）、池鹭（*Ardeola bacchus*）、画鹛、戴胜等，兽类贫乏，两栖爬行类、蛇类、蛙类有一定数量，特别是鼠类为数众多，危害农作，因而一些嗜食啮齿类的灵猫科、鼬科、猫科、犬科（*Canidae*）的种群应运而生，对啮齿类种群起到抑制作用。

2. 桂东南丘陵平原地区

本地区包括钦州地区（上思县除外）、玉林地区南部、地貌以丘陵台地平原为主，间有云开大山、六万大山和十万大山（南坡）等山脉绵延其间，受台风影响较大。区内人口稠密，为广西社会经济与农林业生产较发达地区，除在上述山区残存有小片以华南坡垒、紫荆、红车为代表的雨林、季雨林外，大部以马尾松、桉树、木麻黄和经济果木组成的次生林或人工林。境内鸟兽主要能以适应田野栖息繁育的种群，有啮齿类、猫科、灵猫科、鼬科和鸟类鹧鸪（*Francolinus pintadeanus*）、灰胸竹鸡（*Bombusicola thoracica*）、环颈雉、鹌鹑（*Coturnix japonica*）由于繁殖力特强是当地的优势种，还有原鸡（*Gallus gallus*）、白鹇出现，其他鸟类有罗纹鸭（*Anas falcata*）、白头鹞（*Circus aeruginosus*）、黄颊山雀（*Parus xanthogenys*）、冕雀（*Melanochlora sultanea*）等。穿山甲亦较普遍，在天堂山等大山密林岩溪间尚有小群猴类分布。由于以捕食鼠类的豹猫等兽类被大量捕杀，导致鼠类的大量繁殖，以鼠类为食的蛇类有眼镜蛇（吹风蛇）、过山风、金环蛇、银环蛇、灰鼠蛇（过树榕）（*Phyas korros*）、三索锦蛇（*Elaphe radiata*）、滑鼠蛇（水律蛇）（*Ptyas mucosus*）、百花锦蛇（*Elaphe moellendorffi*）等。

此外，防城港、钦州、合浦、北海等地濒临北部湾，有 1 900 多 km 的海岸线和40 000 hm^2 浅海滩涂，不少地方潮间带生长着红海榄、木榄、秋茄、白骨壤、海漆、桐花等组成的红树林，在白沙、营盘、沙田、珠沙一带曾捕获过 9 头在浅海滩活动觅食的哺乳类海兽儒艮（*Dugong dugon*），它隶属海牛目（Sirenia）儒艮科（Dugongidae），当地渔民称为美人鱼。还发现有江豚（*Neomeris phocaenoides*）、海豚（*Lagenorhynchos aliquidens*）、长须鲸（*Balaenoptera physalus*）、棱皮龟（*Dermochelys coriacea*）等。

中部地带：地处南亚热带，以南盘江—龙江—大瑶山圣堂顶—大桂山联线为北界。地带性的典型植被为常绿阔叶林，由于滥伐或林火频繁，此类森林几已绝迹，出现大片荒山草坡或为次生落叶阔叶林、针叶林、经济林所更替，因此，鸟兽种类贫乏，资源稀少，仅在大明山、大瑶山的局部地段分布有一些原生性森林。按地貌的不同，分为石山区与山原区。

1. 桂中石山地区

本区包括凌云以东至金秀以西，主要为碳酸盐岩构成的石山区，自西至东由高峰丛经过峰林过渡为孤峰台地平原，植被以刺灌丛为主，局部尚保存零星小片的石灰岩常绿落叶阔叶混交林或次生的落叶阔叶林。兽类以猴类为本区的优势种群，分布普遍，资源丰富，其中以猕猴（又称恒河猴、广西猴）著称，是广西外销的主要野生动物之一，年捕捉量在1 500～3 000 头，最高达 5 000 头。鬣羚（又名苏门羚）是南亚古老的特产动物，属地栖次优势的大型兽类，它主要栖息活动于险峻峰丛间，以嫩枝叶、苔藓、蕈类为食，最大个体重达150kg；斑羚（*Naemorhedus goral*）（又名青羊）其中心分布区为西南、华中，在广西属首次发现，其形态习性类似鬣羚，个体较小，鬣羚和斑羚的血和骨均入药，皮可制革；林麝（又名獐子）主产本区，麝香是其分泌物，为名贵中药和高级香料原料，但由于捕猎过度，数量锐减。农作区以小型动物较多，鼠类有红腹松鼠、黄胸鼠（*Rattus flavipectus*）、黑线姬鼠（*Apodemus ograrius*）、褐家鼠（*Rattus norvegicus*）、社鼠（*R. niviventer*）等；蛇类中的百花锦蛇是当地特产，数量较多；此外，大灵猫、小灵猫、貉（*Nyctereutes procyonoides*）、食蟹獴、豹猫（*Felis bengalensis*）、狐、獾、鼬等亦很活跃，它们都捕食鼠类。大灵猫、小灵猫分泌的灵猫香是高级香料和药用原料，但灵猫资源也日渐减少。毛冠鹿（*Elaphodus cephalophus*）、河麂（*Hydropotes inermis*）也有出现，黄麂、小麂有一定数量，亦因捕猎过度，数量日少。蛤蚧、褐翅鸦鹃（红毛鸡）（*Centropus sinensis*）产量较多。在岩洞栖息的还有棕果蝠（*Rousettus leschenaulti*）、小菊头蝠（*R. beythi*）、彩蝠（*Kerivoula picta*）、大鼠耳蝠（*Myotis myotis*）等以昆虫为食，其洞穴中积聚有大量富含磷肥的蝠粪，为农家所利用。

本区内穿插一些由砂页岩构成的山地丘陵，其中大明山尚残存有成片的天然森林，原有黑叶猴、猕猴、熊猴、豚尾猴、鬣羚、河麂（*Hydropotes inermis*）等数十种兽类，但其周围群众肆意捕猫，已几近绝迹。

2. 桂西北山原地区

本区包括西林、隆林、田林、凌云西部、乐业和天峨西北部，属于云贵高原的边缘部分，由于河流切刈，形成山原地貌，山高谷深，地形复杂，境内自西向东有金钟山、青龙山、东风岭等山脉，一般海拔都在1 000m以上，山体高大，由于都阳山脉的阻隔，常年降水量偏少，在1 000～1 200mm，东部稍多，在1 300mm以上，旱季长达6个月，小气候特殊。由于过去刀耕火种，林火频繁，只在海拔较高的一些地方尚保存有较好的山地常绿阔叶林及中山常绿落叶阔叶混交林等原生植被，大面积为耐火的落叶栎林，在南盘江、红水河上游河谷区主要为细叶云南松林，而大片荒山草坡却为当地的优势植被，随着自然植被的变化，鸟兽种类与数量有明显变化。

(1) 荒山草坡　其鸟兽种群稀少，在局部高草灌丛群落生长的地方，兽类中以嗜食嫩竹鞭的中华竹鼠（*Rhizomys sinensis*）、银星竹鼠（*Rhizomys pruinosus*）为主，其次为鼬獾、大灵猫、小灵猫等；鸟类有火斑鸠（*Oenopopelia tranquebarica*）。

(2) 细叶云南松林区　兽类中以野猪为常见，亦有黄麂、小麂；鼠类的种群亦较多，有松鼠、鼬獾、棕鼯鼠（*Petaurista pallas*）等，以松鼠科为优势种类，以核桃为食；鸟类常见有红嘴蓝鹊、伯劳、卷尾等。

(3) 中山常绿落叶阔叶混交林区　由于海拔较高，水分条件优越，林木生长茂盛，食物丰富，是鸟兽良好的栖息生境，鸟兽种类较多，但数量少，分布有局限。兽类中黑熊（*Selenarctos thibetanus*）（又名狗熊）原为当地优势种群，还有华南虎（*Panthera tigris*）、金钱豹（*Panthera pardus*）、鬣羚、斑羚等。由于大型兽类，经过长期捕杀，有的已绝迹，有的数量已锐减，因此，野猪（*Sus scrofa*）数量日增，现已成为当地的优势种群，一年可捕猎数百头之多。小型兽类有黄麂、小麂、林麝、毛冠鹿（*Elaphodus cephalophus*）为一般的种群；还有豹猫、獾等，以鼬獾为绝对优势种，金猫则已十分难得；山瑞是本地特产；鼠类中的黄胸鼠、褐家鼠常暴发成害，危害作物。在白蚁孳生地则是嗜食白蚁的穿山甲的生活场所。此外，大头平胸龟、大蟒等资源亦较丰富。在西林、凌云等山溪间，大鲵（娃娃鱼）（*Andrias davidianus*）亦有发现。猕猴的数量较多，都群聚于中山上部杂木林灌丛中，栖息场所固定。鸟类中以雉科的种类较多，白腹锦鸡（*Chrysolophus amherstiae*）、黑颈长尾雉（*Syrmaticus humiae*）是首次在西林发现，其分布范围窄，数量稀少，是我国的特产；此外，也有分布于西南高山的暗绿柳莺（*Phylloscopus trochiloides*）、草莺（*Graminicola bengalensis*）、叉尾太阳鸟（*Aethopyga christinae*）；热带的种类如绯胸鹦鹉在炎热的驮娘江河谷那劳一带也有分布。

3. 桂东山地丘陵地区

本区包括云开大山北段、大容山北坡的浔江流域两侧山地丘陵以及大瑶山南段的梧州、岑溪、苍梧、藤县、桂平、平南等地，沿江两侧的山地丘陵多为马尾松纯林，近年也引进大量国外松，其他有八角、玉桂、油茶等，偶而有小片杉木林，原生常绿阔叶林仅存于山地及偏僻沟谷。野生动物有豹猫、大灵猫、水獭（*Lutra lutra*）、小爪水獭（*Aonyx cinerea*）、林麝、赤麂（*Muntiacus muntjak*）、小麂、鬣羚（*Capricornis sumatraensis*）、猪獾（*Arctonyx collaris*）、鼬獾（*Melogale moschata*）、黄鼬（*Mustela sibirica*）、原鸡、黑脸噪鹛（*Garrulax perspicillatus*）、栗耳凤鹛（*Yuhina castaniceps*）、黄腹山雀（*Parus venustulus*）、赤红山椒鸟（*Pericrocotus flammeus*）；红嘴相思鸟（*Leiothrix lutea*）、虎纹伯劳（*Lanius tigrinus*）、红尾水鸲（*Rhyacornis fuliginosus*）、林夜鹰（*Caprimulgus affinis*）、栗背伯劳（*Lanius collurioides*）、灰燕鵙（*Artamus fuscus*）、虎斑地鸫（*Zoothera dauma*）、蟒蛇、滑鼠蛇、灰鼠蛇、玉斑锦蛇（*Elaphe mandarina*）、黑眉锦蛇（*E. taeniura*）、翠青蛇（*Ophedrys major*）、大绿蛙（*Rana livida*）、棘胸蛙、大树蛙（*Rhacophorus dennysi*）、饰纹姬蛙（*Microchyla ornata*）、小弧姬蛙（*M. heymonsi*）、鳖（*Trionyx sinensis*）、三线闭壳龟（*Cuora trifasciata*）、眼斑水龟（*Clemmys bealei*）、四眼斑水龟（*Clemmys quadriocellata*）等。

大瑶山罗香一带是鳄蜥（*Shinisaurus crocodilurus*）产地，其分布范围达紫荆、马练、滑水冲、北驮等地，罗香是每年冬候鸟集栖地，当地群众谓："秋分过三街，雪鸟一定来"，以鸫科（Turdidae）的灰背鸫（*Turdus hortulorum*）、白腹鸫（*Turdus pallidus*）占绝对优势，有画眉（*Garrulax canorus*）、莺、秧鸡类、白鹭（*Egretta garzetta*）、苦恶鸟（*Amaurornis phoenicurus*）、大杜鹃（*Cuculus canorus*）、鹎等170多种，留鸟有白鹇、环颈雉、灰胸竹鸡（*Bombusicola thoracica*）、红腹角雉（*Tragopan temminckii*）等，但数量稀少。野生动物有麂、林麝、小灵猫等。在沟涧石隙中有棘胸蛙、树蛙、鹦嘴龟，栖息在树洞中的鼯鼠以及林中松鼠数量亦不少，此外不易捕捉到的红面猴（*Macaca arctoides*）、藏酋猴（*Macaca tibetana*)、猕猴、树鼩等还不时可见，蛇类资源亦较丰富。

北部地带：包括桂林地区各县以及梧州、柳州、河池等地区的北部，南接南亚热带，属我国中亚热带南部。境内有越城岭、都庞岭、萌渚岭、海洋山等为南岭山脉所组成，九万山为苗岭山系，还有广西弧形山地东翼北段（驾桥岭、大瑶山北段），除局部为无林或少林的石山外，大部为非喀斯特化构成的山地，其地带性植被以栲类为主的常绿阔叶林，中山上出现以水青冈为代表的常绿落叶阔叶混交林。人工林以杉木、毛竹、油茶、油桐为主。本区森林鸟兽资源较丰富，有些属于古北界、西南、华中区的鸟兽种群和大型兽类，鸟类中常见的有八哥（*Acridotheres cristatellus*）、山椒鸟、红嘴蓝鹊、伯劳、莺、红嘴相思、黄鹂、黄腹角雉（*Tragopan caboti*）、竹鸡等，还有鸫科中鸫亚科蓝矶鸫华北亚种（*Monticola solitarius*），画眉亚科（Timaliinae）锈脸钩嘴鹛（*Pomatorhinus erythrogenys*）、黑脸噪鹛（*Garrulax perspicillatus*）；莺亚科小蝗莺东北亚种、暗绿柳莺东北亚种（*Phylloscopus trochiloides*），小斑西南亚种，雉科的白颈长尾雉（*Syrmaticus ellioti*），红腹角雉、黄腹角雉（又称寿鸟）、环颈雉、红腹锦鸡（*Chrysolophus pictus*），白鹇则是当地较普遍的优势种，具有较高的经济价值，白颈长尾雉（又称树木鸟）属珍稀观赏鸟。鸟类中，大都是以捕食害虫为主的益鸟。

兽类中除白头叶猴、黑叶猴和懒猴外，以上各地带中出现的种群，在此都有分布，数量也较多，有些是当地的优势种群和我国所特有的珍稀种群，如大鲵仅产于我国和日本，主要分布于本区的常绿阔叶林内常年有流水的岩溪间，由于捕捉过度，数量稀少且个体亦小。两栖爬行类在金秀、花坪、猫儿山等林区极为丰富，新发现有强婚刺铃蟾（*Bombina* [*G*] *jortinuptialis*）、瑶山鬣蟾（*Leptobrachiamer yashanensis*）、隐耳蟾蜍（*Bufo cryptotympanicus*）、龙胜嗅蛙、竹叶蛙、广西疣斑树蛙（*Rana lungshengensis*）、瑶山树蛙（*Rhacophorus yaschanensis*）、白斑小树蛙（*Philautus albopunctatus*）、金秀小树蛙（*P. jinxiuensis*）、红吸盘小树蛙（*P. rhododiscus*）等10种，中国雨蛙（*Hyla chinensis*）、虎纹蛙（*Rana tigrina*）、棘胸蛙（*R. spinosa*）、刺腹蛙（*R. boulengeri*）等分布亦较广。龟鳖类以大头平胸龟、眼斑水龟、三线闭壳龟、锯缘摄龟（*Cyclemys mouhotii*）为著名。此外，除上述9种蛇类外，还发现有泰国蝰蛇（*Vipera russelli*）、山烙铁头（*Trimeresurus monticola*）、菜花烙铁头（*T. mucrosquamatus*）等。

（四）广西主要珍稀、经济鸟兽

1. 白头叶猴（*Presbytis leucocephalus*）

白头叶猴在世界上仅产于广西，属国家一类保护的珍贵稀有种，分布于龙州、宁明、扶绥、崇左等县的石山林区，面积约200km²，据估计，现尚存约800头左右。

白头叶猴属叶猴科，是北热带石灰岩山地季雨林中特有种。白头叶猴主要特征是身体纤细，四肢细长，尾巴可达体长的1.5倍，全身为黑色长毛，头、颈、上肩及尾巴的1/3～

1/2 处为白色，头顶正中有一撮竖立的白色冠毛，故得名。白头叶猴是过着氏族式的群居生活，常 5～10 只小群活动，多的有 10～20 余只一群。它们以树叶、嫩枝、花果为主食，兼食一些昆虫。

2. 黑叶猴（*Presbytis francoisi*）

黑叶猴又名乌猿，是广西石灰岩山区的灵长类第二珍贵种群，其分布范围与种群数量仅次于猕猴，属国家Ⅰ级保护动物。主产于大新、龙州、宁明、崇左、扶绥、天等、靖西、隆安等地，从广西南部时良岭（北纬 21°41′）至北部的隆林、天峨（北纬 25°20′）等 20 多个县，从海拔 120m 至大明山六天坪、甘拦河海拔 1 400m 处都有其分布。据贵州师范学院调查，在贵州桐梓、缓阳、兴义等地也有分布。在广西境内其地理分布界限不与白头叶猴混杂，左江为此两种叶猴种群地理分布的天然分界，即左江以北，明江以西为黑叶猴生活区。据估计尚存有 4 000～5 000 头。

黑叶猴同属叶猴科，主要特征是其全身毛色乌黑而有光泽，从耳经两颊到口角有两道白毛，头顶长有一撮竖立的黑色冠毛。黑叶猴以树栖、半岩栖集群生活，一般 10 只左右，多的可达数十只。在高寒地方生活的黑叶猴，其皮下脂肪和绒毛较厚且背毛特长。

3. 黑长臂猿（*Hylobates* sp.）

黑长臂猿系近于人类的古生动物。据历史文献记载和查访，广西的靖西、那坡、大新、龙州等县的边境高山密林中有小群黑长臂猿分布，由于未能作深入调查，因此，其种群和数量均有待查考。

4. 蜂猴（*Nycticebus coucang*）

蜂猴又名懒猴，是产于广西猴中最低等的一种，兼有灵长目和食虫目的特征，德国博物学家称其为“半猴类”。懒猴科有五种产于非洲和东南亚，我国仅此一种，在龙州的彬桥（岽岗自然保护区）、水口，凭祥以及武宣与桂平交界的林区曾捕获过，数量稀少，已濒临灭绝。

蜂猴属懒猴科，个体小，体重仅 1～3kg 左右，高不足 40cm，毛棕赤色，头圆耳小，四肢粗短，尾短仅 6cm，藏于毛中不易看见。蜂猴昼伏夜出觅食（其他猴类都在白天活动）活动，杂食性，既吃野果树叶，也食昆虫和鸟类。

5. 瑶山鳄蜥（*Shinisaurus crocodilurus*）

瑶山鳄蜥是古生物残留种，为我国所特有，仅产于广西金秀县圣堂山东南，它对于研究动物进化和物种形成有重要的科学价值。

鳄蜥属异蜥科鳄蜥亚科鳄蜥属的单一种。形态奇特，其头似蜥蜴，而其躯体与尾巴又似鳄鱼，一般体长在 35cm 左右，最长的有 43cm，全体自颈部至尾部有暗黑色环带 21～25 条，尾长约为其体长的 1/2。鳄蜥都栖息于透光度在 20%左右的乔灌木藤蔓荫蔽的山溪水窝间，有隐伏于小树枝上的习性，一遇惊动则迅速入水潜伏，它为卵胎生动物，食性杂。

6. 华南虎（*Panthera tigris*）

华南虎是稀世珍兽，在广西已濒于绝迹。70 年代曾先后在西林、田林、隆林、天峨、南丹、融水、融安、昭平、贺县、资源等地捕杀过10余头。据最近调查，全区有虎或虎疑的山区9处，仅见虎7头。华南虎都栖息于深山草丛，孤独生活，惯于夜间活动，肉食性杂。

7. 黄腹角雉（*Tragopan caboti guangxiensis*）

黄腹角雉又名角鸡是我国特有的一种珍贵观赏鸟类，数量稀少，很难见到，世界红皮书列为濒危的保护种。广西发现于恭城西岭岗林区、贺县滑水冲保护区以及灵川、永福、兴安、融安、钟山、富川等地。

黄腹角雉属雉科，形似家鸡，重约1.5kg，群众广称“角鸡”、“珍珠鸡”、“金钱鸡”，雌性与雄性在体重、羽色均有很大差别，雄性角雉额和头部均为黑色，羽冠后部及颈的两侧为橙红色，头顶上有一对角为绿蓝色，长约30cm，喉部长有肉裙，中央橙黄色有紫色斑点，左右杂有黄红色斑块，边缘钴蓝，其上体背和腰羽毛呈艳丽栗红色，下体羽毛为浅黄色，故得名。

黄腹角雉都栖息于海拔700～1 100m的林区，以嫩叶芽、种实、蕨类和昆虫为食。性迟钝，奔走不快，很少起飞，隐蔽时将其头部钻入草灌丛中而其后半身仍暴露在外，故又称“呆鸡”。

8. 梅花鹿（*Cervus nippon*）

梅花鹿现仅于西大明山林区有其踪迹，60年代在大新、崇左、隆安一带有一定数量，但现已濒临灭绝。梅花鹿所产的鹿茸是名贵滋补药物，已建有养鹿场进行人工养殖。

9. 猕猴（*Macaca mulatta*）

猕猴又名恒河猴，在广西数量很多，毛色自腰以下近黄土色，故又有广西猴、黄猴等名称。我区以河池、南宁、百色等地区种群数量较多，其中德保的燕洞、田林的博罗、环江的龙岩、天峨的穿洞河猕猴较集中，成群达百头，在贺县、富川、钟山、昭平以及大容山、天堂山、十万大山则有少量分布，据估算，全区现存有36 000～50 000头。

猕猴性好群聚，以野果、昆虫、鸟卵为食，但在缺乏食物时，就结群危害农作物，各地群众都趁机捕捉。猕猴除供观赏和食用外，主要是供医学、药学、宇宙生理学等研究用的实验动物，目前，国际市场实验用猕猴，每只价1 000美元以上，广西是猕猴主要产区之一。近年来，由于大量捕杀，种群数量逐渐减少。

10. 熊猴（*Macaca assamensis*）

熊猴又称青猴。主要分布于靖西、那坡、隆林、田林、融水、环江、天峨、昭平、富川、崇左、龙州、宁明、大新、天等、凭祥等地，其分布范围及种群数量均不如猕猴，据估算，广西全区现约有3 000～4 000头。熊猴个体较猕猴大，其主要特征是其头顶部有明显漩涡状长毛。

11. 短尾猴（又名红面猴）（*Macaca arctoides*）

短尾猴在广西有2种，即四川猴（*M. tibetana*）和红面猴（*M. crctoides*）。四川猴又称藏酋猴，主要分布于资源、兴安、恭城、龙胜、永福、临桂、全州、天峨、南丹、金秀等林区，数量较少，据估算现尚有1 000～1 500头。四川猴个体粗大，体重达15kg以上，全身毛色灰暗稀疏，尾长不超过 7cm，面颊部及下颔毛较长，恰似大胡子，以野果、嫩叶、竹笋为食。红面猴分布稍广，在龙州、大新、天等、崇左、田东有分布，据估计约有 3 000～4 000 头。其个体较大，体重可达 20kg，面部红色，毛色褐黄，叫声宏亮。

12. 金猫（*Felis temmincki*）

金猫在广西民间又称黄虎、红春豹。产于龙州、宁明、凭祥、大新一带的金猫，毛色橙棕微带红，故名红春豹。金猫是猫属中最大型的野猫，体重达 10～15kg，其尾较长，为其体躯的一半以上，尾背毛色与体背相同，但尾腹面毛色浅，而其他猫科动物的尾毛背腹色一致。金猫常独居，夜行性，善于攀爬，性情凶猛，以捕食鸟类、鸟卵、鼠类及小型有蹄类动物，有时亦危害家禽家畜。金猫数量较少，应加以保护。

13. 豹（*Panthera pardus*）

豹即金钱豹，因其毛色黄褐并有黑色不规则金钱状斑纹而得名。广西各地零星分布，但已多年未见其踪迹。金钱豹躯体长 120cm，体重在 50kg 内，它体态轻盈灵敏，动作快捷，是袭击捕食地上动物的猛兽，也是捕食鸟类、猴类等树栖动物能手。

14. 云豹（*Neofelis nebulosa*）

云豹又名龟纹豹、艾叶豹，其个体较金钱豹略小，体重约 30kg，分布于龙州、宁明、大新、靖西、凭祥、恭城、全州、永福、龙胜、融安、田林、天峨、南丹、富川等地，数量稀少。云豹栖息活动于阔叶林中，其爬树能力胜过金钱豹，常捕食猴类、鸟类、啮齿类以及在地上哺乳动物，性凶悍，被列为世界禁猎动物。

15. 麝（*Moschus moschiferus*）

麝为偶蹄目鹿科的食草动物，经济价值较高，雄麝香囊所产麝香系世界四大著名动物香料之一，是高级香料原料，它又是名贵药材，具有发汗、利尿、兴奋中枢神经、止痛、催产等功效。由于麝香价贵，市场需求大，而大量捕杀，且其分布范围窄，只见于桂西南靖西一带，故其数量稀少，应加以人工驯养。麝的四肢细长，行动敏捷，善于跳跃，无固定栖息地，常活动于石山悬崖之间。

16. 林麝（*Moschus berezovskii*）

林麝是典型的石山动物，也是鹿科中的登山冠军。广西分布较广，种群数量较多，现存量估计约 7 000～12 000 头，以石山地区较多，当地林麝所产麝香产量约占广西全区的一半以上，麝香及其加工产品每年产值达 900 万元。

林麝是鹿科中体型较小的一种，体长 70～80cm，体重约 8kg 左右，四肢细长，而后肢长于前肢，故臀部比肩部高，但缺乏鹿类的典型特征即骨质角，雌性林麝无眶下腺而具有胆囊，其他鹿类的胆囊均已退化，表明林麝是一种原始鹿类，在进化上有其特殊意义。林麝多在石山林灌丛中荫蔽温暖干燥的地方栖息，不作巢，性胆怯，受惊即逃，能灵活自如行走跳跃于悬崖削壁之上，会游泳，也能上树，多以嫩枝叶、野果、地衣、苔藓、蕈类为食。

17. 毛冠鹿（*Elaphurus cephalophus*）

毛冠鹿又名青麂，为我国特产动物，因其额部有一簇马蹄形黑色长毛故称毛冠鹿。它是分布于广西北部的优势种群，猫儿山林区和贺县滑水冲保护区尚有一定数量。

毛冠鹿形似麂，体长约1m，体重20kg左右，雄性毛冠鹿有短而不分义的角，隐没于额部的长毛中，角尖微向后弯。它是亚热带森林和林缘地带的代表动物，多在海拔1 000m以上的阔叶混交林、竹林林缘或草坡间活动，其活动范围广，且较稳定，有走旧路的习惯，喜单独行动，都在晨间和黄昏活动。草食性。

18. 水鹿（*Cervus unicolor*）

水鹿是广西鹿科中体形最大的一种，大的体重可达250kg，主要分布于恭城、龙胜、永福、富川、那坡、靖西、龙州等地，据调查，现仅在人迹罕至的林区九万大山、花坪自然保护区内尚残存数头而已。分布范围已大为缩小，濒临灭绝。

水鹿一般栖息于高海拔林缘草坡近水处，以夜间结成小群活动觅食。水鹿耳大直立，四肢细长，善跳跃，雄性水鹿有一对三叉形骨质角，长达50cm以上，重约5kg，其所产鹿茸仅次于梅花鹿。水鹿的肉、筋、骨、血、鞭虽然可入药为滋补品，但目前已稀少，应注意发展和保护。

19. 穿山甲（*Manis pentadactyla*）

穿山甲又名鲮鲤，属鳞甲目鲮鲤科兽类，分布于我国南方，广西各地均有分布，资源亦较丰富。穿山甲体形狭长，全体被有硬质角圆形鳞片，腹部无鳞而有疏毛和两对乳头。体重约7kg左右，其头、吻尖长，口小，牙齿全退化，舌长富有粘液，用以吞食蚁类。穿山甲多栖于山麓有高草灌丛林缘处，都在夜间活动取食，它专以蚁类为食。穿山甲的甲片入药，有通经、催乳、消肿、止痛的功效。

20. 红腹角雉（*Tragopan temminckii*）

红腹角雉与黄腹角雉同属鸡形目雉科中的不同种。在资源、兴安、恭城、灌阳、临桂、全州、永福等地均有分布。它的形态习性与黄腹角雉相似，其主要特征是雄性角雉头上长有一对深蓝色角，喉下有一块靛蓝色肉裙，能伸缩，其下体胸腹部羽毛深栗色，雌性角雉腹部羽毛为浅褐色，不具有角和肉裙，红腹角雉多栖息于海拔900～1 300m高山杂木林。

21. 红腹锦鸡（*Chrysolophus pictus*）

红腹锦鸡又名金鸡，仅产于我国，是世界著名观赏珍禽。广西自北向东南呈连续分布，以富川最为集中，雄性锦鸡其羽毛艳丽多彩，头顶部为金黄色发冠覆盖到背上，上背部翠绿色，下背为金黄色，下体鲜红色故得名，两侧靛蓝色，两根黑褐色长尾羽布满黄色斑点。

红腹锦鸡性喜群聚，多栖息活动于阔叶林、竹林、草灌丛中，善奔跑，少见飞翔，在繁殖季节都成对活动，营巢于灌丛或岩边隐蔽处，食性较杂，可人工驯养。

22. 白腹锦鸡（*Chrysolophus amherstiae*）

白腹锦鸡，又名银鸡，也有称凤凰鸟，被视为吉祥鸟。它和红腹锦鸡同样艳丽多彩，亦为观赏珍禽，但羽色各异，特别是其腹部羽毛为白色，故得名。它分布于西林、隆林、田林、凌云等地，以西林分布广，数量较多，但捕猎过度，资源日少。

23. 苏门羚（*Capricornis sumatraensis*）

苏门羚又名鬣羚，因于1799年贝琪斯坦首次发表在印度苏门答腊故名，广西山区又叫“大山羊”、“野山羊”。它属偶蹄目牛科，是南亚古老特产动物，介于山羊和羚羊之间，在学术研究上有价值。苏门羚是广西石山区的大型兽类，体长2m，体重达150kg，国内分布也较广。

苏门羚的项背有较长的似马鬃的鬣毛故名鬣羚，它喜栖息于近树林的石山上，行动敏捷，善跳跃，难生擒，也难驯养，除交配季节外，均单独于晨昏时活动，以菌类、苔藓、枝叶树皮为食。

24. 大灵猫（*Viverra zibetha*）

大灵猫又名九江狸，属食肉目灵猫科，广西各地均有分布，据在贺县滑水冲保护区和猫儿山林区的调查，数量很少。其个体重约10kg，大灵猫多栖息于草灌丛中，常单独于夜间在林缘、田边、水畔活动觅食，食性杂，鼠类、鸟类、蛇、蛙、鱼以及果实等均捕食，偶而亦捕食家禽。其毛皮可制裘，针毛可制毛笔，所产灵猫香具有麝香的功效。

25. 原鸡（*Gallus gallus*）

原鸡（系家鸡的祖先），是热带林的典型种群，广西南部各地均有分布。

原鸡形似家鸡，个体较瘦长，善飞翔，栖息活动于低海拔山区的林灌丛中。

26. 白鹇（*Lophura nycthemera*）

白鹇属鸡形目雉科，分布于广西各地，是山区山鸡类中分布最广，数量最多的优势种群，近年来，由于捕猎太多，资源亦大为减少。

白鹇其性耐寒，又叫“寒鸡”，而雄性白鹇有四条明显的白色长尾羽，它喜在竹林、竹阔混交林或草丛中群集活动觅食，以植物嫩枝叶种实、昆虫等为食，夜间栖息于树上。白鹇繁殖力强，每窝孵卵多达12个，较易驯养，属观赏鸟。

27. 河麂（*Hydropotes inermis*）

河麂又名飞獐，因其性喜水善泳，故有河麂之称。河麂属偶蹄目鹿科中一种较原始的小型兽，在学术研究上也有一定价值。广西的河池、南丹、恭城、来宾、贺州及大明山均有分布，数量也不多。

河麂的四肢细长，善奔跑，多栖息活动于山麓草坡与河溪附近，它是鹿类中繁殖能力最强的一种，每胎有4～6头小仔，最多的一胎达7头，故能以繁衍下来。

28. 蟒（*Python molurus bivittatus*）

蟒又名南蛇，属蛇目，蟒科，是热带、亚热带林内的爬行动物，也是现今蛇类中最大而较为原始低等的一种，因其肛孔两侧有一对爪状后肢遗迹，雄性蟒蛇尤为明显，对研究蛇的进化有其意义。蟒蛇全长可达6～7m，体重为50～60kg以上。分布于广西南部林区，但数量已不多。

蟒栖息山林中，树栖或水栖，以小型有蹄类，啮齿类、鸟类、蛙类为食，能吞食鹿、山羊等，有冬眠习性，蛇皮可制琴。

29. 蛤蚧（*Gekko gekko*）

蛤蚧又名大壁虎，因其形似壁虎，属蜥蜴目壁虎科，它是典型的石山山区的经济动物。广西是蛤蚧主产区之一，全区石山山区均有出产，以大新、龙州、崇左、天等、靖西、德保、田阳等地产量最多。1976 年前，蛤蚧年产均在 10 万对以上，1965 年最高年产达 24 万对，由于大量捕捉，从 1977 年以来，产量逐年下降，近年来年产已不足 20 万对。

蛤蚧头呈三角形，皮色深灰，粗糙多棘实，体长约 30cm。它栖息于石山洞穴裂隙中。蛤蚧是有名中药，有润肺益肾，纳气定喘之功效。

30. 大鲵（*Andrias davidianus*）

大鲵又名娃娃鱼、狗鱼，属有尾两栖类，产于猫儿山林区海拔 1 000m 以下的深山密林中的山溪岩石间，金秀、永福也有发现。但数量稀少。

大鲵体黑褐色，体长 1m 左右，大的可达 2m，体重可达 30kg 以上，是现代有尾两栖类中最大的一种，它以昆虫、鱼、虾、蝌蚪、蛇等为食。大鲵的血球较大且具有核，可作研究血细胞的实验动物。

31. 山瑞（*Trionyx steindachneri*）

山瑞属龟鳖目鳖科较原始的爬行动物，山瑞与鳖（水鱼）的形态无大区别，但体较厚，近尾部皮膜上有鼓钉状肉瘤，这是鳖所没有的。广西资源较丰富，天峨一带产量较多，贺县滑水冲保护区亦有分布，数量较少。

山瑞多栖息于深山密林间的山溪石缝中，肉食性，以鱼、蛙、软体动物为食，为名贵山珍，其甲和壳入药，有滋阴清热的功效，经济价值较高。

（五）关于开发与保护森林鸟兽资源的措施

当今，人们已经认识到野生动物资源是大自然赋予人类的宝贵财富，它是森林生态系统中的重要组成部分，是能再增殖的自然资源，对维护生态平衡，对人们的生产生活有着密切关系。因此，保护野生动物资源，已成为世界的共同呼声。而如何对待野生动物是衡量一个国家，一个民族科学文明进步的一个标志。

广西地跨北热带与南、中亚热带，优越的地理位置和多样的森林类型，森林鸟兽资源不仅种类多，而且某些种群数量大或是我国特有的种，其中不少种类具有药用价值的，有珍稀观赏价值的，还有医学实验价值，特别是食虫、捕鼠的鸟类、蛇类对抑制农业鼠害虫害有积极的效用。

但长期以来，由于人们头脑里存在着森林鸟兽“无主”，谁猎谁有的思想，森林鸟兽资源的捕猎利用，在历史上长期处于无人过问状态，被大量地、无节制地，甚至采用灭绝性的手段进行捕猎，因此，野生鸟兽资源遭到严重破坏，资源越来越少，自然生态失调。一些有益兽鸟的种群数量减少，而有害兽类则在增殖，导致农林鼠虫灾害的猖獗。如对以鼠类为食的蛇类捕捉过度，使鼠类增殖，威胁农业生产。有一年都安县都阳乡商贩收购各种蛇达2万多条，当年约有200hm²晚稻遭受鼠害，其中约有66hm²颗粒无收。又据河池地区植保站测算，该地区每年因鼠害而损失的粮食约3 500万kg，同时还要耗费大量人力物力来灭鼠。

近年来，国家三令五申要求加强野生动物的保护管理，颁布了有关法令，鉴于当前广西森林鸟兽资源的现状，还必须尽快采取有力措施，进行综合治理，我区的森林鸟兽资源优势才能逐步恢复和发展。

1. 首先要切实加强保护和扩大森林鸟兽赖以生存的生态环境。对广西各地的自然保护区、水源林区、石山地区的林灌植被等要采取有力措施，加强保护不受破坏，并在造林绿化工程中，要因地制宜，有计划地有目的地营造阔叶林或混交林以扩大森林鸟兽栖息繁殖的场所。

2. 要建立健全必要的机构，坚决贯彻执行国家颁布的各项野生动物保护法规，克服野生鸟兽无主的思想，制止滥捕乱猎的行为。在森林鸟兽资源较集中的地方，要设置管理机构和人员。加强管护。要区别情况，按照野生动物保护法，实行分区轮流禁猎、开猎；严禁捕猎属国家保护的珍稀鸟兽；严禁在鸟兽繁殖季节和对幼仔进行捕猎；禁止使用火攻、毒饵、炸药和铁夹等对森林和人畜安全有害的手段进行捕猎；在重点林区要逐步实行狩猎证制度，加强狩猎管理，无证者不得狩猎。各地土产部门要规定分门别类收购狩猎季节的鸟兽产品，不得收购属国家保护的鸟兽及其产品，以制止森林鸟兽资源的继续恶化。

3. 要积极支持倡导在自然保护区、林场、农场、动物园等建立多种形式的鸟兽饲养场，发展家庭养殖业。如经济价值较高的猴、蛇、林麝、灵猫、河麂、龟鳖、果子狸、蛤蚧、巨蜥、竹鼠、黄腹角雉、白鹇、穿山甲以及各种观赏鸣禽等进行人工或野生围养。在有条件的地方，要开发以森林鸟兽狩猎和观赏为内容的森林旅游业。如北海市涠洲岛建立了猕猴养殖场，南宁市建有野生动物饲养场。

4. 要积极开展对森林鸟兽的科学研究，培养和壮大专业科技队伍。要进一步做好调查研究，摸清森林鸟兽资源家底，保护鸟兽种质资源；要研究珍稀经济鸟兽的生物学特性和饲养繁殖技术；要研究开发森林鸟兽在医药、食品、饮料、皮革、羽绒等的深加工利用。如1990年建立了广西灵长类实验研究中心，开展了人工驯养白头叶猴的研究。

5. 有关部门要加强管理和宣传教育贯彻国务院和自治区人民政府颁布的有关政策法令，树立保护自然鸟兽资源人人有责，利国利民的新风尚，搞好宣传教育，提高社会的认识水平和自觉性，把广西的森林鸟兽资源保护好，开发利用好，使它在发展广西经济中发挥它应有的贡献。

参考文献

[1] 郑作新. 中国鸟类分布名录. 北京：科学出版社，1997

[2] 郑作新．中国经济动物志鸟类．北京：科学出版社，1963
[3] 寿振黄等．中国经济动物志兽类．北京：科学出版社，1962
[4] 刘成钊等．中国经济动物图谱两栖动物类．北京：科学出版社，1959
[5] 吴名川等．保护益鸟益兽消灭鼠害．广西农业科学，二期，1979
[6] 张荣祖等．中国自然地理——动物地理．北京：科学出版社，1979
[7] 温业棠等．广西蛇类的地理分布名录．广西医学院学报，1984
[8] 吴名川．广西野生动物资源概况．广西农业科学，一期，1983
[9] 吴名川．灵长类动物的种类分布及数量估计．兽类学报（Ⅰ），1983
[10] 吴名川等．广西野生动物分布名录——鸟兽．广西林业厅，1985
[11] 吴名川等．黑叶猴在广西分布及生态．野生动物（4），1987
[12] 吴名川等．广西林麝生态考察和麝资源的消长．动物学杂志 25（3），1990
[13] 吴名川．白头叶猴的分布生态习性与数量．台湾自然杂志（15）11，1991

第四节　森林昆虫资源①

昆虫属节肢动物门中的一个主要纲，也是动物界中最大的一个纲。其种和数量都超过其他所有的动物总和之上，昆虫几乎分布于全球任何地方，而绝大多数为陆生的。全世界已订名的昆虫不下百万种，而未订名的为数更多。据广西现有资料统计，目前采到并已订名的昆虫就有 6 544 种，隶属 26 个目 229 个科。在为数众多的昆虫中有的其躯体或分泌物是医药、轻纺工业的原料，有的是为农作物的传粉虫媒和克制农林害虫的天敌，是人们生产活动的好帮手，有的可作为家畜饲料等。但有不少昆虫是危害农林作物，造成作物减产歉收或传播疾病威胁人们健康的害虫，是人们除害的对象。这里所要涉及的昆虫是与森林植被种类密切相关的森林昆虫，它也是森林生态系统的一个组成部分。不同类型的森林，由于其地理位置、气候及生物群落形成的历史等的不同，其昆虫区系组成和演替规律也就不同。

（一）不同类型森林昆虫区系组成

1. 亚热带常绿阔叶林

这一类型植被分布于桂北、桂东北的资源、龙胜、兴安一带海拔 700～1 300m 的低中山区，植被大致可区分为以下几种类型：

（1）栲树林　分布于海拔 800m 左右的低山区，伴生树种尚有山龙眼、紫杜鹃及长叶

① 执笔人：尤其儆

石砾。地形较陡，土壤属山地粗骨黄壤，枯枝落叶层较薄，表土松散，屑状结构。昆虫区系由尖叉原白蚁（*Hodotermopsis japonicus*）、散白蚁（*Reticulitermes* sp.）、双黑带小蠊（*Phyllodromia humbertiana*）、黄带鳖蠊（*Corydia zonata*）、大蠼螋（*Labidura* sp.）、小刀螂（*Statilia maculata*）、绿树螽（*Togona unicolor*）、小螽（*Xiphidion miculatum*）、黄毒蛾（*Euproctis chrysorrhoea*）、大豹蛱蝶（*Fabriciana childseni*）、鱼纹环蝶（*Stichophthalma howqua*）、墨绿丽金龟（*Popillia mutans*）、粗皮蛸（*Phraortes stomphax*）、细皮蛸（*P. contucius*）、台湾田蝉（*Scicroptera tormosuna*）、蚁蜂（*Mutilla* sp.）、旱蝇（*Celyphus* sp.）日本棘蚱（*Acontholobus* sp.）、黑刺蚁（*Polyrhachis dives*）、食蚜虻（*Eristalis tenax*）等昆虫所组成。其中尖叉原白蚁属优势种，分布较广，种群密度高、危害大，被害植物有山龙眼、紫杜鹃、长叶石栎等，据统计在100m² 范围内，该白蚁对林木的危害株率达12.2%，本植物群落内的益虫有野生的中华蜜蜂（*Apis cerana*）和小刀螂。

（2）荷木林 分布于海拔800m左右的低山区，以龙胜花坪林区内粗江为例，伴生树种有紫金牛科植物、鼠刺、紫杜鹃、广州杜鹃、栲树。昆虫区系组成较简单，主要种类有尖叉原白蚁、日本吉丁、叩头虫（*Cordiophorus* sp.）、拟步甲（*Pardileus sinicus*）、蠼螋、黑蚁、东方食植矛蚁（*Dorylus orientalis*）、麦蚱（*Mazarredia* sp.）等，亦以尖叉原白蚁占优势，被害较重的植物有鼠刺、脱皮树及广州杜鹃，在500m² 范围内，林木被害株率达12.7%，均为白蚁蛀空。

（3）青冈栎林 分布于海拔1 200～1 300m的中山区，以龙胜花坪林区的红毛盖为例，伴生树种有青冈栎、水青冈、杜鹃、灰木、野柿、红花茶、嘉宝山柳（*Clethra kaipoensis*）等，植被郁闭度为0.7～0.8。昆虫区系主要由中华褐金龟（*Holotrichia chinenesis*）、东方粪金龟（*Onthophagus orientalis*）、犀金龟（*Tnichogomphus mongol*）、蚤瘦花天牛（*Strangalia fortanei*）、大和锉小蠹（*Scolytoplatypus* sp.）、白色棘跳虫（*Onychiurus* sp.）、粗皮蛸、细皮蛸、灶马（*Diestrammena* sp.）、绿树螽、黑尾叶蝉（*Nephotettix cincticeps*）、链眼蝶（*Neope* sp.）、斑腹长喙天蛾（*Macroglossum variegatum*）、绿尺蛾（*Comibaena* sp.）、锹甲（*Cyclommaeus* sp.）、巴浦绿蝇（*Lucilia papuensis*）、异色鼻蝇（*Rhinia discolor*）等。优势种不甚明显，其中蠹甲系危害树干的重要森林害虫之一。益虫方面有马尾蜂（*Euurobracon yokohamae*），主要寄生鳞翅目幼虫。

（4）细枝栲林 分布于500～1 300m的中山区，伴生树种有甜槠、银荷木、山龙眼。土壤属山地典型黄壤，昆虫区系由下列成员组成：尖叉原白蚁、散白蚁（*Reticulitermes* sp.）、翘鼻象白蚁（*Nasutitermes erectinasus*）、姬木白蚁（*Glypeotermes tuscus*）、麦蚱、喙尾蹦蝗（*Sinopodisma rostellocerca*）（新种）、宽额卵翅蝗（*Caryanda amplipenna*）（新种）、斑腿伴越蝗（*Paratonkinacris vittitemoralis*）（新属新种）、双黑带小蠊、鼠妇蠊、细皮蛸、绿圆跳虫（*Smynthurus* sp.）、白裸长角跳虫（*Sinella* sp.）、夏至蟟（*Pomponia fusca*）、台湾田蝉、黑刺蚁、灶马、拟步甲（*Anadastus preaustus*）、叩头甲（*Cordiophorus* sp.）及蠼螋等。其中各种白蚁为危害活树或倒木的重要害虫。

2. 亚热带落叶阔叶林

（1）光皮桦枫香赤杨叶化香树林 在龙胜花坪林区海拔 760～900m 的低山区常见的亚热带落叶阔叶林有光皮桦林、枫香林、赤杨叶林和化香树林。因上述天然林树种较为单纯，故昆虫区系组成亦不甚复杂，常见种类有：日本棘柞、黑蚁、甲蝇、中华卵翅蝗（*Caryanda sinensis*）、中华越北蝗（*Tonkinacris sinensis*）、变色乌蜢（*Erianthus versicolor*）、八点光蝉（*Ricania speculum*）、剪蝽（*Diplorhinus furcatus*）、方肩荔蝽（*Tessaratoma quadrata*）、大弯翅蠊（*Panesthia angustipenis*）、细皮蝻、黄毒蛾（*Nygmia subflava*）、泥蜂（*Sceliphrom* sp.）等，在化香树林中发现有化香夜蛾（*Hydrillodes morosa*），该蛾为我国首次发现的新资源昆虫。在上述天然林内未发现重要的森林害虫。

（2）栎林 该类型植被分布于桂西北一带海拔 450～900m 的低中山区，主要树种为白栎、麻栎和栓皮栎，伴生树种有枫香、构树、盐肤木、余甘子、济新乌桕、木棉、细叶云南松、核桃；林下植物有扭黄茅、悬钩子、常春藤、茅莓，昆虫区系比较丰富，常见种类有粉蝶灯蛾（*Nyctemera adversata*）、东方丽沫蝉（*Cosmoscarta heros*）、方蝽（*Asiarcha* sp.）、蚕饰腹寄蝇、赭缘蝽（*Ochrochira* sp.）、黄胫、缘蝽（*Mictis serina*）、麻皮蝽（*Erthesina fullo*）、黄足猎蝽（*Sirthenea flavipes*）、海南绿蝇（*Lucilia hainanensis*）、锯角萤（*Pyrocoelia* sp.）、条纹食蚜蝇（*Eristalis cerealis*）、二黑斑龟甲（*Basiprionota pudica*）、直纹稻弄蝶（*Parnara guttata*）、波里小灰蝶（*Lampides boeticus*）、拟白星姬蜂（*Stenichneumon appropinquans*）、叩头甲、黄衣（*Pantata feavescens*）黑蚁、蠼螋、拟步甲、散白蚁、四白斑叶甲（*Monolepta signata*）、柑橘黄黑大叶蝉（*Cicadula ferneginca*）等。林间隙地草丛间分布有卡斑腿蝗（*Catantops karnyi*）、红胳蝉蝗（*Euscyuina rufitibialis*）（新种）、长项小戛蝗（*Paragonista fastigiata*）（新种）。在以上昆虫中对栎树有一定危害的害虫有灯蛾幼虫，麻皮蝽和缘蝽，前者食害叶片，后二者刺吸嫩枝叶的汁液，均会影响栎树的正常生长发育；散白蚁危害倒木。益虫有楷蝽和 3 种姬蜂，此外蚕饰腹寄蝇、柞蚕饰腹寄蝇和方蝽均为柞蚕（*Antheraea pernyi*）的天敌，在放养柞蚕的地区是其劲敌，寄生率高达 90%以上，对经营柞蚕事业是一大障碍。然而另一方面，蚕饰腹寄蝇也是松毛虫的天敌，是抑制松毛虫种群数量的重要因素，对松林保安有利。

3. 亚热带针叶林、竹林

（1）银杉林 分布于桂北龙胜海拔 1 400～1 600m 的高中山区，属中亚热带山地针叶林。伴生树种有五针松、福建柏及南华杜鹃，土壤属山地原始黄棕壤，表层由苔藓植物构成较厚而松软的草垫，下层为须根和半腐熟腐殖质，无真正的土壤层，昆虫区系较简单，主要成分有：步甲、拟步甲、黄蚁、黑蚁、锹甲、黄花脸鼻蝇（*Alikangiella flava*）、吹绵蚧（*Icerya purchasi*）、圆叶甲、沫蝉、蠼螋、短翅蟋蟀（*Paralandrevus coulonianus*）等，未发现重要的森林害虫，天敌昆虫有黄带犀猎蝽（*Sycunus croceus*）、淡裙猎蝽（*Yolinus albopustulatus*）专捕食各种小型昆虫。

（2）细叶云南松林 该类型植被分布于桂西北、乐业县西部的山原山区，海拔在450～

1 000m 以上，土壤为山地黄壤，由砂页岩风化而成，属南亚热带山地针叶林。细叶云南松林，在上述不同海拔高度均发育良好，树形高大，树势旺盛，郁闭度达 0.6～0.8，林内常伴生有少量白栎、麻栎、栓皮栎、枫香、山竹子及木棉；灌木有短翅黄杞、毛果算盘子、山萎、地瓜榕；林下草本植物有扭黄茅、三羽叉蕨（*Tectaria subtriphylla*）、龙须草、兖州卷柏（*Selaginella involvens*）及铺地蜈蚣（*Lycopodium cernuum*）等。昆虫区系组成较简单，常见种类有黑蚁、罗浮凸额蝗（*Tranlia lofaoshana*）、长角佛蝗（*Phlaeoba antennata*）、广东斜翅蝗（*Eucoptacra kwangtungensis*）、灶马、蝼蛄、油桐尺蛾（*Buzura suppressaria*）、拟步甲、黄足猎蝽、缘蝽、蠼螋、寄蝇（*Blepharipa* sp.）、散白蚁、土白蚁（*Odontotermes* sp.）等，优势种不甚明显，以白蚁数量略多，对细叶云南松林具有一定的危害性。据实地调查与访问，在细叶云南松林内很少发生松毛虫，有时虽有少量发生，但不易成灾。

(3) 马尾松林 马尾松林在广西广泛分布于海拔 1 000m 以下的低山丘区，是广西人工林栽培面积最大的树种。80 年代以前所营造的马尾松林多属纯林，据在桂南和桂东南一带调查，马尾松林区的土壤以砖红壤和山地黄壤为主，成土母质为花岗岩、砂岩和砾岩，土壤肥力较差，林下植被有铁芒萁、岗松、桃金娘、余甘子及白茅等。昆虫区系由马尾松毛虫（*Dendrolimus punctatus*）、松茸毒蛾（*Dasychira axutha*）、松梢螟（*Dioryctria splendidella*）、松墨天牛（*Monochamus alternatus*）、松尺蠖（*Ectropis bistortata*）、黑松叶蜂（*Nesodiprion* sp.）等组成。其中以马尾松毛虫发生频率最高，虫口密度大，危害严重，是马尾松的大敌。就广西而言，海拔 500m 以上地形，植被复杂的低山区为松毛虫无灾区或偶灾区。500m 以下地势平缓分布大面积马尾松纯林的丘陵地带往往是松毛虫的常灾区，在此灾区内松茸毒蛾也时有大发生的现象。

(4) 杉木林 杉木是我区重要的造林树种，全区各地均有分布，以北部山地生长最好。云贵高原边缘的天峨、河池、凌云、乐业、田林、隆林和西林等地也是杉木的适生区。70～80 年代所营造的杉木林多为纯林，昆虫区系组成较为简单，据 1982 年普查，害虫约有 30 余种，主要种类有杉梢小卷蛾（*Polychrosis cunninghamiacola*）、双条杉天牛（*Semanotus bifasciatus*）、黄翅大白蚁（*Macrotermes barneryi*）、黑翅土白蚁（*Odontotermes formosanus*）、家白蚁（*Cototermes formosanus*）等，其中以杉梢小卷蛾和双条杉天牛分布最广，危害较严重。

(5) 毛竹林 毛竹主要分布于桂林和梧州两地区，多生长在向阳的低、中山区，通常为纯林，林下植物被甚少。昆虫区系由黄脊竹蝗（*Ceraocris kiangsu*）、大青脊竹蝗（*C. nigricornis*）、青脊竹蝗（*C. nigricornis nigricornis*）、黑翅竹蝗（*C. fasciata*）、竹横锥大象（*Cyrtotrachelus buqueti*）、竹缕舟蛾（*Loudonta dispar*）、竹织叶野螟（*Algedonia coclesalis*）、竹绒野螟（*Crocidophora evenoralis*）、褐边绿刺蛾（*Parasa consccia*）、竹黄枯叶蛾（*Philudoria divisa*）、竹链蚧（*Asterolecanium* sp.）及广肩小蜂（*Aiolomorphus rhopaloides*）和竹长尾小蜂（*Diomorus* sp.）等组成。其中以竹蝗类分布最广，危害最严重，竹小蜂和竹缕舟蛾是近年来广西毛竹产区新上升的重要害虫。

4. 落叶常绿阔叶混交林

（1）尾叶水锥栲缺萼枫香林　分布于桂东北海拔1 300～1 700m的中山区，土壤属山地典型黄棕壤。混交林中的主要树种除建群种外，尚有短柱柃（*Eurya brevistyla*）、槭树、野漆及青冈栎等，昆虫区系组成如下：尖叉原白蚁、翘鼻象白蚁、歪白蚁（*Capritermes nitobei*）、三带天牛（*Eutaenia trifasciella*）、丝锦天牛（*Acalolepta vitalisi*）、绒脊长额天牛（*Aulacanotus varius*）、桑并脊天牛（*Glenea centroguttata*）、横斑并脊天牛（*G. suturata*）、栎赤象甲（*Paratrachelophorus longicomis*）、赤垂头象甲（*Apoderus geniculaeus*）、叩头甲（*Elater* sp.）、中华褐金龟、细皮蝽、棘跳虫等。其中白蚁、天牛种类和数量均较多，对尾叶水椎栲、青冈栎有一定的危害性，二者均属重要的森林害虫。

（2）野漆石灰树南桦尾叶水椎栲林　分布于桂东北海拔1 000～1 300m左右的中山区，伴生树种有鼠刺、嘉宝山柳、山龙眼、灰木、大冬桃、柃木、桂林槭（华槭）、水青冈等。昆虫区系较丰富，种类组成如下：樗鸡（*Lycorma delicatula*）、八点光蝉、碧蛾蜡蝉（*Geisha distinctissima*）、东方凸额蝗（*Traulia orientalis*）、中华卵翅蝗（*Caryanda sinensis*）、方异距蝗（*Heteropternis respondens*）、甲、细皮蝽、粗皮蝽、步甲、异色鼻蝇（*Rhinia dis-color*）、大豹蛱蝶、黑条螽斯（*Ducetia japonica*）、星天牛（*Anoplophora chinensis*）、散白蚁、翘鼻象白蚁（*Nasutitermes erectinasus*）等，其中重要的森林害虫为白蚁与天牛，益虫方面有条纹食蚜蝇（*Eristalis cerealis*）小刀螂、红色茸毛寄蝇（*Servillia stackelbergi*）、大金绿寄蝇。这两种寄蝇主要寄生鳞翅目昆虫的幼虫，数量虽少，但活动力强，在控制害虫数量方面有一定作用。

5. 北热带常绿阔叶林

这一类型植被分布于北回归线以南的防城港、宁明、凭祥、龙州等地，海拔700m以下的低山区，因地质地貌不同，植被类型亦有明显差异。

（1）山枇杷乌榄鸭脚木林　这一类型植被分布于海拔500m的低山区，伴生树种有桃金娘、枫香、杨梅、野牡丹等。昆虫区系组成如下：红斑大粉蝶（*Hebomoia glaucippe*）、蜻蜓、闪蓝斑蝶（*Euploea mulciber*）、黑纹红斑蝶（*Danaus genutis*）、陌生罕蝗、罗浮凸额蝗、长角佛蝗、栎枯叶蛾（*Lasiocampa quercus*）、白蚁（*Microtermes* sp.）等，其中白蚁为林木重要害虫之一。

（2）肥牛树米浓液铁带藤林　分布于左江谷地以西海拔50～150m的石山缓坡上，植物种类比较单纯，昆虫区系贫乏，主要种类有黄翅大白蚁、散白蚁、瘦黑蜣（*Leptaulax* sp.）、蛴螬、叩头甲、锯角萤，上述二种白蚁均为热带代表种，在本群系中种群密度大，危害各种倒木。

（3）海南风吹楠银鹊树岭南酸枣林　本群系分布于海拔50～100m的石山缓坡上，伴生树种有桄榔、对叶榕、铁带藤、白藤等。昆虫区系单纯，主要种类有四川凸额蝗（*Traulia orientalis szetschuanensis*）、长角佛蝗、长角象甲、洋麻钩蛾、暗斑黄叶甲（*Monolepta nigripes*）、鹿天牛（*Macrochenus* sp.），其中长角象甲是典型的热带种类，也是桂西南一带的稀有种，鹿天牛是榕树的重要害虫；益虫方面有食虫虻。

(4) 闭花木实竹林 该群系分布于海拔 300～400m 的石山坡上，伴生植物尚有对叶榕、铁带藤（扁担藤）、米浓液等。昆虫种类、数量均少，主要种类有红翅龙州蝗（*Longzhouacris rufipennis*）（新属新种）、二斑野蝗（*Fer bimaculiformis*）（新种）、纺织娘（*Mecopoda* sp.）、黑条螽斯、黑尾大叶蝉（*Cicadella ferruginca*），其中红翅龙州蝗和二斑野蝗是北热带的稀有种，未发现重要的森林害虫；益虫方面有食虫虻。

(5) 广西樗树（*Ailanthus gungxiensis*）**人面子海南樫木**（*Dysoxylum hainanensis*）**林** 多分布于低海拔山坡上，伴生植物有对叶榕，桄榔及海芋（*Alocasia odora*）等。昆虫区系单纯，主要种类有黑翅土白蚁、瘦黑蜣、蚁形隐翅虫、小红瓢虫（*Rodolia pumila*）、白带环蝶（*Thauria aliris*），其中黑翅土白蚁是北热带地区的广布种，在本群系中种群数量大，是重要的森林害虫之一。

据多次调查结果证实，天然林的昆虫区系结构通常比人工纯林复杂得多，但害虫猖獗和危害程度前者往往不如后者严重，一般不致造成严重的经济损失，究其原因，大致有三：①大多数陆生昆虫属广温性种类，其生长发育适温多趋向于高温界限，因天然林层次结构复杂，郁闭度大，不适于一般昆虫孳生繁殖，除某些营隐蔽生活的种类如白蚁、天牛具有不同程度的危害性外，其余昆虫均不易造成大发生的局面。②天然林以混交林居多，某些适宜于在林内生活的专食性、单食性或寡食性昆虫因受食料因子的限制，不可能大量繁殖危害。③天然林内由于生物种群比较复杂，天敌种类多，除寄生性和捕食性天敌昆虫外，尚有多种蛙类、蛇类和食虫鸟类的存在。在森林生态系未发生剧烈的变动之前，由于森林植被、小气候与天敌 3 个生态因子不利于害虫孳生繁殖，且天敌与昆虫之间互相竞争，互相制约，一般处于相对稳定的动态平衡状态，虽有害虫但不成灾害。因此复杂的森林生态系统是制约害虫发生发展的强大因素。然而森林生态系的复杂性与生物种群之间的稳定性是相对的。当生态系统中某个主要生态因子发生剧变后，也就破坏其原有的动态平衡，从而导致相应的因子变化，而促使某些生物种群呈现优势时，就破坏了原来的动态平衡状态，从而产生一系列连锁反应的变化。例如，当森林被采伐或火烧后，被砍掉或烧毁的乔木一时不易恢复，而林下草本灌丛则在短期得到恢复而成优势，这时一些迁移扩散能力较强并以草本或灌木为食料的害虫，如蝗虫类，蜷类、叶甲类便乘机侵入，并随着采伐迹地或火烧迹地的扩大，而扩大其分布区和危害区。另一方面，某些专食性或单食性昆虫，其适食范围较窄，如在营林措施中，有意识地中断其适食种类，就会使依赖这些食料为生的昆虫受到制约，甚至灭亡，这种人为控制生态系统的措施，对消灭害虫是积极的。

人类的生产活动，无疑是对森林生态系最重要的影响因子。不正确的营林措施，常可导致害虫的大发生，而影响林木的正常生长，反之，则可制约害虫的发生危害，保证林木的成长。总之，掌握昆虫群体与其生态环境相互间的生态平衡关系，是运用生态学原理和方法保护和开发利用森林益虫及预防或综合治理森林害虫的理论基础，也是林业工作者和森林昆虫生态学工作者共同深入探讨的重要课题。

（二）森林昆虫区系的演变

1. 昆虫区系的演变与植被的关系

不同类型的森林具有各自固有的昆虫区系，特别是不同的地理区域差异更大，这是昆虫在漫长的地质时期经过长期适应、发展与演化的必然结果，但在同一地理区域内和相同的植被条件下，昆虫相不是一成不变的，而是随着植被的更替和季节性演变，昆虫区系组成、种群密度和分布状态亦随之发生相应的变化，据在龙胜花坪林区调查，原生植被遭受不同程度的破坏后，形成各种天然林，当该天然林内的植被尚未发生质变时，昆虫区系仍以原生植被的固有成分占优势，侵入种仅占小部分。例如亚热带常绿阔叶林演变为亚热带落叶阔叶林后，该林内除蜂、蝶、蝗、螽斯和叶甲属侵入种外，其余种类均为亚热带常绿阔叶林的原有成分。相反，在森林受破坏严重，植被已发生巨大改变时，原生植被的固有成分乃大量消失，侵入种则居于较主要的地位。例如亚热带落叶阔叶林被大量砍伐，仅存留部分马尾松时，在林内的昆虫，大部分属侵入种。更明显的是森林遭受彻底破坏后形成的草坡或农田，因生态条件已发生剧烈改变，林栖性昆虫全被草栖性昆虫所更替，这时的昆虫区系已发生了质的变化。

因植被的变化造成昆虫区系演替的主要原因有三：①昆虫栖息场所发生变化。②食料因子的影响。③昆虫繁殖场所的改变。此三项因素是互相关联不可分割的。例如经过烧山的地区，木本植物及地表的枯枝落叶全被烧毁，原来栖息在树干中或枯枝落叶层内以木本植物或半腐熟的枯枝落叶为食，并以其作为栖息、繁殖场所的种类，如白蚁、拟步甲、各种毒蛾、刺蛾及尺蛾的幼虫均被淘汰。当草本、灌丛逐渐恢复后，以草本植物或灌木为食，并以其作为栖息、繁殖场所的种类，如多种蝗虫、螽斯、芫菁、叶甲、叶蝉、蜡蝉、蜷象、蜂类、蝶类等得以迅速发展。另一方面由于上述昆虫种类和数量的增长，又促使其某些捕食性和寄生性天敌昆虫如螳螂、步甲、寄生蜂、寄生蝇、食虫虻的兴起。最后绝大部分林栖性昆虫终于被草栖性昆虫所更替，从而使该生境的昆虫区系结构发生质变。

2. 昆虫区系的季节演变

随着季节推移，昆虫相亦会发生较大的变化，以北热带石山季雨林为例，1980 年 5～6 月调查结果与 1979 年 9～11 月对比，昆虫各目种数差异较大，列表比较如下：

表 4-33　北热带石山季雨林昆虫区系季节变化　　单位：头

调查时间	鳞翅目	鞘翅目	半翅目	直翅目	膜翅目	双翅目	其余 6 个目	总　计
1980 年 5～6 月	158	264	85	72	57	72	66	774
1979 年 9～11 月	174	52	62	56	37	19	36	436
差　数	−16	+212	+23	+16	+20	+53	+30	+338

从表 4-33 可以看出，夏季昆虫总数明显地多于秋季，其中除鳞翅目昆虫种类略有减少外，其余各目均有不同程度的增长，其中以鞘翅目增长最多，夏季超过秋冬季 4 倍以上，以下顺次为双翅目、半翅目、膜翅目和直翅目。

昆虫区系发生季节演变的主要原因系与昆虫发育规律及其生物学与生态学特性有密切关系，北热带季雨林区春夏季高温多雨，相对湿度大，植物幼嫩繁茂，是 1 年 1 代或 1 年多代昆虫羽化、补充营养和大量繁殖季节，故昆虫区系十分丰富，种群密度大。相反，秋末冬初，气温下降，进入旱季，部分阔叶树种及草本植物已逐渐落叶或凋萎，有些洼地草丛常被当地群众大火烧毁，许多昆虫已由交尾产卵期进入衰老死亡期或潜伏越冬阶段，故在种类和数量上均有明显下降趋势，如天牛以幼虫或成虫在树干内越冬，翌年春夏季成虫外出活动，在秋季陆续死亡。故 1980 年 5～6 月共获得天牛 100 余种，而 1979 年 9～11 月仅获得 8 种，差异悬殊。又如以鳞翅目而言，夏季，天蛾科（Sphingidae）、毒蛾科（Lymantriidae）、枯叶蛾科（Lasiocampidae）、夜蛾科（Noctuidae）和尺蛾科（Geometridae）的部分昆虫尚处于幼虫阶段，故成虫的种类比秋冬季为少。蝶类则不然，春夏季是其羽化交尾、产卵和活动期，故种类丰富。

龙州弄岗自然保护区自 4 月份起，月平均气温已达到 22℃以上，实际上已进入夏季阶段，虽然百花盛开的季节已过，但 5～6 月间尚有不少花期较迟的蜜源植物如球兰（*Hoya carnosa*）、火焰花（*Saraca dives*）、金樱子（*Rosa laevigata*）、海棠花（*Malus spectabilis*）及肥牛树等正逢花期，来自不同生境并以花粉花蜜为食料的蝶类、蜂类以及捕食性天敌昆虫如食虫虻、食蚜蝇、猎蝽等常在蜜源植物周围飞翔取食，有时蝶类成群飞舞，数量甚多，甚至改变了部分生境的自然景观，然而秋冬季则未发现类似现象，显然昆虫相的变化及昆虫在空间的分布状态与不同季节的物候相及蜜源植物的丰富度有密切关系。

另一方面，昆虫相的季节演变与昆虫生态特性的相互关系也是非常明显的，例如 1980 年夏季在宁明陇瑞林间洼地调查期间，适逢时雨时晴的天气，雨后树穴、石窝及小洼坑内积有雨水，适合白纹伊蚊（*Aedes albopictus*）孳生繁殖，在这一时期内，该蚊种群密度之大达到惊人的地步。但 1979 年 11 月调查时，因久旱未雨，林内干燥，林间洼地普遍龟裂，极少发生此蚊，这就说明，任何一种昆虫对周围生态条件都有各自独特的要求，一旦具备了这些条件，该种昆虫的种群密度就会大量增长。相反，其种群密度的增长就会受到抑制，而在不同季节中，这些生态条件是有明显差别的。

（三）昆虫区系的垂直地带性及其在林内的层次结构

1. 昆虫区系的垂直地带性

全区各处山地，随着地势的升高，热量递减，雨量递增，因而导致树种分布的垂直地带性的出现。因昆虫分布与植被有紧密的伴随关系，故昆虫区系的垂直地带性也比较明显。以桂东北龙胜花坪自然保护区为例，海拔 1 300m 以下为常绿阔叶林带，1 300m 以上为落叶常绿阔叶混交林带，因受各种人为因素的影响，各带植被已发生不同程度的变化，从而也影响到昆虫区系的组成。分述如下：

（1）常绿阔叶林带 植被大致可区分以下3类：

常绿阔叶林：指保存下来的原生植被而言，多分布于人迹少到的陡坡上，以甜槠、银荷木和白锥占优势，昆虫区系仍然保留着常绿阔叶林的成分，由趋湿避光的耐荫种类所组成，以白蚁类为明显的优势种，黑蚁次之。

次生林：原生植被砍伐后营造的人工林在低中山区占有一定的面积，在山沟附近的阳坡上分布有马尾松林，阴坡上分布有竹林，有的山坡在砍伐后萌发出各种丛林，在这些次生林内昆虫区系多由外来侵入种所组成，仅保留有少量固有成分，如白蚁、天牛等。最终，随着次生林种类而来的某些昆虫种群必然会超越其寄主优势而成为其昆虫区系中的优势种。

农田与草坡：通常分布于河谷两岸的缓坡上，有的以水稻为主，旱坡种植黄豆、玉米、红薯，有的变为草坡，这类生境昆虫区系较丰富，昆虫种类可达到60种以上，绝大部分属草栖型昆虫，杂以少量灌栖型种类，以蝗虫、螽斯占优势，不但种群繁多，且种群密度较大。

（2）落叶常绿阔叶混交林 分布于1 300～1 800m的高中山区，森林保存比较完整，次生林、草坡和农田仅零星分布，植被亦可区分为以下3类：

山顶矮林 分布于1 700～1 800m的山顶区，主要树种有甜槠、映山红、山柳、野八角、新木姜子及摆竹，植被矮小，平均高1.5m，林下草本有鳞毛蕨、莎草，昆虫区系由蜂、蝶、虻、蝇等组成，是外来侵入种临时取食和栖食场所，优势种不明显。

落叶常绿阔叶混交林 是保存下来的原生植被，分布于1 300～1 700m的陡坡上，主要树种有青冈栎、野八角、广福杜鹃、甜槠、缺萼枫香及广竹，昆虫区系的主要成员有蓝土叶甲（*Humba cyanicollis*）、叩头甲、宽黄边步甲（*Chlaenius circumdactus*）、绒鳃角金龟（*Maladera* sp.）、网纹材小蠹（*Xyleborus atratus*）、蛾蜡蝉及蜂类和蝇类，以小蠹与叩头甲略占优势，除蜂类和蝇类属侵入种外，其余种类均为混交林的适生种，未发现有白蚁的分布。

农田与草坡：分布于海拔1 300m以下的河谷两岸的缓坡上，面积较小，以种植玉米和饭豆为主，黄豆次之，无稻田分布，农田与草坡的昆虫区系减少为40种左右，仍以蝗虫、螽斯占优势，但在种类和数量上均明显减少。

通过调查表明：昆虫的种类和数量有随海拔高度的上升而逐渐减少的趋势，同一种昆虫其发育速率则自低而高逐渐推迟，如9月间日本黄脊蝗（*Patanga japonica*）在海拔900m处已羽化为成虫，但在1 200m以上尚处于若虫阶段。另一现象是昆虫区系中的某些生态可塑性窄的单带种在分布的高度上表现出一定的局限性，如樗鸡（*Lycorma delicatula*）分布的高限为920m，而一种广西突顶蚱（*Exothotettix guangxiensis*）其分布的低限为1 300m。造成以上种种差异的原因，除受植被影响外，并和气候条件特别是温湿度因子有密切关系，昆虫区系中生态可塑性大的多带种如蜂、蝶、蝇、虻等，则散见于整个垂直面的各植物带中。

此外，在桂南大青山一带调查结果表明，昆虫区系的垂直地带性与其纬度地带性有一定的相关性。在气候地理上，海拔高度每上升100m，气温下降0.5～0.6℃，相当于在纬度上向北推移0.55°，或在直线距离上向北推移60km，按照这一规律，海拔780m的大青山山顶林站的气候条件应与相距452km（直线距离）的桂林南部平原地区基本相同。通过在同一时期内分别对这两个点进行蝗虫生态区系调查结果，初步证实了这一规律性。见表4-34。

表4-34 垂直地带性和纬度地带性蝗虫生态区系的对比 单位：头

时间	地点	斑腿蝗亚科	锥头蝗亚科	蝗亚科	斑翅蝗亚科	合计
1981年10月中旬	大青山山顶林站	17种	2	9	4	32
1981年10月中旬	雁山附近地区	19	2	10	8	39
大青山山顶与雁山二地差数		−2	0	−1	−4	−7

从表4-34中可以看出：除斑翅蝗亚科在种数上差异较大外，其余3亚科不但在种数上非常接近，而且在具体种类上也有很大的一致性。

2. 森林内昆虫区系的层次结构

在森林内各种林木都可区分为根部、树干和树冠三个部分，同时不同昆虫都具有各自独特的生态适应性，故在森林内昆虫区系分布亦具有一定的层次结构，通常亦可区分为3个层次即：①表土及枯枝落叶层，②树干层，③林冠层。表土及枯枝落叶层的昆虫区系主要成员有小蟋蟀（*Gymnogryllus elegans*）、蠼螋、黄蚁、绿圆跳虫、毛双尾虫（*Lepidocampa* sp.）、金龟子幼虫、拟步甲及突眼蚱（*Ergatettix dorsiferus*）等，其中以黄蚁和跳虫类占优势，数量多，分布广，树干层的昆虫区系由白蚁、黑蚁、叩头甲、天牛幼虫、吉丁虫幼虫（*Chalcophora* sp.）、小蠹、树蟋（*Oecanthus longicauda*）等，以白蚁占优势，黑蚁次之，林冠层的昆虫区系由毒蛾科（Lymantriidae）、枯叶蛾科（Lasiocampidae）、尺蛾科（Geometridae）和舟蛾科（Notodontidae）幼虫及蜂、蝶、虻等临时侵入种所组成，优势种不甚明显。林内昆虫区系的层次结构不是一成不变的，有时在表土及枯枝落叶层与树干层这两个层次间有一定的联系如白蚁、黑蚁通常栖息于树干中，但有时亦在表土层或倒木中发现；又如蠼螋和蟋蟀一般栖息于枯枝落叶层及表土层中，但有时亦栖息于经过白蚁危害的树穴中。至于树干与林冠的昆虫区系之间则很少有联系。

（四）森林的重要资源昆虫及其利用

森林资源昆虫是森林资源的重要组成部分，广西自然条件多样，分布有各种类型的森林，蕴藏着多种资源昆虫，其中比较重要的有中华蜜蜂、五倍蚜、白蜡虫、柞蚕、化香夜蛾以及药用昆虫、天敌昆虫等。这类昆虫的虫产品是工业、农业、医药卫生及国防科学事业的重要原料。其中有的已开发利用，有的小规模试验已获成功，但尚未大面积推广应用，有的则处于自生自灭状态，尚未受到人们的重视。我们认为，大力开发利用上述资源昆虫，对发展山区经济直接为国家创造物质财富，具有重大意义。

1. 中华蜜蜂（*Apis cerana*）

目前尚处于野生状态，广泛分布于中山山区，营穴栖生活，喜栖息于树穴、石穴中，以各种显花植物的花蜜为食，冬、春季的蜜源植物有灰木科、蔷薇科植物，夏、秋季的蜜源植物丰富，有山龙眼科、杜鹃花科、壳斗科、绣球花科、安息香科、山茶科、八仙花科，大芒及玉米、荞麦等等。其繁殖力强，每一蜂群每年自然分封3～5次，多达10次，在野生情况下具有明显季节迁移习性，7～8月自高温多雨的中山区向凉爽的高山区迁移，9～10月又从高山区回迁到中山区，故山农有“七上八下”之说。他们收养野蜂的方法，是将圆形木桶倒置于山坡石壁下，桶的内壁涂少量蜂蜜作为诱饵，一旦蜂群进入后，即可将蜂桶取回搁置屋旁，每群蜂年产蜂蜜约5kg左右。目前林区仅有蜂蜜一种，产量也不高，其他产品如蜂胶、蜂毒、蜂皇浆等受条件限制尚未开发，从林区野蜂数量及蜜源植物资源看，山区发展养蜂业的潜力很大。蜜蜂天敌有黑熊、黄腰狸、胡蜂（*Vespa* sp.）、旱狼蛛（*Xerolycosa* sp.）等。

2. 紫胶虫（*Laccifer lacca*）

广西从1959年开始，在学习云南紫胶生产的经验与引种胶虫以来，逐渐开展了这方面的工作，目前已由以往的几个县发展到8个地区40多个县，产量不断提高。

紫胶虫属同翅目胶蚧科寄生在某些树种上，分泌一种紫红色的天然树脂，称为“紫胶”。紫胶虫在广西每年有2个世代，即夏代和冬代，同一世代因性别不同，其生活期略有差异。夏代：雌虫于5月下旬～6月上旬孵化，1龄和2龄各历时17天，3龄10天，成虫期112天，雌虫夏代历时共156天。雄虫孵化期与雌虫相同，1龄历时17天，2龄16天，前蛹期4天，蛹期5天，成虫期3天，雄虫夏代历时仅45天。

冬代：雌虫于10月下旬～11月上、中旬孵化，1龄历时92天，2龄26天，3龄23天。成虫期54天，雌虫冬代共历时195天。雄虫孵化期与雌虫相同，1龄历时92天，2龄23天，前蛹期12天，蛹期12天，成虫期3天，雄虫冬代共历时142天。

幼虫孵化后从孵化腔大量地向外爬行觅食称为涌散，幼虫群体的涌散期是紫胶虫进行迁移扩散的时期，也是紫胶生产的放养期。

紫胶虫所特有的生物学特性是泌胶。其体壁上具有一种能分泌胶质的单细胞结构称紫胶腺。幼虫固定取食后，便从紫胶腺将胶质分泌出来，刚泌出的胶质呈琥珀色的半流体状，遇空气后逐渐变硬。雄成虫一般不泌胶。紫胶虫尚能从体壁的蜡腺中分泌蜡质，呈丝状、片状或粉状，这些蜡质对虫体有保护作用，保证紫胶虫正常的呼吸、排泄和交配的顺利进行。

紫胶虫是热带和南亚热带特有的昆虫，性喜温暖，故应选择背风向阳，日照时间长的南坡和西南坡放养冬代；在寒潮通道，背阴山坡或海拔较高的山区放养夏代。

紫胶虫寄主树种很多，我区常见的树种有小叶榕（*Ficus microcarpa*）、任豆（*Zenia insignis*）、藤黄檀（*Delbergia hancei*）、东京枫杨（*Pterocarya tonkinensis*）、斜叶榕（*Ficus gibbosa*）、南岭黄檀、木豆、牛肋巴、余甘子、枫杨等，其中冬代放养的树种，以南岭黄檀、牛肋巴、木豆和马榔树为好。夏代放养的树种范围可以广一些。一般选用树龄适中，生长健壮的植株进行放养。

紫胶虫的主要天敌有小白虫（*Lacciferophaga yunnanea*）、紫胶黑虫（*Holcocera pulverea*）、胶虫黄胸跳小蜂（*Tachardiaephagus tachardiae*）等，其中以白虫危害较重，应及时防治。

胶虫越冬保种是广西紫胶生产中的关键问题。在气候条件基本适合紫胶虫生长发育的地区，冬代放养还应选择有利的小地形、小气候的生境放养。一般选择北有屏障，南向开阔，冬季日照时间长，受冷空气影响较小的向阳坡地、背风的河谷两岸，以及其他冬季无霜或只有轻霜的地方，放养后要加强对紫胶虫和寄主树的管理，使其安全越冬。

3. 五倍子蚜

广西五倍子基本处于自生自灭状态，产量低，不稳定。60 年代以来，桂林地区外贸局在龙胜设点，建立了五倍子研究站，通过较长时期的专题研究，近年来，人工放养已首次获得成功。

五倍子蚜属同翅目倍蚜科，五倍子是我国的特产，角倍是其中最常见的一种，它是角倍蚜（*Schlechtendalia chinensis*）寄生于盐肤木上所产生的虫瘿。

角倍蚜在桂东北龙胜一带每年有 6 个世代，以幼蚜在提灯藓上越冬，3 月上、中旬越冬幼蚜（第 1 代）在蜡球内羽化为有翅春迁蚜，从提灯藓上迁飞到盐肤木上，产生 2～4 头无翅雌雄有性蚜（第 2 代），栖息于树干隙缝间，经过 3～4 天开始交尾，每头雌蚜约经过15～20 天可产生一个干母（第 3 代）。干母在倍子内连续繁殖 3 代干雌，虫口逐代增加，倍子也逐渐膨大，10 月间成熟爆裂，此时倍子内的干雌已发育为有翅秋迁蚜，倍子爆裂后即飞迁提灯藓，每头秋迁蚜约产生 20～30 头越冬幼蚜，在提灯藓的嫩茎或根际取食，同时从体表分泌浅青白色蜡质物质，有保温防水作用。

总之一个地区能否产结角倍，必须具备盐肤木，提灯藓和角倍蚜这三个基本因素，缺少其中任何一个因素，便不能产结角倍。至于结倍量的多少，则与上述三个因素的分布数量及互相搭配比例有密切关系，为了提高角倍的产量，必须在角倍生产基地有计划地大量种植和保护盐肤木和提灯藓，最好采用工厂化的办法人工繁殖角倍蚜。

4. 白蜡虫（*Ericerus pela*）

白蜡是我国西南地区的特产。广西桂北、桂东北中山一带是与白蜡产区，有较丰富的白蜡寄主植物女贞。早在清代，龙胜县群众就有放养白蜡虫的历史，所生产的白蜡及种虫与邻省以货易货方式进行交换，而在野生情况下也产结白蜡。70 年代，全国合作总社曾投资组织过白蜡生产，由于种虫缺乏保障，有些问题未得到解决，故现在除边远山区少数群众自发放养白蜡虫，年产白蜡 100～150kg 外，尚处于无人经营管理的状态，因此，白蜡生产是一个有待开发的山区生产门路。

据最近调查和放养观察，广西桂北山区气候条件既适宜白蜡虫的生长发育，并可以安全越冬，又有丰富的寄主树资源，群众也有一定放养白蜡虫的基础，影响广西白蜡生产发展的并非冬季低温的问题，而是在于挂虫技术不好，不及时，以及在白蜡虫发育期间，有寄生蜂及鼠、鸟的危害，雌虫损失多的缘故，只要解决这些问题（目前已解决寄生蜂的防治问题），广西白蜡生产是有发展前途的。

白蜡虫属同翅目蜡蚧科。白蜡是雄性白蜡虫若虫在寄主植物上寄生所产生的分泌物，经过加工处理后的白蜡是一种质坚、洁白、无味、有光泽、性脆的结晶体，理化性较稳定。

白蜡虫在桂东北一带 1 年发生 1 代，以受精雌成虫在寄主枝条上越冬，成虫出蛰后，一般于 3 月下旬～4 月上旬开始产卵，4 月下旬～5 月中旬孵化，第 1 龄若虫孵化后在枝条上爬行，寻找适宜叶面定栖摄食称为“定叶”。

白蜡虫的寄主植物在桂东北一带有日本女贞（*Ligustrum japonica*）、白蜡树（*Fraxinus chinensis*）及苦枥木（*F. retusa*）3 种，日本女贞最适于培养种虫，后二者适于挂蜡。

5. 化香夜蛾（*Hydrillodes morosa*）

化香夜蛾是 60 年代初期在广西首次发现的新的资源昆虫，其虫产品即虫茶，是广西的传统出口物资之一。它的幼虫专取食已发酵腐熟的某些树叶，其排泄物称之为“虫茶”，含有较高单宁和多种维生素。虫茶是两广地区的土特产，这是热带、亚热带地区厂矿企业工人及华侨的重要饮料，特别在炎热季节或长期在矿井高温条件下工作的人员，饮用后有清凉去暑的作用，故通常被视为清凉剂，在医药上有时亦用作收敛剂，对腹泻、鼻出血、牙龈出血都有良好的医疗作用。

化香夜蛾属鳞翅目夜蛾科，为热带、亚热带常见种。国外分布于日本、菲律宾、马来西亚、巴布亚新几内亚、斯里兰卡、印度及加里曼丹等地；国内主要分布于台湾、广东、广西及湖南一带。

化香夜蛾在龙胜海拔 100～800m 的低山区 1 年发生 3 代，以老熟幼虫在化香树叶堆内越冬，越冬代（第 3 代）历时最长，从当年 10 月上旬～翌年 5 月上旬，共经历 210 余天，其中幼虫生活期约 170 余天。越冬幼虫于翌年 3 月中、下旬陆续化蛹，于 4 月下旬～5 月上旬羽化为成虫。2～3 天后性成熟，交尾产卵。第 1 代历时最短，从 5 月上旬卵期开始到 7 月上旬成虫产卵为止，仅经过 53 天，第 1 代幼虫有 6～7 个龄期，幼虫生活期从 5 月下旬～7 月上旬共经过 43 天。第 2 代历时较长，从 7 月上旬～10 月下旬共经过 110 天，第 2 代幼虫以 7 龄占优势，其生活期从 7 月上旬～9 月中旬共历时 50 天。

化香夜蛾成虫为夜出性昆虫，具有特定的趋化性，当化香树叶堆放 1～2 天后，发酵腐熟所发出来的清香味，对化香夜蛾成虫具有诱集作用，在树叶发酵的 7～10 天内，成虫于每天黄昏后，从附近林内向腐熟的化香树叶堆飞集，以夜间 8～9 时活动最盛。

幼虫属腐食性昆虫，食性较杂，除以化香树（*Platycarya strobilacea*）叶为主食料外，尚能取食黄连木（*Pistacia chinensis*）、钩藤（*Uncaria rhyachophylla*）、山茶、饭藤和糯米藤等的叶子，在食料缺乏时也可取食米糠。

虫茶生产方式比较简单，经营虫茶的山农每年于6～7月从山区化香树林中大量采集化香树枝叶，堆放于敞开的阁楼上，下面垫有竹席，堆放厚度约0.5～0.8cm，泼浇适当的淘米水，保持一定的湿度，在16～20℃的室温下，当天便开始发酵，经过2～3天逐渐腐熟，化香夜蛾成虫多于此时向此叶堆飞集，交尾产卵，10～20天开始出现幼虫，以幼虫生长发育期间，当叶堆逐渐干燥时，须及时补充喷洒适量淘米水，以利于幼虫取食和生长发育。叶片食完前，应及时增添新鲜嫩叶，分层渗入已腐熟的老叶层间促进其腐熟，以保持幼虫丰富的食料，使其发育正常。

虫茶于每年11～12月份采收1次，先将残存枝叶用手捧起抖落排泄物，将所收集的全部虫茶用风选法除去残渣杂物，然后摊放于竹席上曝晒，充分干燥后过筛分级贮藏，通常分为二级，甲级品其直径在1～1.2cm，其余均属乙级品。在正常情况下每50kg化香树叶可生产虫茶12.5～15kg。

6. 药用昆虫

药用昆虫是我国医药宝库中的重要组成部分，它种类多，资源丰富，疗效好，广西民间有使用药用昆虫的习惯和经验。广西已知的药用昆虫约有105种，分属12目44科，其中医药经济价值较大的有中华蜜蜂、大斑芫青（*Mylabris phalerata*）、眼斑芫青（*Mylabris cichorii*）、神农洁蜣螂（*Catharsius molossus*）、枯纹稻眼蝶、胡蜂、九香虫（*Aspongopus chinensis*）、红娘子、拒斧螳螂（桑螵蛸）（*Hierodula saussurei*）、蚱蝉（*Cryptotympana pustulata*）、灶马等。据资料报道，在芫青、蜣螂、眼蝶幼虫体内含有抗癌活性物质，有关部门正在进行深入研究中。此外，由于普遍使用农药防治害虫，不少药用昆虫的产量日趋下降。我国列入药典的药用昆虫约80余种，而医药部门常用种类仅30余种，广西对药用昆虫未有专门系统调查研究，大量的药用昆虫资源有待进一步开发利用，这是今后有关部门应予重视的一个课题。

7. 天敌昆虫

广西天敌昆虫尚缺乏较完整统计，仅从广西农、林主要害虫天敌的调查资料，所采集到并鉴定的天敌昆虫共1953种，其中林木害虫天敌9目40科167属306种，森林主要害虫松毛虫的天敌昆虫为57种，由此可见，广西天敌昆虫的种质资源是相当丰富的，捕食性或寄生性较强的天敌昆虫有拒斧螳螂、食虫虻、步甲、蜻蜓、瓢虫、松毛虫狭额寄生蝇（*Corcelia matsukarehae*）、松毛虫寄生蜂（*Trichogramma dendrolimi* 和 *Telenomus dendrolimusi*）、食蚜蝇、猎蝽，保护和开发利用天敌昆虫资源对综合治理农林害虫具有重要意义。

在捕食性天敌昆虫中以赤卒（*Crocothemis servillia*）和黄衣（*Pantala flavescens*）两种蜻蜓和中华螳螂（*Tenodera sinensis*）、大刀螳螂（*T. aridifolia*）、广斧螳螂（*Hierodula patellifera*）分布广，捕食能力强，前者在洼地低空捕食各种小虫，后者在花草丛或灌木丛捕食大中型农林害虫 40 余种，如蝗虫、螽斯、八角尺蠖（*Dilophodes elegans*）、松毛虫、吹绵蚧（*Icerya purchasi*）等，寄生天敌以寄生蝇、寄生蜂分布较广，数量多，通常在林内、灌丛间活动，特别是在农、林害虫大发生后期数量最多，常可起到抑制害虫种群数量控制害虫再猖獗的作用，寄生对象多为鳞翅目害虫的幼虫、卵、蛹等。如松毛虫黑卵蜂（*Telenomus dendrolimusi*）对松毛虫卵寄生率一般为 20%～30%，最高达 85%以上，伞裙追寄蝇（*Exorista civilis*）对松毛虫幼虫寄生率可达 20%以上。

（五）森林的重要害虫及防治

这里专指普遍危害森林的重要害虫，至于其他种类将在有关森林类型中叙述。

1. 天牛

在生产实践中，我国劳动人民很早就知道天牛是蛀蚀树木的重要害虫，危害范围较广，包括森林、果树、特种经济作物等。李时珍在《本草纲目》中说："天牛处处有之，……乃诸树蠹所化也"。这两句话充分显示出人们对天牛发生的普遍性和危害性的认识。

广西天牛种类很多，分布广泛，遍及全区各种类型森林，危害普遍，几乎每一种林木，都受不同的天牛种类所害。天牛主要在幼虫期蛀蚀树干、枝条及根部，如虎天牛（*Macrochenus tigrinus*）危害榕树枝干，眉斑并脊天牛（*Glenea cantor*）危害木棉枝干，竹绿虎天牛（*Chlorophorus annularis*）危害竹秆，少数种类危害草本植物，如黑跗眼天牛（*Chreonoma atritarsis*）危害黄荆柴，蔗根土天牛（*Dorysthenes granulosus*）危害甘蔗等等。天牛成虫羽化后需要补充营养，有一定的危害性，但这不如幼虫严重，其食性较杂，有的取食花蜜和花粉，有的取食幼嫩的树皮、枝条、树叶、果实等。

在广西所采到的天牛标本，据不完全统计约 200 余种，估计仅占全部种类的 40%～50%。在分布上，总的情况是桂南一带种类最多，桂中次之，桂北种类较少。在已定名的 115 种天牛中，以沟胫天牛亚科（Lamiinae）的种类最多，约占天牛总科的 65%；其次为天牛亚科（Cerambycinae），占 27%；花天牛亚科（Lepturinae）占 5%；锯天牛亚科（Prioninae）仅占 3%，在已知种类中，大部分属东洋区成员，东洋区与古北区的兼有种次之，纯古北区的成员为数甚少，多分布于桂东北的高中山区。

天牛生活史的长短依种类而异，有的一年完成 1～2 代，如松墨天牛（*Monochamus alternatu*）、星天牛和桑天牛（*Apriona germari*）均 1 年发生 1 代；有的数年才完成 1 代，如云斑天牛（*Batocera horsfieldi*）约 2～3 年完成 1 代。由于植被类型、树龄大小寄主植物本身的健康状况及干湿程度的差异对天牛幼虫的生长发育有很大影响，特别是不良条件会引起幼虫的滞育，从而会推迟其生活世代，所以有时同一种类的天牛即使在同一地区内，也可能呈现不同的发育进程。

天牛一般以幼虫越冬，翌春羽化飞出，在广西 5～6 月间是多种天牛羽化和活动盛期。

成虫寿命一般 10 余天到 1～2 月，但在蛹室内越冬的成虫，其寿命可长达 7～8 个月之久。通常筒天牛（*Oberea* sp.）和星天牛类均喜在白昼活动，而云斑天牛昼夜均能活动。

初孵的幼虫先在皮下蛀食，逐渐深入到木质部，幼虫蛀食后所形成的坑道不甚规则，在坑道内常充满虫粪及纤维质木屑，有时受害处常有树汁流出。

天牛的寄主范围在不同种类间有所不同，星天牛、桑天牛和云斑天牛等食性较广，能加害多种不同的植物，有的食性较窄，如樟彤天牛（*Eupromus ruber*）仅危害樟树和楠木。

树木遭受天牛幼虫危害后，会影响其正常生长，降低产量，削弱树势，缩短寿命。被害植株通过蛀孔会引起其他害虫或病菌侵入。遇有大风易造成风折。被天牛危害严重的植株，有时会导致枯萎和死亡。

天牛的防治　天牛的防治方法，不外有以下几个方面：

（1）**捕捉成虫**　5～7月是多种天牛成虫羽化，产卵盛期，成虫飞翔力弱，可组织人力于晴天中午前后大量捕捉，压低其种群数量。

（2）**消灭卵和幼虫**　较矮的植株，发现产卵刻槽后，可用木锤敲击产卵痕、锤死卵和初孵幼虫。又根据初孵幼虫在皮层下生活期较长的弱点，自7～10月，每月3次，检查产卵伤口，发现有木屑或虫粪，即用小刀挑开皮层杀死幼虫。

（3）**药剂防治**　8～9月当幼虫尚未蛀入木质部之前，可用甲六粉1kg加水50kg喷树干，或用废棉花搓成球浸蘸25%滴滴涕乳剂50倍液，堵塞排粪孔，杀死坑道内幼虫。

2. 白蚁

白蚁是世界性大害虫，五大洲都有它的足迹，广西地跨热带、热带地区，不但白蚁区系丰富，而且具有较大的危害性，危害范围很广，诸如房屋、仓库、铁道枕木、车厢、桥梁、船舶、电杆、电线电缆、水库堤坝、衣服、图书、纸张、橡胶、塑料、金属及农林作物等等都会遭受其害。到目前为止，广西已知的白蚁种类为131种，居全国各省（区）第二位。其中危害林木的有66种，包括木白蚁科（Kalotermitidae）2属2种，草白蚁科（Hodotermitidae）1属1种，鼻白蚁科（Rhinotermitidae）5属25种，白蚁科（Termitidae）9属38种。

白蚁属于社会性昆虫，其家族通称巢群，由一对雌雄个体开始，经过长期产卵、发育与分化，逐渐形成一个集团即巢群，每一巢群的个体数往往增加到几十万，甚至超过百万头。群体分工明确，有蚁王、蚁后、工蚁及兵蚁之分，蚁王和蚁后为繁殖蚁，工蚁负责为群体觅食、筑巢、筑路、运卵、吸水及饲喂幼蚁，兵蚁的主要职能为警卫和战斗。单个白蚁一旦脱离群体就无法生存。蚁巢可分为分散和集中两大类型。有些白蚁可在地表筑数米高的土垄，另一些种类则在深达2～3m深的地下筑巢，有的则将蚁巢筑在木材内。有些种类如家白蚁和土白蚁除筑主巢外，尚筑有副巢。蚁巢是白蚁栖居繁殖和供给食料的场所，结构严密，有保护群体免受外来侵害的作用。

白蚁是喜温性昆虫，它对温度有一定要求。3～10月是白蚁的活动季节，有翅成虫在分飞时有强烈的趋光性。白蚁在活动时，遇到同一群体的个体时有相互舔吮的习性，借以传递信息，这两种习性在防治上有重要意义。

植物是白蚁营养物质的主要来源，许多种类的白蚁都能取食植物的幼苗的嫩茎和根部，有些树苗往往因白蚁危害而折断枯死。在更多的情况下，白蚁喜危害干枯植物与木材，以木质纤维作主要食料。其侵入树干的途径有多种，但从断枝和根茎创口侵入为常见。

森林内有了白蚁，不但会影响树木的生长，而且往往会随着伐木被携带到较远的地区危害各种建筑物。据调查，危害广西林木的白蚁主要有 4 种，即家白蚁、小头蛮白蚁（*Microtermes dimorphus*）、黄翅大白蚁和黑翅土白蚁。危害对象因区域不同而异，在桂西南地区，小头蛮白蚁、家白蚁和黄翅大白蚁重点危害桉树和杉树；桂中地区以家白蚁和黑翅土白蚁危害桉树、银桦和黑荆树为主；桂东北地区则以家白蚁对银杏的危害成为突出。据了解，目前桂北银杏产区挂果植株有 8 万余株，平均有蚁巢株率为 3.06%，受害植株为2 448株，每年白果减产在 73 000kg 左右。

白蚁对古树也有很大的危害性，据广西林木白蚁调查组 1992 年 5 月在桂平西山风景区调查 39 株胸径 1m 以上 100 多年生的龙鳞松，被家白蚁危害枯死或被风吹倒的有 8 株，占 24.2%；胸径在 70～99cm 间的有 132 株，被家白蚁危害的为 30 株，占 22.7%。

当白蚁巢受到破坏时，白蚁的天敌会乘机袭击，尤其在白蚁倾巢而出的分飞期间，天敌更为活跃。白蚁的主要天敌有蚂蚁、蜻蜓、变色树蜥蜴（*Calotes versicolor*）、宽头大角蟾（*Megophrys carinensis*）、沼蛙（*Rana guentheri*）、蝙蝠（*Vespertilio superans*）、穿山甲及各种食虫鸟类，这些都是人类应加以保护和繁殖利用的对象。

白蚁的防治　白蚁在我国南方各林区均有自然分布，在植物种类丰富的情况下，其危害有一定的选择性。随着大面积人工纯林基地的建立和经营强度的加大，造成食料植物单一，蚁害也随之日趋严重，现根据广西林木白蚁情况，提出以下几点防治对策，供有关部门参考：

（1）预防措施　在贯彻适地适树的原则下，大力营造混交林，尽量采用多林种多树种混交，适当保留林下植被，保护各种天敌，稳定生态平衡，是减轻白蚁危害的有利途径。建议将木栖和土木两栖白蚁列入检疫对象，加强检疫措施，凡带有白蚁的空心次材，需经集材场检疫人员处理后方可外运，严格控制害蚁扩散蔓延。

（2）药剂防治　根据白蚁在春、秋两季活动频繁和取食旺盛的特点，在土栖白蚁活动的林区，可用桉树皮粉（以摩利桉为最好）、菌圃粉作基料，配以 70%的灭蚁灵制成诱饵，其配比为 70%∶20%∶10%，三者充分混匀后用草纸包装，每包 10g。将此诱杀剂 2～3 包分别埋设在 10～12cm 深的小坑内，用塑料薄膜盖上，覆土压实，防止雨水渗入，引诱白蚁取食。数十天后，如在投药点附近发现有呈群状分布的炭菌（*Xylaria nigripes*）时，这是蚁群死亡的象征，因此，可根据这一指示物的有无来判断诱杀剂的药效，在通常情况下，只要埋没的时间和地点得当，诱杀效果是极高的。

家白蚁在林内活动时，一般喜将蚁巢筑在树干内，可根据蚁路、排泄物、羽化孔和通气孔的有无和钻探情况来判断其巢位所在，在探明巢位后，可在钻孔内施药。所采用的配方为亚砷酸 40 份＋水杨酸 10 份＋滑石粉 40 份＋红铁氧 10 份，另加适量灭蚁灵。在清除钻孔的木屑后，用胶囊喷粉器向钻孔内喷药20～15g，用泥或树叶堵塞孔口即成。施药后的7～10天检查药效时，先将孔口的堵塞物取出，观察孔口是否被白蚁修补，如未修补，即可证明施药有效。

参考文献

[1] 马世骏．中国昆虫生态地理概述．北京：科学出版社，1959

[2] 李治基，王献溥．关于广西主要经济林木的生态地理分布及其布局问题．植物生态与地植物学丛刊，3（1），1965

[3] 尤其儆．广西花坪林区资源昆虫考察初报．昆虫学报：15（2），1966

[4]《广西农业地理》编写组．广西农业地理．南宁：广西人民出版社，1980

[5] 尤其儆等．弄岗自然保护区昆虫区系分布及经济昆虫概况．广西科学院学报：1（1），1982

[6] 尤其儆等．广西大瑶山的昆虫生态区系及分布．广西科学院学报：1（2）

[7] 陆益新、梁畴芬．广西植物地理的基本情况和基本特征．广西植物：3（3），1983

[8] 广西花坪林区综合考察队．广西花坪林区综合考察报告（昆虫与动物），山东科学技术出版社，1986

[9] 蒋家文，黄熙盛．银杏白蚁危害调查及防治技术研究．白蚁科技：9（3），1992

[10] 蒙超衡等．广西大明山昆虫区系考察初报．广西科学院学报：8（1），1992

[11] 尤其儆等．广西昆虫生态地理概要．广西科学：1（1），1994

[12] 孙明雅等．马尾松毛虫天敌图志．南宁：广西人民出版社，1986

第二篇

广西森林类型[①]

森林类型是剖析和认识广西森林，理顺类型之间的关系，弄清各类型的特征，为科学地经营利用森林提供依据。

森林分类原则：天然林以群落的形态特征结合生态特征作为分类的依据；人工林则以森林效益作为分类的依据。

广西森林地理分布错综复杂，但从三向地带性（经向、纬向、垂直）及非地带性结合森林类型的适应性来观察，则会规律分明，井然有序。

本篇分森林分类、针叶林、阔叶林、竹林、人工林、广西森林地理分布等六章分述于后。

① 天然林部分由李治基汇编

第五章

森林分类[①]

广西境内，20世纪50年代初，不少山区还保存较广阔的天然林，为了社会主义工农业建设的需要，有计划的合理开发利用是可以理解的，但对此，缺乏经验，照搬国外的方法，采育分家，进行大面积皆伐，不能天然更新；1958年以及十年动乱期间，又横遭滥伐，以至今天这类天然林覆盖率很低，特别是原生性森林，含有丰富的物种，且具有更高的生态与景观价值，但遭受破坏更大，目前主要残留在交通不便运材困难以及建立保护区的地方。另一方面，人工林自50年代以来，得到迅速发展，大幅度提高森林面积。人工林是人们根据对森林的经济、生态或社会效益的要求通过栽培创造的植物群落，它的发生发展和生长发育，深刻地受人为因素的影响；当然也要受自然条件的制约。今后还必须因地制宜地采取各项技术措施，调整植物之间及其与环境之间的相互关系，以利于目的树种的生长，达到优质速生丰产的要求。人工林的群落特征和天然林不同，植物组成、成层现象、层片结构等是根据需要与可能决定的，在集约经营下，灌木草本受到强烈的抑制，甚为贫乏，不能成层，如油茶林等，虽属常绿阔叶树，而群落的组成结构却很单调，很难和天然常绿阔叶林相比拟而纳入该类群之内。森林的动态也为人们所左右，绝大多数的人工林，只有在积极干预下，才能维持其稳定性。人工林地理分布，可以远超出该树种的天然分布区，例如原产南美赤道无风带的巴西橡胶，已能定居广西北热带季风区的局部环境；中亚热带的毛竹，可以北上至山东东南沿海地方。但是人们不能超越树种的生态特性，随心所欲，在该树种不能忍受的环境下造林。过去，广西在橡胶、黄梁木的北移及杉木林基地的建设等所遭受的挫折，是众所周知的。人工林有悠久历史，从正反两面积累了丰富的营林经验，从森林学的角度进行总结，是人工林类型论述中的重要内容，为指导实践，提高营林的科技水平提供科学依据。人工林的分类系统以及论述内容和天然林有不同之处，因此，分别论述才不致纠缠不清；只有个别树种既是人工林又是天然林的建群种，根据情况可归入其中一类，重复是不可避免的。

广西地处热带、亚热带，水热条件的结合随着纬向、经向和垂直地带性而分异，且受

① 执笔人：李治基

复杂的地貌重新分配，变化万千；广西境内地质、土壤条件也很复杂，在错综交织的自然因素作用下，森林类型分化纷繁。长期的人类活动，更使森林复杂化。如何进行系统分类，理顺类型之间的关系，使之条理化，反映各类型的固有特征，为科学地经营利用森林的决策提供依据。这是森林学必须解决的问题。

多年来广西林学界对森林分类，首先划分为林种组，如用材林、经济林、薪炭林、防护林等。这是以森林的效益作为分类的依据，反映森林的用途，无疑是有现实意义的；但未接触森林的固有特征。其次在林种组内划分树种组，如用材林下分马尾松林、杉木林、桉类林、栎类林等等。树种组成是森林的重要特征之一；但所划分的树种组局限于大面积分布的少数主要类型，对众多的天然林特别是组成复杂的形形色色的阔叶林不能反映出来，笼统归在杂木林内。但是上述分类毕竟在一定程度上可以满足对森林资源清查与林业设计的需要，在经营利用上也有一定的应用价值，故本书在人工林方面，基本上仍然参照采用这一分类方法。而对于天然林则做不同的分类处理。以下是天然林的分类叙述。

第一节　分类的原则、依据

广西在50年代结合自然资源综合考察，开展植被调查，60年代前期起，对植被进行有计划的系统调查研究。在这过程中，也曾采用植物群落学的原则进行森林分类，发表了不少论文和专集。

森林是多种植物聚居以林木为建群主体的植被类型，是森林植物之间及其与生态环境之间的矛盾统一体。其组合随空间和时间不断变化，具有不同的具体内容，即形成不同的森林类型，从森林外貌、组成、结构等群落的形态特征表现出来；而一定的森林类型是和一定的生态特征相关联的。因此必须将形态特征和生态特征结合起来，作为森林分类的依据。前者是研究对象的林分本身的特征，表现很具体，明显易见，也易于鉴别，进行分类应首先着重从形态特征入手；而生态特征主要作为成因结合起来考虑。依据的具体指标如下。

（一）植物生活型

植物生活型是在植物系统发育过程中对生态因素的适应在外貌表现出来的植物类型。生活型的分类有各种系统，《中国植被》[2]提出的系统相当周详。本书的研究对象是森林，从树种的生活型考虑，可采用其中的三级区分：Ⅰ．根据体态分为针叶树、阔叶树、竹林；Ⅱ．根据生长发育年周期分为常绿树及落叶树；Ⅲ．根据体型高矮参照瑙基耶尔（Raunkiaer，1934）系统，结合广西森林成层现象略作调整，分为巨型乔木（巨高位芽植物，高30m以上）；大乔木（大高位芽植物，高20～30m）；中乔木（中高位芽植物，高10～20m）；小乔木（小高位芽植物，高<10m）；灌木（矮高位芽植物，<2m）。森林的外貌特征主要是由建群层片的林木生活型决定的，外貌不同，反映了森林的异质性，以之作为分类的依据是顺理成章的，这也是林学界久已习用作为森林大类群划分的指标。

（二）森林植物区系的地理成分

森林植物区系的地理成分组合随三向地带性而分异，从而形成不同的森林类群，以之作为分类的依据是很自然的，既体现森林本身的特征，也指示作为成因的地带性生境特点。凡群落的植物区系地理成分组合相一致的森林联合为一类群。例如由藤黄科、番荔枝科、橄榄科、大戟科、桑科、楝科、无患子科、桃金娘科、梧桐科、椴树科等科的热带成分组合为季雨林。而常绿阔叶林则主要由壳斗科、樟科、茶科、金缕梅科、木兰科、杜鹃花科、冬青科等的亚热带成分组成；虽然其中也含有一定数量的广域分布的热带种，但处于从属地位。地理成分也是划分大类群的依据。

（三）优势种和建群种

优势种是指在群落各层或层片中数量最多、盖度最大、占据最重要地位的种，其中主导层或层片的优势种是群落的主要建造者，称建群种。建群种不同，伴随着群落环境、成层现象、层片结构。其他植物以至动物成分等一系列生态系统的特征也就发生变化，反映森林类型的差别。建群种是在生存竞争、自然选择、长期适应生境的结果。一定的建群种也就指示着所在地段的生境特点。在广西的原生性阔叶林中，建群种一般不太明显，但通过重要值[4,5,6]（相对密度、相对频度、相对基部面积的总和）的统计，还是可以评定出来，但往往不是一个而是由二个以上组成，称为共建种；只是在某些雨林中，重要值指数分配相当分散，共建种也难以确定，则以常见种中生态幅窄对该类森林有指示作用的标志种作为依据。二者用于中级类型的划分，至于其余各层或层片的优势种，则是低级单位分类的指标。

众所周知，森林是处在不断运动变化中，本书未采用动态特征这一属性作为依据，只是按森林现状进行分类，常将一些次生类型与原生类型并列，例如高级类型中的落叶阔叶林（在广西为次生林）与常绿阔叶林；中级类型也有类似情况，例如任豆林与肥牛树林，这样处理，对广西广布的次生林可更好地表达出来，有利于林业工作者较全面掌握森林现状。实际上，对广西植被动态，过去未做全面的系统的专门研究，不论在广度和深度的认识上有很大的局限性，要将演替系列提出来只能是根据一些迹象进行推测，作为分类是不成熟的，毋宁从略，但在各类型叙述中，结合分析其动向，为经营森林提供参考。

第二节　分类的等级、名称

上列指标是互相联系的，贯串于整个森林分类中，对每一森林都必须全面考虑，才能适当地纳入相应的系统地位。只是不同等级单位的侧重点不同。各等级单位当可参照植被的名称。而本书只涉及森林，在我国基本单位已习用来自前苏联的“林型”一词。至于中、高级单位，在前苏联也采用植被的名称；而国内有用“林型环”、“地形级”、“森林植被带”[1]等来代替，但本书的分类指标和这些名称含义不同。考虑到国内外对植被各等级的名称并不统一，出现同名异级或同级异名，因此本书对高中级单位即根据分类的主要指标来命名，顾名思义，可知其分类的主要依据。

（一）第一级　森林外貌型

相当于某些植被分类系统的植被型组[2]或植被型和群系纲组或群系[3]。我国林学界习惯于将森林分为针叶林、阔叶林、竹林三大类。这是按森林外貌特征（Ⅰ级生活型）进行分类，是符合群落学原则的，应当继续沿用。将竹林从阔叶林分离出来并与之并列，按竹类为单子叶植物，主茎为地下茎，地上茎呈秆状，中空有环节，林冠形态和阔叶林也判然有别；竹类的生长发育规律也别具一格，相应地经营利用的技术措施也大不相同。

（二）第二级　森林地理型及亚型

地理型相当于植被型或群系纲。这级的划分，着重在森林植物区系地理成分组合的异同，如前述的季雨林与常绿阔叶林；又如针叶林、竹林均分别分为热带和亚热带两个类型。在某些情况，还须结合Ⅱ、Ⅲ级生活型所决定的森林形态特征来考虑分类，如由热带地理成分组合的森林中分为季雨林、雨林、红树林；又如亚热带林中分为落叶阔叶林、常绿落叶阔叶混交林、常绿阔叶林，前一类主要也是亚热带植物成分组成，是后二类受到破坏所派生的类型，和温带落叶阔叶林由温带成分组合的地带性植被不同。诸如此类，广西境内可分为10个森林地理型，这些类型都和一定的气候带（区域）及其水热条件结合的差异相关。

在同一森林地理型内，由于气候水平地带或垂直地带或特殊生境的影响，植物地理成员的组合仍有差异，分出亚型作为辅助级，例如常绿阔叶林分为典型常绿阔叶林、季风常绿阔叶林、硬叶常绿阔叶林和山顶矮林。与前一类型属于中亚热带地带植被不同，季风常绿阔叶林的建群层片以壳斗科、樟科中一些更为喜暖的种类为主，主要分布于南亚热带，广域分布的热带种在林木层有所出现，且在林下常占主要地位，换言之是南亚热带地带类型；而后两类则是特殊生境的产物。亚热带针叶林分出中山针叶林亚型是垂直带谱的类型，和基带针叶林不同，主要由适应冬冷夏凉潮湿的中山气候的种类组成。竹林也因垂直带变化分为2～3个亚型。再如常绿落叶阔叶林分出中山和石灰岩两个亚型，前者也是垂直带谱的类型；后者是隐域性植被，由于基质的特殊性，森林由喜钙植物及适钙植物所组成；虽然低山丘陵也可出现常绿落叶阔叶林，但和北亚热带基带的典型类型不同，它是次生落叶阔叶林发育末期的现象，很不稳定，将迅速过渡为常绿阔叶林，因此不作为亚型处理，将在有关落叶阔叶林类型中加以说明。

（三）第三级　森林建群种型及亚型

建群种型相当于《中国植被》的群系级。凡建群种或重要共建种相同的森林联合为一类型，个别情况以标志种为依据。类型的差异往往是在同一地理型或其亚型内，由于生境的不同引起的，如典型常绿阔叶林中，栲树林主要出现在低山丘陵较深厚的红壤或黄壤，而甜槠林常生长在土层浅薄甚至岩石裸露的地段；或者是处在不同演替阶段的森林，如季雨林中任豆林→东京桐林→肥牛树林。本书即以此级为基本描述单位。在某些建群种型中，其中主要的建群种相同，其他共建种随立地条件而变化，形成不同的类型，如桂西南峰丛峰林石山，蚬木网脉核实林分布在水肥条件较优越的中、下坡，蚬木黄梨木林生长在立地条件较恶劣的上坡，蚬木岩樟林出现在海拔较高或纬度较北的地方，这些都是建群种型（蚬木林）内根据其他共建种的组合不同而划分的亚型，属于建群种型的辅助单位；同理，对擎天树林及细叶云南松林等，也作类似处理。广西境内，每一地理型或其亚型之下，建群种型毕竟不多，不必在其间增设建群种型组这一等级。

（四）第四级　林型

是森林分类的基本单位。1950年，苏联科学院召开的林型学会议，通过苏卡乔夫的林型定义："林型是一些在树种组成，其他植被层总的特点，动物区系，综合的森林植物条件（气候、土壤心土和水文）、植物和环境之间相互关系，更新过程和森林更替方向都相似，因而在同样的经济条件下要求采取相同的营林措施的森林地段（各个森林生物地理群落）的结合"苏卡乔夫指明林型应当理解为森林生物地理群落类型。他所提出的"生物地理群落"与欧美所通用"生态系统"的含义相当，可看作同义词。至于群丛则是植被分类基本单位，和林型的内涵并不一致。但若按林型的含义进行分类，工作相当庞杂细致，须作定位或半定位研究才能确定。一般调查可采用植物群落的方法和植物群丛分类的标准[2]，这样划分的林型便和群丛相等同。

第三节　森林分类系统

过去对广西植被的调查研究，天然林一般只进行到中级单位的鉴定。至于人工林中对树种组以下所述的也是少数具有较大代表性的类型，可能属于林型组或林型，因此采用没有等级概念的“群落”这一泛称。现采用双轨制分别天然林及人工林系统排列如下（表5-1、表5-2）。

表 5-1　广西天然林分类系统

一、针叶林（含针阔叶混交林）

Ⅰ. 亚热带针叶林

A. 亚热带低山丘陵针叶林

1. 细叶云南松（*Pinus yunnanensis* var. *tenuifolia*）林
2. 海南五针松（*Pinus fenzeliana*）林
3. 油杉（*Keteleeria fortunei*）林
4. 江南油杉（*Keteleeria cyclolepis*）林
5. 黄枝油杉（*Keteleeria calcarea*）林

B. 亚热带中山针阔叶混交林

1. 银杉（*Cathaya argyrophylla*）林
2. 广东松（*Pinus kwangtungensis*）林
3. 南方铁杉（*Tsuga tchekiangensis*）林
4. 长苞铁杉（*Tsuga longibracteata*）林
5. 资源冷杉（*Abies ziyuanensis*）林
6. 元宝山冷杉（*Abies yuanbaoshanensis*）林

Ⅱ. 热带针叶林

1. 南亚松林（*Pinus latteri*）

二、阔叶林

Ⅲ. 亚热带落叶阔叶林

1. 光皮桦（*Betula luminifera*）林
2. 南桦（*Betula austrosinensis*）林
3. 西桦（*Betula alnoides*）林
4. 旱冬瓜（*Alnus nepalensis*）林
5. 响叶杨（*Populus adenopoda*）林
6. 栓皮栎（*Quercus variabilis*）林
7. 麻栎（*Quercus acutissima*）林
8. 枫香（*Liquidambar formosana*）林
9. 拟赤杨（*Alnipyhllum fortunei*）林

（续）

10. 青檀（*Pteroceltis tatarinowii*）林

Ⅳ. **常绿落叶阔叶混交林**

A. 亚热带中山常绿落叶阔叶混交林

1. 尾叶甜槠（*Castanopsis eyrei* var. *caudata*）缺萼枫香（*Liquidambar acalycina*）林
2. 云山青冈（*Cyclobalanopsis nubium*）亮叶水青冈（*Faguss lucida*）林
3. 铁锥栲（*Castanopsis lamontii*）长柄水青冈（*Fagus longipetiolata*）林

B. 石灰岩常绿落叶阔叶混交林

1. 青冈（*Cyclobalanopsis glauca*）青檀（*Pteroceltis tatarinowii*）林
2. 青冈（*Cyclobalanopsis glauca*）小化香（*Platycarya glandulosa*）林
3. 青冈（*Cyclobalanopsis glauca*）仪花（*Lysidice rhodostegia*）青檀（*Pteroceltis tatarinowii*）林
4. 云南青冈（*Quercus schatlkyana*）小化香（*Platycarya glandulosa*）林
5. 鱼骨木（*Canthium dicoccum*）黄梨木（*Boniodendron minius*）林

Ⅴ. **常绿阔叶林**

A. 中亚热带典型常绿阔叶林

1. 栲树（*Castanopsis fargesii*）林
2. 细枝栲（*Castanopsis carlesii*）林
3. 水锥栲（*Castanopsis eyrei*）林
4. 贵州毛栲（*Castanopsis kweichowensis*）林
5. 丝栗栲（*Castanopsis platyacantha*）林
6. 高山栲（*Castanopsis delavayi*）林
7. 金毛石栎（*Lithocarpus chrysocoma*）林
8. 黄毛青冈（*Cyclobalanopsis delavayi*）林
9. 荷木（*Schima superba*）林
10. 银荷木（*Schima argentea*）林
11. 红润楠（*Machilus thunbergii*）林
12. 云贵山茉莉（*Huodendron biaristatum*）林
13. 栲树单性木兰（*Kmeria septentrionalis*）林

B. 南亚热带季雨林化常绿阔叶林

1. 刺栲（*Castanopsis hystrix*）林
2. 细刺栲（*Castanopsis tonkinensis*）林
3. 罗浮栲（*Castanopsis fabri*）林
4. 黧蒴栲（*Castanopsis fissa*）林
5. 青钩栲（*Castanopsis kawakanii*）林
6. 黄果厚壳桂（*Cryptocarya concinna*）林
7. 纳槁润楠（*Machilus nakao*）林
8. 华润楠（*Machihus chinensis*）林

C. 山顶（山脊）苔藓矮林

1. 变色杜鹃（*Rhododendron varsicolor*）林
2. 红岩杜鹃（*Rhododendron haofui*）林
3. 包果石栎（*Lithocarpus cleistocarpa*）红皮木姜（*Litsea pedunculata*）林

（续）

4. 猫儿杜鹃（*Rhododendron maoerense*）粗榧（*Cephalotaxus sinensis*）林
5. 褐叶青冈（*Cyclobalanopsis stewardiana*）红皮木姜（*Litsea pedunculata*）林

D. 硬叶常绿阔叶林

含有鱼骨木的乌冈栎（*Quercus phillyraeoides*）林

Ⅵ. 季雨林

A. 低山丘陵常绿季雨林

1. 紫荆木（*Madhuca pasquieri*）林
2. 血胶树（*Eberhardtia aurata*）林
3. 橄榄（*Canarium album*）林
4. 红鳞蒲桃（*Syzygium hancei*）林
5. 格木（*Erythrophloeum fordii*）林
6. 壳菜果（米老排）（*Mytiaria laosensis*）林
7. 红荷木（*Schima wallichii*）林
8. 小叶红光树（*Knema globularia*）林

B. 石灰岩石山常绿季雨林

1. 蚬木（*Buretiodendron hsienmu*）林
2. 肥牛树（*Cephyalomappa sinensis*）林
3. 东京桐（*Deutziantha tonkinensis*）林
4. 闭花木（*Cleistanthus saichikii*）林
5. 毛叶铁榄（*Sinosideroxylon pedunculatum* var. *pubifolium*）

小叶楷木（*Pistacia weinmannifolia*）林

6. 海南蒲桃（*Syzygium cumini*）林

C. 落叶季雨林

1. 木棉（*Bombax malabarica*）疏林
2. 任豆（*Zenia insignis*）林
3. 顶果木（*Acrocarpus fraxinifolius*）林

Ⅶ. 沟谷雨林

1. 擎天树（望天树）（*Parashorea chinensis*）林
2. 海南风吹楠（*Horsfieldia hainanensis*）林
3. 无忧花（*Saraca dives*）林
4. 狭叶坡垒（*Hopea chinensis*）林

Ⅷ. 红树林

A. 海滩红树林

1. 海榄雌（白骨壤）（*Avicennia marina*）林
2. 秋茄树（*Kandelia candel*）林
3. 桐花树（*Aegiceras corniculatum*）林
4. 红海榄（*Rhizophora stylosa*）林
5. 木榄（*Bruguiera gymnorrhiza*）林
6. 老鼠簕（*Acanthus ilicifolius*）林

B. 海岸半红树林

（续）

1. 海漆（*Excoecaria agallocha*）林
2. 银叶树（*Heritiera littaralis*）林
3. 黄槿（*Hibiscus tiliaceus*）林

三、竹林

Ⅸ. 中亚热带竹林

A. 中山山地竹林
1. 尖尾箭竹（*Fargesia cuspidata*）林
2. 摆竹（*Indosasa shibataeoides*）林
3. 玉山竹（*Yushania* spp.）林
4. 绒毛赤竹（*Sasa tomentosa*）林

B. 低山丘陵竹林
1. 方竹（*Chimonobambusa quadrangularis*）林
2. 毛竹（*Phyllostachys pubescens*）林
3. 假毛竹（*Phyllostachys kwangsiensis*）林
4. 桂竹（*Phyllostachys bambusoides*）林
5. 棚竹（*Indosasa longispicata*）林

C. 河谷平地竹林
1. 桂单竹（*Bambusa guangxiensis*）林
2. 黔竹（*Dendrocalamus tsiangii*）林

Ⅹ. 南亚热带竹林

A. 低山丘陵竹林
1. 杠竹（*Sinobambusa henry*）林
2. 中华大节竹（*Indosasa sinica*）林
3. 茶秆竹（*Arudinaria amabillis*）林

B. 河谷平地竹林
1. 麻竹（*Dendrocalamus latiflorus*）林
2. 吊丝竹（*Dendrocalamus minor*）林
3. 大绿竹（*Dendrocalamopsis grandis*）林
4. 车筒竹（*Bambusa sinospinosa*）林

Ⅺ. 北热带竹林

A. 低山丘陵竹林
1. 糯米竹（*Melocalamus arrectus*）林
2. 泡竹（*Pseudostachyum polymorphum*）林
3. 篦篣竹（*Schizostachyum pseudolima*）林
4. 大节竹（*Indosasa crassiflora*）林

B. 河谷平地竹林
1. 粉单竹（*Bambusa chungii*）林
2. 簕竹（*Bambusa blumeana*）林
3. 马蹄竹（*Bambusa lapidea*）林
4. 青皮竹（*Bambusa textilis*）林
5. 撑篙竹（*Bambusa pervariabilis*）林

表 5-2　广西人工林分类系统

一、用材林

1. 杉木（*Cunninghamia lanceolata*）林
2. 马尾松（*Pinus massoniana*）林
3. 湿地松（*Pinus elliottii*）林（含火炬松、加勒比松）
4. 柳杉（*Cryptomeria fortunei*）林
5. 醉香含笑（火力楠）（*Michelia macclurei*）林
6. 桉树（*Eucalyptus* spp.）林

二、经济林

1. 油茶（*Camellia oleifera*）林
2. 油桐（*Verincia* spp.）林
3. 八角（*Illicium verum*）林
4. 肉桂（*Cinnamomum cassica*）林
5. 板栗（*Castanea mollissima*）林
6. 银杏（*Ginkgo biloba*）林
7. 柿子（*Diospyros kaki*）林
8. 核桃（*Juglans regia*）林
9. 厚朴（*Magnolia officinalis*）林
10. 紫胶寄主林

三、混交林

四、防护林

1. 海岸防护林
2. 护路林

五、薪炭林

六、城市园林

参 考 文 献

[1] 东北林学院主编．森林生态学，北京：中国林业出版社，1981

[2] 中国植被编委会．中国植被．北京：科学出版社，1980

[3] 侯学煜．中国自然地理植物地理（下册）（中国植被地理）17～22．北京：科学出版社，1988

[4] 广西农学院林学系等．蚬木生态与营林问题．植物生态学研究报告集，第一集．北京：科学出版社，1978

[5] Cain S. A. and G. M. de O. Castro，1957：Manual of vegetation analysis

[6] Curtis J. T. and R. P. Mclntosh，1951：Anupland forest continuum in the prairie－forest born derregion of wisconsin，Ecology，32：476～496

第六章

针叶林

第一节　亚热带针叶林

亚热带针叶林是指分布在我国亚热带地区，由针叶树构成优势的森林。这类森林，无论是建群种，还是群落的组成种类，均与温带地区针叶林的区系有本质的不同，故把它称之为亚热带针叶林。根据起源和垂直地带分布的差异，广西亚热带针叶林可分成两个地理亚型。

（一）亚热带低山丘陵针叶林[①]

亚热带低山丘陵针叶林即分布于广西亚热带低山丘陵地带的森林，其性质是次生的，是亚热带常绿阔叶林破坏后产生的，有的则是人们有目的栽培的。主要分布于亚热带海拔1000m 以下的低山丘陵，有的向南，可延伸至北热带的低山丘陵；也有的向上，可上升到亚热带海拔 1200m 的中山，但生长均不良。亚热带低山丘陵针叶林的立地条件类型主要是发育在砂页岩和花岗岩地层上的红壤，次为山地黄壤，也有个别类型是分布在石灰岩地层上的石灰（岩）土。

广西亚热带低山丘陵针叶林主要是由常绿的针叶乔木组成，但也有部分常绿阔叶或落叶阔叶乔木伴生，尤其是在成熟的针叶林中。灌木和草本植物的性状与常绿阔叶林下灌木和草本或亚热带低山丘陵灌丛和草丛的性状相同。藤本植物茎细小，草质和落叶种类占的比例大。缺附生植物。乔木树皮粗糙开裂，无板根和茎花现象。

---

① 执笔人：苏宗明

低山丘陵针叶林结构简单，往往为单层林，只是到达生长发育的中后期阶段，才形成复层结构，产生由常绿阔叶树构成的中下层。灌木层和草本层植物初期多为喜光种类，中后期阶段，逐步为耐荫种类所取代。

低山丘陵针叶林组成简单，多为纯林，由松科的松属、油松属，杉科的杉属、柳杉属的种类组成。部分的常绿阔叶和落叶阔叶树，基本上就是亚热带常绿阔叶林和亚热带落叶阔叶林的建群种和常见种，灌木层和草本层植物的种类亦然。

低山丘陵针叶林是次生的性质，在天然情况下，任其自然发展下去，最终会为常绿阔叶树取代，恢复成亚热带常绿阔叶林。人工经营的针叶林，能在人为的控制下，可保持其相对的稳定性。根据这种特性，人工针叶林要注重抚育管理，才能获得理想的结果。

广西亚热带低山丘陵针叶林，主要有 7 个建群种型，其中马尾松、杉木、柳杉 3 个类型将在人工林叙述；而天然林共有 5 个建群种型，分述如下。

1. 细叶云南松林①

分布与生境 细叶云南松(*Pinus yunnanensis* var. *tenuifolia*)是云南松的变种[1]，是云南松从中亚热带的云南高原向东迁移，为南亚热带干热河谷不良气候的可塑反应，表现在形态上具有较发达的旱生特征，如针叶弱化(直径在 1mm 以内)、下垂并被较多白粉，可以认为它是云南松适应生境变化而分化出来的生态型[2]。在植物区系方面，它是泛北极植物区中国—日本森林植物亚区黔滇桂地区的特有种，而云南松原种则属于中国—喜马拉雅森林植物亚区云南高原地区的特有种[3]。细叶云南松分布于滇黔桂接壤地方，约相当于北纬 23°51′～25°40′，东经 104°10′～107°10′，基本上局限于西部南亚热带季风常绿阔叶林地带东段的范围，而云南松林广布于我国西部中亚热带常绿阔叶林地带[4]。虽然在植物分类学上二者属于种内类型，有着近缘的亲密关系，但在植物地理的表现是悬殊的，分布区的地理位置截然分开而又紧相毗连，分属于不同的植被带和植物地区，生境迥然不同。

分布区处在云贵高原东南边缘，由于流水割切作用强烈，原来的高原面遭受破坏，成为以中山为主的山原地貌，广西境内称为桂西北山原[8]。北部为南盘江复向斜，南部为右江复向斜，中间为金钟山—岑王岭高峻的背斜中山。主峰海拔分别为 1 750、2 070m；而背风面的南盘江河谷深狭，自西向东低至 700～300m，反差强烈的地形引起明显的焚风效应。作为优势的植被类型，细叶云南松林大体自云南浑河以东，沿着南盘江下游两侧山地呈密集分布，成为现代分布中心，往往连成大片森林，广西境内的金钟山、雅长等林区都是它的主产地。自此继续东延，止于天峨县顶茂，消失于红水河折向东南流的迎风河谷；而其支流的布柳河谷处在都阳山地背风面，又出现零星的小片的细叶云南松林。向北也是沿着北盘江等各支流的河谷继续分布，贵州关岭县花江附近是它分布的北端。在右江复向斜，散见于驮娘江、西洋江、乐里河、澄碧河等河谷的个别地段，百色县的永乐成为它分布的南端，这些河谷都位于岑王岭以西的背风区，而绝迹于山原东侧的迎风坡。总之，离开南盘

① 执笔人：李治基

江河谷，无论向北或向南，细叶云南松林都显得分散，表现出分布区外围的特点，并且都与出现焚风效应的河谷地形相关联。

垂直分布以中心区最高，如雅长林区普通见于海拔 1 300m 以下，自此向上，分布频率逐渐降低，沿着草黄岭（海拔 1 987m）西坡可上升到 1 600m。由河谷到中山，使细叶云南松林打上了季风常绿阔叶林地带经由山地常绿阔叶林地带过渡到山地常绿落叶阔叶混交林地带等垂直带谱的烙印，从下述的群落组成反映出来。至于分布区的外围，不论南北，分布的高程较低，一般在 800～1 000m 以下。

细叶云南松的地理现象是由它的生态特性以及山原地貌深刻地影响着水热条件的重新分配所决定的。分布区内，河谷夏热冬暖，如雅长年平均气温 20.9℃，最热 7 月 28.4℃，夏季长达 7 个月，极端最高气温出现于春夏之交，4～5 月，焚风盛行之时，极值达 42.5℃；最冷 1 月 11.9℃①，没有冬季，香蕉、杧果、荔枝等热带果树仍有栽培，一般年份不出现零度以下低温。随着地势升高，逐渐变得温凉，海拔近 1 000m 的山城乐业比雅长稍偏南，年平均气温 16.2℃，1 月 7.8℃，7 月 23.2℃，夏季 2 个月，冬季 3 个月，每年都出现 0℃以下低温，极值−4.4℃，极端最高温极值 33.4℃[6]。再往上，约 1 300m 以上，气候冷凉，根据 1560m 田林老山定位站② 5 年的记录，年平均气温 13.7℃，7 月 20.6℃，1 月 6.4℃，没有夏季，冬季 3～4 个月，多冰雪，极端最低气温极值−7.5℃，极端最高气温极值 28.8℃。细叶云南松林即以暖热气候型为基点，向上伸展，基本上止于温凉气候型，虽在雅长可上升到海拔 1 600m，那是西坡的个别现象。1975 年冬大寒潮南侵，海拔 1 300m 处，开始出现枯梢；到了 1 400m，在开朗的山脊上，杆材林期的林木主干 3～4 年生以上普遍冻枯。根据附近气象资料推测，这里的极端气温极值当在−7℃以下，细叶云南松耐寒力较弱，冷凉的气候威胁着它的生存，成为它向高寒山区分布的限制因子。

分布区降水量偏低，自东向西递减，背风面少于迎风面，以南盘江谷地最少。右江复向斜乐里河谷的田林站，年降水量 1 158mm，远较年蒸发量 1 728mm 为低，水热系数 1.5 强，属于半干燥向半湿润过渡的气候类型，约 70%的降水量集中在 5～8 月，从水热系数的月际变化可知，这 4 个月为半湿润以至潮湿的季节，其余 8 个月水热系数多为 1.0 以下，间可达 1.1～1.5，即一年中大部分时间是在干燥、偶或半干燥的季节渡过的。南盘江谷地年降水量 1 000mm 左右③，水热系数 1.3～1.4，属于半干燥区。凌云城位于岑王岭迎风坡，年降水量 1 686mm；乐业城位于草黄岭东坡，为 1 407mm，两地的水热系数 2.4，属于湿润区，处在东南向红水河谷的天峨城，年降水量 1 366mm，属于半湿润区。细叶云南松林的数量中心即位于半干燥区内，向外围随着湿润度的增加，森林分布的频率急转直下，从密集型转为分散型，基本消失于半湿润区，而绝迹于湿润区。乐业县城与雅长林区相毗邻，其

① 气温数字摘自《乐业县农业气候区划》（油印本）

② 由广西农学院林学分院森林生态研究室与田林老山林场建成

③ 隆林各族自治县农业气候编写小组．1976．隆林各族自治县农业气候分析与分区（初稿）．广西壮族自治区气象局翻印

间烟棚坳是湿润区和半干燥区的分水岭，坳的西坡面向南盘江，细叶云南松自河谷向上分布，到烟棚坳还有零星生长，自此东去便完全消失，城郊代之以马尾松林以及罗浮栲（*Castanopsis fabri*）、小红栲（*Castanopsis carlesii*）为主的常绿阔叶林，这些森林却不见于雅长地区。

雅长低山丘陵的细叶云南松球果2年成熟，即完全开裂；到了中山区的花坪一带，海拔约1 000m，常出现一些4～5年的球果宿存在树上，并不开裂，此种现象随海拔的增高愈为普遍。1 400m以上，树上球果极少，就调查所见，干萎的雌球花却遍布于枝梢。从这些迹象可以推想，细叶云南松种子的传播，特别是受粉过程，要求较强的焚风天气才能顺利完成，从而成为它向湿润区迁移的障碍。对此，还有待进一步探索。

和云南松原种比较，变种具有较发达的旱生特征，但根系却转变为浅根性根群，据观测当年生野生苗，尚未有侧根，而满布菌根，主根长3.5～6.2cm，茎高5.5～9.3cm，根生长较茎慢。满3年生的幼树主根长20cm左右，侧根集中在3cm以上的土层内。6年生时，侧根也集中在5cm以上，而根幅与冠幅比值为3.0～5.5，根系远超出树冠投影之外。老大树木的侧根主要分布在0～30cm，愈近表层愈多。根系的形态是和耐旱树种的常态不相称的。抽苔季节也特殊，11月即萌发，生长正当干季。而河谷山原旱季特多雾露浸润地表，降雨也多小雨或短暂阵雨，此种近地表的庞大根群有利于利用这些降水形式，以适应漫长的旱期。

分布区位于红壤地带的南部，赤红壤亚地带，土壤随地层及地势而变化。细叶云南松林广布于常态侵蚀地貌，一般由中三叠纪砂页岩地层构成；南盘江河谷山丘及低山下部气候干热，主要为红褐土，向上经过褐红壤过渡为山地黄壤。桂西北山原的黄壤下界为海拔700～1 300m，自东向西而升高，南盘江复向斜最高。细叶云南松林普遍分布的上界表现与黄壤的下界几乎是一致的，这并不是黄壤本身而是它所联系着的水热条件不利于该树种的发育与越冬，因此进入山地黄壤地带，细叶云南松林逐渐变得稀少而消失。当地中三叠纪百蓬组上段夹有泥灰岩[7]，此种岩石出露处所形成的土壤具有钙土性质，从黄连木（*Pistacia chinensis*）、翅夹香槐（*Cladrastis platycarpa*）、千张纸（*Oroxylon indicum*）等石灰土指示植物的出现反映出来。在澄碧河下游谷地，由第三纪砾砂岩构成的丘陵地上为强酸性赤红壤，细叶云南松林下则生长着桃金娘（*Rhodomyrtus tomentosa*）、大沙叶（*Aporosa chinensis*）等从不见于上述一系列的土壤上。此外，碳酸盐岩构成的溶蚀地貌较为分散，穿插于常态侵蚀地貌间，从河谷向上依次出现红色石灰土、棕色石灰土和黄色石灰土，细叶云南松林也基本上止于棕色石灰土。当地二叠纪灰岩在夹有砂页岩且出露地段，和一般石山形成不同，下坡几尽为土壤所覆盖，可称为半土半石山；在全为石灰岩出露地段，只在坡底的坡积物部位或溶沟发达的局部地方，才堆积较多的土壤，细叶云南松虽不是嫌钙植物，但在岩石毕露的石峰上，石隙生境不利于庞大浅根性的树种扎根，因此在石灰岩地层上，细叶云南松林呈小片散布在土壤较多的小环境。

细叶云南松对土壤质地并无选择，从黏土至轻壤甚至粗骨土都有生长，对强酸性和微碱性土壤都可定居。林下地表常聚积较厚的枯枝落叶层，分解不良，从表 6-1 可知，表土层的有机质含量一般偏少，全氮量也低，而在针阔叶林下则较多；速效性养分中磷含量特低，氮也少，钾也不多，而含钙量较高，在石灰土中尤较丰富。

从 11 个标准地样叶的化学分析（表 6-2）表明，细叶云南松是低氮、低灰分、中钙、中铝、低镁、低铁、低磷、低钾、低锰、低硅、缺钠植物，其化学特征属 N＞Ca＞K（中铝）型[5]。三要素的含量远较钙土植物少；也不及一般酸性土植物，而和其中含量最低的种类如马尾松、桃金娘、岗松等相当，这些都是耐贫瘠土壤的植物，但和这些植物不同，却含有较多的钙，近似钙土植物，它是对两类土壤反应不敏感的树种。

表 6-1 细叶云南松林下各类土壤的化学成分

采样地点	土类	层次(cm)	pH 值	有机质(%)	全氮(%)	速效性养分(mg/kg)			
						P	K	Ca	NO_3-N
乐业雅长		4～12	7.0	1.76	0.13	1.5	15.0	30	6.25
	红褐土	12～18	6.5	1.16	0.10	3.0	10.0	600	1.00
百康大桥		18 以上	6.0	0.76	0.11	1.8	0.9	500	3.25
乐业花坪		4～16	6.5	4.86	1.05	0.75	30.0	300	6.25
河沙坎	褐红壤	16～29	6.0	0.75	0.29	0.75	17.5	50	6.25
附近		29 以上	5.7	0.55	0.13	0.80	10.5	11	6.25
乐业花坪	棕色	8～47	6.2	1.53	0.13	1.6	5.0	250	3.75
		47～69	6.7	1.76	0.14	1.8	0.5	2100	3.75
河沙坝	石灰土	69 以上	6.7	1.51	0.12	6.4	2.5	2000	5.00
百色永乐	赤红壤	6～12	4.0	2.84	0.20	0.1	25.0	200	1.75
		12 以上	4.2	1.45	0.12	0.3	6.0	200	1.75

表 6-2 细叶云南松针叶的化学成分

项目	N	灰分	SiO_2	Fe	Al	Mn	P	K	Na	Ca	S	Mg
占干物质(%)	1.06	3.17	0.13	0.017	0.05	0.02	0.027	0.34	0.00	0.78	0.07	0.17

从土壤和针叶的分析材料可知，细叶云南松对土壤养分并不苛求，在适宜的气候条件下，在常态侵蚀地貌上，可形成大面积连片的森林。但在沿着坡位向上的生态序列中，伴随着水肥条件逐渐恶化，林木生势也逐渐变差，以在下坡生长速度最快；而绝迹于沟谷潮湿的土壤和间歇性积水地，它是强耐旱的中生植物。

结构组成 细叶云南松林冠粉绿色，与云南松或马尾松明显不同，远望也易于识别。老大的林木胸径 40～50cm 以上，树高 25～30m，在谷地下坡可达 35～40m，而在山顶山脊又可低至 20m 以下。自然整枝强烈，枝下高常占树高 2/3 以上，树干挺直，尖削度小。郁闭度 0.5～0.6，树冠实际覆盖度 0.5 左右，郁闭不良，林内明亮。细叶云南松是先锋树种，在采伐、火灾以及经过垦殖刚撩荒的次生裸地，常首先侵入成林。形成单优单层林。以后阔叶树侵入，演进为针阔叶混交林。混交林郁闭度可达 0.7 以上，复层林相，分为 2～3 亚层，细叶云南松高踞于上层，中下层全为阔叶树，主要由落叶阔叶层片构成，常绿阔叶层片只在个别地段占优势。灌木层高约 2m，覆盖度 50%～70%。草本层高在 1m 以下，覆盖度 50%～70%。而在放牧或地表火频繁地方，灌木稀疏；草本层密茂，覆盖度达 90%以上。群落组成较简单，每 400m² 样地内，单优林约 30 种，混交林可超过 50 种，绝大多数为喜光植物，即使在混交林下，草本层也以禾草占绝对优势，很少其他耐荫种类。混生的乔木主要以耐火耐旱的栓皮栎（*Quercus variabilis*）等落叶栎占据主要地位。从河谷到山原中山，出现垂直带谱的变化，丘陵低山相当于南亚热带季风常绿阔叶林基带，林中混生不少热带成分，在混交林乔木层中常见海南蒲桃（*Syzygium cumini*）、木棉（*Bombax malabarica*）、楹树（*Albizzia chinensis*）等，而滇黔水锦树（*Wendlandia uvariifolia* subsp. *dunniana*）、余甘子（*Phyllanthus emblica*）或桃金娘常成为灌木层优势种。海拔 800～900m 以上，进入山地常绿阔叶林地带，上列热带种不复出现，代之以能适应温凉气候的酸枣（*Choerospondias axillaris*）、香椿（*Toona sinensis*）、黄连木等；灌木层中也以亚热带种类为多；如南烛（*Lyonia ovalifolia*）、米饭花（*Vaccinium sprengelii*）。约海拔 1 400m，上升至山地常绿落叶阔叶混交林地带范围，细叶云南松林呈小块状零星分布，林中混生的阔叶树主要为耐冷凉的亚热带中山成分，如光皮桦（*Betula luminifera*）、檫木（*Sassafras tzumu*）、尾叶锥栲（*Castanopsis eyrei* var. *caudata*）；灌木层以杜鹃花（*Rhododendren simsii*）植物为主。如前所述，地质土壤条件也影响着林分组成的变化，一般砂页岩地层上出现一些酸土特有植物，灰岩地层上有钙土植物；但当地这两类地层岩石结构的特殊性，在某些地段酸性土与钙质土错综分布，从而同一林分内可出现两类植物的微妙结合。由于生境的变化以及人为干扰和森林演替阶段不同，森林的组成结构颇多分异，大体上可分为 4 个亚型。

（1）细叶云南松单优林　　这是迹地更新发展起来的前期森林，乔木层树种单纯，亚层分化不明显，单层林相，或者林下放牧，地表火频繁，不利于阔叶树的侵入，或者由于反复强度选伐阔叶树作薪炭，使它们不能长成乔木而呈灌木状居于林下，老熟的林分也成为单优林。由于林下植物组成不同，富有代表性的群落如下：

①龙须草扭黄茅细叶云南松林　　分布于南盘江丘陵低山红褐土，林木较稀疏，郁闭度 0.5 左右，一般林冠整齐，在干扰频繁地段，林木参差，高低不一。林下不少耐旱的热带性植物，在地表火时有发生，经常放牧地段，灌木层发育不良，覆盖度约 30%或更低，以余甘子为主，木棉、滇黔水锦树、灰毛浆果楝（*Cipadessa cinerascens*）、茸毛槐蓝（*Indigofera stachyoides*）、总序山矾（*Symplocos racemosa*）、野蚂蝗（*Desmodium triangulare*）等也颇为常见。草本层密茂，覆盖度 90%以上，几尽为禾草，以旱生性强的龙须草（*Eulaliopsis binata*）、扭黄茅（*Heteropogon contortus*）占优势，普遍分布的有褐毛金茅（*Eulalia phaeothris*）、石珍茅（*Neyraudia reynaudiana*）、白茅（*Imperata cylindrica*）、光高粱

(*Sorghum nitidum*)，其他还有鸡眼草(*Kummerowia striata*)、地瓜榕(*Ficus tikoua*)。

②尼泊尔野古草青香茅细叶云南松林 主要分布于海拔800～900m以上褐红壤。森林郁闭度0.5～0.6，林下经常放牧。灌木层稀疏，由于温度较低，余甘子、木棉等热带种已绝迹，而以南烛、米饭花、庭藤(*Indigofera decora*)、白牛胆(*Inula cappa*)等常见。草本层繁茂，覆盖度90%左右，尼泊尔野古草(*Arundinella nepalensis*)、青香茅(*Cymbopogon caesius*)占优势，常见的还有金发草(*Pogonatherum poniceum*)、五节芒(*Miscanthus floridulus*)、蕨菜(*Pteridium aquilinum*)、白茅，而龙须草已不复出现。

③蜈蚣蕨红脉麦果细叶云南松林 小片零星分布于海拔900m以上的石灰岩坡底，棕色石灰土，半为裸露的石牙。乔木层全为老大的细叶云南松树，高达30m左右，生长在土壤堆积较多的溶沟中；密度小，每公顷有300多株，郁闭度0.4～0.5。灌木层发达，覆盖度70%，多为乔木被樵采后发生的萌丛，以云南波罗栎(*Quercus dentata* var. *oxyloba*)和栓皮栎占优势，其余还有盐肤木(*Rhus chinensis*)、构树(*Broussonetia papyrifera*)、桂林乌桕(*Sapium chihsinianum*)、黄连木、翅荚香槐、水冬瓜(*Adina racemosa*)等；真正的灌木不多，常见红脉麦果(*Rhamonella rubrinervis*)、小叶柿(*Diospyros dumentora*)、云南鼠刺(*Itea yunnanensis*)等。草本层多禾草，如尼泊尔野古草、金茅(*Eulalia speciosa*)、白茅以及一些荩草(*Arthraxon hispida*)、菅草(*Themeda gigantea* var. *villosa*)；此外还有蕨菜，天鹅抱蛋(*Nephrolepis cordifolia*)和石灰土指示植物的蜈蚣蕨(*Pteris vittata*)等蕨类。

(2) 细叶云南松落叶栎林 这是细叶云南松与阔叶树混交的主要类型，广布于森林保存较好的地方。复层林相，上层为老大的细叶云南松；下层以落叶栎类为主，有栓皮栎、云南波罗栎、白栎(*Quercus fabri*)，间有麻栎(*Q. acutissima*)。此类混交林，随着垂直地带的变化，分为两个群落。

①水锦树落叶栎细叶云南松林 分布于气候干热的河谷区的低山丘陵。森林郁闭度0.7以上，每公顷有林木1 325株，上层乔木450株，全为高耸的细叶云南松，可达30～35m，胸径40cm左右，覆盖度50%，郁闭不良，且老树婆娑，透光度大。中下层仍由喜光树种组成，共有875株/hm^2，覆盖度约为30%左右。树高多集中在15m以内，个别可达20m，以落叶栎占优势；局部泥灰岩出露处，小化香(*Platycarya glandulosa*)在下层可成为共优势种；其他如蒙自合欢(*Albizzia bracteata*)、楹树、木棉、盐肤木等大都零星生长。常绿阔叶树很少，毛叶青冈(*Cyclobalanopsis kerrii*)较常见，数量不多，还偶见红木荷(*Schima wallichii*)、粗糠柴(*Mallotus philippinensis*)、毛叶黄杞(*Engelhardtia colebrookiana*)。灌木层以滇桂水锦树、余甘子占优势，少数个体可伸入乔木层中；普遍分布的有灰毛浆果楝、白牛胆、栗叶算盘子(*Glochidion fagifolium*)，间有茸毛槐蓝，马桑(*Coriaria nepalensis*)、苏铁(*Cycas* sp.)。草本层覆盖度50%～70%，仍以禾草为主，在复层林冠下，干热的生境多少得到缓和，龙须草虽尚普遍，但已失去重要地位，以中生的蔓生莠竹(*Microstegium vagans*)、金发草、尼泊尔野古草占优势；常见的有白茅、五节芒、天鹅抱蛋等。层间植物

很少，偶有海金砂（*Lygodium japonicum*）、地瓜榕等小型藤本，分布于草本层中。

②南烛落叶栎细叶云南松林　广布于海拔 1 400m 以下山原中山。由于地势较高，温度较低，一般缺失热带植物而与前一群落不同，森林郁闭度 0.5～0.7 以上，上层林木除细叶云南松外，时或混生个别的云南油杉（*Keteleeria evelyniana*）；中下层全为阔叶树，其中落叶栎占主要地位，局部地段酸枣可成为共优势种；常见的还有蒙自桤（*Alnus nepalensis*）、香椿，其余小化香、翅荚香槐、毛八角枫（*Alangium kurzii*）、刺楸（*Kalopanax pictus*）、白花合欢（*Albizzia kalkora*）、野樱桃（*Prunus pseudocerasus*）、野梨（*Pyrus calleryana*）均呈零星分布。侵入的常绿阔叶树还很少，其中黄毛青冈（*Cyclobalanopsis delavayi*）代替了低海拔的毛叶青冈，它们分别为当地不同垂直带中常绿阔叶林的建群种之一，偶见的有乌材（*Diospyros eriantha*）、短序润楠（*Machilus breviflora*）。灌木层中南烛占优势，还多庭藤、米饭花、四季青（*Viburnum cylindricum*），其他还有十大功劳（*Mahonia fordii*）、越南柘树（*Cudrania cochinchinensis*）、藤构（*Broussonetia kazinoki*）。草本层以五节芒、尼泊尔野古草、金发草等禾草占优势，还有蔓生莠竹、金茅、白茅等，而龙须草则已绝迹，蕨类中多蕨菜、铁芒萁（*Dicranopteris linearis*），并有狗脊（*Woodwardia japonica*）、毛蕨（*Cyclosorus acuminatus*）；其他植物的种类少，数量也不多，如中华艾纳香（*Blumea pubigera*）、天门冬（*Asparagus cochinchinensis*）、白香薷（*Elsholtzia blanda*）等。

(3)细叶云南松光皮桦林　这类混交林仅见映山红光皮桦细叶云南松林一个群落，呈小块状散布于山原的上部，海拔高 1 400～1 600m。立地土壤为山地黄壤。乔木层分二亚层，上层全为细叶云南松，生长较差，一般高 20m 以内，在当风的山脊上，不足 10m，大寒潮年份可受冻害。下层乔木以光皮桦占优势，间有花楸（*Sorbus* sp.）、贵州山柳（*Clethra esquirolii*）、枫香（*Liquidambar formosana*）、檫木、灯台树（*Bothrocaryum controversum*）、青蛤蟆（*Acer davidii*）；常绿树有尾锥栲及石楠（*Photinia* sp.）。灌草层以映山红（*Rhododendron simsii*）占优势，还常见晚花吊钟（*Enkianthus serotina*）、满山香（*Gaultheria yunnanensis*）、粗叶悬钩子（*Rubus alceaefolius*）等。草本较多五节芒、蕨菜，此外还有白茅、三脉紫菀（*Aster ageratoides* var. *trinervius*）、乌蕨（*Stenoloma chusana*）、狗脊。

(4) 细叶云南松红木荷林　此类混交林只见桃金娘红木荷细叶云南松林，分布于桂西北山原南端，百色澄碧河谷，由第三纪砾岩、砂岩构成的丘陵，土壤浅薄，为强酸性赤红壤。乔木层分为二亚层，上层全为针叶树，以细叶云南松为主，常遭松梢螟危害，林木多分叉矮生，树高 10m 左右，胸径 20～30cm；此外，混生一些马尾松（*Pinus massoniana*）及个别矩鳞油杉（*Keteleeria oblonga*）、江南油杉（*K. cyclolepis*）。下层以红荷木占优势，还有毛叶青冈、海南蒲桃、黄杞（*Engelhardtia roxburghiana*）等常绿阔叶树以及白栎、枫香等落叶阔叶树。灌木层种类繁多，以桃金娘占优势，常见大砂叶（*Aporosa chinensis*）、山石榴（*Randia spinosa*）、黄牛木（*Cratoxylon ligustrinum*）、谷木（*Memecylon ligustrifolium*）、栗叶算盘子、方叶五月茶（*Antidesma ghaesembilla*）、滇黔水锦树、余甘子等。草本层中铁芒箕成为背景植物，其间插生龙须草、金茅、刺芒野古草（*Arundinella* *setosa*）等。层间植物常见买麻藤（*Gneatum motanum*）、马连鞍（*Streptocaulon griffithii*）、土茯苓（*Smilax glabra*）、海金砂。当地楔入东部南亚热带西缘，紧接北热带，出现桃金娘、黄杞等不少东部亚热带、热带成分。

生长进程 从雅长林区不同立地条件 3 个标准地各伐取 3 株中庸木进行查定，可知细叶云南松的生长进程的一斑。样本环境特点见表 6-3、图 6-1。

表 6-3 雅长林区各标准地样木一定龄阶总生长量（3 株平均）

标准地	胸径生长量(cm)				树高生长量(m)				材积生长量(m^3)				环境特点
地点	10 年	20 年	70 年	80 年	10 年	20 年	70 年	80 年	10 年	20 年	70 年	80 年	
赖林水库	10.2	16.0			7.22	15.41			0.318 0	0.160 91			河谷低山，海拔 500m，东向中坡土层厚 1m 以上
花坪上朝坳	6.3	12.4	35.8	38.5	4.80	11.00	27.00	29.5	0.209 84	0.076 70	1.396 72	1.805 47	山原石山，海拔 1 050m，西南向坡底土壤堆积溶沟中厚 30cm
花坪河沙坎	6.5	14.9	39.0	42.8	49.3	12.93	32.63	34.5	0.009 92	0.112 78	1.781 60	2.274 22	山原半土半石山，海拔 1 020m，北向坡底土层厚 1 米以上

幼年时，粗生长迅速，年生长量可达 1.5cm，但高生长缓慢，使茎显得粗矮而与众不同。一般要在 4 年生时才出现胸径生长，连年生长高峰大多数样木在第二龄阶来临，间可延至 20 或 40 年生阶，此期年生长量超过或接近 1cm（3 株样木平均，下同），河谷低山样木最快，达 1.33cm；中山两个样地的林木，其间仅有 0.02cm 之差（表 6-4）。平均生长高峰与连年生长高峰或同期出现，或晚 1～3（4）龄阶。总生长量在 20 年生时，河谷样木最大，为 16cm（表 6-3），至于山原上半土半石山和石山的坡底样木，与在 10 年生时基本相当，相差 2mm，此后，前者愈益大于后者，80 年生时分别为 42.8cm 及 38.5cm。

1 年生幼苗高在 0.2～0.3m 以内，以后变快，树高连年生长高峰在 10～20（30）年生来临，和一般树种不同，多数比胸径连年生长高峰晚 1～2 个龄阶以上，或与之同期出现，个别在胸径连年生长高峰之前，此期的年生长量、河谷样木均在 1m 以上；依次为半土半石山、石山、均不足 1m。平均生长高峰一般在 20～30 年生到来，多数较连年生长高峰晚 1～3 龄阶，偶有同期出现的。总生长量也以河谷样木领先；而中山样木，两样地之间在 10 年生时，只 0.13m 之差，之后基本上也是随着龄阶的推移，半土半石山更高于石山，80 年生时，前者为 34.5m，后者 29.5m。

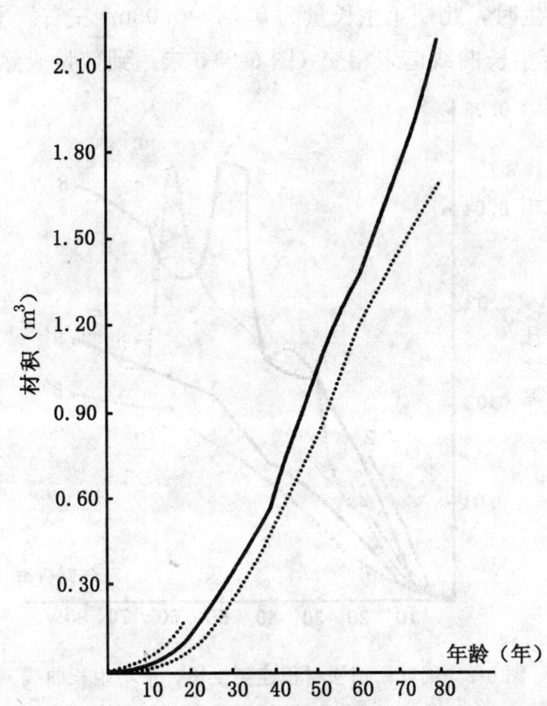

图 6-1　细叶云南松材积总生长曲线

第 6 株样木　第 8 株样木　第 2 株样木

表 6-4　雅长林区各标准地样木生长高峰出现期及生长量

标准地地点	胸径				树高				材积		附注
	连年生长		平均生长		连年生长		平均生长		连年生长		
	出现龄阶	生长量(cm)	出现龄阶	生长量(cm)	出现龄阶	生长量(m)	出现龄阶	生长量(m)	出现龄阶	生长量(m^3)	
赖林	10	1.33	10	1.05	10	1.03	15	0.84			1. 各标准地测 3 株样木高峰出现期分别每株表示，生长量为 3 株平均数
	10		10		15		—				2. 赖林水库的样木年轻，树高生长高峰未明显的，用“—”表示；材积连年生长高峰未出现
水库	10		10		—		—				
花坪	10	0.97	10	0.66	10	0.71	25	0.57	56～	0.039 98	
	10		25		15		30		60		
上朝坳	10		25		20		30				
花坪	10	0.99	15	0.77	20	0.84	20	0.65	50	0.052	3. 各样木材积平均生长均未出现高峰，从略。生长量为 3 株平均数
	20		25		20		25		50		
沙河坎	40		60		30		35		75		

河谷样木尚年轻，材积连年生长在大幅度上升中；中山样木的生长高峰在 50～60 年生

来临，个别延至75年生时，此期年生长量为0.04～0.05m³左右。平均生长量仍在继续增加，高峰不明，与连年生长曲线迄未相交（图6-2），未达到数量成熟期。总生长量在20年

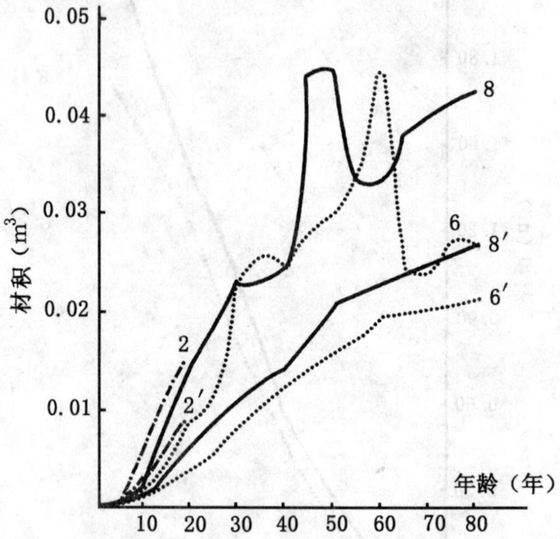

图6-2 细叶云南松材积连年生长、平均生长曲线

2.6.8系连年生长 2′.6′.8′系平均生长

生时，河谷样木大于半土半石山而倍于石山；后二者在10年生时几乎相等，所差是以μm³计的，20年生时以cm³计，70年生以后以m³计，半土半石山样木明显大于石山的；一般在50～60年生时，各样木材积达1m³，80年生时2m³左右，个别生长快的接近3m³。

河谷气候暖热，生长期长；山原中山温凉，生长期短，据5月上旬测定，河谷样木当年胸径生长达0.3～0.5cm；中山上，仅树干上部的圆盘，略有增粗，而胸径部位尚看不出生长的痕迹。至于山原中山两个样地的样木，早年各项总生长量极为接近，此后差距愈益拉开，主要由于石山溶沟中土壤营养空间的局限性，随着林木不断长大，矛盾逐渐激化，从林木生长速度逐渐明显地落后表现出来。

更新及演替 细叶云南松的更新成熟龄大体在25年生以后，种子丰年间隔约2年。

不论纯林或混交林，林冠下天然下种是有足够保证的，但往往缺乏细叶云南松的野生苗或有也不多，这并不表明幼年的个体完全不能忍受林冠的庇荫，而是由于凋落的松针不易分解，林地聚积着较厚的死地被物层，种子发了芽，初生根生长缓慢，不能穿插到土壤中去，妨碍幼苗的形成。每当地表火发生后，落叶层以及活地被物被烧毁且丰富了土壤养分，细叶云南松在更新层中蓬勃发展，据测定火灾3年后，林冠下每公顷有2年生幼树62 250株，分布频度为100%，且大多数生长异常健壮，更新效果是优越的。在立地条件相一致的同一片松栎混交林，经地表火后，细叶云南松也得到更新，调查时，幼树5年生时，在郁闭度0.4的地段，每公顷有7 125株，郁闭度0.6地段为3 150株，郁闭度0.8地段885株，即保存的数量随着郁闭度的增强而减少。另在细叶云南松下种范围内的落叶栎林内，5

年生以上的幼树，84%集中在林冠间隙处，其余分布在树冠投影范围，愈深入愈少。这些迹象表明光照的强弱对年龄较大的幼树生存有明显的影响。此外在郁闭度0.7的混交林下，10年生左右的幼树，一般只分布在林冠间隙下，树干纤长，其中立枯的占75%，其余或枯梢或枝叶稀少，生势衰弱，濒于死亡，看来随着年龄的增大，林冠间隙下，短暂直射光已不能满足生存的要求，郁闭度大的森林环境十分不利它传宗接代。

禾草丛生的荒坡上，尽管紧接林缘，也很少细叶云南松的野生苗，当地草丛落叶层也较厚；但经过火灾后3年的迹地上，每公顷有幼树4 005株，频度为90%。又据调查在过去撂荒地发展起来的细叶云南松杆材林，12年生，每公顷有1 200～1 710株。游耕是历史上遗留下来的痕迹，当地仍相当普遍，刚撂荒时，土壤疏松，杂草稀少，很有利于细叶云南松更新，只要附近有松树下种，常可首先侵入恢复森林。

在许多大面积皆伐迹地上，按等距设置的标准地，根本未发现任何野生苗，主要由于没有保留足够的均匀分布的合格母树下种，特别是迹地满布采伐剩余物妨碍幼苗的形成。而在一些经过稍微清理的迹地，依靠附近山脊疏林的侧方下种，2年后测定，有2年生幼树7 005株/hm^2，更新效果虽不理想，但只要加强管护，仍可望成林。又在近期经过地表火，更新层发育良好的地段，进行大面积皆伐时，注意保护幼树，迹地上保存3年生以上幼树15 015～58 425株/hm^2，更新效果基本上令人满意。此外，过去采用横坡间隔带状（带宽50m）皆伐以及后伐带保留母树的迹地上，现已形成茂林，前伐带的林龄约17年生，经过自然稀疏，尚存林木1 410～2 010株/hm^2；后伐带的，有11年生林木2 415～8 145株/hm^2，自然稀疏强烈，另有枯立木1 410～3 810株/hm^2。

从更新特点以及生产实践的正反两面经验看来，细叶云南松可以指望天然更新来恢复森林，经营式皆伐对更新很有利；大面积皆伐的关键在于适当保留母树并在下种前将迹地清理完毕；在条件具备的地段，主伐时注意保护原有幼树，更易迅速恢复森林。在过去大面积皆伐已荒芜的迹地，则应进行人工更新。主伐更新是一个复杂问题，究竟采用何种方式方法，须根据具体情况决定，总的说来，细叶云南松可以天然更新为主，人工更新为辅。

细叶云南松是先锋树种，结实量大，种子具翅能随风飞扬，在前述各类次生裸地，常可首先形成纯林。它所创造的森林环境，却妨碍自己的年轻一代繁殖成长，而有利于阔叶树种主要是落叶栎类侵入发展为针阔叶混交林，进而演替为落叶栎林。而这类森林常为当地游耕对象，便又发生逆行演替，退化为细叶云南松或草丛。在针阔叶混交林或落叶栎林中，偶可出现一些常绿阔叶树种，似有向常绿阔叶林或常绿落叶阔叶混交林演替的倾向；但是实际上当地原生性森林已破坏殆尽，极少零星残存，种源贫乏；桂西北气候干热、旱期长，长期以来，刀耕火种，直到现在还是山火频繁的地方，此种演替成为现实，极不可能，在调查中也未发现上述次生林中孕育着此类森林的雏型。细叶云南松自然整枝强烈，枝下很高，成长的森林，地表火不易转变为林冠火，树干有厚皮保护，不致燃烧，形成层也不易为地表火烤死，每经林火，较高的林木常能保存，进行更新，填补由于火灾所造成的林间空地，并向附近荒坡扩展。山火制约着树种更替，使植被发生偏途演替，使细叶云南松林成为当地的森林植被中优势类型和比较稳定的群落。毫无疑问山火的破坏性很大，使部分林木被烧，降低森林蓄积；保存的林木树冠多少被烤枯，有待恢复，在一定时间内连年生长量降低；幼林、杆材林常被成片消灭，造成的损失是严重的。但是作为生态因子的火，毕竟存在着有利一面，可有计划的进行安全用火，以促进细叶云南松更新及扩大分布面积。

评价及经营意见 细叶云南松枝下很高，干形通直，出材率高；木材强度性质为18 800N/cm^2，质量系数2 343，属于中强度性质，高质量系数的材种①，供建筑、家具、桩木、坑木等用；木材纤维长度大，是良好的造纸原料；针叶可蒸松油，提栲胶，造纸；树干割脂制松香、松节油。混交的主要树种中，栎类产美丽硬材，用途广，还可培养食用菌，果实淀粉供饲料、酿酒，壳斗为栲胶原料，栓皮栎还产栓皮；产优良用材的还有香椿、红荷木、酸枣等。林下的余甘子为优质栲胶植物；多种禾草供饲料，可进行林中放牧，其中龙须草是高级纸张、人造丝、人造棉的原料。总之，森林的主副产品多种多样，经济价值高。细叶云南松为南盘江下游优势的森林植被，面积大，蓄积量高，不少成熟林或过熟林，很有开采价值；但大量开采还须解决汽车运材途程远、成本高的问题，如铁路修建及红水河通航，这些都是指日可待的。主伐时，带状及大面积皆伐均可采用，在技术措施上应吸收过去的经验教训，将森工与营林结合起来考虑，大面积皆伐要认真对待保留母树及清理迹地，可保证天然更新，但在过熟林中，保留合格均匀分布的母树有困难且易发生风倒，可用带状皆伐或进行人工更新。细叶云南松很能适应干热的气候，在分布区内还未发现松毛虫危害，宜作为桂西北山原造林先锋树种。当地还有大面积荒山，实践证明可用飞播首先绿化起来；虽然作为涵养水源，改良土壤，纯细叶云南松林并不理想；但可逐步改造为混交林。

参 考 文 献

[1] 郑万钧等. 中国裸子植物. 植物分类学报，第13卷，第4期，北京：科学出版社，1975

[2] 李治基，王献溥. 广西细叶云南松的地理分布和环境的关系. 植物生态学与地植物学丛刊，第5卷，第1期. 北京：科学出版社，1981

[3] 吴征镒. 论中国植物区系的分区问题，云南植物研究（1），1979

[4] 中国植被编辑委员会. 中国植被. 北京：科学出版社，1980

[5] 侯学煜. 中国植被地理及优势植物化学成分. 北京：科学出版社，1959

[6] 广西壮族自治区气象局资料室. 广西气候资料（1951～1980）. 1982

[7] 广西壮族自治区地质局. 广西壮族自治区地质图. 1976

[8] 中国科学院华南热带生物资源综合考察队等. 广西地貌区划. 1963

---

① 根据广西农学院林学分院木材研究室测定

2. 海南五针松林①

海南五针松（*Pinus fenzeliana*）分布于广西大明山、融水、环江、资源、全州等地，但以它为优势的类型很少发现，只见于三江县独洞乡巴团屯，一个海拔 240m 的山丘上，离三江县城约 25km。三江县城海拔 197.3m，年平均气温 18.1℃，1 月平均气温 7.3℃，7 月平均气温 27.3℃，历年极端最高气温 39.5℃，历年极端最低气温－5.2℃，≥10℃的积温 5 691.4℃；年降水量 1 548.0mm，只有 11 月和 12 月两个月的降水量不足 50mm，其余各月在 50mm 以上[1]。海南五针松的立地条件类型为发育在砂页岩上的红壤，酸性反应。

该地的海南五针松林，三面傍河，一面靠村屯，分布在一个孤立的山包上，面积约 0.67hm²。据访问，这片林约有 100～120 年的历史，1958 年被砍过一次，故现在的大树已不多。乔木只有一层，一般高 20～30m，最高可达 40m，胸径 40～50cm 和 60～70cm（海南五针松为 60～70cm），最粗的达 100cm。0.67hm² 地内，有林木 119 株，覆盖度 50%，其中海南五针松 81 株，红锥 16 株，荷木 12 株，枫香 10 株。由于缺乔木 2 和 3 亚层，所以林内显得很空旷。灌木层植物覆盖度 50%～60%，种类繁多。灌木、幼树以枫香和黄杞为优势，次优势为红锥（*Castanopsis hystrix*）、荷木，常见的有海南五针松、栲树、黄栀子（*Gardenia jasmioides*）、假黄杨（*Syzygium buxifolium*）、毛冬青（*Ilex pubescens*）、檵木（*Loropetalum chinense*）等，零星分布的有乌饭树（*Vacinium bracteatum*）、柃木（*Eurya* spp）、盐肤木、映山红等 29 种之多。草本层植物生长茂盛，覆盖度 70%～80%，以芒萁占优势，常见的有狗脊、五节芒等，零星分布的有东方乌毛蕨（*Blechanum orientale*）、扇叶铁线蕨（*Adiantum flabellulatum*）、乌韭（*Stendoma chusanum*）、淡竹叶（*Lophatherum gracile*）、铺地锦（*Melastoma dodecandrum*）等。

海南五针松树木高大，出材率高，应作为桂北山地海拔 1 000m 以下地区的造林树种。

3. 油杉林②

在我国，油杉（*Keteleeria fortunei*）林分布于浙江、福建、广东、广西等地低山地带。广西的油杉林主要见于亚热带的砂页岩山地，金秀县大瑶山三角乡海拔 1 000m 以下的低山有较大面积的连片分布；隆林、田林、田阳、恭城等地有小片林分。据三角乡（海拔 330m）1975～1980 年的气象资料，年平均气温 18.5℃，1 月平均气温 8.7℃，7 月平均气温 26.2℃，≥10℃的积温 6 091.4℃；年降水量 1 546.7mm，其中 11 月不足 30mm，12 月不足 40mm，2 月和 3 月不足 50mm[1]。

油杉林的立地条件类型为发育在砂页岩地层上的山地红壤、山地红黄壤和山地黄壤，强酸性反应。由碳酸盐岩地层发育成的立地条件类型没有油杉林的分布。

大瑶山三角乡的油杉林[2]，一般乔木只有一层，高 8～13m，胸径 17～23cm，400m² 样地内油杉占重要值指数 300 的 168～190。伴生的种类有水锥栲、黄杞、枫香、椆木、山合

① 执笔人：苏宗明

② 执笔人：苏宗明

欢、马尾松、岭南柿（*Diospyros tutcheri*）等常绿和落叶阔叶树，数量均少，灌木层植物除乔木的幼树外，常见的还有乌饭树、南烛、太平杜鹃（*Rhododendron championae*）、福建乌饭树（*Vaccinium carlesii*）、小叶石楠（*Photinia parvifolia*）、卵叶杜鹃（*Rhododendron ovatum*）等。草本层植物常见为五节芒（*Miscanthus floridulus*）、珍珠茅（*Scleria levis*）、芒萁（*Dicranopteris linearis*）、美丽胡枝子（*Lespedeza formosa*）、狗脊、东南鳞毛蕨（*Dryopteris championii*）等。藤本植物不发达，常见有鸡眼藤（*Morinda umbellata*）、土茯苓、白花酸藤子（*Embelia ribes*）等。

油杉生长快，据大瑶山三角乡 26 年生的解析木分析[3]，树高和胸径分别为 12m 和 25.3cm（带皮），连年生长高峰分别出现于 18 年、16 年，而材积连年生长正在旺盛阶段（表 6-5），26 年时为 0.02405m^3，未达到数量成熟。

表 6-5 油杉生长过程表

年龄	胸径(cm)			树高(m)			材积(m^3)				形数
	总生长量	连年生长量	平均生长量	总生长量	连年生长量	平均生长量	总生长量	连年生长量	平均生长量	连年生长量(%)	
2				0.7		0.35					
					0.30						
4				1.3		0.33	0.000 1		0.000 03		
					0.45			0.000 30		75.0	
6	1.7		0.28	2.2		0.37	0.000 7		0.000 12		
					0.45			0.000 30		30.0	
8	2.5		0.31	3.1		0.39	0.001 3		0.000 16		0.856
		0.40			0.50			0.001 25		49.0	
10	4.2		0.42	4.1		0.41	0.003 8		0.000 38		0.667
		0.85			0.50			0.002 60		40.6	
12	6.4		0.53	5.1		0.43	0.009 0		0.000 75		0.548
		1.10			0.55			0.005 75		39.0	
14	9.1		0.65	6.2		0.44	0.020 5		0.001 46		0.509
		1.35			0.70			0.009 05		30.6	
16	11.9		0.74	7.6		0.48	0.038 6		0.002 41		0.457
		1.40			1.00			0.013 90		26.5	
18	14.6		0.81	9.6		0.53	0.066 4		0.003 69		0.413
		1.35			0.35			0.016 20		19.6	
20	16.8		0.84	10.3		0.52	0.098 8		0.004 94		0.433
		1.10			0.30			0.014 70		13.0	
22	18.2		0.83	10.9		0.50	0.128 2		0.005 83		0.452
		0.70			0.25			0.020 80		14.0	
24	20.3		0.85	11.4		0.48	0.169 8		0.007 08		0.460
		1.05			0.30			0.024 05		12.4	
26	22.2		0.85	12.0		0.46	0.217 9		0.008 38		0.469
		0.95									
带皮	25.3			12.0			0.305 0				0.506

油杉林 0.67hm^2 上有平均胸径 12～20cm、平均树高 10～11m 的林木 80 株以上，多者达 220 株，0.67hm^2 上蓄积 8m^3 以上[3]。

据大瑶山三角乡调查，油杉更新良好，每公顷有幼苗、幼树 2 000～5 500 株[3]。

油杉为广西群众喜爱使用的材种之一，木材纹理直，加工容易，削面光滑，高大少节，供桥梁、房屋建筑、上等家具、农具、矿柱、桩、枕木及旋制胶合板之用，根皮浸沤，可作土法制纸填料。油杉在干旱瘠薄的立地环境也能生长，是荒山的先锋树种，可作为广西重要的造林树种。对现存的森林，要有目的的抚育，使油杉得以持续保存下去。因为现有油杉林属次生林，让其自然发展，就会演替成针阔混交林，在林内郁闭度增大的情况下，油杉更新就会变得不良，将为常绿阔叶树取代。但清除阔叶树时，不要完全除掉，以保持油杉在空间和体积的最大占领能力。在进行采伐时，要有计划地留下母树，让其飞籽成林。

参 考 文 献

[1] 大瑶山自然资源综合考察队．广西大瑶山自然资源考察（土壤）．上海：学林出版社：1988

[2] 大瑶山自然资源综合考察队．广西大瑶山自然资源考察（植被）．上海：学林出版社：1988

[3] 大瑶山自然资源综合考察队．广西大瑶山自然资源考察（林业）．上海：学林出版社：1988

4. 江南油杉林①

江南油杉（*Keteleeria cyclolepis*）天然分布于隆林、百色、凌云、乐业、天峨、南丹、凤山、田阳等地，以它为优势的天然林，在田阳县北部丘陵广泛分布。靠近田阳北部的巴马县城，海拔 254.1m，年平均气温 20.4℃，1 月平均气温 11.5℃，7 月平均气温 27.3℃，累年极端最高气温 38.4℃，累年极端最低气温－3.3℃，≥10℃的积温 7 030.0℃；年降水量 1 557.5mm，其中 12 月～次年 2 月，月降水量不足 30mm，11 月和 3 月，月降水量不足 50mm②。江南油杉林的立地条件类型为发育在中三叠系砂页岩地层上的红壤，酸性反应。

由于人为砍伐、火烧等的干扰，江南油杉林林相残缺不全，树干弯曲，分枝低，生长不良，树干多空心并受白蚁危害。在组成上，次生的、耐旱的喜光种类不少；结构上，乔木层只有 2 个亚层，覆盖度 50％。第 1 亚层林木高 11～13m，种类以江南油杉占绝对优势。重要值指数高达 269.7，近乎纯林；第 2 亚层林木高 5m 左右，以大沙叶占优势，重要值指数为 68.7，次为栓皮栎，重要值指数为 49.6，常见的还有海南蒲桃、九节木、红荷木、余甘子，重要值指数分别为 37.0、32.5、29.3 和 27.6。从整个乔木层分析，江南油杉株数多，出现的频度高，故重要值指数占绝对优势，为 116.2，大沙叶株数最多，但林木细小，重要值指数排第二，为 42.1，九节木和栓皮栎名列第三和第四，重要值指数分别为 24.6 和 23.9。下木覆盖度 50％，生长尚茂盛。以九节木（*Psychotria rubra*）占优势，覆盖度达 40％，次优势为大沙叶，其他常见的种类还有鸭脚木（*Schefflera octophylla*）、槲栎（*Quercus aliena*）、红荷木、杜茎山（*Maesa japonica*）等。草本层植物分布稀疏，覆盖度只有 20％。以扇叶铁丝蕨最普遍，其他还有芒、山菅兰（*Dianella ensifolia*）等。

产于隆林县沙梨乡的江南油杉解析木。树龄 21.5 年，树高 16m，胸径 29.3cm，带皮材积 0.4499m^3。其生长进程见表 6-6。

---

① 执笔人：苏宗明，陈绍华

② 广西气象局资料室．广西气候资料（1951～1980）．1982

表 6-6 江南油杉生长进程

年龄	胸径(cm)			树高(m)			材积(m³)			形数	生长率(%)
	总生长量	平均生长量	连年生长量	总生长量	平均生长量	连年生长量	总生长量	平均生长量	连年生长量(%)		
2				0.90	0.45						
						0.60					
4	0.5	0.13		2.10	0.53		0.000 8	0.000 2			
			0.90			0.73			0.000 1		16.7
6	2.3	0.38		3.55	0.59		0.001 0	0.000 1		0.67	
			1.60			0.70			0.000 6		37.5
8	3.5	0.44		4.95	0.62		0.002 2	0.000 3		0.46	
			1.40			0.70			0.003 0		57.7
10	6.3	0.63		6.35	0.64		0.008 2	0.000 8		0.41	
			1.70			0.75			0.007 5		47.6
12	9.7	0.81		7.85	0.65		0.023 1	0.001 9		0.39	
			2.00			0.88			0.015 5		40.2
14	13.7	0.98		9.60	0.69		0.054 1	0.003 9		0.38	
			1.80			0.85			0.024 5		31.1
16	17.3	1.08		11.30	0.71		0.103 0	0.006 4		0.38	
			1.70			0.85			0.038 9		27.3
18	20.7	11.5		13.00	0.72		0.180 7	0.010 0		0.41	
			1.75			0.85			0.047 9		20.9
20	24.2	1.21		14.70	0.74		0.276 3	0.013 8		0.42	
			1.53			0.87			0.0423		17.7
21.5	26.5	1.23		16.00	0.74		0.361 4	0.016 8			
带皮	29.3	1.36					0.4499				

江南油杉更新的好坏与覆盖度大小成负相关，林木层覆盖度50%的400m² 样地有幼苗12株，幼树9株；林木层覆盖度30%的400m² 样地有幼苗62株，幼树78株。可以根据这一情况，人为控制江南油杉林覆盖度，以便保持其优势地位。

江南油杉耐旱，材质好，是上等用材。但目前由于过度砍伐和受山火的影响，生长不良。除设法制止这一情况外，应把它列为桂西低山丘陵重点造林树种。

5. 黄枝油杉林①

黄枝油杉（*Keteleeria calcarea*）分布于桂北和桂东北石灰岩山地海拔200～600m的范围内，为广西油杉属植物中主要见于石灰岩地层上的种类。无论是连接的峰丛还是分离的孤峰都有出现，多见于坡地，宽阔的槽谷也有分布。目前，以它为优势的林分已不多，尤其面积较大连片的林分更是少见。临桂县二塘、四塘；融安县泗顶；恭城县三江等地尚有小片以黄枝油杉为优势的林分。据临桂县（海拔157.5m）1951～1980年的气象资料，年平均气温19.2℃，1月平均气温8.4℃，7月平均气温28.2℃，历年极端最高气温38.6℃，历年极端最低气温－3.3℃，≥10℃的积温6 156.9℃；年降水量1 924.4mm，全年最少月降水量在50mm以上②，没有旱季。黄枝油杉林的立地条件类型多为发育在泥盆系石灰岩地层上的石灰（岩）土，pH6.5～7.5，有机质含量4.13%～5.22%，全氮含量0.24%～0.41%，五氧化二磷含量0.03%～0.13%。

黄枝油杉林结构、组成均较简单。乔木只有2个亚层，第1亚层林木高20m左右，胸

① 执笔人：陈绍华，苏宗明

② 广西气象局资料室．广西气候资料（1951～1980）．1982

径 30～50cm，覆盖度 50%～70%，以黄枝油杉为优势，伴生的阔叶树有青冈栎、樟树、圆叶乌桕（*Sapium rotundifolium*）、菜豆树（*Radermachera sinica*）等；第 2 亚层林木高10～15m，胸径 15～25cm，覆盖度 90%，主要为阔叶树，优势不明显，常见有枇杷、朴树（*Celtis sinensis*）、山黄皮（*Clausena excavata*）等。灌木层植物高 2～4m，覆盖度 40%～50%，种类不少，其中包括不少的乔木的幼树，真正灌木以檵木为优势，其他的种类还有樟叶荚蒾（*Viburnum cinnamomifolium*）、光叶海桐（*Pittospermum glabratum*）、麻叶绣线菊（*Spiraea cantoniensis*）。草本层植物高 1m 以下，覆盖度 40%～50%，以阔叶麦冬（*Liriope platyphylla*）占优势，其他常见的有石油菜（*Pilea cavaleriei*）、有尾铁线蕨（*Adiantum caudatum*）、小凤尾蕨（*Pteris actiniopteroides*）等。藤本植物常见有威灵仙、龙须藤（*Bauhinia championi*）、雀梅藤（*Sageretia theezans*）等。

从树高、胸径和材积生长上看，黄枝油杉无论早期生长还是全过程生长都是缓慢的，尤以前期为甚。32 年生树高总生长量仅 5.2m，年平均生长 16cm 左右（表 6-7）。树高生长在 12 年生前极为缓慢，连年生长量仅为 3～4cm。12 年生以后开始加快，连年生长量为 20～30cm，生长峰值出现在 30 年生，连年生长量达 31cm，树高总生长曲线也明显反映出生长过程以 15 年生为界的前后两个阶段。

表 6-7 黄枝油杉生长进程表

年龄	胸径(cm)			树高(m)			材积(m^3)			形数	生长率(%)
	总生长量	平均生长量	连年生长量	总生长量	平均生长量	连年生长量	总生长量	平均生长量	连年生长量		
3				0.10	0.030		0.000 002	0.000 000 7			
						0.03			0.000 000 7		22.2
6				0.20	0.030		0.000 004	0.000 000 7			
						0.03			0.000 008 7		51.0
9				0.30	0.030		0.000 03	0.000 003 3			
						0.04			0.000 003 3		9.5
12				0.43	0.035		0.000 04	0.000 003 3			
						0.19			0.000 036 7		55.8
15				1.00	0.067		0.000 45	0.000 010 0			
						0.30			0.000 146 7		8.9
18	1.4	0.08		1.90	0.105		0.000 59	0.000 032 8		2.0	
			0.50			0.20			0.000 396 7		30.9
21	2.9	0.14		2.50	0.119		0.001 78	0.000 084 8		1.08	
			0.38			0.23			0.000 473 3		19.0
24	4.05	0.17		3.18	0.133		0.003 20	0.000 133 3		0.76	
			0.30			0.21			0.000 506 7		12.8
27	4.95	0.18		3.80	0.141		0.004 72	0.000 174 8		0.63	
			0.47			0.31			0.001 163 3		18.0
30	6.35	0.21		4.73	0.158		0.008 21	0.000 273 7		0.54	
			0.73			0.16			0.002 540 0		21.1
32	6.87	0.24		5.20	0.163		0.011 42	0.000 494 7		0.81	
带皮	7.8						0.01583				

胸径生长因 15 年生以前树高生长缓慢而不能确切得到全过程的生长情况，18 年生时才出现胸径生长，以后，生长量较快，连年生长量为 3～5mm，32 年生时，无论是连年生长曲线还是年平均生长曲线，都出现了峰值。而且表现出曲线末端均呈上升状态。所以最大生长还有可能增加。

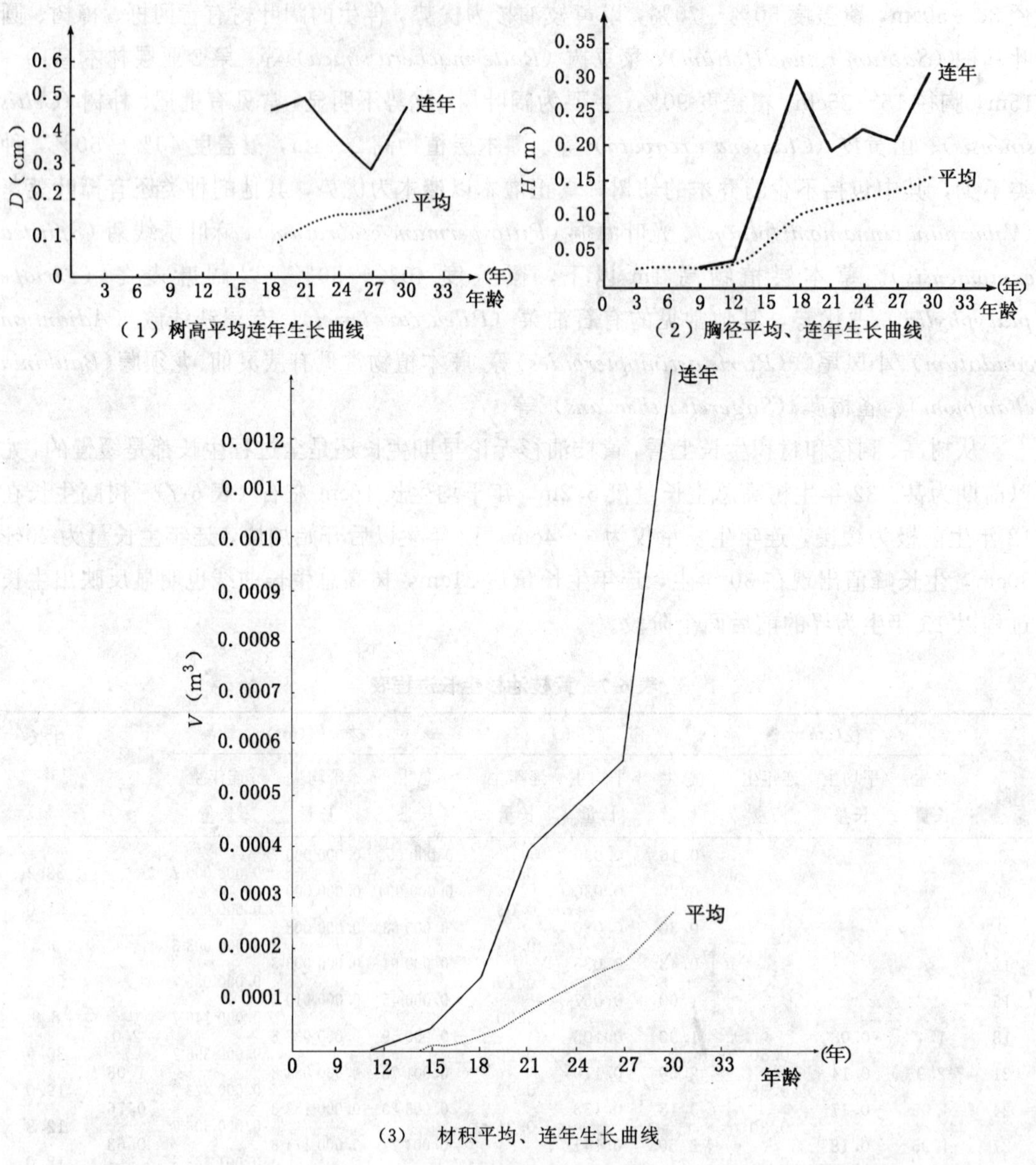

图 6-3 黄枝油杉生长进程

材积年平均生长约 0.000 5m^3，连年生长在 15 年生以前是缓慢的，15～17 年生之间开始加快，27 年生后开始进入最大期，连年增长量为 0.012～0.002 5m^3，末端龄期的连年生长量为平均生长量的 5 倍，故其数量成熟远未达到，还有较大的生长潜力。

在林木层覆盖度不大的情况下，黄枝油杉的更新还是良好的，如前一群落，25m^2 样内有幼树 2 株。临桂县四塘谷元山村一片黄枝油杉林，海拔 220～260m，共有植株 537 株，其中 4m 以上立木 125 株，1～4m 幼树 305 株，1m 以下幼树幼苗 97 株，最大植株树高 22m，胸径 80cm[1]，在采伐迹地情况下，黄枝油杉天然更新能力强，如同油杉属的其他树种一样，能飞籽成林。因此，在黄枝油杉林内，只要适当疏伐上层林木；或在采伐迹地上，只要适当留下母树，黄枝油杉均可取得满意的更新效果。

黄枝油杉也是上等用材，耐干旱瘠薄的立地条件，更可贵的是黄枝油杉分布在石山上，是石山优良绿化树种，国家三级保护植物。根据它的特性，可选为桂北石灰岩山地重点的造林树种。

（二）亚热带中山针阔叶混交林[2]

亚热带中山针阔叶混交林是指分布在亚热带地区海拔 1 300m 以上的中山山地，由针叶树和阔叶树混交组成的森林，在多数情况下呈混交形式，但有时也形成小片针叶纯林。这样的命名，一方面表示它们的分布和特征同亚热带的气候有着密切的关系；另一方面也使之与分布在温带地区的针阔叶混交林或针叶林区别开来。亚热带中山针阔叶混交林处于亚热带中山常绿阔叶林和中山常绿落叶阔叶混交林分布区内，呈镶嵌分布，共同构成广西植被垂直分布的中山常绿落叶阔叶混交林（或中山常绿阔叶林）与针阔叶混交林带谱，下界均接常绿阔叶林。

亚热带中山针阔叶混交林组成种类以木本植物占优势，占 90％以上，藤本和附生植物很少，不存在一年生和地下芽植物，由于草本稀少，地上芽和地面芽植物也不发达。木本植物中，以大乔木植物占多数，阔叶和针叶大乔木植物相当，针叶大乔木植物都为常绿；阔叶大乔木植物在北部常绿与落叶成分各占一半。木本植物中的中、小乔木和真正灌木多为阔叶常绿植物。叶多革质，以中型叶和小型叶为主，缺巨型叶，大型叶少或缺。所以广西亚热带中山针阔混交林的外貌是由革质、中型叶和小型叶为主的阔叶木本植物以及细型叶的常绿针叶木本植物所决定，常绿针叶木本植物比阔叶木本植物高大，针叶树冠高据于林冠之上，极为显目。此外，广西亚热带中山针阔混交林苔藓植物发达，树干、枝条都布满苔藓，这也是它的外貌显著特点之一。

亚热带中山针阔混交林结构最显著的特点，是上层林木有一个比阔叶大乔木层片高大的常绿针叶大乔木层片，针叶树冠高出林冠之上。一般成熟而又保存较好的林分，分乔木层和灌木层 2 层，草本层缺或十分不发达。乔木层可进一步分成 3 个亚层，但山顶和山脊常风较大的地方，形成矮林或亚矮林，则乔木只有 1 层。第 1 亚层林木一般高 15～20m，针叶林木可达 25～30m，覆盖度 70％以上，树冠连续。第 2 亚层林木高 12m 左右，覆盖度 40％～50％，树冠不太连续。第 3 亚层林木高 4～8m，覆盖度 30％，树冠不连续。灌木层植物发达，高 3m 以下，覆盖度 60％～95％，有时几乎形成背景。草本层缺或十分不发达，

---

① 黄立铨．石山绿化优良树种—黄枝油杉．广西植物，2（2），1982

② 执笔人：苏宗明

只有为数可数的几个种类的个别植株。但土壤表面，一般都具有一层较厚的、半分解的枯枝落叶层或富有弹性的苔藓层。

中山针阔混交林乔木层针叶树主要由铁杉（*Tsuga*）、松（*Pinus*）、冷杉（*Abies*）、福建柏（*Fokienia*）、银杉（*Cathaya*）、罗汉松（*Podocarpus*）等属的种类组成，它们出现的密度是不固定的，有时 $600m^2$ 范围内有 2～8 株，有时 $400m^2$ 的样地内就有 10 株之多。乔木层阔叶树主要为壳斗科、山茶科、樟科、木兰科、金缕梅科、灰木科、冬青科、安息香科、槭树科、清风藤科、桦木科等种类组成。灌木层植物以箭竹为特征，每种类型都有出现，而且数量大。另外，在组成上乔木幼树占的比重很大，约 70%以上。真正灌木种类并不多，常见有野牡丹科的芭茜属（*Barthea*）、柏拉木属（*Blastus*）、山茶科的柃木属（*Eurya*）、樟科的新木姜属（*Neolitsea*）、杜鹃花科的杜鹃属、柑橘科的茵芋属（*Skimmia*）、卫矛科的卫矛属（*Euvonymus*）、冬青科的冬青属、紫金牛科的铁仔属（*Myrsine*）、茜草科的粗叶木属（*Lasianthus*）、三角瓣花属（*Prismatomeris*）的种类。草本层种类很少，有车前（*Plantago*）、兔儿风（*Ainsliaea*）、沿阶草（*Ophiopogon*）、苔草（*Carex*）、瘤足蕨（*Plagioryria*）、狗脊等属的种类。根据上述，广西亚热带中山针阔混交林的区系成分主要为亚热带性质。种类组成的丰富度从北往南增多，北部 $600m^2$ 范围不到 30 种，往南在 $400m^2$ 范围内有 30～40 种，$600m^2$ 内有 95 种。

广西亚热带中山针阔混交林主要有如下几种类型。

1. 银杉林[①]

银杉（*Cathaya argyrophylla*）为我国特有的、珍稀的树种，在中亚热带南部组成中山山地针叶林或针阔叶混交林。星散分布，面积很少，资源也少，目前全国已发现的银杉大小植株总共也不过 3000 多株。

银杉林地跨广西、湖南、贵州、四川等地的中亚热带南部，约处于北纬 24°8′～29°13′30″至东经 107°10′～113°40′，分布区幅员较广；但呈小片状分布，极为星散。罕见于中山海拔 950～1 800m 的山顶山脊、悬崖峭壁之处，生境相当严酷，唯独广西大瑶山的银杉多生长在较优越的山坡，呈斑点状镶嵌于常绿阔叶林中。

银杉林分布点的气候为温凉湿润至冷凉潮湿类型，年平均气温在 11.5～16℃，最冷月（1 月）平均气温 0.8～7.0℃，极端最低气温在－6～15℃，最热月（7 月）平均气温 22～23℃。年降水量 1 150～2 000mm，年相对湿度在 85%以上。银杉立地的土壤为砂页岩为主发育而成的山地黄棕壤和山地黄壤，在山顶山脊上的土层浅薄，约 10～30cm，而在较平缓的坡地上可厚达 90cm。从大瑶山银杉林下土壤分析（表 6-8），可知有机质除在 1～8cm 层含量丰富外，自此以下各层大为减少，氮、磷、钾三要素的含量相当低，表明银杉林能适应贫瘠的土壤。

① 执笔人：莫新礼

表 6-8　广西金秀大瑶山林区银杉混交林土壤化学性质分析

采土层 (cm)	有机质 (%)	N (%)	C/N	pH	缓效 K_2O (mg/kg)	速效 P_2O_5 (mg/kg)	速效 K_2O (mg/kg)	代换性阳离子 (m mol/100g 土)				
								Ca	Mg	K	Na	总量
1～8	14.95	—	—	—	—	—	—	—	—	—	—	—
8～20	3.99	0.081	28.57	4.55	2.09	12.13	49.40	0.43	0.10	0.12	0.11	0.76
21～36	0.69	0.023	17.40	4.65	2.27	3.56	18.18	0.37	0.05	0.04	0.05	0.51
36～53	0.68	0.021	18.78	4.75	6.58	9.33	19.74	0.46	0.03	0.04	0.08	0.61
53～72	0.52	0.018	16.75	4.75	6.53	4.91	24.66	0.67	0.05	0.06	0.12	0.90

银杉混交林的成层现象较为简单，在山顶山脊，乔木层只有 2 个亚层；偶尔在坡地上可出现 3 个亚层。草本层发育很差，植物很稀少不成层。藤本植物也极贫乏，且属小型种类。除个别较干燥地段外，苔藓植物却非常发达，满布于树干树枝上，在地表厚达 10～20cm 以上。因生境差异，森林的结构和组成不同。在广西境内，银杉林主要有 2 个亚型。

（1）银杉长苞铁杉金毛石栎林　这一亚型见于广西中部金秀县大瑶山海拔 950～1 250m 的中山山坡上，坡度一般 28°～30°。位于分布区的南缘，海拔也较低，热量较高，年平均气温约为 14.5～16.0℃，年降水量在 1 800mm 以上，土壤深厚，立地条件较优越，林木生长比其他银杉林高大得多。在 600m² 样地内有维管束植物 52 种，其中乔木层树种 33 种共 140 株，郁闭度 0.8 以上，分为 3 个亚层。

第 1 亚层有林木 3 种 8 株，平均高 25m。覆盖度 75%，树冠基本连续。银杉 4 株，平均高 26.1m，平均胸径 54.5cm，重要值指数 150.45，居第 1 位；长苞铁杉 3 株，平均高 23.7m，平均胸径 54.7m，重要值指数 111.84，居第 2 位；广东五针松（*Pinus kwangtungensis*）仅 1 株，树高 26m，胸径 57cm，重要值指数 37.73。

第 2 亚层林木高 8～18m，胸径 11～46cm，覆盖度 50%左右，树冠部分连续，有树木 13 种共 51 株，以金毛石栎（*Lithocarpus chrysocomus*）为主，重要值指数为 46.90，居第 1 位；海南木五加（*Dendropanax hainanensis*）居第 2 位，重要值指数 42.9；红楣（*Anneslea fragrans*）的重要值指数为 40.5，居第 3 位，重要值指数在 20 以上的还有野黄桂（*Cinnamomum jensenianum*）、五列木（*Pentaphylax euryoides*）以及大头茶（*Gordonia axillaris*）等，其他常见还有光叶木兰（*Magnolia nitida*）、薄叶灰木（*Symplocos anonala*）和光叶石楠（*Photinia glabria*）等。

第 3 亚层林木高 4～8m，胸径 6～19cm，覆盖度 60%左右，树冠部分连续，种类和数量较多，共 27 种 81 株，分布均匀，其中以假黄杨（*Syzygium buxifolium*）、光叶石楠、羊角杜鹃（*Rhododendron cavaleriei*）共占优势，其重要值指数分别为 29.93、29.68、29.34；其他常见还有海南木五加、牛皮杜鹃（*Rhododendron* sp.）、南烛（*Lyonia ovalifolia*）、红楣、五列木、银荷木（*Schima argentea*）和水锥栲等。

灌木层植物高 0.3～3.5m，覆盖度 40%左右，分布均匀，多为乔木层的幼树，真正的灌木很少，以箭竹、细花杜鹃（*Rhododendron minutiflorum*）为多，其他还有羊角杜鹃、白豆杉（*Peudotaxus chienii*）等。

草本层植物稀少，不成层，覆盖度 5%左右，高在 30cm 以下，只有 6 种，以镰叶瘤足蕨（*Plagiogyria distinctissima*）、翅柄瘤足蕨（*Plagiogyria stenoptera*）较多，其他还有狗脊和瑶山舌蕨（*Elaphoglosum sinii*）等。

藤本植物稀少，仅见含珠藤（*Alyxia*）2 株，攀援于下层林木上。

（2）银杉广东五针松林[1] 这一亚型见于广西东北部龙胜与临桂两县交界的花坪林区的。银杉分布于海拔 1 300m 以上的山顶山脊悬崖处。根据龙胜县气象站和林区气象观测站的资料分析，银杉所在地的年平均气温约 12℃，极端最低温极值为－10℃；年降水量 2 000mm左右；立地土壤浅薄，厚约 20cm。

银杉混交林郁闭度较小，约 0.5 左右。在 600m² 样地内只有林木 118 株，仅由 3 种针叶树组成。乔木层可划分为 2 个亚层。上层林木高 10～15m，胸径 20～30cm，覆盖度约 40%左右，其中广东五针松 40 株，占 66%；银杉 20 株，占 34%。下层林木高 4～8m，覆盖度 20%，以银杉最多，共 33 株，占 56%；广东五针松 20 株，占 34%；福建柏 6 株，占 10%。

灌木层植物种类并不多，但由于乔木层郁闭度小，故生长繁茂，一般高 2.5m 左右，覆盖度达 90%以上。大多为喜光植物，其中以南华杜鹃占绝对优势，多成片生长，覆度达 70%左右。南烛也较常见，其他零星分布的还有山柳、缝萼乌饭树（*Vaccinium fimbricalyx*）、石壁杜鹃（*Rhododendron bachii*）、假黄杨和满山香（*Gaultheria yunnanensis*）等。

草本植物生长极为稀疏，覆盖度不到 1%，不成层，偶见有紫背天葵（*Begonia fimbristipula*）和耳状苣苔（*Oreocharis auricula*）等矮小草本。

藤本植物偶见藤黄檀（*Dalbergia hancei*）和亮绿爬山虎（*Parthenocissus thompsonii*）。

银杉生长很慢，生长期持续时间长，各项生长高峰来临较迟。根据广西金秀县大瑶山林区的银杉解析木：180 年生，树高 15.8m，胸径 22.0cm。其生长进程表明，生长持续时间较长，180 年生仍继续增长，并未明显下降，树高生长在 30～80 年较快，以 40 年生达到高峰，此期间连年生长量为 0.25m，平均生长量达 15cm；胸径生长到 20 年生时才出现，50～80 年生进入旺盛期，此期间的连年生长量为 0.19～0.22cm，高峰出现在 60 年生时，此后时有起伏，180 年时，仅 0.07cm；材积生长由幼龄期起呈直线上升，到 90 年生时，连年生长达到高峰，为 0.003 42m³，到 150 年生下降至 0.00121m³，与平均生长曲线相交，此后又复回升，大于平均生长，至 180 年生时仍维持 0.00178m³ 的速度。

在人工栽培的情况下，其生长稍快。根据广西植物研究所的试验，5 年生的银杉幼树平均高 69.2cm，基径粗 1.26cm。19 年生的植株平均高 2.93m，基径粗 8.93cm，最高达 4.10m，基径粗 14.0cm。其中 1 株于 1982 年 5 月开花，2 株于 1984 年 5 月开花，可见银杉开始开花结实龄为 20 年生左右。

银杉隔年或隔多年结实，座果率低，为 15%～25%，种多空粒等，从而影响天然下种的种源。当林地枯枝落叶及苔藓层厚时，幼芽根系不易扎至土层中去，幼苗难以成长。银杉的幼苗耐庇荫，之后转为喜光，当林下光照不足时，不利于幼树的生存与发展。大瑶山的银杉林郁闭度大，层次多，苔藓层发达，银杉天然更新不良，在1000m² 样地内仅有野生苗23株，重叠庇阴，妨碍幼树的成长，因此，在样地内完全缺乏中、下层立木，表现出在群落中是不稳定的。花坪的银杉林郁闭度低，银杉在乔木层中的年龄结构较为完整，但天然更新也不够理想，虽然幼苗不少，在600m² 样地内有240株；而幼树仅15株，比乔木各亚层的银杉株数都少，看来密茂的阔叶灌木以及厚的苔藓层不利于幼苗阶段的发展，使幼树在数量比例上明显失调。表明其在群落中的优势地位将难以持续。总的说来，银杉是衰老的种，天然繁殖能力衰退，种间竞争能力也弱，在优越立地条件的银杉林易为阔叶林所排挤，因此现存的银杉林主要分布于悬崖绝壁上。银杉根际满布棉絮般的菌丝，菌根发达，耐旱耐脊，使它能在恶劣的石隙生境顽强地定居下来，成为亚顶极群落，但这种亚顶极可能只是相对地存在[2]。随着群落环境的逐渐改善，如林内变荫蔽，土壤增厚等，为其他阔叶树的生存创造有利条件，最终也有被阔叶林更替的可能。

银杉为孑遗种，属于我国一级濒危保护植物。银杉混交林则是世界珍稀的森林植物资源，在科学研究上具有重大的价值。更由于面积小，资源少，因此，对目前各地发现的银杉林，宜采取有效措施，切实加以保护。并宜采取人工促进天然更新和进行人工造林，使这一资源得以保存和发展扩大。

参 考 文 献

[1] 王献溥等．广西花坪林区的银杉与广东五针松混交林及群落学特征的初步研究．植物生态学与地植物学丛刊，2（1）：108～110，1964

[2] 祁承经等．湖南省越城岭北部罗汉洞的银杉与长苞铁杉混交林．植物生态学与地植物学丛刊，7（1）：58～65，1983

2．广东松林①

以广东松（*Pinus kwangtungensis*）为主的中山针阔混交林，其分布范围和分布区环境特点与长苞铁杉林相近似，也是广西亚热带植被垂直带谱中山针阔混交林的一个代表类型。

根据对大瑶山海拔1 500m一个400m² 成熟而又保存较好的广东松林样地分析[1]，第1亚层林木广东松重要值指数最大，为66.7，银荷木、金毛石栎，分别为42.3和35.7。其他常见的种类还有阔瓣白兰花（*Michelia platypetala*）、南岭山矾（*Symplocos confusa*）、长苞铁杉、福建柏等。第2亚层林木以树参为优势，重要值指数为50.3，重要值指数在20以上的还有阔瓣白兰花、马蹄荷、厚皮香（*Ternstroemia gymnanthera*）、薯豆杜英（*Elaeocarpus*

---

① 执笔人：苏宗明

japonicus）。第 3 亚层林木以毛杨桐（*Adinandra glischroloma*）居多，重要值指数为 38.3，其次是密花树（*Rapanea neriifolia*）、三花冬青（*Ilex triflora*），重要值指数分别为 25.4 和 22.2。

从整个乔木层分析，优势不明显，广东松虽然在乔木 2、3 亚层不占优势，但它都是大乔木，基面积大，重要值指数仍排第 1，为 31.5，银荷木排第 2，为 19.70。金毛石栎（*Lithocarpus chrysocomus*）、阔瓣白兰花、岭南山矾、五列木、薯豆杜英、树参（*Dendropanax dentigerus*）、厚皮香、马蹄荷、毛杨桐等重要值指数都不大，在 12 左右，只是属于常见种的行列。

灌木层植物以箭竹占绝对优势，其他种类主要为乔木的幼树，个体甚少。

草本层植物极少，零星出现的种类有华里白（*Hicriopteris chinensis*）、镰叶瘤足蕨等。据大瑶山海拔 1 340m 的 59 年生解析木分析[2]，树高 12.30m，平均生长量 0.208m；胸径 20.8cm（去皮）；和 22.1cm（带皮），平均生长量 0.353cm（去皮）；材积 $0.2049m^3$（去皮）和 $0.241\ 9m^3$（带皮），平均生长量 $0.003\ 47m^3$（去皮）。Ⅰ林层林木蓄积量每公顷180～$225m^3$，Ⅱ林层 60～$270m^3$[2]。

广东松为喜光树种，林冠下更新不良，但林窗处更新尚好，每公顷有幼树幼苗 500 株，平均高 0.5～1.1m。大树老后死亡形成林窗，其他自然因素（风倒、雷击等）和人为因素也会造成林窗，因此林窗总是存在的，这样，林窗更新就会长期存在。由于林窗更新的结果，广东松总能保持目前的这种地位。

广东松林木高大，出材率高，是广西海拔 1 200m 以上的山地重要的造林树种。此外，在群落中优良树种还不少，如长苞铁杉、福建柏、金毛石栎（*Lithocarpus chrysocomus*）、光叶木兰、银荷木、五列木、红苞木（*Rhodoleia championii*）、厚皮香、大头茶等。目前林分保存面积不大，又位于中山之上，宜作为水源林经营。

参 考 文 献

[1] 大瑶山自然资源综合考察队. 广西大瑶山自然资源考察（植被）. 上海：学林出版社，1988
[2] 大瑶山自然资源综合考察队. 广西大瑶山自然资源考察（林业）. 上海：学林出版社，1988

3. 南方铁杉林①

南方铁杉（*Tsuga tchekiangensis*）属国家三级保护的珍稀濒危植物，产我国长江中、下游以南的亚热带中山山地，可与其他树种组成针阔叶混交林，但面积并不大。

南方铁杉分布于安徽和浙江省的南部、江西、福建、湖南、广东和广西的北部、云南的东南部[1]。种的分布较广，但是以它为主所组成的针阔叶混交林主要见于中亚热带南部的

① 执笔人：李治基，莫新礼

南岭山地一带海拔 1 200～2 000m 的中山上，在中亚热带北部也偶有分布。广西境内主要分布于猫儿山山顶区，海拔 1 800m 以上，所在地的气候冷凉潮湿，年平均气温 7～8℃，极端最低气温－19℃，极端最高气温 23℃，冰雪持续长达 4 个月，时见雨凇和雾凇，年有 3/4 的时间云雾迷漫，仅 7～9 月才有 50%的晴朗天气[1]。年降水量 2 000mm 左右，年相对湿度 85%～90%以上。立地的土壤为板岩、砂页岩、花岗岩等母岩发育成的山地黄棕壤，pH 4.2～5.8。但有的地方由于地形的影响，还可出现其他的土壤，如在缓坡地排水不良的地方则出现滞水潜育现象，发育着表潜黄棕壤；在积水多的谷盆洼地出现沼泽土。而南方铁杉在黄棕壤上生长较好，在沼泽上则呈矮林状，根系也很浅，主要分布在 6cm 以上，最深达 14cm。

群落组成与山地常绿落叶阔叶林有密切关系，主要属于华东、华中地区中山耐冷凉潮湿气候的成分，由于立地条件不同，森林的组成结构分异明显。位于坡地上的林分生长高大，郁闭度可达 0.7。乔木层分 3 亚层，上层林木高 20～25m，胸径 50～80cm，覆盖度 60%，几全为南方铁杉，偶有南方红豆杉（*Taxus chinensis* var. *mairei*）、长苞铁杉（*Tsuga longibracteata*）混生其间；中层高 8～15m，胸径 15～25cm，覆盖度 30%，红岩杜鹃占优势，还有山橿（*Lindera reflexa*）、厚叶红淡（*Cleyera pachyphylla*）、榕叶冬青（*Ilex ficoides*）、包果石栎（*Lithocarpus cleistocarpa*）、青蚨蟆和细柄萸叶五加（*Acanthopanax evodiaefolius* var. *gracilis*）等；下层高 4～7m，胸径 10cm 左右，覆盖度 20%，褐叶青冈（*Cyclobalanopsis stewardiana*）、大八角（*Illicium majus*）和光叶石栎（*Lithocarpus hancei*）较多，常见的有资源木姜（*Litsea pedunculata*）、厚叶红淡、红岩杜鹃和扇叶槭（*Acer flabellatum*）。灌木层植物高 2m 以下，覆盖度 80%以上，箬竹（*Indocalamus*）占绝对优势，其他零星分布的为乔木幼树，但却极少见南方铁杉。草本层稀疏，覆盖度 10%以下，南川沿阶草（*Ophiopogon bockianus*）、镰叶瘤足蕨稍多，其他还有羊刀尖（*Fordiophyton strictum*）和熊巴耳（*Phyllagathis cavaleriei*）等[2]。

在八角田的沼泽土上，南方铁杉林生长矮小，结构组成都较简单，林龄几达 300 年，郁闭度 0.7 左右，林木可分为两亚层，上层木一般高 8～11m，胸径 30～40cm，覆盖度 60% 左右，除有个别黔椆和枫荷桂（*Dendropanax dentigerus*）外，全为南方铁杉。下层林木高 4～6m，胸径 10cm 左右，覆盖度 40%，大八角、黔椆、枫荷桂较多，其他还有网脉桂花（*Osmanthus reticulatus*）、羊角杜鹃（*Rhododendron cavaleriei*）和长梗冬青（*Ilex pedundulosa*）。局部微地形稍高处有包果石栎、细柄萸叶五加和华丽杜鹃（*Rhododendron farrerae*）等。灌木层覆盖度 60%，绝大多数为箬竹，其他有茵芋（*Skimmia reevesiana*）、广西越橘（*Vaccinium kwangsiense*）和小叶女贞（*Ligustrum sinense*）等。乔木的幼树种类不少，零星分布，南方铁杉幼树却很少，幼苗较常见。草本层覆盖度不超过 20%，以沿阶草较多，常见的有滇桂兔儿风（*Ainsliaea henryi*）、粗齿兔儿风（*Ainsliaea grossedentata*）和十字苔草（*Carex aruciata*）等[2]。藤本植物不多，偶见有柳叶菝葜（*Similax lanceaefolia* var. *lanceolata*）和乌蔹莓（*Cayratia japonica*）。

南方铁杉生长缓慢，据邓建新测定猫儿山海拔 1 800m 沼泽土上的样木①，283 年生树高 11.2m，胸径 34.2cm，材积 0.682 58m^3；150 年生时分别为 7.2m、21.1cm、0.16445m^3。

树高连年生长在 30 年生以前稍快些，也只 0.08m，此后生长量多为 0.04m，间跳动于 0.2 及 0.06m，26 龄阶（以10 年计）以后仅 0.02m，281 年以后生长停止。平均生长在 30 年前也快些，大体上与连年生长量相当，其后有规则的缓慢递降，230 年以后稳定在 0.04m。

第 2 龄阶开始出现胸径连年生长量为 0.06cm，以后时起时伏，一般摆动于 0.12～0.20cm 左右，以 15 龄阶稍快，为 0.22cm，28 龄阶低至 0.04cm；平均生长量一般变幅很窄，为 0.12～0.14cm，以 140～180 年最大，上升与回跌均很平缓，高峰期并不显著。

材积连年生长，第 2 龄阶仅 0.000 06m^3，上升与下降过程频现峰谷，以 21 龄阶最高，达 0.004 62m^3，28 龄阶降至 0.002 28m^3；平均生长随着年龄的增加一直在上升中，到 280 年生时为 0.002 3m^3，这时生长率甚微，只 0.3%，两条曲线开始相交，可能已达到数量成熟。

在坡地上的林分，从前述上层的林木的树高和胸径看来，生势当较好；据曹铁如测定湖南明竹老山海拔高 1 730m 的样木，151 年生高 13.2m，胸径 29.6cm，但毕竟还是慢生树种。

南方铁杉雏龄期能耐一定的庇荫，很快即趋向喜光，立木完全不能忍受同种或异种的掩蔽，同种树冠之间均保持一定的距离，枝叶从不相交叠，表现出强喜光的特点。它的幼苗在林下分布普遍，即使在沼泽土也不少，但阴暗的环境以及灌木层中竹类的激烈竞争，妨碍了它的成长；幼树稀少，往往出现在林冠及竹类较稀疏的局部地方。在乔木层中，它的数量以上层最多，自此以下各亚层依次大为减少，或完全缺乏。更新情况以及该树种在森林中的发育年龄结构，反映它在群落发展中不是那么稳定的。但由于风倒、立枯、雪折、雪压等原因，造成林冠破裂，使年轻一代可以生长起来，种才不致完全被排除，而可能丢失在群落中的优势地位，呈零星散生于阔叶林中。当地中山优势的植被类型为常绿落叶阔叶混交林。南方铁杉混交林呈小片状散布于山坡、顶坡以及沼泽地，看来这一残遗种在种间竞争中能力弱，但能适应上述的恶劣生境，在这些地方得以定居下来；随着阔叶树的逐渐侵入和发展，威胁着它的生存。而当森林遭到滥伐后，由原灌木层中的竹类组成单优竹丛，生长密茂，覆盖度达 95%～100%，其它木本植物很难侵入，更缺乏南方铁杉的幼年个体，如无人为干预，不可能恢复为南方铁杉林。从它在群落中及当地植被中的表现，南方铁杉林总的趋势是走向衰退的类型。

南方铁杉林产多种优良用材，经济价值高，但属于稀见的类型，资源很少。南方铁杉是古老的残遗种，在科研上有较大的价值。它和伴生的紫茎、南华木、长苞铁杉等均为国家重点保护的珍稀濒危植物。因此，对于这类森林必须严格保护并进行科学研究，采取相应的措施，促进这些珍稀树种的更新生长，不致被淘汰；同时在中山上进行栽培，扩大森

---

① 广西桂林行政公署林业局. 广西猫儿山水源林区调查材料汇编. 20～12 页，1979.

林面积，使它们在发展中得到更好的保护，并供利用。

参考文献

[1] 郑万钧. 中国树木志，第一卷，210页，北京：中国林业出版社，1983

[2] 王献溥等. 广西兴安猫儿山保护区植被. 广西植物，6（1～2），84～85，1986

4. 长苞铁杉林①

以长苞铁杉（*Tsuga longibracteata*）为主（或为标志）的中山针阔混交林，主要分布于广西北回归线以北的中山地带，海拔1 200m以上，是广西亚热带植被垂直带谱中一个代表性类型，是这类森林在我国分布的南缘。桂北越城岭真宝顶，海拔2 123m，为广西第2高峰。其上的同禾药场，海拔1 450m。根据同禾药场的气象记载，年平均气温13.1℃，1月平均气温2.1℃，7月平均气温22.2℃，极端最低气温－11.9℃，极端最高气温34.0℃，夏季气候仅一个月（7月）；年降水量2 065mm，3～8月占71%，年平均相对湿度85%，属于亚热带山地冷凉潮湿的气候类型[1]。

长苞铁杉的立地条件类型为发育在砂页岩和花岗岩地层上的山地黄壤或山地黄棕壤，呈强酸性反应。由碳酸盐岩地层发育成的立地条件类型没有长苞铁杉林的分布。

成熟而又保存较好的长苞铁杉林，长苞铁杉树冠高出林冠之上。根据大瑶山海拔1 280m一个900m^{2}的样地记载[2]，第1亚层林木长苞铁杉和光叶青冈（*Cyclobalanopsis nubium*）、马蹄荷、金毛石栎为主的阔叶树混交，它们的重要值指数分别为34.8、43.0、40.3、25.8。其他常见的种类还有广西山茉莉（*Huodendron tomentosum* var. *guangxiensis*）、银荷木、少叶黄杞（*Engelhardtia fenzellii*）、树参等。第2亚层林木以绿樟（*Meliosma squamulata*）为优势，重要值指数为107.5，次为深山含笑，为40.9。常见的种类还有：毛叶木姜（*Litsea elongata*）、羊角杜鹃、光叶木兰、石楠等。第3亚层林木也以绿樟为优势，重要值指数为101.5，其次为毛叶木姜，为48.6，常见的还有深山含笑、小狗骨柴（*Tricalysia fruticasa*）等。

从整个乔木层分析，绿樟的重要值指数最大，为45，但它性状是中乔木，不能成为上层林木的优势。光叶青冈重要指数排列第二，为25.2，它是大乔木，是上层的优势种；长苞铁杉排列第三，为21.0，是上层的次优势种；金毛石栎排列第四，是常见种。但从整体看，优势是不明显的。

灌木层植物种类丰富，乔木的幼树占80%，但个体植株不多。以箭竹（*Sinarundinaria nitida*）占优势，西南香楠（*Randia herryi*）、毛叶木姜、薯豆杜英（*Elaeocarpus japonicus*）、红润楠（*Machilus thunbergii*）较常见。

---

① 执笔人：苏宗明

草本地被层植物种类很少，植株也不多，以狗脊较常见，林窗外还多华里白。

藤本植物茎细小，常见有冷饭团（*Kadsura cocoinea*）、土茯苓、鸡眼藤、野木瓜（*Stauntonia chinensis*）、三叶木通（*Akebia trifoliata*）等。

桂北1 450～1 700m的山地，长苞铁杉常和黔椆（*Cyclobalanopsis stewardiana*）、尾叶水锥栲、檫木、缺萼枫香等混交，中下层以羊角杜鹃、灯笼树（*Enkianthus chinensis*）、华中山柳（*Clethra cavaleriei*）为常见。灌木层植物以苦竹（*Pleioblastus* sp.）占优势。草本地被层植物以狗脊、车前、中型沿阶草（*Ophiopogon intermedius*）较常见[1]。

根据大瑶山63年生长苞铁杉解析木分析[3]，胸径41.7cm，树高17.7m。树高生长8年前较慢，10年开始加快，25年达高峰。胸径生长10年前较慢，15年开始加快，30年达高峰，60年后还保持平均0.6cm的生长。材积生长15年前较慢，20年开始加快，连年生长量在60年还继续上升，63年还未达数量成熟（表6-9、图6-4)。另外，猫儿山海拔1 680m处一株树龄为145年的解析木①，树高7.8m，胸径17.7cm（带皮），树高连年生长量最大只有0.20m，胸径连年生长量最大只有0.2cm，材积连年生长量最大不到0.003m^3。

大瑶山的长苞铁杉林，以蓄积量计，第1林层以长苞铁杉为主，立木蓄积量每公顷465～525m^3，第2林层以阔叶树为主，立木蓄积量每公顷8～165m^3[3]。

长苞铁杉为喜光树种，复层林下更新不良，如上述900m^2的样地，100m^2只有幼树1～2株；但在单层林下，更新尚良好，例如猫儿山海拔1 570m处山脊边坡的长苞铁杉林，可能由于风大，树高只有9m，在400m^2样地上有长苞铁杉立木20株（已是开花结果的成熟树），幼树幼苗23株。可见，只要林内有适宜的阳光条件，如林窗，长苞铁杉就能很快产生预备种群，保证长苞铁杉在群落中持续性。

长苞铁杉木材纹理直，结构细而均匀；重量轻，质软，加工容易，削面光滑。适于作上等家具、箱盒、门窗、室内装饰、桩、柱、枕木、雕刻、文具、车厢板、船侧板，大材宜旋制胶合板。长苞铁杉材用价值大，应选为广西海拔1 200m以上的地区的重点造林树种。此外，其他优良用材树种还有马蹄荷、银荷木、光叶木兰、广西山茉莉、深山含笑、金毛柯等。但目前成片林分不多，且又分布于中山之上，故宜作为水源林经营。现有的林分受破坏仍相当严重，应注意保护。

---

① 广西桂林行政公署林业局. 广西猫儿山水源林区调查材料汇编，1979.

表 6-9 长苞铁杉生长过程表

年龄	胸径(cm)			树高(m)			材积(m³)				形数
	总生长量	连年生长量	平均生长量	总生长量	连年生长量	平均生长量	总生长量	连年生长量	平均生长量	连年生长率%	
5				0.9		0.18					
					0.30						
10	1.5		0.15	2.4		0.24	0.0004		0.000 04		0.930
		0.68			0.38			0.000 98		34.4	
15	4.9		0.33	4.3		0.29	0.0053		0.000 35		0.652
		0.88			0.40			0.003 32		24.4	
20	9.3		0.47	6.3		0.32	0.0219		0.001 10		0.512
		0.68			0.50			0.005 82		16.0	
25	12.7		0.51	8.8		0.35	0.051 0		0.002 04		0.457
		1.12			0.46			0.015 80		17.5	
30	18.3		0.61	11.1		0.37	0.130 0		0.004 33		0.445
		0.92			0.42			0.017 80		10.2	
35	22.9		0.65	13.2		0.38	0.219 0		0.006 26		0.403
		0.88			0.28			0.025 40		9.0	
40	27.3		0.68	14.6		0.37	0.346 0		0.008 65		0.405
		0.74			0.26			0.027 02		6.5	
45	31.0		0.69	15.9		0.35	0.481 1		0.010 69		0.401
		0.62			0.18			0.026 54		4.8	
50	34.1		0.68	16.8		0.24	0.613 8		0.012 28		0.400
		0.50			0.06			0.024 70		3.7	
55	36.6		0.67	17.1		0.31	0.737 3		0.013 41		0.410
		0.44			0.08			0.024 32		3.0	
60	38.8		0.65	17.5		0.29	0.858 9		0.014 32		0.415
		0.37			0.07			0.025 60		2.9	
63	39.9		0.63	17.7		0.28	0.935 7		0.014 85		0.423
带皮	41.7			17.7			1.0524				0.435

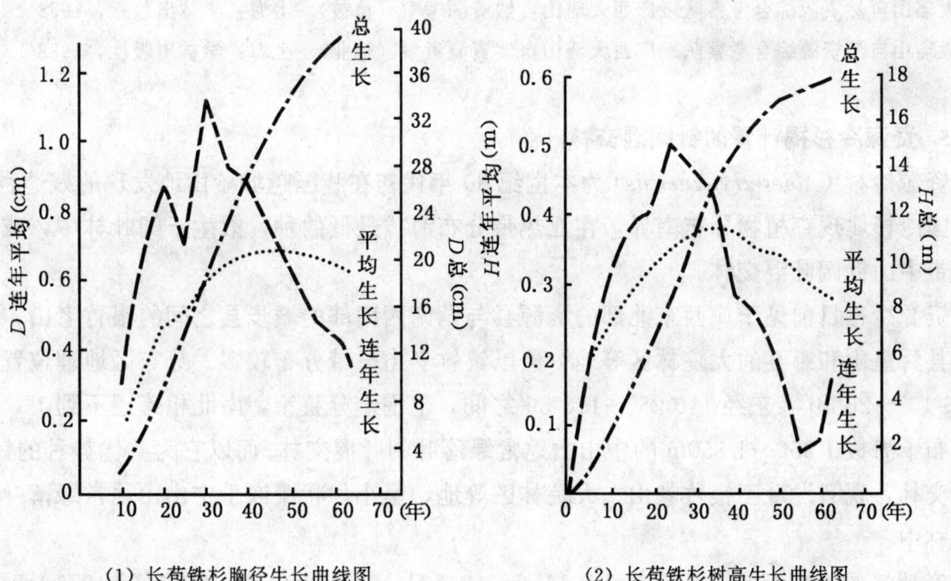

(1) 长苞铁杉胸径生长曲线图　　(2) 长苞铁杉树高生长曲线图

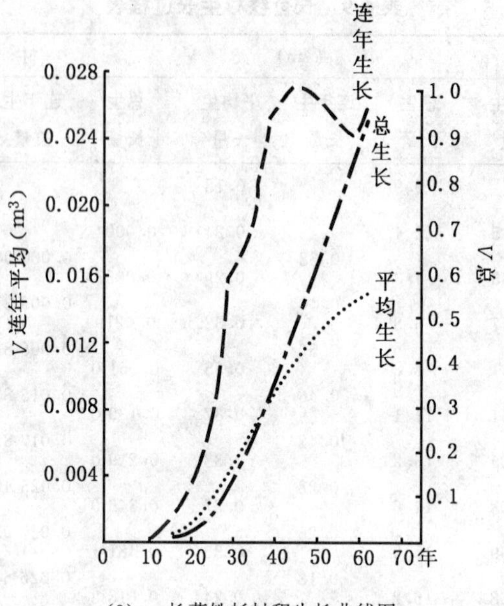

(3) 长苞铁杉材积生长曲线图

图 6-4 长苞铁杉生长进程

参 考 文 献

[1] 苏宗明．广西亚热带中山针阔混交林．广西植物，第 3 卷，第 1 期，1983

[2] 大瑶山自然资源综合考察队．广西大瑶山自然资源考察（植被）．上海：学林出版社，1988

[3] 大瑶山自然资源综合考察队．广西大瑶山自然资源考察（林业）．上海：学林出版社，1988

5. 资源冷杉褐叶青冈针阔混交林①

资源冷杉（*Abies ziyuanensis*）为本世纪 80 年代初在我国越城岭山地发现的残遗种，成为我国冷杉属现存植物分布南界，在亚热带分布海拔最低的种，散生于阔叶林中，或组成亚热带中山针阔叶混交林。

资源冷杉目前见于广西东北部的资源县与湖南西南部的城步县之间的银竹老山、湖南新宁县舜皇山和鄜县的大院林区等地，但以银竹老山一带分布较多。分布区地理位置约北纬 26°10′～26°40′，东经 110°25′～113°50′之间，范围十分狭窄，南北相跨还不到 1°，多零星分布于海拔 1 350～1 850m 的中山山地常绿落叶阔叶混交林。而以它为共优势种的针、阔叶混交林，现只发现于银竹老山、大院林区等地，呈小片状镶嵌于中山山地常绿落叶阔叶混交林中。

产地气候冷凉潮湿，年平均气温 11.5～13.1℃，最冷月（1 月）平均气温 2.1～2.5℃，

① 执笔人：莫新礼

最热月（7月）19.4～22.2℃。极端最低气温－12℃左右。年降水量约2 000mm，时而云雾迷漫，年相对湿度达85%～88%。立地的土壤为山地黄棕壤，母岩为花岗岩，土层一般厚在1m以上，地表满布枯枝落叶，厚达10cm，腐殖质层可超过20cm，有机质含量8%～13%，pH4.0～5.5。

资源冷杉针阔叶混交林的结构较复杂，据在广西境内银竹老山的调查，郁闭度0.8左右。乔木层可明显划分为3个亚层。

第1亚层林木为纯针叶层片，挺拔于阔叶林层之上，立木高21～28m，胸径40～90cm，甚为雄伟，树冠不连续，覆盖度40%左右，资源冷杉为主，伴生有少数南方铁杉，第2亚层林木高11～18m，较集中于14～16m，覆盖度70%左右，成为主林层，常绿阔叶树以褐叶青冈、多脉青冈（*Cyclobalanopsis multinervis*）占优势，常见的有腺叶野樱（*Pruns phaeosticta*）、大八角、尾叶甜槠等，其余长柄荷木（*Schima longipetiolata*）、绵石栎（*Lithocarpus henryi*）、榕叶冬青、银荷木呈零星分布。落叶阔叶层片居于次要地位，以扇叶槭较占优势，还常见华南桦、光皮桦、水青冈和细柄萸叶五加（*Acanthopanax evodiaefolius* var. *gracilis*）等。至于针叶层片，仅见有个别的资源冷杉。第3亚层高在10m以内，覆盖度30%～40%，以大八角为多，其次为褐叶青冈，以及本亚层的代表种红淡（*Cleyera japonica*）、细枝柃（*Eurya loquaiana*）、石楠、大果卫矛（*Euonymus myriantha*）等，落叶阔叶树仅见个别的槭树和白檀（*Symplocos paniculata*）。资源冷杉已完全消失。

灌木层植物高2m以内，覆盖度约80%，生长着密茂的南岭箭竹（*Sinarundinaria basihirsuta*），其他主要为乔木的幼树，但却缺乏资源冷杉。

草本层植物稀少，分布零星，常见有两广沿阶草（*Ophiopogon chingii*）、镰叶瘤足蕨和苔草（*Carex* spp.）等，林地上苔藓满布，还可见到资源冷杉幼苗。

层间植物以苔藓类最发达，在树干和枝条上普遍附生；藤本很少，有灵川钻地风（*Schizophragma choufeniana*）、粉背雷公藤（*Tripterygium hypoglaucum*）和扶芳藤（*Euonymus fortunei*）等零星生长。

资源冷杉结实有间隔期，种子发芽率只有10%左右。喜光树种，苗期要求一定的庇荫，在荒坡及迹地上难以进行天然更新。庇荫阶段短促，在林冠下，更新效果随着森林疏密度而不同，在密闭的资源冷杉褐叶青冈林下，虽然也有些幼苗，但却难以长成幼树，更新不良；且在乔木层中，以上层老熟木为主，中龄木稀少，缺乏下层个体，这些现象表明已不能适应此类森林环境，在群落发展中是不稳定的，有被排除的趋势；这类针阔叶混交林将被中山常绿落叶阔叶混交林所更替。

资源冷杉及资源冷杉针阔叶混交林的发现，无疑具有较重要的科研意义。它为研究古气候的变迁以及古植被、植物区系提供很有价值的资料。因此，资源冷杉混交林宜切实加以保护。资源冷杉树干通直完满，出材率高，木材纹理直，刨切面光洁，花纹美观，为制造家具和建筑等优良用材；其他优良树种主要还有长柄荷木、水青冈、尾叶甜槠和南桦等。更值得重视的是资源冷杉在海拔1 550m以上的中山山地能长成高达28m的大树，人工栽培生长尚快，宜在分布区内选作中山造林树种加以发展。

6. 元宝山冷杉林①

元宝山冷杉（*Abies yuanbaoshanensis*）是与资源冷杉同时发现的新种，也属国家二级珍稀濒危保护植物，广西特产。目前仅见于广西北部融水县元宝山海拔 1 700m 以上的范围，其中以海拔 2 000m 左右的地方分布较多，与阔叶树组成针阔混交林。

元宝山为九万山山脉的最高峰，也是广西第三高峰，海拔 2 081m，地理位置约在北纬 25°25′，东经 109°10′。元宝山冷杉林分布区的气候情况基本上与资源冷杉林分布区的相同。元宝山冷杉林的立地条件类型为发育在花岗岩地层上的黄棕壤，酸性反应，pH4.0～5.5，地表布满 5～10cm 厚的枯枝落叶层，有大块花岗岩露头。

元宝山比较孤立，常风较大，因而处于高海拔地方的元宝山冷杉林高度不很高，但乔木层亦可以分为 3 个亚层，郁闭度 0.8 左右，第 1 亚层林木覆盖度 60%，树高 16m，胸径 60cm 左右，最大有 1m。该层共有 6 株立木，全是针叶树，以元宝山冷杉占绝对优势，有 5 株，重要值指数为 255.5，另一株为南方铁杉。此层林木全是老龄过熟树，干多空心，枯顶，枯死的枝干很多。第 2 亚层林木覆盖度 50%，高 8～10m，胸径 10cm 左右和 16cm 左右为多，从高度和胸径看，与第 1 亚层似乎不太连续。种类以山矾（*Symplocos sumuntia*）占优势，重要值指数为 62.9，元宝山冷杉虽然株数不多，但粗大，重要值指数仍达 48.1，居第 2 位。第 3 位为包果石栎，重要值指数为 42.9。第 3 亚层林木覆盖度 50%，高 6m 左右，胸径 5cm 左右。该亚层林木株数最多，共 167 株，占林木总株数 205 株的 81.5%。种类以红皮木姜占优势，重要值指数为 63.5，次为尖叶山茶（*Camellia cuspidata*），重要值指数为 53.9，常见的有美丽马醉木（*Pieris formosa*）和山矾，重要值指数分别为 34.8 和 23.1。第 2 和第 3 亚层林木树干多数弯曲、倾斜，有的树干还贴着地面生长，延伸几米后再直立向上，树冠多不成形。从整个乔木层分析，元宝山冷杉虽然株数少，但林木粗大，故重要值指数仍排第一，为 67.3 居优势地位，次优势为红皮木姜和尖叶山茶，重要值指数分别为 40.4 和 32.4，常见的种类有山矾、美丽马醉木、包果石栎、粉背青冈（*Cyclobalanopsis oxyodon*），重要值指数分别为 24.3、19.4、18.1、12.8。灌木层植物覆盖度 70%，高 2～2.5m，以尖尾筱竹（*Thamnocalamus cuspidatus*）占绝对优势，覆盖度达 60%以上，枯死的植株不少，其他常见的多为上层林木的幼树，如红皮木姜、大新木姜（*Neolitsea chuli*）、尖叶山茶等。草本层植物覆盖度 40%左右，一般高 0.3m，以疏花沿阶草（*Ophiopogon sparsiflorus*）和沿阶草（*O. japonicus*）为优势，覆盖度各占 20%，其他常见的还有少脉沿阶草（*O. paucinervis*）、干旱毛蕨（*Cyclosorus aridus*）等。藤本不少，但多为茎细小的种类，占优势的为牛老药藤，常见的有扶芳藤、菝葜（*Smilax china*）、灵川钻地风等。附生植物以苔藓为特征，树干、石头表面都布有苔藓。

元宝山冷杉林为过熟林，尚有一定的更新能力，在 600m² 的样地有 0.5～1.5m 幼树 22

① 执笔人：苏宗明

株，0.5m 以下的幼苗 9 株。但缺乏 1.5m 以上的幼树以及第 3 亚层的植株。也就是说，这些更新幼树幼苗几乎不能成长为成年树。元宝山冷杉为一种间歇型构造种群，发展下去，元宝山冷杉有被淘汰的可能。群落中更新最好、种群年龄结构完整的有红皮木姜、大新木姜、尖叶山茶，在 600m^2 样地分别有幼苗和幼树 191 和 32、21 和 32、21 和 21 株。这样，发展下去，会演变成以大新木姜为优势的林分。

元宝山冷杉林材用价值不大，但科研价值极大。它是我国只产广西的特有种，是我国冷杉属植物纬度分布最南的种，对于研究我国古植物、古气候的演变具重要意义。同时，它还是重要的水源涵养林。但目前更新情况不好，缺乏中年木，有被淘汰的危险。应该引起重视，和采取必要的措施加以挽救，使这种珍稀濒危植物不致灭绝。

第二节　热带针叶林①

热带针叶林分布于广西北热带丘陵、台地，是季雨林反复破坏后产生的一种次生林类型，其立地条件类型为砖红壤和赤红壤。

广西热带针叶林由常绿针叶乔木组成，纯林，单层结构。但发展到中后期的针叶林，可出现由当地季雨林成分构成的中下层，这些种类一般为热带常绿阔叶植物，也有少数落叶阔叶植物。灌木和草本植物基本上是当地灌丛和草丛的喜光种类组成，中后期为耐荫的种类取代。藤本植物茎细小，草质落叶的种类占多数，不发达。

随着林龄的不断增长，大型木质常绿藤本不断增多，藤本植物也呈现繁茂的景象。缺附生植物。林木树皮开裂，无板根和茎花现象。

广西热带针叶林是一种不稳定的类型，在天然情况下，任其自然发展下去，就会经由针阔混交林的阶段，过渡为阔叶林，即演变成季雨林。

广西热带针叶林目前只发现南亚松一个建群种型。

南　亚　松　林②

南亚松（*Pinus latteri*）林天然分布于广西沿海一带，由于长期破坏，目前面积较大较好的林分已很难找到，只在一些村屯附近丘陵、台地，保存有小片的次生林。沿海地区气温高，热量丰富，雨量充沛，但受台风影响大。年平均气温 22.3～22.6℃，1 月平均气温 14.0～14.7℃，7 月平均气温 27.8～28.3℃，历年极端最高气温 37.8℃，历年极端最低气温－1.8℃，≥10℃的积温 7 868～8 158.1℃；年降水量 1 636.2～2 822.7mm，每年有 3～

---

① 执笔人：苏宗明

② 执笔人：苏宗明

4 个月（11、12 月～次年 2 月）的降水量不到 40mm，集中于 4～9（10）月[①]。南亚松林的立地条件类型为发育在砂页岩上的赤红壤，土层瘠薄，表面多碎石渣，砂性大，较干旱。

目前所见的次生南亚松林，多处于中幼年状态，单层纯林，郁闭度 0.5。高的 12m，低的 4m，一般的 8～9m，胸径 12cm 左右，每 $100m^2$ 样地有立木 10～18 株，树干通直，生长良好。灌木层植物生长繁茂，覆盖度 70%左右，以桃金娘占绝对优势，覆盖度达 60%左右，其他零星分布的种类不少，如黑面神（*Breynia fruticosa*）、牛耳枫（*Daphniphyllum calycinum*）、九节木、野牡丹（*Melastoma candium*）、山芝麻（*Helicteres angustifolia*）、春花木（*Raphiolepis indica*）、大沙叶、岗松、山叶蒲桃（*Syzygium levinei*）、龙船花（*Ixora chinensis*）、红鳞蒲桃等。在茂盛的灌木层下，草本层植物分布稀疏，覆盖度只有 15%，以鹧鸪草、芒萁、纤毛鸭嘴草（*Ischaemum ciliara*）为常见。南亚松在繁茂的灌木层下，更新不良，在 $400m^2$ 的样地只见 1 株幼树。

在保护较好的个别村旁林中，由于阔叶树的侵入，发展为针阔叶混交林[③]，乔木层分为 2 个亚层，在 $400m^2$ 范围内，上层林木有 25 株，高 10～15m，胸径 18～25cm，有的地段分别为 14～20cm 及 23～43cm，覆盖度可达 70%，全为南亚松；下层高 4～8m，胸径 10cm 以内，覆盖度 60%，除有个别南亚松外，均为阔叶树，以红鳞蒲桃占优势，覆盖度 40%，其他较多的有海南密花树（*Rapanea faberi*）、长叶山竹子（*Garcinia oblongifolia*）、椭圆叶豺皮樟（*Litsea rotundifolia* var. *oblongifolia*）等。灌木层覆盖度 55%～70%，以九节木、酒饼叶（*Desmos chinensis*）、越南叶下珠（*Phyllanthus cochinchinensis*）为优势，其他还有云南大沙叶（*Aporusa yunnanensis*）、龙船花等多种；乔木幼树计 14 种，以红鳞蒲桃最多，分布普遍，其余依次为豺皮樟、海南密花树、长叶山竹子等，却无南亚松。看来此类混交林也是不稳定的，如任其自然发展，行将为以红鳞蒲桃为代表的常绿阔叶林所更替。

南亚松天然分布于广西北热带季雨林地带的东南部，树干通直，生长良好，可作为沿海地区丘陵台地重要的造林树种。

---

①② 李信贤．广西海岸带植被调查报告，广西海岸带和海涂资源综合调查报告第七卷（内刊），1986．

第七章

阔叶林

第一节 亚热带落叶阔叶林[①]

亚热带落叶阔叶林是常绿阔叶林和石灰岩常绿落叶阔叶混交林遭受破坏后发展起来的次生类型，群落的建群种除少数来自温暖带地区外，多半是只分布在亚热带地区的落叶树；灌木层常以常绿成分为主，草本层均以亚热带甚至热带种类为多，所以与暖温带地带性的落叶阔叶林是不同的。土壤为红壤或石灰（岩）土系列。

亚热带落叶阔叶林的外貌特征是：初发展起来的森林以落叶阔叶木本植物为主，成林以常绿阔叶木本植物居多，但建群层片几乎或多半为落叶阔叶中乔木和大乔木，所以外貌色彩随季节不同而变化。叶多为单叶，中型叶和小型叶占多数，常绿阔叶树的叶一般为革质，落叶阔叶树的叶一般为纸质。乔木树皮较厚，粗糙且开裂，不具板根和茎花现象。

亚热带落叶阔叶林乔木层结构比较简单，前期为单优单层林相，林木层以壳斗科、桦木科、安息香科、金缕梅科、榆科的种类占优势。郁闭度不大，林下灌木、草类生长比较繁茂，多属当地灌草丛中常见的喜光植物，也有一定小型的藤本植物。随着时间的推移，其他树种的侵入，使群落的组成复杂化并发育为复层林。但此时上层林木仍多由单种落叶阔叶树组成，下层则以常绿阔叶树居多。随着郁闭度的增加，灌草层在组成上也发生明显的变化，种类明显减少，并代之以耐荫的种类，即原常绿阔叶林或石灰岩常绿落叶阔叶混交林的组成种类。事实上，这已经是落叶阔叶林发育的后期阶段。

广西亚热带落叶阔叶林虽然是次生类型，但不少建群种是有名的速生树种，出材率高，为广西重要的用材树种，经济价值较大。因此，如何经营好现有的森林，并如何人工发展

---

① 本节光皮桦林和西桦林由李治基执笔，其余均由苏宗明执笔

新的森林，是一个值得重视的问题。

广西亚热带落叶阔叶林类型很多，重要的有下列几种。

1. 光皮桦林

光皮桦（*Betula luminifera*）林主要分布于我国中亚热带常绿阔叶林地带。广西是它分布的南缘，主产于桂北及桂东北，呈小片状分布于海拔700～1 300m的范围，稀可上升到1 450m。向西分布到桂西北山原，仅在1 400m以上的山地才可以见到。以下，则为同属的西桦（*Betula alnoides*）林所取代。这些现象表明，广西境内光皮桦林局限于山地垂直带谱中常绿阔叶林地带的上部以至山地常绿、落叶阔叶混交林地带的下缘；而在西部南亚热带分布的下界大为升高，反映出它适生于温凉湿润、潮湿的山地气候。

广西分布区下界的气温可以南丹县为代表，年平均为17.3℃，稳定≥10℃的积温5 233℃，最冷1月为7.4℃，最热7月为24.6℃。虽四季分明，各为3个月，但夏季不酷热，冬季无奇寒，历年极端最低温极值－5.5℃，极端最高温35.5℃。分布上界可以越城岭真宝顶的同和药场的记录为代表，年平均气温13.1℃，1月2.1℃，7月22.2℃，极端最低气温－11.9℃，当地光皮桦林很少出现，成为偶见的类型，而经常见到的是南桦（*Betula austrosinensis*）。

广西境内光皮桦林分布区，桂东北及桂北的年降水量1 500～1 900mm，水热系数在2.1～2.6以上，属于湿润至潮湿的气候。桂西北山原的田林、隆林、西林一带，位于西部亚热带，属于半干燥的气候区，干、湿季明显，干热的气候不利于它的生存，随着地势升高，气候逐渐变得凉湿，仅在中山才出现。

在分布区内，土壤因素也影响着它的分布。光皮桦是一种喜酸性土的树种，光皮桦林只能分布于砂岩、页岩、花岗岩等酸性岩构成的山地，立地的土壤为黄壤、黄棕壤，从不见于石灰（岩）土，因此，在分布上常被石灰岩地层所间断。

初发展起来的光皮桦林为单层林相，组成也较简单，伴生树种虽各地多少有别，但均为喜光的落叶树。据在田林老山调查的杆材林，约14年生，林冠高7～10m，郁闭度0.6，在1000m^2范围内有乔木270株，以光皮桦的数量最多，且占据林冠的上部；次优势种为盐肤木，位于林冠的中下部；其他还有小果拟赤杨（*Alniphyllum fortunei* var. *microcarpa*）、旱冬瓜、贵州山柳等。灌木层植物高1～2m，覆盖度50%，没有明显的优势，以乔木的幼树较多，真正的灌木有算盘子（*Glochidion puberum*）、柃木、毛桐（*Mallotus babartus*）、南烛等。草本层植物高在1.5m以下，生长密茂，覆盖度80%，以喜光的禾草及蕨类占优势，如五节芒、蕨（*Pteridium aquilinum* var. *latiusculum*），此外，三脉紫菀、艾纳香（*Blumea pubigera*）也较常见。藤本很少，零星散布于灌木层，有粗叶悬钩子（*Rubus alceaefolius*）野葛藤（*Pueraria thunbergiana*）、显脉山绿豆（*Desmodium reticulatum*）。

光皮桦是喜光先锋树种，种子轻并具翅，能随风远飘，在新的采伐、火灾迹地以及游耕的撂荒地等次生裸地，它可首先侵入恢复森林。而在灌草丛集的旧迹地，种子不易接触地面，难以更新；在郁闭良好的林荫下，虽然灌木草本层稀疏，并不妨碍下种，但光照不足，幼苗也不能成长，更新效果不好。上述调查的杆材林就是在常绿阔叶林皆伐的迹地上更新起来的。调查时林下杂草繁茂，光皮桦完全缺乏幼年的种群，而得到更新的为山柳、盐肤木以及常绿的四季青、山矾等。此后，随着时间的推移，森林长大，郁闭增强，耐荫或较为耐荫的常绿阔叶树将可逐渐侵入并定居下来。

据调查桦木林多为复层林，上层高15m以上，为落叶树，以光皮桦为主，间有少数小果冬青（*Ilex micrococca*）、拟赤杨、枫香等，立木处在衰退过程而变得稀疏。下层林木高4～10m，生长繁茂，覆盖度70%～80%，成为主导层，多为常绿阔叶树，以细枝栲、银荷木、水锥栲、贵州杜鹃（*Rhododendron rivulare*）、石壁杜鹃等较为常见。灌木层植物在2m以下，覆盖度40%左右，多为常绿乔木的幼树，真正的灌木以杜茎山、金花树为多。草本层植物高在1m以下，覆盖度50%，以狗脊占优势，华里白、镰叶瘤足蕨、锦香草（*Phyllagathis cavaleriei*）也常见。在此类森林中，光皮桦只有上层的成年木，而缺乏自此以下的个体，在群落发展中将会消失，因此，这类复层林也是不稳定的，实际上是向较耐寒的栲类林演替的过渡类型。

光皮桦是速生树种，材质优良，适于作军工和高级家具用材，树皮为栲胶原料，干馏后可得桦皮焦油，经济价值高。应选作广西亚热带相应海拔的山地绿化树种，进行人工造林。天然更新起来的光皮桦林，如上述的杆材林，常伴生数量颇多低经济价值的杂树，应通过除伐以提高森林的质量。在天然更新不大理想的地段，宜分别情况采用补植补播除草等人工促进措施。成熟林的利用可采用皆伐，保留母树下种更新；但在复层林中，则可选伐上层落叶树，采伐时应尽可能少损害下层木，使之成长发展为常绿阔叶林。

2. 南桦林

广西境内的南桦（*Betula austro-sinensis*）林从北部山地沿着广西弧形山脉向南分布到大瑶山及大明山等地，分布区与光皮桦林较多重合，但却向南突出，可达南亚热带的南界，而基本消失于桂西北山原。垂直分布的高程在海拔900～1 500m，而在南端，下界提高到1 100m以上。在分布区内，大多呈零星小片的出现，一般占据山坡下部和沟谷比较湿润的地段。

南桦林是亚热带垂直带谱的次生落叶阔叶林，分布区下界的气温大体上可参考龙胜里骆林场海拔约1 000m的记录①。年平均气温14.0℃，最冷月（1月）3.8℃，极端最高气温31.9℃，极端最低气温－4.2℃。分布区低平地方的年降水量为1 500～2 000mm，属于湿润以至潮湿的气候，少数地方可有1～2个月（12～2月）属于少雨月，干湿季不明显或不太明显。但是南桦林主要分布于中山，降水量尤为充沛，如龙胜里骆海拔1 000m处降水量为1 907mm，而比同一坡位370m处的年降水量1 580mm多得多。

南桦林只分布于砂页岩的山地，土壤为黄壤及黄棕壤，pH4.5～5.5，石灰岩山地从不见有南桦林的分布。

① 根据龙胜里骆森林生态定位研究站的观测

早期的南桦林的结构和组成均较简单，为单层落叶林，高8～10m，但随着常绿树种的侵入，乔木可分为2个亚层，上层高12～15m，胸径20cm左右，覆盖度40%～50%，为落叶层片，以南桦为主；下层林木高4～8m，胸径10cm以下，覆盖度70%～80%，主要为常绿阔叶树，以水锥栲、大鳞石柯（*Lithocarpus erizabethae*）、银荷木、红润楠、木莲（*Manglietia fardiana*）、白杜鹃（*Rhododendron westlandii*）、大果蜡瓣花（*Corylopsis multiflora*）等较为常见。灌木层植物高3m以下，覆盖度35%左右，分布稀疏。种类组成以常绿阔叶树乔木幼树为主，真正灌木常见有：野锦香（*Blastus cochinchinensis*）朱砂根（*Ardisia crenata*）、假黄杨、粗叶木（*Lasianthus chinensis*）等。草本地被层植物高1m以下，覆盖度35%～45%，以狗脊占优势，镰状瘤足蕨、华里白、山羌也不少。

南桦林是亚热带山地常绿阔叶林和中山常绿、落叶阔叶混交林破坏后形成的次生林，在没有外来干扰的情况下，上述南桦林会逐步恢复为原来的山地常绿阔叶林或中山常绿落叶阔叶混交林。

南桦林的利用价值及经营措施与光皮桦林相同。

3. 西桦林

西桦林（*Betula alnoides*）是我国桦木林分布南缘特有的类型，产云南、广西，主要分布于西部南亚热带季风常绿阔叶林地带，在北热带则生长在较高的山地。广西境内分布于桂西北山原区岑王岭以西的田林、西林、隆林等县海拔1 300m以下，上界不超越山地常绿阔叶林地带的范围；向东沿都阳山地背风区布柳河谷断续伸展到天峨、凤山；南达桂西南石山山原山地区西部的田阳、德保、靖西、那坡等地海拔500～700m以上。属于垂直带谱的类型。

西桦林能适应焚风效应明显的干热气候。广西分布区的气温，低平地方可以位于河谷的田林城为代表，年平均气温为20.7℃；最冷月1月11.9℃，没有冬季，最热月7月27.1℃，夏季长达半年（4～9月）；历年极端最高气温多出现在焚风盛行的4～5月，极值41.3℃[2]。上界的气温大体上可以隆林海长的纪录作参考，年平均气温16.4℃，最冷月7.7℃，最热月23.0℃①，热量大为减少，西桦林已成为稀见的类型。桂西北年降水量1 100～1 200mm，属于半干燥—半湿润的气候区，桂西南山原降水量较多，可达1 400～1 600mm；但和桂西北相同，干湿季交替相当明显，5～9月为雨季，降水量占全年79%；11～3月为旱季，仅占全年9%，这期间各月的降水量多数在30mm或20mm以下。和一般的落叶树不同，西桦初秋落叶，而在冬季发叶放花，表现出它的旱生性强。西桦林只定居在由砂页岩等酸性岩体构成的常态侵蚀地貌，立地土壤为赤红壤、山地红壤，为酸性土特有的类型，在表土流失、心土裸露处也能更新成长。而在土层深厚湿润、排水优良的地方生长迅速，能长成高大乔木[1]。

① 隆林各族自治县农业气候编写小组．隆林各族自治县农业气候分析与分区（初稿）．广西壮族自治区气象局翻印，1976.

前期的西桦林，常为单层同龄纯林。随着时间的推移，组成逐渐复杂化，形成复层林，西桦高踞上层，下层主要为常绿阔叶层片。根据靖西魁圩海拔900m的样地调查，约20年生的西桦林，郁闭度0.8，在1 000m^{2}范围内有林木243株，分3亚层，上层高达20m以上，全为西桦，共47株；中层高12～15m，共40株，以西桦占绝对优势，只有少数的栲树、红荷木伸入此亚层；下层木高11m以下，较集中在5～9m，密度最大，共有156株，占全林分总株数64%，生长繁茂，以栲树、毛杨梅（*Myrica esculenta*）占优势，常见的有香面叶（*Lindera caudata*）、多穗石栎（*Lithocarpus litseifolius*）、红荷木、广东润楠（*Machilus kwangtunensis*）等，其中除毛杨梅和广东润楠外，其余常绿阔叶树均可长成大乔木，目前实际上处在青年发育阶段，不是这亚层的固有成分；而桦木株数少，零星生长，局限于此林层的上部，并出现立枯木，其他落叶树还有黄檀、山乌桕（*Sapium discolor*）。灌木层稀疏，覆盖度5%～10%，高2m，主要为常绿乔木的更新层片，常见的灌木有火炭木（*Craibiodendron stellatum*）、三叉苦（*Evodia lepta*）、毛果算盘子、毛柃（*Eurya groffii*）、偏瓣花（*Plagiopetalum esquirolii*）。草本层植物一般高0.5m，发育也不良，覆盖度20%左右，以铁芒萁、狗脊较多，其他还有陵齿蕨（*Lindsaea cultrata*）、肾蕨（*Nephrolepis cordifolia*）、芒（*Miscanthus sinensis*）等。

随着环境条件不同，发生明显变化，如在田阳洞靖海拔500m调查的西桦复层林，因温度较高，下层林木出现较多喜暖热的常绿阔叶树，如刺栲、印度栲（*Castanopsis indica*）、黄果厚壳桂、血胶树等；灌木层以九节木、五角紫金牛（*Ardisia quinquegona*）等热带成分占优势；草本层多金狗毛（*Cibotium barometz*）、华南紫萁（*Osmunda vachellii*），为此类西桦林打上了山地季风常绿阔叶林地带的烙印。而前一类型属于山地常绿阔叶林地带的群落。

据测定靖西魁圩西桦复层林标准地两株上层木的生长如表7-1。树高生长幼年相当快，5年生内年生长量超过1m，Ⅱ号样木甚至超过1.5m。但紧接着在第2龄阶便达到高峰，连年生长量为1.6～1.7m以上，之后便明显降低，但仍保持较高的生长量，此时已进入成年期，大量结实。平均生长在高峰后缓慢下降，在20年生时仍持续1m以上。此时两株样木总生长量大体相当，为21m左右。

胸径生长5年生内也颇为迅速，每年达0.8cm以上，连年生长高峰也在第2龄阶来临，此时生长量1.5cm左右。之后虽有所减少，但至第4龄阶还接近或超过1cm，仍处在旺盛生长期。平均生长高峰或同期来临或延至第3龄阶，此后下降是微小的，20年生仍大于1cm。这时的总生长量为22～27cm。

材积生长的起步也高，5年生内年生长量便达到或接近1dm^3，接着连年生长大幅度上升，未出现高峰。当然，平均生长也在继续上升中。这两条生长曲线的距离随着年龄的增长而愈益拉开，远未能相交。总生长量在20～21年时超过0.4m^3，表现出不寻常的生长水平。

总之，西桦是喜光速生树种，幼年生长快，树高与胸径生长高峰期来临早。但材积生长在20年生时未出现高峰，远未达到数量成熟期，且胸径生长进程也反映出培养大材的有利条件。据一些材料指出，西桦的寿命较长，有许多胸径 70～80cm 的大树均未见心腐或空心，适宜培养大径材[1]。

西桦在单层纯林特别是复层混交林中往往不能进行天然更新。根据魁圩的复层林的调查统计（表 7-1），每公顷共有幼苗 866 株，幼树 1867 株。

表 7-1 靖西魁圩西桦复层林更新统计 单位：株/hm²

树种	幼苗		幼树	
	株	%	株	%
西桦	0	0	0	0
多穗石栎	733	85	867	47
广东润楠	133	15	333	18
栲树	0	0	266	14
红荷木	0	0	100	5
其他	0	0	299	16
合计	866	100	1865	100

尽管西桦全部的立木都已达到更新成熟龄，种源非常丰富，很有利于天然下种，但却完全绝迹于更新层，森林环境妨碍它的野生苗成长。它的立木虽也可出现在乔木的下层，实际上也已进入成年阶段，可见在复层林中发育阶段的结构是很不完整的，缺乏幼年及青年发育阶段的个体，将无从补充不断衰亡的立木，属于衰退种，迟早将被排除。多穗石栎目前在下层林木属于常见种，而在更新层中，数量最多，分布很普遍；栲树已伸入乔木中层的上部，在下层占优势，幼树也相当多，即具备成年、青年、幼年等各发育阶段的个体。以上两种常绿阔叶树属于进展种，它们在当地都能长成大乔木，在群落发展中，将取得建群地位。广东润楠的幼苗幼树排在第 2 位，但它属于小乔木的生活型，不能和前两种相比拟，而有可能发展为下层的优势。此外，香面叶、红荷木、罗浮柿（*Diospyros morrisiana*）、野漆树、灰木（*Symplocos* spp.）的野生苗数量不多，处于从属地位，为群落的常见种或偶见种。毛杨梅虽是下层占优势的常绿树，且已达到更新成熟龄，但和山乌桕、黄檀等落叶树在林冠下都得不到更新，这些喜光树种也没有发展的余地。此类复层混交西桦林将被以栲树、多穗石栎为主的常绿阔叶林所演替。在靖西县洞靖的西桦复层林中，西桦只有乔木上层大树，更新层尽属常绿阔叶树，以壳斗科的刺栲和石栎（*Lithocarpus* spp.）占绝对优势，若任其自然发展，西桦也将被这些常绿阔叶树所更替。其实西桦单层林也是在这些森林破坏后的迹地上更新起来的次生林，之后演进为复层混交林，也是不稳定的，属于西桦林发育后期的类型，将为当地相应的常绿阔叶林所取代。

西桦木材淡红褐色，力学强度中至高，可用于装修、箱板、造纸及制造纺织工具；用作旋制胶合板，质量也很好。树皮含鞣质 6.96%～11.6%，可提制栲胶[1]。生长迅速，耐干热气候，可选作桂西北及桂西南荒山绿化先锋树种，营造速生用材林。至于西桦复层林还产多种良材和副产品，经济价值更高，应加以爱护。对天然林的经营可参照光皮桦林。为了培育西桦大径材，对复层林下层木宜进行除伐，保留刺栲、红荷木、多穗石栎等作目的树，以促进它们成长，待达到工艺成熟期，可行皆伐，酌留西桦、红荷木、刺栲作母树进行天然更新。

4. 旱冬瓜林

旱冬瓜（蒙自桤木 *Alnus nepalensis*）林是中亚热带西部常绿阔叶林地区出现的次生林，主要分布在云南、贵州西部、广西西部海拔 500～3 000m 山地，也见于四川和西藏。在西部南亚热带地区，又常混生于云南松林中，或者常绿阔叶林中。据记载，越南、印度、不丹、尼泊尔等国也有分布[3]。广西境内，主要见于乐业、田林、隆林、西林等地，向东经桂西北山原东部零星分布到南丹以至宜州，此后，即为江南桤木（*Alnus trabeculosa*）代替，向南则延伸到桂西南靖西高原。广西境内的旱冬瓜木林主要分布于海拔 800～1 600m 的范围，有时可以下延至海拔 500m 的地区。它一般出现于向阳山坡环境湿润的下部和沟谷两旁，多为小片分布。在山坡土壤比较干燥瘠薄的地方，大多呈零星生长，不占优势；受焚风影响的干热河谷地区，未发现此类森林的分布。

广西境内的分布区下界海拔的气候情况，可以以山原上的隆林和西林县城为代表，其海拔高度分别为 597m 和 729m，年平均气温 19℃，最低月（1 月）平均气温 10～10.2℃，最高月（7 月）平均气温 25.5～25.3℃，历年极端最低气温－2.4～－3.9℃，≥10℃积温 6 273.5～6 256.1℃[2]；上界以海拔 1 580m 的隆林县德峨乡为代表，年平均气温 14.5℃，年积温 5 284℃，7 月平均气温 20.5℃，1 月平均气温 5.8℃，属冷凉的无夏气候。隆林、西林、田林属半干旱的西部亚热带地区，年降水量 1 100mm 左右，干湿季交替明显[3]；靖西高原可达 1 600mm，但一年中也有 5 个月的雨量低于 50mm，仍有较明显的干、湿季。过高的湿度限制着它向更东的地区迁移。

在分布区内，限制旱冬瓜木林分布的是地层因素，它是喜酸性土的树种，只能分布在砂岩、页岩、花岗岩等酸性岩石构成的山地，而从不见于石灰岩山地区。对土壤水分选择较高，一般生长在下坡山麓及谷地等湿润地方。

由于旱冬瓜林地的肥力较高，常成为毁林开荒的对象，人为干扰频繁，广西的旱冬瓜木成年林较少见，多为稀疏的幼年林，郁闭度 0.5 以下。林木仅有 1 层，高 10m 左右，胸径 10～15cm，几乎全部为旱冬瓜所占，零星分布的种类，在不同的地区有：枫香、拟赤杨、红荷木、西桦、木姜子（*Litsea cubeba*）、高山栲、白栎等。灌木层植物零星分布，高 4m 以下，覆盖度 15%～30%，种类有：野牡丹、盐肤木、驱蚊树（*Litsea euosma*）、乌饭树等。草本地被层植物生长繁茂，高 2m 以下，覆盖度 70%，种类组成有时以高大的五节芒占优势，有时以铁芒萁或石珍芒（*Arundinella nepalensis*）为主，常见的种类有蕨菜、白茅、类芦、金发草、蔓生莠竹等。

旱冬瓜种子轻而细，易于传播，天然更新能力强。当垦殖停止，在撂荒适生的土地上，它很快侵入并迅速成林。它又耐烧，有些烧山垦殖频繁的地方，方圆几十里的范围，就只有它能立足于草丛之中，如果停止烧山垦殖，也就很快发展成林。旱冬瓜是一种速生且用途广的树种。天然情况下，30 年生的乔木一般高 22m，胸径 40～50cm，可以与杉木的生长速度相比美。旱冬瓜具根瘤菌，叶营养成分较高，易腐烂，是改良土壤的良好树种；木材细致，易于加工，为包装箱和制作家具的材料；树皮含鞣质 21%，是一种值得保护和引种的树种。可作为桂西山原荒地荒山的先锋造林树种。现存的零星小片的幼林，应注意保护以培育成大材。

5. 响叶杨林

响叶杨（*Populus adenopoda*）林分布于秦岭、汉水、淮河流域以南；在广西境内出现于桂西北山原及桂北南丹凤凰岭一带，成为它分布的南界，零星小片生长于海拔 500～1 600m范围内，由砂岩、页岩和花岗岩构成的山地上，而在海拔 1 000m 左右较常见，在此高度范围内，以乐业城站的气象纪录为代表，年平均气温 16.3℃，最冷 1 月为 7.5℃，最热 7 月为 23.2℃，四季分明，各为 3 个月，年降水量 1 372mm，水热系数 2.3，属于湿润气候，旱季长达 5 个月，但干湿季交替较分明。由于采伐火烧频繁，响叶杨林大多也是杆材林，郁闭度 0.4 以下，高 8～10m，胸径 10～15cm，林木层除响叶杨外，常混生少量的光皮桦、枫香、旱冬瓜、栓皮栎、拟赤杨、红荷木。灌木层植物生长也稀疏，高 1～2m，覆盖率 30%以上，南烛、白牛胆、盐肤木等比较常见。草本地被层植物发达，覆盖度 70%以上，五节芒占优势，白茅、蕨、铁芒萁、蔓生莠竹、石珍芒等也比较常见。

响叶杨也是速生树种，木材适于制火柴杆，牙签等。对现存的幼林，只要注意护理，就会很快成林。乐业县少数地方残存的成年响叶杨林，林木高大通直，干形完满，应注意保护。

6. 栓皮栎林

栓皮栎（*Quercus variabilis*）林在我国东南半壁占有广阔的分布区，从华北向南延伸至两广及云南。多生长在海拔 400～1 600m 的山地，在西南的亚热带山区可达海拔 2 500m[3]。广西境内，栓皮栎林是面积最大的落叶阔叶林，主要分布于桂西北山原，从海拔 200～1 800m的范围都有分布，有的地方方圆几十里都为它所占。向东尚可断续出现在南丹、环江、都安、马山、平果等县。

栓皮栎林分布于暖温带南部的气候特点是：夏季酷热多雨，冬季严寒晴燥。7 月平均气温 28℃，极端最高气温 40℃，夏季占年降水量 500～1 000mm 的 60%～70%；1 月平均气温－3℃，极端最低气温－13.7℃，冬季占年降水量的 3%～7%[3]。干湿季明显。所以，栓皮栎有耐热、耐寒，耐干湿交替气候变化的特点。

广西栓皮栎林主要位于南亚热带西部山原，河谷地区以田林城为代表，该地海拔 277.5m，年平均气温 20.7℃，最高月（7 月）平均气温 27.1℃，极端最高气温 41.3℃，最低月(1 月)平均气温 11.9℃，极端最低气温－2.5℃，积温 7 267.8℃；年降水量 1 190.3mm，其中冬季占 5.5%，春季占 10.1%，夏季占 51.3%，秋季占 33.1%[2]。气候特点是：暖热而无冬，旱雨季等长。总之，栓皮栎林对温度的适应幅大，适应干湿季交替明显的气候。栓皮栎林对土壤的适应性也是很强的，不论是砂页岩山地或是石灰岩山地都有分布，但主要分布于砂页岩地层。而且对土壤条件不苛求，其他树种难于适应的干燥瘠薄的立地条件，它亦能生长。

据在田阳县坤平海拔550m处的调查，成熟的栓皮栎林结构和种类组成均简单，乔木层只有2层。上层林高13～16m，胸径20～28cm，覆盖度50%～60%，在400m^{2}样地内有林木27株，其中栓皮栎占77.3%，其余为红荷木、槲栎。下层林木高7～10m，胸径10～12cm，覆盖度30%～40%，有林木28株，栓皮栎占25%，与火炭木、水锦树（*Wendlandia uvariifolia*）共占优势，其他还有余甘子、算盘子、大砂叶等。同地另外2个样方，乔木层伴生树种还有枫香、山槐（*Albizzia kalkora*）、杨梅（*Myrica rubra*）等。

灌木层植物高1～1.5m，零星生长，覆盖度不到10%。组成种类简单，除乔木幼树外，常见的有米饭花、南烛、山芝麻、白牛胆、短翅黄杞（*Engelhardtia colebrookiana*）、深紫木蓝（*Indigofera artopurpurea*）华南毛柃（*Eurya ciliata*）等。

草本地被层植物高2m以下，分布也很稀疏，覆盖度不到15%。常见的种类为金发草、芒草、白茅、扇叶铁线蕨、石珍芒、棕叶芦（*Thysanolaena maxima*）、艳山姜（*Alpinia zerumbet*）、蕨菜、铁芒萁等。

栓皮栎林的伴生种类，因海拔高度、地区、人为干扰程度的不同而有所差异。例如，高海拔地区，旱冬瓜是常见的伴生树种；在山原西部则出现高山栲、黄毛青冈是常见的伴生树种；人为干扰轻、恢复年代较久的类型，下层林木和灌木层植物的优势则为平顶紫金牛（*Ardisia depressa*）所占，罗伞树（*Ardisia quinquegona*）、假苹婆（*Sterculia lanceolata*）、杜茎山、大沙叶（*Aporosa chinensis*）成为次优势种或常见种。植物组成反映出森林具有南亚热带的特征，和温带栓皮栎林是大不相同的。

栓皮栎林分树高连年生长在幼龄后期开始加快，最高峰为70cm左右，20年之后连年生长量降低为30cm左右，30年以后年生长量急剧减慢，增高在10cm以内。20年时一般高10m左右，30年14m，最高可达20m以上。

胸径生长幼龄阶段是缓慢的，从5年后开始加快，连年生长量为0.5cm，达到高峰。20年时胸径一般12cm左右，最低也有10cm，最高的可达14～16cm。20年后连年生长量只有0.3～0.4cm，70年生的林分平均胸径有的可达42.5cm，但一般都是30cm左右，见图7-1。

Ⅱ地位级的栓皮栎林分，40年每公顷有立木392株，蓄积量110m^3；70年时每公顷有立木264株，蓄积量161.85m^3。

广西的栓皮栎林，同样是该分布区内常绿阔叶林破坏后形成的（石灰岩地区则是石灰岩常绿落叶阔叶混交林破坏后产生的），由于人为干扰，以及气候干燥，许多耐荫的常绿阔叶树种都不易侵入成长，而栓皮栎在更新层中却获得较好的发展，据调查400m^{2}内有野生苗101～441株。可见，发展下去，栓皮栎在群落中能继续保持优势的地位。但是，只要人为影响停止，耐荫的常绿阔叶树种逐渐侵入，在下层成为优势，栓皮栎幼树、幼苗消失或大为减少。据在田阳县坤平另一人为干扰轻的栓皮栎林分调查，在400m^{2}的样地，第1亚

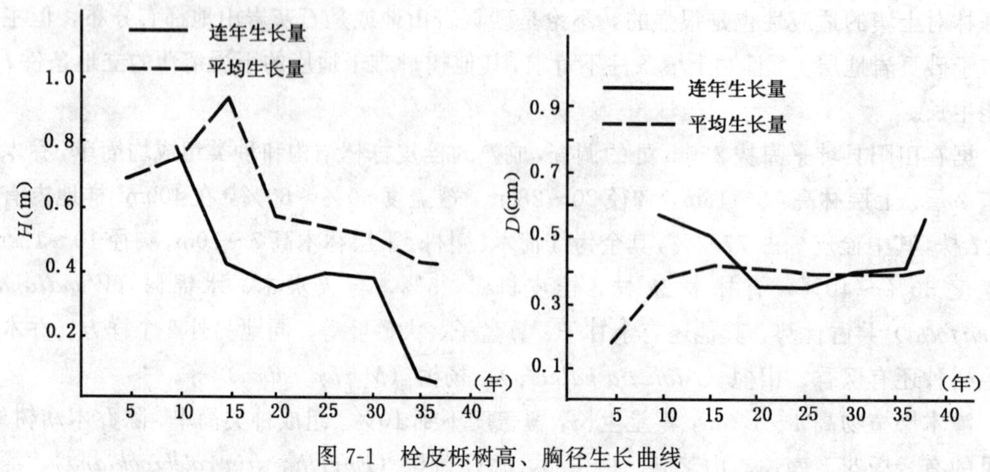

图 7-1 栓皮栎树高、胸径生长曲线

层林木 19 株，栓皮栎 12 株，占 63.2%，第 2 亚层林木 119 株，栓皮栎只有 3 株，仅占 2.5%。而幼树也只有 1 株，幼苗 6 株。种群数量从上层向下急剧减少，森林环境已不利于年轻一代的生活，在林分中属于衰退型的树种。而平顶紫金牛和罗伞树在下层及灌木层占据优势，且华润楠、印度栲等已在下层林木和灌木层中出现。可以推断，随时间的推移，栓皮栎将会丧失其优势的地位以至消失，常绿阔叶树种类和数量将不断增加，最终会取代栓皮栎而成为群落的优势。栓皮栎标准地各径级株数分布序列见图 7-2。

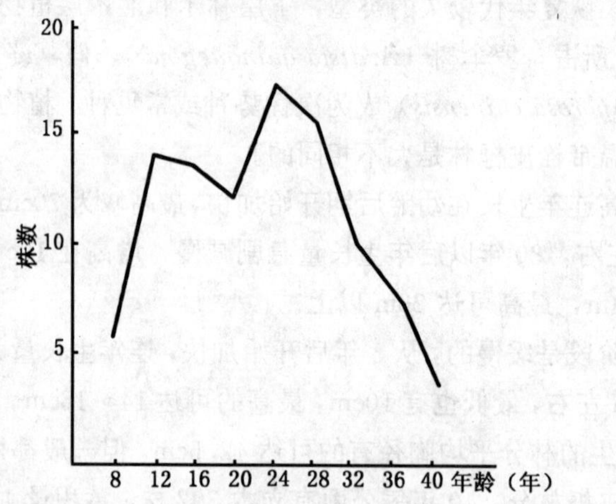

图 7-2 栓皮栎标准地各径级株数分布序列曲线图

栓皮栎是一种很有经济价值的森林，它既是经济林，又是用材林，也是薪炭林。建群种栓皮栎周身是宝，其树皮为工业上用途很广的栓皮，经济价值大；栓皮栎木材坚硬可供建筑、车船、家具等用材；萌生力强是良好的薪炭材，木材还可以培育云耳；叶可饲养柞蚕；种子富含淀粉，可供酿酒及饲料用；壳斗含单宁 23.6%，为栲胶工业的原料。此外，栓皮栎耐干旱瘠薄，是荒山良好的造林树种。因此对广西大面积的栓皮栎林应该很好的保护，合理的利用。目前对于栓皮栎林的利用方式浪费很大，资源损失严重，加之长期不合理的采伐木材，剥栓皮、烧炭，生产木耳等活动，现存的林子多为萌生林，树干弯曲，空心，呈现衰败的状态。今后应该根据各地不同条件和需要，划分为用材林，软木林、柞蚕林和薪炭林来经营，也可以根据需要营造新的栓皮栎林。

7. 麻栎林

麻栎（*Quercus acutissima*）林在国内分布比栓皮栎林还广，除广泛分布在暖温带和亚热带外，在温带针阔叶混交林区域，常与其他落叶栎类组成混交林[3]。广西境内麻栎林的分布范围也比栓皮栎林广，主要分布区及环境条件与栓皮栎林类似，主要见于桂西北一带砂页岩山地，而且常与栓皮栎混生在一起或镶嵌分布。但麻栎林多零星小片。石灰岩山地也可出现，不过不如砂页岩山地普遍。

成熟的麻栎林的结构和栓皮栎林类似，乔木只有2层。林木层的组成以麻栎为优势种，在桂西北山原，伴生的种类大体上和栓皮栎林相同，如栓皮栎、白栎、黄栎（黄毛青冈）（*Cyclobalanopsis delavayi*）、毛叶青冈、枫香、红荷木、高山栲、旱冬瓜等。灌木层植物以喜光种类为主，例如白牛胆、米饭花、南烛、盐肤木等。草本地被层也多见喜光耐旱的种类，如五节芒、白茅、石珍芒、蕨菜等。

麻栎林的性质及其演替特性、规律也与栓皮林相似。

树高生长5年后进入旺盛期，10年达到最高峰，年生长量达1.6m，速生期可持续到15年，往后则转入缓慢的生长，年生长量为0.4～0.5m。10年的林木树高多为10m左右，20年的则可达20m（表7-2）。

胸径的生长也是从5年后开始加快，持续到15年，在这段期间内的年生长量多为0.8～0.9cm以上，20年的林木，胸径多为17cm左右。往后以0.5cm的连年生长继续增粗，这期间生长较快的树木胸径可达25cm图7-3和（表7-2）。

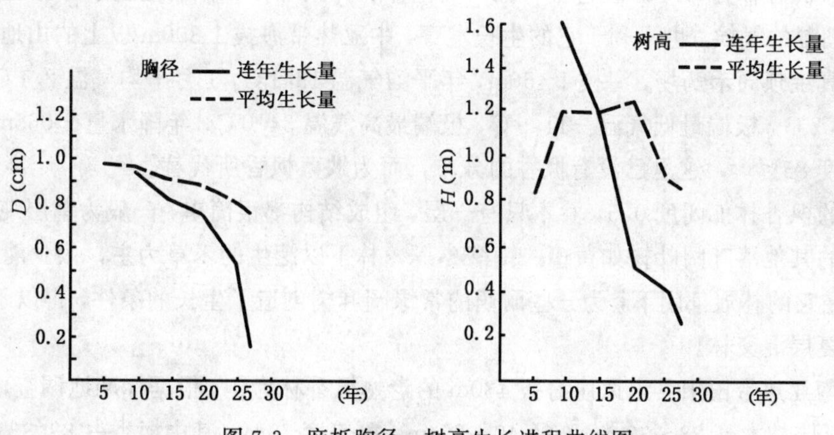

图7-3　麻栎胸径、树高生长进程曲线图

Ⅱ地位级立地条件的麻栎林分，70年时每顷有立木450株，平均胸径42.5cm，树高

20.5m，疏密度0.56，每公顷蓄积量151.5m^3。

麻栎林的利用价值虽不如栓皮栎林大，但亦是一种有价值的森林。麻栎木材特别坚硬，适于造船、建筑等用，特别为薪炭良材；叶也能饲养柞蚕；果实富含淀粉，可供酿酒及饲料用；壳斗含单宁20%，为栲胶工业原料。麻栎直播造林迅速，各地都可以种植。目前利用方式不合理，不但资源损失大，而且造成林木生长不健壮，林子衰败也快。今后应根据需要，划分为用材林、柞蚕林、薪炭林来经营。

表7-2 麻栎胸径、树高生长进程

年龄	胸径 (cm)			树高 (m)			材积 (m^3)	形数
	总生长量	连年生长量	平均生长量	总生长量	连年生长量	平均生长量		
5	4.8		0.96	4.0		0.80		
		0.94			1.60			
10	9.5		0.95	12.0		1.20		
		0.82			1.20			
15	13.6		0.91	18.0		1.20		
		0.74			0.50			
20	17.3		0.87	20.5		1.25		
		0.52			0.40			
25	19.9		0.80	22.5		0.90		
		0.15			0.25			
27	20.2		0.75	23.0		0.85	0.375 95	0.510
带皮	23.0			23.0			0.480 69	0.503

8. 枫香林

枫香（*Liquidambar formosana*）遍布于广西境内，以它为优势的次生落叶阔叶林，主要分布于亚热带地方，稀可见于北热带垂直带谱中。在中亚热带的桂北，多见于海拔1 300m以下的地区；在南亚热带的桂中，海拔1 600m的山地它也能到达。枫香林主要分布于砂页岩和花岗岩地层上，很少见于石灰岩地层，虽然它能适应石灰土，但石隙生境不利于它的发展。虽然枫香林分布广，但它没有像栓皮栎林那样大片分布，而是呈小片零星分布。而且，冷凉潮湿的气候，也不利于它的生长发育，中亚热带海拔1 300m以上的山地，例如桂北越城岭真宝顶同禾药场，海拔1 450m，年平均气温13.1℃，1月平均气温2.1℃，7月平均气温22.2℃，极端最低气温−11.9℃，极端最高气温34.0℃；年降水量2 065mm，年平均相对湿度85%[4]，这里已没有枫香的分布，而为缺萼枫香所代替。

前期的枫香林郁闭度0.5，乔木只有一层，组成结构都很简单，一般为单层纯林，偶而伴生个别的其他落叶阔叶树如黄檀、南酸枣等，林下以泛生的禾草为主，很少灌木、藤本也贫乏。在它的林冠郁闭下，为一些耐荫的常绿阔叶树创造了生长的条件，得以不断侵入，逐渐形成复层混交林。

现以南亚热带田阳县玉凤区海拔430m的老熟枫香林为例，根据标准地调查，乔木分3层，第1亚层林木高28～32m，胸径40～85cm，覆盖度70%，其中枫香占83.3%，第2亚层林木高8～15m，胸径7～22cm，覆盖度30%，以印度栲为优势，次为楹树，常见的有全缘叶小柑（*Micromelum integerrimum*）、山様叶泡花树（*Meliosma buchananifolia*）；第3亚层林木高 3～7m，胸径 3～5cm，覆盖度 30%，优势种为平顶紫金牛，次优势种为大叶算盘子（*Glochidion macrophyllum*），常见的有全缘叶小柑。灌木层植物高 1.3～1.5m，覆盖度 30%，以平顶紫金牛为优势，大沙叶、假苹婆、印度栲、杜茎山常见。草本层植物高 0.4～1.5m，覆盖度 40%～50%，毛蕨、蔓生莠竹、艳山姜、新月蕨（*Abacopteris aspera*）等为优势。藤本植物种类较多，买麻藤（*Gnetum mantanum*）、大托菝葜（*Smilax perfoliata*）、铁带藤（*Tetrastigma planicanle*）可攀援到 10～21m 的高度，茎粗 7～13cm，其他灌木层的藤本还有钩藤、菝葜、钝齿芹叶铁线莲（*Clematis apiifolia* var. *obtusidentata*）、风车藤（*Hiptage benghalensis*）等。

枫香林的组成种类，除因林龄不同而有所差异外，还随地带的不同而变化。中亚热带地区，常见伴生的林木为拟赤杨、山槐、四川樱花（*Photinia droseracea*）、银荷木、栲树、罗浮柿、细枝栲、水锥栲；灌木为盐肤木、杜茎山、毛果算盘子、鼠刺；草本为蔓生莠竹、狗脊、芒萁。

亚热带地区 70 年以上的枫香林，一般树高可达到 30m，最低的也有 20m 左右，最高的超过 40m。

在较好的立地条件下，树高生长在幼龄的后期进入高峰期，连年生长量为 1.0～1.5m，20 年后开始下降，连年生长量只有 0.5～0.7m。所以在幼龄到中龄期间树高一般为 15～18m，最低也有 10m 以上，最高的则超过 20m。35 年以后生长缓慢，70 年生的树高近 30m。

胸径生长也是从幼龄后期进入高峰期，连年生长量是 1.2～1.5cm，20 年后仍保持 1.0cm 的年生长速度，所以在这段时间 10 年可达到 16cm 的胸径，20 年可超过 20cm，往后也未出现多大的减缓，30 年期间的胸径亦超过 30cm（图 7-4）。

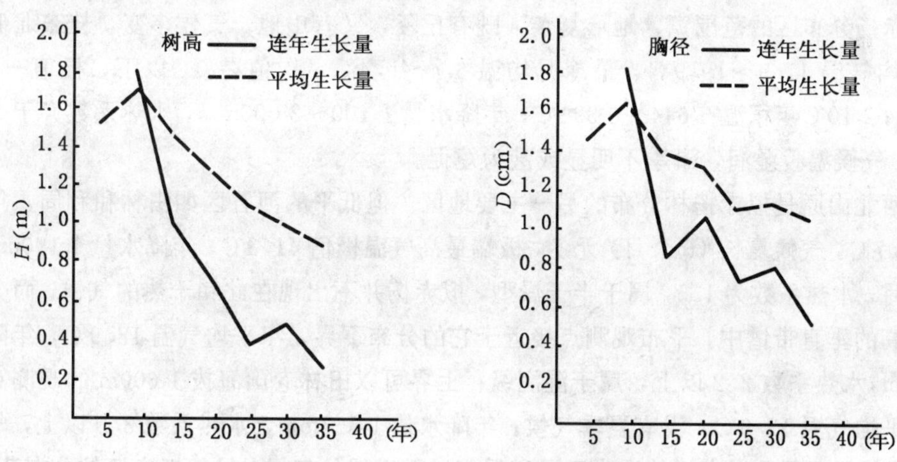

图 7-4　枫香胸径、树高生长进程曲线

立地条件稍差的林分，20 年前也是生长的旺盛期，但连年生长量只有 0.5～0.6cm，持续时间较长。从Ⅱ地位级的树干解析可见到 70 年期还未下降，仍以 0.5cm 的中等速度增长，所以这段时间的胸径亦可达 30～35cm。

亚热带山地Ⅱ地位级的枫香林，95年时每公顷Ⅰ林层有106株立木，蓄积量201.6m^3，Ⅱ林层有立木314株，蓄积量115m^3，Ⅲ林层立木为379株，蓄积量28m^3。

枫香是喜光先锋树种，适于旷地更新，在皆伐迹地上，只要附近有它的母树下种，常可首先恢复森林。但由它组成的林冠下，往往不利于自身年轻一代的成长，它作为群落的建群种是很不稳定的，常常以一代种而告终。如前述的老熟林，尽管上层以枫香的大树占绝对优势，但中下层却完全缺乏它的立木，灌木层中也没有它的幼树，发展下去枫香林势必被别的树种代替。从调查的树种组成看，群落的发展行将演变为以印度栲为代表的季风常绿阔叶林。

枫香林分布虽然广泛，但由于它的木材易翘裂，不耐腐，因而很少利用。但是枫香种子轻细，易于传播，天然更新能力极强，且能适应瘠薄的土壤，在森林遭受破坏后的地方，很容易成林，对于人工造林比较困难的地区，枫香这种特性是很可贵的。因此对现存的枫香林，应适当抚育，使其成林，不要轻易清除掉。枫香木材其实也是有用的，它易于加工，小径材可用作旋刨制品，木材作食品及茶叶包装箱不产生其他气味，浸水数月适宜于一般家具和板材用；叶可饲养天蚕，效果良好；割伤树皮流出枫脂可作苏合香的代用品，为医药用；叶、果皆可作药用，看来合理利用枫香是值得注意的。

9. 拟赤杨林

拟赤杨（*Alniphyllum fortunei*）林分布于长江以南的亚热带地方，广西北部，特别是东北部较为常见，多以零星小片出现于海拔1 200m以下的山地，水平分布的南界基本上和中亚热带的南界相吻合；在桂西北，分布于海拔700～1 700m范围内，当地属于南亚热带山原，主要见于垂直带中。

拟赤杨分布区的范围宽，地形复杂，既有丘陵，又有山地，气候多变，桂东北低平地方年平均气温17.9～19.9℃，最冷月均温6.4～9.4℃，均值在0℃以下，极值－4.1～－6.6℃；≥10℃年积温5 644～6 394℃；年降水量1 400～2 000mm，水热系数大于2.1以至2.6，气候温暖湿润，旱季不明显或甚为短促。

桂西北山原是拟赤杨林分布的另一主要地区。但低平的河谷区如田林和利周，年平均气温20.7℃，气候夏长（6个月）无冬，极端最高气温极值41.3℃；年降水量1 190mm，旱季5个月，水热系数为1.5，属于半干燥型，拟赤杨并不出现在此和干热的气候，而分布于海拔较高的垂直带谱中，平布观测点接近于它的分布下界，年平均气温18.9℃，年降水量1 578mm，水热系数2.2以上，属于湿润级；上界可以田林老山海拔1 600m的观测点为代表，年平均气温13.9℃，没有夏季气候；年降水量1 857mm，水热系数3.0以上，气候潮湿，没有旱月。可见拟赤杨林适生于温和湿润以至潮湿的气候。虽然拟赤杨林分布范围宽，但在分布区内局限于由砂岩、页岩、花岗岩发育而成的红壤、黄壤及黄棕壤，由石灰岩发育的石灰土，不适宜它的生长，故不能定居在石灰岩山地。拟赤杨为喜光树种，但对土壤肥力要求较高，一般生长在土壤水分经常充足湿润的山谷区。

林龄较大的拟赤杨林，郁闭度0.6～0.7，乔木可分2层，上层林木高10～18m，胸径

15～38cm，覆盖度 60%左右，或全由拟赤杨组成，或伴生少数其他落叶树如枫香、光皮桦、紫树（*Nyssa sinensis*）、山桐子（*Idesia polycarpa*）、檫木（*Sassafras tsumu*）等，常绿阔叶乔木也偶可零星出现，如水锥栲、凹脉柃（*Eurya impressinervis*）、南宁虎皮楠（*Daphniphyllum oldhami*）、木荷等。下层林木高 5～8m，胸径 10cm 左右，覆盖度 40%，常见的种类有鼠刺、细枝柃、石壁杜鹃（*Rhododendron bachii*）、广东杜鹃（*Rhododendron kwangtungensis*）、杨桐（*Adinandra millettii*）等。

灌木层植物高 1～2m，覆盖度 40%左右。种类除乔木的幼树外，常见的有黔贵野锦香（*Blastus cavaleriei*）、细柄五月茶（*Antidessma filipes*）、杜茎山、朱砂根等。

草本地被层植物高 1m 以下，分布稀疏，覆盖度只有 10%，种类也贫乏，以狗脊和华里白常见。

藤本植物不发达，攀援也不高，茎细小，种类有牛老药藤（*Thysanospermum diffusum*）、大样酸藤子（*Embelia rudis*）、蔓胡颓子（*Elaeagnus glabra*）等。

在适宜的条件下，天然拟赤杨林 18 年生的立木，树高 18m，胸径 21cm；在一般情况下，40 年生树高 20～25m，最低也有 12～15m，最高可达 30m 左右。

树高增长从 5 年后进入旺盛生长期，年生长量为 1.0～1.5m，可持续到 20 年，以后明显减缓，时而呈波浪状起伏，年生长量为 0.2～0.6m，到 40 年之后则呈现缓慢的增长。10 年时树高 10m 左右，20 年亦达到 20m。

胸径的增粗与树高的增长过程颇多类似，5 年之后胸径进入速生期，以 1.0～1.2cm 的年生长量快速生长，持续时间比较长，可延至 30 年时，这期间年生长量为 0.9～1.5cm，而以 15 年时达到高峰，往后则迅速下降，年生长量基本稳定在 0.3cm 左右，50 年时胸径接近 40cm（图 7-5、表 7-3）

表 7-3　拟赤杨胸径、树高、材积生长进程表

年龄	胸径（cm）			树高（m）			材积（m^3）			形数
	总生长量	连年生长量	平均生长量	总生长量	连年生长量	平均生长量	总生长量	连年生长量	平均生长量	
5	3.5		0.70	3.8		0.76	0.002 4		0.005	
		1.42			1.50			0.007 0		
10	10.6		1.06	11.3		1.13	0.037 2		0.003 7	
		1.50			0.90			0.026 0		
15	18.1		1.21	15.8		1.05	0.167 4		0.011 2	
		1.12			0.94			0.038 4		
20	23.7		1.19	20.5		1.03	0.359 6		0.018 0	
		0.90			0.36			0.052 3		
25	28.2		1.13	22.3		0.89	0.621 2		0.024 8	
		0.86			0.60			0.031 7		
30	32.5		1.09	25.3		0.84	0.979 5		0.026 0	
		0.24			0.26			0.037 7		
35	33.7		0.96	26.6		0.76	0.968 1		0.027 7	
		0.34			0.14			0.040 0		
40	35.4		0.89	27.3		0.68	1.168 3		0.029 2	
		0.30			0.20			0.029 6		
45	36.9		0.82	28.3		0.63	1.316 3		0.029 3	
		0.28			0.42			0.029 5		
50	38.3		0.77	30.4		0.61	1.463 8		0.029 3	0.418
带皮	39.3			30.4			1.574 3			0.427

桂东北山地Ⅱ地位级的拟赤杨林分，40 年每公顷有立木 85.5 株，蓄积量 61.2m³。

拟赤杨是速生树种，材质轻软，易加工，为优良造纸、火柴杆、铅笔杆和高级家具用材，是轻工业方面具有多种用途的重要树种。拟赤杨林是一种价值大的用材林，值得加以保护。目前已供不应求，有计划的营造速生丰产林是必要的。对于天然林，要适当加以人工抚育。由于拟赤杨是强阳性树种，人工抚育主要就是清除影响其获得阳光的非目的树，适当进行间伐。拟赤杨天然更新能力强，采伐迹地只要适当留下母树，就会很快更新成为幼林。

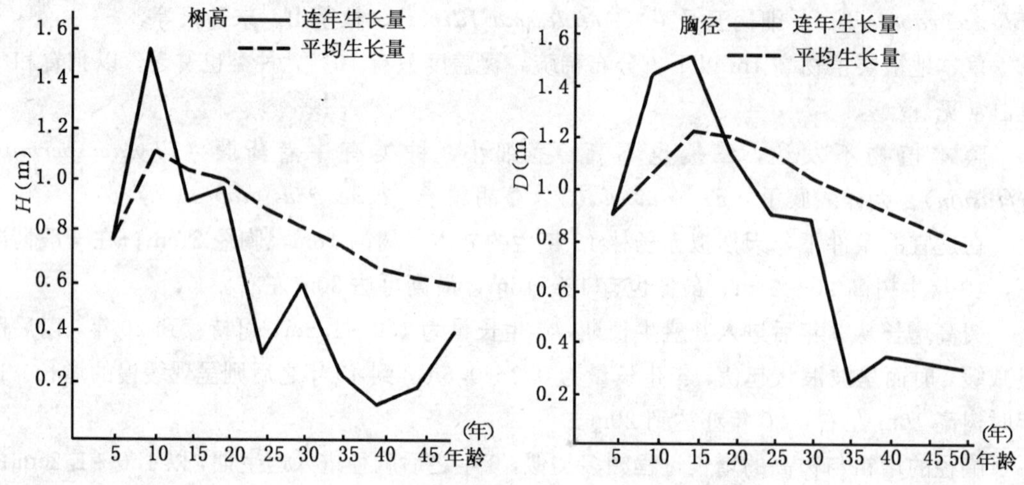

图 7-5 拟赤杨树高、胸径生长进程曲线图

10. 青檀林

青檀（*Pteroceltis tatarinowii*）林在我国广布于华北至西南，为碳酸盐岩地层所特有。在广西主要分布于桂北、桂东北、桂中等亚热带地方。桂西北山原也有分布，在西部常被其变种毛青檀（*Pteroceltis tatarinowii* var. *pubescens*）所代替。向南延伸，偶见于北热带的靖西高原垂直带内。广西分布区内低平地方年平均气温 17.7～21.3℃，1 月平均气温6.4～11.9℃，历年极端最低气温－5.8～－0.6℃，≥10℃的积温 5 600～7 455.7℃，一般年降水量 1 300～2 000mm，桂西北山原西部可低至 1 000mm[2]。

青檀林对地质条件适应面狭窄，在分布区内，只生长在喀斯特地形上，却不见于由砂岩、页岩、花岗岩发育成的酸性土山地。

青檀林结构简单，随林龄的不同而有差异。一般幼林乔木层只有一层，高 8～10m，胸径 10～15cm；林龄较大者乔木层可划为 2 层，上层高 15m 左右，胸径 20cm 左右，下层高 4～10cm，胸径 10cm 以下。种类组成也较简单，一般多为纯林，有些地方乔木层伴生少量的黄连木、小栾树、莱豆树、朴树、圆叶乌桕等。此外，在罗城的一些村后山，还可见到作为保护的老熟林，树高 20m 以上，胸径 40～50cm，由于经过除伐，常形成单层纯林。

灌木层植物高 3m 以下，覆盖度 50%，种类较多，以喜光种类为主，如红背山麻杆（*Alchornea trewioides*）、竹叶花椒（*Zanthoxylum planispinum*）、黄荆（*Vitex negundo*）、广

西巴豆（*Croton kwangsiensis*）、灰毛浆果楝等是比较常见的。

草本地被层植物种类也不少，生长茂盛，以几种苔草、皱叶狗尾草（*Setaria plicata*）、鞭叶铁线蕨（*Adiantum caudatum*）、荩草、蜈蚣草（*Eremochloa ciliaris*）、小凤尾蕨等为常见。

藤本植物较发达，这是同土山落叶阔叶林不同之处，常见的种类有：南蛇簕（*Caesalpinia minax*）、老虎刺（*Pterolobium punctatum*）、羽叶金合欢（*Acacia pennata*）、石岩枫（*Mallotus repandus*）、蚌壳椒（*Zanthoxylum dissitum*）、龙须藤等。

青檀为国家三级保护的稀有植物，属我国特有的单种属，对研究榆科植物的系统起源很有价值。青檀是一种很有价值的经济和用材树种。青檀茎皮是我国著名宣纸的原料；木材坚硬，纹理细致，可作家具、农具、车轴、建筑用材。青檀结实多，天然更新能力强，在森林遭受破坏后的地区，它可首先侵入发展成林，甚至悬崖陡壁土壤很少的地方，其他植物很难适应，它却能在石隙中扎根生长。同时，萌芽力很强，尽管频繁砍伐，它都能继续萌蘖生长。它的种植简单，直播或插条均可。因此，青檀可作为石灰岩山地的重要造林树种。过去对天然青檀一直没有充分发挥其作用，多用作薪柴。今后要有计划管理现存的天然林，给予必要的抚育，以提高产量和质量并进行综合利用。人工种植的林子，3 年就可以砍伐，以促进萌条的增加。

在广西石灰岩地区与青檀林性质类似，处于同一的分布区、群落结构、组成特点又大体上类似的还有榔榆（*Ulmus parvifolia*）林和朴树林，它们经常与青檀林交错分布，也是广西石灰岩山地常见的落叶阔叶林。榔榆茎皮造蜡纸，人造棉、麻袋；木材坚硬，可作油榨、车轴、船橹。朴树茎皮纤维可代麻和造纸；木材做家具、建筑用材；种子油可制皂和润滑油用。因此，这两种林子也应与青檀林一样给予同样重视，采取同样的措施进行经营。

参考文献

[1] 中国树木志编辑委员会．中国树木志．第二卷．北京：中国林业出版社，1985.2128 页

[2] 广西壮族自治区气象局资料室．广西气候资料（1951～1980），1982

[3] 中国植被编辑委员会．中国植被。北京：科学出版社，1980

[4] 黄正福，梁木源．人参的引种试验．广西植物，1～3，1981

[5] 广西壮族自治区气象局资料室．广西气温资料（1971～1980），1982

第二节 常绿落叶阔叶混交林

（一）亚热带中山常绿落叶阔叶混交林[①]

中山常绿落叶阔叶混交林是广西亚热带海拔 1 200（1 300）～2 000m 范围山地原生性森林植被类型，是在亚热带山地气候条件下产生的。所在地海拔较高，温度低、湿度大、雨量多、云雾大、日照少，基岩为砂页岩和花岗岩，土壤为黄棕壤，强酸性反应，pH4.5～5.5。

亚热带中山常绿落叶阔叶混交林与亚热带中山针阔叶混交林属于同一垂直带谱，两者镶嵌分布，它们的外貌和结构很相似。不同之处在于中山常绿落叶阔叶混交林的木本大乔木没有出现常绿针叶大乔木，在结构上，也就缺少突出于林冠之上的常绿针叶层片。在组成上，也大体相似，中山常绿落叶阔叶混交林没有铁杉、松、冷杉、福建柏、银杉、罗汉松等针叶树，落叶阔叶树也多壳斗科水青冈属的种类，常绿的多栲属的种类。

广西亚热带中山常绿落叶阔叶混交林主要有如下类型。

1. 尾叶甜槠缺萼枫香林[②]

以尾叶甜槠（*Castanopsis eyrei* var. *caudata*）缺萼枫香（*Liquidambar acalycina*）为主的常绿落叶阔叶混交林为中亚热带常绿阔叶林带的垂直带谱的类型，它是在东部中亚热带中山山地冷凉潮湿的气候条件下，达到相对稳定的原生性森林。

这类混交林分布于东部中亚热带的南部，主要见于广西东北一带的中山山地，垂直分布在 1 300～2 000m 的范围内。其下界紧接银荷木、细枝栲（*Castanopsis carlesii*）、甜槠等常绿阔叶林。所在地的气候可以越城岭真宝顶的同禾药材场海拔 1 450m 的纪录为代表，年平均气温 13.1℃，最冷月（1 月）平均气温 2.1℃，最热月（7 月）平均气温 22.2℃，极端最低气温达－11.9℃，夏季仅 1 个月（7 月）；年降水量达 2 065mm，比较集中在 3～8 月，年平均相对湿度在 85%以上。立地的土壤为由砂、页岩和花岗岩发育而成的黄棕壤，pH4.5～5.0。

尾叶甜槠缺萼枫香混交林大都是老熟林，林冠遭受风吹雪压，郁闭度并不大，一般约 0.7 左右，树冠基本连接或密接。乔木层仍可分为 3 个亚层。

第 1 亚层林木一般高 20m 左右，胸径在 30～50cm，常绿和落叶阔叶树种数量大致相等，落叶阔叶树除缺萼枫香较多之外，主要还有中华槭（*Acer sinense*）、白辛树（*Pterostyrax psilophyllus*）、银钟树（*Halesia macgregorii*）和木蜡树（*Toxicodendron succedaneum*）等，

① 执笔人：苏宗明

② 执笔人：苏宗明，莫新礼

其他常见的还有南桦、腺毛泡花树（*Meliosma glandulosa*）和长柄水青冈等。常绿阔叶树以尾叶甜槠、曼青冈（*Cyclobanopsis oxyodon*）较多之外，常见还有光叶石栎、银荷木和半枫荷（*Dendropanax dentiger*）等。

第2亚层林木以常绿阔叶树为主，优势种不明显，常见有美山矾（*Symplocos decora*）、香港四照花（*Dendrobenthamia hongkongensis*）、大八角，以及上层乔木的一些种类。

第3亚层林木亦以常绿阔叶树为主，除中、上层林木的一些种类之外，常见有红岩杜鹃、广福杜鹃、多花卫矛（*Euonymus myriantha*）等。有的地方还可见到较多的摆竹（*Indosasa shibataeaoides*）分布。

灌木层植物主要为乔木的幼树，真正的灌木不多，常见的种类有茵芋（*Skimmia reevesiana*）、临桂绣球（*Hydrangea linkweiensis*）、榛叶荚蒾（*Viburnum corylifolium*）、青荚叶（*Helwingia japonica*）等。有的地方则以摆竹占优势。

草本地被层植物以喜阴湿的种类为主，常见有锦香草（*Phyllagathis cavaleriei*）、羊刀尖（*Fordiophyton strictum*）尼泊尔肉穗草（*Sarcopyramis nepalensis*）、无盖鳞毛蕨（*Dryopteris scottii*）和倒叶瘤足蕨（*Plagiogyria dunnii*）等。

层间植物不多，常见有冷饭团、过山风（*Schizandra viridis*）、野木瓜和巴东清风藤（*Sabia emarginata*）等。

尾叶甜槠、缺萼枫香混交林是一种已达到相对稳定的群落。在遭受滥伐后常可为桦木及槭类组成的次生落叶阔叶林所取代，如停止干扰，便逐渐恢复成多层结构的混交林。如果反复火烧或烧垦撂荒，则沦为五节芒或白茅等草丛。这时如不加以人为干预，要恢复森林是困难的，或者是非常缓慢的。

尾叶甜槠、缺萼枫香混交林虽然有不少的优良用材树种，但这类林分布于海拔较高的中山山地，对保持水土、涵养水源具有重大的作用。因此，宜作为水源林加以保护，进行经营择伐，保证森林的不断更新、培育和利用。

2. 云山青冈亮叶水青冈林①

云山青冈（*Cyclobalanopsis nubium*）亮叶水青冈（*Fagus lucida*）林主要是东部南亚热带季风常绿阔叶林地带垂直带谱的原生性森林，分布区地理位置偏南，林中落叶树的比重较低，但群落组成以亚热带中山特有的成分为主，仍属于山地常绿落叶阔叶混交林，其中常绿阔叶林中一些较喜暖的建群种可上升至此类森林中成为常见种以至次优势种，而与中亚热带垂直带谱的典型类型有别。

这类混交林主要见于广西的桂西北山原东部，由于长期的破坏，目前仅在田林老山尚保存有较大片的森林，垂直分布的海拔1 500～1 900m，在此范围内，茂密的森林多属这种群落。分布区属南亚热带东部向西部过渡的地方，河谷低地气候相当干热，如田林城年平均气温20.7℃，年降水量1 190mm，随着海拔的增高，气温大幅度降低，根据田林老山海

---

① 执笔人：李治基

拔 1 560m 处定位站 5 年的纪录，年平均气温 13.7℃，最冷 1 月平均气温 6.4℃，最热 7 月为 20.6℃，冬季 3 个月，没有夏季。历年极端最低气温变动于－2.7～－7.5℃，平均为－5.5℃，极端最高气温平均值 27.8℃，极值 28.8℃，冬冷夏凉；由于分布在山原东部迎风面，东南来的暖湿气流沿着山地滑升，多地形雨，年降水量 1 800mm，水热系数为 3.6，属于潮湿的气候类型，一年中低于 50mm 的月份有 4 个月（12～3 月），其余 8 个月均大于 100mm，雨季长而旱季短，所在地的海拔较高，在雾线以上，时而处在云海中，大气湿度很大。山地主要由三叠纪百逢砂页岩构成。以细砂岩为主。林地土壤为黄棕壤，厚度一般超过 50cm，土体杂有大量碎石，全剖面酸性反应，pH4.5～5.0，质地为中壤，地表枯枝落叶层可达 20cm，表土层厚 10cm 以上，深灰棕色，腐殖质含量丰富，土壤肥力较高。

群落外貌为以常绿树占优势的混交林[1,2]，树种繁多，生长茂密，郁闭度 0.9 以上。乔木层分为 3 个亚层，第 1 亚层林木一般高 20m 左右，最高达 25m 或更高，覆盖度 80%以上，在 800m^2 的样地内共有 64 株，由常绿阔叶树与落叶阔叶树混合组成，相对密度分别为 70%与 30%。常绿阔叶树中以云山青冈为主，占这亚层重要值指数 20%左右；其次细枝栲、铁锥栲、黔椆、银荷木、桂南木莲（*Manglietia chingii*）、海南木五加等的重要值指数均在 5%以上；其他较常见的有木莲、深山含笑、罗浮栲、栲树、广东润楠、厚叶肖柃（*Cleyera pachyphylla*）、罗浮槭（*Acer fabri*）、红茴香（*Illicium henryi*）等。落叶阔叶树中以亮叶水青冈为主，重要值指数约 12%，生长高大，胸径 40～60cm，最大达 100cm，特别醒目，其次缺萼枫香、云贵山茉莉、野漆树、五裂槭（*Acer oliverianum*）、光皮桦等重要值指数也达 5%左右，零星分布的还有两广樱花（*Prunus adenodonta*）、大果冬青（*Ilex macrocarpa*）、椴树（*Tilia tuan*）等。

第 2 亚层林木一般高 8～15m，覆盖度 40%～50%，样地内共有 59 株，绝大部分为常绿阔叶树，相对密度占 88%，以羊角杜鹃、滇琼楠（*Beilschmiedia yunnanensis*）、长叶木姜（*Litsea elongata*）和木莲较多，其次为桂南木莲、云山青冈、日本杜英（*Elaeocarpus japonicus*）、凸脉冬青（*Ilex editicostata*），零星分布的有山矾、腺山矾（*Symplocos glandulifera*）、南华杜鹃、樱叶石楠（*Photinia prunifolia*）、榕叶冬青（*Ilex ficoides*）红楣、深山含笑和红茴香等。落叶树种类少，亮叶水青冈占有较重要地位，晚花吊钟（*Enkianthus serotina*）也较普遍。

第 3 亚层高 8m 以下，覆盖度 30%～40%，几尽为常绿阔叶树，种类与第 2 亚层大致类似，其中以滇琼楠最多，占该层重要值指数 1/3 以上；云山青冈、羊角杜鹃、冬青等也较多；仅见于这亚层的有波缘山矾（*Symplocos sinuata*）、四角柃（*Eurya tetragonoclada*）、西南香楠、枫荷桂（*Dendropanax dentigerus*）、星状山矾（*Symplocos stellaris*），以及落叶树的山柳等一般零星分布，处于从属地位。

整个乔木层树种繁多，重要值指数的分配比较分散，优势种并不很明显；但还是可以看出，云山青冈株数较多，生长较大，分布均匀，重要值指数为 39 左右，名列第 1；其次亮叶水青冈和滇琼楠，重要值指数大体相当，约为 26，名列第 2 或第 3 位，但前者高居于主导层，后者只在中下层占优势。由于分布区的地理位置偏南，属于南亚热带范围，一些常绿阔叶林的优势种如栲树、细枝栲、罗浮栲等可以上升到海拔 1 500m 以上，成为这类混交林的常见种或次优势种；而在中亚热带如桂东北相同的或甚至更低的海拔高度，这些种类完全绝迹。分布区虽紧接西部亚热带，但水热条件的结合状况，仍显示出东部亚热带的气候特点，反映在群落组成上主要属于东部亚热带的或与西部亚热带共有的成分如栲树、大果冬青、滇琼楠等，而东西部树种错杂分布并不鲜明。

灌木层一般高 2m 以下，覆盖度 50%～60%，大节竹（*Indosasa crassiflora*）和尖尾筱竹（*Thamnocalamus cuspidatus*）占去一半以上，其他零星分布的多为乔木层的幼树，真正的灌木种类不多，有黔野锦香（*Blastus cavaleriei*）、尾叶山茶（*Camellia caudata*）、心叶山茶（*C. cordifolia*）、九节风（*Sarcandra glabra*）等。

草本层很不发达，覆盖度 5%～10%，高一般 1m 以下，种类也少，以喜阴湿的蕨类占多数，如倒叶瘤足蕨、鳞轴短肠蕨（*Allantodia hirtipes*）、奇羽鳞毛蕨（*Dryopteris sieboldii*）等；此外，两广沿阶草也较常见。

层间植物种类和数量都不多，常见有冷饭团、三叶木通（*Akebia trifoliata*）、柳叶菝葜（*Smilax lanceaefolia* var. *lanceolata*）和野木瓜等小型藤本。

由于高度郁闭的林冠和厚的枯枝落叶层，影响更新层的发展，幼树数量较少，每公顷有 4 275 株，但树种组成繁多，大多数的常绿阔叶树获得更新，其中以云山青冈的幼树最多，其次为滇琼楠，而且它们都具备不同发育阶段的种群，在群落发展中仍将持续其优势地位。至于落叶树种中，亮叶水青冈占优势的地方，它的苗木很少见，而多出现在其他树冠之下或局部林窗中，看来基本上还是能适应群落的环境，在林中的优势地位也是比较稳定的，虽然它的母树所改变了的局部环境，对它的年轻一代发展不利；其他大多数的上层落叶树，在密闭的林冠下很少幼苗幼树，也缺乏中下层立木，属于衰退型的种，有被排除的趋向；而在林缘或局部林冠空隙处，却有它们的年轻个体，由于中山上风大，雪多，此种老熟林也易发生风倒雪压使郁闭破裂，为它们提供更新和成长的较为适宜的环境，而不致完全被淘汰。总之，这类混交林处在相对稳定阶段，是和地处南亚热带的桂西北山原中山的气候，土壤相适应的原生性森林。如遭受滥伐，一如 50 年代末进行大面积皆伐的地段，在 1975 年调查时，已为光皮桦、旱冬瓜、盐肤木、小果拟赤杨（*Alniphyllum fortunei* var. *microcarpum*）等组成的单优或混交的落叶阔叶林所取代，林下更新层中尚未出现原生性森林中的常绿阔叶树成分，也缺乏亮叶水青冈、缺萼风香等多种落叶阔叶树，如停止干扰，恢复原有森林的面貌，也要经过漫长的历程。有的地段已沦为以五节芒或蕨（*Pteridium aquilinum*）为主的草丛，在频繁烧山的情况下，形成所谓偏途演替的顶极群落。

云山青冈亮叶水青冈混交林蕴藏着不少经济价值高的树种可供利用，但分布在陡峭的中山山地，对保护土壤、涵养水源所起的作用更为重要。根据定位观测①，1983～1986 年 4

① 定位站由广西农学院林学分院生态室与田林老山林场共建

年平均，林内年地表径流量为12.38mm，相当于同一立地条件草丛的50.7%；年泥沙流失量7.68kg/hm^2，相当于草丛30.06kg/hm^{2}的25.5%[3]，地表径流量林外大于林内3倍，可见这类混交林将地表径流转为土内径流以及降低土壤冲刷功能之强。目前主产地的田林老山已划为保护区，在做好保护管理工作的基础上，宜对此类群落及其所含的优良用材树种进行生态学的研究；并划出一定地段进行小面积的抚育采伐更新等营林试验，群落中壳斗科、木兰科和光皮桦以及其他优良树种，宜就地进行人工繁殖栽培试验，为在山原中山推广造林做好技术准备工作。至于分布在其他地方的小片森林，可用经营采伐方式合理利用，保证更新。此类森林土壤肥沃，往往成为游耕毁林垦荒的对象，此种掠夺自然资源的现象，后患无穷，再也不能继续下去了，应厉行杜绝。

参 考 文 献

[1] 王献溥等．广西田林老山林区的植被概况及其合理利用问题．东北林学院学报，11（3）1～11，1983
[2] 中国植被编辑委员会．中国植被．北京：科学出版社，1980
[3] 黄承标等．秦王老山常绿落叶阔叶混交林的水文效应分析．林业科技通讯，1987（10）18～20

3. 铁锥栲长柄水青冈林①

以铁锥栲（*Castanopsis lamontii*）和长柄水青冈（*Fagus longipetiolata*）为主的常绿落叶阔叶混交林，主要分布于桂北和桂东北海拔1 300～1 800m的中山地带，与中山针阔混交林镶嵌分布。其分布区的气候特点，可以用桂东北越城岭真宝顶同禾药场为代表说明。该地海拔1 450m，年平均气温13.1℃，1月平均气温2.1℃，7月平均气温22.2℃，极端最低气温－11.9℃，极端最高气温34.0℃，夏季仅1个月（7月）；年降水量2 065mm，3～8月占71%，年平均相对湿度85%[1]，属于亚热带山地、冷凉、潮湿的气候类型。

铁锥栲、长柄水青冈林的立地条件类型为发育在砂页岩、花岗岩地层上的山地黄壤和黄棕壤，强酸性反应。由碳酸盐岩地层发育成的立地条件类型，铁锥栲长柄水青冈林不见分布。

成熟的铁锥栲长柄水青冈林种类组成复杂，生长茂盛。据猫儿山调查[2]，第1亚层常绿阔叶树以铁锥栲、光叶石栎和多脉青冈占有较重要的地位，包果石栎、虎皮楠（*Daphniphllum oldhami*）、交让木（*Daphniphllum marcropodum*）、厚皮香、桂南木莲、红淡、大八角也常见；落叶阔叶树以长柄水青冈占有较明显的优势，有些地方缺萼枫香、南桦、裂叶白辛树也较多，常见的还有中华槭、腺毛泡花树、多花泡花树（*Meliosma myriantha*）、野漆、檫木等。第2亚层林木常绿占绝大多数，优势不明显，以新木姜（*Neolitsea aurata*）、榕叶冬青、大八角、美山矾、红淡、凹脉柃、西南山茶（*Camellia pitardii*）较多；

① 执笔人：苏宗明

落叶阔叶树以资源木姜最多，中华槭、青蛤蟆也常见。第3亚层林木也以常绿种类为主，凹脉柃、红淡、树参、尾叶山茶（*Camellia caudata*）、大八角常见；落叶阔叶树较少，也多是中上层已出现的种类，如资源木姜、华槭、腺毛泡花树、狗奶柴（*Styrax confusa*）、裂叶白辛树等。有的地方摆竹占据较重要的地位。

表 7-4　长柄水青冈生长进程

年龄	胸径生长进程(cm)			树高生长进程(m)			材积生长进程(m^3)				形数
	胸径	连年生长量	平均生长量	树高	连年生长量	平均生长量	材积	连年生长量	平均生长量	生长率(%)	
5	2.0		0.40	1.3		0.26	0.000 30		0.000 06		0.750
10	3.7	0.34	0.37	2.0	0.14	0.20	0.001 40	0.000 22	0.000 14	25.9	0.648
15	4.8	0.22	0.32	2.5	0.10	0.17	0.003 40	0.000 40	0.000 24	16.7	0.751
20	6.8	0.40	0.34	3.2	0.14	0.16	0.009 54	0.001 23	0.000 48	5.7	0.821
25	7.7	0.18	0.31	4.2	0.20	0.17	0.012 94	0.000 68	0.000 52	6.0	0.661
30	9.5	0.36	0.32	5.2	0.20	0.17	0.019 27	0.001 23	0.000 64	7.9	0.523
35	10.5	0.20	0.30	5.9	0.14	0.17	0.025 20	0.001 19	0.000 72	5.3	0.493
40	11.5	0.20	0.29	6.4	0.10	0.16	0.033 71	0.001 70	0.000 84	5.8	0.502
45	12.5	0.20	0.28	6.8	0.08	0.16	0.042 82	0.001 82	0.000 95	4.8	0.513
50	13.7	0.24	0.27	7.3	0.10	0.15	0.055 06	0.002 45	0.001 10	5.0	0.512
55	14.7	0.20	0.27	7.8	0.10	0.14	0.068 28	0.002 65	0.001 24	4.3	0.522
60	15.7	0.20	0.26	8.2	0.08	0.14	0.085 18	0.003 38	0.001 42	4.4	0.537
65	16.3	0.12	0.26	8.7	0.10	0.13	0.095 90	0.002 14	0.001 48	2.4	0.528
70	17.0	0.14	0.24	9.1	0.08	0.13	0.110 28	0.002 87	0.001 58	2.8	0.534
75	17.8	0.18	0.24	9.6	0.10	0.13	0.127 84	0.003 51	0.001 70	3.0	0.529
80	19.0	0.22	0.24	9.8	0.04	0.12	0.146 57	0.003 75	0.001 82	2.7	0.528
85	20.1	0.22	0.24	10.1	0.06	0.12	0.169 29	0.004 54	0.001 99	2.9	0.528
90	20.8		0.23	10.2		0.11	0.185 81		0.002 06		0.536
95	21.6	0.16	0.23	10.5	0.06	0.11	0.202 70	0.003 38	0.002 13	1.7	0.527
100	22.5	0.18	0.23	10.7	0.04	0.11	0.228 97	0.005 25	0.002 29	2.4	0.538
105	23.1	0.12	0.22	10.9	0.04	0.10	0.237 48	0.001 70	0.002 26	0.7	0.520
110	23.7	0.12	0.22	11.1	0.06	0.10	0.274 59	0.007 42	0.002 50	2.9	0.561
115	24.3	0.12	0.21	11.4	0.06	0.10	0.280 77	0.001 26	0.002 44	0.5	0.531
120	25.0	0.14	0.21	11.6	0.04	0.10	0.308 01	0.005 45	0.002 56	1.9	0.541
125	25.5	0.10	0.20	12.3	0.14	0.10	0.322 41	0.002 88	0.002 58	0.9	0.514
130	26.1	0.12	0.20	12.9	0.12	0.10	0.342 96	0.004 11	0.002 64	1.2	0.497
135	26.8	0.14	0.19	13.1	0.04	0.10	0.362 27	0.003 86	0.002 68	1.1	0.490
140	27.3	0.10	0.19	13.3	0.04	0.10	0.381 68	0.003 88	0.002 73	1.0	0.490
145	28.1	0.16	0.19	13.5	0.04	0.09	0.406 83	0.005 03	0.002 81	1.3	0.486
150	29.1	0.20	0.19	13.7	0.04	0.09	0.443 11	0.007 26	0.002 95	1.7	0.486
155	30.0	0.18	0.19	13.9	0.04	0.09	0.469 37	0.005 25	0.003 03	1.2	0.478
158	30.4	0.13	0.19	14.1	0.06	0.09	0.487 29	0.005 97	0.003 08	0.8	0.476
带皮	31.2						0.521 27				0.483

灌木层植物摆竹和箬竹占去一半以上，其他多为零星分布的上层乔木的幼树，如桂南木莲、多脉青冈、光叶石栎、铁锥栲、树参等。

草本地被层植物种类不少，但个体不多。潮湿处以粗齿冷水花（*Pilea sinofasciata*）和鳞轴短肠蕨为多，稍干处以十字苔草、镰叶瘤足蕨和纤细鳞毛蕨（*Dryopteris tenuicula*）为多。

藤本植物数量不多，但种类不少。常见有柳叶菝葜、乌泡（*Rubus gentilianus*）、披针叶南五味子（*Kadsura lancilimba*）、小钻（*Kadsura longipedunculata*）、菝葜、山乌龟（*Stephania longa*）等。

根据对该类型主要林木种类生长进程调查资料①，长柄水青冈（解析木在海拔1 670m）生长缓慢，158 年生树胸径 31.2cm（带皮），树高 14.1 米，材积 0.52127m³（带皮）和 0.48729m³（去皮）。30 年生时，胸径连年生长量最大也不超过 0.36cm；树高连年生长量最大也不超过 0.20m；材积连年生长量最大不超过 0.008m³（表 7-4）。铁椎栲生长速度一般，49 年生树胸径 22.4cm（带皮），树高 13.5m，材积 0.24480m³（带皮）和 0.22828m³（去皮）。15 年生的胸径连年生长量为 0.76cm；树高连年生长 5 年生最大不及 0.8m；材积连年生长量最大不及 0.01m³（表 7-5）。

表 7-5 铁锥栲生长进程

年龄	胸径生长进程（cm）			树高生长进程（m）			材积生长进程（m³）				形数
	胸径	连年生长量	平均生长量	树高	连年生长量	平均生长量	材积	连年生长量	平均生长量	生长率（%）	
5	1.6		0.32	3.6		0.72	0.000 52		0.000 10		0.722
10	5.0	0.68	0.50	6.5	0.58	0.65	0.005 90	0.001 76	0.000 50	33.5	0.463
15	8.8	0.76	0.59	7.9	0.28	0.58	0.020 27	0.002 87	0.001 35	6.7	0.422
20	10.8	0.40	0.54	9.1	0.24	0.40	0.035 50	0.003 04	0.001 78	10.9	0.426
25	12.4	0.32	0.49	10.1	0.20	0.40	0.055 33	0.003 96	0.002 21	8.7	0.453
30	14.3	0.38	0.48	10.8	0.14	0.36	0.080 78	0.005 09	0.002 69	6.7	0.466
35	15.5	0.24	0.44	11.6	0.16	0.33	0.101 90	0.004 22	0.002 91	4.6	0.466
40	17.8	0.46	0.45	12.2	0.12	0.31	0.132 79	0.006 18	0.003 32	5.3	0.437
45	19.9	0.42	0.44	12.8	0.12	0.28	0.179 89	0.009 42	0.004 00	6.0	0.409
49	21.7	0.36	0.44	13.5	0.14	0.28	0.228 28	0.009 68	0.004 68	5.2	0.458
带皮	22.4						0.244 80				0.463

包果石栎生长速度亦慢，63 年生树胸径 21.8cm（带皮），树高 9.6m，材积 0.19760m³（带皮）和 0.18310m³（去皮）。胸径连年生长量最大不过 0.66cm，树高连年生长量最大不到 0.3m，材积连年生长量最大只有 0.012m³（表 7-6）。檫树生长较快，48 年生树胸径

① 广西桂林行政公署林业局．广西猫儿山水源林区调查材料汇编，1979

31.9cm（带皮），树高 17.4m，材积 0.74399m³（带皮）和 0.66859m³（去皮）。5 年生龄阶的幼树期，胸径连年生长量为 0.52cm，6～10 年生时生长最快，可达 1.29cm；树高连年生长量可达 0.98m，已达到高峰。20～45 年生时为材积增长旺盛期，此后，连年生长量可达 0.015～0.020m³，连年生长量开始下降（表 7-7）。

表 7-6 包果石栎树干解析生长进程表

年	胸径生长进程 (cm)			树高生长进程 (m)			材积生长进程 (m^3)				形
龄	胸径	连年生长量	平均生长量	树高	连年生长量	平均生长量	材积	连年生长量	平均生长量	生长率 (%)	数
5				0.6		0.12					
10				1.3	0.14	0.13					
15	1.1		0.07	2.4	0.22	0.16					
20	1.9	0.16	0.09	3.6	0.24	0.18	0.000 73		0.000 04		0.724
25	3.0	0.22	0.12	5.0	0.28	0.20	0.001 19	0.000 09	0.000 05	9.6	0.355
30	4.5	0.30	0.15	6.4	0.28	0.21	0.003 97	0.000 56	0.000 13	21.6	0.391
35	7.8	0.66	0.22	7.6	0.24	0.21	0.017 49	0.002 70	0.000 49	25.2	0.481
40	10.0	0.44	0.25	8.1	0.10	0.20	0.031 01	0.002 70	0.000 77	11.2	0.487
45	12.5	0.50	0.28	8.3	0.04	0.18	0.051 56	0.004 41	0.001 15	10.0	0.551
50	14.4	0.38	0.29	8.9	0.12	0.18	0.077 23	0.005 13	0.001 54	7.6	0.532
55	16.8	0.48	0.31	9.3	0.08	0.17	0.110 08	0.007 37	0.002 00	7.2	0.534
60	19.4	0.69	0.32	9.5	0.04	0.16	0.147 00	0.007 38	0.002 45	5.7	0.524
63	21.1	0.57	0.32	9.6	0.02	0.15	0.183 10	0.012 03	0.002 90	7.3	0.545
带皮	21.8						0.197 60				0.551

表 7-7 檫木树干解析生长进程表

年	胸径生长进程 (cm)			树高生长进程 (m)			材积生长进程 (m^3)				形
龄	胸径	连年生长量	平均生长量	树高	连年生长量	平均生长量	材积	连年生长量	平均生长量	生长率 (%)	数
5	2.6		0.52	4.2		0.84	0.002 28		0.000 46		0.898
10	6.5	0.78	0.65	8.0	0.76	0.80	0.014 88	0.002 52	0.001 49	56.0	0.577
15	12.1	1.12	0.81	9.8	0.36	0.65	0.064 04	0.009 83	0.004 21	26.9	0.568
20	16.9	0.96	0.85	11.1	0.26	0.56	0.142 50	0.015 49	0.007 13	15.2	0.572
25	20.9	0.80	0.84	12.4	0.26	0.50	0.241 37	0.019 77	0.009 65	10.3	0.568
30	23.8	0.58	0.79	14.0	0.32	0.47	0.337 57	0.019 24	0.011 25	6.7	0.537
35	25.5	0.34	0.73	16.6	0.52	0.47	0.422 32	0.012 95	0.012 07	4.5	0.500
40	27.5	0.40	0.69	16.7	0.02	0.42	0.513 70	0.018 26	0.013 57	3.9	0.518
45	29.8	0.45	0.66	17.2	0.01	0.38	0.613 87	0.020 04	0.013 64	3.6	0.511
48	30.8	0.33	0.64	17.4	0.06	0.36	0.668 59	0.014 97	0.013 94	2.9	0.508
带皮	31.9						0.743 99			6.4	0.535

铁锥栲、长柄水青冈林种类组成复杂，其中优良用材树种不少，例如铁锥栲、长柄水青冈、多脉青冈、厚皮香、桂南木莲、红淡比、南桦、檫树、银钟树、西南山茶等。铁锥栲、长柄水青冈林位于中山之上，涵养水源十分重要。目前此种森林保存面积不大，宜作水源林经营。

参考文献

[1] 黄正福，梁木源．人参的引种试验．广西植物，1～3，1981
[2] 王献溥，李信贤．广西兴安猫儿山保护区的植被．广西植物，6～（1～2），1986

（二）石灰岩常绿落叶阔叶混交林①

石灰岩常绿落叶阔叶混交林是亚热带石灰岩山地原生性的森林植被类型，和亚热带地带性植被常绿阔叶林的群落学特性不同，在外貌、组成上都迥然有别，它是在特殊基质上发生发展起来的非地带性类型。在东部亚热带范围内（桂东北、桂北、桂中、桂东）大多见于海拔 1 000m 以下的石灰岩山地；在西部亚热带地区（桂西北）可达海拔 1 500～1 700m。由于长期砍伐，分布零星，面积很小。所在地岩石裸露达 80%以上，土壤不足 20%，而且土层浅薄，大多残积在岩缝石隙中，只山脚坡积物部位土层较厚，但也不超过 50cm 左右，土层中夹杂很多岩石碎块。林木大多具有深扎广展、盘旋于岩面裂缝间的根系，突出表现为适应此种石隙生境的特性。土壤为棕色石灰土和黑色石灰土，酸碱度 6.0～7.5。

群落的外貌特征主要取决于优势种的生活型，亚热带石灰岩山地原生性森林优势的生活型由常绿阔叶和落叶阔叶乔木所组成，因之外貌色彩不是单调的，随季相不同而变化。叶主要为单叶，以中型叶和小型叶占多数，常绿阔叶树叶子的质地一般革质，表面光亮绿色，许多种类背面不同程度地被毛或白粉；落叶阔叶树叶子质地一般纸质到厚纸质。乔木树皮厚，粗糙开裂，鳞片状开裂的种类不少，并有一定具刺的种类。不具茎花和板根现象，但露根异常发达。

虽然生境条件较恶劣，但结构还是复杂的。石山脚土壤比较深厚的地方，郁闭度约 0.8，远看根本看不出林下露头的石块。整个群落可分为乔木层、灌木层和草本层。乔木层也可划分 3 个亚层，第 1 亚层林木高约 18m，胸径 20～40cm，树冠基本上是连续的，覆盖度约 70%以上；第 2 亚层林木高 8～12m，胸径 10～20cm，树冠不连续，覆盖度 30%～40%；第 3 亚层林木高 4～6m，胸径 10cm 以下，树冠不连续，覆盖度 30%左右。在山坡上土壤浅薄、湿度较差的生境下，林木生长较矮，郁闭度也较差，约 0.7，乔木只能划为 2 层，第 1 亚层林木高 9～12m，胸径 10～30cm，树冠基本连续，覆盖度 60%～70%；第 2 亚层林木高4～

① 执笔人：苏宗明

7m，胸径 10cm 以下，树冠不连续，覆盖度 40%～50%。

灌木层植物高 4m 以下，覆盖度 30%～40%，不少种类具刺。

草本层植物高 1m 以下，分布稀疏，覆盖度一般不到 30%。

层外植物主要是藤本，种类及数量较常绿阔叶林少，但也很常见，其特点是具刺的种类不少。

在组成上，主要由常绿阔叶树和落叶阔叶树混合组成，种类繁多，但比常绿阔叶林稍少一些，其中不少是限于分布在石灰岩山地的喜钙植物，在酸性土壤上是少见或没有分布的。林木层种类主要由壳斗科、榆科、漆树科、豆科、胡桃科、芸香科、大戟科的植物组成。灌木层植物大多为乔木的幼树，真正的灌木种类不多，常见的是亚麻科的青篱柴（*Tirpitzia*）、鼠李科的鼠李（*Rhamnus*）、蔷薇科的绣线菊（*Spiraea*）、火棘（*Pyracantha*）、茜草科的六月雪（*Serissa*）、棕榈科的棕竹（*Rhapis*）、大戟科的山麻杆（*Alchornea*）、黑面叶（*Breynia*）等属的种类。草本层植物以喜荫耐干的种类为主，如莎草科苔草、百合科沿阶草和麦冬（*Liriope*）等属的种类较多，蕨类植物也较常见。

石灰岩常绿落叶阔叶混交林是亚热带地区一种土壤顶极群落，在不受破坏的情况下可以长期保持稳定的状态。如遭干扰、破坏，视破坏的方式和程度不同而有不同的演替途径。中度的采伐或樵采，退化为石灰岩落叶阔叶林；过度采伐或樵采，则退化为灌丛；灌丛阶段如反复樵采，则较长期停留在藤刺灌丛阶段上，灌丛中的乔木幼树越来越少，以至消失，只剩下耐旱、具刺的藤本和灌木种类；如再继续破坏，藤本和灌木日益稀少，就会演变成石荒漠。藤刺灌丛进行封山，不再破坏，则灌丛中的乔木幼树就会出现，并日渐增多，以至占优势，不久就会演变成落叶阔叶林，最后恢复成常绿落叶阔叶混交林。土壤较多的地方，如施行刀耕火种，则是另一种演替途径。刀耕火种撂荒后，首先形成草丛，如草丛反复火烧，则较长期停留在草丛阶段，但由高草草丛退化为中草或低草草丛，如再继续火烧，就会演变成石荒漠。如停止火烧进行封山，草丛将慢慢向藤刺灌丛阶段演变，封山继续下去，则经由如前一种形式最后演变成常绿落叶阔叶混交林。无论是哪种形式，要恢复为常绿落叶阔叶混交林，经历的时间是很长的，至少需要 40～50 年的时间。

由于长期破坏，以及造林的困难，又没有重视封山育林，目前除个别地方，如环江、隆林，有连片百公顷左右的石灰岩常绿落叶阔叶混交林外，广大地区已很难找到连片 0.67hm^2 以上的林子了，因此，这种森林只能作为种源和种质基地，以及科研等方面的用途。

石灰岩常绿落叶阔叶混交林主要有如下几个群系。

1. 青冈青檀林

以青冈（*Cyclobalanopsis glauca*）、青檀（*Pteroceltis tatarinowii*）为主的石灰岩常绿落叶阔叶混交林，主要分布在桂东北一带石灰岩石山下坡土壤覆盖率较大的地方。由于长期滥伐，一般只在一些村后山作为固石护坡林得以保存下来。

青冈青檀混交林是桂东北地区石灰岩山地原生性类型，分布区气候具有温暖、湿润，干湿季不明显的特点。例如桂林至阳朔一带，年平均气温 18.8～19.0℃，1 月平均气温 7.9～

8.6℃，2月平均气温约28.2℃，历年极端最低气温极值在−4～−5℃之间，历年日平均气温稳定通过≥10℃的积温5 941～6 056℃，夏季5个月（5～9月），冬季2个月（1～2月），气候温暖；年降水量1 645～1 900mm，雨季6个月（3～8月），最低月雨量在50mm以上，旱季不明显，水热系数2.4～2.8，属于湿润—潮湿的气候型。虽然青冈或青檀作为一个种来说，具有较广泛的分布区；但作为共建种组成的群落类型，青冈青檀林的地理分布却有颇大的局限性，只在中亚热带局部地方的桂东北得到茂盛的发展。看来这和当地水热条件结合的特殊性有密切关系。自此向西至桂西北，向南至桂中一带，石灰岩山地也相当普遍，由于水热条件及其结合的差异，而为其他群落类型所取代。

青冈青檀林立地条件类型为棕色石灰土，呈中性到微酸性反应，pH6.0～7.0。碳酸钙含量较高。土壤的特性决定了群落的组成，主要为喜钙或耐钙性植物，间有少数与酸性土共有的种类。

青冈青檀林由于分布在山脚土壤肥力较高的地方，所以结构、组成是复杂的，林木也还高大。郁闭度0.8以上，乔木层可划分为3个亚层。第1亚层林木常绿阔叶树以青冈为多，约占30%～40%，常见的为：石山樟（*Cinnamomum saxatile*）、亮叶槭（*Acer lucidum*）、华南朴（*Celtis austrosinensis*）、狗骨木（*Swida wilsoniana*）、翅荚香槐等，落叶阔叶树以青檀居多，约占20%～30%，常见的有：朴树、黄梨木（*Boniodendron minius*）、圆叶乌桕、榔榆、皂荚（*Gleditsia sinensis*）、黄连木等。第2亚层林木种类很多，优势不明显，常绿占多数，常见有桂林石楠（*Photinia chihsiniana*）、刺凿（椤木石楠）（*Photinia davidsoniae*）、九里香（*Murraya paniculata*）、粗糠柴、柞木（*Xylosma racemosum*）、刺叶冬青（*Ilex hylonoma* var. *glabra*）等。第3亚层林木除中、上层一些种类外，以光叶海桐、竹叶花椒（*Zanthoxylum planispinum*）、檵木、山黄皮、樟叶荚蒾为常见。

灌木层植物除乔木幼树外，真正的灌木常见有：青篱柴、广西棕竹（*Rhapis filiformis*）、六月雪、杜茎山等。

草本层植物种类不少，几种苔草、麦冬、沿阶草比较常见，其他还有：鞭叶铁线蕨、小凤尾蕨、蜈蚣草、石油菜等。

藤本植物不少，常见的种类有：菝葜、大托菝葜、老虎刺、白萼素馨（*Jasminum albicalyx*）、白叶藤（*Cryptolepis sinensis*）、见血飞（*Toddalia asiatica*）、龙须藤等。

青冈青檀林确实是一种很有价值的用材林，优良的材用树种不少，如青冈、青檀、石山樟、狗骨木、亮叶槭、樟叶槭（*Acer cinnamomifolium*）华南朴、朴树、榔榆、黄连木、菜豆树等，可惜目前保存的面积极小。对于现存的零星残林，必须妥善保护，一方面作种源基地用，另一方面目前石灰岩山地森林很少，生态平衡受到严重破坏，保护好现有的森林及封山育林能逐步改变目前这种状态。

2. 青冈小化香树林

以青冈、小化香树（*Platycarya glandulosa*）为主的石灰岩常绿落叶阔叶混交林，主要见于桂北石灰岩山地，在海拔700～1 200m的范围。分布区的水热条件可以南丹县城（海拔 697m）的纪录为代表，年平均气温 17.3℃，1 月平均气温 7.4℃，7 月平均气温 24.6℃，历年极端最低气温极值－5.5℃，≥10℃的积温 5 233℃，夏季 4 个月（6～9 月），冬季 3 个月（12 月～次年 2 月），气候温暖；年降水量 1 487.9mm，雨季 5 个月（4～8 月），旱季 3 个月（12 月～次年 2 月），但月降水量仍有 30mm 左右。水热系数 2.4，属于湿润气候型。与青冈、青檀林的分布区相比，相似之处是两地都属于温暖湿润型气候，且雨季都较长；不同的主要表现是这里雨量较少，且干湿季交替较明显，有向西部亚热带过渡的倾向。在这里，东西两地区的湿度特征都有表现，当然是以东部特征为主。所以这里除了以东部地区的区系成分为主外，也有一些西部成分分布，如小化香、掌叶木、兴山荚蒾、千金榆等。

青冈小化香树林的结构与青冈青檀林类似，种类成分差异也不大，只是在上层建群种和各层优势种上有些差异。上层林木常绿阔叶树仍以青冈居多，约占 30%～40%。常见的种类有：铁屎米（*Canthium dicoccum*）、石山樟、粗糠柴、虾公木（*Bridelia fordii*）等；落叶阔叶树以小化香树、千金榆（*Carpinus tsiangii*）为多，约占 40%左右，其他常见的有黄连木、黄梨木、圆叶乌桕、榔榆、青檀、朴树、水冬瓜（*Adina racemosa*）等。中层林木种类不少，优势不明显，常见有铜钱树（*Paliurus hemsleyanus*）、齿叶黄皮（*Clausena dentata*）、铁榄（*Sinosideroxylon wightianum*）、掌叶木（*Handeliodendron bodinieri*）、山黄皮、广西密花树（*Rapanea kwangsiensis*）等。下层林木除中、上层一些种类外，常见的种类很多，主要有：九里香、密花树（*Rapanea neriifolia*）、杨梅叶蚊母树（*Distylium myricoides*）、兴山荚蒾（*Viburnum propinquum*）、小叶桑（*Morus australis*）、香叶树（*Lindera communis*）等。

灌木层植物多为乔木的幼树，真正灌木常见有：青篱柴、红紫珠（*Callicarpa rubella*）、火棘、纤序鼠李（*Rhamnus nepalensis*）、帚状鼠李（*Rhamnus virgata*）等。

草本层植物也以几种苔草为主，其他有沿阶草、麦冬、蜈蚣草、肾蕨、江南星蕨（*Microsorium fortunei*）等。

藤本种类不少，龙须藤、见血飞、常青藤（*Hedera nepalensis* var. *sinensis*）、老虎刺、石岩枫（*Mallotus repandus*）、老鼠耳（*Berchemia lineata*）等常见。

青冈小化香树林的许多树种，材用价值也很高，现在的问题同样是面积极小，而且分散。现有的森林，在保护好的情况下，只能作采种基地用。目前对石灰岩山地现存的小块森林，破坏仍相当严重，这种情况必须加以改变。

3. 青冈仪花青檀林

青冈仪花（*Lysidice rhodostegia*）青檀林是亚热带石灰岩山地原生性类型之一，主要分布于桂西、桂中一带石灰岩山地，海拔 700m 以下的地区，都安、忻城一带石灰岩山地较为常见。由于长期采伐，大都只零星残存于村庄后山，面积很小。

分布区属于南亚热带，气候情况与青冈栎青檀林分布区已有明显的差异，以都安、忻城一带来说，年平均气温 20.7～21.3℃，1 月平均气温 11.1～12.2℃，7 月平均气温28.2～28.4℃，累年极端最低气温极值－2.3～0.4℃，历年日平均气温稳定通过≥10℃的积温

6 864～7 290℃，没有冬季，夏季长达 6 个月（5～10 月），气温比青冈青檀林分布区高，热量也比较丰富。群落中出现不少较耐寒的热带成分，有的甚至在上层参与建群。但这些种类随着纬度带的北移而消失，较低的气温成为本群落向桂北、桂东北一带石灰岩石山分布的限制因素。另一方面，过高的气温，却不利于典型的亚热带成分的生长发育，如桂西南一带，虽有大面积石灰岩地层，但地带性气候限制了它向更南的地区发展。分布区年降水量 1 400～1 700mm，雨季 5～6 个月，出现在 4～8（9）月；旱季 3～4 个月，分布于 11（12）月～次年 2 月，此期的月雨量在 30～40mm 以上。水热系数 1.9～2.2，属于半湿润至湿润的气候型。

青冈仪花青檀林的结构特点与青冈青檀林类似，但组成有明显不同。上层林木常绿阔叶树以青冈、仪花为多，约占 50%，其他常见有：紫荆木、华南朴、柄果木（*Mischocarpus fuscescens*）、金丝李、海南栲（*Castanopsis hainanensis*）等，许多都是北热带常见而中亚热带地区所没有的。落叶阔叶树以青檀为多，约占 20%，其他常见的种类有：华南皂荚（*Gleditsia fera*）、朴树、黄梨木、南酸枣、小化香树、黄连木等。中层林木种类不少，优势不明显，铁榄、铁屎米、石山野樱（*Prunus zippenliana*）、细叶谷木（*Memecylon scutellatum*）、南岭柞木（*Xylosma controversum*）、枚辣柿（*Diospyros siderophyllus*）等是常见的。下层林木种类也不少，优势不明显，常见为鸡尾木（*Excoecaria venenata*）、细叶楷木（*Pistasia weinmannifolia*）、思茅酒饼簕（*Atalantia racemosa* var. *henryi*）广西密花树、光叶海桐、山柑（*Cansjera rheedii*）等。

灌木层植物以乔木幼树为多，真正灌木常见为：小叶山柿（*Diospyros dumentorum*）、广西棕竹、白面苎麻（*Boehmeria clidemioides*）、广西紫麻（*Oreocnide kwangsiensis*）、紫麻（*Oreocnide futescens*）等。

草本地被层植物常见有：肾蕨、鞭尾铁线蕨、蜈蚣草、小凤尾蕨、蔓生莠竹等。

藤本植物种类不少，亮叶崖豆藤（*Millettia nitida*）、石岩枫、倒刺藤、龙须藤、深裂羊蹄甲（*Bauhinia corymbosa*）、老虎刺等是比较常见的。

青冈、仪花、青檀林优良的材用树种不少，除前面提到外，还有仪花、紫荆木、柄果木、金丝李、倒吊笔（*Wrigtia pubescens*）、扁桃（*Mangifera persiciforma*）、海南栲、南酸枣、铁榄、柞木、南岭柞木等。可惜全都是零星分布面积又很小的残林。这些残林是很宝贵的，它为以后扩大这种森林面积提供各种种源，因此对于现存的残林，必须要妥善保护，加强管理，不能再进行任何形式的采伐。

4. 云南青冈小化香树林

以云南青冈（*Cyclobalanopsis glaucoides*）、小化香树为主的石灰岩常绿落叶阔叶混交林主要分布于隆林、西林一带海拔 1 400m 以上的石灰岩山地，那里已属于云贵高原的一部分，在植被分区上已属于西部亚热带地方。实质上它和桂北的青冈栎、小化香树为主的混交林相对应，是亚热带西部和东部的地理替代群落。这种地理替代现象，主要原因在于降水特征发生了根本的变化，桂东北地区，干湿季不明显，到了桂北已开始有 3 个月的旱季

（雨季5个月），而隆林、西林属于云贵高原的一部分，旱季长于雨季。那里的年降水量1 089～1 129mm，雨季只有4个月（5～8月）；旱季长达5个月（11月～次年3月），此期的月雨量多在20mm以内，旱象严重。水分条件的变化，导致适应西部气候的群落类型取代适应东部的群落类型。分布区位于南亚热带，山原地貌，反差强烈，河谷区有明显的焚风效应，气候干热，夏长无冬，限制了云南青冈小化香树林的分布。随着地势的升高，温度逐渐降低，直到海拔1 400m以上的石灰岩山地上，始出现此类混交林。当地气温可以隆林县的德峨（海拔1 580m）为代表，年平均气温14.5℃，1月平均气温5.8℃，7月平均气温20.5℃，没有夏季，冬季3个月，山原上冷凉的气候，才适于云南青冈小化香树林的发展。

云南青冈小化香树林的结构特点与上述几个类型大体相似，只不过种类组成有明显的不同。上层林木常绿阔叶树以云南青冈为主，约占50%，其他常见的还有：珠眼石栎（*Lithocarpus iteaphylloides*）、细叶青冈（*Cyclobalanopsis myrsinaefolia*）、樱叶石楠、齿叶枫荷桂（*Dendropanax dentiger*）、绿润楠（*Machilus viridis*）等；落叶阔叶树以小化香树为多，约占20%，其他常见有：千金榆、朴树、紫弹树（*Celtis biondii*）、糙叶树（*Aphananthe aspera*）、小叶榉（*Zelkova sinica*）等。中层林木种类不少，优势种不明显，常见为：四子海桐花（*Pittosporum tonkinense*）、显脉新木姜（*Neolitsa phanerophlebia*）、大叶朴树（*Celtis philippinensis*）、密花假卫矛（*Microtropis confertiflora*）、厚叶冬青、竹叶木姜和上层的一些种类。下层林木种类也不少，除中、上层的一些种类外，滇鼠刺（*Itea yunnanensis*）、青篱柴、光叶海桐、疏花卫茅、打铁树（*Rapanca linearis*）、樟叶荚蒾等是常见的。

灌木层植物多为乔木的幼树，真正灌木常见为：阔叶十大功劳（*Mahonia bealei*）、小叶黑面神（*Breynia hyposauropus*）、白饭树（*Flueggea virosa*）、毛枝绣线菊（*Spiraea martinii*）、铁仔（*Myrsine africana*）、矮红果树（*Stranvaesia davidiana* var. *undulata*）、西南远志（*Polygala wattersii*）等。这里竹子分布较多，是其他石灰岩山地所少见的，常见的种类有：方竹（*Chimonobambusa quadrangularis*）、箬叶竹（*Indocalamus longiauritus*）等。

草本层植物以几种苔草（*Carex* spp.）、阔叶麦冬、沿阶草为多，其他还有：华中铁角蕨（*Asplenium sarelii*）、江南星蕨、小叶冷水花（*Pilea microphylla*）、旋蒴苣苔（*Boea hydrometrica*）等。

藤本植物种类很多，常见有：山木通、雀梅藤、大托菝葜、圆叶菝葜（*Smilax ovalifolia*）、爬山虎（*Parthenocissus heterophylla*）、风藤（*Kadsura heteroclita*）等。

云南青冈小化香树林是一种材用价值较高的森林，优良的材用树种不少，如云南青冈、樱叶石楠、黄樟（*Cinnamomum parthenoxylon*）、朴树、紫弹树、榔榆、南酸枣、小叶榉、糙叶树等。但现存面积很小且分散，不能采伐，只宜作种源基地，严加保护。

5. 鱼骨木黄梨木林

以鱼骨木（铁屎米）、黄梨木为主的石灰岩常绿落叶阔叶混交林主要分布于桂东北石灰岩山地，和青冈栎青檀林处于同一分布区内，气候温暖湿润，但青冈栎青檀林占据石山的下部，立地条件较为优越；本类型分布在石峰的中、上部，岩石裸露，土壤覆盖率低，土层十分浅薄，植物的给水条件也差，因此，群落的成分，特别是上层的林木多属于耐旱力强的树种。

由于立地条件差，林木比较矮小，乔木层只有2亚层。上层林木常绿阔叶树以鱼骨木为主，约占30%，其他零星分布的种类常见有：柞木、土密树（*Bridelia monoica*）、虾公木、翅荚香槐、桂林石楠、铁榄、倒吊笔等。落叶阔叶树以黄梨木为多，约占30%。其他种类有：青檀、朴树、榔榆、圆叶乌桕、黄连木、化香等。下层林木常见有：香叶树、九里香、密花树、紫凌木（*Decaspermum fruticosum*）、广西巴豆、樟叶荚蒾等。

灌木层植物除乔木幼树外，真正灌木常见为火棘、红背山麻秆、帚状鼠李、广西棕竹、刺叶冬青等。

草本层植物以苔草（*Carex*）、沿阶草、麦冬为多，其他还有鞭叶铁线蕨、蜈蚣草、百叶卷柏（*Selaginella moellendorffii*）、槲蕨（*Drynaria fortunei*）、蔓生莠竹等。

藤本植物常见有：老虎刺、龙须藤、昆明崖豆藤（*Millettia reticulata*）、假老虎簕（*Caesalpinia nuga*）等。

鱼骨木黄梨木林优良的材用树种是不少的，但是林木矮小，而且立地条件较差，又分布于石山的中、上部。因此，对于这类森林只可保护，不可采伐和樵采。

第三节 常绿阔叶林①

常绿阔叶林是指由壳斗科、樟科、山茶科、木兰科、金缕梅科、灰木科等的种类占优势组成的杂木林，是亚热带地区的地带性的原生森林，是广西面积最大的天然林，但由于长期的采伐破坏，目前大多已成零星小片分布。在中亚热带（桂北、桂东北）一般见于海拔1 300m以下；在南亚热带（桂西北、桂中、桂东）分布较高，可达海拔1 700m左右。所在地的基岩有砂岩、页岩及花岗岩，土壤为黄壤和红壤，pH4.5～5.5。此外，在北热带（桂东南、桂西南），常绿阔叶林是山地垂直带的重要类型，分布于海拔700m以上的地区。

常绿阔叶杂木林林分的生活型主要由常绿阔叶木本植物构成，其中又以常绿阔叶中乔木和大乔木为主，也有少量的常绿针叶大乔木和中乔木，故外表终年常绿，深暗绿色。叶型多为单叶，小、中型叶为主，质地以革质叶占多，叶表光滑。乔木树皮较厚，常为1～3cm，呈棕色或褐色，粗糙而开裂。故中亚热带和南亚热带山地的常绿阔叶杂木林，林分外貌是由革质、单叶、小和中型叶为主，树皮粗糙、开裂；少或不具老茎生花和板根现象。

常绿阔叶林林分结构比较复杂，在保存好的情况下，郁闭度0.8以上，分为林木层、灌

① 执笔人：苏宗明

木层和草本地被层 3 层。

林木层可明显地分为 3 个亚层，第 1 亚层林木高 20m 左右，胸径 30～50cm，树冠连接，表面平齐，覆盖度 70%以上；第 2 亚层林木高约 8～15m，胸径 15～20cm，树冠不连接，覆盖度约 50%；第 3 亚层林木高 3～8m，胸径 10cm 以下，树冠不连接，覆盖度 30%左右。

灌木层植物高 3m 以下，分布稀疏，覆盖度 30%左右。

草本地被层植物高 1m 以下，分布稀疏，覆盖度不超过 30%。

层外植物主要为藤本和苔藓，藤本植物虽不如热带常绿杂木林丰富，但种类也不少，上下攀援的粗大木质藤本亦经常遇到；附生的苔藓植物不如山地常绿落叶阔叶混交林多，附生的有花植物及大型蕨类植物较少，仅南亚热带低平地区可见到。

常绿阔叶杂木林的种类组成比较复杂，保存较好的林分，在 400～500m^2 林地内约有 70～102 种（分属 43～53 个科，56～73 个属），到 600～1000m^2 林地范围，达 104～125 种（分属 46～59 个科，71～85 个属）[1]。乔木层种类以壳斗科、樟科、茶科、木兰科、冬青科、杜鹃科、灰木科、杜英科、金缕梅科的种类最多，也最重要，愈往南，壳斗科、樟科中喜暖的种类逐渐增多，到南亚热带地区则占据了优势的地位，并出现许多热带性种类。

灌木层植物多为乔木幼树，真正灌木以紫金牛科紫金牛（*Adisia*）、杜茎山，野牡丹科伯拉木（*Blastus*），金粟兰科金粟兰（*Sarcandra*）植物较多，南亚热带地区，茜草科九节木和紫金牛科罗伞树植物占比重也大。

草本地被层植物以蕨类为主，中亚热带以狗脊为标志，南亚热带以东方乌毛蕨、金毛狗为标志。此外百合科沿阶草、麦冬、莎草科苔草（*Carex*）、姜科姜（*Alpinia*）植物也常见，但数量较少。

常绿阔叶杂木林采伐后的迹地，如果不经火烧，让其自然发展，则会很快恢复成由原生常绿阔叶林种类组成的幼年次生林；如果反复砍伐、樵采，将退化成灌丛或竹林（竹丛）。火烧后的迹地以及刀耕火种后的撂荒地，首先形成草丛，然后经由灌丛→落叶阔叶林或针叶林的过程，才能恢复成原生性常绿阔叶林。如果草丛反复火烧，则较长时间停留在草丛阶段，成为比较稳定的次生植被。这种草丛，要演变为常绿阔叶林是非常困难和缓慢的，要经过一个很长的封山育林过程，才有可能达到。

广西的常绿阔叶林，南、北因气温的差异，可以明显地分为两个地理型。南部的常绿阔叶林，上层组成种类优势种是壳斗科、樟科、木兰科、金缕梅科等科中的喜暖种类，还有一定比例的热带成分，有时还可成为共优种。中下层热带成分无论种类还是数量占的比重更大。灌木层植物常以紫金牛科、茜草科等热带种类占优势，棕榈科的植物不少。草本层植物以高大的蕨类植物，金狗毛、乌毛蕨等为特征。总之，在种类组成上，明显地表现出热带向亚热带过渡的特征。此种地理型，为南亚热带季雨林化常绿阔叶林。北部的常绿阔叶林，上层组成种类则以壳斗科、樟科、木兰科、山茶科等科中的耐寒种类为优势种，热带成分无论在上层还是中下层均已消失或基本消失。在组成上真正代表亚热带的性质，为典型中亚热带的常绿阔叶林。

广西重要的常绿阔叶林有下面几种类型。

参 考 文 献

[1] 大瑶山自然资源综合考察队．广西大瑶山自然资源考察（植被）．上海：学林出版社，1988

（一）中热带亚典型常绿阔叶林

1. 栲树林①

以栲树（*Castanopsis fargesii*）为主的森林在我国分布相当广泛，是我国东部中亚热带常绿阔叶林的代表类型，主要分布于四川、贵州、湖南、江西、福建、广东、广西等地[1]。广西境内，栲树林主要分布于北部一带丘陵、低山，向南可在桂中、桂南的山地上出现，西界沿弧形山地西翼延伸至云南省的东南部。在北部地区，它主要占据海拔 700m 以下的范围，与荷木为主的常绿阔叶林交错分布，上界接水锥栲林、银荷木林；桂中、桂南一带，分布于海拔 700m 以上的地区，与大鳞石柯林、红润楠林、细枝栲林交错分布，下界接红锥林、厚壳桂林。在北部地区，它是一种水平地带性类型，在桂中、桂南地区，则属于垂直带谱的组成部分。

栲树林分布区的气候特点可以用北部纬度相近的永福和南丹来说明，但在经度上永福居东、南丹居西，两地栲树林都是当地重要的天然杂木林。永福县城海拔 157.2m，年平均气温 18.8℃，1 月平均气温 8.2℃，7 月平均气温 27.9℃，历年极端最高气温 38.8℃，历年极端最低气温－3.8℃，≥10℃的积温 6 005.4℃；年降水量 2 002.0mm，除 12 月降水量为 58.6mm 外[2]，其余各月均在 60mm 以上。南丹县城海拔 697m，年平均气温 17.3℃，1 月平均气温 7.4℃，7 月平均气温 24.6℃，历年极端最高气温 35.5℃，历年极端最低气温－5.5℃，≥10℃的积温 5 233℃，年降水量 1 497.9mm，有 4 个月（11 月至次年 2 月）降水量小于 50mm，其中 12 月～翌年 2 月在 31.6～25.9mm[2]，干湿季明显。从上可知，栲树林对于湿度的适应幅度还是较广的。但再往西，到达属于西部亚热带区域半湿润半干燥的田林、隆林、西林时，栲树林已极少出现。绝迹于干热的河谷地区。

栲树是喜酸性土树种，以栲树为优势的杂木林只分布于砂岩、页岩、花岗岩发育而成的酸性土上，土壤为红壤或黄壤，pH4.5～5.5，石灰岩山地绝不会有栲树林的分布。所以在栲树林的分布区内，有许多地区虽然气候条件适合，由于是石灰岩山地，而阻碍栲树林的分布。

成熟而又保存好的栲树林，郁闭度在 0.8 以上，乔木层明显地分为 3 个亚层，第 1 亚层林木栲树可占 50%以上，其他常见的还有，罗浮栲、细枝栲、铁锥栲、荷木、红润楠、南

① 执笔人：苏宗明

岭栲（*Castanopsis fordii*）、大鳞石栎等；第2亚层林木种类很多，除上层的一些种类外，常见有：罗浮柿、云贵山茉莉、湖南杨桐（*Adinandra bockiana* var. *acutifolia*）、猪脚润楠（*Machilus cathayensis*）、网脉山龙眼（*Helicia reticulata*）等；第3亚层林木种类也很多，以细枝柃、亮叶灰木（*Symplocos lancifolia*）、四角柃、鼠刺、石壁杜鹃、广东杜鹃、大叶水团花（*Adina polycephala*）为常见，中、上层的种类也不少。

灌木层除乔木幼树为主以外，真正的灌木种类不多，常见为杜茎山、朱砂根、九节枫、锦香草、野锦香、光叶粗叶木（*Lasanthus glaberrima*）等。

草本地被层植物以狗脊占优势，其他零星分布的种类不少，如：变异鳞毛蕨（*Dryopteris varia*）、复叶耳蕨（*Arachniades exilis*）、艳山姜、华里白等。

藤本植物主要有：大样酸藤子、牛老药藤、藤黄檀、罗裙子（*Schizandra henryi*）等。

桂西南山地，栲树林的组成表现出较大的差异，有不少南亚热带季雨林化常绿林的成分，并有一定西部地区成分。乔木第一亚层常见伴生的种类为红锥、华润楠、红荷木、毛叶青冈、丝栗栲（*Castanopsis platyacantha*）、西桦等。第2亚层林木以围涎树（*Pithecellobium clypearia*）、山乌桕、鸭脚木及上层的一些种类为常见；第3亚层林木层除中、上层的某些树种外，常见的还有毛杨梅、小苹婆（*Storculia hainanensis*）、中华水锦树（*Wendlandia uvarifolia* var. *chinensis*）等。灌木层植物除乔木幼树外，真正灌木以罗伞树和九节木占优势。草本地被层以乌毛蕨（*Blechnum orientale*）和狗脊占优势，金狗毛也常见。藤本植物常见为瓜馥木（*Fissistigma oldhami*）、长圆叶酸藤子（*Embelia oblongifolia*）等。

栲树林生长尚快，30年生的林分一般树高14～16m，最低也有10m左右，最高可达18m左右。

位于坡下部I_a地位级的栲树林，树高生长从幼年的后期进入中龄阶段就明显出现旺盛期，10年生树高连年生长为0.55m，15年增加到0.7m，20年生虽有下降，但到25年生时，又上升为0.75m，但在坡上部Ⅲ～Ⅳ地位级的栲树林生长较差，30年生的林木，高仅有8～10m。

在I_a地位级的林木，胸径生长从10年生时就进入旺盛生长期，连年生长量为0.7cm。15年生有所减慢，但到20年又回升，连年生长量为0.8cm，达到最高峰。25年生长的树木虽然高生长未回落，但胸径生长已回落为0.7cm。

依据I_a地位级的栲树林标准地得到的结果看出：0.6～0.7疏密度的林分，25年生平均树高15.7m，平均胸径16.5cm，每公顷有立木1 355株，蓄积量240m^3，在Ⅰ地位级近50年生的栲树混交林，每公顷有林木562株，蓄积量177.7m^3。

成熟的栲树林是中亚热带气候条件下一种顶极群落，种群组成完整，在不遭受破坏情况下，是相当稳定的。现以阳朔县碎江唐家村海拔527m处的一个600m^2的样方来说明（表7-8，图7-6）。

表 7-8 栲树林林木种群组成

种 类	株 数				
	第 1 亚层	第 2 亚层	第 3 亚层	幼 树	幼 苗
栲树	19	2	1	163	325
鹅耳枥	1	1	1	8	1
拟赤杨	1				
枫香	1	1			
石灰树		1			
鼠刺			11	少	
华润楠			1	少	
油茶			1	1	
光叶柃			1	2	
石壁杜鹃			1	少	
狭叶泪木			1	少	
红皮安息香			1	39	1
微毛柃			2	少	
吊钟花			10	少	
野鸦椿			1		
三叶槭			1		
合 计	22	5	33	213	327

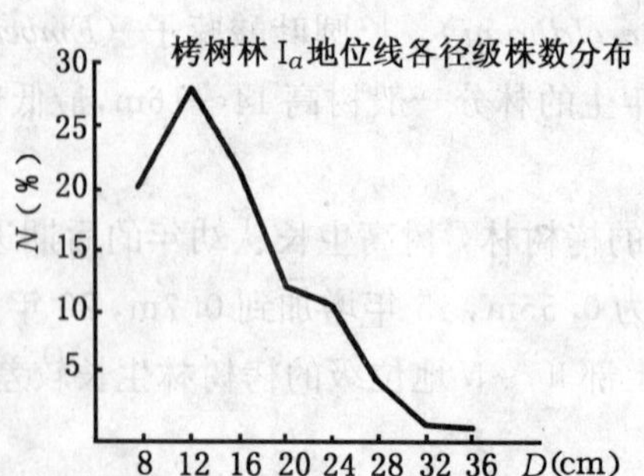

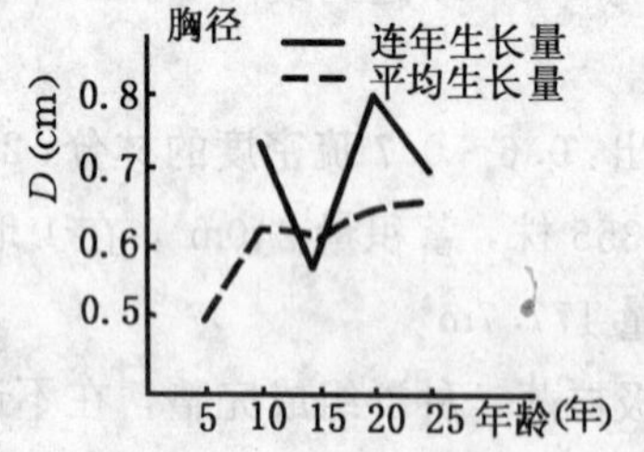

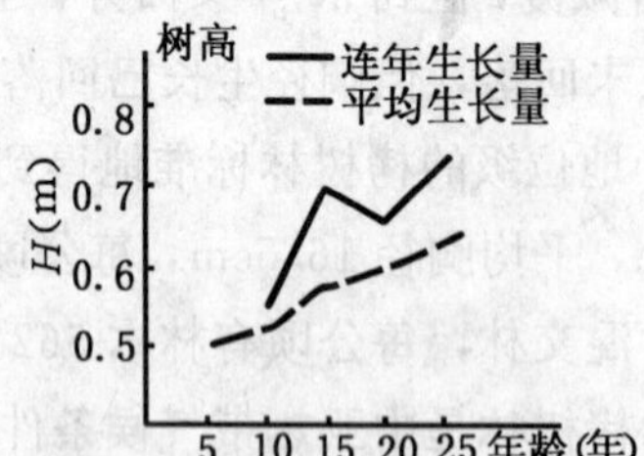

图 7-6 栲树林各径阶株数分及生长进程

从表 7-8 中看出，栲树种群组成完整，更新良好。虽然第 2 亚层和第 3 亚层株数少，但不是栲树不能适应这种环境，而是人们干扰的结果。因此第 1 亚层栲树多为萌生的，同时喜光的次生林木不少，如枫香、拟赤杨、桦木、鹅耳枥、石灰树等。次生喜光落叶种类虽然多，但它们更新不良，只有上层乔木，而没有或极少幼树幼苗，发展下去绝对不可能取代栲树的地位。

栲树林是一种很有价值的森林，不少林木是较好的材用树种，如栲树、罗浮栲、细枝栲、水锥栲、荷木、马蹄荷、西藏山茉莉（*Huodendron tibeticum*）、云贵山茉莉、大鳞石栎、白花含笑（*Michelia mediocris*）、红润楠、猪脚润楠、木莲等。药物资源和林副产品十分丰富。同时，这种林子呈多层结构，林下枯枝落叶丰富，保水能力强，是很好的水源林。目前这类林子面积已不大，绝大多数又分布在大山区，那里多是大小河流的源头。根据这种情况，这类林子所在地，都已划为综合自然保护区或水源林保护区，按照自然保护区管理条例，这类林子只能作为种源和种质基地经营，把有用的植物资源引种到别的地区去。根据栲树林的更新演替特点，只要对它施行合理的妥善的保护，栲树林就能自然长久地被保存下去。

参考文献

[1] 中国植被编委会．中国植被．北京：科学出版社，1980

[2] 广西壮族自治区气象局资料室．广西气候资料（1951～1980），1982

2. 细枝栲林①

以细枝栲（*Castanopsis carlesii*）为主的森林是我国东部中亚热带地区常绿阔叶林的一种代表性类型，广泛分布于浙江、福建、江南、湖南、两广以至贵州、四川东部[1]。广西境内，细枝栲林也有着相当广泛的分布，是广西很重要的天然林类型之一。主要分布于桂北、桂东北一带，向南可沿着山地分布到大明山、大容山、云开大山、六万大山，向西伸展至岑王老山山地以东，是它分布的西界和南界，也是它在我国分布区的西界和南界之一部分。广西北部地区，它作为水平地带代表类型出现，山地丘陵都有分布。它较耐寒，能一直延伸到海拔 1 300m 才过渡到中山常绿落叶阔叶混交林；中部和南部地区，它作为垂直带谱的组成部分，见于海拔 700～1 500m 的山地，间杂在其他山地常绿阔叶林类型中，下界接黄果厚壳桂林、红锥林。但在海拔 700m 以下低山丘陵破坏后恢复起来的南亚热带或北热带次生杂木林中，细枝栲也可成为常见种或共优种。

分布区的气候情况可以用广西最北的县城资源来说明。该地海拔 408m，年平均气温 16.4℃，1 月平均气温 5.5℃，7 月平均气温 26.2℃，历年极端最高气温 38.3℃，历年极端最低气温－8.4℃，≥10℃的积温 5 063.4℃[2]，为广西热量最低的县城。但比这更低的气温，细枝栲林尚可适应。例如，设在龙胜县里骆林区西江坪海拔 1 020m 以细枝栲、罗浮栲为优

① 执笔人：苏宗明

势的常绿阔叶林定位观测站观测记录，年平均气温林内13.9℃，林外14.0℃；1月年均气温林内4.3℃，林外3.8℃；最高月（8月）平均气温林内22.8℃，林外23.1℃；极端最高气温林内29.7℃，林外31.9℃；极端最低气温林内－2.7℃，林外－4.2℃；≥10℃的积温林内3 180.9℃，林外3 215.9℃[3]。但过于寒冷的气候不适宜它的生长。资源县东面的越城岭真宝顶同禾药场，海拔1 450m，年平均气温13.1℃，1月平均气温2.1℃，7月平均气温22.2℃，极端最低气温－11.9℃[4]，那里已没有细枝栲林的分布，而过渡为中山常绿，落叶阔叶混交林了。分布区年降水量在1 400mm以上，其中，桂东北地区，绝大部分地方最低月降水量在50mm以上，无旱季或旱季不明显；往西，到三江、融安、融水、罗城一带，已有1～3个月降水量低于50mm；当到达每年有5个月（11月～次年3月）的降水量低于50mm的天峨、凤山、巴马一带，细枝栲林出现的频率已减低。

在分布区内，细枝栲林的分布不是连续的，它只分布于砂页岩和花岗岩发育成的酸性土壤上，有红壤和黄壤，pH4.5～5.5。在碳酸盐岩发育成的土壤上，没有它的分布。因此，细枝栲林的分布经常为碳酸盐岩地层的出现而间断。

在保存较好的情况下，细枝栲林的结构和组成都较复杂，乔木层可明显地划分为3个亚层。第1亚层林木以细枝栲为主，约占50%左右，有时可达90%，几乎形成纯林。桂北地区，其他较常见的种类有水锥栲、银荷木、海南木五加、木莲、薯豆杜英、马蹄荷等；第2亚层林木细枝栲不占优势，优势种也不明显。常见的种类有杨桐、孔雀润楠（*Machilus phoenicis*）、小冬桃（*Elaeocarpus chinensis*）、网脉山龙眼、华南山矾（*Symplocos handelii*）、毛叶木姜以及上层的一些种类；第3亚层林木以白杜鹃、羊角杜鹃、石壁杜鹃、山矾、华南木姜（*Litsea greenmaniana*）、榕叶冬青、凹脉柃以及中上层的一些种类为常见。有的地区，可见到以苦竹（*Pleioblastus amarus*）为优势的林分。

灌木层植物除上层幼树外，真正灌木以金花树（*Blastus dunnianum*）、野锦香、杜茎山、朱砂根、小山柳（*Clethra bodinieri*）等常见。

草本地被层以喜阴湿的蕨类植物较多，狗脊占优势，常见的有镰状瘤足蕨、百叶卷柏、扇叶铁线蕨、锦香草等。

藤本植物很多，常见的有多种菝葜（*Smilax* spp.）、冷饭团、藤黄檀、牛老药藤、大样酸藤子、瓜馥木等。

容县自良乡和石寨乡28和30年生的解析木，胸径为29.9和37.8cm（带皮）、树高19.9和22.5m、材积0.577 1和1.043 3m³（带皮）。胸径连年生长自6年开始，直至30年，每年增长近1.0cm或1.0cm以上。树高连年生长5～10年较快，10年以后开始下降，16～30年大幅度下降。材积连年生长量不断增大，至25年以后有所减缓；但平均生长量还在增加，却仍小于连年生长，未达到数量成熟（表7-9、表7-10）。

成熟的细枝栲林的结构已达到相当复杂和完整的程度，种群发育年龄结构完整，不但具备各级立木，而且具备幼树、幼苗，更新情况良好。因此，细枝栲在群落中的优势地位是稳定的，只要群落不遭到破坏，它能长久地保持优势的地位。现以阳朔县进广源海拔970m

的细枝栲林分析说明（表 7-11）。

表 7-9　细枝栲生长进程

年龄	胸径（cm）			树高（m）			材积（m^3）				形数
	总生长	连年生长	平均生长	总生长	连年生长	平均生长	总生长	连年生长	平均生长	生长率（%）	
5	3.7		0.74	8.6		1.72	0.004 8		0.001 0		0.567
		1.12			1.40			0.009 2		33.1	
10	9.3		0.93	15.6		1.57	0.051 0		0.005 1		0.481
		1.42			0.68			0.023 6		21.0	
15	16.4		1.09	19.0		1.27	0.169 1		0.011 3		0.422
		1.58			0.28			0.045 4		16.1	
20	24.1		1.22	20.4		1.02	0.395 9		0.019 8		0.419
		1.42			0.20			0.049 7		9.6	
25	31.4		1.26	21.4		0.86	0.644 5		0.025 8		0.389
		0.98			0.12			0.046 7		6.1	
30	36.3		1.21	22.5		0.73	0.878 1		0.029 3		0.376
带皮	37.8						1.043 3				0.420

注：地点：容县自良乡

表 7-10　细枝栲生长进程

年龄	胸径（cm）			树高（m）			材积（m^3）				形数
	总生长	连年生长	平均生长	总生长	连年生长	平均生长	总生长	连年生长	平均生长	生长率（%）	
5	3.6		0.72	4.7		0.94	0.003 5		0.000 7		0.745
		1.12			1.00			0.006 0		30.7	
10	9.2		0.92	9.7		0.97	0.033 7		0.003 4		0.159
		1.10			0.78			0.014 7		20.8	
15	14.7		0.98	13.6		0.91	0.107 0		0.007 1		0.461
		0.98			0.70			0.020 9		13.1	
20	19.6		0.98	17.1		0.82	0.211 3		0.010 6		0.402
		1.16			0.30			0.037 1		12.0	
25	25.4		1.02	18.6		0.74	0.396 6		0.015 8		0.452
		0.96			0.43			0.035 3		7.9	
28	28.3		1.01	19.9		0.71	0.502 8		0.017 9		0.401
带皮	29.9						0.577 1				

注：地点：容县石寨乡

从表 7-11 中看出，细枝栲在各层均居明显优势的地位，在群落中没有哪一种树种能取代它的位置。由于人为的砍伐，细枝栲在第 2、第 3 亚层株数偏少。石壁杜鹃在第 3 亚层和幼树植株很多，但它是小乔木，不能长成大乔木。水锥栲、粤桂石栎（*Lithocarpus calophyllus*）、湖南杨桐能长成大乔木，但株数少，无法取代细枝栲优势的地位。

细枝栲林有用的植物资源是较丰富的，不但有良好的用材树种资源，而且林下资源植物和林副产品也相当丰富。良好的用材树种如细枝栲、水锥栲、银荷木、五列木、木莲、马蹄荷、深山含笑、罗浮栲、红润楠、半边枫（*Altingia chinensis*）、华南石栎（*Lithocarpus fenestratus*）等。药物资源如朱砂根、短茎紫金牛（*Ardisia brevicaulis*）、大样酸藤子、冷饭团、土茯苓、山菅兰、马尾千金草（*Lycopodium fargesii*）、九节枫、灵香草（*Lysimachia foenum-graecum*）、短萼黄连（*Coptis chinensis* var. *brevisepala*）。淀粉植物如栲类、网脉山龙眼、土茯苓等。

表 7-11 细枝栲林种群组成情况 单位：株/400m²

种类	种群组成				
	第1亚层	第2亚层	第3亚层	幼树	幼苗
合计	32	8	52	376	894
细枝栲	30	5	5	358	890
水锥栲	1	2		18	4
马尾松	1				2
石壁杜鹃			10	cop′	
岭南杜鹃			7	sp	
虎皮楠			7	sol	
老鼠矢			6	sol	
牯岭鹅耳枥			5		
黄樟		1		sol	
羊角杜鹃			1	sol	
粤桂柯			1	sol	
细枝柃			2	sol	
油茶			3	sol	
湖南杨桐			2	sol	
光海桐			1	sol	
孔雀楠			1	sol	

但是，目前几乎所有的细枝栲林，都分布于大山区，位于河流的上游或发源地，是广西重要的水源林，大多数应划为水源林区。如果要利用其优良的用材树种，只能靠人工造林，把有价值的树种引种到别的地区去。

参考文献

[1] 中国植被编委会．中国植被．北京：科学出版社，1980

[2] 广西气象局资料室．广西气候资料（1951～1980），1982

[3] 邓世宗．龙胜里骆林区不同林分气候要素的初步分析．广西农学院学报，第二期，1983

[4] 黄正福，梁木源．人参的引种试验．广西植物，1（3），1981

3. 水锥栲林①

以水锥栲（*Castanopsis eyrei*）为主的森林也是我国东部中亚热带地区常绿阔叶林的一

① 执笔人：苏宗明

种代表性类型，除建群种不同外，它同细枝栲林在分布范围和所在地的环境条件以及群落的外貌、结构和伴生种情况均类似，但在南部，很少见它能像细枝栲林那样，侵入到海拔700m 以下低山丘陵植被破坏后形成的次生杂木林中，因而它更为喜欢山地温凉湿润的气候。

水锥栲林的结构与细枝栲林相同，除建群种外，伴生种类也大体类似。乔木第1亚层以水锥栲占优势，约占 50%，有时可为纯林。常见的种类有：冬桃（*Elaeocarpus asimilis*）、虎皮楠、栲树、大果木姜（*Litsea lancilimba*）、深山含笑等；第2亚层林木水锥栲有时也占优势，一般以网脉山龙眼较多，常见的有杨桐、孔雀润楠、阴香（*Cinnamomum burmanni*）、光叶石栎、绿樟、小冬桃等；第3亚层林木以鼠刺、厚叶鼠刺、白杜鹃、细枝柃、四角柃以及中、上层的一些种类为多。

灌木层植物除乔木的幼树外，真正的灌木以金花树、杜茎山、五月茶（*Antidesma bunius*）、朱砂根、福建粗叶木（*Lasianthus hartii*）等常见。

草本地被层植物以蕨类植物占多，狗脊占优势，华里白、镰叶瘤足蕨、千层塔（*Lycopodium serratum*）、异盖鳞毛蕨（*Dryopteris decipiens*）等也常见。

藤本植物常见为大样酸藤子、牛老药藤、络石（*Trachelospermum jasminoides*）、圆叶菝葜、藤黄檀等，海拔低的地方瓜馥木也不少。

60～70 年生的水锥栲林，一般树高 20m 左右，最低的 17m，最高的 23m 以上。

表 7-12 水锥栲胸径、树高生长进程

年龄	胸径 (cm)			树高 (m)			材积 (m^3)	形数
	总生长量	连年生长量	平均生长量	总生长量	连年生长量	平均生长量		
5	2.1	0.54	0.42	2.9	0.54	0.58		
10	4.8	0.44	0.48	5.6	0.80	0.56		
15	7.0	0.50	0.47	9.6	0.08	0.64		
20	9.5	0.44	0.48	10.0	0.10	0.50		
25	11.7	0.44	0.47	10.5	0.08	0.42		
30	13.9	0.32	0.46	10.9	0.10	0.36		
35	15.5	0.36	0.44	11.4	0.50	0.33		
40	17.3	0.32	0.43	13.9	0.14	0.35		
45	18.9	0.40	0.42	14.6	0.20	0.32		
50	20.9	0.48	0.42	15.6	0.56	0.31		
55	23.3	0.40	0.42	18.4	0.24	0.33		
60	25.3	0.32	0.42	19.6	0.16	0.33		
65	26.5	0.26	0.41	20.4	0.42	0.31		
70	28.2	0.28	0.40	23.4	0.18	0.32		
75	29.6	0.40	0.39	23.6	0.20	0.31		
76	30.0		0.39	23.6		0.31	0.801 7	0.480
带皮	32.3						0.971 2	0.505

从树干解析结果看出，高生长从 5 年之后进入旺盛阶段，年生长量 50cm 左右，15 年达

到最高峰，年生长量达 80cm。20～35 年出现第一次生长缓慢期，年生长降为 10cm 左右。此后时有升高，呈波浪状下降过程（表 7-12、图 7-7）

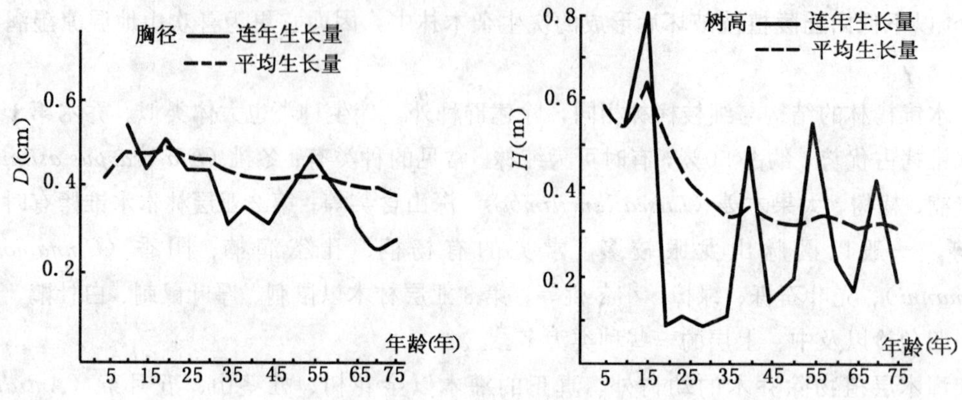

图 7-7 水锥栲胸径、树高生长进程

地位级Ⅱ的林分，80 年时第 1 亚层每公顷立木 792 株，蓄积量 377.7m^3，第 2 亚层每公顷立木 296 株，蓄积量 18.0m^3。

水锥栲林是中亚热带水平地带的代表群落，从分析该群落的种群组成的特点可以看出。该群落是相当稳定的，只要不遭到破坏，水锥栲能长期占据优势的地位。下面是阳朔县进广源小坪海拔 980m 的一个 400m^2 的样方，显示的水锥栲林林木层种群组成情况（表 7-13）。

表 7-13 水锥栲林林木层种群组成

种 类	株 数				
	第 1 亚层	第 2 亚层	第 3 亚层	幼 树	幼 苗
水锥栲	17	4	10	116	53
光叶石柯		1	2	54	27
饭甑椆		1	1	15	
两广润楠		2		11	2
软荚红豆		1	4	18	
石灰树		4			
深山含笑		2		65	
不知名树木		1			
细枝栲			9		42
鼠刺			2		
岭南杜鹃			3		
虎皮楠			1	3	4
长梗润楠			1		
银荷木			1		
石壁杜鹃			1		
阴香			1	11	
合 计	17	16	36	293	128

水锥栲林植物资源丰富，但多数主要分布在山区河流源头之处，是广西十分重要的水源林之一种。根据这种情况，若要利用其中的植物资源，这种林子只能提供种源，引种到别的地方去，不能提供成品。水锥栲林更新情况很好，只要保护得好，这类森林就能长期保存下来。

4. 贵州毛栲林[①]

以贵州毛栲（*Castanopsis kweichowensis*）为优势的常绿阔叶林，主要分布于广西的西部山地，如凤凰山、东风岭，海拔 800～1 300m 的范围，是该地一个代表性类型。分布区的气候情况，以位于凤凰山的南丹县城为代表，该地海拔 697m。年平均气温 17.3℃，1 月平均气温 7.4℃，7 月平均气温 24.6℃，历年极端最高气温 35.5℃，历年极端最低气温 −5.5℃，≥10℃的积温 5 233℃；年降水量 1 487.9mm[②]，雨季 6 个月（4～10 月），其中 9 月只有 97.2mm，旱季 4 个月（11 月～次年 2 月）。贵州毛栲林的立地条件类型为发育在砂页岩和花岗岩等地层上的山地红壤和黄壤，由碳酸盐岩地层发育成的土壤没有贵州毛栲林的分布。所以在分布区内，由于岩性的不同，造成贵州毛栲林分布的不连续性。

成熟而又保存较好的林分，郁闭度 0.8，乔木有 3 个亚层。第 1 亚层林木以贵州毛栲占优势，常见的还有冬桃、广东黄杞（*Engelhardtia fenzelii*），其他量少的种类有西藏山茉莉、银荷木、华南石栎、硬叶栲（*Castanopsis tibetana*）、饭甑青冈（*Cyclobalanopsis fleuryi*）、紫树、罗浮槭、腺毛泡花树等；第 2 亚层林木也以贵州毛栲为优势，其他量少的种类除上层的一些种类外，还有网脉山龙眼、短梗新木姜（*Neolitsea brevipes*）、大山红花油茶（*Camellia* sp.）等；第 3 亚层林木以短梗新木姜为优势，贵州毛栲次之，常见的还有大山红花油茶、腺柄山矾（*Symplocos adenopus*）、红花八角（*Illicium dunnianum*）、白杜鹃等。灌木层植物种类繁多，但多为乔木的幼树，居优势的为大山红花油茶、短梗新木姜，次为贵州毛栲，常见的还有饭甑青冈、罗浮槭、红花八角；真正灌木以九节茶（*Sarcandra glabra*）、尖叶鸡屎树（*Lasianthus acuminatissimus*）、疏花卫矛、白藤（*Calamus tetradactyus*）等常见。草本地被层很稀疏，常见的为熊巴耳、倒扣蕨（*Asplenium normale*），零星分布的还有山姜（*Alpinia chinensis*）、狗脊、两广沿阶草、线蕨（*Colysis elliptica*）等。藤本植物也很稀少，常见为常春藤、光叶菝葜（*Smilax glabra*）、钻地风（*Schizophragma integrifolium*）、三叶木通等。

从上述可知，贵州毛栲种群发育年龄结构完整，是一种连续型的构造种群。因此，如无干扰，贵州毛栲仍将持续其优势的地位，不致为其他树种更替。

贵州毛栲林有着一些优良的材用树种，如西藏山茉莉、银荷木、紫树、贵州毛栲、饭甑椆等，但现存面积不大，又分布于大山河流的水源地。此种林分枯枝落叶层覆盖度达 80%以上，厚度 3～5cm，分解中等，涵养水分能力很强。因此，宜把此种林分作为水源林经营。

---

①③ 执笔人：苏宗明

② 广西气象局资料室．广西气候资料（1951～1980），1982

5. 丝栗栲林[③]

丝栗栲（*Castanopsis platyacantha*）占优势的常绿阔叶林主要见于广西西部山地，海拔800～1 400m。所在地气候温凉，干湿季明显。现以乐业县城为代表，说明分布区的气候情况。该地海拔971.6m，年平均气温16.2℃，1月平均气温7.8℃，7月平均气温23.2℃，历年极端最高气温33.4℃，历年极端最低气温－4.4℃，≥10℃的积温4 975.2℃；年降水量1 372mm[①]，雨季6个月（5～10月），旱季5个月（11月～次年3月）。丝栗栲林的土壤为砂页岩和花岗岩地层发育成的山地红壤和黄壤，酸性反应。碳酸盐岩地层发育成的土壤尚未发现丝栗栲林的分布。

成熟而又保存较好的林分，乔木层可分为3个亚层，种类组成并不复杂。第1亚层林木以丝栗栲占绝对优势，占重要值指数300的200以上，其他常见的种类还有云贵山茉莉和红润楠；第2亚层林木以云贵山茉莉占优势，重要值指数为106.3，次为丝栗栲，重要值指数为75.6，其他的种类还有红润楠、香港四照花、细枝柃、厚叶冬青等；第3亚层林木以细枝柃为优势，重要值指数为92.1，次为云贵山茉莉，重要值指数57.9，丝栗栲也占有相当的位置，重要值指数排列第三，为45.2，其他的种类还有罗浮柿、罗浮泡花树（*Meliosma fordii*）、毛杨桐等。综合整个乔木层分析，丝栗栲重要值指数为138，不但为该群落的优势种，而且为建群种，其他常见种云贵山茉莉、细枝柃、红润楠，重要值指数分别为40.4、39.7、11.7。灌木层植物以乔木的幼树为主，占优势的为红润楠，常见的有丝栗栲、云贵山茉莉、细枝柃、红锥等，真正灌木有九节茶、红鳞蒲桃、三花冬青（*Ilex triflora*）等。草本地被层植物以狗脊为优势，常见的有熊巴耳、铁角蕨（*Asplenium belangeri*）、大叶苔草（*Carex scaposa*）等。层间植物藤本不发达，种类和植株均少，只有大样酸藤子、蔓胡颓子、常春藤等几种。

根据上述分析，成熟而又保存较好的丝栗栲林，丝栗栲种群发育成年龄结构是完整的，为一种连续型的构造种群，可以长期保持在群落中的优势地位。上述乔木第1、第2、第3亚层林，丝栗栲分别有14、4、4株，灌木层中的丝栗栲幼树，多度级为sp～cop^1。因此，丝栗栲林是当地气候条件下达到相对稳定的类型。

丝栗栲林虽然有一些良好的材用树种，如丝栗栲、云贵山茉莉、红锥、红润楠等，但目前保存的面积不大，又分布于山地水源之处。该种林子枯枝落叶层覆盖度达90%，厚度2～4cm，保水能力相当好。因此，这部分森林宜作为水源涵养林经营。

6. 高山栲林[②]

高山栲（*Castanopsis delavayi*）林为我国中亚热带常绿阔叶林西部亚区域的地带性植被类型，分布范围主要在云南南盘江以北滇中高原海拔1 700～2 500m的范围和四川大凉山以西的川西南山地海拔1 000～1 600（2 700）m的地方[1]。在广西，高山栲林作为南亚热

① 广西气象局资料．广西气候资料（1951～1980），1982

② 执笔人：苏宗明

带季雨林化常绿阔叶林垂直带谱的类型，见于广西南亚热带西部亚区域海拔 1 000m 以上的山原，即在隆林和西林两县的高原上，为广西亚热带西部亚区域山地常绿阔叶林代表性类型之一，由于长期破坏，目前只是零星的残存，林相残缺不全。隆林的德峨，海拔 1 580m，年平均气温 14.5℃，冬季 3 个月，月平均气温 10℃以下，最冷月（1 月）平均气温 5.8℃，没有夏季，最热月（7 月）平均气温 20.5℃，冬暖夏凉[2]，明显反映出南亚热山原气候的特点。高山栲林的立地条件类型，为发育在中三叠系砂页岩地层上的山地红壤、酸性反应。

由于群落结构已遭破坏，不少喜光种类侵入。乔木层只有 2 层，覆盖度 70%。第 1 亚层林木高 15m 左右，少数可达 20m，覆盖度 50%，以高山栲占优势，常见的还有白栎、枫香、麻栎、红楣、小果香椿（*Toona microcarpa*）、臭茉莉（*Clerodendron fragrans*）等；第 2 亚层林木高 4～8m，覆盖度 30%，以高山栲、山柳和乌饭树（*Vaccinium bracteatum*）为优势，其他的种类还有鼠刺乌饭树、假吊钟（*Craibiodendron stellatum*）、小化香树等。灌木层植物高 1～1.5m，覆盖度 45%，以高山栲、山柳、杭子梢占优势，常见的还有鼠刺乌饭树、罗浮柿、蔓性千斤拔（*Flemingia philippinensis*）、茸毛木蓝（*Indigofera stachyoides*）、南烛、算盘子及上层林木的幼树。草本层植物种类不少，但数量不多，覆盖度 20%以下，较多的是狗脊和芒，零星分布的有肾蕨、星蕨（*Microsorium punctatum*）、蔓生莠竹、仙茅（*Curculigo orchioides*）、石芒草（*Arundinella nepalensis*）、刺子莞（*Rhynchospora rubra*）等。

高山栲林由于长期破坏，目前不但保存面积很小，而且林相残缺，树干弯曲，林内植物资源贫乏。但它是广西亚热带常绿阔叶林西部亚区域保存较好的代表性类型，在广西植被区划上，作为东西亚区域的分界，有着很好的指示意义。

参考文献

[1] 中国植被编委会. 中国植被. 北京：科学出版社，1980

[2] 王献溥，李治基等. 广西田林老山林区的植被概况及其合理利用问题. 东北林学院学报，第 11 卷第 5 期，1983

7. 金毛石栎林①

金毛石栎（*Lithocarpus chrysocoma*）林在我国主要分布于南岭山地海拔 1 300～1 800m 的山脊和山顶或山谷中，所在地海拔稍高，云雾多，日照短，气温低，常风大，冬季尚有冰冻和积雪，生境特别凉湿[1]。广西境内金毛石栎林，主要分布于中亚热带山地，下限海拔为 800m，当海拔高度在 1 300m 以上的中山山地，金毛石栎常和广东松、长苞铁杉组成中山针阔混交林。作为常绿阔叶林，其气候特点可以以中亚热带的金秀县城为代表。该地海

① 执笔人：莫新礼

拔 760m，年平均气温 17.0℃，最冷月（1 月）平均气温 8.3℃，最热月（7 月）平均气温 23.9℃，历年极端最高气温 32.6℃，历年极端最低气温－5.6℃，≥10℃的年积温 5 233.9℃，四季分明；年降水量 1 828mm[2]，雨季 7 个月（4～10 月），旱季 3 个月（12 月～次年 2 月），但雨量均在 40mm 以上，其中 12 月和 2 月，近 50mm，故干、湿季交替不明显。在分布区内，金毛石栎林分布于砂页岩山地上，土壤为山地黄壤，石灰岩山地没有金毛石栎林的分布。

由于破坏严重，现有的金毛石栎林林相已不完整，但乔木层仍能分为 3 个亚层。根据贺县姑婆山记名样方记载，上层乔木以金毛石栎和水锥栲、细枝栲为共优势种，因为它的叶背密被纯黄色至金黄色蜡毛层，当山风吹拂，枝叶摆动时，呈现出一片金黄色的树冠，非常显目；其他树种有阿丁枫、饭甑青冈、美叶石栎（*Lithocarpus calophyllus*）、马蹄荷、罗浮栲、深山含笑等。中、下层林木以网脉山龙眼、鳞毛蚊母树（*Distylium elaeagnoides*）为优势，常见有马蹄荷、羊角杜鹃、鼠刺、石壁杜鹃、光叶石栎、山矾、孔雀楠等。

灌木层植物较多，除上层乔木的幼树外，常见有茶秆竹、杜茎山、细枝柃、广东杜鹃等。

草本地被物层植物以狗脊为优势，常见的有淡竹叶、狭翅瘤足蕨（*Plagiogyria stenolepis*）、可爱汝蕨（*Arachniodes amoena*）等。

藤本植物种类很少，常见有藤黄檀、暗色菝葜（*Smilax opaca*）、大样酸藤子、冷饭团等。

此类森林植物资源较丰富，经济利用价值较高，乔木层的林木几乎都是优良的用材树种。例如壳斗科中的金毛石栎、饭甑青冈、华南青冈、薄叶青冈等都是优良的硬材，可供造船和制造上等家具之用；光叶木兰、厚壳桂、毛叶八角枫、紫树、黄杞、红楣、厚皮香、阿丁枫、脉叶罗汉松（*Podocarpus brevifolius*）、鸡毛松（*P. imbricatus*）和三尖杉（*Cephalotaxus fortunei*）等都是优良的用材树种。林分树冠较稠密，枯枝落叶层较厚，对水源涵养有良好的作用。因此，对金毛石栎林宜作为水源林和种源基地经营，切实加以保护。

参 考 文 献

[1] 中国植被编委会．中国植被．北京：科学出版社，1980
[2] 广西气象局资料室．广西气候资料（1951～1980），1982

8. 黄毛青冈林①

黄毛青冈（*Cyclobalanopsis delavayi*）占优势的森林，是我国西部亚热带常绿阔叶林的代表类型之一，以云南滇中高原为分布中心，沿南盘江流域，向东伸展至桂西北山原西部，

① 执笔人：李治基

大体上以岑王岭、草黄岭西坡为东界。分布区位于西部南亚热带季雨林化常绿阔叶林地带的范围，但仅见于中山上，海拔1 000～1 500m，属于垂直带谱的山地常绿阔叶林性质，而绝迹于基带干热的河谷区。据推算隆林县海拔1 000m地方一般年平均气温17.1℃，最热月23.5℃，最冷月8.3℃，可知此类森林的下界，夏不酷热，冬无奇寒；年降水量约1 200～1 300mm，雨季只有4～5个月，干湿季交替分明。立地土壤随海拔高程而变化，分布的下界为褐红壤，土体较为干燥，向上经红黄壤过渡为黄壤；黄毛青冈对土壤肥力并无苛求，在坡顶及山脊时有露岩的瘠薄土壤上也能定居，并可成为森林的建群种。

桂西北山原长期以来普遍遭受游耕式的刀耕火种，原生林破坏殆尽，次生的黄毛青冈林也不常见，多呈小块状零星分布，在不宜耕作的地形上得以残存下来；然而仍受到樵采及放牧的干扰，使林冠破裂，不少喜光落叶树侵入，但仍以常绿阔叶树为主；群落组成结构都较简单。根据在西林县那佐乡河冲附近海拔1 100m的山地坡顶调查，森林郁闭度0.6～0.7，在400m^{2}样地内，乔木层计有9种61株，常绿阔叶树6种48株，相对密度78.7%，重要值指数为全林300的228.87，即占3/4以上；落叶阔叶树3种13株，相对密度21.3，重要值指数71.12，接近全林的1/4，因此林分还是属于常绿阔叶林的性质。林冠深绿，却掺杂一些落叶阔叶树浅绿而冬季转黄的色斑，和周围的大片栓皮栎落叶林外貌有明显区别，从远处即可辨认出来。林木分2亚层，上层林木覆盖度约60%，一般高15～20m，仅3种25株，常绿阔叶树19株，相对密度78.7，其中黄毛青冈17株，重要值指数176.35，超过亚层指数的一半，占据绝对优势；毛叶青冈2株，重要值指数30.36，处于从属地位。其余落叶阔叶树6株，全为栓皮栎，重要值指数93.28，成为重要的伴生树种，使这亚层接近半常绿的性质。下层林木9种36株，立木稀疏，覆盖度仅30%，树高4～9m，常绿阔叶树29株，相对密度80.6，重要值指数分配较均匀，优势种不大明显，其中黄毛青冈为74.31；其次为杨梅、假吊钟、南烛等各为40左右，这些都是小乔木的生活型，属于这亚层的代表种；其余毛叶青冈、高山栲零星分布，重要值指数20左右。落叶阔叶树重要值指数66.71，远比常绿阔叶树为低，计有7株，其中旱冬瓜、白栎等均呈单株分布，栓皮栎较多，却发生枯梢现象，看来尽管上层林冠覆盖度不大，经过过滤的光照条件，特别是直射光的减少，对这一强喜光树种的立木生长不利。此外在其他地段还有红荷木、短翅黄杞、麻栎、细叶云南松等伴生树种。

灌木层不发达，覆盖度仅30%，高约2m，主要是乔木的幼树，灌木种类很少，常见米饭花、白牛胆，还偶见山柳、水锦树、野蚂蝗等。

草本层高1m以内，覆盖度50%，以铁芒箕、五节芒占优势，其他如二花珍珠茅（*Scleria biflora*）、狗脊、十字苔草和蕨分布也较普遍，局部还出现少数的金星蕨、肾蕨、蔓生莠竹等。

林冠下，乔木树种几乎都获得更新，由于林冠郁闭度不大，为耐荫性不同树种幼龄期的生长创造了各自相适应的不同光照条件。所以常绿阔叶树的野生苗仍占据明显优势，其中以黄毛青冈和高山栲最多，前者具备各层的种群，可维持建群地位，后者的立木则有增加的趋势，假吊钟、杨梅、南烛等虽较少但频度较高；栓皮栎、白栎等落叶树分布也普遍，只是要求湿润肥沃的旱冬瓜缺乏苗木；而从样地外下种的只有红荷木、麻栎的个别幼树，有可能定居下来，成为偶见种。看来在群落发展中树种的变化不大，似乎此类森林基本处在比较稳定的阶段。但是整个森林的更新效果是不理想的，由于频繁的干扰，使更新层受到损害，数量太少，每公顷约 2 500 株，即平均每 4m² 只有 1 株。再则下层木时而被伐作薪柴，密度也太低，所有这些使接替不断衰亡使上层林木的继承作用受到严重的抑制。总之，不合理的利用对群落的生长发育不能遵循正常的轨迹运转，此类林分行将进一步衰败、以至濒临消亡的险境。

问题的严重性在于桂西北原有的常绿阔叶林残留极少，黄毛青冈林是当地仅存的少数类型之一，应作为种质资源加以认真保护管理。该树种能适应当地较干旱的气候，耐瘠薄的土壤，应列为桂西北西部重要的人工林树种，积极开展造林，较快较大地恢复常绿阔叶林的比重，以加强对山原的水源涵养和土壤的保护是非常必要的。黄毛青冈是可贵的硬材。用途广泛，经济价值高，还可在适当的地形上造林作为商品性用材林经营。

9. 荷木林①

以荷木（*Schima superba*）为主的森林是我国东部亚热带地区常绿阔叶林的一种类型，分布于四川、贵州、湖南、江西、福建、广东、广西等省区[1]。广西境内，荷木林是一种重要天然阔叶林，主要分布于桂北、桂东北以及桂东一带山地丘陵，目前保存较好的林分面积很少也很分散。

在分布区内，荷木林主要占据海拔 700m 以下的山地，700m 以上，以它为主的林分，明显减少，但仍是其他林分的常见种。随着海拔的升高，其位置渐由银荷木所代替，在海拔 1 300m 以上就基本上消失了。桂中、桂东一带低丘陵，次生的荷木林或萌生林或在灌丛中很常见。可见荷木林偏向于温暖的气候条件。向西荷木可伸展到田林县的岑王老山，但从凤凰岭、都阳山地和十万大山等背风坡一线开始，在低海拔地区，为红荷木取代。可见，水分因素限制着荷木林向西伸展。

根据荷木林的地理分布规律，可以用桂东北的阳朔、桂中的金秀来说明分布区的气候情况。阳朔县城海拔 148.3m，年平均气温 19.0℃，1 月平均气温 8.4℃，7 月平均气温 28.2℃，历年极端最高气温 38.9℃，历年极端最低气温－5.8℃，≥10℃的积温 6 055.5℃；年降水量 1 644.5mm[2]，雨季 6 个月（3 至 8 月），没有旱季。大瑶山林区的金秀，海拔 760m，年平均气温 17℃，1 月平均气温 8.3℃，7 月平均气温 23.9℃，历年极端最高气温 32.6℃，历年极端最低气温－5.6℃，≥10℃的积温 5 233.9℃；年降水量 1 828mm[2]，雨季 7 个月（4 至 10 月），基本上没有旱季（只 1 月降水 42.5mm，12 月为 48.9mm，其余各月均在 50mm 以上）。

荷木是一种酸性土指示树种，荷木林只见分布于砂页岩和花岗岩山地，土壤为红壤和

① 执笔人：苏宗明

黄壤，pH4.5～5.5。石炭岩山地，从不见有它的分布，因此，基质不同，是影响荷木林在其分布区不能连续分布的一个原因。

荷木林的结构可明显地分为3层，乔木层中第1亚层林木荷木占40%左右，重要值指数占300的1/3强[3]，有时也可以成为单优林。伴生种类因地区、海拔高度以及破坏后恢复程度的不同而有明显的差异。贺县滑水冲林区海拔400m左右的山地，破坏后又恢复起来的荷木林伴生种以黧蒴栲、南岭栲、黄杞为常见；大瑶山海拔1 300m的成熟林，以毛杨桐、基脉楠（*Machilus decursinervis*）为常见，还有银钟树、南桦、陀螺果（*Melliodendron xylocarpum*）等落叶种类；阳朔县驾桥岭海拔700m左右的山地，破坏后恢复的荷木林，常见为栲树、山杜英（*Elaeocarpus sylvestria*），还有落叶的牯岭鹅耳枥（*Carpinus viminea*）、紫树。第2亚层林木优势不明显，荷木占总株数的25%，重要值指数为32.4[3]。大瑶山海拔1 300m的荷木林，毛杨桐最多，重要值指数78.9，为该层的优势种，其他常见的种类有毛叶木姜、网脉山龙眼、腺叶野樱等等[3]；低海拔地区则以湖南杨桐、大新木姜、云贵山茉莉、广西石栎（*Lithocarpus dictyoneurus*）、亮叶灰木、牯岭鹅耳枥为常见。第3亚层林木种类很多，常见的有广东杜鹃、云贵山茉莉、荷木、牯岭鹅耳枥、大新木姜、亮叶灰木、湖南杨桐、笔罗子（*Meliosma rigida*）等；但大瑶山海拔1 300m的荷木林，则以甜竹（*Phyllostachys* sp.）占绝对优势。

灌木层植物种类不少，但以乔木的幼树占多数，真正灌木种类少。数量也不多。大新木姜、云贵山茉莉、荷木、笔罗子、大叶楠、轮叶木姜（*Litsea verticillata*）、栲树等是比较常见的；高海拔处则以网脉山龙眼、阴香、基脉楠、深山含笑、光叶木兰等幼树为常见。真正灌木常见的有杜茎山、赤楠蒲桃、乌饭树、九节枫、细柄五月茶等。

草本地被层植物以狗脊最为常见，其他常见的有山姜、扇叶铁线蕨、淡竹叶、无盖鳞毛蕨等。

藤本植物有大样酸藤子、土茯苓、买麻藤、牛老药藤、藤黄檀等。

另外，在桂东一带低山丘陵，例如容县，森林破坏后恢复形成的次生林中，荷木林有成片纯林，也有与马尾松、红锥或鸭脚木等组成混交林的。结构不复杂，乔木层只有1或2个亚层，一般高5～10m；灌木层植物以罗伞树、桃金娘、黄牛木、粗叶榕为常见；草本层植物常见为铁芒萁、淡竹叶、五节芒等。

容县一株48年生（产地十里江口），另一株44年生（产地六王双善）的解析木，其带皮胸径分别为29.4cm和26.2cm，去皮为27.6和24.0cm，胸径连年生长量：六王双善的解析木以11～15年生时最快，达1.0cm，16～30年生尚较旺盛，在0.7～0.9cm，30年以后明显转慢；十里江口的样木则以21～30年生最旺盛，生长量为0.82cm，此后徐徐下降。树高总生长：十里江口解析木为18.1m，六王双善的为16.9m，连年生长均以16～20年生为最大，达0.7～0.86m，20年以后开始下降。材积总生长：十里江口解析木带皮为0.5399m^3，去皮为0.4635m^3；六王双善解析木带皮为0.4218m^3，去皮为0.3475m^3。连年生长量：十里江口解析木以30～48年生最快，达0.0128～0.0212m^3，无明显下降的迹象；

六王双善解析木则以 25～40 年生最旺盛，在 0.0125～0.0145m^3，40 年生以后明显减慢。所以，荷木是当地生长中等的树种。

表 7-14 荷木生长进程

年龄	胸径 (cm) 总生长	胸径 连年生长	胸径 平均生长	树高 (m) 总生长	树高 连年生长	树高 平均生长	材积 (m^3) 总生长	材积 连年生长	材积 平均生长	生长率 (%)	胸径形数
5	0.8		0.16	2.0		0.40	0.000 1		0.000 02		
		0.32			0.40			0.000 2		34.3	
10	2.4		0.24	4.0		0.40	0.001 3		0.000 13		0.722
		0.44			0.42			0.000 7		22.9	
15	4.6		0.31	6.1		0.41	0.004 8		0.000 32		0.462
		0.74			0.70			0.003 8		27.6	
20	8.3		0.42	9.6		0.48	0.023 7		0.011 8		0.467
		0.82			0.48			0.008 5		18.9	
25	12.4		0.50	12.0		0.48	0.066 1		0.002 6		4.55
		0.82			0.40			0.012 8		13.2	
30	16.5		0.55	14.0		0.47	0.131 0		0.004 4		0.437
		0.62			0.34			0.016 4		9.6	
35	19.6		0.56	15.7		0.45	0.212 9		0.006 1		0.451
		0.72			0.20			0.019 0		7.3	
40	23.2		0.58	16.7		0.42	0.307 9		0.007 7		0.437
		0.63			0.20			0.021 2		5.9	
45	26.5		0.59	17.7		0.39	0.413 9		0.009 2		0.458
		0.37			0.113			0.016 5		3.8	
48	27.6		0.58	18.1		0.38	0.463 5		0.009 7		0.428
								0.076 4			
带皮	29.4						0.539 9				0.438

注：地点：十里江口

年龄	胸径 (cm) 总生长	胸径 连年生长	胸径 平均生长	树高 (m) 总生长	树高 连年生长	树高 平均生长	材积 (m^3) 总生长	材积 连年生长	材积 平均生长	生长率 (%)	胸径形数
5				1.1		0.22					
					0.72						
10	1.1		0.11	4.7		0.47	0.000 5		0.000 1		0.639
		1.00			0.58			0.002 7		39.3	
15	6.1		0.41	7.6		0.51	0.014 1		0.000 9		0.500
		0.94			0.86			0.008 1		23.6	
20	10.8		0.54	11.9		0.60	0.054 7		0.002 7		0.507
		0.90			0.24			0.013 3		15.3	
25	15.3		0.61	13.1		0.52	0.122 4		0.004 9		0.479
		0.72			0.28			0.014 5		9.1	
30	18.9		0.63	14.5		0.48	0.195 0		0.006 5		0.464
		0.66			0.24			0.012 5		5.5	
35	21.2		0.61	15.7		0.45	0.257 4		0.007 4		0.455
		0.42			0.14			0.012 8		4.6	
40	23.3		0.58	16.4		0.41	0.317 8		0.007 9		0.455
		0.18			0.13			0.007 4		2.2	
44	24.0		0.54	16.9		0.38	0.347 5		0.007 9		0.464
带皮	26.4						0.421 8				

注：地点：六王双善

从保存较好的荷木林的结构和组成看，它已是一种相当成熟的类型，在不受到破坏的情况下，尚能较长期保持下来，占据优势的地位。但荷木是喜光次生树种，它不能适应由它自身创建的林下阴暗的环境条件；加之它的种子轻，飘落时一般停留在枯枝落叶层的表面，即使有部分种子能发芽，很多幼苗的根难以伸入土中，致使不能生长发育成幼树。因此，保存好的成熟荷木林，荷木更新不良，缺乏或很少幼树、幼苗，种群发育年龄结构不完整。例如上述大瑶山海拔 1 300m 的荷木林，在 600m^2 的样方内，第 1 亚层林木有荷木 14 株，第 2 亚层有 2 株，第 3 亚层和幼树缺，幼苗 2 株。这样，发展下去，荷木还是被更耐荫的常绿阔叶树种所代替。如上一样方，樟科的阴香，第1亚层有立木1株，第3亚层有2株，幼树有15株，幼苗有23株，发展下去，荷木有可能被阴香所代替。

不过，由于荷木种子轻，能飞籽成林。在采伐迹地、火烧迹地、疏林或林窗处，荷木能很快更新形成幼苗幼树，随着形成纯林或混交林。例如，阳朔县驾桥岭一处演变恢复成中龄的荷木林，500m^2 内第1亚层有林木10株，其中荷木4株；第2亚层有林木74株，其中有荷木19株；第3亚层有林木127株，其中荷木13株，幼树荷木有108株；幼苗缺。总之，荷木林在无干扰情况下长期演变下去会被别的树种取代。但由于它能飞籽成林，这又使它在迹地或林窗得以出现，在分布区内次生的森林植被中占据较重要的地位。

荷木木材坚硬、质重、结构细微，供建筑、桥梁、纱绽、旋刨细工、农具等用材。在荷木林中，还有不少其他的优良用材树，如栲类、香花木（*Tsoongiodendron odorum*）、山杜英、光叶石楠、红车、鸭脚木、云贵山茉莉、湖南杨桐、银钟树、南桦等。目前，荷木林的现状分两种情况，一种是部分保存较好荷木林与其他常绿阔叶林分布在大山区，为河流的水源地；另一种是桂东丘陵、台地次生的荷木林。对于前一类森林，是不能任意砍伐的，只能作为水源林和种源基地。对于后一类森林，目前多为萌生的，为了培育成材，应该进行抚育，伐根萌蘖多的，要去弱留强。对于荷木与马尾松的混交林，有意的抚留荷木，逐步把马尾松淘汰。荷木天然更新容易，有母树的地方，只要认真封山育林，加强对幼树的保护，荷木林就能很快形成。成林砍伐时，只要适当留下母树，采伐迹地会很快更新成林。

参　考　文　献

[1] 中国植被编委会. 中国植被. 北京：科学出版社，1980

[2] 广西气象局资料室. 广西气候资料（1951～1980），1982

[3] 大瑶山自然资源综合考察队. 广西大瑶山自然资源考察（植被）. 上海：学林出版社，1988

10. 银荷木林①

以银荷木（*Schima argentea*）为主的森林是我国亚热带常见的常绿阔叶林类型之一，分布于江南丘陵和南岭山地海拔1 000～1 500m的地区；在南亚热带1 500～1 800m和西南山地3 000m地方也有分布，为亚热带山地常绿阔叶林上限的主要群系之一[1]。在广西，银荷木林分布也比较广泛，主要见于桂北、桂东北海拔700～1 200（1 300）m的范围内，与细枝栲、水锥栲林等交错分布，下界接栲树林、荷木林，上界接中山针阔混交林和中山常绿、落叶阔叶混交林；在桂中、桂东一带海拔1 000m以上和桂西海拔1 300m以上的山地也都可见到。

① 执笔人：苏宗明

银荷木是一种性喜温凉的树种，它一般出现在海拔较高的山地。在它主要分布的桂北、桂东北地区，海拔700m以下地区较少出现银荷木林。海拔700～1 300m的范围是银荷木林主要分布区。那里的气候，例如花坪林区的红滩（海拔960m），年平均气温14.8℃，1月平均气温4.3℃，7月平均气温23.1℃，极端最低气温－6.2℃。夏季2个月（7～8月）；年降水量2 633.7mm，3～8月占71%，年平均相对湿度85%[2]。

银荷木是一种喜酸性土的树种，银荷木林只见于砂页岩和花岗岩等的土山上，土壤为黄壤，强酸性反应，pH4.5～5.5，碳酸盐岩构成的石山从不见其分布。因此，在分布区内由于地层的不同而造成分布的不连续性。

成熟而又保存较好的银荷木林，乔木层明显地分为3个亚层。第1亚层林木银荷木占40%左右，据大瑶山调查，其重要值指数为76.9。其他常见的种类还有水锥栲、细枝栲、罗浮栲、铁锥铐、阴香、马蹄参（*Diplopanax stachyanthus*）和落叶的紫树等；第2亚层林木种类繁多，除银荷木外，常见的还有五列木、西藏山茉莉、虎皮楠、少叶黄杞、赤楠蒲桃、阔瓣白兰花（*Michelia platypetala*）、羊角杜鹃等；第3亚层林木种类也繁多，常见有羊角杜鹃、西藏山茉莉、细枝柃、厚叶鼠刺、罗浮杜鹃（*Rhododendron henryi*）、紫杜鹃（*Rh. bachii*）、广西杜鹃（*Rh. kwangsiense*）、赤楠蒲桃等。

灌木层植物乔木幼树很多，但主要是栲类和樟科植物，银荷木很少。真正灌木以杜茎山、光叶粗叶木、伯拉木、野锦香、九节枫等常见。

草本地被层植物以狗脊占优势，其他常见的种类还有镰状瘤足蕨、友和复叶耳蕨（*Arachniodes amoena*）、江南野海棠（*Bredia fordii*）、山姜等。

藤本植物种类不少，常见为野木瓜、牛老药藤、大样酸藤子、藤黄檀、络石等。

银荷木林生长尚快，50年生以上的林分，一般高30m左右，低的15m，最高超过33m以上。

树高生长从10年之后开始加快，20年时连年生长量0.46m，30年生时达到最高峰，为0.5m。此后则逐步减缓，40年生时，连年生长量尚有0.28m。但从40年以后，急剧下降，连年生长量不到0.1m。

胸径生长也是从10年之后开始加快，20年生时连年生长量即达到最高峰，为0.89cm，此后逐步缓慢下降，连年生长量从30年生时的0.77cm下降到58年生时0.26cm。

据调查，60年生的银荷木林，每公顷有立木286株，蓄积量417.46m^3。第1亚层的立木每公顷为268株，蓄积量413.21m^3；第2亚层已有部分林木被择伐，故每公顷只有20株，蓄积量4.25m^3（表7-15，图7-8）。

成熟而又保持较好的银荷木林，结构和组成相当复杂，但缺乏中下层立木和幼树幼苗，种群发育年龄结构不完整，发展下去，将会为更耐荫的常绿树种，如水锥栲、细枝栲等代替，变成新的类型。但银荷木种子轻，可以随风飘扬，如落到撂荒地和采伐迹地，就能形成新的次生林。另外，在群落中，只要出现林窗或下层林木和灌木层草本层植物变得稀疏，覆盖度减少，林下阳光增多的情况下，银荷木也能更新，产生幼树幼苗，维持种群发育年龄结构的完整。大瑶山圣堂顶海拔 1 250m 一处的银荷木林，600m² 的样地内，银荷木在乔木第 1 亚层有立木 9 株，第 2 亚层有 6 株，第 3 亚层缺，由于出现林窗，幼树有 18 株，幼苗有 48 株，它们多集中在林窗附近[3]，使这个群落的银荷木种群发育年龄结构趋于完整。在这种情况下，它能保持在群落中的优势地位。

表 7-15　银荷木树高、胸径生长进程

年龄	树高（m）			胸径（cm）			材积（m³）	形数
	总生长量	连年生长量	平均生长量	总生长量	连年生长量	平均生长量		
10	4.0		0.40	2.7		0.27		
		0.46			0.89			
20	8.6		0.43	11.6		0.58		
		0.50			0.77			
30	13.6		0.45	19.3		0.64		
		0.28			0.58			
40	16.4		0.41	25.1		0.63		
		0.07			0.38			
50	17.1		0.34	28.9		0.58		
		0.06			0.26			
58	17.6		0.30	31.0		0.53	0.671 6	0.506
带皮	17.6			31.0			0.804 4	0.604

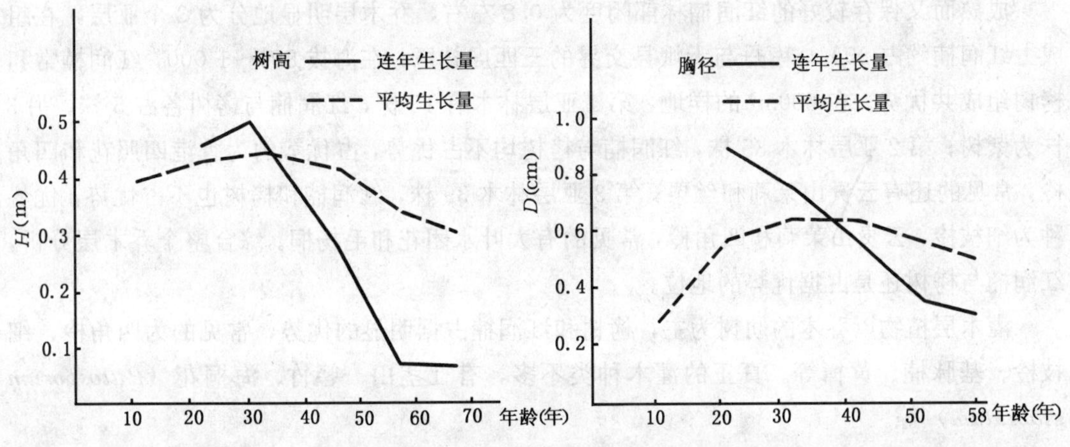

图 7-8　银荷木树高、胸径生长进程

银荷木林的材用价值较高，内中具有不少有用的材用树种。银荷木是纱绽及胶合板的良好用材；其他优良的用材树种还有：深山含笑、木莲、广西木莲（*Manglietia tenuipes*）、福建柏、紫树、五列木、半边枫、细枝栲、水锥栲、大叶水团花、杨桐、长梗润楠（*Machilus longipedicellata*）等。同时还蕴藏不少林副产品，如药用植物、淀粉植物及香菌等。银荷木林生长茂盛，林下枯枝落叶层厚，保水能力强，其分布部位又在山的中上部及河流的上游或发源地，所以是一种良好的、重要的水源林。在今后一段相当长的时间内，银荷木林只能作为水源林来经营。

参 考 文 献

[1] 中国植被编委会．中国植被．北京：科学出版社，1980

[2] 李瑞高等．银杉生态环境的调查研究．广西植物，1～1，1981

[3] 大瑶山自然资源综合考察队．广西大瑶山自然资源考察（植被）．上海：学林出版社，1988

11. 红润楠林①

以红润楠（*Machilus thunbergii*）为主的森林，多见于广西中部地带海拔600～1 300m的山地，低海拔地区少见分布。分布区的气候情况以乐业县城为代表。该地位于云贵高原南缘，海拔971.6m，年平均气温16.2℃，1月平均气温7.8℃，7月平均气温23.2℃，历年极端最高气温33.4℃，历年极端最低气温－4.4℃，≥10℃的积温4 975.2℃；年降水量1 372.0mm②。雨季6个月（5至10月），旱季5个月（11至次年3月），干湿季明显。分布区的土壤为砂页岩和花岗岩地层发育成的山地红壤和黄壤，酸性反应。碳酸盐岩地层上尚未见有红润楠为优势的森林分布。

成熟而又保存较好的红润楠林郁闭度为0.8左右，乔木层明显地分为3个亚层，在组成上红润楠约占30%。南丹与天峨县交界的三匹虎林区，在海拔800～1 000，红润楠常和栲树组成共优势。在600m^2的样地，第1亚层林木有13株，红润楠与栲树各占5株，另3株为紫树；第2亚层林木35株，红润楠与栲树均不占优势，占优势的为香港四照花和四角柃，常见的还有云贵山茉莉和丝栗；第3亚层林木39株，红润楠和栲树也不占优势，优势种为细枝柃、云贵山茉莉和四角柃，常见的有大叶水团花和毛杨桐。综合整个乔木层分析，红润楠与栲树还是占据优势的地位。

灌木层植物以乔木的幼树为主，栲树和红润楠占据明显的优势，常见的为四角柃、细枝柃、基脉楠、黄樟等。真正的灌木种类不多，有杜茎山、箬竹、海桐花（*Pittosporum glabratum*）等。

草本地被层植物常见的有狗脊、九节枫、锦香草、卷柏（*Selaginella uncinata*）等。

此外，在广西的其他山地，还可见到红润楠与甜槠、银荷木；红润楠与罗浮栲、华南石栎；红润楠与细枝栲为共优势的类型，中下层林木，尤其下层林木杜鹃种类不少，如羊角杜鹃、石壁杜鹃、广东杜鹃、太平杜鹃等。

根据调查资料分析，无论是红润楠与其他种类为共优势的群落，还是红润楠为常见种的群落，红润楠天然更新均良好，种群发育年龄结构完整。例如，三匹虎林区前述的样地，红润楠在乔木第1亚层、第2亚层、第3亚层分别有立木5株、2株和1株，灌木层红润楠

① 执笔人：苏宗明

② 广西气象局资料室．广西气候资料（1951～1980），1982

的多度级达 sp～cop[1]，第 2 亚层和第 3 亚层红润楠株数偏少是砍伐的结果。

本群落树种资源比较丰富，经济价值亦较高，乔木树种中不少为优良用材类。其中硬材类有云贵山茉莉、西藏山茉莉、船柄茶（*Hartia sinensis*）、华南石砾、厚皮香、丝栗等；优良用材类有红润楠、紫树、广西木莲、栲树、罗浮栲、广东琼楠（*Beilschmiedia fordii*）、银荷木、竹柏（*Podocarpus nagi*）等。本群落在涵养水源方面效果也好。由于森林残留面积不大，又分布于山地，因此，宜作为水源林保护起来，若要利用其中的有用种类，只能靠引种的办法。

12. 云贵山茉莉林①

云贵山茉莉（*Huodendron biaristatum*）林，呈小片状镶嵌在以壳斗科、木兰科、樟科、山茶科的种类为优势的常绿阔叶林中，垂直分布幅度较宽，从海拔 300～1 000m 都可以见到。向南作为垂直带谱的组成部分，可见于桂中和桂南海拔 700m 以上的山地。现以龙胜（海拔 267.5m）和乐业（海拔 917.6m）县城为代表分布区的气候情况。年平均气温 16.3～18.1℃，1 月平均气温 7.5～7.8℃，7 月平均气温 23.2～27.6℃，历年极端最高气温33.4～39.5℃，历年极端最低气温－4.8～－5.3℃，≥10℃的积温 4 975.2～5 708.5℃；年降水量 1 372～1 546.7mm[1]，雨季 6 个月（龙胜 3～8 月，乐业 5～10 月），乐业旱季 5 个月（11 月～次年 3 月），干湿季明显，龙胜基本没有旱季，最低月（12 月和 1 月）雨量也有 46mm 以上。

云贵山茉莉是喜酸土树种，在分布区内云贵山茉莉林只分布于砂页岩和花岗岩地层上，土壤为山地红壤和山地黄壤，酸性反应。在碳酸盐岩地层上，从不见有云贵山茉莉林的分布。

与其他常绿阔叶林一样，云贵山茉莉林的结构也是复杂的，但目前所有的森林，几乎都是经过砍伐的残次林，结构均受到破坏，不少森林乔木只有 2 个亚层。与其伴生的林木均是壳斗科、樟科、山茶科、木兰科、金缕梅科的种类，但有时也呈小片纯林状态出现。贺县滑水冲的群落（海拔 300～500m），乔木层尚可分 3 个亚层，但乔木第 1 亚层覆盖度不到 30%，云贵山茉莉、华润楠、山矾等零星分布；第 2 亚层覆盖度 80%，林木种类较多，云贵山茉莉占明显优势，零星分布的种类有黄樟、栲树、黄果厚壳桂等；第 3 亚层林木种类更多，仍以云贵山茉莉占优势，常见的有黄果厚壳桂、栲树、红皮安息香（*Styrax suberifolia*）等。灌木层植物以上层乔木幼树占优，云贵山茉莉最多，鼠刺、笔罗子、红皮安息香、南岭栲、黄樟次之；真正灌木以杜茎山、九节枫和赤楠蒲桃为多。草本地被层植物生长茂密，狗脊居明显优势，常见的有紫萁（*Osmunda japonica*）、金狗毛、乌毛蕨、纤细鳞毛蕨[2]等。富川县涝溪山的群落（海拔 500～600m），破坏较为严重，乔木只有 2 亚层，上层林木覆盖度 30%，稀疏分布着云贵山茉莉、大叶栎、荷木、铁锥栲等种类，下层林木种类和数量较多，覆盖度 55%，以云贵山茉莉和鼠刺为优势，常见的有栲树、黧蒴栲、红叶树（*Helicia cochinchinensis*）、黄杞等。灌木层植物生长繁茂，以南天竹（*Nandina*

---

① 执笔人：莫新礼、苏宗明

domestica）和赤楠蒲桃占优，栲树和罴蒴栲幼树也不少。草本地被层植物仍以狗脊占明显的优势，艳山姜、华里白等常见。分布区西部的南丹县三匹虎林区（海拔 800～1 000m）的云贵山茉莉则混生于丝栗林和栲树林中，只成为次优势种。

云贵山茉莉是喜光树种，幼树幼苗耐荫性弱，在保存较好的成熟林内它的幼树幼苗不多。但是在受破坏、乔木第 1 亚层覆盖度不大的情况下，它的更新就变得良好。例如滑水冲林区，受破坏的云贵山茉莉林，乔木第 1 亚层覆盖度不到 30%，虽然只有立木 1 株，但乔木第 2 亚层和第 3 亚层以及灌木层，云贵山茉莉均占据明显的优势[2]。因此，云贵山茉莉在正常演替情况下，它竞争不过壳斗科和樟科的种类，所以，以云贵山茉莉为优势的森林，不可能有大片的分布，只能保存目前这种小片状镶嵌分布在壳斗科、樟科为优势的常绿阔叶林中的地位，或成为这种常绿阔叶林次优势种或常见种。

云贵山茉莉林零星分布，面积不大，且多为残林，无开采价值。但云贵山茉莉木材结构细致，材质坚硬，为制造高级家具以及建筑、车辆、细木工艺等优良用材。因此，云贵山茉莉宜引种扩大森林面积；对现有的以云贵山茉莉为优势的残林，有目的抚育，促进云贵山茉莉的更新和种群发育年龄结构的完整。

另外，与云贵山茉莉同属的西藏山茉莉也有以它为优势的森林。其分布特点、生境特点、群落特点、更新演替等均与云贵山茉莉林相似。它的生长进程，根据兴安猫儿山树干解析结果表明，西藏山茉莉生长很慢，68 年生立木，树高 14.3m，胸径 17.3cm（带皮 17.5cm），材积 0.166 91m^3（带皮 0.193 63m^3）。35 年生时，胸径连年生长量最大不超过 0.5 cm；15 年生长时，树高连年生长量最大不超过 0.3m。材积连年生长量最大不超过 0.01m^3[3]。西藏山茉莉的价值及经营措施与云贵山茉莉林同。

参 考 文 献

[1] 广西气象局资料室．广西气候资料（1951～1980），1982

[2] 广西林学分院，中国科学院植物研究所，广西林业勘测设计院，贺县林业局．广西贺县滑水冲保护区生物资源考察资料汇编．1985

[3] 广西桂林行政公署林业局．广西猫儿山水源林区调查材料汇编．1979

13. 栲树单性木兰林①

单性木兰（*Kmeria septentrionalis*）为我国特有的木兰科植物，该种自 1928 年首次在广西罗城县发现后，至 80 年代又先后在贵州省荔坡县吉洞、广西罗城县桥头乡大黄泥村再次发现，90 年代再在广西环江县木沦乡板南屯发现。以单性木兰为优势的林分，在罗城县桥头乡，分布在溶蚀谷地一个孤立的小石山上，海拔 300～500m，地层为石炭系岩关阶灰岩，

① 执笔人：苏宗明

局部夹砂岩、泥岩；在环江县木沧乡，分布在石炭系石灰岩石山山坡上，海拔500～550m，部分地段覆盖有第四纪红土。据罗城县桥头乡气象记录资料，年平均气温18.9℃，极端最低气温－4℃，极端最高气温38℃，年降水量1 700mm。又据环江县木沧乡邻近的下南乡海拔600m观测站资料，年平均气温17～19.3℃，1月平均气温9.3℃，7月平均气温26.9℃，极端最低气温－5℃，极端最高气温36℃，≥10℃的年积温5 900～6 260℃，年平均降水量1 500～1 600mm。可以看出，上述二处单性木兰林分布地的地层构造和气候条件是很相似的。罗城县桥头乡的栲树、单性木兰林的立地条件类型为由灰岩夹砂岩、泥岩发育而成的中层淋溶红色石灰土，枯枝落叶层厚3～5cm，分解较好，土壤主要理化性质见表7-16。

表7-16　单性木兰林土壤主要理化性质

深度（cm）	颜色	pH	有机质（%）	全氮（%）	全磷（%）	全钾（%）
0～5	灰棕	6.5	3.82	0.225	0.078	0.923
5～23	红棕	6.5	2.19	0.124	0.065	0.851
23～50	棕红	7.0	0.85	0.043	0.050	0.768

现存的以单性木兰为优势的常绿阔叶林面积很小，罗城县桥头乡大黄泥村处估计为3 000m^2；环江县木沧乡板南屯处估计为3hm^2，其中成林树200多株。从罗城县桥头乡大黄泥村的调查看，该地的单性木兰林在1958年已经受过严重的砍伐，后经长期封山形成现今的面貌。据对保存较好的一片林分调查，林木尚高大，乔木层可分为3个亚层，覆盖度约90%。种类组成较简单，在600m^{2}样地，林木种类只有13种。第1亚层林木高17m左右，胸径20～33cm，有3种12株，优势种的栲树，占9株，重要值指数高达204.3，占2/3以上；次优势种为单性木兰，有2株，重要值指数为73.3，其中1株高21m，胸径85cm，断面积0.567 6m^2，为样地最高大的林木；单株分布为漆树，重要值指数为22.4。第2亚层林木高13m，胸径20cm左右，有4种8株，仍以栲树占优势，重要值指数为135.5；单性木兰为次优势，重要值指数为97.3；其他单株分布的有鸭脚木和樾木。第3亚层林木高5m，胸径3～5cm，有11种44株，单性木兰占优势，有17株，重要值指数为91.6；次优势种樾木，有7株，重要值指数为61.6；栲树排第3，重要值指数为42.5；其他常见的还有长叶木兰（*Magnolia fistulosa*）、海南柿（*Diospyros hainanensis*）、梨果米仔兰（*Aglaia roxburghiana*）。综合整个乔木层分析，栲树重要值指数最大，为111.4，属建群种；单性木兰重要值指数排第2，为79.7，属次优势种；樾木重要值指数为33.2，排第3，属常见种。但是从3个亚层的林木株数变化发现，栲树的株数由上而下减少，单性木兰恰相反，株数由上而下增多，单性木兰在中、下层的株数多于栲树。还有，单性木兰的幼树幼苗，也比栲树多。因此，从发展的观点看，目前栲树虽然占优势，但以后单性木兰会赶上或超过它，成为群落的优势种或共建种。从样地内最大的林木为单性木兰，也可推断未破坏前，单性木兰很可能为群落中的优势种或共建种。灌木层植物覆盖度65%，种类不少，以海南柿为优势，常见的有樾木、崖柿（*Diospyros dumetorum*）、栲树、毛九节、杜茎山、菜豆树、龙

船花、南天竺等。草本层植物覆盖30%，以紫金牛（*Ardisia japonica*）和爵床科一种为优势，其他的种类还有山菅兰、蜘蛛抱蛋、艳山姜等。藤本植物种类虽然不多，但可见到茎粗31cm的大藤，种类以樟叶木防已常见，其他还有见血飞、羽叶金合欢、菝葜等。

环江县木沦林区的单性木兰林，种类组成和结构有所不同。从单性木兰比较集中且生长较好的地段看，林木有2个亚层，100m^{2}范围内，第1亚层林木有10株，全为单性木兰，高15～16m，最高18m，最低14m，一般胸径24～31cm。第2亚层林木高6～8m，胸径4～7cm，有林木48株，其中檵木37株，刨花润楠6株。灌木层植物高1.5～2m，覆盖度25%，以檵木占优势，次为单性木兰。草本不成层，覆盖度只有3%，种类稀少。

从环江县木沦乡板南屯海拔500m处1株天然单性木兰树干解析得知：树龄35年；胸径：带皮23.1cm，去皮22.6cm；树高：14.9m；材积：带皮0.278 3m^3，去皮0.264 7m^3；形数带皮0.455，去皮0.452。生长进程分析得知：树高年平均生长量0.43m；胸径年均生长：带皮0.66cm，去皮0.65cm，第20～30年连年生长量在0.8～1.0cm，第35年连年生长量与平均生长量曲线尚未相交；材积年均生长量0.007 56m^3，第35年生长量0.020 12m^3，连年生长量和平均生长量曲线均处在上升增值期。据此，单性木兰可培育成大径材。

单性木兰更新良好，罗城县桥头乡大黄泥村的单性木兰林，600m^{2}样地有幼树12株，幼苗15株，为一种增长型的连续型构造种群；环江县木沦乡林区的单性木兰林，在100m^{2}范围内有高2.5m以下的幼树幼苗16株，为一种稳定型的连续型构造种群，均能长久地保持在群落中的优势地位。

从群落的组成种类明显地反映地层结构的特点，酸性土种类和石灰（岩）土种类混杂在一起，前者如栲树、刨花润楠、鸭脚木等；后者如海南柿、崖柿、菜豆树、梨果米仔兰、南天竺等。有的种类则是两种土壤上常见的，如檵木是为最典型的。单性木兰究竟属于何种性质土壤的种类，目前研究资料尚不多，还不能明确划分，现有的两处资料，是分布在夹砂岩、泥岩或第四纪红土的灰岩地层上。

单性木兰是木兰科中一个原始属种，极具研究价值。它生长较快，能培育成大径材，且材质优良，是一种很有开发价值的用材树种。它树形美观，也是一种有开发前途的绿化、观赏植物。目前国内成小片分布的林分只在广西发现，这是十分可贵的，有关部门必须采取有效措施，严加保护这个珍稀濒危物种。同时开展引种研究，扩大它的数量，发挥它在经济建设和科学研究中的作用。

（二）南亚热带季雨林化常绿阔叶林

1. 刺栲林（红锥林）①

以刺栲（*Castanopsis hystrix*）为主的森林是我国南亚热带季雨林化常绿阔叶林的代表

① 执笔人：苏宗明

类型，分布于台湾北部，福建南部和广东、广西的中南部以及云南东南和中南部等地区[1]。广西的刺栲林主要分布于桂中、桂东和桂西，为当地的地带性植被类型；向南，作为季雨林垂直带谱的组成部分，分布在海拔700m以上的山地；向北，在一些较暖的小环境也可以出现。

刺栲林是多种栲类林中要求较高气温条件之一种，且耐旱性也较强。刺栲林主要分布区，从东兰至容县，低平地区年平均气温分别为20.1℃和21.3℃，最低月（1月）平均气温11.0℃和12.2℃，最高月（7月）平均气温27.3℃和28.3℃，历年极端最高气温39.2℃和38.0℃，历年极端最低气温－2.4℃和－2.3℃，≥10℃的积温6 746℃和7 123.3℃；年降水量1 577.1mm和1 660.2mm[2]，有3个月（11月～次年1月）和4个月（12月～次年3月）的旱季。在分布区内，刺栲林占据海拔1 000m以下，较集中的是在海拔800m以下的地区。刺栲林向北能伸展至泗涧山、大瑶山及其弧形山地海拔500m以下的地区，那里低平地区例如大瑶山三角(海拔330m)，年平均气温18.5℃，最低月(1月)平均气温8.7℃，最高月（7月）平均气温26.2℃，≥10℃的积温6 091.4℃；年降水量1 546.7mm，其中12月～次年2月占10%，3～5月占37%，6～8月占37%，9～11月占16%[3]。广西目前已知刺栲林的最北界见于三江县独洞乡巴团村海拔240m的丘陵上，那里的纬度约为25°50′。三江县城海拔197.3m，年平均气温18.1℃，最低月（1月）平均气温7.3℃，最高月（7月）平均气温27.3℃，历年极端最高气温39.5℃，历年极端最低气温－5.2℃，≥10℃的积温5 691.4℃；年降水量1 548.0mm，有2个月（12月～次年1月）降水为41～42mm[2]。和刺栲林主要分布区相比，降水方面差异不大，但年平均气温低2～3.2℃，≥10℃年积温仅1 054.6～1 431.9℃，在这些地方刺栲林只见于局部优越的地形。刺栲林向南分布于十万大山、六万大山、大青山等山地海拔700m以上的地区；该树种还可下延到海拔700m以下的季雨林地带内，成为次生季雨林的成分。

刺栲林耐旱性较强，向西，能一直延伸至西部半湿润区域的云南省勐海附近，大约东经100°20′的地区。看来，只要有适宜的气温条件，不论是半湿润区还是湿润区，刺栲林都可以生长。

刺栲是一种喜酸性土的树种，刺栲林只分布于由砂页岩和花岗岩发育而成的土山区，土壤为红壤和赤红壤，pH4.5～5.5。在碳酸盐岩石山地，未见有刺栲林的出现。所以，在适宜于刺栲林生长的气候区内，由于基质的影响，并不完全由刺栲林所占。

保存好的、成熟的刺栲林，郁闭度在0.8以上，乔木层明显地分为3个亚层。第1亚层林木刺栲可占50%以上，常见的有：罗浮栲、荷木（或红荷木）、山杜英、半边枫、黄樟、白花含笑等，在南部地区还多橄榄（*Canarium album*）；北部地区沟谷还有南岭栲。第2亚层林木很丰富，除红锥、荷木等上层种类外还常见：鸭脚木、红山梅（*Artocarpus styracifolius*）、多花山竹子（*Garcinia multiflora*）、笔罗子、谷木冬青（*Ilex memecylifolia*）、香花木、阴香、乌口果（*Elaeocarpus decurvatus*）等是常见的。第3亚层林木种类也不少，除上层的一些种类外常见：棱枝冬青（*Ilex angulata*）、粑叶灰木

(*Symplocos cochinchinensis*)、华卫矛(*Euonymus chinensis*)、广东山胡椒(*Lindera kwangtungensis*)、西南香楠、臀形果(*Pygeum topengii*)等。

灌木层植物除不少乔木幼树外，真正灌木以罗伞树、九节木占优势，常见的还有杜茎山、省藤(*Calamus platyacanthoides*)、黄毛五月茶(*Antidesma fordii*)、掌叶榕(*Ficus hirta*)、乌口树(*Tarenna mollissima*)、毛果算盘子(*Glochidion eriocarpum*)等。

草本地被层以高大的乌毛蕨、金毛狗占优势，有些地方狗脊、线条楼梯草(*Elatosterma lineolatum*)、马蓝(*Baphicanthus cusia*)很普遍，其他常见的种类有华南紫萁(*Osmunda vachellii*)、山姜、露兜树(*Pandanus tectorius*)。

藤本植物种类也不少，常见有大样酸藤子、香港瓜馥木(*Fissistigma uonicum*)、锡叶藤(*Tetracera asiatica*)、买麻藤、红叶藤(*Santalodes microphyllum*)、星毛冠盖藤(*Pileostegia tomentella*)等。

刺栲生长尚快，30年生的刺栲林分，一般林木的树高都达14m，最低的也在10m以上，最高的超过22m。这里以山坡下部的红锥林为代表，说明其生长规律：

高生长方面，5年后进入旺盛的生长期，以0.98～1.2m的连年生长量增高，但持续时间不长，10年即达到最高峰，此后开始下降，到20年，连年生长量只有0.52～0.62m。但其中一株到25年又有回升，以0.8m的生长量增高。往后迅速减缓，到38年，连年生长量只有0.18m，38年生的立木22.8m。

胸径生长方面，从5年后渐入旺盛阶段，以0.9cm的连年生长量增粗，20年生达最高峰，连年生长为1.08cm。25年连年生长量仍达0.9cm，之后，只有0.24cm的年生长量，38年23cm(表7-17)。

根据广西大苗山山坡下部Ⅱ地位级20年刺栲林，每公顷有立木623株，蓄积量为123.4m^3。

刺栲林是广西中部地带低平地区一种很有代表性的天然常绿林，有保存较好的成熟林分，刺栲种群发育年龄结构完整，天然更新良好，只要不受到干扰破坏，刺栲能长期保持优势的地位，不会被别的种类取代。现以大瑶山海拔550m一刺栲群落分析说明(表7-18)。

从表7-18中看出，刺栲的更新良好，种群组成完整，是一个成熟稳定的群落。在第1亚层中其他林木没有哪一种种群组成完整，所以不会取代刺栲的地位。第2亚层、第3亚层的种类，它们有的种群不完整；有的虽然完整，但或株数少，或属中小乔木，都不能取代刺栲的地位。

刺栲木质坚重、耐腐，是良好的用材树种，为造船工业的良材。刺栲林内其他有价值的用材树种不少，如栲树、荷木、红荷木、半边枫、黄樟、白花含笑、泡花楠(*Machilus pauhoi*)、香花木等，林下资源植物也很丰富。目前的刺栲林部分分布于丘陵台地，如容县、浦北、合浦等地，受破坏相当严重，多为萌生林或幼林；部分分布于山区，为大小河流的发源地，如大瑶山、大明山等，这部分林子保存较好，但也受到不同程度的破坏。对于前部分林子，可作为用材林，但目前应封山育林，待其成林成材后再行砍伐；对于后部分林

表 7-17　刺栲胸径、树高生长进程

年龄	胸径（cm）			树高（m）			材积（m³）	形数
	总生长量	连年生长量	平均生长量	总生长量	连年生长量	平均生长量		
5	1.1		0.22	3.6		0.72		
		1.46			1.20			
10	8.4		0.84	9.6		0.96		
		1.04			0.94			
15	13.6		0.91	14.3		0.97		
		0.66			0.52			
20	16.9		0.84	16.9		0.84		
		0.40			0.10			
25	17.3		0.80	17.0		0.80	0.207 3	0.519
30	17.8			17.0			0.227 3	0.537
带皮								

年龄	胸径（cm）			树高（m）			材积（m³）	形数
	总生长量	连年生长量	平均生长量	总生长量	连年生长量	平均生长量		
5				1.3		0.26		
					0.98			
10	2.6		0.26	6.2		0.62		
		0.90			0.86			
15	7.1		0.47	10.5		0.70		
		1.08			0.62			
20	12.5		0.63	13.6		0.68		
		0.90			0.80			
25	17.0		0.68	17.6		0.70		
		0.44			0.46			
30	19.2		0.64	19.9		0.66		
		0.38			0.40			
35	21.1		0.60	21.9		0.63		
		0.24			0.18			
38	22.3		0.59	22.8		0.60	0.430 9	0.484
带皮	23.0			22.8			0.477 7	0.504

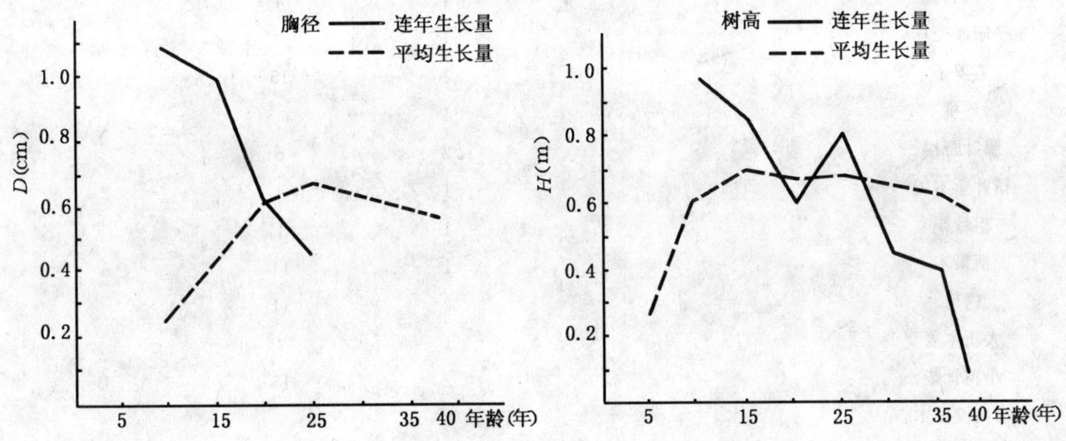

图 7-9　刺栲胸径、树高生长进程

表 7-18 刺栲林林木层种群组成

面积：20m×20m

种类	株数				
	第1亚层	第2亚层	第3亚层	幼树	幼苗
刺栲	2	2	7	20	32
白花含笑	5				
粗叶树	1		3	2	
谷木冬青	1	2		4	
华南木姜	1		1	1	1
猴欢喜	1				
岩生厚壳桂	1				
大叶豆腐木	1				
异株木犀榄		1			
阴香		3	7	11	
西南香楠		1	3		
薄叶青冈		1		2	
罗浮栲		1	3	6	1
山牡荆		1			
泡叶柯		1	1		
铁锥栲			4		
光叶柯			3	9	2
武陵槭			3	10	5
多花山竹子			2	12	4
枳壳			1		
广西石楠			1	4	
平阳厚壳桂			1		
笔罗子			1	15	1
冬桃			1		
腺叶野樱			2	6	
锈叶新木姜			1	4	2
粗糠柴			1	1	
柄果木			1	11	6
栲树			2	11	
大新木姜			1	7	
小狗骨柴			2	15	1
瑶山梭罗木			1		
亮叶围涎树			1		
广东山胡椒			1	2	
合计	14	13	54	174	60

子，只能作为水源林，不宜砍伐，实际上这些地方目前已划为水源林保护区了。刺栲较耐干旱，生长较快，应选为广西中部和南部地带低海拔地区重点造林树种，也可作为与马尾松混交的阔叶树种。

参考文献

[1] 中国植被编委会．中国植被．北京：科学出版社，1980

[2] 广西气象局资料室．广西气候资料（1951～1980），1982

[3] 大瑶山自然资源综合考察队．广西大瑶山自然资源考察（气候）．上海：学林出版社，1988

2. 细刺栲林①

细刺栲（*Castanopsis tonkinensis*）分布于云南、广西和广东。越南亦有分布。在广西境内，以细刺栲为主的季雨林化常绿阔叶林主要分布于桂中广西弧形山地南段海拔 500m 以下的砂页岩地区；向南延伸，见于桂西南海拔 700～1 000m 的垂直带谱中。在桂中，它是低海拔地区常绿阔叶林代表类型之一，在桂西南它是热带山地常绿阔叶林类型之一。分布区的气候，桂中低海拔地区可以大瑶山罗香（海拔 250m）为代表，该地年平均气温 20.3℃，1 月平均气温 11℃，7 月平均气温 27.4℃，≥10℃的积温 6 843.0℃；年降水量 2 540.8mm[2]，最低月降水量＞50mm，没有旱季。桂西南热带山地，以靖西城（海拔 739m）为代表，该地年平均气温 19.1℃，1 月平均气温 11.0℃，7 月平均气温 25.0℃，历年极端最低气温－1.9℃，≥10℃的积温 6 291.4℃；年降水量 1 606.0mm[1]，雨季 5 个月（5～9 月），旱季 5 个月（11 月～次年 3 月）。分布区出露地层为砂页岩和花岗岩，土壤为赤红壤和红壤，酸性反应。碳酸盐岩地层没有细刺栲林的分布。

由于人为砍伐，细刺栲林现保存面积不大，且多为残林，种类组成不太复杂，但多是南亚热带和北热带常见的种类。根据大瑶山调查（海拔 440m）[2]，第 1 亚层林木细刺栲与刺栲共优，重要值指数分别为 300 的 118.1 和 115.2，各约占 40%，其他的种类有锥栗栲（*Castanopsis chinensis*）、罗浮栲、黄樟等。在武鸣大明山海拔 520m 处的调查，主要以格木为次优种或共优种，其他常见的有黄果厚壳桂、华润楠、紫荆木、橄榄、乌榄等；第 2 亚层林木除细刺栲外，也多为第 1 亚层的种类，其他常见的还有山枇杷（*Eriobotrya fragrans*），大明山则以光叶显脉新木姜（*Neolitsea phanerophlebia* form. *glabra*）为常见；第 3 亚层林木除上层的种类外，西南香楠、山柳、罗伞树很常见。灌木层植物除乔木的幼树外，其特征是以罗伞树和九节木为优势。草本层植物以金狗毛、乌毛蕨、狗脊、扇叶铁线蕨、山姜为常见。藤本植物不少，常见的有瓜馥木、红叶藤、扁担藤、昆明鸡血藤、玉叶金花等，有的地段还出现省藤（*Calamus* spp.）。

① 执笔人：苏宗明

目前保存成熟的细刺栲林，根据群落的结构特点、建群种的种群组成，可知它是一种当地气候条件的顶极群落，细刺栲能长久地占据群落的优势和建群地位。在大瑶山 1 个 600m² 成熟林的样方（已受到一定程度的破坏），细刺栲在乔木第 1 亚层有立木 8 株，第 2 亚层 2 株，第 3 亚层缺，幼树 35 株，幼苗 17 株。在大明山的 1 个 400m² 残次林的样方，细刺栲在乔木第 1 亚层有立木 1 株，第 2 亚层 5 株，第 3 亚层 7 株，幼树 45 株，幼苗 17 株。从上述 2 个样方可以看出，细刺栲更新良好，种群发育年龄结构正常，具备各级立木，能保持优势和建群的地位。

细刺栲林面积不大，多为残林，又属于水源林，需要保护。但群落中的乔木树种多是优良的用材类，如格木和紫荆木都是经济利用价值很高的珍贵树种。细刺栲、刺栲、黄果厚壳桂、大果木姜、润楠、山枇杷、黄樟等是优良用材类，春花木和黄牛木是优良硬材，橄榄类是材果和材油两用树种。其他林下经济植物主要有黄藤（*Calamus* sp.）、金毛蕨、马蹄蕨等。因此，这类林子主要作为种源和种质资源供应地来经营，把有价值的东西引种到别处去。

参 考 文 献

[1] 广西气象局资料．广西气候资料（1951～1980），1982

[2] 大瑶山自然资源综合考察队．广西大瑶山自然资源考察（气候和植被）．上海：学林出版社，1988

3. 罗浮栲林①

以罗浮栲（*Castanopsis fabri*）为主的森林在我国分布相当广泛，东可到福建省的西北部，西可到四川、贵州、云南的东部，北达中亚热带的北界，南及广东、广西[1]。广西境内都有分布，但很少大片罗浮栲林。

罗浮栲林适应性较广，天然生长分布于中部地区海拔 1 200m 以下、北部地区海拔 1 300m以下、南部地区海拔 700m 以下的山地、丘陵。其生境特点可以用北部南岭山地的兴安和中部大瑶山的罗香来说明。兴安县城海拔 224m，年平均气温 17.8℃，1 月平均气温 6.6℃，7 月平均气温 27.6℃，极端最低气温－5.8℃，≥10℃的积温 5 611.7℃；年降水量 1 829.0mm[2]，其中 12 月～次年 2 月 216mm，占 11.8%；3～5 月 782.9mm，占 42.8%；6～8 月 582.3mm，占 31.8%；9～11 月 248mm，占 13.6%，各月雨量均超过 60mm，没有旱季。罗香海拔 250m，年平均气温 20.3℃，1 月平均气温 11℃，7 月平均气温 27.4℃，≥10℃的积温 6 843.0℃；年降水量 2 540.8mm，其中 12 月～次年 2 月 220.5mm，占 9%；3～5 月 859.2mm，占 34%；6～8 月 1 172.8mm，占 46%；9～11 月 288.3mm，占 11%；11 月降水量 51mm，12 月 58mm，其余各月均大于 60mm，也没有旱季[3]。兴安和罗香都在

① 执笔人：苏宗明

广西的东面，降水量丰富。往西，罗浮栲林分布区的生境在降水方面则发生比较明显的变化。例如广西弧形山西翼都阳山北面的凤山城，海拔485.1m，年降水量1 553.7mm，其中12月～次年2月70.1mm，占4.5%；3～5月348.3mm，占22.4%；6～8月869mm，占55.9%；9～11月266.3mm，占17.1%，有5个月（11月～次年3月）的降水量少于50mm，旱季5个月。其中12～次年2月少于30mm；3月少于40mm[2]。可见罗浮栲林对气温和降水适应性均广。

罗浮栲是一种喜酸性土的树种，它只能生长在由砂岩、页岩和花岗岩发育而成的土壤上，由石灰岩发育而成的石灰土，未发现有罗浮栲林的分布。说明它的分布受到石灰岩山地所限制。

罗浮栲林乔木层可分为3个亚层，上层乔木以罗浮栲为主，一般约占40%～50%，其他常见的伴生种类及中、下层，灌木层、地被层的组成种类不同因地区有所不同。

中部海拔800m以下的地区，上层常见的伴生种类为烟斗石栎（*Lithocarpus cornea*）、刺栲、华润楠（*Machilus chinensis*）、鸭脚木、黄杞等。中层林木种类较多，除上层的罗浮栲、鸭脚木、黄杞外，山钓樟（*Lindera metcalfiana*）、柄果木（*Mischocarpus fuscescens*）、围涎树等也常见。下层林木除上、中层的一些种类外，常见的还有假苹婆、笔罗子、粑叶山矾（*Symplocos cochinchinensis*）、水冬哥（*Saurauia tristyla*）等。

灌木层除乔木幼树外，真正灌木以罗伞树和九节木占优势，其他常见的还有野锦香、朱砂根、空心花（*Maesa perlarius*）等。

草本地被层以乌毛蕨、金毛狗最多，扇状铁线蕨、山姜、狗脊也常见。

藤本植物常见的有瓜馥木、白叶瓜馥木（*Fissitigma glaucescens*）、买麻藤、白花油麻藤（*Mucuna birdwoodiana*）。

总之，中部地区海拔800m以下山地、丘陵，种类组成充分反映南亚热带的性质。

中部地区海拔800m以上的组成种类明显地与低海拔的不同，上层乔木常见伴生的种类为红润楠、假肉桂（*Neolitsea levinei*）、毛叶木姜等；中层林木除罗浮栲、假肉桂、长叶木姜外，尾叶山茶（*Camellia caudata*）也常见；下层以小新木姜（*Neolitsea umbrosa*）、腺叶野樱（*Prunus phaeosticta*）为主，中、上层的尾叶山茶、长叶木姜、罗浮栲也不少。灌木层植物主要为乔木的幼树。草本地被层以黑莎草（*Gahnia tristis*）最为常见。

北部地区的种类又有不同，上层伴生种类以山矾、栲树为常见；中层主要的种类有：罗浮栲、南宁虎皮楠；下层林木以凹脉柃、厚叶刺鼠、细枝柃、石壁杜鹃为主，也有中、上层一些种类的幼树。灌木层以乔木的幼树为主，草本地被层以狗脊最常见。藤本植物有藤黄檀、络石、土茯苓等。

罗浮栲的生长发育，在坡下部水湿条件较好的立地条件下，高生长在10年以后进入旺盛时期，一般连年生长量0.4～0.5m，最大的可达0.56m，这段时间可延续到25年，以后生长减缓，连年生长量在0.2～0.3m左右。45年以后表现出明显下降，连年生长量只有0.02m左右。

胸径生长旺盛期稍后于高生长，在15年后才到来，15～20年的年生长量0.5～0.8cm，25年达到0.96cm。到30年生长减慢，年生长量为0.5～0.7cm。40年以后明显降低，年生长量只有0.2cm左右（表7-19，图7-10）。

坡下部25年的林分每公顷有立木553株，蓄积量100m³左右；30年的林分，每公顷有立木718株，蓄积量104m³。

表7-19 罗浮栲胸径、树高生长进程

年龄	树高（m）			胸径（cm）			材积（m³）	形数
	总生长量	连年生长量	平均生长量	总生长量	连年生长量	平均生长量		
5	1.1		0.22					
		0.34						
10	2.8		0.28	1.5		0.15		
		0.46			0.51			
15	5.1		0.34	4.1		0.27		
		0.50			0.76			
20	7.6		0.38	7.9		0.39		
		0.56			0.96			
25	10.4		0.42	12.7		0.51		
		0.36			0.72			
30	12.2		0.41	16.3		0.54		
		0.36			−0.52			
35	14.0		0.40	18.9		0.54		
		0.24			0.46			
40	15.2		0.38	21.2		0.53		
		0.22			0.24			
45	16.3		0.36	22.4		0.50		
		0.02			0.18			
50	16.4		0.33	23.3		0.47	0.370 8	
带皮	16.4			25.3			0.459 4	0.548

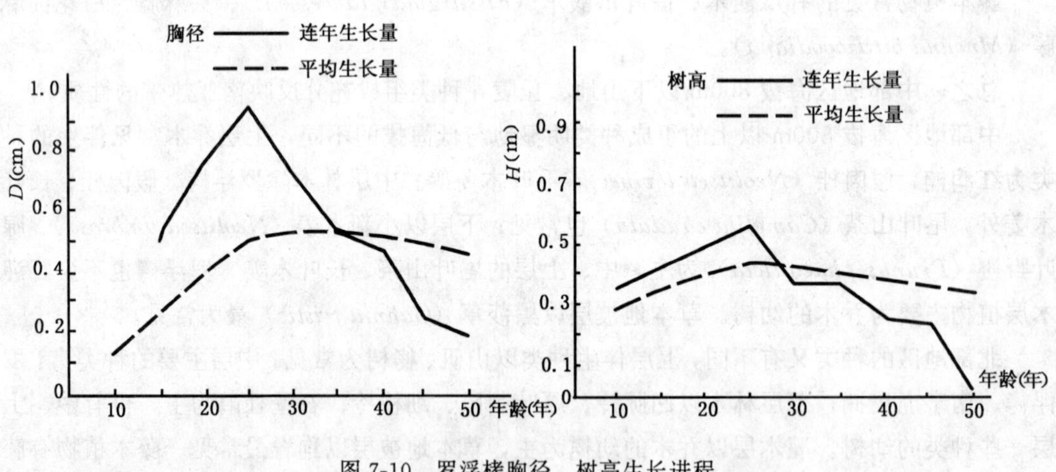

图7-10 罗浮栲胸径、树高生长进程

成熟的罗浮栲林是亚热带气候条件下一种相对稳定的群落，从群落的种群组成特点看，在不受到破坏的情况下，罗浮栲的优势地位是不会被取代的，它能长久地占据优势的地位。现以金秀县罗香海拔500m处的样地来说明（表7-20）

表 7-20　罗浮栲林林木层种群组成

种　　类	株			数	
	第 1 亚层	第 2 亚层	第 3 亚层	幼树	幼苗
罗浮栲	5	1	1	49	44
黄枝润楠	5	2	2	4	
荷木	2	1			
罗浮柿	2	11	1		
腺叶灰木	2	6	7	20	5
华杜英	2	1		29	5
亮叶杜英	2	4	5	23	21
南酸枣	1				
多花山竹子	1	1		4	
黄杞	1		4		
红山梅	1	2	2	8	1
鸭脚木		5	1		
红叶树	1	2			
拟赤杨		2			
黄果厚壳桂		2			
山杜英		2	1	13	2
杜英		1			
黄樟		1		6	
斜脉暗罗		1		2	
樱叶石楠		1		1	
漆树		1			
笔罗子		1		39	16
大新木姜		1			
红车		1	1		
锯叶竹节树			1		
细枝柃			1		
细柄五月茶			1		
合计	25	52	34	198	85

注：地点：金秀县罗香
　　面积：20×30（m）

从表 7-20 中可以看出，罗浮栲在第 1 亚层与黄枝润楠(*Machilus versicolora*)株数相同，但罗浮栲较高大，重要值指数比黄枝润楠大（分别为 56 和 47）[4]。罗浮栲的种群组成，第 2 和第 3 亚层株数少，是人为砍伐的结果。因为罗浮栲是良好的蕈材，培养香菇要求阴湿的环境条件，故只砍中层林木而保留上层林木，造成罗浮栲中层林木偏少。此外，罗浮栲下层林木少，也与统计偏差有关，把属于该层林木统计到幼树中去，故幼树植株偏多。因此，在正常情况下，成熟的罗浮栲林种群发育年龄结构是完整的。腺叶灰木（*Symplocos adenophylla*）种群组成也完整，但它性状属于中小乔木，只能保持目前的地位，不会与罗浮栲争夺上层的优势。

罗浮栲林是一种用材林，内中多种林木是较好的材用树种，如罗浮栲、烟斗石栎、刺栲、黄枝润楠、鸭脚木、栲树、红润楠、肥荚红豆（*Ormosia foraiana*）等。同时，绝大部分树种常绿，地表枯枝落叶多，涵养水分能力强，所以也是很好的水源林。林中各种资源植物，如药用植物，淀粉植物等以及林副产品也是比较丰富的。至于作为何种林经营，要根据具体情况而定，多数地区是不能作用材林经营的，只能作为水源林和种源基地，作为用材林经营的也不能大片皆伐（事实上也没有多少地区能大片采伐），要考虑到水土流失和森林更新等问题。

参 考 文 献

[1] 中国植被编委会．中国植被．北京：科学出版社，1980

[2] 广西壮族自治区气象局资料室．广西气象资料（1951～1980），1982

[3] 大瑶山自然资源综合考察队．广西大瑶山自然资源考察（气候）．上海：学林出版社，1988

[4] 大瑶山自然资源综合考察队．广西大瑶山自然资源考察（植被）．上海：学林出版社，1988

4. 黧蒴栲林①

黧蒴栲（*Castanopsis fissa*）分布于我国福建、广东、广西、江西、湖南、贵州的南部和云南的东南部等地。在广西境内以它为建群种的南亚热带季雨林化常绿阔叶林，主要见于南亚热带砂页岩或花岗岩在海拔 1 000m 以下的地区；浔江流域两侧山地、丘陵。向北可延伸到中亚热带南缘，上界不超过海拔 500m，大体上分布于北纬 23°～25°20′的低平地方，年平均气温在 19.0～21.0℃，最冷月均温 7.6～11.9℃。年降水量 1 500～1 900mm，气候湿润以至潮湿，对立地的水分要求也较高，一般天然分布限于沟谷两侧下坡。所在地的土壤为红壤或赤红壤，而绝迹于石灰岩土。

成熟而又保存好的森林，其结构特征与其他常绿阔叶林相似。组成上层乔木以黧蒴栲为主，其他常见还有罗浮栲、南岭栲、华润楠、多种杜英和黄杞、罗浮柿、长倒卵叶山龙眼（*Helicia obovatifolia*）、虎皮楠等。

中、下层林木种类较多，优势种不明显，常见有亮叶围涎树、笔罗子、鸭脚木、绒楠（*Machilus velutina*）、大鳞蒲桃（*Syzygium rhederianum*）、腺边山矾（*Symplocos punctatomarginata*）等。

灌木层植物主要为乔木层的幼树，真正灌木以五角紫金牛、九节木占优势，其他常见有杜茎山、云南粗叶木、细柄五月茶等。

草本地被物层以蕨类植物为主，常见有东方乌毛蕨、金毛蕨、狗脊等，其他还有华山姜（*Alpinia chinensis*）、异盖鳞毛蕨、中华复叶耳蕨（*Arachniodes chinensis*）和淡竹叶等，有的地方还可见到露兜树。

① 执笔人：莫新礼

层间植物种类也不少，常见有瓜复藤、红叶藤、藤槐（*Bowringa callicarpa*）、大样酸藤子及苎叶蒟（*Piper boehmeriaefolium*）等，偶可出现黄藤。

黧蒴栲为常绿槠栲类中喜光性较强的树种，以它为优势的常绿阔叶林属于次生林的性质。因此，此类群落颇不稳定，在自然发展中，将为其他较耐荫喜湿润的常绿阔叶树如华润楠、黄果厚壳桂取代其建群地位。如果遭受破坏，则可出现以拟赤杨、白叶安息香（*Styrax subnivea*）等更喜光的先锋树种组成的次生林，如再反复破坏则沦为灌丛或草丛。

黧蒴栲是速生用材树种，但在壳斗科树种中，它的材质较次，经济价值并不高，只适宜制造一般家具等用。但它生长较快，萌芽力强，在缺柴地区可考虑作为薪炭林经营。它的种子含淀粉和鞣质，可作工业原料或饲料。而伴生林木中滇粤石栎（烟斗石栎）、南岭栲、广东琼楠、厚叶琼楠（*Beilschmiedia percoriacea*）等都是值得发展的优良用材树种。为了提高林分经济利用价值，在可能和必要的情况下，可考虑进行林分改造，伐除经济价值不大的种类，保留经济价值较大的树种。

5. 青钩栲林①

青钩栲（*Castanopsis kawakanii*）为国家三级保护植物，以它为主的常绿阔叶林主要见于桂中和桂东山地海拔 700m 以下的范围，为该地季雨林化常绿阔叶林代表性类型之一。目前保存面积不大，大瑶山东南面罗香乡的罗香山有小片林分分布。罗香海拔 250m，年平均气温 20.3℃，1 月平均气温 11℃，7 月平均气温 27.4℃，≥10℃的积温 6 843.0℃，年降水量 2 540.8mm，最低月降水量大于 50mm[1]。青钩栲林的立地条件类型为由砂页岩和花岗岩地层发育的赤红壤和红壤，强酸性反应。在由碳酸盐岩地层上发育成的立地条件类型，未见有青钩栲林的分布。

成熟而又保存较好的林分，林木层有 3 个亚层。根据在大瑶山罗香乡罗香山海拔 510m 调查的青钩栲林[1]。第 1 亚层林木优势不明显，以青钩栲较多，重要值指数为 56.8，排列第一，其次为泡花楠（*Machilus pauhoi*）和广东山胡椒，重要值指数都为 47.4，其他常见的种类还有海木（*Heynea trijuga*）、罗浮泡花树（*Meliosma fordii*）、红山梅、红叶树、单室茱萸（*Mastixia alternifolia*）等。第 2 亚层林木优势也不明显，罗浮泡花树较多，重要值指数为 45.5，小冬桃次之，重要值指数为 44.2，常见的还有海木、华润楠（*Machilus chinensis*）、鸭脚木、橄榄、斜脉暗罗（*Polyalthia plagioneara*）等。第 3 亚层林木鸭脚木重要值指数最大，为 54.4，海木第 2，为 39.2，常见的还有广东山胡椒、臀形果、罗浮泡花树、橄榄、斜脉暗罗、黄果厚壳桂等。从整个乔木层分析，虽然优势不明显，但仍以青钩栲为多，重要值指数最大，为 30.7，其次为红叶树、罗浮泡花树、鸭脚木、海木和广东山胡椒，重要值指数分别为 28、24.3、23.5、22.7 和 22.7、21.4。

灌木层植物生长茂盛，种类丰富，以罗伞树、金花树为优势，常见的有九节风、三叉苦、杜茎山、小九节（*Psychotria tutcheri*）等。

---

① 执笔人：苏宗明

草本地被层植物不茂盛，山姜、金狗毛稍多，乌毛蕨、露蔸树、狗脊也常见。

藤本植物以土茯苓、当归藤较多，常见的有藤黄檀、长圆叶酸藤子、买麻藤等。

据大瑶山罗香乡罗香山青钩栲的解析木调查[1]，23 年生树，胸径 26.8cm，树高 24.8m，材积 0.682 1m^3。生长进程表现为：树高生长 4～8 年生生长最快，5 年以后，平均生长量一直保持 1m 以上，18 年达数量成熟。胸径生长 5 年后至 23 年，连年生长量均在 1cm 以上，9 年以后平均生长量一直超过 1cm。材积生长 10 年后加快，23 年尚未到达数量成熟。说明青钩栲是一种速生树种，可以培育大材。

青钩栲更新良好，每公顷有幼树幼苗 3 000～8 000 株。但由于青钩栲是良好的菌材，经常被砍伐来培养香菇，青钩栲的中下层立木受砍伐相当严重。所以群落内青钩栲种群虽然属于连续型构造种群，但中、下层立木偏少。如前一调查样方，第 1 亚层青钩栲有 5 株立木，但第 2 和第 3 亚层各只有 1 株。因此，在正常状态下，青钩栲种群发育年龄结构是完整的，能长期保持在群落的优势地位。

青钩栲是国家三级保护植物，以青钩栲为主的林分在广西尚属少见，因此，对这种类型要加强保护。青钩栲是栲类中生长最快的种类之一，材质优良，有推广的价值。林内其他优良的用材树种还有：鸡毛松、单室茱雏、斜脉暗罗、白花含笑、橄榄、黄果厚壳桂、海木、广东山胡椒、华润楠、鸭脚木等。

参 考 文 献

[1]大瑶山自然资源综合考察队．广西大瑶山自然资源考察(植被，气候，林业)．上海：学林出版社，1988

6. 黄果厚壳桂林①

以黄果厚壳桂（*Cryptocarya concinna*）为主的天然林在广西境内分布于桂东、桂中，例如大明山、大瑶山及其弧形山、云开大山等海拔 800m 以下的山地，为南亚热带季雨林化常绿阔叶林的代表类型之一。桂南海拔 700m 以上的山地也有分布，成为季节雨林垂直带谱的类型；但该树种又可下延到海拔 700m 以下的季雨林内，成为常见的成分。黄果厚壳桂林多出现于比较阴湿的地方，尤其沟谷两旁。因此，桂西少有分布。分布于低平地区的气候情况以大明山东南面的上林县城为代表。该地海拔 115.5m，年平均气温 20.9℃，1 月平均气温 11.6℃，7 月平均气温 28.0℃，历年极端最高气温 39.7℃，历年极端最低气温－1.7℃，≥10℃的积温 7 048.5℃；年降水量 1 783.3mm[1]，雨季 6 个月（4～9 月），没有旱季。分布区上限海拔的气候情况以大瑶山的金秀县城为代表。该地海拔 760m，年平均气温 17.0℃，1 月平均气温 8.3℃，7 月平均气温 23.9℃，历年极端最高气温 32.6℃，历年极端最低气温－5.6℃，≥10℃的积温 5 233.9℃；年降水量 1 828mm[1]，雨季 7 个月（4～10

① 执笔人：苏宗明

月），基本上没有旱季。

黄果厚壳桂是喜酸性土的树种，在分布区内，黄果厚壳桂林只分布于由砂页岩、花岗岩等地层发育成的酸性土壤上，类型有赤红壤和红壤，pH5.5左右。碳酸盐岩地层发育成的土壤上没有黄果厚壳桂林的分布。

成熟而又保存较好的黄果厚壳桂林结构和组成均较复杂。乔木层可明显地分为3个亚层，郁闭度0.8以上。据桂平县金田林场黄茅尾站调查，第1亚层林木优势种不明显，在600m^2 的样地，有林木24株，分属16种，其中黄果厚壳桂有5株，占20.8%，断面积0.493 6m^2,占该层总基面积2.060 7m^2 的24%。另一400m^2 样地，有林木50株，分属12种，其中黄果厚壳桂5株，占10%，但它们都是大树，基面积达0.319 5m^2，占该层总基面积1.617 3m^2的19.8%。其他较多的种类还有腺边灰木（*Symplocos punctatomarginata*）、笔罗子、云贵山茉莉、亮叶杜英（*Elaeocarpus nitentifolius*）、荷木、罗浮柿、泡花楠、樟、油樟（*Cinnamomum glanduliferum*）、虎皮楠等；第2亚层林木常见的为笔罗子、腺边灰木、密花树、四角柃、毛叶木姜、亮叶灰木等，黄果厚壳桂也有分布；第3亚层林木黄果厚壳桂很常见，其他常见的还有山矾、灰木一种、腺边灰木、密花树、三花冬青等。

灌木层植物种类很多，生长也很茂盛。乔木的幼树不少，数量较多的有黄果厚壳桂、厚壳桂、大果木姜、毛叶木姜、红叶树、腺边灰木、谷木（*Memecylon ligustrifolium*）、黧蒴栲等，真正灌木以罗伞树为优势，常见的有九节枫、九节木、黄藤等。

草本地被层植物以喜阴湿的蕨类为主，常见的有狗脊、卷柏、倒扣草（*Asplenium normale*）、扇叶铁线蕨、金毛狗、鳞毛蕨（*Dryopteris* sp.）等，此外，山姜、十字苔草等非蕨类植物也常见。

分布较多的藤本植物有牛老药藤、瓜馥木、香港鹰爪（*Artabotrys hongkongensis*）、小钻等。

武鸣两江岭合村后山（大明山西面海拔520m），可能是由于人为砍伐的原因，黄果厚壳桂常是细刺栲群落第3亚层林木的优势种。处于南亚热带向中亚热带过渡的贺县滑水冲林区，以黄果厚壳桂为主的杂木林分布于谷地，海拔200～300m，常见伴生的种类有水筒木（*Ficus harlandii*）、刺栲、鸭脚木、泡花楠、华润楠等。

黄果厚壳桂林是广西南亚热带代表性类型。上面桂平县金田林场黄茅尾站调查得出，在600m^2 和400m^2 的样地内，分别有黄果厚壳桂植株：乔木第1亚层各5株；第2亚层各1株；第3亚层各6株；幼树51和56株；幼苗52和27株，黄果厚壳桂的更新是良好的，其种群发育年龄结构是完整的，可以长期占据优势的地位。可见它是当地气候条件下一种顶极群落（第2亚层林木株数少，是人为砍伐造成的）。

黄果厚壳桂林树种组成较为复杂，林木高大通直，多数为优良的用材树；资源植物丰富，经济利用价值较高。但目前保存的林分，一方面面积很小，破坏严重；二方面都分布于大小河流的水源地，涵养水源能力强，是良好的水源林。因此，现存的这类森林，宜划为水源林保护区，给予很好的保护，再不能随便加以砍伐。同时，应积极推动人工种植，扩大其面积。重点的可引种黄果厚壳桂、厚壳桂、樟、油樟、泡花楠、猪脚楠、黄樟等樟科的种类。

另外，与黄果厚壳桂同属的厚壳桂，也是桂东、桂中低海拔地区常绿天然林常见和重要的组成种类，也有与同科种类组成共优势的林分。例如，容县石夹水口白产林场（大容山北坡）海拔550m的沟谷地区的常绿杂木林，郁闭度0.9，乔木可分3个亚层。第1亚层林木高25～30m，覆盖度70%，厚壳桂与同科的黄果厚壳桂、黄樟、泡花楠、猪脚楠、华润楠组成群落的优势，其他常见的和重要的种类有笔罗子、红山梅、多花山竹子、黄杞、罗浮泡花树、橄榄、山杜英、长倒卵叶山龙眼、红叶树、杷叶灰木（*Symplocos cochinchinensis*）等；中下层林木以鸭脚木最多，常见的为围涎树、水东哥、黄果厚壳桂、假苹婆、黄毛榕、中平树（*Macaranga denticulata*）等。灌木层植物除乔木幼树外，罗伞树、九节木占据明显的优势。草本地被层植物以高大的蕨类为优势，如金狗毛和乌毛蕨，其它如狗脊、红新月蕨（*Abacopteris rubra*）等蕨类以及山姜、海芋等非蕨类植物也常见。桂平金田林场新村（大瑶山南坡）海拔550m的低山也分布有厚壳桂与其他种类共优势种的天然林。群落郁闭度0.95，乔木层分为3个亚层。第1亚层林木高20～25m，覆盖度70%，由厚壳桂与黄果厚壳桂、阴香、琼楠（*Beilschmiedia* sp.）、广东山胡椒（*Lindera kwangtungensis*）以及小冬桃、罗浮栲、罗浮泡花树等组成优势，常见的还有笔罗子、多花山竹子、长倒卵叶山龙眼、黄杞、山杜英、丛花厚壳桂等；中下层林木以毛叶木姜、竹叶木姜（*Litsea pseudoelongata*）最多，鸭脚木、厚壳桂、猪脚楠、围涎树、琼楠、网脉山龙眼、黄椿木姜（*Litsea variabilis*）、阴香等常见。灌木层植物以罗伞树、九节木、黄藤占明显的优势，乔木的幼树也不少，较多的是黄果厚壳桂、血桐（*Macaranga henryi*）、黄椿木姜、网脉山龙眼、大叶栎等。草本地被层植物以金狗毛占优，乌毛蕨、山姜、大蛇根草（*Ophiorrhiza cantoniensis*）、阔叶楼梯草（*Elatostema platyphyllum*）、淡竹叶也不少，桫椤（*Alsophila spinulosa*）时有分布。

厚壳桂林的价值与经营意见与黄果厚壳桂林同。

参考文献

[1] 广西壮族自治区气象局资料室．广西气象资料（1951—1980），1982

7. 纳槁润楠林①

以纳槁润楠（*Machilus nakao*）为主的季雨林化常绿阔叶林，分布范围很小，主要见于桂东南的六万大山海拔400～800m的砂页岩山地，面积也不大。分布区约位于北纬22°～22°30′，东经109°20′～110°的范围内，是北热带季风气候区山地常绿阔叶林一种类型，它的形成和北热带季风气候有着密切的关系，是这种气候垂直变化的产物。该地低平地方年平

① 执笔人：莫新礼

均气温在 21.2℃以上，1 月平均气温 12.7～13.1℃，日平均气温稳定通过 10℃的积温 7 160～7 490℃。年降水量 1 600～1 900mm。

纳槁润楠林的结构特点与其他常绿阔叶林相同。由于人为干扰频繁，组成比较简单。上层林木以纳槁润楠占优势，其他常见有基脉楠、台湾山龙眼（*Helicia formosana*）、罗浮泡花树、多花山竹子等。中、下层乔木种类不多，常见有鸭脚木（*Schefflera octophylla*）、黄椿木姜、围涎树、黄毛五月茶和绿樟等。

灌木层植物以五角紫金牛、九节木为多，其他还有长尾粗叶木（*Lasianthus longicauda*）、粗叶榕、西南香楠和伯拉木等。

草本地被物层以乌毛蕨、金毛蕨占优势，其他还有扇叶铁线蕨、全缘鳞毛蕨和淡竹叶等零星分布。

层间植物不多，常见有买麻藤、红叶藤、白花油麻藤、微花藤（*Iodes ovalis*）和小毛篓（*Piper puberulum*）等。

由于人为干扰频繁，破坏严重，故现存森林面积很小，树种资源也不多。因此，在目前情况下的经济利用价值不大，但组成种类中有不少是优良用材树种。因此，宜进行封山育林，并有计划地加以抚育改造。

8. 华润楠林[①]

华润楠（*Machilus chinensis*）是常绿阔叶林常见的组成成分，以它为主的类型，金秀大瑶山东南部罗香乡滑坪有分布，见于海拔 840m 以下的山地[②]。罗香海拔 250m，年平均气温 20.3℃，1 月平均气温 11℃，7 月平均气温 27.4℃，≥10℃的年积温 6 843.0℃；年降水量 2 540mm，最低月降水量在 50mm[②]以上。华润楠林的立地条件类型，为发育在砂页岩地层上的山地黄壤，酸性反应。

调查样地设在海拔 740m 的坡面上，由于人为的破坏，保存不够完整，但组成尚复杂，在 600m² 林地内有乔木 31 种，乔木层可分为 3 个亚层。第 1 亚层林木以华润楠占优势，重要值指数为 91.7，次为黄叶树（*Xanthophyllum hainanensis*）、深山含笑，重要值指数分别为 56.8 和 52.4。第 2 亚层林木，以水丝梨（*Sycopsis sinensis*）占明显优势，重要值指数达 105.3，常见的有阴香、黄叶树和平阳厚壳桂（*Cryptocarya chingii*），重要值指数分别为 31.1、25.2 和 22.0。第 3 亚层林木也以水丝梨占优，重要值指数为 115.4，次为平阳厚壳桂，重要值指数为 52.9。综合整个乔木层分析，水丝梨虽然不在第 1 亚层出现，但它株数多，密度大，出现频度高，故重要值指数排列第一，为 64.7；华润楠虽然在第 1 亚层占明显优势，由于缺中、下层林木，重要值指数只有 30.4，退居第 2 位。但华润楠为第 1 亚层的优势种，对群落影响较大，所以还是以它为最重要。

灌木层植物种类复杂，但个体数量不多。种类组成以乔木的幼树为多，如平阳厚壳桂、

① 执笔人：苏宗明

② 大瑶山自然资源考察队．广西大瑶山自然资源考察（植被，气候）．上海：学林出版社，1988

大叶水团花、西南香楠等常见。真正灌木只有野锦香、苦竹、桃叶珊瑚（*Aucuba chinensis*）、九节木、细柄五月茶等为数不多的几个种类。

草本层植物较繁茂，以楼梯草（*Elatostema* sp.）为优势，次为小花蜘蛛抱蛋（*Aspidistra minutiflora*）、长生铁角蕨（*Asplenium prolongatum*），常见的有绿花羊耳蒜（*Liparis chloroxantha*）、桫椤、山姜、狗脊等。

藤本植物常见有麒麟尾（*Epipremnum pinnatum*）、瓜馥木、单子南蛇藤（*Celastrus monospermus*）等，其中的瓜馥木茎粗可达10cm，攀援高度达15m。

当海拔上升到840m时，华润楠林的种类组成发生了明显的变化。华润楠仍是第1亚层林木的优势种，重要值指数为91.6，次为拟赤杨，重要值指数为79.4，常见的为黄樟、岭南山茉莉（*Huodendron biaristatum* var. *parviflorum*），重要值指数分别为40.7和31.8。第2亚层和第3亚层林木都以岭南山茉莉占明显的优势，重要值指数可达80.4和109.2。故综合观测整个乔木层，岭南山茉莉重要值指数最大，为55.3，华润楠居第2，为48.1，但后者是第1亚层的优势种，对群落环境影响大，故仍为群落的最重要者。灌木层植物以岭南山茉莉、细枝柃、网脉山龙眼、大新木姜等常见，重要的种类还有红鳞蒲桃、臀形果，多花山竹子、黄藤等。草本层植物以翠云草（*Selaginella uncinata*）为优势，楼梯草、锦香草、桫椤等常见。

华润楠林在广西尚不多见，应加以保护。林中优良的用材树有：华润楠、黄叶树、岭南山茉莉、深山含笑、薄叶青冈、烟斗石栎、斜脉暗罗、大叶水团花、荷木、黄樟、拟赤杨等，此外，还有一级国家保护植物桫椤。

（三）山顶（山脊）苔藓矮林①

无论是热带常绿季雨林垂直带谱，还是常绿阔叶林垂直带谱，海拔1 000m以上，常年常风较大的山顶或山脊，都会出现山顶（山脊）苔藓矮林。苔藓矮林的生境除常风较大外，气温低且日变化大、日照少、云雾多、湿度大；土层浅薄、大块露岩较多。顾名思义，山顶（山脊）苔藓矮林的群落学特点，表现为林木低矮，只有一层；树干弯曲，分枝多而低；树冠浓密、平整；叶革质、中型叶或小型叶为主，多披茸毛；树干、枝条和露岩表面均布满苔藓。山顶（山脊）苔藓矮林实际上是山地常绿阔叶林或中山针阔叶混交林长期适应这种特殊生境的一种变型。

广西对山顶（山脊）苔藓矮林调查研究尚少，目前已调查过的地方，主要有如下几种群落。

1. 变色杜鹃林②

以变色杜鹃（*Rhododendron versicolor*）为优势的山顶（山脊）矮林，大瑶山海拔1 500m

① 执笔人：苏宗明

② 大瑶山自然资源综合考察队．广西大瑶山自然资源考察（植被）．上海：学林出版社，1988

以上的山顶或山脊有分布。据在大瑶山的猴子山海拔1 610m一个200m²的样地调查，乔木层覆盖度90%，林木一般高5m，胸径8cm。种类以变色杜鹃占优势，重要值指数为67.9，次优势为广东厚皮香（*Ternstroemia kwangtungensis*）和广西铁仔（*Myrsine elliptica*）重要值指数分别为43.0和38.0。常见种类还有樱叶石楠、矮红果树（*Stranvaesia davidiana* var. *undulata*）、厚叶红淡（*Cleyera pachyphylla*）、革叶冬青（*Ilex championii*）、华中山柳等。灌木层植物种类较多，高2.5m以下，覆盖度60%左右。种类以广东厚皮香幼树最多，常见的种类还有细花杜鹃、满山香、窄基红褐柃（*Eurya rubiginosa* var. *attenuata*）、越橘爱花（*Agapetes vaccinioides*）等。草本层植物种类较少，但数量较多，覆盖度60%。种类以多裔草（*Polytoca digitata*）、沿阶草、匙叶兔儿风（*Ainsliaea* sp.）为多。藤本植物种类和数量较少，且茎细小，种类有薯蓣（*Dioscorea* sp.）土茯苓、双蝴蝶（*Crawfurdia fasciculata*）、梨叶悬钩子（*Rubus pirifolius*）等。

变色杜鹃和广东厚皮香天然更新良好，在200m²的样地内，前者有幼苗5株，幼树12株；后者有幼苗8株，幼树51株。所以它们能长期保持在群落中的优势和次优势的地位。

变色杜鹃林虽然材用价值不大，然而是很重要的和良好的水源涵养林。

2. 红岩杜鹃林①

以红岩杜鹃（*Rhododendron haofui*）为主的山顶（山脊）苔藓矮林，目前见于大瑶山海拔1 500m以上的山顶或山脊，圣堂顶有较大面积，保存较好，为原始性很浓的林分分布。据在圣堂顶海拔1 960m和1 979m两个100m²的样地调查，乔木层覆盖度85%左右，林木一般高8m左右，胸径8～20cm。种类以红岩杜鹃占绝对优势，在200m²样地内有林木96株，红岩杜鹃占70株，重要值指数达161.8；其他常见的种类有南烛、红苞木、华中山柳，重要值指数分别为37.4、30.5、25.6。灌木层覆盖度50%，组成种类较多。以红岩杜鹃和棱果木（*Barthea barthei*）占优势，常见的还有箬叶竹、苦竹、满山香、假黄杨、细花杜鹃。草本层植物种类较少，覆盖度40%。常见的种类有卷柏、茅叶苔草（*Carex cryptostachys*）、九头兰（*Cymbidium floribumdum*）、镰叶瘤足蕨、红毛禾叶蕨（*Grammitis hirtella*）等。藤本植物种类和数量均少，且茎细小，有土茯苓、广东来江藤（*Brandissia swinglei*）、海棠叶莓（*Rubus malifolius*）等。

红岩杜鹃更新良好，在100m²的样地内有幼苗8株，幼树12株。因此，它能长期保持在群落中的优势地位。

红岩杜鹃林也是良好的和很重要的水源涵养林。

3. 包果石栎红皮木姜林

以包果石栎（*Lithocarpus cleistocarpus*）和红皮木姜（*Litsea pedunculata*）为优势的山顶（山脊）矮林，在融水县元宝山有分布。据在元宝山主峰蓝坪峰海拔1 994m的一个180m²的样地调查，乔木层覆盖度80%，林木一般高6～8m，胸径一般14～20cm。共有立木61

---

① 大瑶山自然资源综合考察队．广西大瑶山自然资源考察（植被）．上海：学林出版社，1988

株，其中包果石柯 8 株，红皮木姜 27 株。由于包果石柯胸径大，一般为 20cm，最粗可达 35cm，红皮木姜胸径小，一般只有 14cm，故两种共为群落的优势；次优势种为亮叶厚皮香（*Ternstroemia nitida*），有立木 8 株，胸径一般 16cm。常见的种类还有冬青、粉背青冈、猫儿杜鹃、木莲、嘉宝山柳等，有时可见到南方铁杉、红豆杉、粗榧，甚至元宝山冷杉等针叶树。灌木层植物以箭竹占绝对优势，覆盖度 100%，密不可行。在茂密的箭竹中，还可见到零星分布的上层乔木的幼树。草本层植物在茂密的竹子下种类和数量均极少，只见到沿阶草、莎草等几个种类。

包果石栎红皮木姜林也是重要的和良好的水源涵养林。

4. 猫儿杜鹃、粗榧林

以猫儿杜鹃（*Rhododendron maoerense*）和粗榧（*Cephalotaxus sinensis*）为优势的山顶（山脊）矮林目前只见于融水县元宝山。据主峰蓝坪峰海拔 2 070m 一个 $100m^2$ 的样地调查，乔木层覆盖度 80%，林木一般高 3～5m，胸径 10～12cm，有立木 70 株，其中猫儿杜鹃和粗榧分别占 12 和 18 株，前者比后者胸径粗大；次优势种为嘉宝山柳、有立木 15 株。其他常见的种类还有楝叶吴茱萸（*Evodia meliaefolia*）、红皮木姜、山胡椒（*Lindera glauca*）、亮叶厚皮香、吊钟花等。灌木层植物不发达，常见有苗山小檗（*Berberis impedita*）、白瑞香（*Daphne papyracea*）、箭竹等。草本层植物以粗叶悬钩子（*Rubus alceaefolius*）占优势，覆盖度达 65%，其他零星分布的有沿阶草、莎草等。

猫儿杜鹃、粗榧林也是重要的和良好的水源涵养林。

5. 褐叶青冈红皮木姜林①

以褐叶青冈（*Cyclobalanopsis stewardiana*）和红皮木姜（*Litsea pedunculata*）为优势的山顶（山脊）矮林，在广西第一高峰猫儿山有分布，主要见于八角田一带、海拔 1 800m 以上的范围。乔木层覆盖度 90%以上，一般高 4～6m，而在沟谷可达 7～8m。以褐叶青冈、红皮木姜、美山矾、西南山茶、大八角、红果树、枫荷桂为多，榕叶冬青、长梗冬青、锈叶新木姜（*Neolitsea ferruginea*）、包果石栎也不少，杜鹃种类有羊角杜鹃和红岩杜鹃。落叶的种类常见有毛序花楸（*Sorbus keissleri*）、中华槭、嘉宝山柳、吊钟花、美丽南烛（*Lyonia formasa*）。有时还杂生有高大的南方铁杉。灌木层植物高 1～2m，覆盖度 80%以上，主要为箬竹所占，上层林木的幼树不少，但零星分布，如红皮木姜、美山矾、西南山茶、大八角等。真正灌木常见为朱砂根、茵芋、蚝猪刺（*Berberis julianae*）。草本层植物高 1m 以下，分布稀疏，覆盖度 10%以下，沿阶草和十字苔草较多，零星分布的还有镰叶瘤足蕨、粗齿兔儿风等。藤本植物种类和数量均少，有三叶木通、柳叶菝葜、乌蔹莓（*Cayratia japonica*）等。

褐叶青冈、红皮木姜林同样也是重要的和良好的水源涵养林。

---

① 王献溥，李信贤．广西兴安猫儿山保护区的植被．广西植物，6（1～2），1986

（四）硬叶常绿阔叶林①

这类森林只有一个建群种型。

含有鱼骨木（*Canthium dicoccum*）**的乌冈栎林**

乌冈栎属于亚热带硬叶常绿阔叶林。按乌冈栎（*Quercus phillyraeoides*）曾被定为地中海地区硬叶常绿阔叶林主要建群种冬青栎的一个变种(*Q. ilex* var. *phillyraeoides*)属于中国—日本植物亚区[6]成分。它被认为是冬青栎在东亚的代替种，是一种硬叶常绿栎类[21,23]。而硬叶常绿阔叶林是地中海地区以及类似地中海具有冬雨夏旱气候条件的其他地区特有的植被类型[17,18,19,22,24,25]。但乌冈栎林却不同，分布在东亚夏雨型湿润常绿阔叶林区内，只出现在局部干旱的特殊环境，是第三纪残遗的植被类型。

乌冈栎林间断分布于我国和日本。在日本九州南部到本州中部、伊豆米岛地区的海岸低丘陵比较干旱的地方有小片的分布，被看作类似冬青栎林的硬叶林，人们称为海岸林[20,21,23]。在我国主要见于东部中亚热带常绿阔叶林地带，零星小片分布于丘陵山地和石灰岩石山的山顶山脊土壤浅薄干旱的小生境。而含有鱼骨木的乌冈栎林分布区狭窄，出现在广西桂林至阳朔一带的漓江谷地峰林石山区，偶见于海拔200～400m的山顶上。当地位于中亚热带南缘，气候暖和，年平均气温为19℃左右；最冷1月，平均气温8℃上下，最热7月，28℃以上；历年极端最低气温极值为－4～－5℃，极端最高气温极值在38～39℃。年降水量1 600～1 900mm，雨季出现在3～8月共6个月，冬季降水量最少的月份也在50mm以上，干季不太明显。虽然水热系数在2.3以上，属于湿润气候区；但是乌冈栎林生长在峰林的顶部，露石突兀，遍地是高1～2m的石牙，土壤覆盖率极低，散存于岩缝中，降水沿着岩面而流失或从岩缝渗漏到深层去，林地蓄水不易，再加上光照和岩石辐射强的影响，即使在雨季，林地也是比较干旱的，特别是在连续无雨日较长时尤为严重[1,10]，植物的给水条件是恶劣的。立地的土壤为黑色石灰土，有机质含量丰富，团粒结构，pH7.0左右，虽较肥沃，但此种石隙生境，土壤稀少，养分的供给也存在着很大的局限性。总的说来，林地的肥力是低的。

此类乌冈栎林定居在恶劣的地形条件，林木生长矮小，干弯枝多，主干不明，呈矮林状。群落的外貌是由革质特别是硬革质，单叶，小型和中型叶为主的常绿阔叶中高位芽植物所决定的[12]。林冠基本上终年常绿，郁闭度在0.7以上。在400m^{2}的样地内，林木层共有25种113株（即2 825株/hm^2），分为2个亚层。第1亚层林木一般高6～9m，覆盖度约70%，组成较简单，数量也较少，仅有6种30株，其中乌冈栎20株，植株较大，分布均匀，以重要值指数为指标计算[16]，达到167.98，占该层重要值指数一半以上，成为明显的建群成分；鱼骨木居第2位，共5株，重要值指数的47.39，这两种构成该亚层的常绿阔

① 执笔人：王献溥

叶层片，共占总株数的83.3%，重要值指数的71.8%。其余种类有香合欢、圆叶乌桕、黄梨木和小叶石楠等4种构成落叶阔叶层片，虽然种数较多，但多为单株分布，共有5株，占总株数16.7%，重要值指数合计为84.63，只占亚层的28.2%。可见常绿阔叶树占据明显的优势地位。

第2亚层高3～5m，组成较复杂，株数也显著增多，共有24种84株；但树冠小，不相连接，覆盖度仅20%～30%。仍以常绿阔叶层片占优势，虽然仅有11种，较落叶层片的种类稍少；但数量多，共60株，占该亚层总株数的71.4%，重要值指数为216.78，占亚层总指数的72.3%。由于树种较多，重要值指数分配相应地分散，其中乌冈栎为72.38，仍占第1；其次为桂林石楠占40.21；山桂花（*Bennettiodendron brevipes*）和铁榄分别为26.63和24.54，也占有较重要地位。其他常见种类有小叶石楠、光叶海桐、香合欢、黄梨木、打铁树、化香树、紫凌木、亮叶槭、黄连木和铜钱树等。

灌木层植物高1～2m，随着林冠郁闭不匀，覆盖度变动在10%～50%，多为林木的幼树，真正的灌木种类不多，常见的有龙州棕竹（*Rhapis robusta*）、冻绿（*Rhamnus utilis*）箬叶竹、凹叶女贞（*Ligustrum retusum*）等。

草本层植物高0.5m左右，生长稀疏，覆盖度可达15%～20%，在林冠密闭的地方，低至1%～2%。种类却不少，共有22种，以麦冬较多，也较均匀。其余多属蕨类和兰科植物如江南星蕨、槲蕨、鞭叶铁线蕨、华中铁角蕨、百叶卷柏和墨兰（*Cymbidium sinense*）、建兰（*Cymbidium ensifolium*）、粉花石斛（*Dendrobium loddigesii*）、绿花羊耳蒜等。

藤本植物种类也不少，在样地内见有11种，主要攀绕在灌木层，未见有伸到林木层的。常见种有龙须藤、山木通（*Clematis armandi*）、小花青藤（*Illigera parviflora*）、雀梅藤、羽叶金合欢（*Acacia pennata*）、四粉块藤（*Secamone sinica*）等。

从上述群落学的特点可以看出，这类森林和中亚热带地带性的常绿阔叶林以及当地石灰岩常绿落叶阔叶林[3]相比，除了一般的植物种类有点类似（但种类较少，建群种不同）以外，无论在群落外貌和结构上都明显不同[5,11,13]，而且在我国东部湿润亚热带地区，还找不到与它类似的类型。但是，它在外貌和结构上，却与地中海地区的冬青栎林十分相似[4]，只是种类组成上差别很大，然而同属的植物不少，而且有些还是地理替代种；和我国西部亚热带的硬叶常绿阔叶林相比，大致也是这种情况[7,8,9,15]；而与分布在日本沿太平洋丘陵的乌冈栎林，无论在外貌、结构和种类成分上都很相似[20,21,23]。所有这些可以说明，乌冈栎林是属于硬叶常绿阔叶林范畴的群落类型。但是，为什么在我国东部湿润亚热带范围内也会出现冬雨区所特有的硬叶常绿阔叶林呢？从乌冈栎林分布区现在的气候条件来说，与冬雨区是完全不同的，虽然它所在的小环境干旱，不无近似之处，从生态因素可以找到一些线索；其实，历史因素起着重要作用，Suzuke[23]指出："乌冈栎是硬叶树种，它是在冰期前的一个温暖干旱期来到日本的，以后，由于气候变化，使它让位给了其他植被，而它的许多伴随者已灭绝，只有它在局部适宜的生境中能残存下来，和亚热带森林的许多树种混生在一起，形成这种濒临灭绝的状态"。我国大陆和日本岛屿是在第三纪末期分离的[2,14]，而在老第三纪的早期至中期，气候干热，干旱地区比现在要广泛得多，除了亚洲中部地区以外，还包括华中地区[2]，所以乌冈栎和乌冈栎林的形成和发展情况，估计和日本的情况是类似的，都属于第三纪残遗的植被类型，因而在地理上呈间断分布，零星出现在局部特殊的环境中。

乌冈栎林中主要建群种的种群发育都比较完整，即上层乔木，中下层小乔木，幼树、幼苗都较多，属正常型种群，例如乌冈栎在400m^2范围内幼树多达392株，一般情况下都有几十株，幼苗也常可遇到。它如鱼骨木、小叶石楠、香合欢、黄梨木也多是这样，林木更新较好。说明它们的生长和发展与所在地环境条件是比较适应的，处于一种相对稳定的状态。如果不遭受自然或人为的严重影响，它们不致于被其他树种所代替。当然，群落中的各个种群随着群落生境的变化而变化，但这不致于改变整个群落类型的性质。

乌冈栎木材坚韧，硬度大，耐腐，为农具、车轴、细木工以及薪炭等优质用材；其他伴生树种如鱼骨木、黄连木、金合欢（*Acacia farnesiana*）等也是硬材，只是由于立地条件恶劣，林木生长矮小，蓄积低。圆叶乌桕、黄梨木等的种子油供工业用。林下草本中的建兰、墨兰是有名的芳香植物；麦冬和粉花石斛是常用的中药。更值得注意的是，这类森林属于第三纪的残遗植被类型，在科研上有一定价值，而现存的森林已很少，濒于绝灭，宜作为样本加强管护。乌冈栎为喜光树种，适于荒山造林，成活率高，用于石山绿化，易见成效，它的萌芽力强，作为薪炭林经营，采用矮林作业，可多次反复利用，为石山区农村能源的生产，大有发展前途。

参考文献

[1] 广西农林植被调查队．关于广西阳朔县各自然小区的农林牧副渔业发展方向和途径．植物生态学与地植物学丛刊，3：143～172，1965

[2] 中国植被编委会．中国植被．北京：科学出版社，1980

[3] 王献溥．广西临桂雁山附近的植物群落．植物生态学与地植物学资料丛刊，第7号，北京：科学出版社，1956

[4] 王献溥．阿尔巴尼亚的植被概况．植物学集刊 3：35～62．北京：科学出版社，1987

[5] 王献溥等．广西石灰岩地区常绿落叶阔叶混交林的群落学特点．东北林学院学报，3：30～45，1981

[6] 吴征镒．中国植物区系的热带亲缘．科学通报 1：25～34，1965

[7] 邱莲卿等．丽江玉龙山植物群落概况．云南大学学报（自然科学）4：19～30，1957

[8] 金振洲．硬叶常绿阔叶林中的苔藓林—黄背栎、云山兔儿风群丛．云南植物研究，3：75～88，1981

[9] 林裕松．关于川西滇北地区硬叶常绿阔叶林分类的一些意见，植物生态学与地植物学丛刊，1：151～152，1963

[10] 洪兴等．浙江乌冈栎林的主要类型、生长特性及其合理利用．植物生态学与地植物学学报，4：58～72，1988

[11] 胡舜士．广西常绿阔叶林的群落学特点．植物学报，3：128～132，1979

[12] 胡舜士等．广西阳朔石灰岩山地乌冈栎林的群落学特点及其在植被分类中的位置．植物学报，3：

263～272，1982

[13] 胡舜士等．广西石灰岩地区季节性雨林的群落学特点．东北林学院学报，4：11～26，1980

[14] 胡炳声．从黄山的植物地理资料看华东植物区系的亲缘．黄山植物的研究，267～305．上海：上海科技出版社，1965

[15] 张玉良．四川木里沙鲁里山脉南端高山地区的植物．植物生态学与地植物学资料丛刊，第三辑 47～92，科学出版社，1959

[16] Cain S. A. etc. 1959：Manual of Vegetation analysis，211～216. New York.

[17] Campbell B.，1980：Some mixed hardwood forest communities of the coastal range of southem California，Phytocoenologia 8（3～4）297～320.

[18] Cooper W. S. 1971：The Broad－Sclerophyll vegetation of California，In World Vegetation Types，Columbia University Press 149～156，New York.

[19] Harant H. etc.，1971：The thickets and woods of the Mediterranean region，In World Vegetation Types，174～185，Columbia University Press，New York.

[20] Miyawaki A.，1975：Outbne of Japanese Vegetation，JIBP Synthesis，Studiesin Conservation of natural Terrestrial Ecosystem in Japan，Part 1：Vegetation and its Conservation Vol：8. 19～28.

[21] Namata M.，1974：The Flora and Vegetation of Japan，98～101，104～105.

[22] Parsons D. J. 1976：Vegetation Structure in the Miditerranean Scrub Communities of Calfornia and Chile，J. of Ecology 64：435～449.

[23] Suzuki J. 1975：Warm－temperate forest. JIBP Synthesis，Studies in Conserva tion of Natural Terrestrial Ecosystems in Japan，Part 1：Vegetation and its conservation Vol. 8 34～37.

[24] Walter H.，1971：Ecology of Tropical of Subtropical Vegetation，508～515.

[25] Walter H. 1979：Vegetation of the Earth and Ecological Systems of the Geobiosphere Csecond edition 133～153.

第四节 季雨林①

根据广西南部水热条件的特点，其地带性植被为分布于流水侵蚀地貌上，海拔 700m 以下的类型，从植被类型的外貌、结构和组成特点的分析，是为季雨林。在喀斯特地貌上，也产生一类在外貌、结构和组成特点上属于相同的类型，但组成种类明显不同。这是同一地理区域内不同基质的反映，因此，广西的季雨林可分为 2 个地理亚型。

（一）低山丘陵常绿季雨林

广西北热带地区季雨林由于长期的不合理利用，目前只在十万大山、大青山、靖西和

① 执笔人：苏宗明

那坡等地有小片的原生性森林存在。在桂南多呈零星分布于村旁的次生林。其立地条件类型为发育在砂页岩和花岗岩地层上的砖红壤和赤红壤，强酸性反应，pH4.5～5.5。

季雨林的组成种类主要是常绿阔叶乔木植物，其中又以常绿阔叶大乔木为主，常绿针叶乔木植物、包括大乔木也偶有出现；灌木多为乔木的幼树，而真正的灌木具主干，似小乔木状；草本多为地上芽植物，少地面芽附生植物，不存在地下芽和1年生植物；有一定的附生植物，但缺叶面附生；藤本多为木质、常绿的性状，叶多为单叶，复叶的每一张小叶片类似单叶；中型叶为主，有一定大型叶；革质叶为主，阴暗绿色；全缘叶居多。乔木树皮光滑，灰白色；具老茎生花和板根现象，也具绞杀的现象。

季雨林结构复杂，保存较好的成熟林，郁闭度0.9左右，分乔木层、灌木层和草本地被层3层。

乔木层明显地分为3个亚层,第1亚层林木树冠连续,表面起伏不平,一般高20m左右;第2亚层林木树冠基本连续,一般高15m左右;第3亚层林木树冠不连续,一般高4～10m。

灌木层植物生长繁茂,覆盖度中等,一般高1.5～2m。

草本地被层植物不发达，覆盖度不大，但高度在1m左右。

层外植物发达。藤本茎粗可达20cm，上伸下垂，攀援到高层林冠之上。附生植物虽然不很繁茂，但也时而可见在树干和枝条上出现。

季雨林种类组成尚丰富，在保存较好的情况下，在400～600m^2的范围内有80～110种植物①，优势不太明显。林木主要由赤铁科、橄榄科、桑科、桃金娘科、樟科、杜英科、豆科、楝科等的种类组成，典型的热带科，如龙脑香科、肉豆蔻科的种类少有出现。

灌木层植物除茜草科的九节木和紫金牛科的平顶紫金牛、罗伞树常见外，还有不少棕榈科、露兜勒科植物出现，这是其他类型所少见的。

草本地被层植物以喜阴湿环境的高大蕨类植物为主，树蕨时有出现，这也是其他类型所少见的。

季雨林是当地气候条件下的顶极群落，受到破坏后会发生一系列变化，其演替的途径和速度因破坏的方式和程度不同而异。在过度择伐和樵采的情况下，退化成单层林，群落中不少代表种消失，代之为喜光和热带适应性较广的、甚至亚热带的种类。大青山和十万大山常见的香港四照花、山桂花群落；围涎树、水东哥群落；鸭脚木、调羹树（*Heliciopsis lobata*）群落；枫香、红荷木群落等就是这种方式下的产物。再进一步砍伐和樵采，有的就会由原单层林退化为灌丛，而由桃金娘、岗松、毛叶黄牛木（*Cratoxylon dasyphyllum*）、余甘子等组成优势种或共优势种。灌丛再进一步破坏，水土流失加剧，就会向裸露地或草地退化。如灌丛加以保护，又会向单层林方向演替，最后也会演替成次生的季雨林。如破坏方式为刀耕火种，撂荒后则演替成草丛，由五节芒、飞机草（*Eupatorium odoratum*）、棕叶芦（*Thysanolaena maxima*）、鹧鸪草等占优势。草丛进行封山育林，也会经由灌丛阶段，慢

① 广西植物被协作组．广西植被的主要类型及其基本特点，1975.

慢向单层林，继而再向季雨林演替，但其过程是相当长的。如草丛反复火烧，虽然能较长时间保持草丛阶段的相对稳定，但最终将会形成水土流失严重的裸露地。

广西常见的季雨林有如下几种类型。

1. 紫荆木林①

广西境内，紫荆木（*Madhuca pasquieri*）分布于南部季雨林地带，向北伸展到季雨林化常绿阔叶林地带南部的浔江流域局部地方，种的分布区较广。但以它为优势的森林主要分布于桂东南大容山以南。十万大山原为紫荆林木的重要产地，红旗林场辖区内，现尚保持有较好的林分，而在绝大多数地段已沦为残次疏林；垂直分布可上达海拔 700～800m。其余各地天然林几尽遭滥伐，只在一些村旁，紫荆木作为油料及防护林用，还保存小块片林。

桂东南紫荆木林分布区南濒热带海洋，低平地方年平均气温 22℃左右，最冷月平均气温 13～15℃，最热月 27～28℃以上，历年极端最低气温极值为－2～－2.9℃，据观测，在 0～－2℃的平流辐射寒潮作用下，紫荆木并未受寒害。年降水量一般为 1 600～2 000mm，十万大山尤多，东兴达 2 800mm，雨季 6（7）个月，少雨月为 3 个月，此时月雨量多超过 30mm；水热系数在 2.1 以上。湿润特别是潮湿的热带性气候，很适于紫荆木林的生长发育。桂西南的热量条件大体上与桂东南相当，但处在十万大山的背风面，降水量偏少，旱季和雨季各为 5 个月，明江、左江及右江等河谷区年降水量 1 200mm 左右，属半干燥气候，未见有野生的紫荆木；其他地方年降水量大都在 1 300～1 500mm，属于半湿润区，在森林保持良好的保护区内，紫荆木虽较为常见，但散生于其他林中。

紫荆木林立地的土壤为砂页岩、花岗岩等酸性基岩风化发育而成的红壤系列，以赤红壤为主，强酸性反应，有机质较丰富，氮含量较多，而全磷及速效磷都很低。经广西壮族自治区林业科学研究院对十万大山紫荆木林样地的土壤分析结果如表 7-21。

表 7-21 十万大山紫荆木林下土壤化学分析

土层	pH	有机物 (g/kg)	全量 (g/kg)			速效 (mg/kg)			代换性 (cmol/kg)				
			N	P_2O_5	K_2O	N*	P	K	$\frac{1}{2}$Ca	$\frac{1}{2}$Mg	K	Na	$\frac{1}{3}$Al
A_1	4.5	52.4	2.01	0.63	11.56	165	1.5	42	0.90	0.24	0.13	0.13	7.7
AB	4.5	27.8	1.49	0.51	12.30	130	1.2	30	0.89	0.20	0.08	0.08	7.6
B	4.3	16.7	0.80	0.48	12.31	82	0.8	20	0.91	0.20	0.07	0.14	7.3

* 速效 N 为碱解氮

紫荆木并非嫌钙植物，在石灰（岩）土也可定居，但未发现以它为优势的森林，露岩多的石隙生境可能限制它的种群繁衍。

① 执笔人：钟业聪，陈伦祥，李治基

从以上样地所采紫荆木叶子进行元素含量分析结果如表 7-22，如换算为占干物质的百分比，与元素含量级别表 7-22 对照，除锰属于中量级外，其余 N、P、K 等 7 种元素均为低量级，看来紫荆木对土壤养分无苛求。如按照各元素含量排序，该树种元素化学特征属于 N>K>Ca（Mn）型，与一般季雨林类型相吻合，而与石灰岩季雨林为 Ca>N>K 型（1）显然不同。

表 7-22　紫荆林叶子的元素化学成分

N (g/kg)	P (mg/kg)	Al (mg/kg)	Ca (mg/kg)	Na (mg/kg)	K (mg/kg)	Mn (mg/kg)	Fe (mg/kg)
10.89	344	66	2 665	421	5 680	375	101

紫荆木林属于地带性季雨林，调查标准地设在十万大山海拔高 400m 的坡地，当地过去也曾受过一定干扰，而后恢复为较完整的林分，在 600m² 林地内共有林木 20 种 61 株，主要为热带性成分，林冠起伏大，颇为参差，终年常绿，郁闭度一般 0.7～0.9，分为 3 个亚层。第 1 亚层共有 9 种 26 株，平均高 20m，胸径 26cm，个别老大立木高 30m，胸径 60cm，其中紫荆木虽仅 5 株，但基部面积大，频高较高，重要值指数 80 占全层 300 的 1/4 强，排在第 1 位；其次岭南山矾（*Symplocos confusa*）7 株，重要值指数 66；较重要的还有黄果厚壳桂和小叶蒲桃（*Syzygium levinei*），各有 4 株，重要值指数分别为 47 和 35；其余树种如春花木、杜英（*Elaeocarpus decipiens*）、棱枝冬青、红鳞蒲桃、橄榄等均零星生长，重要值甚低，多在 15 以下。第 2 亚层有 16 种 35 株，林木高度较集中在 10～15m，上层树种中除杜英、橄榄外，均在此层有所出现，以紫荆木最多，为 15 株，重要值指数 94，优势较明显；岭南山矾仍居其次，数量较少，仅 4 株，重要值指数 45；其他树种均呈单株分布；此外，只分布在这亚层的，除似铁屎米（*Canthium simile*）、长叶木姜（*Litsea elongata*）稍多外，还偶见野漆树（*Toxicodendron sucedaneum*）、大叶水团花（*Adina polycephala*）、山油柑（*Acronychia pedunculata*）、鼎湖钓樟（*Lindera chunii*）、山乌桕、岗柃（*Eurya groffii*）、隐脉琼楠（*Beilschmiedia obscurinervia*）等。第 3 亚层林木高 4～7m，密度很大，种类却少得多，主要是算盘竹（*Indosasa glabrata*）生长繁茂，覆盖度 70%～80%，形成背景植物，抑制其它阔叶树；但紫荆木还较多，共有 82 株，频度达 100%；其次灌木中的平顶紫金牛，间可伸至此亚层；此外，还散生有禾串树（*Bridelia balansae*）、长叶木姜、橄榄、春花木等。

灌木层和草本层发育不良，稀疏生长，不少种类是乔木的幼树，真正的灌木主要有平顶紫金牛、九节木以及少数的毛稔（*Melastoma sanguineum*）、和露兜树（*Pandanus tectorius*）。草本中常见扇状铁线蕨、苔草等，局部偶有金鸡脚（*Phymatopsis kitahawa*）、山姜、珍珠茅和淡竹叶。

层间植物主要有络石和油麻藤等藤本和爪子金（*Dischidia chinensis*）、石斛（*Dendrobium nobile*）、硬叶吊兰（*Cymbidium pendulum*）等一些附生植物。

此外，村旁的紫荆木林由于受到不同程度的采伐利用，群落的结构和组成，都较简化，根据在浦北县六万大山关草生产队的调查[2]，上层为老大紫荆木和格木，高达23m，胸径达55cm，冠幅庞大，可达15m×20m，林木覆盖度90%；以下的林木时而被砍伐，中层木缺失；下层木也稀疏，覆盖度仅10%，一般高6～8m，主要由火力楠、刺栲、格木、华润楠组成。灌木层发达覆盖度80%，主要是乔木的幼树，真正的灌木常见桃金娘和九节木。草本层常受采割，种类和数量都少，以扇状铁线蕨、铁芒箕较多。不合理的利用，使森林处在衰败过程中。

有的村旁树，群众以经营食用油为目的，改造成单优林，根据在岑溪县三堡镇蒙奇孔冲丘陵海拔16m处的样地测定，在600m^{2}林地内，共有乔木35株，郁闭度一般0.7～0.8，上层木9株，除1株格木外，均为紫荆木，平均高21m，最高25m，平均胸径35cm，最大59cm。灌木层覆盖度70%～80%，以乔木的幼树占优势，灌木以平顶紫金牛和九节木较多，其他还有毛冬青、黄藤；山小橘等。草本层覆盖度50%，以淡竹叶、黑莎草为多，还常见扇状铁线蕨、铁芒箕、五节芒等。

紫荆木为慢生的硬材树种，从十万大山标准地测定的树干解析样木可见一斑，69年生树高为13.3m，胸径带皮24.5cm，去皮为23.5cm，材积带皮为0.308 8m^3，去皮为0.277 83m^3，形数带皮为0.493，去皮为0.482。生长进程如后图7-11，表7-23。

树高生长在前10年很慢，连年生长量只有0.1～0.2m，以后稍快，25年时急剧增加，达到高峰，但生长量也仅0.42m，过此又明显下跌随时有起伏，但总趋势是处在下降过程，至69年仍持续向上增高，而生长量很小，趋于停滞状态；平均生长尤为缓慢，数量增加甚微，从25年生起，徘徊于0.21～0.22m，高峰期不明，69年生时仍未明显下降。由于高生长早期很慢，胸径生长直到15年才出现，此后连年生长速度升中有跌，总的说来是处在上升过程，69年生时，年生长量0.85cm，比以上各龄阶都大，但还无人判别高峰期的来临；平均生长速度一直在加快中，69年生时生长量0.34cm，比连年生长量小得多，两条曲线迄未相交。材积生长呈现出30年前较慢，30年以后较快，特别是50年以后，连年生长正进入旺盛期，曲线上升陡度越来越大，未发生下降的迹象；伴随着平均生长一直在上升中，两条曲线的分离随着年龄的增加愈来愈大，说明69年时，数量成熟期远未到来，可见紫荆木是寿命长并可培育大径材的树种。

紫荆木林分蓄积量，在十万大山标准地的测算为51.15m^3/hm^2，在岑溪为171.64m^3/hm^2。

紫荆木15年生开始开花结果，25～30年进入盛果期，有大小年之分，百年生大树丰年可产果350～400kg。一年2花2熟，第1次在3月开花，8月果熟；第2次8～9月开花，翌年3～4月果熟，为大造果。种子发芽率高达80%以上。紫荆木是中性偏阳树种，幼龄耐荫，而且必须庇荫，育苗宜设置透光度不超过20%的荫棚[3]，露地育苗易受日灼危害；随着年龄的增长，逐渐转为喜光，成年树木在充足光照下才能生长发育良好。紫荆木结实量大，种源丰富，下种时将进入或正当雨季，林地水分充足，发芽迅速，林冠下天然更新效果好。根据十万大山样地的调查，各级野生苗分布普遍，可不断补充衰亡的林木。林木层中紫荆木也具备不同的发育阶段的种群，数量从上层，向下而增多，反映出森林环境有利于种的生长发育，在群落发展中仍能保持优势，不致为其它树种所更替。但是南岭山矾，黄果厚壳桂、山叶蒲桃等共优势种在更新层甚至更替层中均未出现，难以保持在群落中重要地位以至消失，乔木组成将发生较大变化，因此这类紫荆木林作为群落，尚未达到相对稳定阶段。

表 7-23 紫荆木生长进程

年龄	胸径 (cm)			树高 (m)			材积 (m^3)			形数
	总生长量	连年生长量	平均生长量	总生长量	连年生长量	平均生长量	总生长量	连年生长量	平均生长量	
5				0.5	0.12	0.10	0.000 01	0.000 01	0.000 002	
10				1.1	0.22	0.11	0.000 07	0.000 08	0.000 007	
15	1.1	0.24		2.2	0.18	0.15	0.000 45	0.000 14	0.000 03	
20	2.3	0.36	0.12	3.1	0.42	0.16	0.001 13	0.000 50	0.000 06	0.869
25	4.1	0.30	0.16	5.2	0.26	0.21	0.003 64	0.000 87	0.000 15	0.501
30	5.6	0.36	0.19	6.5	0.20	0.22	0.008 01	0.000 165	0.000 27	0.501
35	7.4	0.36	0.21	7.5	0.28	0.21	0.016 27	0.002 21	0.000 46	0.504
40	9.2	0.28	0.23	8.9	0.20	0.22	0.027 34	0.003 15	0.000 68	0.462
45	10.6	0.36	0.24	9.9	0.14	0.22	0.043 10	0.003 97	0.000 96	0.474
50	12.4	0.40	0.25	10.6	0.16	0.21	0.062 97	0.005 85	0.001 26	0.492
55	14.4	0.54	0.26	11.4	0.18	0.21	0.092 21	0.008 54	0.001 68	0.497
60	17.1	0.60	0.29	12.3	0.16	0.21	0.134 91	0.013 00	0.002 25	0.478
65	20.1	0.85	0.31	13.1	0.05	0.20	0.199 89	0.019 49	0.003 08	0.481
69	23.5		0.34	13.3		0.19	0.277 83		0.004 03	0.482
带皮	24.5			13.3			0.308 80			0.493

所调查的村旁紫荆木林更新良好，如浦北关草队的混交林虽呈衰败，但林下乔木的野生苗非常繁茂。紫荆木在灌木层中覆盖度占 40%，局部地段每平方米多至 16 株，其次格木、橄榄等也很多，如停止干扰，可望恢复完好的森林。岑溪的紫荆木单优林下，乔木的幼树在灌木层中也占优势，获得更新的共有 14 个树种，也以紫荆木为主，其余依次为鱼骨木、黄叶树 (*Xanthophyllum hainanense*)、竹节树 (*Carallia brachislata*)、长叶山竹子等，还有少数的黄杞、山油柑、黄果厚壳桂等将演进为混交林。

紫荆木材质坚重，色综红，花纹美丽，少开裂，不变形，耐腐，不易虫蛀，为高级家具、造船、建筑、运动器械、美术工艺等良材。果肉含糖 11%，供食用。种子含油 39%～45%，供工业用及食用。但残留的资源已很少，经列为国家二级保护的稀有种。现有保持良好的紫荆木应严加管护；疏残林应进行封山育林，使之恢复为茂林；村旁林为群众所有，

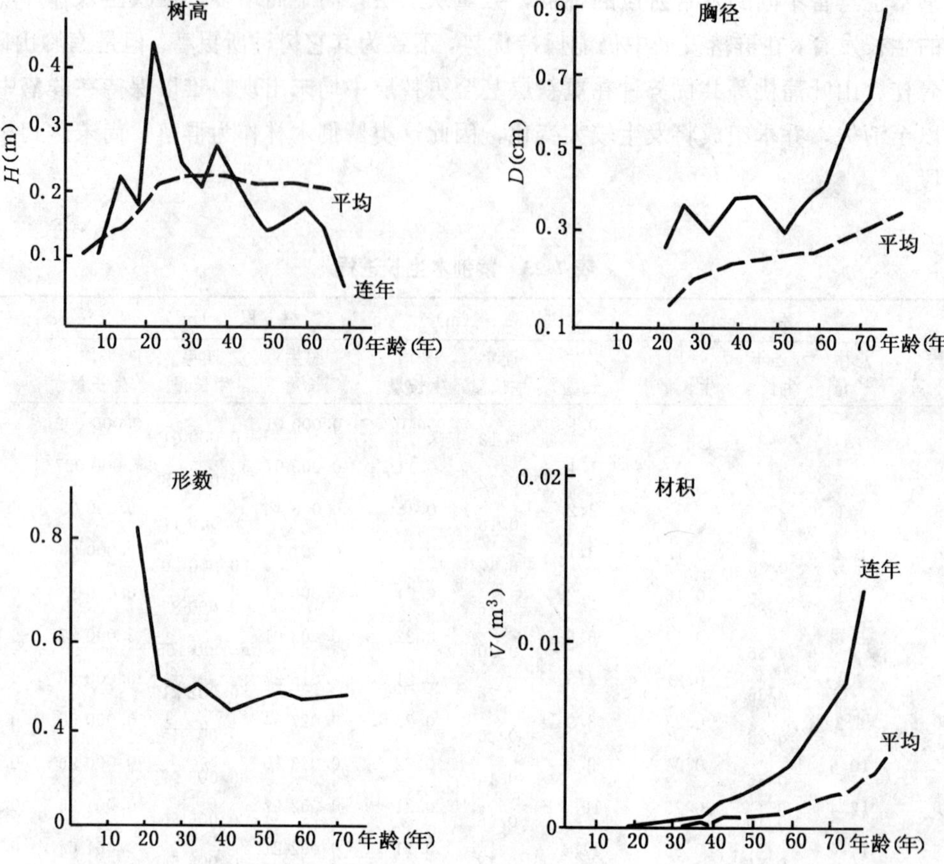

图 7-11 紫荆木的生长进程

在营林上应进行技术指导，对木材利用应采用择伐，以维持森林的稳定并提高质量。在分布区内选择宜林地，进行造林，以增加资源为加快植株的生长及提早结实期，可试行无性繁殖如插条嫁接，取得经验再推广。

参 考 文 献

［1］侯学煜．中国植被地理及优势植物化学成分．北京：科学出版社，1982

［2］浦北植被调查队．浦北植被调查报告（打印本），1984

［3］广西林业局，广西林学会．紫荆木，阔叶树种造林技术．南宁：广西人民出版社，1980

2. 血胶树林①

血胶树（*Eberhardtia aurata*）和以它为主的森林是广西北热带常见的树种和代表性群落，广布于砂页岩和花岗岩土山区海拔700m以下的范围，但由于破坏严重，目前只在十万大山、大青山见到保存稍好的林分。十万大山东南面的防城港市东兴镇，海拔21.0m，年平均气温22.4℃，1月平均气温14.7℃，7月平均气温27.9℃，历年极端最高气温37.8℃，历年极端最低气温0.9℃，≥10℃的积温8 158.1℃；年降水量2 822.7mm，12月至次年2月，月降水量不足40mm，其余各月均在60mm以上[1]。大青山海拔500～700m的低山地区，年平均气温19.5℃左右，≥10℃的积温6 000～6 500℃，最低月（1月）平均气温11.0℃左右，年降水量1 400mm以上[2]。可见，血胶树对气温和降水量适应的幅度还是较大的。血胶树林的立地条件类型为发育在砂页岩和花岗岩地层上的赤红壤和红壤，酸性反应。

据在十万大山东南面的防城市那良乡大勉东山海拔450m的林分调查，乔木层有3个亚层，400m² 的样地，共有立木125株，其中第1亚层32株，第2亚层30株，第3亚层63株，但该林1958年被砍伐过，故种类组成较简单。第1亚层林木以血胶树占优势，重要值指数为78.4，常见的有湖北海棠（*Malus hupehensis*）、黄樟、光叶柃木（*Eurya nitida*）、香籽楠（*Michelia hedyosperma*）、东京菠萝蜜（*Artocarpus tonkinensis*）、重要值指数分别为36.8、36、30.3、27.3和24.6；第2亚层林木仍以血胶树为优势，重要值指数达80.3，常见的也是光叶柃木和黄樟，重要值指数分别为51.9和42.5；第3亚层林木以苦竹占明显的优势，重要值指数为108.3，常见的为九节木、血胶树、调羹树（*Heliciopsis lobata*）等，重要值指数分别为35.9、29.4、27.7。从整个乔木层分析，血胶树不但各层均有出现，而且在2个亚层中仍占优势，所以重要值指数排列第1，为51.9；苦竹虽然在中、上层不出现，而且细小，但它数量多，故重要值指数排列第2，为39.7；光叶柃木、湖北海棠、黄樟、东京菠萝蜜虽然株数少，但都是上层大树，重要值指数排列第3～第6，分别为30.4、23.5、20.7和17.6。灌木层植物种类不少，但个体数量不多，较多的为苦竹，零星分布有九节木、小叶九节（*Psychotria tutcheri*）、锯叶竹节树（*Carallia diphopetala*）、打铁树（*Rapanea linearis*）、牛耳枫等。草本层植物个体数量也不多，较常见的有倒挂草（*Asplenium normale*）、露兜树、石柑子（*Pothos*）、球兰（*Hoya carnosa*）、新月蕨（*Abacopteris aspera*）等。藤本植物种类和个体数量均不多，且攀援不高，加入灌木层植物的行列，较常见的有酒饼叶、倪藤、瓜馥木、菝葜等。

十万大山西北面的大青山，血胶树林的种类组成有所不同。据在大青山海拔700m的2个600m² 样方调查，乔木层有林木39种，共92株，其中血胶树18株（第2亚层10株，第3亚层8株，出现频度100%）；乌口杜英（*Elaeocarpus decurvatus*）6株（第1亚层1株，第2亚层5株，频度100%）；鸭脚木5株（第2亚层5株，频度100%）；红山梅（*Artocarpus styracifolius*）6株（第2亚层5株，第3亚层1株，频度50%）；山杜英6株（第2亚层6

---

① 执笔人：苏宗明

株，频度50%)；亮叶猴耳环（*Pithecellobium lucidum*）5株（第1亚层1株，第2和第3亚层各2株，频度50%），其他较常见的林木还有臀果木、黄叶树、山油柑、苦梓（*Michelia balansae*）等。灌木层植物以大节竹为优势，草本层植物以露兜树为优势[3]。

血胶树天然更新良好，防城港十万大山的一个400m² 样地，有幼树幼苗76株；大青山的2个600m² 样地，有Ⅰ级（1.5～4m）幼树25株，Ⅱ级（0.5～1.4m）幼树20株，Ⅲ级（<0.5m）幼苗20株[3]，可见，血胶树种群属于连续型构造种群，种群发育年龄结构完整，能长久地保持在群落中的优势地位。

血胶树林是广西北热带土山区很有代表性的常绿林类型，国内别的热带地区尚属少见，应妥加保护。林内植物资源不少，血胶树本身是一种速生树种和油料植物，其他优良用材树种有：黄樟、香籽楠、阿丁枫、湖北海棠、乌口杜英、广西木莲、苦樟、红山梅、黄叶树、厚壳桂等；药用植物有野砂仁（*Amomum* sp.）、山鸡血藤（*Millettia dielsiana*）、山菅兰、山油柑等；纤维植物有白藤。但目前这种林分保存不多，并大部分已列为水源林保护区，故只能提供种源。

参 考 文 献

[1] 广西气象局资料室．广西气候资料（1951～1980），1982

[2] 综考队气象组．大青山实验基地立体林业气候区划．青山基地科技，1期，1981

[3] 大青山综考队植被调查组．广西大青山实验局植被调查报告．青山基地科技，1期，1981

3. 橄榄林①

以橄榄（*Canarium album*）为主的季雨林是北热带土山区一个代表类型，是北热带的地带性植被，广泛分布于桂东南和桂西南等地，垂直分布不超过海拔700m。水平分布可以到达南亚热带部分小环境优越的地方，如天堂山、大瑶山东南坡海拔500m以下的河谷和沟谷地区。目前保存面积不大，受破坏又相当严重，大青山、十万大山、大瑶山、天堂山尚可见到小片残林，桂南部分村屯周围也可见到零星片断。桂西南的龙州是橄榄林一个很主要的分布区，当地年平均气温22.1℃，1月平均气温13.9℃，7月平均气温28.1℃，历年极端最高气温40.5℃，历年极端最低气温－1.0℃，≥10℃的积温7 901.9℃；年降水量1 344.0mm，雨季5个月（5～9月），旱季5个月（11月～次年3月），其中11月～次年2月月降水量不足30mm[1]。大瑶山东南面的罗香乡，虽然属于南亚热带，但环境条件优越的河谷或沟谷，海拔500m以下的地区，橄榄也分布到这里，发育也较好。罗香海拔250m，年平均气温20.3℃，1月平均气温11℃，7月平均气温27.4℃，≥10℃的积温6 843.0℃，年降水量2 540.8mm，最低月降水量大于50mm。[2]

① 执笔人：苏宗明，莫新礼

橄榄林的立地条件类型为发育在砂页岩、花岗岩等地层上的赤红壤或砖红壤，强酸性反应。在碳酸盐岩地层上发育成的立地条件类型，未见有橄榄林的分布。

从保存较好的成熟林得知，橄榄林结构颇具雨林特色，上层林木，尤其橄榄高达 40m 以上，在 100m² 范围内一般只有 1 株，组成较为复杂。据大青山海拔 500m 地方一个 300m² 样地的橄榄林统计，共有 3m 以上立木 139 株，隶属 36 种。第 1 亚层林 16 株，橄榄有 4 株，全是高 40～43m 的大树，重要值指数为 102.27，居优势的地位；次优势种为壳菜果，有 6 株，其中有一株高 40m，重要值指数 95.08，其他常见的种类还有红山梅、锯叶竹节树。第 2 亚层林木以平顶紫金牛为优势，重要值指数为 46.0，橄榄的重要值指数排列第 2，为 29.7，其他常见的种类还有红山梅、壳菜果、潺槁树（*Litsea glutinosa*）、乌口果。第 3 亚层林木种类不少，但多数种类植株不多，且胸径细小，以竹一种占优势，重要值指数为 57.58，平顶紫金牛居次优势的地位，重要值指数为 34.12，其他常见的种类还有粗叶木（*Lasianthus* sp.）、锯叶竹节树、血胶树、臀形果（*Pygeum topengii*）、肖韶子（*Dimocarpus fumatus*）、海南肖榄（*Platea hainnanensis*）、黄牙果（*Garcinia oblongifolia*）等。综合分析整个乔木层，橄榄由于基面积大，所以还是居于优势的地位，重要值指数为 58.39，壳菜果次之，重要值指数为 41.70。竹一种、平顶紫金牛、锯叶竹节树虽然株数多，但它们的生活型属于小高位芽植物，只能在小乔木层或灌木层占优势，从整体看，它们并不重要，重要值指数分别为 24.46、20.13 和 16.03。

灌木层植物种类繁多，但个体均不多。种类以乔木幼树为主，重要的有红山梅、水仙石栎（*Lithocarpus naiadarum*）、笔罗子（*Meliosma rigida*）、平顶紫金牛、海南苹婆（*Sterculia hainanensis*）、肖韶子、黄果厚壳桂、血胶树、海南樫木、梨果米仔兰、单果阿芳（*Alphonsea monogyna*）等。真正灌木以竹最为常见，其他重要的种类还有毛大沙叶（*Aporosa villosa*）、粗叶木（*Lasianthus chinensis*）、野锦香（*Blastus cochinchinensis*）、短药蒲桃（*Syzygium brachyantherum*）、山麻秆等。

草本地被层植物种类和植株个体均不多，以金狗毛常见，其他种类还有乌毛蕨、新月蕨、黑桫椤、华南紫萁、山姜等。

藤本植物种类不少，常见粗大藤本攀援或缠绕于上层林木上，粗可达 10cm。常见的种类有红叶藤、小叶买麻藤（*Gnetum parvifolium*）、瓜馥木、鸡眼藤（*Morinda umbellata*）等。

南亚热带大瑶山东南面罗香乡定军山海拔 500m 沟谷的橄榄林[3]，虽然是非地带性植被类型，但发育尚好，林木高大，组成也很复杂。橄榄在乔木 3 个亚层均占优势，第 1 亚层林木次优势种为香港樫木（*Dysoxylum hongkongense*）、海南肖榄、药乌檀（*Nauclea officinalis*）、重要的种类还有黄桐、岭南罗汉松（*Podocarpus imbricatus*）、广东山胡椒等，其中黄桐和岭南罗汉松高 30m 以上、胸径 110～130cm 的大树。第 2 亚层林木常见的伴生种有青钩栲、岭南山竹子（*Garcinia oblongifolia*）、单室茱萸、黄叶树、海木、乌口果等。第 3 亚层林木常见的伴生种除上层的种类外，还有丛花厚壳桂（*Cryptocarya densiflora*）、紫荆木、锯叶竹节树等。

灌木层植物多为乔木的幼树，真正灌木以山槟榔（*Pinanga discolor*）为常见，次为血桐和黄毛五月茶，其他的种类还有九节木、水东哥、罗伞树、树蕨（*Alsophila spinulosa*）等。

草本地被层植物种类不少，但个体不多，优势不明显。常见的为华南露兜树（*Pandanus austrosinensis*）、瘤果砂仁（*Amomum muricarpum*）、山姜、乌毛蕨、金毛狗等。

藤本植物发达，以木质种类为主，攀援高度最高达 25m 以上，最粗 18cm。以黄藤为常见，次为瓜馥木（*Fissistigma* spp.）、云南假鹰爪（*Desmos dumosus*）、小叶买麻藤、蝉翼藤（*Securidaca inappendiculata*）、白花油麻藤（*Mucuna birdwoodiana*）、扁担藤（*Tetrastigma* spp.）、华马钱（*Strychnos cathayensis*）等。

附生植物也较发达，常见为麒麟尾（*Epipremnum pinnatum*）、香港崖角藤（*Rhaphidophora hongkongensis*）、藤橘（*Pothos chinensis*）、狭基巢蕨（*Neottoptesis anthrophyoides*）等。

桂南地区村屯周围的橄榄林，是人为有意留下的，故种类组成单纯，有时几乎成为纯林。桂东南沿海一带的橄榄林，伴生种类常见为红锥、鱼尾葵（*Caxyota ochlandra*）、樟树、枫香、罗浮泡花树、小冬桃（*Elaeocarpus chinensis*）等。

橄榄不但材质好，而且果实是一种经济价值很高的产品，故橄榄林既是用材林又是经济林。橄榄林内植物资源相当丰富，有材质优良或速生的材用树种，如壳菜果、红山梅、黄牙果、臀形果、血胶树、紫荆木、药乌檀、岭南罗汉松、黄桐、黄叶树、红锥、香港樫木、黄果厚壳桂、丛花厚壳桂等；有经济价值较高的药用植物如瘤果砂仁、千年健（*Homalomena occulta*）、细辛（*Asarum* spp.）、华马钱、毛杜仲藤（*Parabarium huaitingii*）、大叶半边莲（*Begonia crassirostris*）等；有经济价值较高的纤维植物黄藤和泡竹（*Pseudostachyum pottymorphum*）。橄榄林下枯枝落叶层厚，覆盖度大，保水性能很好。更可贵的是橄榄林是广西北热带土山区现存为数不多的代表性类型。因此，对目前残存的橄榄林，亟需加以妥善保护。否则，今后广西北热带土山区这种代表性类型就不复存在了。

参 考 文 献

[1] 广西气象局资料室．广西气候资料（1951～1980），1982

[2] 大瑶山自然资源综合考察队．广西大瑶自然资源考察（气候）．上海：学林出版社，1988

[3] 大瑶山自然资源综合考察队．广西大瑶山自然资源考察（植被）．上海：学林出版社，1988

4. 红鳞蒲桃林①

广西境内，以红鳞蒲桃（*Syzygium hancei*）为代表的森林分布于桂东南，十万大山以东，大容山以南，40 多年前在云开大山山前丘陵颇为常见，而今大都在村旁作为防风林还

① 执笔人：李信贤

残存零星片林。

分布区属于北热带常绿季雨林区，南濒北部湾，深受东南季风影响，水热条件较优越。年平均气温22～23℃，最冷月平均气温13～15℃，最热月28℃左右，历年极端最高气温37～38℃，极端最低气温2.7～3℃，只是在大寒潮年份，寒潮通道上才出现短暂的零下低温，历年日平均气温稳定≥10℃的积温7 500～8 300℃；年降水量约1 500～2 000mm，背靠十万大山的东兴则多达2 800mm，雨季6（7）个月，旱季3（4）个月，少雨月的月降雨量一般大于30mm，月雨日仍有7～10天左右，相对湿度多超过80%，冬季也达75%，水热系数一般在2.1以上，属于湿润间或潮湿的气候型；沿海地方常风较大，年平均风速2.5～3.0m/s，最大风速可达30m/s，红鳞蒲桃抗风力强，在台风袭击下，极少出现风倒风折。立地土壤主要为赤红壤或砖红壤性土，红鳞蒲桃对土壤肥力适应幅较广，在海岸的第四纪沉积的贫瘠松散沙土，也能成为天然林的建群种。

根据广西海岸带和海岛的植被调查，红鳞蒲桃林在海岸带各地段均有零星小片分布①，在海岛中为最主要的常绿季雨林②。林分位于村旁，常受人畜活动影响，群落结构组成都较简单。保持较好的成年林，郁闭度0.85～0.95，在400m² 样地约有林木20种以内，分化为2个亚层，由于常风较大，林木普遍矮化，第1亚层高度一般14m左右，最高17m，胸径20～40cm，最大60cm，各树种重要值指数差距不大，红鳞蒲桃最高，也不超过70，参与建群的还有菲律宾朴（*Celtis philippinensis*）、越南牡荆（*Vitex tripinnata*）、广东润楠（*Machilus kwangtungensis*）等均在重要值指数40～50；其余破布叶（*Microcos paniculata*）、鸭脚木（*Schefflera octophylla*）、亮叶猴耳环（*Pithecellobium lucidum*）、镰叶山龙眼（*Helicia falcata*）、大沙叶（*Aporosa chinensis*）等数量少，多呈单株分布，指数在20左右，后者通常为灌木，在此种森林环境里却长成乔木，可伸入此亚层林冠的下部；此外在局部地段，少数南亚松高踞于主林冠之上，而自此以下完全缺乏它的个体，反映出这些地段原来的热带针叶林被更替的痕迹。第2亚层林木高10m以下，较集中在7～8m，一般以下龙新木姜（*Neolitsea alongensis*）占明显优势，红鳞蒲桃也可居于次要地位，常见的有山油柑（*Acronychia pedunculata*）、九节、长叶山竹子（*Garcinia oblongifolia*）等，其他如海南木犀榄（*Olea hainanensis*）、乌脚木（*Symplocos chunii*）、乌材（*Diospyros eriantha*）、山黄皮（*Clausena excavata*）、尖叶厚壳桂（*Cryptocarya acutifolia*）等零星生长，为偶见种。

灌木层高约2m以内，以乔木的幼树较多，真正的灌木以喙果皂帽花 *Dasymaschalon rostratum*）、九节、酒饼叶（*Desmos chinensis*）占优势，普遍出现的有五角紫金牛、龙船花（*Ixora chinensis*）、黄椿木姜（*Litsea variabilis*）、酒饼簕（*Atalantia buxifolia*）等，还稀见薄叶红厚壳（*Calophyllum membranaceum*）、南山花（*Prismatomeris tetradra*）等多种，这些都是较耐荫植物。

---

① 李信贤．广西海岸带植被调查报告，广西海岸带和海涂资源综合调查报告第七卷．1986

② 赵天林等．广西海岛植被调查报告，广西海岛资源综合调查报告第七卷．1992

草本层通常缺失，个别地段偶见沿阶草。

藤本植物的种类和数量都少，有锡叶藤（*Tetracera asiatica*）、红叶藤（*Rourea microphylla*）、青藤仔（*Jasminum nervosum*）、牛筋藤（*Malaisia scandens*）络石等，主要在灌木层中攀援。

红鳞蒲桃是中偏喜光树种，幼年耐庇荫，随着树龄的增长，喜光性逐渐增强，能适应不同层光照条件的变化，通常在林冠下天然更新良好，幼树幼苗多，可不断补充上层的林木，在群落发展中可以持续其建群地位；下龙新木姜为耐荫性较强的小乔木，有众多的母树下种，在更新层中常位列前茅，数量特多，在下层林木中，仍可保持其重要地位，由于生活型的限制，不可能伸展到上层更替红鳞蒲桃；至于其他共优势种如越南山牡荆、菲律宾朴等，更新效果很不理想，只有个别幼树，将来这些喜光树种在群落中失去优势甚至可能被淘汰。作为群落，红鳞蒲桃林尚未达到相对稳定阶段。另在一些地段，由于整个灌木层被定期全部采刈作薪，使幼苗幼树不能保存并向上成长为林木，从而影响乔木层的种群组合，长此以往，将使森林逐渐趋于衰败。

红鳞蒲桃防风固沙能力强，提供珍贵硬材，有的村旁林通过抚育采伐，除去其他杂木，可专门保护扶持红鳞蒲桃，成为单优单层林，以提高其密度及材积；但在村旁以防风为主，此种单层林的效应不及原来的混交复层林。按红鳞蒲桃对当地自然条件适应性强，可将它列为发展的重要对象，进行人工造林，以扩大资源。对群众定期全部采刈灌木层及扫走枯枝落叶作燃料的利用方式不可取，因其反复频繁取走有机物质，使地力下降；为了解决农村能源的紧张，宜另行营造薪炭林。

5. 格木林①

格木（*Erythrophloeum fordii*）为珍贵用材，经过长期滥伐，原生性天然林已无遗，目前所见大都是村旁后山作为“风水林”保护下来的零星小片的次生林。

格木林主要分布于我国广西东南部北热带季雨林、雨林地带海拔700m以下的低山、丘陵和台地，偶可北上至南亚热带常绿阔叶林地带、广西弧形山地前缘个别地段。分布区年平均气温21.5～22.5℃，最冷月（1月）平均气温12.5～14.5℃以上，最热月（7月）平均气温在28℃左右，日平均气温≥10℃年积温7 500～8 000℃，年降水量多在1 600～2 000mm以上，属于湿润气候区。格木林立地的土壤为由花岗岩、砂页岩等风化发育而成的砖红壤、赤红壤，pH5.0～5.5，土层深厚，疏松、湿润，地表有薄层的枯枝落叶，厚1～3cm；在滨海地段，土壤上层为细沙土，pH5.5～6.5。

这类村旁林常受到人为的干扰，群落组成比较简单，特别是乔木上层由于丛林期曾经除伐，有意保存格木及其他经济价值高树种，因此全部由格木组成，或有乌榄、橄榄或紫荆木等混生共占优势；在南亚热带则由细刺栲参与建群；其他还有血胶树、鱼尾葵等，林木高度一般在15～25m，最高达30m。中下层林木种类较多，一般高6～10m，仍以格木或

① 执笔人：莫新礼

与其他上层优势种占多数；在沿海地方，铁线仔（*Manikara hexandra*）也占有重要地位；其次为刺栲；其他还有水石梓（*Sarcosperma laurinum*）、白颜树（*Gironniera subaequalis*）、岭南山竹子、亮叶猴耳环、红鳞蒲桃、竹节树、打铁树（*Rapanea linearis*）、金莲木（*Ochna integerrima*）等。

灌木层以乔木层的幼树为多，常见灌木有酒饼叶、大沙叶、细叶谷木（*Memecylon scutellatum*）、九节木、五角紫金牛（*Ardisia quinquegona*）和轮叶木姜等。

草本植物很少，不成层，常见乌毛蕨、山菅兰（*Dianella emsifolia*）和黑莎草（*Gahnia tristis*）等，有的地方还可见到露兜树。

藤本植物常见有红叶藤（*Santlodes microphyllum*）、白花酸藤子、锡叶藤和买麻藤等。

格木在一般硬材类树种中，生长是较快的。据树干解析，27 年生树高 14.4m，胸径 22.9cm。年平均高 0.53m，年平均胸径 0.85cm。树高连年生长在前 5 年为 0.5m，6～10 年间进入高峰期，年生长量达 0.82m，11～20 年间稍缓慢，生长量稳定在 0.60～0.66m，此后 7 年生长速度显著下降，只有 0.15～0.24m；胸径连年生长在 5 年生以后转快，6～10 年间，生长量为 0.64cm，此后的 10 年进入旺盛阶段，生长量一直维持在 1.0cm 以上，而以 16～20 年间为生长高峰期，生长量达 1.18cm，此后则稍下降，仍保持 0.7cm 的生长速度。

格木的木材耐腐性强，容积重为 0.67，极限强度（kg/cm^2）：顺压为 734，横压（弦向）为 86，径向为 82；端面硬度为 742；心材大，褐色至黑褐色，为高级家具、造船、车辆、桥梁、建筑以及军工、器械等优质用材。群落中还有不少经济利用价值较大的种类，如紫荆木也属贵重硬材，它和格木属于国家二级保护的珍稀植物；细刺栲、红鳞蒲桃、铁线仔和血胶树等供材用；乌榄、橄榄则是经济价值较大的果树，枝花木奶果和长叶山竹子为别具风味的野生果类。但是残存的格木林已很少，应加强保护、研究和发展。对于格木人工林的营造，可以北热带地区为重点；在南亚热带地区南缘也可选择较暖的小环境为林地。

6. 壳菜果林①

壳菜果（米老排）（*Mytilaria laosensis*），为北热带季雨林成分，以它为优势种的天然林残存稀少。20 世纪 50 年代开始人工栽培，通过集约经营，人工林的生长比天然林成材年龄可缩短 1/3 左右。为我国华南区栽培的优良速生用材树种之一。

壳菜果为中越边特有种，在我国天然分布区约位于北纬 20°31′～23°51′，东经 105°45′～112°00′，包括广东西部的封开、信宜、阳春，广西的防城港、上思、龙州、宁明、那坡、德保、靖西，以及云南东南部。垂直分布多在海拔 250～800m 的丘陵、低山，可见种的分布有很大的局限性，一般不超越北热带季雨林地带及其基带的范围，且消失于喀斯特地貌上。由于长期的破坏，以它为优势种的林分很少残留，呈小片状星散分布于广西十万大山、大青山、六韶山等地。

分布区年平均气温 20～22℃，最冷月平均气温 10.7～14℃；年降水量 1 300～1 600

---

① 执笔人：席海珍，王克建

mm，局部地方如十万大山东南麓可多达 2 800mm，雨热同期，干湿季节明显，雨季多集中在 5～9 月。土壤为砂岩、砂页岩、花岗岩、流纹岩等发育成的红壤系列，以赤红壤为主。土壤厚达 60～100cm 以上，pH 值 4～6.5。在适生区，以低山、丘陵中、下部和沟谷，生境暖热、湿润、避风，土壤深厚疏松，富含有机质，呈酸性的阴坡或半阴坡生长最好，石灰岩土地未发现有分布。

天然壳菜果林为复层林，在广西大青山林区海拔 500～700m 的地方，设置的 2 个 $600m^2$ 样地上，共计有植物 67 种，其中乔木层 27 种，郁闭度 0.5～0.6，上层有 13 种 26 株，壳菜果分布普遍，株数最多，相对密度为 39%，占据较明显优势；其次为观光木（*Tsoongiodendron odorum*）相对密度 15%；其余常绿树种有苦梓、红荷木、白榄（*Canarium album*）等 5 种。落叶树有西南桦、麻楝、酸枣、青山安息香（*Styrax macrothyrsus*）等 6 种，绝大多数为单株分布，虽然这两类种数相当，但前一类相对密度为 73%，明显大于后一类，林冠基本上终年常绿。中下层组成较复杂，共 20 种，32 株，仍以壳菜果稍占优势；其余树种仅 1～2 株，如观光木、血胶树、刺栲、山杜英、大叶山楝（*Aphanamixis grandifolia*）、水锦树等多种常绿树；此外，还有少数的落叶树如西南桦、山合欢、山乌桕等。灌木层植物 11 种，主要有大节竹、九节木、粗叶木、五月茶等；草本层植物 12 种，多属耐荫植物；如野砂仁、淡竹叶、露蔸树等；藤本 7 种，如白花鱼藤（*Derris alborubra*）、多花猪菜藤（*Merremia boisiana*）、山白藤（*Calamus rhabdocladus*）等，数量很少，零星分布。

壳菜果人工林，大多数属纯林，也有与杉木（*Cunninghamia lanceolata*）、刺栲等营造的混交林。立地条件的不同，对壳菜果的生长，及其林下植物仍有明显的差异。如大青山林区现有壳菜果人工林 $467hm^2$ 以上，分布于海拔 250～800m 的低山、丘陵，根据不同的立地条件，大体可分为 3 种类型：

（1）山坡蔓生莠竹壳菜果林

主要在海拔 350～800m 的低山、高丘的中下坡，如河谷，土壤主要为赤红壤，富铝作用明显，粘粒的硅铝率 2 左右，土层深厚，土壤剖面常有红、黄、白相间的网纹层，pH5～5.6，有机质含量大于 2%，全氮 0.2%左右，全磷稀少，全钾含量 1.5%～2.5%，表土层 10cm 以上，透水性能良好。热量丰富，日照尚足，雨量充沛，霜冻少见。林下草灌层主要有蔓生莠竹、水东哥（*Saurauia tristyla*）乌毛蕨、野芭蕉（*Musa balbisiana*）等。覆盖度 10%～30%，本类型壳菜果年均生长量：树高 1.34m 以上，胸径 1.55cm 左右，活立木蓄积 9 年生以下，$6m^3/hm^2$ 以上。9～18 年生的中龄林 $18m^3/hm^2$ 以上。

（2）山脊五节芒壳菜果林

多见于海拔 200～800m 的山坡上部，属红壤与赤红壤，富铝作用较强，粘粒的硅铝率 1.7～2，剖面发生层次明显，土体中有大小和数量不等的铁锰结核，pH4.5～6，有机质含量 1%～2%，全氮 0.1%左右，全磷含量极低，全钾含量变异大，土层较厚，表土层 8～12cm，保水能力较差，热量丰富，日照充足，林下草灌层主要有五节芒、铁线蕨（*Adiantum capillusveneris*）、柃木、野牡丹（*Melastoma candidum*）等，覆盖率 31%～50%，本类型壳菜果年均生长量：树高1～1.12m，胸径1～1.1cm，活立木蓄积量幼龄林3.75～6m³/hm²，中龄林12～16.5m³/hm²。

(3) 低丘桃金娘壳菜果林

分布于海拔200～350m的丘陵，土壤为赤红壤或紫色土，pH5～6，有机质1%左右，全氮量一般小于0.1%，全磷量也极低，全钾含量1%～2%。土层较薄。热量丰富，日照充足，雨量略少，春旱常见，属半干热或干热生境，林下草灌层有白茅、桃金娘、余甘子、茜木（*Pavetta hongkongensis*）、铁芒箕、山芝麻（*Helicteres angustifolia*）等，覆盖度约50%，本类型的壳菜果林生长较差，有的成林不成材，产量很低，年生长量：树高0.4～0.7m，胸径0.4～0.65cm，活立木蓄积量幼龄林3.75m³/hm²以下，中龄林12m³/hm²以下。

天然壳菜果林，5龄前生长缓慢，树高连年生长量0.3～0.4m，胸径年生长量0.1～0.18cm。树高连年生长高峰期出现在第2或第3龄阶，生长量0.82～0.87m，30年生以后显著下降；胸径连年生长高峰来临稍迟，约晚一个龄阶，生长量0.84～1.0cm，速生期较长，大约可维持至40～50年生时，虽然其间时有起伏；材积生长相应地在15～20年生以后加快，36～45年生，连年生长量0.03～0.04m³，维持时间较长，2号样木在50年生时，生长量急剧减少，但53龄时又陡然上升，而平均生长分别为0.012 59m³及0.014 75m³，低于连年生长量，可见尚未达到数量成熟。生长过程详见下列广西大青山敢门林区在一个暖温静风山谷天然林中两株壳菜果解析木（表7-24）。

表7-24 壳菜果天然林立木生长过程

年龄	胸径（cm）				树高（m）				材积（m³）			
	总生长量		连年生长量		总生长量		连年生长量		总生长量		连年生长量	
	1号解析木	2号解析木	1号解析木	2号解析木	1号解析木	2号解析木	1号解析木	2号解析木	1号解析木	2号解析木	1号解析木	2号解析木
5	0.8	0.9			1.7	2.1			0.000 2	0.000 16		
			0.68	0.3			0.82	0.28			0.000 71	0.000 16
10	4.2	2.4			5.8	3.5			0.003 8	0.000 96		
			0.89	0.42			0.64	0.87			0.004 05	0.000 95
15	8.65	4.5			9.0	7.85			0.025 4	0.006 45		
			1.0	0.84			0.54	0.40			0.012 08	0.003 86
20	13.6	8.7			1.17	9.8			0.085 8	0.025 75		
			0.9	0.62			0.62	0.51			0.020 08	0.005 68
25	18.5	11.8			14.8	12.35			0.190 5	0.054 15		
			0.86	0.54			0.43	0.86			0.020 80	0.013 09
30	22.8	14.5			16.95	16.0			0.295 3	0.128 64		
			0.53	0.62			0.086	0.38			0.021 32	0.019 25
35	25.48	17.6			17.38	17.95			0.401 9	0.229 31		
			0.74				0.01				0.030 40	
37	27.5				17.45				0.462 7			
				0.56				0.3				0.018 02
40		20.4				19.45				0.324 4		
				0.61				0.15				0.047 19
45		24.3				20.3				0.566 5		
				0.86				0.08				0.012 60
50		28.6				20.77				0.629 49		
				0.58				0.06				0.050 79
53		31.5				20.95				0.781 85		

在壳菜果分布地区营造的人工林，立地条件适宜，幼林3～4年郁闭，12～16年之间树

高年平均生长量 0.95～1.32m，胸径速生期，年平均生长量 0.8～1.24cm，第 6 年开始进入材积速生期，年平均生长量 0.68～0.91m³，见下列壳菜果幼、中林生长调查表和生长进程（表 7-25）。

壳菜果人工林生长比天然林快得多，胸径速生期提早 5～10 年，材积速生期可提早 9～14 年（表 7-26）。10 年生左右的林分，开始开花结实，同时杆材也已形成，应进行间伐，使郁闭度达到 60%左右，以利于增长材积，根据在大青山的测定，经过抚育采伐的 20 年生林分蓄积量，每公顷可达 150～378m³。

表 7-25 壳菜果幼、中龄林分生长量

造林地点	生长类别	林龄	每公顷株数	胸径（cm）		树高（m）		材积（m³）	
				平均单株	年平均	平均单株	年平均	总生长量	年平均
大青山	较好	16	1 140	19.8	1.24	21.1	1.32	246.3	1.026
圆岭站	中等	16	1 350	18.5	1.16	18.25	1.14	218.4	0.91
大青山	较好	13	1 275	14.35	1.10	13.6	1.05	114.45	0.587
山顶站	中等	13	1 590	11.1	0.85	12.4	0.95	133.245	0.683
夏石站	较好	12	1 590	13.2	1.10	15.4	1.28	167.505	0.931
	中等	12	2 430	9.8	0.817	11.75	0.98	145.92	0.811

表 7-26 壳菜果人工林立木生长过程

年龄	胸径（cm）				树高（m）				材积（m³）			
	总生长量		平均生长量		总生长量		平均生长量		总生长量		平均生长量	
	1号解析木	2号解析木	1号解析木	2号解析木	1号解析木	2号解析木	1号解析木	2号解析木	1号解析木	2号解析木	1号解析木	2号解析木
2					1.10		0.55					
3	1.4	1.0	0.47	0.33	2.55	2.2	0.81	0.73	0.000 39	0.000 7	0.000 13	0.000 2
4	3.1	3.0	0.78	0.75	4.6	4.3	1.15	1.07	0.002 31	0.002 5	0.000 58	0.000 6
5	4.2	4.2	0.84	0.84	5.25	5.65	1.05	1.13	0.004 31	0.005 5	0.000 86	0.001 1
6	5.6	5.4	0.93	0.90	7.20	6.2	1.20	1.03	0.009 74	0.003 6	0.001 62	0.001 4
7	7.2	6.3	1.03	0.90	8.7	7.75	1.24	1.11	0.020 06	0.014 3	0.002 87	0.002 4
8	8.5	7.2	1.06	0.90	10.25	8.54	1.28	1.06	0.031 48	0.018 2	0.003 93	0.002 3
9	9.5	7.9	1.04	0.87	11.4	10.1	1.26	1.22	0.044 29	0.025 5	0.004 92	0.002 8
10	10.4	8.6	1.04	0.86	12.4	11.3	1.24	1.13	0.055 3	0.033 7	0.005 55	0.003 3
11	11.1	9.6	1.01	0.83	13.25	11.4	1.20	1.04	0.068 41	0.040 3	0.006 22	0.003 6
12	11.6		0.97		14.15		1.18		0.078 31		0.006 52	
13	12.1		0.93		14.35		1.10		0.086 99		0.006 68	

自然分布的壳菜果林，天然下种更新良好，野生苗较多，分布普遍，在 1m² 林内可多达 3～5 株，可见能忍受林冠的庇荫；从前述天然林标准地调查说明，和一般喜光树种不同，

在乔木各亚层中都出现売菜果的立木且数量也较其他树种多，具备各发育年龄的种群，在群落自然发展中，可预见在一定阶段内，它仍可保持在林中的优势地位，不致为其他树种所更替。

壳菜果林萌芽更新能力也很强。一个伐根常发生2～5萌条，依赖原有的庞大根系，成长迅速，1年生的萌芽条可高达2m以上，如选留1～2株，更易成林成材，并可长成大树。

目前，成长的壳菜果林很少，大径材更少。原因在于滥砍和火烧，在反复遭受破坏条件下，则逆向演替为灌丛草地。

壳菜果在适生地区为速生用材树种之一，成材早，干形通直，出材量大，木材结构细致，色泽美观，材质略重，加工容易，干燥后不翘不裂，不受虫蛀，经久耐用，是家具、建筑、胶合板的良好用材。其枯枝落叶较多，易于腐解，对改良土壤和涵养水源的作用较大。人工林自然整枝较好，主干更为通直，15年生的林分，胸径在10cm以上符合规格材的植株占90%以上，有效经济出材量以主干计达80%左右，经济价值较大，但其适应范围较窄，对光、热、水、土等生态条件要求较高，所以引种必须先经试种，而在自然分布区内，可选作主要造林树种。但也要妥善选地，和采用较为集约的营林措施，尤其要加强幼林期的抚育管理，这是壳菜果林速生丰产的重要技术措施之一，可间种经济作物或绿肥，或与其他针阔叶树种营造多层混交林，以增加经济效益和提高生态效益。

参 考 文 献

[1]黄镜光．米老排生长与立地条件的初步分析．青山基地科技，第一期，林科院广西大青山实验局编印，1983

[2]南宁地区林科所用材林组．米老排人工林经济效果和栽培技术总结．林业科技简报，第一期，南宁地区林科所油印，1980

7. 红荷木林①

红荷木（*Schima wallichii*）占优势的季雨林属于次生林。极少经营人工林，1958年广西壮族自治区林业科学研究所开始试种，至60年代初，维都、高峰、七坡等国营林场选作造林树种，目前广西已营造红荷木林约6 000hm²。

红荷木是亚洲热带树种，从苏门答腊经中南半岛分布到我国西南部。广西的十万大山至大明山、都阳山一线是它在国内分布的东界，此线以东，则为荷木所替代[1]。垂直分布一般在海拔200～900m；但以它为主要优势种的季雨林，分布区窄得多，广西境内，主产于桂西南热带地方，上界海拔高约为600～700m，向北可越过右江，延伸到都阳山地西侧局部地段，呈零星分布。

① 执笔人：林栋材，李治基

主产区低平地方年平均气温22℃左右，最热月平均气温28℃以上，最冷月13～14℃，历年日平均气温稳定≥10℃积温达7 900℃以上，在强平流辐射寒潮的年份，极端最低气温可达－1～－2℃；而上界各项平均气温低得多，相应为19.5℃、25.7℃、11℃，但极端最低气温极值仍在－2.5℃左右。红荷木对低温较敏感，据观察来宾维都林场引种的人工林，在冷气沉积的谷地，持续7天霜冻，林木受寒枯梢；地处中亚热带的融水县贝江林场试种的红荷木防火林带，因寒潮年年发生梢枯以至干枯，不能成林。可见其耐寒性较差，引种必须注意寒害问题。主产区年降水量为1 100～1 400mm，属于半干燥至半湿润的气候类型，雨量多集中在5～9月间，干湿季交替明显。

红荷木林只出现在酸性基岩所构成的低山丘陵或第四纪红土堆积在台地上，从不见于碳酸盐岩构成的石山。林下土壤为赤红壤，砖红壤，据采自龙州的赤红壤土样分析结果如表7-27，土层富含铝，除表土外，植物的营养成分是贫乏的[2]；又据测定红荷木叶子的灰分含量占干物质的百分比为5.71，磷占0.074，钾0.547，均属于低量级[3]，反映出该树种能耐贫瘠的土壤。红荷木虽属常绿阔叶树，但叶子寿命短，在树上维持1年左右，2月下旬～3月中旬有一个短暂的换叶期[4]，落叶量大，纸质，易于腐解，较强烈的生物小循环，有利于提高地力，对土壤改良有较好的作用。

表7-27 龙州红荷木林的土壤化学性质

采样地点	土层深度（cm）	pH	有机质（%）	醋酸钠溶液提取的成分（mg/kg）							
				Al	Mn	NO_3^{-1}	P	K	SO_4^{-2}	Mg	Ca
蚂蝗山 N60°E 山坡	0～11	4.7	6.59	240.0	0.0	7.5	6.0	140.0	150.0	110.0	0.0
	11～22	4.8	3.13	330.0	0.0	6.5	3.0	135.0	0.0	15.0	0.0
	22～37	4.5	1.66	450.0	0.0	5.0	3.5	65.0	0.0	0.0	0.0
	37～102	4.5	0.62	360.0	0.0	2.5	2.5	30.0	0.0	0.0	0.0
蚂蝗山 S10°E 山坡	0～10	4.7	5.58	300.0	0.0	6.2	2.7	135.0	200.0	20.0	0.0
	10～26	4.5	2.26	420.0	0.0	3.7	2.2	85.0	0.0	0.0	0.0
	26～50	4.5	1.53	420.0	0.0	0.0	2.5	30.0	0.0	0.0	0.0
	50～117	4.6	1.02	370.0	0.0	0.0	1.7	40.0	0.0	0.0	0.0

红荷木林多为复层林，在保存较好的林分中，郁闭度可达0.7，乔木分为2亚层，主林层一般高在15～18m，最高可达20m以上，树种组成以常绿的红荷木占优势，其余多为喜光速生落叶树，如枫香较普遍，在局部地段可成为共优势种。其他较常见的为楹树、香合欢、西桦等；在右江上游丘陵还混生有常绿的毛叶青冈。次林层高不超过10m，组成树种较多，多为较耐荫的常绿阔叶树如海南蒲桃、粗糠柴、假苹婆，零星分布的还有高山榕、山五月茶（*Antidesma montanum*）、全叶核实（*Drypetes integrifolia*）、水锦树等。红荷木、枫香则很少出现，生长在上层林冠间隙阳光较充足之处。

灌木层中常见有大砂叶、九节木、方叶五月茶等。草本植物主要有乌毛蕨、金狗毛、陵齿蕨（*Lindsaea* spp.）。林窗下则分布有桃金娘、余甘子、五节芒、铁芒萁等。

藤本的种类和数量不多，常见有酸藤子（*Embelia laeta*）、蔓斑鸠菊（*Vernonia scandens*）、红叶藤、锡叶藤、菝葜、马连鞍（*Streptocaulon griffithii*）、厚果鸡血藤（*Millettia pachycarpa*）等，一般出现在下木层中。

人工林主要为单层纯林，间与马尾松混交，据来宾维都林场调查，林下草本层发达，种类较复杂，以禾草为主，蕨类次之，在丘陵上随着坡位不同，优势成分发生明显的变化，坡下部位土壤深厚，水肥条件较优越，主要为高草，如五节芒、乌毛蕨占优势，还常见菅草（*Themeda gigantea* var. *villosa*）蔓生莠竹、水蔗草（*Apluda mutica*）、狗脊；随着坡位向上，土壤水肥条件逐渐恶化，则以中草以至矮草为主，如野古草（*Arundinella* spp.）金茅、野香茅（*Cymbopogon tortilis*）、芒萁等占优势，纤毛鸭嘴草、白茅、扭黄茅也很常见，在上坡则扭黄茅与蜈蚣草可占优势。

红荷木的生长受立地条件影响很显著，虽然它能适应较干燥瘠薄的环境，但对水肥条件的反应仍较敏感，据调查维都林场防火林带红荷木的生长情况，随着坡位的升高，高、径、材积生长均成直线递减，山坡中部以上，生长显著下降（表 7-28），下部立木的材积相当于上部山脊的 4 倍。

表 7-28　不同坡位红荷木生长情况

坡位	林龄	平均树高 (m)	平均胸径 (cm)	单株材积 (m^3)	年平均生长量	
					树高	胸径
下部	17	20	16.9	0.255 7	1.17	0.99
中部	17	15	12.9	0.111 7	0.88	0.76
上部	17	11	11.3	0.062 8	0.65	0.66

混交林与纯林在相似立地条件下生长情况如表 7-29。看来红荷木与马尾松混交林的生长较纯林好，但在混交林中，红荷木较强喜光的马尾松生长快，处在林冠之上，而处在林冠下的马尾松，今后生长发育如何，有待进一步观察。

表 7-29　松荷混交林与红荷木纯林生长情况

林　种	树　种	林龄	株数	平均树高 (m)	平均胸径 (cm)	单株材积 (m^3)	每公顷蓄积 (m^3)
红荷木＋马尾松林	红荷木	16	1 335	12.3	12.8	0.085 6	114.375
	马尾松	17	450	9.3	10.3	0.042 2	18.990
小计			1 785				133.365
红荷木林	红荷木	16	2 880	10.8	9.1	0.039 4	113.595

红荷木属强喜光树种，单株所需的营养面积较大。立地条件大致相同的 10 年生红荷木林，由于种植密度不同，生长量相差很大。据调查，维都林场，单株材积随密度而降低。每公顷种植株数从 1 485 株增至 2 940 株，单株材积则几乎降低 50%（表 7-30）。

表 7-30 红荷木林不同密度与生长量

样地号	林龄	株/hm²	树高（m）		胸径（cm）		单株材积（m³）
			平均	平均生长量	平均	平均生长量	
雅江三号	10	1 485	11.3	1.13	9.7	0.97	0.053 3
雅江五号	10	2 940	8.4	0.84	9.0	0.90	0.029 3

根据维都林场样木树干解析，如表 7-31，红荷木高生长、头 3 年较慢，旺盛期一般从第 4 年开始，持续 4～5 年，这个时期的年高生长为 1.9～2.0m，8 年生时是连年生长量与平均生长量相交期，连年生长开始下降。胸径生长在造林后 5～6 年进入速生期，连年生长量多在 7～9 年生达高峰，最高达 1.5cm；连年生长与平均生长在 11 年出现相交。由于样木的年龄小，材积连年生长量明显大于平均生长，两条曲线相交，为期尚远。

另测定天然林样木如表 7-31，20 年生红荷木树高 15.5m，胸径 16.8cm，材积 0.151 7m³。树高连年生长徐徐上升，第 15 年时达到高峰，此时年生长量 0.88m，到 20 年时，稍有下降，并与平均生长相接。胸径连年生长在第 10 年时急速上升，进入高峰，年生长量为 1.22cm，到 15 年时即与平均生长相交，但直至第 20 年时仍维持较高的生长水平。材积连年与平均生长在继续上升中，高峰期尚未来临。

表 7-31 人工、天然红荷木生长进程

人工林									
年龄	胸径（cm）			树高（m）			材积（m³）		
	总生长量	连年生长量	平均生长量	总生长量	连年生长量	平均生长量	总生长量	连年生长量	平均生长量
1				0.5					
2				1.2	0.7	0.6			
3	0.5		0.17	2.2	1.0	0.73	0.000 1		
4	1.0	0.5	0.25	4.1	1.9	1.02	0.000 2		
5	1.7	0.7	0.34	6.0	1.9	1.20	0.001 0	0.000 8	0.000 20
6	2.3	0.6	0.38	8.0	2.0	1.33	0.002 1	0.001 1	0.000 35
7	3.6	1.3	0.51	9.9	1.9	1.41	0.006 1	0.004 0	0.000 87
8	4.8	1.2	0.60	10.9	1.0	1.36	0.010 2	0.004 1	0.001 28
9	6.3	1.5	0.78	11.9	1.0	1.32	0.015 8	0.005 6	0.001 76
10	7.1	0.8	0.71	12.67	0.8	1.27	0.022 6	0.006 8	0.002 26
11	7.8	0.7	0.71	13.4	0.7	1.22	0.030 3	0.007 7	0.002 75
12	8.6	0.8	0.72	13.9	0.5	1.15	0.038 5	0.008 2	0.003 21
13	9.2	0.6	0.71	14.3	0.4	1.10	0.044 7	0.006 2	0.003 44

（续）

年龄	天然林								
	胸　径（cm）			树　高（m）			材　积（m³）		
	总生长量	连年生长量	平均生长量	总生长量	连年生长量	平均生长量	总生长量	连年生长量	平均生长量
5	2.8		0.56	3.4		0.68	0.001 64		0.000 33
		1.22			0.76			0.004 18	
10	8.9		0.89	7.2		0.72	0.022 56		0.002 26
		0.86			0.88			0.008 77	
15	13.2		0.88	11.6		0.77	0.066 41		0.004 43
		0.72			0.78			0.017 06	
20	16.8		0.84	15.5		0.78	0.151 69		0.007 58

红荷木是先锋树种，种子易随风飘扬，旷地上天然下种更新良好，常可与枫香等喜光树种首先侵入迹地形成单层林。从上述的结构组成可知，它所建造的森林环境，有利于较耐荫的树种迁入定居，逐渐发展为复层林，林分乔木下层的种类，不少属于大高位芽生活型，将继续向上伸展为上层的成分；而另一方面却不利于红荷木、枫香等喜光幼树生长。虽然红荷木种子发芽率偏低（为25%～40%[5]），但母树多，高居上层，能正常结实，结实量大，天然下种的种源充足，但下木草本层中却缺乏它的幼树，幼苗也稀少，反映出在森林阴蔽环境条件下妨碍了它的生长发育，更新效果差。随着时间的推移，它的上层木衰老死亡，却缺乏幼树的补充，必将失去它在林中的优势地位以至被淘汰，可见红荷木林是很不稳定的，如无人为干预，行将被其他林分所更替。红荷木萌芽力强，当地群众有将红荷木林采用矮林作业，作为薪炭林经营，采伐时注意保存伐桩，任其发生萌条，此时林地也有利于天然下种更新，长成实生幼树，共同组成丛林，定期反复采伐更新，形成比较稳定的群落。

天然红荷木林，很少出现病虫害成灾现象，人工林主要有叶斑病、金龟子、天社蛾、尺蠖、天牛、卷叶蛾等。其中以天社蛾危害最为严重，大发生时，将全部叶子吃光，对林木生长影响很大。应采取综合防治的办法，贯彻适地适树，营造混交林，适当加大造林密度，加强幼林抚育，提高郁闭，保护天敌，施放白僵菌。如局部地区天社蛾成灾时可用杀虫净喷杀。

红荷木林主产用材，该树种材质较优，具有很强的耐腐抗蚀能力，为家具、胶合板、纱绽良材，也是主要的建筑用材。然而残留的森林已少，且呈零星小片分布，目前应禁止滥伐，促进天然更新及人工造林，扩大资源。根据生态特性及生产实践证明，红荷木宜于荒山造林，也是很好的防火林带树种，在农区及其他木材紧缺地方，矮林作业，可反复提供薪炭及民用建筑小径材。但该树种以在产区内低山丘陵发展为宜，栽培时应注意因地而异；引种应注意避开寒害地方，根据过去引种情况，东部南亚热带北部以北，一般不宜推广。大面积造林时，宜选用当地相适应的树种进行带状、块状、单株混交。

参 考 文 献

[1]李治基等．关于广西主要经济林木的生态地理分布及其布局问题．植物生态学与地植物学丛刊 3(1)，1965

[2]李世英等．广西龙津西南部及其邻近地区的植物群落．植物生态学与地植物学资料丛刊，第 8 号，1956

[3] 侯学煜．中国植被地理及优势植物化学成分．北京：科学出版社，1982

[4] 王宏志．热带亚热带主要树种物候图谱，南宁：广西人民出版社，1988

[5] 中国树木志编委会．中国主要树种造林技术．北京：农业出版社，1978. 736 页

8. 小叶红光树林①

肉豆蔻科的小叶红光树（*Knema globularia*）在我国分布于滇南至桂西南热带地方。广西境内以它为标志的季雨林稀见于桂西南大青山林区，地理位置约处于北纬 21°57′～22°19′，东经 106°40′～106°59′，分布区极狭，垂直分布也有很大的局限性，约在海拔 300～400m。地处北热带季风区，太阳辐射强烈，热量丰富，年平均温度 20.5～21.7℃，最冷月（1 月）平均气温为 12.5～13.5℃，最热月（7 月）平均气温为 26.8～28.1℃，一般年份极端最低温都在 0℃以上，只在大寒潮南侵而又产生强烈辐射降温的影响下，才出现 0℃以下的低温，但持续时间短暂。日平均温度稳定通过 10℃年积温达 7 500～7 700℃。分布区位于十万大山的背风面，年降水量较少，只有 1 400mm 左右，干湿季交替较分明，但小叶红光树林只出现于低山丘陵的沟谷地带，小环境湿润以至潮湿。立地的土壤为赤红壤，结构疏松，pH5.0～5.8，有机质含量为 5.17％左右。至于在石灰岩山地尚未见有其分布。

由于人为干扰频繁，破坏严重，目前此类森林残存的面积已很小。群落组成仍复杂，茎花和板根现象时有所见，郁闭度在 0.8 以上，乔木层可分为 3 个亚层。

第 1 亚层林木一般高 20m 左右，最高达 30m 以上，胸径 20～30cm 左右，最大达 90cm，覆盖度 80％左右，树冠连接，小叶红光树为主，共优势种为乌榄、白榄、风吹楠，树干通直圆满，枝下高在 8～18m，其他较常见的还有细刺栲、突脉榕（*Ficus vasculosa*）、钝叶桂（*Cinnamomum bejolghota*）、紫荆木和假荔枝（*Xerospermum bonii*）等。

第 2 亚层林木一般高 12～15m，胸径 10～18cm 左右。覆盖度 70％左右，树冠基本连接，以细刺栲为主，其次为小叶红光树和白颜树，其他还有黄果厚壳桂、小叶胭脂木（*Artocarpus styracifolius*）、海南蒲桃和风吹楠等。

第 3 亚层不发达，林木稀少，种类不多，分布零星，常见小盆木（*Microdesmis caseariaefolia*）、黄果厚壳桂、白颜树、小叶红光树和茎花柿（*Diospyros longchowensis*）等。

灌木层较发达，覆盖度达 60％左右，主要为乔木层的幼树，灌木以大节竹（*Indosasa*）

① 执笔人：莫新礼

较多，分布亦较均匀，此外还有露兜树、五角紫金牛、黄毛五月茶、盾叶木（*Macaranga adenantha*）、泡叶龙船花（*Ixora nienkii*）和薄叶红厚壳（*Calophyllum membranaceum*）等。

草本地被物层植物稀少，覆盖度30%以下，分布零星，常见山姜、山菅兰、扇叶铁线蕨等。

层间植物种类较多，以木质藤本为主，常见有香港鹰爪（*Artabotrys hongkongensis*）、紫玉盘（*Uvaria microcarpa*）、海南丁公藤（*Erycibe hainanensis*）、买麻藤（*Gnetum montanum*）、华马钱和锡叶藤等。

小叶红光树为中生树种，幼龄期能忍耐一定的荫蔽环境，以后逐渐喜光。在群落中，具备各等级林木，林地上幼苗、幼树亦较多，表明它在群落发展中将继续保持重要地位。

由于人为破坏严重，现保存较好的森林面积已极小，而群落中不少经济价值高的树种，如珍贵用材有紫荆木、其他优良速生树种有细刺栲、假荔枝、风吹楠、钝叶桂、海南蒲桃和黄果厚壳桂等；小叶红光树和风吹楠的种子榨油供工业原料用，橄榄类产果品。但这类森林资源已很少，濒于绝灭，不宜采伐利用；它在科学研究上具有较特殊的意义，更应加以保护。

小叶红光树天然更新性能良好，在遭受破坏的疏残林中，所遗留下来的母树，应行爱护，可望较快地恢复以它为主的杂木林，如有目的地加以定向抚育，还可发展成为纯林。

（二）石灰岩石山常绿季雨林①

石灰岩季雨林是北热带石灰岩山地的代表性类型，主要分布于海拔700m以下，由于长期不合理利用，目前只在龙州、宁明、那坡等地有小片保存。所在地岩石裸露，土层浅薄，除山脚土壤较多外，山坡上的土壤覆盖率不到20%，零星间杂在石块间或岩缝中，山顶上几为石块所占。土壤为棕色石灰土和褐色石灰土，pH6.0～7.0。

石灰岩季雨林外貌特点是：组成种类木本植物占总数的79.5%，草本植物占11.4%，附生植物占9.1%，以木本植物为主。木本植物中，自立木本植物为主，占74.3%，藤本只占25.7%。自立木本植物全是阔叶树，常绿的为主，占92.3%，其中大乔木植物占50.0%，中乔木占20.8%，小乔木占16.7%，灌木占12.5%，以大乔木植物为优势；落叶的占7.7%。草本植物主要是地上芽植物，肉质叶和硬质叶种类居多。不少种类不是扎根土壤而是直接扎根于石隙或岩石表面。叶以中型叶为主，革质或近革质，全缘叶占多数，单叶，有一定比例的复叶。根据岽岗石灰岩保护区调查，中型叶种类占总种数73%，小型叶占24.3%，大型叶占2.7%；全缘叶占64.9%，齿状叶占29.7%，开裂叶占5.4%；单叶占84.5%，复叶占15.5%；革质及近革质叶占75.7%，纸质的占21.6%，肉质的占2.7%。乔木树皮厚度因层次和性质不同而不同，上层常绿乔木在0.1～0.5cm，落叶乔木在1cm以

① 执笔人：苏宗明

上；下层乔木树皮较薄，一般为0.1～0.2cm。有的种类树皮光滑，有的呈小片状剥落，有的片状开裂。树皮颜色有的为灰白和灰褐色，有的为褐色和棕黑色。林木老茎生花和板根现象不甚发达，但露根发达。具绞杀现象。

石灰岩季雨林的结构复杂，可分为5层，即乔木层3个亚层，以及灌木层和草本层。

第1亚层林木高16m以上，一般高20m左右，树冠基本连续，覆盖度75%左右。在这层之上，还常有个别落叶阔叶大乔木高高突起，一般高30m左右，在600m^{2}林地内有1～2株。第2亚层林木高8～15m，覆盖度40%左右，树冠不连续。第3亚层林木高4～7m，覆盖度30%左右，树冠不连续。

灌木层植物一般高2m左右，覆盖度30%～40%。

草本层植物高40～60cm，覆盖度只有10%～20%。

层外植物主要是藤本和附生。藤本植物多木质种类，茎粗可达20cm，上下攀援，常形成藤环。附生植物多为藤本兼附生性质的种类，蕨类附生植物很不发达。

石灰岩季雨林的种类组成，从组成森林林木层看，较重要的有26科62属75种，这75种多是热带性质，不少种类是热带石灰岩地区特有或主要分布在石灰岩地区[1]。主要和重要的科有大戟科、椴树科、山竹子科、桑科、樟科、漆树科、楝科、番荔枝科、豆科。少或缺肉豆蔻科和龙脑香科的种类。石灰岩季雨林种类组成不太丰富，包括草本在内，100m^{2}不超过40种，一般20～30种，在600m^{2}林地内有43～46种，在1 000m^{2}林地内有52～67种。优势种明显，这也是它的特点之一。

灌木层植物主要为乔木的幼树，种数占88.5%。真正灌木占11.5%，以紫金牛科的平顶紫金牛、茜草科的白花龙船花（*Ixora henryi*）、驳骨九节（*Psychotria siamica*）以及大戟科、番荔枝科的种类为主。

草本层植物以百合科、天南星科和蕨类的植物为主。

石灰岩季雨林是当地气候条件下一种土壤顶极群落，在不受干扰破坏情况下能长期保持稳定；在受到干扰破坏情况下，因环境条件、破坏方式不同，其演替途径有所不同[1]。山脚水湿条件较好的地方，受到砍伐，但持续时间不长，则会很快演替成东京桐林、安南牡荆（*Vitex tripinnata*）林、任木（*Zenia insignis*）林、顶果木林等次生季雨林。如果反复砍伐和樵采，就会逆演替成藤刺灌丛，砍伐不停止，会相对长久地停留在藤刺灌丛阶段。这类藤刺灌丛只要不火烧，是不会变成草丛的。如停止砍伐，也会慢慢顺演替成上述的次生季雨林。如果破坏方式不是砍伐，而是刀耕火种，丢荒后会有一个短暂的、以喜湿种类为主的草丛阶段，如蔓生莠竹、青蒟（*Piper betle*）等草丛，然后逐渐顺演替成中平树、盾叶木、广西芒木为主的次生林，最后也会演替成东京桐等次生季雨林。如果反复火烧，则演变成草丛。

山坡中部水湿条件中等的地方，原季雨林木被砍伐后，逆演替成闭花木等次生林，如不再砍伐，顺演替成原来性质的季雨林。如再反复砍伐，逆演替成藤刺灌丛和实心竹（*Sinorundinaria* sp.）竹丛、剑叶龙血树（*Dracaena cochinchinensis*）灌丛。如果停止砍伐，也会很缓慢地演替成次生林阶段。

山顶部位水湿条件极差，砍伐后逆演替成羽叶金合欢、粤黄檀（*Dalbergia benthami*）藤刺灌丛和实心竹竹丛。如停止砍伐，也能极为缓慢地恢复为次生林。

石灰岩季雨林主要的有如下几个类型。

参 考 文 献

[1] 苏宗明等．弄岗自然保护区植被调查报告．广西弄岗自然保护区综合考察报告，广西植物增刊一，1988

1．蚬木林①

蚬木林是指石灰岩季雨林中，以蚬木（*Buretiodendron hsienmu*）②为共优势种的各类混交林的总称，在我国分布于桂西南及滇东南，资源植物多样，以产著名的珍贵硬材为主，对研究北热带喀斯特原生植被类型及其演替与石山绿化有着重要意义。

（1）分布与生境　蚬木林为中越边界特有的类型。在我国主产于桂西南右江谷地以南，向北延伸至广西弧形山地西翼外缘低峰丛石山区北缘；滇东南也有小片分布。分布区约位于北纬 22°05′～23°53′，东经 104°13′～108°06′，幅员狭小，却跨越两个植被地带，即北热带和南亚热带常绿阔叶林地带[2,3,4]。桂西南石山山原外围西南部的低峰丛石山区是它分布的中心，为当地原生性森林的优势类型；自此以北，由于长期滥伐，残存的蚬木林变得零星小片，任何坡向坡位，都可出现，反映出曾经广泛分布的历史痕迹。在此范围内，只要不对蚬木过度选伐，它在次生林中仍可占优势地位；如经强烈破坏，则常消退为藤刺灌丛；但只要残留有适当母树，经过封山，也容易恢复为蚬木林。这表现出它很适应桂西南低峰丛石山区的石隙生境，生活力强，成为当地溶蚀地貌最活跃的树种之一。蚬木林以产珍贵硬材称著于世，乱砍乱伐，使它濒临绝灭的险境，目前只在交通险阻的地方才残留有较大片的原生林。越过右江谷地，属于季风常绿阔叶林地带，蚬木林分布的频率显然降低，仅出现于屏障良好的地段，随着纬度北移，蚬木在林分中逐渐失去优势地位，以偶见种止于都阳山地的前缘。垂直分布的高程随水平地带而不同，在桂西南山原，蚬木林可上升至海拔 850～900m，但自 700m 以上，进入石灰岩山地常绿落叶阔叶混交林地带，对地形的适应幅度变得窄狭，一般多生长在开朗的南坡以及盆地，宽谷中的峰林残丘等光照充足的较暖小环境，逐渐成为少见以至偶见种而终至消失；至于分布区的北缘，上界低至海拔 350～400m，由于平流强辐射降温，逆温现象频繁，蚬木林一般离开坡底相对高约 20m 左右，超过霜冻线才出现。

---

① 李治基执笔．资料主要来自“蚬木生态与营林问题”［1］，文中不逐一注明

② 有将学名改订为 *Excetrodendron hsienmu*（Chun et How）Chang et Miau［10］

分布区的气温记录，以位于垂直分布上部的靖西站最低，南缘低平的龙州站最高，年平均气温19.1～22.1℃，历年日平均气温稳定≥10℃积温6 290～7 900℃；最冷月平均气温11～14℃，最热月25～28℃；历年极端最低气温一般在0℃以上，只个别年份在强冷空气入侵后又经过强辐射，才出现短暂的零下低温，极值也在－2℃以上，但此时发生逆温现象，坡地上仍高于0℃。蚬木林水平分布的北界大致在年平均气温21℃，最冷月12℃，积温7 500℃的等值线以南；而垂直分布上部的数值却低得多，但历年极端最低气温较高，极值为－1.9℃，北界的形成本质上是由于极端最低气温太低，有害低温的频繁导致的，如北界外附近的巴马站虽多项气温指标比靖西高得多，但历年极端最低气温多年平均值为－0.4℃，极值－3.3℃，12月～次年2月均可出现负值。按蚬木耐寒性较弱，对0℃左右的低温较敏感，幼苗在1℃的气温下，可能出现寒害，叶凋枯；幼树在－1℃以下，可发生梢枯，－3℃以下大部分植株受梢枯的伤害，部分植株死亡，－4～－5℃的气温可使茎枯以至全枯。

分布区年降水量1 100～1 630mm，以背风区的左江和右江谷地最少，水热系数在1.5以内，属于半干燥气候，虽未成为蚬木林生存的限制因素，但却少有分布。山原本部的靖西、那坡一带降水量最多，水热系数2.1以上，属于湿润区，但海拔较高，温度较低，蚬木林的出现也存在着颇大的局限性。分布区绝大部分地方年降水量1 340～1 450mm，水热系数在1.6～2.0，属于半湿润级，分布中心的龙州即位于此气候区内，当地兼具优越的热量条件。降水量的季节分配不匀，集中在5（4）月～9月，雨季5（6）个月；11月～次年3月的月降水量在50mm以下，旱季5个月，干湿季交替鲜明；但少雨与低温同期，此时的相对湿度也较高，在75%～79%，且峰丛石山区，群峰相掩，冬春又多雾露，可以缓和旱象，为常绿树的越冬提供有利条件，原生性蚬木林即以此类树种占绝对优势。

蚬木林对地质土壤条件有严格选择，它是碳酸盐岩溶蚀地貌的特有类型，以纯厚的泥盆系中统、融县灰岩以及石炭系黄龙灰岩等构成的强烈喀斯特化层上尤多分布，少见于夹杂砂页岩的二叠系及三叠系不纯灰岩构成的微弱喀斯特化层；而绝迹于非喀斯特化层构成的常态侵蚀地貌。因此，在分布区内，蚬木林的分布常为此类地层所间断，分布区界线的形成，在许多地段也是由于毗连着广漠的非喀斯特化层，阻碍了蚬木林的迁移。

立地的土壤常为淋溶石灰土，土层浅薄，重壤或轻粘土，屑粒状至小块状结构，微酸性至中性，一般无石灰反应，碳氮比值窄，有机质丰富，氮、磷、钾含量较高（表7-32），钙含量特别多，达3 000～5 400mg/kg[5]。石峰上岩石裸露，多裂缝，漏水性强；土壤覆被率低，且随着坡位向上而急剧减少，植物给水条件恶化也随坡位向上更为突出。而圆洼地底部，雨季又可能发生内涝。蚬木林主要分布于中、下坡，较少见于上坡且不能长成大材，而消失于内涝的圆洼地底部。生态序列反映出蚬木是耐旱性强的中生植物，对水涝敏感，实践证明，同一地段凡植点位于大雨后出现积水的蚬木都陆续死去，而排水良好的微地形上的植株则正常生长。蚬木林中不少树种具有盘旋于岩面石隙间深长广展的根系，以适应水肥分散的石隙生境；叶子的旱生结构也较发达。

表 7-32　蚬木林下土壤化学分析

采集地点	土类	层次 (cm)	pH 值	有机碳 (%)	全氮 (%)	C/N	有机质	速效性养分 (mg/kg)		
								氮	磷	钾
龙州武德乡	淋溶	1～3	7.2	7.32	0.79	9.27	13.12	100.0	50.0	225.0
新联大队	石灰	3～9	7.0	4.67	0.56	8.34	8.38	62.5	15.0	175.0
弄九金	土	9～30	6.5	2.18	0.30	7.27	3.91	50.0	30.0	112.5
靖西湖润乡	淋溶	2～8	6.6	4.06	0.51	8.01	7.28	160.0	7.4	125.0
达受大队附近	石灰	8～35	6.2	2.26	0.29	7.82	4.05	6.25	6.2	62.0
	土	35～	6.2	2.07	0.24	8.48	3.72	50.0	10.2	87.5

蚬木年换叶量大，对土壤物质的生物小循环较为强烈。从叶子的化学成分分析（表 7-33）可知灰分含量较高，为中量级，属于无硫、无锰、低铝、低铁、低硅、低钾、中磷、高钙植物；含氮量属中等，为 2%左右。与酸性土植物有明显区别，属于 Ca>N>K 型，和热带石灰岩季雨林类型是一致的[8]。广西农学院林学系在第四纪红土台地贫瘠的砖红壤性土栽培的蚬木，生长停滞，终至死亡；但经过重施基肥并掺石灰改土的，生势旺盛，比天然林上层木生长最快的样木还快得多。在蚬木纯林下，土表常聚积较厚的枯枝落叶层，对于涵养水分，提高土壤肥力具有良好的作用。

表 7-33　蚬木叶子矿质成分

采集地点	占干物质 (%)										
	灰分	SiO_2	Fe	Al	Mn	P	K	Na	Ca	S	Mg
田阳洞靖附近	5.58	0.13	0.009	0.040	0	0.160	0.744	0.145	2.068	0	—
龙州新联附近	10.10	0.19	0.000 7	0.003	0	0.032	0.322	0.037	3.272	—	0.611
靖西达爱附近	10.42	0.60	0.015	0	0	0.095	—	—	—	—	—

（2）组成结构　蚬木林的外貌基本上终年常绿，林冠波状起伏，时而有个别大树高耸其上，愈显得参差不齐；板根较普遍，在低部位湿热的生境尤为明显；茎花现象也可遇见，种类不多，如木奶果、枝花李榄（*Linociera ramiflora*）以及一些榕类。蚬木以深绿色而成层的塔状树冠出露上层，成为此类森林的标志，远望林冠便可鉴别。

组成复杂，多属石灰岩特有种，每 400～600m² 的样地内有 83～137 种，分属于28～52科，主要为古热带植物的种类，以具有中越边界特有及其与南海地区[6]共有的成分为特点；而泛北极植物区的成分稀少，但在垂直带的上部可占 25%，主要属于中国—日本以及中国特有的亚热带种类[7]。

森林郁闭度 0.9 左右，分为乔木层、灌木层、草本层。乔木层每公顷一般有 1 100～2 215

株，最多达 4 050 株，建群种不明显，但通过重要值指数计算[11、12]，仍可看出一些种类占有较大的比重，由于树种多，指数分配较分散，常常由 3 种以上，甚至多达 6 种的合计，才超过总指数（300）的一半，组成共建种，蚬木常位列前茅，主要共建种在低峰丛石山中下坡有金丝李、闭花木、密花核实（*Drypetes confertifloura*）、肥牛树，后者往往局限于夹有白云岩或白云质灰岩地层上；在上坡则有黄梨木、鱼骨木，这两种对水热条件适应幅较广，但只有在此种严峻的生境，才占据重要地位；在山原有跨带分布的岩樟（*Cinnamomum saxatile*），甚至是亚热带成分的青冈等。乔木上层一般覆盖度约 80%，成为主导层，高20～25m，在低部位湿热地方，常出现少数 30m 以上的巨树高耸其上，类似常绿季节林（季节性雨林）；而在上坡，则常绿阔叶树与落叶阔叶树的数量大体相当，类似半常绿季节林的性质；虽然蚬木在这亚层的数量不一定是最多的，但频度高、基面积大，重要值指数常居第一，在相对稳定的群落里尤其如此；主要共优势种往往也是上列的共建种。中层林木的高度主要集中在 10～15m，覆盖度 50%左右，多数上层优势种的中龄立木仍占据重要地位，而这亚层的代表种处于共优势地位的有割舌树（*Walsura robusta*）、海南大风子（*Hydnocarpus hainanensis*），以及主要分布在干燥上坡的盆状谷木（*Memecylon scutellatum*），在山原则有山蕉（*Mitrephora maingayi*）、白桂木、粗糠柴等跨亚热带分布的种类。下层乔木一般高4～6m，覆盖度 30%～40%，以上层特别是中层耐荫性较强树种的幼树为主，真正属于这一亚层的种类是不多的，且只有个别种在有的地段间或可占优势，如低峰丛石山的三角车（*Rinorea bengalensis*）、山原上的铜钱柱（*Paliurus hemsleyanus*），较常见的有铁榄、密花树、鳞尾木（*Lepionurus latisquamus*）、九里香、乌材等。

灌木层高约 2m，覆盖度一般 30%～40%；草本层高 1m 以下，覆盖度 20%左右，均以常绿阔叶树更新层片占优势。真正灌木不多，每样地不过 10 种左右，稀落生长，分布较普遍的为驳骨九节，以及具有荨麻毒的艾麻（*Laportea crenutlata*），在低峰丛石山中下部还常见广西紫麻（*Oreocnide kwangsiensis*）、白雪花（*Plumbago zeylanica*）、土床香（*Croton cascarilloides*），在上坡浦竹仔（*Indosasa hispida*）、绿竹（*Sinocalamus oldhami*）较多，并有酒饼簕（*Atalantia buxifolia*）、越南核实（*Cladogynos orientalis* var. *tonkinensis*）；在山原以浆果楝（*Cipadessa cinerescens*）、红背山麻杆较常见，并出现柘树（*Cudrania tricuspidata*）、樟叶荚蒾（*Viburnum cinnamomifolium*）、梨叶悬钩子（*Rubus pirifolius*）等亚热带常见种类。

草本生长零星而种类复杂，每样地在 20～30 种以上，多为蕨类，分布普遍的有斩龙剑（*Neottopteris anthrophyoides*）、槲蕨（*Drynaria fortunei*）、圆羊齿（*Nephrolepis cordifolia*）以及铁角蕨（*Asplenium*）、石韦（*Pyrrosia*）、瓦韦（*Lepisorus*）、伏石蕨等属植物。在低峰丛低部位、天南星科占有较重要地位，如广东万年青（*Aglaonema modestum*）、海芋（*Alocasis odora*）、麒麟尾等大型叶种类，姜科长序砂仁（*Amomum thyrsoideum*）也常见；在高坡位则以耐荫而较耐旱的沿阶草最普遍，极少大型叶植物。在山原还出现一些亚热带种类，如香秋海棠（*Begonia handelii*）、十字苔草、毛柄珍珠菜（*Lysimachia capillipes*）、庐山石韦（*Pyrrosia sheareri*）等。

层间植物在每样地内常在 20 种以上，低峰丛石山中下部时可见到直径 10～15cm、长 40～50m 的木质藤本悬挂的藤环，以豆类较多，如白花油麻藤、羽叶金合欢、红毛羊蹄甲（*Bauhinia pyrrhoclada*）、绸缎藤（*Bauhinia kerrii*）、多种崖豆藤（*Millettia* spp.），萝藦科的球兰（*Hoya* spp.）、瓜子金（*Dischidia* spp.）、马兰藤（*Dischidanthus urceolatus*）等多浆液植物也不少，天南星科的爬墙蜈蚣（*Rhaphidophora hongkongensis*）、麒麟尾等大型叶种类也相当普遍，常见的还有二籽扁蒴藤（*Pristimer arborea*）、茎花崖爬藤（*Tetrastigma cauliflorum*）、香港鹰爪、买麻藤；附生植物以鸟巢蕨（*Neottopteris nidus*）较常见，此外还有硬叶吊兰（*Cymbidium pendulum*）、石槲（*Dendrobium* spp.）、圆叶槲蕨（*Drynaria bonii*）；而在上坡，藤本小得多，很少大木质藤本，主要攀援在第 2、3 层树冠上，常见的有香港鹰爪、茎花崖爬藤、爬山虎（*Parthenocissus* spp.）、念珠藤（*Alynia sinensis*）、副萼翼核果（*Ventilago calyculata*）、红毛羊蹄甲。在山原上，随着海拔的增高，热带种类逐渐减少，特别是到达蚬木林分布的上界，上列的萝藦科、天南星科以及豆类多已消失，而出现不少亚热带常见种，如小果蔷薇（*Rosa cymosa*）、龙须藤（*Bauhinia championi*）、金银花（*Lonicera* spp.）、络石（*Trachelospermum jasminoides*）。

由于生境的差异或人为干预，蚬木林共建种组合不同，可分 6 个亚型，现专就乔木层分别概述如下：

①蚬木肥牛树密花核实林　　主要分布于中心区海拔 500m 以下，由石炭系黄龙灰岩夹白云岩、白云质灰岩构成的低峰丛石山中下部，在 1 000m^2 样地有乔木 21 种 126 株。森林郁闭度 0.9 以上，乔木上层覆盖度 80%，为主导层，蚬木大树多，分布普遍，重要值指数平均接近该亚层的 1/3，明显大于位列第 2 的肥牛树，反映出它对森林环境的控制起着重要作用；此外，分布较普遍的还有密花核实，闭花木、越南槭（*Acer tonkinensis*）；具有大型羽状复叶的大叶山楝（*Aphanamixis grandifolia*）、岭南酸枣（*Allospondias lakonensis*），特别是板状根很发达的嘉榄（*Garuga pinnata*）常挺拔于主林冠之上，高达 30m 以上，虽然分布是零星的，但却十分引人注目；偶见的还有木奶果、厚叶琼楠（*Beilschmiedia percoriacea*）等。中层林木密度最大，占乔木总株数 53%，覆盖度 50%，肥牛树重要值指数达到亚层的一半左右，占据明显的优势；而密花核实，闭花木以及这亚层的代表种割舌树、海南大风子等的株数也较多，成为次优势成分，重要值指数可分别达到 20～35 以上；蚬木株数少，分布也不普遍，处于从属的地位；偶见的还有斜叶澄广花（*Orophea anceps*）、鳞尾木、广西密花树。在上、中层林冠密闭下，特别是经肥牛树稠密的树冠过滤的光照，更为暗弱，不利于下层的发育，出现以此亚层密度最小的反常现象，仅占乔木总株数 18%，覆盖度不过 30%，多为中层树种的小径木，就是耐荫性强的肥牛树、割舌树、海南大风子等也不过三几株；真正属于这亚层的只有三角车和九里香，后者在局部地方较多。

②蚬木黄梨木肥牛树林　　分布区与前一类型大体相同，但占据石峰的上部，光照强，露石特多，环境干燥。在 1 000m^2 样地有乔木 44 种 405 株，森林郁闭度 0.8。上层乔木一

般高16～18m左右，胸径25～30cm，密度低，占乔木总数17%，树冠不联接，覆盖度30%～40%，落叶阔叶树株数和重要值指数与常绿阔叶树相当，大体各占一半；落叶阔叶树以黄梨木为主，占该层重要值指数1/3强，零星分布的有越南槭、华瓜木（*Alangium chinense*）、截裂叶翅子树（*Pterospermum truncatolobium*）等；常绿阔叶树以蚬木、鱼骨木占优势，重要值指数合计，也超过1/3，常见的还有山榄叶柿（*Diospyros siderophyllus*）、齿叶黄皮（*Clausena dentata*）、粉苹婆（*Sterculia euosma*）等。中层林木高8～15m，胸径10～20cm，共33种，密度最大，占乔木总数53%，树冠基本连接，覆盖度70%～80%，重要值指数分配较均匀，其中肥牛树虽不能发展为上层木，却在此亚层占据较重要地位，但重要值指数也不过45；其次为蚬木，齿叶黄皮、鱼骨木和盆状谷木，重要值指数在20～30，山榄叶柿、越南槭、斜叶榕、大叶野樱（*Prunus macrophylla*）、小叶黄皮（*Clausena emarginata*）也可达到20以上，但分布不匀，在各地段时有时无，成为局部次优势种；其余许多树种如金丝李、圆叶乌桕、海南大风子、小盘木（*Microdesmis caseari folia*）等都很少。下层林木高4～6m，胸径10cm以内，密度也较大，占乔木层总数30%，覆盖度约40%，共由29种组成，与中层颇多类似，蚬木、肥牛树、海南大风子较多，金丝李也较常见；限于本亚层除乌材、鳞尾木较多外，铁榄、枝花李榄、毛阿芳（*Alphonsea mollis*）、密花树等，均呈零星分布。从整个乔木层看来，在严峻的生境里，林木生长变得矮小，其中许多原为大乔木树种甚至不能伸展到上层，森林的主要作用面转向中层。重要值指数分配较均匀，最大为黄梨木，也不过41，仅占全林的13%强；其余依次为蚬木、肥牛树、鱼骨木、齿叶山黄皮、山榄叶柿、越南槭、海南大风子等八种合计仅占乔木层60%。由于森林绝大多数为小径木，连中径木也极少，材用价值低，但对石山环境保护却起了重要作用。

③蚬木金丝李闭花木林　主要分布于中心产区，由泥盆系灰岩构成的石山中下部，海拔500m以下。森林郁闭度0.9～1.0，2 000m^{2}样地内有乔木34种259株。作为前两类共建种的肥牛树，却在此群落内完全消失，就是在这种灰岩地层上，也极少遇到；虽然水热条件和（1）亚型是相似的。上层乔木11种31株，多为老熟大树；树冠广展，覆盖面多在100m^{2}以上，有的可超过300m^2；林冠密接，覆盖度90%左右。蚬木、金丝李的株数较多，胸径常在50～60cm，有的可达1.2m，高20～25m，个别在30m以上，它们的重要值指数合计超过该层的1/2，占据明显优势；海南韶子（*Nepheium topengii*）、闭花木也较多，但分布不均匀，为局部次优势种；零星生长的有密花核实、海南厚壳桂（*Cryptocarya hainanensis*）、高山榕、紫荆木等常绿阔叶树以及个别落叶阔叶树黄梨木、截裂叶翅子树。中层有25种74株，覆盖度约50%，优势种依次为闭花木、蚬木、割舌树；金丝李、海南大风子、密榴木（*Miliusa chunii*）、米仔兰（*Aglaia odorata*）也较常见；其余种类数量稀少，如斜叶榕、大叶朴（*Celtis philippinensis*）、火麻树（*Laportea chingiana*）等。下层有29种156株，覆盖度40%，以中上层较耐荫树种的小径木为主，其中蚬木、割舌树、闭花木、山榄叶柿株数较多；仅见于本亚层的有乌材、长叶玉兰（*Magnolia paenetalauma*）、茜木（*Pavetta hongkongensis*）等，均属偶见种；而堇菜科稀有的乔木种三角车却在这亚层占据

优势的地位，为群落的热带性润色。

④蚬木岩樟林　　主要分布于桂西南山原中部海拔 500～700m 左右，并可伸至蚬木林分布区北部。在 1 200m² 样地共有乔木 35 种，121 株。郁闭度 0.9 左右，乔木上层覆盖度 70%～80%，株数占乔木层 28%，以蚬木、岩樟占明显优势，重要值指数大体相当，各在 90 以上；较重要的还有算盘子叶密榴木（*Miliusa glochidioides*）、斜叶榕，在有的地段重要值指数可达 50 左右，属局部次优势种；此外，零星生长的有海南椤、长梗铜钱树（*Paliurus hirsutus*）、牛尾木（*Radermachera sinica*）等。中层有 18 种，株数占 36%，覆盖度40%～50%，蚬木、山蕉的重要值指数较大，分别在 40 左右，并不突出；其次岩樟、算盘子叶密榴木、白桂木的指数在有的地段也较高，而在另一地段却很少出现；其余斜叶橙广花、米仔兰、倒吊笔、柄果木等的数量都很少。下层有 25 种，密度也占 36%，覆盖度 40%，蚬木、算盘子叶密榴木最多，其次为金丝李、米仔兰、单果阿芳等，其他种类多呈单株分布，局限于此亚层的有铁榄、打铁树、小叶山柿、野黄皮（*Clausena excavata*）等。从整个乔木层重要值指数排序，依次为蚬木、岩樟以及算盘子叶密榴木、山蕉、斜叶榕，5 种合计才超过总指数的一半。由于所处地理位置偏北，地势较高，一些较严格的热带种如海南大风子、割舌树，海南韶子等已不复见或极少见；而出现尖果栾树（*Koelreuteria bipinnata* var. *apiculata*）、大叶野樱、长梗铜钱树、尾叶山胡椒（*Lindera pulcherrima* var. *attenuata*）等亚热带成分，但它们在林中的重要性还是微不足道的。

⑤蚬木青冈林　　散布于桂西南石灰岩山原海拔 700～900m，为蚬木混交林垂直分布上部的类型，不常见，一般限于较暖的小环境。在 400m² 样地有乔木 27 种 87 株，郁闭度约 0.9。上层林木高 20m 左右，胸径 25～35cm，密度低，占乔木层 14%，覆盖度 70%～80%；重要值指数较集中，蚬木接近这亚层的一半；其次为青冈，指数占 1/5 强；散生的有岩樟、白桂木、越南桂木（*Artocarpus tonkinensis*）。中层高 8～15m，胸径 10～20cm，共 11 种，占总株数 29%，覆盖度 50%；仍以蚬木为多，重要值指数为 76；其次是这亚层代表种的粗糠柴和山蕉，分别为 58、41，成为共优势种；其余除九里香较多外，均单株分布，如牛尾木、鱼骨木、华南皂荚、大叶朴、金丝李等。下层种类最多，共 22 种，密度占 57%，覆盖度 50%，一般高 4～6m，胸径 10cm 以内，以粗糠柴重要值指数最高，也只 48；其次是这亚层的代表种铜钱树为 36；再次为山蕉、蚬木，分别为 30、20；株数稍多的还有青冈、岩樟、白桂木、广西密花树、厚壳树（*Ehretia thyrziflora*）等；而半数以上是局限于这亚层的种类如铁冬青（*Ilex rotunda*）、大叶野樱、山合欢、肖异木患（*Allophylus racemosus*）、长叶木姜、乌口树（*Tarenna mollissima*）都是偶见种。整个乔木层重要值指数序列依次为蚬木、粗糠柴、青冈、山蕉，4 种共占总指数 1/2 强。从树种组成看，古热带成分仍占优势，但已大为减少，剩下的多属跨带的广布种；而泛北极植物有所增多，有的成为共优势成分如铜钱树，而青冈从亚热带南迁，只在海拔较高的山原才较大量出现，参与建群，区系成分表现群落的热带色彩减弱，有向石灰岩常绿落叶阔叶混交林过渡的性质。

⑥蚬木纯林　　零星小片分布于蚬木林分布区的村后山，是人们有意识的保存发展蚬

木，将蚬木混合林作为固石防护林经营，伐掉其他林木，或进行皆伐保留蚬木母树更新，并经除伐而形成纯林。但停止抚育后，其他树种通过萌芽或下种又逐渐发展起来。据在桂西南石山山原中部调查，800m^2 林内有乔木 51 种 283 株，郁闭度约 0.8，乔木上层为稀疏老大母树，高 20～25m，共 11 种 47 株，绝大多数是蚬木，重要值指数占亚层的 1/2 强，占绝对优势，其他稍多的有水冬瓜、逼迫子（*Bridelia monoica*），还偶见岩樟、单果阿芳、鱼骨木等。下层高 4～6m，覆盖度 60%～70%，共 48 种 229 株，重要值指数相当分散，在10～40 之间的，依次为岩樟、蚬木、水冬瓜、山蕉、米仔兰、长叶柞木（*Xylosma longifolia*）合计也只有 133；此外，白桂木、红花木（*Casearia membranacea*）、小叶女贞、牛尾木、肖异无患、灰毛浆果楝（*Cipadessa cinerascens*）的株数也较多；其余多呈零星或单株分布如鱼骨木、铁榄、九里香、乌材、小叶山柿、大叶野樱等，不少是蚬木、岩樟林的成分。由于上面林层覆盖不均，使下层可兼容并蓄耐荫性不同的树种，甚至出现强喜光的香椿、千张纸(*Oroxylon indicum*)，成为蚬木林组成最复杂的类型。从下层特别是优势种的组合看来，已呈现蚬木岩樟林的雏形，因为所调查的单优林源出于此类混交林经过人为干预派生的类型。

(3) 生长过程 从龙州低峰丛石山不同坡位伐取的天然林上层木，查定蚬木生长进程。

蚬木幼年高生长缓慢，年生长量一般为 0.3m 左右，个别样木近 0.6m，5 年生后连年生长大都迅速加快，生长高峰期一般在第 2 或第 3 龄阶来临，这期间生长量 1m 以上，下坡样木尤为突出，并在高峰期前后 3 个龄阶里以 1m 左右的速度生长；中坡样木紧接高峰后陡然猛跌，从此时起时伏，进程曲折；而上坡样木的高峰出现较迟，在第 5 龄阶时，以后便急剧下降，连续 3 个龄阶几趋于停滞，反映出主梢顶芽生势明显衰退。中上坡样木的平均生长进入高峰期虽有迟早，但都与连年的生长高峰同期来临，这和连年生长在高峰后急剧下降有关；下坡样木在连年生长高峰后仍持续较高水平，徐徐下降，相隔 10 年，平均生长高峰才到来；高峰期，生长快的样木的平均生长量接近 1m，慢的也达到 0.7m；高峰后，各样木的生长量未出现急降现象。样木之间总生长量差距颇在，下坡样木 32 年生为 26.89m，上坡样木 39 年生仅 19.53m（表 7-34）。

胸径连年生长高峰出现在第 5 或第 6 龄阶，多在树高连年生长高峰之后，相隔为 2～3 个龄阶；但上坡样木较为特殊，两个高峰同期出现；高峰期各样木的生长量多数达到或超过 1cm，此后直到 30～45 年生时，尚维持较高的生长量，看来形成层活动能力并未明显减弱，各样木平均生长量上升都较慢，但持续时间长，到 32～45 年生时，为 0.56～0.78cm 之间，高峰未明。样木间总生长量的差异情况，和树高相类似，以下坡样木最快，32 年生为 24.9cm；而 39 年生的上坡样木仅 22.0cm（表 7-34）。

材积连年生长在继续上升中，未到高峰，虽然 3 号样木在第 8 龄阶微跌，还不足以判明处于下降过程。伴随着平均生长也在不断增加，但和连年生长值的差距还很大，看来远未达到数量成熟期。早期年生长的绝对值是微小的，到了 10 年甚至 20 年以后才以 dm^3 为单位大幅度上升。速生的下坡样木 32 年生总生长量为 0.6m^3，慢生的上坡样木 39 年生还不到

0.4m³，中坡样木 45 年生接近 1m³（表 7-34）。

样木少，或然率大，要分别不同生境作出生长快慢的论断实嫌论据不足；而测定结果表明是符合林木生长随坡位向上而变慢的一般情况的。从中下坡样木表明蚬木各项生长都不算慢，速度中等。广西农学院在贫瘠酸性的第四纪红土栽种的蚬木不能成长，但经过施基肥和石灰改土，17 年生的平均木胸径为 13.5cm，从 8 年生起年生长量多在 1cm 以上，风调雨顺的年份竟达 2.1cm；优势木为 1.93cm，最快的年份为 2.7cm，均胜过上列任何样木的生长速度。

表 7-34　蚬木生长进程

年龄	1(下坡,32年)			2(中坡,45年)			3(中坡,40年)			4(上坡,39年)		
	总生长	平均生长	连年生长	总生长	平均生长	连年生长	总生长	平均生长	连年生长	总生长	平均生长	连年生长
					树　高						单位:m	
5	1.60	0.32	1.03	2.95	0.59	0.78	1.30	0.26	1.25	1.30	0.26	0.76
10	6.75	0.68	1.34	6.85	0.69	1.24	7.55	0.76	0.36	5.10	0.51	0.90
15	13.45	0.90	1.02	13.03	0.87	0.32	9.35	0.62	0.63	9.60	0.64	0.50
20	18.55	0.93	0.98	14.65	0.73	0.44	12.50	0.63	1.00	12.10	0.65	1.10
25	23.47	0.94	0.62	16.87	0.68	0.31	17.50	0.70	0.19	17.60	0.70	0.20
30	26.57	0.89	(0.16)	18.40	0.61	0.87	18.47	0.62	0.78	18.60	0.62	0.10
35	(26.89)	(0.84)		22.75	0.65	0.44	22.35	0.64	0.21	19.12	0.55	0.10
40				24.93	0.62	0.13	23.40	0.59		19.53	0.50	
45				25.60	0.57							
					胸　径						单位:cm	
5	0.6	0.12	0.52	1.2	0.24	0.48	0.5	0.10	0.54	0.3	0.06	0.24
10	3.2	0.32	0.64	3.6	0.36	0.50	3.2	0.32	0.98	1.5	0.15	0.22
15	6.4	0.43	0.90	6.1	0.41	0.64	8.1	0.54	0.90	2.6	0.17	0.32
20	10.9	0.55	1.46	9.3	0.47	0.46	12.6	0.63	1.00	4.2	0.20	1.04
25	18.2	0.73	0.90	11.6	0.47	0.26	17.6	0.70	0.90	9.4	0.37	0.98
30	22.7	0.76	(1.10)	17.6	0.60	0.82	22.1	0.74	0.88	14.3	0.48	1.04
35	(24.9)	(0.78)		22.0	0.63	0.74	26.5	0.76	0.82	19.5	0.56	0.63
40				25.7	0.64	0.70	30.6	0.77		22.0	0.56	
45				29.2	0.65							
					材　积						单位:m³	
5	0.000 2	0.000 04	0.000 70	0.000 3	0.000 06	0.000 86	0.000 3	0.000 06	0.000 76	—		—
10	0.003 7	0.000 37	0.002 96	0.004 6	0.000 46	0.004 10	0.004 1	0.000 41	0.004 08	0.000 7	0.000 7	0.000 42
15	0.018 5	0.001 23	0.011 08	0.025 1	0.001 67	0.009 12	0.024 5	0.001 63	0.010 90	0.002 8	0.000 19	0.001 22
20	0.073 9	0.003 69	0.031 42	0.070 7	0.003 54	0.015 10	0.079 0	0.003 95	0.020 24	0.008 9	0.000 45	0.006 08
25	0.231 0	0.009 24	0.048 74	0.146 2	0.005 85	0.031 78	0.180 2	0.007 21	0.027 40	0.039 3	0.001 57	0.012 42
30	0.474 7	0.015 82	0.061 25	0.305 1	0.010 17	0.033 78	0.317 2	0.010 57	0.035 64	0.104 0	0.003 38	0.027 38
35	0.597 2	0.018 66		0.474 0	0.013 54	0.041 06	0.495 4	0.014 15	0.035 24	0.238 3	0.006 81	0.030 05
40				0.679 3	0.016 98	0.047 28	0.671 6	0.016 79		0.358 5	0.009 19	
45				0.915 7	0.020 34							

（4）更新演替 天然下种更新，以蚬木、金丝李、闭花木林的效果最好（表 7-35），平均每平方米林下有幼苗 2 株，幼树 4 株以上。标准地内，溶蚀作用强烈，聚积土壤的优越微地形较发达，有利于幼苗的形成与发展。蚬木、黄梨木、肥牛树林位于石峰上坡，立地条件恶劣，更新层的发育最差，每平方米林下仅幼苗 0.3 株，幼树 0.2 株。

表 7-35 蚬木林更新调查统计 单位：株数/1 000m²

森林类别	树种	幼苗		幼树		森林类别	树种	幼苗		幼树	
		株数	%	株数	%			株数	%	株数	%
蚬木金丝李闭花木林	蚬木	788	38	750	16	蚬木岩樟林	蚬木	229	93	120	39
	闭花木	1 200	58	1 725	36		岩樟	8	3	23	7
	金丝李	0	0	163	3		算盘子叶密榴木	0	0	3	1
	海南韶子	0	0	300	6		山蕉	2	1	19	6
	其他	63	3	184	39		其他	7	3	146	47
	合计	2 064	100	4 779	100		合计	246	100	311	100
蚬木肥牛树密花核实林	蚬木	207	43	37	13	蚬木青冈林	蚬木	43	37	120	27
	肥牛树	260	55	81	30		青冈	18	16	78	18
	密花核实	10	2	30	11		粗糠柴	0	0	35	8
	闭花木	0	0	73	27		山蕉	0	0	28	6
	其他	0	0	53	19		其他	54	47	185	41
	合计	477	100	274	100		合计	115	100	446	100
蚬木黄梨木肥牛树林	蚬木	99	35	99	47	蚬木单优林	蚬木	71	54	270	48
	黄梨木	100	35	0	0		岩樟	15	11	33	5
	肥牛树	21	8	18	9		山蕉	6	5	5	1
	铁屎木	36	13	3	1		其他	40	30	260	46
	其他	26	9	89	43		合计	132	100	568	100
	合计	282	100	209	100						

蚬木更新成熟龄一般在进入 25～30 年以后。分布区南缘下种期为 6～7 月上旬，北缘约迟一个月，均当湿热季节。种子发芽迅速整齐，据试验 4 天开始，起止期约 8 天。种子较小，可落入狭窄的岩缝石隙，成苗机遇也多。蚬木是耐荫偏喜光树种，幼年耐庇荫，且在荫蔽条件下生长最快，增长率比全光照下大 3～4 倍[9]；约 10 年生后，虽还能耐一定蔽荫，但以在全光照下生势较好，表现为耐荫植物；约 20 年生后，至少要上方无庇荫条件下，才能正常生长发育，否则便呈被压以至死亡，出现喜光特性。耐荫性随年龄而变异，使它能适应不同林层光照条件的变化，在群落各层及亚层均有分布，具备幼年、青年、中年、老年各个发育阶段的种群；且由于更新层的数量优势，在群落发展中仍将持续其建群地位。另

一方面，在保留母树的皆伐迹地上，也能获得良好的更新，10 年后调查，林内有 68 株/$10m^2$，形成密茂丛林。

各群落的其余共建种或优势种中，大多数在更新层中的数量较多或最多，后继有树；也具备各发育阶段的完整种群。表现出在群落中的稳定性。并仍可保持重要的或较重要的地位；但黄梨木虽幼苗相对的多，却缺乏幼树以及下层木，可能由于这一喜光树种，郁闭的森林环境不利于幼树的成长，因而种群结构不完整，稳定性较差。算盘子叶密榴木虽具有完整种群，但野生苗数量少，有可能失去局部优势地位。至于常见种及偶见种，在多数的群落中，只有少数的种缺乏野生苗，但蚬木黄梨木肥牛树林却不同，44 种乔木中过半的种类（25 种）得不到更新，属于消退型的种，而仅见于更新层的种类也较多（19 种），其中耐荫的闭花木、割舌树等可能定居下来。

归纳各群落树种更新及种群结构状况，蚬木混交林多数亚型已达到相对稳定阶段。但蚬木黄梨木肥牛树林在群落发展中，黄梨木最少，将失去共建种的地位；再则森林组成将发生较大的变化，其中多种落叶树缺乏幼龄一代继承，使群落有向常绿季雨林演替的趋势。蚬木纯林在停止人为干预后，某些树种不断侵入，目前岩樟在乔木下层已占优势，野生苗也较多，表明纯林将向蚬木岩樟林发展，这和调查点位于后一群落的分布区有关。换言之，纯林是很不稳定的，将为当地相应的蚬木混交林所更替。

(5) 评价及经营意见　蚬木林蕴藏着丰富多彩的热带植物资源，也是宝贵的种子库、基因库，其中蚬木、金丝李是珍稀的硬材树种，已列为国家二级保护植物，木材质量系数分别为 3 291、3 159，强度性质为 3 360、3 048，材性非常优越，极少树种能和它们媲美；此外，优良材用树种还有岩樟、闭花木、鱼骨木、海南韶子、肖韶子等；肥牛树是著名的优质饲料树种；果用的有野黄皮、割舌树；药用的有长序砂仁、山榄叶柿、海南大风子、石槲等；九里香、米仔兰是有名的赏花植物；其他有用植物种类还很多。还值得注意的是，蚬木混交林是北热带石灰岩地层特有的富有代表性的原生性森林，也是产区广阔的荒芜石山绿化的样板；且在维护和改善石山区生态环境方面起着巨大作用，此外在科学研究上还有着重要的意义。

由于长期滥伐，蚬木林残存无多，属于濒危的森林类型，80 年代初已在中心产区的龙州弄岗建立保护区；其余各地的蚬木林也应加强管护，严格控制采伐量，保证更新。在允许采伐的地段，以采用择伐为好，使众多的种质资源得以保存，并就近提供当地绿化所需种源；也可适当保留母树，进行小面积皆伐，待幼林成长郁闭，再通过除伐，可形成高质量的蚬木纯林。至于蚬木肥牛树混交林集中分布的地段，有条件的可建立牧场，进行中林作业，对蚬木等材用树种采用乔林作业，对萌芽力强的肥牛树采用矮林作业以便生产优质木材和提供饲料。

2. 肥牛树林①

肥牛树（*Cephalomappa sinensis*）为广西特有树种，在桂西南低峰丛石山，常参与蚬木杂木林的建群；但在特殊地形上，可独自组成单优林。

肥牛树产广西西南部，向北延伸至桂西北山原田林县浪平谷地，北纬24°25′，但以它为优势种或共优势种的林分则局限于左江与右江之间的低峰丛、峰林石山区，约位于北纬22°10′～22°50′，东经106°35′～107°30′的范围，垂直分布高程一般在海拔高300～500m以下，特别是以纯厚的泥盆纪及石炭纪灰岩构成的强喀斯特化地层上分布最多，至于砂页岩等构成的酸性土山地无分布。分布区属北热带季风区，年平均气温在21.3～22.1℃，最冷月（1月）平均气温为12.9～13.9℃，极端最低气温多年平均为2.6～3.1℃，日平均气温稳定通过10℃年积温7 487～7 902℃。肥牛树较能耐寒，引种证明，能忍受－4～－5℃的极限低温[1]。年降水量约1 400mm，水热系数1.7左右，属于半湿润气候；左江及右江谷地年降水量约1 200mm的地方，属于半干燥区，虽热量丰富，但未见有肥牛树林的天然分布；而在靖西灰岩山原上，年降水量达1 500mm以上，但地势较高，年平均气温只有19.1～19.5℃，虽紧接分布区，也未发现肥牛树林。

在低峰丛峰林石山坡地的原生性蚬木杂木林中，肥牛树参与建群，占据较重要地位。而在深狭的圆洼地和坡底部位，日照短促的荫蔽地形上，耐荫性强的肥牛树更为蓬勃发展，形成单优杂木林，而蚬木肥牛树林中的其他树种均在不同程度上受到排挤，包括蚬木在内，处于从属或极为从属的地位。林木繁茂，生长较高，郁闭度0.9以上，而树种组成较为简单，在600m^2的样地仅9～15种，而在三块样地共1800m^2内，有24种，215株，分为3个亚层。

第1亚层林木一般高25m左右，个别落叶大乔木超过30m以上，林冠起伏不平，覆盖度75%，树冠连续，胸径一般30cm，少数达50～60cm，林木枝下高较高，削度小，在1 800m^2样地内，共有林木13种87株，肥牛树分布普遍，频度100%，相对密度为75%，相对基面积70%，重要值指数在180以上，超过其他树种的总和，在群落中占据绝对优势地位，而在局部地段几乎全部为肥牛树；零星生长的有蚬木、网脉核实、假肥牛树（*Cleistanthus petelatii*）以及截叶翅子树（*Pterospermum truncatolobatum*）。它们的重要值指数在10～20；其他树种如细子龙（*Amesiodendron chinense*）、四瓣崖摩（*Amoora tetrapetala*）、大叶朴（*Celtis philippinensis*）、上思厚壳树（*Ehretia tsangii*）、海南菜豆树（*Radermachera hainanensis*）、石山嘉榄（*Garuga floribunda* var. *gamblei*）等只单株出现。

第2亚层林木一般高12～15m，胸径10～18cm，覆盖度40%左右，树冠不连续，树干细长，共有12种86株，仍以肥牛树占绝对优势，相对密度为60%，重要值指数占了半数左右，其次较多的为假肥牛树，但相对密度为16%，重要值指数占42.6，其他较常见的还有条隆胶（*Teonongia tonkinensis*）、海南大风子（*Hydnocarpus hainanensis*）和三角车（*Rinorea bengalensis*）等，偶见有割舌树（*Walsura robusta*）和棒柄花（*Cleidion brevipetiolata*）等。

---

① 执笔人：苏宗明，莫新礼

第 3 亚层林木在 10m 以下，分布稀疏，覆盖度不到 30%，多是第 2 亚层的种类，数量较多的依次为肥牛树、海南大风子、假肥牛树，有的地段出现桄榔占优势，其他还有斜叶澄广花（*Orophea anceps*）、割舌树和网脉核实等。

肥牛树树冠浓密，实际覆盖度大，在它的立木重叠荫蔽下，林冠下光照暗弱，抑制了以下各层的发展。林下空旷，行走方便。灌木层植物高 3m 以下，覆盖度只 15%～20%，多为上层乔木的幼树，真正的灌木很少，只有驳骨九节（*Psychotria siamica*）。

草本层植物也稀少，分布不均，覆盖度 5%～20%，多为耐荫的种类，如粤万年青、海芋、穿鞘花（*Forrestia chinensis*）、越南冷水花（*Pilea alongensii*）、平滑楼梯草（*Elatostema laevigatum*）和多种沿阶草植物。

层间植物种类不少，多为木质大藤本，常见扁担藤、副萼翼核藤、赤苍藤（*Erythropalum scandens*）、大翼萼藤（*Porana spectabilis*）、质翅藤（*Aspidopterys concava*）、大叶藤（*Tinomiscium tonkinensis*）、大叶崖角藤（*Rhaphidophora hookerii*）、麒麟尾等。

肥牛树在更新层中分布很普遍，数量也较多，而在乔木各亚层中如上所述都具有它的立木，数量也是最多的，可见由它创造的密林环境，仍很有利于它通过不同的发育阶段而继续生存繁衍，将仍保持绝对优势的地位。其余 23 种乔木，绝大多数都获得更新，特别是海南大风子、假肥牛树、山榄叶柿（*Diospyros siderophyllus*）、割舌树、三角车、条隆胶和斜叶澄广花等在林中的发育阶段也是完整的或比较完整的，是群落中稳定的种，它们或者在更新层中数量不多，或者属于中、小乔木的生活型，不可能取代肥牛树建群地位，其他树种的野生苗分布零星，可能以偶见种或常见种保留下来。此外，少数的种类很少或没有幼树，如海南菜豆树、石山嘉榄和秋枫等均为上层高大的喜光树种，它们在群落中是很不稳定的。另外，在样地内也有少数的种类只有一些幼树，如金丝李、仪花和假苹婆等可能定居下来，看来森林的组成变动是不多的。总之，肥牛树单优林是处在相对稳定的阶段。

肥牛树单优林实际上是由相同立地条件的东京桐林演进而来，在后一类型中，肥牛树已侵入定居下来，在乔木中，下层及更新层的数量不少，较荫蔽的森林中，很适于它的生长繁殖，随着时间的推移，在各亚层的数量不断增加，逐渐占据优势。而在它的浓荫下却不利于东京桐等优势种的更新，补充率低于衰退率，数量逐渐减少，许多树种也受到排斥。在这过程中曾出现肥牛树、东京桐为共优势种的过渡[2]，此时的东京桐主要是残留的上层大树，因此重要值指数仍排在第 2 位，却缺下层木及幼树，也只有个别中层木，已表现出衰退种的特征，终而演替为肥牛树单优林。在东京桐林中曾提及逆行演替出现由任豆（*Zenia insignis*）等喜光落叶树组成的落叶林，其实上列各类型如遭受彻底破坏，均可直接退化为这类森林。根据 1 800m² 的样地统计，东京桐林乔木层兼容耐荫性不同的树种，种数最多（50 种），随着喜光树种逐渐被淘汰，依次为肥牛树、东京桐林（31 种），肥牛树单优林（24 种）；而任豆林是迹地上首先发展起来的次生林，种类最少（一般不超过 10 种），即在进展演替中，森林树种组成出现由简单到复杂又复简化的趋向；森林外貌出现从落叶林经由半常绿林到常绿林的变化。

作为建群种的肥牛树，木材结构细，材质坚硬，容积重为0.945，其极限强度（kg/cm²）：顺压为822，顺剪为282，弯曲（弦面）为1 808，端面硬度为1 626，是为优良硬材，可供制造家具、农具、机械、细木工艺等用。种子榨油供工业用。更值得重视的是它的叶片与嫩枝营养价值很高，牛羊喜吃，根据产区群众的经验，用来喂养瘦牛，增重很快，是一种优质的木本饲料植物。产珍贵优良用材的还有蚬木、秋枫以及截裂翅子树、任豆和海南菜豆树等速生树种，割舌树产美味果品，海南大风子种子油治麻风、癣介，桄榔产淀粉和糖料。此外，还有白头叶猴、黑叶猴和冠斑犀鸟等珍稀动物。森林的经济价值高。近年已在宁明及龙州两县分别设置自然保护区，进行管护。其他各地此类森林分布集中的地方，宜经营小型牧场。肥牛树萌芽力强，可维持百年以上，适于矮林作业，进行截干、切枝萌芽更新。产区内还有大面积的荒石山，可选择下坡造林，植后4～5年，即可切枝，每公顷年产鲜叶15 000～22 500kg，此后切口和枝条与年俱增，产量将会大大增多，通过人工扩大肥牛树资源以发展畜牧业，对石山区脱贫致富，是大有作为的。

参 考 文 献

[1] 李治基等．广西主要经济林木生态地理分布及其布局问题．植物生态学与地植物丛刊 3（1），1965，38～39

[2] 苏宗明等．弄岗自然保护区植被调查报告，广西弄岗自然保护区综合考察报告．广西植物增刊一，1988

3. 东京桐林①[1]

东京桐为大戟科的单种属。以东京桐（*Deutzianthus tonkinensis*）为主组成的群落是由原生林受破坏后逐渐发展起来的保持较好的次生林，是北热带石灰岩森林中一个重要类型，具有较重要的科学意义。

东京桐为中越边界的特有种，在我国分布于广西西南部和云南东南部。而东京桐林目前只发现于广西左江上游的龙州、宁明和崇左等3县的局部地区，生长在石灰岩地层构成的低峰丛、峰林石山的圆洼地、槽谷，海拔高300m以下。至于由砂页岩等构成的土山，尚未见有这类森林。分布区属北热带季风区，气候炎热，低平地方年平均温度22℃左右，最冷月平均气温13.8℃左右，最热月（7月）平均气温28.1～28.7℃；日平均气温稳定通过10℃的年积温7 800℃以上。由于地处十万大山的背风区，年降水量偏少，在1 200～1 400mm左右，但东京桐林生长在深狭的圆洼地、槽谷及其边缘的坡积物部位，局部湿度大的小环境，而绝迹于一般坡地上。林地土壤为淋溶石灰土，枯枝落叶层一般厚2～3cm，分解较迅速，肥力较高。

① 执笔人：苏宗明，莫新礼

东京桐林为组成和结构较复杂的复层混交林。在 2 400m² 的样地内共有 181 种植物。茎花和板根现象时有所见。林木生长较繁茂，郁闭度在 0.8 以上。乔木层以常绿种类为主，但也含有一定的落叶成分，林分可分为 3 个林层。

第 1 林层林木高度多在 25～30m，胸径 30～50cm，最大达 90cm 左右。树干通直圆满，枝下高 8～15m，冠幅庞大，郁闭度在 0.7 以上，共有 22 种，由常绿和落叶阔叶树组成，常绿树种占 77%。其中东京桐株数最多，分布均匀，重要值指数最高，为 62.4；其次为秋枫，重要值指数占 23.0。此外，零星分布有肥牛树、假肥牛树（*Cleistanthus petelatii*）和蚬木、人面子（*Dracontomelon duperreanum*）等。落叶树种不少，但相对密度仅 23%，以任豆较为常见，仅次于东京桐，重要值指数为 42.9。较重要的还有岭南酸枣（*Allo spondias lakonensis*）、石山嘉榄（*Garuga floriumda* var. *gamblei*），这两种的重要值指数分别为 16.4 和 17.2；此外偶见有顶果木、海红豆（*Adenanthera pavonina*）和刺桐（*Erythrina variegata* var. *orientalis*）等。由于树种较多，重要值指数的分配又较分散，上面列有重要值指数的 5 个种合计，才超过这层总指数的 1/2，成为森林的共建种。

第 2 林层林木高 10～16m，胸径 12～22cm，覆盖度 35%～50%，树冠不连续，种类较多，共 30 种，重要值指数的分配相当分散，优势种不大明显，绝大多数为常绿阔叶树，其中部分种类与第 1 林层相同，以东京桐较多，其次为秋枫、肥牛树、假肥牛树以及榕类；在这层新出现的有平顶紫金牛、掌叶树（*Brassaiopsis glomerulata*）、幌伞枫（*Heteropanax fragrans*）、木蝴蝶（*Oroxylon indicum*）等多种，但都是偶见种。落叶阔叶树多已绝迹，仅见个别的刺桐、顶果木。

第 3 林层林木高 4～8m，胸径 10cm 以下，有 18 种，数量也较少，多为中上层乔木的幼树，以东京桐、秋枫、肥牛树、平顶紫金牛稍多；此外还有单穗鱼尾葵（*Caryota monostacha*）、黄牛木、海南大风子、鸭脚木等，均零星分布。

灌木层植物一般高 3m 以下，覆盖度 40%左右，种类较多，多为乔木的幼树，灌木以喜潮湿的桄榔占重要地位。其他还有驳骨九节、火筒树（*Leea indica*）、长叶龙吐珠（*Clerodendron wallichii*）、中越密脉木（*Myrioneuron tonkinensis*）、弄岗金花茶（*Camellia longgangensis*）等。

草本层植物种类较多，达 40～50 种，覆盖度 50%以上，大多是喜阴湿的种，以蕨类、百合科、天南星科的种类较多，而常见的为多花可爱花（*Eranthemum polyanthum*）、越南冷水花、粤万年青（*Aglaonema modestum*）、东京闭鞘姜（*Comenalina tonkinensis*）和多种沿阶草。其他还有海芋、摩芋（*Amorphophallus rivieri*）等。

层间植物发达，种类较多，以木质大藤本为主，常见为阔叶瓜馥藤（*Fissistigma chloroneurum*）、东京紫玉盘（*Uvaria tonkinensis*）、大翼萼藤（*Porana spectabilis*）、蝉翼藤（*Securidaca inappendiculata*）等，有时还可见到油瓜（*Hodysonia macrocarpa*）、香港崖角藤和大叶崖角藤等。附生植物主要为鸟巢蕨（*Neottopteris nidus*）。

东京桐为速生树种，根据树干解析表明，其生长进程为：树高连年生长量在 5～8 年时，一般为0.8～1.0m，最高峰出现在9年生时，达1.4m，10～26年生期间生长变幅颇大，胸径生长在幼龄期缓慢，年生长量只有0.6～0.7cm，10年后较快，15年生时达高峰期，年生长量达1.0cm，27年生后逐渐下降；材积生长要到15年生后才转快，最快出现于23年生，以后并保持稳定增长。

另据测定，东京桐林，每公顷有825株左右，最少也有420株；每公顷蓄积量为150m^3，最多可达471.0m^3。

林下幼树组成颇为复杂，共51种；但仅有19种属于样地内乔木的幼树，占乔木层总种数（50种）的38%，其中东京桐的幼树较多，分布普遍，然而它在各林层的株数自上而下递减，看来森林环境对幼树向乔木层发展并不理想，未必能继续保持优势。蚬木、肥牛树、榕类和海南大风子等的幼树也不少，分布较普遍，它们的株数将有可能增加。其他多数种类的幼树少，频度也较低，仍将持续偶见种的地位。而乔木层中大部分的种类却得不到更新。作为共优势种的秋枫和任豆，特别是后者仅在上层有过熟木，在群落中是很不稳定的种。其他上层落叶树除海红豆外，也出现类似情况，属于衰落种。另一方面，在样地内有幼树的树种较多，共32种，如割舌树、四瓣米仔兰（*Aglaia tetrapetala*）、条隆胶等较多的种类，从它们生长表现以及生态特性判断，可以成长为乔木层的成分。总之，随着群落的发展，目前的共优种的地位不是那么稳定的或很不稳定的，而且树种组成也将发生较大的变化。从更新情况及立地条件推断，此类次生林将向肥牛树为代表的森林逐渐演进。如受破坏，则为任豆、岭南酸枣、石山嘉榄等生长迅速的落叶树种组成的次生林所更替。如再反复破坏，将沦为山石榴、鸡爪勒（*Randia sinensis*）和多种羊蹄甲等组成的藤刺灌丛。

东京桐林的树种很多，资源植物丰富，经济利用价值较高。其中东京桐、任豆、重阳木等优势种和岭南酸枣、广西顶果木、海南风吹楠等均为优良速生用材树种，后者种子榨油供工业原料，珍贵的树种有蚬木、金丝李、肥牛树等，其他林下经济植物主要有桄榔可产砂糖及有名的桄榔粉，还有珍贵的弄岗金花茶。此类森林在调节石山区的气候和保持水土都具有良好的作用，且森林面积不大，应以保护为主，只许在核心保护区以外的森林进行择伐或小面积皆伐，保证天然更新。前述的速生优良树种，亦可作为石山的绿化造林树种。

参 考 文 献

[1] 苏宗明等．弄岗自然保护区植被调查报告，广西弄岗自然保护区综考报告．广西植物增刊一，1988

4. 闭花木、三角车林①[1]

闭花木（*Cleistanthus saichikii*）、三角车（*Rinorea bengalensis*）林，分布区狭窄，是蚬

① 执笔人：苏宗明，莫新礼

木林等原生性杂木林受破坏后，恢复起来的丛林。

以闭花木、三角车为主的石灰岩次生林，只见于广西西南部左江上游低峰丛、峰林石山区海拔 600m 以下，尤以弄岗和陇瑞两自然保护区有较多的分布。分布区约处于北纬 22°14′～22°33′，东经 106°40′～107°的范围，属北热带季风区，气候炎热，年平均气温在 22℃，最冷月（1 月）平均气温在 13～14℃，最热月（7 月）平均气温 28℃以上，历年极端最高气温 38℃，历年极端最低气温约 2℃，日平均气温稳定通过 10℃年积温达 7 800℃以上；年降水量在 1 200～1 500mm，大多集中于 5～9 月份，其余月份却很少，干湿季交迭明显。立地土壤为棕色石灰土，表土有机质含量较高，pH7.0～7.5。而在酸性土地区，未见有这类森林分布。

这类森林是原生性森林受滥伐后形成的。林木比较矮小，组成结构简单。郁闭度一般为 0.7 左右。乔木层只有一层，林木高度一般为 8～12m，胸径 6～12cm，以常绿阔叶树占绝对优势，主要由闭花木和三角车组成共优势种，一般可占乔木层总株数的 80%～90%以上，有的地段则以闭花木占优势。零星出现的其他常绿树种常见有山榄叶柿、网脉核实、棒柄花（*Cleidion brevipetiolatum*）、割舌树、网脉守宫木（*Sauropus reticulatus*）和鳞尾木（*Lepionurus latisquamus*）等，有时偶可见到蚬木等干形很差的个别大树残留其间。落叶阔叶树种常见有石山嘉榄、海南椴（*Hainania trichosperma*）、截裂翅子树、水冬瓜以及越南山牡荆等。

灌木层植物种类一般不多，主要是上层林木中的常绿树种的幼树，常以闭花木和三角车占优势，其他树种有假苹婆、齿叶山黄皮（*Clausena dentata*）、黄梨木、博沙坦马（*Prosartema stellaris*）以及鸡尾木和崖柿等。

草本地被物层植物稀少，不成层，常见有鞭叶铁线蕨（*Adiantum caudatum*）、凤尾蕨（*Pteris multifida*）、大叶球子草（*Peliosanthea macrophylla*）、求米草（*Oplismenus undulatifolius*）和石生铁角蕨（*Asplenium saxicola*）等。

层间植物种类和数量一般都不多，常见有龙须藤、副萼翼核藤、东京紫玉盘和短柱络石（*Trachelospermum brevistylum*）等小茎藤木。

这类杂木林虽有一些优良用材树种如海南椴、截裂翅子树以及水冬瓜等，作为优势种的闭花木还属硬材类，但林木矮小，还处在丛林期，价值不高，目前宜以保护为主，待成长后再考虑利用。由于林地生境条件不佳，皆伐后很难以恢复森林，应采用择伐或渐伐，以保证更新，在保护区内应划出一定地段，作为森林演替等科学研究用。

参考文献

[1] 苏宗明等．弄岗自然保护区植被调查报告，广西弄岗自然保护区综考报告．广西植物增刊一，1988

5. 毛叶铁榄小叶楷木林①[1]

毛叶铁榄（*Sinosideroxylon pedunculatum* var. *pubifolium*）、小叶楷木（*Pistacia weinmannifolia*）林是北热带季雨林分布范围内，随着石灰岩石山生态序列的变化，适应山顶少土少水的干热生境而转化的类型，群落主要由旱生性较强的热带植物组成，林木大为矮化，近似灌丛，可称为石灰岩矮林，以区别于一般的山顶苔藓矮曲林。后者是在亚热带、热带常态侵蚀地貌上，风大雾多、日照少、冷凉潮湿的中山山顶出现的。

这类森林主要分布于广西的西南部靖西石山山原外围以及左江低峰丛、峰林石山区的顶部，垂直分布不超越季雨林带的上界，一般在海拔 400～500m。根据山原海拔 400 多 m 的记录，年平均气温 20.5℃，最热 7 月为 27℃，最冷 1 月为 12.1℃，历年极端最低气温平均值 1.2℃，极值－1.0℃。产地年降水量约 1 200～1 400mm，5～9 月为雨季；12～3 月为旱季，月降水量在 30～50mm 以下，干湿季交替明显。山顶地形开朗，日照长，光强，地表几尽是碎石，反热强，日温差大，空气较干燥。立地土壤为石灰土，中性至微碱性，虽较肥沃；但覆盖率极低，散存于岩石缝裂中，伴随着林地的蓄水量也就很少，植物生存的立地条件是严峻的。恶劣的生境强烈地抑制着林木的生长，一些原为大中乔木树种，大为矮化，近似灌木。植物区系以旱生性较强的成分占优势，它们或具有较发达的旱生形态，或旱季落叶，或为多浆液植物。

这类森林的组成与结构都较简单，林木仅 1 层，高度一般只有 4～6m 左右，覆盖度 40%～60%，常绿树种较多，毛叶铁榄和小叶楷木共占优势，细叶谷木（*Memecylon scutellatum*）和鱼骨木等也常见，其他还有密花树、斜叶榕、细子龙（*Amesiodendron chinense*）等，有时可见到短叶黄杉（*Pseudotsuga brevifolia*）。落叶树种以小化香树为多，其次为黄梨木，圆叶乌桕，此外还有粉苹婆（*Sterculia euosma*）、厚叶八角枫（*Alangium handelii* var. *coriaceifolium*）等。

灌木层植物的种类不多，以实心竹（*Indocalamus*）和崖棕（*Guihaia argyrata*）为主，其他还有剑叶龙血树、豆腐木（*Premna confinis*）、越南核实（*Cladogynos orientalis* var. *tonkinensis*）和崖柿以及米念巴（*Tirpitzia ovoidea*）等。

草本稀少，分布零星，多为肉质种类，如石油菜（*Pilea cavaleriei*）、粗茎石凤仙（*Impatiens*）、弄岗唇柱苣苔（*Chirita longgangensis*）等，常见还有肾蕨。

藤本植物不多，藤茎也较小，攀援不高，多在石面上盘旋蔓延，常见羽叶金合欢和毛枝雀梅藤（*Sageretia*）等，还有瓜子金（*Dischidia chinensis*）和球兰（*Hoya* spp.）等多乳液植物。

这类森林，林木矮小且多弯曲，经济利用价值不高，而对石山区环境保护却有较好的作用；同时，这类群落在科研上具有一定的意义。由于山顶生境恶劣，森林一旦被破坏后极难恢复而沦为石荒。因此，应加以保护，严禁砍伐破坏。

---

① 执笔人：苏宗明，莫新礼

参考文献

[1] 苏宗明等．弄岗自然保护区植被调查报告，广西弄岗自然保护区综考报告．广西植物增刊一，1988．

6. 海南蒲桃林①

海南蒲桃（*Syzygium cumini*）是广西常绿季雨林破坏后形成的次生林组成种类中常见的树种，向北可延伸至桂中一带，无论是碳酸盐岩石山区还是砂页岩土山区均有分布。但以它为优势的林分目前很少见，桂西南地区，如隆安、武鸣、平果、田东、田阳等地有小片分布。隆安县雁江镇附近山地有集中成片的林分约 27hm²，加上零星分布，连绵面积可达 60hm² 以上，可从山脚分布至山顶。该林分主要分布在石灰岩山地，其中局部地方出露有小面积的砂页岩地层。据隆安县（海拔 93.8m）气候资料，年平均气温 21.7℃，1 月平均气温 12.9℃，7 月平均气温 28.2℃，历年极端最高气温 38.7℃，历年极端最低气温－0.8℃，≥10℃的积温 7 617.9℃；年降水量 1 310.1mm，干湿季交迭分明，自 11 月～次年 3 月降水量不足 30～40mm[1]。海南蒲桃林立地的土壤为发育在石灰岩地层上的石灰（岩）土和发育在砂页岩地层上的红壤。

隆安县雁江镇的海南蒲桃林是原森林破坏后封育而成的次生林，据调查封育时间已有 30 年（1990 年调查）。本林分几乎为纯林。据海拔 260m2 个 400m² 的样地调查，群落乔木层基本上只有 1 层，以 8～12m 高的立木最多，6～7m 的立木很少，6m 以下的立木几乎没有。设在石灰岩山地上的样地，林分郁闭度 0.7，林木一般高 12m，胸径 22cm，共有立木 20 株，其中海南蒲桃占 19 株，重要值指数为 270.2，另 1 株为山槐。设在石山旁的一个土丘的样地，林分郁闭度 0.7，林木高 8～10m，胸径 11～15cm，共有立木 45 株，其中海南蒲桃占 43 株，重要值指数为 253.1，另外 2 株分别为樟和马尾松。2 个样地的海南蒲桃生长均良好，树干通直，削度小，枝下高可达 7m 左右。石山上的林分，灌木层植物高 3m 以下，覆盖度 60％。种类有 37 种之多，以云实（*Caesalpinia sepiaria*）占优势，覆盖度为 20％，次优势为红背山麻杆、假刺藤（*Embelia scandens*）和假鹰爪，覆盖度分别为 10％、6％和 5％，其他常见的种类还有飞龙掌血（*Toddalia asiatica*）、柘树（*Cudrania tricuspidata*）、雀梅藤、灰毛浆果楝、潺槁树、杜茎山等。草本层植物无论种类还是数量均少，覆盖度不到 10％，种类不到 10 种，有鞭叶铁线蕨、百叶卷柏（*Selaginella moellendorfii*）、兰香草（*Caryopteris incana*）等。土丘上的林分，无论是灌木种类还是草本种类，均与石山的林分有所不同，灌木层植物覆盖度只有 15％，种类不到 20 种，以九节最多，覆盖度 10％，其他零星分布，如桃金娘、了哥王（*Wikstroema indica*）、算盘子、假刺藤、云实、野牡丹、铜钱树等。草本层植物也不发达，覆盖度 25％，以弓果黍（*Cyrtococcum patens*）为多，覆盖

① 执笔人：苏宗明

度占 10%，铁芒萁次之，覆盖度 5%，其他零星分布的还有蔓生莠竹、凉粉果（*Ficus pumila*）等。

海南蒲桃是喜光树种，在迹地上更新成林能力强，但当它成林后，形成的生境反而对它更新不利。据上 2 个 400m² 样地调查，6m 以下的幼树、幼苗几乎不存在。从群落灌木层组成种类看，多为喜光灌木，各种乔木的幼树、幼苗也极少。因此，发展下去，群落的演变趋势还无法判断。

海南蒲桃是上等用材。木材耐腐，适作造船、船板、车辆、枕木、农具、建筑等用材。海南蒲桃耐干旱瘠薄性强，可作为桂南、桂中石灰岩山地和丘陵、台地的造林树种。现有的林分，天然更新虽然不良，但只要适当疏伐，可以提高其更新能力。

参考文献

[1] 广西气象局资料室．广西气候资料（1951—1980），1982

（三）落叶季雨林

1. 木棉疏林[①]

以木棉（*Bombax malabarica*）为主的季雨疏林，主要分布于十万大山西北面背风坡，即宁明、龙州、大新、崇左等地以及桂西受焚风影响的河谷地区，如南盘江、驮娘江、剥隘河、西洋江等河谷；红水河至浔江以南的广大地区也有零星分布。

木棉季雨林远看以为它的郁闭度很大，近看才看清它稀稀疏疏，郁闭度一般不到 0.3，根本不能称为森林。木棉形成稀树景观，是人为干扰的结果，是次生的。

崇左附近方圆几公里到十几公里的石芽地、龙州县逐卜乡峰林谷地、下雷至大新的峰林谷地等喀斯特地区，成片分布。这些地区位于十万大山背风坡，气候干热。例如崇左县城（海拔 107.5m），年平均气温 22.3℃，1 月平均气温 13.8℃，7 月平均气温 28.1℃，历年极端最高气温 41.2℃，历年极端最低气温－1.9℃，≥10℃的积温 7 895.3℃；降水量 1 201.6mm，雨季 5 个月（5～9 月），旱季 5 个月（11 月～次年 3 月），其中 11 月～次年 2 月，月降水量不足 30mm，干湿季明显。西部南盘江、驮娘江、剥隘河、西洋江等谷地，木棉疏林沿着两岸也有广泛分布，这里由于受焚风效应的影响，气候也表现为干热。例如田林县城（海拔 277.5m），虽然纬度已达 24°22′比崇左高 1°57′，但年平均气温 20.7℃，1 月平均气温 11.9℃，7 月平均气温 27.1℃，历年极端最高气温 41.3℃，历年极端最低气温－3.1℃，≥10℃的积温 7 247.8℃；年降水量 1 190.3mm，雨季 5 个月（5～9 月），旱季 5 个月（11 月～次年 3 月），其中 12 月～次年 2 月，月降水量不足 20mm，3 月不足 30mm，干

---

① 执笔人：苏宗明

湿季明显。从气温和热量条件看，桂南很多地方都适合其分布，可见，限制其分布的主要因素是降水和湿度，包括土壤湿度。

木棉疏林在砂页岩地层和碳酸盐岩地层发育成的土壤上均有分布，不过，砂页岩地层上发育的土壤因为干热气候的影响，而成褐红壤，是红壤系列在西部的一种类型。

木棉疏林结构简单，乔木层只有1层，郁闭度不到0.3。组成也不复杂，据驮娘江谷地调查，在400m^{2}样地有木棉6株，高12～15m，胸径15～20cm，常见的种类还有苦楝、皱桐、山合欢、白头树（*Garuga pinnata*）。虽然乔木层不发达，但灌木层很茂盛，覆盖度70%，一般高1.5～2m，以假木豆（*Desmodium triangulare*）占优势，覆盖度达60%，次为灰毛浆果楝，覆盖度15%，其他种类有滨盐肤木（*Rhus chinensis* var. *roxburghiana*）、葵叶扁担杆（*Grewia acutilifolia*）、羽叶楸（*Stereospermum chelonoides*）、番石榴、余甘子、粗糠柴、土密树、山合欢等。草本层也较茂盛，覆盖度50%，高1.2～2m，以类芦（*Neyaudia reynaudiana*）为优势，覆盖度30%，次为飞机草，覆盖度15%，其他的种类还有斑茅（*Saccharum arundinaceum*）、刚莠竹（*Microstegium ciliatum*）、五节芒等。崇左附近石芽地的木棉疏林，灌木层与草本层优势种有所不同。乔木层木棉高20m左右，胸径30～40cm，其他林木还有苦楝、朴树、龙眼、仪花、千层纸等。灌木层高1～2m，覆盖度30%，优势种为番石榴、荆条（*Vitex negundo*）、假蓝靛（*Indigofera suffruticosa*），常见的有毛排钱（*Desmodium balandum*）、勾儿茶（*Berchemia racemosa*）、葵叶扁担杆、粗糠柴、假木豆、桃金娘、野牡丹等。草本层高1～2m，有的高草近3m，覆盖度90%以上，优势种为嗅根子草（*Bothriochloa intermedia*）、白茅，次优势种为光高粱、常见的还有青香茅、水蔗草（*Apluda mutica*）、扭黄茅、斑茅、飞机草、类芦、五节芒等。

木棉树干通直圆满，高耸雄伟，春天先花后叶，开花时满树通红，艳丽夺目，故有“英雄树”之称，为优美的绿化观赏树种。木棉能适应燥热气候，生长甚快，萌芽力强，而且作埋干和插条均易成活，也很容易飞籽成林。木棉花为中药，棉絮作枕芯和垫芯，棉籽油为工业用油。因此木棉可作为喀斯特和河谷干热地区重要的造林树种。现存的木棉疏林，不要砍树取果，要妥加管护，使其郁闭度适当增加，使其同时能发挥生态效益的作用。

2. 任豆林①

任豆（翅荚木）（*Zenia insignis*）为单种属植物，目前仅见于我国，属国家三级珍稀濒危保护植物。任豆林为石灰岩上次生的季雨林，可作为相应地带石山绿化的样板。

任豆分布于广西、广东、云南、贵州和湖南等地，幅员较广，但是以其为优势的森林主要见于广西的西南部北热带地方，向北可伸延至南亚热带的南缘局部温暖的小环境，均呈零星小片出现。垂直分布的上界可达海拔800m或更高。主产区低平地方年平均气温22℃左右，最冷月（1月）平均气温13～14℃，最热月（7月）平均气温在28℃以上，日平均气温稳定通过10℃积温7 600～8 000℃，一般年份极端最低气温在0℃以上；分布上界的气

① 执笔人：莫新礼

温低得多，年均气温为19℃，1月平均气温约11℃，多数年份可出现0℃以下低温，极值达-4.4℃。年降水量1 200～1 500mm，干湿季交替较为分明，11月～次年3月降水量低于50mm。任豆林通常生长在石灰岩石山中下部，立地土壤为石灰岩土；偶出现在土山局部间杂有灰岩出露的地段，或溪旁微酸性的冲积土上。

任豆杂木林属于采伐迹地初恢复起来的次生季雨林之一，组成结构较简单，根据在龙州西北部峰林石山样地调查，上层乔木高达15m，几尽是落叶阔叶树，任豆占绝对优势，偶伴生个别的猫尾木（*Dolichandrone caudafelina*）、白头树（*Garuga pinnata*）、海南菜豆树等；下层林木高4～8m，绝大多数为常绿阔叶树，优势种不明显，以猫尾木、海南蒲桃、毛倒吊笔（*Wrightia tomentosa*）稍多，零星生长的有苹婆、仪花，却极少见任木，而在土壤湿润的坡底，则普遍分布着桄榔、鱼尾葵，其他还有秋枫、木棉等。

灌木层主要有假鹰爪（*Desmos cochinchinensis*）、假老虎簕（*Caesalpinia nuga*）、野蚂蝗（*Dendrolobium triangulare*），常见的有毛竹叶椒（*Zanthoxylum planispinum* form. *ferrugineum*）、红背山麻杆、灰毛浆果楝（*Cipadessa cinerascens*）等。草本植物常见肾蕨、鞭叶铁线蕨、荩草、伽蓝草（*Kalanchose* sp.），坡底阴湿处还有瘤果砂仁、粤万年青。

层间植物主要为小型藤本，种类不多，古钩藤（*Cryptolepis buchanani*）随处可见，还有华鲫鱼藤（*Secamone sinica*）、咀签（*Gouania leptostachya*）、雀梅藤（*Sageretia theezans*）、海金砂。

任豆为速生树种，据测定天然林中7年生立木树高可达14.0m，年平均高2.0m；胸径32.0cm，年平均4.57cm。在人工栽培下，生长更快，当年生苗木平均高1.286～2.28m，最高4.05m；平均基径1.28～1.8cm，最大2.05cm。4年生植株高11m，年平均2.75m；胸径21.2m，年平均5.27cm。栽种在桂林雁山的17年生植株高17m，最大胸径达43cm，当地处在中亚热带南部，热量较低，生长期较短，历年日平均气温稳定≥10℃的日数只有263天，积温为5 941℃，任豆仍能维持较快的生长速度。

任豆为强喜光树种，在光照条件良好的迹地上天然更新良好。在采取人工促进措施并适当除伐的管护下，可培育成高质量的纯林，如靖西县安德附近原来仅保留有几株任豆母树的石山荒坡，实行封山育林，经16年时间已发展成为一片面积约1hm^{2}的纯林，林木平均高10.4m，平均胸径20.8cm。任豆萌芽力强，主伐时，注意保护伐桩，即可迅速恢复森林。但是在林冠下更新效果很差，往往缺乏野生苗，因此这类次生林是很不稳定的，易为其他树种所更替。

任豆为优良的石山绿化造林先锋树种。具有多种经济利用价值，木材供制造家具，植株为紫胶虫寄主树，树叶为牛、羊、猪饲料，由于它的萌芽更新能力强，可进行矮林作业，生产薪炭材。

3. 顶果木林①

顶果木（*Acrocarpus fraxinifolius*）林为20世纪70年代中期以后才在我国发现的次生季雨林。主要见于广西西南部，向北零星分布至都阳山地南缘及南盘江谷地。在石灰岩地区一般出现于圆洼地及其边缘海拔400～500m以下，而在山地沿着沟谷可上升到800m。分布区低平地方年平均气温20～22℃，最冷月（1月）平均气温11～14℃，最热月（7月）平均气温一般为27～28℃，日平均温度稳定通过10℃年积温7 000～8 000℃。大部分地区一般年份极端最低气温都在0℃以上。年降水量在1 200～1 500mm。溶蚀地貌上的土壤为淋溶石灰土；在常态侵蚀地貌上，虽出现在褐红壤的分布范围，但只限于三叠纪百朋组夹杂有泥灰岩，或含钙砂页岩出露的局部地方，土壤发生性变，类似钙土性质，为微酸性到中性反应。

处于发育阶段中后期且保存较好的广西顶果木林，郁闭度达0.8左右，乔木层可分为3个亚层，人为干扰频繁的林分，林相不大完整，乔木层只有2个亚层，郁闭度0.6～0.7。

上层林木高一般20～25m，最高可达30m以上，胸径20～35cm，最大胸径达100～150cm，树干通直圆满，枝下高可达15～25m。中、下层林木高在6～15m，胸径8～20cm。在石灰岩上常见的伴生树种有任豆、海南菜豆树（*Radermachera hainanensis*）、蚬木、东京桐和截裂翅子树等。在土山地区，则常见毛麻楝（*Chukrasia tabularis* var. *velutina*）、蝴蝶果和任豆等，其他还有光叶海南椤木、柿叶木姜子（*Litsea monopetala*）和细子龙（*Amesiodendron chinense*）等。

灌木层植物高度一般在3.5m以下，覆盖度40%左右，多为乔木层幼树，其他常见为八角枫（*Alangium chinense*）、驳骨九节、火筒树（*Leea indica*）和东京密脉木（*Myrioneuron tonkinensis*）等。

草本层植物种类较多，高度在1m以下，少数可达1.5m，常见为东京闭鞘姜（*Costus tonkinensis*）、阔叶沿阶草（*Ophiopogon platyphyllus*）、粤万年青、团叶槲蕨和大野芋（*Cololcasia gigantea*）等。

层间植物相当丰富，以木质大藤本为主，常见有阔叶瓜馥藤（*Fissistigma chloroneurum*）、东京紫玉盘（*Uvaria tonkinensis*）、大翼萼藤和蝉翼藤等。

根据树干解析，22年生的广西顶果木树高为25.6m，年平均高为1.16m；胸径为35.8cm，年平均为1.63cm；材积为1.189 5m³。树高生长最快时，年平均高达1.7～1.8m，一般为1.2～1.4m；胸径生长最快时，年平均为2cm以上，一般为1.6～1.9cm。又根据栽培试验，3～5个月的苗木，高100cm以上，定植后3年生的小树，树高4m左右，胸径最大达9cm，由此可见其生长是迅速的。

顶果木为热带树种，它具有适应性较强，生长快，繁殖易，材质好等优点。同时树干通直圆满，出材率高，木材轻韧，干后少开裂，可供制造家具、建筑等用；木纤维细长而

① 执笔人：莫新礼

壁薄，是很好的浆粕原料，经济价值高，现存的森林不多，宜选作桂西南石山绿化树种，进行造林，以扩大资源。

第五节 沟谷雨林①

雨林是赤道热带的地带性植被，为高温、热量丰富、雨量充沛无季节变化、湿度大的赤道热带环境下的产物，广西热带位于北纬22℃左右，没有赤道热带那种环境条件，不可能形成典型的热带雨林类型。但是在广西热带部分湿热小环境的沟谷区，产生一类无论在外貌、结构还是在组成上均与广西北热带地带性植被季雨林明显不同，而类似雨林的类型，因此把它归入雨林的范畴。由于它只出现在沟谷，故又称为沟谷雨林。广西的沟谷雨林是一种非地带性的植被，一般分布于北热带季雨林地带海拔700m以下的沟谷区，向北可以延伸至南亚热带季风常绿阔叶林地带的南部，广西弧形山地西翼外缘海拔400m以下的沟谷，无论是砂页岩山地还是石灰岩山地均有分布。由于长期破坏，目前只见于北热带的十万大山、大青山、弄岗保护区、那坡、靖西等地，个别类型可以出现在南亚热带的田阳北部和都安县西南缘，零星分布于隐蔽地形中。土壤为发育在砂页岩和花岗岩地层上的砖红壤和赤红壤以及石灰岩地层上的淋溶石灰（岩）土。前者呈酸性反应，pH4.5～5.5；后者呈弱酸性至中性反应，pH6.0～7.0。

广西雨林的组成种类主要是常绿阔叶树，其中又以大高位芽为主，并有巨高位芽出现。灌木多为乔木的幼树，而真正的灌木似小乔木状。草本高大，几乎都为地上芽植物，无1年生和地下芽植物，地面芽植物也很少。附生植物较发达，藤本植物繁茂，主要是大型木质、常绿的种类。叶型以单叶为主，复叶也不少，可达总种数的30%，复叶的每一张小叶类似单叶；大多为中型叶，其次为大型叶，个别为小型叶和巨型叶；革质叶为主，深绿色；全缘叶占多数。树皮灰白而光滑、较薄。板根发达，具老茎生花和绞杀现象。综上所述，广西雨林的外貌主要由终年常绿、单叶、中型叶深绿色、树皮光滑灰白、板根发达、具老茎生花现象的阔叶林木所决定，并有发达的常绿藤本和附生植物。

广西雨林结构复杂，分乔木、灌木和草本3层，乔木层又可分成3个亚层。林木生长茂密，郁闭度0.9以上。

第1亚层林木高可达30～40m，覆盖度75%，林冠连续，呈波状起伏，参差不齐，时而出现50～60m的少数巨树，高据于上方，当它们的数量较多时，形成最上的另一亚层。第2亚层林木高11～16m，覆盖度35%～50%，树冠不连续。第3亚层林木高8m左右，覆盖度40%，树冠不连续。

---

① 执笔人：苏宗明

灌木层植物高达 4m，很不发达，覆盖度不到 30%。

草本层植物高大，约 1m，但不发达，覆盖度 30%左右。

沟谷雨林是广西森林植被中种类组成最丰富的类型，在保存较好的情况下，在 400～600m^2 林内有 150～200 种植物，石灰岩地区的群落虽然较少，但也是该地区种类组成最丰富的类型。优势种不明显，一般以标志种或共优种来命名群落。林木层主要由龙脑香科、肉豆蔻科、橄榄科、赤铁科、大戟科、豆科、楝科、椴树科、漆树科、桑科等的种类组成，而小乔木层棕榈科的桄榔有时特别发达，组成该层的优势。灌木植物以茜草科的九节木、紫金牛科的罗伞树、平顶紫金牛以及棕榈科的种类为优势。草本植物多为大型喜阴湿的种类，如天南星科的海芋、多花野白芋（*Colocasia indica*）、大野芋，姜科的山姜、瘤果砂仁以及不少的蕨类植物。

广西的沟谷雨林主要有 4 个建群种（或标志种）型。

1. 擎天树林①

擎天树（望天树）（*Parashorea chinensis*）林是我国一种珍稀的热带林，也是以龙脑香科树种为标志的雨林分布北缘特有的类型，在科学上有着重要意义。群落组成复杂，植物资源多样，以产珍贵优良用材为主，是宝贵的种子库，基因库，也是山溪沟谷的护岸护坡水源涵养林。

擎天树林为中越边界特有的类型，目前只发现于我国受东南季风影响的滇东南及桂西南[1,2]，大体上西起河口、马关两县的南溪河地区，东至左江以北的龙州县西境，分布区约在北纬 22°30′～24°00′，东经 105°45′～107°35′。主要位于右江以南的北热带季雨林地带，间可延伸至南亚热带季风常绿阔叶林地带[3,7]的南部，广西弧形山地西翼外缘，如都安县西南缘以及田阳县北的个别地点，这些分布点地势低，有重山屏障，削弱寒潮入侵，较暖的小环境成为它向北分布的余波。虽然作为一个种，擎天树还可北上至巴马县北都阳山地前缘，北纬 24°16′，但已成为群落的偶见种。此外，根据地理条件及植物区系的特点推测，越南北部高地谅山当有分布。分布高程因地而异，在北回归线附近的那坡，沿着山溪可上升到海拔 700m 以上；而在龙州低峰丛石山，位于分布区的南缘，热量丰富，但只出现在水分条件优越的深狭圆洼地，海拔不超过 500m；到了分布的北界，仅限于海拔 400m 以内的山前丘陵谷地，垂直分布随着纬度北移而降低，并因水分状况而不同。但总的说来，上界偏低，以致在水平分布上往往受中山所间阻。擎天树林不仅在三向地带的分布有着颇大的局限性，且分布星散，即使在南缘也是少见的类型，面积小，呈斑点状镶嵌于其他阔叶林中。

虽然在植物分类学上，擎天树和望天树是种内孪生关系，亲缘密切，但后者属于滇缅泰地区成分[4]，仅见于受西南季风影响的云南南部西双版纳。它们各自参与建群，形成不同的群落，成为地理分布上替代种。

广西分布区年平均气温 21.5～22.1℃，历年日平均气温稳定通过 10℃的积温 7 487～

---

① 执笔人：李治基，莫新礼，黄吉荣，陈抡常。广西资料来自擎天树群落调查协作组，文中不逐一注明

7 902℃，月平均气温≥22℃的夏季有 7 个月，最热 7 月为 27.5～28.1℃，最冷 1 月为 13～14℃，没有冬季，极端最低气温一般均在 0℃以上，个别年份极值可低至－1～－2℃，那是在强平流—强辐射作用下所出现的短暂寒潮。由于地处十万大山及广西弧形山地的背风面，年降水量较少，为 1 100～1 400mm，干湿季交替较分明，水热系数 1.4～2.0，属于半干燥至半湿润气候。擎天树林在半干燥地方没有分布，只出现在半湿润区，局限于深切割的沟谷，在瀑布或跌水使水沫飞溅的溪涧边尤多擎天树的生长；也可见于峰丛石山深狭圆洼地的坡底，日照短促，静风、多雾露，从林下生长着不少的大型及巨型叶植物，指示着局部小环境是潮湿的。

在灰岩构成的溶蚀地貌，擎天树林下的土壤为淋溶石灰岩土，位于坡积物或溶沟发达的坡底部位，有较大的土壤覆盖率；但土层浅，在 40cm 以内，并多石块，通体潮湿，无石灰反应，中性至微碱性。在常态侵蚀地貌一般无分布，只出现于三叠纪百蓬砂页岩夹有泥灰岩并出露的沟谷地段，土层较厚，在 50cm 以上，心土有铁锈斑和铁结核，与典型的红壤系列[8]不同，由于受泥灰岩风化母质的影响，使土壤发生性变，含钙量大，微酸性反应，近似钙质土，其中生长着一定的钙土植物如千张纸、无忧花、三角榄（*Canarium bengalaense*）等，但未见要求结构、通气、排水良好的石灰岩土众多的树种如蚬木、黄梨木、网脉核实，也缺乏酸性土指示植物，而较多的是对两类土壤不敏感的种类如四瓣米仔兰、海南蒲桃、乌榄、龙眼等；但由于所在坡位，常镶嵌着零星小片的来自上方酸性母岩风化的坡积母质，又杂居一些酸性土植物如中平树、野桐、红荷木等，后者在紧接上方的赤红壤上成为优势种，而在此处却零星出现，以致在这类地层上的擎天树林组成错综复杂多样，令人扑朔迷离。

从两类地层上的土壤分析（表 7-36）擎天树林立地的土壤，表土层有机质含量较高，全氮量较多，碳氮比值小，在 10 以内，磷酸及有效钾含量都比当地一般红壤高或稍高，氧化钙特别多。根据 6 个点的剖面观察，土层厚度一般在 30～60cm。擎天树根系较浅，侧根和须根很发达，较浅的土层可以满足它生长的需求[6]。擎天树的叶片灰分含量中等，多在 11%～14%，比酸性土植物高得多；钙含量为 1.3%～3.5%，属于中量至高量级[5]。

表 7-36 擎天树林下土壤化学性质

土 类	层次 (cm)	pH	有机碳 (%)	全氮 (%)	C/N	有机质 (%)	全磷 (%)	有效钾 mg/kg	氧化钙 (%)
淋溶石灰土	0～9	7.6	4.62	0.620	7.5	7.96	0.323	110	1.53
	9～35	6.8	1.65	0.270	6.1	2.84	0.274	—	2.97
赤红壤（砂页岩夹泥灰岩）	1～10	6.1	1.57	0.189	8.3	2.70	0.093	104	2.32
	10～25	6.0	1.11	0.141	7.9	1.91	0.065	—	3.14
	25～51	6.0	0.41	0.077	5.3	0.70	0.049	—	1.64

总之，擎天树林主要生存在北热带地形隐蔽的沟谷、肁地，且局限于特殊的基质以及空气和土壤都潮湿的小环境，表现出擎天树微生态幅度的多面性，致使以它为建群种的森林成为稀见的类型，且呈星散分布。

群落外貌基本上终年常绿。作为标志种的擎天树分枝很高，树干通直，灰白，高耸于一般林冠之上，而引人注目，春夏之交有短暂换叶期，新叶使树冠呈淡紫红色，接着为花果期，从仲夏持续至初秋，其间黄白色的花、紫红色的幼果和绿黄色的熟果镶嵌于深绿叶片中，斑烂多彩。上层乔木多具发达的板状根，中下层则出现一些茎花树种。叶型以单叶种类为主，复叶的也不少，约占总种数的30%；大多数为中型叶，其次为大型叶，个别为小型叶及巨型叶。林相为复层混交林，在保持良好的原生林分中，以常绿阔叶树占绝对优势，组成垂直郁闭的林冠，而层间植物发达，使林层更为零乱，但大体上仍可分出3个亚层；上层树高达20～30m，林冠呈波状起伏，参差不齐，时而出现40～60m的少数巨树，高踞于上方，当它们的数量较多时，形成最上的另一亚层[2]。各亚层的相对密度、种类往往自上至下而递增，覆盖度则相反，森林主要作用面为上层，而特殊情况下则转移于中层。组成复杂，每400～600m^{2}样地有90～120种植物，属于古热带植物区成分，而以中越边界特有及其与南海植物地区共有为特征，在北部则兼有一些泛北极植物区亚热带种类。群落的组成每因纬度地带以及地质土壤而发生变化，现就建群种及优势种来看，擎天树均为主要的共建种，在南部参与建群的有无忧花、喙核桃、海南风吹楠，北部有四瓣米仔兰。这些种类也就是上、中层的共优势种，有的在下层也占据重要地位；中下层的其他共优势种在南部还有华润楠、棒柄花，北部有小盘木、水锦树、余甘子，后两种仅见于受过强烈干扰，林冠曾经破裂的次生林中。

灌木层高达4m，草本层高约1m，在林冠的密闭下，很不发达，且主要为常绿阔叶乔木的更新层片；真正的灌木、草本不多，较重要的种类，在南部有平顶紫金牛、野独活（*Miliusa chunii*）、单穗鱼尾葵（*Caryota monostachya*），以及草本的瘤果砂仁、海芋、多花野白芋（*Colocasia indica*），北部有九节木、平顶紫金牛、酒饼叶以及红色新月蕨（*Abacopteris rubra*）、山菅兰（*Dianella ensifolia*）。

层间植物繁多，多大型木质藤本，普遍分布的有几种瓜馥木、鸡血藤（*Millettia* spp.）、越南牛栓藤（*Connarus tonkinensis*）、副萼翼核果（*Ventilago calyculata*）、买麻藤，南部还有多刺果藤（*Buettneria aspera*）、二籽扁蒴藤（*Pristimera arborea*）、油渣果（*Hodsonia macrocarpa*），以及巢蕨（*Neottopteris nidus*）、硬叶吊兰和麒麟尾、崖角藤（*Rhaphidophora hongkongensis*）等附生和半附生植物，北部还多拔葜、龙须藤等亚热带常见种类。

根据共建种的不同，擎天树林可分为如下亚型。

（1）**擎天树无忧花林**　分布于北热带东部，桂西南山原那坡县南部一带，由三叠系中统百蓬组砂页岩夹泥灰岩构成的深割切的沟谷，往往局限于泥灰岩或钙质砂岩出露的地段，海拔高可达700m。林木生长密茂，郁闭度0.9以上，在800m^{2}样地内共有乔木31种107株（相当于1 338株/hm^2）。擎天树分布普遍，密度也最大，重要值指数为61，占乔木层总指数 1/5 强，居于首位；其余依次为喙核桃、天忧花、海南风吹楠，指数分别在 20～40，其中喙核桃株数并不多，但树大，优势度格外突出而名列第 2；海南风吹楠也有类似之处，但在有的地段无分布，相对频度较低而排列第 4。以上 4 种合计相当于乔木层总指数一半，成为共建种。上层乔木有 11 种 20 株，覆盖度 80%，树高 20～30m，少数擎天树可达 40～60m；胸径一般 40～80cm，喙核桃间可达 100cm；各树种重要值指数差距不大，变动于 11～45，上列建群种均位列前茅，而以喙核桃最高，此外，短翅黄杞的指数也在 30 以上，5 种合计为 191，接近于亚层总指数 2/3，组成共优势；香港樫木、三角榄也较重要，指数在 25 以上；其他还有乌榄、四瓣米仔兰、五桠果叶木姜（*Litsea dilleniifolia*）、厚叶琼楠。以上树种，多为羽状复叶，7 种合计重要值指数为 195；单叶的 4 种，大型叶与中型叶参半。如连同复叶计，则叶级谱以大型叶占绝对优势。第 2 亚层林木高度主要集中于 11～16m，有 14 种 25 株，覆盖度约 50%，擎天树、无忧花的重要值指数基本相等共为 105，喙核桃、四瓣米仔兰各为 24，共优势的还有这亚层代表种华润楠为 28，其他树种均零星生长，如辛果漆（*Drimycarpus racemosus*）、海南山竹子（*Garcinia oblongifolia*）、鱼尾葵、大叶朴、耳叶榕（*Ficus cunia*）、禾串树（*Bridelia balansae*）等。第 3 亚层高 10m 以内，有 15 种 61 株，覆盖度约 45%，擎天树最多，相对密度达 50%强，重要值指数大体上相当于这亚层的 1/3，共优势的有无忧花和局限于这亚层的棒柄花，各为 50 左右；株数较多的还有厚叶琼楠，也占据较重要地位；其他树种如蝴蝶果、假苹婆、对叶榕、石栎、海南山竹子、五桠果木姜、辛果漆等呈单株分布；此外，在上方林冠裂隙下，偶然出现秋枫、红荷木、树紫珠（*Callicarpa arborea*）等，生势很弱，濒于死亡，看来短暂的上方直射光，已不能满足它们的要求，难以继续生存。

（2）擎天树水锦树林　仅见于广西都阳山地以南的南亚热带地方，海拔 400m 以下的溪谷，地层与前一类型相同。过去曾对其他材用树种强度选伐，使保留的擎天树得以大量滋长；另一方面由于林冠破裂，许多喜光树种侵入，有的甚至成为中下层的次优势种，目前森林郁闭度多在 0.9 左右，在 600m^2 林内有乔木 28 种 177 株，擎天树相对密度 59%，重要值指数 109，达到总指数 1/3 强，占据重要地位；其他树种指数相当分散，且远不及擎天树，如水锦树最高为 30，粗糠柴（*Mallotus philippinensis*）和余甘子在 15 左右，它们都不能长成上层大乔木。数据表明，实际上这是擎天树单优林正向混交林恢复过程。第 1 亚层林木仅 4 种 15 株，覆盖度约 50%，分配不均，个别地段却缺乏这亚层的立木，一般高 20m 左右，擎天树 11 株，少数立木高 40m 以上，重要值指数 213，占绝对优势；此外间杂有个别残留的乌榄、狭叶杜英（*Elaeocarpus lanceaefolius*）、糙叶树。第 2 亚层林木 15 种 40 株，覆盖度 70%～80%，树冠基本连接，成为主要层，擎天树重要值指数 68，名列第 1，其余依次有水锦树 44、余甘子 34，为次优势种，3 种指数合计接近亚层总指数的一半；较常见的还有华润楠、粗糠柴、野漆、禾串树；此外，海南蒲桃、中平树（*Macaranga denticulata*）、厚壳树、红荷木、斜叶榕、大叶朴等数量都稀少。第 3 亚层林木高 10m 以内，共 23 种 122 株，覆盖度 60%，绝大多数是中上层树种的小径木，擎天树密度最大，占亚层

65%，重要值指数 105，优势明显；水锦树 45，为次优势，但和秋枫、千张纸（*Oroxylon indicum*）、中平树等多种喜光树种一样生长不良，呈现被压，以至出现立枯木；较多的还有山枇杷（*Eriobotrya caraleriei*）、华润楠、禾串树、狭叶杜英；偶见的有乌榄、海南蒲桃、大叶朴以及仅见于这亚层的水东哥（*Saurausia tristyla*）假苹婆、龙眼、鸭脚木。

（3）擎天树四瓣米仔兰林　出现于前一亚型局部保存较好的小片地段，这两个树种在各亚层均占优势。林木组成除中下层缺乏水锦树、余甘子等前述的多种喜光树种外，和上一林分颇多类似，却在下层生长较多的耐荫的小盘木，成为共优势种。而上一林分虽未见四瓣米仔兰，但更新层中却有不少它的幼树，高达 2～3m，生长健壮，可望定居下来，可以设想，前述森林是此类混交林退化而来。

从南亚热带两类擎天树林的组成看来，绝大多数为跨带广幅分布的热带成分；而较严格的热带种如海南风吹楠、火焰花、三角榄、辛果漆均已消失，却出现山枇杷、糙叶树等亚热带种类，热带色彩显然削弱。

另外，在桂西南左江上游低峰丛石山区，曾是擎天树林分布比较集中的地方，生长在深狭圆洼地底部及其边缘坡麓。据 50 年代初普查记录，主要伴生树种为网脉紫薇（*Lagerstroemia suprareticulata*）、无忧花、金丝李，常见的有人面子、大叶山楝，有的地段还有肥牛树、蚬木；中下层较多的有鱼尾葵、桄榔、轮叶木（*Ostodes pariculatus*）、广叶参树（*Trevesia palmata*）等。70 年代后期调查，此类原生林已被滥伐，荡然无存；偶见残次林，也因过渡选伐，擎天树仅遗留少数下层小径木，濒于绝灭。

从 3 株样木的解析，可知作为建群种的擎天树一些生长情况（表 7-37）；虽然样木产地不同，但株数太少，尚不足以论断不同生境下生长速度的差异。各样木生长表现颇为参差，1 号样木在 10 年以前树高连年生长相当缓慢，还不到 0.3m，15 年后才大幅度增长，紧接着两个龄阶稍有下跌又复回升，36～40 年生时达到高峰期，年生长量 1m 以上；此后随着年龄的增加而递减，但直至 55 年生前后仍维持 0.5m 左右，这样的速度在其他树种的高龄林木是少见的。其余 2 株样木 5 年生内生长量大得多，达 0.7m，此后起伏情况各别，均在第 4 龄阶时连年生长最快，但尚不足判断高峰期已来临。平均生长量在前期随着龄阶的推进而增加，只有 1 号样木在第 10 龄阶时高峰期已到来，比连年生长高峰期推迟 2 个龄阶；而 60 年生时生长量仍在 0.6m 以上。总生长量在 20 年生时为 8.1～18.8m，相去悬殊，生长最慢的 1 号木积累到 60 年生时为 37.7m，这是颇不寻常的高度。

胸高直径在 5 龄前年生长在 0.3cm 以内，相当缓慢，而 1 号样木这时还未出现胸径生长；但以后都加快生长，连年生长高峰均在第 3 龄阶时，较树高连年生长高峰来得早，此时的生长量为 1.1～1.5cm；1 号样木在高峰后基本上随着龄阶的后延而逐渐下跌，偶尔出现小高峰，50 年生以后年生长量 0.4cm 左右，不算太低。平均生长高峰在年轻的 2 株样木未见分晓；1 号木则出现在第 4 龄阶时，比连年生长高峰推迟一个龄阶，此后速度缓慢下降，阶间差一般只 0.2mm，50 年生以后还保持 0.6cm 左右的水平。总生长量在 20 年生时，各样木为 15.1～16.5cm，相差不明显；1 号木在 60 年时为 35.4cm。

表 7-37 擎天树生长进程

年龄	树高（m）			胸径（cm）			材积（m^3）		
	总生长量	连年生长量	平均生长量	总生长量	连年生长量	平均生长量	总生长量	连年生长量	平均生长量
1号样木									（地点：田阳）
5	1.15								
		0.25							
10	2.4		0.24	5.1		0.51	0.003 6		0.000 36
		0.32			1.20			0.003 82	
15	4.00		0.27	11.1		0.74	0.022 7		0.001 51
		0.82			0.80			0.006 56	
20	8.10		0.40	15.1		0.75	0.055 5		0.002 78
		0.71			0.62			0.012 78	
25	11.65		0.47	18.2		0.73	0.119 4		0.004 78
		0.69			0.56			0.019 30	
30	15.10		0.50	21.0		0.70	0.215 9		0.007 20
		0.99			0.64			0.026 60	
35	20.05		0.57	24.2		0.69	0.348 9		0.009 97
		1.02			0.50			0.032 72	
40	25.25		0.63	26.7		0.67	0.512 5		0.012 81
		0.78			0.48			0.041 20	
45	29.05		0.64	29.1		0.65	0.718 5		0.016 00
		0.75			0.46			0.049 36	
50	32.80		0.66	31.4		0.63	0.965 3		0.019 31
		0.51			0.42			0.057 88	
55	35.35		0.64	33.5		0.61	1.254 7		0.022 81
		0.47			0.38			0.065 74	
60	37.60		0.63	35.4		0.59	1.583 4		0.026 39
2号样木									（地点：都安）
5	3.5		0.70	1.2		0.24	0.000 3		0.000 06
		0.58			0.48			0.000 82	
10	6.4		0.64	3.6		0.36	0.004 1		0.000 41
		0.46			1.48			0.007 44	
15	8.7		0.58	11.0		0.73	0.037 2		0.002 48
		1.00			0.96			0.016 02	
20	13.7		0.69	15.8		0.79	0.117 3		0.005 87
3号样木									（地点：龙州）
5	3.5		0.70	1.3		0.26	0.000 3		0.000 06
		1.00			0.92			0.002 3	
10	8.5		0.85	5.9		0.59	0.011 6		0.001 16
		1.00			1.16			0.009 4	
15	13.5		0.90	11.7		0.78	0.058 5		0.003 90
		1.06			0.96			0.024 8	
20	18.5		0.94	16.5		0.82	0.182 5		0.009 13

各样木材积的连年生长或平均生长在继续上升中，两者之间生长量差距随着龄阶的增加愈来愈大，1号木60年生时连年生长量高于平均生长约1.5倍，看来两条曲线相交历程方长，远未达到数量成熟期（图7-11），这对培养大材是很有利的。20年生时各样木的总生长量为0.055 5～0.182 5m^3，生长慢的1号木50年生时接近1m^3，60年生时超过1.5m^3（图7-12），后10年的绝对值增长很大，胜过40年生的材积。另据测定实际胸径1.5m（扣除板根）、树高61.9m的老年巨树材积为44.85m^3，单株材积之高是惊人的。

擎天树林木更新成熟龄来临较迟，一般在45年生以后，结实间隔期2～5年。种子无休眠期，落地后1～4天即发芽，有的果实在下落前胚根即已伸出[1]；下种期，正当湿热季节，林地发芽条件是优越的。擎天树早年耐荫且要求庇荫，因此在林冠下更新层得到蓬勃发展，根据低山丘陵三类群落的调查统计（表7-38），它的野生苗居于绝对优势或共优势地位，其中擎天树、水锦树林原为单优林，有大量母树下种，尤为突出。在桂西南灰岩上的残次林，擎天树却完全得不到更新，是由于缺乏母树下种，并非石隙生境不宜于它的后代

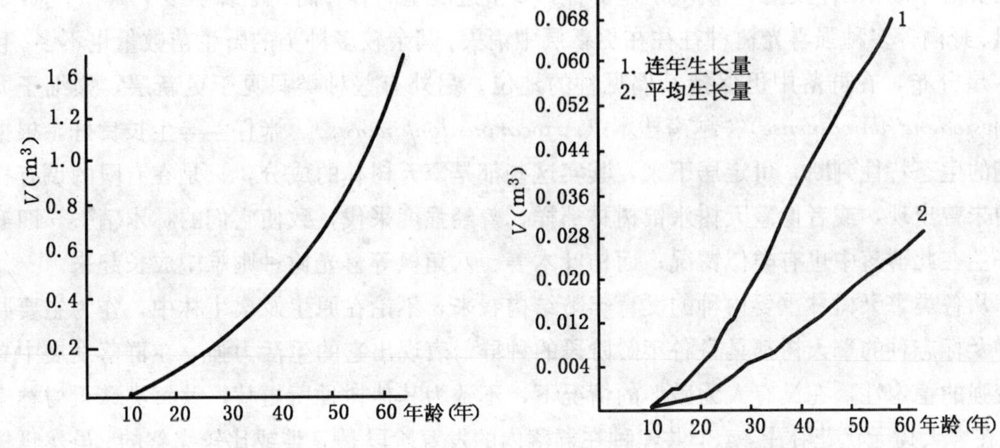

图 7-12　擎天树 1 号样木生长进程

表 7-38　擎天树林更新调查统计　　单位：株数/hm²

森林类别	树种	幼苗 株	幼苗 (%)	幼树 株	幼树 (%)
擎天树无忧花林	擎天树	250	77	1 950	52
	无忧花	0	0	300	8
	喙核桃	0	0	25	1
	海南风吹楠	0	0	75	2
	华润楠	0	0	125	3
	棒柄花	0	0	625	17
	其他	75	23	625	17
	合计	325	100	3 725	100
擎天树水锦树林	擎天树	418	60	7 100	74
	水锦树	0	0	0	0
	余甘子	0	0	0	0
	四瓣米仔兰	0	0	87	1
	狭叶杜英	83	12	451	5
	细子龙	0	0	367	4
	假苹婆	66	10	567	6
	其他	125	18	958	10
	合计	692	100	9 529	
擎天树四瓣米仔兰林	擎天树	0	0	720	21
	四瓣米仔兰	0	0	800	24
	小盘木	0	0	320	10
	假苹婆	0	0	320	10
	其他	200	100	1 160	35
	合计	200	100	3 320	100

繁殖。在残留有母树的次生裸地的皆伐迹地上，也很难看到野生苗，这是由于暴露的旷地生境不利于它的幼苗成长。其余共建种中，四瓣米仔兰也多野生苗，且常胜过同群落的擎天树；无忧花、海南风吹楠、喙核桃在林荫下也能进行更新，虽然后 2 种的效果不够理想，毕竟具有后续力量。至于中下层的共优势种如棒柄花、小盘木等耐荫树种在更新层也获得较好的发展；但水锦树和余甘子却完全缺乏幼苗幼树，如前所述，这些喜光树种是在过去林冠破坏时发展起来的，在郁闭恢复，直射光的缺少，不利于它们的生长发育和更新。常见种中多数也能完成发育周期下种更新。偶见种的情况比较复杂，如假苹婆、狭叶杜英在

某些群落中幼苗幼树之多，仅次于建群种，属于进展型的种；而树紫珠、中平树、千张纸、秋枫、野桐等多种强喜光树种往往在更新层中消失；其余较多种类的野生苗数量也不多。且呈零星分布，在群落中仍保持其偶见种的地位。另外有些种类只见于更新层，如细子龙（*Amesiodendron chinense*）、越南桂木（*Artocarpus tonkinensis*）、米仔兰等生长良好，根据它们的生态特性判断，可定居下来，其实这些都是擎天树林的成分，只是在有限的调查样地内未曾出现，或者像擎天树水锦树林那样，曾经强度采伐，致使它们的林木消失，四瓣米仔兰在此群落中也有类似情况；而柿叶木姜、八角枫等喜光树种则难望成长起来。

从各类擎天树林重要树种的发育年龄结构看来，不论在原生及次生林中，作为主要共建种及标志种的擎天树都具备各年龄阶段的种群，表现出它的生活力强，在群落发展中具有较强的稳定性，在没有人为破坏的情况下，不致为其他树种所更替。就每类擎天树林来看，在擎天树无忧花林中，4 个共建种在群落内的发育阶段是完整或比较完整的；虽然喙核桃、海南风吹楠在更新层中的数量并不理想。但毕竟后继有树，不致被淘汰；其实这 2 树种在乔木层的株数本来不多，但属于大乔木的生活型，优势度突出而成为共建种，在群落发展中可能仍将持续此种现象；至于各亚层的共优势种，除喜光的短翅黄杞仅残留有上层老树，而缺乏自此以下的个体，表现它在群落中很不稳定外，其他中下层的共优势种仍可保持较重要地位，看来此类擎天树林基本上进入相对稳定阶段。擎天树四瓣米仔兰林，不论从立木的年龄结构完整性以及更新效果，还看不出有任何树种可以取代这两个建群种以及下层共优势种小盘木的地位，也是达到相对稳定的类型，虽然，假苹婆可能发展为下层的共优势种。擎天树水锦树林属于很不稳定的次生林，中下层的水锦树和余甘子，完全缺乏幼苗幼树，它们的重要地位首先或将被狭叶杜英、细子龙、假苹婆所更替，以后逐渐向擎天树、四瓣米仔兰林演替。此外，桂西南低峰丛圆洼地的擎天树也是原生林，但经过长期的人为摧残，现已消亡，偶尔遗下残次林，擎天树也已沦为下层的偶见种，必须加以保护并采取促进更新措施，才能恢复它的建群地位。

原生擎天树林单位面积的蓄积量很高，主要是由巨大擎天树所决定的。擎天树的材质优良，据广西农学院木材研究室测定，其强度（单位：kg/cm²）顺压为 170，弯曲 186，顺剪——弦向 48、径向 43，比优质的杉木高得多，且枝下高很高，树干通直，也是建筑工程理想材种。群落中其他珍贵优良用材树种还不少，如蚬木、金丝李、四瓣米仔兰等；果用的有乌榄、人面子、山竹子等；蝴蝶果、油瓜（油渣果）、海南风吹楠（*Horfieldia hainanensis*）、鱼尾葵等为木本油粮植物；桄榔产糖及淀粉；药用的有瘤果砂仁，海南大风子等。总之，擎天树林蕴藏着丰富的种质资源。但是由于从无管护，长期滥伐使此类本来稀有的森林日益减少，沦于濒危状态。因此对现存的擎天树林应严禁采伐。按擎天树及其伴生的蚬木属于国家二级保护植物，蝴蝶果、五桠果叶木姜等也属于三级保护植物，均应认真管护。70 年代后期，广西那坡县、都安县对擎天树已试行人工栽培，其余产地也宜试种，取得经验再行推广，逐步扩大资源以供利用。

2. 海南风吹楠林①

海南风吹楠（*Horsfieldia hainanensis*）为严格热带科肉豆蔻科的植物，在我国东部北热带组成沟谷雨林。林分具有丰富的植物资源，林木高大，柱状，出材率高，但这类森林残存很少，应严格保护并加以发展。

海南风吹楠林见于广西的南部。分布区位于北热带季风区，约处北纬21°40′～23°10′，东经105°55′～107°50′的范围。虽然作为一个种还可越过北回归线北上至都阳山地前缘，北纬24°15′，但在林中极罕见。海南风吹楠林无论在砂页岩、花岗岩等酸性基岩所构成的土山以及由石灰岩构成的石山均可生长，但垂直分布的高程低，仅见于海拔400m以下的沟谷。分布区年平均气温21.37～22.4℃，最冷月平均气温13～14.7℃，最热月平均气温28℃，一般年份极端最低气温在0℃以上。年降水量1 400～2 800mm，虽然不少地方干湿季分明，但旱冷同期，冬多雾露，谷地的水分条件也较优越，无碍于此类森林的生存。海南风吹楠林下的土壤为淋溶石灰土或为砖红壤、赤红壤，有机质含量高。

海南风吹楠林的组成因立地条件而不同，可分为两个亚型。

(1)海南风吹楠广西樗树桄榔林[1]　这类森林，主要分布于广西西南部岽岗和陇瑞自然保护区等地的低峰丛石山，见于深窄的圆洼地边缘，海拔300m以下，尽管岩石裸露达85%以上，但小环境较潮湿，林木生长仍相当繁茂而高大，热带雨林色彩较浓厚，郁闭度0.8以上。在1 200m^{2}样地内乔木层有33种，分为3个亚层。

第1亚层林木17种29株，高20m以上，较多集中在30～40m，最高达50m，树干通直呈圆柱状，树冠集中在树干顶部，覆盖度75%，树冠基本连续，重要值指数分配较分散，共优种较多，有海南风吹楠、广西樗树、光榕（*Ficus glaberima*）、人面子等，较重要的有丛花厚壳桂和假肥牛树，其余金丝李、石山嘉榄、海南坚木和肖韶子等11种均呈单株分布。

第2亚层林木22种73株，覆盖度35%左右，树冠不连续，以假肥牛树最多，其次为棒柄花、肖韶子和网脉核实，其他种类如金丝李、鱼木（*Crataeva religiosa*）、棱翅蒲桃（*Syzygium nienkui*）、梨果崖摩（*Amoora roxburghiana*）和菩黍树（*Prosartema stellaris*）等也只出现单株。

第3亚层林木一般高6～8m以内，种类稀少，仅8种共37株，以巨型羽状复叶的桄榔（*Arenga pinnata*）占绝对优势，甚为醒目，其余多属中、上层树种的小乔木如海南风吹楠、金丝李、棒柄花等。

灌木层植物生长稀疏，一般高度1～2m，多为乔木的幼树，如海南风吹楠、金丝李、丛花厚壳桂等，但数量少，真正的灌木种类不多，有平顶紫金牛、白花龙船花（*Ixora henryi*）、驳骨九节、柠檬黄金花茶（*Camellia limonia*）和岽岗金花茶等。

草本层种类也不多，分布不均，覆盖度30%左右，以多花可爱花（*Eranthemum polyanthum*）占优势，次为越南冷水花（*Pilea alongensis*）其他还有两广沿阶草和毛叶轴脉

① 执笔人：苏宗明，莫新礼

蕨（*Clenitopsis devexa*）和大野芋等。

层间植物主要为东京紫玉盘、扁担藤和赤苍藤（*Erythropalum scandens*）、麒麟尾、藤橘和鸟巢蕨等。

(2)海南风吹楠血胶树枝花木奶果林 这一类型主要分布于桂西南地区的十万大山、大青山和靖西、那坡等地的土山地区海拔400m以下的沟谷地带。乔木层可明显分为3个亚层。第1亚层林木高25～40m，胸径30～90cm，树冠连续，覆盖度80%左右，以海南风吹楠为主，血胶树常可成为次优势种，火焰花、厚叶琼楠也较常见，有的地方还可见到黄梁木和八宝树等。

第2、3亚层林木一般高4～15m，胸径10～25cm，常见为厚叶琼楠、大花第伦桃（*Dillenia turbinata*）、仪花、枝花木奶果（*Baccaurea ramiflora*）和辛果漆（*Drimycarpus racemosus*）等。

灌木层高度一般在2～3.5m，主要为上层林木的幼树，有的地方以单穗鱼尾葵（*Caryota monostachya*）占优势，其他常见还有五角紫金牛（*Ardisis quinquegona*）、桄榔等，有的地方还可见到金花茶（*Camellia nitidissima*）、显脉金花茶（*Camellia euphlebia*）等。

草本层以穿鞘花（*Forestia chinensis*）、新月蕨、大叶水罗白（*Tacca chantrieri*）等为常见，局部地段以瘤果砂仁占绝对优势。

层间植物主林有茎花崖爬藤（*Tetrastigma cauliflorum*）、蝉翅藤和白藤、麟麟尾和鸟巢蕨等，有时还可见油渣果（*Hodysonia macrocarpa*）。

根据对33年生的海南风吹楠林的测定，林分平均高22.7m，平均胸径23.9cm。乔木第1亚层林木平均高30.7m，平均胸径38.1cm；第2亚层林木平均高14.3m，平均胸径13.6cm；每公顷立木750株，蓄积量285m^3。

据33年生的海南风吹楠树干解析，树高为23.2m，胸径40cm，材积（带皮）1.278 9m^3。树高连年生长量在5年与11年生出现两次高峰，均达2.0m，12～33年呈微波浪式下降；胸径5～8年间，年生长量在0.9～1.1cm，9～15年转快，年生长量达1.5～1.6m，20年生时达到高峰期，年生长量1.8cm，21～27年生呈直线下降；材积生长自15年生开始加快，年平均生长量0.012～0.029m^3，而到30年后更为迅速，年平均生长达0.034 8～0.036 2m^3。可见它是较理想的速生树种。

海南风吹楠林在石灰岩石山和土山都有分布，林分树种繁多，资源植物相当丰富，经济价值和科学意义都较重大。广西樗树、海南坚木、人面子、黄梁木、八宝树、海南风吹楠和血胶树为珍贵或速生优良树种，后两种的种子榨油供工业用。其他经济植物主要还有野砂仁、油瓜、桄榔和多种白藤。这类森林是我国北热带典型的沟谷雨林之一，在科研上具有重大的价值。但现在残存的森林已极少，应认真保护、研究，对其中经济价值高的植物，宜进行栽培，以供利用。

参 考 文 献

[1] 苏宗明等．弄岗自然保护区植被调查报告．广西弄岗自然保护区综合考察报告．广西植物增刊一，1988

3. 无忧花林①

无忧花（*Saraca dives*）林主要属于我国东部北热带为数不多的沟谷雨林之一，蕴藏着众多可贵的热带资源植物，且对水源涵养具有良好的效益；但残存的森林面积已很小，属于濒危的类型。

无忧花林主产广西的南部和西南部热带地方，海拔600m以下的山谷，偶可沿着红水河上游零星分布到贵州南缘和云南与广西接壤的南亚热带沟谷地段。分布区约位于北纬21°30′～25°，东经104°～108°40′。无论在石灰岩构成的峰丛石山和酸性基岩构成的土山均可出现。但常局限于湿热的沟谷和溪边；且经过长期的破坏，此类森林已很少残存。分布区气候炎热，年平均气温21～22℃，最冷月(1月)平均气温12～14℃，最热月(7月)平均气温多在28℃以上，一般年份极端最低气温都在0℃以上。年降水量各地差异悬殊，十万大山南侧可多达2 800mm以上；而红水河谷可低至1 100mm以下，但沟谷中水湿条件较优越。

无忧花林的立地土壤有机质含量丰富，或为淋溶石灰土，微酸性至中性反应，土层浅薄，或为砖红壤性土和赤红壤，酸性至强酸性反应，土层深厚，表明它对土壤的适应面较广。

无忧花林终年常绿，多由喜湿热的成分组成，林木的树皮一般光滑色浅，不少大型羽状复叶的种类，板根和茎花现象时有出现，层间植物发达。由于立地土壤不同，群落组成有明显的差异，大体上可分为2个亚型。

(1)无忧花苹婆林　　这种森林，分布于广西西南部海拔400m以下的石灰岩低峰丛石山狭谷的坡脚，日照很短，环境较荫湿，林木生长高大，结构较复杂，据在岽岗自然保护区的调查，森林郁闭度在0.8以上，乔木层分为3个亚层：第1亚层林木高18～27m，胸径20～60cm，覆盖度约75%，以无忧花占绝对优势，此外还有海南风吹楠、金丝李；第2亚层林木高度10～18m，胸径18～25cm，以无忧花、苹婆为主，假肥牛树也常见，其他还有金丝李、假苹婆等；第3亚层林木高度在8m以下，主要有假肥牛树、假苹婆、苹婆和海南大风子等，平顶紫金牛也普遍，而无忧花则较少见。灌木层一般高2m以上，覆盖度50%，大多数为乔木层的幼树，而以平顶紫金牛和马蓝属（*Strobilanthes* sp.）占明显优势，灌木以单穗鱼尾葵也较多，常见的还有岽岗金花茶和柠檬黄金花茶（*Camellia limonia*）等。

草本层种类不多，都是喜阴湿的种类，高度在1m以下，覆盖度30%，以多花可爱花占优势，此外还有两广沿阶草、阔叶沿阶草、粤万年青和海芋等。

① 执笔人：莫新礼，苏宗明

藤本植物种类和数量较多，纵横交错，最突出的为扁担藤，长达数十甚至数百米，石柑子和麒麟尾到处可见，有时甚至几乎布满整株树的树干上。附生的植物多鸟巢蕨和团叶槲蕨。

（2）无忧花红果樫木血胶树林[1] 此亚型主要分布在广西南部和西南部低山海拔600m以下的山谷，向北偶可见于滇、黔、桂边南盘江一带土山的沟谷。乔木可分两亚层，第1亚层林木高15～20m，最高达25m，胸径25～45cm，最大达120cm，覆盖度70%～80%。第2亚层林木一般高12～15m，覆盖度20%～40%。树种组成主要有无忧花、红果樫木（*Dysoxylum binectariferum*）、血胶树、大花第伦桃（*Dillenia turbinata*）、大叶山楝、毛麻楝、大果山竹子（*Garcinia tinctoria*）、壳菜果、海南蒲桃、肉实树（*Sarcosperma arboreum*）、麻札木（*Lysidice rhodstegia*）、东京波罗蜜（*Artocarpus tonkinensis*）、八宝树和鱼尾葵以及桄榔等。

灌木层高2～5m，覆盖度20%～40%，多为乔木层的幼树，真正的灌木有三叉苦（*Evodia lepta*）、广西棕竹（*Rhapia filiformis*），其他常见的种类还有棒柄花（*Cleidion brevipetiolatum*）和露兜勒等。

草本层一般高0.5～3m，覆盖度30%～60%，以野芭蕉较多，常见的有海芋、五膜草（*Pentaphragma sinense*）、山姜、楼梯草（*Elastostema*）和苔草（*Carex*）以及一些大型蕨类植物。

藤本的种类和数量也较多，常见的有买麻藤、刺果藤（*Buettneria aspera*）、榼藤子（*Entada phaseoloides*）、假鹰爪（*Desmos chinensis*）、瓜馥藤、麒麟尾和香港崖角藤以及棕榈科的省藤（*Calamus platyacanthoides*）和黄藤（*C. tetradactylus*）。

无忧花林是北热带为数不多的沟谷雨林之一，在科研上具有较重要的意义。经济利用价值高，如蚬木、金丝李为珍贵用材；海南风吹楠、八宝树、壳菜果、血胶树为速生优良树种；无忧花除供材用外，花大密集，橙黄色，艳丽夺目，观赏价值高；其他经济植物也较丰富，如桄榔、鱼尾葵、苹婆和多种白藤。此外还有多种名贵的金花茶。但此类森林残存已很少，应加以保护，在自然保护区内，还要对上列资源植物进行驯化，以便推广造林。

参 考 文 献

[1] 中国植被编委会. 中国植被，374～375页，北京：科学出版社，1980

4. 华南坡垒林①

华南坡垒（*Hopea chinensis*）林属于我国为数不多的龙脑香林，特产广西。该树种属我国二级珍稀濒危保护植物，以它为标志的雨林也是我国珍贵的热带森林资源。

华南坡垒林，仅分布于广西南部十万大山海拔600m以下沟谷、溪边。分布区的地理位

① 执笔人：莫新礼

置约处于北纬 21°30′～22°00′，东经 107°30′～108°25′的狭小范围。十万大山为断裂单斜中山，华夏走向，最高峰脊线 1 200～1 400m。此类雨林，主要分布在迎风的东南坡，稀见于背风面。由于濒临北部湾，深受热带海洋季风的影响，低平地方的气温可以东兴的纪录为代表，年平均气温为 22.4℃，最冷月（1 月）平均气温 14.7℃，最热月（7 月）平均气温 27.9℃，年较差仅 13.2℃，累年极端最低气温平均值 5℃，历年日平均气温稳定≥10℃的积温 8 158℃，热量相当丰富。年降水量在迎风面可多达 2 800mm 以上，气候潮湿；背风坡也在 1 700mm 左右，属于湿润级；但一年中分配不匀，4～10 月为雨季，12 月～次年 2 月为旱季，旱冷同期，且沟谷中空气和土壤的水湿条件优越，不易受干旱的威胁，有利于雨林的发展。十万大山地质条件较复杂，而华南坡垒林主要分布在晚三叠纪紫红色砂岩、砂泥岩以及印支期花岗岩类构成的地层上。立地土壤为赤红壤，地表枯枝落叶层厚 2～5cm，土层深厚，壤土，有机质含量比较丰富。

群落组成复杂，据调查在 400～600m^2 林地内约有 150～200 种植物，优势种不明显，华南坡垒为本类型的一个标志种。由于人为干扰破坏，现存较好的成片林分已罕见，且大径木多被选伐，在这类次生林中，基本上还保存原来的组成，林木生长仍很茂密，郁闭度 0.9 左右，外貌终年常绿，分为 3 个亚层。

目前第 1 亚层林木多处在中年期，高 15～20m，而残留的少数巨树高耸于此林层之上，达 30m 以上，覆盖度 70%～80%，树冠连接，常见的主要有血胶树、壳菜果、紫荆木、东京马蹄荷（*Symingtonia tonkinensis*）、东京双翼豆（*Peltophorum tonkinensis*）、海南吹风楠、乌榄、橄榄和辛果漆（*Drimycarpus racemosus*）等。华南坡垒在群落中分布普遍，频度为 100%，但只有个别立木达到上层。

第 2、第 3 亚层林木高 4～15m，树冠不连接或部分连接。华南坡垒在这 2 亚层出现较多，特别是在下层占有较重要地位，株数可达这亚层总株数 35%，生长良好，其他树种常见有大花第伦桃（*Dillenia turbinata*）、竹叶荷木（*Schima bambusifolia*）、秋风、亮毛红豆（*Ormosia sericeolucida*）、亮叶杜英（*Elaeocarpus nitentifolius*）、假山龙眼（*Heliciopsis henryi*）、倒卵叶山龙眼（*Helicia obovatifolia*）、枝花木奶果（*Baccaurea ramiflora*）等，其他还有黄叶木（*Xanthophyllum hainanensis*）、尾叶香楠（*Randia merrillii*）、药乌檀（*Nauclea officinalis*）、黄梁木和溪杪（*Chisocheton paniculatus*）等。

灌木层植物种类不少，主要为乔木层的幼树，其他常见有海南山龙眼（*Helicia hainanensis*）、假鹊肾树（*Pseudostreblus indica*）、锯叶竹节树（*Carallia pectinifolia*）、五角紫金牛、广东拟黄叶木（*Xanthophytopsis kwangtungensis*）、桄榔和单穗鱼尾葵等。

草本层植物以喜阴湿环境，植株高大的种类为多，常见有金毛蕨、黑桫椤（*Cyathea podophylla*）、红色新月蕨（*Abacopteris rubra*）、广西山姜（*Alpinia kwangsiensis*）、华山姜（*Alpinia chinensis*）、露兜勒和野芭蕉等，局部地方还可见到呈小片分布的冬叶（*Phrynium capitatum*）。

层间植物常见有刺果藤（*Buettneria aspera*）、香港鹰爪、白叶瓜馥藤、金果瓜馥藤

(*Fissitigma cupreonitena*)、华马钱(*Strychnos cathayensis*)、锡叶藤(*Tetracera asiatica*)、光滑丁公藤(*Erycibe laevigata*)、买麻藤、多种省藤、麒麟尾、香港崖角藤等木质藤本，局部地段还多藤竹攀援，附生植物主要有乌巢蕨，苔藓繁茂，树干、树皮及叶面均可有分布。

原生性的华南坡垒雨林为达到相对稳定的类型，作为群落标志种的华南坡垒，属于耐荫(中性)树种，庇阴阶段可长达15年以上，在密林下的更新层中得到较好的发展，幼树数量可居于各树种的首位，分布普遍且较均匀，年轻的林木较少呈被压状态。据标准地调查，每1 000m^{2}有幼树83株，下层、中层及上层林木分别有63、18及3株，种群的发育阶段是完整的，且补充率大于衰亡率，反映出森林环境适于该种的继续生存与发展。至于上层林木稀少，主要由于此种珍贵树为群众着重选伐的对象，在停止选伐后，随着时间的推移，将有可能逐渐增多，属于群落中稳定性较大的种，所调查的林分正处在向原生性森林恢复的过程。

华南坡垒为稀有珍贵树种，木材坚重，极耐腐，埋入土中近百年而不腐，故有“万年木”之称。其容积重平均为0.95g/cm^3，顺压及静曲极限强度分别为579及1 742kg/cm^2，属于高强度性质(2321)、高质量系数(2443)的材种，为高级家具、车船、建筑、木工、军工、机械等优质用材，经济价值高。

其他珍贵优良树种还有紫荆木、黄叶木、小叶红豆(紫檀木)、壳菜果、东京马蹄荷、东京双翼豆、血胶树、药乌檀、风吹楠、海南风吹楠和黄梁木等，林下经济植物主要有多种白藤、野砂仁、巴戟和桄榔等。由于这类森林残存已极少，濒临绝灭的险境，因此，应严格保护，列为禁伐林；在有华南坡垒幼苗、幼树的疏残林，宜实行全封育林；另一方面还要对林中许多珍贵优良树种和经济植物引种驯化，进行造林，不断扩大资源，以供利用。

第六节 红树林[①]

(一) 分布与生境

1. 热 量

红树林是指生长在热带海岸潮间带盐沼或盐渍土的森林群落。地理分布受温度制约。以赤道带海岸为分布中心，向南北纬向延伸，热量降低，红树林的种类组成和生长发育逐渐变得贫乏和衰退(见表7-39)。

广西海岸位于北回归线以南，北纬21°37′，属北热带季风区，多年平均气温22～23.4℃，冬季受北方冷气流入侵影响，1月平均气温13.4～18.2℃，低于世界其他同纬度地区[4]。特别每8～10年一遇的大寒潮入侵，引种的橡胶等赤道作物易遭受寒害。红树林植

① 执笔人：李信贤

物种类较赤道地区贫乏，计14科21属22种，其中红树科有4属各1种，不如海南岛丰富，与广东种数相当，种类相同，多于福建和台湾。

表7-39 亚洲红树林植物的地理分布与温度关系

地区	北纬（N）	年平均气温（℃）	极端最低气温（℃）	海水表层年平均气温（℃）	红树林植物			资料来源
					种数	个体生长最高（m）	红树科种数	
新加坡	1°18′	25～30	18.6	24～27	约60～70（包括马来半岛）	30（木榄）	约17	①
海南岛	18°10′～20°10′	23.8～25.5	2.8	25.1～26.8	34	14（海莲）	9	①②
广西海岸	21°24′～21°45′	22～23.4	−0.8～−1.8	23.1～23.8	22	12（银叶树）	4	②
广东海岸	20°40′～23°	21.3～23.3	−1.4	22.3～24.1	21	10（秋茄）	4	①②
台湾	22°～25°				13		4	①
福建南部海岸	24°～25°	21（九龙江口）	−2.4		7	10（秋茄）		

注：①广东省海岸带综合调查报告（简要本）. 1987

②广西海岸带综合调查报告第七卷. 1986

广西海岸虽然同处于一纬度内，因受岸带北面地貌及海面局部气团的影响，使气温的变化规律为东、西岸段高，中间岸段低。西岸段北面十万大山脉成为北方冷气流直接南侵的天然屏障，东岸段除北面云开大山余脉起着一定的屏障作用外，同时由北部湾海域有一暖脊中心延伸到山口、白沙和沙田一带，因此东、西两岸段均无零下低温；中间岸段北面为破碎丘陵地貌，特别南流江和钦江谷地成为冷气流直接南进的通道，每大寒潮入侵出现短暂零下低温。红树林植物的地理分布和生长发育也发生相应变化（见表7-40）。反映红树植物的一些种类对短暂的零下低温忍受能力很弱，极易受冻害，或因热量不满足，生长受到抑制。这些现象，为人工造林规划布局，提供了依据。例如，木榄虽然分布到中部地段，但只见单株散生在避寒保暖的局部地方，不成为建群种，树高2～3m，遇特大寒潮受冻害，该种不宜在中部地段大面积造林。

2. 土壤和环境盐度

不论哪一类红树林，在海滩和海岸上总是平行于海岸线成带状分布[4]。但因各地带的建群种不同，带状序列不尽一致。广西红树林的带状序列，从外滩（低潮线），经中滩，至内滩（高潮线），到潮上线，依次分布海榄雌（*Avicennia marina*）林、秋茄林，桐花树（*Aegiceras corniculatum*）林、红海榄林、木榄林和海岸半红树（*Semi-mangrove*）林。无红海榄林和木榄林的岸段或滩面，则以前几个类型为序，复合型滩面，则为复合式分布序列。这种生态分布格局，主要在潮汐影响下导致土壤质地、养分和盐度与红树林对这些环境因子的适应性而形成的。

表 7-40 广西红树林植物的地理分布与温度的关系

项目	地段									个体生长高度（m）	群体发育及寒害状况
	东段 洗米河口-白龙港			中段 北龙港-龙门港			西段 龙门港-北仑河口				
	年均温（℃）	1月平均气温（℃）	极端最低气温（℃）	年平均气温（℃）	1月平均气温（℃）	极端最低气温（℃）	年平均气温（℃）	1月平均气温（℃）	极端最低气温（℃）		
	22.8～23.4	14.2～14.5	2.0	22.0～22.6	13.2～13.9	−1.8	22.4～22.5	14.5	3.3		
红树林植物种数		22			13			21			
主要差异种 红海榄		✓			○			✓		4～6	形成单种纯林演替系列
银叶树		✓			○			✓		4～12	西段形成片林，东段只见萌生小树
杨叶肖槿		✓			○			○		4～5	单株混生于半红树林中
草海桐		✓			○			✓		1～2	小片群聚
海南草海桐		✓			○			✓		草本	在稀疏红树林下局部成优势草本
榄李		✓			○			✓		1～5	东段高 5m 散生于其他红树林中
木榄		✓			✓			✓		1～5	东、西岸段形成单优纯林和演替系列，中段不成林
海榄雌		✓			✓			✓		1～3	中段遇特大寒潮受冻害

（1）土壤质地及其养分 潮滩上的土壤质地影响着土壤养分含量和盐度，从而影响红树林的生态分布。在广西海岸一个典型的红树林滩面，从外滩，经中滩，到内滩，土壤分别为细沙质、泥沙质和淤泥质。这主要是海潮与内陆河水在这里相互作用下形成的。在低潮带附近，退潮后仍不断受到海浪冲刷，在这里沉积的泥质和生物碎硝不断被冲洗，通常形成向海倾斜的较大坡面，所剩沉积物质主要是细沙，土体中＜0.01mm 的物理性粘粒只占 13.6%；在高潮带，退潮后无流水和海浪冲刷，淤泥质与生物碎硝粘结固定而不断积累，形成深厚的淤泥滩，土体中＜0.01mm 的物理性粘粒占 88.9%；在中潮带，沉积物主要是泥沙掺拌，土体中＜0.01mm 的物理性粘粒占 30.7%①。从外滩、中滩到内滩所发育成的土壤，分别为细沙质、泥沙质、淤泥质，相应自然生长着海榄雌林、秋茄林、红海榄林、木榄林（见图 7-13）。

① 广西海岸带综合调查报告第八卷（土壤），36～40，1986

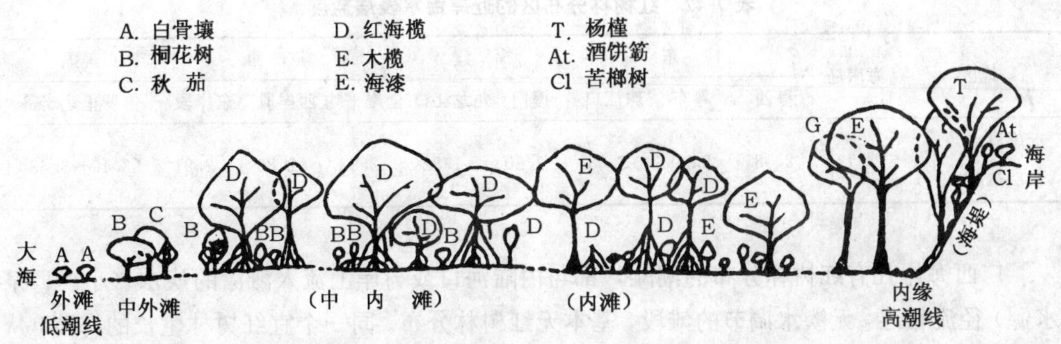

图 7-13　海滩土壤质—红树林分布序列（合浦、英罗港）

由于各滩位上土壤基质的物理性状不同，其养分含量，从外滩的细沙质土～中滩的泥沙质土～内滩的淤泥质土依次提高，且差异颇大（见表 7-41）。木榄和红海榄自然生长在最肥沃的内滩淤泥质土壤上，海榄雌天然分布在最贫瘠的外滩细沙质土上，被誉为海滩上先锋红树林群落。

表 7-41　广西海滩红树林的土壤养分及其在潮间带内的变化

地点		北海市西塘下村		北海市西村港	合浦英罗湾		
滩位		外滩	中外滩	港湾内滩	中滩	内滩	滩内缘
红树林类型		海榄雌纯林	秋茄＋海榄雌	桐花树纯林	桐花树＋秋茄＋海榄雌	红海榄纯林	木榄林
土壤		细沙质	半泥半泥质	乌蓝淤泥（有淡水流经）	以淤泥为主的	乌黑淤泥	板结状淤泥
土壤养分	有机质(%)	0.699	1.261	2.685	1.960	3.924	4.384
	全氮量(%)	0.015	0.029	0.101	0.053	0.138	0.250
	碱解氮(mg/kg)	24.2	46.7	81.9	56.8	149.0	220.0
	速效磷(mg/kg)	2.12	2.51	7.91	8.41	12.3	15.9

（2）环境盐度　潮滩盐渍土壤的盐分主要是 NaCl。钠和氯离子非大多数植物需要的营养元素，土壤中含量过多影响植物的生长发育。生长在潮滩上的红树林植物均有不同的组织和功能（泌盐腺或根部的凯氏带外膜），排泄体内过多盐分或拒绝过多盐分进入体内，以适应不同浓度的盐渍环境。影响红树林环境盐度的有 4 个方面，即近岸海水表层盐度；退潮后红树林地面水盐度（称地表水盐度）和土壤盐度以及流入滩涂的淡水资源。地表水和土壤盐度是通过潮汐泛滥形成，其盐度的高低受海水表层盐度和流入滩面的淡水资源多少共同影响。近岸海水表层盐度的大小与降水量、气候干燥度和入海淡水径流有关。世界红树林分布区近岸海水表层盐度为 1.8%～3.6%（表 7-42），差异颇大，反映不同地区，不同种类或群落类型的红树林，适应盐度的范围很宽。

表 7-42 红树林分布区的近岸海水表层盐度

地区	海南岛	广东			福建		广西			美国
		粤西	粤东	珠江口	厦门	九龙江口	全岸平均	西岸段	东岸段	佛罗里达半岛
近岸海水表层盐度（%）	3.17	2.98	2.90	2.03	2.80	1.82	2.88	2.80	2.91	3.19～3.68

广西海岸凡有红树林分布的潮滩，都与内陆河口或与岸上流入滩涂的淡水（小溪、泉水源）径流相连，无淡水调节的滩段，基本无红树林分布。同一个宜红树林生长的海湾，从其尾部与河口相连地段到海湾外缘，近岸海水表层盐度由低到高逐渐增大（表 7-43）。适应低盐度的老鼠簕、卤蕨群落只分布在港湾顶部的河口地段的咸淡水混合的岸边水沼中，海榄雌天然分布在港湾外缘。老鼠簕和海榄雌这 2 个林分在天然条件下从不混生在一起。秋茄林在自然条件下，既不分布到海湾顶部咸淡混合的水沼中，也不到海湾的最外缘，通常集中在中滩地段，在这里退潮后，无淡水直接流于滩面上，亦无海浪直接冲刷，地表水盐度 2%左右。桐花树林分布很广，从海湾顶部的河口或溺谷咸淡水沼地段到海湾外缘的滩涂，而以海湾中部以下到海湾外缘的中内滩段最为集中，生长繁茂。这里退潮后，从岸边有淡水渗出漫流于滩面，土壤盐度 0.5%～1.0%。在海湾外缘的一个典型的红树林滩面，在潮汐的长期作用下，低潮带外滩地势较低，中潮带略高，高潮带凹下，在岸边由于陆上物质的堆积使滩内缘升高，使内滩地段形成低洼的浅沼状，退潮后如果无淡水流过，成为养分和盐分富集的小环境，即为红树林沼泽地，通常是红海榄林宜生滩位，土壤盐度 1.3%～3.5%。

表 7-43 海湾内近岸海水表层盐度和红树林群落分布①

港湾	铁山港			钦州湾		
入海淡水径流	短小河流，径流小			大河（钦江），径流大		
港湾区段	顶部	中部	外缘	顶部	中部	外缘
近岸海水表层盐度（%）夏季（7月）/冬季（1月）	2.0/3.0	2.2/	2.6/3.1	1.0/2.6	1.6/2.8	2.4/3.0
红树林群落	老鼠簕、卤蕨	桐花树	海榄雌	老鼠簕、卤蕨	桐花树	桐花树

3. 红树林类型

（1）组成种类 红树林是由红树科（Rhizophoraceae）和其他科属而具有适应海岸潮汐盐渍生境的植物组成，据有关资料统计，组成红树林的植物全世界计有 24 科 30 属 86 种（限于木本和蕨类）[8]，中国有 21 科 28 属 36 种（含双子叶植物草本和藤本）[2]（这些统计数

① 广西海岸带综合调查报告第三卷，1986，62～65

字因对红树植物的含义或定义解释不同而变动)。以科比较，红树科种类最多，计 4 属约 20 种。因此红树林中并非全是红树科植物，还含有其他科属种类，而且还有以非红树科植物为优势的林分或群落类型，例如马鞭草科 (Verbenaceae) 的海榄雌 (*Avicennia marina*)、紫金牛科 (Myrsinaceae) 的桐花树 (*Aegiceras corniculatum*)、大戟科的海漆 (*Excoecaria agallocha*) 等，分别成为单优林。所以红树林是泛称，世界通用名词为 Mangroves 或 Mangrove forest。

广西红树林植物有 14 科 21 属 22 种 (见表 7-44)，其中除双子叶植物草本和藤本以及蕨类各一种外，其余均为木本。广西海岸因地理纬度较高和冬季受大陆性冷风影响较深，热量较低，加上利用强度大，红树林植物部分种类为灌木型，如桐花树、海榄雌、老鼠簕、苦榔树等，有的为中型乔木，因利用强度大和经多代萌芽更新，退化成灌木状，如秋茄、海漆、海杧果 (*Cerera manghas*)、苦槛蓝 (*Myoporum bontioides*)、水黄皮 (*Pongamia pinnata*) 等，有的在赤道海岸高达 30m 的大乔木，在这里几十年的老林，树高仅有 6～12m，如木榄、银叶树等。因此广西的红树林大部分类型呈 1～3m 的灌丛林，只有少数类型发育成小乔林。

表 7-44 广西红树林植物种类与邻近省比较

科名	该种中国种数	种 名	广西	广东	福建	海南岛	台湾	该种世界种数	海滩红树植物	海岸半红树植物	备注
红树科	8	木榄	+	+	+	+	+	20	√		
		柱果木榄				+			√		
		海莲				+			√		
		尖瓣海莲				+			√		
		红树				+			√		
		红海榄	+	+		+	+		√		
		秋茄	+	+	+	+	+		√		
		角果木	+	+		+	+		√		
马鞭草科	3	海榄雌	+	+	+	+	+	11	√		
		钝叶豆腐木	+	+		+				√	
		苦榔树	+	+		+				√	
紫金牛科	1	桐花树	+	+	+	+		3	√		
使君子科	2	榄李	+	+		+	+	5	√		
		红榄李				+			√		
爵床科	2	老鼠簕	+	+	+	+		3	√		
		小花老鼠簕				+			√		
海桑科	3	海桑				+		5	√		
		杯果海桑				+			√		
		卵叶海桑				+			√		
大戟科	1	海漆	+	+	+	+	+	1		√	
玉蕊科	1	玉蕊				+	+	1	√		
草海桐科	2	草海桐	+	+		+		2		√	
		海南草海桐	+	+		+			√		肉质草本

（续）

科名	该种中国种数	种名	广西	广东	福建	海南岛	台湾	该种世界种数	海滩红树植物	海岸半红树植物	备注
夹竹桃科	1	海杧果	+	+		+	+	2		√	
锦葵科	2	黄槿	+	+	+	+	+	5		√	
		杨叶肖槿	+	+		+	+			√	
楝科	1	木果楝				+		2		√	
棕榈科	1	水椰				+		6		√	
茜草科	1	瓶花木				+		1			
梧桐科	1	银叶树	+	+		+	+	2		√	
豆科	2	水黄皮	+	+		+		5		√	
		鱼藤	+	+		+				√	藤本
木犀科	1	凹叶女贞	+					1		√	
卤蕨科	2	卤蕨	+	+		+		2		√	
		尖叶卤蕨	+	+		+		2		√	
苦槛蓝科	1	苦槛蓝	+	+		+		1		√	
莲叶桐科	1	莲叶桐				+		1		√	
千屈菜科	1	水芫花				+	+	1			
合计	38		22	21	7	37	13	85			

表 7-45 广西红树林的类型及生态分布

生态外貌型	建群种型	林型	外貌	演替阶段	生境范围	土壤	地理分布
Ⅰ 海滩红树林	（一）海榄雌林	①海榄雌群落	灌丛状，高1.0～1.2m	前期阶段，潮间带内裸露沙滩的先锋群落	天然分布于低潮线一带，海滩红树林带的外缘，即外滩	水湿细沙土	分布各岸段，东、西岸段为多
		②海榄雌＋秋茄、桐花树群落	灌丛状，高1.2～2.0m	前期阶段的后期，被秋茄群落演替的过渡类型	分布于海榄雌单优纯林之内侧	水湿泥沙掺拌	分布各岸段，东、西岸段为多
		③海榄雌—桐花树群落	灌丛状，高2～3m，复层林		内滩人工林	沼泽淤泥土	中部岸段的钦州湾内
		④秋茄群落	灌丛状，高1～1.5m	中期阶段前半期	天然分布于海榄雌林的内侧，即中外滩	水湿性泥沙掺拌	分布各岸段，西岸段较集中连片
	（二）秋茄林	⑤秋茄＋桐花树群落	灌丛状，高1.5～3m	中期阶段向后半期过渡	在前一群落的内侧，即中滩一带	以淤泥为主含细沙土	分布各岸段
		⑥桐花树群落	灌丛状，高1～2.4m	中期阶段的后半期	天然分布主要在内滩，伸延到中滩和河口内缘	沼泽淤泥土，以淤泥为主含细沙土	广布各岸段，面积最大的类型
	（三）桐花树林	⑦桐花树、卤蕨群落	灌丛状，高1m左右	中期阶段，向淡水水生植物群落过渡	天然分布于碱淡水混合的河口或海叉溺谷两岸	沼泽状淤泥	广布各岸段，面积小

（续）

生态外貌型	建群种型	林　型	外貌	演替阶段	生境范围	土　壤	地理分布
Ⅰ海滩红树林	（四）红海榄林	⑧红海榄群落	小乔木，高4.5～6m	后期阶段前半期	天然分布于内滩，通常在桐花树林内侧，无淡水直接流经低洼滩段	沼泽状高盐淤泥土	分布于东、西岸段
		⑨红海榄—桐花树群落	复层林高2～4m	后期阶段，红海榄林向桐花树林演替的过渡类型	内滩，在红海榄纯林的外侧	沼泽状高盐淤泥土	东岸段英罗湾
	（五）木榄林	⑩木榄群落	小乔木，高5～7m	后期阶段的后半期，向海岸半红树林过渡	内滩的内缘，在红海榄林内侧	板结状淤泥	东、西岸段
		⑪木榄—桐花树群落	复层林，高1.5～6m	后期阶段，向桐花树林演替	内滩，在桐花树林之内侧	沼泽状淤泥	东岸段
	（六）老鼠簕林	⑫老鼠簕群落	灌丛，高1～1.2m	后期阶段，向淡水水生植物群落过渡	海湾尾部河口、溺谷、海叉、碱淡水混合区	沼泽淤泥	各岸段
		⑬老鼠簕、桐花树、卤蕨群落	灌丛，高1m左右	后期阶段，向淡水水生植物群落过渡	海湾尾部河口、溺谷、海叉、碱淡水混合区	沼泽淤泥	各岸段
Ⅱ海岸半红树林	（七）海漆林	⑭海漆群落	灌丛状，高1m左右	后期阶段的后半期	在潮间带内的突起沙滩大潮海水浸没地面	沙土	东岸段，合浦
		⑮海漆—桐花树、老鼠簕群落	小乔木，高2～4m	后半期，海滩红树林向海岸红树林演替的过渡类型	在海湾尾部与河口交汇处，在海滩红树林内侧	半硬化淤泥或沙质壤土	西岸段江平至斑峻一带
		⑯海漆—水黄皮苦槛蓝群落	小乔木，高2～4m	后半期，向陆域植物群落过渡	在海岸或海堤上，大潮海水浸湿地面	沙质壤土，石缝土	各岸段
	（八）银叶树林	⑰银叶树、海漆、箣竹群落	小乔木，高6～11m，胸径10～30cm	后期，在海漆林的后侧向陆域森林演进	海岸上陆地边缘，大潮海水波及或海潮已波及不到	沙质土或沙质壤土	西岸段，防城港
	（九）黄槿木	⑱黄槿、水黄皮、酒饼簕群落	小乔木高4～5m	后期，向陆域森林演进	潮间带上限到陆地上	沙土、沙质壤土	各岸段

（2）类型的划分　红树林虽然仅局限于由潮汐影响下所形成的盐渍生境，因各地海岸地貌和潮差不同，盐渍生境差异颇大，在普通潮位之内的红树林，每日受海潮浸渍一次，在普通潮位之上的红树林，每月只有在大潮（即新月或满月）才浸润一次，加上淡水的影响，因此不同潮位中的土壤及其养分、盐度也不同，红树林群落的建群种也完全不一样。类型划分及其含意不尽一致，有的划分为红树（Mangrove）群系和半红树（Semi-mangrove）

群系或尼泊（Nipa）群[4]，有的划分为海岸红树林、河口湾红树林、珊瑚礁红树林[5]。我国划分为海滩红树林和海岸半红树林[6,7]，就前述的广西森林分类的原则依据和系统而论，这些是红树林的亚型，前者限于滩涂潮间带内，由能适应于盐沼的植物所组成；后者则由适生于潮上线到海岸盐渍土上的植物组成。其下依次共分9个建群种型和18个群落（见表7-43)。其中海滩红树林大部分类型为单优种单层林，只有在建群种型之间演替过程中形成2～3种混交的过渡性群落。海岸半红树林因生境开始向陆域转化，盐度较低，群落的种类组成除红树植物外，常有耐盐性的陆生植物混生其中，种类组成和结构比较复杂。下面即以建群种型为基本单位进行论述。

（二）类型各论

1. 海滩红树林

（1）海榄雌（白骨壤）（*Avicennia marina*）**林**　各岸段均有分布，东、西两岸段面积较大。在潮间带内天然分布在低潮带附近，即海滩红树林带的外缘。土壤为无结构性的细沙质，有机质、全氮量分别为0.7%和0.02%，土壤肥力较其他海滩红树林类型的土壤都低。土壤盐度为0.28%～1.04%，退潮后地表水盐度为2.75%，与近岸海水表层盐度相当(2.82%)。在高潮带附近的海榄雌人工林，土壤为淤泥质，较肥沃，有机质2.35%，全氮0.07%，退潮后有淡水调节，盐度为0.06%。

本类型呈灌丛状。在不同的潮位或滩位上，群落的种类组成和生长状况颇不相同。在低潮带附近为单优群落，生长较差，林木无明显主干，树高1m左右；在中潮带的中外滩或港湾外缘的半泥沙质土壤，形成有秋茄和桐花树伴生的群落，生长中庸，树高1.5～2.0m；在中内滩淤泥土壤上的人工林，形成海榄雌桐花树群落，海榄雌生长最好，树高达3m左右，具明显主干，胸径最大7.8cm。

形成这种状况的主要原因，一方面是海榄雌的营养水平较高，叶的氮、磷、钾总含量高于广西海滩红树林的其他建群种类，其中氮的含量达到中量级水平，在贫瘠的沙土上养分不足，生长自然受限制。另一方面在中、低潮带海榄雌林受多种软体动物（白条小藤壶 *Chithamalus withersi*，潮间藤壶 *Balanus reticulatus*、褶牡蛎 *Ostrea plicatula* 等）寄生危害，不仅生长受到抑制，当全株布满藤壶即死亡。在内滩淤泥土壤肥沃，养分丰富，有淡水调节，地表水盐度低，基本无藤壶寄生危害，海榄雌林生长良好。

海榄雌的根系很发达，分布于土壤表层的缆状水平根系相当于冠幅的3～5倍（有的长达8m)，营养面很宽，为其他种所不及；指状气根每平方米有183～363根或更多，以适应于土壤养分贫乏和退潮后仍受海水浸渍的低潮带环境。海榄雌是泌盐植物，叶背面有发达的泌盐腺，可分泌比海水更浓的4.1%的盐溶液[5]，能耐海水浸没时间最长，退潮后地面仍受海水浸渍的低潮带建群定居，成为红树林海滩的先锋群落。

综上所述，海榄雌林并非要求高盐度环境，而是具有很高的抗盐性能。在高盐度环境滩位，又无防治藤壶危害的技术措施，人工林应布置在低盐度的内滩淤泥土壤上。

海榄雌的叶和嫩枝富含氮、磷、钾，农民普遍用作绿肥和猪、牛的青饲料。各岸段均有人工林。用作红薯的基肥，产量增加一成，薯块不受虫蛀。在防城港区的渔洲坪一带有农民专营60余hm^2的海榄雌绿肥林。萌芽更新很强，每年或隔年割取一次，已成一种重要的有机肥源。

（2）秋茄树（*Kandelia candel*）**林**　分布于各岸段，以西岸段的珍珠港至江平一带面积较大。在潮间带内主要分布在中滩至中外滩，土壤半泥半沙或含沙量较多的淤泥土，有机质和全氮量分别1.3%～2.6%和0.3%～1.0%，肥力略高于海榄雌林而低于其他海滩红树林的土壤。中滩地带一般地势略高，退潮后地面通常无积水，土壤略紧实。

在不同滩位上的生长状况与海榄雌林的表现相似。在中外滩半泥沙质土壤比较贫瘠，形成的单优群落生长差，树高1m左右；在中内滩以淤泥为主的比较肥沃的土壤，形成含有桐花树的群落，生长较好，树高2m左右；散生在内滩的桐花林中的植株，生长最好，高达3m左右，明显高于桐花树林之上。福建南部九龙江口内滩淤泥土壤20年生的人工林，最高8～10m[3]。这主要是土壤有效养分的含量高低所决定。秋茄叶的氮、磷、钾总含量，相当于海榄雌的2/3，与桐花树相当，高于红海榄和木榄，比较耐贫瘠。

秋茄是拒盐适应性植物[1]，通过根的凯氏带外膜阻滞过多盐分进入体内而与盐渍生境相适应。群落自然分布的滩位，土壤盐度1%～2%，表现适应盐土范围较宽，但不宜在淡水过多的低盐环境中生长，以1%左右为宜。根据叶的氯和钠含量，低于海榄雌，高于桐花树，介于两者之间，与其群落在潮间带的天然分序列相一致。

秋茄林的天然更新较弱，在中滩地带的半泥沙的土壤比较紧实，不利于胎萌胚轴固定，幼苗幼树很少，在中内滩的淤泥土壤利于胚轴下插，幼苗较多，而该滩位通常以桐花树占优势，林下郁闭度较大，光照不足，幼树常枯死，限制秋茄林向内滩发展。在略为低洼的中内滩，退潮后地面积水较深，不利于萌芽更新，一旦砍伐，往往被桐花树林所演替。在广西海岸秋茄林的面积不多。

秋茄林是广西海滩红树林的重要林分之一，并可培育成小乔林。鉴于上述特性，人工林应布置在中内滩或内滩，盐度为1%～1.5%的淤泥环境，亦可作先锋树种在比较贫瘠的中外滩地段造林绿化。

（3）桐花树（*Aegiceras corniculatum*）**林**　本类型分布最广，面积最大，各岸段均有数公顷至几十公顷连片的桐花树林，为广西红树林的优势类型。凡适宜红树林生长的海湾，从海湾顶部的河口、溺谷到港口外缘，从内滩到中滩，均有桐花树林分布。土壤为半泥沙土，淤泥土，咸淡混合的沼泽土，海潮可到的河卵石沙土，土壤盐度0.4（0.2）%～2.04%。

桐花树林的生境范围很宽，但仍以海湾中部以外到海湾外缘的中内滩的淤泥土壤最适宜，生长量繁茂。这里的土壤有机质和全氮量分别为2.0%～2.6%和0.05%～0.1%，退潮后滩面常有淡水调节土壤盐度0.5%～1.0%。在海湾尾部仅大潮可到的河口和有淡水流入的海汊形成桐花树、卤蕨群落，生长差，高1m左右，混生多种莎草科植物。根据叶的氯和钠含量，较广西海滩红树林的其他建群类都低，反映其耐盐或抗盐性较弱。分布在海湾外缘无淡水调节的板结状、高盐度的淤泥滩上和分布在河口、溺谷咸淡水沼中的低盐环境中的桐花树群落，生长均不如中内滩地带。在中外滩退潮后地表水盐度高的桐花林则受藤壶等寄生危害。

在生境适宜（淤泥土，盐度0.5%～1.0%）的中内滩位，多为纯林。不同更新来源的桐花树林，林木的生长表现很不一样。老年或过熟的实生林分，平均高2.1m（最高3m），具有发达的拱状的支柱根系，将树基拱抬高于地面0.5～0.7m（与红海榄林相似），在100m²范围内有160丛，从根颈处开叉成670株（条），覆盖度80%（龙门港茅墩）。17～18年生的实生林，平均高2.1m（最高2.2m），无支柱根系，在100m²范围内有1 350株（极小开叉成丛），多分枝，地径5～9cm，覆盖度90%，林下每平方米有幼苗25株，多见于透光处（龙门港茅墩）。4～5年生的实生林，平均高1.5m，无支柱根系，在100m²范围内有5 200株，林木分枝短小，不分叉，主干纤细，但大小分化不明显，地径2～4cm，覆盖度100%，林下有大量幼苗和果实（隐胎生的胚轴），因光照不足多数枯顶。此时进行皆伐作薪柴，幼苗和果实得到光照迅速复苏和萌芽，每平方米内有幼苗80～130株，生长良好，如此更新，将恢复到原来的林分（西场乡东江口）。4～5年生的萌芽林，平均高1.1m，无支柱根系，在100m²范围内有220丛，萌芽1 200株（条），覆盖度98%，萌芽条纤细，高低和粗细分化明显，质量不如实生林（北海西村港）。可见桐花树林在广西海岸带高仅达2～3m，多数萌芽更新丛林高1.0～1.5m。更新能力极强。作薪炭林可高度密植，既可用萌芽更新，采用天然下种更新效果更好。

(4) 红海榄（*Rhizophora stylosa*）**林**　红海榄林分布于东、西两岸段（西岸段已毁不成林）。在潮间带内局限于内滩。土壤为深厚的沼泽状淤泥，有机质和全氯量分别为4.28%和0.14%，土壤和地表水盐度分别1.63%和2.78%，属富养盐环境。是盐沼红树林。

红海榄为乔木型，在东岸段的英罗湾和丹兜海两处有数公顷的单优片林，沿着内滩成带状分布，为我国大陆热带海滩唯一保存面积较大，发育比较典型的红海榄林，平均树高5.3m，平均胸径6.6cm，最大的12.6cm。支柱根系发达，从根颈、树干和树枝上发出的气根，向下不断伸长、分枝、连生和增粗，最后插入土壤，每株（丛）有10～30条或更多，构成高达1～2m高，形如拱状的庞大支柱根系。树干多从基部分叉成丛，主干不明显，材用价值不大。但林丛高，根、枝茂密，人难通过，具有良好的消波滞浪的功能，是保护堤岸最好的红树林类型。在红海榄林带之外侧，形成红海榄桐花树群落。红海榄树高3～4m，覆盖度70%，桐花树高1.5m左右，覆盖度50%，居于前者之下成复层林，因光照不足，后者天然更新受抑，表现为红海榄向桐花树更替。

红海榄林虽然生长在富养的环境中，而叶的氮、磷、钾总含量不及海榄雌的2/3，低于桐花树，营养水平较低，则与潮滩上的凡高营养水平的种类或群落自然分布在土壤贫瘠的滩位，低营养水平的种类或群落自然分布在土壤肥沃的滩位的规律相一致。氯和钠的总含量仅较次于海榄雌，其中氯含量则高于后者，可见耐盐性很高，适生于高盐环境。

红海榄不能进行萌芽更新，在密茂的林冠（覆盖度90%左右）下，光照不足，天然下种更新效果不良，幼苗每多枯死，唯光斑处得以存留。加上对环境要求较高，自然发展很慢，在广西海岸处于濒危状态。抗寒性弱，每遇大寒潮过境幼苗幼树受冻害（成年林未发现），人工林应选择在避风寒的地方。

（5）木榄（*Bruguiera gymnorrhiza*）**林**　本类型同红海榄林一样仅分布于东、西岸段。在中部岸段偶见散生其它红树林中，不成优势。在潮汐带内位于红海榄林之内侧，沿着滩内缘成狭带状分布，为海滩红树林最后侧的林带，与海岸半红树林相连接。土壤为板结或半硬化淤泥，有机质和全氮量分别为5.36%和0.22%，远高于其它海滩红树林的土壤。土壤和地表的盐度分别为3.57%和3.15%，高于广西近岸海水的平均盐度（2.82%），耐盐性很强。

木榄是红树科中寿命最长的树种[4]，在赤道带海岸个体发育高达30m。在广西海岸树高仅5～7m，胸径7～22cm，也是广西海滩红树林中最高的树种或林种。树干通直，为广西海滩红树林中唯一可用材树种。具屈膝状的呼吸根，尤在退潮后地面积有浅水的环境中呼吸根很发达，突出于地面高5～20cm，故有裸根木榄之称，而在退潮后无积水的环境中呼吸根不甚发达，若在岸上沙质石缝土中则不见，具有水陆两栖的适应性。

木榄林主要适于地面略为淤积、土壤开始硬化的滩涂内缘，亦有分布在浅沼状淤泥中，个体则散生到只有高潮可到的海岸或海堤上的沙质壤土或石缝土，对土壤的适应性较广。叶的氯和钠的含量低于红海榄，略高于秋茄，耐盐性很强，和红海榄相似。红海榄只适宜于高盐度的盐沼，而木榄还适应于有淡水调节的低盐环境，因此演替系列多样。在林带外侧的胶结状或半硬化的淤泥土壤，形成木榄＋红海榄群落，其中红海榄的生长状况较其中心林带差，表现为对土壤硬化不适应而为木榄林演替的趋势。亦有在林带外侧有淡水调节的浅沼环境中，形成木榄桐花树群落，又表现为木榄向桐花树林演替的现象。在林带的内侧的陆域边缘，因天然更新受制而为海岸半红树林替代。

木榄无萌芽更新能力，在硬化或板结状的淤泥和紧实的岸边土壤，均不利于胚轴下插固定，天然下种更新效果低，幼苗幼树极少，自然发展很慢。加上材用价值较高，利用过度，残存无几。唯英罗湾滩内缘保存小片，但缺乏后继种群，在广西海岸其濒危状况比红海榄林更为突出。必须严格保护所剩片林及零散母树，以供采种进行人工造林，并应重点发展。

木榄林自然分布环境土壤肥力很高，而叶的氮、磷、钾总含量却低于海滩其他红树林的建群种类，营养水平较低，可见其耐贫瘠性差。造林地的选择除注意适当的盐度和水湿条件外，还须注重选择土壤具较高肥力。抗寒性较红海榄略强，在中部岸段避寒保暖的环境中，仅见散生于其他类型的红树林中，不成优势，因此中部岸段不宜用以大面积造林。

（6）老鼠簕（*Acanthus ilicifolius*）**林**　本类型为灌丛林，各岸段有零散片断，主要分布在海湾尾部的河口以及延伸到海潮倒流可及的内陆数至十数公里的溺谷沿岸，故有称为河口红树林[5]。生境为咸淡混合的水沼淤泥。土壤盐度（0.2）0.5%～0.8%。在海湾尾部淤积抬高的淤泥滩涂，退潮后无淡水调节盐度过高，和沿河逆流而上盐度过低虽有老鼠簕群落分布，但生长不良。

老鼠簕单优群落主要分布在河口一带的溺谷沿岸，常混生咸水草（*Cyperus malaccensis* var. *brevifolius*）等莎草科草类，群落高 1m 左右，为灌丛林，外貌深绿。以其根蔸基部和地上，地下茎的宿生性芽更新，尤以地上茎的关节长出支柱根插入土后，节上宿生性芽同时萌发成新的植株，主干成半匍匐状不断伸长发展，发育成密茂的灌丛，由于生境限制，始终仅沿着岸边水沼或潜水滩地成条带状分布。这类典型的老鼠簕灌丛，在西岸段的江平河口保存片断，其他地段均受不同程度破坏。在河口外缘地段，形成老鼠簕、桐花树、卤蕨组成群落，常混生海漆等半红树植物，与桐花树林带的内侧相连接，两个类型在此过渡地带互为演替。

老鼠簕多被割为薪柴，利用过度，牧牛践踏，常被咸水草丛演替。

老鼠簕和咸水草虽然分布在低盐环境，叶或茎杆含氯和钠（老鼠簕叶含钠 4.4%，氯缺测；咸水草茎含钠 6.4%，氯 7.8%）高于海榄雌和红海榄，说明对氯化物具富聚性。可用作改良三角洲或海湾尾部的盐渍滩涂植物。老鼠簕可作薪柴，茎杆下部晒干可作火烛照明；咸水草是草编的优势原料，均可开发利用。

2. 海岸半红树林

(1) 海漆（*Excoearia agallocha*）林　海漆林是广西海岩半红树林最前沿的林带，与海滩红树林相交接。生境范围从普通潮上线的沙滩到海岸或海堤上以至海湾尾部的河口两岸上。有的普通潮位可波及林带的边缘，有的仅在大潮或春分潮位才淹没林带地面。因此，在 1 个月内林带地面多半时间是干的。由于海潮泛滥的间歇时间不同，导致生境盐度的变化，群落的种类组成差异甚大。在普通潮上线的沙滩和在海湾尾部河口两岸的海漆林，在 1 个月中大潮淹没地面，土壤盐度 0.5%左右，形成单纯海漆林，生长较差；在河岸边的淤泥土，盐度为 0.9%左右，形成海漆桐花树老鼠簕林，混生有银叶树、榄李（*Lumnitzera racemosa*）水黄皮、钝叶豆腐木、苦榔树、黄槿、露蔸簕和卤蕨等大多数是半红树植物种类，海漆多数为萌芽更新，高 4～5m，胸径 5～8cm，生长良好。在人工海堤上的沙质壤土，每年只有在大潮才淹没地面，或者受不定期的海浪波及，土壤盐度 0.2%～0.3%，形成海漆水黄皮黄槿林，其中海滩红树种类消失，而混生变叶裸实（*Gymnosporia diversifolia*）、酒饼簕、广东刺冬（长柄柞木）（*Xylosma longifolium*）、刺葵（*Phoenix hanceana*）、假鹰抓、槌果藤（*Capparis* spp.）等陆生耐盐性植物，海漆生长仍然旺盛。

海漆叶的氯和钠含量低于海滩红树植物，与其所在低盐度生境相一致。氮、磷、钾、钙等常量营养元素水平相当高，仅次于海榄雌，同样与其发达宽广根幅的生物学特性相一致。结合上述 3 种不同盐度环境中的生长表现和群落的种类组成，可知海漆对环境盐度的适应范围较广，盐度不高，在普通潮上线的沙土、淤泥土和沙质壤土均为适宜生长。叶含钙量 1.25%，在石灰石岩基岸边生长良好。

海漆为中小乔木，在广西海岸所见高可达 8m 左右，胸径 20～30cm。萌芽更新极强，生长快，根系发达，可穿扎于石缝中，是人工海堤和岩基岸的优良防护林树种。

(2) 银叶树（*Heritiera littaralis*）**林** 银叶树林分布于西岸段，现存的片林或树丛通常在海漆林之后侧，与陆域边缘的常绿季雨林相连接，生境已不受海潮淹没，仍受间接影响。土壤有滨海沉积的沙质壤土，有的是陆域边缘砂岩母质发育的盐渍性土，盐度为0.012%～0.037%，较海漆林更适应于陆域生境。

由于土壤已逐渐脱盐或盐度低，群落的外侧除伴生少量海漆、苦槛树等半红树植物外，在林片内侧的乔木层中混生有菲律宾朴（*Celtis philippinensis*）、红鳞蒲桃、打铁树（*Rapanea linearis*）、簕竹（*Bambusa bambos*）等陆域上常见的季雨林树种和竹类。银叶树和上述乔木同处于林冠上层，并占优势，生长良好。据报道有时混生于海滩内侧的红树林中。

银叶树为大型乔木，在广西海岸也较其他红树植物种类高大，所见的一般高6～10m，胸径8～20cm，最高12m，胸径30cm。生长快，材质轻，是一种很有价值的轻工用材。具有萌芽更新能力，天然下种更新弱，因为种子大（长5.0～5.5cm，粗2.5～3.0cm），在陆上或岸边不易沉于土壤，同时相当部分种子滞育，林下罕见实生幼苗。所剩片林或树丛均缺乏后继种群，在广西海岸处于濒危状态，必须注意保护，以取种源人工造林。在海岸带的东、西地段的陆域边缘和海湾尾部淡咸水沼泽地的低盐环境均属其适宜生境，可大力发展作用材林。

(3) 黄槿（*Hibscus tiliaceus*）**林** 黄槿被视为海槟木本群落或半红树群落的一种特征乔木[4]。在广西海岸以黄槿为主的片林广布于各岸段。生境范围很广，从普通潮上线的沙滩、沙堤、人工海堤、陆域边缘以至远离海岸线的内陆村边。但以普通潮上线的湿润沙滩和河口岸上或海堤上含一定盐分的环境中生长较好。在人工海堤上萌芽更新形成的以黄槿为主的片林中，常伴生海漆、水黄皮、杨叶肖槿等半红树植物以及陆生耐盐性的灌木，黄槿树高3～5m；有潮上线盐渍沙滩和村边人工造的黄槿片林高一般5～7m。在靠近海边的村庄杂木林下，常有间种黄槿形成下木，有的引种到远海岸的内陆城镇作行道树，均能正常生长。可见黄槿比其他任何一种半红树植物都更加适应陆域环境。

黄槿萌芽更新很强，根系发达，树干分枝低矮，枝叶密茂，皮纤维强韧，抗风力强，是沙滩、沙堤、人工海堤的优良固沙、固堤树种，可与其他半红树林种类混交造林，防护效果更佳。作为人工海堤的防护林，通过择伐和萌芽更新，保持林分高4～5m为宜。

3. 演替规律

广西红树林的原生演替大致循着如下方向进行：

海榄雌群落⟶秋茄群落⟶桐花树群落

↓

⟶红海榄群落⟶木榄群落⟶海岸半红树群落（见图7-14）

这个演替路线是在滩面的形成和发展的同时，土壤理化性状被改变与红树林之间发生相互适应的演进过程。水（包括内陆流入海的河水和海潮向岸边泛滥的水）对物质的搬运和堆积是海滩形成和发展的主要动力。使滩面发育成适于红树林生长和发展的土壤，则是海水化学、微生物和红树林本身以及其他生物学过程的作用。

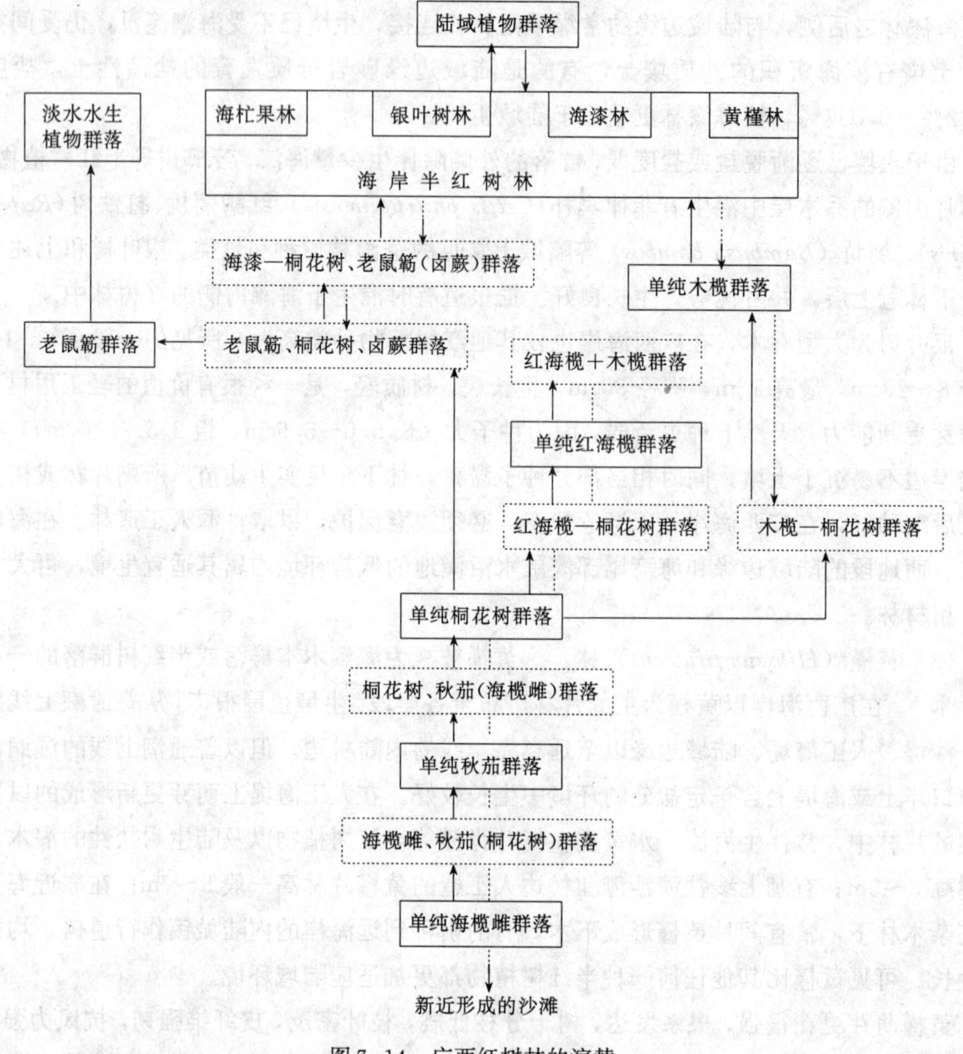

图 7-14 广西红树林的演替

说明：[实线框] 表示基本类；[虚线框] 表示过渡型

→红树林类型发生先后的方向，红树林在初始裸露沙滩上形成和作用与滩涂生态环境变化和各类型在相应的时空上的先后发生；

…→红树林类型在滩涂上相互演替和扩展方向。随着红树林的生物和水的搬运作用，淤泥滩涂向外扩展，红树林跟着向新淤积滩涂发展，并发生各类型由内滩向外滩演替。

前期阶段。首先是海榄雌在低潮带附近新近沉积、裸露的沙滩上建群定居。以其大于自身冠幅数倍的水平根系广泛吸收营养和叶片发达的分泌盐腺排泄体内过多的盐分，适应贫瘠和高盐环境。海榄雌的这两个主要特征及其功能，是广西红树林的其他种类所不及。随着群落的发展，促进泥质和生物碎屑以及群落本身大量代谢物质的淤积及其一系列的生物化学作用，土壤基质由松散的细沙质变成泥沙掺拌，并具一定的胶结性，养分提高。由于淤积增厚，地面升高，地表水位下降，从而降低地表的盐度，逐渐发育成为适于后继发展的其他红树林生长的环境。故海榄雌林是红树林的先锋群落。

中期阶段。本阶段的前半期是秋茄群落的形成和发展。在海榄雌群落作用下已形成的环境中，耐贫瘠性仅次于海榄雌的秋茄逐步侵入和发展，在中外滩地带形成以秋茄为主并混生有海榄雌的群落，并向中滩地带发展成纯林。

本阶段后半期是桐花树群落的大发展。随着前两类群落的发展及其生物作用的加强，土壤进一步发育成淤泥质和营养物质增多。在秋茄群落之后侧发育桐花树群落。在广西海岸，桐花树群落发展很快，主要是对环境的营养和盐度适应范围比较宽，特别个体发育早和大量结果，天然下种更新能力很强，成为明显的发展优势，为其他种类所不及。在中滩以内，形成大面积的桐花树林，在中滩地带形成桐花树、秋茄、海榄雌混生的过渡性群落。

与此同时，已形成的红树林滩面的淤积状况，由内向外逐渐增厚，新的沙质滩面形成，红树林也由内向外或由淤泥滩向新的沙质滩发展。在广西海岸中滩地带的由桐花树、秋茄、海榄雌组成的过渡性群落，属于桐花树林向秋茄林演替的表现。同时相应地秋茄林向海榄雌林演替，海榄雌也相应地向新近形成的裸露沙滩发展(如图 7-14 虚线头所示)。由此可见，红树林的形成和发展，不仅改造了沙滩，同时使滩面抬升和向外扩展，故称红树林为“造陆森林”。

后期阶段。本阶段的前半期是红海榄和木榄林的形成和发展。这 2 个类型要求肥沃的土壤和适应高盐度环境为特征而与其他类型不同。这种环境条件首先是营养物质的积累，经过前、中期红树林的作用，淤泥增厚和土壤有机质以及其他营养元素的大量积累，同时土壤微生物分解转化作用也比外滩红树林强（与外滩红树林比较：内滩的桐花树林土壤微生物总数高于外滩 15 倍，氨、硝和纤维素分解等生化作用强度高 1～7 倍），形成富养环境。与此同时红树林盐沼的形成，由于海潮的波能作用，形成中滩地带略高，内滩略低，在内滩地带形成富养、高盐的环境，红海榄林在这里形成。红海榄是乔木，它的形成和发展必将限制桐花树的更新，并逐步演替桐花树林。在内滩红海榄林带的外侧，有红海榄桐花树林，是这种演替过程的典型表现。同时由于海岸边缘受侵蚀风化，加快海滩内缘淤积升高，高潮位外移，海潮泛滥程度减少。这一作用，导致红海榄林盐沼之地面，由内向外逐渐淤积升高，被升高的淤泥板结硬化，不适于红海榄林生长，而成为木榄林宜生的土壤环境，形成木榄林向红海榄林更替的趋势，在滩内缘板结硬化的土壤上为木榄纯群，在其外侧半硬化的地带有木榄和红海榄混生的群落，如果木榄林带外侧为桐花树群落，因桐花树亦不适于硬化的土壤，即有木榄桐花树林，则为木榄向桐花树林更替的表现。在滩内缘地面升高、海潮泛滥减少，板结状的淤泥土壤含水分减少，盐分浓缩以致结晶，此时土壤盐度高达2%～3%以上，高于近岸表层海水盐度，在广西海岸只有木榄林适应。在高温多雨同季的淋溶下，高潮带之上的土壤盐分又逐步淋失而降低，适应低盐和硬化土壤环境的海岸半红树林形成和发展，这是后期阶段的后半期。此期，木榄、桐花树和海漆三种群落分别起着承前继后的作用。木榄的个体发育具水陆两栖适应的海滩红树植物，其群落是海滩红树林向海岸半红树林演替的典型类型。在广西海岸与半红树植物组成的过渡性群落因被破坏而缺如，在一些海堤上以海漆为主的群落中可见散生少量木榄，生长良好。在海湾尾部河口低盐地带，通过桐花树向半红树林过渡，如海漆桐花树、老鼠簕林。在海漆林带后侧的银叶树林、海杧果林（该类型破坏不成林）和黄槿林中，均有陆域上的森林树种同处于这些半红树林的林冠上层中，如以银叶树为主要的群落中混生菲律宾朴、红鳞蒲桃等；有的类型中的陆域森林树种高居半红树林冠层之上，如榕树（类）海杧果群落。这些均表现出半红树林群向陆域发展到此为止，也是陆域森林逐步向已脱盐的原高潮带发展和新的高潮带相应外移的表现。原生演替是缓慢的。

次生性演替主要是在人为干扰下发生的，强度大，演变快，甚至不可逆转。例如，木榄和红海榄林无萌芽更新能力，当群落的覆盖度达 95%左右，林下光照不足，天然下种更新受抑制，主要向林带边缘缓慢发展。此时砍伐利用如果不保留足够的母树，附近的桐花树迅速侵入占据或演替，在珍珠港交东岸段的红海榄和木榄属于这种演变，在低盐度的钦州湾顶部和南流江口一带的桐花树林中，常常混生莎草科的咸水草（*Cyperus malaccensis* var. *brevifolius*），如桐花树林被强度利用（轮伐期过短，或挖根），即为咸水草丛演替。人为在红树林滩内挖沟或其他开挖性生产，导致滩面上的水道改变，使原来有淡水调节的红树林滩面变干，土壤硬化和盐度提高，群落退化，在江平贵明滩涂上的桐花树林即发生这种局部衰退的现象。也有因突发性的自然因素导致红树林的演变。例如在合浦的白龙河口因岸边崩塌和洪水的共同作用，大量泥沙、河卵石将河口地带的红树林覆盖，使整个红树林滩面变成凹突不平，预计低洼处将淤积成盐沼，高处变成干涸沙滩。可见河口地带红树林的生态系统比较脆弱。

4. 发展评价

（1）资源状况 广西红树林系东方红树林类群分布的北缘。由于热量低，种类较贫乏，以耐寒性较强的灌木型的类群占优势。东方红树林类群在赤道带海岸，红树科的乔木林在普通潮间带内占优势，尤以木榄属（*Bruguiera*）和红树属（*Rhizophora*）多种，各自形成单优林，在中潮带至内滩，占居显要地位[4]。广西红树科的红树林植物有 4 种，其中木榄属和红树属各具一种，只分布在避寒保暖的东、西两岸段，现存面积约不过 100hm^2。另外 2 种即秋茄和角果木在潮间带内亦不占优势。秋茄原为乔木型，其林分因利用过度已退化成灌丛状，现存面积也不多；角果木（*Ceriops tagal*）仅有记载现已不存在。现存的 8 000hm^{2}海滩红树林（1986 年，海岸带林业调查报告）中，90%为桐花树灌丛，次为海榄雌灌丛，该两类群均非红树科。即广西海滩红树林不是红树科乔木林占优势，而是以紫金牛科的桐花树灌丛占优势。海岸半红树林的几个建群种虽属乔木型，除个别在特殊环境中得到严格保护的片林或树丛外，多数已退化为灌丛林，很少为用材资源。根据现存面积，广西又分别较海南岛、广东、福建和台湾多（1986 年，广东海岸林业调查报告）。

（2）**利用价值** 广西红树林虽有一定的资源，直接利用价值不高，其中仅小量乔木林可作材用，但现在不仅无资源可用，而且处于濒危状态。占据大面积的灌丛，历来主要作薪柴，长期以来因缺乏必要的人工补助更新措施和保持单位面积上适当密度，又没有合理的轮伐利用期，以致产量下降。例如，桐花树林在单位面积上的株数和生长以及地上部分生物量相差甚大（见表7-46）。海榄雌绿肥林也因林分稀疏，利用强度过大，产量不高。没有发挥应有的生产潜力。

表7-46 广西海滩红树林主要类型地上部分生物量①

地点	类型 更新来源	滩位及土壤	平均 树高 (m)	平均 胸径 (cm)	单位面积 株数 株/hm²	地上部分 生物量 (鲜重) (kg/hm²·a)	地上部年 平均生产量 (鲜重) (kg/hm²·a)	备注
龙门港 茅墩	桐花树纯林 实生林	海湾中部淤泥深30～40cm 海堤外侧	2.1	6.2	135 000	171 285	9 515.85	据树基年轮18年
龙门港 茅墩	桐花树纯林 萌芽更新林	港湾中部，淤泥深30～40cm，岛屿边缘	1.5	3.1	228 000	132 696		
江平贵 明下佳邦	秋茄+桐花树 萌芽更新林	复合滩面的中部，含沙较多的淤泥质土，深20cm	秋茄 1.00 桐花树 0.7	秋茄 1.51 桐花树 1.7	秋茄 25 200 桐花树 27 200	秋茄 51 912 桐花树 13 872 合 计 65 784		
江平贵 明下佳 邦	海榄雌纯林 实生林	复合滩面上部沙土，紧实	0.8	4.1	4 500	77 085		

① 摘自1990年广西海岛林业调查资料

间接性的利用已成为发展方向。红树林下的荫蔽环境和大量的代谢物质所形成的生态环境，成为近岸海产生物的栖息、觅食和繁殖场所，造就红树林生态系统的生物多样性。根据红树林的这一特性，采取必要的技术措施（筑基围、消除有害的种类）在红树林中或林下，进行近岸的经济海产品（青蟹、对虾等）养殖和商品性生产，可获得良好的经济效益。这是利用红树林第一性生产者的生态系统，开发第二性生产产品，比直接利用第一性生产者的产品更合理。这是近年国际间根据生物多样性的理论结合实践，总结出对红树林的合理利用的方向。

红树林通常发育成密集的群丛，具发达的根系，有效地消波滞浪，削弱海潮，特别对具有破坏性或灾害性的浪潮的抵御能力极为有效，甚至单纯的人工工程防护设施都不可完全替代。人们早已知道在人工海堤外侧悉心保护或营造红树林，借以保堤护岸。在广西海岸，凡堤外侧保护着连片完整的红树林地段，均有效地抵御着灾害性的海潮，红树林被誉为海岸“绿色卫士”。1986 年 7 月经破坏性极大的九号台风袭击，又一次说明红树林无愧于这一称誉。随九号台风引发的暴风、暴雨、大潮三者同时并发，海上风潮和陆地洪水夹击，破坏能力远超过海岸各种防护设施，大部海堤被冲崩。灾后调查结果，凡海堤外侧有大片完整红树林和堤上有半红树丛的地段，基本上不崩或仅堤顶部残缺，灾后很快修复，无红树林保护的，则相反（见表 7-47）。例如，合浦县竹林盐场大堤是用水泥沙浆与石片砌成，堤外和堤坡上无红树林保护，仍然被冲得支离破碎。防城县响水龙—班埃大堤是 1949 年以前用泥沙建造，堤外堤身均有完整红树林带保护，几经风潮而安然无恙，在九号台风中，仍然小堤抗大潮。红树林的功能，在这里保护了价值几万至十几万元的海堤，又有效地保护了堤内人民的财产安全，其生态功能转变为无可估量的经济和社会效益。

表 7-47 1986 年 7 月 21～22 日九号台风灾害部分海堤抵御风潮的情况[①]

地址、海堤名称	海堤长（m）	海堤建筑材料和结构	海堤建造时间	海堤外侧红树林面积及特点	海堤上的植被状况	在九号台风中海堤崩缺情况
防城港、响水龙—班埃大堤	3 500	泥沙	1949 年以前	$66hm^2$ 桐花树、秋茄林，高 2～3m	密茂的半红树丛，高 3～5m	无崩缺
防城港、班埃—交东大堤	2 150	泥沙＋砌石结构	70 年代	$100hm^2$ 桐花树、秋茄林高 2～3m	稀疏杂草	崩三个缺口，最长一处 30m，深 6m
防城港、石角—新基大堤	3 000	泥沙＋砌石结构		$166hm^2$ 桐花树、秋茄林，高 2～3m	半红树丛	崩缺一处，长 6m，深 2m
防城港，交东大堤	4 700	泥沙＋砌石结构		原有 $333hm^2$ 的红树林被破坏尽	稀疏杂草、灌木	崩缺 35 处，有 7 处崩到底，另有 1 250m 崩到堤高的一半
合浦、英罗湾海堤	1 800	泥沙＋砌石结构	1949 年以前	$86hm^2$ 红海榄林和桐花树林，高 3～5m	半红树丛，高 2～3m	崩缺 9 处，最长一处长 20m，均浅缺，所崩缺处均先为人破坏，该堤为第一次崩缺
合浦、丹荛海—永安大堤	1 000	泥沙＋砌石结构	1949 年以前	$66hm^2$ 红海榄和桐花树林，高 3～5m	半红树丛，高 3～4m	浅崩缺一处，长 12m，该大堤另一地段，堤外红树林被破坏，多处崩缺
合浦、竹林盐场海堤	11 220	泥沙＋水泥＋砌石		无	外侧基本无植被	崩缺 21 处共长 4 400m，最长一处为 1 300m
合浦、党江沙涌村河堤		泥沙＋砌石结构		$66hm^2$ 桐花树、秋茄林，高 2～3m	半红树丛	无崩缺
北海、大山海堤	450			$200hm^2$ 桐花树林高 2～3m	半红树丛	无崩缺

① 摘自 1986 年广西林学会森林生态与环境保护专业委员会的年会交流论文《植被在海岸防护体系中的作用》

第八章

竹 林[1]

我国是竹类重要产地，约有37属500多种，主要分布于东南部，南自海南岛，北至黄河流域。广西地处热带、亚热带，深受太平洋东南季风影响，水热条件优越，低平地方年平均气温17～23℃，年降水量1 000～2 000mm，个别地方达2 800mm以上，很有利于竹类的生长；竹类对土类的适应幅广，但主要分布在红壤系列上，有些种类也能适生于石灰（岩）土及紫色土类，只是滨海盐渍土上，没有竹类生存。因此，竹类几遍布于广西全境。广西是我国竹类植物最多的省(自治区)之一,约有19属100多种,总面积达23.98万hm^2,其中丛生竹林为11.06万hm^2，占46.12%；毛竹林为8.59万hm^2，占35.82%；其他散生杂竹林为4.33万hm^2，占18.05%。南部主要为热带竹林，北部主要为亚热带竹林。

由于竹类生活型与一般乔灌木不同，形成竹林外貌的特殊性，在森林分类方面属于与针叶林、阔叶林骈行的高级类型（外貌型）。竹林的组成结构都较简单，通常为单层纯林，林冠整齐；天然林可混生一些针阔叶树而呈混交林状态；但这些树种一般种群数量不多，处于从属地位，仍以竹类构成单种的建群层片。保持良好的竹林，生长茂密，林下灌木和草本层发育不良，个体稀疏生长，互不连接成层。

竹类与针、阔叶树种的生长发育特性也不同，属于多年生一次开花植物，在达到性成熟阶段，如遇适合的外界条件就开花结实。开花周期的长短因竹种、生境以及栽培管理水平而异。通常竹林一旦开花、结实，全林或全丛随即毁败；但竹类可进行天然下种更新恢复成林，并能为人工培育实生苗造林提供种源，可扩大和加快竹林的发展。这在60年代广西林业研究所的毛竹实生苗造林实验研究成果得到证明。但是竹类一般开花周期长，开花较为罕见，所以竹林一般是通过无性繁殖更新。竹子的地下茎是主茎，地上竹秆是它的分枝，地下茎每节有芽眼，可发笋长成竹秆。竹秆没有次生生长，高生长和径生长在笋出土后的短暂时期内即完成。生长量随竹种不同，差距很大，有的大型竹可高达20～30m，而有的小型竹高不过0.5m。由于地下茎的形成和分生繁殖的习性不同，以致竹林的外貌有别，可归纳为两大类：

---

① 执笔人：戴启惠

1. 丛生竹林

主要分布于热带、南亚热带地区。地下茎粗短，为合轴型，竹秆密集丛生；有的种类秆柄在地中延伸成假竹鞭，为合轴散生状。

2. 散生竹林

主要分布于中亚热带及南亚热带北缘。地下茎为细长的竹鞭，称单轴型，地上的竹秆疏离散生；其中有的种类还可由秆基部笋芽发芽成竹，属复轴型，竹秆呈丛状散生。

由于气候、土壤、地貌的变化，各个竹种的生活习性和对环境条件的生态适应性不同，广西竹林的地理分布表现出一定的规律性。

1. 水平分布规律

（1）竹种数量由南向北逐渐减少 根据广西3个气候带的竹子种类统计，桂南北热带有63种（包括变种和变型，下同），桂中南亚热带有54种，桂北中亚热带仅有46种，其中丛生竹种类递减情况尤为明显，上述3个气候带分别为49种、33种、21种，有些丛生竹类虽然可延伸至桂北中亚热带，但仅局限于海拔600m以下的河谷平原才能正常生长。即使如此，遇到奇寒年景，也会枝枯叶萎，受到寒害，严重时幼竹会枯死。

（2）组成成分变化明显 在桂南北热带季节雨林地带内，竹林主要为丛生竹，并出现攀援竹类，如糯米竹（*Melocalamus arrectus*），半攀援竹类，如篦箦竹（*Schizostachyum pseudolima*）和泡竹（*Pseudostachyum polymorphum*）等。在桂中季风常绿阔叶林地带内，竹林主林以丛生竹的直立型种类组成，在海拔400m以下河谷丘陵地为泡竹林，篦箦竹仅在北热带的分界线附近有零星分布，但见不到糯米竹。至桂北中亚热带典型常绿阔叶林地带内，竹林则以散生竹为主，特别是毛竹（*Phyllostachys pubescens*），竹林面积大，生长茂盛，为广西重要毛竹生产基地。

2. 垂直分布规律

不同海拔高度上的竹林，表现出明显的变化，现以桂北中亚热带竹林为例，其垂直分布情况为：海拔600m以下系河谷平地竹林。有桂单竹（*Bambusa guangxiensis*）林、舌缝竹（*Bambusa fimburiligulata*）林、凤凰竹（*Bambusa multiplex*）林、凤尾竹（*Bambusa nana*）林、清甜竹（*Dendrocalamus sapidus*）林、黔竹（*Dendrocalamus tsiangii*）林等；海拔600～1 300m系丘陵低山竹林。有毛竹（*Phyllostachys pubescens*）林、假毛竹（*Phyllostachys kwangsiensis*）林、桂竹（*Phyllostachys bambusoides*）林、篌竹（*Phyllostachys nidularia*）林、水竹（*Phyllostachys heteroclata*）林、横枝竹（*Indosasa patens*）林、方竹（*Chimonobambusa quadrangularis*）、棚竹（*Indosasa longspicata*）林、斗竹（*Oligostachyum spongiosa*）林等；海拔1 300m以上系中山山地竹林。有绒毛赤竹（*Sasa tomentosa*）林、尖尾箭竹（*Fargesia cuspidata*）林、摆竹（*Indosasa shibataeoides*）林等。

随着海拔的增高，气温逐渐降低，湿度增大，雨量增多，云雾增重，日照渐少。由于这些影响，常常使一些竹林能跨地带分布。如毛竹林是典型亚热带竹林，适生于气候温暖、湿润，土壤深厚、肥沃和排水良好的环境，常与常绿阔叶林交错分布，亦可为毛竹和常绿阔叶树组成的混交林。

毛竹林在广西主要分布于桂北中亚热带海拔 1 300m 以下的常绿阔叶林带内，往南到季雨常绿阔叶林带则生长不良，至季节雨林带只能成为矮林型，秆高 3～5m，胸径 2～4cm，经济效益不大，失去了栽培毛竹林的意义。但在大明山和大青山海拔 600m 以上，选择日照短、向北荫凉的山坡和山麓引种栽培，则可正常生长，秆高可达 6～10m，胸径达 6cm 以上。

3. 土壤对竹林分布的影响

广西自然土壤，以红壤、砖红壤化红壤为主，其次为砖红壤性土（赤红壤）、黄壤和石灰土。此外，尚有紫色土、山地草甸土和沿海盐渍土等，但分布范围不大。不同的土类，直接影响着竹林的生长和分布。例如毛竹林主要于红壤和黄壤地区，在缺乏有机质和氮素的砖红壤化红壤和砖红壤性土上则生长不良，这些土类，主要分布着能耐瘠薄、干旱的丛生竹类，如青皮竹（*Bambusa textilis*）林、粉单竹（*Bambusa chungii*）林和水单竹（*Bambusa papillata*）林等。石灰土是有机质含量丰富、结构良好、疏松、肥力高的土类，但因富含钙质为中性或微碱性反应，毛竹林亦生长不良，而由桂竹林、吊丝竹（*Dendrocalamus minor*）林等取而代之，在石头裸露的石缝中则分布着箭秆竹（*Monocladus saxatilis* var. *solidus*）林一类的灌丛状竹林。

紫色土肥力较高，呈中性反应，分布在海拔较低的丘陵地带，是丛生竹和许多散生竹种类适生的土类，分布的竹子种类多，生长茂盛。在沿海盐渍土上，因盐碱重，几乎没有竹类分布。山地草甸土有机质积累特别多，但主要分布在桂西、桂北 1 500m 以上的山脊和山顶。因此，是耐寒性较强的摆竹林、玉山竹林、绒毛赤竹林和尖尾箭竹林分布地带。

应该指出，有的种类适应性特强，在酸性土和钙质土上都能生长得很好，如吊丝竹、花吊丝竹、车筒竹（*Bambus sinospinosa*）等。有的种类在肥沃湿润的土壤上生长茂盛，产量高，但在干旱瘠薄的土壤上也能正常生长，人工栽培有一定的意义，如青皮竹、粉单竹和撑篙竹（*Bambusa pervariabilis*）等，这些种类经广泛栽培，几遍布全广西。

现按前述竹林分类的地理型（植被型），分别叙述广西主要竹林如后。

第一节　中亚热带竹林

本类型为典型中亚热带常绿阔叶林地带，生境特点是冬季严寒，盛夏炎热，雨量充沛。土壤以红壤为主，高海拔山地分布有黄壤和草甸土，沿漓江河谷为红色石灰土。本类型分 3 个亚型，竹子资源丰富，其中毛竹林比例最大，是广西毛竹生产的重要基地。

（一）中山山地竹林

本亚型分布在海拔 1 300m 以上山地，为落叶常绿阔叶林、山顶矮林和草本植物分布区，其生境特点是：气温低（年平均气温在 14℃以下），云雾重，相对湿度大，紫外线辐射强，土壤为山地黄壤或草甸土。

组成成分为合轴散生竹和复轴混生竹，根据其组成种类，外貌结构和生境特点，分为下列 4 个建群种。

1. 尖尾箭竹林

尖尾箭竹（*Fargesia cuspidata*）林为广西特有种类，主要分布于桂西北海拔 1 600m 的山地上，属于中山山地矮林类型。秆高 2～5m，胸径 0.5～2cm。地下茎为合轴型，因秆柄能在地下延伸形成假鞭，故竹林呈疏状丛生或散生状。在海拔较高的山顶处，由于风大，土层浅，林木矮化，尖尾箭竹林亦矮化，通常高仅 1～2m，直径 0.5～1cm，但常密集成片，与高山杜鹃及灌丛类等镶嵌分布，每公顷有活立竹 5 万秆左右。在海拔稍低的山坡处，则生于常绿阔叶林和常绿阔叶、针叶混交林下，秆高可达 4～5m，形成林下主要的下木层；亦可为纯林，成片生长，林中有阔叶和针叶树零星分布，每公顷有活立竹 3 万余秆。

尖尾箭竹秆圆筒形，竹壁厚而坚硬，可作毛笔秆、筷子；笋和枝叶为野生动物的食料。

2. 摆竹林

摆竹（*Indosasa shibataeoides*）林分布中心为桂北海拔 1 300～1 800m 的山地，向东延伸到湖南南部和广东北部山地。为天然林，耐荫性强，可形成大面积纯林，生长密集，$100m^2$ 范围内达 350 株左右，郁闭度 0.9 以上，偶有大果虎皮楠（*Daphniphyllum macrocarpum*）、半枫荷（*Dendronpanax chevalier*）和嘉宝山柳（*Clethra koipoensis*）等间杂其中。下层灌木、草本植物分布稀少，覆盖度为 3%～5%，常见的灌木有榕叶冬青（*Ilex ficcida*）、尖叶山茶（*Camellia caudata*）、美山矾（*Symplocos decora*）等。摆竹还常常与半枫荷、大果虎皮楠和嘉宝山柳等小乔木组成混交林，林中小乔木生长不良，树干细长，树冠稀疏，有时仅有可数的几张叶子。

摆竹秆通常高 5～8m，胸径 3～5cm，最高可达 10 余 m，胸径 6～8cm。摆竹是广西中山山地重要经济竹种。笋漂水后可食，除鲜食外，还可加工成笋干。秆通常为绿色，有的因受真菌侵染而具紫黑色斑块，甚为美观，群众称花竹、泪竹或斑竹，可作伞柄、手杖、蚊帐竿、搭棚架、围篱等用。

3. 玉山竹林

广西玉山竹（*Yushania* spp.）林有硬壳玉山竹（*Yushania cartilaginea*）林、仁昌玉山竹（*Y. chingii*）林和皱叶玉山竹（*Y. rugosa*）林等。主要分布在广西西北部，中山山地常绿阔叶林和常绿阔叶、针叶混交林带下，形成主要下木层，或在林中空地形成纯林。分布区海拔高度在 1 400～1 700m，其中以 1 500～1 600 较为集中。玉山竹秆高为 0.2～2.5m，胸径 0.5～0.8cm，具有顶芽出笋的特性，地下茎为合轴型，但秆柄延伸形成 20～45cm 的假鞭，地上竹秆呈散生状或甚散开的丛状。调查中未见有栽培的人工林，均为天然林。生长较好的纯林，每公顷有竹 4 万～5 万秆，处于林下时，秆数明显减少，每公顷仅有 1 万～2 万秆。

玉山竹秆圆筒形，壁较厚而坚硬，可作毛笔竿、筷条或造纸原料；笋可食。但因玉山竹林多分布在交通闭塞的中山山地，故未有大规模的开发利用。

4. 绒毛赤竹林

绒毛赤竹（*Sasa tomentosa*）林，是近年来在广西新发现的种类，仅见分布于广西融水县九万大山区内，多出现在海拔 1 400m 左右的山坡和山顶上，颇耐瘠薄土壤，属中山山地矮林类型。地下茎复轴型，秆密集成丛，呈丛状散生，常成单优势群落或稀疏散生于落叶、常绿阔叶林下，成为主要下木。在该分布区内，海拔 2 000m 处，尚分布有广西赤竹（*Sasa guangxiensis*）林，但较绒毛赤竹林更喜阴湿，常于沟边溪旁，沿河沟延伸成纯林。另外在广西西北部，海拔 2 000m 左右的山坡和山顶处，分布有红壳赤竹（*Sasa rubrovaginata*）林，系广西田林县特产，迄今为止，尚未发现其他地区有新分布。

广西所见的 3 种赤竹林，秆高均为 1～2m，直径 0.5cm 左右，可制作成筷条、毛笔竿等，也是很好的造纸原料，但因产地交通不便，未见有大规模的开发利用。在调查中仅见其笋和枝叶被野生动物采食。

（二）丘陵低山竹林

本亚型主要分布在海拔 600～1 300m 的丘陵、低山地区。气候温暖湿润，雨量充沛，土壤为比较深厚的红壤、黄壤。根据组成群落的优势种和生境条件特点，划分为 5 个建群种。

1. 方竹林

方竹（*Chimonobambusa quadrangularis*）林的分布，所在地为海拔 900m 左右的低山上部，上限为摆竹林分布地，下限与毛竹林相接。要求比较温凉潮湿的气候条件，可单独构成小片纯林，亦可在常绿阔叶林内呈下木状态存在。地下茎为复轴型，秆混生，常密集成片分布，一般高 2～5m，胸径 1～3cm，覆盖度为 85%～90%，林下植物分布稀少。

方竹因秆略呈四方形而著名，是珍贵的观赏竹种之一，具有较高的观赏价值。通常多人工栽培在庭院、公园、风景区和名胜古迹处。人工引种栽培可在低海拔生长，但秆形小，生长势差。向南引至南亚热带和北热带地区，则需有温凉潮湿的特殊小环境，否则 2～3 年内由于生长势越来越差而相继死亡。

此外，在桂北和桂西北山区，尚分布有寒竹（*Ch. marmorea*）和小方竹（*Ch. convoluta*）林和狭叶方竹（*Ch. angustifolia*）林等。

方竹属种类笋味甚佳，不用漂水即可鲜食，可制成罐头和笋干，运销国内外。

2. 毛竹林

毛竹（*Phyllostachys pubescens*）林在广西主要分布于桂北海拔 1 300m 以下的丘陵低山区。桂林地区及柳州、梧州、河池三地区北部人工林较多，花坪保护区内分布有小片毛竹天然林。在桂中和桂南海拔 700m 以上的丘陵低山上，有经营历史近百年的小片毛竹林。近 10 年来在大明山及大青山海拔 700m 以上山地，选择向北的阴坡，引种栽培毛竹实生苗，亦获得初步成功。

毛竹是典型亚热带地区的种类，在常绿阔叶林地带内广泛分布。可成大面积纯林，或与常绿阔叶树组成混交林。广西是毛竹林分布的南限，生境的条件变化，对毛竹林的生长和分布比较敏感。根据广西毛竹林的分布和生长情况分析，影响较大的生境条件如下：

气候条件：影响毛竹生长的主要气候因子是温度和降水，其次是日照和湿度。广西毛竹主要产地的年平均气温为 17～20℃，毛竹生长良好，胸径可达 10～17cm 以上，年平均气温在 20～21℃的地区，毛竹生长尚正常，胸径可达 6～10cm，而在年平均气温超过 21℃，特别是在 22℃以上地区，毛竹生长不良，胸径在 6cm 以下，达不到成材标准。广西各地年降水量约在 1 000～2 000mm，符合毛竹生长要求。但雨量分布宜在春夏两季，雨季雨水充足，则“雨后春笋”，欣欣向荣，春笋及幼竹生长旺盛。日照和湿度影响也很明显。毛竹生长良好的地方是湿度大，日照短（每日 7～8 小时）的山区。

土壤条件：毛竹林有强大的地下鞭根系统，要求土壤深厚（50cm 以上）、疏松、湿润、排水和透气性良好的壤土和沙质壤土。根据调查，广西毛竹在冲积性的壤土和沙质壤土上生长最好；山地红壤和黄壤次之，在干旱而粘重、缺乏腐殖质的砖红壤化红壤或砖红壤性土壤上生长最差。

地形条件：生长较好的毛竹林，多在山腰以下的坡地、山坡谷地和冲槽地。分布在背风坡向的毛竹林比迎风坡向的生长好，缓坡地的毛竹林比陡坡地的生长好。在桂中和桂南引种栽培毛竹，要注意避免气温高，光照强烈的不利影响，应选择海拔高（700m 以上）、光照短的北坡。

毛竹人工林外貌整齐，结构单一，林冠成单层水平郁闭，秆高 10～20m，胸径 6～17cm。栽培管理较好的每公顷有 3 000 株左右，林下灌木和草本植物稀少。天然毛竹林或撂荒后的人工毛竹林，通常有针、阔叶树混生。常见的有杉木、马尾松、野柿（*Diospyros kaki* var. *silvestris*）、灯台树（*Cornus controversa*）、杨桐（*Adiandra millettii*）等，林下灌木常见的有：广州杜鹃（*Rhododendron rivulare*）、广西杜鹃（*Rhododendron kwangsiensis*）、虎皮楠（*Daphniphyllum glaucescens*）、牛耳枫（*Daphniphyllum calycinum*）、鸡爪茶（*Rubus henryi*）等。草本植物常见有狗脊（*Woodwardia japonica*）、铁芒萁（*Dicramopteris linetaris*）、淡竹叶（*Lophatherum gracile*）、里白（*Hicriopteris glauca*）、华里白（*Hicriopteris chinensis*）等。

毛竹秆高大通直，可作建筑用材，是搭脚手架的好材料，还可作水管、浮筒、竹筏、家具、农具等，又是上等造纸原料，尚可劈蔑编织竹席及各种竹器，笋可食，竹枝可扎扫帚，竹箨可编织地毯，还是包装物品的衬垫和优良造纸原料。

3. 假毛竹林

假毛林（*Phyllostachys kwangsiensis*）林广泛分布于桂北中亚热带常绿阔叶林地带内，向东延伸到湖南南部山地亦有分布。广西以昭平、金秀、融安、融水等县人工林较多。通常为纯林，秆高 8～16m，胸径 4～10cm，每公顷有 12 000～15 000 株。天然假毛竹林内常混生有马尾松、杉木及其他常绿阔叶树，林内灌木和草本植物种类，与天然毛竹林雷同。

假毛竹秆圆而直，尖削度小，竹壁厚度和节间长度适中而变幅不大，竹材坚韧，纹理细密，篾性好，少虫蛀，用途广泛，可与毛竹媲美。商业部门收购和供销毛竹时，常混有假毛竹。

假毛竹要求土壤条件，没有毛竹苛刻，而且没有明显的大小年区别，每年产量稳定，是值得大力推广的竹种。

4. 桂竹林

桂竹（*Phyllostachys bambusoides*）林分布于广西各地。耐寒性强，垂直分布可达海拔 1 300m，对土壤适应性广，无论在丘陵低山、河谷平地、石灰岩山上都有成片的人工林或天然林。但在桂北中亚热带地区生长旺盛，秆高可达 8～15m，直径 6～10cm，群众称大金竹。石灰岩山地区也广泛引种栽培，群众称寿竹。往南随着纬度的改变，桂竹林渐矮，在桂南北热带丘陵低山分布的人工桂竹林，秆高仅 3.5～5m，直径 1.5～3cm，群众称金竹仔。桂竹林多为纯林，是较稳定的类型，林内少有针、阔叶树混生，林下灌木、草本植物亦稀少。

桂竹材质坚韧，是广西优良用材竹种之一，可作建筑、家具、农具用材及船上撑篙等；篾性好，大小竹秆均可劈篾编织各式竹器。笋味颇佳，无需漂水，即可作蔬菜鲜食。

毛竹属（*Phyllostachys*）的种类，广西除上述 3 个建群种外，尚有篌竹（*Phyllostachys nidularia*）、水竹（*Ph. heterclata*）、紫竹（*Ph. nigra*）、人面竹（*Ph. aurea*）、沙竹（*Ph. propinqua*）和红边竹（*Ph. rubromarginata*）等竹林分布。

该属竹类，除秆有特殊颜色（如紫竹为紫黑色）或畸形别致（如人面竹秆基部节间短缩肿胀；毛竹节间变态如龙鳞或似龟甲），具有观赏价值或经加工制成工艺美术品外，一般多作农具、家具、乐器或搭棚架等材料；蔑性多为上乘，可编织各式竹器；笋可食，味皆美。

5. 棚竹林

棚竹（*Indosasa longispicata*）林分布于中亚热带的海拔 600m 左右丘陵低山上，与斗竹林交错分布。这两种竹均是近几年来在融水县新发现新的种类，由于分布广泛，各地群众叫法不一，有的地方把这两种竹统称为斗棚竹，有的又将两个种类分别称为棚竹和斗竹，但互相颠倒矛盾，地方名甚为混乱。其实这两个种类亲缘关系并不近，分别隶属于两个不同的属。

棚竹和斗竹均有人工栽培的纯林，但大多数为天然林，在山坡和沟谷地生长茂盛，秆高 6～10m，胸径 4～6cm。林内常混生常绿阔叶树，组成上层稀疏林冠，林下灌木和草本植物稀少。

棚竹和斗竹材质均脆，不宜篾用，除搭棚架外，未见有其他用途。春季出笋，清明前后，群众进山大量采掘，制成笋干待食或出售。笋味苦，但经漂去苦味后可鲜食。

丘陵低山亚型中，除上述建群种外，较常见的尚有横枝竹（*Indosasa patens*）、灵川大节竹（*Indosasa lingchuanensis*）、瑶山箬竹（*Indocalamus barbatus*）、粽粑竹（*Indocalamus longiauyius*）、箭秆竹（*Monocladus saxatilis* var. *solidus*）等分别组成的建群种。

（三）河谷平地竹林

本亚型主要分布于河谷平地区，多数为人工栽培群落。根据其优势种类不同和生境条件的特点，分为 2 个建群种。

1. 桂单竹林

桂单竹（*Bambusa guangxiensis*）分布于兴安县华江乡，沿千江和六洞河两岸，呈带状或小块状分布，为天然林。分布区内地带性的常绿阔叶林，常以壳斗科、茶科为主的种类组成建群种。桂单竹林生长在林中空地或为常绿阔叶林的下木层。秆高 2～5m，直径 1.5～3cm，竹秆斜上，梢端下弯，节间长 50～60cm，圆筒形，绿色，每节多枝，簇生，枝条短、细，姿态优美，为合轴丛生竹类。

桂单竹耐寒性较强，喜温凉湿润的气候条件，在日照短的潮湿地方生长好。分布区内年平均气温为 18.5℃，7 月平均 27.1℃，极端最高气温 39.3℃，1 月平均 7.9℃，极端最低气温－3.3℃。年平均降水量 2 000mm 左右。土壤为砂页岩发育而成的红壤或黄红壤。

桂单竹为广西特有种类。秆壁薄，可劈蔑编织竹器，亦是很好的造纸原料。

2. 黔竹林

黔竹（*Dendrocalamus tsiangii*）模式标本采自贵州遵义至贵阳的路途中，1989 年发表新种时定中名为遵义单竹，学名为 *Lingnania tsiangii*。近年来于广西环江县（中亚热带典型常绿阔叶林区）发现有新分布，是该县的重要经济竹种之一。环江县可能系黔竹的最南分布区，曾将该种引种到南宁郊区（北热带季雨林区的近北缘），则生长不良。黔竹对土壤要求不苛，丘陵、低山的红壤上都能正常生长，但以在河谷两岸冲积土上生长最好。

黔竹林多为人工栽培，林中结构简单，秆高 3～6m，直径 2～4cm，竹秆直立或斜上，梢部呈弓形下垂。为合轴丛生竹类。

秆材纹理细密，秆环平滑，箨环窄细，竹蔑韧性强，适宜编织各式精细竹器。著名出口环江竹席，手工精巧，柔软细密，最大的特点是能够折叠，商品名称油席，黔竹在该地方名亦称油竹。

第二节　南亚热带竹林

本类型为季风常绿阔叶林地带，生境特点是气温高，降水量较桂北中亚热带少，为半湿润半干旱地区；土壤以红壤和砖红壤化红壤为主，石山区分布有棕色和黑色石灰土，海拔 700m 以上山地有黄壤分布。本类型分为 2 个亚型，竹子种类增多，丛生竹比例增大。

（一）低山丘陵竹林

本亚型主要分布于低山丘陵地区，按其优势种类不同和生境条件的特点，分为下列 3 个建群种。

1. 杠竹林

杠竹（*Sinobambusa henryi*）林分布于海拔 700m 以下低山丘陵地区，以宾阳、武鸣等县人工林较多，往北至南丹县生长亦正常。耐荫性强，喜温暖湿润、土层深厚、肥沃的环境，在山谷或山坡中下部生长茂盛。

杠竹多为人工林，林冠外貌整齐，结构单一，杠竹为散生竹，地下茎为单轴型，秆高 10～16m，胸径 6～10cm，节间长 50～65cm，分枝高，秆基部约 10 个节无芽，开始分枝的 1～2 节，每节一分枝，以上各节 3 分枝，枝条开展，竹秆挺直，梢端亦不弯曲。较好的竹林每公顷有竹 3 万～3.6 万株，过伐的竹林，每公顷亦有万余株。

秆材坚硬，纹理细密，可作建筑、扛挑、家具、农具、伞骨、筷条等用材。在交通闭塞的农村，尚用作竹钉、磨谷子用的磨齿等。

2. 中华大节竹林

中华大节竹（*Indosasa sinica*）林分布于桂中丘陵、低山地区，向西北延伸到贵州、云南南部，往南至越南山地区，垂直分布可达海拔 700～800m。适应性强，喜光，对土壤要求不高，红壤、砖红壤性红壤和砖红壤性土上生长均正常，但以向阳山坡的中下部、土层深厚、排水良好的地段生长较好。

中华大节竹林多为单优势种的纯林，比较密集，每公顷约有 2 万～3 万株，秆高 5～10m，最高可达 15m，直径 3～6cm，最粗达 8cm 或过之。为单轴散生型竹类，竹林外貌不整齐，常有山乌桕（*Sapium discolor*）、野漆树（*Rhus succedanea*）、大叶栎（*Castanopsis fissa*）等呈孤树侵入。

中华大节竹秆挺直，竹壁厚，材质坚硬，可作搭棚架、家具用材；秆初时为绿色，以后渐变为紫红色，节高，枝平展，形态别致，具有观赏价值，常为公园和风景区引种栽培；笋经漂水后可食。

3. 茶秆竹林

茶秆竹（*Pseudosasa amabilis*）林，在广西主要分布在北流江、邕江下游接西江下游，溯桂江而上的两岸，海拔 300～500m 以下的丘陵、低山区。适生于水热条件丰富，土层深厚、肥沃的河谷沿岸的坡地上。

茶秆竹林的外貌整齐，生长密集，每公顷有竹 4 万株左右。秆高为 6～13m，胸径 3～6cm，挺直，枝上举，竹冠窄，为散生竹类。天然林中常间有马尾松、枫香、千年桐等乔木树种，并组成稀疏的上层林冠。林下灌木和草本植物常见的有桃金娘、华山矾、野牡丹和芒萁、铁线蕨等。

秆直而平，光滑而坚韧，富弹性，是我国传统出口竹材之一，主要用作滑雪撑秆、钓鱼秆、园林围篱以及搭凉棚等材料。经济价值较高，在国际市场上很受欢迎。

除茶秆竹分布外，尚有篲竹（*Pseudosasa hindsii*）、广西篱竹（*Arudinaria pseudohendsii*）、糙花竹（*A. scabriflora*）以及白眼竹（*A. maculosa*）等林分布，这些竹林除在南亚热带地区内和茶秆竹交错分布外，一直分布到北热带海拔 500～700m 的丘陵低山地区，其中广西篱竹、糙花竹、白眼竹均为广西特产。秆材与茶秆竹相似，有关部门收购茶秆竹时，常混有这些种类的秆材。

在丘陵低山亚型中，除了上述建群种外，较常见还有蚂拐竹（*Sasa kwangsiensis*）、小方竹（*Chimonobambusa convoluta*）、斑苦竹（*Pleioblastus maculatus*）、肾耳唐竹（*Sinobambusa nephroaurita*）、杠竹（*Sinobambusa henryi*）等分别组成的建群种。

（二）河谷平地竹林

本亚型主要分布于河谷平地区，多为人工林，根据优势种类的不同和生境条件的特点分为 4 个建群种。

1. 麻竹林

麻竹（*Dendrocalamus latiflorus*）林在广西以容县、玉林、北流、桂平、藤县、苍梧、田林、凌云等地人工林较多。桂南分布到中越边境各地，往北仅在屋前屋后有零星分布。垂直分布偏低，在海拔 200m 左右的山脚、冲槽、河流两岸、村边、宅旁和水库周围生长最佳。适宜于冬季少霜、夏季高温多雨、土壤深厚肥沃、排水良好的环境条件。

本建群种多为小面积块状分布，林冠外貌整齐，秆高 8～12m，胸径 6～10cm，秆直立稍弯曲，梢部呈弓形弯曲下垂，为合轴丛生竹类。

麻竹因竹秆基部粗大，梢部细小，广西地方名为大头竹。秆材高大，可用作扎竹排、引水管材料，材质较软，易受虫蛀，不宜作建筑用材；笋体粗大，漂水后可食，味甚佳美，是广西主要笋用竹之一，亦是台湾、福建、广东等省主要笋用材之一；竹叶大，可用作包粽子、茶叶箱的衬垫以及斗笠、船篷和蓑衣的衬垫。

2. 吊丝竹林

吊丝竹（*Dendrocalamus minor*）林主要分布于桂中、南，海拔200m以下丘陵、平地及石灰岩山区，在桂中石山及桂西南石山地区广泛栽培，是石灰岩山地区的优良经济竹林之一。

吊丝竹为丛生竹类，生长密集，秆高6～10m，直径4～6cm，秆斜立或近直立，梢部呈弓形弯曲。出枝高，枝簇生，粗细相近，主枝不明显。丘陵地人工栽培的竹林，土壤管理集约，竹林外貌整齐，林下植物甚稀少；在石灰岩山地人工林内常混有常绿阔叶树、灌木和草本植物。

吊丝竹是上乘篾用竹之一，可编织宽蔑竹席、谷垫、箩筐、坭箕等物品；秆材可作搭棚架、晾衫竿等材料；笋经漂水后可食。

3. 大绿竹林

大绿竹（*Dendrocalamopsis daii*）林主要分布于南宁、柳州等地区，在海拔200m以下的河谷、平地和丘陵缓坡地呈小块状或带状间断分布。性喜温暖潮湿，土壤肥沃，排水良好的环境条件。在条件适宜地，生长挺拔高大，即在肥力较差的丘陵地栽培，除体型较小外，亦能正常生长。

大绿竹为丛生竹类，生长密集，分枝低而粗长，林相不整齐，目前多为人工栽培的竹林，结构简单，秆高10～15m，胸径6～10cm。每公顷有2 200～3 000秆，秆通直高大，可作梁、柱等建筑用材以及扛挑、水管等材料；笋可食，味甚佳。大绿竹是近年来新发现的种类，为广西乡土竹种，适应性强，用途广泛，宜推广种植。

4. 车筒竹林

车筒竹（*Bambusa sinospinosa*）林主要分布于桂中地区，常见于海拔150m左右的村边宅畔、丘陵沟谷和河流两岸，往南至北热带地区则逐渐被簕竹（*Bambusa blumeana*）所代替，往北沿河谷可零星分布到桂林。对土壤适应性强，在钙质土和酸性土上均能正常生长，但以土层疏松、肥沃湿润的土壤生长最好。

车筒竹为合轴丛生竹类，秆甚密集，分枝低而粗长，枝节上棘刺横生，组成林相很不整齐，秆高达10～15m，胸径6～12cm。每公顷有竹2 200～2 400秆。

秆通直粗大，坚韧厚硬，可作建筑、棚架、家具、水管、担挑等用材；笋体大，漂水后可作菜蔬鲜食。群众有用此竹笋淹制酸笋食的习惯，称制“笋果”。

除上述竹林组成的建群种外，常见的尚有吊丝球竹（*Dendrocalamopsis beecheyana*）、大头典竹（*Dendrocalamopsis beecheyana* var. *pubescens*）和青甜竹（*Dendrocalamus sapidus*）等分别组成的建群种。

第三节 北热带竹林

本类型为季节雨林地带，生境特点是：气温更高，年平均气温可达23℃左右；低平地方土壤以砖红壤性土为主，桂西南石灰岩山原分布有褐色石灰土和棕色石灰土。本类型分为2个亚型，竹子种类最多，主要为丛生竹类，并出现藤本状竹类。

（一）丘陵低山竹林

本亚型主要分布于丘陵低山地区。根据其优势种类的不同和生境条件的特点，分为3个建群种。

1. 糯米竹林

糯米竹（*Melocalamus arrectus*）林仅见分布于左江谷地海拔400m以下丘陵低山区，适生于沟谷或山坡下部阴凉潮湿地，成带状或块状与北热带季节雨林、沟谷雨林交错分布。

糯米竹林常为天然混交林，林中混有季节雨林和沟谷雨林树种。其茎秆为藤状，长达15～30m，直径3～5cm，能攀援到邻近树木的树冠上，而且能从一株树冠攀上另一株树冠，茎秆如折断，主枝能代替茎秆向上攀援。为合轴丛生竹类，密集丛生；亦可为天然纯林，藤状茎秆从山坡向下垂挂，林内罕有乔木混生，林下灌木和草本植物稀少。

茎秆纤维发达，刮去竹青，经捶打后成竹麻，可编织绳索使用；笋可食，味甚佳。

2. 泡竹林

泡竹（*Pseudostachyum polymorphum*）林在广西主要分布于桂西南、东南至东北部，常沿着海拔400m以下丘陵山地土壤肥沃、湿润的沟谷分布。

泡竹林属天然林，竹秆呈半攀援状，秆的中上部除攀援于热带灌丛组成竹灌丛林外，通常作为沟谷雨林、季节雨林的下木存在。秆下半部直立，上半部弯曲垂挂或攀援到邻近树木枝条上。全长3～6m，径1～3cm，为合轴散生型竹类。

泡竹秆壁极薄，受外力挤压容易破裂，并伴随发出“拍！拍！”声响因而得名。地下的假竹鞭，色洁白，质坚韧，耐水性强，主要用于编制渔业工具，还可代替白藤编制名贵藤具和工艺品，产地群众常利用秆材经捶偏后编围篱或劈篾用。

3. 篦篣竹林

篦篣竹（*Schizostachyum pseudolima*）林分布于凭祥、宁明、龙州、上思等地，沿海拔300m以下丘陵低山分布。分布区气候炎热，长夏无冬。年平均气温22℃左右，大于10℃年积温7 000～7 850℃。年降水量1 300mm左右。土壤以砖红壤性红壤、丘陵红壤为主，间有石灰性土，土层深厚，适合热带树种生长。篦篣竹系喜高温、高湿的热带竹种。通常以湿条件较好、土层较深厚的沟谷地生长较好，到山地中下部的坡地和丘陵地亦较常见。

篼竻竹为合轴丛生竹。竹秆密集丛生，数十甚至成百为一丛并不罕见。秆近直立，长5～10m，直径2～4cm，顶端长的下垂或攀援状，秆壁较薄。通常厚约2～3mm，节间长40～60cm。每公顷约900丛左右，有竹秆约25 000株。

秆通常用来劈蔑编织竹器。

4. 大节竹林

大节竹（*Indosasa crassiflora*）林主要分布于东兴县，多在海拔700m以下丘陵低山分布，适应性强，颇耐瘠薄土壤，常成大片分布于连绵的丘陵坡地上。面积达数公顷，每公顷竹秆可达3万～4万株。

大节竹林多属天然纯林，外貌整齐，生长茂密，竹秆挺直，高4～6m。胸径3～4cm，为散生竹类。被砍伐过度的竹林，常有雨林、季雨林的树种混生。林下灌木和草本植物甚多。

经调查，我国仅在广西东兴市有大节竹分布，是该地最常见的散生竹。秆壁厚实，近于实心，材质坚硬，常用作棚架、民房瓦阁等建筑材料。

除大节竹分布外，尚有甜大节竹（*Indosasa angustata*）、小叶大节竹（*Indosasa parvifolia*）林分布。均见于大青山海拔700m以下山坡和山麓地段。甜大节竹秆高可达14m，直径10cm，用途较大，笋亦可食，味颇鲜美。小叶大节竹用途与大节竹近似。

（二）河谷平地竹林

本亚型主要分布在河谷平地，多为人工栽培的竹林，根据优势种类的不同和生境条件的特点分为5个建群种。

1. 粉单竹林

粉单竹（*Bambusa chungii*）林主要分布于北热带至南亚热带地区。钦州、南宁、玉林、梧州4地区为广西主产地，往北则为小面积或零星分布。常见于海拔500m以下的缓坡地、平地、山脚和河流两岸，无论在酸性土或石灰质土壤上都生长正常。

粉单竹多为人工栽培的纯林，秆直立，仅梢部弯曲，高8～12m，直径4～7cm，分枝高，主枝不明显，林相整齐，结构单一。林下植物稀少，常见的有野牡丹、华山矾、古羊藤等。

粉单竹产量高，一般竹林每公顷产竹材10～12t，丰产林达30～75t。竹秆壁薄，节平而疏，节间长可达1m余，篾性强韧，适合编织精细竹器，是广西主要篾用竹种之一，亦是上乘造纸原料。

粉单竹系簕竹属（*Bambusa*）的单竹亚属（Sugen. *Lingnania*），该亚属在广西分布的尚有水单竹（*Bambusa papillata*）、油竹（*Bambua surreta*）和甲竹（*Bambusa remotiflora*）林。均为篾用和造纸原料，油竹和甲竹秆较高大、通直、秆壁较厚，尚可作材用。

2. 簕竹林

簕竹（*Bambusa blumeana*）林分布于桂南海拔400m以下丘陵、平地和河流两岸，呈块状或带状或零星分布。

簕竹多为人工栽培，为合轴丛生竹类，秆高8～12m或过之，直径4～8cm，分枝低矮、枝节具钩刺，林相不整齐。生长茂密，每公顷有竹秆8 000株左右，林内特别在丛间灌木和杂草稀少。

秆高大通直，材质坚硬，可作建筑用材。因竹丛密集，钩刺横生，常被栽培作围墙，或作防风防洪林。

3. 马蹄竹林

马蹄竹（*Bambusa lapidea*）林分布于海拔400m以下的丘陵平地。以桂西南石山地区较普遍分布，无论石灰质土或酸性土均能正常生长，性喜阴湿，稍耐干旱，多植于石灰岩山脚，村旁或丘陵坡地。

马蹄竹多为人工纯林，竹秆挺直，高6～10m，胸径5～8cm，分枝低，主枝粗长，侧枝和主枝节萌生的二级枝变为软刺，甚杂乱，林相不整齐。

马蹄竹秆通直，竹壁厚，材质坚硬，是竹类中最坚硬者之一，故有“石竹”之称。少虫蛀，是民房建筑、杠挑等优良用材。

4. 青皮竹林

青皮竹（*Bambusa textilis*）林主要分布于桂中、南海拔600m以下的平地、低丘陵地区。往北仅限于河谷平地区，垂直分布较桂南为低，约在海拔200m以下，而且遇奇寒年份，易遭寒害。青皮竹对水肥条件要求不苛，是竹类中较能耐干旱瘠薄者，但在肥沃湿润的土壤上生长更高大。适宜在丘陵低山及河岸栽植。

青皮竹林外貌整齐，为合轴丛生竹类，每公顷栽培1 000丛，每丛有竹15～20秆。秆高5～12m，胸径3～6cm，秆挺直，生长茂密，因多为人工栽培，结构单一，林内稀有其他植物生长。

青皮竹秆壁薄，竹材结构致密，篾韧性强，颇能耐水湿，是广西主要篾用竹种之一，秆直挺，削度小，节平而疏，干后不易开裂，可作蚊帐竿，扫把柄及制家具材料等。

青皮竹变种甚多，广西除原变种青皮竹林分布外，尚有绿篱竹（*B. textilis* var. *albostriata*）、紫线青皮（*B. textilis* var. *maculata*）、崖州竹（*B. textilis* var. *gracilis*）、椽竹（*B. textilis* var. *fusca*）和黄竹（*B. textilis* var. *glabra*）等通常混生在青皮竹林内。

青皮竹类以青皮竹、紫线青皮竹、绿篱竹篾性较好。秆型较大，产量较高。

5. 撑篙竹林

撑篙竹（*Bambusa pervariabilis*）林分布于柳江、邕江下游和西江流域地区，在海拔400m以下的河岸，丘陵和低山沟谷的疏松，肥沃的沙质壤土或壤土上生长良好，向北可达融江和桂江流域两岸，但在奇寒年景会受寒害。

撑篙竹林通常为人工栽培的纯林，生长茂密，外貌浓绿整齐，竹秆挺直，高 8～12m，直径 4～6cm，产量幅度大，在适宜地生长，每公顷年产竹材可达 75～80t，在干旱瘠薄地，粗放经营的竹林，每公顷年产竹不足 10t。

撑篙竹秆通直，竹壁厚而坚韧，常用作船上撑篙、建筑棚架、晾衣竿等材料，尚可加工制作竹桌、竹椅等家具。劈蔑编制成竹笼、竹筐等粗竹器。

第九章

人　工　林

广西人工林原以杉松等针叶树为主，次为油茶、油桐、桉类等阔叶树以及单子叶植物的竹类。除桉类及丛生竹类偏重于热带、南亚热带区域之外，其余均以中亚热带为原产中心。人工造林，过去主要偏重于桂北、桂东北和桂西北，进入80年代以后，全区开展了造林灭荒工作，凡有荒山的县，均大规模进行了人工造林和飞机播种造林。随之湿地松人工林面积急剧上升，一些热带和亚热带阔叶、珍贵树种如刺栲、醉香含笑、格木、蚬木、柚木等也在适生区种植。桂南地区的园林绿化树种，多选用具有热带风光的扁桃、木菠萝、龙眼、荔枝、人面果、杧果、榕树、假槟榔等种类。与中亚热带区域常选用悬铃木、广玉兰、桂花、樟树等有明显的差别。

人工林分类以森林主要利用目的为依据，分为用材林、经济林、混交林、防护林、薪炭林、城市园林等六大类。用材林中有杉木林、马尾松林、湿地松林（包括火炬松和加勒比松林）、柳杉林、醉香含笑林、桉树林等6类；经济林中有油茶林、油桐林、八角林、肉桂林、板栗林、核桃林、柿子林、银杏林、厚朴林、紫胶寄主林等10类；防护林中有海岸防护林、护路林。广西一些珍贵用材和经济树种如蚬木、格木、金丝李、荷木、青檀等人工林，在天然林类型中已论及，本章不再叙述。

第一节　用　材　林[①]

1. 杉木林[②]

杉木（*Cunninghamia lanceolata*）是我国特有的树种，也是广西主要用材树种。

杉木人工林在我国有着悠久的历史，早在晋咸和四年（公元329年），陶侃曾记载“种

---

① 本节用材林由王宏志汇编

② 执笔人：来家学

杉结庵”于岳麓山，人称“杉庵”。说明距今1 600多年前，已有人工种杉的文字记载。[1]但直至20世纪40年代，杉木林多为个体经营，种植规模不大。50年代以后，广西兴建了一批以种杉为主的国有林场和集体林场，发展很快，据1994年资料：全区杉木林面积为69.213万hm^2，占森林总面积的10.2%；总蓄积量为3 174.757 3万m^3，占森林总蓄积量的13.02%。其中成熟林4.521 5万hm^2，蓄积量为519.978 9万m^3[2]。

分布与生境　杉木林遍及我国整个亚热带地区，北起秦岭南坡，南到两广南部，东起台湾；西到川西南、滇东北。栽培范围在北纬19°15′～33°40′，东经102°～122°。近年引种至山东昆嵛山，及海南岛尖峰岭等地。[3][4]广西是我国杉木主要栽培区之一，全区各地都有栽培，中心分布区在1月平均气温10℃等温线以北的桂北、桂东北南岭山地的资源、龙胜、兴安、永福、恭城、灵川、三江、融水、融安、金秀、贺县、昭平等县的高丘至低山；以及桂西北云贵高原边缘山原山地的南丹、天峨、罗城、环江等县的中低山至低山山地。广西中心产区杉木林面积共33.969 6万hm^2，占全区杉木总面积的49.08%；蓄积量为1 718.126 2万m^3，占全区杉木总蓄积量的54.12%。平均每hm^2蓄积量为50.578m^3，高于全区平均值45.869m^3的10.27%。[2]这个地区的杉木生长速度是全区最高的。但在中心分布区内，由于其地貌类型的不同和成土母岩的岩性差异，随着局部气候、植被和土壤条件的变化，导致杉木生产力各不相同。其中种植在地形起伏大，空气湿度大，温差变化小的融江上游和贝江沿岸低山丘陵山地红壤的杉木生长量高于种植在湘江、资水中山山地黄壤或黄化红壤的杉木生长量；湘江、资水产地的杉木生长量又高于种植在贺江、恭城河高丘山地红壤的杉木生长量。如融水四荣乡生长在中等立地条件的杉木，20年生树高达17.0m，胸径19.49cm，单株材积为0.283 4m^3；而资源县越城岭林场的杉木，20年生树高为14.3m，胸径19cm，单株材积为0.255 5m^3；贺江的贺县黄洞林场的杉木20年生树高仅达12.9m，胸径16.1cm，单株材积仅为0.137 1m^3。[5]在中心分布区以南，1月平均气温10～13℃等温线间的南亚热带常绿阔叶林带，是广西杉木一般分布区，杉木多分布于以下几个区域：中部弧形山脉东翼、大瑶山东南部的桂平、平南、藤县等地；中部弧形山脉西翼与云贵高原边缘山地接近的凤山、东兰、凌云、乐业、隆林等地；中部弧形山脉中段的横县、宾阳县；云开大山北翼山地和天堂山、大容山间的容县、北流等地，以上一般分布区各县的杉木也多种植在高丘、低山，总面积共15.545 6万hm^2，占全区杉木总面积的22.46%，总蓄积量共有768.495 7m^3，占全区杉木总蓄积量的24.2%，平均每hm^2蓄积量为49.435m^3，略高于全区平均值的7.8%。[2]其中中部弧形山脉东翼，由于海拔低，风力大，雨量虽比弧形山脉西翼多，但雨量较集中，强度较大，利用率低，杉木对水分的要求仍感不足；因而东翼的杉木生长量比西翼的杉木生长量低。如东翼的平南县马练乡利俩村林场，23年生杉木林平均树高12.8m，平均胸径17cm，每公顷蓄积达234m^3；西翼的凤山县波桃林场，生长于海拔高度560～650m的20年生杉木树高达17.7m，胸径20.7cm，单株材积达0.309 7m^3，达到了广西杉木中心分布区的水平。[5]在一般分布区以南，1月平均气温13℃等温线以南的北热带地区是广西杉木边缘分布区，在这个区域中，杉木多分布于桂南边缘山脉的六万大山、十万大山、公母山、大青山、六韶山等低山丘陵，以六万大山的玉林、博白、浦北、灵山等地；十万大山的防城港；大青山的龙州县；六韶山的那坡县；以及南宁盆地边缘的高峰、七坡两林场栽培较多。以上边缘分布区的杉木总面积共19.697 8万 hm^2，占全区杉木总面积的28.46%；总蓄积量为688.135 4万 m^3，占全区杉木总蓄积量的21.68%，平均每公顷蓄积量为34.935 m^3，低于全区平均值的23.84%[2]。在边缘栽培区域中，由于气温高，多暴雨，蒸发大，旱季长，对杉木生长不利。因此，各地都是选择峰峦连绵的低山高丘，山坡中部以下的沟谷、山麓、山洼，土壤深厚、疏松、肥沃、排水良好的林地种植杉木，所以各地杉木生长差异不大。但是，由于广西南部边缘山脉地形极复杂，受季风暖流影响不同而形成的气候环境，也影响杉木的生长，如六万林场的杉木，20年生树高为11.95m，胸径15.6cm，单株材积0.126 2 m^3，而纬度偏低的大青山林场，20年生杉木高达13.5m，胸径14cm，单株材积为0.147 m^3，比六万林场的高16.6%。[5]出现这种差异的原因，是与六万林场的风力较大，空气相对湿度较低，蒸发量大于降水量，土壤肥力略低等因素有关。

广西杉木垂直分布，最低点海拔100～300m，最高点海拔1 500m左右（融水苗族自治县杆洞乡尧吉村），一般为海拔600～800m。[4]

广西杉木分布区雨量充沛，年平均降水量多在1 300～1 600mm，最低的是隆林县，年平均降水量为1 082.3mm，[7]但由于该县地处云贵高原边缘，地势高，温度较低，风小，故仍能满足杉木生长的要求。20年生杉木树高可达14.5m，胸径16.8cm，单株材积为0.196 6 m^3。[5]按照亚热带的情况，如以每月降水量100mm以上为雨季，40cm以下为旱季[3]，广西杉木林区的雨量分配有两种类型：①雨季长达6～7个月，旱季无或只有一个月。春雨多于或等于秋季雨量，全年降水量超过蒸发量，只有个别地区的很少月份蒸发量略大于降水量，这类地区雨量充沛而又分配较均匀。由于温暖与湿润结合，对杉木生长有利，产量高。广西北部、东北部杉木中心分布区就属于这类型。这类地区（如资源、融水等县）的杉木生长，在中等立地条件下，20年生树高可达14～18m，胸径达17～19cm，每公顷蓄积量可达200～250 m^3。[5][7]②雨季长达5～7个月，而旱季也长达3～5个月，秋雨多于春雨，如接近沿海的地区，秋雨较多，但多数地区的全年蒸发量超过降水量。这类地区雨量虽多，但分配不匀，由于春雨少，影响杉木在春季适温期（日平均气温20～25℃）的迅速生长；而在秋季，也因暴雨多，雨量利用率低，水土冲刷大，水分供应不足，广西西北部、西南部、东南部、南部和中部地区的杉木一般分布区和边缘分布区都属这类型。在较好的立地条件下，20年生树高可达12～14m，胸径14～16cm，每公顷蓄积量仅110～160 m^3。[5][7]

广西杉木林区全年平均相对湿度都较高，在75%～84%，均能满足杉木生长所要求的湿度。[6][7]

杉木林在广西分布的年平均气温，多数产区在17～20℃。全年最冷月（1月）平均气温，桂北、桂东北杉木中心产区多在7～10℃，极端最低气温则多在－3～－6℃，最低是资源县为－8.4℃[6]。低温在广西对杉木生长的影响不大，如在桂北，桂东北杉木中心产区范围内，气温最低的地区，冬季气候（平均气温在10℃以下）也仅有2～3个月，全年≥10℃

适于杉木生长的活跃期仍在240～270天，[6]不影响杉木的生长。杉木在广西的最高气温界限，是年平均气温22.5℃的防城县。[5][6]一般栽培区及边缘栽培区，绝大多数均无冬季，夏季气候（月平均气温22℃以上）又长达6～7个月，但雨量分配不均，这些地区，秋、冬季气温过高，降雨少，长期出现干旱，影响杉木的生长。[6][7]

广西杉木林分布区，受海洋季风影响较大，风速略高，大多数地区的全年平均风速在1.5～2.5m/s，仅西北部的中心分布区，年均风速在1.7m/s以内，[6]风速大不利于杉木的生长。如大容山林场海拔800m迎风面的杉木，22年生高仅1.8～2.4m，胸径仅4.9cm，不能成材。由于广西杉木林分布区的地形复杂，山岭重叠相互屏障，除沿海地区外，风对杉木生长的影响都不很大。

广西杉木林中心分布区的日照时数，多在1 200～1 600h，日照率为28%～37%，但在广西杉木边缘栽培区，日照时数多在1 600～1 900h，日照率为37%～42%。[6]这些地区由于日照过长，引起干旱现象，导致杉木生长差。

根据各地对杉木生长与环境条件的广泛研究，杉木生长最适宜的地区，其气候因素均具以下一些特点：全年平均降水量1 300～2 000mm，分布均匀；旱季气候不超过3个月；全年降水量超过蒸发量，全年各月相对湿度在70%以上；全年平均气温16～19℃；1月份平均气温6～10℃；极端最低气温－9℃以内；全年≥10℃出现的活跃期260天以上；全年日照时数1 300～1 600h；平均风力约二级。[8]我区杉木中心分布区的气候要素均具有以上的特点，适宜杉木生长。

广西杉木林分布区的土壤，在北部、东北部中亚热带杉木中心产区的地带性土壤，有红壤与山地黄壤二类，二者垂直分布的区域，以海拔500～700m为分界，黄壤多分布于红壤地带之上，杉木林区土壤多位于二者的过渡地带，分界不明，不易严格划分，在很小范围内，地形变化，也使得红壤与黄壤错综出现，以广西融水县四荣乡杉木林区调查的土壤为例，当地的岩石以古老的前震旦纪变质岩为主，有板岩、千枚岩、片岩，次为花岗岩及片麻岩。土壤为山地红壤，在山脊部位为残积薄层腐殖质山地红壤和坡积中层腐殖质山地红壤，山坡部位则为坡积薄层腐殖质山地红壤和崩积中层腐殖质山地红壤，山洼部位则为崩积中层腐殖质轻石质山地红壤和崩积厚层腐殖质中石质山地红壤，土壤质地均为轻粘土和重壤土，较粘重，＜0.001mm颗粒含量在20%～34%，根系层的土壤容重和孔隙度，山脊残积物上发育的山地红壤分别为1.20～1.29，46.5%～53.3%；在山坡坡积物和崩积物上发育的土壤则为0.90～1.08，52.6%～60.3%，土壤容重和孔隙度，反映了林地的立地质量和森林土壤的肥力状况。盐基高度不饱和，代换盐基量低，据全国杉木栽培科技协作组分析结果，土壤呈酸性。pH4.4～5.2；主要根系分布层的腐殖含量，A层在4.5%～8.64%，AB层1.4%～5.4%；全氮含量A层为0.22%～0.43%；全磷含量A层为0.046%～0.127%，AB层0.031%～0.099%；速效磷，A层为0.067%～0.54mg/100g土，AB层0.04～0.24mg/100g土，全钾含量A层为0.86%～2.20%；AB层为0.99%～2.68%[2]，吸收容量，A层为24.19～46.66mmoL/100g土代换盐基和盐基饱和度，A层为2.35～

9.29mmoL/100g 土，5.94%～29.58%；活性铝，A 层为 7.78～18.26mmoL/100g 土；活性铁，A 层为 0.18%～2.72%。[9]广西东南部、西南部、南亚热带和北热带杉木边缘分布区的地带性土壤，主要是南亚热带赤红壤。成土母岩主要是花岗岩，次为砂岩、硅质岩；母岩为原积或坡积，土层较深厚，除部分砂岩、硅质岩风化形成的土层外，一般厚土层大于100cm。表土以灰色或黄灰色，心土以棕红色为主，也有黄色、橙色，有铁结核、铁子。土壤质地较轻，含砂多，轻壤至中壤，土壤呈强酸性反应，pH4.0～5.5，肥力较低，盐含量少，盐基饱和度低，但含钾较多，本土类大部分表土经受雨水侵蚀，表土层很薄甚至无表土，仅露心土层。据广西林业勘测设计院 1980 年在玉林六万林场分布在海拔 500～700m 林地的土壤调查为例，有机质含量：A 层 3.68%，B 层 1.04%～1.8%；全氮量，A 层 0.143%，B 层 0.056%～0.087%；全磷，A 层及 B 层均为 0.036%；全钾，A 层为 1.04%，B 层为 0.98%～1.12%。[10]，除钾外，有机质，氮、磷的含量均较中心分布区低。在广西杉木林区，土壤的养分中，氮、钾的含量都能满足杉木生长的需要，但磷的含量较低，因而对杉木生长的影响较明显，全磷和速效磷的含量和立地类型关系密切。如 A 层的全磷和速效磷的含量，山脊残积土含量最少，山坡坡积土次之，山坡崩积土又次之，山洼崩积土含量最高。所以如果我们在这种土壤上施用磷肥，可望对杉木的生长有较显著的促进作用。

土壤的物理性质对杉木生长的影响也很重要。土壤的成土母质堆积形式、腐殖质层厚度、土壤容重、土壤厚度、土壤养分等因素，与杉木地位指数（在标准年龄 20 年时，杉木林分优势木平均高度）的关系密切（表 9-1）。[9]

表 9-1 土壤因素与杉木地位指数关系

土壤因素	项目或等级	地位指数幅度	平均地位指数	相关系数
堆积形式	残积土（Residual soil）	8～17	14	
	坡积土（Creeping soil）	14～23	17	
	崩积土（Conurial soil）	17～23	20	
腐殖质厚度（cm）	0～15	8～17	14	经相关分析
	15～30	14～23	17	$r=0.55$
	30 以上	17～23	20	$p<0.5$
容重（g/cm²）	0.9～1.19	14～23	17	
	1.30～1.40	11～17	14	

根据各地大量林地土壤剖面和分析研究材料，证明广西杉木中心分布区适宜杉木生长的土壤都具有以下一些特性：土层厚度达 1m 以上，表土腐殖质层 10cm 以上，腐殖质含量不低于 2.5%，土壤质地为轻壤土至中粘土之间，而多为重壤土、轻粘土，心土 50cm 以下所含母岩碎块 20%～30%，土壤湿润而又排水良好，表土小碎块状或粒状，心土碎块状或核状，土壤松软，空隙颇多，土壤 pH 值不低于 4.4，而为 5.6～7.0。在选择杉木宜林地时，

林地的土壤应具有以上的一些特征。

地形影响气候和土壤特性，与杉木的生长也密切相关。在地形诸因素中，对杉木生长作用显著或比较显著的，在广西主要是坡向、坡位、坡度、坡形、开阔度（山谷的宽窄）等因素。但是，各个因素的作用程度，则依杉木分布区的气候条件和地貌而异。

坡向：影响着林地的日照长短，阳光强弱，湿度大小。但在广西杉木中心分布区，由于地形复杂，重山叠岭，相互屏障，湿度大，因而坡向的影响不显著。可是，在广西东南部、南部、西南部杉木分布边缘区，坡向的影响显著，如在龙州大青山林场，坡向直接影响较大，其偏相关系数为 0.598 0[10]。在玉林六万林场，坡向的影响也显著，其 $t=3.512>t0.05$[5]。

坡位：在山地条件下，尤其是在地形陡峻的地方，坡向不同常常形成非常不同的土壤肥力和小气候条件，因而杉木生长差别十分明显。坡位对杉木地位指数的关系是密切的，相关系数 $r=0.91$，$p>0.01$[9]。

表 9-2　坡位与杉木地位指数关系

坡　位	土壤湿度	地位指数幅度	平均地位指数
上（山脊）	干	8～14	11
中（山坡）	润	14～20	17
下（山麓或洼地）	湿润	17～23	20

坡度：这个因素对土壤成土母质的堆积形式、土层厚度、土壤水分情况都有影响。据对广西融水四荣乡杉木林的调查材料，在 25°以下，坡度较缓的林地，地位指数较低。25°以上坡度较陡的林地，地位指数高，形成这种差异的原因，可能是因为坡缓的林地，一般多位于山坡中部以上，其土层虽厚，但多为残积土，故杉木生长较差，而坡陡处，多半位于山坡中部以下，系崩积土，土层虽较薄，但腐殖质层较厚，土壤疏松，故杉木生长反而较好。[8]

坡形：坡形影响到土壤的成土母质堆积形式、土层深度及土壤肥力。根据调查材料，在玉林六万林场、凤山波桃林场、凤旁林场、龙州大青山林场，坡形对杉木地位指数的影响是显著的，其 $t=2.514\sim5.859>t0.05$[5]。在龙州大青山林场，坡位的影响居第 4 位，其偏相关系数为 0.175 9[11]。

开阔度：就是山谷的宽窄程度，通常以林地与对面山坡的水平距来表示。它的宽窄影响到林地的日照长短、阳光强弱、湿度大小。因而对杉木生长的影响也是明显的，根据调查材料，在玉林六万林场、凤山波桃林场、龙州大青山林场开阔度对杉木地位指数的影响是显著的。其 $t=2.188\sim5.855>t0.05$[5]。在龙州大青山林场，开阔度对杉木地位指数的影响居第 3 位，其偏相关系数为 0.287 0[11]。

从上所述可以看出：地形因素，虽是间接因素，但它制约着作为直接因素的土壤因素和小气候因素，不可忽视。广西杉木立地类型调查组根据调查材料，采用以中地貌为主结合地位指数以及杉木生产力水平来确定立地类型区，以局部地形确定立地类型组，以土壤确定立地类型的三级分类系统，并以融水、大青山、六万山等地的杉木林区为例，广西杉木林立地类型初步划分（见 9-3），为杉木的造林规划设计提供了科学依据。

表 9-3 广西融水、大青山、六万山杉木林区立地类型

产区	类型区	类型组	类型	地位指数	优势种植物
杉木中带广西中心产区（融水）	低山丘陵	山洼	湿型崩积型	22	观音座莲、海芋、野芭蕉、卷柏
			较湿型崩积型	20	华山姜、高良姜、金毛狗
		山坡	润型崩积型	18	乌毛蕨、狗脊、金毛狗
			润型坡崩积型	16	乌毛蕨、狗脊、金毛狗
		山脊	较干型残积型	14	狗脊、乌毛蕨、芒萁
			干型残积型	10	芒萁、五节芒、狗脊
杉木南带广西一般产区边缘区	丘陵	山洼	湿型崩积型	16	海芋、卷柏、野芭蕉、金毛狗、乌毛蕨
			较湿型崩积型	14	野芭蕉、乌毛蕨、金毛狗
		阴坡	润型崩积型	14	乌毛蕨、金毛狗、狗脊、蔓生莠竹
			润型坡积型	12	乌毛蕨、金毛狗、狗脊、蔓生莠竹、五节芒
		阳坡	润型坡积型	10	狗脊、乌毛蕨、芒萁、蔓生莠竹、五节芒
		山脊	较干型残积型	10	狗脊、乌毛蕨、芒萁、蔓生莠竹、五节芒
			干型残积型	8	芒萁、五节芒、桃金娘、野牡丹、华芒

杉木生长过程中每一阶段的生长量，随立地条件和营林措施而异，了解杉木的生态特性，根据杉木对于环境条件的要求，认真地选择杉木适生宜林地，是实现杉木速生丰产的重要前提。

杉木分布遍及广西各地，由于各地区的气候、地形、地质、土壤、植被等生态条件的差异，各地区杉木生长的速度、成材年限、产量水平等都有很大的差别。根据广西 1978～1979 年各地区进行杉木立地类型调查结果，配制出广西杉木林分优势木年龄经验公式为：

$$\log H = a + b\left(\frac{1}{A+K}\right) = 1.506\,8 - 6.738\,4\left(\frac{1}{\text{年龄}\ (A)\ +3}\right)$$

式中，H 为优势树高，A 为年龄，K 为常数，本经验公式的 $K=3$，a，b 为参数。并以此导向曲线方程绘出广西杉木地位指数曲线图。[5]

杉木地位指数是用以表示立地条件对杉木生产力高低的指标，以标准年龄（全国统一规定为 20 年）时的林分优势木高度表示。广西各地杉木林分在各地指数级可达到的立木蓄积量平均值，根据全区杉木立地类型调查材料，预测结果如表 9-4。

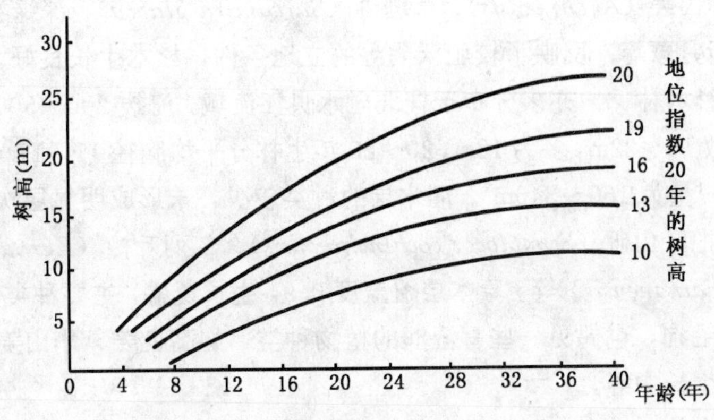

图 9-1　广西杉木地位指数曲线图

表 9-4　广西杉木地位指数级可能达到的蓄积量平均值

地位指数	8	10	12	14	16	18
林分蓄积量（m^3/hm^2）	71	112	143	178	218	259
地位指数	20	22	24	26	28	30
林分蓄积量（m^3/hm^2）	296	337	345	525	614	767

在广西北部杉木中心产区，中等立地条件下，杉木林分地位指数在16m以上；在广西南部、东南部、西南部杉木边缘产区，较好的立地条件下，林分地位指数多在12～14m，少数极好的立地条件也可达16m。立地指数在10m以下的林地，不宜种杉。

地位指数直接反映了杉木对造林地生态条件的要求，过去有些地区，忽视杉木对生境的要求，不择林地，随便种杉，以致出现造林不成林的现象。

群落学特性　杉木林群落的乔木层多呈单层纯林，成熟林一般高14～22m。但在混交林中，当混生树种比例大，杉木接近成熟或过熟时，也会形成复层林。混生树种如马尾松、栲类等常居于第1林层，而杉木则形成不完全的第2林层；有时也会出现杉木与混生树种交错组成复层林分，即部分杉木和混生树种共同组成第1林层，另一部分杉木和混生树种又共同组成第2林层。

广西杉木林群落，主要有以下一些类型：

（1）金毛狗杉木林　分布在桂北融水贝江河流域的低山、高丘斜坡下部，小地形多为沟谷冲头及凹形坡中下部，海拔200～500m，相对高度100～200m，林分地位指数18～25m，多为20～22m，20～25年生林分平均胸径14～18cm，平均树高13～17m，每公顷蓄积量为169～535m^3。灌木层主要种类有：拟赤杨、黄毛榕（*Ficus fulra*）、冬青（*Ilex* spp.）等。草本层总盖度0.9，金毛狗占优势，最高达4m，喜阴湿的植物明显增加，常见有福建观音座莲（*Angiopteris fokiensis*）、海芋（*Alocasis odora*）、野芭蕉、高良姜（*Alpinia* *officinarum*）、华山姜（*A. chinensis*）、草珊瑚（*Sarcandra glabra*）、深绿卷柏（*Selaginella doederleinii*）、新月蕨等。反映了较肥沃阴湿的立地条件，杉木生长良好。

（2）乌毛蕨杉木林 亦多分布于桂北融水贝江流域，海拔200～500m山坡中部和下部，林分地位指数16～22m，多为18m，20～25年生林分平均胸径11～17cm，平均树高12～19m，每公顷蓄积量为166～340m³。灌木层的种类较少，未形成明显层次，零星稀疏分布的有：拟赤杨、把叶山矾（*Symplocos cochinchinensis*）、二列叶柃（*Eurya distichophylla*）、海南冬青（*Ilex hainanensis*）等。草本层覆盖度0.9，生长茂盛，主要种类为乌毛蕨、狗脊，并出现有少量金毛狗，也偶见一些喜湿润的植物种类，如高良姜、华山姜等，反映出林地湿润环境，杉木生长中等。

（3）箬竹杉木林 多为经过林粮间种或与油桐混种过的人工林，多起源于插条造林或实生苗造林更新成林，每片面积虽不大，但却相当普遍。分布于桂北资江、融江流域海拔400～800m的低山中部及中下部，或具有浅的弧形下陷的山槽中。本群落杉木林分疏密度0.47～0.58，地位级Ⅱ级（地位指数12～18m），20～27年生，林分平均胸径12～16cm，平均树高11～15m，每公顷蓄积量为150～260m³，灌木层覆盖度0.7～0.9，平均高度1.0～2.0m，比较常见的种类有：箬竹、杜茎山、鼠刺、柃木、山麻杆等。草本及亚灌木层总盖度0.4～0.6，平均高度0.6～0.8m，分布均匀，主要种类有狗脊、五节芒、淡竹叶（*Lophatherum gracila*）、锦香草（*Phyllagathis cavaleriei*）等，藤本植物较多，但不发育，常见的有：菝葜（*Smilax china*）、葛藤（*Pueraria lobta*）、多种猕猴桃（*Aetinidia* spp.）等。

（4）檵木杉木林 结构较简单，通常为多代萌芽的纯林。分布在桂北海拔500m以下的坡地，相对高度在100m以下。由于经常受人为砍伐的影响，致使林木分布不甚均匀，疏密度为0.4～0.6，地位级Ⅱ～Ⅲ级（地位指数12～16m），20～25年生，林分平均胸径11～14cm，平均树高10～13m，一般蓄积量每公顷120～180m³，灌木层覆盖度0.6～0.7，分布不够均匀，主要种类有檵木（*Loropetalum chinense*）、茅栗（*Castanea sequinii*）、多种柃木等；草本层覆盖度0.6～0.7，主要有铁芒萁、五节芒、狗脊、淡竹叶等。

（5）鹿角杜鹃马尾松杉木林 分布在桂北资源五排河流域，海拔550～650m的低山山坡中下部及下部，也有在海拔750～900m的，原为杉木纯林，后经不断采伐，杉木多代萌生，生活力显著衰退，逐渐被较耐干旱瘦瘠的马尾松侵入形成今日之林分，多为单层林，有时也出现复层林分，复层林分的乔木层中有时也出现第1亚层以松为主，第2亚层以杉为主，有时还出现栲类（1成）。整个松杉所占比重，通常第1亚层为马尾松6～7成，杉木3～4成，第2亚层则杉木8～9成，马尾松1～2成。其林分的疏密度变化较大，从0.3～0.7(0.8)，地位级Ⅰ～Ⅱ级(地位指数14～16m)，马尾松18～37年生，平均胸径10～23cm，平均树高10～22m。杉木17～39年生，平均胸径10～17cm，平均树高9～16m。灌木层覆盖度0.3～0.7，主要种类有鹿角杜鹃（*Rhododendron stamineum*）、映山红、冬青、鼠刺等。草本层较密，覆盖度多为0.5～0.8，有的可达到0.9，分布比较均匀，主要种类有：铁芒萁、狗脊、里白、五节芒等。

（6）桃金娘杉木林　分布于桂南、桂西南、桂东南地区，海拔 200～400m 中丘直线坡中部以上，或较开阔沟谷的向风坡直线坡下部，地位级Ⅴ～Ⅵ（地位指数 8～14m），20～25 年生林分，郁闭度 0.45～0.6，平均胸径 8～12cm，平均树高 6～11m，每公顷蓄积 60～134m^3。灌木层植物种类主要有：桃金娘、岗松、柃木等，草本层植物种类主要有：铁芒萁、五节芒等。反映出较干旱瘦瘠的立地条件，杉木生长差。

（7）三叉苦杉木林　分布于桂南、桂东南、桂西南地区，海拔 200～400m 高丘直线坡的山洼中上部，或丘陵背风凹形斜坡中下部，地位级Ⅴ级（地位指数 10～14m），20～25 年生林分，郁闭度 0.5～0.8，平均胸径 8～14cm，平均树高 10～13m，每公顷蓄积量 86～203m^3，灌木层植物种类主要有：三叉苦、鸭脚木等。草本层植物种类主要有：乌毛蕨等。反映林地较潮润，杉木生长一般尚属中等。

（8）莠竹杉木林　分布于桂南、桂东南、桂西南地区，海拔 200～500m 的高丘山洼中下部，或丘背风沟谷源头和沟谷附近坡脚局部地段，地位级Ⅳ级（地位指数 12～16m）20～25 年生林分，郁闭度 0.5～0.8，平均胸径 10～18cm，平均树高 11～15m，每公顷蓄积量 129～220m^3。灌木层植物种类主要有：鸭脚木、黄毛榕等。草本层植物种类主要有：蔓生莠竹、乌毛蕨等。林地比较湿润，杉木生长较好。

（9）桃金娘野牡丹马尾松杉木林　多是在杉木出现各种原因不能成林成材而混种马尾松后形成的。因此，杉木生长差，产量低，最高每公顷蓄积量约 60m^3，混交的马尾松生长优于杉木，产量也高于杉木，一般每公顷蓄积量可达 70～150m^3。本群落的灌木层覆盖度 0.3～0.4，高 1m 左右，主要种类有桃金娘、野牡丹等；草本层覆盖度 0.6～0.7，高 0.4～1m，主要种类有铁芒萁、五节芒等。

生长发育及演替规律　杉木生长快，成材早，树干通直高大、圆满，单位面积产量高。如融水四荣乡 60 年生杉木林，平均树高 24.6m，平均胸径 28.6cm，每公顷蓄积量 840m^3；南丹县山口林场 22 年生杉木林，平均树高 20.7m，胸径 22.5cm，每公顷蓄积量 560.6m^3。

在广西，杉木年生长规律与气候因子关系密切，不同地点有不同的表现。一般是每年 3 月抽枝发叶，开始生长，至 11 月底结束。树高生长多有两次高峰期，第 1 次高峰在 5～6 月，第 2 次在 9 月前后。胸径生长比高生长开始较早 10 天左右，结束较迟一周左右，也有两次高峰，第 1 次在 5 月前后，第 2 次在 9～10 月，侧枝生长较主梢开始较早，结束也较早，但二者常有交替现象。

孤立杉木一般在 4～7 年生开花结实，杉木则迟到 7～10 年以后才开花结实，20～35 年生结实量最大，种子质量最好。在分布边缘地区或中心分布区的干旱瘠薄的地方，杉木早熟早衰，3～5 年就开花结实。杉木每年 2 月下旬～3 月初开花，10 月底～11 月上旬球果成熟。

从广西各地杉木树干解析的综合分析，杉木造林后 2～3 年，为根系生长旺盛时期，根系的横幅可达全株高生长最大的 1/2，但细根主要密集在表土层 30cm 以内。此时期树高与径粗生长比较缓慢，年平均树高生长仅30～40cm。4～6年生后高生长进入速生期，其连年生长最大值多在6～10年生。连年生长量和平均生长量相交期：桂北、桂东北南岭山地和桂西北山地在14～16年，其余各地在7～11年。连年生长量多在0.6～1.0m，最大值在1.24～1.52m。平均生长量最大值多在10～14年出现。

胸径生长一般在造林后3～5年进入速生期，连年生长量一般在1cm以上，连年生长量多在6～10年生达最高峰，连年与平均生长量多在10～14年相交。桂北南岭山地的杉木胸径速生期持续时间比桂东南、桂西南丘陵区长，一般在14年后才明显下降；连年与平均生长量相交也比桂东南、桂西南丘陵区迟2～3年。胸径连年生长量最大值为1.5～1.9cm。平均生长量最大值多在10～13年出现。因此，桂北中心产区可生产大径材，而桂南地区只能生产中、小径材。

材积生长在造林后第7～9年（8～10年生）进入速生期，连年生长量多在0.01～0.02m^3，并持续至20～30年，而以14～20年生为最高峰。连年生长最大值多在0.02～0.03m^3，连年与平均生长量相交期，除桂东及桂东南在16～20年生外，其余地区均在20年以后。

由于20～30年后，杉木高径生长均显著缓慢，故历史上群众多以20～30年生为轮伐期。但在适生地区，30年后材积生长量仍保持一定的速度，直到65年前后，才急剧下降，转入衰老阶段。桂北资源、融水等地60～65年生的杉木，定期（5年）材积生长量还可达0.2m^3，[12]培育大径级杉材时，杉木轮伐期可延长至60年左右。

杉木幼苗期需一定庇荫，幼树阶段可耐一定庇荫，随着树龄的增长，其对光的要求渐强，过度郁闭反而生长发育不良，不能形成正常林木。因此，在杉木的生长过程中，经常注意调节群落的透光度是十分重要的。幼树阶段（2～11年生），每公顷2 500～3 500株，郁闭度在0.8以上，由于弱光有利于顶芽生长，对形成通直干形和促使天然整枝有利；11年生以后，继续过度郁闭，则将导致林木分化的加剧和自然稀疏，此时的郁闭度以保持0.6～0.7为宜。在此前后，其他乔灌木树种也就乘机侵入了。如无人为干扰，以常绿槠栲类为主的乔灌树种，就将终致代替杉木而形成新的植物群落。因此，在自然状况下，很少有杉木与其他树种组成的稳定的混交林，只有当杉木林遭受滥伐、火灾或外力干预或杉木林的边缘、局部地块才形成与其他树种的混交林，而即使是这样的混交林也是极不稳定的。

杉木天然更新的能力很弱，天然下种不但不能形成杉木纯林，甚至在混交林中杉木也不能立足。据调查一片栲类与马尾松、杉木分布交错的混交林更新迹地，在350m^2样地，有栲类幼苗3 747株，占67%，其他阔叶树苗1 325株，占23.7%（以上二者合计共占90.7%），马尾松苗400株，占7.1%，杉木幼苗仅有125株，占2.2%，另调查一片与毛竹混生的林分，杉木更新幼苗仅166株，也只占样地内更新幼苗的5.1%；是与马尾松混生的林分中，马尾松更新幼苗多达4万株，杉木仅有少数弱苗，难以成林。[13]这种状况并不是因为杉木天然下种不能发芽成苗，而主要是由于杉木幼苗抗逆性能差，在幼苗成长过程中，不能适应林下恶劣环境条件而被大量淘汰所致。

据调查桂北越城岭花坪林区杉木林群落的演替规律时，在林龄 80～100 年、面积为 2 000m²的杉木林样方上，将 47 种各级乔木种按进展种、衰退种、随遇种、偶遇种进行分析，属进展种的 16 种，衰退种的 3 种，随遇种的 18 种，偶遇种 10 种。杉木属衰退种，在 2 000m² 样地中，总计有 116 株，其中Ⅰ级（幼苗）0 株，Ⅱ级（幼树）1 株，Ⅲ级（幼壮或小径木）9 株，Ⅳ级（大树）和Ⅴ级（大树或老树）的共 106 株。即现存的杉木，几乎全是行将衰败的大树和老树，幼树和小苗十分稀少，在进展种的 16 种乔木中，虎皮楠（*Daphniphyllum oldhami*），Ⅰ级木 941 株、频度 73.8%，Ⅱ级木 101 株、频度 35%；蜡瓣花（*Corylopsis sinensis*）Ⅰ级木 120 株、频度 27.5%，Ⅱ级木 13 株、频度 5%；长柄楠（*Machilus longipedicellata*）Ⅰ级木 82 株、频度 20%，Ⅱ级木 9 株、频度 10%；均具优势。在随遇种中，有甜槠、白锥等树种。这些树种都是当地典型的地带性植被常绿阔叶林中主要成员树种。有人认为杉木林是人为的"偏途顶极"（disclimax）。指望在亚热带地区杉木林通过自然下种更新而形成一片新的纯杉木林，可能性是极少的。目前杉木林是处在向亚热带常绿阔叶林发展的一个过渡林；在真正的常绿阔叶林中，杉木没有地位。[14]扩大杉木森林资源，不能指望天然下种更新。而萌芽更新，也只能进行一次，第 2 次的萌芽更新杉木林，经济效益很低。杉木的混交林，亦以片状交错混交为宜。如杉木林在反复破坏的情况下，逆行演替将沦为灌丛或草丛。

杉木良种选育和营造速丰林 杉木良种是实现杉木速生丰产的遗传基础。广西从 1973 年开始有计划、有步骤地开展杉木良种选育工作。在全区各主要杉木产区 52 个县和杉木资源较多的 100 多个林场的 10 多万 hm² 杉木林分中，选出杉木优树 2 381 株。并采取边建立利用种子园，边进行后代遗传测定的办法，先后营建了杉木初级（第 1 代）嫁接种子园 485.6hm²。现在，早期建园的杉木种子园已陆续开始产种供种，每年可生产初级良种 1.3～1.5 万 kg，约占全区营造杉木速生丰产林需种量的 18%。随着种子园嫁接母树林龄增长，产种量可逐年提高，预计至 90 年代中期，将可满足广西营造杉木速生丰产林所需良种。现在各地应用杉木初级嫁接种子园所生产的混系初级良种营造速生丰产林，增产效益显著。据测定，应用杉木种子园所产混系初级良种育苗造林，在发芽率、发芽势方面，比当地生产种分别提高 39.8%、54.5%。在幼林树高生长方面，也比当地生产对照种大 30%～31.9%（最低 4.7%，最高 56.86%）；以全国杉木优良种源之一的融水白云糠杉和四荣油杉为对照比较，杉木种子园混系初级良种也分别比对照大 11.7%和 16.2%，已以此营建一批杉木速丰林。

树木在长期系统发育和人工栽培过程中，受自然条件的影响，形成了具有一定差异的地理种源。通过全国和广西杉木地理种源试验研究证明，杉木是一个存在地理变异的树种，其多数性状与纬度有明显的负相关趋势，呈现以纬度为主的渐变，具有明显的气候生态特征，产地温度和湿度是引起杉木地理变异的主导因子。在此研究基础止，运用主分量（PCA）分析，将广西杉木种源划分成三个杉木地理种群（种源区），即Ⅰ属桂东北杉木种群，Ⅱ属桂北、桂西北杉木种群，Ⅲ属桂东南杉木种群。这三个种群范围与广西杉木产区区划和林业区划中的区基本一致。根据全国和全区两次不同杉木种源造林试验结果，对每个种源的生长量、稳定性、适应性进行全面评定，确定广西融江河流域的融水、三江、融安三县的杉木种源和广西那坡县杉木种源，均属全国杉木优良种源。其材积生长大于当地对照 21%～67.8%。同时确定广西金秀、隆林、贺县的杉木种源，属广西杉木优良种源。可根据各造林区立地条件选择适宜种源造林。现已营建了融江河流域杉木优良种源采种林 4 007hm^2,年可产优良种源种子 3 万 kg 以上。从 1987～1992 年，杉木优良种源采种基地已生产优良种源种子共 18.16 万 kg。应用优良种源种子育苗造林的，其树高生长均比当地生产种大 15%～30%。江西景德镇市德胜林场应用广西融水杉木优良种源种子育苗造林，3 年生幼林的树高、胸径生长，分别比用当地生产种造林的大 28.4%、32%，效果显著。

病虫害及防治方法 广西杉木林的主要害虫有：双条杉天牛（*Semanotus bifasciatus*）、杉梢小卷蛾（*Polychrosis cunninghamiacola*）、白蚁类（*Microtermes* spp.）、小蠹虫（*Ips* spp.）等。但危害均不严重，尚未发现成灾的。

在苗期常受大蟋蟀以及金龟子幼虫危害，有时会造成大量断苗、死苗。

病害在中心产区不严重，但在丘陵区较多，主要种类有：

杉木黄化病，这是一种生理性病害，主要由于土壤养分贫乏，物理性质差所引起。在广西丘陵地区的杉木林分普遍发生。

杉木炭疽病，病原菌是（*Glomerella cingulata*）；无性阶段是（*Colletotrichum gloeosporioides*）。

杉木叶枯病，病原菌是（*Pseudomonas Cuninghamiae*、*Lophodermium uncinaptum*、*Pestaotia* sp.）等。

炭疽病与叶枯病在杉木中心产区以危害 2 年生针叶树为主的落叶菌（*Lophodermium uncitum*）出现的机会为最多，而较严重的炭疽菌（*Colletotrichum* sp.）则较少看到；在丘陵区的杉木林里，则以炭疽菌的出现为最多。

杉木的苗期病害，主要是杉苗猝倒病，在广西到处发生，发病严重的年份和地块，能招致育苗工作的失败，病原菌主要是镰刀菌和丝核菌，有 *Fusarium solani*、*Fusrium oxysporum*、*Rhizoctonis solani* 等种，有时亦会出现非侵染性的猝倒病。

此外，杉木的苗期尚有赤枯病（*Pestalotia shiraiana*）和火烧病（*Helminthosporium* sp.），又叫顶枯病。

对杉木病虫害的防治，应认真贯彻适地适树，加强抚育管理，药剂防治等综合防治措施，尽可能地少用化学农药防治。

杉木速生、高产、优质，具有很高的经济价值。广西是全国杉木中心产区之一，适生地广，产量高，发展杉木商品材有很大的潜力。从 50 年代以来，广西林业部门一直将杉木作为主要造林树种，在全区各地大力推广种植。但 70 年代，一些地方却忽视了杉木的生态特性，没有掌握适地适树原则，不分区域大种杉木；有的虽系适生地区，但过分强调了连片集中，忽视小地形的选择，从山脚直种至山顶；有的则盲目推行所谓“低丘撩壕造林”的

“经验”，以为只要挖大撩壕，就可不论地理位置和其他生态条件，均可获得良好的造林效果，如此等等，均招致了许多不应有的损失。这些都是今后必须认真纠正的。广西真正的杉木适生区，主要仍限于桂北和桂东北中亚热带山地。北纬24°以南的南亚热带至北热带地区，业已超出其适生范围，一般不应将其列为主要造林树种。这些地区更不能划为杉木商品材基地。至于选择局部小地形适生山地营造以生产中小径材为主的民用杉木林，还是有必要的。

其次，即使在桂北和桂东北山地的杉木适生区，也不宜营造大面积连片杉林。此种大面积连片杉林。不但降低了经济效益，也降低了整个森林的生态效益，于生态平衡不利。

杉木纯林经营，就集约程度和经济效益而言是好的；但杉木纯林是不利于恢复与改良土壤和促进生态平衡的；同时也是不利于杉木林的再生产。因此，今后营造杉木林时，可考虑适当选择与其他优良的阔叶树种混交，混交形式可因地制宜采取株间混交、块状（面积较小）或片状（面积较大）的镶嵌交错混交等多种形式，尽量恢复与保持当地地带性植被的特色，使不但在经济方面，亦且在生态方面，均能发挥最大的效益。

参 考 文 献

[1] 陈平，邓双文．巍巍杉木栋梁材．中国林业，1981年第5期

[2] 广西区林业勘测设计院．广西壮族自治区森林资源统计资料（内部资料）．1994

[3]南方十四省（区）杉木栽培协作组．杉木地理分布及主要商品材生产基地规划的建议．林业科学，1981年第2期

[4] 柳州地区贝江林业科学研究所．杉木栽培．广西人民出版社，1974

[5]广西杉木立地类型调查组．广西杉木产区区划及地位指数表的编制和立地类型的划分研究初报（油印本）．1980

[6] 广西壮族自治区气象局．广西气候资料（累年值）．1974

[7] 广西壮族自治区气象局．广西降水资料．1973

[8] 阳含熙．杉木林区的气候．中国林业科学研究技术情报室，1960

[9] 全国杉木栽培科技协作组．杉木林区立地条件类型的划分及其应用．中国林科院林研所，1980

[10] 广西林业勘测设计院调查规划室．广西玉林县林业自然资源调查和林业区划报告专集．1980

[11] 广西杉木立地类型调查组，孔秀荣．杉木生长与立地因子线性关系的研究．广西林学分院，科技资料，1980年第一期

[12] 阳含熙．杉木速生丰产规律与栽培技术的研究．林业科学，1962年第一期

[13] 广西区林业勘测设计队，林业部调查规划局森林综合调查队．广西壮族自治区资源县林型立地条件调查报告之三（各树种林型鉴定）（内部资料），1963

[14] 冯宗炜等．杉木老龄林的群落学特点．中国科学院林业土壤研究所集刊，第四集，1980

2. 马尾松林①

马尾松（*Pinus massoniana*）林是广西主要的人工林类型之一。在我国有悠久的栽培史，远在11世纪的《东坡杂记》里载有“以大铁锤入荒茅地中数寸，置种数粒其中，得春雨自生”，《汝南圃史》也有：“柴松飘子落处，即出松秧”的记载。广西桂北、桂东北和桂东南的群众，早有零星种松和经营松林的历史习惯。但面积不大，20世纪50年代前全区人工营造的马尾松林还不到1 000hm²。

20世纪50年代以后，马尾松人工林发展很快，全区新建了100多个国有林场和数千个集体林场，相当一部分林场以马尾松作为主要造林树种，每年造林几万到10多万hm²。飞机播种造林的发展也很快，自1961～1979年的18年中，广西共飞机播种造林146万多hm²。至1980年，广西马尾松林总面积已达340.383万hm²，占全区森林优势树种总面积的56.2%，蓄积量6 500万m³，占全区森林优势树种总蓄积量的33.69%，成为广西森林面积最大的林种。

分布与生境 马尾松在我国自然分布的范围，北自秦岭、淮河、南达雷州半岛中部，东起舟山群岛及台湾西北部，西至四川中部二郎山大相岭东坡，分布范围从北纬20°56′～33°，东经102°30°～122°30，包括纬度11°和经度22°，大约220多万km²。分布区的年平均气温为14～22℃，年降水量800～2 000mm，≥10℃的积温为4 500～8 000℃。气候跨亚热带至北热带，表现为一种生态幅十分广阔的树种。

马尾松在广西的大部分地区均有分布。在北纬21°54′～26°20′，东经106°～112°05′范围内，水平分布的差异，对马尾松生长的影响不显著。但垂直分布的影响则较显著。高产林分，多分布在海拔400～700m的高丘低山。其生境特点是空气湿润、凉爽，土壤较肥沃，松毛虫不易繁殖。海拔150m以下的低丘台地，马尾松虽普遍有分布，但除个别林分外，生长量多偏低。海拔800m以上的山地，马尾松有零星分布，但除桂西北山原地区及桂北山地外，桂东南及桂中等大部分地区，干形多不直，生长量低。马尾松虽有耐旱耐瘦的特性，但在土壤瘠薄的低丘台地，生长量显著下降。

广西马尾松林，可分为桂北和桂东北、桂东、桂中、桂西南4个生态区。

桂东北和桂北区：包括南岭山地的越城岭、都庞岭、萌渚岭，以及天平山、九万大山、海洋山、驾桥岭、大桂山一带。本区与桂东区同为广西马尾松的主要分布区。本区年平均气温为16～20℃，年降水量1 600～2 000mm，平均相对湿度在80%以上，土壤多由花岗岩、砂岩等发育而成的山地红壤，pH值4.5～6.5。在常绿槠栲类次生林迹地上，马尾松是最初侵入并长成大树的主要树种。故在这一地区，荒山飞播马尾松极易成功。50～60年代初期，成立了多个以马尾松为主要造林树种的国有林场。全区300多万hm²的马尾松人工林，本区约占1/3。60～70年代全区飞播的100多万hm²的马尾松林，本区亦约占1/3。这些松林，已采伐利用，或采割松脂。

① 执笔人：韦元荣

由于这一地区的土质、气候适宜马尾松生长，故林分的生长量相当高。据恭城县河口采育场5个标准地的调查材料，40～60年生马尾松林，平均树高24.3～26m，平均胸径31.8～38cm，每公顷4 250～6 000株，蓄积量466～709m³，林木干形通直圆满，1级木占80%，类似的高产林分在黄冕林场、大桂山林场均屡见不鲜。如越城岭中段的资源县，海拔500～800m，山地红壤，34年生树高22.6m，平均胸径29.9cm，每公顷780株，蓄积量540m³，南部大桂山贺县南乡的一片马尾松林，海拔高500m，土壤为由砂岩发育成的山地红壤，肥力中等，22.5年生树高20.9m，平均胸径22cm，每公顷1 020株，蓄积量384m³，Ⅰ级木占62%～85.59%。

桂东、桂东南区：总面积92万hm²，占广西马尾松林总面积的27%，蓄积量139万多m³，占广西马尾松总蓄积量的32%。该区年均温20～21℃，年降水量1 300～1 600mm，土壤以红壤与赤红壤为主。群众素有经营马尾松作薪柴的习惯，历史上经梧州运销广州、香港、澳门的薪柴，相当部分为马尾松柴。50年代后割松脂业兴起，更促进了该区马尾松林之发展，藤州、岑溪都是全国有名的产脂县，年产量均在1万t以上。该区虽界临马尾松分布南缘，但土质气候仍适于马尾松生长，在海拔150m以上的丘陵、低山、生长相当迅速。岑溪县波塘乡，在海拔145～330m丘陵地，土壤系由砂岩发育而成的赤红壤，pH4.5，土层深达2m，肥力中等，营造了连片马尾松林，25.5年生的马尾松，平均树高17.8m，平均胸径19.1cm，每公顷1 080株，蓄积量276m³，干形通直，Ⅰ级木占52.8%。生产力虽次于上述桂东北区，但仍然是较高的。岑溪波塘、容县浪水，是全国的优良种源区。

位于本区的六万、博白、红卫、钦廉等林场，也都是以马尾松为主要造林树种的林场，各场的马尾松林均在8 000～10 000hm²以上。在海拔400m以上的高丘或低山，其生产力仍相当高，有的每公顷蓄积量竟达572～763m³（博白县三滩）。但在海拔400m以下，特别是沿海台地，则生产力甚低。钦廉林场在沿海海拔35～50m台地营造的马尾松林，12年生平均高只5.5～6.6m，平均胸径8.6～10.7cm，每公顷660～1 365株，蓄积量仅18～20m³。

桂中区：本区系喀斯特区，盆地峰丛鲜有马尾松生长，但其间的一些丘陵、低山的酸性土地方，却仍生长有相当高产的马尾松林，其中较突出的为忻城县古蓬乡的一片马尾松林，位于海拔高138～220m的低丘。赤红壤土，土层厚50～100cm，pH5.5，土壤肥力较高，腐殖质层厚达2cm，但石砾含量亦达25%左右，24年生马尾松平均树高22.8m，胸径20.9cm，每公顷立木990株，蓄积量387m³，虽低于上述桂东北区的越城岭地段，但还高于桂东区的岑溪县波塘。古蓬的高产马尾松林分，称为“古蓬松”，该林分被划作采种基地。

本区的六峰山、铁帽山、板岭等林场均有成片的马尾松林，生产力亦相当可观。

桂西南（东经106°以东）区：本区属北热带，为广西马尾松分布的南缘。但马尾松人工林仍有相当大的面积。如七坡林场，派阳山林场、大青山林场等，连片马尾松林都在1万hm²以上。本区年平均气温21～22℃，年降水量1 300mm上下，每年从9月份以后，至翌年3月为旱季，降雨量不足200mm。左江流域的崇左、扶绥一带，是广西有名的干旱区，蒸发量大于降水量，年平均相对湿度不到70%。

本区的马尾松林，主要是选择海拔400m以上的高丘或低山造林。宁明县派阳山林场，地理位置约为北纬21°54′东经107°10′，林地海拔高460m，土壤为砂页岩风化的赤红壤，pH4.0～4.5，土层厚在1m以上，其中A层厚15～20cm，黑褐色团粒结构。22.5年生马尾松平均树高22.4～23.8m，平均胸径26.7～30.6cm，每公顷690～930株，蓄积量高达537～706m³，为广西全区马尾松林分单位蓄积之冠。邻近的桐棉乡在海拔480～650m类似立地条件下营造的马尾松林，也获得了近似的效果26.5年生树平均高23.1m，平均胸径27.5cm，每公顷480～735株，蓄积量达427m³，桐棉松被评为全国优良种源。

群落学特性 马尾松林多为纯林，群落的组成和结构均比较单纯，但混交林群落的组成和结构则较复杂。广西常见的马尾松混交林有马尾松、杉木、马尾松、荷木、马尾松、火力楠，以及鸭脚木、山乌桕、野漆、枫香、酸枣、栲类（*Castanopsis* spp.）和栎类（*Quercus* spp.）等混交。马尾松纯林，林层单一，若与其他树种混交，马尾松林层处于第1层。广西柳州沙塘林场人工营造的马尾松、刺栲（红锥）；马尾松、椆木（*Lithocarpus glabra*）；马尾松、大叶栎；马尾松、樟树；马尾松、麻栎；马尾松、台湾相思（*Acacia richii*），在这些混交林中，还可见到枫香、栲类、栎类、厚壳桂等乔木树种。常见的亚乔木、灌木有鸭脚木、山乌桕、野漆、檵木、桃金娘、三叉苦、毛桐（*Mallotus barbatus*）、余甘子等。常见的草本有铁芒萁、五节芒、鹧鸪草、扇叶铁线蕨、白茅等。这些不同种类，在不同地带、不同生境下，组成不同的群落。主要有如下类型：

(1) 檵木马尾松林 分布于中亚热带的桂北海拔高540～610m的山地。群落的结构、层次均较为简单，乔木层通常只一层，成熟林树高可达30m，树干通直圆满，枝下高达树高1/2左右，郁闭度0.6～0.7，灌木层以檵木、映山红为主，覆盖度0.6，高1.5～1.8m，草本层主要有铁芒萁等，覆盖度0.2～0.3，高度0.4～0.8m。

(2) 桃金娘马尾松林 广泛分布于南亚热带和北热带的丘陵地，土壤多为赤红壤。多为纯林，或有少量的枫香、栎类等乔木树种入侵，与马尾松组成上层林木，林相整齐，郁闭度0.6～0.7，20～23年生，树高20～23m，胸径20～25cm，70%以上为1级木，每公顷蓄积量达300多m³，但在稀疏林内，郁闭度为0.3～0.47，由于树龄不齐，结构层次杂乱，蓄积量亦低（每公顷10～100m）；灌木层不发达，常见有桃金娘、黑面神（*Breyhia fruticosa*）、余甘子等。分布不均匀，覆盖度0.1～0.5，高度1m左右。草本层种类以铁芒萁为主，覆盖度0.1～0.5，高度20～30cm。

(3) 毛桐马尾松林 分布于北热带的大青山，海拔500m以下山坡的下部，上层为马尾松林，树冠整齐，郁闭度0.5～0.7，20年生平均树高14.4m，平均胸径17.6cm，每公顷蓄积量237～285m³。灌木层以毛桐为最多，其次是盐肤木、野漆树、余甘子等。高度均在1.5m以下，冠幅小，草本层也不发达，覆盖度0.3左右，以铁芒萁、五节芒为主，藤本植物有络石（*Trachelospermum jasminoides*）、鸡屎藤（*Paederia scandens*）、玉叶金花（*Mussaenda pubescens*）和酸藤子（*Embelia laeta*）等。

(4) 岗松马尾松林 分布于桂东南、桂西南北热带，如东部的博白县三滩地区，海拔高 150～450m，母岩为页岩、砂岩、板岩，土壤为赤红壤，pH 值 5.6，群落结构简单，上层林木为马尾松，35 年生平均树高 35m，平均胸径 40cm，灌木层以岗松为主，次为桃金娘、盐肤木、算盘子（*Glochidion puberum*）、野牡丹等。覆盖度 0.2 左右。草本地被物种类甚多，也较发达，以鹧鸪草、铁芒萁占优势，还有四脉金茅（*Eulalia quadrinervis*）、扭黄茅、一包针（*Rhynchospora rubra*）等，高度 45cm，覆盖度 0.65～0.80。

（5）**白茅**（铁芒萁）**桃金娘**（檵木）**马尾松林**　为飞机播种的马尾松林。广西飞机播种造林始于 1961 年，飞播所形成的群落，通常在播种后 3 年内草丛居上层，马尾松在杂草蔽荫条件下生长，4 年后苗木生长出草面，逐渐形成马尾松幼林，飞播成效较好的地段，以后即形成马尾松单层纯林。如大桂山林场东叶分场，原植被为铁芒萁、五节芒、白茅等，飞播林龄 15 年，郁闭度达 0.7 以上，杂草逐渐死亡，成为单一的马尾松林。平均树高 14.5m，平均胸径 23.8cm，每公顷有林木 3 330 株，每公顷蓄积量 196m^3。在飞播成苗不均或较差的地段，马尾松虽为建群种，但郁闭度低，灌木层为桃金娘、檵木等，草本层有铁芒萁、白茅等，生长均很旺盛，高度分别为 1～1.5m 及 0.3～0.4m，覆盖度均在 0.7 以上。

（6）**椆木栲树马尾松林**　即松、椆与松、栲混交林，分布于桂中、桂东一带，以柳州沙塘林场标准地为例。该地海拔高度 130m，坡度 10°。土壤为砂页岩发育而成的红壤，土层深厚，pH4.6～5.5。马尾松系 1934 年造林，1949、1953 两年于林内分片补种椆木和栲树。乔木层分为 2 亚层，马尾松居第 1 亚层，高 27.5～29.4m；椆木、栲树居第 2 亚层。松、椆混交林，47 年生马尾松树高 29.0m，平均胸径 29.4cm，每公顷 480 株，蓄积量 420m^3，32 年生椆木树高 12.3m，胸径 12.3cm，每公顷 740 株，蓄积量 38.1m^3，两者蓄积量合计为 458m^3；松、栲混交林，47 年生马尾松平均树高 27.6m，平均胸径 27.7cm，每公顷 480 株，蓄积量 338m^3，26 年生的栲树高 14.5m，胸径 13.5cm，每公顷 330 株，蓄积量 39.45m^3，两者蓄积量合计 378m^3。

生长发育及演替规律　不同生境条件下的马尾松，生长发育略有差异。

桂北与桂东北山地马尾松林的高生长旺盛期在 5 年以后，其最高峰出现在 10～30 年。这个时期的树高连年生长量一般 32～68cm，35 年生以内，连年生长在 30cm 以上；胸径生长，从 5 年起急剧上升，5～10 年生为生长高峰，速生期持续至 30 年，在 5～30 年生这段时期的胸径连年生长量为 0.4～1.4cm，以后缓慢下降，生长进程如表 9-5。

表 9-5　资源马尾松 35 年生生长进程

树　龄	5	10	15	20	25	30	35
D（1.3m）	4.3	11.3	14.7	18.6	20.6	24.1	25.7
H（m）	6.0	8.4	11.6	13.6	15.2	19.6	21.1
V（m^3）	0.005 15	0.047 56	0.112 40	0.216 38	0.277 9	0.489 03	0.615 11

桂中丘陵马尾松林高生长旺盛期在 3 年生后，高峰出现于 4～20 年间，这个时期树高

连年生长量为0.45～1.35m，胸径生长，从第4年起，急剧速生上升，5～20年生为高峰期，这段时期胸径的连年生长量为0.63～1.18cm，20年生以后，缓慢下降。生长进程如表9-6。

表9-6 玉林马尾松28年生生长进程

树 龄	2	4	6	8	10	12	14
D (1.3m)		3.55	5.65	7.9	10.25	12.15	14.2
H (m)		2.8	5.4	7.5	10.2	11.6	12.6
V (m^3)		0.002 67	0.008 45	0.020 66	0.043 15	0.078 54	0.102 32
树 龄	16	18	20	22	24	26	28
D (1.3m)	16.05	17.9	19.15	20.55	21.55	23.25	24.85
H (m)	13.6	14.5	15.6	16.1	16.6	17.3	18.0
V (m^3)	0.137 88	0.179 58	0.217 27	0.255 39	0.280 26	0.338 19	0.392 58

从以上生长发育情况，可以看出桂北、桂东北马尾松高径生长的旺盛时期，为5～30年，30年后生长渐慢，桂南丘陵地区的生长发育略早，28年生的材积增长仍较高，因此广西的马尾松，以30年左右为数量成熟期较为合适，能取得最高的经济效益。

森林火灾、虫害和采伐过度是直接导致马尾松林演替发生的主要原因。在广西的采伐木材中，马尾松商品材到材量占木材商品到材总数的47%，加以群众自用材、薪柴，总采伐量约占广西用材树种的60%以上。有的地区，还因松毛虫、火灾、雪压、风折等灾害造成松林死亡，也扩大了采伐量。近年来，还有因采脂过早而导致形成马尾松疏林的。这些均威胁了后备松林资源的补充，破坏严重的地区，已由松乔林逆演替为桃金娘、铁芒萁等灌丛，甚至沦为草坡。

马尾松天然下种更新的能力很强，除桂西干旱地区以外，其余桂南、桂北等春雨条件较好的地区，都能形成良好的马尾松天然次生纯林或与阔叶树的混交林。此等纯林与阔叶树混交林，如系在土壤肥沃的山谷地，郁闭成林后，则往往以马尾松不耐庇荫而逐步演替为常绿阔叶林。但在生境条件较差的低丘台地，常绿阔叶树生长不良，则马尾松林的群落反而相当稳定。

马尾松林的演替图式如下：

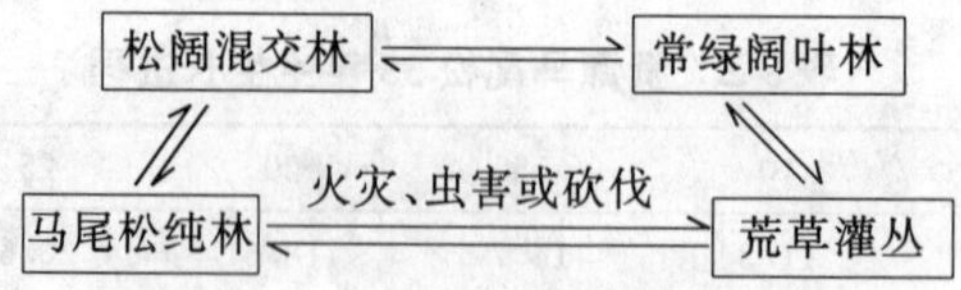

病虫害及防治方法 食叶害虫有马尾松毛虫（*Dendrolimus punctatus*）、思茅松毛虫（*D. kikuchii*）、松茸毒蛾（*Dasychira axutha*）、松尺蠖（*Ectropis bistortata*）、松夜蛾（*Hyssia adusta*）、条毒蛾（*Lymantria dissoluta*）、浙江黑松叶蜂（*Nesodiprion zhejiangensis*）、广西新松叶蜂（*Neodiprion guangxinicus*）、六万松叶蜂（*Diprion liuwanensis*）、黄缘扁叶蜂

(*Acantholyda flavomarginata*)、松大毛虫 (*Lebeda nobilis*)、松针毒蛾 (*Lymantria monacha*)、蓑蛾 (*Mahasena* sp.) 等，以前3种危害严重，其余偶有发生成灾。

蛀干害虫主要有松墨天牛 (*Monochamus alternatus*)、日本吉丁虫 (*Chalcophora japonica*)、松白星象 (*Shirahoshizo patruelis*)、松纵坑切梢小蠹 (*Blastophagus piniperda*) 等。

松梢球果害虫有松梢斑螟 (*Dioryctria splendidella*)、油松球果斑螟 (*Dioryctria mendacella*)、球果小卷蛾 (*Gravitarmata margarotana*)、松梢小卷蛾 (*Rhyacionia duplana*)、松大蚜 (*Cinara pini*) 等，其中松梢螟广泛危害马尾松幼龄林，其余害虫在广西尚未成灾害性危害。

苗期害虫主要是大蟋蟀 (*Brachytrupes portentosus*)、黑翅土白蚁 (*Odontotermes formosanus*) 和黄翅大白蚁 (*Macrotermes barneyi*) 等。

对虫害防治途径，应采取以营林和生物防治为主。对危害最大的松毛虫、松茸毒蛾等，应多营造针阔混交林，实行封山育林，改善生态环境，保护天敌，使用白僵菌、苏云金杆菌、灭幼脲等防治，少用或不用化学药物。

在苗期，主要有松苗立枯病，病原菌为 *Fusarium solani* 和 *Rhizoctonia solani* 等，危害幼苗严重；松苗叶枯病的病原菌是 *Cercospora pinidensiflorae*，危害松苗针叶，严重时全株枯死。

马尾松苗期病害的防治，主要做好选择圃地，避免连作感病，土壤理化性质良好，避免积水，适时早播，加强抚育管理，即可控制病害的发生。用心土或火烧土垫播种沟和盖种，能收到良好效果。

成林的松树病害最常见的是叶部病害，主要有赤枯病 (*Pestalotia funerea*)、松赤落叶病 (*Hypoderma desmazieri*)、松落叶病 (*Lophodermium pinastri*) 等。这3种病常有树上混合发生，但常以一种居多数。病害多发生在幼龄林分里，严重影响林木生长，在土层瘠薄干旱的地段发病也较严重。

成林病害的防治，主要是及时清除枯立木及病株，保持林木的生长旺盛，可以减免病害。

马尾松是广西分布最广，数量最多的主要用材和产脂树种。由于具有耐干旱，耐瘠薄、繁殖容易，生长快速，经济价值高等特点，长期以来，成为荒山造林的主要先锋树种，桂中、桂东南的广大丘陵荒山以及边远荒山，今后的人工造林，仍应以马尾松为主要树种。采用较高的技术标准，在桂中、桂东南的丘陵地区，建立马尾松的速生商品材基地及产脂基地，对发展广西的国民经济，具有重大的意义。

但是，无限制的扩大马尾松纯林是不适宜的，马尾松纯林过多，不利于生态平衡之恢复和地力之改良，于松林本身，也容易导致松毛虫之猖獗。今后马尾松林提倡与栲、椆、格木、火力楠、楠 (*Phoebe* spp.)、荷等常绿阔叶树的混交林为主，不种或尽量少种马尾松纯林；对现有的疏残马尾松林则提倡封山育林保护林下灌木或在其内补植阔叶树。

此外提高松林的经营管理水平，合理进行抚育间伐，改善松林的群落结构，乃是当前发展松林急需解决的问题。目前人工营造的马尾松林密度偏大，成林郁闭以后，林下灌木、杂草全部枯死，应及时进行间伐，以保护林下灌木和草本植物，有利地力之恢复和维护生态平衡。

3. 湿地松林（含火炬松、加勒比松）①

湿地松、火炬松、加勒比松人工林，是新选择发展起来的类型。湿地松（*Pinus elliottii*）、火炬松（*Pinus taeda*）均原产美国东南部。1933 年开始引入我国广州和台山。现南方各地相继先后引种。栽培范围最北达北纬 35°50′（山东省平邑县），最南至北纬 13°30′（海南岛陵水县）。广西于 1947 年开始引种湿地松和火炬松，1948 年在桂林、柳州、梧州育苗造林，现保存湿地松母树 317 株，火炬松母树 156 株。50 年代后有较大的发展，1990 年全区已有湿地松林 16.64 万 hm^2，随后发展更快，至 1994 年，湿地松林达到 40 万 hm^2。火炬松林也有较大发展。一般生长良好，在低丘台地，早期比同一立地条件下的马尾松生长快，干形好。1964 年引种原产中美洲的种加勒比松（*Pinus caribaea* var. *caribaea*），1973 年引种洪都拉斯加勒比松（*Pinus caribaea* var. *hondurensis*）和巴哈马加勒比松（*Pinus caribaea* var. *bahamensis*）于北回归线以南地区。加勒比松比湿地松、火炬松生长较快。

分布与生境　湿地松在原产地天然分布的南限是美国佛罗里达州中部（约北纬 28°10′），北限是在美国南卡罗来纳州的佐治顿县（约北纬 33°30′），但人工造林则引种到更北的田纳西州（约北纬 36°）也能正常生长。垂直分布一般在海拔 600m 以下。

分布区气候温和湿润，年平均气温 15.4～21.8℃，极端最高气温 37℃，偶有达到 41℃，极端最低气温为－11.9℃，霜期较短。年平均降水量 1 270～1 460mm。

湿地松对土壤要求不苛，除含碳酸盐的土壤外均能适应，也能生长在海岸边的滩洲上。

火炬松原产美国东南部，从新泽西州向南到佛罗里达州中部，向西到得克萨斯州东部，北沿密西西比河流域向上直到俄克拉荷马州东南部和阿肯色州、田纳西州南部。其分布约为北纬 28°～39°，西经 75°～98°，垂直分布至海拔 666m。

分布区年平均气温为 11.1～20.4℃，极端最低气温为－16.9℃，无霜期 180 天以上，比湿地松耐寒。

加勒比松原分布于加勒比海地区，地理位置为北纬 12°13′～27°25′，西经 70°41′～89°25′，分布区年平均气温 24℃左右，较湿地松、火炬松分布区的热量高。

湿地松与火炬松在广西引种的范围，大致位于北纬 21°40′～25°15′，东经 106°30′～110°30′。垂直分布多在海拔 500m 以下的缓坡丘陵地或高台地，少数种植在海拔 500m 以上的山地，但生长不良。

引种区年平均气温 18～22℃，极端最高气温 37.1～42.5℃，极端最低气温－4.9～－2℃，全年日均温≥10℃的有 260 天以上，≥10℃年积温 5 500～7 500℃。年平均降水量

① 执笔人：黄卓民，王宏志

1 100～2 043mm。

加勒比松主要引种在北回归线以南地区。年平均气温在 21℃以上，≥10℃年积温在 6 500℃以上，年降水量 1 250～1 750mm。

引种区的土壤，桂北以红壤为主，桂南则以赤红壤为主，肥力均不高。

柳州沙塘是广西于 1947 年第一批引种湿地松、火炬松的种植点之一，位于桂中北部南亚热带北缘，地理位置是北纬 24°28′。海拔高 130m 左右。土壤系砂页岩上发育的赤红壤，其主要物理化学性状如表 9-7。

表 9-7 土壤剖面主要理化性状

层次 (cm)	颜色	质地	结构	含水量 (%)	容量 (g/cm³)	有机质 (%)	硝态氮 (mg/kg)	速效钾 (mg/kg)	pH 值
0～2	灰色	半分解落叶层	松散	16.2					
2～35	灰色	中壤	小块状	24.42	1.18	1.665	2	<10	5.5
35～79	棕黄	重壤	块状	22.7	1.36	0.825	<1	<10	4.6
79～150	灰棕	粉沙粘壤	块状	15.74	1.61	0.291	<1	<10	5.1
150～200	灰黄	页岩							

分析结果表明，土壤肥力是很低的。

其他引种区的土壤的肥力大致与此相似，且大部分地区的土壤肥力比沙塘更低，只有局部地区的肥力稍高。3 种松树对这样的土壤条件，一般均能适应，其中以加勒比松耐贫瘠土壤的能力最强，湿地松、火炬松生长在过于贫瘠的土壤上，5 年生以后即表现生长缓慢，甚至出现衰退，只有加勒比松能正常生长，但加勒比松耐寒力较差，只宜于北回归线以南发展。

从柳州引种点对湿地松、火炬松的生长测定材料来看，在贫瘠的低丘上，二者的生长量较马尾松为快（表 9-8）。但在海拔 250～600m 水肥条件稍好的地带，生长量又较马尾松稍慢 20%左右。说明这两个树种的引种，能保持其原有的生态特性。在广西低丘台地，很有发展前景，成为近年造林灭荒的主要树种，其中湿地松的发展最快，进入 80 年代中期以后，每年以 4 万～6 万 hm² 的速度递增，已成为低丘的主要植被。

表 9-8 湿地松、火炬松、马尾松生长测定比较

地点	土类	树种	树龄 (年)	树高 (m)		胸径 (cm)		材积 (m³)		
				总生长	平均	总生长	平均	总生长	平均	比值 (%)
柳州沙塘	砖红壤	湿地松	16	10.88	0.68	16.19	1.01	0.109 4	0.006 8	168.8
	化红壤	火炬松	16	10.13	0.68	15.13	0.95	0.078 9	0.004 9	121.8
	化红壤	马尾松	16	11.35	0.71	12.16	0.76	0.064 8	0.004 1	100.00

群落学特性 湿地松、火炬松、加勒比松人工林主要有4个不同的群落类型：

（1）映山红湿地松林 主要分布于桂北中亚热带范围内的桂林雁山、临桂凤凰林场及平乐县广运林场的一些丘陵地，多见于东南坡，土层薄、肥力低但土壤的透水、通气性良好。湿地松生长中等，16年生平均树高9.19m，平均胸径14.7cm，乔木层中除湿地松占优势外，常混生有少量马尾松，偶尔也有少许枫香或荷木。郁闭度0.5～0.7。灌木层以喜光灌木为主，如映山红、檵木、乌饭树等。覆盖度0.3～0.4。草本层种类较多，以铁芒萁占优势。其他常见的还有纤毛鸭嘴草、野古草等。藤本植物常见的有菝葜、海金沙等。

（2）桃金娘湿地松（或火炬松）**林** 主要分布在桂中南亚热带丘陵和桂南北热带低丘。土质为赤红壤，地位级较低。乔木层除湿地松（或火炬松）外，偶有马尾松或枫香等树种混生，郁闭度0.5～0.8。16年生湿地松平均树高10.88m，平均胸径16.19cm；火炬松平均树高10.13m，平均胸径15.13cm。灌木层以桃金娘为主，覆盖度约0.3左右，高度在1.50m以下。水湿条件较好的地方有较多的野牡丹。草本层种类较多，以铁芒萁占优势。覆盖度0.3～0.4。

（3）余甘子湿地松火炬松林 主要分布桂西南右江河谷一带。气候干热，年平均气温22.1℃，极端最高气温40℃，高温时间持续5～8个月。年降水量1 200mm左右，蒸发量2 000mm以上，远超过降水量。降水量集中在5～9月，冬春两季长期干旱。土壤为赤红壤，干燥而贫瘠。林分的乔木层纯为湿地松或火炬松，郁闭度一般为0.4～0.6，生长尚好，8年生湿地松平均树高4.25m，平均胸径8.64cm；6年生火炬松平均树高2.71m，平均胸径3.6cm。树干通直，自然整枝良好，长势旺盛。灌木层以余甘子占优势，次为鼠李（*Rnamnus* spp.）。覆盖度除个别缺株较多的林地外，都在0.3以上，一般高度在1.50m以下，长势弱。草本层以扭黄茅为优势种，龙须草等次之。覆盖度0.3～0.4，一般高度在1.0m以下。藤本植物少见。

（4）岗松桃金娘湿地松（或加勒比松）**林** 主要分布于桂东南北热带低丘的赤红壤，局部分布至砖红壤，肥力较低。本区全年日照长达1 800～2 000小时，有利于湿地松、加勒比松生长，5年生的湿地松平均树高5.75m，平均胸径8.64cm；6年生的加勒比松平均树高4.35m，平均胸径11.03cm。随着年龄的增长，加勒比松的生长量，逐步超出湿地松。这2种松树不仅生长迅速，而且林相整齐，树干圆满通直，长势旺盛。乔木层多纯林或者湿地松与火炬松呈不规则的块状混交。灌木层不发达，覆盖度在0.15以下，以岗松为主，还有桃金娘、野漆树（*Toxicodendron succedaneum*）、山芝麻（*Helicteres angustifolia*）等，一般不超过1.50m。草本层亦不发达，覆盖度0.25以下，以鹧鸪草、铁芒萁占优势种，呈小片状分布，在林窗下生长较好。

生长发育与演替规律 湿地松、火炬松、加勒比松均属于速生树种。前2种在桂中、桂南的丘陵地，30年生的树高可达17～24m，胸径达25～33cm，树干通直，干形饱满。

根据柳州沙塘湿地松、火炬松人工林平均木测定生长量如下：

湿地松高生长速生期始于造林后第5年，高峰出现在10～15年，这个时期的连年高生长量为 1.03～1.08m，15～25 年时生长量仍很旺盛，年生长量 0.43～1.0m，以后则减缓。火炬松高生长于 4 年生时进入速生期，8～13 年生时达高峰，25 年生后开始下降（表 9-9）。

表 9-9　湿地松、火炬松树高生长过程

龄阶	总生长量（m）		定期生长量（m）		连年生长量（m）		平均生长量（m）	
	湿地松	火炬松	湿地松	火炬松	湿地松	火炬松	湿地松	火炬松
5	2.45	3.65	2.45	3.65			0.49	0.73
					1.03	1.00		
10	7.60	8.65	5.15	5.00			0.76	0.87
					1.08	0.87		
15	13.00	13.00	5.40	4.35			0.87	0.87
					0.80	0.63		
20	17.00	16.15	4.00	3.15			0.85	0.81
					0.43	0.45		
25	19.15	18.40	2.15	2.25			0.77	0.74
					0.27	0.33		
29	20.23	19.73	1.08	1.33			0.70	0.68

湿地松的胸径生长，从 5 年生进入速生期，7 年生起急剧上升，至 12 年生达到高峰。这期间胸径的连年生长量为 1.0～1.55cm。一直到 25 年生时，生长势仍很旺盛，此后即开始下降并趋于平缓。火炬松胸径的生长于 4 年生开始速生，10 年生达高峰，25 年生后减缓（表 9-10）。

表 9-10　湿地松、火炬松胸径生长过程

龄阶	总生长量（cm）		定期生长量（cm）		连年生长量（cm）		平均生长量（cm）	
	湿地松	火炬松	湿地松	火炬松	湿地松	火炬松	湿地松	火炬松
5	2.25	4.35	2.25	4.35			0.45	0.87
					1.55	1.83		
10	10.00	13.50	7.75	9.15			1.00	1.35
					1.13	0.58		
15	15.65	16.40	5.65	2.90			1.04	1.09
					0.85	0.64		
20	19.90	19.60	4.25	3.20			1.00	0.98
					0.76	0.49		
25	23.70	22.05	3.80	2.45			0.95	0.88
					0.48	0.51		
29	25.63	24.10	1.93	2.05			0.88	0.83

湿地松材积生长量在 5 年生以后，大都迅速上升，连年生长量为前 5 年的 13 倍以上，高峰期多数在 15～25 年。这期间的连年生长量达到 0.018 3～0.034 0m^3；火炬松材积生长量的速生期较早，4 年生已开始上升，10 年生进入高峰期，持续时间较长，25 年时连年生长量才稍有下降，但 29 年时又继续增加（表 9-11）。

表 9-11 湿地松、火炬松材积生长过程

龄阶	总生长量（m³）		定期生长量（m³）		连年生长量（m³）		平均生长量（m³）	
	湿地松	火炬松	湿地松	火炬松	湿地松	火炬松	湿地松	火炬松
5	0.002 1	0.003 4	0.002 1	0.003 4			0.000 42	0.000 68
					0.005 54	0.010 88		
10	0.029 8	0.057 8	0.027 7	0.054 4			0.002 98	0.005 78
					0.018 32	0.011 84		
15	0.121 4	0.147 0	0.091 6	0.089 2			0.008 09	0.009 80
					0.027 62	0.025 4		
20	0.259 5	0.274 0	0.138 0	0.127 0			0.012 97	0.013 70
					0.034 04	0.015 8		
25	0.491 7	0.352 9	0.160 2	0.078 9			0.016 8	0.014 12
					0.029 97	0.035 6		
29	0.531 6	0.495 4	0.111 9	0.142 5			0.018 33	0.01710

由上表 9-11 可见，火炬松生长高峰期来得较早，湿地松在 12 年生前的生长量稍逊于火炬松，12 年生后则急剧上升，赶上并超过火炬松的总生长量。但二者具有共同的特点是早期生长快，25 年时生长开始缓慢，30 年后生长量下降。加勒比松的速生期较湿地松、火炬松早，5 年生高生长进入速生期，年生长量达 1.1m 以上，4 年生径生长进入速生期，年生长量达 1.54cm 以上，一年四季均有抽梢，树高和胸径生长高峰期，均出现在 10 年生左右，后期生长较湿地松、火炬松快，生长过程见表 9-12。

表 9-12 加勒比松生长过程

年龄	胸径生长（cm）			树高生长（m）			材积生长（m³）		
	总生长	连年生长	平均生长	总生长	连年生长	平均生长	总生长	连年生长	平均生长
3	2.2		0.73	2.9		0.97	0.000 99		0.000 33
		1.40			0.85			0.002 24	
5	5.0		1.00	4.2		0.92	0.005 46		0.001 09
		1.60			1.50			0.023 62	
10	14.2		1.42	11.6		1.16	0.088 83		0.008 88
		1.22			0.72			0.033 11	
15	20.3		1.35	15.2		1.01	0.254 40		0.016 96
		1.17			0.33			0.039 70	
18	23.8		1.32	16.2		0.90	0.373 50		0.020 75

注：合浦县林业科学研究所

病虫害及其防治方法 食叶害虫主要有马尾松毛虫和松茸毒蛾。多发生在海拔 400m 以下低丘陵地带食害马尾松针叶。但大发生时，亦加害湿地松、加勒比松、火炬松，以湿地松受害较重，火炬松受害轻。此外还有松梢螟、云杉球果螟（*Dioryctria splendidella*）及球果螟（*Dioryctria mendacella*），蛀害主梢及球果，一般被害率 30%～40%左右。

病害以松苗立枯病最严重。发病率一般达 20%～50%，严重地区达 60%～90%。此外，松针褐斑病（*Lecanocticta acicola*）危害针叶，引起针叶干枯脱落，严重者整株枯死。松梢枯病（*Diplodia pinea*）危害也比较严重。

病虫害防治可参考对马尾松林病虫害的防治措施。

湿地松、火炬松具有速生、耐旱、耐贫瘠的造林学特性，干形好，材质优，富含松脂，为用材兼产脂的优良树种。是广大低丘陵地带和重要造林树种。湿地松抗风力强，能在沿海沙滩生长，又可选用作海岸防护林树种。加勒比松生长水平，超过湿地松和火炬松，但对热量的要求高，耐寒力较差，在北回归线以南的低丘地区，可作为造林更新的重点树种。

4. 柳杉林①

柳杉（*Cryptomeria fortunei*）是我国中亚热带针叶林中的一个建群种。它高大耸直，生长快，寿命长，病虫害少，抗风，抗雪压，抗污染，林分产量高。目前，柳杉天然群落已极为罕见，仅在江西武夷山和浙江天目山海拔 1 300～2 000m 地段尚有小片残存。人工栽培的历史悠久，现江西庐山黄龙寺尚有 500 多年生的柳杉古树，生长旺盛。柳杉树姿雄伟，常年翠绿，过去多植于庭园，1934 年广西农事试验场在柳州沙塘林场进行小面积造林，1957 年广西林业科学研究所和各地区林业试验站分别试种，1963 年再次多点引种到低海拔地带，直至 1973 年，玉林地区为了解决桂东南高海拔季风干扰地段的造林树种问题，自湖南南岳、衡山，江西庐山和浙江天目山等地调进一批种子和苗木，在六万、大容山、高山、天堂山、平天山等国营林场从试种发展到连片大面积人工造林，获得成功。到 1993 年止，玉林地区已人工营造柳杉林 2 340hm^2；桂林龙胜从 1987 年起，在黄沙岗、上西江坪、南山、甘甲、洋湾、上鸡爪和新六、柳田等海拔 800～1 700m 的地段，营造柳杉人工林 571hm^2，也获得成功。与此同时，桂林地区和梧州地区的部分县，也进行人工造林。柳杉已逐步发展成为广西较高海拔山地重要的人工林类型。

分布与生境 柳杉在我国广布于长江以南各地，其中以苏、浙、闽、赣、湘、黔海拔 600～1 800m 的山地分布较多。在我国大陆，东起浙江象山，西至云南昆明，南达广西博白，北到山东烟台，即东经 102°41′～121°57′，北纬 22°14′～37°38′的范围内，都有成片的柳杉人工林，如以庐山—天目山一线（北纬 27°29′）作为原中心栽培区，近 30 年来，向北伸延了 7°08′，向南伸延了 7°24′，向东伸延了 2°09′，向西伸延了 13°18′。湿度对柳杉的影响较大，在分布区内，除受经、纬度控制外，更明显受到海拔高度和离海岸线距离的影响，很难形成明显的经向或纬向的单向渐变群（Cline）。

综观各种地理变量和气候因素对柳杉林的影响，我国柳杉林生长的好坏，基本是从西南（贵阳、安顺）向东部（浙江）倾斜，在这条倾斜带上，离海岸线越近，海拔较高，越能为柳杉提供适宜的生长条件，即年平均气温在 12～18℃，≥10℃年积温 3 500～6 000℃，年降水量在 1 500mm 以上，年蒸发量小于降水量，夏无酷暑，冬稍有严寒，空气湿度大，土层深厚肥沃湿润的山地红壤、黄壤、棕壤，都是柳杉的适生地带。

广西的柳杉林没有自然分布的林分。人工林主要分布在桂东南（南亚热带）和桂北（中亚热带）海拔 500～1 700m 的山地。较集中在容县、北流、玉林、龙胜、资源等 5 县市。桂林、柳州、南宁、梧州、百色、河池、都安、钟山、贺县、贵港、桂平、博白等地亦有

① 执笔人：潘康启

分布，分布的地理位置是北纬 22°20′～26°23′，东经 110°20′～110°10′，年降水量 1 500mm 以上，年相对湿度大于 80%。母岩多为花岗岩、片麻岩、砂页岩等，土壤为山地红壤、黄壤或黄棕壤。在这样生境下生长的柳杉林，20 年生的林分每公顷 142m³ 以上。约有 12%的林分，每公顷年平均生长量超过 12m³。个别高产林分，每公顷年平均生长量达 15m³。

垂直分布因地理位置不同，差异较大，适生地段为海拔 500～2 000m，广西的大部地区为海拔 500～1 100m，北部山地分布至海拔 1 700m。各地柳杉生长情况见表 9-13。

群落学特性 广西柳杉人工林的群落结构比较简单，林下灌木、草本种类也不多。但在不同海拔，由于生境差异较大，其群落类型出现明显的垂直地带性。在丘陵地，主要有柳杉、荩草（*Arthraxon hispiodus*），柳杉、桃金娘；山地主要有柳杉、罗伞树（*Ardisia quinquegona*），柳杉、对叶藓（*Distichium capillaceum*）；峰顶部位主要有柳杉、五节芒、柳杉、沿阶草。

（1）荩草柳杉林 分布在海拔 100～500m 的丘陵，地形多为谷地或东北坡向的山坡中下部，土壤为赤红壤、红壤，土层厚 50～100cm，表土层 5～10cm，土质略湿润，日照不甚强烈，立地地位级Ⅱ～Ⅲ级。原下层植被由荩草、乌毛蕨、铁芒萁等组成。柳杉生长缓慢，立木尖削，22 年生的林分，郁闭度 0.70 左右，平均树高 6～7m，平均胸径 8～10cm。草本层覆盖度 0.07～0.15，零星分布有荩草、乌毛蕨，并出现凤尾蕨（*Pteris nervosa*）。

（2）桃金娘柳杉林 分布在海拔 100～500m 的丘陵，土壤为赤红壤、红壤，土层厚 30～50cm，表土层 5cm 以下或无表土层，土质粘重，透气性差，较贫瘠，日照强，地位级Ⅳ～Ⅴ级。原下层植被由桃金娘、铁芒萁等组成。柳杉生长不良，20 年生的林分，郁闭度 0.40～0. 50，平均树高 4～5m，平均胸径 6～8cm，林木 13～15 年生时开始出现自然干枯死亡，林分迅速残败。林下灌木草本层，主要分布有桃金娘、铁芒萁，亦有狗脊入侵。

（3）罗伞树柳杉林 分布在海拔 400～800m 山地，土壤为花岗岩、片麻岩发育的山地红壤、黄壤。土层厚 100cm 以上，表土厚 5～10cm，土质较疏松湿润，地位级Ⅲ～Ⅳ级，柳杉生长良好，22 年生的林分，郁闭度 0.80～0.85，平均树高 9～11m，平均胸径 10～13cm，每公顷立木蓄积 180～220m³。灌木草本层植物不多，零星分布有罗伞树、三叉苦、大叶白纸扇（*Mussaenda esquirolii*）、铁线蕨、淡竹叶等偏耐阴湿的种类，间有极少数苔藓（*Bryophyta*）。

（4）对叶藓柳杉林 分布在海拔 500～1 000m 的山地，土壤为花岗岩、片麻岩、砂页岩发育的山地红壤、黄壤、黄棕壤，土层厚 100～150cm，表土厚 10cm 以上，原植被多为亚热带常绿阔叶树或杂灌、矮竹。土质疏松湿润肥沃，透气性良好，地位级Ⅰ～Ⅲ。林中雾多，日照短，空气清凉潮湿，生境优越，柳杉生长快速旺盛，20 年生的林分，郁闭度 0.95～1.00，平均树高 1 215m，平均胸径 16～20cm，每公顷立木蓄积 225～300m³ 以上。林下灌木草本极少，仅有零星铁线蕨和西南凤尾蕨（*Pteris wallichiana*）。苔藓覆盖度 0.35～0.40，种类繁多，主要有对叶藓、羽叶鞭苔（*Bazzania albicans*）、绿片苔（*Aneura pinguis*）、山毛藓（*Oreas martiana*）、卷叶湿地藓（*Hyophila involuta*）、地钱（*Marchantia

表 9-13 广西不同地点和不同海拔高柳杉生长状况

区域	地点	经度	纬度	海拔(m)	母岩	土壤名称	林龄	林分平均生长量 树高(m)	林分平均生长量 胸径(cm)	林分平均生长量 单株材积(m^3)	林分平均生长量 每公顷蓄积(m^3)	年平均生长量 树高(m)	年平均生长量 胸径(cm)	年平均生长量 单株材积(m^3)	年平均生长量 每公顷蓄积(m^3)
桂南、桂东南	广西林业科学研究院	22°51′	108°21′	100	第四纪红土	赤红壤	26	9.58	13.53	0.086 88	155.1	0.37	0.52	0.003 34	5.964 6
	容县龟河	110°25′	22°51′	100	页岩	赤红壤	22	6.00	8.48	0.014 24	42.7	0.26	0.37	0.000 65	1.940 9
	玉林六万	109°51′	22°30′	500	花岗岩	山地红壤	20	11.80	12.55	0.087 50	227.7	0.42	0.63	0.003 37	11.385 0
	容县高山	110°18′	22°54′	700	花岗岩	黄壤	17	9.85	11.90	0.062 60	169.0	0.58	0.70	0.003 68	9.941 2
	北流大容山	110°25′	22°52′	790	花岗岩	黄壤	16	11.40	9.20	0.051 06	168.4	0.71	0.56	0.003 19	10.525 0
	北流大容山	110°8′	22°55′	800	花岗岩	黄壤	16	9.60	11.00	0.049 09	147.4	0.60	0.69	0.003 07	9.212 5
	北流大容山	110°8′	22°55′	1000	花岗岩	黄壤	16	9.20	11.40	0.031 85	111.3	0.58	0.71	0.001 99	6.956 3
	容县天堂山	110°35′	22°30′	1100	片麻岩	黄壤	19	7.10	9.80	0.026 98	133.9	0.37	0.52	0.001 42	7.047 4
桂北	桂林尧山	110°10′	25°15′	120	石灰岩	冲积石灰土	18	5.53	9.54	0.019 77	71.2	0.31	0.53	0.001 10	3.955 6
	龙胜花坪	110°	26°20′	915	砂页岩	黄壤	6	4.80	—	—	—	0.80	—	—	—
	龙胜平等乡	110°	26°25′	1 260	砂页岩	黄棕壤	18	15.0	42.6	—	—	0.83	2.37	—	—
	龙胜伟江新寨	110°	26°21′	1 150	砂页岩	黄棕壤	2	—	—	—	—	0.72	(当年净高)		—
	龙胜上西江坪	110°	26°10′	1 450	砂页岩	黄棕壤	6	2.44	—	—	—	0.41	—	—	—
	龙胜南山牧场	110°	26°5′	1 670	砂页岩	黄棕壤	2	—	—	—	—	0.68	(当年净高)		—

polymorpha）等。

（5）五节芒柳杉林 分布在海拔 800m 以上群峰顶部，风速在 5m/s 以上的强风特多，气温低，日温差变化剧烈，土层 30～50cm，地温低，有机质分解难，生境恶劣，无乔灌木分布，仅有金茅、五节芒能形成群落，人工营造马尾松、杉木都未成功。地位级Ⅳ～Ⅴ级，柳杉生长缓慢，16 年生的林分，平均树高 6～7m，平均胸径 7～9cm，郁闭度 0.60～0.70。林下五节芒、金茅小丛状分布，覆盖度 0.20～0. 30。局部林分，出现对叶藓、绿片苔等苔藓类。

（6）沿阶草柳杉林 分布在海拔 800m 以上群峰沟谷静风区。其立地概况，柳杉林现状与山地对叶藓柳杉林相似，但空气湿度和土壤持水量特别高。16～20 年生的林分中，原生沿阶草和苔草（*Carex*）等湿生性草本，仍成条状、片状分布，柳杉林所处的环境条件特殊，群落结构相对较稳定。

生长发育与演替规律 柳杉在广西人工造林的历史尚短，大多处于壮年时期，尚未出现演替现象，不同群落，生长发育有差异，丘陵开阔地的柳杉林，早期即出现衰退死亡现象，峰顶地的柳杉林，生长发育缓慢，其余 3 类柳杉林，早期生长发育如下：

芼草柳杉林，22 年生，林分青绿，长势一般，树高 2/5 以下的冠层出现自然整枝，年平均高生长量 30cm，2～3 年生时，进入速生期，4～9 年生徘徊在 24～30cm，10～12 年生又出现速生期，13～18 年生再逐年下降，19 年后又突然回升；胸径年平均生长量 0.35cm，8～16 年为速生期，22 年仍可维持 0.30cm。

罗伞树柳杉林，22 年生，林分浓绿，长势良好，树高 1/3 以下的冠层出现自然整枝，年平均高生长量 51cm，4 年生前生长稍慢，5～16 年为速生期，17 年后，在年平均生长量上下摆动；胸径年平均生长量 0.57cm，5～18 年间，除个别年份外，连年生长量均大于年平均生长量，19～20 年，连年生长量在平均生长量上下摆动。

对叶藓柳杉林，20 年生，林分浓密，长势旺盛，林分内出生少量的自然整枝，年平均高生长量 53cm，3～6 年生的生长量大于平均生长量，7～10 年为速生期，连年生长量接近平均生长量 2 倍，11～15 年在平均生长量上下摆动，16～20 年树高生长仍接近平均生长量；胸径年平均生长量 0.85cm，4 年生前生长稍慢，5～16 年生，连年生长量大于 1.0cm，超过平均生长量，17 年生以后，缓慢下降。

在 20 年生的柳杉伐根上，未发现有萌芽条，而柳杉林内外，尚未见有天然下种的植株。群落演替，主要靠人工更新，对群落演替的规律尚了解不多。在上述 6 个群落中，除桃金娘柳杉林，因生境不适宜，13 年生以后，植株逐步干枯死亡，林分开始衰败，其他几种群落，均较为稳定，在芼草柳杉林，罗伞树柳杉林等人工群落中，随着幼林的成长，其林分郁闭度也逐年加大，致使林下灌木草本逐步消亡，最终形成苔藓柳杉林。

病虫害及防治方法 病害主要有赤枯病（*Cercospora seqouiae*），是危害柳杉幼苗和幼树的主要病害，随着树龄的增长而逐步减轻，此病多在高温高湿的 4～8 月的雨季发生蔓延，严重的地方可使苗木全部毁灭或抑制幼树生长，广西引进江西庐山的种源，发病率较高虫害主要有黄翅大白蚁（*Macrotermes barneyi*）多发生在炼山不彻底的采伐迹地上，蛀食根皮。其次是木蠹蛾（*Cossus* sp.）、金龟子（*Holotrichia* sp.）等危害幼树。

防治措施，以综合预防为主，病虫发生时，可用农药灭杀之。

经过30多年来的试种和20多年来的较大面积栽培，柳杉在桂东南海拔500～1 000m和桂北500～1 700m的山地，普遍生长良好，而在低海拔的开阔丘陵、台地，则生长不良。柳杉抗风、抗低温、抗冰冻的能力要比马尾松、杉木强，但对湿度的要求较高，在马尾松、杉木难以造林成功的较高海拔山地，柳杉能正常生长。柳杉的垂直分布，要比马尾松、杉木约高出400～600m，是高海拔山地人工造林的重要树种。在这样的地段，发展柳杉人工林，对充分利用荒山、荒地，发展山地森林，提高广西森林资源贮量和生态社会效益等方面，都有极其重要的意义。

5. 醉香含笑（火力楠）**林**[①]

醉香含笑在广西通称火力楠（*Michelia macclurei*），历史上少有人工栽培，1938年六万林场开始将当地野生种采用人工栽培，并以其与马尾松混交，营造了约1hm²人工林。

50年代中，区内一些有关林业科研、生产单位，相继对醉香含笑的育苗造林，进行试验。1958年以后，一些国有林场把醉香含笑选为人工造林发展树种之一。据不完全统计，至80年代初，广西营造的醉香含笑人工林约2 000～3 000hm²。立地状况较好，经营管理水平较高的林分，16年生年平均胸径可达2cm左右，每公顷蓄积达180～240m³。醉香含笑林是新发展起来人工林类型。

分布与生境　在广西醉香含笑的自然分布区为北纬21°50′～23°10′，东经109°20′～111°20′。桂东南部的六万大山和大容山脉的东南面为其中心分布区，向西扩散至桂西南的十万大山，有零星分布。在天然分布区内，醉香含笑仅见于以花岗岩为成土母质的地区。在石灰岩的地方没有发现。在砂页岩的地方亦极少发现。因此，其自然分布常被各种不同的地层所间断。

垂直分布多见于500m以下，散生或小片状，生长良好，在海拔900m的山地上偶有分布，但生长势较差，树干弯曲，削度大，分枝矮。

分布区的地理位置，主要处于南亚热带的南缘至热带北缘。≥10℃的年积温为7 000～8 000℃，全年无霜或霜期极短暂（3～5天），年平均温度21℃以上。年降水量为1 500～1 800mm，大部分集中在4～8月份，相对湿度80%。

水、热条件的差异制约着醉香含笑的分布。如在六万山脉和大容山脉的东南面与西北面的水、热状况是不相同的，东南面湿润、温暖，西北面干旱、温凉。醉香含笑只在这两个大山脉的东南面山脚部位有分布，两山脉的北坡和西北坡没有自然分布。

醉香含笑喜生于土层深厚，土壤疏松、湿润、肥沃、酸性、排水良好的砂质壤土上，在山脚或山腰的谷部生长最好。在坡面则生长较差，山脊或干旱地，生长极差。虽是热带性

① 执笔人：刘志文

树种，但幼苗对极端高温较敏感，苗床边缘的小苗，常被日灼伤根颈部，故在育苗时常需遮荫；在较干旱瘦瘠的中龄林中，暴露在西南方向的林缘木，也可看到根部被灼伤的疤痕。相反对温度的下限不很敏感，引种在贵州、湖南等地纬度相差5°～7°，最低气温相差8～10℃，在－7℃的低温下，未受冻害，在－9℃以下的低温时，始有部分幼嫩叶梢出现轻度冻害现象。

醉香含笑属中性偏喜光树种，早期需在庇荫下，才生长良好。

醉香含笑是主根不大明显，侧根相当发达的浅根性树种，侧根在地表10cm处密铺成一层，并有极发达的侧根系向四周扩展，侧根很少分布在20cm以下的土层。

在自然分布区内，影响醉香含笑生长的因素是多方面的，但是在人工林中，土壤是一个很主要的因素，凡种植在土壤疏松的地段，生长都很迅速。据试验，在基本相同的立地条件下，无论是高生长和径粗生长，幼龄期全垦整地要比块状整地的快1倍左右，在土壤较深厚的造林地上进行全垦整地要比较瘠薄的土壤上进行块状整地的快2倍以上，特别是径粗生长更快，可达4倍；造林后混种农作物的要比未混种农作物的生长快1.5倍以上；在山谷中或山脚生长要比山脊上或山顶生长快0.5倍左右。可见，醉香含笑的生长对土壤条件的敏感性强，在适宜的土壤上生长很快，否则生长很慢，甚至经久不长，这为选择造林地和利用营林技术措施提供依据（表9-14）。

表9-14 不同林地及不同整地方法幼林生长情况

项目			平均树高（m）	平均胸径（cm）
较瘠薄土壤		全垦整地	124.2	2.4
		块状整地	60.0	1.2
		造林后混种木茹	250.0	5.5
		造林后不混种	100.0	1.0
较深厚的土壤	较肥	全垦整地	350.0	9.0
	较肥	块状整地	180.0	1.6
	较瘦	块状整地	100.0	1.1

注：1963年春造林，1964年6月观测

在人工林中常可以看到山顶是松，山中部以下是醉香含笑的造林布局，在这样的人工林中，往往越靠近松树的醉香含笑生长越好，如表9-15。

从表9-15可以看出：距离松树第1行的醉香含笑比第2行的生长好，第2行比第3行好，第3行又比距离20m的好。这种现象的出现，可能与土壤的疏松有关系。由于醉香含笑是浅根性树种，而松树是深根性的，松树粗壮的根系在醉香含笑的根系下层疏松了土壤，在这些地段进行的土壤剖面观察中，在松树根系分布的土壤，往往可以发现松裂的现象，对醉香含笑的生长有利。

表 9-15 近松树边缘的醉香含笑生长情况

距离	博白林场		玉林地区林业科学研究所	
	树高（m）	胸径（cm）	树高（m）	胸径（cm）
距离松木边缘第一行	7.00	9.22	8.10	12.0
距离松木边缘第二行	7.43	7.07	6.83	9.2
距离松木边缘第三行	5.82	6.81	5.61	6.8
距离松木边缘 20m 处	5.14	5.40		
上部的松树	6.55	12.05		

注：博白林场，树龄 13 年。玉林地区林业科学研究所，树龄 17 年

醉香含笑人工林的生长快慢与土壤水分及养分的关系也很密切。据调查：生长得较好的林分和生长得较差的林分的土壤成分及含水量是不同的，一般土壤含水量在 20%左右生长较好，土壤含水量低至 12.3%时，林木生长很慢（表 9-16）。

表 9-16 不同林分的土壤成分含量

林分	树高年平均生长量（m）	树龄（年）	胸径年平均生长量（cm）	含水量（%）	有机质（%）	氮（%）	磷（%）	钾（%）	钙（%）	pH
好	0.86	20	1.13	20.0	1.94	0.123	0.036	2.90	2.80	4.5～5.0
坏	0.34	20	0.37	12.3	2.35	0.070	0.020	1.05	1.68	4.5～5.0

注：分析日期：1981 年 3 月

可见，醉香含笑需要肥沃、湿润的土壤，才能快速生长。

醉香含笑的叶子含养分比较丰富，在林分的凋落物中，可以大量分解为植物所需要的营养（表 9-17）。

表 9-17 醉香含笑叶子及林地土壤成分分析

项目		有机质（%）	氮（%）	磷（%）	钾（%）	钙（%）
醉香含笑叶子含量		—	1.560	0.050	0.69	0.46
造林前土壤含量（0～30cm 样土）		1.61	0.070	0.042	1.90	1.04
造林后土壤含量（0～30cm 样土）		2.28	0.119	0.038	1.25	3.36
天然林土壤剖面	0～5cm	5.38	0.196	0.024	2.55	0.95
	5～20cm	1.35	0.051	0.030	2.75	2.07
	20～45cm	1.16	0.061	0.020	2.75	2.80
	45～80cm	0.72	0.039	0.024	2.55	2.24
	80cm 以上	0.39	0.022	0.034	2.60	1.40

注：1. 造林后土壤系造林 20 年后的土壤

2. 天然林为异龄林

由于醉香含笑叶子凋落物分解后归还土壤，因此，在土壤表层，显著地增加了有机质和氮的含量，从而改良了土壤。

群落学特性 醉香含笑在自然状态下，多呈复层林结构，组成复杂，醉香含笑、马尾松或格木、榄类（*Canarium* spp.）、红锥、荷木、粉单竹等构成共建群种，高达 20m，由于林龄的不同，各树种及醉香含笑的幼树常居于乔木层的下层，高 2～10m 不等。为了提高森林的经济价值，人们常把其他树种伐除，形成醉香含笑纯林。并保护幼苗幼树，以保持纯林的稳定性。

醉香含笑在人工林中，多为单层纯林或间伐后与某萌芽幼树形成复层林。在人工林下植被不多，常见的有乌毛蕨、铁芒萁、桃金娘等。

根据醉香含笑人工林下优势地被物种类大致有以下 2 个不同的群落：

（1）乌毛蕨醉香含笑林 常分布在海拔 100～500m 的阴坡下部或山谷中，坡度 30°～40°，土壤较深厚疏松，持水力特强，含水率在 15%～20%，透水、通气性较好。20 年生的林木，树高年平均生长量在 0.5～0.9m，胸径年平均生长量为 0.6～1.1cm。

（2）铁芒萁醉香含笑林 常分布在海拔 50～300m 的低丘向阳坡上部或山脊处，坡度 10°～20°，土层浅，土质瘠薄、粘重、紧实、持水力差，含水率在 10%～15%，透水、通气性较差，凋落物分解不完全，林木生长较差，树高年平均生长量为 0.4～0.6cm。

醉香含笑人工林中，常发现一些林木大小不一，参差不齐，有些生长很快，有些经久不长。这种现象的出现，除诸多因素影响外，醉香含笑自然类型的不同亦关系极大。据调查所见，同一林分中，叶背密被锈色茸毛旱生结构发达的植株，较无茸毛的生长快，树高、直径生长分别快 32.4%和 62.7%。

醉香含笑的落叶层厚，易分解，可改良土壤，与其他一些针、阔叶树种混交效果良好。如广西博白林场在一片造林地上，于 1958 年先种松，后于 1964 年间种醉香含笑，形成混交林，至 1981 年 3 月调查测定，2 种树高及径生长均较纯林快（表 9-18）。

表 9-18 松、醉香含笑（火力楠）混交及纯林状况

标准地号	树种组成	树高年平均生长量（m）	胸径年平均生长量（cm）	土壤分布						
				有机质（%）	含水量（%）	氮（%）	磷（%）	钾（%）	钙（%）	pH
1	混交楠	0.79	0.96	2.28	A层 14.0 B层 15.0	0.119	0.038	1.25	3.36	A层 4.5 B层 5.0
	混交松	0.62	0.89							
2	纯松	0.59	0.70		A层 9.0 A层 10.0					A层 4.2 B层 4.5
3	纯楠	0.54	0.61	2.35	A层 16.5 B层 16.0	0.113	0.024	2.50	3.64	A层 4.7 B层 4.3

广西六万山林场于50年代前营造过一片醉香含笑马尾松混交林，同样取得了较好的效果。在混交林中的醉香含笑，无论是胸径生长还是树高生长都优于纯林，混交林的蓄积量（303.675m³/hm²）是单纯林（137.250m³/hm²）的1倍左右。除同马尾松混交外，近年来许多地方还用杉木等树种与醉香含笑混交，早期均取得良好的效果。

生长发育及演替规律　醉香含笑是一种速生常绿树种，高达20～35m，胸径可达100cm。树干通直，尖削度小，15～20m高的形数都在0.5以上。寿命长，100年生时的生长势仍很旺盛。

醉香含笑实生植株的胸径年平均生长量在0.8～1.0cm。在5年生以前生长较慢，从10～15年生时开始加快，20～30年生时生长最快，年生长在1.0～1.5cm，树高年平均生长量在0.5～0.8m，树高生长量5～8年时较快，其连年生长量高达1.0～1.3m，20～30年生以后，树高生长显著下降，其连年生长量降至0.2～0.4m；材积年生长量在15～30年时增长较快，一般为0.020 0～0.040 0m³，工艺成熟年龄为30～40年。

醉香含笑伐根的萌芽力很强，萌芽株在10～20年生长量要比实生植株快3～5倍。据测定：萌芽植株11年生的胸径连年生长量高达1.91cm，树高连年生长量1.1m。

一般来说，天然林比人工林生长稍慢，特别是树高生长的增长量较慢，其连年生长量最高为0.6m，出现在20～25年，以后则逐渐下降。胸径生长量高峰期出现在15年生，以后逐渐降低，持续时间较长（表9-19、表9-20）。

醉香含笑在天然下种良好的林分中，各层都有它的个体。因此，群落相当稳定。在桂东南醉香含笑常与红锥组成共建种，由于红锥也具备各等级的立木和幼苗、幼树，这类森林，在没有人为破坏的情况下，是相当稳定的。间或在林中空隙，被马尾松等喜光树种侵入。

表9-19　醉香含笑人工林生长进程

年龄	胸径生长进程（cm）			树高生长进程（m）			材积生长进程（m³）		
	总生长量	连年生长量	平均生长量	总生长量	连年生长量	平均生长量	总生长量	连年生长量	平均生长量
5	20		0.40	5.6		1.12	0.001 0		0.000 2
		0.54			1.34			0.022	
10	4.7		0.47	12.3		1.23	0.012 0		0.001 2
		0.98			0.48			0.008 9	
15	9.6		0.64	14.7		0.98	0.056 6		0.003 8
		0.86			0.16			0.014 6	
20	13.9		0.69	15.5		0.78	0.129 6		0.006 5
		1.22			0.14			0.021 5	
25	20.0		0.80	16.2		0.65	0.231 1		0.009 5
		1.45			0.15			0.039 6	
27	22.9		0.85	16.5		0.61	0.316 2		0.011 7

表 9-20 醉香含笑天然林生长进程

年龄	胸径生长进程（cm）			树高生长进程（m）			材积生长进程（m³）		
	总生长量	连年生长量	平均生长量	总生长量	连年生长量	平均生长量	总生长量	连年生长量	平均生长量
5	1.0		0.2	1.7		0.34	0.0005		0.000 1
		0.72			0.38			0.000 8	
10	4.6		0.46	3.6		0.36	0.0044		0.000 4
		1.20			0.40			0.004 4	
15	10.6		0.71	5.6		0.37	0.0265		0.001 8
		0.88			0.40			0.0081	
20	15.0		0.75	7.6		0.38	0.067 0		0.003 4
		0.66			0.60			0.010 2	
25	18.3		0.73	10.6		0.42	0.118 0		0.004 7
		0.50			0.32			0.011 4	
30	20.8		0.69	12.2		0.41	0.175 0		0.005 8
		0.36			0.28			0.013 1	
35	22.6		0.64	13.6		0.39	0.240 3		0.006 9
		0.60			0.14			0.017 3	
40	25.6		0.64	14.3		0.33	0.326 6		0.008 2
		0.52			0.14			0.019 4	
45	28.2		0.63	15.0		0.33	0.423 5		0.009 4
		0.76			0.18			0.031 8	
50	32.0		0.64	15.9		0.32	0.582 5		0.011 7
		0.60			0.24			0.031 0	
55	35.0		0.64	17.1		0.31	0.737 5		0.013 4
		0.56			0.22			0.038 1	
60	37.8		0.63	18.2		0.30	0.928 2		0.015 5
		0.34			0.22			0.024 5	
65	39.5		0.61	19.2		0.30	1.050 5		0.016 2
		0.38			0.26			0.035 0	
70	41.4		0.59	20.5		0.29	1.225 6		0.017 5
		0.38			0.28			0.034 1	
75	43.3		0.58	21.9		0.29	1.396 3		0.018 6
		0.28			0.14			0.037 6	
80	44.7		0.55	22.6		0.28	1.584 3		0.019 8
		0.24			0.24			0.036 7	
85	45.9		0.54	23.8		0.28	1.768 0		0.020 8
		0.28			0.14			0.033 9	
90	47.0		0.52	24.5		0.27	1.937 5		0.021 5
		0.24			0.14			0.034 3	
95	48.2		0.51	25.2		0.27	2.108 9		0.022 2
		0.38			0.18			0.040 3	
100	49.7		0.50	26.1		0.26	2.310 3		0.023 1
		0.28			0.16			0.040 4	
105	51.1		0.49	26.9		0.26	2.512 3		0.023 9
		0.34			0.10			0.040 1	
110	52.8		0.48	27.4		0.25	2.712 9		0.024 7
		0.30			0.12			0.040 7	
115	54.3		0.47	28.0		0.24	2.916 5		0.025 4
		0.13			0.10			0.033 4	
118	54.7		0.46	28.3		0.23	3.016 7		0.025 6
带皮	56.7			28.3			3.294 0		

醉香含笑种子的颗粒较大，天然下种，多在母树四周，距母树较远的空旷地，极少有天然幼苗。

病虫害及其防治方法 醉香含笑的抗病虫能力较强，在自然分布区内，极少发现有病虫危害；在人工林中，也未发现过成灾难性的病虫害，均属零星危害。常见的有：

绵丽蚜（*Formosaphis micheliae*），常危害中年及成年树，幼林则少被害。在严重被害株的树干、树枝或叶背为虫体密集成白色吸取树液，叶面常被煤烟污染成黑色，严重时长势衰退，叶片变黄，逐渐脱落。可用刀在被害株根颈处刮开树皮约 3cm 宽的环状伤口，在其上涂以乐果药液防治，或用乐果直接喷杀。

疱瘤横沟象（*Dyscerus pustulatus*）成虫危害新芽、嫩枝和叶柄皮层，幼虫食害根部皮层和木质部，严重时会造成整个枝条枯黄死亡。

此外，有时发生潜叶蛾、卷叶螟、炭疽病和藻斑病，但危害均不严重。

醉香含笑是我国南亚热带、北热带的常绿阔叶乔木树种，适应性较强，生长速度较快，树干通直圆满，木材结构细，是松、杉优良的混交造林树种。由于其抗病、抗风、防火能力较强，因此，又是各种防护林带的优良树种之一；醉香含笑树形均呈塔状，花有香味，又是庭园绿化的好树种。醉香含笑虽是喜湿、喜温、喜肥的树种，但栽培在肥力中等的地方，也能正常生长，已被选为主要造林树种之一。引种范围也迅速扩大，展示了醉香含笑今后发展的广阔前途。

醉香含笑伐根的萌芽力强，枯枝落叶层厚，种子繁殖容易，对改良土壤、涵养水源等具有一定的作用。广西境内海拔600m以下的酸性土壤地区，均适宜种植。混交林的生长优于纯林。

发展醉香含笑林要注意树种改良，有计划地建立母树林或种子园，以满足发展醉香含笑对优良种子的需要。醉香含笑有不同的自然类型，类型间的生长速度差异显著，在营建母树林或种子园时，应注意选用优良类型，作好良种繁育工作。

醉香含笑虽然适应性较强，但也只能在适宜的立地生长，才能充分发挥其生产潜力。因此，在大面积营造醉香含笑林时，必须充分注意适地适树，否则，生长速度慢，甚至可能失败。

6. 桉树林①

桉树（*Eucalyptus* spp.）林也是广西主要的人工林类型之一。

桉树有670多种（含变种），绝大多数原产大洋洲的澳大利亚，只有尾叶桉（*E. urophylla*）等少数种，产于印度尼西亚及太平洋诸岛。桉树多数种为速生乔木，是世界著名的硬木资源。世界各热带、亚热带地区广为引种，引种桉树的国家有90多个，全世界桉树人工林面积已达600多万hm^2，约占世界各种人工林总面积的1/3，年产桉材6 000多万m^3。

我国引种桉树有100多年的历史，1890年首次从意大利转引进一批桉树种子，分别在广州、香港、澳门等地试种，1910年我国驻意大利大使吴宗濂辑译的《桉谱》一书，是我国最早的桉树专著。广西引种桉树始于1890年，法国人将细叶桉（*E. tereticormis*）首次引种至龙州，随后引种至大青山等地。至1916年引种桉树的种类和范围扩大，相继引种赤桉（*E. camaldulensis*）、柠檬桉（*E. citriodora*）、窿缘桉（*E. exserta*）、蓝桉（*E. globulus*）、大叶桉（*E. robusta*）、伞房花桉（*E. gummifera*）等到柳州、梧州、北海、合浦、灵山等地。1928年至30年代，柳州的羊角山、沙塘、三门江，引种过多种桉树，在羊角山有一株40年生的柠檬桉，树高38m，胸径96cm，单株材积10.95m^3，在羊角山五里亭小学有1株赤桉，树高51m，胸径103cm，单株材积16.99m^3，是广西最大的1株桉树。1935年合浦县三合口的军垦农场，从印度尼西亚引进柠檬桉，种植路树1km，至1983年测定，平均胸径37.2cm，平均树高23.4m，平均单株材积1.068 3m^3。1954年建立合浦县山口国有桉树林

① 执笔人：王宏志，苏兴仁

场，开始连片营造窿缘桉林。60年代初期，在广西南部、中部，以柠檬桉为“四旁”植树，营造起一批桉树护路林。60年代中期，成立了桂南林业局，专营发展桉树，在桂南的东门、群力、跃进以及桂中的维都等地，建立了一批以桉树为主的国营林场。在沿海地区，也大力发展桉树防护林和用材林，桉树人工林有了较大的发展，至1990年，广西连片的桉树林约为10万hm^2。

广西引种桉树有100多种，保存下来的有89种，早期引种最多的是大叶桉，其次是窿缘桉和柠檬桉，50年代后期至60年代中期，曾大力推广了野桉（*E. rudis*）、斜脉胶桉（*E. kirtoniana*），但由于这两个树种的林分分化大，一片林内，往往只有几株优势林，其余多生长不良，造林效果差，相继被淘汰。只选择和发展了柠檬桉和窿缘桉2种，作为人工造林树种。

从70年代后期起，桉树人工林的发展进入了一个新的历史时期。广西壮族自治区林业科学研究所育成柳窿桉杂交种，生长量高于柠檬桉和窿缘桉；同一时期，钦州地区林业科学研究所，组培育苗成功，培育出一批高产无性系。东门林场引进了生长极为快速的尾叶桉，80年代初期引进并培育了巨尾桉高产无性系，这些无性系及尾叶桉，成为90年代主要发展的桉树。从而实现桉树造林良种化。人工营造的丰产林，1年成林，5年左右即可砍伐利用，为发展短周期定向培育的工业原料林提供了条件。桉树人工林类型的发展也发生了极大的变化。

分布与生境　广西引种的柠檬桉、窿缘桉、赤桉、细叶桉、斑皮桉（*E. maculata*）、斑叶桉（*E. punctata*）、巨桉（*E. grandis*）等，大都引自原产地的干旱硬叶乔木生态型，这一类型是澳大利亚的主要用材林，分布于沿海东岸和东南岸，生境的年均降水量为600～1 200mm，雨量多集中在南半球冬季（热季）的6～8月，干旱季节较长，植物种属较少。另有蓝桉引自高海拔的草甸林型，这类型树种，在南宁、玉林、钦州等低海拔地区，头年生长快速，2～3年以后逐渐枯萎死亡，近年那坡等海拔较高的山原地，引种生长较好。

广西栽培面积最大的柠檬桉、窿缘桉、尾叶桉3种，原产地主要分布在热带地区，其中尾叶桉分布于赤道热带南沿，由于分布区的海拔较高，北移至广西，仍能安全越冬并快速生长。这三大树种以及巨尾桉、柳窿桉等杂交种，适宜的造林区是热带至南亚热带的丘陵台地。大叶桉、野桉原产地分布的纬度虽然较高（南纬23°～36°），垂直分布都在低海拔台地，冬无严重霜冻，引种至广西北部，也难以越冬。细叶桉、赤桉由于原产地分布较广，不仅在广西境内南北均可种植，已为四川、浙江等地引种栽培。蓝桉自然分布的纬度和海拔均较高，在广西只能选择适生的小环境发展造林。广西桉树人工林，大致可以划为如下3个栽培区。

桂东南和桂西南北热带栽培分布区。本区受季风影响，夏热冬暖，平均气温21.5～22.8℃，极端最低气温－1～－1.3℃，≥10℃年积温7 500～8 000℃。年降水量1 100～1 700mm。低平地方的土壤以赤红壤为主。在海拔200m以下，常见的桉树林建群种有柠檬桉、窿缘桉、尾叶桉和巨尾桉等。柠檬桉多见于台地下部较湿润的地段，窿缘桉常见于丘陵台地的顶部，比较耐干旱瘦瘠，分布范围较广，约占此水平分布带的2/3。尾叶桉、巨尾桉近年的发展很快，成为低丘、台地的主要林种。在海拔250～350m的丘陵地，柠檬桉和窿缘桉仍有少量栽培。大叶桉分布于湿度较大的地段。在海拔800m的南坡空气湿度大的小环境，有小面积的斜脉胶桉。在本分布区内，上述桉树林各年度均不受寒害。南部的博白、合浦、钦州、防城沿海一带的土壤为沙质土，含氮量低而且缺钾，常受台风侵袭，建群种以尾叶桉、柠檬桉和窿缘桉为主。

桂中南亚热带栽培区：自桂南北热带分布区界以北至贺县信都经昭平至鹿寨、宜山、河池、天峨一线以南为广西桉树南亚热带栽培区，年平均气温20℃以上，极端最低气温－4℃，≥10℃年积温6 500～7 500℃。年降水量1 200～1 600mm以上。低平处土壤以赤红壤为主。在贵县、来宾、宾阳以及上林、鹿寨，武宣南部海拔100m以下的低丘地带，常见的桉树林建群种是柠檬桉和窿缘桉，次为大叶桉，还有零星栽培的赤桉和斜脉胶桉，尾叶桉、巨尾桉近年也发展至这一地区，成为主要林种。在海拔150～300m的地带有大叶桉、斜脉胶桉以及少量的柠檬桉和窿缘桉，在海拔500～900m的低山，桉树少有栽培，偶见栽培有大叶桉。本分布区内，正常年份，各主要栽培种可以安全越冬，但在大寒年份，海拔150m以上的柠檬桉、窿缘桉及海拔400m以上的大叶桉，遭到冻害。

桂北中亚热带栽培区：在桂中南亚热带区界以北为广西桉树中亚热带栽培区，本区纬度较高，冬受寒潮侵袭，夏热冬冷。年平均气温16～20℃，极端最低气温为－6℃左右，≥10℃年积温5 000～6 500℃。土壤为红壤，在海拔200m以下的丘陵台地，常见栽培的种类为大叶桉或斜脉胶桉，呈零星分布，在大寒害的年份，受到不同程度的冻害。在海拔200m以上的山地或寒流经过的主道，有零星栽培的赤桉，抗寒性较强，能在本分布区内正常生长。耐寒性差的柠檬桉、窿缘桉和尾叶桉，在本分布区南缘的永福县，普通年份枝叶受冻害，大寒年份，有的整株冻死，不适宜造林。80年代中期，引进的耐寒种邓恩桉(*E. dunnii*)，在桂林市能正常越冬，3年内年均高生长达2～2m，可望在这一地区发展。

从广西3个栽培分布区常见种类的分布情况可以看出：随着由南往北年平均气温逐渐降低，尾叶桉、柠檬桉和窿缘桉的分布范围逐渐缩小，多数种到了中亚热带地区就难以生存；海拔由低到高与水平带由南到北的规律大体一致，当气温在0℃以下时，随着持续时间的长短，多数桉树会遭受不同程度的冻害。气温在12℃左右时，桉树生长缓慢。气温在12～18℃时，桉树正常生长。气温在28～32℃时，桉树生长最快。广西北热带气温回升的时期，分别早5～7天，因此，桉树抽梢、展叶和开花期亦分别早5～7天。在营林措施相同的情况下，北热带20年生的窿缘桉，较南亚热带同龄林的平均胸径和高度分别大7%和43%，尾叶桉、柠檬桉的生长量，也是桂南＞桂中＞桂北。

各种桉树对土壤水肥条件的要求差异显著，窿缘桉比较耐瘦瘠、干旱，尾叶桉、柠檬桉次之，大叶桉和斜脉胶桉对土壤肥力的要求较高。在土壤板结、土层浅薄地的13年生窿缘桉生长正常，在同一立地条件下的同龄柠檬桉、大叶桉和斜脉胶桉生长明显下降，抗性减低，斜脉胶桉的心材开始腐朽。但大叶桉能在土壤水分处于饱和状态或积水的林地下正常生长；柠檬桉和窿缘桉如处于上述条件下30～40天则窒息而死。土壤肥力，对桉树的生长，影响很大，沿海台地，土壤有机质含量低，8年生窿缘桉林平均胸径和高度，分别比内地赤红壤生长的同龄林低7%。施肥是桉树造林不可缺少的措施。桉树喜疏松土壤，机耕全垦整地，可促进桉树速生，在同一立地条件下，机耕整地的2年生柠檬桉高达7m，挖坎造林的不足2m。桉树还是喜光性强的树种，柠檬桉尤为显著，大径级立木大部分分布于林缘，光效应极明显，如林分密度过大，林内阳光不足，高径生长比例失调，高生长明显加大，自然整枝加快，树冠几乎集中于干梢，生长发育不良，产量显著下降。桉树林应选在缓坡地及平地发展，陡坡地、谷地，由于全垦会引起水土流失，或光照不足，不宜加以发展。

降水量的多少，可以影响桉树当年的生长量，但不影响桉树在广西的分布，如左江盆地的东门林场，桂中的维都林场，右江河谷的右江林场等，都是降水量较少的地区，而合浦的山口林场，钦州的钦廉林场等地，是降水量较多的地区，以上两类地区同是广西桉树的主要栽培区。

大面积营造桉树林是否会影响生态环境恶化，这是一些生态学家颇为关心的问题，有人认为桉树林是抽水机，会引起林地土壤干瘦，大面积营造桉树林，还会引起气候干旱。根据东门林场等地的调查，桉树造林前的林地植被，主要为旱生性植被，如岗松、算盘子、余甘子、黑面神（*Breynia frueticosa*）等，有些甚至是植被极少的荒坡，有了桉树林后，林下生长起半干旱和湿润型植被如海金沙（*Lygodium japonicum*）、乌毛蕨等，且落叶层加厚，土壤含水量提高2%～2.4%，有机质提高0.58%～0.75%，还增加了造林地区的降水量，如左江河谷的东门地区，是广西著名的干旱区之一，60年代中期起，有了桉树林2.6万hm^2以后至70年代，据林区内东门和罗白两个气象站的观测，年均降水量为1 286.1mm和1 303.8mm，比造林前的年均降水量1 079.6mm和1 060.2mm有明显的提高。可见，扩大桉树林的分布范围，对生态环境有一定的改良作用。

群落学特性　广西桉树林常见于北热带海拔150m以下和南亚热带中部海拔100m以下的丘陵台地。分布区较窄，群落结构也较简单，林下植物常见有白茅、铁芒萁、海金沙、乌毛蕨、五节芒、青香茅（*Cymbopogon caesrius*）、粗叶悬钩子（*Rubus alceaefolius*）、桃金娘、路边青（*Clerodendron cyrtophyllum*）、三叉苦、野牡丹等，常见的桉树林有如下几种类型。

（1）大叶桉林

大叶桉为桉属种类中比较喜湿的一个种。它的适生环境比较湿润，落叶易腐烂分解，有利于提高土壤肥力，因此林下灌木和草类有比较良好的生长发育条件，大叶桉是早期引种较多的一种，由于材质差，对水肥条件要求较高，逐年受到淘汰，仅存有一些残次林。常见的群落有：

①白茅大叶桉林　常见于桂东南海拔50m以下及桂中、桂西南海拔100m以下的山坡上部，土层较薄，坡度平缓的地段。本群落大部分是林地选择不当的林分或经过强度择伐的萌芽林。林相很不整齐，林内透光度大，郁闭度0.4～0.5。灌木层以桃金娘为主，高

度 1.2～1.5m，丛状分布。草本层以白茅为主，还有少量的青香茅等，高度 0.4～1.5m。分布均匀，但不茂密，覆盖度 40%～50%。土壤多为赤红壤，层次不明，表层干燥，地位级Ⅳ～Ⅴ级。生产力低，8 年生大叶桉平均胸径 10.2cm，平均高 12.5m，每公顷蓄积量 51.3m^3，干形扭曲。

②铁芒萁大叶桉林　本群落常见于广西北热带或南亚热带海拔 100m 以下山坡中下部，林相比较整齐，郁闭度 0.5～0.6，灌木层以桃金娘为主，呈丛状分布。草本地被物层以铁芒萁占优势，分布均匀，生长密茂，在林地低平湿润或郁闭度大的地方，还有少量乌毛蕨，覆盖度 80%左右。土壤为赤红壤，深 0.8～1.0m。林地表面有枯枝落叶覆盖而比较润湿，表层 0～3cm 呈灰黑色。地位级Ⅲ～Ⅳ级。生产力中等，14 年生大叶桉平均高 17.9m，平均胸径 14.8cm，每公顷蓄积量约 129m^3。

③五节芒大叶桉林　在广西北热带的扶绥、邕宁和南亚热带的来宾，武宣等县常见于海拔 50m 以下丘陵山坡下部或两山夹谷的凹陷部位。立地条件较好，林相整齐，郁闭度 0.5～0.6。灌木层有桃金娘、三叉苦等。高 1～1.5m。草本层以五节芒和乌毛蕨为主，呈丛状分布，高度 2～2.5m，覆盖度 85%左右。在林地下缘或低湿地段，有少量的粗叶悬钩子，海金沙等藤本植物出现。土壤为赤红壤，表层有枯枝落叶覆盖而比较湿润。地位级Ⅱ～Ⅲ级。生产力高，14 年生大叶桉平均胸径 18.5cm，平均高 20.1m，每公顷蓄积量达 187.5m^3。

(2) 柠檬桉林　柠檬桉为桉属中主根比较发达的种类。吸水力较强，林地表层干燥，故林下活地被物稀少。但在立地条件较好的山谷下部或人工混交林下，则有较多的伴生植物，常见有矮林作业和乔林作业 2 类，矮林作业是以采叶蒸油为目的，1～2 年即采伐，乔林的群落主要有：

①桃金娘柠檬桉林　分布于桂西、桂东南、桂西南和桂中海拔 100～150m 丘陵山坡的中上部，柠檬桉居林分上层，但分化大，林相不整齐。灌木层以桃金娘为主，高度 0.6～1.2m，零星分布。草本层植被，在造林初期，有白茅和其他一些种类分布于透光度较大的林中空地，但生长不良，高度 0.3～0.5m，覆盖度 20%～25%，随着林龄和林分郁闭度增加，白茅及其他草本植物逐步消失，或仅于林地低凹处或山坡下缘有少量生长。林地表面的枯枝落叶层少或无。土壤为赤红壤，表层层次不明显而且干燥。地位级Ⅲ～Ⅳ级，地力有逐渐下降的趋势。生产力中等，14 年生柠檬桉，平均高 21.7m，平均胸径 16.3cm，每公顷蓄积量 138.9m^3。

②窿缘桉柠檬桉混交林　两种桉树的混交比例为 1∶1，株间混交，见于桂西南海拔 50m 以下的丘陵山坡下部。柠檬桉居上层。窿缘桉为第 2 层。高度为主林层 2/3。林分郁闭度 0.6～0.7。林相整齐。灌木层以三叉苦为主，还有路边青和桃金娘（林缘）等，但生长不良，高度 0.8～1.5m，零星分布；草本层植被，在造林初期，有白茅和青香茅等，随着林龄和郁闭度增加，上述草类逐步消失。在林分边缘和林中空隙地，常出现小块铁芒萁，此外还有乌毛蕨，生长发育良好，高度 0.4～1.2m，覆盖度 15%～20%。土壤为赤红壤。林地有枯枝落叶覆盖而且较湿润。地位级Ⅱ～Ⅲ级。生产力高。14 年生柠檬桉平均高 24.5m，

平均胸径 17.8m，每公顷蓄积量 120m³；同龄的窿缘桉平均高 16.6m，平均胸径 14.8cm，每公顷蓄积量 82.5m³。二者合计每公顷蓄积量为 202.5m³。

③台湾相思柠檬桉混交林　柠檬桉居上层，台湾相思居第 2 层，高度约为主林层的 1/2。林相整齐，层次分明，每公顷有柠檬桉 525 株，相思 615 株，郁闭度 0.6～0.7。草本层植被，主要在柠檬桉、相思成林后，透光度较大的空隙地有少量五节芒，高度 1～1.5m，丛状分布。土壤为赤红壤或红壤，地位级造林时为Ⅳ～Ⅴ级，后提高到Ⅲ～Ⅳ级（据化验土壤有机质含量，较造林前提高 6.2 倍，氮提高 3 倍，磷提高 0.2 倍、钾提高 0.8 倍）。14 年生柠檬桉平均高 18.3m，平均胸径 16.2cm，每公顷蓄积量 84.4m³，相思 8.4m³。

(3) 窿缘桉林　窿缘桉林常混生有谷桉（*E. smithii*），主根分布层比柠檬桉浅，种植的林地较瘠薄，灌木和草本植物较稀少，群落结构简单，在生境条件较好的地方，窿缘桉和其他灌木草本构成的群落有如下几种。

①桃金娘窿缘桉林　见于桂东南海拔 30m 以上的低丘台地或桂中和桂西南海拔 100～150m 丘陵山坡的中上部，结构简单，窿缘桉居上层，林相不整齐，桃金娘高度 1～1.5m，零星分布，草本层植物有白茅、青香茅等，生长不良，高度 0.5～0.7m，覆盖度15%～25%。土壤为红壤或赤红壤，表层干燥而层次不明显，地位级Ⅲ～Ⅳ级。生产力较低，14 年生窿缘桉平均高 15.8m，平均胸径 12.7cm，每公顷蓄积量 175.5m³。

②三叉苦窿缘桉林　见于桂西南海拔 80～100m 的两山夹谷或阴坡地段。林相整齐。郁闭度 0.6～0.7。灌木层有三叉苦、桃金娘和少量的路边青，生长不良，高度 1.2～1.5m，零星分布，草本层以铁芒萁为主，在较荫闭的地方，出现有少量的乌毛蕨，高度 0.5～0.8m，分布均匀，覆盖度高达 95%。土壤为赤红壤，林地枯枝落叶层较厚。地位级Ⅱ～Ⅲ级。生产力高，13 年生窿缘桉平均高 18.9m，平均胸径 15.2cm，每公顷蓄积量达 214.5m³。

③樟树窿缘桉混交林　见于东门林场旧城分场丘陵山坡中上部。采用株间混交方式，樟桉比为 1∶2，窿缘桉前期生长较速，居林分的上层，樟树居第 2 层，高度为主林层的 1/2～2/3，林分层次分明，林相整齐，郁闭度 0.5～0.6。灌木层常见有桃金娘、黑面神等，高度 0.5～1m，零星分布。草本层植物主要有青香茅，分布于透光度大的林窗地面，高度0.4～0.5m，在较荫闭处或林地下缘有少量五节芒出现。覆盖度 50%。土壤为赤红壤。林地枯枝落叶较多而润湿。地位级Ⅲ～Ⅳ级。生产力较高，9 年生窿缘桉平均高 11m，平均胸径 8.1cm，每公顷蓄积量为 100.5m³，樟 3.6m³。

(4) 尾叶桉巨尾桉林　尾叶桉巨尾桉林是从 80 年代后期起，采用集约经营，新发展起来的速生丰产林。林地选在缓坡的低丘台地，土壤为赤红壤，少有分布至红壤和砖红壤。由于造林时大都用全垦或机耕整地，造林前后施肥，一般是 1 年成林，5 年左右砍伐利用。2 种桉树林的群落均极简单，结构基本一致，造林后头一年，由于整地时灌木及草本已被翻掉，林地为单一的桉树林，覆盖度即为 0.5～0.7。第 2 年林冠郁闭，林相极整齐，覆盖度达 0.9，林下无灌木和草本植物，为单一纯林。至第 3 年桉树开始自然整枝，林冠疏开，透光，原有的各类植被，开始恢复生长，形成了林下灌木层，至第 4 年以后，随着林分的增高，林冠进一步疏开，灌木层中较耐荫的三叉苦、海金沙、乌毛蕨、黄栀子、五节芒等，逐趋繁茂，喜光灌木如桃金娘、岗松、白背桐（*Mallotus apelta*）等也有分布。林分生产力很高，5 年生平均树高 15m，平均胸径 11～14cm，每公顷蓄积量达 100～150m³。

（5）蓝桉林　主要分布于与云贵高原连接的桂西北山原地区，那坡县连片栽培较早的为那坡县，近年在乐业、隆林、西林等地也有发展。那坡县的造林地位于东经 105°37′，北纬 23°18′，海拔高 800～1 100m，年平均气温 18.7℃，最高气温 35.5℃，最低气温－4℃。年均降水量 1 421mm，年平均湿度 80%，土壤为山地红壤，原生植被为桤木（*Alnus nepalensis*）、刺楮、黄檀、山苍子（*Litsea cubeba*）、苦竹、金竹（*Phyllostachys sulphurea*）等，全垦整地造林后，上层为蓝桉林，林相整齐，第 2 年以后，林下及林窗地，原生植被逐渐恢复，层次不明显。蓝桉生长旺盛，1 年生树高 2.8m，胸径 2cm，4 年生树高 10.4m，胸径 7.8cm，采用短期轮伐，以采叶蒸油为主要目的，为近年新发展起来的芳香原料林。

生长发育及演替规律　桉树生长发育最显著的特点是早期生长极快，多数桉树要求集约经营，才能显示出速生的特性，实现丰产，粗放经营，会出现小老树，无法生长成林。生长发育的规律，与立地条件及经营水平紧密相关，立地好和经营水平高的，速生期早，速生持续的时期也相对长。不同造林目的，生长发育的情况，也有显著差异。柠檬桉在一般经营条件下，生长的总趋势为：树高速生期为 1～6 年生，6 年以后高生长平缓，连年生长量幅度为 1.00～4.45m，最大值出现在 2～4 年，平均生长量幅度为 1.33～5.60m，最大值同出现在 2～4 年。胸径速生期为 4～12 年生，连年生长量幅度为 0.6～3.4cm，最大值一般出现在 6～12 年。材积生长，一般在造林后 8～10 年进入速生期，连年生长量幅度为 0.004 3～0.109 9m³。最大值出现在 10 年以后，20 年生以内，多数尚未达最高峰，数量成熟期为20～25 年生。窿缘桉的生长发育规律与柠檬桉相近，数量成熟期为 18～20 年生，生长量较同龄的柠檬桉慢，但在肥沃的地段，仍能生长快速，如合浦县水网河堤种植的窿缘桉，5 年生平均树高 13m，平均胸径 14cm，最大树高 18.5m，最大胸径 23cm。大叶桉高生长的速生期为 1～4 年，5 年生以后下降，胸径速生期 4～6 年，较柠檬桉、窿缘桉速生持续的时期较短。广西壮族自治区林业科学研究所 1974 年对 3 种桉树进行了解析，结果如表 9-21。

层叶桉和巨尾桉是新推广造林的速生桉树，尾叶桉高生长的速生期为 1～5 年生，平均年生长量为 2.5～4m，胸径速生期第 2 年即开始出现，年均生长量为 2～3cm，少数高产林分，3.5 年生树高达 18m，年平均生长达 5m，胸径 13cm，年平均生长量 3.8cm，一般 5 年左右可砍伐利用，每公顷蓄积 100～150m³，尾叶桉 5 年生不砍伐，林分尚能继续生长，年高生长量为 1.5～2m，速生期可维持至 10 年生左右。巨尾桉 1～2 年生的高生长量较尾叶桉稍快，但持续期较短，在相同的立地和经营条件下，5 年生的高生长量与尾叶桉接近，5 年生以后，高生长即出现滞缓。蓝桉的生长量较尾叶桉、巨尾桉慢，但同为早期速生，全垦整地不施肥的，1 年生树高 1.51～2.83m，胸径 1.34～2.02cm，全垦施肥的，1 年生树

表 9-21 3 种桉树生长进程

年 龄			2	4	6	8	10	12	14	16
柠檬桉	胸径 (cm)	平均	0.75	1.1	1.17	1.14	1.1	1.05	0.95	0.96
		连年	0.75	1.45	1.3	1.05	1.0	0.75	0.35	1.05
	树高 (m)	平均	2.9	2.25	2.16	2.15	2.04	1.8	1.69	1.54
		连年	2.9	1.6	2.0	2.1	1.6	0.6	1.05	0.45
	单株材积 (m^3)	平均	0.000 1	0.001 1	0.003 3	0.005 18	0.007 8	0.009 58	0.109	0.011 7
		连年	0.000 1	0.002	0.007 85	0.010 8	0.018 2	0.018 6	0.019	0.014 5
窿缘桉	胸径 (cm)	平均	0.5	0.55	0.61	0.63	0.64	0.69	0.71	0.68
		连年	0.5	0.6	0.75	0.7	0.65	0.95	0.85	0.45
	树高 (m)	平均	2.8	2.45	2.05	1.78	1.6	1.44	1.3	1.2
		连年	2.8	2.1	1.25	0.95	0.90	0.65	0.45	0.2
	单株材积 (m^3)	平均	0.000 25	0.000 5	0.001 33	0.001 94	0.002 85	0.003 7	0.004 68	0.005 15
		连年	0.000 25	0.000 75	0.003	0.003 75	0.006 5	0.008	0.010 5	0.007 2
大叶桉	胸径 (cm)	平均	1.1	1.37	1.35	1.23	1.12			
		连年	1.1	1.65	1.3	0.85	0.7			
	树高 (m)	平均	2.3	2.4	2.02	1.78	1.54			
		连年	2.3	2.5	1.25	1.05	0.6			
	单株材积 (m^3)	平均	0.000 35	0.001 98	0.003 3	0.005 9	0.006 61			
		连年	0.000 35	0.003 6	0.005 95	0.013 8	0.009 35			

高 3.02m，胸径 3.11cm。

桉树的种子小而多，发芽率又高，但幼苗主根穿透能力较差，在地被物较多的林分，很少发现天然更新的幼苗。在草本植物覆盖较低而且土壤较疏松的林分的边缘，虽然有少量天然更新的桉树幼树，但数量不多。由于栽培的历史较短，到目前为止，还没有发现有天然更新成林的实例。

病虫害及防治方法 桉树病害较多，危害严重的有桉苗灰霉病（*Botrytis cinerea*）、茎腐病（*Macrophomina phaseoli*），常导致幼苗枯死，其发病与苗圃管理不善，圃地积水，通风透光不良有关；青枯病（*Pseudomonas sdancearum*）、焦枯病（*Cylindrocladium soporium*）在幼林危害尤为严重。防治应着重加强苗圃的科学管理和预防措施，造林不宜过密，通风透光以及抗病树种的选育。

桉树的虫害也不严重，除苗期外，少有灾害性虫害。常见危害幼苗的害虫有地老虎、蝼蛄、大蟋蟀、白蚁等，这些害虫主要危害幼苗，食害根系或从幼苗根际咬断，造成苗木枯死和严重缺苗，在幼林期，主要有小卷叶蛾、红脚金龟子、油桐尺蠖（*Buzura suppressaria*）、黄星蝗（*Aularches miliaris*）、蓝绿象（*Hypomeces squamosus*）等，危害桉幼树顶梢嫩叶。

防治方法，应着重考虑采取综合营林措施，慎选苗圃地，清除周围杂草，加强苗木管护。虫害发生后，可用农药毒杀或诱杀。

桉树具有生长快速、病虫害少、耐干旱，产材量高，萌芽力强等优良特性，桉材为著名速生硬材，桉树木片，为重要纸浆及纤维原料一些桉叶高含芳香油，经济价值很高，广西南部以至中部广大低丘平缓地区应推广良种桉林；或马尾松疏残林地发展桉树林，可以调整林种结构，改善当地的生态环境。桉树人工林，已基本实现短周期定向培育，较为广泛地采用无性系组培苗和先进的营林技术，在桉树林的经营中，产生了很高的经济和社会效益。

参考文献

[1] 祁述雄．中国桉树．北京：中国林业出版社，1989

[2] 欧阳权等．广西桉树论文集．广西林学会桉树专业委员会，1990

第二节 经济林①

1. 油茶林②

油茶林是广西经济林中主要的人工林类型，包括普通油茶（*Camellia oleifera*）林、小果油茶（*C. meiocarpa*）林、大果油茶（*C. vietnamensis*）林 3 个主要群系。

油茶是我国南方重要木本油料树种，茶油是优质食油兼工业用油。

我国油茶栽培利用已有 2000 多年历史。《山海经》记载，“员木南方食油也。”（员木即油茶。当时南方各省已利用其取油作食用）。至明代油茶栽培已相当广泛。李时珍在《本草纲目》一书中写道：“山茶产南方，树生高者丈许，枝干交加，叶阔似茶叶”。徐光启在《农政全书》中则有油茶和油桐混交造林的记述：“种桐者必种山茶。桐子乏，则茶子盛，循环相代，较种粟利近而久”。说明那时对油茶栽培已有相当经验，并讲究经营方式和效益了。

广西是油茶中心产区之一。昭平、苍梧、驾县等地油茶种类甚多，至今尚有不少野生种。桂南一带的大果油茶（越南油茶）是当地山区群众大约 200 年前由野生转变为家种的。目前岑溪、藤县等地的一些次生林中，尚可看到一二百年生的野生老油茶树。至于桂北龙胜、三江一带的小果油茶（也称江西籽）则是明末清初湘赣边境居民往广西迁徙时随同引种到当地逐步扩大栽培的。

50 年代以来，广西油茶生产有较大的发展。现全区已有油茶林 43.3 万 hm^2，年均产茶油 21 000 余 t。面积和产量均翻了近一番。

---

① 本节由凌麓山汇编

② 执笔人：周启仁

近几年来，各地还注意推广优良品种和改进栽培技术，因而在提高单产上也取得了显著效果。据统计，1979 年全国总产茶油 133 400t，总平均单产为 55.6kg/hm²。广西为 70.5kg/hm²。三江县现有油茶林 30 667hm²，年产茶油 3 100t，平均单产 101.25kg/hm²。该县斗江乡斗江村有一农户 0.61hm² 丰产林，单产达 516.0kg/hm²，林溪乡合华村一农户 0.12hm² 试验林，更高达 634.5kg/hm²；而广西林业科学研究院 0.066hm² 岑溪软枝油茶试验林则更高达 846.75kg/hm²。

分布与生境 油茶在我国的水平分布为北纬 18°21′～34°34′，东经 98°40′～120°41′遍及亚热带和北热带广大区域。垂直分布，主产区常在海拔 1 000m 以下，而以 200～700m 为多，但云贵高原则多在海拔 1 800～2 000m。

广西栽培的油茶主要为普通油茶，也叫中果油茶、小果油茶和大果油茶等 3 种。其中以普通油茶分布最广，栽培面积 30 万 hm²，占广西油茶林总面积的 70%，小果油茶栽培面积 8 万 hm²，占广西油茶林总面积的 18.5%，大果油茶栽培面积 5 万 hm²，占广西油茶林总面积的 11.5%。此外还有博白大果油茶（*C. crapnelliana*），广宁红花油茶（*C. semiserrata*）、宛田红花油茶（*C. polyodonta*）等，但都只小面积栽培，或仅偶有种植。

油茶林在广西的分布，主要分为 3 个区域（表 9-22），其土壤化学分析见表 9-23。

表 9-22 不同气候油茶分布与气象指标

区别	年平均气温（℃）	最热月平均气温（℃）	最冷月平均气温（℃）	极端最高气温（℃）	极端最低气温（℃）	≥10℃积温（℃）	年降水量（mm）	全年日照时数（h）	年平均相对湿度（%）	霜期
Ⅰ	18～19	28.5～29.1	7.8～10.1	39.2	−2～−5	6000～6500	1750～2000	1400～1600	75～77	4～5 个月
Ⅱ	20.8～21.6	28.7～29.1	10.1～12.4	39.7	0～−2	6500～7000	1250～1750	1400～1800	76～78	2～4 个月
Ⅲ	22.2～22.9	28.7～28.9	13.2～14.6	40.6	0～−1	7500～8000	1250～2250	1600～1800	78～79	3～5 天

注：表中Ⅰ是桂北、桂东北、桂东中亚热带小果油茶、普通油茶分布区；Ⅱ是桂中、桂东南亚热带普通油茶分布区；Ⅲ是桂东南、桂西南、北热带普通油茶大果油茶分布区

桂北和桂东北中亚热带小果油茶与中果油茶林分布区。从水平分布来说，北部多以小果油茶林为主，愈往南中果油茶愈占优势。从垂直分布来说，海拔 600～700m 以上多小果油茶；400～500m 以下多中果油茶。如龙胜瓢里、融安雅瑶等北部山区多系小果油茶林，而龙胜都坪、日新、融安大良、浮石等南部山区则多为中果油茶林。中果油茶可北达三江北部，结实正常；但小果油茶至融安南部已少栽培，柳州以南更为罕见；引种到桂南地区生长不良，结果很少。在相同的气候条件下，中果油茶比小果油茶速生丰产；始果期早 2～3 年，常年产量高 2～4 成，盛产期长 10～15 年。

表 9-23　普通油茶林土壤化学分析

采集地点	层次 (cm)	有机质 (%)	NO_3-N (mg/kg)	速效 P (mg/kg)	速效 K (mg/kg)	pH	全氮量 (%)	全磷量 (%)	全钾量 (%)
昭平县	0~16	3.899	2.0	0.9	6.0	5.4			
走马	16~78	0.649	1.0	1.1	5.0	5.6			
大卑山	78~115	0.596	1.0	1.0	10.0	5.5			
凤山	0~24	8.85	1.0	0.8	10.8	4.6			
上林	24~57	3.91	0.2	0.2	26.5	4.6			
巴马山	57~113	3.06	0.2	0.2	34.6	4.8			
临桂	0~25	1.75		1.5	<40	4.5	0.1364	0.052	3.996
凤凰林场	25~70	1.26		3.0	40	4.6	0.124	0.054	3.999
南宁广西林科院	0~19	2.388				4.8	0.119	0.040	0.811
	19~56	1.750				5.1	0.080	0.039	1.352
荔浦	0~24		1.5	1.5	40	6.5			
盘瑶	24~46		1.5	1.5	30	6.5			
唐伯山	46~80		0.8	1.2	25	6.0			

桂中、桂东南亚热带中果油茶分布区。本区正当北回归线两侧，气候温暖，雨量充沛，是中果油茶主要产区，南部兼有小面积大果油茶。由于地貌的变化，中果油茶的垂直分布有所不同。桂中西部的凤山、巴马、凌云、田林等山原地带，油茶林多在海拔 700～800m 以上，生长发育正常，结果累累；但在东部，油茶林多分布于海拔 100～200m 的丘陵，超过海拔 800m，茶树开花结实显著不良，如六万林场种在海拔 800m 以上的油茶林，不论生长结果皆显著较种植在 800m 以下者为差。这是由于海拔较高，风力大所影响。

桂东南和桂西南北热带中果油茶、大果油茶分布区。本区气候高温高湿，夏季漫长而炎热，冬无严寒，也是大果油茶、博白大果油茶的适生之地，中果油茶亦适应于此。愈往南大果油茶分布愈多，生长愈好，而海拔愈高则中果油茶愈占优势。大青山林场海拔 100～200m 的大果油茶林长势优于中果油茶林，上至 700m 处则前者明显不如后者。结实情况：中果油茶比大果油茶早 3～4 年进入盛产期，产量较稳定。

从上述不同气候带油茶群系的分布规律表明，中果油茶群系居重要地位，不仅适应于各气候带，分布遍及全区，又比其他油茶群系速生丰产，因而向为油茶人工林的主要栽培种。

群落学特性　如前所述，广西油茶林的主要建群种为小果油茶、普通油茶、大果油茶，茶农习惯将其分别称为寒露籽（早熟品种）、霜降籽（中熟品种）和立冬籽（晚熟品种），又根据各品种类群的果形和果色分为红皮、黄皮、青皮；球形、桃形、脐形等不同品种。如红球、黄球、青球，红桃、黄桃、青桃等等。这些品种类型的分布有一定的规律性。一般高纬度地区红皮类型较多，低纬度地区青皮类型较多；高海拔山地红皮类型较多，低丘平地青皮类型较多。从经济性状看，红皮、黄皮的种仁含油率比青皮类型高 3%～5%，抗病力也较强。

由于长期人工选择的结果，目前广西各地的油茶林，出现了不少优良品种类型。其中栽培面较广、经济效益较大的普通油茶有岑溪软枝油茶、葡萄油茶、三门江中果茶、凤山中果茶等；小果油茶有孟江油茶；大果油茶则有陆川大果茶、宁明大果茶等。其中特别是岑溪软枝油茶，具有株型结构好，生长快，结果早，产量高，较稳产，油分高，油质好，抗性强等特点，目前该品种在区内已推广到 30 000hm²，区外引种的已达 10 多个省，效果都比较好。

广西的油茶林，通常于早期实行农茶间种，即林地经炼山开垦后，先种农作物 1 年，第 2 年方同时种上油茶，3～4 年后油茶树长大成林，乃停止间种农作，专门经营油茶。有的则还在种油茶时，同时间种油桐，实行农、桐、茶混种，7～10 年后，桐林败，油茶进入结果盛期，乃专门经营油茶。

对于成年的油茶林，通常在茶果成熟前进行一次铲山，铲光林地，以便于扫集茶子。普通油茶（中果茶）和大果茶，则通常采取自树上摘果的办法，林地是在成果期间进行一次“铲山”抚育。还通常每隔 2～3 年于冬季垦复或于夏秋之间进行一次浅垦，将杂草灌木埋于土中。有的地方有三年一小垦，五年一大垦的习惯。

由于上述的经营方式，广西油茶林的林分组成和结构都比较单纯，林地的地被物种类一般均不复杂。如经营比较粗放，林地则有杂草、灌木入侵，并以立地条件的不同，而形成不同的群落。

（1）白茅油茶林 为广西全区各地比较普遍的一种茶林群落类型。建群种有普通油茶，也有小果油茶和大果油茶。灌木层主要有柃木。草本层植物的总覆盖度可达 80%～90%，而高度 50～80cm。其中，主要优势种为白茅，次则有铁芒萁，纤毛鸭嘴草（*Ischaemum cillare*）、小叶海金沙等。此种林分，油茶一般高 3～4m，产量中等，茶果约 1 125kg/hm²。

（2）铁芒萁桃金娘油茶林 本类型以普通油茶和大果油茶为主，常见于南亚热带和北热带丘陵台地。土壤多砖红壤，干旱瘠薄，坚硬板结，表土有时有粒状石砾，透水保水能力差，强酸性反应，有机质含量仅 1%左右。油茶生长不良，树冠矮小，叶色枯黄呈小老树状，育芽能力弱，花果稀疏，产量很低，产茶果仅 100～200kg/hm²。林地空隙度较大。灌木层以桃金娘占优势种，覆盖度可达 30%左右，高度 80～100cm，其他尚有岗松、算盘子、大青（*Clerodendron cyrtophyllum*）等。草本层以铁芒萁占优势，还有蜈蚣草、华三芒草（*Aristida chinensis*）、扭鞘黄茅（*Cymbopogon tortilis*）等。有时，尚有层外植物海金沙、野葛藤缠绕油茶树枝，影响生长。

（3）五节芒野牡丹油茶林 本类型以中果油茶和小果油茶为主，多见于中亚热带山地红壤或黄壤，土壤较深厚肥沃湿润，油茶生长较佳，树高 3～4m，冠幅、冠高均为 2.5～3m。结果量中上水平，加强垦复护理，产量可倍增。如荔浦县栗木乡盘瑶村王家厂、铜境一带，此类林分每公顷产果可由 1 500 多 kg 增至 3 000 多 kg。灌木层以野牡丹占优势，间有少量盐肤木、白背桐，高度 1～1.5m，覆盖度 20%左右。草本层以五节芒、芒草（*Miscanthus* *sinensis*）为主，高度 1.8～2m，盖度约 12%，间有少量野古草（*Arundinella hirta*），其他还有淡竹叶、弓果黍（*Cyrtococcum patens*）、铺地锦、星宿草（*Lysimachia fortunei*）、卷柏等，高度 50cm 以下，覆盖度约 35%。

(4) 五色莓野牡丹油茶林　本类型以中果油茶为主，此类林分多见亚热带低山地区，亦系立地条件较好的类型。土壤较肥沃深厚，含水量亦较高，多为山腰以下地带，油茶生长较好，经过垦复，产量明显上升。此种林分一般株行距较大，约 3m 左右，林中空地上有少量樟树、枫香、杉木、野漆、粗叶榕、野牡丹等散生乔灌木，其他活地被物有五色莓（*Lantana camara*）金樱子（*Rosa laervigata*）占优势外，尚有多种悬钩子、菝葜、蔓生莠竹、芒、乌毛蕨、卷柏等。

生长发育及演替规律　油茶的个体发育，一般分为幼林期、初产期、盛果期和衰老期 4 个阶段。其进程如下：

幼林期：1～6 年生，为营养生长阶段。1～3 年生长缓慢，3 年生树高 1m 左右；4～6 年生长加速，树高可达 1.5～2m，冠幅 1.5m 左右，冠长略小于树高，枝叶较繁茂，结果的立体结构形成。

初产期：6～10 年生。营养生长旺于生殖生长，树体继续增高增大，开始结果并逐年增加，产果 75～900kg/hm^2。

盛果期：10～50 年生。营养生长趋于稳定，树体基本定形，树高 3.5～4.5m，冠幅2.8～3.5m，冠长 2～3m，树冠交错，郁闭度 0.8～1.0。生殖生长随树龄增加而益旺，大量开花结实，丰产林分产茶果可达 7 500kg/km^2 以上。但有大小年现象，每 3～4 年为一丰产周期，一般是大—小—中—大。大小年产量相差 4～5 倍，中年则比小年高 1～1.5 倍。

衰老期：50～70 年。或更长些，长势衰退，抽梢少而细短，枯枝多，树冠稀疏，育芽能力锐减，花果疏落，产量下降，产果 350～600kg/hm^2。此种林分，如缺乏抚育，则杂灌丛生，终至变为杂木林。如加强垦复管护，则仍可保持一定的结实能力，产果期甚至可延至百年左右。

气候因子与生长发育的关系

(1) 光照条件　油茶是喜光树种，全年日照时数的下限为 1 400h，1 800～2 200h 是高产林分一个自然因素指标。广西油茶群系大多处于 1 600～1 800h，地形地势对油茶开花结实有明显影响。同一地点，树龄相同的油茶林，因坡向不同而生长发育迥异。阳坡日照时间较长，油茶生长良好，冠形完整，枝条充实，花芽多而饱满，花期较早而整齐，果实饱满而有光泽，较早成熟，产量较高，含油量也较高。阴坡上的油茶，枝干向高生长，枝条纤细，树冠较小而稀疏，花芽分化少，花期稍迟而不整齐，果实多粗糙的青皮类型，较晚熟，产量低，含油率也较低。如柳州三门江林场同是 28 年生，坡度基本一致的普通油茶林，阳坡比阴坡的花芽数多 29.8%，结果数多 64.9%，出籽率高 4.8%，生理落果率低 36.8%，含油率高 1.86%～2.38%。龙胜都坪的情况亦然（见表 9-24）。

表 9-24 造林地坡向不同油茶林生长发育的差异

坡向	新梢长（cm）	新梢中径粗（cm）	花芽数（枚）	叶芽数（枚）	平均产（kg/hm²）	出籽率（%）	出油率（%）	千粒重（g）
阳坡	5.7	0.17	32	158	850.5	49	28.0	2010
阴坡	7.4	0.14	25	185	625.5	27	18.5	1330

从表 9-24 看出，阳坡油茶比阴坡粗壮，花芽分化较多，产量高 36%，出籽率高 81%，出油率高 51.4%。

(2) 温度 油茶性好温暖湿润气候，忌严寒，特别忌长期霜冻等恶劣气候条件。普通油茶要求平均气温 14～21℃，最冷月平均气温不低于 0℃，短时间的极端最低气温－10℃尚能渡过，最热月平均气温 31℃，极端最高气温 42℃。相对湿度 74%～85%。≥10℃年积温应在 6 500℃以上。广西各地的热量分配能满足油茶的要求。温度对油茶的年生长影响并不明显，但对阶段发育和生殖生长则影响较大。原产桂南高温地区的大果油茶和博白大果油茶移至桂北几不结果，即系有效积温不能满足阶段发育的需要所致。这两种油茶原产地≥10℃的积温为 7 500～8 000℃，桂北只有 6 000～6 500℃，相差悬殊，亦如热带果树引至亚热带地区难于开花结果道理相同。

在生殖生长过程中，温度对花芽分化形成、开花受精和油脂转化的影响至为重要。

花芽分化：27～30℃最为适宜，低于此不易通过。花芽分化的早迟取决于适宜温度来临的快慢，故同一品种类型花芽形成的时间桂南比桂北早 15～20 天。

开花授粉：16～20℃的晴暖天气最适于油茶开花授粉。油茶花期在初冬季节，长达 1 个月以上，在此期间北方寒潮开始入侵广西，使油茶开花授粉的气温难以稳定。一般说来，油茶开花授粉过程对温度的上限反应不明显，而对下限十分敏感。气温降至 16℃以下，破绽的蓓蕾迟迟不放，10℃时基本不开放，柱头干枯，花药极少散粉。低温霜冻直接破坏花器官，花药、柱头萎缩，5℃左右，花粉萌发率只有 0%～4%，0℃全无发芽能力。低温时间延续过长则花蕾脱落。油茶是虫媒花，主要靠土蜂传粉，气温低于 10℃，土蜂潜藏，影响授粉，造成大量落花。可见低温直接间接均能导致减产，故应注意地形选择，利用小地形以避开不利于油茶开花授粉的生态地理环境。

油脂转化：油脂由糖类转化而来，系一复杂的生化过程，在此过程中，白天气温高，夜间气温低，即温差较大，有利于不饱和脂肪的形成。茶油成分 90%以上是不饱和脂肪酸，其转化过程在茶果成熟前一个月，即秋末冬初时节，故在温差大的中亚热带地区和高海拔地带的油茶林，种子含油率一般较高。

(3) 水分 年降水量 1 000～1 500mm 以上且分配较均匀，适于油茶生长发育。秋旱不利于壮果长油，“7 月干球，8 月干油”的农谚，反映了水分分配失调，细胞缺水，细胞液酸度增高，抑制了脂肪酶的生理活性，不利于油脂酸转化形成。水分缺乏，同化作用减弱，有机物的合成、运转能力下降，干物质积累减少，果实干瘪。花期干旱或阴雨连绵妨碍开花授粉，导致大量落蕾。土壤含水量以25%～35%为宜。低于20%或处于饱和状态，不利于根系发育和吸收，若低于17%即受旱害。故在森林覆盖率较大的林区，油茶产量比较稳定，红壤和山地黄壤的油茶，较之砖红壤的油茶高产。

（4）**霜冻** 早霜影响开花授粉，晚霜造成幼果脱落，都是油茶丰产的抑制性因素。

垦复施肥与生长发育的关系 垦复施肥，改善油茶立地条件，保持其营养生长与生殖生长的协调与稳定，是夺取高产稳产的有效办法。垦复的作用在于疏松土壤，改善土壤理化性质，增强透水保水能力，利于微生物活动，加速养分分解，促进油茶生长发育；施肥更是保持土壤肥力平衡的重要措施。荔浦县原栗木乡盘瑶村试验材料说明，垦复施肥能促进油茶生长发育（见表9-25）。

表9-25 荔浦县盘瑶村40年生油茶垦复施肥的效果

试验内容	树高（m）	根径（cm）	冠幅 东西（m）	冠幅 南北（m）	结果数（个）	比对照增长（%）	花芽数（个）	比对照增长（%）	新梢长（cm）	比对照增长（%）
全面垦复	2.9	6.6	3.6	3.4	187	379.4	260	126.1	8.5	13.3
带状垦复	3.0	7.0	3.1	3.1	161	312.8	153	33.0	7.7	2.6
全垦＋尿素	3.2	9.1	3.0	2.9	184	371.7	448	289.7	7.9	5.3
全垦＋氮磷肥	2.8	8.7	2.5	2.9	326	735.8	607	427.8	13.0	73.3
铲草抚育	3.2	8.5	3.1	3.0	150	284.6	309	168.6	9.2	22.6
荒芜对照	3.4	5.7	2.4	2.8	39	—	115	—	7.5	—

从表9-25可看出，垦复比不垦复的荒芜茶林有极明显的增产作用，结果数高3倍多，花芽数多1倍多。垦复后再加施氮磷肥其增产幅度更大，结果数多7倍以上，花芽数多4倍以上。

油茶林垦复的效果，还可从茶油总产和单产的具体变化看出。盘瑶村有油茶林133hm²，过去隔年铲山，护理较差，茶果总产150～200t，平均1 125～1 500kg/hm²，折油67.5～90.0kg。1969年以后，经过垦复并坚持连年铲山护理，茶果产量得到明显上升。1970年总产400t，平均3 000kg/hm²；折油180kg；1971年总产450t，平均3 375kg/hm²；折油202.5kg；1972年总产465t，平均3 487.5kg/hm²，折油210kg。连续几年，产量都比垦复前增长1倍以上，并且出现了较大面积连续3年稳产丰收的油茶林。1973年虽是小年，总产茶果仍达255t，平均1 912.5kg/hm²，仍比垦复前增产27%。

广西油茶林区大多也是马尾松林区或杉木林区，不少地区的油茶林常寓于马尾松林或杉木林海之中。油茶一旦弃荒，松树飞籽入侵，逐步形成为松茶混交林，最后变成铁芒萁油茶马尾松林，或是五节芒野牡丹油茶杉木林。这是常见的2种类型，尤以铁芒萁油茶马尾松林最为普遍，据调查全区约有3万多hm²，油茶林演替成此类松茶混交林，丧失了产油经济效益。

另一类是在立地条件较好之外，邻近又有天然杂木林，则荒芜油茶林常为樟树、荷木、枫香、山苍子、野桐等侵入，同时亦间有松树形成杂灌木油茶松树混交林，油茶也失去了生产价值。

病虫害及其防治方法 油茶炭疽病（*Glomerella cingulata*），无性世代（*Colletotrichum gloeosporioides*）侵害果实、叶、花蕾，引起落果、落蕾，严重时叶片落完，枝条枯死。早期可以摘除病果、病叶烧毁或喷酒1%波尔多液预防。

油茶毒蛾（*Euproctis pseudoconspersa*）幼虫食害叶子，大发生时把叶子吃光，严重减产以至失败。可以灭蛹，摘除卵块烧毁，药剂喷杀幼虫，也可喷洒白僵菌、青虫菌、杀螟杆菌。

油茶尺蠖（*Biston marginata*）危害情况，防治方法同油茶毛虫。

油茶象鼻虫（*Curculio chinensis*）成虫危害茶果，吸取种仁液汁并产卵其中，幼虫孵化后就在果内蛀食种仁，造成落果和空壳。成虫有假死性，可震动树枝使其受惊落地集中杀灭之；在晒场可用敌杀死粉毒杀从果内爬出幼虫，或用敌百虫乳剂喷杀；如在水泥地坪上，幼虫出果后，不能入土而死亡。

此外，油茶林还普遍受桑寄生植物（*Loranthus* spp.）危害，油茶林冠几乎全被侵盖，严重妨碍油茶的正常生长，导致低产、衰败。必须彻底清除寄生枝、恢复油茶林相，产量方可上升。

油茶是优良木本油料植物，适应广，收益期长，产量高，油质好。茶油占全区食油量的1/3～1/2，与人民生活关系密切，也是良好的轻化工业和医药原料。茶油富含不饱和脂肪酸，易为人体吸收，常食茶油可抑制胆固醇增生，有益于健康。茶麸可作土农药和有机肥料，也可沤制沼气或提取皂素。茶果壳、种壳可制茶碱、糖醛、活性炭等多种化工原料。

油茶可种上山，不与粮、棉争地，投工比草本油料少，产量也不低，科学种植，每公顷产茶油可达750kg以上。广西山多田少，大力发展油茶，逐步实现食油木本化，是解决食油的重要途径。为了进一步搞好广西油茶生产，建议注意以下几项工作；

要进一步抓好新茶林的扩种，建设新的商品油基地。重点发展普通油茶，大力推广岑溪软枝油茶等良种；对小果油茶、大果油茶等则应选择优良品种或类型，分别在桂北、桂南适当发展。

要对现有的油茶林，应大力抓好垦复、改造，提高单产，这是现有茶林经营管理中的当务之急。

要实行油茶基地集中发展与非基地自给性分散种植相结合，后者在桂南地区尤为需要。

要在发展新林时，应充分注意油茶的生物学特性和生态特性，适地适树，并改进栽培技术，向园艺化方向逐步过渡；积极选育优良无性系，实行无性繁殖造林。当前则尤其要做好良种母树林和种子园的营建工作，以适应良种化的需要。

2. 油桐林[①]

---

① 执笔人：凌麓山

广西的油桐林，包括光桐（*Verincia fordii*）林和皱桐（*V. montana*）林两个群系，其分布区域、栽培面积和经济价值，是仅次于油茶林而居全区第二位的人工林类型。

我国栽培油桐，有悠久的历史，远在唐代，即距今 1 200 多年以前，已经有关于油桐的记载，宋、明以后，其记述就更多了。

广西栽培油桐的起始，据推断仅稍晚于唐，至迟在明代已有一定面积。其引入途径，因不同的分布区域而异。据调查，桂北和桂东北栽培的光桐，系自湖南引入；而桂西北和桂中西部栽培的，则系自四川、贵州引入。皱桐为广西原产。

广西油桐的发展，大致可分为 3 个阶段：20 世纪以前；20 世纪初至 40 年代末，50 年代以后至今。

19 世纪中叶以前，我国对桐油的利用，主要为涂抹农具、家具、雨伞等，少量用以制漆、医药和照明，需要量有限，故栽培面积亦有限。19 世纪中叶，外商携带桐油出口，试用于涂料工业，获得良好效果，以后便渐次成为涂料工业的重要原料，需要量与日俱增。于是刺激了我国油桐生产的发展。20 世纪的 20～30 年代，是广西油桐迅速发展时期，由于扩大了桐油的对外贸易，促进了投资，各种种植公司，如雨后春笋般地建立起来。到 1939 年，广西桐油总产量已达 19 500t，栽培面积达 266 000 多 hm^2，这是迄今为止广西桐油产量和种植面积的历史最高水平。但 40 年代以后，由于日寇侵入，外销阻断，桐油产量和植桐面积便均逐步下降。至 40 年代末，全区桐油产量已降至 9 700 多 t，仅及 1939 年产量的一半；桐林面积亦缩小至 16 万多 hm^2，较 1939 年减少了 10 万 hm^2。

50 年代初，随着国民经济的恢复和第一个五年计划的开展，广西油桐生产，又得到了一定的恢复和发展。到 1957 年，全区桐油产量达到 10 050t，桐林面积恢复到 17 万 hm^2。但自 1958 年以后，又由于各种原因，油桐生产亦每况愈下，到 1976 年，全区桐油产量仅 5 000t，桐林面积 8 万 hm^2，是近 50 年来的最低点。

1979 年以后，由于落实一系列的农村政策，广西油桐生产又得到一定发展。1958 年以后至 1976 年以前，广西年产 500t 桐油的县只有都安 1 个县，但至 1990 年，田林、隆林、天峨、东兰、乐业、凌云、西林等地，均相继达到年产 500t 油；其中田林产油 1 800t。全区桐油产量已达到 16 887t。

近年来，广西油桐林的发展，还表现为造林质量的提高。由于逐步实现了良种化和改进栽培技术，桐油的单位面积产量也得到了提高。在良种化方面，除大力推广光桐优良地方品种，建立优良品种提纯复壮母树林和种子园，使这些优良品种逐步得到推广外，还注意发挥本区自然条件的优势，大力推广种植高产、长寿、抗病的皱桐。1975 年全国第一批皱桐高产无性系于广西育成，其中最好的一个无性系桂皱 27 号创造了每公顷产桐油 1 485kg的全国最高纪录，也超过美国 70 年代桐油产量最高纪录。至 1990 年，全区已推广光桐优良品种 13 个，光桐和皱桐的高产优良无性系 18 个，在 8.7 万 hm^2 的桐林中，良种林达 3.875 万 hm^2，占栽培总面积的 44.49%。在栽培技术上，也作了许多重要的改革和提高，如推行嫁接繁殖，实行栽培技术园艺化等，这些均对提高单位面积产量起了重要作用。

过去，全区桐油大面积平均单产为60～75kg/hm²，1990年平均为194.1kg/hm²。小面积高产桐林超过了500kg/hm²。

分布与生境

（1）光桐林 光桐林在我国的水平分布，约为北纬24°30′～33°30′，东经98°～122°。其中心产区则为北纬26°～31°东经106°～111°的四川、贵州、湖南、湖北4省毗连的丘陵山区。垂直分布通常在海拔1 000m以下，而以海拔300～700m分布最多。但在云贵高原，垂直分布最高可达海拔2 100m（云南省会泽县原鹧鸪乡）。

广西的光桐林，主要分布于桂北、桂东北和桂西北，少数分布于桂中岩溶盆地。地理位置约为北纬22°50′～26°20′，东经104°90′～112°。但垂直分布亦以海拔300～700m的中丘至低山为多。桂西北的隆林各族自治县岩茶乡达1 300m。

光桐是一典型的中亚热带树种，要求年均温不低于15℃，不高于20℃，而以16～17℃最为适宜。当年平均气温超过20℃时，则生长和发育均受抑制。极端最低气温虽可耐－10℃，甚至短时的－15℃亦能经受，但一般以不低于－8℃为宜。另一方面，光桐又要求有1～2个月平均气温不超过10℃的低温休眠期，1月份的均温以3～5℃最为理想。不能满足这一短期低温休眠的要求，桐树的生长发育也将受到显著不良的影响。表现为早衰、易罹病虫害和结实不良。晚霜和雾凇对桐树的生长发育也有不良影响。桐树花期（3月下旬～4月上、中旬）遇晚霜或雾凇，严重的将导致大减产或甚至失收。产区群众谓之“冻桐花”。

光桐对水的要求也很高，年降水量不能低于800mm，结果期降水量不能低于500mm。低于这一限度，特别是果实壮大和油脂形成季节水分供应不足，将产生十分不良影响。桐农有“七月干果，八月干油”之说。

光桐对土壤的要求，以砂岩或页岩风化、富含有机质和氮、磷、钾元素的沙质壤土为宜。土壤pH值不低于5.8，不高于7。土壤含有一定的钙，不论对桐树的生长发育或桐籽的含油量，都十分有利。此外，还要求微量的锌、硼、锰，否则将引起桐树的生理性病变，甚至导致死亡。

中国光桐的栽培区域区划分为3带8区[7]。即栽培中带、栽培北带、栽培南带。按照这个区划，广西属栽培南带，分为东区、西区和中区。

南带东区（桂北和桂东北区）。本区属中亚热带地带，其南缘与南亚热带北缘相接，地理位置约为北纬24°10′～26°20′，东经107°～112°。为南岭山地南面和黔桂山原东段。年平均气温自北向南由17℃逐步增至20℃，1月平均气温由7℃逐步增至10℃，极端最低气温－2～－5℃，全年无霜期245天以上；年降水量1 600～2 000mm，年平均相对湿度80%。地貌特点是低山丘陵（海拔250～800m）占总面积60%以上。在北纬25°以北，海拔250m以下的低丘，桐树生长良好，发育正常，病虫害亦少；北纬25°以南至24°附近，桐树在低丘（250m以下）生长已显著不良，易罹枯萎病（*Fusarium* spp.）害，往往正值结果旺龄，桐树遭病毁灭。

本区为广西杉木和油茶的主要产区。因此，本区桐林作业，多行光桐与杉木混交造林或光桐与油茶和小果油茶混交造林，习惯上称其为桐杉混交和桐茶混交。此类桐林，约占本区桐林总面积的70%以上。

本区桐林的纯林经营，主要见于越城岭、都庞岭、萌诸岭海拔600～700m和西部山原海拔600～1 000m的山地。年平均气温16～17℃，1月平均气温3～5℃，土壤为黄壤，pH值6～6.8，有机质含量不低于1.5%，全氮含量不低于0.15%，有效磷、有效钾的含量均不低于0.1%。在这样的立地条件下栽培光桐，林分结构比较稳定，桐树寿命可长达40～50年。而上述桐杉混交，则其林分结构是十分不稳定的，一般5～7年杉木成长起来，桐树即被压处于下层，生长不利。

由于地形的限制，本区光桐，多为小面积栽培，一般不超过3～4hm²，很少有达到10hm²以上的。其位置通常在山腰以下的缓坡地，或山麓处。近年来，有的地方由于强调大面积连片栽种杉木、油茶，而不适当地将油桐种至山脊、山顶，其生长发育均显著不良。

光桐在本区的垂直分布，由于受雾淞的限制，最高上限为海拔800m（龙胜县平等大南山麓）。桐杉混交和桐茶混交，则通常不超过700m。

本区的自然条件，是广西光桐的最适生区。故本区历史上曾是广西桐油的主要产区，产量约占全区总产的60%～70%，著名的“抚河油”即产自本区。全州、龙胜、三江、融水、融安、昭平、贺州等地，年产量均曾超过500t，有的甚至近1 000t。但至今尚未恢复，目前本区桐油产量只及广西总产的20%左右。但其发展潜力却仍然很大。

南带西区（桂西北区）。地理位置约为北纬24°～25°，东经104°30′～107°30′。本区气候特点是干湿季节十分明显，雨量多集中在5～8月，9月以后雨量稀少，年平均相对湿度不到70%。因此，本区光桐的垂直分布一般多在海拔300m以上的高丘至低山，250m以下的低丘，光桐生长不良；在西北山原800～1 000m高处，桐树生长良好，其上限可达1 300m（隆林县岩茶乡龙岩村）。超过1 300m，则尚未见有光桐林的分布。至于与西北山原略成垂直走向的东风岭、都阳山地，即“东（兰）、巴（马）、凤（山）”桐油产区，气候较温和，桐林分布多在海拔500～700m。

本区光桐的经营方式，多为纯林种植。近年来，随着杉木、油茶种植区域的扩大，始有桐杉混交造林和桐茶混交造林。但由于此种造林方式，能收到以短养长，长短结合之效，深受群众欢迎。

本区光桐林面积，目前约占广西全区光桐林总面积的50%～60%，桐油产量占全区总产量的60%～70%，全区7个年产500t桐油的县，都在本区。

南带中区（桂中岩溶盆地区）。本区地理位置约处北纬22°50′～24°10′，东经104°30′～108°50′。年平均气温19～21℃，1月平均气温10℃左右，土壤为砖红壤性红壤和岩溶坡积土。

从油桐的生态特性来看，本区业已超出光桐的适生范围。因此，本区栽培油桐，或则选择在垂直带上，或则利用岩溶盆地边缘坡积物特殊小环境。其中尤以岩溶坡积物零星种植长期混农作业的光桐数量最多，成为本区光桐林的一个特点。此等桐林，在桂西南的大新、天等、平果、德保、田东、田阳、上林、马山以至都安、巴马的西南部等地，均广为分布，故桐油的产量仍相当可观，目前约占全区总产的10%。

(2) 皱桐林 皱桐在我国的分布区域为北纬19°～30°，东经98°～120°，其垂直分布通常不超过海拔500m，习见于300m以下。广西是皱桐林的原产地之一。按中国油桐栽培区划[7]，广西属皱桐的中心栽培区。

皱桐对水、热的要求，都较光桐为高，耐低温的能力，则较光桐为弱。年平均气温低于16℃，极端最低气温低于－5℃，均不宜于皱桐生长。在年平均气温18～22℃条件下，皱桐生长良好。其分布的中心区。降水量通常在1 200mm以上。皱桐冬季虽也落叶休眠，但其休眠期较光桐短20～30天。休眠期的月平均气温，可以超过10℃，中心产区多为12℃上下。

皱桐叶、芽等植物体器官的解剖构造，也与光桐有明显的差异。皱桐叶的气孔数，较光桐多20%～30%；每日开放的时间，较光桐长1～2h；皱桐的芽鳞，亦不若光桐紧复；而皱桐的根系，则不论就垂直分布或水平分布都较光桐发达，整个植物体，亦较光桐为大。

皱桐对土壤的要求则较光桐耐酸性土。在pH值4.5～5的砖红壤性红壤上，只要土层深厚，土壤疏松，皱桐也能生长良好。

从皱桐的生态特性来看，广西全境的自然条件，除少数海拔较高的山区外，都能适宜其生长发育的要求。据调查，即使在北纬26°10′，海拔高达600～700m的龙胜各族自治县平等乡；北纬26°20′，海拔高500m左右的全州县庙头乡、文桥乡，资源县车田乡、梅溪乡等地，都有皱桐的自然分布。特别是近年来推广的皱桐高产无性系，在资源县境内越城岭海拔600～700m的山地上，也生长良好。

由于皱桐是雌雄异株植物，在用种子进行营林的情况下，雄株通常占植株总数的50%以上，不结实的植株太多，从而在客观上大大影响了群众的造林积极性。过去皱桐的分布多偏于桂南，而且多零星栽植于村前宅后，四周两旁，很少有连片栽培的。直至1975年，广西林业科学研究所选育成功皱桐高产无性系，推行嫁接繁殖，解决了半数以上植株不结实问题，产量成倍增加，这才使皱桐生产逐步得到发展。

目前，首批选育成功的4个无性系已推广至全区50多个县（市），造林总面积达7 000多hm^2，并仍在发展中。

广西油桐的分布状况如图9-2。

群落学特性

(1) 光桐林 广西的光桐林，有3种经营方式：纯林经营；混农作业；桐杉混交和桐茶混交。经营方式不同，选用品种和栽培技术也不同，因而在群落的组成和生长发育上也有一定差异。

如前述，广西的光桐，主要是分布在中亚热带南岭山地和桂西北山原，而且群众通常是在常绿槠栲类的采伐迹地上，炼山造林，或者以长有五节芒、蕨、美丽胡枝子（*Lespedeza formosa*）等占优势的地段炼山种油桐，都能获得满意的效果。

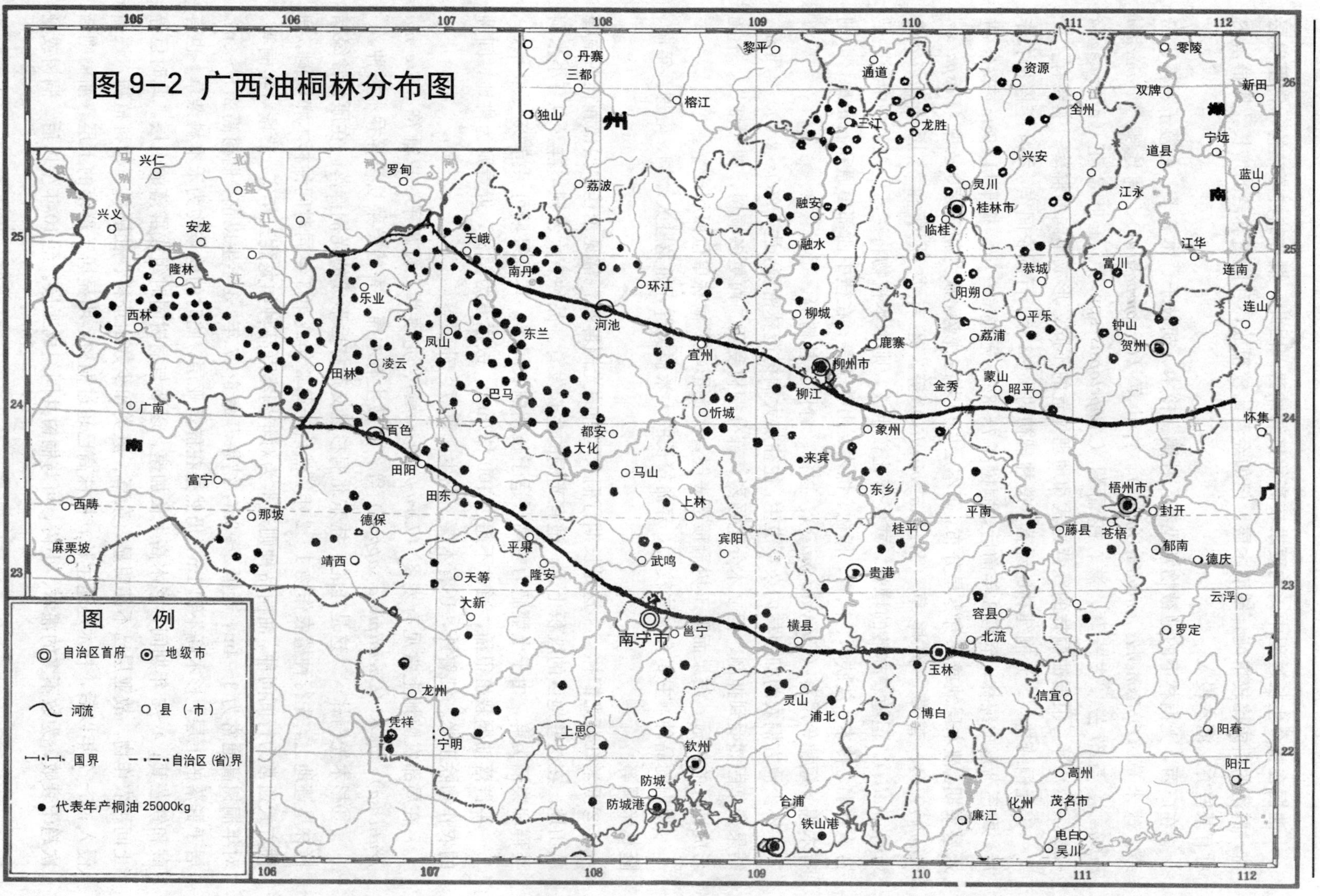

图 9-2 广西油桐林分布图

油桐在整个生长过程中，均要求较高的集约经营。因此，桐林的群落结构，常呈单层林，群落的组成比较单纯，缺灌木层。但如经营比较粗放，和随着林龄的增长，则群落内可有某些乔、灌木侵入。

在广西，光桐林下的地被物常见有：杜鹃、柃木、胡枝子、木姜子、金樱子、榕、白茅、球米草（*Oplismenus undulatifolius*）、竹叶草（*O. compositus*）、铺地黍（*Panicum repens*）、五节芒、铁芒萁、蕨、蛇葡萄（*Ampelopsis* spp.）、玉叶金花（*Mussaenda pubescens*）等。根据油桐林的经营方式和地理位置的不同，形成不同的群落。主要有：

①光桐纯林　光桐纯林的经营，造林最初的1～3年，行桐农间作，第4年停止农作后，即逐渐形成纯林，至第8年前后，桐树高7～8m，冠幅6～7m，树干粗15cm左右，进入盛果期。灌木层缺或偶有零星分布，草本层以白茅占优势，次为扭黄茅、雀稗（*Paspalum thunbergii*）、菅草、狗尾草（*Setaria viridis*）等。还有龙须草和马唐（*Digitaria sanquinalis*）。但随着林龄的增长，或经营比较粗放，则木本植物将逐渐侵入，在中亚热带常有杜鹃、柃木、盐肤木、枫香、樟树、檫木、山苍子等；在桂中西部山原和石山地区，则有木棉、短穗鱼尾葵（*Curyata mitis*）、香椿、青冈、朴树等。

不少地方桐农为抑制林内杂草滋生，往往加大桐树造林密度，达1 200～2 400株/hm²。结果杂草固然受到抑制，但立木分化强烈，部分桐树受压。而更多桐树，树干细长，不能形成良好的树冠，结果面限于树冠顶部表层，大大影响了桐林单位面积产量。

光桐的品种，主要有树体较大，寿命较长的大米桐类群，如龙胜大蟠桐、南丹百年桐、隆林米桐等。

②玉米红茹光桐林　这是长期行桐农间种的光桐群落，常见于桂中西部和桂西南峰丛山地。在这些地区的坡积土上，适宜光桐的生长发育。品种有大米桐类群，也有小米桐类群和柴桐类群，由于土壤肥力较高，适于长期桐农间作，其盛果期可保持25～30年。

本群落油桐栽植很稀，通常不超过100株/hm²，故远看为桐林，近看则为耕地，间种的农作物除玉米、红薯外，还有木薯、花生、黄豆、茹菜等。

在局部农隙地上常见有麦冬（*Liriope spicata*）、龙须草、算盘子、鬼画符（*Breynia fruticosa*）、苏木（*Caesalpinia sappan*）等，并散生有木棉、香椿、莱豆树等乔木树种。

③杉木光桐林　这是桂北、桂东北桐杉混交造林后形成的光桐群落。在原为常绿楮栲林垦迹地上，先行种植农作物1～2年，然后于第2年或第3年同时间种杉木和油桐。间种方式通常为行间间种。油桐品种则通常为对年桐类群品种如龙胜三年富、恭城对年桐等。对年桐树高通常为3～4m，冠幅2～3m，结果寿命6～7年。3年生以前，桐树高2.5～3m，居于群落的上层，杉木高不到1m，仍然处在群落亚层，此时的地被物为禾本科杂草，也有蕨和铁芒萁；4～5年期间，杉木高生长加速，逐渐与桐树同时组成群落的上层。此时已停止间种农作物。故亚层已不甚明显，杂草、蕨类和少数山茶科、杜鹃科、樟科植物，逐渐侵入；5～7年以后，杉木迅速生长，植株高已超过桐树，明显居于群落的上层，油桐则渐次趋于衰败，为数不多的灌木、小树，可与桐树共同组成亚层。至10年生以后，桐树或则

已自然衰败，或则已人工伐除，在群落内已所剩无几，整个群落成为杉木纯林。

杉木是一种喜光性中庸的树种，在幼苗期间需一定庇荫；在幼树阶段，亦以具适当庇荫方有利幼树之生长。因此，在营造杉木林时，如造林密度保持每公顷 1 200～1 500 株，则实行此种桐杉混交，不论在群落结构或经济效益上，都是适宜的。需强调的是组成此等人工群落的光桐，必须是对年桐类品种。

④油茶光桐林　　本类型常见于桂北、桂东北和桂西北。其造林方式亦如上述杉木。在垦荒地上，先种 1～2 年农作，然后于第 2 年或第 3 年同时间种油茶和油桐。有两种间种方式：一为桐、茶同穴混种；一为行间间种。油桐品种仍为对年桐类群品种如恭城对年桐、龙胜三年富等。油桐比油茶速生，1 年生桐树高可达 1～1.2m，而油茶一般不过 0.3m 左右；2 年生时，桐树高可达 2m 左右，并开始结果，而油茶树高仍不过 0.5～0.7m；到 3～5 年生，油桐树高一般 3m 上下，而油茶树高则为 1～1.5m，前者居于群落的上层，后者居亚层，地被物常见的有白茅、球米草、乌韭、蕨、铁芒萁以及柃木、杜鹃、榕、玉叶金花等。至第 7～8 年，桐树业已衰败，而油茶则高可达 2m 上下，并开始开花结果。桂北农歌：“三年粮，五年桐，七年茶籽满山红”便系指此。此时的群落结构，显现残败的桐树，虽仍居群落上层，但已参差不齐，优势种已为油茶所代替，油茶光桐群落，演替为白茅油茶群落。

油茶光桐混交，也具重要的经济意义，同时具生物学基础。成年的油茶树，性喜光，但幼年的油茶树，则需一定庇荫；油茶为浅根性树种，其根系的密集区在土层深处 15～25cm 处，而油桐则根系深入土中较深，密集区通常为 25～40cm 深处；油茶亦不若油桐速生，在造林的 1～5 年，油茶生长甚缓，林地如只有油茶，未能充分利用光能和地力。在经济效益上，对年桐于造林的第 2 年开始结果，3～5 年生为盛果期，造林 7 年，收桐果 4～5 年，一般每公顷可获桐油 225～300kg，可以短养长，也有利于降低造林抚育的投资。

（2）皱桐林　　在皱桐林中入侵的伴生树种和地被物常见的有：木棉、楹树、红荷木、鸭脚木和桃金娘、野牡丹、黑面神、白背桐以及白茅、扭黄茅、铺地黍、棕茅（*Eulalia phaeothris*）、龙须草、纤毛鸭嘴草（*Ischaemum ciliare*）等。

广西常见的皱桐群落主要有：

①扭黄茅皱桐林　　主要见于土壤比较干燥、瘠薄之地。其他地被植物则还有白茅、菅草、狗尾草等；小灌木以桃金娘、野牡丹、大青、余甘子、粗叶榕（*Ficus simplicissima*）等最为常见；此外还有薜荔（*F. pumila*）、野葛（*Pueraria lobata*）等。侵入的乔木树种最常见的为苦楝。

本群落最初也仍然是间种各种农作物，3 年以后停止间种，专门经营油桐。栽培的皱桐品种主要为近年来选育成功并推广于生产的几个高产优良无性系，系嫁接繁殖，通常于造林的翌年始花，第 3 年正式结果，第 6～8 年进入结果盛期。

皱桐高产无性系的桐油单产，显著较光桐各品种为高，盛产期一般产油可达 300～500kg/hm^2，较光桐高 50%～100%。因此，皱桐林在桂中、桂南、桂东南的发展，是甚有前途的。

②铺地黍皱桐林 常见于桂东南、桂西南南亚热带和北热带地区，地被物以铺地黍为主，次为白茅、狗尾草、雀稗、马唐、纤毛鸭嘴草等。小灌木常见的有大叶算盘子、黑面神、大青、余甘子等。

此外，在喀斯特盆地边缘的坡积土上，也有种植皱桐的。此种群落除造林树种不同外，地被植物和上述此类地段上栽培的光桐群落大致相同。

生长发育及演替规律

(1) 油桐生长发育的一般规律 实生繁殖时，光桐通常在造林的第3年开始开花结果，第8年前后进入结果盛期，并持续至20～30年；皱桐则于第4～5年开始开花结果，第10年前后进入结果盛期，并持续至40～50年。

光桐和皱桐，以及光桐的不同品种，或不同繁殖方法（实生繁殖或嫁接繁殖），生长发育的进程均有差异(表9-26)对年桐品种10年左右完成全部生长发育，小米桐类25～30年，大米桐类40～50年，皱桐则为50～80年。嫁接繁殖的皱桐，始果期可缩短3～4年，但寿命却减少10年以上。树形亦较矮小。

油桐的生长发育进程，也可用桐树连年结果的状况表示之。图9-3是大米桐和皱桐高产无性系连年单株结果状况之变化曲线。

由图9-3可知，大米桐单株结实量最高峰出现在15～20年，而皱桐无性系则在10年前后已达单株结实量之高峰。

表9-26 不同油桐品种生长发育的一般进程

种类		幼龄期	始果期	盛果期	衰败期	寿命
光桐	对年桐类群	1年	造林翌年	第3～5年	第7～10年	10～12年
	小米桐类群	2年	造林第3年	第6～15年	第20～25年	20～30年
	大米桐类群	3～4年	造林第4至第5年	第10～25年	第30～40年	40～50年
皱桐	实生繁殖	4～5年	造林第4～5年	第15～50年	第40～50年	50～80年
	嫁接繁殖	1年	造林翌年	第6～20年		

(2) 生态因子对油桐生长发育的影响 生态因子对油桐的生长发育进程，产生重要影响。其中最显著的为气温、光照和土壤的理化性质。

年平均气温超过18℃，年积温超过6 000℃，会加速光桐生长发育的进程。南丹百年桐和龙胜大蟠桐在原产地（南丹、龙胜）通常于造林后第5年开始结果，从种子播种到性发育成熟所需≥10℃以上的积温为20 000～22 600℃，桐树寿命通常可保持30～50年；但引种到南宁后，一般于造林的第3年开始开花结果，结果寿命不超过15年（表9-27）。由此可见，超过一定的区域界限（大约为北纬25°）随着纬度的南移和热量的增加，会加速桐树的衰老。

从表9-26还可看出，两个品种引种到不同地区后，始果期的年限虽有变化，但达到始

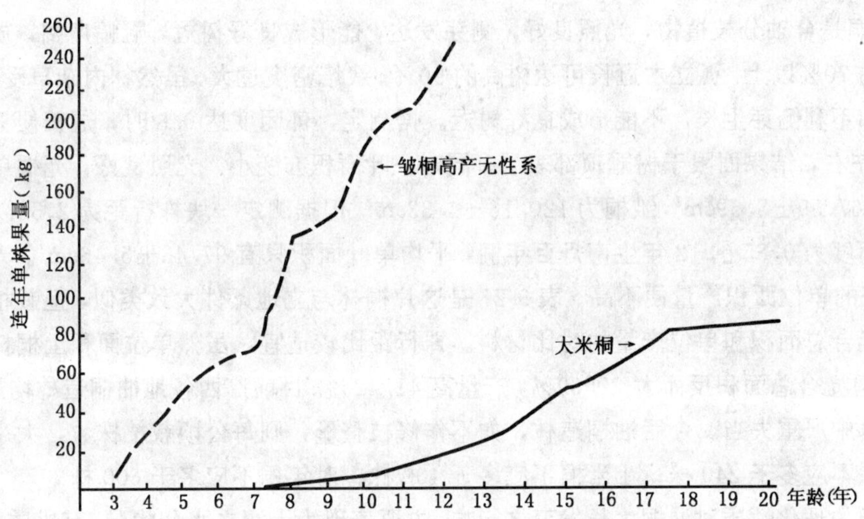

图 9-3　大米桐和皱桐高产无性系单株连年结果状况

图例：————大米桐；--------皱桐高产无性系

果期所需积温则几乎是一致的。此于皱桐也有类似情况。实生皱桐始果期所需积温一般也为 20 000～22 000℃，故生长在桂南的皱桐（实生繁殖），通常在造林后第 4～5 年开始开花结果，但于桂北，则通常需 6～7 年。

表 9-27　年均温和生长期积温对光桐生长发育进程之影响

品种	地点	地理位置	年平均气温（℃）	生长期积温（℃）	始果期	始果期积温（℃）	盛果期	桐树结果年限
南丹	南丹关上	北纬 24°59′ 东经 107°32′	16.0	4 500	造林第 5 年	20 978	第 10～25 年	30～35 年
百年桐	南宁	北纬 22°49′ 东经 108°20′	21.6	7 000	造林第 3 年	22 273.5	第 5～10 年	12～15 年
龙胜	龙胜平等	北纬 25°48′ 东经 109°59′	16.0	4 500	造林第 5 年	22 680	第 10～25 年	30～35 年
大蟠桐	南宁	北纬 22°49′ 东经 108°59′	21.6	7 000	造林第 3 年	22 273.5	第 5～10 年	12～15 年

光照对油桐生长发育的影响是多方面的。不论光桐或皱桐，都是强喜光树种。桐树一生中，除种子发芽外，均要求足量的阳光。幼苗如在庇荫下，光照不足，则苗木纤细，节间拉长。叶子变小；结果树光照不足，则枝条组织不充实，花器发育不良，座果率不高，果

实变小，油分降低。据测定，生长发育良好，结实正常的油桐林分，其郁闭度通常仅0.6～0.7。油桐是合轴分枝植物，光照良好，侧芽发达，能形成良好树冠，冠幅广阔，冠幅通常占树高的70%以上。孤立木冠长可达树高的90%。栽培密度过大，虽然林内杂草受到抑制，但弱光却不利侧芽生长，不能形成良好树冠。据测定，郁闭度达0.8时，冠长便只及树高的30%左右，结果面限于树冠顶部表层；同时，叶面积亦变小，光照良好，光桐单叶面积平均为167.59±5.59cm^2，皱桐为120.16±4.33cm^2。但据测定一块株行距为2.5m×2.5m，桐林郁闭度为0.85的12年生南丹百年桐，平均单叶面积只有97.43±5.46cm^2。光合面积小，桐籽的单位面积产量便不高。表9-27是这片桐林与立地条件大致类似，但栽植密度较稀桐林光合总面积和单位产量的对比材料。株行距比较适宜，虽然单位面积上桐树株数少160%，但光合总面积反而大20.69%，产量高41.42%。目前广西各地油桐造林均过密，是栽培技术中严重失当。今后油桐造林，如不作修枝整形，则每公顷栽植株数，大米桐和皱桐无性系不应多于240株；小米桐不应多于400株；对年桐不应多于600株。

土壤的理化性质对油桐生长发育之影响，主要表现为土壤之水分状况，有机质和N、P、K之含量，以及pH值等方面。

油桐喜水而又忌积水。据测定，在油桐生长季节，自8：00～18：00，光桐叶子每平方米每小时蒸腾水分36.44±7.28g，皱桐为26.67±3.73g。一株成年光桐树，在一个生长季节里，需自土中攫取水分8～13t，皱桐则为12～19t。水分不足，油桐树一切生理活动均不能正常进行，于生长发育十分不利，果实干瘪，或导致大量生理落果，或油分降低。反之，如土壤排水不良，大量积水，则土壤通气状况不良，不利于根的生命活动，并将导致腐根病害。而一旦某些个别的或局部地段上的桐树因此造成缺株的，则将导致整个群落发生变化。

分析全国主要产桐区228个县的降水资料，年降水量平均为1 337.31±21.72mm，桐树生长期降水710.11±62.31mm。一般年降水量达1 300mm，桐树生长期降水量达900mm，可以满足桐树对水分的需要。广西各油桐分布区，也均达到这一要求。关键之处为选地适宜，土壤之保水性能应良好，并加强桐林管理，减少杂草灌丛对水分的争夺。

土壤的pH值对光桐的生长发育产生十分重要的影响。土壤酸度大（pH值5.5以下）时，极利于油桐枯萎病病原菌（*Fusarium* sp.）之活动，严重时，将导致整个桐林遭病毁灭。强酸性土对皱桐的不利影响不若光桐为著。皱桐对枯萎病具免疫力。

另一方面，pH值超过7的碱性土，不论光桐或皱桐均生长不良。土壤中含适量的钙于油桐生长发育有利，过量则适得其反。

土壤肥力对油桐树的生长发育和生产效应，在某种程度上可说起决定性作用。据分析，高产桐林土壤有机质的含量通常不低于2%，全氮含量不低于0.15%，有效磷、有效钾的含量不低于0.1%。在有机质、氮素和其他矿质营养元素充分的条件下，桐树生长健旺，产量较高，盛产期持续的时间和桐树结果寿命均较长；反之亦反，崇左县油桐试验站试验，皱

表 9-28　造林密度不同，单位光合总面积和单位产量的差异

调查地点	南丹关上龙王山	南丹挽白长滩
品　　种	南丹百年桐	南丹百年桐
树　　龄（年）	12	12
造林密度（m）	4×4	2.5×2.5
单位面积株数（株/hm^2）	165	1 600
桐林郁闭度	0.6	0.85
平均树高（m）	7.84±0.33	8.67±0.37
平均冠幅（m）	3.88±0.45	2.61±0.37
单株光合面积（m^2）	27.104	8.632
每公顷光合面积（m^2/hm^2）	1 669.0	13 811.7
单株桐籽产量（kg/株）	2.76	0.75
单位面积桐籽产量（kg/hm^2）	1 697	1 200

桐高产无性系单株产桐籽 10kg 需向土壤中施氮 1kg，P_2O_5 和 K_2O 各 0.5kg。为了保证桐树的正常生长发育和获得丰产，向林地施用适量的 N、P、K 肥料，同时间种绿肥和实行“桐壳还林”都是十分必要的。桐壳含氮 1%，含 P_2O_5 0.8%，含 K_2O27%将全部桐壳施于林地，无异于将被攫取去的氮的 10%，P_2O_5 和 K_2O 的 5%偿还给林地。

生产效应　广西油桐林单位面积总平均产量从 30 年代中期至 80 年代中期的 50 年来一直徘徊在桐油 60～75kg/hm^2 水平。1939 年，全区桐林面积 26.67 万 hm^2，产油19 500t，平均 73kg/hm^2；1947 年，全区桐林面积 16.67 万 hm^2，产油 11 750t，平均 70.5kg/hm^2，1957 年，全区桐林面积 16.67 万 hm^2，产油 10 050t，平均 60kg/hm^2；1973 年，全区桐林面积 10 万 hm^2，产油 6 350t，平均 63.5kg/hm^2；1978 年，全区桐林面积 8 万 hm^2，产油 7 350t，平均 91.4kg/hm^2。70 年代初期，美国当时桐油单产为 300kg/hm^2。

广西桐林单产低的原因是品种不良和经营粗放，一旦选用良种并改进栽培技术，产量便能成倍增加。表 9-29 是桂皱 27 号等四个皱桐良种（无性系）采用嫁接繁殖的产量与实生繁殖的对比资料。从第 6～14 年生的产量来看，良种嫁接繁殖比普通直播造林，单产至少增加 4 倍；多的达 16 倍。由此可见，选用良种，采用嫁接繁殖，逐步实现桐林栽培管理园艺化，是今后提高油桐林生产效应的重要途径。

群落的演替规律　杉木光桐和油茶光桐两种群落，皆为过渡性的人工群落，为时短暂，一俟杉木、油茶成林，即伐除油桐，分别形成杉木、油茶纯林。但白茅光桐；玉米，红薯光桐；扭黄茅皱桐；铺地黍皱桐等群落则不同，其演替规律往往因地理位置，生态条件和人为干扰的不同而异，过程和结果都比较复杂。

表 9-29 采用嫁接繁殖的桂皱 27 号等四个皱桐高产无性系单位面积桐油产量

单位:桐油 kg/hm²

无性系号		桂皱 27 号	桂皱 1 号	桂皱 2 号	桂皱 6 号	实生皱桐
6 年生	产量	684.00	616.50	387.00	468.00	65.25
	比实生皱桐增产(%)	948	845	493	617	—
8 年生	产量	1 491.75	724.50	605.25	787.50	85.50
	比实生皱桐增产(%)	1 645	747	608	821	—
10 年生	产量	956.25	663.75	731.25	708.75	119.25
	比实生皱桐增产(%)	702	457	515	49.4	—
第 6～10 年平均	产量	648.00	468.00	427.50	405.00	63.00
	比实生皱桐增产(%)	929	643	595	543	—
造林 10 年累计	产量	3 942.00	3 198.00	2 502.00	2 563.50	319.50
	比实生皱桐增产(%)	1 134	900	684	702	—
最高单产		1 491.75	724.50	731.25	965.25	162.00

在桂北、桂东北中亚热带南岭山地的白茅光桐群落，在经营良好的条件下，30 年生以前，林相整齐，林内杂草、灌木均不多；30 年生以后，桐籽产量锐减，抚育管理渐差，乔、灌木树种侵入愈来愈夥，早期侵入的，更渐次长大。侵入的乔、灌木，以杜鹃、乌饭树、柃木、木姜子、樟树、檫树等为常见，也有盐肤木、枫香等；草本植物除白茅外，还有球米草、五节芒等；蕨类有铁芒萁、蕨等。至桐树 40 年生以上时，由于树势进一步衰败，桐树上可出现寄生、地衣等层外植物。此时，桐籽的产量已更微，桐林更加衰败，终至成为被压木、频死木、枯立木而被淘汰，以油桐为主要建群种的人工群落，由以枫香、樟等为主要建群种的次生群落所代替。

在桂西北山原，大致与上述情形类似。不同之处是侵入的乔灌木树种略有差异。而在桂中西部石灰岩峰丛石山地区，则有香椿、菜豆树乔木侵入。

皱桐的结果寿命较光桐长，在实生条件下，其开始衰败的时间，一般在 50 年生以后。同时，由于其植株比较高大，不易成为被压木。侵入的乔灌木树种在桂东南多为枫香、鸭脚木、榕、大叶算盘珠、鬼画符、桃金娘、野牡丹等；草本除白茅外，铺地黍、扭黄茅亦常见。桂西南的乔灌木则还有楹、白背桐等。

病虫害及防治方法

油桐枯萎病：是维管束系统的病害，病原菌为（*Fusarium oxysporum*）病菌从根部侵入，通过维管束向树干、枝条、叶柄、叶脉扩展，引起全株或分枝枯死。这是广西光桐毁灭性病害，往往正值结果旺龄，全林遭病毁灭。

油桐根腐病：病原菌仍为镰刀菌属（*Fusarium*）之一种，通常在排水不良的情况下发生，积水排除后，病害程度即可变轻。

油桐角斑病：危害油桐叶、果，故又称果实黑疤病。病原菌有性世代为（*Micropherella*

aleuritidis)、无性世代为(*Cercospora aleuritidis*)。光桐和皱桐均有发生，造成早期落叶、落果，其中尤以皱桐受害严重。

油桐炭疽病：病原菌为（*Colletotrium* sp.）危害情况与角斑病相类似。

此外，尚有油桐白粉病（病原菌为 *Lidcinula nishiodana*）、油桐溃疡病（病原菌为 *Fusicocoum*）、油桐茎腐病（病原菌为 *Macrophominaphaseoli*）、油桐果腐病（病原菌为 *Gloeosporium* sp.）等。这几种病害不及前 3 种之危害为烈。

介壳虫：主要种类有油桐巨绵蚧（*Macropulvinaria maxima*）、吹绵蚧（*Icerya purchasi*）等。对光桐和皱桐均有危害。主要为吸取树汁，一年可发生 2～3 代，可利用天敌澳洲瓢虫（*Rodolia cardinalis*）、大红瓢虫（*R. rufopilosa*）以消灭之。

蛾类：主要有黄刺蛾（*Cniolocampa flavescens*）、绿刺蛾（*Parasa consocia*）、褐刺蛾（*Thosea baibama*）、乌桕毒蛾（*Euproctis bipunctapex*）、油桐尺蠖（*Buzura suppressaria*）。袋蛾，又称蓑蛾或避债蛾，主要种类有茶袋蛾（*Gryptothelea minuscula*）、大袋蛾（*G. varieqata*）、油桐蓑蛾（*Chalioides larminati*）等。

金龟甲类：主要种类有红脚异丽金龟（*Anomala cupripes*）、茶色异丽金龟（*Anomala seueri*）2 种。

上述害虫主要啮食桐树叶。及时防治，一般不易酿成大患。

此外，尚有茎干害虫天牛如油桐橙斑天牛（*Batocera davidis*）、云斑天牛（*B. horsfieldi*）、星天牛（*Anoplophora chinensis*）、桑天牛（*Apriona germari*）、黑棘翅天牛（*Aethalodes verrucosus*）等；刺吸性害虫蝽类如桐蝽（*Cantao ocellatus*）、丽盾蝽（*Chrysocoris grandis*）、麻皮蝽（*Erthesina fullo*）、大臭蝽（*Eurostus validus*）等。螨类如油桐黄蜘蛛（*Eotetranychus sexmaculatus*）等，也均会危害。

病、虫对油桐之危害，首先表现为影响桐树之生长，桐果的产量下降，严重的则可引起桐树的衰败，以至死亡。其中危害较烈的如光桐的枯萎病；光桐和皱桐的蚧壳虫、刺蛾、尺蠖等，往往能导致破坏群落的平衡，促使群落演替。因此，当病、虫害发生时，应积极采取防治措施。

防治措施，应以生物防治为主，或采取某些营林技术措施。例如澳洲红瓢虫和黑缘红瓢虫是蚧类的天敌，在蚧类发生的桐林内放养该类瓢虫，足以消灭蚧虫；在枯萎病严重流行区，实行以皱桐为砧木，嫁接繁殖光桐，则光桐可以不遭枯萎病危害；做好林地卫生和加强抚育管理，也能有效地减免病虫害。

油桐是广西传统的名特优经济林，在当前大力发展名特优经济林中占重要地位。近年来，百色、河池二地区的一些贫穷县和特贫县，由于大力发展油桐，在帮助农民解决温饱和奔小康方面，发挥了良好的作用。

历史上桐油的主要用途是作涂料的原料。作为涂料基质，现尽管大部分已被合成树脂所取代，但仍有若干类涂料是以桐油为基质的。我国将涂料分为 18 大类，其中 13 大类以合成树脂作基质，4 大类仍以桐油作基质，其用量约为这 4 类涂料总量的 20%～30%。而在使用合成树脂作基质的涂料中，那些合成树脂，近年来也越来越兴起用桐油进行改性处理，以改善涂料的若干性状。从50年代～90年代，全世界的涂料平均以3%～4%的速度递增，我国从1978～1988年，平均递增速度为7.5%。预计至2000年，全世界涂料的总产量将达到2 000 t，我国达到180万t。仅推算我国，作为涂料工业的桐油用量，便将要超过10万t。

桐油还是油墨的重要原料。近年来，美国、日本等国研制成功的水性油墨、速干印刷油墨、辐射固化油墨、塑料薄膜油墨，桐油也是其主要原料。

还有如用桐油对合成树脂改性做成的集成电路层压板、高科技印刷板、汽车刹车板等，均大有方兴未艾之势。日本每年在这方面的桐油用量达1万t，韩国3 000t；我国台湾省2 000t。

桐麸（饼）过去主要用作肥料，其肥效全面，增产显著。但这却是一种最大的浪费。桐麸含蛋白质高达36.29%，含人体必需的氨基酸高36.57%，含动物必需的氨基酸50.86%，仅次于豆麸和花生麸，是制配合饲料的极好原料。目前基本没有利用。主要桐麸含有某种毒素，易导致动物的呕吐和腹泻。现对毒素的处理技术已有了几项成功的做法，再进一步完善和降低成本，便可进行工业生产。随着畜牧业的高速发展，对配合饲料的需要量越来越多。桐麸的开发利用，大有潜力可挖。

广西的名特优经济林将有较大发展，油桐应发展至30万～40万hm^2，注意选择优良品种和改进栽培技术，使全区的桐油产量达到5万～6万t，桐麸产量达10万～12万t。并应强调桐油和桐麸的开发利用。也要对桐木的开发利用。桐木，特别是皱桐木，是优良的菌材，每立方米皱桐木，可培育黑木耳（或银耳）80～160kg。其经济效益也相当可观。

3. 八角林①

八角（*Illicium verum*），是广西特产的经济林，主产龙州、宁明、德保、那坡等县。栽培历史约有400年，国内外所栽培的八角，几乎都是从这些县引去的。

目前，国内除广西外，只云南、广东、福建等地有少量栽培。我国八角占世界总产的90%以上，而广西产八角，又占国产总量90%以上。

据不完全统计，50年代前广西的八角林总面积约2 700hm^2，年产干八角约750万kg，茴油25万kg。50年代后桂南地区群众造了不少八角林，六万、高峰、派阳山等国营林场也有较大面积的八角林。据1978年不完全统计，全区共有八角林48 000hm^2（其中成林近26 700hm^2），年产八角750万kg，茴油46万～50万kg，年产值近3 000万元。

分布与生境 八角的主要产区在广西西部和南部，百色地区的德保、那坡、田东、田林、乐业（在兰金山海拔1 000m左右）、百色等地，南宁地区的龙州、宁明、大新、天等等地；河池地区的东兰、凤山、天峨等地；钦州地区的钦州、防城港等地；玉林地区的六万林场和梧州地区的藤县均有栽培。近年来在广西北部的桂林、阳朔；柳州地区的融水、金

① 执笔人：刘成训

秀等地，均已试种成功，但八角的适生地为北纬22°～23°，海拔300～700m的低山地带。

八角适生于北热带冬暖夏不太热的山地环境，现将其对各种生态因子的要求概述如下：

日照：八角的枝叶浓密，枝下高较低，树皮较薄，叶色深绿，厚革质。这些性状足以说明它是一个耐荫树种，故在育苗期需搭荫棚。在幼林地上需留一些杂木灌丛等作为遮荫树，待八角长大后将遮荫树逐步伐除。但在西坡种八角，长时期受其他乔木遮荫，突然伐尽遮荫树，使八角树干曝晒，树皮易受日灼爆裂，会生长不良而减少产量。

气温：八角适生地区的年平均气温为20～25℃，1月份平均气温8～15℃，成年的八角树可耐受短暂的低温。根据广西融水县和乐业县的观察资料表明，成年林在－3～－4.4℃的气温条件下未受冻害。广西桂林地区林科所种植的幼林在－3℃气候条件下受冻害严重；看来幼苗，幼树的抗寒能力较差。成年林在－4℃左右的低温能安全越冬。

水分：八角适生地区的年平均降水量为1 200～2 000mm；山区日照时间较短，植被茂盛，土壤水分和空气湿度较大，八角生长旺盛，但在地势低洼、积水或排水不良之处，八角生长不良甚至死亡。

土壤：八角要求土层深厚，排水良好，腐殖质丰富，疏松酸性的沙质壤土，在干燥瘠薄的地方生长不良，结实很少。不适宜于石灰性土壤。现以大青山林区那冬和叫林两地土壤剖面性状及其化学性质列于表9-30。

地形：地形直接影响大气的温度、湿度、降水量、风力、风速等生态因子。地形多起伏的山区，特别是中山、低山地带是最适宜八角生长的环境，八角枝条颇脆，易受风折，花果也易被风吹落，栽在避风山区可以免受风害，使林木生长良好和果实丰产。在山顶、山脊、向风、干燥瘠薄的地方均不宜栽植。

群落学特性 龙州大青山是广西八角主要产区之一，栽培历史达百年以上，通常在海拔250～400m处栽培较多，但在大青山海拔高达700m处，新种的八角也生长良好，结果正常，产量尚好，30年生的植株平均每株年产鲜果可达15～75kg，折合干果为7.5～37.5kg左右。

八角林的群落组成与结构，以大青山林区凭祥附近的红卫、夏石等4个200m²共800m²样地的调查材料表明，八角一般营造单纯林，乔木层多为八角所组成；50年生一般树高10m左右，胸径30cm，枝下高3m，株行距4～5m，树冠尖塔形，冠幅4～5m，枝条密集，叶子繁茂，结实较多；在疏于管护和生境优越的地方，亦有当地一些树种侵入，如枫香、红荷木、鸭脚木、假苹婆、罗浮柿、千年桐等，由于八角树冠呈尖塔形，一般冠幅较小，而且八角林往往因管理不善，缺株较多，造成林中空隙大，致使灌木层发达，而种类较多以喜阴湿的种类为主，常见的有三叉苦、盐肤木、野牡丹、八角枫、乌毛蕨、大节竹等，覆盖度30%～70%，高度一般为1～2m。

表 9-30 大青山林区八角林土壤的理化性质

地 点	那 冬			叫 林		
海 拔 (m)	700			560		
土 类	厚层红壤			深厚层红壤		
母 岩	中酸性火山岩			中酸性火山岩		
层次深度 (cm)	A_0	A_1 2～27	B_1 27～65	A_0 0～13	A_1 13～32	B_1 32～70
表土 颜色		暗棕色	浅棕色	灰棕色	棕黄	
表土 结构		核粒状	小粒状	粒小块状	小块状	
表土 质地		中壤	中壤	中壤	中壤	
表土 紧密度		松	稍紧	稍紧	较紧	
腐殖质 (%)		3.90	7.45	4.71	2.33	1.91
全 氮 (%)		0.154	0.103	0.190	0.092	0.077
C/N		19.20	12.03	18.79	19.20	18.80
速效性 P_2O_5 mg/100g 土		0.5	0.2	0.5	0.2	0.1
速效性 K_2O mg/100g 土		7.5	3.8	5.0	3.2	2.2
pH H_2O	5.3	4.6	4.9	4.8	4.8	4.8
pH KCl		4.0	4.2	4.0	4.5	4.0
交换盐基总量 mmol/100g 土		6.34	6.77	5.45	5.20	6.30
水解酸		12.96	9.27	14.95	12.50	10.84
盐基饱和度 (%)		32.8	42.2	26.7	31.7	36.8
活性铝 (mg/100g 土)		22.18	24.16	17.84	23.21	24.34
活性铁 (mg/100g 土)		13.6	10.25	11.29	10.45	8.74

草本层较为茂密，覆盖度达 70%～98%，主要为蔓生莠竹、五节芒、铁芒萁和金毛蕨等，其中以蔓生莠竹占优势。藤本植物常见有金樱子、葛滕、鸡屎藤（*Paederia scandens*）等。

八角每年开花两次，第 1 次在 2～3 月间，8～9 月果熟，其产量占全年产量的 90%以上，叫“大造果”或“大红果”。第 2 次开花，在 8～9 月间，次年 3～4 月果熟，产量很少，叫“四季果”，又叫“花红”或“角花”。大造果肥大为正品，四季果瘦小为次品。

经营方式有 2 种，一种是果用林，乔林作业，以培养大乔木多结果为目的，造林密度一般是株行距 5m 左右，每公顷 390 株，另一种是叶用林，矮林作业法，大苗截顶栽植，培养成多发侧枝的头木林，以采叶蒸油为目的，造林密度一般是株行距 1.33m，每 ha7500 株。乔林和矮林也可混合栽植，便于管理和充分利用土地。

生长发育与演替规律 八角树的生长发育可分为 3 个阶段，第 1 阶段为幼龄期，从幼苗栽植到成年树冠形成，约需 8～10 年才开始大量结实。第 2 阶段为盛产期，在立地条件好和管理正常的情况下，可达 50～70 年；反之，20～30 年后，产量就显著下降，立地条件好的可以维持 50～60 年，否则 20～30 年后就衰老枯死。

八角性喜光但在幼龄期尚耐荫，故幼树必须在庇荫下方能生长。而成年的八角林，林内郁闭度通常在 0.7～0.8 以上，在抚育管理较好的情况下，是相当稳定的，目前在龙津、靖西等一些海拔 500m 左右的地方，还可看到林龄 200 年以上的人工八角林。

在疏于管理或林木遭受病虫等灾害而导致林内透光度大量增加的情况下，则喜光树种如枫香、马尾松以及鸭脚木、红荷木、假苹婆等，将乘机侵入。此时，如不及时进行人为干预，八角林便逐渐沦为和这些树种的混交林。

桂东南的藤县、玉林等八角新引种区，八角树通常在 30～40 年以后，即渐趋衰败，此时常见由马尾松、樟树、厚壳桂、木荷等树种侵入组成杂木林。如果再受破坏则沦为灌丛和草丛。

病虫害及其防治方法

八角害虫　　在广西主要有如下几种：

八角尺蠖（*Dilophodes elegans*）　　分布遍及广西各地八角林区，是八角的一大害虫。幼虫以八角树叶为食，大发生时吃光树叶后，还啃食幼果和嫩枝，严重影响八角树的生长和结实，还可导致林木死亡。防治方法：①可结合中耕消灭土中虫蛹。②成虫对黑光灯趋性强，可设黑光灯诱杀。③人工繁育撒放卵寄生蜂，或有 3～4 月间撒白僵菌粉；7～8 月间喷洒杀螟杆菌，保护蛙类、鸟类、蚂蚁等天敌。④喷洒敌敌畏乳剂或敌百虫毒杀幼虫。

八角叶钾（八角金花虫 *Oides leucomelaena*）　　以幼虫和成虫食害八角树叶，是广西八角林区的第二大害虫，常在桂西的百色和德保、凌云；桂中的上林、北流以及桂西南的龙州、凭祥等地成灾，使八角树生长不良甚至枯死。防治方法：①可用敌百虫或敌敌畏、敌杀死喷杀成虫和幼虫。②幼虫期施放白僵菌，使之感染致死。③成虫有假死习性，可用人工捕杀。④4 月抚育时结合刮地除蛹；⑤保护食虫鸟类和蛙类等天敌。

八角嫩枝象鼻虫　　此虫发生于大青山八角林区，成虫以头管啄入幼枝条中取食，并将卵产入其中，幼虫孵化后，即在嫩枝髓部内上下蛀害，老熟时，就在髓部的蛀道中作蛹室而化蛹，成虫羽化后出来活动危害和繁殖。主要危害幼树和小树（2～3m 以下）的幼嫩枝梢，使受害枝梢逐渐枯萎，以致树形老化矮化，严重影响树的生长。防治方法：①剪除烧毁受害枝梢，消灭其中卵幼虫和蛹。②喷洒敌百虫或敌敌畏毒杀成虫。

八角病害　　主要是炭疽病（*Glomerella cingulata*）危害叶、果和幼苗枝叶，0.5m 以上的 1 年生苗木易受害，带菌的种子是苗木炭疽病主要侵染源，发病期雨水多则病害发展快。防治方法：要清除病株残体，减少越冬后的次生侵染，选择排水良好，空气流通并远离大树的地方作苗圃。种子要消毒，病害发生期可喷 1：1：200 的波尔多液防治。

八角林是收益很大的经济林，桂南地区自然条件又适于它的生长，也是它的主要产区，因此，发展和管理好八角林，是发展多种经营的一个重要内容，但是八角林的经营，通常是全垦造林，水土流失严重，建议采取乔林和矮林一块经营，并于林下间种绿肥，使其形成 3 层的复层林，第 1 层是八角乔林，为果用林，一般高约 10m；第 2 层是八角矮林，为叶用林，一般高约 2m；第 3 层是绿肥植物，一般高约 1m 以下，如此营建八角林，基本上可以全面覆盖，既维持了生态平衡，也保持了土壤肥力，对土地利用也是比较经济、合理的。

4. 肉桂林[①]

肉桂(*Cinnamomum cassia*)是名贵药用植物，也是广西主要的人工经济林类型之一。在我国，利用肉桂入药，已有 2000 多年历史，西汉名医张仲景巧用桂皮、桂枝医治多种病症。产区群众将桂皮长期贮存，认为百年以上者药效更大，价值更高 。据说，肉桂林自唐代起已实行人工经营。

广西是我国肉桂的主产区，栽培面积已由 50 年代初期约 6 600 多 hm^2 发展到 50 000hm^2，形成了重要的商品基地，年产桂皮 6 500t 以上，除供应国内需要外，尚有大批外贸出口，广西所产企边桂、油桂，向为驰名商品药材，畅销东南亚各地。

老产区剥制企边桂或桂通的矮林，造林 3～5 年后，即行择伐剥皮和蒸馏桂皮油。平均每公顷年产桂皮 600～750kg，桂碎 60～75kg，桂皮油 22.5～30kg，成林肉桂每公顷可产品质优良的黄梗油 75～150kg，30 年生的肉桂林，每公顷可采剥油桂或企边桂 15～22.5t。

分布与生境 肉桂主要分布在广西、广东的北热带和南亚热带地区，北纬 24°30′以南，东经 108°～111°是其主要分布区。福建、云南、湖南、江西、浙江等地南部亦有少量栽培。一般多栽培于海拔 400m 以下丘陵地带，以 150～400m 之间较多，集中连片，生长旺盛；400～800m 山地和 150m 以下低丘也有零星分布，但生长较差。

广西肉桂主产地在桂东的大容山与大瑶山之间，以容县松山、石头、平南县六陈和桂平县罗秀等乡最为集中。藤县、苍梧、岑溪、防城、博白等地也不少。主产地气候温暖，冬无严寒。年平均气温 21～22℃，1 月平均气温 13～15℃，极端最高气温 39℃，极端最低气温－2.4℃。肉桂的生长特性，一般要到清明节，日平均气温达 20℃以上，才开始萌芽生长。而到霜降节后，日平均气温低于 20℃以下时，就停止萌发幼嫩枝叶，分布区霜期较短，历年平均 3.9 天，如遇冰冻，或连续 5 天以上的霜期，肉桂树皮常产生冻裂。在寒潮通道，很少有肉桂分布。

分布区的热量较为丰富，日平均气温≥10℃的天数在 280 天以上。日平均气温≥10℃的积温 7 300～7 500℃，但 7 月气温并不特别高，约在 27～29℃。

分布区由于受季风影响，4～8 月，雨量充沛，空气湿度大，相对湿度大于 80%；早春雨水来得较迟，秋冬季少雨，干燥度在 1.0 以上，年降水量 1 250～1 750mm。年平均风速 2m/s，年≥8 级风速日有 14 天。

分布区日照时数 1 400～1 800h，一年中昼长振幅不超过 3h。日照时数，秋冬较多，春夏较少，符合肉桂耐荫特性，加以湿热同期，从清明到处暑之间，是肉桂的生长旺季。肉桂苗期还应适当遮荫，但随着树龄的增长，需光量又逐渐增加，到结实年龄需较充足的光

① 执笔人：席海珍，叶生坡

照，才可提高结实量和促进韧皮部形成油层。秋冬日照较多，又有利于肉桂越冬。

现肉桂栽培区由大容山扩大到云开大山和十万大山东南山麓，山脉均为东北—西南走向，成为西北寒流的天然屏障，东南面向海洋，受东南季风影响，为温暖湿润的热带气候。适于肉桂分布的母岩大部分为花岗岩，间有少量砂页岩与砾岩。土壤为砖红壤性土，土层深厚，质地疏松，较湿润肥沃，排水良好。pH 值 4.5～5.5。长在这类土壤上的肉桂林，寿命较长，可持续萌芽多代，桂油含量较粘质土多 1/3 以上。肉桂要求肥沃湿润土壤，但在比较干旱、瘦薄的土壤上也能生长，在排水不良的低洼地，或过于干燥、粘重、瘠薄之地则非所宜。不同立地条件肉桂生长不同。在村边屋旁肥沃的土壤条件下，肉桂生长良好。21 年生肉桂高达 12m，胸径 35cm，皮较厚，1.3m 处皮厚 1.35cm；在一般适生地较肥沃的土壤上生长的肉桂，13 年生平均树高 8m，平均胸径约 8cm，胸径处皮厚 0.6cm；生长在土壤较瘦之处的肉桂，21 年生平均高 6.5m，平均胸径 11.9cm，胸径处皮厚 0.5cm，油层较明显。三者比较，村边屋旁的肉桂年高生长量为一般适生地的 2.8 倍，为土壤较瘦之处的 4.7 倍，胸径年生长量为一般适生地的 2.7 倍，为土壤较瘦地的 3 倍，表明肉桂的生长与土壤的关系较密切。因此，经营肉桂林时，必须注意选地和加强抚育管理工作。

在目前经营管理条件下，肉桂萌芽林，桂皮产量亦因立地条件不同而有所差异，一般在较好的立地条件下，每公顷产桂皮 1 500～1 875kg，在较差的立地条件下，每公顷产桂皮仅 750～1 125kg，平均每公顷产桂叶两者均在 1 125kg 左右。

群落学特性　肉桂人工林的结构形式比较简单，因经营方式和不同林龄而异，常见者有以下几种群落类型：

(1) 农作物肉桂林　为过渡性的人工栽培群落，在肉桂林间种花生（*Arachis hypogaea*）、木薯（*Manihot esculenta*）、红薯（*Ipomoea batatas*）等农作物 2～3 年。造林前林地全垦，间作物连年护理施肥，集约经营，肉桂生长旺盛。3～4 年后停止间作，形成肉桂纯林。

(2) 白茅肉桂林　多见于矮林作业法经营的肉桂林，株距 1～1.2m，行距 1.2～1.5m，3～5 年后开始采剥桂皮和蒸馏桂油，全林砍伐而后萌芽更新，每隔 4～5 年采剥一次，可连续更新采割 10 次左右。林地每年铲草抚育 1～2 次，每 4～5 年垦复一次。林地极少灌木，地被物多为草本植物，以白茅占优势，间有五节芒、地稔（*Melastoma dodecandrum*）、铁芒萁等，总覆盖度约 60%。

(3) 铁芒萁野牡丹肉桂林　多分布在海拔 200～400m 的山坡地，土质较疏松、肥沃、湿润，肉桂生长速度中等。2 年生萌芽林平均高 2.5m，新梢平均长 15cm，桂皮桂叶含油量中上水平。此种类型多是乔木林作业法经营，株距 4～5m，行距 5～6m，前期一般每年抚育铲草，林地杂灌较少，后期疏于管护，出现灌林杂草较多，草本以铁芒萁占优势，尚有纤毛鸭嘴草，灌木以野牡丹较多，尚有桃金娘、大青，还有玉叶金花（*Mussaenda pubescens*）和海金沙等藤本。

(4) 铁芒萁红背山麻杆肉桂林　通常为肉桂纯林，亦系乔木林作业法经营，分布在海拔 300～400m 的山谷地带，土壤为花岗岩风化而成的砖红壤性土，表层为沙壤土，质地疏松肥沃湿润。肉桂生长迅速。2 年生萌芽林呈丛生状，每丛 4～6 株，平均高 3.5m，平均新梢长 79.5cm。但因谷地常年多雾，比较阴湿，桂皮和枝叶含油率较低。地被物以铁芒萁、红背山麻杆为主，尚有野牡丹、茜草（*Rubia cordifolia*）、断肠藤（*Gelsemium elegans*）、金樱子、海金沙等。

品种与品质 肉桂是一种长期栽培的经济林木，经人工与自然选择，在形态、生态和经济价值上，形成了一些不同的品种，有白芽桂、红芽桂、沙皮桂、四脉桂等。其中白芽品种，韧皮部易形成油层，树皮采剥晒干后，油层呈黑色，品质较优；在生态方面，除幼苗期外，需要较多的阳光，且较为耐旱；红芽桂韧皮部油层呈黄色，其品质较次；沙皮桂表皮粗糙，韧皮部油层呈黄色，其品质更次；四脉桂表皮粗糙，韧皮部不成油层，品质最差。

各品种之间虽然形态特征和品质上有明显的差异，但其生长发育规律基本一致。商品中的油桂，并非一稳定品种，通常把桂皮中含油多、油层明显者称为油桂。据了解，一般油分除随树龄的增加而增多外，与立地条件有着密切的关系。生长在土壤瘠薄、紧实、较干旱的开阔地上，肉桂生长缓慢，皮薄，枝叶稀疏，叶片形小色黄，其皮与枝叶含油率高；而生长在水肥条件好的立地上的肉桂，虽然生长迅速，皮厚，枝叶繁茂浓绿，其含油量反而很低。目的在于培养油桂、大桂和采收桂子的，则栽培 20～30 多年以至近 100 年，胸径可达 40～50cm，树高 15m 以上，待韧皮部形成较厚的黑褐色油层以后，才采伐剥皮，这样的肉桂林，多分布于山麓或散生在村舍附近，水肥条件较好。10 年生左右开始开花结实，15 年生以上的植株，每年可采收新鲜桂子（包括果梗）100 多 kg（桂子和桂枝均为药用商品）。

生长发育与演替规律

①阶段发育 肉桂树的大周期发育，一般分为以下 4 个阶段：

胚胎阶段。成年肉桂，每年 5 月由当年新枝的腋芽分化花芽，并抽出花序，6 月开花，以虫媒授粉，常年成果率 25%～30%，翌年 3 月种子成熟。

幼年阶段。种子成熟时，正值春天，适宜发芽，由于系统发育的结果，肉桂种子无后熟期。在低于 20℃，相对湿度 70%左右的条件下，种子仅能保存 3～4 周。2～3 年生的幼龄植株，生长较慢。其后加快，条件适宜，每年可抽 4 次新梢。

成熟阶段。实生植株，10～11 年生进入性成熟阶段。但其生长，则每年仅在开花前和 9 月各抽一次梢。以收种子为目的的母树常有大小年。而每年在霜降前，采摘尚未成熟的种子作药用为目的，则很少出现大小年。

衰老阶段。首先表现在生长与繁殖能力不断递减，再生能力降低。实生植株 100～120 年开始衰退，萌芽植株 70～80 年即行衰退以至枯萎。凡衰老植株，皮层积蓄的油层已消失，价值也相应降低。

②群落演替 肉桂人工林多为单纯林，结构简单，一般胸径达 5cm 以上即行择伐剥

取桂皮，因其萌芽力强，林中常有各级萌芽苗存在。在土壤疏松、肥沃和较湿润的地方，常有种子实生苗，而在比较干旱，土质较紧的立地条件下，则无实生苗出现，所以，肉桂林在适生环境中是比较稳定的，如不注意抚育管理工作，特别是人为强度破坏，人工林将被其他喜光树种或杂灌草丛所代替，成为半野生状态。此时，肉桂林中常伴有刺栲、荷木、杉木、醉香含笑、油茶和马尾松等。其层次亦不大明显，乔木层大体可分为 2 个亚层：第 1 亚层以荷木、刺栲和醉香含笑为主，在林中空地有马尾松侵入；第 2 亚层主要是肉桂、油茶等；灌木层主要是红背山麻杆、野牡丹；草本地被物以铁芒萁、地稔、淡竹叶及莠竹（*Microstegium* sp.）等为常见。在各层次中均有少量乔木层中的各树种的不同龄级幼苗幼树存在。如果更进一步的遭受破坏，则退化为灌丛。

肉桂林在采伐利用后，不及时更新或因选地不当，管理不善，坡度过陡，垦殖后水土流失严重，土壤肥力迅速下降，因而弃荒，其后，有的退化为灌丛或草地，有时也有马尾松、枫香等侵入，形成杂木林。往往待地力得到一定的恢复后，又被垦殖栽培肉桂林。但坡度太陡、植被的破坏，必然引起土壤流蚀，使生境条件恶化，更新困难；尤其花岗岩深层风化地带，植被破坏后，常出现严重侵蚀，或崩山塌岭，生态平衡遭受严重破坏，不可能再更新。

病虫害及防治方法

肉桂林的害虫　主要有树干、枝叶、果实和苗期害虫。

樟密缨天牛（*Mimothestus annulicornis*），以幼虫危害树干。4 月初，在肉桂矮林或乔木林内发现成虫时，即行捕杀，并于夏秋用铁丝插入树干上的虫孔戳杀。

肉桂蛀梢蛾，是目前危害肉桂生产的重要蛀梢害虫，被害主梢枯死，影响其高生长。

卷叶虫，于夏秋间，常将数张新叶卷缩成巢，潜伏其中，食害苗叶。可用马拉松或敌百虫 1 000 倍液，或 80%敌敌畏乳剂 1 500 倍液喷杀之。

桂实象鼻虫，1 年 1 代，成虫于 6 月上旬出现，6 月下旬刺破幼小的果壳，产卵数枚，幼虫孵化后，刺激果实迅速增大，幼虫在果内寄生越冬。10 月发现因象鼻虫寄生而肿大的果实，应全部摘除。成虫羽化时喷 500 倍的敌百虫毒杀。

草蟋蟀，咬断苗木的顶端，可用毒饵诱杀。

肉桂林的病害

根腐病是肉桂的苗期病害，在排水不良的苗圃地容易发生，于霉雨季节常侵害根系，以致腐烂。要注意排除积水，发现有病植株，及时拔除烧毁，并用 5%的福尔马林消毒床面。

肉桂枝枯病（病原待定）是肉桂的一种重要病害，可引起枝条甚至全株枯死。炭疽病在严重的发病苗圃，可引起成片苗木枯死。

粉实病（*Exobasidium sawadae*）危害果实，发病严重的植株，健果稀少，影响种实采收。病害防治着重加强管理及时清除病株、病果，减少侵染。

此外，肉桂林最忌放牧和火灾。应严防牲畜折断幼树，碰倒萌蘖，擦伤树皮。林地周围要开辟防火线，防止野火蔓延成灾。

肉桂是我国北热带、南亚热带地区常栽培经营的特用经济林之一，是医药上的珍品，“参、茸、燕、桂”向为名贵中药材，肉桂和桂油又是我国传统出口物资，在国际市场占有重要地位，据外贸部门提供数字全世界每年需要肉桂量12 000t，我国提供8 000t，其中广西约占5 000t以上。

肉桂的树皮、枝叶、花果、种子等均可入药，制成的药材品种很多，统称“桂品”，有散寒、止痛、化瘀、活血、健胃、强壮等功能，皮、枝、叶、果还均可蒸馏芳香油。桂皮含油率1%～2%，枝叶0.3%～0.4%，未成熟的桂子带果枝1.5%。桂油在医药工业中，用为麻疯病药苯丙砜及清凉油等的主要原料。在工业中，可用作炸药、食品、化妆品等原料。桂油主要成分为桂醛（C_9HSO），可再合成桂醇、桂酸，溴代苏合香烯，以及桂酸酯和醇类等重要香料。木材质地优良，纹理通直细致，为家具的良材。50年代后，广西肉桂生产有了很大发展，成了新老产区的一项重要经济收益来源。

发展肉桂林，既可促进山区经济的发展，改善人民生活，保证医药和有关轻工业原料的需要，又可争取更多的外汇。为了提高肉桂产量和质量，除应经营管理好现有肉桂林和扩种新林外，还必须加强肉桂生产的科学研究工作。

目前，肉桂品种混杂，单位面积产量不高，加工利用技术落后。首先应调查整理地方品种，进一步选育生长迅速、产量高、适应性强、抗性大、皮层厚和含油率高的优良品种。

其次，宜实行林肥间种的中林作业法，采取乔林与矮林混种，并在林地间种绿肥，以提高产量和维护地力，保持生态平衡。

此外，还应注意改进肉桂利用方法和研究二次加工技术，以提高利用率和经济效益。

5. 板栗林[①]

板栗（*Castanea mollissima*）在我国已有2000多年栽培历史，广西栽培最早的为阳朔县，迄今已300多年。据统计，广西有板栗林18 000hm²，共405万株，其中成林15 000多hm²，360多万株，年产栗果5000多t。中心产区隆安、阳朔两县年产量达1 500t以上。

广西板栗林50年代前多系小面积分散经营，管理粗放，基本上呈半野生状态，加之不注意选种，采用实生苗繁殖，致使栗林晚实低产，品种良莠不齐，大小年明显。60年代以来，先后在隆安、阳朔等地营造了一批板栗林，由于注意选种和抚育管理，提高了产量。从而进一步推动了广西板栗生产的发展。近年来，全区每年营造板栗林2 500多hm²，并采用良种、优株和推广嫁接苗造林及采用合理密植，修枝整形，适时施肥等措施，使目前部分栗园每公顷产量达到了7 500kg。在科学试验方面，引种江苏九家种、处暑红等优良品种取得成功，又选出了本区的优质高产的优株，为大力发展高产优质的板栗林创造了条件。

广西的板栗品种类型，群众习惯以栗果被毛茸的多少，分为油栗、毛栗；以果实大小分为大果、中果、小果等类型。平均单株产量5.5～13kg，最高100kg以上。

分布与生境 板栗在我国分布很广，跨暖温带、亚热带、热带。主要集中于黄河流

① 执笔人：唐瑞芝

域和长江流域各省，尤以北纬30°～40°的河北、山东、湖北等省最为集中，其年平均气温在10.5～16℃。年降水量500～1 400mm。

板栗在广西南自钦州，北至融安，东自贺县，西至隆林，分布60多个县（市）。但以桂东北的阳朔和桂西南的隆安两县的栗林面积最大，为广西板栗两大集中产区，阳朔地处北纬24°49′东经110°25′隆安地处北纬23°10′东经107°45′，垂直分布一般在海拔200～400m的丘陵或台地。但地处云贵高原边缘海拔1 000余m的隆林县，亦有成片栽植。南部在钦州地区海拔50m以下的丘陵台地，也有零星栽培，在海拔800m以上者，因雾大，光照不足，产量不高。林地坡向则多为阳坡或半阳坡，丘陵地区在山腰以上到山顶的产量高，山脚和山谷光照不足，树冠内膛枝条多枯死，仅冠外层少量结果，甚至毫无收成。

广西板栗分布区的年平均气温为18.8～21℃，极端最高气温42.5℃（百色），极端最低气温－4.5℃（桂林），≥10℃积温，阳朔为6 000℃，隆安为7 500℃。年降雨量1 250～1 700mm。雨量虽多，但分布不均，桂中、桂南、桂西南集中在4～8月，占全年降水量60%。

土壤为红壤或山地红壤、山地黄壤，以及淋溶石灰土。土壤厚度一般在40～100cm以上，质地多粘壤土，也有疏松的轻壤土和中壤土。酸性至中性反应，pH值4.6～7.2，腐殖质含量一般为3%～4%，速效性氮5～10ppm，磷、钾贫缺（0～5mg/kg)、钙、镁含量均在0.5%以下。

群落学特性　板栗林属人工栽培的单纯林，很少参有其他树种，只有在经营抚育不善的情况下，或接近衰老的板栗林，才有一些乔、灌木树种侵入。

灌木层常见的有桃金娘、乌饭树、细枝柃木、白饭树（*Fluggea virosa*）野牡丹、三叉苦、了哥王（*Wikstroemia indica*）等。

草本层植物则多为蕨类和禾本科植物，覆盖度一般亦不大。常见的有狗脊、铁芒萁、乌毛蕨、乌韭、多种卷柏、五节芒、白茅、圆果雀稗、淡竹叶等。

由于地理气候条件的不同，板栗林分的组成与结构有异。广西板栗林大致可分为下面几种不同的群落结构。

(1) 桂北与桂东北丘陵山地板栗林　包括阳朔、平乐、荔浦、柳州、融安等产区，约在北纬24°～26°，为中亚热带地区。年平均温度18.5℃，年降水量1 350～1 800mm。土壤属红壤和山地红壤类型。板栗树体高大，长势较好，栽培品种以中果油栗和油毛栗为主（约占60%以上)，产量较高，一般株产8～12.5kg，最高可达100 kg。树龄可达100年以上。

①画眉草野古草板栗林　常见于海拔170～300m的台地或缓坡，土壤是发育在花岗岩、页岩、石灰岩上的红壤和淋溶石灰土。质地疏松，排水良好，pH值6～6.5，坡向一般为南、东南或西南，光照条件较充足，栗树生长较好，产量较高，病虫害也较少。如平乐县老圩村和阳朔县平洞口附近的栗林均属这一类型。

乔木层为板栗。30～50年生，高10～14m，胸径30～60cm，冠幅12m×14m，株行距13m×13m，平均单株产量26.2kg。最高单株产量100kg，每$hm^2$2 790kg。群众为了充分利用土地，于林中空地或林缘，混种一些柿、李、柚子和少量杉树，约占群落乔木层5%～10%。树高5～8m。

灌木层以乌饭树较多，其次还有野牡丹。草本层以画眉草（*Eragrostis pillosa*）、野古草为主，还有少量圆果雀稗（*Paspalum scrobiculatum*）。总覆盖度为10%～20%。

②狗脊柃木板栗林　这类群落比较少，往往生长在光照条件较差的狭谷和海拔250～400m丘陵阴坡的山脚。因郁闭度较大，林下植物多为耐荫的种类，常见有柃木和狗脊等。这类栗树枝梢徒长，形成冠小，个体大，一般产量极低，甚至颗粒无收。

乔木层为板栗，35年生树高14m，胸径37cm，株行距7.4m×7.4m，冠幅8.2m。

灌木层以柃木为主，小果油茶和乌饭树，毛荚蒾（*Viburnum* spp.）次之，覆盖度为85%。

草本层以狗脊占优势，半边旗（*Pteris semipinnata*）、乌韭和淡竹叶、卷柏亦较多，覆盖度为40%。

③芒草牡荆板栗林　常见于石灰岩地区，土壤为石灰岩发育的棕色淋溶石灰土，呈微酸性至中性反应，pH值6～7.2。土层厚度60～200cm以上，土壤肥力和紧实度均属中等，质地粘重，过渡层次不明，土体中含有核粒状铁、锰结核，排水良好。

栗树一般生长良好，结实正常。平均树高11.1m，胸径27cm，冠幅10m，单株产量12kg。

在草丛中杂生有不少好钙植物。灌木层常见有黄荆（*Vitex negundo*）、八角枫、白饭树等，总覆盖度为30%。草本层以芒草为主，此外尚有乌毛蕨、野韭头等。

（2）桂南河槽台地板栗林　以隆安县为中心，右江流域两岸冲积平原有较大面积板栗林，桂南、桂西南等地亦有零星分布。地理位置约为北纬22°50′～23°50′，东经107°10′～108°10′。年平均气温21.9℃，年降水量1 250mm，土壤属于红壤和砖红壤性土，质地粘重。板栗多分布在低丘台地或河槽平坦地带，栗树长势旺盛，中果油栗为主栽品种，栗树较矮，一般高6～9m，冠幅8m×9m，产量较低，一般株产5.5～6kg，最高可达80kg。

①白茅板栗林　分布比较普遍，多在土层深厚、地势平缓之处，降雨集中在夏秋季且多暴雨，土壤流失严重，表土层瘠薄，土壤蓄水性差，冬春连续干旱，栗果成熟期较早，产量较低，隆安县绿水江14年生板栗林，平均树高6.5m，冠幅8m×8m，平均单株产量只1.3kg。灌木层主要有地桃花（*Urena lobata*）、路边青（*Clerodendron cyrtophyllum*）、了哥王少量。草本层以白茅为主，其次有野古草、野艾（*Artemisia indica*），总覆盖度40%左右。

②铁芒萁板栗林　多见于低丘台地，丘陵坡度15°～35°，坡度在20°以上者多开成梯级栽植。22年生栗林，树高4～7.5m，冠幅9m×10m，株行距9m×10m，单株产量5.5～6kg。

除板栗外，尚有一些樟树、马尾松植株，组成乔木亚层，高3～5m，覆盖度5%～8%。

灌木层以桃金娘为主，还有野牡丹和少量柃木，草本层以铁芒萁为主，还有野古草，覆盖度40%左右。

从广西板栗林的生物生产量来看，桂北丘陵山地板栗林优于桂南河槽台地板栗林，在同样粗放经营的情况下，前者平均单株产量比后者高50%～100%。

生长发育与演替规律 实生繁殖的板栗林，通常于造林后7～8年开始结实（嫁接繁殖4～5年开始结实），15～50年为盛果期，单株产量10～40kg，60年以后开始衰败，单株产量降到3～5kg，以至无收。如果加强管理可延长结实年限达100年以上。衰败的老林经更新复壮，5～6年后又重新结实。

板栗的年生长发育规律为：5月下旬～6月初为花期，花期持续约半个月；7～9月中旬为果实生长期；9月下旬～10月中旬为果熟期。早、晚熟种相差15～25天；10月下旬开始落叶至12月上旬落完。幼树延至翌年3月才脱落。板栗年抽梢2次，第1次梢自清明前萌发至5月中旬停止，一般梢长20～30cm；第2次梢自7月开始，梢长10～25cm。

板栗人工林因管理粗放，植株受病虫危害导致死亡或是自然衰老，产量下降，因此群众砍除，形成林中空地，而被一些喜光树种如马尾松、枫香等侵入，以致演变为板栗与其他乔灌木混交的杂木林。

病虫害及其防治方法

板栗林害虫 种类很多，较严重者，有如下几种：

栗瘤蜂（又称栗芽瘿蜂）(*Dryocosmus kuriphilus*) 分布遍及广西各地，此虫专害栗芽，受害之芽春梢短，并在枝、叶、柄、叶脉处膨大成瘤，影响营养输导，使枝叶枯死，栗树衰弱，产量锐减。防治方法：①选育抗虫品种；②人工摘除虫瘤，集中烧毁；③实行检疫，禁止从疫区采接穗。

介壳虫（*Aulacaspis yabunikkei*） 该虫常于枝、叶上群集危害，吸取树液，被害栗树树势衰弱，产量下降，严重者整株枯死。防治方法：宜以生物防治为主，放置天敌黑缘红瓢虫，可有效控制介壳虫之发生；也可用化学防治，于若虫为害期，喷洒0.5%石硫合剂或50%605乳剂；死亡率100%；或用20倍液石油乳剂，于冬季喷洒越冬代若虫，效果达90%以上。

板栗林病害 胴枯病（又称栗疫病）(*Endothia parasitica*)。本病是世界性栗树病害，分布最广，危害最烈。我国已列为检疫对象之一，在广西也遍及各地。

病害多发生于干、枝的皮层，发病初期为黄褐色圆形斑点，后发展为不规则赤褐色斑块，树皮变松软，呈纵裂，并流出带臭气的黄褐色液汁，严重时可致整株死亡。防治方法：①做好苗木检疫和消毒，防止病菌带入；②修剪时伤口加以消毒；③用400～500倍抗菌素401稀释液或0.1%平平加涂施病部，能有效地抑制病菌的发展；或削除病皮部分，用石硫合剂原液涂伤口，再用泥土包扎，亦可收良好效果。

枝枯病(*Coryneum kunzei*) 多发生于平原地区，危害枝干部分。致使枝条枯死。于4月下旬可见黑色扁平分生孢子盘，内有多隔的分生孢子，5月中旬孢子随雨水、风、昆虫传播，经皮孔或表皮直接侵入组织。防治方法：①冬季剪除病枝；②4～5月间喷0.5∶1∶100波尔多液。

寄生及其防治 栗林的主要寄生有栓寄生（*Pseudixus japonicus*）和栗寄生（*Korthalsella japonica*）2种分布遍及广西各地。常发生在老龄栗林中，寄生于栗树的枝条上，被害的部位膨大变成畸形，严重者导致枝条枯死，产量下降。防治方法为：应在寄生枝的种子成熟前，及时砍除，收效较大。

板栗是我国著名干果之一。栗果营养丰富，味美可口，是群众喜爱的副食品，历史上还有灾年救荒和战时充军粮的记载，故有木本粮食树种之称。栗果又是我国传统出口商品之一。

栗树木材是建筑、造船及家具良材；原木还可以培养蘑菇；树皮、壳斗、嫩枝可以提制栲胶，叶可饲养柞蚕；栗树花蜜较多，又是养蜂的蜜源植物。因此，广西的板栗造林还应大力发展。其发展区域重点应为桂北和桂东北，以及桂西高原山原和桂西北区，次则为桂中喀斯特区和桂西南西部丘陵区，这些区域的生态条件较适于板栗的生长发育，能获得较佳的经济效果，桂东、桂东南及桂西南东部的生态条件于板栗的生长发育比较不利，不宜大力发展。在板栗适生区，种植方式提倡以零星和小面积栽种为主，不搞或少搞大面积连片栽培。这样可减少板栗树之病虫灾害。此外，广西所产板栗因含水分过多，不耐贮藏，新鲜栗子往往在贮藏或运输过程中霉坏变质，科研部门应予研究解决。否则，将成为发展广西板栗的严重阻力。

6. 银杏林①

银杏（*Ginkgo biloba*）又叫白果，是古代孑遗树种，在2.7亿年前的古生代石炭纪（二叠纪末期），银杏类植物在地球上极为繁盛，当时有15属以上。到1.4亿年前的白垩纪后期及新生代第三纪，因地质变迁和新植物种群的演替，银杏属便开始逐渐衰亡。这时中欧还有银杏类分布，到第四纪冰期后（约3万年前），地球高纬地区广泛发生多次冰川作用，在中欧、北美等地银杏全部灭绝，在亚洲大陆也濒于绝种，我国东北亦覆盖于冰层之下，华北受到侵蚀较轻，华中、华东一带仅局部受侵蚀，因而在我国还能单存银杏1属1种。银杏经我国劳动人民历代栽植，得以至今。约在宋朝（12世纪初）银杏经我国传入日本，18世纪中叶，又由日本传到西欧、北美。目前，世界各地均已有引种栽培。

据历史记载，汉末三国时，银杏在江南已为人重视。唐、宋时代，黄河流域一带已普遍栽种。

银杏在广西有悠久的栽培历史。据1689年全州县志已有银杏种植记载。但数量少，发展慢、产量低。如主产地桂林地区，1949年的收购量仅35万kg，50年代后，群众种植白果的积极性高，管理加强，因而收购量在1954年增至130万kg，至1980年又增至159万kg。近几年林业部门积极开展银杏科研工作，推广丰产栽培技术，使银杏得以大幅度增产，1987～1990年产量增至170万kg，1988年已达240万kg。据广西林业勘测设计院1972年普查资料，全区共有银杏成林371hm^2，幼林15.6hm^2，其中银杏主产区桂林地区有363.8hm^2，81 862株，以兴安县较多，有银杏44 532株，面积197.8hm^2。其次为灵川县，再次为全州县。1988～1990年桂林地区采用良种嫁接苗营造早果丰产林160hm^2，约10万

① 执笔人：秦柳华，本文部分数据由邓荫伟提供

株，兴安、灵川列为银杏基地县，梧州、柳州、玉林、河池部分县也积极引种。并建立丰产示范林。

分布与生境　银杏在我国北纬41°以南各省均有分布。北至沈阳，南达广州，东起江苏、浙江，西至甘肃、贵州。在19个省、自治区，海拔1 000m以下的地方均有栽植。但在云南省海拔1 800m的地方也能生存。以江苏、广西、浙江、山东、湖北为银杏主产区。

广西银杏林主要分布于东经107°～113°北纬24°～25°，属中亚热带常绿阔叶林区。垂直分布一般在海拔200～800m，植株生长、结实正常。若海拔过高，则银杏生长发育不正常，如灵川县海洋乡安泰村，海拔在900m左右，由于结冻期长，积温不足，银杏生长差，数量极少，能生长的也不结果。而在海拔600m左右的小平乐，银杏生长、结实均正常，单株产果量20～25kg。在该县海拔200m以下的大圩、朝田等地，因干旱和湿度小，雌雄株分布不匀，自然授粉不良，施肥、管理不善，银杏生长缓慢，结果极少或不结果。

银杏的水平分布则以昭平、柳州、罗城、南丹、天峨一线以北，海洋山系西南山麓（即湘桂走廊，古称兴安隘的东南边缘）一带海拔200～800m的低山丘陵为主要产区。由于地处越城岭和海洋山之间，气候温和，雨量充沛，冬春温凉湿润，夏秋温暖潮湿。年平均气温16℃～19℃，冬季极端最低气温为－3℃～－5℃，极端最高气温达39℃，年平均降水量1 200～1 700mm，春雨多于秋雨，每年雨量出现高峰多在6～7月。≥10℃年积温5 000～6 000℃，年日照1 500～1 800h，相对湿度75％～80％。其中以全州县的鳖鱼洲蕉江乡（安河）、兴安县的高尚、漠川、白石、崔家乡、灵川县的海洋、潮田、大境等乡为主要产地，面积较大，产量较高。此外，在桂林和梧州、昭平、桂平、平南、容县、融安、隆林等地也有少量栽种。

银杏对土壤的适应性强，从全国的产区看，无论在酸性土、钙质土和中性土壤上均能生长，广西银杏产区的土壤多属红壤或黄壤，pH5.5～6.5，土层厚一般50～150cm；在屋前村边的土层较深，表层多石砾，因经常间种农作物和抚育农作施肥及落叶积累，表层灰黑色，肥力较高，有机质含量2％。属中壤土，质地疏松，因而银杏生长较快，结实较多。

在石山脚生长银杏的土壤，为淋溶石灰土，表层是黄黑色，厚40～80cm，pH6.5～7，质地疏松，中壤土，并夹有石灰岩石，银杏根系多分布此层。在80cm以下则为粘性红壤。pH6～6.5，根系分布很少。

广西银杏的主产区因受季候风影响，又处中亚热带南部，沿海洋山东西南向自北而南成长廊式分布，风速较大。全年平均风速在2m/s以上，最大风速可达34m/s。有时还受台风余波侵袭。风向冬季以偏北风，夏季以东南风为主，风对银杏产量有重大影响，因银杏系雌雄异株，雄花在3～4km的范围内可授粉，微风有利于花粉传播，如风力过大，则起反作用，降低授粉率，雌株有不授粉也能结实（孤雌生殖）现象。但易落实，产量低。所结种子不能发芽。

广西银杏多栽植在村前屋后，由于银杏喜光，故多小片、分散零星栽种，极少大片成林，一般面积至多1.5hm²。栽植村落附近的银杏树，由于抚育管理较好，因而产量高，种粒大，生长良好，寿命长。例如，兴安县漠川乡才金村苦竹塘屯有1株银杏，树龄300多年，胸径1.41m，高19.5m，冠幅15.5m×18.8m，1988年产籽625kg，产值达16 250元，近年连年还产籽均在400～700kg。

群落学特性 银杏林是人工纯林，极少与其他树种混交，有的地方为充分利用土地和长短结合，在银杏林林缘和林中空隙混种一些其他树种，常见的有马尾松、油桐、杉木、圆柏（*Sabina chinensis*）、皂荚、油茶、李、板栗、毛竹等；灌木和草本植物则有八角枫、蔓胡颓子（*Elaeagnus glabra*）、盐肤木、算盘子、黄荆、野花椒（*Zanthoxylum cuspidatum*）；草本有：画眉草、龙芽草（*Agrimonia viscidula*）、耳草（*Dldenlandia auricularia*）、青蒿（*Artemisia apiacea*）、麦冬、白茅、半夏（*Pinella* sp.）、崩大碗（*Centella asiatica*）；蕨类植物有：狗脊、小凤尾蕨、海金砂等。由这些植物组成的植物群落，通常可见到3种类型。

（1）画眉草油桐银杏林 本群落常见于村前屋后，林分面积一般0.5～1.2hm²。广西的银杏林，约70%的林分属于这一类型。林地海拔在200～800m，坡度较平缓。土层中厚，属红壤。由于在林内放养牲畜和堆沤垃圾等肥料或间种农作物，故土壤肥力较高，表层灰黑色，下层黄黑色，pH6.8～7.3；含有机质1%～2.5%；速效氮10～12mg/kg；速效磷2～7mg/kg，速效钾10～60mg/kg；质地疏松，地形开阔，光照较强，通风及排水条件良好，对银杏生长十分有利，所以树形高大，一般达13m以上，树冠浓密，郁闭度为0.6～0.8，年龄40～90年以上，有的达几百年。一般单株产量30kg左右，这类林分密度较大，株行距一般6m×6m，为了以短养长，林分的林缘或空隙地上，间种有少量油桐、李、圆柏等，都处于银杏树冠之下，灌木与草本亦少，总覆盖度仅达0.1～0.2，且分布不匀，主要种类有：画眉草、龙芽草、悬钩子（*Ruhus* sp.）。

（2）白茅油茶银杏林 本群落多分布于丘陵坡地或平原台地，林分面积0.3～0.5hm²。土壤为红壤或黄壤，土层中厚，pH5.5～6.5，肥力较差，含有机质0.5%，速效氮5mg/kg；速效磷2mg/kg；速效钾60mg/kg。表层（0～30cm）疏松，轻粘土，银杏根系密集分布此层，30cm以下为中粘上，铁锰结核很多，根系极少分布。母岩多为片状页岩。林分光照较强，排水良好。银杏生长一般，树龄30～50年，平均树高7～10m；平均胸径18～22cm，单株产白果为25kg。林分密度较稀，株行距常在7～8m以上。多呈散生状，郁闭度0.3～0.5。在林缘和林中空地里混种很少的油茶、毛竹、杉、松等，多处于银杏高大的林冠下。这类群落通常距离村庄较远，由于林下常间种农作和蔬菜，故杂草极少，银杏生长结实正常。但如管理不周，则灌木杂草丛生，覆盖度几达95%。主要种类有：白茅、八角枫、算盘子、画眉草、鬼针草（*Bidens pilosa*）、悬钩子、狗脊等。

（3）农作银杏林 为长期混农作业的银杏林，常见于产区的石山脚，林分面积0.3～1hm²，土壤为淋溶石灰土，表层灰黑色，质地疏松，为中壤土，pH7.0～7.8，土层深厚不一，厚者达1.5m以上。内夹石灰石块，银杏5～8cm直径的根系多分布在0～50cm内，再下层则为酸性红壤，母岩为砂页岩。浅者仅60cm即达石灰母岩，银杏根系裸于地表。由于地处山脚，光照一般，排水良好且土壤湿润，肥力很高，含有机质2%以上，速效氮15mg/

kg，速效磷 12mg/kg，速效钾 40mg/kg。林分树龄 30～90 年，平均高 9～13m；平均胸胫 20～22cm，株行距一般 5～7m，郁闭度 0.4～0.7，单株产籽为 30～60kg。种于村前屋后者，产量更高。如灵川县海洋乡江尾村公所朱家村，一片 70 年生银杏林，最大株的地径 1.05m，冠幅 17m×18m，高 18m，最高年单株产籽 250kg。本类群落由于在林内间种农作和蔬菜，没有其他树种，灌木杂草很少，仅有车前草、画眉草、灯盏草、犁头草、蛇莓、麦冬、野花椒等，覆盖度仅 10%～30%。

银杏的品种 银杏栽培历史悠久，农家品种繁多。广西的主要栽培品种有：长籽银杏、圆籽银杏、马铃银杏、佛手银杏、梅核银杏等 5 个类型，18 个栽培品种。其中马铃银杏果粒大、质优、丰产；枣子果早熟，出籽（核）率高。在原有农家栽培品种中，则以桐子果、梅核果为多，约占栽培面积一半以上。自 1981 年以来，桂林地区林业科学研究所开展了银杏良种选育，十多年来已筛选出桂 003、桂 010、桂 021、桂 047、桂 048、桂 049、桂 061 等 7 株优良单株，每千克种核（商品白果）数在 256～300 粒，属出口的特级品，曾在全国银杏评比会上获“优良品种”。这些良种的嫁接苗定植后 3～4 年挂果，8～10 年可进入盛果期，这些良种不仅在广西区内推广，现已推广到广东、湖南、贵州、四川、安徽等地。

病虫害及防治方法 常见有苗木茎腐病（*Macrophomina phaseolina*）和轮斑病（*Pestalotia ginkgo*）。但以茎腐病比较普遍，南方各省均有发生。此病是茎腐菌侵害所致，能危害多种针、阔叶树苗，尤对银杏、香榧最为严重。在苗圃，银杏苗的死亡率可达 86%～98%。一般在雨季之后 10 天开始发病，因夏季炎热，土温高，苗木茎基夏日灼伤或机械损伤，病菌从伤口侵入。低洼积水，苗木生长不良，也易发病。病苗茎基部出现水渍状黑褐色病斑，皮层肿胀皱缩与木质部脱离，以后韧皮部组织腐烂碎裂为粉沫状。防治方法：夏季 搭荫棚和在苗木行间覆草或撒石灰，以降低土温，减少日夜温差，以免日灼，在林内间种绿肥，施基肥，抚育管理时不要碰伤苗木，以免造成伤口，以防病菌侵入，还要及时清除病苗。对叶轮斑病也要加强肥水管理，增进苗木健康。在发病初期，要抓紧喷施 1%波尔多液或代森锌 600～800 倍液或灭菌丹 400 倍液，进行防治。

白果毛虫（白果蚕、银杏大蚕蛾）（*Dictyoploca japonica*），属鳞翅目大蚕蛾科（Saturniidae）；为广西银杏产区常见的害虫，每年发生 1 代，以卵越冬，清明前后孵化，4～5 月幼虫吃食银杏叶，常把叶吃光，严重影响银杏的生长和当年产量，有时还导致全树死亡。1956 年桂林地区有 1 800 株受害。叶被食光，致使当年银杏产量大减。防治方法：①采集越冬卵块，保护卵寄生蜂。因白果蚕以卵越冬，从 10 月～次年 3 月，前后达半年。卵块产于蛹茧内或树干、树皮下或皮缝中，堆集成块状，极易找到。因卵中常有黑卵蜂（*Telenomus* sp.）等寄生，宜于冬季收集卵块，一方面可达消灭虫口密度的目的，另方面可作为繁殖卵寄生蜂的寄主，加以利用繁殖；②在 4 月中旬左右，幼虫刚孵化到 3 龄前，成群集聚时，喷洒 90%敌百虫或 80%敌敌畏 1 000～2 000 倍液，或喷洒杀螟杆菌，或白僵菌防治，效果良好；③中午太阳炎热时，幼虫有群集树荫下的习性，可利用此机会捕杀和毒杀；④6 月间幼虫全部结茧化蛹，可在 7～8 月摘除茧蛹，并保护其中的寄生蝇和寄生峰；⑤ 9～10 月成虫羽化时，捕杀成虫或设灯火诱杀成虫。

银杏小卷蛾，属鳞翅目卷蛾科（Tortricidae） 一般在嫩芽基部或果柄基部咬食嫩皮或在嫩茎内蛀害，引起落果，枝叶枯萎，芽体掉落，严重影响银杏生长和产量。幼虫老熟时多爬到树干中下部树皮或皮的裂缝中化蛹，成虫发生于 3～4 月，有趋光性，4～5 月中旬危害最严重。防治方法：①灯火诱杀成虫；②糖醋毒液诱杀成虫；③4～5 月喷敌百虫或敌敌畏等毒杀初龄幼虫；④冬季刮除树干老皮，可消灭部分越冬蛹或幼虫；⑤利用卵寄生蜂等天敌，把害虫消灭在卵期；⑥3 月在虫危害前喷除虫醚，以驱赶幼虫。

银杏白蚁 经调查广西桂北银杏产区发现危害银杏的白蚁，主要是东洋家白蚁（*Coptotermes formosanus*）。

家白蚁在银杏树干中筑巢，危害 100～150 年生的桂果树，胸径 30～90cm 的银杏筑巢危害最多。家白蚁蛀蚀树干木质部，破坏管胞的吸水功能，致使银杏的枝叶、果实得不到正常的生长发育所需要的水分。轻则树势减弱，生长不良，枝叶黄化；重则枯顶，枯枝，严重的整株枯死，树干空心。树干内有蚁巢时，枝节的断裂口处有大量暗褐色混有泥土的排积物，成块状而又紧结，填塞整个空洞。在其主干表皮孔洞及枝节处必有羽化孔，外表灰褐色，由细小的土粒等物粘结而成，外貌呈长豆点状，短泥条状或凸出的蜂窝状或成虚线状排列，仔细观察见有白蚁活动。防治方法：白蚁隐蔽筑巢于树心内，必须将主干钻通深入蚁巢施药，达到全歼的目的，钻孔部位可在羽化孔下方，离地面 15cm，35°倾斜角钻入树心，并大于主干半径为宜，孔的大小视树干粗细而定。其药物是根据主干木质部含水的多少的特点，在常规配方下另加 10%灭蚁灵（Mirex），方法是在树干巢位钻孔后，清除钻孔的木屑，便可用胶囊喷粉器向钻孔内喷药 20～25g，再用废纸或泥土堵塞孔口，3～7 天后白蚁全群死亡。

银杏树姿优美，叶形扇状，春叶嫩绿，秋叶鲜黄，不论单株或成林，都极古雅。又因其适应性强，能耐－32.9℃低温和 40℃高温，凡海拔在 1 000m 以下的非重盐碱地方均可生长，是绿化环境的优良树种。由于银杏根系宽广，枝干强韧，又是良好的防风固堤树。

广西银杏生产在全国仅次于江苏、浙江。从银杏的生态要求看，在桂北和桂东北地区发展银杏种植业是很有前途的。当地多丘陵低山，气温适中，雨量充沛，湿度较大，由于生长季节长，所以银杏生长较快，产量亦较高，成熟期则较江南诸省提前 20 多天，上市早，这是有利的因素，应该在适宜种植的地方，建立基地经营，并采取如下主要技术措施：①银杏造林每种 20 株要配 1 株雄树。对原有林分，由于缺少雄树或自然授粉不良或花期不遇的，在开花时，要进行人工喷洒雄花粉；人工授粉后可增产 1 倍以上。在无雄株的林内授粉，可增产 15～20 倍。②推广良种嫁接苗造林，以保持优良品种特性和提前结实；株行距 4m×5m，每公顷定植 630～495 株。③筛选良种单株，建立良种繁育基地。④银杏林内，宜间种农作、蔬菜和绿肥，以保持林地有植物荫蔽而保持一定湿度。

7. 柿子林

我国柿子（*Diospyros kaki*）林的经营历史悠久，《尚书》、《诗经》、《尔雅》等古籍，均有 柿的记载；汉司马迁《史记》和司马相如《上林赋》亦有柿的描述，班固在《东观汉记》中写道："有柿树生屋上从庭中，……茂。"由此可见，柿在我国的栽培，至少有 2 200 年以上的历史。公元 5 世纪，即距今 1 500 多年以前，已采用嫁接繁殖的技术。后魏贾思勰在《齐民要术》中写道："柿有小者，栽之，无者，取枝于软枣［即君迁子（*Diospyros slotus*）］根上插之，如插梨法"；《农政全书》（1625～1628）记述："今三晋泽汕之间多柿，细民干之，以当粮也，中州齐鲁亦然。"柿作为木本粮食，明代已很普遍。

广西柿树栽培较晚，最早的恭城、阳朔、平乐等县，也只有 200 多年历史。据 1973～1976 年有关部门统计材料，广西结果柿林面积有 634hm²，约 171 180 多株。广西壮族自治区林业厅资料，1980 年广西柿子总产量为 7 500t。单株产量一般为 45～60kg，高产者可达 700kg，单位面积产量 18～22.5t/hm²。

分布与生境　柿在我国分布区域辽阔，北起冀鲁，南达两广，东到江浙，西抵川滇，以长江中下游和华北平原为主要产地，地理分布范围是北纬 22°10′～40°25′，东经 103°30′～121°10′，垂直分布的海拔高度从数十米到 200～300m 为多。分布区年平均气温为 9～23℃，极端最低温度－20℃以内，年降水量 400～1 600mm，而以 500～700mm，日照充足地区较好。

广西柿树主要分布区在桂林地区，以恭城、阳朔、平乐一带为分布中心，临桂、荔浦、钟山等地次之，富川、贺县、苍梧、容县、平南、横县、邕宁、灵山、浦北等地均有一定面积栽培，其他各地（西林、巴马）也有零星种植，大抵是离中心产区愈远栽培愈少，品质亦逊。

广西柿树主要产区地处北纬 24°30′～25°32′，东经 110°23′～110°50′，垂直分布一般在海拔 150～200m，年平均气温 19.1～19.9℃，极端最高气温 38.9℃，极端最低气温－4.2℃，≥10℃年积温 6 067.2～6 427.1℃。年降水量 1 345～1 627mm，全年相对湿度 76%～81%，全年日照 1600h。

柿树适应性强，对土壤要求不苛，在山地、丘陵、平原、河滩地皆能生长。广西柿树大多以野生乌柿（*Diospyros cathayensis*）作砧木，能适应酸性至强酸性各种类型的土壤。

桂北柿树主产区土壤属红壤和山地红壤以及淋溶石灰土。桂南柿树比较分散，土壤有红壤和砖红壤性土。

群落学特性　柿为四旁零星栽培果树，即使主要产区亦很少大面积成片栽培。恭城同乐、乐湾；阳朔白沙、古板、都林；平乐二塘、沙子；临桂六塘等地有小面积成片栽培的，但通常不过 1～2hm²。

柿为大乔木，每公顷栽 120～150 株，株型小的品种，亦不过 225～270 株。柿园在幼林期间常间种农作物或蔬菜，长大后作纯林经营，也有长期实行柿、菜间作的，则柿树种得更稀或栽于菜园的边缘，少数地方将柿与梨、桃、李等实行行间混交（恭城城厢、阳朔白沙)、林下间种蔬菜。广西的柿树林分可划分为 3 种类型：

(1) 白茅弓果黍柿树林 常见以树体高大寿命长的品种所组成，如恭城火柿、水柿、阳朔牛心柿等。林分面积一般 0.4hm² 左右，林地平坦或略倾斜开阔向阳，造林株行距离 8.3～10m，每公顷栽 120～150 株，用嫁接苗造林。现广西的柿林，林龄多在 40～80 年，恭城同乐、乐湾一带有上百年的老林。据测定，恭城燕岩村一片 45 年生水柿林，平均树高 10.6m，地径 28cm，胸径 13cm，冠幅 7.2m，冠长 8.8m，郁闭度 0.9。常年单株产果 126kg (折合每公顷产果 18 000～22 500kg)。本群落因郁闭度大，杂草灌木不易侵入，又因多在村庄附近，群众经常打割柴草，所以林相单纯，草本层植物种类亦少。以白茅、弓果黍占优势，次则有淡竹叶、纤毛鸭嘴草、铺地锦、崩大碗、狗脊等，高度 10～50cm，覆盖度 60% 左右。恭城乐湾有些 100 多年的老柿树林，树上常有地衣、苔藓，也有少数崖姜。

(2) 红薯芋头柿树林 为产区最普遍的柿树群落，常见于村庄附近土壤较肥沃的平坦地段，小果园很少有 2hm² 以上者。种植较稀，每亩 105～120 株，株行距 8m×10m 或 10m×10m。品种多为水柿、薄皮柿、牛心柿、方柿，少有树体高大的火柿。如恭城莲花新桥头村有一片面积为 1.2hm² 的水柿林，37 年生树高 8.4m，冠幅 7m，枝下高 1.8m，林地通风透光，间种红茹、芋头、蚕豆、豌豆、棉花、萝卜等。柿果每公顷产 30 000kg 左右。临桂六塘村头公路边一片 13 年生柿林，土壤为中壤质红壤，肥力较差，地势开阔，柿树株行距为 8m×8m，树高 6.2m，冠幅 5.4m，枝下高 1.5m，长势中等。每公顷产柿果 12 000～15 000kg，平均单株产果 80kg 左右，高者 130kg，本群落由于林地间种农作和蔬菜，通常仅在树根处有些龙芽草、酢浆草 (*Oxalis repens*)、海金沙等。

(3) 桃李柿树林 恭城燕岩、莲花、阳朔葡萄、白沙，临桂六塘等地有此类柿林，混交的方式有两种：桃、李、梨等多作行间混交，沙田柚 (*Citrus grandis*) 则为块状混交，行间混交距离一般 10m，柿树株距 8～10m，桃、梨等株距 5～6m，柿树较高大，一般 8～10m，居于上层，梨、桃、李稍矮小，一般 4～5m，居亚层，林地通常也间种农作物或蔬菜，没有杂灌木层，间作种类及活地被物情况与上述两群落大致相同。

柿的品种 我国柿树品种甚多，广西主要有以下几种：

水柿：产于恭城、平乐、阳朔等地。树体比较矮小，分枝亦矮。果扁圆形、较大、平均纵横径 4.7cm×7.3cm，重 158.1～165.1g，果皮金黄色，果肉淡黄色，含糖分多，肉质细软，无核或极少有核，最适于晒制柿饼，传统出口柿饼多为水柿所制。10 月中旬成熟，壮龄树一般株产果 200～250kg，高者 500～750kg，100kg 生果可制柿饼 30kg。

火柿：主产于恭城、平乐，阳朔亦有栽培。树体高大，寿命长，百年以上大树仍结果累累。分枝高，枝条较密生，多向上伸长，叶色浓绿，果圆球形，平均纵横径 5.4cm×6.9cm，重 166～170g。常有核 2～5 粒不等。一般株产果 250～300kg，高者达 1 700～ 2000kg，但大小年明显。

牛心柿：产于桂东北至桂东南各县：而以阳朔白沙、高田、兴坪、福利和临桂六塘栽培最多，阳朔产量占全区 70%。树体高大，分枝较低，枝条细长而密，叶片较薄，绿色；果实似牛心，故名，平均纵横径 6.8cm×7.1cm，重 178～201g，9 月下旬～10 月下旬果熟，壮龄树平均单株产果 130～150kg，高者 650～700kg，百年大树一般可收 300～500kg，高者 750kg。

小柿：产于阳朔、临桂。树体较矮小，枝叶较稀疏，树形、树势与物候期同野生乌柿相近，果子多核，晚熟（立冬成熟）。果实近圆球形，纵横径 3.8cm×4.4cm，重 38～45kg，含种子 6～7 粒。果汁多，味甘甜，鲜食、制饼均可。单株产果量 35～40kg。

冻柿：产于临桂六塘，晚熟柿品种，11 月中下旬成熟，果肉浆汁化，含糖量高，单株产量与牛心柿相若。

方柿：产于桂南，以横县、邕宁、浦北、灵山较多，霜降至立冬成熟，果扁平略呈四方形，品质亦较差，但能适应南亚热带气候。

生长发育与演替规律

（1）生长与结实情况　　柿树嫁接后 3 年树体形成，开始少量结果，3 年生柿树生长量与结实情况（表 9-31）。

表 9-31　3 年生柿树平均单株生长与结果量

品种	平均树高（m）	平均基径（cm）	平均冠幅（m）	新枝长（cm）	结果数（个）	果实重（g）	测定标准
恭城水柿	2.75	4.29	2.03	43.2	28	3.5	10
恭城火柿	2.98	4.61	2.36	44.2	32	4.1	10
恭城薄皮柿	2.22	2.81	1.91	41.3	21	3.2	5

但柿树结实太早将抑制营养生长，为保证树体丰产结构的形成，果农常将嫁接后 3～4 年生的花果打掉，3～6 年才开始产果，至 10 年生前后冠形基本稳定，进入盛果期，可连续收果 100 年以上。10 年生树一般株产果 50kg 左右，20～30 年生单株产果 100～150kg，高者达 650kg。

柿树的衰老时期，因品种特性，环境条件和经营管理水平不同而有差别。火柿、牛心柿约为 150 年前后进入衰老期；水柿约为 100 年，薄皮柿在粗放经营条件下，则 60 年生便呈现衰老状态。

（2）生长发育与环境的关系　　据调查恭城、阳朔等地柿农经验，不同的生境条件对柿树的产量，质量均有影响。

土壤质地　棕色沙质壤土比黄红色粘壤土的柿树生长好，产果多，果肉细软汁多，无核或少核。但成饼率不如后者。黄粘土的柿果成饼率为 27%，沙质土者为 25%。

地形　缓坡、山槽的柿树结实正常，较高产稳产，病虫害少，制成柿饼的风味比平地上的柿树好，成饼率高，如平地柿果加工，每 100kg 柿饼需要 370kg 柿果，山地者只要 305kg。低洼积水地段易发生根腐病。

经营方式 种在菜园或旱作物地里的柿树比纯林种植者长势旺，高产优质，盛产期长。

干湿气候 春夏多雨过湿，枝叶徒长，病害较多，落蕾落果严重，秋冬长期干旱，果小汁少单宁多，籽亦多，叶提早枯黄脱落，面积较大的林不如管护精细的菜地柿树林丰产稳产。

群落演替规律 柿为喜光的落叶乔木，在自然情况下，常有各种乔灌木侵入，但柿林的栽培管理一般均极为精细，故侵入乔灌木，通常在侵入初期即被铲除，少数经济较大的用材树种如樟树、檫木等，常被保留下来。柿树的寿命亦较长，在桃李柿树林群落里，也往往是桃树、李树等先衰败。此等混交果林，桃李衰败后，往往便形成柿树纯林，桃李柿树群落，演替为白茅，弓果黍柿树林群落。

病虫害及防治方法

病害 柿角斑病（*Cercospora kaki*）：多在排水不良的柿林或幼龄柿树上发生，为害柿叶及果蒂。病斑为不规则多角形，黑色至淡褐色。柿树患病后引起落叶落果，导致减产和树势衰弱。

柿圆斑病（*Mycosphaerella nawae*）常与柿角斑病合并发生。

柿炭疽病（*Gloesporium kaki*）：危害苗木和大枝的叶柄及枝条，严重时全树落叶，枝条干枯而死。

上述 3 种病害的防治方法大抵相似，主要措施是：①摘除病叶、病枝、病蒂，一并烧毁；②喷洒 1∶1∶100 波尔多液；角斑病还可喷 200 倍代森锌，炭疽病可喷炭疽福美 1 号；③加强护理，改善林地卫生状态，减少发病率。

虫害 柿绒粉蚧虫（*Eriococcus kaki*）。集中寄生于柿果蒂部叶片及枝条，严重时可布满全果，吸取柿果液汁，分泌蜡质白粉，诱发烟煤病，阻碍果实发育，引起落果。恭城等柿树老产区最为普遍。防治方法：①冬季落叶期清理柿园，刮去树干粗皮，扫集有虫落叶烧去；树干刷灰防止幼虫上升。②早期在柿芽萌发前，喷洒石灰硫磺合剂或松碱合剂。③保护和放养天敌红点唇瓢虫。④进行苗木检疫。

其他虫害尚有蓑蛾、尺蠖、天牛、橘蚜等危害叶片或树干。防治方法可喷洒敌百虫、乐果等。

有些老林管护不周，树上也有桑寄生，槲寄生危害，要在冬季落叶期结合清园时彻底砍除烧掉。

柿为重要木本粮食树种，柿果含糖及淀粉 15.13%，100g 鲜果中含维生素 A450 国际单位，含维生素 C30mg，热量为 200kJ，柿饼干由于水分蒸发，含糖量达 65.22%，蛋白质 1.5%，脂肪 0.1%，且能久藏贮运。

柿果成熟前含大量单宁物质，可提取柿涩，俗称柿漆，供涂制雨伞、渍染鱼网等用。柿树木材纹理致密，可制家具。柿蒂入药。

柿为广生态幅树种，广西气候、土壤均适于柿树生长，除恭城、阳朔等产区外，全区各地大多有零星栽培柿树，发展柿树，前途广阔。发展重点应在桂林、柳州地区，以及梧州地区和玉林地区北部的低山丘陵地区，即南亚热带与中亚热带交界两侧，约当北纬 23°～25°。在此范围内可择若干县、乡建立新的柿树生产基地。桂南北热带和桂西北中山地带可以一般种植，不作重点发展。品种以恭城水柿和阳朔牛心柿为主，兼及其他优良地方品种，如灵山鸡心黄柿等。

栽植方式提倡以四旁植柿为主，柿园大小可因地制宜，不要强求连成大片。经营方式最好采取菜地—柿树林或农作物—柿树林作业，精细耕作，一举数得。

柿饼加工季节常因连绵阴雨霉坏变质，应考虑建立若干个中心加工厂，改变目前手工操作落后生产方式，以保证多产优质柿饼和其他柿类的加工产品，发挥种柿的经济效益。

8. 核桃林①

核桃（*Juglans regia*）在桂西北和桂中多作零星栽培。50 年代后，始作木本油料树种扩大栽种，据不完全统计，广西现有核桃林 2213.3hm²，年产核桃干果 61 100kg，最高产量 108 800kg。

分布与生境　核桃性喜温凉，不耐湿热，我国温带地区广泛栽培，陕西、新疆、河北、山西等地是主要产区。长江流域仅中上游的北亚热带地区有少量栽培。西南地区的四川、云南、贵州亦有少量栽培。主产区的陕西省洛南县年平均气温 11.1℃，年降水量 799.4mm，极端最低气温－18℃，极端最高气温 37.1℃。广西是核桃分布的南缘，桂西北高原山原是主要产区，栽植区的海拔高多在 800m 以上，最高达 1 576m，在干热河谷基本无栽培。玉林、南宁等北热带地区虽作过零星试种，以生长发育不良而失败。

广西主要核桃产区的气候，可以乐业为代表。其地理位置为北纬 24°58′，东经 106°18′，海拔 979.0m，年平均气温 16.2℃，年降水量 1 407.1mm，年平均相对湿度 84%，极端最低气温为－4.4℃，极端最高气温为 33.4℃。与洛南比较，年平均气温高了 5.1℃，年降水量多 179.6mm。从乐业核桃的生长发育情况看，气候条件是符合核桃需要的；逾此，则核桃生长已显著较差，或结实不正常。

都安县地理位置为北纬 23°56′，东经 108°06′，年平均气温 21.3℃，年降水量 1 792.5mm，年平均湿度 74%。该县城厢于 1963～1965 年引种的核桃至 1981（16～18 年生），树高 5～14.7m，胸径 17～24cm，但尚未开花结实，而乐业 16 年生核桃，树高 6m，胸径 22.0cm，株产核桃干果已达 40kg。又如平果县地理位置为北纬 23°，东经 107°，年平均气温 21.6℃，年降水量 1 321.2mm，该县于县城附近的濑江道斑 1963 年引种核桃，虽均于 11～13 年开始结实，但（18 年生）单株产果仍不过 15～20 个，而乐业同期栽种的单株产鲜果已达 50kg。可见气温较高的地区，核桃能生长和开花结实，但产量低，开始结果期也较迟。

乐业县核桃栽培区的土壤有 2 种类型，一是由石灰岩风化发育而成的钙质土，含钙质较高，呈微酸性至微碱性反应，pH6～7.5；二是由砂岩，砂页岩等风化而成的山地红壤土，

① 执笔人：梁瑞兴

呈酸性反应，pH4.5～5.8。

钙质土的理化性状，可以犁平大队海拔 1 300m 核桃林地的调查剖面为例说明：0～15cm；潮湿，褐黑色沙壤土，疏松，粒状结构，核桃根系分布多，pH7.5。15～66cm，稍湿，棕红色沙壤土，粒状结构，稍松，根系分布中等，pH7.0。66cm 以下为大块石灰岩。

山地红壤则以芭木大队海拔 1 248m 核桃林地的调查为例说明。0～40cm，潮湿棕灰色轻松土，稍松，近粒状结构，核桃根和草根分布较多，pH6.0。40～90cm，稍湿，黄红色轻粘土，块状结构，稍紧，植物根分布少，pH5.5。90cm 以下有少量风化砂页岩。

土壤剖面的化学分析如表 9-32。

表 9-32 乐业县犁平大队钙质土和芭木大队山地红壤核桃林地土壤化学分析

土类与土层深度（cm）	有机质含量（%）	硝态氮含量（mg/kg）	速效磷含量（mg/kg）	速效钾含量（mg/kg）
钙质土 0～66	2.5～3.5	15	50	3
山地红壤 0～90	1.5～3.0	1	1	0.5

上述两种不同土壤上栽种的两片同龄核桃林生长，结实情况比较，情况是：钙质土，土层较浅，但养料较丰富，核桃树高 16cm，胸径 70cm，树冠 14m²，单株产量 100kg；红壤土，土层较深厚，养料中等，核桃树高 15m，胸径 98cm，树冠 18.5m²，单株产量 75kg，前者单株产量较后者高。

群落学特性 核桃人工林多是纯林，采取林农间种作业方式，通常形成 2 种不同人工群落，即：

（1）丝葱油桐核桃林 分布于乐业瑶山，海拔 1 264m。核桃树覆盖度为 60%，冠幅较大，株行距不一，一般为 8m×10m，平均树高 9.4m，平均胸径 32.6cm。由于幼林期曾间种油桐，故与核桃共居于群落的上层，油桐平均树高 9.4m，平均胸径 15.9cm，灌木层植物种类不多，在湿润地方散生有水麻（*Debregeasia edulis*），高 1.5m。草本层覆盖度 65%，以丝葱（*Allium ledebourianum*）占优势，其他则有鬼针草（*Bidens bipinnata*）、湖南连翘（*Hypericum ascyron*）等。

藤本植物以何首乌（*Polygonum multiflorum*）最为常见，攀援在石岩或植物体上，茎长约 5m。

本群落生长发育良好，30 年生核桃，株产鲜果 150kg，经济效益是比较大的。

（2）茶辣油桐核桃林 分布于乐业芭木和中坨。海拔 1 248～1 340m，由于立地条件不同，生长发育各异。芭木为红壤土，林冠覆盖度为 50%，20 年生核桃树平均高 8.9m，平均胸径 24.5cm，株产鲜果 41.7kg。中坨为钙质土，林冠覆盖度为 60%，20 年生核桃林平均高 12.2m，平均胸径 33.9cm，株产鲜果 50kg。

当地群众习惯，在核桃林内常间种油桐、茶辣（*Evodia rutaecarpa*）、玉米等。三年桐通常树高约 7～8m，胸径 20cm 左右，茶辣通常树高 1.5m 左右，地径 4cm 左右，玉米高约 2m，覆盖度常达 70%。灌林层植物种类不多，主要有十大功劳（*Mahonia fordii*）等。草本地被物层则以龙芽草占优势，也有射干（*Belamcanda chinensis*）。

生长发育与演替规律　核桃的生长发育可分为 4 个时期：

幼龄期：从幼苗到始花前，约 11 年，每年 3 月底～4 月上旬开始抽梢，生长迅速。

始果期：约为造林后的第 11～16 年，枝条的分枝角度渐大，多横向伸展，株产果1.5～6.5kg。

盛果期：约为造林后的 20～100 年，营养枝和结果枝相对的稳定，树冠大，一般可达 10～20m，株产果 60～120kg。

衰老期：时间较长，约 100 年以上。生机减弱，枯枝渐多，结实量减退，大小年明显，但可更新。忻城县兴隆队肖家后园的老核桃林，壮年时生长良好，结果累累，到 100 年生后，由于管理不周，有的枝条干枯，结实减少。对老核桃林更新复壮，延长结果期，一般从距地面 10m 左右将主干锯掉，促进发新枝，近年来单株每年均收果 30kg，但未作截干更新的同年老核桃林，仅收果 15kg，相差一倍。

核桃为喜光落叶树，杂草和耐荫乔灌木均极易侵入。幼林与果实盛产期，由于实行了林农间种与加强了林地管理，群落赖以维持相对稳定。30～50 年生以后，林木逐渐趋于衰败，林内透光度增强，杂草和灌木乃不断侵入，使群落的组成和结构均发生变化。以乐业县干沟湾顶的核桃林为例，林龄 85 年，撂荒约 6 年后，林下杂草和乔木即相继侵入，形成杂木林，其中主要乔木树种有大叶栎、栓皮栎，主要灌木有盐肤木、鬼划符等，草本则以五节芒、湖南连翘、大金花草等为主。

病虫害及防治方法

天牛　成虫主要吃新枝嫩皮；幼虫钻入木质部为害，蛀食成孔道，不但妨碍生长而至减产，严重者还将引起风折与死亡。可用马拉硫磷或敌敌畏与泥浆调成浆糊状，塞入虫道，再以黏土封口，以熏杀幼虫。

金龟子　成虫吃叶，幼虫食根，可用敌杀死喷杀，晚间用黑光灯诱杀。

木蠹蛾　幼虫危害枝干，蛀食木质部，破坏髓心。用敌敌畏湿棉球，塞入虫孔，再以粘土封口。

樟蚕（*Eriogyna pyretorum*）　幼虫食害叶片，可喷洒敌杀死防治。

核桃基腐病　分布在河池一带，危害严重，病菌从伤口尤其是灼伤口侵入，产生坏死病斑，病斑包围全茎时，全株死亡。高湿季节，西坡灼伤严重，因而发病也严重。如能保护伤口，降低地面辐射热，预防灼伤，促进植株生长旺盛，都可控制该病发生。

此外，也有桑寄生危害。

核桃林的害兽与益鸟　核桃林较单纯，野生动物种类少，林中仅见小动物活动，当核桃果成熟期，好吃果子的动物活动频繁，如岩松鼠（*Sciurotamias davidianus*）等窃食核果最凶。此外，还有大拟啄木鸟（*Megalaima virens*）专食害虫，为森林益鸟。

核桃是木本油料树种，种仁苏脆，可供食用或榨油。种仁含油率一般为65%，最高可达74%，中医用作补品，止咳；核桃的木材木质坚韧，不翘不裂，为优良军工用材，纹理美观。宜作家具和文教用具，核桃也是我国出口的传统物资，国际市场上享有盛誉。因此，在区内可因地制宜发展核桃生产。发展的重点宜选择以米核桃和露仁核桃等优良品种为主。

桂西北山原如乐业、凌云等地，处于海拔800～1 400m，气候温凉，土壤湿润，肥沃疏松，适宜核桃生长，可大量发展，其他如百色、田阳、平果、靖西、那坡、天峨、南丹等地也可适当发展。桂中忻城一带石灰岩地区，可在村庄、沟旁等隙地零星栽植。

核桃林地宜选择土层深厚，质地疏松，排水良好的沙质土和石灰岩山脚肥沃的淋溶石灰土和冲槽光照良好的坡积土。

核桃是喜光树种，宜疏植，土层深厚肥沃的地方造林密度可采用10m×10m；一般土质则为8m×8m；石头裸露的钙质土6m×6m。株行距宽可混种油桐、绿肥等，以充分利用地力提高产量和肥力，防止林地冲刷，保持生态平衡。

此外，还要继续选择优良单株，做好品种合理搭配，保证雌花得到最高授粉率。在栽培技术上，应以良种无性繁殖为主，并注意做好修剪整形，改善光照条件，加强林地土壤管理，改善营养条件等，以提高经济效益。

9. 厚朴林[①]

厚朴（*Magnolia officinalis*）是药用经济林树种，又是优良用材树种。厚朴的变种庐山厚朴（*Magnolia officinalis* var. *biloba*），其生物学特性，分布范围、产品用途等都和原种基本相同，群众统称厚朴。

厚朴为我国特有树种，早已为劳动人民发现和利用。汉代（公元前一百多年）的《神农本草经》就记载了厚朴的药效，列为中品。明代（1596年）李时珍著《本草纲目》中，又考证了厚朴药名的由来，"木质朴而皮厚，故名。"

野生的厚朴混生于其他阔叶林中，在溪谷、河岸、山麓等湿润、深厚、肥沃、但向阳地生长良好。多处于自生自灭状态，缺乏人工抚育管理，多因采药剥皮而枯死，以致天然资源日益减少。

人工栽培大体始于20世纪初期，首先在民家园圃中有少量栽培。此后逐渐发展造林，因而厚朴林的面积、产量、质量以及栽培、制药技术都相应地得到发展和提高。

分布与生境　厚朴在我国自然分布于北亚热带到中亚热带，北起陕西、甘肃南部，南至云南、广西东北部，东抵浙江，西及四川。地理位置约在北纬24°～33°，东经104°～122°（庐山厚朴的西北界稍偏东南，位于北纬24°～31°，东经108°～122°）。广西主要分布在资源、龙胜、全州、兴安、灵川、临桂、平乐等县和融水、大瑶山。

垂直分布一般在海拔500～1 500m，人工栽培以在海拔500～1 200m的山坡地段为宜，海拔较低处，幼苗生长快，但成林生长缓慢，且多病虫害；海拔较高处情况恰好相反。

---

① 执笔人：刘源扬

厚朴是喜光落叶树种，性喜凉爽，湿润的气候，宜生于雾气重、相对湿度稍大、而又阳光充足的地方。但幼林耐荫，幼苗易受日灼为害。如遇严寒、酷暑或久晴、连雨都不适宜。全国产区年平均气温14～18℃，1月平均气温2～8℃，7月平均气温20～28℃，≥10℃积温4 000～6 000℃，年降水量800～1 800mm，多在1 400mm左右。年均相对湿度70%～80%。年有效辐射量209 350～251 220J，年总日照1 200～2 200h[2]。

厚朴喜疏松、肥沃、腐殖质较多，湿润而又排水良好，呈微酸性至中性的土壤。一般以砂岩或沙页岩形成的山地沙壤土至轻粘壤土或石灰岩形成的坡积钙质土为宜。

厚朴在不同生境，生长差异很大，资源县车田乡沙子江村有厚朴林24hm²，林地在海拔1 300m以下，沙壤土。由于四面环山，光照时间短，山脚较山腰每天约还短1h。4年生幼树在山腰的平均高2.9m，胸径2.2cm，反比土壤条件较好的山脚同龄厚朴林平均高22.55%，粗大29.4%。该县延东乡寨美村在海拔500m的轻粘壤土上厚朴林1.2hm²，由于林地开阔，5年生幼林生长在山脚的平均树高5.8m，胸径5.3cm，比上坡的平均高45.0%，粗63.1%；同一上坡，当阳的东南坡5年生幼林平均高4.3m，胸径3.6cm，比背阴的东北坡树高16.8%，粗24.2%。看来，在丘陵平缓地区，一般阳光充足，土壤肥力是厚朴林生长快慢的主导因子；在山地林区，一般土壤较好，光照条件便成为厚朴林生长速度的主导因子，尽管只是坡位或坡向不同所形成的受光时间或土壤肥力的一些差异，对厚朴林生长发育却表现出明显的影响。因此，对不同类型地区应具体分析，选好宜林地，才能更有利于厚朴林分的速生丰产。

群落学特性 天然生厚朴在桂东北多见于中山常绿落叶阔叶混交林中，不占优势，只是伴生树种。林分组成主要有枫香、水青冈、亮叶桦（*Betula luminifera*）、檫木、木莲、银荷木等；灌木层覆盖度0.7～0.8，主要有心基杜鹃（*Rhododendron cardiobasis*）、厚皮香（*Ternstroemia gymnanthera*）、红淡比（*Cleyera japonica*）和细枝柃、乌饭树、老鼠簕（*Acanthus ilicifolius*）等；草本层覆盖度0.2～0.3，常见有大序苔草（*Carex prainii*）、沿阶草、锦香草、凤尾蕨等。

厚朴因采药遭到破坏，现今野生者少见，多为人工栽培。一般用种子繁殖，在产区有沿用分蘖、压条、扦插等繁殖方法。一般人工林为单优纯林，栽植密度1 100～2 500株/hm²。在坡度25°以下的山地，植树当年至林冠郁闭前，多实行林粮间种，以株型较矮的豆类、花生（*Arachis hypogaea*）、及麦类间种较好。有的营造多层混交林，常间种木质药用植物如黄柏（*Phellodendron chinense*）、黄栀子、枸骨（*Ilex comuta*）等，以充分利用光能和地力，提高单位面积的产值。

生长发育 厚朴幼林阶段高生长较快，栽于适地，10年生树高8～10m，胸径6～8cm，可修枝剥皮制药；20年生粗生长逐渐加快，树高10～20m，胸径16～20cm，林分郁闭度达0.8，可疏伐40%～50%，每株能剥皮8～10kg；40年生再疏伐留下的30%～40%；50年生高15～20m，胸径30～35cm，可进行皆伐，每株能剥皮25～30kg，产量25 000～40 000kg/hm²。厚朴树皮随树龄增加而增厚、增重，产量、质量均相应提高，其寿命可达百余年。

在桂北，厚朴15年生开花结实。一般是清明萌动，4月中下旬开花，花与叶同时开放，每朵花持续期可达15天，全花期约20多天，10月下旬果熟，11月上旬落叶。

厚朴采收时间，树皮应在立夏立秋之间，以夏至前后最好，这时树干形成层细胞分裂最快，皮层与木质部容易剥离。花宜在花蕾含苞待放时采摘，果实在霜降后采收。采下的树皮、花、果均需经过蒸软（树皮还要坑埋发汗）、晒干等处理，然后在阴凉干燥处贮存，以备进一步加工制药。

厚朴侧根发达，萌芽力强，可进行萌蘖更新。但萌蘖更新不能养成大材，以重新整地造林为宜。

厚朴的病虫害有炭疽病（*Colletotrichum* sp.）煤烟病（*Meliola* sp.）及大鼻象白蚁（*Nasutitermes grandinasus*）、云斑天牛（*Batocera horsfieldi*）等，但很少蔓延成灾。

经营利用意见 厚朴是我国特产的名贵药材，疗效显著。20世纪50年代以来，政府号召大力发掘祖国宝贵的医药遗产，发动群众大种药材，厚朴同样得到了相应的发展，也积累了许多栽培、加工的经验，并进行了一些科研工作，应进一步总结推广，加速扩大厚朴生产，以适应医药卫生事业突飞猛进的大好形势。

厚朴药名川朴者，以四川宣汉县和湖北恩施县所产品质特优，故又名油朴；庐山厚朴药名温朴，以安徽潜山为中心区产的称潜山朴，品质较佳。为了厚朴大面积生产良种化，宜注意选择上述品类的优良林分和优树，有计划地建立母树林、种子园或采穗圃，以利进一步推广。

木材轻韧，纹理直，结构细，不反张，少开裂，加工容易，适作图板、雕刻、漆器、乐器、机械、船具、铅笔杆、火柴等。制炭供五金细工磨光用。

树姿优雅，叶大浓荫，花白芳香，可供庭园绿化。

有些地方采用性味接近的不同种植物，如山玉兰（*Magnolia delavayi*）、日本厚朴（*Magnolia hypoleuca*）、凹叶木兰（*Magnolia sargentiana*）等作为厚朴的代用品。有的甚至用不同科属树种的树皮加工，冒充厚朴药材，必须严格区分。正品厚朴富油质，划而有油痕，气芳香而味苦辛，其横断面分紫色和白色两层，外表皮呈鳞片状，可据此识别，以保证药源的纯正。

10. 紫胶寄主林①

紫胶寄主林为培育紫胶虫（*Kerria yunnanensis*）、生产紫胶的特种用途林。紫胶虫寄生在寄主树上，分泌一种紫棕色的硬化动物树脂，叫紫胶或虫胶。

紫胶为重要工业原料，原产南亚与东南亚。我国早在公元69年，即东汉明帝永平十一年，就有云南出产紫梗（即紫胶）的记载。20世纪50年代以来，我国紫胶生产有了较大的发展，紫胶产区由一个省扩大到8个省（自治区），原胶产量由50年代初的20t提高到1979

① 执笔人：李普雄

年的 4 000 多 t。

广西的紫胶生产从 1959 年开始引种试产，60 年代中期逐步推广放养，1979 年全区原胶总产 250t，居全国第 2 位。主产区为桂西南、桂东南和桂中西部山原，其产量占全区总产的 90%以上，其中百色、玉林两地区产量又占全区总产的 60%～70%（表 9-33）。

表 9-33 1965～1992 年广西历年紫胶产量 单位：t

年 份	1965	1966	1967	1968	1969	1970	1971	1972	1973	1974	1975	1976	1977	1978	1979
原胶产量	2	1	4	16	12	19	34	65	120	70	160	70	40	170	250
种胶产量	—	—	—	—	—	—	22	55	110	55	125	55	20	175	250

年份	1980	1981	1982	1983	1984	1985	1986	1987	1988	1989	1990	1991	1992
原胶产量	150	181	115	45	60	80	80	100.5	150	32	35	33	35
种胶产量	105	110	60	55	20	25	50	117.5	120	35	30	25	26

注：1. 本表产量系由紫胶站统一调配、统一收购部分，不含社会自由买卖部分

2. 1989 年后，因市场价格下跌，全区采取保种保树为主的生产方针，集中搞寄主树造林，控制放养量，节制年产量。1989～1992 年产量系年计划 30t 的完成数

紫胶寄主林的栽培，始于 60 年代，造林数量较多的为 1965 和 1975 2 年。营造紫胶寄主林曾扩展到全区 50 个县（市），面积 10 000 多 hm^2。田东、德保、钦州、北流等 10 多个县区先后建立了一批以经营紫胶为主的乡村林场或兼营紫胶的国有林场。

影响当前广西紫胶生产发展的主要因子是胶虫的越冬保种问题。在广西气候条件下，紫胶生产 1 年可放养 2 代，夏季于 4 月底～5 月放养，10 月底～11 月收胶的叫夏代，冬季于 10 月下旬～11 月放养，翌年 4 月底～5 月收胶的叫冬代。夏代全区各地均可放养，但冬代仅桂东南和桂西南少数县能安全越冬。1970 年以前，广西夏代胶种主要靠云南省供应，其后，随着胶虫越冬保种基地逐步扩大，从而使胶种逐步自给。

紫胶虫生态特性 紫胶虫是南亚特有的虫种，主要分布于东经 70°～120°，北纬 16°～32°。而以北纬 19°～26°，海拔 1 500m 以下的山地与高原地带生长最好。产量多的印度和泰国，年平均气温在 23℃以上，最冷月平均气温在 16℃以上，年降水量在 1 000mm 以上，全年无冬或基本无冬，年温差小，但干湿季分明。高温月份出现在干季末或湿季初的 4～5 月。

紫胶虫性喜温暖，夏忌酷暑，冬忌严寒，夏季高温炎热、焚风盛行，容易引起胶虫死亡或胶表熔化，因此印、泰等国，夏代以保种为主，冬代（即凉季）是原胶的主产世代。印度的冬代产胶占全年总产量的 2/3 以上。

我国老产区云南省，属紫胶虫分布区的东缘区，主要产地位于哀牢山以西河谷两侧海拔 800～1 500m 的半山区。植被以喜干湿热的植物占优势，呈北热带稀树干草原的景观。气候受西南季风控制，5～10 月多雨，11 月～翌年 4 月为干旱季，冬半年晴天多，光照充足，干爽湿小多雾，寒潮影响微弱，降温以辐射型为主，年平均气温在 17℃以上，最冷月平均

气温在8℃以上，日较差大于年较差2～5℃。从总体上说，云南胶区的特点是降温缓慢，昼暖夜凉，夏无酷热，冬无严寒，湿热同季，干湿期分明，在这样的环境条件下，大多数胶区均属两代胶区，即每年进行两收两放，冬代保种比较稳定，夏代原胶高产稳产，寒热灾害仅见于河谷底部。

位于云南产区东侧的广西产区，放养地多在北回归线以南，海拔600m以下的低山丘陵山地，胶区环境与云南产区有明显差异，气候属东南季风型，水热条件比云南充沛，年平均气温高3～5℃；最冷月平均气温高2～3℃，年降水量多300～500mm，气温振幅大，骤升骤降，降温多是平流辐射型，年较差大，大致为14～16℃，日较差小，大致为7～9℃，分别比云南大3～5℃和小2～6℃。植被为北热带常绿林和南亚热带常绿阔叶林。因此，广西紫胶寄生植物和云南也有一定差异。

主要寄主植物的分布与生境 紫胶虫属广食性昆虫，据初步统计，全国寄生植物共有327种，广西有213种，分属于38科，其中放养效果良好的有南岭黄檀（*Dalbergia balansae*）、黄檀（*D. hupenana*）、牛肋巴（*D. obtusifolia*）、木豆（*Cajanus cajaus*）、山合欢（*Albizzia kalkora*）、哈氏榕（*Ficus harlandii*）、大耳榕（*Ficus auriculata*）、木槿、广西芒木（*Eriolaena kwangsiensis*）、枫杨、仪花、苏门答腊合欢（*Albizzia montana* var. *sumatorana*）、大叶千斤拔（*Flemingia macrophylla*）等10多种。南岭黄檀、黄檀、木豆、大耳榕、山合欢、大叶千斤拔等适应性较强，在全区各地均有分布，称为广域性寄主；哈氏榕、牛肋巴、广西芒木、仪花、枫杨、光叶合欢、木槿、苏门答腊合欢等适生区较狭，称区域性寄主。但在冬胶生产上，以木豆、南岭黄檀、黄檀、哈氏榕保种效果最好，其他树种则较差或不稳定。现全区黄檀和南岭黄檀共造林9330hm²，占整个人工紫胶寄主林总面积的90%；牛肋巴造林500多hm²，占5%；其他各树种造林共500多hm²，占5%。

兹将广西几种主要寄主树的生态地理分布简述于后：

(1) 南岭黄檀 南岭黄檀是广西、福建于60年代初期先后发现的优良乡土寄主树种之一。现已成为我国紫胶新区的重要寄主树，目前南方诸省（自治区）的造林面积约有13 000多hm²。其原胶产量（包括黄檀的在内）占广西、广东、福建等紫胶新区总产量的90%以上。

南岭黄檀主要分布范围，大致为五岭山脉及其毗邻山地，中心地带位于广西、湖南、广东、江西等地接壤的地区，零星分布东到浙江、西至云南、贵州、西北到四川、西南至越南之东北部。广西从北到南，自西至东的中山、低山或丘陵山地均有自然分布。但较常见的仍为中亚热带南岭山地，北热带仅见于海拔400m以上的高丘、低山，而且通常系散生于杂木林中。

中心分布区南岭山地的年平均气温为16～21℃，最冷月平均气温为6℃左右，≥10℃的年积温5 300～6 800℃，年降水量1 400～2 000mm。属冬无霜雪，夏无酷热的温凉湿润气候。土壤以山地红壤与山地黄壤为主。酸性反应。地带性植被为常绿阔叶林，常见代表树种有：多种槠栲类（*Castanopsis* spp.）以及樟科的樟属、楠木属、润楠属、厚壳桂属、山茶科的荷木属、茶梨、大头茶、石笔木；木兰科的木莲属、木兰属、含笑属等。灌木则为山茶科、茜草科、野牡丹科、杜鹃花科、乌饭树科以及箭竹、箬竹等。

南岭黄檀是一种喜光的落叶树，在荫蔽林中生长不良，空旷地里则生长旺盛。由于它枝干和根系的萌芽力都很强，在森林破坏后，荒坡杂灌和撩荒地或火烧迹地上，常出现小面积的南岭黄檀林。这一萌芽力强的特性，正符合紫胶生产的需要。但南岭黄檀的种子自然繁殖力弱，在天然林中，不易找到天然下种苗。

（2）牛肋巴　又名钝叶黄檀，是云南省紫胶虫的主要寄主树，资源丰富，并具有耐虫力强，产胶稳定和适生于海拔较高的山地的优点。它的原胶产量占全国产量的80%以上，相当印度的宝树，泰国的雨树。

广西自1962年开始引种牛肋巴。南宁、百色、钦州、玉林、柳州、梧州等6个地区放养试验证明，该树在广西也是一个较好的紫胶寄主树。

牛肋巴主要分布在云南省哀牢山以西的阿墨江中下游，澜沧江中游和怒江河谷地带，及与云南接壤的老挝、越南、缅甸的北部。其垂直分布大致在海拔1 600m以下，主要分布区为800～1 300m的范围，为南亚热带次生稀树草坡的常见优势树种之一。分布区属西南季风型气候。年平均气温>17℃，日较差大于年较差。最冷月平均气温在8℃以上。干湿季分明（5～10月为雨季，11月～翌年4月为干季）。冬季干旱，冬半年雨量仅占全年降水量的10%左右。但多雾；日照长，寒潮影响小，降温强度不大，气温比较稳定。

原产地的土壤，坝区以冲积、坡积土为主，山区多属砂页岩或紫色页岩风化的厚层山地红壤和山地黄壤，酸性或微酸性反应。

分布区的植被具热带次生稀树草原的特征。常见的植物种类：乔木层有泡火绳（*Eriolaena malracea*）、黑黄檀（*Dalbergia fuseca*）、偏叶榕（*Ficus cunia*）、木棉、合欢、短翅黄杞；灌木层有余甘子、野蚂蝗、虾子花（*Woodfordia fruticosa*）、水锦树、草本层有双花草（*Dichanthium annulatum*）、扭黄茅、菅草、野古草等。

（3）黄檀　黄檀和南岭黄檀在生态特性上十分相近，唯黄檀的分布区域更广。在广西的黄檀天然林中，由于与南岭黄檀常居于同一林分中，在种子采集时造成混杂，故人工黄檀林，实际上常系黄檀与南岭黄檀的混交林，虽然此类林分中，黄檀生长不若南岭黄檀为优，胶虫的放养效果亦略逊。但它属广西广泛使用的乡土优良寄主树。

（4）木豆　木豆属冬夏代放养的优良寄主，它原为多年生的绿肥植物，其品种较多，广西各地均有栽培，常与林木间种或小面积在四旁种植。在桂北、桂东北中亚热带地区，多呈灌木状，但在桂东南、桂西南南亚热带至北热带，可长成小乔木。广西在紫胶放养初期，多以此为主要寄主树。

木豆喜肥、湿，不耐瘦瘠，故林地多分布在山麓和山坡谷地，垂直分布通常在海拔400m以下，或相对高200m以下。

（5）哈氏榕（又叫马榔树、水筒木）　主要分布于桂中西部和桂西南。性喜肥，喜湿润，喜疏松土壤，故多栽植于河边、沟渠边，栽培面尚广，但多为小面积栽培。

（6）仪花 主要分布于桂西、桂东南的局部地方，在桂西多散生于石灰岩山区，但在桂东南则多见于沟谷地与溪旁，它属高大乔木，萌芽力强，性喜湿润，肥沃，疏松土壤生境。该树种夏代放养，胶被丰厚，胶质最好，为含胶量最高的寄主，但冬代保种效果欠佳。

（7）广西芒木 属广西西部干热地区的次生林常见落叶树种之一，主要分布于右、左江中上游河谷坡地，性喜光，耐干瘠，利用侧枝放养，在1～2年生的嫩短枝上固虫，效果良好，胶被丰厚，稳产高产，是广西夏代生产的优良乡土寄主树种之一。

（8）枫杨 主要分布于桂北、桂东北和桂西北与桂西，喜湿，耐寒，多生长于河边、水渠边。夏代放养良好，冬代则较差。

（9）任豆 为桂中、桂西南石山区的紫胶寄主树，夏代放养良好，但微欠稳定。

（10）大耳榕 全区均有分布，常见于山谷、沟旁生长，萌芽力强，喜湿，喜疏松肥沃土壤生境，是夏代放养的优良寄主树之一。

群落学特性

（1）黄檀林 由于南岭黄檀与黄檀多系混交，故黄檀林实为二者之统称。以立地条件之不同，广西的黄檀林有以下几种群落。

①桃金娘岗松黄檀林 主要分布于桂东和桂东南海拔100m以下的低丘、台地。土壤为花岗岩、砂岩等风化的砖红壤性红壤和砖红壤性土，表土沙质重，结构不良，保水力差，肥力低。为适应放养紫胶虫的需要，林分的造林密度，通常采用2m×3m、3m×3m、3m×4m株行距，郁闭度0.8～0.85，4～5年生黄檀树高6～7m；灌木层以桃金娘、岗松为主，偶有假苹婆、黄桐（*Endospermum chinensis*）的幼树，高1m左右，覆盖度10%～15%；草本层有鹧鸪草、铁芒萁等。高0.3～0.7m，在集约经营的情况下，覆盖度一般不超过30%。

②黑面神黄檀林 分布于桂东、桂中的浔江及红水河下游的丘陵或低山，土壤为花岗岩、砂岩、页岩等风化而成的砖红壤性红壤，质地粘重、坚实，透水性差。林分结构及生长状况与上一类型大致相似，只是林下植物有差异。灌木层常见有黑面神（*Breynia fruticosa*）、野牡丹、姚金娘等；草本层以黄茅草为主，还有纤毛鸭嘴草、褐毛金茅（*Enlalia phaeothria*）、青香茅等，覆盖度不一。

③余甘子黄檀林 分布于桂中和桂西南西部山原，海拔约600m，土壤为砂岩风化的砖红壤性红壤和山地红壤。灌木层以余甘子占优势，也有山槐（*Albizzia kalkora*）、扁担杆（*Grewia* sp.）、山芝麻（*Helicteres angustifolia*）等。在西部山原，有时还有粗皮桦的幼树。草本层有黄茅草、龙须草、扭黄茅等，覆盖度随经营的集约程度而不一。在低山河谷，灌木层中常出现有番石榴（*Psidium guajava*），草本层以扭黄茅占优势。

④灰毛浆果楝黄檀林 分布于桂西南海拔500m以下的石灰岩山地的坡脚下，土壤为淋溶石灰土，微酸性至中性，林分面积一般只0.1～0.3hm^2。灌木层常见的有灰毛浆果楝、红背山麻杆、细叶楷木（*Pistacia weinmannifolia*）、粗糠柴等；还可见到青檀、圆叶乌桕、鱼尾葵、任豆等乔木树种。草本层常见的有龙须草、黄茅草等。

(2) 牛肋巴林　　主要栽培区为桂西南和桂东南，但桂中的鹿寨县有少量引种。株行距配置多采用 2m×3m、3m×3m、3m×4m，林相整齐，在集约经营条件下，3 年即开始郁闭。常见的群落有：

①余甘子牛肋巴林　　分布于桂西南的左江、右江河谷和低丘盆地，气候炎热，焚风影响较大。土壤为砖红壤性红土，在石灰岩孤峰残丘地带则为淋溶石灰土，肥力均不高，15 年生牛肋巴树高 6.9m，胸径 12.4cm，郁闭度 0.6～0.7；灌木层高 1～1.5m，覆盖度0.2～0.3，常见种类有余甘子、番石榴、短翅黄杞、千层纸（*Oroxylum indicum*）等。还有木棉、广西芒木、仪花等的幼树；草本层覆盖度 0.4～0.5，以扭黄茅占优势，次为白茅、鹧鸪草等。

②野牡丹桃金娘牛肋巴林　　分布于桂东浔江、北流江流域海拔 150～200m 的低丘和台地以及桂西南南宁盆地。土壤为花岗岩、砂岩、页岩等风化的砖红壤性红壤和砖红壤性土，酸性至强酸性反应，肥力低，4～7 年生牛肋巴，树高 5.1～7.0m，胸径 4.8～10.9cm。集约经营，林下灌木不多，最常见的有野牡丹、桃金娘、算盘子、黑面神等，高 1m 左右，覆盖度一般在 0.3 以下；草本层高亦可达 1m，覆盖度 0.5～0.6，常见种类有黄茅、纤毛鸭嘴草、铁芒萁等。

(3) 岗松牛肋巴林　　分布于桂东南南流江和钦州平原一带。土壤为砂岩、页岩风化的砖红壤性土，贫瘠干旱，强酸性反应。16 年生牛肋巴，树高 8～13.3m，胸径 8.9～20.2cm；集约经营，7 年生树高可达 9m，胸径 15.5cm，林分郁闭度可达 0.85～0.9；但如经营粗放，则 6 年生树高仅 3～4.7m，胸径 4.0～6.5cm，叶厚而黄，极易衰老，林分郁闭度仅 0.5 左右。集约经营的，林下灌木和草本均较稀少，粗放经营的则较多。灌木层高 1m 左右，覆盖度 0.3 左右，以岗松占优势，次则为野牡丹、桃金娘、黑面神等；草本层高 0.5～0.8m，覆盖度 0.3～0.5，以扭黄茅占优势，次则为青香茅、白茅、鹧鸪草等。

生长发育和演替规律

①生长发育规律　　黄檀与南岭黄檀通常 1～3 年生为幼树阶段，4 年生开始开花结果。在一般立地条件下，1 年生幼树高达 1～1.5m，2 年生高达 2～2.5m，3 年生高达3.5～4m，此时即可放养胶虫。近年来，不少地区推行密植，利用 1～2 年生幼树放养，有的甚至利用 1 年生幼苗在苗圃地放养。大树放养，宜胶枝多，放养不易死树，并且产胶稳定，株产高，可一次性利用或分枝利用，选枝连续放养多代，收胶后，更新复壮快，一般间隔一年便恢复树势，新萌的枝条又可继续投产。小树利用、投产快，采收容易，但必须建立一套严谨的经营利用方式，否则放养不当，不仅产量低，而且容易产生固虫超负荷死树和加速寄主树早衰。

黄檀在中亚热带和北亚热带发叶甚迟，有“不知春”之称，往往到 4 月份才开始萌动。但在桂东南与桂西南南亚热带与北热带地区，则早春 2～3 月即开始萌动，每年可抽梢 3 次，4～5 月为花期，荚果于 10～11 月成熟。12 月～翌年 1 月为落叶期，其休眠期不过 40～50 天，比桂北中亚热带地区的休眠期短。

牛肋巴林的生长发育情况与黄檀林和南岭黄檀林大致相若，唯在北热带冬季往往不落叶，老叶脱落期在翌年 4～5 月新叶出生之后。

紫胶虫寄生的枝条，主要是 3 年生以下幼嫩枝，老枝不适于寄生。故紫胶寄主植物的利用，多为幼年或壮年，一俟枝叶繁茂，植物体部总量达到单位面积最大量时，即为放养的最佳时期，此时放养，能收到最佳的放养效益，而一经放养，树势即因胶虫的寄生而逐渐减弱，所以胶林投产要视树生势，分别控制固虫量以防止胶园在日后反复利用过程中林木产生大分化的现象。

②生产效益　紫胶的生产效益，因寄主植物分布区域、经营管理水平、气候状况等的不同而略有差异。就广西大部地区言之，南岭黄檀和牛肋巴是优良寄主树。南岭黄檀林在桂南低丘台地，夏代放养胶被厚 0.6～0.7cm，每公顷产原胶 1 125～1 500kg，胶虫个体怀卵 400～500 粒，在桂东南低山、丘陵地，夏代放养胶被厚一般达到 0.8cm，每公顷产原胶超过 1 500kg，胶虫个体怀卵 600～700 粒。桂西北山原和桂中西部石灰岩山原的放养效果又优于桂东南丘陵山地，胶被厚达 0.8～0.9cm，每公顷产原胶 1 500～2 800kg，胶虫个体怀卵 600～800 粒。

牛肋巴林也有类似现象，西部在牛肋巴林的放养效果也优于东部区牛肋巴林，放养稳产，胶被丰厚。同为东部区夏代放养，则低山优于丘陵、低丘和台地。见表 9-34。

表 9-34 广西东西部牛肋巴林放养效果表

区内部属	胶林地类	代表地点	夏代生产效果	
			胶被厚度（cm）	怀卵量（粒）
西部区	低山	田林县新建	0.8～1.0	650～800
东部区	低山	容县六旺	0.8～0.9	700～800
	丘陵	南宁	0.7～0.8	600～700
	低丘台地	钦州市平吉	0.4～0.5	>500

从栽培表现，东部区牛肋巴林，幼林期生长都具有速生的特点，它的径、高生长量分别比西部区的快 30%～50%，尤其以低山厚层沙壤土的林分更为突出，7 年生高径生长几乎与西部区的 15 年生相似。但东部区的最大弱点是树干和小枝树皮容易老化，对放养胶虫不利。同时在土质粘重、酸性强、透水透气性差的立地条件下，根系生长受到抑制，容易产生风倒现象。所以在低山、丘陵厚层粘质土的牛肋巴林，为保持其速生丰产的稳定性，必须提高经营水平，改善立地条件，进行深耕松土，否则不能达到经营预期目的，失掉生产价值。

③群落的演替规律　广西紫胶寄主林的群落演替规律，可以用下图的序列表示之。

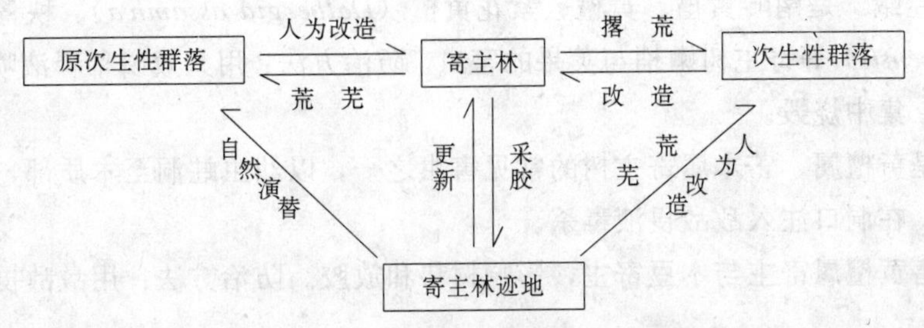

图 9-4　紫胶林的一般演替序列

以在桂南地区大芒草群落的荒坡上营造黄檀林为例，由于大芒草是原地适生的喜光优势种，萌芽力、根繁力、与生活力均比黄檀强。故幼林期如不及时抚育，寄主林便很快为草层所覆盖；只有加强林地抚育，促进黄檀提早郁闭，形成上层优势，这时大芒草才被逐渐消灭。同样，黄檀林、牛肋巴林栽培在砖红壤性红壤的白茅地上，若采用一般技术措施，林木很快出现早期衰老；相反白茅得到茂盛生长的条件，最后寄主林自然淘汰，形成次生群落，如若加强对林木抚育管理，促进林木生长，则随着林木郁闭度增大，林下落叶层加厚和有机质增加，土壤逐渐得到改良，群落便相对较稳定。此时林下便出现了小飞蓬（*Erigeron canadensis*）、胜红蓟（*Ageratum conyzoides*）、革命菜（*Gynura crepidioides*）、大青等，白茅的数量则大大减少。一直到寄主树砍伐后，白茅才又复兴成优势草层。

主要病虫害及其防治方法

胶虫主要病虫害　紫胶白虫（*Eublemma amabilis*），是产区胶虫最常见，危害最大的害虫。主要由种胶带入。在炎热地区，1 年发生 5～6 代，以幼虫期危害，留树残胶多，放养量少的胶园更易集中成灾。防治方法：①在胶林中散放天敌小茧蜂（*Bracon greeni*）；②种胶检疫放养与灯光诱集胶虫放养，减少白虫扩散；③及时回收空胶和残胶；④加强放养后管理，发现白虫及时刺杀；⑤采收紫梗及时剥胶、摊晾，晾胶房设置保护纱窗；⑥及时交售，调运原胶，使原胶远离产地。

紫胶霉病与煤烟病：是紫胶园常见的严重病害。主要由胶虫蜜露招引，在通风差、闷热、湿度大而闭塞的胶园，易产生胶表煤烟病，在间竭干旱、干湿交替天气，蜜露浓缩，堆积于胶表时容易产生霉病。霉病、煤烟病的发生，使胶虫窒息死亡，严重影响原胶产量与质量，此病桂南比桂西重。防治方法：①在蜜露浓缩期，及时喷洗胶表，清除蜜露，有条件者同时进行林间喷灌；②病害发生期用退菌特 1∶300～500 倍液或托布津 1∶300～500 倍液等喷洒防治；③严格按冬夏代放养要求选地投产，放养前林地要清除杂灌，对林木适当疏枝以增加林间通风透光度。

寄主树主要病虫害　黄檀丑舟蛾和黄檀尺夜蛾，以幼虫危害，两者均为暴食性食叶害虫和暴发性害虫，繁殖快，1 年有 6～7 代，成灾年可将寄主树叶反复吃光，严重削弱树木生势，导致放养寄主树干枯，影响胶虫生长，尤以黄檀丑舟蛾危害猖獗。防治方法：①在发生期利用杀螟杆菌液喷杀。②在树根周围人工挖除虫蛹。

黄檀蛀梢卷蛾 是南岭黄檀、黄檀、紫花黄檀（*Dalbergia assamica*）、秧青（思茅黄檀）（*D. szemaoensis*）等寄主树嫩梢与荚果的害虫。防治方法：用久效磷稀释液喷杀，及时剪除受害枝梢，集中烧毁。

木蠹蛾 是黄檀属、芒木属寄主树的常见害虫之一，以幼虫蛀洞至木质部，影响树生势。防治方法：在洞口注入敌敌畏液毒杀。

粉蚧：危害黄檀属寄主与木豆寄主，影响树势和放胶。防治方法：用敌敌畏、乐果药液稀释喷雾。

白粉病：危害木豆，使叶卷缩、凋落、枯梢。防治方法：用石硫合剂喷雾，剪去或拔除病枝病株烧毁。

黄檀、南岭黄檀、秧青褐斑病 多出现于干旱、湿热地区，危害枝干表皮。防治方法：用敌菌灵液稀释喷雾。

紫胶用途广泛，粘合力强，绝缘性好，化学性稳定，为国防、轻工业如弹药、涂料、电器、印刷、造纸、橡胶、塑料、制革、医疗卫生和食品等工业的重要原料。由于产区狭窄，产量有限，随着科学技术的发展和人民生活的提高，国内外用量与日俱增。广西是我国的重要紫胶产区之一，应该充分发挥我区有利条件，积极营造紫胶林，加快生产步伐，多产原胶，支援国家建设。为此，必须抓好下列环节。

第一，进一步搞好胶虫越冬保种基地的建设。要从广西实际出发，着眼于防寒，从速建立保种胶园，以保证每年生产的基本用种。由于广西地形复杂，大面积保种不易实现，但在同一产区内的不同小环境，气温差异却通常在2～3℃以上，因此选择小环境，利用局部地形保种是广西冬胶生产的方向。冬代胶园不应强求集中成片，面积可大可小。

具体选择方法：重点应考虑寒潮常年入侵途径，在避寒地形的基础上，挑选当地最温和的背风干燥、远离寒潮通道的开阔的小环境建立保种胶园。而不应从月平均气温指标来划线，否则会造成不良效果。根据各地放养表现，一级保种地应该具备以下条件：

桂西南地区为：

①寒潮期的最低日平均气温＞5℃，10年中低于5℃的不超过1年。

②1月多年平均气温＞12℃。

③立地环境，向阳背风的东南坡或南坡，干爽。

④附近干热植物多见，热带果木常有栽培。

桂东南地区为：

①寒潮期的最低日均温＞6℃，10年中低于6℃的不超过1年。

②1月多年平均气温＞14℃。

③立地环境：向阳背风的南坡或西南坡。

④附近热带果木栽培较普遍，受寒害的年分极少或无，常见喜干热植物。木菠萝为2花2熟，冬红茹安全越冬。

根据上述条件，西部地区的保种地范围，大致为自乐里河中游的田林和驮娘江中游的西林县那劳至田东一带的右江上游河谷，以及东兰至都安的红水河谷部份谷地；东部区的保种地，大体上在北纬22°以南即云开大山南麓与十万大山东南坡的低丘台地，它属玉林地区北流、陆川、博白等地的最南端，以及钦州地区合浦县东侧，运海湖东南的铁山港近海区和钦州县钦江以西低丘台地。这个范围又有山脉屏障，是广西热量较高的地区，虽然仍受寒潮影响，但远离主风带，寒潮至此已是强弩之末，寒害已相对缓和。选择保种基地，除注意选择适宜小地形外，还应同时设置一定面积的防御措施（其中包括防旱设施），并做好培育壮树。选择壮实枝固虫和采用不同涌散期的种胶，进行分批放养等，这将可收到更大实效。

第二，搞好原胶基地布局，夏代生产基地与冬代保种基地条件相反，不应选干热河谷与夏季长的高温地带，而应选通风、湿润的高、凉山区，原胶丰厚，产量高；夏季炎热，则死虫率增大，胶被薄，霉病严重，怀卵量降低。具体地说，广西原胶基地，重点应为百色、河池地区以及南宁地区西北部，玉林地区和钦州地区浦北县海拔200m以上的山区。这些地区，与冬代保种基地毗连，方便采种调种，同时多属原胶1代区或暖年的2代区。夏季气候温凉灾害较少，胶虫生长健壮，放收比通常在1∶2以上。

目前由于历史原因，种胶基地过泛，原胶放养面既广又分散，不利于经营管理、技术服务和种源调剂，使部分胶园失去应得的收益。因此，需要逐步调整，在调整过程中，对夏胶生产差，冬胶生产又不稳定的干热区要停止扩大，优先发展百色地区与桂南保种基地，重点加强种胶、原胶协作区的建设，为取得生产协调，保种基地与原胶基地面积以1∶4比例安排为宜。

第三，在经营措施上，必须因地制宜，集约经营，高标准管理，提高单位面积产量，积极发展四边地，多建稳产高产小胶园，克服广种薄收的倾向，同时要贯彻以优良乡土寄主树种为基础的建园方针，使紫胶基地在巩固的基础上逐年扩大。

紫胶寄主林属多功能、多效益的经济林种，也是一种花工少、见效快、收益好的特种种养业，深受群众重视。它不仅生产紫胶，增加山区创收门路，同时又是水土保持林与薪炭林，对缓解群众日用薪柴、提供食用菌用材和加速当地绿化均起到积极作用。

第三节 混交林①

混交林是在同一块土地上，同时营造2个或2个以上的树种，而且树种间的生态关系有互补性的一种森林。这是近代人工造林中新发展起来的一个林种。由于混交林可以改善人工单纯林的生态系统，增强抵御灾害的能力，促进林木生长，受到了林学界和林业生产

① 执笔人：王宏志，梁建平

者的广泛重视。我国混交林研究和经营的历史较早，水平也较高，较早期的有杉木×油桐、油茶×油桐等过渡式的混交林，至30年代，南方的广东、广西、福建等地，已开始了2种乔木长期混交的造林试验，广西的柳州沙塘，于30年代中期，在马尾松幼林下，点播刺栲、黧蒴栲、石栎等，进行混交造林试验，经过近半个世纪的观察，混交林的经济、生态效益均很好，47年生的混交林，单位蓄积量较马尾松纯林高出20%以上，林地土壤肥力较马尾松纯林明显提高。至50年代，六万林场也开展马尾松×醉香含笑的混交造林试验，林分生长良好。60年代至70年代，七坡、高峰等林场，开展了杉木、马尾松混交造林，单位面积林木生长量，混交林较杉木纯林高出50%以上。由于混交林具有明显的效益，至1977年，在林业部的支持下，我国南方的广西、福建、广东、江西、安徽、浙江、湖北、湖南、四川9省（自治区）成立了中国南方混交林科研协作组，承担的"混交林营造技术研究"项目，于1983年列入林业部"六五"重点科技攻关计划，"七五"、"八五"期间，继续立项研究、推广，大大加速了广西以至我国南方混交林的发展，从80年代初期起，营造了面积1 000hm^2，混交模式60余种的混交试验林。广西在这一时期内，营造了面积130多hm^2，混交模式10余种的试验林，推广针阔混交造林6万hm^{2}以上，其中陆川县推广松阔混交造林6 700hm^2，混交林在广西有了很大发展。从80年代起，广西的主要国营林场如六万、高峰、七坡、金田等林场，在每年更新造林的面积中，混交造林的面积达40%以上。

（一）生态地理分布

混交林是由2个以上树种组成的林分，其地理分布取决于2个以上树种同一适生的地带以至地块。各类混交林的分布，大致如下：一种是人工营造的乔林与林下灌木所形成的乔灌混交林，其分布随所营造乔木自然分布于各地；其次飞播所形成的松阔混交林，主要分布于各地海拔较高地；第三是两个树种都由人工营造的混交林，造林时有目的选择生态、经济效益高的树种混交造林，广西除60～70年代在桂南地区，营造有杉×马尾松混交林外，近年发展起来的主要是针阔混交林，各地带均有分布，以南亚热带至北热带东南部的分布较多。杉木和马尾松遍及广西各地带，其混交林的分布，则视所混交阔叶树种的适生地而定；湿地松、加勒比松的混交林，主要分布于南亚热带至北热带地区。广西混交造林采用的阔叶树种，主要有刺栲、黧蒴栲、石栎、醉香含笑、木荷、马蹄荷、壳菜果、格木、台湾相思、大叶相思（*Acacia auricullaeformis*）、绢毛相思（*A. holosericea*）等，松×刺栲、松×黧蒴栲、松×石栎、松×醉香含笑、杉×刺栲、杉×醉香含笑等混交林，主要分布于南亚热带至北热带的低山、丘陵以至低丘地区，以桂东南分布最多，这几种混交的阔叶树种，对热量的要求较高，但对土壤肥力的要求不甚高，早期生长较耐荫，与杉、松混交生长快速，3～5年生后，年高生长量达1m以上，年胸径生长量达1cm以上，上述几种混交类型，在桂北、桂东北的中亚热带地区，也有少量分布，但长势较差。杉×木荷、杉×马蹄荷、松×木荷、松×马蹄荷等混交林，主要分布于中亚热带至南亚热带海拔较高的地带，至北热带则少有分布，木荷、马蹄荷对热量的要求较刺栲等低，但对空气湿度的要求则较高，干燥地生长不良。杉木×壳菜果混交林主要分布于北热带至南亚热带的低山、丘陵以至低丘地，一般只局限于水肥条件好的立地，少有连片分布，生长快速，年高生长量在1.5m以上，年胸径生长约1.5cm。杉×格木混交林主要分布于北热带地的丘陵至低丘，格木幼年喜庇荫，营造纯林生长缓慢，干材多弯曲，与杉木混交造林，高生长与杉木速度相等且干材通直，据高峰林场1978年营造的杉木与格木混交林，其干材通直度全部为Ⅰ、Ⅱ级木，解决了格木造林难成材的一大难题。湿地松、加勒比松×相思（含台湾相思、大叶相思、绢毛相思）混交林，主要分布于北热带的低丘地，相思类的根系发达，具有根瘤菌，枯落物的归还量大，对土壤改良的效益高，在陆川、岑溪等低丘贫瘠地营造国外松与相思混交林，生长良好。杉×马尾松混交林，主要分布于桂南、桂东南等低丘地带杉木分布的边缘区，这类地区早期营造的杉木生长不良，在杉木幼林地间种上马尾松，松树生长成林后，杉木也相应生长成林，经济、生态效益均较高，也有一部分为根据造林设计而营造的杉松混交林，如高峰林场采用上坡种松或松阔混交林，中坡种杉混交林，下坡种杉阔混交林，效果也很好。

（二）广西主要混交林类型

广西混交林的类型较为多样，如以类型的形成划分，可以分为“天人混”式的混交林及单一由人工设计而营造的混交林两大类。其中“天人混”式混交林，又可分为乔灌型（主要是杉、松等人工乔木林下，天然混生各类灌木）和乔乔型（主要是飞播林区）两个类型。人工设计而营造的混交林，又可根据经营的目的不同，划分为以下3个类型：①长期共存型，主要有水土保持林、风景林以及铁路、公路沿线等，这些混交林以防护为主，一般不砍伐，几种混交的目的树种，长期共存。②伴生型，一般以针叶树为目的树种，阔叶树为伴生树种，是目前最常见的一类混交林，这种类型的混交林可以是同龄混交，也可以是异龄混交，混交后通过人工调整林分结构，使之共生共长，相互促进，目的树种主伐时，伴生树种也同时主伐利用。③过渡型，即以某个树种为主，在目的树种尚未郁闭的幼林地，混种生长周期短的经济林，以增加早期的收益，如杉与对年桐混交；另一种是目的树种与非目的树种混交造林，待目的树种郁闭成林后，即砍去非目的树种作薪柴或小用材，如松与相思的混交。

根据混交林的树种，来划分混交林的类型，是目前最常用的方法。主要有针阔混交林（又分松阔混交林及杉阔混交林2类）、针针混交林及阔阔混交林三大类。

1. 针阔混交林

（1）松阔混交林

①松×刺栲混交林　这个类型的混交林在刺栲适生区均有分布。刺栲是一种适应性强、材质优、速生丰产、早期耐荫的阔叶树种，适宜与松树混交，是目前广西混交林发展

最快的一个类型。同龄混交或异龄混交的效果均很好。如陆川县在松幼林中混交的刺栲3年生树高平均达1.5m以上，地径1.5cm以上。4年时有的已初具混交林规模。

同龄松栲混交林，混交比例为松4栲1或松6栲1，混交方式为水平或垂直行带状混交，整地方式一般采用块状整地，造林密度为1.5m×2m或1.5m×1.5m。刺栲苗采用2～3年生苗截干造林。截干基部留15cm左右。待林分郁闭后，林木已分化时，将被压木、劣质木、病残木及部分矮小木间伐掉，间伐后郁闭度在0.5～0.6左右。林分5年生后，一般刺栲生长高于松树，此时可调整松、栲比例为6：1或8：1，甚至10：1，适当伐去部分刺栲，以免松树被压。间伐次数为2～3次，间伐间隔期一般为5年左右。这个类型的混交林刚进入速生期，就显示出其混交效益，据广西混交林科研协作组的调查研究：同龄松栲混交林，七坡林场6年生的4：1松栲混交林，蓄积量为38m^3/hm^2，比松纯林的34m^3/hm^2约提高9%，其中刺栲树高生长达5.16m，胸径生长达4.08cm。六万林场7年生的6：1松栲混交林的蓄积，也比松纯林约提高10%。松栲混交林的根系庞大而且分布均匀，根的生长量，比松纯林高76.4%；林冠交错分布，叶面积指数比松纯林提高65.49%；混交林分中积累的凋落物量比松纯林高83.81%，乔木层及凋落物层营养元素含量分别高于松纯林41.80%和101.79%～218.75%，利用量比松纯林降低4.4%；混交林腐殖质层比松纯林厚50%，土壤中速效氮及速效钾分别提高26.82%和30%。可见这是一种生态系统稳定，协调速生丰产的优良林分结构。

异龄松栲混交林，主要是造林灭荒后在1～5年的松幼林中或松疏残林（郁闭度小于0.5）中混交上刺栲，以陆川等地种植较多，混交方式主要为行间或株间混交，即隔行隔株混交见图式，如松残林中则混种于空隙地。混交比例一般为2：1，4：1或6：1，松残林中则视林况而定，松树株数少则多种上刺栲，反之相应减少。

人工松幼林中混种刺栲图示：（松×，栲○）

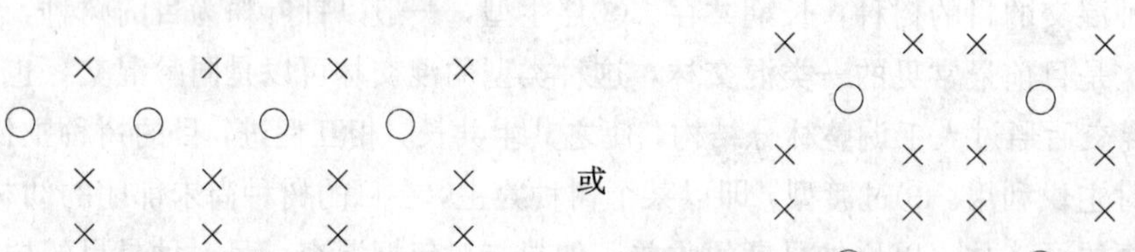

× × × ×
○ ○ ○ ○
× × × ×
× × × ×
○ × ○ × ○ × ○ ×

2：1

或

× × × ×
○ ○
× × × ×
× × × ×
○ ○
× × × ×

4：1

②松×黧蒴栲混交林　黧蒴栲与刺栲的生态特性较为相似，其材质虽较次于刺栲，但生长较快，也是与松树混交较理想的阔叶树种，既可同龄混交，也可异龄混交。同龄混交林的混交方式主要为水平或垂直行带状混交或株间混交，混交比例为6：1或8：1，整地方式为块状整地，造林密度为1.5m×2m或1.5m×1.5m，黧蒴栲苗采用1～2年生苗截干造林，截干留高20cm左右，其幼林抚育及成林间伐与松×刺栲混交林相似。

近年来桂东南地区主要在松幼林或松疏残林中实行异龄混交，取得成功。如陆川县横山乡，在3年生松林中混种黧蒴栲，3年生黧蒴栲树高3m，胸径3cm，与松树形成相似整齐的混交林。三十六由林场在15年较疏的松残林中套种上黧蒴栲，8年生达6.15m高，较松树仅低1.15m，形成了混交林相。其主要造林技术除上述外，还可利用种子直播造林，效果很好，方法是每年春节前后的雨季造林，在林内按一定的比例开暗穴，穴的规格为20cm×20cm×12cm，每穴放种子3～4粒，覆土2～3cm即可，种子出土后的当年松土、施肥1次，次年松土施肥2次。岑溪县采用此法营造异龄松×黧蒴栲混交林每年达数百公顷。

③松×石栎混交林　　石栎与刺栲、黧蒴栲的生态特性相似，早期生长较耐荫，侧根发达，也是与松树混交的理想树种，既可同步造林，也可以异龄混交，混交方式为水平或垂直行带状混交或株间混交，营林技术与松×刺栲、松×黧蒴栲等相似，不同之处是石栎早期生长的冠形较小，且生长速度较黧蒴栲等稍慢，混交中石栎的比例相应要大些，即松×石栎为1∶1、2∶1、3∶1或4∶1。根据广西林业科学研究院1984年营造的松×石栎混交林的测定数据，石栎年高生长为0.85m，同龄种的马尾松年高生长为0.83m，高生长量接近，形成了相互促进的稳定森林结构。另在松疏残林中混交种植的石栎，生长也很旺盛，年高生长在0.8m左右，陆川县在立地条件较差（Ⅲ类）的松幼林中混种石栎，年高生长也在0.7m左右，其生长速度几乎与松树接近或稍快，成为稳定的混交模式。

④松×醉香含笑混交林　　这是2个喜光性树种混交组成的林分。在中等以上立地条件，醉香含笑早期生长一般较松树快，因此，适当的混交比例至为重要，松与醉香含笑之比为1∶1、2∶1、3∶1时，马尾松有受压现象，当混交比例扩大为5∶1、6∶1时，即可出现相互促进现象，而在较差的立地条件，营造这类混交林时，松与醉香含笑之比应为3∶1或3∶2。广西林业科学研究院在较好的立地营造的1∶1（6年生）、2∶1（5年生）3∶1（5年生）的混交林中，醉香含笑的树高分别为6.88m、5.29m、5.47m，比同林分同期种植的马尾松高出1.66m、0.89m、0.94m，马尾松受到抑压。而派阳山林场在较差的立地营造的8年生混交林中，醉香含笑的树高仅为5.70m，比马尾松低1.46m。混交效果也较差，因此选择立地条件与调整造林比例，是松与醉香含笑混交林成功的关键。在松林年龄不超过2年生或松林的郁闭度小于0.3时，与醉香含笑进行混交可以获得较理想的效果，如金田林场成功地营造异龄混交林，松与醉香含笑相互促进，形成稳定的林分。

⑤松×木荷混交林　　这类型的混交林在广西分布也较多，由于两树种同为速生树种，混交后很快郁闭成林，显示出其混交效益。据金田林场、高峰林场松荷混交林的调查，10年生，混交比为1∶1的松荷混交林单位面积蓄积量比同龄对照的马尾松纯林高出23.9%；25年生，混交比为3∶1的松荷混交林单位面积蓄积量比同龄对照的马尾松纯林高出38.9%。混交后土壤肥力大为改良，A、B两层分析结果，混交林的土壤中速效N含量比松纯林的分别高出24.6%和10.5%，速效K分别高出50%和4.3%，有机质分别高出42.9%和3.8%，混交林中A层土壤的速效P比对照的松纯林高出12.5%。混交林还具有降温增湿作用，据1993年夏季测定，混交林内气温平均比松纯林低0.65℃，空气相对湿度提高9.5%。由于混交林改善了森林生态环境，从而提高了抗御病虫及火灾的能力。据统计资料，

金田林场，在营造松荷混交林的1983年以前，全场几乎普遍遭受松毛虫危害，特别是1971～1975年，连续受灾面积达1 400hm²，局部松林成片枯死，损失惨重。1983年营造以松荷混交林为主的多种混交林后，森林生态环境逐年改善，松毛虫天敌的种类和数量增多，结合施放白僵菌，松毛虫已被抑制，无大灾害发生。此外，自建场到1983年，全场发生4次较大的火灾，共烧去森林800多hm²，直接损失人民币4000万元，自1983年营造混交林后到今，无重大森林火灾发生。该类型混交林可同龄混交，也可异龄混交，混交比为1∶1、2∶1或3∶1。

⑥松×相思（含台湾相思、绢毛相思、大叶相思）混交林　这个类型是以改良土壤为主的混交林，因相思具根瘤菌，能起到固氮作用，且落叶多，易腐烂，养分易归还土壤。同时这也是喜光树种与喜光树种的混类型，因此同龄混交效果较好，但有的相思树种（如绢毛相思）生长较快，也可先种1～2年松树再混种相思，但关键是设计好混交比例，松×相思混交林的比例分别为：松×台湾相思为4∶1，松×绢毛相思、马尖相思为6∶1、8∶1或10∶1。陆川县在3年生的湿地松林中混种绢毛相思的松与相思比例为6∶1的混交林，3年生已形成混交林相，开始显示出混交效益，绢毛相思平均树高4.4m，胸径3.5cm，与松树高4.3m，胸径6.0cm相接近。

（2）**杉阔混交林**

①杉×醉香含笑混交林　杉、醉香含笑混交林能改善杉木林地的生态环境，促进杉木生长，是解决杉木纯林连栽，造成林地生产力下降，使之永续利用所营建起来的速生高产的人工混交林类型。据中国科学院生态应用研究所（原林业土壤研究所）与广西六万林场的共同研究表明，杉木是速生型常绿针叶乔木，冠幅窄，浅根性，无明显的主根，侧根、须根发达，而醉香含笑为常绿阔叶乔木，冠幅较大，主根明显，侧根发达，两树种混交能形成生态稳定的林分结构。通过对几种不同比例的混交模式与对照纯林的比较，筛选出杉与醉香含笑混交的比例为8∶2或4∶1的模式生产力最高，其单位面积蓄积量分别比杉木纯林和醉香含笑纯林高出13.7%和50.4%，年凋落物量比杉纯林高2.3倍，改良了林地土壤的物理性质。混交林地腐殖质含量高于杉纯林30.53%，土壤微生物显著增加，夏季林中气温较杉纯林降低0.3℃，相对湿度分别提高3%和2%，加速林地养分的循环，年归还量为杉木纯林的2～4倍，是一种生物产量高，结构稳定的林分。

②杉×刺栲混交林　利用刺栲速生，并能加速林地养分循环的特点，给杉木造成一个适生的良好生态环境。两个树种混交造林，形成稳定、协调的森林结构，能相互促进生长，是一类生产力高的林分。高峰林场于1984年营造的杉栲混交林，杉木平均高7.9m，平均胸径10.0cm，刺栲平均高为8.90m，平均胸径6.8cm，均达到或超出速生丰产林的标准。营造这一类型的混交林，要掌握好混交的比例，因刺栲速生，冠幅大，比例宜小些，理想的杉栲比例为6∶1或8∶1。适宜的混交方式是株间或行带状混交。在六万、七坡、高峰等林场均营造有这类型的混交林。

③杉×壳菜果混交林　在中等以上的立地条件壳菜果比刺栲、杉木生长还要快速，冠

形更大，是一种材质优，速生，枯枝落叶量大的阔叶树种。因此，与杉木混交，除能给杉木形成良好的适生空间外，其大量的枯枝落叶分解快，养分循环快速，有效地改善林地肥力，从而促进杉木的速生丰产。广西林业科学研究院于1984年营造的杉木壳菜果混交林，1994年测定，杉木平均高达11.2m，胸径达11.2cm，壳菜果平均高达15.4m，胸径达15.7cm。混交林枯枝落叶层比杉纯林的厚2倍多，枯枝落叶易分解，提高养分归还给土壤的速度。营造这类混交林关键是掌握好适当的混交比例，因壳菜果生长较杉木快，且冠幅较大，比例大则杉木受压，生长不良，理想的混交比例为8：1或10：1，最好采用株间混交的方式或小网格状混交，每一网格面积666.7m^{2}左右为好。在高峰、七坡、派阳山、大脑山等国营林场及中国林业科学研究院热带林实验中心等地均营造有此类混交林。

④杉×格木混交林　格木是广西的珍贵树种之一，其枯枝落叶能极大地改善林地肥力，但纯林树干多弯曲，利用价值不高，杉木与格木混交造林，就能相互补益，形成一种稳定高生产力的森林结构。据研究，格木的单位面积凋落物量比杉木的高2.1倍，且其养分分解速度快，90天及年的失重率，分别为37.13%和56.16%，而同一时期，杉木的失重率仅1.84%和20.69%，易被林木吸收利用的N、K元素的归还系数分别大于杉木2.1和2.6倍。混交后有机质及N含量均比纯林高33.9%和10.7%，从而促进杉木生长。另据测定，格木纯林中，Ⅰ级木仅占10%，Ⅱ级木占30%，而Ⅳ级木高达60%，混交后，格木Ⅰ级木占85%，Ⅱ级木占15%，基本上都通直，从而提高其利用价值。混交后杉木、格木平均高、平均胸径及单株材积年生长量，比同龄的杉纯林分别高8.8%、23%、18.3%，比格木纯林分别高70.9%、24.6%和40.0%，混交林分蓄积量分别比杉、格木纯林蓄积量高7.87%和145.88%。该类型混交林的造林技术要点是设计杉格混交比例为4：1、5：1、6：1、7：1，方式为行带状或星状混交。

针阔混交林除了以上的一些主要类型外，还有杉木早期混种对年桐的杉桐混交林，杉、松成林以后，林间的透光增加，林下的阔叶灌木自然恢复生长，成为一种较稳定"天人混"式的针（乔）阔（灌）混交林等多种类型。

2. 针针混交林

（1）杉×松混交林　杉木与松树混交造林，可以互相促进生长，扩大种杉范围，加速成林成材，提高单位面积林木产量。据中国南方混交林科研协作组的研究，杉松混交林存在CO_2互补效应，提高森林中CO_2的利用率，松树给杉木形成侧方遮荫，降低了高温对光合作用的抑制，使森林群体具有较好的光合效应，在1个轮伐期内比较理想的林分结构是枝叶交错，冠层深厚的单层林冠，这样的林分结构，可以充分利用营养空间，另外杉松的根系相互穿插，交错分布，混交林的吸收根系干重比纯林大2.0～5.7倍，粗根量也比松纯林高85.7%～213%，混交林叶片截获的光能比纯林多4.0%～16.9%，其杉木的光合强度高于杉纯林的1.40倍。在高温干燥季节，混交林具降温增湿作用。其凋落物层比杉纯林厚2～6cm，凋落物量比对照杉纯林高1.40～2.10倍，分解强度高出杉纯林97.0%，混交林使土壤的理化性状得到明显改善，促进林木生长。据调查测定，混交林中林木的平均胸径、树高分别比同龄的杉纯林大14.0%～35.1%和11.9%～28.8%，林分的年平均生长量是纯林的1.25～3.21倍。该类型混交林发展较快，据在广东、广西、福建、江西、湖北、四川、安徽等地的不完全统计，新营造的杉松混交林达3万hm^2以上。高峰林场在每年更新林地中，利用山坡中部发展杉松混交林。杉松混交比5∶5、6∶4、7∶3，混交形式为带状混交。

（2）松×油杉混交林 是近年新发展起来的一种混交类型。油杉是优质速生的针叶树种，与马尾松或国外松混交能收到较理想的效果。广西高峰林场8年生的湿地松×油杉混交林，基本同步生长，松树高的年生长平均达1.025m，胸径年平均生长1.488cm，单株材积年生长0.0061m^3，分别比对照的松纯林高4.91%、28.7%和35.6%。油杉的高生长略快，树高年平均生长1.223m，胸径年平均生长为1.44cm，均超过了速生丰产标准。其混交比例为1∶1、2∶2、3∶3，方式为行带状混交。这类混交林在高峰、七坡、大桂山、六万等国营林场有分布。

（3）杉×油杉混交林 这是近年新发展起来的一个混交类型，混交方式与松×油杉混交林相似，所不同的是种杉的立地，一般较种松的立地好，油杉的生长快，容易压制杉木，混交时杉木比例宜加大，一般杉与油杉之比，应为6∶4、7∶3较适宜，这类混交林在高峰、六万等林场有分布。

3. 阔阔混交林

这类混交林，目前人工大面积营造的尚少，主要种植于防火线上，成网带状分布。其功能以防火为主，兼有改善森林生态环境作用。广西的许多国营林场均营造有防护林带网，其主要形式，是将沿山脊线，林界线人工营造的阔叶林带（含阔阔混交林带和单一树种的阔叶林带）与冲沟中人工封育起来的阔叶混交林联络为林带网，林带网的宽度为10～25m不等，各地多选用适应性强、防火性能高的阔叶树种造林，主要有醉香含笑、木荷、马蹄荷、杨梅、石栎、刺栲等，冲沟封育起来的林带，主要为原生性的多种阔叶树。阔阔混交林带自身的经济效益虽然不很高，但森林防火的作用大，如大桂山林场用醉香含笑、杨梅、石栎等多种树种营造防护林带270km^2，加上保护和发展的天然阔叶混交林共8300hm^2，使全场面积2.4万hm^2，蓄积量达230m^3的森林资源得到有效的保护和发展。1985～1989年间，火灾率仅为0.135%，1983年以来，控制了松毛虫灾害，使全场林木的年净生长量达15万m^3，年增收节支629.16万元。

（三）结 束 语

混交林是以生态学理论为基础所营建起来的森林。这种林分提高产量的主要手段，不是单纯依靠人力的加工加肥，而在一定程度上，是依靠树种配置和调整树种间的相互关系，以改善森林自身的生态环境，充分发挥树种间生态关系的互补性，来提高林分的质量与产量，是一种先进的营林方式，在造林学上具有重要的位置。广西地处低纬度，气温高，雨量多，土壤养分的流失量大，害虫的繁殖也较快，近年人工营造的森林，又主要是马尾松、湿地松等针叶纯林，森林生态系统脆弱，发展混交林，改善森林环境，意义极为重大。

杉木与松（含马尾松、湿地松、加勒比松等），是广西两大目的造林树种，杉×松两个主要树种的混交造林，在广西以至我国南方，都有成功的经验，这种混交类型，在杉木分布的边缘产区，有很高的推广价值。杉、松与阔叶树混交，是广西混交造林的主要形式，杉和松在广西各个地带均有分布，与杉、松混交的阔叶树种，则视不同的地带而异。刺栲的生态性状好，材质优，与杉、松混交造林的价值很高，适于在南亚热带至北热带的广大地区推广；木荷、醉香含笑、石栎、黧蒴栲、壳菜果、相思、樟树、格木等与杉、松混交在不同的地带和地块，也有较高的推广价值。其中格木、樟树等珍贵用材树种，人工造林难以成功，需要采用混交的方法才能发展起来。

与杉、松两个目的树种混交造林的阔叶树种，一般是只能促进而不能抑制杉、松的生长，解决种间矛盾的主要措施，是适当的混交比例。在造林设计时，应根据阔叶树种的生长速度、树冠大小等因素，合理配置阔叶树种的数量，当混交的阔叶树种与目的树种之间的关系紧张时，则应间伐去部分阔叶松，调整种间关系，做到以针为主，以阔养针，有利杉、松快速生长的目的。有些珍贵阔叶树种，如格木、樟树、刺栲等，木材的市场价值高，也可适当扩大阔叶树的种植比例，当针叶树与阔叶树种间关系紧张时，间伐去部分针叶树，达到针阔并重或以针养阔的目的。

参考文献

［1］王宏志等．中国南方混交林研究．北京：中国林业出版社，1993

［2］黄枢，沈国舫等．中国造林技术．北京：中国林业出版社，1993

［3］龙定建．马尾松荷木混交林的调查研究．广西林业科学，1994 第 1 期

第四节　防　护　林①

1. 海岸防护林②

广西防护林主要分布于北部湾的北海、合浦、钦州、防城等市（县）沿海区域。这一区域的地理位置，处于北纬 21°25′～21°45′，东经 108°0′～109°15′。海岸线西起北仑河，东至洗米河口，全长 1 595km，纵深 15～32km，面积 11 322.6km²，海岸曲折，港湾、岛屿

① 本节由王宏志汇编

② 执笔人：李有甫

众多，海涂广阔。海岸类型，由西至东分布为海蚀海岸、溺谷海岸、三角洲型海岸和堆积海岸。地貌西部为低丘至丘陵地，东部为波状起伏的平原台地。属北热带季风区，年平均气温22℃以上，极端最低气温1℃以上，日平均气温≥10℃的年积温为8 000℃以上，年降水量1 670mm以上，水热条件优越，但干、湿季节明显，4～9月的湿季，降水量占全年的85%，7～8月的降水量又占全年的1/3，且多大雨、暴雨，旱季为10月～翌年3月，雨量较少，只占全年降水量的15%，季风盛行，冬季受极地大陆冷气团影响，常出现5～7级偏北风，夏季处于热带低压槽范围内，常出现8～10级台风。土壤主要类型为赤红壤、砖红壤及近海处的带状或块状沙土。由于社会生活需要，为扩大耕地面积和取得用材和烧柴，原有森林遭到严重破坏，50年代初期，森林覆被率仅为5%～7%。森林屏障破坏了，在地理气候的作用下，风、沙、旱、涝、潮灾害频繁，成为广西较突出的重灾区。

1954年，广西开始进行沿海防护林工程的调查设计，以后陆续对防护林营造树种选择和营造技术等进行试验，总结和积累经验，摸清沿海地区的自然灾害情况，根据沿海地貌、立地条件和海岸类型，于1966年，提出“因害设防，因地制宜，合理布局，全面规划”的设计原则，规划设计含“五种防护林”和“两种造林”为内容的多林种、多树种、点、线、片、网相联的防护林体系，并于1967年选定合浦县营盘为试点，开始全面进行沿海防护林营造工程，使沿海各市（县）的森林面积达29.44万hm^2，“四旁”植树1 000万株，森林覆盖率提高到26%（表9-35）。

表9-35 广西沿海地区森林面积统计表 单位：hm^2

	土地总面积	森林面积	防护林	用材林	经济林	特种用途林	森林覆盖率（%）
合计	1 132 266	294 400	9 286	255 246	26 934	2 934	26
北海	28 200	4 600	1 000	2 666	600	334	17.5
合浦	306 200	61 400	3 220	55 114	3 066		30.6
钦州	443 866	138 533	533	133 666	4 334		31.2
防城港	354 000	89 867	4 533	63 800	18 934	2 600	25.3

注：资料来源：广西林业勘测院编．全区林业区划汇总．1986年

沿海防护林体系的主要类型：

（1）五种防护林

①防浪护堤林　防浪护堤防护林设置于海堤外测潮间带。土壤质地为盐渍淤泥质壤土或沙壤土。天然植被为红树林。由能耐盐的红海榄、木榄、秋茄树、桐花树及海榄雌等5种树种组成的不同类型的红树林群落。在无天然红树林植被的地段，根据海涂的立地环境，选择适应生长的红树种种植，如海涂附近分布有红树林树种，则封滩自然繁育。红树林具有稠密的枝叶，纵横交错的支柱根和强大的板根，能够抵抗风、潮袭击，降低海潮的冲击波能，保护海堤。广西红树林的面积8 114.4hm^2。

②防风固沙林　　防风固沙林设置在滨海沙丘沙带地区。土壤质地为无结构的沙地，植物生长不易，只生有仙人掌（*Opuntia dillenii*）、露兜树（*Pandanus tectorius*）等耐旱植物。人工营造防风固沙林树种是引进的木麻黄（*Casuarina equisetifolia*）。林分为木麻黄纯林，成带状或块状分布，行距 2m，株距 1.5m。生长迅速，5 年即能成林，高达 12m。主侧根发达，枝叶纤细，抗风能力强。防风固沙林的面积 5 369hm^2。

③水土保持林　　水土保持林设在沿海台地边缘、农田周围或丘陵地带的土壤冲刷区。该地区立地环境恶劣。选用耐瘠薄的深根性树种马尾松或窿缘桉及具强大根系的优良改土树种台湾相思为造林树种。采取沿等高线、行间混交、植株交错排列的配置，行距为 2m，株距 1m。3 年郁闭成林，保持水土面积 522hm^2。

④海岸基干防护林带　　海岸基干防护林带设置在沿海滩以上台地边缘的无林地带。土壤质地为沙壤土。林带随台地边缘走向设置。林带主建群种为木麻黄，行株距 2m，种树 3～5 行，副木为台湾相思，行株距 1m，每边种树 2 行，带宽 10～14m，形成疏透结构海岸基干防护林带，保护农作物（图 9-5）。面积 293hm^2。

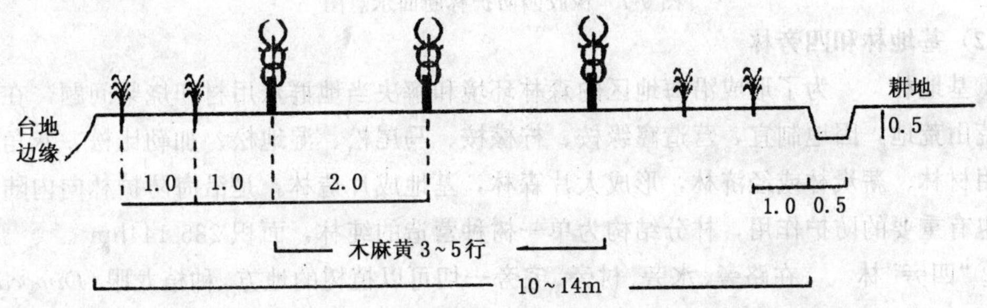

图 9-5　海岸基干防护带断面示意图

⑤农田防护林　　在沿海农作物栽培区，根据不同的地类、耕作条件及保护农作物的种类，设置了以下几种结构不同的农田防护林，改善农作物或经济林的生境。面积3 102hm^2。

1）旱地农作物区农田防护林　　在大片的平原台地农作物区设置旱地农田防护林。按照少占用耕地，防护效能好的原则，连接海岸基干林带，选用小网格、窄林带型农田防护林类型。林带位置与最大风力（南风）垂直的北向设置。主林带带间距离 150m，副林带带间距离 300m，主、副林带树种均为木麻黄和台湾相思，按行、株距 2m、株间混交、树种交错排列配置，种植 4 行。形成宽 10m 的疏透结构林带。主、副林带组合成旱地农作物区农田防护林网。保护木薯、花生及甘蔗等农作物稳产增收。

2）三角洲农田防护林　　在三角洲水稻生产区设置三角洲农田防护林。在河堤两边坡面种植 5～8 行窿缘桉林带，行、株距 1.5m；在公路、水渠和机耕道两旁各种植一行落羽杉（*Taxodium distichum*）、池杉（*Taxodium ascendens*）或木麻黄林带，株距 2m，形成三角洲农田防护林，防止西南风危害早稻（图 9-6）。

3）橡胶园防护林　　在橡胶园设立胶园防护林。林带树种为窿缘桉，林带位置为南北

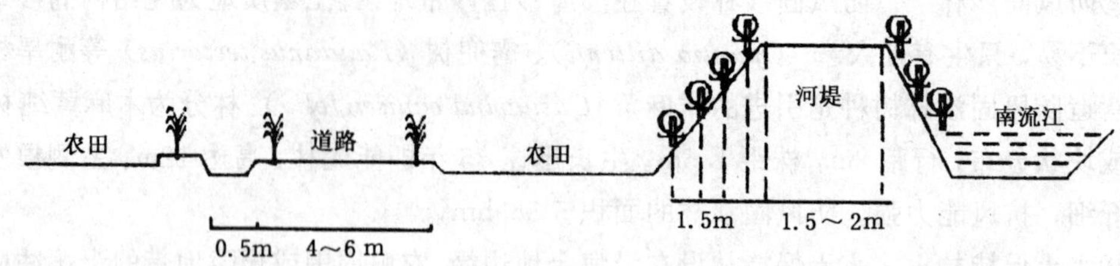

图 9-6 三角洲农田防护林河堤道路、水渠、林带断面示意图

向，主、副林带带间距离为 200m，按行、株距 2m 配置，种树 5 行，形成宽 12m 窿缘桉透风结构胶园防护林。防止大风吹折或拔倒胶树。

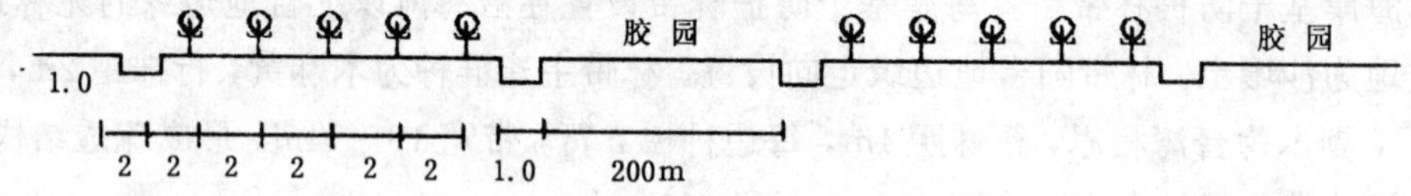

图 9-7 橡胶园防护林断面示意图

（2）基地林和四旁林

①基地林　为了形成沿海地区的森林环境和解决当地群众用材和烧柴问题，在大片宜林荒山荒地，因地制宜，营造窿缘桉、柠檬桉、马尾松、湿地松、加勒比松、八角、肉桂等用材林、薪炭林或经济林，形成大片森林，基地成片造林，是沿海防护林向内陆的伸延，也有重要的防护作用，林分结构为单一树种营造的纯林，面积 285 144hm²。

②"四旁"林　在路旁、水旁、村旁、宅旁一切可以植树的地方，种植龙眼（*Dimocarpus longan*）、荔枝（*Litchi chinensis*）、木菠萝（*Artocarpus heterophyllus*）、橄榄（*Canarium album*）、窿缘桉、苦楝（*Melia azedarach*）或竹子、樟树（*Cinnamomum camphora*）等，形成"四旁"林，这种林既有经济收入，又起到防护作用，一些村庄的四周，种上簕竹（*Bambusa stenostachya*），形成竹篱围墙，防风效果很好。

防护林效益。广西沿海防护林体系发挥了明显的生态效益、经济效益和社会效益。主要表现在：森林防护林体系在调节气候，防风固沙，保持水土，防御各种自然灾害及净化大气，以及保障农业稳产高产和改善生活质量起到巨大作用。广西沿海地区的防护林体系既具有共同改善沿海区域性气候的功能和生态环境；又具有各种防护林独特的防护作用，抗御各种自然灾害，有利于促进了沿海地区的生态平衡，有利于农业生产和当地群众的生活。

1）调节气候　广西沿海地区营造防护林体系以后，各种气象因子都向着良性变化。气温下降，降水量增加，蒸发量降低，相对湿度增加，风速减低（见表 9-36）。

合浦县由于气候因子的改变粮食稳产增收。1965 年粮食总产 1.215 亿 kg，到 1980 年，增到 2.745 亿 kg，增产 127%。防城江平镇尾村，过去没有森林屏障，村有 6.6hm² 农田，经常遭到由大西南风引起的海浪危害，每公顷仅产稻谷 750 余 kg，后来造了防护林，每公顷保收 2 250 多 kg，由此增强了群众种稻的信心，积极围海造田，水稻田由原有的 180 多

表 9-36　广西沿海地区造林前后各气象因子变化对比

县市	期　间	气温（℃）	降水量（mm）	蒸发量（mm）	相对湿度（%）	风速（m/s）
北海	60 年代平均	22.63	1 506.1	1 954.8	81.1	3.4
	70 年代平均	22.45	1 821.4	1 747.1	81.8	2.9
	70 年代比 60 年代	降 0.18	增 315.1	降 207.7	提高 0.7	降 0.5
合浦	60 年代平均	22.39	1 544.9	1 691.1	81.9	3.4
	70 年代平均	22.44	1 850.9	1 637.0	82.3	2.8
	70 年代比 60 年代	升 0.05	增 306	降 54.1	提高 0.4	降 0.6
钦州	60 年代平均	22.03	2 044.4	1 781.6	81.4	2.7
	70 年代平均	21.87	2 189.8	1 690.6	81.4	2.5
	70 年代比 60 年代	降 0.16	增 145.4	降 91.0	0	降 0.2
防城港	60 年代平均	22.46	2 680.0	1 417.6	83.3	1.8
	70 年代平均	22.30	3 010.8	1 457.2	82.8	1.4
	70 年代比 60 年代	降 0.16	增 330.8	增 39.6	降 0.5	降 0.4

hm^2 扩大到 $420hm^2$，粮食产量由 32.9 万 kg 增加到 157.5 万 kg，森林发挥防护的效益。

2）防浪护堤　　在海滨港湾地带，筑堤围田种植水稻。所筑海堤，虽是用石彻的，但仍顶不住海浪冲击，每年都要花大量的人力、财力维修，还不能确保海堤安全，在堤外营造红树林后，保护了海堤。合浦县丹兜港的海堤长 4km 多，保护农田 100 多 hm^2。由于堤外生长有天然红树林，再用人工补种和封滩繁育，红树林林相茂盛，同时堤上又生长有灌丛，保护了海堤。1986 年 7 月 21 日 9 号台风引起的特大风暴潮，也只在堤上灌丛遭到破坏的地段溃堤 2 处，破坏程度较轻，灾后很快修复，随即种上水稻，得到高产。

3）防风固沙　　滨海沙地种上防护林后，锁住了风沙，改变了“沙随风起不见天”的生境，净化了空气，保护了庄稼和村庄。北海涠洲岛营造了防风林，抗御了台风威胁。1982 年 9 月 15 日虽遭到风速达 47m/s 的特大台风，但损失很少，避免了一场大灾难。合浦县营盘乡白东村滨海农田 $3.6hm^2$，过去当大风到来时，就遭到流沙埋没，摧残了农作物，严重破坏农业生产，风后还需花大量劳力排沙、整田。沙地绿化后，流沙被固定了，年年获得丰收。

4）保持水土　　过去在长期缺乏植被覆盖的台地边，土壤侵蚀非常严重，营造水土保持林以后，制止了侵蚀。合浦县营盘乡火禄村水土冲刷地带，营造了水土保持林，有效地控制了水土流失，有的地表长起了地衣或苔藓，侵蚀沟逐渐淤积起来，起到很好的保水保土作用。

5）海岸基干防护林带和农田防护林　　基干林带和农田防护林对风速、气温、土温、相对湿度及蒸发量都有明显的影响，保障了农作物的正常生长。1984 年经有关专家在营盘乡东村农田防护林内进行了为期10天的测定，风速减弱50.7%，气温比营盘码头海面低0.5℃，相对湿度比码头海面大5%，蒸发量比海边沙丘减少8.8%。林网内气候变化有利于农业生产，过去在无林网保护的状况下，种植的木薯，在每年5～8月的高温季节，受中午出现的高温和大风的影响，出现嫩叶蔫萎而下垂，现在林网内生长的木薯，由于林网改善了生境，没有这种现象。因而提高了有效蒸腾量，每公顷产鲜薯，由过去的6 000kg增到30 000kg，增产500%。又在1985年1月下旬正当冷空气入侵时，到合浦常江乡螺江村河堤林带处进行了为期7天的土温测定，在1H（相当林带高度一倍处，下同）、10H、15H、20H处，其土温温差1.1℃、1.2℃、0.8℃、0.5℃，显示了越近林带土温越高，起到林带对农作物防寒保温作用。党江乡群众十几年来，选在河堤林带附近的农田育秧、防止早稻烂秧的经验，证明了防护林对水稻的防寒保苗作用。

橡胶防护林也有效地保护胶树，不因大风摧毁胶园，正常生产橡胶。

沿海自然灾害是热带风暴，由风引起流沙、潮浪，威胁着农业生产和人民生活，沿海地区防护林的营建，使森林覆被率由原来的5%～7%提高到26%，减轻了风害，消除了沿海沙滩及台地的荒漠现象。大大改善了生态环境，使农业生产显著上升，人民得以安居乐业，意义极为重大。

目前海防林的主要树种为木麻黄、桉树、台湾相思，这些树种对热带沿海的适应性广、抗性强、速生，是优良的先锋树种，但在林带形成，生境改善以后，可增加发展一些乡土树种，同时增加相思与桉树、相思与木麻黄的混交比例，营建复层林带，进一步提高海防林的功效。

2. 护路林①

50年代前，广西的公路较少，据1950年资料，全区通车公路约3 291km。50年代后，公路有较大的发展，至1980年，通车公路达31 627km，为1950年通车里程的9.6倍，全区各县市除4个乡外，其余乡均已通车。

随着公路建设的发展，作为公路重要防护工程设施的路树的种植也日益增多，至1980年年底，绿化里程8 024km，为全区公路总长的25.4%。但各地发展不平衡，干线的绿化程度较高，平均57%；乡间公路较差，平均仅10%；桂东南的公路，绿化程度较高，如玉林地区达60%；桂西北较低，有些地方约10%。

50年代前，广西境内的铁路通车里程仅530km，沿线路树稀少。50年代后，铁路发展很快，境内铁路已通车的达1 762.7km，为50年代前的3.3倍。据1980资料，除枝柳线及各支线外，在1 281km的正线上，已植树造林1 089km，约为正线总长的85%，现有绿化树木354万株，大部分路段，铁路两侧，绿荫夹道，蔚然成林。

广西的路树，宜林树种的选择、与自然条件相联系，具有明显的地带性。地处北热带范围的桂东南和桂西南地区，如南宁、钦州、玉林等地的路树，主要为热带的种类如木麻

① 执笔人：冯明

黄、台湾相思、桉类（*Eucalyptus* spp.）。少数立地条件较优越的地段或风景区，还选择以杧果、蝴蝶果，在桂中及桂东和桂西地处南亚热带范围的广大地区的路树除用桉类、台湾相思等热带的种类外，还有亚热带中喜暖的种类如樟树、喜树（*Camptotheca acuminata*）、狗骨木等。地处中亚热带范围的桂北及桂东北的路树，多为樟树、泡桐、苦楝、喜树、南酸枣、千年桐等亚热带的种类。各地的路树均成带状分布，按树种配置的不同，大致有以下几类：

（1）复层多行混交林带　是护路树较好的类型，但数量不多。选择以生长迅速的窿缘桉、柠檬桉为主木，林带的内缘，种1行台湾相思，或杧果、蝴蝶果，结构上疏下密，林冠层次分明，绿荫夹道，整齐美观，也利于防风、调温、滞尘、降噪音。如横县城郊公路两侧，各植柠檬桉、台湾相思1行，柠檬桉树干灰白，台湾相思绿叶浓荫。南宁市的友谊公路，也多属复层多行混交林带。

铁路护路林属这种类型的不少，如南宁至凭祥段中的濑湍—渠黎段，在铁路两侧的桉类林带内缘，顺序用樟树、台湾相思、龙眼等作行间混交，形成结构紧密，林冠层次分明，景观优美的林带。

（2）复层单行混交林带　公路两侧单行桉树混交台湾相思，如合浦县常乐至江口段，在柠檬桉株距3m间，种台湾相思1株，形成树冠高低分明，疏密相宜的林带。这种类型占用土地不多，适用于道路通过农田、耕地的地带及村旁公路等处。

（3）单层多行林带　这是常见的护路林类型，即在公路，铁路两侧的坡面上，作水平带状多行植树，树种单一，树龄一致，形成单层多行林带。常用树种有窿缘桉、柠檬桉、木麻黄、台湾相思、樟树等。冠层一致，林相整齐，巩固路基的效果较好。如合浦、博白北流等地的木麻黄护路林。铁路护路林也有这种类型，如黎湛线木麻黄林带，湘桂线柳邕段窿缘桉林带，黔桂线宜山至金城江段樟树林带等。

（4）单层单行林带　这种类型常见于田边、村旁和植树地段狭窄的公路两侧，树种常见的有柠檬桉、窿缘桉、木麻黄、乌桕、枫杨等。树种单一，结构稀疏，防护作用较差。如苍梧、贺州、岑溪等地，常在穿过田间的公路两侧种植单行木麻黄或柠檬桉。

护路林的效益有以下几点：

（1）美化线路，改善环境　在公路、铁路两侧营造护路林，成林后，绿带千里，林荫夹道，美化了路线。路树可以改善生境条件，1条5行10m宽的林带，在炎夏寒冬，可降低或增高气温1～1.5℃，对降低风速，吸附尘埃，也有明显的效应；路树还可标志路界，有利于司机在阴雨、雾天和晚间行车时辨别方向，安全行车。

（2）巩固路基　护路林的根系在土壤中盘结交错，林冠下以及路边的枯枝落叶层，可防止暴雨直接冲击路面，对固定土壤、保护路基、避免塌方等方面有很大的作用。许多傍山修建的路段，下侧为填泥松土，上侧为挖泥后陡坡，上下均易崩塌，在下侧种植桉树、台湾相思，千年桐等乔木路树，上侧种植马尾松、草皮，可以防止崩塌，有利路基的巩固。

（3）经济效益　公路两旁种植的柠檬桉、木麻黄等速生树，如每侧植树2行，每千米植树 2 000 株，10 年生，可生长木材约 200m³，种植 1 行，10 年生可以生长 100m³，如柳州沙塘路树 1km 种两行大叶桉，43 年生，带皮材积 606m³，折合去皮材积 364m³。广西境内通车公路 31 627km，路旁两侧，可种各种树 1～3 行，通车铁路 1 762.7km，路旁两侧可种各种树 3～5 行，加上其余的支线路，如能全部种上适生路树，经济效益将是极为可观的。

路树具有防护、美观、生产等多方面的效益。路树营造的状况，可以反映出当地道路建设的水平，绿荫可以消除旅途疲劳，种好路树是发展交通、旅游事业的一项基本建设。广西公路已植树的地段，仅占全部公路的 25.4%，有 74.6%的公路尚未绿化，铁路绿化的比例虽较高，但树种选择、配植及管护水平较低。路树为道路建设的组成部分，南方的气候炎热，种好路树，意义尤为重要。

路树的生境多样，一条公路或铁路，往往通过不同的地带和多种地形地貌，早期路树建设的标准，主要是绿荫效果好，树形美观，经济效益高等，在树种选择上，除应注意以上标准外，应适地适树，选择抗性强，适应性广，生长快的树种。在绿树成荫以后，还应根据不同的山川景色，对一些交通干线，增添适于当地生长的观赏花木，进行美化。而在高速公路上，由于车速快，为了不影响视线，则不宜种植高大绿荫树种，以免影响行车安全。

路树的群落结构，也很重要，在有条件的地段，应种植多行的复层混交林带，使常绿与落叶、速生与慢生、喜光与耐荫、乔木与灌木、深根与浅根相结合。在泡桐、苦楝、南酸枣、千年桐、柠檬桉、窿缘桉、木麻黄等速生喜光树种间配植樟树、台湾相思、龙眼、蝴蝶果等早期较耐荫的常绿阔叶树，外侧配植桅子、夹竹桃（*Nerium indicum*）、木槿、朱槿（*Hibiscus rosasinensis*）等花木。地面上铺狗牙根（*Cynodon dactylon*）、竹节草（*Chrysopogon aciculatus*）等草皮，可以提高防护效益，美化路树环境。

第五节 薪 炭 林①

薪炭林是农村的主要能源。广西每年消耗的薪柴资源大于木材的消耗量。由于薪柴与用材的经营，没有严格的区别，各地除采伐天然林作薪柴外，大都利用伐木的枝丫作烧柴，也有木材劈作烧柴。薪柴资源消耗最大的是马尾松林，除桂林市郊历史上曾有密植马尾松，短期轮伐作薪柴外，大都是以经营用材为主，兼作薪柴。人工经营的薪用林，主要集中在桂东南的苍梧、容县、岑溪、贺县等处；炭用林以桂西的隆林、田林、天峨等县较多。据"四五"期间森林资源调查，全区共有薪炭林 55 400hm²，主要分布在桂东南地区，桂西北、

① 执笔人：王宏志，罗建馨

三江等地也有小面积的人工薪炭林。随着电和煤气的发展，城市用柴日趋减少，过去以供应穗、港、澳为主的桂东南薪炭林，近年日趋衰落，而桂中岩溶地区及钦州沿海地区，进入50年代以后，为了缓解农村烧柴，薪炭林又有发展的趋势。

广西人工经营的薪炭林类型，主要有桂西北的麻栎、栓皮栎次生林；桂中岩溶地区的翅荚木（任豆）林；桂东南地区的石栎（椆木）、荷木、黧蒴栲（大叶栎）林；钦州沿海地区的桉树、木麻黄、相思林。

1. 桂西北麻栎栓皮栎林

桂西北地区是广西薪柴资源丰富的地区，历史上由于交通不便，薪炭多在本地消耗，较少外销，随着交通的发展，外销量日增，主要薪炭林为麻栎和栓皮栎组成，这两个树种的生态幅都极广，广西各地均有分布，但以桂西北的隆林、田林、乐业、天峨等地分布最多。适生于酸性至微碱性土，但以酸性土分布较多。喜光，在庇荫条件下不能生长，在混交林中高生长迅速，常为上层林冠。耐干旱，抗火能力较强，在桂西北的半干燥地区，历史上山火严重，在长期的演替中，麻栎和栓皮栎常形成为主要建群树种。

麻栎与栓皮栎为深根性树种，生长快速，肥力中等以上的林地，10年生的栎树，年高生长量平均可达1m，胸径生长量达1cm，与马尾松混交的栎林，可同为上层林冠，萌芽林的生长更快速，2年生的萌芽林，高3m以上；萌芽力强，伐桩的萌芽率100%，每伐桩可萌发2～10多根萌条，春夏季砍伐后10～20天，即可萌生，秋冬季砍伐后，1～3个月可以萌生，以秋冬季砍伐较佳，萌生株可生长成材，可以多代经营。

桂西北残次的栎林分布面广，主要是天然次生林，少有人工栽培，实行多世代萌芽更新，一般以6年生为1代。经营较好的栎林，每公顷年平均可采薪柴10～15t。栓皮栎林也有经营10年以上作1代，在形成栓皮后，砍伐剥皮并作薪柴。栎木材质坚重，含水率低，劈开后即可燃烧，火力强，耐燃烧，烟少，为优质烧柴；栎树的木炭，火力旺，耐久烧，桂西北地区生产的木炭，外销玉林、百色、河池、南宁、柳州等地。

2. 桂中岩溶地区的翅荚木（任豆）林

桂中岩溶地区，薪柴奇缺，群众为了取薪，不仅过度樵采，甚至挖掘树蔸，发展这一地区的薪炭林，是维护生态平衡，改善人民生活的一项重大课题。历史上在平果县的一些村屯，有经营翅荚木作薪柴的经验，70年代后加以研究推广，成效很好。

翅荚木在广西通称任豆或砍头树，为热带树种，分布较广。翅荚木的根系发达，在石缝隙地的伸展能力强，生长快速，1年生胸径可达2cm以上，树高可达2m以上，10年生左右，即可长成大树，在弃耕地种植或与旱粮间种，2年生时每公顷产薪柴33.73t，3年生时每公顷可产薪柴49.95t。其萌芽力特强，枝干和根部都潜伏着休眠芽，任何高度伐桩均能产生大量的萌芽条，一般有10～15条之多，最多的可达30余条。从基部砍伐的萌芽条，每蔸保留1～2株，一般1年生高达3m，最高可达7m多，胸径2～3cm，最大可达7～8cm，1年即可恢复成林。

在岩溶地区营造翅荚本作薪柴林，每户经营100多丛，即可解决全年烧柴。由于苗木生长快速，植树造林不易成活，群众多用直播造林，做法是挖松坎穴，用 60℃热水浸种冷却后经一昼夜，捞出阴干表面附水，即可点播，每穴放种 4～6 粒，4～5 天后即发芽出土。用容器苗造林，成功率也很高。1 年生时砍去过密的植株，2 年即可成林。翅荚木薪柴林，在平果主要有矮林作业和头木林作业 2 种。矮林作业是当林龄达到 4 年生时，离地面约 10cm 处砍伐，每蔸保留萌芽条 2～3 根，任其生长，以后每隔 3～4 年砍伐 1 次；头木林作业，大都是在农耕地上稀植翅荚木，实行粮、薪、材兼营，做法是将 4～5 年生的幼树，从树高 2～4m 处砍断作薪柴，留下主干萌芽，3～4 年后，再从第一次砍口处砍去所萌枝条作薪柴，如此周而复始作业，至 10～12 年生时，可培养出粗大通直的头木树干作用材，伐桩还可再度萌芽，又选留 1 株健壮萌芽条，培育作头木林，达到永续作业。翅荚木的木材纹理通直，易加工，劈开后 1～2 天，即可烧。易着火，火力旺，发烟少，为优质薪柴，亦可烧制木炭，炭质中等。

3. 桂东南石栎（椆木）**荷木 鬣蒴栲**（大叶栎）**林**

石栎在广西通称椆木，木荷又称荷木，鬣蒴栲又称大叶栎，这 3 个树种在桂东南经营作薪柴，有悠久的历史。

石砾具有较强的萌芽力，作为主要薪柴树种，作业方式多是矮林作业，主干砍伐后，平均每个伐桩可萌芽 5～10 条，经抚育后保留 2～5 条，伐期一般在秋冬季或初春，伐后 1～3 月开始萌芽，伐桩宜低，因萌芽条多发生于当年的伐桩口上，老桩极少萌芽，群众习惯保留桩上方的萌芽条，以利新的植株发根与土壤接触。随着轮伐代数的增加，树桩逐渐向坡的上方扩大，形成簇状桩丛。据测定，一块立地条件较好的石栎萌芽林，每公顷有萌芽条 24 975 株，平均每伐桩有萌芽 4.6 条，8 年生树高总生长为 6.8m，年平均生长量为 0.85m，胸径总生长为 6.5cm，年平均生长为 0.81cm，萌芽林初期生长迅速，2 年生高生长即达 4m，至 6 年生以后，高生长逐渐平缓，径生长的速生期，可持续至 8 年生，一般 6～8 年已达成熟砍伐期。石栎林群落稳定，萌芽更新的持续期长，能经受多代轮伐而不衰退，容县自良乡三洲村八口屯的一片石栎纯林，林龄在 100 年以上，历史上 6～7 年轮伐 1 次，至 70 年代末，已砍伐 15 轮以上，2 年生萌芽条，高达 3.25m，胸径 1.84cm，林相整齐，6～7 年生，每桩可砍伐薪柴 20 多 kg，不低于历史常年产量。石栎萌芽林 4～5 年后即大量结实，种子落地后可以天然更新，但由于野生动物喜食种子，加以萌芽林郁闭度大，天然更新的能力弱，群众多在马尾松或荷木等树种的林下，点播造林。

荷木的萌生能力强，在桂东南大多经营作薪柴，作业方式是在造林后 7 年左右时，首次砍伐，伐桩的萌芽率达 100%，每伐桩萌芽条 5～10 多株，能自然成材的有 2～3 条，萌芽条 5 年生的平均树高为 5.7m，平均胸径 3.5cm，树高平均年生长量 1.14m，胸径平均年生长量 0.7cm，群落稳定，可以多代萌芽。经历 100 年不衰，一般 5～6 年生的萌芽林，为薪柴采收的适宜时期，此时，每公顷年生物量为 13～15t，其中薪柴约占 70%，集约经营的荷木萌芽林，年生物量每公顷达 20t 以上。荷木的材质坚硬，薪柴易烧，着火力强，耐烧，为优质薪柴，烧制的木炭亦为优质炭。树皮及木屑可刺激皮肤发痒，操作时应注意。荷木的种子落地后，容易发芽成林，加以萌芽力强，群落较稳定。

黧蒴栲速生，萌芽力强，也是桂东南的重要薪柴树种，一般3年生前的年平均高生长1～1.6m，胸径生长0.4～0.7cm，4～6年生后，生长速度加快，12～16年生达到生长高峰，萌芽林的生长更快，通常伐后3年即可郁闭成林，进入群体生长阶段。薪炭林的经营方法，多作矮林作业，造林6～7年后首次砍伐，以经营薪柴为主，每3年轮伐一次；以经营炭柴为主的，则5～6年轮伐一次。黧蒴栲萌芽更新的代数不及石栎和荷木，一般萌芽更新3～5代后，生长量即显著下降，需要重新造林。种子落地后可以萌芽更新，但落地种子易遭兽类危害，一般需用人工点播或育苗重新造林，适当密植，每公顷6 000～7 500株，有利间伐取薪。经营较好的黧蒴栲林，每公顷年产生物量多在20t以上，木材易劈开，易燃烧，火力旺，灰分少，为优质薪柴，烧制的木炭，坚实耐烧，为优质炭。

石栎、荷木、黧蒴栲，除了经营小片纯林外，在苍梧等地，还有经营混交薪炭林的，当地群众历史上习惯先用木荷实生苗造林，2～3年生时，在林下点播石栎或黧蒴栲种子，形成木荷与石砾黧蒴栲的混交林，成林后8～10年皆伐，采用矮林作业，6年生左右轮伐1次，实行分片轮伐，一般每桩可砍制出口薪柴20kg，每公顷年产薪柴10多t。

4. 沿海地区桉树木麻黄相思林

广西沿海的钦州、北海、合浦等市县，历史上曾是最缺柴的地区之一。这一地区的水热条件充沛，≥10℃以上的年积温达8 000℃，年平均气温22℃以上，年降水量1 670mm，但台风危害严重，原生植被滩涂地有红树林，海岸沙地主要有红车辕（*Syzygium rhederianum*）、红皮安息香（*Styrax suberifolius*）、龙船花、露兜树等，由于长期以来的过度樵采，原生植被已破坏殆尽。50年代以后，大力营建了防护林带网，不仅减轻了自然灾害，从60年代起，即能基本满足当地居民烧柴的需要，经营的树种主要有桉树、木麻黄和相思等引种树种。

50～70年代栽培的桉树，主要是窿缘桉和柠檬桉，80年代以后，主要是发展尾叶桉、巨尾桉。桉树的生长快速，萌芽力强，经营作薪柴兼蒸叶油的林分，用矮林皆伐作业，2～3年生时砍伐，萌芽率达90以上，每伐桩可萌芽数条至10数条，萌芽条1年生高2～3m，1～2年即可砍伐，管理较好的伐桩，可以轮伐3～5代，一般萌芽1～2代以后，产量降低，需要重新造林。桉树的生物产量高，一般每公顷可年产薪柴20t以上。而经营以防护林为主、结合采薪的多采用间伐被压木、弯曲木和树梢作薪柴，取薪量也大。桉树材质坚实，较难劈开，耐燃烧，火力旺，嫩枝及叶含芳香油，易着火，为优质薪柴。

木麻黄为热带树种，能耐盐碱，抗风能力强，适生于海岸的沙丘、沙滩地，沿海的平原、台地生长也较好，内陆丘陵生长较差，是广西沿海地区的主要造林树种。木麻黄1年生苗木生长较慢，2年生以后进入速生期，5～6年为生长高峰期，一般年平均高生长1～2m，胸径生长1～2.5cm。在海岸线较宽的地区，除第一线（100～200m宽处），以经营作防护林为主，衰老后砍伐作薪柴外，第二线多是防护与薪柴经营结合，5～6年生时，采取小片皆伐或间伐，重新造林或采用萌芽更新。木麻黄伐桩的萌芽率约80%，每伐桩有萌芽条10～

60 条，因萌芽条生长稍慢，年高生长仅约 1m 左右，故少有用萌芽更新，轮伐 1～2 代后，即重新造林。木麻黄的材质坚重，但纹理粗糙，易变形开裂，一般不作用材，当地主要用作烧柴，易劈开，易燃耐烧，火力旺，也可烧制成优质木炭。

台湾相思为热带树种，广西引种有百年的历史，适宜于北回归线以南造林，沿海地区，主要用于混交作桉树和木麻黄的二层林，较速生、抗风和萌芽能力强，能改良土壤。70 年代以后，引进了大叶相思（*Acacia auriculeformis*）和厚荚相思（*Acacia crassicarpa*），较台湾相思速生，经营作薪柴的价值也较高。台湾相思早期生长较慢，一般 8～10 年方可砍作薪柴，后 2 种 5～6 年即可砍伐，3 种均宜用矮林作业，厚荚相思亦可用头木林作业，萌芽率均可达 100%，可以轮伐多代。台湾相思产柴量较低，每公顷年产生物量在 10t 以下，大叶相思和厚荚相思年产生物量在 20t 以上。台湾相思的木材较难劈开，但较耐燃烧。其余 2 种易劈开。相思的薪柴易着火、火力旺，烟少，为优质柴，亦可烧制木炭。相思与桉树、木麻黄混交造林，不仅可以提高薪柴的产量，还可以改良土壤，改善林分结构，提高防御灾害的能力。

薪炭林是森林的主要林种之一，在今后相当长的一段时间内，在缺乏煤、电、气的广大农村以及部分城镇居民，仍将以薪柴为主要能源。根据 1986 年预测，广西年缺薪柴 280 多万 t，其中以岩溶地区缺柴尤甚，但广西的水热资源丰富，优良薪柴树种繁多，发展再生能源薪炭林，具有优越的自然条件。

广西麻栎、栓皮栎林的资源丰富，其中有一部分已成衰老林，及时合理采伐，作好萌芽 更新，加强经营管理，将广大栎林经营为材用与薪炭相结合，可以提高栎林的利用价值。广大岩溶地区，要加强封山育林，制止挖树蔸，同时大力营造翅荚木等速生薪炭林，防止生态环境的继续恶化，这是广西森林发展中一大课题。在桂东南以及其他丘陵地区，传统经营薪炭林的做法将有改变，改为在针叶林下，经营阔叶矮林作薪柴。由于这些地区马尾松、湿地松林的面积，迅速扩大，原有的石栎、荷木、黧蒴栲等，有些与松树混交，形成松林下的二层林；荒山荒坡新造起来的松树林，也混交种上了石栎、刺栲、相思、木荷等阔叶树，这样既有利于松林群落的稳定，又可解决当地烧柴，发展针阔混交薪炭林，将是丘陵地区发展薪炭林的一大趋势。沿海地区，自 50 年代起，由于发展了桉树与木麻黄林，薪柴已基本解决，但林种过于单一，今后要发展相思等多种树种，加强复层林的营建，以利永续作业。

参 考 文 献

[1] 高尚武等．中国主要能源树种．北京：中国林业出版社，1990
[2] 高尚武等．森林能源研究．北京：中国科学技术出版社，1991

第六节　城市园林[①]

广西城市园林建设，有悠久的历史。早在公元815年，柳宗元任柳州刺史时，就提倡官民广植柑、柳，建设园林。公元819年建柳侯祠，1909年柳侯祠即改建为“柳侯公园”。清代在桂林雁山建“西林公园”，武鸣建“明秀园”；嗣后，贵县建东湖公园，其他一些较大的县城陆续建立了小型的中山公园。当时桂、柳、邕、梧四市园林建设的规模虽较大，但50年代前总面积也只有30多hm^2，其中南宁市有一个7hm^2多的中山公园，桂林市有9.4hm^2的园林风景区，柳州市有6.4hm^2的柳侯公园和鱼峰山风景区；梧州市在北山建立了一个10多hm^2的北山公园。当时城市街道路树不多，园林观赏花木种类也少。

50年代后，党和人民政府十分重视城市园林建设，各城市按先绿化后美化的部署，逐年在绿化的基础上，提高园林质量，添栽美化、香化、果化树种，较大的城市，陆续增建小游园、小花园、公园、街道两旁和机关庭院栽花种草。70年代后期，在提高园林质量的同时，开展了园林对防止城市的“三废”污染和生态环境的研究，又取得了新的进展。

40多年来，广西大小城市园林建设有了很大的发展。据70年代末南宁、桂林、柳州、梧州、北海市的资料，全市性和区域性公园17个，市区公共绿地面积276.91hm^2，城市绿化覆盖率14.6%～27.4%，街道已基本绿树成荫，改变了城市的景观，如南宁市50～60年代，种植了一批凤凰树，满城红花，曾有“凤凰城”之称。60年代以后，种植了扁桃、人面果、杧果、榕树等绿荫树种，满城翠绿，有“绿城”之称。

（一）广西城市园林树种的分布规律

广西城市园林植物分布规律，具有明显的地带性，从玉林、横县、南宁、隆安、田东、田林、百色这一线以南处于北热带地区的各城市，年平均气温21.6～22.6℃，1月平均气温12.9℃以上，夏长无冬，园林绿化植物以热带性种类为主，常见的种类为：扁桃、杧果、木菠萝、人面果（*Dracontomelon duperreanum*）、黄梁木、蝴蝶果、榄仁树（*Terminalia catappa*）、荔枝、龙眼、格木、木棉、红花羊蹄甲、红花紫荆（*Bauhinia variegata*）、白兰花（*Michelia alba*）、黄玉兰（*M. champala*）、台湾相思、凤凰树（*Delonixregia*）、蒲桃、小叶榕、高山榕、垂叶榕（*F. benjamina*）、黄槿、假槟榔（*Archontophoenix alexandrae*）、鱼尾葵、大王椰子（*Roystonea regia*）、木麻黄、米仔兰、红桑（*Acalypha wikesiana*）、一品红（*Euphorbia pulcherrima*）、洒金榕（*Codiaeum variegatum*）、红背桂（*Excoecaria cochim chinensis*）、九里香、柠檬桉、南洋杉（*Araucaria cunninghamii*）等。此外，还有一些亚热

---

① 执笔人：黄宪中，王宏志

带种类。

从玉林、横县、南宁、隆安、田东、田林以至百色这一线以北，信都、金秀、柳州、宜山、河池、南丹、天峨这一线以南处于南亚热带地区各城市，年平均气温20.3～21.1℃，1月平均气温10.7～12℃，园林绿化植物以亚热带种类为主，还有不少热带性种类，常见有阴香、樟树、火力楠、银桦、石榴（*Punica granatum*）、朴树、青檀、垂柳（*Salix babylonica*）、竹柏（*Podocarpus nagi*）、香椿、柑橘（*Citrus*）、棕榈（*Trachycarpus fortunei*）、白蝉（*Gardenia jasminoides* var. *fortuniana*）、台湾相思、小叶榕、九里香、假槟榔、蒲葵（*Livistona chinensis*）、含笑、柠檬桉、大叶桉等。

从信都、金秀、柳州、宜山、河池、南丹、天峨这一线以北处于中亚热带地区各城市，年平均气温20℃以下，1月平均气温10℃以下，园林绿化植物以亚热带种类为主，也有不少暖温带的种类，热带性种类已罕见。常见为桂花（*Osmanthus fragrans*）、银杏、雪松（*Cedrus deobara*）、夹竹桃、槐树、黄枝油杉、桧柏（*Sabina chinensis*）、柏木（*Cupressus funebris*）、荷花玉兰（*Magnolia grandiflora*）、宛田红花油茶（*Camellia polyodonta*）、绿萼梅（*Prunus mume*）、杨梅、重阳木（*Bischofia javanica*）、飞蛾槭（*Acer oblongum*）、泡桐、翅荚香槐、枫杨、枫香、白蜡树（*Fraxinus chinensis*）、乌桕、樟树、朴树、青檀等。

（二）园林类型与生态效应

1. 城市园林类型及配置

（1）行道树　是城市园林重要组成部分，为绿化系统的网线，由于街道生境条件特殊，道路大小不同，绿化树种的配置、组成、结构及园林艺术等方面的要求均较高。目前广西常见的街道绿化形式大致如下（图9-8）：

①一板二带　各城市多采用这种形式，在街道两边各种一行路树。如南宁、北海市的榕树、木菠萝路树；南宁市的扁桃、人面果、白玉兰、黄玉兰、黄梁木等路树；桂林、柳州、南宁、北海市的樟树等路树。

②一板三带　除了在街道两边各种一行路树外，在另一侧后排种上各种乔灌木，草本花丛，如桂林市江滨路，前排栽植樟树，后排栽植蒲葵、桂花、石榴、白蝉、夹竹桃、云南黄素馨（近春）、圆叶乌桕等乔灌木，配置成人工植物群落，浓荫覆盖，景观优美；南宁市朝阳路北段，在前排的扁桃路树侧面，配置200m长的花带，用夹竹桃、白花羊蹄甲、红花紫荆、黄槐、白蝉、吊灯花、美人蕉（*Canna indica*）等多种灌木，草本花配置，采色缤纷。季相变化，街景优美。

③一板四带　在街道两边各种二行路树，这种类型也常采用，如南宁市朝阳路两侧，前排扁桃，后排红花羊蹄甲；桂林市用桂花配置于前后排；柳州市用阴香作前排，银桦或台湾相思作后排。

此外，还有一板六带、一板多带、二板三带、三板四带等类型，但在广西已罕见。

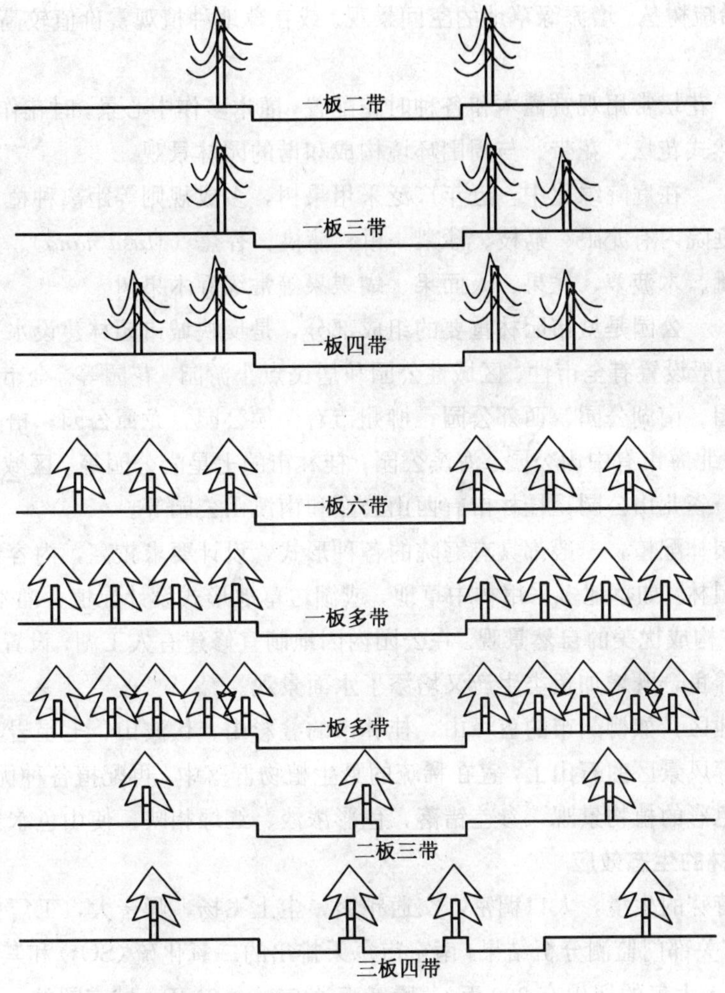

图 9-8　路树的配置

上述 7 种形式，各城市根据生境特点，因地制宜，设计配置。

(2) 庭院园林

①带状树林　　绿化带的宽窄，随地形而异，配植乔木或灌木，构成齐整或高低不同、参差错落的带状绿化，这种形式常见于庭院的周界和道路两旁，以屏障噪音、灰尘和烈日。工厂和住宅区也常布置带状绿化。以减轻污染。

②丛状树林　　在一点上配置乔灌木，高的在内，矮的在外，组成树丛，株数多的可采用几种树种。株数少的可用同一种组成。常用于面积较大的庭院，用以克服景观单调。

③树群　　常用几种乔灌木组成，有的在树群周围配置大小不同的观赏灌木，构成高低不同、多层次树群的优美立体景观，并起到隔音作用，呈现庭园小中见大的观感。

④草地稀树　　草地是庭院的重要组成部分，在较大面积的庭院内，铺设绿茵草地，以减弱太阳辐射，降低气温，可以为居民提供良好的休息场所，绿草地面配置以不同品种的

乔灌木，构成稀疏树丛，增添绿草地的空间景观。或在草地种植观赏价值较高的孤立树，也很美观。

⑤花坛　　花坛常用观赏灌木和各种时花配置，灌木多作中心景，时花作外围衬景，组成规则式或自然式花坛、花带、与周围环境构成和谐的园林景观。

⑥果树林　　在庭院绿化中，近年广泛采用果树，多成规则等距离种植，也有零星配植。在南宁的庭院内有龙眼、荔枝、沙梨、柑、蒲桃、香蕉（*Musa nana*）、人心果、柿子等，街道有扁桃、木菠萝、杧果、人面果、蝴蝶果等常绿乔木果树。

（3）公园　　公园是城市园林重要的组成部分，是反映城市园林建设水平的标志。广西的城市中，一般设置有全市性、区域性公园和居民点小游园、花园等。全市性的公园：南宁市有人民公园、南湖公园、西郊公园；柳州市有柳侯公园、龙潭公园；梧州市有北山公园、河滨公园；北海市有中山公园、海滨公园；桂林市的七星岩公园等。区域性的公园：柳州市有鱼峰山、雀儿山公园；桂林市有西山公园和南溪山公园等。

公园内的园林配植，一般都具有庭院的各种形式，设计要求较高，内容也较丰富，规模远超出庭院园林，如草地多采用林中草地，或湖边草地形式设计配植乔灌木，观赏树丛，或点缀孤立木。构成优美的自然景观。在公园内因地制宜修建有人工湖，设置大的水面，林水相映，湖中养鱼，既增加鱼类生产又增添了水面景观。

在喀斯特地区，如柳州市的鱼峰山，桂林市的叠彩山、伏波山、七星岩、芦笛岩和南宁市的伊岭岩等风景区的石山上，宜在稀疏的野生植物群落中，再配植各种优美的乔灌木，构成多层次多色彩的植物景观，参差错落，色彩浓淡、红绿相映，使山色水景倍增异彩。

2. 城市园林的生态效应

城市为一特殊的生境，人口稠密，交通频繁，尘土飞扬，噪音大，工厂排出“三废”，污染环境，据有关部门监测分析结果，南宁市每天排出的二氧化硫（SO_2）和其他废气达 800 万 m^3 之多，排入大气的烟尘有 230 万 t，噪音高达 70.3～91dB。城市园林，不仅可以吸收二氧化碳和其他有害气体，清新市区空气，而且在隔尘、消噪以及阻挡太阳辐射热等方面，也有显著的效应。根据南宁、百色等城市的测定，行道树枝叶稠密的街道，与无行道树的街道相比，夏天气温可降低 1～1.5℃；飘尘浓度可降低 64%～88%；行道树冠后方的噪音，较行道树冠前方的噪音，降低 3%～22%。

3. 城市园林美学意义

运用各种植物的千姿百态，万紫千红，在城市建成各类园林景观，达到美的效果，是一门特殊的艺术，在街道两旁，河流两岸，门庭院落以及市区的一切空隙地，种植各类花木，加以装点即可形成优美的环境，给人以美的享受。在居民的住宅、阳台、棚架墙壁等处种植各类花木或种植攀缘植物，垂直绿化，可使住宅生气盎然。城市公园，配以亭榭水景，花木掩映，美学色彩更加浓厚。人们常以园林建设的状况，作为衡量城市外貌的标志和现代化城市建设的水平，由此可见，绿化对美化城市，具有极为重大的意义。

城市园林要求种类繁多，千姿百态，忌单调重复，广西植物种类繁多，资源丰富，有利于城市园林建设需要的选择。由于广西地处低纬，夏日长，气温度，故选择乔木树种时，应以遮荫效益良好为主要条件，在选择绿荫的基础上，并注意美、香、果、材及抗性强弱等条件，如扁桃、杧果、木菠萝、人面果、蝴蝶果等具有荫、美、果、材等方面的效益；桂花、白兰花等具有荫、美、香、材等方面的效益；木棉、凤凰木、红花洋紫荆等繁花艳丽；假槟榔、大王椰子、南洋杉、雪松等的典雅隽秀；榕树、杧果、泡桐 、女贞等的抗污染能力强等，均应予以注意。

城市园林种植的土地复杂，石头、瓦砾、杂物多；土层深浅、地下水位高低不一；水泥、柏油路面多，太阳辐射强、气温高；人口稠密，过往车辆频繁，干扰大，空气干燥，尘土飞扬等，不利于园林植物的生长发育。在园林营造上，应因地制宜，种植适宜的树种，采用相应的技术措施，才能获得成功。

做好树种配植，组成结构多层，外貌多样的人工植物群落，从而对改善园林生态环境，提高绿化效果及美化市容等均有重要意义，在选树建园时，宜认真注意园林类型的布局，树种的配植，构成丰富多彩的园林景观。

第十章

广西森林的地理分布[①]

广西位于我国大陆东南缘，地处热带、亚热带，东南濒临海洋，水热条件优越，露岩上也可长成森林。尽管天然林遭受长期破坏，覆盖率低，而森林类型仍然丰富多采，它们的分布有的属于广域型，有的属于微域甚至超微域型；有的类型在不同程度上相互穿插，纠葛难辨，有的则各据一方；有的呈密集型连成大片，有的呈星散斑点状镶嵌于其他类型中；有的只出现在低海拔，有的则局限于较高山地，有的则兼备，只是地理位置不同；诸如此类，广西森林地理分布的错综交织现象，令人扑朔迷离。然而联系到水热条件以及地质地貌、土壤等因素，从三向地带性及非地带性结合森林类型的适应性来观察，广西森林的地理现象则是井然有序，规律分明。

第一节　纬向地带性

广西森林地理分布，表现在纬向地带性的变化很明显，自南到北，从热带系列经由南亚热带系列过渡中亚热带系列，显域性模式是：季雨林→季风常绿阔叶林→典型常绿阔叶林，相应的隐域性类型也发生类似的变化。

（一）热带林系列

广西的热带阔叶林含季雨林、雨林、红树林。季雨林以常绿为主（有称为季节性雨林的），属于南部基带的代表类型，在常态侵蚀地貌上，榄类林最常见，现在多呈小片散布于村旁及其附近的丘陵台地，作为果用得以残留下来，只在桂西南丛山峻岭如公母山、六韶山个别地段尚保存较成片的原生性森林；越过大容山、邕江、右江，稀见于沟谷区，可北

---

① 执笔人：李治基

伸至大瑶山南段南坡及都阳山地前缘丘陵。高山榕林及箭毒木（*Antiaris toxicaria*）林等从热带西部的滇东南迁至广西，前者较多零星分布于桂西南河谷台地，借助于发达支柱根的不断扩展，可出现独树成林的奇观；后者不常见，抗风力强，在海边也能长成高耸大树，成为当地民间渔船返航的标帜。小叶红光树林近年在广西境内也有所发现，稀见于大青山。血胶树林，壳菜果（米老排）林从十万大山沿着山地断续西延至靖西高原海拔700m以下。此外，红荷木、枫香组成的半常绿次生季雨林常呈小片分布于干热河谷两侧半干燥至半湿润的低山丘陵，向东不越过十万大山。分布于桂东南的常绿季雨林由于遭受严重破坏，每呈残次林状，其中红鳞蒲桃林分布于大容山以南，在六万大山及云开大山前缘的丘陵，曾为优势的类型，40年代还较普遍，现在只残留于一些村旁作为防护林。同遭厄运的还有格木林、长叶山竹子林，间可北上至广西弧形山地南段沟谷区。紫荆木在十万大山尚保存较好的成片林分，向北可断续分布到大容山北，但在低平地方也常遭破坏为残林，或被改造为单优果用林。以鱼尾葵为标志的水翁木蒲桃丛林时而出现于河旁溪畔；露兜树及水杨梅（*Adina rubella*）灌丛有时密茂生长在河漫滩上，类似纯群，表现出桂东南沿河的热带风光。

石灰岩季雨林分布于桂西南，当地有广阔的溶蚀地貌，虽然群落组成和常态侵蚀地貌显然不同，是隐域性的，但深刻地打上地带性烙印，具有热带林的属性，一般也以常绿为主。从蚬木林零星小片散布的普遍性以及该树种具有良好的天然下种更新效果看来，此种林分曾有过密集分布的历史，为当地优势的植被类型，而今较大面积的蚬木林仅见于保护区内；越过右江向北，每局限于屏障良好的地段，而止于广西弧形山地西翼外缘低峰林石山区。肥牛树可密茂生长在石炭系黄龙灰岩夹白云岩地层上，其他树种多被排斥而成为单优林；枝叶为优质的牛饲料，群众早有用矮林作业法营林。仪花林分布于低峰丛圆洼地的坡面，但不常见，往北则常成为桂西北干热河谷沟谷季雨林。条隆胶林、东京桐林零星分布于低峰丛石山下部水分条件较优越的小环境。相反，褐叶山胶木、细叶楷木林定居于干燥的石峰顶部，呈矮林状。顶果木、任豆等喜光速生先锋树种常成为迹地首先恢复起来的单优落叶季雨林。而山坡，可见成片分布的闭花木次生林。具有发达板根的木棉疏林遍布于明江、左、右江河谷石牙地和石山峰丛槽谷，春来未叶先花，全林一片火红，甚为壮丽；自右江北去，很少出现，但在干热的南盘江、驮娘江、布柳河谷地，又可成为优势的河岸走廊林。以旱生性强的剑叶龙血树散树或树丛为标志的藤刺灌丛，常见于桂西南半干燥半湿润的开朗盆地、河谷的孤峰残丘，看来这些地方曾为该树种占优势的森林所覆盖。

雨林在广西境内因缺乏相应的大气候，不常见。尽管十万大山迎风面雨量很充沛，但冬季3个月为低于50mm的少雨月。雨林只出现于局部湿热小环境，属于非地带性的沟谷雨林，其中华南坡垒林曾在十万大山有较多的分布，现已濒临绝境；大青山也曾有其分布的记录，而今已成历史陈迹。擎天树林散布于桂西南低峰丛石山深狭的圆洼地或三叠纪百蓬组砂页岩夹有泥灰岩出露的沟谷，偶可北伸至都阳山地外缘个别低谷，在那坡沿着山溪断续上升至海拔750m，通直的柱状树干高达50～60m以上，云树参天，甚为雄伟。海南风吹楠林及火焰花林在侵蚀地貌及溶蚀地貌均有定居，前者对温度适应幅较窄，分布于十万大山至靖西高原南段，海拔400m以下谷地；后者主产于广西南部，间或延伸至南盘江沟谷，夏初满布金黄色的大型花序衬以浓绿的大型的羽状复叶，分外艳丽。近年在云南发现的五桠果叶木姜子，在桂西南低峰丛石山圆洼地，有以它为优势的林分出现。此外在圆洼地和槽谷恢复起的幼年林中，时可见到小片的槿棕、鱼尾葵和桄榔，它们巨大的羽状叶非常显目，远远即可辨认。

红树林分布于桂东南北部湾、顶港湾潮间带的沼泽上，一般为单优林，而在类型之间连接处可出现混交现象。从低潮线至高潮线即外滩至内滩，生态序列的模式是：白骨壤林→秋茄林→桐花树林→红海榄林→木榄林。其中桐花树林可沿河口溯江而上，止于溺谷。此外，半红树林有海漆林，分布于高潮线上下或潮间带内局部突起的地段；黄槿林以及银叶树林出现在一般海潮不到或仅波及的海堤上。红树林类型不多，且生长低矮，目前所见，最高不超过10m，难和中热带、赤道带的红树林相比拟。

热带天然针叶林仅有南亚松林，分布于钦州及防城港沿海地方，成为该类松林的北界，长期来只砍不造，濒临绝灭。该树种蹲苗期长，且需接种菌根真菌才易成活；早年生长慢，5年后生长便加快，能长成大材，远胜过当地马尾松人工林。后者原产亚热带，南移于低平地方特别是沿海一带，常风大，生势差，衰老快，20年生平均高10～12m，胸径8～12cm，甚至在15年生便已平顶；代表性的林分为具有多种热带灌木的鹧鸪草岗松马尾松林。

综合上述可知，由于森林建群种对温度的适应幅度有差别，各类型向北分布的纬度参差不一，但纵观全局，热带林作为整体在广西境内分布的北界大体上在大容山南麓与邕江、右江谷地联线，即在北回归线附近通过。其中若干类型还可断续北进，出现在南亚热带地貌屏障良好的较暖小环境，那是非地带性的局部现象，当然也和这些类型的建群种较为耐寒有关。

（二）南亚热带林系列

南亚热带地带性森林为季雨林化常绿阔叶林，分布于常态侵蚀地貌上。其中刺栲林具有广域分布区，但却消失于溶蚀地貌；自大桂山、圣堂顶及龙江以北，也失去它在植被中的重要地位，稀见于沟谷，继续北上至桂北元宝山、大苗山南坡局部地段。罗浮栲林、黧蒴栲林跨中亚热带分布，但主产于桂东。华润楠林见于浔江流域低山。细刺栲林主要沿广西弧形山地南段分布。厚壳桂林及青钩栲林，基本上局限于大瑶山南段（含太平山）雨量丰富的迎风坡。作为南亚热带东部（湿润）季雨林化常绿阔叶林从桂东向西分布，在桂中时而为喀斯特地貌所间断，而止于桂西北山原东部，更往西则为西部（半湿润）类型所更替，将在经度地带性另行叙述。其实以上天然林仅在一些保护区尚保持有较好的林分，其他地方大都零落为残次林。而马尾松次生针叶林（含人工林）广布于低山丘陵，成为优势的森林，尤密集于桂东，为松脂生产基地，一般生势良好，林下仍以热带广布种占优势，代表性的群落为桃金娘马尾松林，天然分布也绝迹于桂西北山原西部。

南亚热带石灰岩常绿落叶阔叶混交林在组成上也具有一定的季雨林属性，原曾遍布于龙江以南，广西弧形山地内并西延至都阳山地及其外缘峰林石山，原生性林分由青冈、仪花、石山樟、华南皂荚（*Gleditsia fera*）、越南榆（*Ulmus tonkinensis*）、榔榆等组成优势，由于当地特别是基带的天然林遭受更为彻底的破坏，已很少残留。即使是一些喜光先锋树种如水冬瓜、任豆、翅子树等次生林也如凤毛麟角。此外，经过除伐抚育形成的海南栲及青冈等单纯林，小片分布于村旁屋后。而以榕类散树为标志的蛇藤（羽叶金合欢）、灰毛浆果楝、小叶柿组成的藤刺灌丛常连成大片广布于桂中石山区。有的地方石山资源被掠夺性利用，以至露岩毕呈，一片荒凉，而一些村屯吸取教训，在石山上营造吊丝竹、狗骨木等人工林，经济、社会、生态效益即见明显。实践证明石山造林是可能的，是脱贫致富的基本途径。

作为整体，南亚热带林系列分布的北界，大体上东起大桂山，经大瑶山圣堂顶，上龙江谷地，西至天峨，沿红水河河谷直入贵州境。

（三）中亚热带林系列

随着纬度北移，森林演变为中亚热带系列。典型常绿阔叶林为显域性地带植被，桂东北及桂北是它分布区南部；北界不出现于广西境内。栲树林广布于低山原生林中，在土壤深厚地段尤多生长。小红栲林分布的海拔较高，可伸入中山下缘，在较浅薄的土壤甚至粗骨土上也可定居。荷木林也常见于低山，在采伐迹地上发展起来的常为单优林。甜槠林能适应露石多的生境，呈小片状分布。岭南毛栲林及贵州毛栲林要求地体水分经常充足的地方，常沿溪沟呈狭带状生长，后者见于大苗山以西，丝栗林也以大苗山以西常见。钩栗、山茉莉、蕈树（阿丁枫）是常绿阔叶林常见成分，有时也出现以它们为建群的林分，镶嵌于其他阔叶林中。银荷木、多脉青冈、黔椆、尾叶水锥栲、大八角等群落较为耐寒，则生长在常绿阔叶林带的上段。后一类型见于桂东北，果有大毒，曾被误载为八角天然林。

亚热带落叶阔叶林属于次生性质，枫香林各地多少有分布。拟赤杨林主要生长在湿度大的沟谷区。亮皮桦林见于山地雾线以上冷湿的地方。栓皮栎、麻栎等落叶栎类林较多分布于桂北背风河谷如溶江、罗富河等较干旱的生境，并断续向西延伸，与我区西部的落叶栎类林连成一片。枫杨、河柳林每见于河畔溪旁，与桂南的水翁木蒲桃丛林形成鲜明对照。

石灰岩常绿落叶阔叶混交林主要分布于桂北，在交通不便的峰丛石山区，70年代尚有连片的原生性森林，以青冈、青檀、榉树、毛化香、鹅耳枥等占优势，现仅在环江县北部尚有残留，向东间断分布至湘璃谷地的峰林石山，主要保存于一些村后山，以青冈、青檀林和鱼骨木、黄梨林较常见。峰顶则残留有乌冈栎硬叶常绿阔叶林，呈矮林状。由于长期滥伐，以青檀、化香、黄连木等组成的次生落叶阔叶林也很少残留，呈零星小片分布。而火棘、小果蔷薇为代表的藤刺丛却成为喀斯特地貌绝对优势的植被类型。

针叶林也属于次生林，马尾松林广泛分布于低山丘陵，林下植物为亚热带成分所组成，代表性的群落为杜鹃花檵木马尾松林。油杉主要在大瑶山北段较干燥地方，组成连片的单优林。而柏木林则较集中于兴全走廊的低峰林石山。黄枝油杉林只见于桂东北喀斯特地貌。

广西幅员纵径约跨5个纬度；而北回归线横贯中部。此线向北，热量特别是冬温急剧降低，伴随着森林类型从南到北，由北热带经南亚热带至中亚热带等地带性的变化。广西盆地不是密闭的，北部的主要缺口集中在东北部，成为寒潮主道，而且广西山脉走向，深受广西弧形山的控制，东部华夏式走向的山地，复有利于寒潮的继续南下；西部背靠云贵高原以及西域式走向的山脉，显著削弱寒潮的入侵，致使相同或相近纬度的温度，西部比东部高得多（表10-1）。从而使热带林的北界并不与北回归线相吻合，而是沿着该线作南北移动，在西部可北上到北纬24°，在东部南下至22°30′；南亚热带林北界也是自西北向东南倾斜，大体上在北纬25°以北至24°之间，这些现象都是由大地貌对热量条件重新分配所导致的。

表10-1 广西东部与西部气温

地点	北纬	海拔（m）	年平均气温（℃）	1月平均气温（℃）
西部：百　色	23°55′	173.1	22.2	13.4
东部：贺州信都	23°58′	53.8	20.8	11.6
西部：乐业雅长	24°51′	300.0	21.9	11.9
东部：阳　朔	24°49′	148.3	19.1	8.6

第二节 经向地带性

由于距海远近以及大地貌对大气运行的影响，广西降水量总的倾向是自东向西而递减；虽然其间呈波状起伏。但森林经向地带性变化只出现在南亚热带系列，岑王岭以西，年降水量低至1 100mm上下，水热系数在1.5左右，属于半干燥半湿润气候区，干湿季交替鲜明，我国西部（半湿润）的亚热带森林从云南向东迁移，基本上止于桂西北山原西部，如低处的毛叶青冈、毛黄杞林，高处的高山栲、黄毛青冈等常绿阔叶林，但历史上长期刀耕火种的游耕方式，山火频繁，这些森林每呈星点状残存。而耐火耐旱萌生力强的栓皮栎、麻栎、白栎等为主的落叶栎林得到大发展，遍布于山原。在低山丘陵，林下时有红皮水锦树、余甘子占优势，而缺乏东部的桃金娘、岗松等；有时混生有细叶云南松、蒙自合欢、红荷木等，使落叶栎类林打上西部南亚热带的烙印。较常见的还有西桦、蒙自桤木、云南黄檀（*Delbergia yunnanensis*）等西部落叶阔叶林。在石灰岩常绿落叶阔叶混交林中，滇青冈林代替了东部的青冈林。

针叶林中，细叶云南松林占据重要地位，特别是沿着南盘江复向斜呈密集大片分布，与东部的马尾松林相对应。此外矩鳞油杉林出现于河谷丘陵，滇油杉（*Keteleeria esquirolii*）林则零星小片分布于较高的中山山地。

虽然西部一些类型如细叶云南松也可出现于山原东部的干热河谷，成为东进的余波，那是局部的现象。总的看来，西部与东部森林的地理分布，大体上以草黄岭、田林老山等西坡为分界线。

至于中亚热林系列，在广西境内分布于北部红水河以东，年降水量1 400～2 000mm，旱季不明显或短促，几全由东部森林所组成，只有极少数西部类型偶可穿插于西缘，在植被中的地位是微不足道的。广西南部水分条件经向变化较为复杂，十万大山及其以东濒临南海，年降水量一般1 600～2 000mm，局部可达2800mm以上，气候湿润以至潮湿，季雨林属于东部类型。十万大山以西的明江和左、右江一带，年降水量骤减至1 100～1 200mm，以西部的木棉林、红荷木林占优势，但这是背风河谷的特殊现象。自此向靖西高原进发，又属于迎风面，年降水量1 400～1 600mm，由半湿润过渡为湿润气候，东部季雨林仍占优势，却掺杂一些西部类型，如红荷木林、箭毒木林，高处则有西桦林；滇、缅、泰植物地区的八宝树、千果榄仁（*Terminalia myriocarpa*）、火烧花（*Mayodendron igneum*）等不少种类也可迁移至广西西南，但种群数量少，反映植被组合及区系成分发生一些量变，多少具有向西部热带过渡的迹象，而森林地理分布却未发生经度地带性的更替。

第三节　垂直地带性

广西境内没有高山，但中山却不少，随着海拔升高，热量递减而降水量递增，导致森林类型随着高程而变化，构成森林的垂直带谱。垂直地带从属于水平地带，现就各水平带分述如下。

（1）在南部，常绿季雨林构成基带地带性类型，雨林仅见于一些湿热的沟谷，上界达海拔500～800m以下，高程自南向北而降低。其上为山地季风常绿阔叶林带，主要由刺栲、细刺栲、黧蒴栲、罗浮栲、厚叶琼楠等参与建群。至于以栲树、小红栲为代表的山地常绿阔叶林稀出现于较高的少数中山如十万大山、六韶山一带，下界约为1 100m左右，构成第三垂直带；而以杜鹃花类为优势的矮林零星分布于常风大的孤峰山顶山脊，是山地常绿阔叶林派生类型。

（2）在中部，可以大瑶山保护区南段为代表，主峰圣堂顶海拔1 979m，基带的季风常绿阔叶林基本上包括了水平带中所列的类型；在局部南向开口的低谷则出现橄榄、肖榄（*Platea latifolia*）等季雨林。约自海拔800m进入山地常绿阔叶林带，主要有小红栲、荷木、栲树、光叶玉兰（*Magnolia nitida*）等林分，而消失于1 100m左右；耐冷凉的鹿角栲、尾叶梼、大叶青冈、银荷木等类型可上达 1 500m，其间自 1 300m 以上混生有长苞铁杉或广东松与金毛石栎为优势的针阔叶混交林。更高为孤峰挺拔的山顶区，地形开朗，常风特大，则由红岩杜鹃、变色杜鹃和短叶罗汉松组成矮林。广西境内南亚热带一般缺乏常绿落叶阔叶混交林带，仅在地理位置偏北的广西西北山原岑王岭海拔 1 500m 以上出现，代表类型为云山青冈、亮叶水青冈林。

(3) 北部有较多海拔 2 000m 左右的中山，天然林保存也较多，地处中亚热带南部，在偏离寒潮通道且屏障良好的低谷仍可出现刺栲、厚壳桂等季风常绿阔叶林，这是局部现象；至于分布的上界可达 1 200～1 300m 以上进入山地常绿落叶阔叶混交林带，主要由鹿角栲、多脉青冈、包果石栎等常绿阔叶树与水青冈、亮叶水青冈、缺萼枫香等落叶树参与建群。在此垂直带内，常镶嵌着一些孑遗针叶树为上层优势种的中山针阔叶混交林或针叶林，如南方铁杉、长苞铁杉为标志的林分，在越城岭颇为常见；广东松林及银杉林呈星点状分布于花坪及大瑶山北段，面积狭小，后一段为银杉向南分布的终点；元宝冷杉林及资源冷杉木分别限于元宝山及银竹老山个别点上，成为我国冷杉分布的南端，也是南方冷杉垂直分布最低的，下界约为海拔 1 500m，它们都是第四纪冰盖期的物种，现有种群极少，且林下更新不良，如不注意保护并促进更新，行将绝灭。在广西第一高峰的猫儿山（海拔2 141.5m）1 800m 以上山顶区，为多种阔叶树组成的矮林，优势种不明显，实质上是山顶效应的特殊情况下，常绿落叶阔叶混交林的变型；而以杜鹃花类及吊钟花类为优势的矮林则分布于 1 400m以上的山脊。

第四节　人工林的分布

松、杉、桉是广西多年来的主要造林树种，成为区内优势的森林植被。尤以马尾松覆盖率最大，栽培几遍全境，但在碳酸盐岩地层上除杂有砂页岩地段外，难以成长，近年引种至桂西北山原西部细叶云南松产区，前景如何，有待他日评说。引自美洲的湿地松、火炬松和加勒比松等在低丘台地深厚土壤上，一般生长迅速，在常风大的桂东南也能正常生长；加勒比松原产热带，在桂中以北，较强的寒潮入侵时，可导致寒害。

杉木是群众最喜欢的用材，主产中亚热带，高程一般不超过海拔 1 000m，温凉湿润以至潮湿的气候，对杉木生长是理想的，但要求土壤肥力较高，北部山地地形复杂，生境多变，对宜林地的布局应有所选择。过去强调基地要求大面积连片是不现实的，据说结果是成功的、失败的、须经改造可望成材的各占 1/3。实践证明，在水平分布上，随着地带南移，生势愈来愈差，易衰老，在南亚热带台地除局部优越小环境外，难以成材，只在山地垂直带谱出现较好的林分；但大容山上部，地形开朗，常风特大，杉木不能成林，而为柳杉取代；广西西北山原是杉木发展的新区，据田林老山林场测定，在干热河谷很难成材，进入山地常绿阔叶林地带，生势逐渐转好，特别是上至常绿落叶阔叶混交林地带（杉木栽培上界达海拔1 600m）尤为迅速，与中心产区的湖南会同杉木林的生物量及生产力相当，当地为三叠纪砂页岩间夹有泥灰岩地层，土壤含钙较多，更有利于聚钙植物的杉木生活。在北热带低丘台地，采用一般造林技术，杉木不易成活，北海林场曾在紧靠防护林带的掩蔽下种杉，并以鱼肥作基肥，初期生长尚快，后未追肥而逐渐趋于停滞，成为小老头树。浦北六万大山一带的高丘低山群峰相掩，削弱风害，历来是当地民用杉木材的主产区，广西西南风力小，栽培于大青山常绿阔叶林地带下缘的杉木，前期生长也快，10年生时，林木平均高及胸径分别为10.7m及11.0cm，此后急转直下，16～20年生时，年生长分别为0.12m及0.35cm；位于靖西高原山地常绿阔叶林地带如底定、安德等林场，杉木生势旺盛不亚于广西北部。一系列事实反映杉木南移问题的复杂性，一般在基带表现不良，不仅是温度高，而且还由于光照强，风力大（桂东南），土壤肥力低等等的交织影响，必须根据各地情况，考虑降温、减光、防风、施肥、增湿措施，这是有待试验的问题，目前只宜选择隐蔽良好的沟谷小环境进行小面积造林，提供民用小径材。

广西引种的桉树种类，从南到北而减少，用以造林的主要有3种，大叶桉过去曾广泛栽培至广西东北，但大寒潮南侵时，在湖南广西走廊发生枯梢以至枯死，雨淞天气时，叶全凋枯；在一般低平地方深厚湿润土壤上，生长很快，而在浅薄的坡地，生势差；在石灰岩地区内涝积水洼地却能成长。按大叶桉原产澳大利亚，有沼泽桉之称。柠檬桉、窿缘桉在中亚热带较冷年份可出现不同程度的寒害，主要栽培在南亚热带及其以南，为沿海地区的主要人工林。窿缘桉能耐贫瘠的土壤，在红土台地上，表土缺失，多铁子地段也能成材。近年在北热带台地引种的尾叶桉、巨桉、巨尾桉（杂种）生长特别迅速，1年生平均高达4m，胸径4cm以上，现正在推广。

经驯化成功的用材树种有醉香含笑、壳莱果、刺栲，主产于南部和中部，醉香含笑引种到广西北部，在－7℃低温也可安全越冬。

经济林：油桐各县多少有栽培，千年桐主产南部，并多零星野生，有时成为次生天然林共优势种；三年桐在南部生势旺盛，但结实少，衰老快，易发生枯萎病，少栽培。随着纬度带北上，千年桐的面积递减而三年桐则递增，北部以三年桐为主，多见于低山丘陵，与千年桐相反，在石灰土生长良好。

油茶林也出现地理替代种现象，越南油茶、博白油茶等大果茶产于北热带，后者单产较低，多野生，在六万大山山前丘陵有时成为单优灌丛。自此北去为油茶（中果茶），到了桂北高寒山区以小果茶为主。

作为紫胶寄主的黄檀林，以冬代保种为经营目的。人工林主要分布于南部。从胶虫越冬表现，广西西南优于广西东南，虽然广东西南极端最低气温极值较低，但以强辐射降温混合寒害为主，低温持续时间短暂，在屏障良好且冷空气易于排泄的谷地，可以安全或基本安全越冬；而桂东南以平流寒害为主，在连绵阴雨低温影响下，胶虫受害较重。

三叶橡胶于50年代初曾在北热带低丘台地广为造林，即使在北缘的南宁、田东等地也能完成发育周期开花结实。但每遇大寒潮南下，除防城港南部外，各地胶林便受不同程度寒害，而今保存率很低，零星小片残留于较暖的小环境。它是南美赤道无风带雨林植物，而广西南部地处北热带北部，有待育出更为抗寒高产品系才宜发展。

八角主产于南部十万大山以西山地丘陵，果1年2熟，秋造为主，在靖西高原分布上界约海拔1 000m，但自700m以上产果量低，改用矮林作业，采枝叶蒸油。50年代以来，不断扩大栽培，目前商品产区北界大体在南亚热带范围。枝脆弱易遭风折，花果也易被大风吹落，沿海地方少栽培。中亚热带一般温度较低，也影响产量，融水县三江门的八角林和桂林雁山广西植物研究所的八角试验林年仅一熟，与主产地的发育年周期是不同的。

肉桂盛产于十万大山及浔江流域低山丘陵，适生湿润以至潮湿的气候，肥力较高的酸性土，垂直分布可达海拔800m，主要栽培在400m以下的下坡及沟谷区。而同一地带的广西弧内以及广西西南半湿润半干燥区，目前未见商品性栽培。中亚热带气候湿润，南缘尚有零星种植，在隐蔽的小环境能正常生长发育，而在开朗地形则易受寒害。

板栗具有广阔分布区。广西各地都有栽培，中亚热带最多，阳朔，恭城、平乐一带为主产地，酸性土及石灰土均宜生长，在阳朔栽培上界约为海拔700m，自此以上多雨多雾，产果量大为减少，而为锥栗所取代。这些年来，广西西部隆安、东兰也多栽培，成为重要的南部产区，但单产一般较广西东北低。

核桃原产新疆天山北坡，现在还有大片的天然林。人工分布区也很广阔。广西境内主要栽培于雨量少的桂西北山原，为广西的商品产地，但干热河谷无种植，一般分布在山地常绿阔叶林地带范围。在南亚热带南部及其以南曾试种，徒长旺盛，不结实或成熟龄大为推迟，产量很低。

银杏在广西东北多零星小片栽植，而集中于海洋山北向的海洋河谷地，为主要的村旁园林。广西中部及其以南，偶有引种。从近年人工授粉大大提高产量看来，可进一步扩大商品栽培区，白果是创汇物资，市场看好，营建白果林是脱贫致富的好渠道。

总之，广西森林地理分布兼备三向地带性的特点，这在其他省、自治区是少有的现象；虽然经向地带性的更替局限于南亚热带季雨林化常绿阔叶林地带；垂直带谱结构因山地不高也较简单。广西境内碳酸盐岩地层相当发达，出露面积约占广西土地面积41%，为国内著名的喀斯特地方，石灰岩特有的森林及灌丛在广西西南、广西中部及广西北部植被中占据重要地位，虽然是隐域性的，也打上地带性的烙印。复杂的广西地貌在一定程度上干扰森林地带性的分布，使各地带森林的北界参差不齐，从西北向东南倾斜，并使某一地带内可出现相邻地带类型的非地带现象。历史条件的影响是明显的，在原生林保持良好的地方，每每留下孑遗种为优势的森林残迹，这在广西北部古陆尤多表现。人类活动对森林的影响极为深刻，广西属于我国东南半壁森林区，原生植被几尽为森林，而今覆盖率仅为25%，且以人工林占据绝对优势，尤以针叶林为多，大大改变了广西森林的本来面目，这在林业上发挥广西自然条件的优势和森林的经济、社会效益特别是生态效益存在着颇大缺憾，必须克服过来。人工林的形成、分布虽然在很大程度上受人们所控制，但由于现代科技对环境因素或树种生态特性的改造尚未能尽如人意，人的主观能动性毕竟不能超越自然界所容许的范围，林业实践正反两面的无数事例证明，扩大某一森林类型的分布区，必须从地理条件及树种特性结合衡量，贯彻适地适树的原则，才可望获得成功。历史经验值得注意。

第三篇

广西森林分区[①]

森林分区是基于森林地理分布的规律，分区划片，以探索森林类型分布组合与环境之间的相互关系，以及各级森林地理在空间变化的生态序列的规律，以加深对森林类型的认识和明确分区的意义。

同时，森林分区的理论和实践，对森林的科学经营具有现实的指导意义；也为因地制宜培育和利用森林资源，提高森林生物生产力和生态效益，制订相应的技术措施，提供科学依据。

本篇从广西森林分区的根据、亚热带常绿阔叶林带、热带雨林季雨林带等三章叙述于后。

---

① 由李治基汇编

第十一章

森林分区的原则、系统[①]

森林是地理的现象同时又是历史现象，如原生性森林保存较好的广西北部，有不少残遗种如银杉、长苞铁杉、华南铁杉、资源冷杉、钟萼木等组成的森林，这不仅是由于第四纪时，当地只出现局部的山地冰川，成为这些种类的残存条件，同时还是由于现代中山山地的冷湿气候适合于它们的生存。说明森林的地理与历史现象是不可分割的。广西森林类型众多，分布区各别，不存在分布区完全相同的两类森林，从横向来看，它们在大地分布上似乎是杂乱的。但是在一定的地段上，某些类型错杂出现；而在另一地段上，却又为其他一些类型所占据，呈现井然有序，因此，在研究各地森林类型及其组合的异同性，可将大地上的森林进行分区划片。其目的在于从森林地理区探索森林类型分布组合规律及其与环境之间相互关系，以及各级森林地理区在空间变化的生态序列的规律性。为因地制宜合理利用与培育各地的森林资源，为提高森林的生物生产力以及生态经济效益，制订各种技术措施提供科学依据。因此森林分区在理论上和生产实践上都有重要意义。

第一节　森林分区的原则和依据

森林分区是以森林分类为基础的，需要有森林类型（分布）图才便于进行，每个森林分区单位是反映一定地段所有森林类型分布及其组合规律的特殊性，而不同于其他区，这是由所在的地理位置及综合自然条件决定的，它在空间是连续完整的，不会重复出现，而每个森林类型分布区在大地上通常是分散的，可在隔离的地段重复出现，当然也有根据它外围的分布点，用封闭式的线条来表达它的分布区；但实际上在此种分布区内，由于生境差异的复杂以及该类森林生态幅的局限，并不能适生于所有的地段，而被分割为若干不连续的分布区。

① 执笔人：李治基

从上叙述可知，森林分区的原则，是基于森林的地理分布规律性。由于地理位置及地貌特点，大气候的水热条件结合的差异，森林地理分布的三向（纬向、经向及垂直）地带性是明显的，垂直地带从属于水平地带，因此对于森林分区，首先着眼于水平地带性的原则，而不应将垂直地带性相等同。当然不应排斥垂直地带在鉴别水平带归属的作用，即特别是在基带典型的森林遭受严重破坏的情况下，因为不同的水平地带具有其独特的垂直带谱。其次由于地质、地貌、土壤、局部气候以及水文等的变化，影响森林地理区的分异，这是非地带性的，是较低级分区的基础。广西境内，分布着大面积的喀斯特地层和红壤系列上的不同森林，有喜钙或适钙植物组成特殊的非地带类型；但毕竟要受到地带性大气候的影响，而表现出地带性的特征。例如从南到北，由石灰岩季雨林经由季雨林化常绿落叶阔叶混交林过渡为常绿落叶阔叶混交林。广西复杂的地貌，对森林地理分布给予深刻的影响，在有良好屏障以削弱寒潮侵入的地段往往出现较南的地带类型，如有些热带林可沿着有利地形北上至桂西北南盘江一带河谷，这和当地反映大气候的南亚热带类型是不相称的，很明显属于非地带的性质。位于十万大山背风面明江、左江谷地，在半干燥炎热的气候作用下，分布着落叶季雨林或散树草原，和西部热带一些类型相似，这也是局部的非地带性现象。森林地理分布常呈现地带性与非地带性相交织，从而使一个地区森林类型的复杂化，在区划时必须处理好其间的关系。

原则只是涉及分区的基础理论，当进行分区时，还须有具体的标志作依据。森林分区一般只能依据森林本身的标志，按照前述分区的概念，主要是依据森林类型。但各级森林分区单位的指标不同，应依据相应的、典型的、优势的、特有的森林分类单位及其有规律的组合，区分高级单位以反映水平地带性的植被型（生态外貌型）为主要依据；区分较低级单位就要依据植被型以下的分类单位。由于第1分区单位中生境复杂多样，因此不论是高级单位或低级单位，在一般情况下所依据的是一系列的类型组合，并根据其中优势的、典型的、特有的类型以确定该森林地理区的基本性质及其在分区系统中的归属。例如划分出热带雨林、季雨林带，就包括季雨林、湿润雨林、热带针叶林、热带竹林、红树林以及垂直带谱的结构；其中桂西南林区以石灰岩季雨林中占优势的蚬木林，还有肥牛树林、东京桐林、顶果木林以及其他类型，均属于当地所特有，与广西东南林区迥然不同，虽然局部山地也出现少数相似的类型。划分出广西西北林区并将它归入常绿阔叶林带西部亚带的季雨林化常绿阔叶林地带，是由于当地在半干燥的气候作用下，出现大面积的落叶栎林以及细叶云南松林、高山栲林、黄毛青冈林、滇青冈、小化香林等一系列西部类型。森林地理区是森林在综合生态因素作用下形成的，运用这些因素来分析每个地理区森林分布的组合以认识该地理区的本质、来由是重要的，但不能以成因来代替森林分区的标志。

原生林是在当地自然条件作用下，长期历史发展的产物，最富有代表性，是应该首先着重考虑的对象；而广西境内原生林多已破坏，占优势的为次生天然林或半天然林。这些森林类型的建群种，有的生态幅窄，局限于某一地带或某一林区；但较多的建群种具有广生态幅，跨带分布，如栓皮栎、麻栎等落叶栎类林，从温带一直分布到南亚热带以至北热带，在广西西北山原西部为优势的类型，但在当地，灌木层以喜暖的常绿的亚热带成分如米饭花、南烛、糙叶水锦树、毛庭藤等组成，并混生有红荷木、毛枝青冈、黄毛青冈等常绿阔叶树，不同于温带类型，而打上亚热带落叶阔叶林的烙印。马尾松林从亚热带分布到北热带，就广西境内来说，松林下除铁芒萁占有重要地位外，在中亚热带内灌草层主要为映山红、檵木、柃木、剑叶南烛（*Lyonia ovalifolia* var. *lanceolata*）等占优势；在北热带内则为桃金娘、岗松、余甘子、鹧鸪草占优势，并多肖婆麻（硬毛山芝麻）、细叶谷木、假轮叶厚皮香（*Ternstroemia pseudoverticillata*）、大砂叶等热带成分；在南亚热带占优势的既有檵木、剑叶南烛，也有桃金娘、余甘子错杂其间。这些次生林类型随着地带性的变化如此鲜明，作为分区的依据是可靠的。

广西境内不少地方的森林遭受反复破坏，植被已退化为灌草丛，自有它们的地带性的类型，从南到北，红壤系列上的灌草丛的变化往往和松林下的灌草层是一致的。在石灰岩地区，右江谷地以南，低峰林上常分布着剑叶龙血树为标志的，假鹰爪、假老虎簕藤刺灌丛；到了季雨林化常绿阔叶林地带，则为小叶柿、灰毛浆果楝、羽叶金合欢藤刺灌丛；及至常绿阔叶林地带，常见小果蔷薇、火棘、龙须藤刺灌丛，因此藉助于灌草丛的分异，可进行区划，其实它们是森林逆行演替的相应类型。

人工林和果园，虽然人为因素起着重大的作用，但它们的存在、生长发育、产量质量终究要受到自然条件的制约，如核桃在广西主产于雨量较少、干湿季交迭明显的桂西北高寒山区，引种至广西中部、广西南部低平地方，往往不能完成发育周期或结实龄大为推迟且产量低。油茶林在南部为大果茶，中部为中果茶，北部山地为小果茶。杉木林主产于中亚热带，向南移便出现早熟早衰，在南亚热带山区尚有较多栽培，南部山地少有种植，早年连年生长尚迅速，以后则急剧下降，一般只能培育中小径材，在低平地方难以成林成材。木菠萝、香蕉、杧果等多种热带果树主要局限于南部，在南亚热带见于南部较暖的小环境或须防寒越冬；较耐寒的龙眼、芭蕉尚偶见于中亚热带的南缘，但果小质差已无商品经营的价值。亚热带的果树则以柑橘类占优势。诸如此类，不胜枚举，反映出它们的地带性分异，可作为分区的依据。植物与环境是统一体，每种植物的地理分布现象，都反映着所在环境的一定特点，尤其是那些对某一生态因素适应幅窄的属种，指示作用尤为鲜明，因此对那些能反映现代自然条件的植物区系的地理分布，作为分区的标志也是重要的[1,2]。

总之，森林分区的依据是多方面的，在区划时应综合各项指标进行考虑[1,3]，判断一定地段在区划系统的归属。过去在广西进行热带作物宜林地考察，曾以橡胶安全越冬线作为热带北界，对于橡胶发展不无一定的参考意义，但作为森林或植被区划，单一指标有极大的片面性，更何况橡胶是赤道无风带雨林成分，作为划分热带北界的指标也是欠当的。

第二节　森林分区的单位与系统

森林分区采用三级制，包括森林带、森林地带、森林区等高中级单位，每单位还分设亚级，作为同级的补充单位。至于低级单位如森林地区、小区等暂不涉及。

第一级　森林带（区域）　森林带划分依据是反映森林水平地带性的植被型。广西森林区域由南到北呈纬向的带状递变，此种现象决定于以热量为主导的、水热条件结合状况的不同，分为两个带：雨林季雨林带和常绿阔叶林带。

在我国一些森林带内，森林水平地理分布还表现在经向的分异、反映在典型的植被型结合、植物区系成分都有差别。这决定于以降水为主导的，水热条件结合的状况不同，实际上起因于距海远近或气旋通道的作用，使降水量总的趋向由东向西而递减，水热系数递降，干湿季交替逐渐分明；虽然，由于地貌的影响，其中呈现波状起伏。从而使植被型及其区系成分在一定地段由量变转向质变而表现出明显的分异。在分区上用森林亚带（亚区域）来表示，为带一级的补充单位。在广西境内，亚带的划分出现在常绿阔叶林带（其实仅见于南亚热带），分为东、西部两个亚带；至于雨林季雨林带则全属东部亚区域。

第二级　森林地带　森林带或亚带的幅员辽阔，反映在森林地理分布上，仍可出现水平地带性的分异，表现在植被亚型（或植被型）以及区系成分的不同，而划分为地带。广西境内，此种分异反映在所处纬度的差异，因此地带的分布，是沿着纬向排列的。其中常绿阔叶林带分为两个地带——季雨林化常绿阔叶林地带（相当于南亚热带位置）和典型常绿阔叶林地带（中亚热带）。雨林季雨林带只有北部一个地带（北热带）[2,4]。

第三级　森林区　在森林地带内划分森林区的依据是建群种型（或建群种型组）及其组合的分异，这主要是由地貌制约着的地方性大气候或地体的基质、水分状况的不同所决定的。广西每一地带可分为2～3个林区，全区共有7个林区。

广西境内颇大部分处在热带与亚热带过渡地方，如何划分，意见纷纭，有的将过渡地方独立成半热带而与热带与亚热带并列；有的则将半热带归入热带内。有的认为广西不存在热带，将南部和中部均作为南亚热带处理而分为南北两个部分。有的将过渡地方的一部分划为热带（包括准热带、北热带），但北界（与亚热带分界线）的位置出入颇大，有的方案将热带局限于沿海狭窄地方；有的所谓以橡胶安全越冬线为界而稍北；有的则北上至浔江谷地一带。由于各学科的研究对象不同，区划的原则、依据各异；即使同一学科因各人甚至同一个人前后所定的具体指标不同或所掌握的资料情况有出入，意见分歧是很自然的。从森林或植被的地理分布看来，在过渡的一定地段内，热带类型与南亚热带类型错综出现，特别是在地貌的作用下，愈使现象复杂化。因此，必须根据综合指标，作为判断这些类型间的主从关系，以及是地带性的还是非地带性的局部现象，从而将热带色彩浓厚属于地带性的地段划归北热带；相反则纳入南亚热带，至于具体界线[①]将在分区各论中说明。

各级分区界线最好能保持大地貌的完整性是便于应用；但毕竟和地貌区划不同，森林分区是着眼于各级森林类型及其组合的情况作出决定，对于保持地貌完整性的问题，便须根据具体情况，具体分析作出处理。北热带的北界基本上保持地貌的完整；而南亚热带的北界通过犁头山及大瑶山的山顶，不能保持这些山地的完整；因为南坡基带属于季雨林化常绿阔叶林系列，而北坡则属于常绿阔叶林系列，且大瑶山虽高，南坡缺乏山地常绿落叶阔叶混交林，但北坡则出现这一类型，垂直带谱也不相同，又如华夏走向的十万大山，是桂东南与桂西南的“分水岭”，迎风面与背风面的水分条件差异悬殊，东南坡基带属于常绿季雨林（季节性雨林）或雨林，西北坡则为落叶或半常绿季雨林，也不能以山脊线为界，因为山峰一般海拔约 1 000m 以上，最高峰也只有 1 400m 以上，受海洋季风影响所形成的地形雨也在一定范围内影响到背风坡，在中山山体范围内，两个坡面的森林类型是相似的，因此两林区的分界线以该山体中山西缘为界。广西西北山原自岑王岭及其以东主要属于亚热带东部湿润森林系列，以西属于亚热带西部半干燥半湿润森林系列，分界线主要在田林老山西缘（也就是广西西北山原西部林区的东界），也不能保持山原的完整。广西东部林区与广西中部林区的界线则出现在广西弧东翼山地的西缘，而保持大瑶山南段以及大平山、莲花山、镇龙山等山体的完整，因为两区的差异主要是嫌钙与喜钙森林类型各占优势。

在自然界中，一般说来除了特殊的地貌或土壤等因素外，线条式的界线是找不到的，大多数表现或宽或窄的过渡带，问题是力求将界线划在最适当的地方。

关于分区单位命名法如下：

森林带

热量带＋地带性植被型＋带

森林亚带

部位及湿润度＋地带性植被型＋亚带

森林地带

热量地带＋地带性植被亚型＋地带

森林区

地理位置＋主要的大地貌＋典型的或优势的建群种型＋区

（按马尾松林在多数林区都占优势，除以它为重点发展的林区外，一般不用它命名）。

根据上述的分区原则及单位，并参考广西历次有关植被区划文献及《中国植被》，现将广西森林分区系统排列如下：

Ⅰ. 亚热带常绿阔叶林带

ⅠA. 东部湿润常绿阔叶林亚带

ⅠA_1. 中亚热带常绿阔叶林地带

---

① 该界线于1977年供《中国植被》编写的参考并被采纳

ⅠA_{1a}. 桂东北山地栲树林杉木林毛竹林区

ⅠA_{1b}. 桂北石山山地青冈鹅耳枥林栲类林杉木林区

ⅠA_2. 南亚热带季雨林化常绿阔叶林地带

ⅠA_{2a}. 桂东山地丘陵刺栲林厚壳桂林马尾松林区

ⅠA_{2b}. 桂中石灰岩石山青冈栎仪花青檀林区

ⅠB. 西部半湿润常绿阔叶林亚带

ⅠB_2. 南亚热带季雨林化常绿阔叶林地带

ⅠB_{2a}. 桂西北山原西部落叶栎类林细叶云南松林区

Ⅱ. 热带雨林季雨林带

ⅡA. 东部偏湿性雨林季雨林亚带

ⅡA_1. 北热带季雨林地带

ⅡA_{1a}. 桂东南丘陵滨海平原榄类林红鳞蒲桃林红树林区

ⅡA_{1b}. 桂西南石山山地丘陵蚬木林八角林区

广西地跨两个森林纬度带，但在各带内领域狭窄，按我国热带约分三个地带；而广西仅处在北热带的北部、南亚热带、中亚热带的南缘等部分地方。经度带虽也出现东部和西部两个亚带，广西境内只南亚热带西段伸入西部。下面进行分区各论，即按林带分章、地带分节，而根据上述情况，为了简便，林带从略，径从地带论述；再则南亚热带的东部和西部也合在一地带内，不分别经度亚带叙述。

第十二章

亚热带常绿阔叶林带

第一节　中亚热带典型常绿阔叶林地带①

本地带属于我国东部中亚热带南部的一部分。北界在广西境外，北面及东面与贵州、湖南、广东相接，南界和西界为与南亚热带季雨林化常绿阔叶林地带的分界线一致，即东起贺州信都、沿大桂山南坡、蒙山及昭平南，越过大瑶山圣堂顶，然后上柳州、龙江谷地北缘到河池凤凰山南（长老、拉磨、吾隘）天峨，沿红水河入贵州。

地貌以中山山地为主，北有越城岭、八十里大南山、天平山等呈华夏走向；以西转为西域式走向，有大苗山、九万大山；这些山地地层古老，前震旦纪变质岩为其特征。广西东北有海洋山、都庞岭、萌渚岭以及广西弧东翼大瑶山圣堂顶以北山地，地层也较老，以前泥盆纪浅变质岩为核心。只有地带的西侧，三堡至三匹虎一带地层较新，主要由三叠纪地层构成。在地史上，本地带岩浆活动强烈，在广西北部及广西东北部各山地往往露大面积花岗岩[4]。地势高耸，山体海拔高一般 1 000～1 500m 以上，最高 2 000m 左右，其中越城岭猫儿山 2 141m，为广西第一峰。此外，喀斯特地貌也颇发达，较集中于龙江河谷以北的环江、罗城以及湘漓谷地，在环江北部为高峰丛石山，向南降低为 500m 左右的峰林石山；而在湘漓谷地溶蚀强烈，多为低峰林石山、孤峰残丘，海拔 350m 以下，其间有较宽的台地平原[5]。主要河流有湘江、漓江、贺江、融江，除湘江汇入洞庭湖外，余均南流，为西江水系。

本地带东部及北部有中山山地作屏障，但其间有三大缺口，且东半部华夏式走向的山脉，便于冷空气的入侵，河谷成为寒流南下的通道，其中以湘漓谷地一支尤为强烈，成为广西最冷的地方，当然也与纬度偏北不无关系；而这一通道却也有利于海洋季风的北上，因

---

①　执笔人：李治基

此雨量丰富，且冬春间常为冷暖气团交绥之地，多阴雨天气，旱象不显著。据广西气象资料记载，低平地方的年平均温度为18～20℃，最热7月，平均气温为27.3～28.7℃；最冷1月，平均气温为6.4～9.7℃，南缘个别县份可达10℃；一般有1～3个月冬季，出现在12月～次年2月，5～9月为夏季，共5个月。累年极端最高气温为38～40℃以上，历年极端最低气温为－3～－6.5℃，除南缘个别县外，每年均出现负值，冬季普遍发生静水结冰现象，并有降雪。霜期较长，历年平均初终间日数40～70天。日平均温度稳定10℃以上的日数为250～290天，生长期较短，年积温为5 500～6 500℃以上。年降水量1 400～2 000mm，以东半部的迎风面最多，自融江以西则减少，一年中分配不匀，多集中3（4）～8（9）月，东部雨季长达6（7）个月，多数地方不出现＜50mm的少雨月，冬季小雨日也较多，西半部雨季为5个月，少雨月为3个月。因此东半部干湿季交替不大显著，而西半部较为分明。年蒸发量1 400～1 800mm左右，一般少于或稍大于降水量。年平均相对湿度为75%～81%[6]。东半部除少数背风区外水热系数在2.1以上，属于湿润以至潮湿的气候类型，西半部水热系数多在1.8～2.0，属于半湿润区。随着海拔的增高，温度递减，而降水量在一定高程内则递增，超过雾层又复递减，海拔高267m的龙胜城，年平均气温为18.1℃[6]，年降水量为1 571mm，相对湿度80%；而大南山西江坪海拔1 020m，年平均气温为14.7℃，年降水量2 054mm，相对湿度为89%；猫儿山山顶，年平均气温约7℃，而兴安城海拔224m，年平均气温为17.8℃，此种差异导致森林出现垂直带的变化。

成土母岩多样，加以中山山地随着海拔的增高，生物气候的变化，影响土壤分异的复杂化；但大体上分为两个系列，其一为红壤系列[7]，发育在非喀斯特化层上，在中亚热带生物气候作用下，地带性的土壤为红壤，分布于台地、丘陵以及低山约海拔700～800m以下，随着地势的增高过渡为山地黄壤以至黄棕壤，后者的下界为1 300～1 400m，中山山顶山脊为山地矮林草甸土，此外在一些断陷的积水的谷盆，出现山地沼泽土，这些土类全剖面均为酸性反应，pH值4.0～6.0；其二为岩性土系列，发育在喀斯特化层构成的石山，土壤主要堆积在山麓坡地以及圆洼地的底部，石峰上甚少土壤，散布于溶沟、溶穴及岩缝石隙间，主要为棕色石灰土，富含钙质，常有CO_2反应，中性至微碱性，pH7.0～8.0，在森林长期作用下，则为淋溶石灰土，pH值可低至6.0。值得注意的是本地带分布着石炭系岩关阶、大塘阶不纯灰岩地层，局部夹有砂岩及页岩，这些岩层出露处，土壤覆盖率较大，土层较厚，但却属于酸性土，从铁芒萁、狗脊、柃木等酸性土指示植物的出现，易于判明。[8]。

植物区系起源古老，就组成森林的乔木成分来说，银杏科的化石多见于侏罗纪地层中，紫杉科、罗汉松科、松科以及被子植物的壳斗科、木兰科、樟科、杜鹃花科等在白垩纪已经发展起来，山茶科、金缕梅科、安息香科在第三纪早期即已发生。而第四纪冰川在当地只是在局部中山出现，影响不大，因此多古老的残遗种，如银杏、银杉、鹅掌楸都是世界闻名的古代孑遗种，其他如香花木、钟萼木（*Bretschneidera sinensis*）、华南铁杉（*Tsuga chinensis* var. *tchekiangensis*）、长苞铁杉等，不胜枚举，近年发现的资源冷杉、元宝山冷杉为我国纬度偏南而海拔又最低的冷杉属植物。上列针叶树的残遗种均分布于中山上，气候冷凉潮湿，银杉则能适应陡壁恶劣的石隙生境。多数残遗种繁殖能力衰退，在阔叶林下，往往天然更新不良，竞争能力弱，濒于绝灭状态。

本地带主要属于泛北极植物区，中国—日本植物亚区、中国南部亚热带湿润森林植物区系。在广西境内，本地带主要为华东地区及中南地区植物区系。[9]据统计猫儿山515种木本植物中，绝大多数种类属于我国亚热带分布区类型占71.7%，其次为东亚分布类型占15.3%，其中以中国—日本成分较多，占12.4%，其余为中国—喜马拉雅成分，再次为热带分布区类型，占12.2%。至于北温带分布区类型最少，仅0.8%。如将所有亚热带性质的分布类型加在一起，共达87%，毫无疑问，当地的植物区系属典型的亚热带性质。又据统计大南山南坡里骆林区，共有27个热带种[10]，却缺乏严格的热带种，这些科一般在热带的属种繁多，但在当地只有较耐寒向北分布较远的个别或极少数的属种，如桃金娘科的100属3 000种，当地仅有桃金娘属的桃金娘及蒲桃属共3种；番荔树科仅有凹叶瓜馥木（*Fissistgma retusum*）一种藤本植物；山竹子科只有山竹子，至于大风子科则仅见产于亚热带的山桐子而已，上述两地的热带种类，大都属于偶见种，生长在河谷或下坡、沟谷较暖的地形，种群数量稀少，在群落中的地位是微不足道的。

组成本地带天然阔叶林的成分，就各科的种数特别是在森林群落中的地位看来，以壳斗科、山茶科、樟科为最重要，其次为木兰科、安息香科、金缕梅科、杜鹃花科、冬青科、山矾科等，是森林的建群或优势成分。

本地带森林类型繁多，但主要属于中亚热带的性质。随着海拔增高而发生垂直地带性的变化；另一方面由于基质不同，森林类型显然有别；再则水热条件的结合，自东向西的分异，也导致森林的区系成分以及类型组合上也发生一定的差别。地带性的森林为典型常绿阔叶林，建群成分以栲属为最主要，其他还有荷木属、润楠属、石栎属、蕈树属、单性木兰属、含笑属、大头茶属、五列木属等。而在屏障良好的低海拔沟谷区，则可有南亚热带季雨林化常绿阔叶林的分布，其间虽出现一些热带成分，但不参与建群，季雨林或雨林至此已普遍绝迹。海拔1 300m以上，进入山地常绿落叶阔叶林带，森林的建群种中，常绿阔叶树主要属于栲属及青冈属中较耐寒的种类；其次为石栎属、木莲属；落叶阔叶树主要为水青冈属，其他还有枫香属、白辛树属，此外落叶槭类不论种类和种群数量也不少，有时参与建群。此外，前述的几种残遗针叶树种，常形成中山针叶林或针阔叶混交林，但零星小片镶嵌于常绿落叶阔叶混交林中。在山顶山脊上则分布着苔藓矮曲林，常以杜鹃花属植物为建群种，而随着海拔的增高，吊钟花属也占有较重要的地位，树木的干枝甚至叶片密布有苔藓植物，地被物中苔藓也很发达；但超越雾层，如猫儿山海拔1 800m以上，苔藓植物不论在树体或地表都明显减少，反映出降水与大气湿度的降低。次生天然阔叶林的建群种一般为落叶阔叶树如枫香属、拟赤杨属、桦木属、栎树属；后者主要分布于融江以西，那里还常见桤木属、杨属组成的森林，与东半部显然不同。在河岸滩上常见的有枫杨、乌桕、河柳等。虽然零星小片，但分布普遍。而在典型常绿阔叶林带范围内，人工林大都分布在海拔1 000m以下，大面积的用材林有马尾松林、杉木林和竹林，生势旺盛。当地是这些用材在广西的主产区之一。竹林以散生型的毛竹为主，丛生竹林稀栽于河谷。经济林主要为油茶，在丘陵区为中果茶，山地为小果茶；油桐也占有较重要的地位，绝大多数为三年桐；此外还有银杏、厚朴等。

峰丛峰林上，典型的森林为石山常绿落叶阔叶混交林，但很少残存，一般零星小片分布于村后山，是作为防护林专门保留下来的；只在人迹罕到的西北边缘峰丛石山区如环江县的北缘还有较大片的森林。建群种属于青冈属，栎属、鱼骨木属、化香属、黄梨木属，西半部还有鹅耳枥属、榉树属，其他榆科植物也占有较重要的地位。次生林星散少见，多由上述落叶树种以及针叶树的柏木、黄枝油杉分别建群。人工竹林稀少，较常见有吊丝竹，分布于山麓及坡积土部位。

果园以亚热带的常绿柑橘类为代表，温带性的落叶果园主要有板栗、柿子，这些果园多集中在东半部。至于桃、李、梅等多散生于宅畔村旁。典型的热带果类已绝迹，仅较耐寒的龙眼、芭蕉在南缘偶有栽培。由于水热条件结合以及地貌不同，本地带森林组合在东、西部之间是有差别的，西半部有向亚热带西部常绿阔叶林带过渡的倾向，因此可分为两个林区。

1. 桂北石山山地青冈小化香林栲类林杉木林区①

本区位于广西的北部，东为桂东北林区，南为地带界，西和北均与贵州省邻接，包括柳州和河池地区的北部，总面积约 30 049.2km²。

本区北部为黔中高原的边缘斜坡地带，南部为广西弧内喀斯特北延部分。地势北高南低。东部为雷公山、大苗山和九万山等中山山地，前震旦系变质岩为主，遍布板岩，千枚岩、变质砂岩，其次为下古生代砂页岩，并有多种火成岩出露，大片分布的为加里东期黑云母花岗岩。一般山峰高度多在海拔 1 100m 以上，最高峰元宝山海拔 2 081m，为广西第三高峰。由于河流深切，山高谷低，相对高差 800～1 700m。其余地区的岩层主要为泥盆系至三叠系灰岩，间有三叠系砂页岩穿插其间，以天峨、南丹一带面积较大，石山以峰丛、峰林石山为主。而在西缘则多砂页岩山地，顶峰面多在海拔 1 000m 左右，最高峰三匹虎，达 1 372m。南部主要为低峰林石山，海拔高 500～700m，并有砂页岩丘陵错杂分布。东南缘为龙江、融江、洛清江等河流下游，地形开朗，地势低矮，为丘陵孤峰石山残丘平原，平地海拔 100m 左右。

本区也是广西热量最低的一个区，低平地区的年平均气温 18～20℃，最冷月平均气温 8～10℃，历年极端最低气温平均值－0.5～－0.3℃，极值－5.5～－3.0℃，积温 5 700～6 200℃。海拔较高的地方温度还低，如南丹城海拔 697m，年平均温度只有 17℃，积温 5 300℃。本区北部中山高耸，迎风面雨量多，融水、融安位于融江谷地，为东南季风北上通道，年降水量达 1 800～1 900mm；自此以西即递减，南丹只有 1 500mm，水热系数仍在 2.4 以上，气候湿润。南部地势低，地处广西弧的背风面，年降水量为 1 300～1 500mm；水热

① 执笔人：苏宗明，莫新礼

系数在 2.0 以下，属于半湿润区。雨季 5 个月（4 至 8 月），旱季一般 3～5 个月，出现在 11 月～次年 3 月。和同地带的桂东北林区相比，本区雨量偏少，干、湿季已较明显。

本区红壤分布于海拔 600～700m 以下的范围，海拔 600（或 700m）～1 400m 的地区过渡为黄壤，海拔 1 400m 以上过渡为黄棕壤。石山地区主要为棕色石灰土。

本区邻接西部亚热带，除东北部外，雨量偏少，且自东往西，干湿季逐渐明显，有向西部过渡的倾向。反映在森林的组成含有不少的西部成分，甚至某些西部的类型也东延至本区，表现出与同地带的桂东北林区差别之处。本区比较成片而又保存较好的原生性天然林主要分布在东北部九万山和元宝山，次为西部的凤凰山三匹虎和天峨县大山林区。地带性的常绿阔叶林，代表性类型为栲树林、细枝栲林、甜槠林、罗浮栲和荷木林（海拔较高处为银荷木林）。新近在罗城县和环江县发现的单性木兰林分在本林区。与桂东北林区不同，贵州毛栲林，以及西部典型的丝栗林这里也属常见，且森林组成中还多天峨槭（*Acer wangchii*）、苗山槭（*Acer miaoshanicum*）、贵州泡花树（*Meliosma henryi*）、川桂、短序润楠、窄叶蚊母树、鳞毛蚊母树（*Distylium elaeagnoides*）、大叶蚊母树（*D. macrophyllum*）、云南木瓜红（*Rehderodendron tsiangii*）等西部或本地特有种类。本区山脉为西北—东南走向，受寒潮影响较桂东北为轻，某些季雨林化常绿阔叶林，如刺栲林沿着低山沟谷可北上到三江附近。在泗涧山一带屏障优越的地段，粘木（*Ixonanthes chinensis*）可成为局部次优势种，沟谷颇多散生的鸡毛松。海拔 1 300m 以上的地区，过渡为中山常绿落叶阔叶混交林和中山针阔叶混交林，前者典型落叶树为水青冈类，既有常见的水青冈、光叶水青冈（*Fagus lucida*），还有西部的云南水青冈（*Fagus longipetiolata* f. *yunnanica*），它们和缺萼枫香、云山青冈、铁锥栲组成森林的共建种；后者常见为铁杉针阔叶混交林，此外，元宝山有元宝山冷杉针阔叶混交林，与桂东北林区的资源冷杉针阔混交林同为广西近年发现的冷杉属植物。海拔 1 300m 以上的山顶和山脊有杜鹃矮林的分布。次生林以马尾松林和各种落叶阔叶林为常见。马尾松林遍及各县，以东南角柳城和鹿寨一带丘陵最多，共占松林面积 50%以上。以铁芒萁－映山红＋檵木＋乌饭树－马尾松林为代表，在南部桃金娘成为灌木层的共优势种。此外，三江县有小面积的海南五针松林；天峨县西北部背风面的河谷，还有亚热带西部的细叶云南松林，成为它分布的东端。落叶阔叶林多零星小片的光皮桦林、枫香林、拟赤杨林，而较大面积分布的为栓皮栎和麻栎林，自环江以西，随着干湿季的明显而增多，在西缘河谷区成为优势的森林群落，在北缘背风的柳江河谷也颇常见。此外，天峨、南丹一带山地时而出现小片的蒙自桤木林。三江还有小片的响叶杨林。

石灰岩山地的森林保存更少，从残存的林分看，本区石灰岩山地原生性森林是由青冈栎、千金榆、小化香、小叶榉组成的常绿、落叶阔叶混交林。次生林常见为青檀、朴树、榔榆、小化香等落叶阔叶林，石山上的针叶林也有小片零星的分布，如广东松林、黄枝油杉林和短叶黄杉林，以及近年在环江木伦林区发现的翠柏（*Calocedrus macrolepis*）林。

人工用材林以杉木林和毛竹林为主，面积虽不及桂东北林区，也是广西的重要产地，生长迅速，并不亚于前区。但分布不均衡，绝大部分集中于东北部山地的融水、融安、三江三县（表 12-1）。此外，南丹县的山口一带也有较大面积连片的杉木林。总之，在本区杉木主要分布在气候温凉、湿润以至潮湿的山地；至于其它地区或因石灰岩地层，或因气候较为燥热，限制或影响它的生长，少有栽培。

表 12-1　融水三县森林资源一览表

县名	杉木林*		毛竹林		小果油茶林	
	面积（万 hm^2）	占林区杉林面积（%）	面积（万 hm^2）	占林区毛竹面积（%）	面积（万 hm^2）	占林区油茶林面积（%）
融水	6.45	54.7	0.56	35.7	0.55	8.8
融安	1.68	14.2	0.37	23.5	1.11	16.9
三江	2.07	17.6	0.29	18.1	3.75	57.2
合计	10.20	86.5	1.22	77.3	5.41	82.9

人工经济林以小果油茶林为主，占经济林总面积的 84.5%，是广西的主要产区之一。各县均有分布，但以东北部的三江县最多，次为融安和融水，3 地合计共占本区油茶林总面积的 80%以上（表 12-1）。面积不大，零星分布的经济林还有三年桐林和板栗林；此外，在融水三江门还有小片的八角林，但春糙果因冬季寒害不能发育成熟而失收。果类以柑、橙、柚为主，产量不如桂东北林区。融安是广西金橘的主产区之一。

本区虽然山地连绵，但长期以来人为干扰（滥伐、垦殖、火烧），森林（特别是原生林）保存很少，覆盖率 19.5%，还低于广西的平均水平，大面积的山地丘陵植被已退化为灌草丛，其中以白茅、金茅、野古草、五节芒等禾草丛为常见，其次铁芒萁草丛和蕨草丛。灌丛主要由白栎、映山红、檵木、乌饭树灌丛组成，东南部还有桃金娘成为灌丛的共优势种，融水南部和睦一带偶有岗松灌丛分布，成为该类型分布最北的地方。石灰岩石山森林经受破坏后，环境急剧恶化，森林恢复较为困难，目前各种各样的藤刺灌丛成为绝对的优势植被类型，主要由荆条、火把果、小果蔷薇、竹叶椒、龙须藤、檵木、红背山麻杆组成。草丛也较常见，尤其蕨草丛在邻接贵州的地区，有大面积成片的分布，其他的还有扭黄茅、类芦草丛。

本区连人工林在内森林面积不足 60 万 hm^2，是广西森林覆盖率最低的林区之一，但蓄积量尚大，且人工用材林和经济林在广西占有一定的比重（表 12-2）。生物资源的种类也很丰富，属于国家保护的稀有珍贵树种有白豆杉、南方红豆杉、穗花杉（*Amentotaxus argotaenia*）、小叶红豆、马褂木（鹅掌楸）、南桦木、香果树、银鹊树（*Tapiscia sinensis*）、青钱柳（*Cyclocarya paliurus*）、马尾树、元宝山冷杉等。其他值得发展的珍贵、速生、优良用材树种还不少。重要的林副产品有香菇、松脂、玉兰片（笋干）和生漆。经济植物除上述栽培之外，香料植物有灵香草、木姜子；野果有多种猕猴桃、尖嘴林檎（*Malus melliana*）、山楂；药用植物有罗汉果、黄连、黄柏、卢山厚朴、野三七、天花粉、川芎等，种类不亚于桂东北林区。动物资源方面，珍贵禽类有白颈长尾雉、红腹角雉、黄腹角雉、白鹇、金鸡等；重要的兽类有猕猴、熊猴、短尾猴、松鼠、鼬獾、毛冠鹿、黑麂、林麝、水鹿、黑熊等。两栖类的辣蛙类种类丰富，爬行类的大鲵也有分布。

表 12-2　桂北林区森林资源一览表　　单位：万亩

森林总面积	覆盖率（%）	森林总蓄积（万 m³）	其中														灌丛		荒山宜林地	
			杂木林		马尾松林		杉木林		云南松林		栎类林		竹林		经济林		面积	（%）	面积	（%）
			面积	（%）	面积	（%）	面积	（%）	面积	（%）	面积	（%）	面积	（%）	面积	（%）				
58.69	19.5	2 777.32	19.65	33.5	15.35	26.2	11.79	20.1	0.12	0.2	2.38	4.1	1.58	2.7	7.75	13.2	15.69	5.2	147.63	49.1

注：1. 云南松为其变种细叶云南松；

2. 林种的%指占森林总面积的%；

3. 灌丛、草丛（或宜林荒山）的%指占林区总面积的%

本区水热条件尚较优越，但南部雨量偏少，西部旱季偏长，广大的石灰岩荒山绿化也较困难，但本区宜林荒山占总面积 49%，为发展林业提供了丰富的土地资源。本区山高坡险，融江、龙江、红水河流经本地，经营林业要将提供主副产品与涵养水源结合起来考虑。至于发展亚热带用材林和经济林，应尽可能统筹兼顾选择相应的树种以及作出较合理的布局外，在一些林区，还应建立水源林保护区。这也是本区今后森林发展方向。本区东北部山地，历来是杉木和毛竹、小果油茶的重要产地。在海拔 1 100m 以下，发展用材林仍以杉竹为主，并可向北部山地扩种。但从轮作及涵养水源的需要，也要适量发展各种阔叶树与杉进行带状或块状混交。小果油茶经营方式易引起水土流失，宜选缓坡地小面积分散经营。至于适宜上述山地发展的阔叶树，可考虑栲类、小叶红豆、荷木、广西木莲、木莲、川楝（*Melia toosendan*）、檫树，1 200m 以上，宜选择水青冈类、紫树、银荷木、光皮桦、桂南木莲、马蹄荷、南桦木、香果树。西部河谷区可选择红荷木、小果香椿、红椿、西桦、丝栗。南部丘陵区现有马尾松林宜逐步改造为针阔混交林，荒丘可多发展中果油茶、油桐和板栗。用材林或薪炭林可选择荷木、刺栲、台湾相思、麻栎，瘠薄的土壤上也可用马尾松作先锋树。

广大的石灰岩石山，凡刺灌丛所在且又有残留母树下种或已发生幼树（包括萌生）的地方，认真封山，易于恢复森林。造林可采用优良韧皮及纤维树种构树（叶为猪饲料）、青檀（也提供良材）以及三年桐，慈竹等，材用树种可选柏木、小叶榉、香椿、酸枣，南部还可考虑任豆、海南栲。

果树主要发展柑橘，龙江谷地一带还宜栽培西贡蕉（*Musa sapientum*），局部屏障优越处也可种“河池香蕉”，西部干季明显的山地，800m 以上可种核桃。

本区尚残存原生性森林的山地，如元宝山、泗涧山、九万山和凤凰山宜划为水源林或自然保护区，应设置机构严加管护，并从事造林，凡列为国家保护的动植物应加强保护并试行繁殖。

2. 桂东北山地栲树林杉木林毛竹林区①

本区位于广西的东北部，东接广东和湖南，北靠湖南和贵州，南为地带界，西界到天平山驾桥岭和大瑶山的西缘，包括桂林地区的全部，梧州地区的北部和柳州地区的金秀县北部，总面积约 40 869.6km²。

本区地势北高南低，四周为山地，北部有天平山、八十里大南山、越城岭等大山，地层古老，主要为前震旦系至奥陶系的砂岩和页岩，越城岭则出露大面积的黑云母花岗岩。山峰海拔多在 1 500m 以上，最高峰为猫儿山，海拔 2 142m，为广西第一高峰。东部为都庞、萌渚、花山和海洋山地。岩层为奥陶系、寒武系、泥盆系页岩；并多黑云母花岗岩和花岗闪长岩。山峰海拔一般在 1 300m 以上，海拔近 2 000m 的高峰也不少。南西侧驾桥岭和大瑶山北段山地，这两部分的基岩由寒武系砂岩、页岩，泥盆系紫红色砂岩、砾岩构成。驾桥岭多为海拔 1 000m 以下的低山丘陵，没有超过海拔 1 300m 的山峰；大瑶山较高，为海拔 1 000m 以上中山山地，最高峰圣堂山顶海拔 1 979m。中部及东部一些向斜谷内泥盆系和石碳系灰岩广泛分布，发育成各种类型的喀斯特地形，其中以桂林和阳朔以及漓江两岸发育最完美，并多台地、平原和盆地，如湘漓及桂江上游平原、贺江上游平原，其上常有第四系沉积物堆积，一般海拔 140～160m，石山一般海拔 200～250m。此外尚间杂一些泥盆系、侏罗系砂页岩丘陵。

本区纬度偏北，湘漓谷地及贺江谷地是冷空气入侵通道，故本区是广西热量最低、冬季最冷的一个区。低平地区年平均气温 18～20℃，最冷月（1 月）年平均气温 7～10℃，≥10℃积温 5 600～6 400℃，历年极端最低气温平均值－3.8～－0.2℃，极值－2.1～－6.3℃。山区的气温更低，如资源县城年平均温度只有 16.4℃，积温 5 000℃。本区山体高大，多地形雨，冬春时又常常为冷暖气流交接的地区，年降水量可达 1 900～2 000mm，雨量最少为 1 月，也超过或接近 50mm，旱季不明显，水热系数大于 2.5，属潮湿气候类型。但处于背风面地区，年降水量较少，1 400～1 500mm，水热系数 2.1～2.5，属润湿的气候类型。

本区地带土壤为红壤，海拔 600～1 200m 为山地黄壤，以上过渡为黄棕壤，而在海拔 1 400m 以上的山脊、山顶有亚热带山地草甸土的分布。这几类土壤都发育在酸性基岩上，呈强酸性至酸性反应，pH4.0～6.0。山地的土壤有机质比较丰富，一般含量 5%～6%，高的可达 9%～12%。石灰岩石山上的土壤为石灰土，以棕色石灰土面积最大，黑色石灰土也有小面积分布。这些土壤为中性至微碱性反应，含钙量高，有机质含量达 9%以上。

本区大山林立，不少地方尚存有较大面积原生性天然林，地带性类型为典型常绿阔叶林，分布于海拔 1 300m 以下的地区，主要为栲树林，常见的还有细枝栲林、甜槠林、罗浮栲林、荷木林和大头茶林，海拔 1 100m 以上还有银荷木林，东部山地常见金毛石柯林。此

---

① 执笔人：苏宗明，莫新礼

外，南部山地海拔700m以下屏障良好的环境还有刺栲林等的分布，林中厚壳桂、天料木（*Homalium cochinchinense*）、嘉赐树（*Casearia glomerata*）等成为常见种或共优种，这是南亚热带季雨林化常绿阔叶林向北楔入的类型。

海拔1 300m以上的地区，过渡为中山常绿落叶阔叶混交林和中山针阔混交林。前者常见为缺萼枫香、尾叶甜槠林和水青冈、铁锥栲林，银荷木、木莲、广西木莲和桂南木莲是林中的常见种或共优种；后者常为长苞铁杉或南方铁杉组成混交林的上层优势种。此外，在花坪和大瑶山自然保护区，有世界仅分布于我国的银杉针叶阔叶混交林；资源银竹老山，有广西首次发现的冷杉属植物资源冷杉针阔混交林。另外，竹柏、脉叶罗汉松等扁平针叶树常见，有时甚至形成小片纯林。山脊和山顶常由各种杜鹃组成苔藓矮林。

其实目前本区大面积的森林为次生天然林和人工林，以马尾松林占绝对优势，广布于低山丘陵，林下灌木层和南亚热带不同，以亚热带成分为主，如檵木、映山红、乌饭树、南烛等，反映出松林属于中亚热带针叶林；而在南部则由热带或亚热带成分组成灌木层的共优种，如桃金娘、檵木、乌饭树等，具有向南亚热带针叶林过渡的特点。此外，大瑶山林区还有较大面积的油杉林。次生的落叶阔叶林类型虽然复杂，但多为零星分布。常见的有枫香林，拟赤杨林、光皮桦林、鹅耳枥林，北部的资源还有小面积的江南桤木林。

本区石灰岩石山低矮，石山区人口密度也较大，天然林几乎破坏殆尽，只在村后山作为风水防护林的间有保存。原生性天然林为常绿落叶阔叶混交林，这是一种非地带性的森林。森林组成主要为亚热带种类，与南亚热带石灰岩山地含有热带成分的常绿落叶阔叶混交林不同。石峰中下部土壤比较多的地方，以青冈和黄连木、青檀、黄梨木、朴树为优势种；中上部以铁屎米和铜钱树、山胶木（*Sinosideroxylon pedunculatum*）、圆叶乌桕为主；石峰顶部偶可见以乌冈栎为优势的小片硬叶林，呈矮林状。南部的石山，在屏障优越的地段，仪花、倒吊笔、石山樟、黄葛榕（*Ficus lacor*）等喜热的种类也是林中常见的成分。次生林主要为原常绿落叶阔叶混交林的落叶树组成，如青檀林、朴树林、榔榆林等。针叶林很少出现，偶有小片的黄枝油杉林。

本区人工林比较发达，历史悠久，是广西杉木和毛竹等用材的中心产区，各县都有栽培。杉木林主要分布于各大山的低山部分，一般生长迅速，自此以上随着海拔的增高，特别是上升至中山常绿落叶阔叶林带范围，则生势衰退甚至不能成材；在开朗的丘陵台地，生长也较缓慢。因立地条件的变化复杂，群落类型多样，在低山区一般以地形隐蔽，土壤肥力高的狗脊杉木林生势旺盛，在地形开阔的山顶、山脊水肥条件低劣，为芒萁杉木林所占据，生长不良；而南部丘陵的铁芒萁桃金娘杉木林生长更差。毛竹林也以北部山地以及昭平、贺县一带为多。经济林以小果油茶为主，主要分布于山地；丘陵地仍多中果油茶林。油桐林以三年桐为主，多呈小片分布。此外，棕榈也有零星栽培，以大瑶山一带较多。石灰岩石山很少人工林，而在兴安—全州一带的峰林上，则多柏树林，生长良好，天然下种更新能力强，常可飞籽成林。此外，常见的还有小片吊丝竹林。

本区的果树种类很多，是广西亚热带果类的主要产地，柑、橙、柚、金橘等都很著名。

梨、枣、枇杷、桃、李也不少。此外，阳朔的板栗，兴安的白果，恭城的柿子也很出名。南缘有龙眼、芭蕉，但果小质差，商品价值低。

本区森林覆盖率占 34.6%（表 12-3），并不算低，从各类森林的面积比例看，实际上原生性森林也遭到严重的破坏，虽然本区是广西原生性天然林保存最多的地方。在低山丘陵的采伐迹地上，常为最能适应东部中亚热带湿润气候的先锋树种，特别是马尾松首先侵入形成纯林，如无干扰，则荷木、栲类继而侵入，逐渐发展起来，在老大的松林中，常可见到这些阔叶树在第 2 亚层占据优势，形成过渡性的混交林，最后马尾松被排挤，演进为常绿阔叶林。本区毁林垦荒也有长期的历史，但又有退耕还林的习惯，50 年代以来积极造林，因此本区的人工林也较多；然而如无人为的干预，此类森林也易为当地的阔叶树所更替。这些次生林或人工林破坏后，便退化为灌丛，再经反复的樵采或火烧，便为草丛所取代。大面积的灌丛常为檵木、乌饭、南烛、映山红、细齿柃等组成，南部，桃金娘，甚至岗松也成共优种；北部海拔 900m 以上的地区常见茅栗灌丛。大面积的草丛是禾草草丛，常由白茅、五节芒、金茅、四脉金茅、野古草等组成优势，南部还多纤毛鸭嘴草和毛颖草（*Alloteropsis semialata*）；非禾草草丛主要为芒萁草丛，次为蕨草丛。在中山山地，特别在海拔 1 300m 以上普遍退化为各种竹林（竹丛）及杜鹃、石楠灌丛。主要的竹林（竹丛）有箭竹林、尖尾筱竹林、摆竹林、方竹林；杜鹃、石楠灌丛常见由各种杜鹃，如南华杜鹃、变色杜鹃、红岩杜鹃、细花杜鹃、羊角杜鹃、贵州杜鹃、广东杜鹃等和吊钟花等组成的类型。在石灰岩石山大面积分布的石山藤刺灌丛常为火把果、小果蔷薇、龙须藤、檵木、红背山麻杆等组成的类型。常见的草丛为扭黄茅草丛和类芦草丛。

表 12-3　桂东北林区森林资源一览表　　单位：万亩

森林总面积	覆盖率（%）	其中										灌丛		宜林荒山	
		马尾松林		杉木林		杂木林		经济林		竹林					
		面积	（%）	面积	（%）	面积	（%）	面积	（%）	面积	（%）	面积	（%）	面积	（%）
141.20	34.6	76.16	53.9	14.87	10.5	34.52	24.4	10.20	7.2	5.45	3.9	21.48	5.3	128.84	31.5

注：灌丛、宜林荒山的%指占林区总面积的%

本区木材蓄积量共有 4 942.66 万 m^3，是广西重要的木材生产基地，其中以松材为主依次为杂木、杉木、毛竹，在天然林中，还残存有一定面积的原生性森林，组成复杂，多珍贵优良树种，用途多样，应加以发展。尤其值得注意的是，本区多古老孑遗植物，如银杉、银杏（白果），其他还有长苞铁杉、南方铁杉、广东松、穗花杉、红豆杉、资源冷杉、鹅掌楸、大果木五加（马蹄参）、马尾树、银钟树、陀螺果等，它们的种群数量都很少，处在濒危状态，已列为国家保护植物。本区林副资源非常丰富，除上述栽培的种类外，还有生漆、香菇、笋片、松脂、五倍子、白蜡、灵香草、猕猴桃、锥栗、甜茶、山苍子油等。药材如罗汉果、黄连、紫草、厚朴、黄柏、桔梗、沙参、玉竹等，种类近 100 种以上。至于动物资源方面，珍贵的和经济的种类不少。以猫儿山林区为例，初步调查属于国家二类保护的珍贵动物有毛冠鹿、红腹角雉、黄腹角雉、大鲵等4种；三类保护的珍贵动物有短尾猴、恒河猴、麝、水鹿、鬣羚、大灵猫、小灵猫、金猫、白鹇、金鸡、穿山甲等11种。主要的经济动物有赤鹿、小鹿、鼬獾、环颈雉、勺鸡、鹧鸪、画眉、辣蛙类等。

本区四周环山，中部不少河谷平原台地是农田耕地集中的地方，要处理好山水田的关系，林业在本区占有特别重要的地位。本区地处中亚热带南缘，生长季较长，雨量充沛，且旱季不明显，土壤肥力较高，有利于喜湿润气候的典型亚热带树种生长；山区群众历来有造林习惯，经验丰富，发展林业兼备天时地利人和。本区原为广西重点林区，现在的问题在于如何经营，扩大森林资源，并充分发挥其生态效益。

(1) 天然杂木林特别是原生性森林残存无多，且主要分布于河流源头，多已划为自然保护区和水源林区（表12-4)，应贯彻保护、试验、生产相结合的经营方针（交通方便的猫儿山保护区，还宜部分开放为旅游区)，应加强管理，国家保护的动植物，尤应加注意保护，并进行栽培或饲养以利扩大其种群，免于绝灭。杂木林亦已廖廖无几，应通过天然更新保证青山常在，并扩大其面积。

表12-4 桂东北林区自然保护区和水源林区一览表

名称	有林面积（万 hm^2）	名称	有林面积（万 hm^2）
花坪自然保护区	1.07	千家洞水源林区	0.45
猫儿山自然保护区	1.48	五福宝顶水源林区	0.29
海洋山水源林林区	6.12	寿城水源林区	3.69
银淀山水源林区	1.63	驾桥岭水源林区	4.09
青狮潭水源林区	2.87	姑婆山水源林区	0.46
大瑶山水源林区	8.27	滑水冲水源林区	1.38
西岭水源林区	1.17		

(2) 当前林木生产主要靠松林、杉林、竹林，应进行综合利用，提高木材利用率，松林伐前采脂，应普遍推广。杉木林采伐限于人工更新，实践证明连作的杉林，生长一代不如一代，宜与阔叶树轮作，或营造混交林。纯松林弊端多，采伐时利用保留母树飞籽成林，也应尽可能保留一些阔叶树下种，或者人工植树，改造为混交林。

(3) 宜林灌草丛，宜采用封造结合的办法，恢复森林。现有林面积以针叶林为主，过半是马尾松林，不论是从国民经济对用材多样化以及涵养水源的要求，此种比例是不适当的，今后荒山绿化，用材林应以阔叶树和杉木为主，经济林的比例也应适当提高。至于造林树种的选择，在土山地区，海拔1 000m以下的地方，用材林重点为杉木和毛竹，建立基地；此外，阔叶用材树种也应给予足够的重视，荷木、檫树、栲树、马蹄荷、木莲、广西木莲、广东含笑（*Michelia tsoi*)、广东白兰花（*M. fovealata*)、楠木、泡桐等都是值得发展的树种。经济林着重考虑油茶，宜林地主要选在丘陵区；次为油桐、棕榈。经济植物大力发展罗汉果和灵香草、猕猴桃。海拔 1 200m 以上的地区，用材林可考虑长苞铁杉、南方铁杉、广东松、资源冷杉、水青冈、紫树、长柄荷木（*Schima longipetiolata*）、银荷木、桂南木莲、木莲、广西木莲等。石山地区，吊丝竹、寿竹、香椿、垂柏（*Cupressus funebris*）等都是群众早已采用的重要用材树种；桂林、阳朔是我国重点旅游区，首先在各名胜景点宜营造风景林，还可考虑桂花、广东白兰花、石山樟、青冈、广西槭（*Acer kwangsiense*）、红果飞蛾槭、亮叶槭、红豆树（*Ormosia hosiei*）、榔榆、光蜡梅、小刺樱花、黄梨木、圆叶乌柏、黄枝油杉等。果类方面，重点发展柑、橙、柚、橘类果树和白果，其次为板栗、柿子，其他梨、枣、桃、李和枇杷适当发展。

第二节　南亚热带季雨林化常绿阔叶林地带①

本地带北接中亚热带，南界为与热带的分界线，东起容县天堂山南缘，经大容山南麓、石南谷地、横县城南，然后由邕江谷地、南宁盆地，沿右江谷地北缘到百色西部，大体上在北回归线作南北摆动。其范围包括梧州、柳州、河池等地区南部和玉林、南宁、百色等地区北部。

本地带西北部属云贵高原边缘，为山原地貌，主要由三叠系页岩构成，间穿插小面积的峰林石山。山原地势高，大部为中山，海拔 1 000～1 500m 以上，最高 2 000m 左右；而谷地可低至 200～300m，反差强烈，焚风效应明显。自桂西至大瑶山西缘，广布着石炭系及二叠系构成的喀斯特地貌，间杂不少山地，地势自西向东降低，桂西为高峰丛石山，都阳山地一般海拔 1 000～1 500m，桂中以峰林石山为主，海拔 500m 左右，东边及南边则为孤峰台地平原，海拔可低至 100m 以内，本地带东南部为郁江—浔江谷地及其两侧山地，郁江—浔江谷地为广大的冲积溶蚀平原，其中分布有石山残丘石芽地、红层台地丘陵；北侧山地为广西弧顶及东翼大瑶山南段，主峰为圣堂顶，海拔高 1 979m，以东为桂江、贺江下游丘陵山地，主要为寒武系砂岩构成；南侧山地有大容山及其东面的云开大山，山地间丘陵连绵，河谷发达，岩层古老，出露的基底岩为下古生界浅变质岩，断陷带则为白垩系老第三纪红层，而大面积覆盖的为各类花岗岩、混合岩。

本地带主要河流有源远流长的红水河，流至桂中与柳江汇合为黔江，在桂平流入郁江为浔江，东下接纳桂江为西江流入广东。

本地带东半部受寒潮的影响较重，有来自湘桂走廊及其分支桂江河谷、贺江河谷、融江河谷等通道经过；西半部虽也有田林河谷，红水河河谷两条通道，但西路寒潮侵入本地带的频率较低，其势也较弱，故在纬度与海拔相近的情况，东部冬温常低于西部。因此，热

① 执笔人：李治基

带及南亚热带的森林北上在东部偏低，从而使两条纬度地带分界线，均自西北向东南倾斜。低平地方年平均气温为20～21.5℃以上，7月平均气温为28～29℃，5～10月为夏季，长达半年；1月平均气温为10～12.5℃，没有冬季。历年极端最高气温极值为39～41℃。历年极端最低气温平均值在0℃以上，极值一般达－2～－4℃，南缘可在－1℃以内，负值出现的频率为30%～50%左右，平均霜期长20～40天左右，稀见冰雪。日平均温度稳定于≥10℃的日数为310～335天，≥10℃年积温为6 500～7 500℃。年降水量1 000～1 800mm，自东向西递减，而受地貌影响也有起伏。至西北部岑王岭以西锐减至1 000～1 200mm，成为广西最少雨的地方。雨季由东部6个月，向西北减少到4～5个月；少雨月由东部1～3个月向西北部增加至5个月。从水热系数的鉴定，东部属于湿润区；广西中部、广西西部属于半湿润湿润区；西北山原西部属于半干燥半湿润区，由于地形引起的焚风效应，使河谷地区显得更为干热。

地带性的土壤主要为赤红壤，广西中部及广西西部的常态侵蚀地貌上为红壤，海拔700～900m以上为黄壤；1 500m以上的山顶山脊则出现矮林草甸土。广西西北山原，在干热的生物气候作用下，局部河谷为红褐土，为弱酸性至中性反应；山原为褐红壤，海拔1 000m以上为黄壤，而在背风的河谷山地，其下界可以上升到1 300m；在泥灰岩出露的地段，使土壤具有钙质土的性质，1 600m以上的山顶山脊可出现矮林草甸土。在桂中及桂西大面积石山上分布着棕色石灰土，在南盘江谷地局部出现红色石灰土，此外在东南部由红层构成的丹霞地形上，则有紫色土的分布，呈中性至微碱性反应，土层浅薄，甚至出现裸露的岩石。东南部有大面积的花岗岩构成的山地丘陵，风化壳深厚，但砂性大，在植被破坏的情况下，造成严重的土壤冲刷，甚至坡塌山崩，淤塞河道，掩埋良田，此种生态失调现象，必须克服。

在植物区系分区方面，本地带属于泛北极植物区南缘，有向古热带植物区过渡倾向，以中国—日本植物亚区、华南和滇黔桂植物区系为主，而广西西北山原西部出现中国—喜马拉雅区、云南高原植物区系。由于紧接热带，因此有较多的古热带植物区成分，在低海拔的森林中占有较重要的地位，根据大明山标准地调查季雨林化常绿阔叶林3个群落，对各种植物分布区类型的统计，其中华南石栎（*Lithocarpus fenestratus*）林、红润楠林所在的海拔较高，接近该类森林的上界，热带成分较少，分别占总种数的17.3%、23.0%；而黄果厚壳桂林处在低山的下部，富有代表性，热带分布区类型占41.8%，居第一位[11]；当地热带成分如此之多，有主张将它纳入古热带植物区的；其次为我国亚热带特有和东亚分布区，这两类都属于亚热带成分，合计为55.5%，毕竟仍以亚热带成分占优势，而且为组成森林主导层的重要成分；华南石栎林和红润楠林的亚热带成分比值就大得多，分别为74%、80%。由于这些群落都位于南亚热带的东部，中国—喜马拉雅及北温带区系成分稀少，均在3%以内。

本地带和中亚热带不同，热带成分不仅增多，而且常在森林下层占优势，并散布于乔木中、上层，在组成和层片结构显有一定的季雨林特征，故称季雨林化常绿阔叶林。在南缘甚至可发展为共建种，成为季雨林化常绿阔叶林与季雨林的中间类型。

组成地带性原生林的重要科，和中亚热带颇多类似，但又有不同，就乔木层各树种重要值的计算，最重要的仍为樟科、壳斗科、山茶科，而以樟科为首，代替了中亚热带壳斗科的地位；其他还有安息香科、山矾科、木兰科；有时杜英科，清风藤科也占有较重要的位置。至于杜鹃花科则完全缺乏，金缕梅科、冬青科也不多，但在垂直带谱中又显示出它们的重要性。

地带性森林为季雨林化常绿阔叶林，建群种或共建种主要属于厚壳桂属、润楠属、栲属，其中多为较喜热的种类，其次还有荷木属、石栎属；南缘有时热带的格木属、橄榄属也参与建群。至于热带季雨林在本地带虽有出现，但仅沿着北有屏障的低海拔沟谷分布，属于非地带现象，建群种主要属于橄榄属、臭葱木属、紫荆木属、柄果木属、肖榄属；在广西弧西翼外缘偶可见擎天树属、顶果木属参与建群。海拔 800～900m 以上，过渡为山地常绿阔叶林，参与建群的属与中亚热带常绿林颇多类似。在中山海拔 1 400～1 600m 的山顶山脊出现以杜鹃花属为优势的矮曲林，在南缘因常风较大，其下界可降低至 900m。此外，在大瑶山约 1 300m 以上为针阔叶混交林，这是中亚热带中山针阔叶混交林沿着广西弧向南分布的余波，建群的针叶树少，仅铁杉属、松属各一种。本地带一般缺乏山地常绿落叶阔叶混交林带，只在西北部的岑王岭一带，1 400m 以上出现此垂直带，当地纬度偏北，山体较高，据田林老山林场海拔约 1 600m 测定，年平均气温 13.7℃，最冷月平均气温为 4.4℃，最热月 20.8℃，没有夏季，冬季长 3 个月，极端最低气温极值－8.5℃，年降水量 1 419mm，水热系数 2.8 以上，年平均相对湿度 88％，气候冷凉潮湿，有利于该类型的发展。共建种也是属于水青冈属以及枫香属、栲属、青冈属中耐冷湿的种类。

本地带原生性森林保存很少，大面积的森林属于次生天然林或半天然林，其中以马尾松林为主，广布于岑王岭以东，尤以桂东一带最多，和中亚热带松林不同，在丘陵低山下部，灌木层以热带成分为主，代替了中亚热带松林下的亚热带成分所占优势，但随着海拔的增高，上升到山地常绿阔叶林带，热带种类便消失，又为亚热带成分所取代。次生阔叶林星散分布，常见的为枫香林，东部湿润区有栲属、石栎属偏喜光种类组成的常绿次生林，广西弧西翼外缘有红荷木及落叶栎类林，在都阳山地背风河谷还出现或多或少的细叶云南松林，反映出向西部亚热带过渡的现象。

碳酸盐岩广布于桂中、桂西，石山上的森林几破坏殆尽，退化为石山刺灌丛，残存的典型森林为石灰岩常绿落叶阔叶林，建群种中虽有与中亚热带共有的种类，但却有热带成分，如仪花、海南栲等，灌木层则以热带种类占优势。在广西弧西翼外缘，特别是屏障良好而又开朗的槽谷地形，则为北热带石灰岩季雨林滋生之地，主要由中越边界植物区系一些喜钙成分北上组成群落，而以蚬木为标志种。海拔 600～700m 以上，为石灰岩石山常绿落叶阔叶混交林，共建种主要属于青冈属、鹅耳枥属。次生林也星散小片分布，常见的为榆科的榆属、青檀等。

桂西北山原西部，即岑王岭以西，已进入亚热带西部半干燥常绿阔叶林范围。在干热的气候作用下，森林类型及其组合和东部大不相同，植物区系主要属于中国—喜马拉雅植物亚区的成分，出现了一系列与东部湿润常绿阔叶林亚带的同属不同种的相互代替现象，如细叶云南松代替了马尾松，高山栲代替了甜槠栲，黄毛青冈代替了多脉青冈，旱冬瓜代替了江南桤木，云南油杉代替了油杉，其他如铁仔与广西铁仔，云南鼠刺与鼠刺，云南润楠（*Machilus yunnanensis*）与红润楠，短翅黄杞、云南黄杞（*Englhardtia spicata*）与黄杞、广东黄杞，西桦与亮皮桦，诸如此类，不胜枚举。当地森林覆盖率虽较高，但长期以来刀耕火种，林火频繁，使原生林遭受极为严重的破坏，零星小片且少见，镶嵌于次生林中，残存的季雨林化常绿阔叶林主要由喜光的常绿树组成，带有次生性质。900m 以上为山地常绿阔叶林，这两类森林的建群种均属青冈属、栲属中较为耐旱的西部成分。在沿河一带沟谷则有仪花、臭葱木属等组成的季雨林，沿着山溪可上升到海拔 600m，在河谷中则为落叶季雨林所占据，常呈疏林状或稀树草原状，河漫滩上则遍布水杨梅灌丛，使河谷颇富热带风光。而大面积广布的为耐火耐旱、萌生力强的落叶栎类林。在河谷两侧山地，特别是南盘江一带峰高谷深，焚风效应强烈，细叶云南松林发展为优势的森林类型。

本地带人工林中，杉木在西北部山原特别是东部山地常绿阔叶林带才有较多的栽培，而在丘陵地上一般生势很差，很少种植。竹林主要分布于东部，由丛生竹类组成，至于散生型的毛竹也只见于东部山地。经济林普遍分布的有中果油茶，油桐兼有三年桐和千年桐，此外还有热带性的八角、肉桂，后者局限于气候湿润的浔江一带。

果园以柑橙等亚热带种类为主，南缘还有一些热带果品，个别较耐寒的种类如西贡蕉、龙眼可分布到地带的北缘。桂西北山原极少商品性经营的果园，零星栽培的种类不少，从河谷到山原，由热带成分经过亚热带成分过渡为温带成分，果树的垂直带谱是明显的，后者以核桃林为代表，为广西核桃的主产区。

总之，本地带随着气候的经向变化以及岩相土壤的不同，森林类型及组合的地域性分化是明显的。广西西北山原西部属于西部半干燥亚热带常绿阔叶林亚带的一部；以东属于东部湿润常绿阔叶林亚带，其中广西西部、广西中部以溶蚀地貌的喜钙森林及植被占优势，东部则为常态侵蚀地貌的森林类型。因此可分为 3 个林区。

1. 桂西北山原西部落叶栎类林细叶云南松林区①

本区位于广西西北山原西部，北接贵州，西、南和云南相连，东邻桂中林区。约相当于北纬 23°40′～25°00′，东经 104°30′～106°17′，包括隆林、西林两县、田林大部、百色西部、乐业雅长林区。土地总面积 122.44 万 hm^2。

地处云贵高原边缘，强烈的流水割切作用，使高原面遭受破坏，成为山原。岩层主要为三叠系逻楼、百逢、河口砂岩页岩，常间夹有泥岩，构成山地；其次为古生界及下中生界的碳酸盐岩，面积不大，呈块状出露于中北部，构成山原式的峰林石山及峰丛槽谷；此外还有零星小片的印支期深成基性岩（辉绿岩等）多在山体基部出露，未组成独立的山体

① 执笔人：李治基

形态。本区中部为高峻的背斜中山，北面向南盘江复向斜倾斜，南面向右江复向斜倾斜。山脉多为东—西或北西、西—南东、东走向，山峰海拔多超过 1 000m，最高峰如金钟山，草黄岭达 1 800m 以上，其间可见到海拔 1 000m、1 200～1 300m、1 300～1 400m 和 1 500～1 600m 四级古夷平面，成为起伏不大的平台。而河谷深狭，自西向东可低至海拔 700～400（300）m 以下。主要河流北部有南盘江，南部有驮娘江、西洋江，河流流向和山脉走向基本上相一致。

本区深处广西内陆、虽兼受东南及西南季风影响，但重重山地阻隔，成为广西雨量最少地区之一。北与西北有云贵高原，东有都阳山地及岑王岭作屏障，削弱寒潮入侵，冬季较暖，反差强烈的山原地貌，焚风效应明显，河谷地区更较干热。海拔 300m 以下的田林城位于广西较弱的西路寒潮通道，年平均气温 20.9℃；1 月最冷，平均气温为 12.0℃，没有冬季；7 月最热，平均为 27.2℃，夏季长达半年；极端最高气温出现在焚风效应强烈的 4～5 月，平均 37.3℃，极值达 41.3℃；历年极端最低气温平均值 0.1℃，极值为－2.5℃，出现负值年份的频率为 40%；日平均气温稳定≥10℃的日数为 332 天，积温为 7 269℃。驮娘江谷地的定安一带，纬度与田林相近，但偏离寒潮通道，年平均气温高达 22.2℃，最冷月 12.3℃。北面南盘江谷地的雅长，虽近北纬 25℃，但年平均气温和最冷月平均气温和田林相同，而夏季长达 7 个月，最热月为 28.4℃，累年极端最高气温极值 42.5℃，香蕉、杧果、荔枝等热带果树在当地仍可栽培。山原上的德峨，海拔 1 580m，年平均气温 14.5℃，7 月平均气温 20.5℃，没有夏季，1 月平均气温 5.8℃，冬季 3 个月。本区年降水量 1 000～1 200mm，自东向西而减少，金钟山背风面的南盘江河谷更少，水热系数在 1.3～1.5，属于半干燥的气候类型；5～8 月（9 月）为多雨月（≥100mm），11 月～次年 3 月为少雨月（<50mm）；如以水热系数计算，9 月～次年 4 月为半干燥及干燥的月份，5～8 月为半湿润以至潮湿的月份，雨季短，旱季长，干湿季交迭分明。而山原的中上部，雨量显然增多，尤以金钟山南坡隆林的德峨至隆或一带，年降水量 1 400～1 600mm，多雨月长达 7 个月，气候湿润冷凉。

南盘江、驮娘江等谷地局部的土壤为燥红土（红褐土），剖面呈红褐色，土体干燥，pH 值多在 5.5～7。山原上广布着褐红壤，剖面呈红棕色，pH5.0～6.0。海拔 1 000～1300m 以上为黄壤，心土棕黄至黄棕色，酸性较强，pH4.5～5.5。而在泥灰岩出露的地段，使土壤性变为钙质土，中性至微碱性反应，石灰反应明显。峰丛石山主要为棕色石灰土，而在河谷区有红色石灰土，土壤覆盖率低且浅薄，一般中性反应，林下表土有机质含量较高，达 5%以上，钙含量丰富；但在二叠系至三叠系的不纯灰岩地层上，杂有酸性砂页岩，出露处则为酸性土。在这些地层上，两类土壤可错综出现，咫尺之间也发生变化，从而使喜钙与嫌钙树种微妙结合，穿插分布。

本区地带性的原生季雨林化常绿阔叶林已荡然无存，在河谷区如南盘江、驮娘江沿岸，普遍分布着耐干热喜光的木棉、火麻树（*Laportea chingiana*）组成的疏林（散树草原），河漫滩边缘则混生有喜湿的水筒木、青果榕，有时出现大耳榕单优疏林；在湿热的溪谷，可见仪花、坚木、麻楝、四瓣米仔兰组成的季雨林，泥灰岩出露处，偶有小片的粗糠柴、苏木丛林。这些热带林都是沿着有利的局部地形向北延伸的非地带现象。而坡地上优势的森林为能适应焚风、干热气候的细叶云南松林，在背风面的南盘江两侧呈密集广泛分布于海拔 1 300m 以下，或为单层纯林或与耐旱的落叶栎类组成复层混交林，自此以上可断续上升到 1 600m，混交树种则为喜凉湿的亮皮桦所代替，而在金钟山迎风坡及其以南的河谷，分布上界低得多，约为 800～1 000m，且频率也明显降低。随着地势的增高，细叶云南松组成的不同以及其他森林组合的差别，反映出当地森林垂直带谱的变化，海拔 800～900m 以下，松林上层散布着木棉、楹树、蒙自合欢等喜热树种，林下灌木层多热带成分如水锦树、油甘等；在此范围内，颇多零星小片的毛枝青冈（*Cyclobalanopsis helferiana*）、短翅黄杞组成的次生季雨林化常绿阔叶林，偶可见滇黔桂植物地区特有的心叶蚬木林（*Burretiodendron equirolii*）、云南黄檀林，东南部田林河谷地区还有矩鳞油杉、油杉林、西桦林，从森林类型的特征及其组合反应出基带属于南亚热带季雨林化常绿阔叶林地带。自此以上进入山地常绿阔叶林地带，松林中热带树种已消失，林下灌木也以亚热带成分为主如南烛、米饭花；此外还有小片的以黄毛青冈为优势的常绿阔叶林；在泥灰岩出露地段，则出现小叶榉、黄连木、小化香为代表的喜钙树种组成的散树丛林，由于强度选伐，上层为稀疏高大的林木，下层为密集的幼树，林冠零乱很不平整。1 400m 以上进入中山山地常绿落叶阔叶混交林带，细叶云南松林已失去优势地位，且其组成多属亚热带中山耐冷喜湿的成分，如亮皮桦、杜鹃花、晚花吊钟等；前者往往可成为小片的纯林，有时还可看到散生或群状分布的山毛榉、檫木、云山青冈，反映出垂直地带原生的山地常绿阔叶混交林经受破坏后所留下的残迹。

在广大的山原上残存的常绿阔叶林偶见有零星小片的高山栲林、黄毛青冈林。而大面积分布的为落叶阔叶林，其中以栓皮栎、麻栎、槲栎、白栎等落叶栎类林为主，这些都是广域分布的树种，前 3 种在暖温带组成地带性的重要森林，而在本区则为次生类型，林下灌木层属于亚热带成分，反映出这些落叶栎林随纬度带的南移发生性变，属于亚热带类型，在人为干扰较少的成熟林，树干通直高大，甚为雄伟，更新层中有时出现一些高山栲、丝栗、黄毛青冈等常绿树种的野生苗。常见的落叶林还有枫香林，在中山上有响叶杨林、旱冬瓜林、亮皮桦林，在沟谷可出现喜湿的香果树林段。此外偶见有零星小片的云南油杉树丛。

峰丛石山残存的森林很少，偶见有滇青冈、小化香树或滇润楠、榉树（*Zelkova sinica*）等组成的石山常绿落叶阔叶混交林。

当地人工林少，用材林主要有杉木，在河谷除隐蔽湿润的小生境外，生势很差，难望成林成材；但在山原 800～900m 以上，气候逐渐变得温凉湿润，沿沟谷两侧或下坡土壤肥力也较高，含钙量也较多，杉木是聚钙树种[12]，在这些有利条件作用下，生长颇为迅速。其次，在 50 年代后引进的马尾松，生长还不错，而近年来有的地方遭受松毛虫危害；而当地原产的细叶云南松历来未出现此种虫灾。经济林以油桐、油茶为主。此外田林一带还有八角、茶辣。

果树多栽于村旁宅边，有板栗、梨、李、桃、梅、柑、橙、柚；河谷还有芭蕉、龙眼、扁桃。山原海拔 1 000m 以上多核桃，野生果树有花红（*Malus asiatica*）、山楂等。近年在河谷的那劳、雅长引进荔枝、香蕉。在大寒潮年份，香蕉可受不同程度的寒害，但不致冻死。在山原海拔 1 400m 左右，试种苹果已结实，但越冬低温期短，果期雨量多，昼夜温差小，产果量低，质量也欠佳。

本区森林覆盖率颇高，达 43.3%。但不论水平带或垂直带的原生林已是凤毛麟角，或仅遗残痕。而绝大部分是天然次生林，占森林面积 95%以上。其中又以落叶阔叶林特别是栎类林为主，其次是细叶云南松林（表 12-5）。而历史上长期以来盛行刀耕火种，阔叶林土壤肥力较高，便成为游耕的首要对象，从而使它遭受毁灭性的破坏。放“野牛”的习惯由来已久，草场更新也采用火烧。而且当地秋末至夏初气候干旱，火险期长，无控制的生产用火及其他失火，引起频繁的火灾。因此，原生林被破坏后，上述一些耐旱、耐火（或避火）、喜光、天然下种更新能力强的树种得到蓬勃发展，成为当地优势森林。这些森林再经破坏，迹地又经反复的火灾，常退化为以禾草类占优势的灌草丛。河谷区以旱生性强的龙须草、扭黄茅草丛为主，其中散生有油甘、粗叶水锦树、短翅黄杞、深紫木蓝（*Indigofera atropurpurea*）等灌木；在山原上则以野古草、金茅、金发草、五节芒、芒、蕨菜等组成优势，其中散生有南烛、毛庭藤、假吊钟、米饭花、映山红等灌木；在过渡放牧地段，草被稀疏，退化为蜈蚣草、野香茅群落；在撂荒地上，往往为种子能远飞，地下茎繁殖强的白茅所占据，成为背景植物。如停止火烧，向上演替为以上述灌木为主的灌草丛。继而演替为栎类等落叶阔叶林；而细叶云南松适生的地方又在其天然下种的范围内，在火灾迹地或刚撂荒的游耕地，它常首先侵入形成纯林，然后栎类再侵入，形成复层混交林，有可能被栎类所更替。这些次生林可以逐渐演进为常绿阔叶林，事实上在一些地段，更新层中常绿阔叶树特别是高山栲等野生苗的多度和频率都较高，演进的倾向是存在的，但是由于地表火的焚毁而很少能发展起来。偏途演替，使上述优势的森林成为当地比较稳定的群落。

表 12-5　桂西北林区森林资源一览表

森林总面积（万 hm²）	覆盖率（%）	森林总蓄积（万 m³）	其中						灌丛		草丛	
			天然林		马尾松林		人工林					
			面积（万 hm²）	（%）	面积（万 hm²）	（%）	面积（万 hm²）	（%）	面积（万 hm²）	（%）	面积（万 hm²）	（%）
53.03	43.3	2 760.65	47.12	88.8	4.46	8.4	0.54	1.0	5.64	10.6	42.59	80.3

注：①松林中，云南松林 4.31 万 hm²，238.32 万 m³；马尾松林 0.15 万 hm²，7.04 万 m³

②天然林中，栎类林 34.27 万 hm²，1 854.84 万 m³；杂木林 12.85 万 hm²，503.66 万 m³

石山上的森林经过反复的樵采后，退化为火棘、密花火棘（*Pyracantha densiflora*）、小果蔷薇、大绣线菊（*Spiraea japonica* var. *fortunei*）、云南鼠刺等组成的刺灌丛。如停止干扰，首先如小化香树、小叶榉等侵入形成叶阔叶林，然后恢复为常绿落叶阔叶混交林。

本区面积不大，木材蓄积量达 2 760 万 m^3，材种多样，多过熟林，特别是细叶云南松林，每年风倒木不少，任其腐烂，殊为可惜，由于运输困难，目前年伐量低。林副资源丰富多彩，除上述人工栽培种类外，栲胶原料有橡椀、油甘皮、淀粉资源如橡子，良好的纤维植物如龙须草，药用植物有天麻、黄柏、杜仲、黄精、石斛、七叶一枝花，野生的木本粮油有狗骨木、蝴蝶果，其他副产有云耳、香菇、松脂、栓皮。动物主要有黑熊、野猪、恒河猴、麂子、崖羊、花面狸、松鼠、飞鼯等兽类和白鹇、鹧鸪、毛鸡等。此外还有珍稀的大鲵。

山原地貌，峰高坡险，从土地合理利用来考虑，在农业结构中，林业应占首要的地位。林业经营的任务，在提供森林主副产品的同时，还必须着重考虑森林在调整大地生态平衡的作用。长期以来落后的掠夺性的游耕制度，造成严重的水土流失，使地力衰退，不少山溪旱季断流，河水暴涨暴落，流量很不稳定，含沙量特高，据测定红水河年输沙量3 367.4 万 t（迁江站），浊水期持续 7～8 个月，对农田水利事业很不利。本区还有大面积的宜林灌草丛，造林绿化的任务还很大。现就本区森林资源的开发利用与发展问题，提出如下意见：

①本区天然林不仅值得而且必须抓紧开发。在南盘江—红水河电站建成可以航运或铁路建成之后，便可有计划的开采，但必须保证更新。地广人稀，宜以天然更新为主，人工促进为辅，50 年代经营所对云南松林采用横坡间隔带状皆伐，获得良好的更新效果，现已形成郁闭良好的中龄林。栎类木材坚硬，开发利用必须解决干燥防裂和机械化加工为板材或其它半成品，才能为一般用材部门所接受。竹林也要就地解决加工业的配合，才能畅销并进一步发展。其他林副资源有的要利用为栲胶、纤维、淀粉，有的要投产或扩大生产如栓皮、松脂、香菇、云耳、紫胶，有的应试行人工繁殖取得经验再大量培植，如天麻，有的森林动物可进行人工饲养如猴子、花面狸，有的则应加意保护促进其繁殖，如大鲵、黑熊，总之要将丰富的林副资源纳入森林经营日程上，充分发挥它们的经济效益，对繁荣山区，搞活经济是重要的。

②严禁刀耕火种，毁林垦荒，陡坡上垦荒，全垦造林和开劈大牧场，以及纵火烧山。当地耕地面积少，可选择古夷平面或坡折面开成永久性耕地，走向精耕细作，耕地附近可用豆科以及旱冬瓜具有根瘤菌的树种，营造绿肥矮林，就地解决部分肥源。

③林种发展以水土保持与用材林相结合为主，可选用材性优良且保持水土能力强的阔叶树种，河谷区可考虑红荷木、心叶蚬木、海南蒲桃、红椿、山合欢、黄樟、西桦，泥灰岩出露处可采用顶果木、任豆、麻楝、苏木，土壤瘠薄的山脊山顶可引进台湾相思、银合欢，河岸可发展青皮竹、粉单竹、撑篙竹等丛生竹以及樟树、重阳木。山地常绿阔叶林带可用小果香椿、旱冬瓜、木莲、丝栗、高山栲、香果树，石灰土可选香椿、小叶榉、小化香树、榔榆、云南润楠、翅荚香槐；至于杉木也可在此带水分条件较优越的中低山适当发展。山地常绿落叶阔叶林地带可考虑杉木、檫木、亮皮桦、山毛榉、旱冬瓜、云山青冈。在砂页岩山地 1 300m 以下，大面积连片的荒山可用细叶云南松作先锋树种飞播，以加速绿化。虽然它对涵养水源并不理想，但对保土是有作用的。

④经济林比重很低，也应适当发展，如油桐、蝴蝶果、紫胶。也可利用野生树放养紫胶虫，但更要营造黄檀等寄主林，为了解决冬季保种问题，可选择驮娘江安定一带的坡地作基地，但宜先行试验。至于油茶宜在缓坡地小片分散经营，以满足当地人民生活需要为主。商品性果园，河谷区以龙眼、扁桃、杧果为主，山原上重点经营核桃、板栗。

⑤石山绿化以封山育林为主，特别是有林木下种甚至形成丛林地段，只要加以保护，便可迅速成林。缺乏母树下种的灌丛则宜造林，树种可参照上述石灰土的种类外，山原上还可选酸枣、三年桐、短叶黄杉。

⑥由于本地气候的特殊性，造林季节不必按照全区的布置在早春，那时旱情正向纵深发展。3～5 月焚风盛行对苗木成活更为不利，宜采用秋季造林，其时雨量还不少，而温度已下降；有利于植物的水分平衡，扎根生长，或在雨季苗木顶芽稳定时进行定植。

2. 桂中石灰岩石山青冈仪花青檀林区①

本区位于广西中部和中西部，南面和北面为带和地带界，东面与桂东林区相接，西界北起乐业县雅亭，经草黄山、田林老山、五帝岭的东坡，折向西南经田林大琶，然后沿着百色北境到自治区界（此线也是亚热带的东部与西部分界线的一部分）。包括凌云、东兰、凤山、巴马、都安、上林、来宾、马山、忻城和武鸣的全部及宜山、天峨、河池、武宣、象州、柳江、宾阳、邕宁、乐业、百色、田阳、田东、平果的一部。土地总面积 446.64 万 hm^2。

本区和桂东区不同，以石炭系和二叠系石灰岩石分布最广。地势由西北向东南倾斜，整个地貌大体上分为 3 部分：西北部属于桂西北山原东部，以三叠系砂页岩为主，峰高谷深，平地甚少，海拔多在 1 500m 以上，最高峰岑王岭超过 2 000m，至布柳河及右江北岸降低为低山，海拔 600m 左右。自此以东为广西弧形山地的西翼，其北段都阳山，多为海拔 1 000～1 500m 的高峰丛石山，往南降低为海拔 600～1 000m 的低峰丛石山及至西翼外缘，发育为低峰林石山，海拔 400～900m，多宽阔的槽谷和盆地，此外还间杂零星分布的三叠系砂页岩山地丘陵；南段为大明山，主要由寒武系和泥盆系砂页岩、泥岩构成，局部有花岗岩类出露，一般海拔 1 000m，最高峰海拔 1 780m，更往东为广西弧内部，属盆地地形，地势自西向东或自北向南降低，由海拔 600m 降至 200m 以下，地貌类型从低峰丛石山经峰林石山过渡为孤峰残丘平原，主要有柳江、象州、迁江、来宾和武宣、宾阳等平原，地面常有第四系沉积物堆积；此外，还间有小片零星分布的白垩系红层丘陵。本区主要河流为红水河，从西北流向东南，与柳江汇合为黔江。

本区气候也很复杂，低平地区年平均气温 20～21.5℃，稳定通过 10℃的积温 6 500～7 300℃，最冷月平均气温 10.0～12.5℃以上；年降水量 1 400～1 700mm，水热系数 1.6～2.5，属于半湿润至湿润气候类型。但各地差别较大。东部柳州至来宾一带，位于寒潮的通道上，冬季较冷。历年极端最低气温平均值 0℃或接近 0℃，极值在－3～－4℃，约半数年份出现 0℃以下低温。中部的都安偏离寒潮通道并有良好屏障，则较暖和，历年极端最低气

① 执笔人：苏宗明，莫新礼

温平均值为2.8℃，极值0.4℃。西北部山原乐业城海拔1 000m，年平均气温与积温分别为16.2℃和4 985℃，最冷月平均气温7.8℃，最热月平均气温23.2℃，历年极端最低气温平均值－3.2℃，极值－4.4℃，每年都出现0℃以下的低温。而红水河谷地的天峨城，纬度与乐业城相近，但地势低矮（海拔250m），年平均气温可达19.9℃，积温6 600℃，累年极端最低气温平均值0.1℃，极值－2.9℃，出现0℃以下的低温年份只有30%，一些热带性植物可北上到这里。雨量的差别也很显著。东部雨量较少，为1 400mm左右，水热系数1.6～2.0，属于半湿润区；雨季5个月（4～8月），旱季3～4个月（11月或12月～次年2月）。中部都阳山一带，雨量较多，一般在1 500mm以上，迎风面上可多至1 700mm以上，水热系数2.1～2.5，属于湿润区；雨季6～7个月（4或5月～9或10月），而旱季较长，共4～5个月（11月或12月～次年3月），近似西部半干燥区。西北部山原背风区的河谷如布柳河，西东流向的红水河上游，降水量1 300mm左右，雨季和旱季都为5个月，颇具西部半干燥区的特征。

本区代表性土壤为红壤，在山地土壤的垂直变化明显，海拔700～900m以下为山地红壤，以上过渡为黄壤，在中山海拔1 500m以上的山脊或山顶，有矮林草甸土分布。而广大的峰丛峰林石山，则普遍分布着棕色石灰土。

本区位于东部亚热带西段，森林仍以湿润类型为主，间有半干性的类型侵入，尤以本区西部较多，成为它们分布的东界，而东部湿润的类型也往往以本区为西界。由于长期的不合理开发利用，森林受到相当严重的破坏，在广大的石灰岩山区尤少保存。从残留的森林片段看，低海拔地区代表性类型为具有热带成分的青冈、仪花、海南栲、青檀为主的常绿落叶阔叶混交林，而广西弧西翼外缘，气温较高，在隐蔽的局部地形上，如平果、武鸣一带，出现以蚬木为优势的季雨林，田阳、巴马和都安个别槽谷内还有龙脑香科的擎天树雨林的分布。海拔600～700m以上的山地，过渡为青冈、化香、岩生鹅耳枥（*Carpinus rupestris*）、紫脉鹅耳枥（*C. purpurinervis*）为主的石山常绿落叶阔叶混交林；西北部则以青冈、小化香树林为常见，乔木层热带种类已消失，群落组成基本上为亚热带成分。在山的上部，有时短叶黄杉可成为建群种，形成针叶林。普遍分布的次生林是以青檀、水冬瓜、菜豆树（牛尾木）、酸枣为优势或共优势的类型，但伴生种类随海拔高度而异，在低海拔地区，伴生的常有孔雀豆（*Adenanthera pavonina*）、倒吊笔、麻楝等，而高海拔地区，则为黄连木、化香、圆叶乌桕等。低海拔地区，局部较暖地段，还有任豆林、翅子树林等次生季雨林。都阳山地及西北山原还有由蒜头果、掌叶木、滇木瓜（茶条木）组成的次生林。

砂页岩山地主要的天然林，低山丘陵代表性的类型为刺栲林和罗浮栲林等季雨林化常绿阔叶林，在大明山西坡下部，偶见有越南栲（*Castanopsis tonkinensis*）、格木林。山地自海拔600～700m以上，占优势的类型为细枝栲林、栲树林、丝栗栲林，海拔1 000m以上则有桂林栲（*C. chinensis*）、银荷木林等山地常绿阔叶林。山顶或山脊有杜鹃矮林的分布。而西北部山原地势较高，纬度较北，1 400m以上还出现中山常绿落叶阔叶混交林，代表类型有水青冈、缺萼枫香、云山青冈、铁锥栲林。次生林以芒萁桃金娘马尾松林最普遍，全区皆有分布，而多集中在东部。其次为枫香林，但多呈小片分布。自都阳山地以西，渐多零星分布的红荷木林或红荷木枫香混交林，而栓皮栎林、麻栎林或栓皮栎麻栎和白栎混交林则相当普遍。红水河上游和布柳河谷地，间有成片细叶云南松林，西南边缘右江北岸山地有油杉林，面积不大。西北部约自海拔800～900m以上渐多光皮桦林、旱冬瓜林；间有小面积的响叶杨林；沟谷则多拟赤杨林；有时还有小片的以泡桐、马蹄荷为优势的次生林。

人工用材林主要为杉木林，各县多少有种植，而以西部山地较多，在东部开朗的丘陵台地上往往生长不良。其次为竹林，主要分布东部，多零星见于村边，常见的有撑篙竹林、青皮竹林，石山上还有吊丝竹林。桉类林亦主要见于东部，以窿缘桉林和柠檬桉林生长较好。此外，近年在东部丘陵台地试种的红荷木林，生长也不错，但在低凹地，越冬时可受寒害。经济林以中果油茶为主，局限于酸性土上，以凤山、巴马、东兰、来宾、柳江、凌云、田阳较多。其次为油桐，南部以千年桐为主，北部以及都阳山地多三年桐。此外，八角林多见于西部。核桃主产于西北山原上，在酸性土和石灰土均可生长。板栗在各地多少有栽培。茶叶在山地时有栽种，而以凌云的白毛茶著名，为广西重要产茶区之一。

果树多为零星种植，东部地区的低丘台地上有较大面积的果树。以橙、柑、柚为主，低平地还有龙眼、芭蕉，南部较暖的环境还有荔枝、香蕉、菠萝等热带果类。

本区从石山残存的森林的迹象可以证明，在优越的水热条件的作用下，即使在露石上也可长成大树茂林，广大石山的存在并不限制森林的发生与发展；然而本区森林如此之少，覆盖率还不到15%，这是由于长期以来天然林遭受严重的反复破坏，而石山造林直到现在还未认真提到日程上来，以致广西石山植被，几尽退化为藤刺灌丛，在低峰丛石山的下部常见为黄荆、灰毛浆果楝、红背山麻杆、雀梅藤群落，在石山上部露岩特多的地方，常由青檀、榕类、小叶山柿、羽叶金合欢（蛇藤）、亮叶崖豆藤组成灌丛的优势。这个地区的灌丛，都有一定的热带种类出现。在不纯灰岩的石山，土壤覆盖率大，又经频繁破坏，则退化为扭黄茅、龙须草草丛。都阳山一带海拔600～700m以上，则过渡为紫凌木、红背山麻杆、羊蹄甲、红毛羊蹄甲类型，组成上热带种类多已消失。在西北部高峰丛石山海拔900m以上的地区，占优势的则为小果蔷薇，火棘、绣线菊、马桑类型。低山丘陵的次生林再经破坏，则退化为灌草丛，广泛分布的为檵木、桃金娘，余甘子—芒萁群落，东部常见的还有岗松且可成为局部共优势种。西部低海拔地区，还常见短翅黄杞、深紫木兰（红花柴）、岗柃灌丛，中山则由白栎、杨梅、南烛、芒萁组成灌草丛的优势。灌草丛再经破坏，则退化为草丛，大面积分布的为白茅、纤毛鸭嘴草、金茅、野古草和芒萁类型，西部地区，还多扭黄茅、黄背草（*Themeda triandra*）、龙须草群落。中山上部，则以芒草、五节芒、蕨群落占优势。

本区幅员广阔，且以山地为主，连各种人工林在内，森林面积只有66万多hm^2，这是很不相称的（表12-6）。木材蓄积量共1 860.96万m^3，其中树种组成复杂的原生性森林占820.01万m^3，此类森林所在地多已划为自然保护区或水源林区，不宜开发。而可提供重要用材主要有马尾松、细叶云南松、油杉、栓皮栎和麻栎等天然林和人工杉木林。林副资源种类不少，除前述的经济林外，野生的木本粮油植物有茶条木（*Delavaya yunnanensis*）、蝴蝶果、掌叶木、蒜头果、细子龙等。药用植物有黄柏、杜仲、萝芙木（*Rauvolfia verticillata*）、茶辣、七叶一枝花、黄精、川续断、首乌、短萼黄连、青天葵和环草（石槲）。香料植物有灵香草。栲胶原料有余甘子、杨梅、橡椀。纤维植物有龙须草、构树、青檀，而大宗的林副产品主要有香菇、云耳、栓皮、松脂、五倍子等，其中云耳是本区重要的出口物资。

表 12-6 桂中林区森林资源一览表

森林总面积（万 hm²）	覆盖率（%）	其中																		灌丛		草丛	
		杂木林		栎类林		马尾松林		云南松林		油杉林		杉木林		桉类林		人工竹林		经济林					
		面积（万 hm²）	（%）	面积（万 hm²）	（%）	面积（万 hm²）	（%）	面积（万 hm²）	（%）	面积（万 hm²）	（%）	面积（万 hm²）	（%）	面积（万 hm²）	（%）	面积（万 hm²）	（%）	面积（万 hm²）	（%）	面积（万 hm²）	（%）	面积（万 hm²）	（%）
66.67	15	20.6	30.9	18.47	27.8	17	25.6	1.67	2.5	0.13		4.13	6.2	0.27		1	1.5	3.27	4.9	142.4	31.9	107.6	24.1

注：①云南松为其变种细叶云南松；

②林种的％指占森林总面积的％；

③灌丛、草丛的％指占林区总面积的％

经济动物方面，较重要的兽类有黑熊、野猪、鹿、山羊、猴子、花面狸、穿山甲等，重要的鸟类有白鹇、鹧鸪、环颈雉、毛鸡、杜鹃和啄木鸟等。

本区广大山地宜以林业为主，重点发展用材林，提高木材蓄积量。由于红水河两岸，尤其是上游地区植被遭受破坏，水土流失严重，造成红水河含沙量过大，宜着重考虑水源林的经营。再则经济林、果园以及其他林副资源也应适当发展。东部峰林台地平原农业区，也要营造薪炭林。本区灌草丛 257 万 m²，部分划为牧地，也宜营造混牧林，也作庇荫并增加水源；而绝大部分应属于林用地。但大面积的石灰岩山地土层浅薄，露岩很多，给林业生产带来一定的困难。但石灰土一般都较肥沃，且不少树种能适应此种生境，群众的实践证明，石山造林完全是可行的；而人口稀少的远山，主要进行封山育林。至于现存的原生性森林，应加强保护，且多已划为自然保护区及水源林区，要做好规划，进行经营管理。现有的松林和栎类林，要合理的进行综合利用和保护。松林宜进行伐前采脂，栓皮栎林可割栓皮，建立栓皮原料基地，栎类林还可养柞蚕。由于纯马尾松林缺点多，宜改造为针阔混交林，可选择当地优良的阔叶树，在松林采伐更新时进行混种，或在现有的疏林下进行栽植，也可任其自然演进为混交林。至于造林树种选择及布局如下：

①石灰岩山地：经济林以板栗、三年桐、蝴蝶果为主，坡积物部位，可栽培柑、橙等果树，都阳山地以西还可考虑核桃、掌叶木、滇木瓜、蒜头果等。用材林可选用吊丝竹、狗骨木、香椿、顶果木、牛尾树、青檀、红豆等；广西弧西翼外缘以及弧内环境条件优越的地方，还有考虑蚬木、金丝李等；海拔 600～700m 以上的地方，可考虑柏木、青冈、黄杉

(*Pseudotsuga sinensis*)、铁坚杉 (*Keteleeria davidiana*) 等。

②砂页岩山地：杉木基地重点放在山区海拔 500～1 000m 的地方。大面积边远山区多采用松树飞播，西部以细叶云南松为好。低山丘陵及台地，土壤深厚的地方，用材林可选择红锥、樟树、小叶红豆、顶果木、香花木、苦楝、窿缘桉、柠檬桉等；土壤较瘠薄的地方，以发展马尾松和红荷木为主。山地上可考虑红苞木、马蹄荷、木连、檫木、泡桐、桦木等；西北部还可选择小果香椿、香果树、水青冈、旱冬瓜。竹类宜发展撑篙竹、青皮竹、大金竹，山地宜发展毛竹。经济林重点发展板栗、中果油茶、蝴蝶果、千年桐、茶叶等；局部暖和的地方，还可考虑八角；西北山原上大力发展核桃。果品重点发展柑、橙、柚类；南部还可考虑龙眼和荔枝。

在上述一些常绿阔叶树中如蚬木、金丝李、刺栲、木莲、小叶红豆、红苞木、马蹄荷等早年要求庇荫的，最好先用喜光先锋树种造林，达到一定郁闭后，再行林冠下造林。如果直接造喜荫的阔叶树或在石灰岩山地营造阔叶树，切忌炼山造林。

3. 桂东山地丘陵刺栲林厚壳桂林马尾松林区①

本区位于广西的东部，南和北面为带和地带界，东与广东省相接，西界到广西弧东翼以及弧顶的内缘。包括桂平、藤县、平南、苍梧、岑溪、容县、贵县、梧州市的全部，贺州、昭平、蒙山、金秀的南部以及北流横县的部分地区。土地总面积 299.47 万 hm^2。

本区地貌大体上由 3 部分构成，中部为郁江—浔江河谷区，为开阔的冲积平原，河谷南岸则多白垩系紫红色砂、砾、泥岩台地；上中段有部分的石山孤峰残丘和石芽地；下段自藤县以东、浔江切丘陵而过，成为峡谷，间有一些台地。地势西高东低，海拔高度低于 50m，从河谷区向南北两侧，上升为丘陵山地。北部主要属于广西弧顶和东翼及其反射弧，从西往东，有镇龙山、莲花山、大瑶山南段及蒙江、桂江、贺江下游山地。地层以寒武系和泥盆系砂页岩为主，西段一般为海拔 500～1 000m 的低山，部分为中山，最高峰是大瑶山的圣堂顶，海拔 1 978m；东段的桂江、贺江下游下降为丘陵，间有低山。南部山地属于云开大山和大容山，基岩为寒武系奥陶系变质岩，而大面积出露花岗岩、花岗片麻岩和片麻岩，一般海拔 200～500m，最高峰只有 1 250m 左右。此外，在东南部还间杂有不少的老第三系红层丘陵。北流到容县一带，有小片的石灰岩峰林。

本区临近海洋，受东南季风影响较大，南面山地海拔不高，台风影响也大。同时北部山地海拔较高，一方面可以拦截东南季风，另一方面又可多少减弱冷空气的影响，因此，本区是本地带常风较大，热量和降水量最丰富的一个区。低平地区年平均气温一般大于 21℃，稳定通过 10℃的年积温高于 7 000℃。年降水量一般在 1 500～1 800mm，旱季只有 2～3 个月（11 月或 12 月～次年 1 月）。北部大瑶山一带，年降水量超过 1 800mm，迎风坡的罗香竟达 2 500mm，是广西多雨中心之一，基本上没有旱季。最少的是背风谷地区的横县、藤州，年降水量只有 1 400mm 左右。

---

① 执笔人：苏宗明，莫新礼

本区绝大部分是酸性土壤，地带性土壤为赤红壤，海拔 700m 以上为山地黄壤。此外，中部的河谷平原还有部分的冲溃土。容县到北流一带有小面积的石灰土。

本区原生性天然林在中部河谷平原及丘陵地区已尽遭破坏，仅残存于山地，而以北部大瑶山地区保存较好，面积较大。地带性的季雨林化常绿阔叶林以刺栲（红锥）林、细刺栲林、青钩栲林、黄果厚壳桂林、厚壳桂林为代表，一般见于海拔 800m 以下的地区。而在海拔 400m 以下、环境条件优越的沟谷两旁，还常见橄榄林、香港坚木林、紫荆木林、柄果木林、海南山竹子林，肖榄林等。在海拔 800～1 300m 为山地常绿阔叶林的范围，主要由白锥林、甜锥林、罗浮栲林、大鳞石栎林、荷木林、银荷木林组成，北部山地还常见有铁锥栲林、硬叶栲林；南部山地，红润楠林也是山地常绿阔叶林常见的类型。海拔 1 300m 以上的地区为中山针阔混交林，仅见于北部山地，由长苞铁杉、金毛石柯林和短叶罗汉松、红岩杜鹃林组成，南部山地地势低不见分布。山顶杜鹃林由红岩杜鹃林、南华杜鹃林、变色杜鹃林组成，虽然南、北两部山地均有分布，但北部山地一般见于海拔 1 500m 以上的山体，成亚矮林状态；而南部山地由于常风特大，沿着山脊，其分布的下界，可低至海拔 700m，成灌丛林状态。

次生天然（或半天然）林全林区都有分布，而以丘陵地区为普遍。面积最大的是马尾松林，以铁芒萁－桃金娘＋余甘子＋黄牛木－马尾松林最常见，在郁江—浔江谷地以南铁芒萁－桃金娘＋岗松－马尾松也有分布。北部山地海拔 500～800m 的地区，马尾松林下灌木层过渡为以乌饭树、南烛、檵木、映山红等占优势，但还有桃金娘等热带种类，而到海拔 800m 以上地区，这些热带成分一般已不复出现。其他的次生天然林还有黧蒴栲（*Castanopsis fissa*）、椆木林、华栲（桂林栲）林、枫香林、拟赤杨林以及沟谷两旁间有的锈毛山龙眼和鸭脚木林。此外，南部山地还有火力楠林，北部山地还有细枝鹅耳枥（*Carpinus viminea*）林，分别表现了本林区南、北两地向北热带和中亚热带过渡的特征。

人工用材林以杉木林和竹林为常见。本区杉木虽不是广西的主要产区，但种植尚较普遍，主要分布在北部地区的罗香乡、紫荆山林场。一般在丘陵地生势差；在低山区生长尚好，而南部迎风面上，常风特大，如在大容山也长不起来。竹林虽然小片，但很普遍，多集中于中部地区及村庄，河流两旁。本区的竹林为丛生竹类型，常见有粉单竹林、青皮竹林、吊丝竹林、簕竹林、撑篙竹林。此外，近年来对优良的阔叶用材树种，如刺栲、火力楠、米老排等已进行小面积的种植，效果良好，生长速度尚快。

经济林主要有肉桂林、八角林和油茶（中果茶）林，千年桐林也有少量分布。其中肉桂林是本林区代表性类型，也是广西的主产地，八角则是引进的，生长发育正常，产量仅次于桂西南。

果品种类及果园都不少，也比较著名。有黄皮、柑、橙、柚等，其中沙田柚久已驰名国内外。也有热带性的荔枝、龙眼、蕉类、乌榄等，但这些种类多见于郁江—浔江以南的地区。

本区人口稠密，开发较早。原生性天然林占的比例很低，即使是次生天然阔叶林也遭到严重的破坏，大面积退化为马尾松次生天然林或半天然林，这和它对当地生境适应性强、用途广泛以及当地松脂工业的需要有关。一部分通过生产活动，建成各种人工林和果园。这些次生林再经反复破坏，便退化为灌丛以至草丛。随着破坏的程度和生境的不同，灌草丛的群落类型也有差别。

灌丛普遍分布的是桃金娘或余甘子占优势的群落，郁江—浔江谷地以南，岗松群落也较常见。北部地区海拔 800m 以下的地方常见桃金娘与乌饭树、南烛、檵木群落。海拔 800m 以上的山地，则常分别由木姜子、盐肤木、南烛、枫香、黄杞、白锥组成灌丛的优势种，其实多数的种类属于乔木，经过反复樵采，萌发为灌丛，如停止干扰便可发展为森林。海拔 1 300m 以上的山地，以箭竹类型、杜鹃类型为代表。此外，此流到容县之间的石灰岩石山，灌丛则由另一类喜钙的植物如青檀、广西巴豆、斜叶榕和红背山麻杆、浆果楝组成。灌丛再经破坏便退化为草丛，河谷区的台地和丘陵以及南、北两部的丘陵地带，植被破坏严重，土壤比较干旱瘠薄，草丛一般由蜈蚣草、华三芒（*Aristida chinensis*）、刺芒、野古草群落和金茅、野香茅群落组成，除北部丘陵外，鹧鸪草群落也较常见。水湿条件较好的地方，多以铁芒萁群落为主。南部和北部的山地，则主要由野古草、金茅或纤毛鸭嘴草，五节芒、铁芒萁、白茅等分别组成草丛的优势种。

本区森林覆盖率达 41.5%。宜林地已无多，森林比例还是高的。木材蓄积量为 3 410.55 万 m^3，绝大部分是松树，杉木比重低，原生性天然林的蓄积量更低（表 12-7）。但蕴藏着丰富的树种资源，珍稀的有格木、小叶红豆（紫檀木）、南华木、穗花杉、长苞铁杉等。属于国家保护植物，还有不少值得发展的速生优良树种。竹林不少，故本区编织业历来就发达。林副产品也多，除前面所列栽培外，还有大宗的松脂，紫胶也不少。经济植物方面，有名贵的芳香植物灵香草，药用植物有珍贵的马尾千金草和短萼黄连（*Coptis chinensis* var. *brevisepala*）、黄柏、光滑丁公藤、瑶山丁公藤（*Erycibe sinii*）、瑶山金耳环（*Asarum insigne*）、瑶山常山（*Dichroa yaoshanensis*）以及甜料植物甜茶悬钩子（*Rubus suavissimus*）和罗汉果等。茶叶的产量也很大，以贵县的覃塘毛尖、桂平西山茶称著。

表 12-7 桂东林区森林资源一览表

森林总面积（万 hm^2）	覆盖率（%）	森林总蓄积（万 m^3）	其中 天然林 面积（万 hm^2）	天然林（%）	马尾松林 面积（万 hm^2）	马尾松林（%）	人工林 面积（万 hm^2）	人工林（%）	灌丛 面积（万 hm^2）	灌丛（%）	草丛 面积（万 hm^2）	草丛（%）
124.15	41.5	3 410.55	6.67	5.4	103.2	83.2	13.63	11	3.33	1.1	42.67	14.3

注：①灌丛和草丛的%指占林区总面积的%

②灌丛和草丛的%指占林区总面积的%

至于经济动物资源方面，有属于我国特有、广西特产的世界稀有珍贵的鳄蜥，有营养价值甚高的大鲵。其他还有黑熊、水鹿、麂子、林麝、穿山甲等。较大型的经济鸟类主要有白鹇、环颈雉、锦鸡、毛鸡等。主要森林益鸟有啄木鸟和杜鹃。

本区中部为广西最大的平原台地，是广西粮、糖及其他经济作物重要产地，但也应利用四旁及荒芜台地植树造林。两侧丘陵及山地主要为林用地。本区热量和雨量较同地带的别的林区优越，对于各种喜暖、喜湿润的林木生长发育是很适宜的。但南部山地常风特大，对林木生长不利；再则岩层多属花岗岩类，风化壳厚而含砂粒多，土壤松散，在植被破坏的情况下，水土流失严重，甚至坡塌山崩。因此应注意营造保土林。北部大瑶山水源灌溉着山下广大良田，应作为重要的水源林区经营。至于其他地方，宜以用材林为主，并适当发展经济林及果园。本区人口稠密，宜林荒山无多，应尽快迅速绿化起来，并逐步转向集约经营，提高森林生产力。现就要注意的问题，提出如下意见：

①本区原生性常绿阔叶林残留很少，从涵养水源、种子库、基因库以及科研的需要，应立即停止采伐，加强保护。而大面积的马尾松林是当前木材生产的主要对象，要注意合理利用，保证良好的更新。采用皆伐，应保留足够的优良母树进行下种；“拔大毛”会影响森林的质量和产量一代不如一代。本区又有广西最大的松脂厂，宜因势利导，建立松脂、浆粕原料和薪炭材基地。对现有松林，特别是疏林，可用阔叶树如椆木、火力楠、刺栲等，进行林冠下造林，建成复层混交林，这对促进松树的生长，提高森林生产力，保持水土，减少松毛虫为害大有好处。

②今后人工林宜重点发展喜暖喜湿润气候的当地树种，但随着垂直带及生境的变化，又要分别对待。在中部河谷平原台地区及其余低平地方，着重发展柚、橙等果树，除北部外，还可考虑荔枝、蕉类、榄类等热带性种类。沿河两岸以丛生竹类为主。薪材缺乏的地方，可用椆木、台湾相思、柠檬桉等营造薪炭林，进行矮林作业。石芽地及孤峰残丘可考虑酸枣、青檀。丘陵山地区，海拔800m以下，经济林重点发展肉桂，次为八角、千年桐和油茶。用材林可选刺栲、火力楠、荷木、黄果厚壳桂，厚壳桂、樟木和椆木。海拔800m以上经济林以茶叶、油茶为主；用材林可采用栲树、小叶红豆、香花木和木莲。至于杉木，可着重在北部山地造林，作为提供本区的杉材基地，宜林地宜选在海拔600～1 000m；在南部可选择避风以及水肥条件较优越的小环境栽培。北部海拔1 300m以上的山地，可考虑长苞铁杉、广东松、福建柏、金毛石柯、铁锥栲。南部山地常风特大的地方，宜选择抗风性强的树种。目前试验的柳杉可继续进行。此外，厚叶红淡、光叶柯等土生的常绿阔叶树种，也可试种。

③大瑶山作为重点水源林区来经营后，除严格封山育林并大力进行荒山造林。树种选择一般应以阔叶树为主，针叶树为辅。阔叶树应以常绿为主，同时注意搭配一些落叶种类，如檫树、紫树、拟赤杨等，以加速生物小循环，形成良好的落叶层，有利于改良土壤，提高涵养水源的能力。

④在南部花岗岩区，土壤受到侵蚀的地方，要营造保土林，首先选择台湾相思和银合欢等耐干旱瘠薄的先锋树种或木本绿肥树种如毛蔓豆，进行密植造林，目的先把裸地覆盖，逐渐改善生境。之后，再行考虑目的树种。在造林整地时，以挖鱼鳞坑为好，切忌全垦造林。

第十三章

热带雨林季雨林带

北热带季雨林地带[①]

本地带西南与越南为邻，南濒北部湾，北接南亚热带。包括钦州地区以及梧州、玉林、南宁、百色等地区南部。按广西北热带仅处在北部，南界不在广西境内。

本地带西北部为靖西石山山原山地，地势最高，海拔1 000～1 300m，少数高峰1 500m以上，广泛分布上古生界碳酸盐岩构成的峰丛峰林，中下三叠系砂页岩山地错杂其间，山原南缘为西大明山中山。

向南地势陡降，为右江峰林盆地，主要为上古生界碳酸盐岩和中下三叠统砂页岩和灰岩，高度一般由盆地向石山中心递增，可达400～500m，至于砂页岩则形成丘陵，西缘为大青山，海拔高1 236.4m，各时代地层中均有火山岩为其特征。

左江流域往南，进入十万大山范围，当地是长期断陷区，燕山运动才升起成陆，为单斜中山，南陡北缓，峰顶线海拔1 000m左右，最高峰莳良岭海拔1 462m。顶坡以三叠系扶隆组为轴，自此以下，北坡遍布侏罗系砂页泥岩；西北边为公母山，地层与十万大山同，而与其中段及西段构成弧形；北缘为丘陵谷地，如上思至宁明的明江谷地，主要为第三系邕宁群地层。十万大山南坡全缺侏罗系地层，大面积出露花岗岩，沉积岩零星小片，稍见二叠系沙砾泥岩。

十万大山以东为钦州断陷，西南半部直至海滨，几全为下古生界志留系岩层构成丘陵台地平原，西海岸前缘及钦江谷地则出现狭带状的株罗系地层；东北半部主要为印支期花岗岩六万大山中山，最高峰葵扇顶海拔1 115m，向四周降低为低山丘陵。

---

① 执笔人：李治基

地带的东侧为云开大山余脉，丘陵起伏，稀见零星低山，地层以下古生界变质岩和加里东花岗岩及混合岩为主，南去海滨，地势逐渐下降为台地平原，由白垩系红层和第三系邕宁群、第四系沉积层构成。

广西东南部河流众多，以南流江、钦江为主，在入海处分别形成三角洲，以南流江最发达，面积 500 多 km^2，为重要的农耕地。

地处热带北部，热量丰富，但仍受寒潮影响，虽然远道而来，已成强弩之末，但在大寒潮侵入之后，经强烈辐射，可出现短暂的朝露。低平地方年平均气温一般为 22～23℃；最热月平均温度 28℃左右，夏长 7 个月；最冷月平均气温 13～15℃，无冬季。累年极端最高气温从东部的 37～38℃，增至西部的 40～42℃以上。累年极端最低气温平均值 2～－5℃，东部极值为 1～3℃，而寒潮通道的南流江口的合浦为－0.8℃，负值出现的频率为 15%；西部低平地方均位于寒潮通道的河谷盆地，当大寒潮入侵后，多晴朗无风，辐射强烈，发生逆温现象，普遍出现负值，频率为 10～20（30）%，极值为－0.5～－2℃，这些数值不足以反映坡地特别是偏离寒潮通道坡地情况，根据过去橡胶越冬的观察，从谷地向上，寒害的严重度在一定的海拔内呈同心环带状随相对高的增高而递减，反映出坡地反而较暖。日平均气温≥10℃的日数为 330～360 天，年积温 7 600～8 300℃。东部年降水量一般在1 600～1 800mm 以上，十万大山迎风坡多于 2 800mm，西部背风河谷少至 1 100～1 200mm，山原又增至 1 300～1 600mm；从水热系数鉴定，气候类型自东向西由湿润乃至潮湿经过半干燥过渡为半湿润、湿润类型。雨季由东部的 6（7）个月，向西部减至 5 个月，旱季由 3 个月增至 5 个月，西部干湿季交迭比较鲜明。东部常风较大，台风影响严重，年平均风速为3m/s 左右，西部则多在 1～2m/s 以内，在峰丛石山及山地每多静风小环境。

本地带的土壤随着纬度、海拔、基岩的不同，颇多变化，地带性的土壤为砖红壤、赤红壤，前者分布面积不大，局限北纬 22°以南局部沿海地区的台地平原丘陵，在砂、砾岩丘陵上，因植被长期遭受破坏，土壤流失，土层浅薄，多砂砾，为砖红壤性土；而广泛分布的为赤红壤，主要见于丘陵、盆地及河谷的台地平原，海拔 500m 以上过渡为山地红壤、黄壤，黄壤的下界约为 800m，这些土壤均发育在酸性基岩或母质上，酸性或较强酸性反应。在高温多雨的气候作用下，风化壳较厚，特别是在东部，一般可达 1m，在花岗岩地层上可厚至 10～30m。土壤质地较松，多为砂质和砾质土，在利用上必须注意防止土壤冲刷。在西部广大的碳酸盐岩地层上，发育为各种石灰岩土，其中黑色石灰土多零星分布于地体水经常充足的石山山麓。岽谷的底部，土层较深厚，有机质在土壤中大量积聚；在海拔 500m 以下的低峰丛峰林石山上，在炎热半湿润的气候作用下，则发育为褐色石灰土；海拔 500m 以上，气候温凉湿润，石山上的土壤为棕色石灰土。虽然石山上土壤稀少浅薄，但结构良好，有机质以及速效性养分，氮、磷、钾的含量均较当地的酸性土为高，钙含量特别丰富，为微酸性至微碱性，在原生林下的土壤，往往缺乏石灰性反应，属于淋溶石灰土。此外，在海滩上有沙土；在浅海湾及滨海的潮间带为红树林沼泽土，属于盐渍土性质。

本地带主要属于古热带植物区，马来亚植物亚区北延部分的中越植物区系[13]（北部湾植物地区)[9]。据统计，在石灰岩性雨林中，植物分布区类型组成，以热带分布区类型占绝对优势，为总种数89%，随着海拔的增高可降低至69%；其余为亚热带分布区类型，偶见有个别北温带成分，虽然这些种类种群数量少，在群落中并不占优势，但从种类成分反映出季雨林的热带色彩在热带北缘的广西境内有所减弱。这还表现在严格的热带科的属种大为减少，例如龙脑香科在东南亚属种繁多，是它分布中心，而本地带内，广西仅有3属4种，除青皮（*Vatica mangachapoi*）外，狭叶坡垒、擎天树、广西青皮均产于本区系，又如肉豆蔻科也只有2属3种，其中小叶红光树也局限于桂西南。特有属种多，除上述外，还有蚬木、肥牛树、东京桐、马兰木、条隆胶、蝴蝶果、任豆、梭子果（*Eberhardtia tonkinensis*）、金丝李、多种金花茶等，其中不少是单种属或寡种属。此外与邻近地区特别是南海植物区系有密切关系，因为海南岛是在第四纪时才与大陆分开，因此两地共有的特有种较多如海南椴、青皮、海南风吹楠、海南蒲桃、海南大风子、长叶山竹子等，近年来在广西还发现钩枝藤、保停柿（*Diospyros potingensis*）；红树林的联系更为密切，虽然广西种类较少，仅22种，均见于海南。至于西部热带林建群种如大药树、千果榄仁等也分布到本地；属于滇缅泰植物区系的八宝树、火把树、泰九节、泰苏铁、剑叶龙血树、云南白桐（*Mallotus yunnanensis*）、云南大沙叶等也出现在桂西南，此外和远离的大洋洲，非洲热带也有微弱的联系，前者如多香木、山龙眼、紫荆木、岗松、桃金娘、黄叶树，后者如厚皮树（*Lannea grandis*）、木棉、乌檀、鸦胆子（*Brucea javanica*）、榕属、露兜属、白藤属、藤黄属等。至于山地季雨林化常绿阔叶林及常绿阔叶林，则多中国—日本植物亚区南部湿润森林植物区系的成分，间有中国—喜马拉雅种类。

低海拔的天然阔叶林由热带科组成，有橄榄科、大戟科、楝科、无患子科、椴树科、梧桐科、桑科、豆科、山榄科、番荔枝科、桃金娘科，此外还有龙脑香科、肉豆蔻科，建群种繁多，主要属于蒲桃属、割舌树属、火焰花属、任豆属、肥牛树属、东京桐属、核实属、闭花木属、望天树属、坡垒属、梭子果属、紫荆木属、风吹楠属、山竹子属、榄属、蚬木属。红树林的建群种有红树科的红树属、秋茄树属、木榄属以及紫金牛科的桐花树属、马鞭草科的海榄雌属、大戟科的海漆属。山地垂直带谱上参与建群的，与亚热带常绿阔叶林颇多相同，主要属于栲属、青冈属、润楠属、樟属、荷木属。

随着水热条件的结合，地貌与基质的不同，森林类型及其组合在地带内的变化是复杂的，大体上在十万大山及其以东，气候湿润以至潮湿，地带性森林为常绿季雨林、季节性雨林[15]（常绿季节林）[16]，在低山尚有残留；低丘台地上已尽遭破坏，但在村旁为防风保护下来的小片残林，不论从外貌、结构、组成，均反映出当地森林的本来面目。在潮湿的沟谷，分布着湿润雨林，海湾及潮间带广泛分布着红树林，由于樵采、多呈灌丛状，而在保护良好的地段，则发展为小乔林，树高达7m，胸径23cm。在十万大山以西为半干燥区，丘陵低山分布着半常绿季雨林；河谷更较干热，出现落叶季雨林，在干扰频繁地段，则呈散树草原状；但在大青山一带，气候较湿润，又出现常绿季雨林。在西部广大的碳酸盐岩地区，低峰林分布着石山半常绿或落叶季雨林；峰丛石山气候为半湿润以至湿润，圆筒地深狭，群峰相互掩映，旱季多雾露，一般坡地上为石山常绿季雨林[14]所占据，上部则为石山半常绿季雨林，谷底及边坡，空气湿度大，地体水分充足，可出现湿润雨林，这些森林都是由喜钙耐钙的成分所组成。在常态侵蚀地貌的垂直带谱中，完全缺乏山地常绿落叶阔叶混交林，海拔约700～800m以上则过渡为山地季雨林化常绿阔叶林，1 000m以上为山地常绿阔叶林，随着纬度北移，它们的下界有所降低；在溶蚀地貌上相应出现石山常绿落叶阔叶混交林，在陡峭的山顶、山脊上，地体水贫乏，时而可见旱生性强的广东松、短叶黄杉针叶林。本地带已属于马尾松林分布的南缘地带，由于天然下种能力强，分布普遍；但除背风的低山高丘外，低平地方特别是在常风大的东部，生长不良，干形不端，低矮；林下灌草层除岗松、桃金娘、鹧鸪草等占优势外，有更多的热带成分，如大沙叶、肖婆麻（*Helicteres hirsuta*）、细叶谷木（*Memecylon scutellatum*）、假轮叶厚皮香；乔木层散生有红鳞蒲桃、紫荆木、两广梭罗（*Reevesia thyrsoidea*）等热带成分。在沿海地区偶可见南亚松组成的天然热带针叶林。杉木已很少栽培，零星小片分布于山地上，易衰老，难成大材。人工用材主要为桉类，尤以滨海低丘台地有大面积分布。竹林为热带丛生类型，在沟谷间有野生的藤竹和泡竹，至于散生型的毛竹已无栽培。经济林多八角主产于十万大山西北，肉桂林多见于十万大山沟谷区；其他油料林有大果油茶、千年桐。过去曾大面积引种赤道无风带的橡胶，一般年份可安全越冬；但每隔一定年份，大寒潮南侵，除南部屏障良好且冷空气易于排泄的局部地段外，寒害严重，西部以平流强辐射寒害为主，东部则多连绵阴雨低温的平流寒害，气候的恶性循环，限制了它的发展。

果园以热带型为主，在地理分布上，东西部之间多少有差别，如喜湿润气候的荔枝，主要分布于东部，西部很少栽培。而旱生性较强的龙眼在西部占有重要地位。杧果、扁桃在西部也较多，花期适应当地多晴朗天气，产量较稳定；而在东部每遇阴雨低温天气，华而不实，座果率低，产量不稳定。此外，亚热带的柑橙类也不少，在集约经营下，产量也高，质量则不及亚热带产区；但在高温作用下，有利于果熟期缩短，可提早供应市场。本地带森林地理分布及其类型的组合，反映出东西部有明显的分异，其间以十万大山为“分水岭”，可分为两个林区。

1. 桂西南石山山地丘陵蚬木林八角林区①

本区位于广西的西南部，东南与桂东南林区相连，西南为国界，西与云南交接，北为地带界。包括南宁、百色两地区南部（横县除外），上思县西北部，总面积约429.08万hm^2。

全区地势南北高、中间低，西边高，东边低。境内以喀斯特地层发育而成的石山地貌占优势，大体上左江流域及其以北的广大范围，主要为泥盆系至三叠系的碳酸盐岩构成的地层，左江谷地地势低平，自西向东从海拔120m降至80m左右，两侧主要为峰林石山，海拔高约250～500m；而上游的南部，龙州至崇左间，间有流纹岩构成的丘陵和大青山山地，主峰高达1 200m以上。自西大明山—恩城—硕龙以北，进入石山山原区，以中、高峰丛峰

① 执笔人：苏宗明

林石山为主，并穿插有三叠系砂页岩（或杂有泥灰岩）以及小片的花岗岩（龙鸦岭、靖西南缘、那坡西北缘）和星散的寒武系砂页岩（西大明山）发育成的山地（土山）。地势自南向北升高，南面山峰一般 500～900m，个别高峰超过 1 000m（泗城岭、西大明山）。北面类似高原，平地海拔 700～800m，顶峰面 1 100～1 200m，最高峰可达 1 500～1 600m 以上。本区南部即自左江流域以南，基岩主要为侏罗系砂页岩和白垩系红色岩系，明江谷地多为第三系砾岩、砂岩、黏土岩所覆盖，个别地段（伏波山）有小片花岗岩出露，地势向南增高，由丘陵过渡为十万大山山前低山。山峰高度一般海拔 900m 以下，但西缘为西北—东南走向的公母山，主峰高达 1 400m。本区东北边缘为低平的右江和邕江谷地以及南宁盆地，自西北向东南倾斜，平地为 70～170m，主要为第四系红土和近代河流冲渍物，第三系的碎屑岩和三叠系砂系岩发育成的平原、台地和丘陵，间有零星的古生代灰岩构成的石山孤峰、残丘。

本区地形比较闭塞，受海洋季风影响较弱。南宁盆地东面低平，成为冷空气入侵的缺口，与同带的桂东南林区相比，雨量偏少，夏季较热，冬季较冷。河谷地区年平均气温一般在 22℃左右；最热月平均气温都在 28℃以上，百色最热，达 28.6℃；历年极端最高气温极值大于 40℃，百色则高至 42.5℃；历年极端最低气温出现 0℃以下的低温的频率可达 30%，极值多在－1～－2℃，特大寒潮南侵的 1955 年冬，在冷空气易进难出的龙州盆地，曾下降到－3℃，比其他地方还低，这是极个别年份的特殊现象。明江、左江、右江河谷，年降水量只有 1 100～1 200mm，水热系数在 1.5 以下，属于半干燥的气候类型。山原上逐渐变为凉湿，天等县海拔高约 400m，年平均气温，最冷月平均气温、最热月平均气温比河谷地区低 1℃以上，但历年极端最低气温极值为－1.0℃，比寒潮通道上的河谷还高；年降水量为 1 400mm 以上，水热系数接近 2.0，属半湿润的气候类型。靖西城海拔约 740m，各项温度平均值大为降低，但极端最低气温平均值仍在 0℃以上，极值也在－2℃以上，冬无奇寒，夏无酷暑，四季如春；年降水量 1 600mm，水热系数 2.3，属于湿润的气候类型。各地雨季都为 5 个月（5 月至 9 月）；旱季长达 5～6 个月，干湿季交替明显。空气湿度较大，年平均相对湿度多为 78%～81%，石山地区春秋多雾露，多少可以缓和旱象。

本区发育在砂页岩及其它酸性基岩上的土壤有赤红壤、红壤和黄壤，均呈酸性至强酸性反应，pH4.5～5.5 以下，土层一般较桂东南区浅薄。赤红壤广泛分布于丘陵台地上，常常由于植被破坏严重，一般肥力低。红壤和黄壤是垂直带的土壤，红壤分布在海拔 800m 以下的地方，以上过渡为黄壤。在碳酸盐地层的地区，主要有褐色石灰土和棕色石灰土，土壤浅薄，且随着坡位向上覆盖率明显降低，大多为露岩。此类土壤含钙量高，有机质以及速效性氮、磷、钾含量都较同地的酸性土为丰富，微酸性到微碱性，pH6.5～7.5，在林下，往往缺乏石灰性反应，属淋溶石灰土。其中褐色石灰土分布在海拔 600m 以下，以上则过渡为棕色石灰土。

本区自然环境复杂，又处于北热带东部向西部过渡的位置上，天然林类型和组成是很复杂的，有土山和石山的类型，这两种类型中，除有代表本地区的类型外，还有一些过渡的类型。所以，与桂东南林区有很大的不同。

在石山地区，海拔 700m 以下的低峰丛、峰林石山的中下部，原生性植被常以蚬木为标志的季雨林占优势，共建种随地位而发生变化，在下坡主要为金丝李、网脉核实；在地形比较闭塞的圆岗地的中下坡，共建种可为肥牛树所代替，甚至出现单优的肥牛树季雨林；在开朗的中坡蚬木林的共优势种则为黄梨木、闭花木、铁屎米等耐旱的种类。在上坡及山顶，由于生境干旱，常见山胶木，铁屎米、石山山竹子（*Garcinia bracteata*）为主的群落，有时出现广东松、短叶黄杉组成的针叶林，均呈矮林的状态。而在峰丛石山的崖谷，局部水湿条件优越，则有沟谷雨林的分布，常见的代表种有海南风吹楠，广西樗树，人面子等，或出现东京桐或火焰花为单优种的类型，有时还可见到过去以龙脑香科的擎天树巨树为标志的雨林的遗迹。

山原南部，约海拔 450～750m，比较普遍分布的为蚬木、石山樟林，或石山樟单优林，由于海拔及纬度较高，较严格的热带成分如密花核实、海南大风子等则很少出现以至绝迹。山原北部随着地势升高，蚬木林已失去优势地位，在海拔 750m 的开朗地上仍有分布；森林的共优种主要为海南栲、青冈栎，热带种类大为减少。在此海拔范围内以及更高的石山上，典型植被已过渡为青冈栎、台湾栲（*Castanopsis formosana*）、朴类为优势的石灰岩石山常绿落叶阔叶混交林。

次生林的类型也较复杂，但均呈小片零星分布，石山下部常由任豆、桄榔、顶果木、大果牡荆（*Vitex tripinnata*）等分别组成单优次生林。山坡常见的优势种有截叶翅子树、闭花木、茶条木、山黄皮等。在居民点附近有时可见到蚬木纯林，这是在天然更新后，经过除伐形成的。海拔较高山原，常见为香椿、菜豆树、水冬瓜、酸枣组成的次生林。

在河谷、槽谷的石芽地上，特别是左江、右江和明江两岸，普遍分布着木棉次生落叶季雨林，郁闭度低，在干扰频繁处，常呈孤立木分布，灌草层多为耐干热的成分，颇富稀树草原的风光。

在砂页岩及其他酸性基岩构成的山地丘陵，则为另一类性质不同的植被。海拔 700m 以下，地带性的季雨林，由榄类、米老排、梭子果、小叶胭脂木或箭毒木、人面子、榄类等组成共建种；此外偶见的小叶红光树、风吹楠林，而在沟谷地带，则有湿润雨林分布，如火焰花、白颜树、大叶山竹子林；在钙质砂页岩及泥灰岩出露的地段，则出现擎天树、海南风吹楠、三角榄沟谷雨林。海拔 700～1 000m 的山地及山原，过渡为具季雨林成分的山地常绿阔叶林，如纳槁润楠林、刺栲林、东京栲（*Castanopsis tonkinensis*）林等。海拔 1 000m 以上，则出现以栲树或细枝栲为优势的山地常绿阔叶林。这些原生性森林残存是不多的，而广泛分布的则为红荷木、枫香等喜光树种组成的次生阔叶林，它们多呈小片出现。在台地、低山上，林中和林下多热带的种类，如海南蒲桃、糖胶树（*Alstonia scholaris*）、小盘木、余甘子、桃金娘、大沙叶等，具有季雨林的性质；在海拔约 700m 以上的山地或山原上，有水锦树、假吊钟、山柳、南烛等，其中多属亚热带的成分，反映出亚热带阔叶林的特征。在右江及左江谷地的干热山坡上，还有栓皮栎、麻栎组成的落叶阔叶林。在河谷可出现中平树、秋枫、火果（*Baccaurea ramiflora*）组成的小片次生雨林。高山榕借助支柱根不断扩展，独树成林的现象时有所见，在西部那坡百南河谷尤较普遍，此外在当地开朗的溪谷，还可见散生的八宝树丛，这是此类次生林经破坏后遗留的残痕。山原的北部还有西桦林、旱冬瓜林、马尾松组成的天然或半天然针叶林也颇为普遍，明江谷地以南的丘陵低山有大面积的连片分布，当地年平均风速在 2.0m/s 以内，无风害，一般生势良好，干形端直，派阳山一带的人工林生长尤为迅速；林下灌木以油甘子，桃金娘占优势，在丘陵地上耐干热的针葵（*Phoenix humilis*）成为常见种；在干扰较少的地段，不少常绿阔叶树种侵入，有向针阔混交林发展的倾向。

人工用材林以杉木林和桉类林为主。杉木林在北部山原上生长较快，而在南部山地，早年生长还好，但 10～15 年以后急剧下降。桉类林以柠檬桉和窿缘桉生长良好。近年试种的阔叶用材林，如米老排、红木荷、火力楠等，生长也不错。石山上过去人工造林很少，近年龙州、天等已建立专门林场，营造蚬木林；德保县人工营造的狗骨木林，生长尚好。人工竹林主要分布在沿河两岸，以簕竹林为常见，其他还有粉单竹、撑篙竹、大麻竹等。

经济林以八角、油桐、油茶为主。广西是八角的主产区，一年两熟，冬造为主。油茶林在南部多为大果茶，山原上则为中果茶。油桐林在低平处以千年桐为主，三年桐因干热气候影响易于衰老，在山原上才有较多栽培。此外，隆安一带还多板栗林，为广西南部的主产区。天等、隆安、大新等县的石山，间有零星小片的头木截枝更新的肥牛树饲料林。

果类以热带种类为主，常见的有龙眼、榄类、扁桃、香蕉、木菠萝、凤梨（*Ananas comosus*）等；荔枝和杧果除局部地区外，较少栽培。亚热带的果类以橙为多，靖西大果山楂（台湾林檎）也不少。

虽然，本区森林类型丰富多彩，但覆盖率低，为 20.4%。由于滥伐、火烧、不合理的垦殖，另一方面石山区极少进行造林，致使广大地区的植被退化为灌、草丛，占土地总面积 55.5%。石山区大面积分布的石山藤刺灌丛，常以山海带为标志，由假鹰爪、斜叶澄广花、鸡爪簕为优势，在坡底干扰更严重的地方，常常出现番石榴单优灌丛。中部山原海拔 500～600m 以上，以圆果云实、云实、小叶楷木类型和红背山麻杆、黄荆、老虎簕、龙须藤等占优势。海拔 1 000m 以上，过渡为小果蔷薇、火把果、马桑等为优势的群落。此外，山原上还广泛分布着实心竹、浦竹子为优势的竹丛，特别在石峰上部较普遍。

在丘陵山地区，组成灌丛的优势种往往为原来林下的种类，如桃金娘、油甘子、大沙叶等；约 700m 以上则逐渐过渡为水锦树，假吊钟、山柳、南烛、映山红等占优势。在反复火烧和放牧地上，则退化为禾草草丛。广泛分布的有香茅、野古草草丛和四脉金茅、金茅草丛；在土壤冲刷严重的地段上，多为蜈蚣草、华三芒草丛；在过渡放牧的缓坡台地上竹节草、狗牙根草丛常见；撂荒地上为白茅草丛所占据；在左江和右江谷地的丘陵上南坡及西坡还多扭黄茅、龙须草草丛；在南部平南河的谷地两侧坡地及低丘陵上，还常见飞机草草丛。在山地或高原上，则以五节芒、石珍茅、蕨草丛为常见。

本区森林面积少，分布很不均匀，木材蓄积量仅有 1 826.25 万 m^3，和本区面积相比就显得太低（表 13-1）。但生物资源种类相当丰富，特有的种类不少。其中珍稀的树种有蚬木、金丝李、擎天树、广西青梅、华坡垒、紫檀木（小叶红豆）、格木、小叶红光树、紫荆木以及名贵的观赏植物几种金花茶等已纳入国家重点保护植物。此外，还有不少值得发展的速生优良树种。林副产品除经济林所叙述外，有木本饲料肥牛树；淀粉植物桄榔；油料植物蝴蝶果、榄类、油渣果、山枇杷和含 14 碳的海南风吹楠；药用植物安息香、广西马兜铃、弄岗通城虎、通成虎、砂仁、萝芙木、密花美登木；工业原料紫胶、白藤等。动物资源方面，有世界仅产于本区的，属于国家一类保护的珍贵动物白头叶猴，其他珍贵动物还有黑头叶猴（乌猿）、全白猴、熊猴；名贵药用动物蛤蚧和毛鸡；珍贵鸟类有冠斑犀鸟。其他的兽类还有鼬獾、巨鼠、红腹松鼠、林麝、麂，鸟类还有白鹇、鹧鸪等。

表 13-1 桂西南林区森林资源一览表

森林总面积（万 hm²）	覆盖率（%）	森林总蓄积（万 m³）	其							中						灌草丛	
			杂木林		马尾松林		经济林		桉类林		栎类林		杉木林		人工竹林		
			面积（万 hm²）	（%）	面积（万 hm²）	（%）	面积（万 hm²）	（%）	面积（万 hm²）	（%）	面积（万 hm²）	（%）	面积（万 hm²）	（%）	面积（万 hm²）	面积（万 hm²）	（%）
87.53	20.4	1 826.25	35.0	40	37.2	42.5	4.86	5.6	2.2	2.5	4.67	5.3	2.67	3	0.8	218.33	55.5

本区雨量偏少，热量丰富，而历年零下低温频率较高，极值也较低，对三叶橡胶的发展不利，但无碍于较耐寒的特别是北热带树种越冬生长，而且无风害，因此仍不失为发展热带森林资源的好地方，龙州和宁明的大青山地区，中国林业科学研究院已设置热带林业试验局，已划为实验基地，将对本区林业发展起着示范和推动作用。本区还残存有一些原生性森林，除已在龙州和宁明的石山建立了国家保护的弄岗和陇瑞自然保护区外，其余也应严加保护，特别是那坡国境边，保存更为完整，也宜划为保护区。对次生林及人工林的利用应严格控制在合理的范围，保证更新。本区大面积的石山荒山，造林难度大，但却有许多特有的珍稀植物能适应恶劣的石隙生境。龙州和天等专门建立石山林场，营造蚬木林，群众也有经验，实践证明石山造林是可能的；至于远山，刺灌丛密茂且有乔木侵入的地方，认真封山，也易于恢复森林。至于树种的选择和布局，在石山地区，用材林着重在蚬木外，还可考虑擎天树（峰丛石山谷地）、苏木、金丝李、紫荆木、海南风吹楠、海南菜豆树、海南椴和截裂翅子树、顶果木等；经济林宜发展鸡皮果（山黄皮）、蝴蝶果、榄类、桄榔、苹婆。在土山区，用材林宜大力推广米老排，还可选择紫荆木、小叶红豆、格木、华南坡垒、广西青梅、香梓楠、顶果木、梭子果、毛麻楝等，在泥灰岩出露的沟谷及下坡可种擎天树；经济林以八角为主，其他还有千年桐、安息香以及紫胶寄主树等。在比较干热的河谷，可考虑红木荷、西桦、柠檬桉、窿缘桉、海南蒲桃以及扁桃、龙眼及其他热带果树。海拔 700m 以上石山地区，宜发展香椿、菜豆树、吊丝竹、石山樟、海南栲、柏木、酸枣；经济林可考虑三年桐、板栗、核桃和靖西大果山楂。土山区宜发展马蹄荷、香花木、木莲、刺栲、广东白兰花、栲树。至于杉木主要安排在西北湿润的山原。经济林宜发展中果油茶、三年桐，

海拔 1100m 以下还可选种八角。

2. 桂东南丘陵滨海平原榄类林红鳞蒲桃林红树林区①

本区位于广西的东南部，南临北部湾、北为带界，西以十万大山中山西缘向东北沿着低山丘陵至横县西北的峦城连线为界，东与广东省相交，包括钦州地区的大部、玉林地区的南部和横县部分地区，总面积约 29 031.53km²。

本区丘陵台地广布，其次为河谷、盆地、海滨等平原。平原自南向北海拔高约 5～80m。虽有三列东北走向山地，但面积小，东列为天堂山余脉，中北部为六万大山，此两列山峰海拔多在 500～700m，六万顶也只 1 115m；西南缘为十万大山中山，但主峰莳良岭不过 1 462m，一般为 1 000m 左右。境内主要有南流江、钦江，与山地相间排列，西南流向，入北部湾。地层自东向西而递变，东部最古老，为寒武系、奥陶系砂页岩，小片零星散布，而大面积出露的为加里东期黑云母花岗岩、混合岩，西缘断陷带有泥盆系紫色砂页岩。中部及西部沿海及近海地方，为大片的志留系砂页岩；更往西至十万大山，经二叠系砂、泥、砾岩，过渡为三叠系酸性火山熔岩、凝灰岩和紫红色砂、泥岩；但中北、西北部及十万大山山前低山丘陵却出露广阔的印支期（后者间有小片燕山期）花岗岩类。钦江谷地及防城港海滨有侏罗系砂页岩。在原来断陷湖盆内，白垩系及老第三系红层较为普遍。合浦境内南流江及铁山港还有第三系白色、白灰色砾、砂、黏土岩。玉林盆地、南流江沿岸、钦江三角洲、防城江平以及合浦北海地方则有较大面积的第四系河流、海滨沉积。石灰岩极少见，零星散布灵山、玉林盆地及铁山港等地。

本区濒临热带海洋，山脉走向有利于海洋季风北上，却使寒潮易于侵入，虽然其势已大为减弱。年平均气温多在 22～23℃，稳定≥10℃的积温≥8 000℃。最冷月（1 月）平均气温 13～15℃，历年极端最低气温一般在 0℃以上，而特大寒潮南侵年份，偶可在钦州、南流江等寒潮通道出现短暂的负值。在海洋风的调节下，夏季最高气温又较桂西南林区低。最热月（7 月）平均气温 28～29℃，历年极端最高气温 37～38℃。本区夏季受东南季风、秋季受台风影响较大，年降水量 1 600～2 000mm 左右，位于十万大山迎风面可多达 2 800～3 700mm，成为广西最多雨的地方；但分配仍不均匀，每年雨季 6～7 个月，旱季 3～4 个月（11 月～次年 1、2 月），而此时仍多小雨，每月雨日 6～13 天，且空气湿度大，年平均相对湿度 80%～82%，反映在森林上，旱象不明显，仍以常绿的外貌越冬。本区风速较大，年平均一般在 2～3m/s 以上，夏秋间遭台风袭击，出现不同程度的灾害。

本区的土壤较为复杂，地带性土壤有两类砖红壤分布于合浦、北海沿海平原、台地，丘陵为山地砖红壤，范围狭窄；其余广大地区为赤红壤，山地有红壤和黄壤，黄壤的下界约为海拔 700～800m 以上，土壤全剖面均呈较强的酸性反应，pH4.5～5.5。非地带性土类有紫色土、盐土和石灰土。紫色土主要分布在玉林、博白和陆川等地，由老第三纪红层构成的丹霞地形上，土层浅薄，呈中性反应，磷、钾含量较高。盐土主要见于沿海海湾和河口

① 执笔人：苏宗明

汇合处，土壤含盐量高，表土一般呈微酸性反应 pH6.0 左右，底土呈中性或微碱性反应，pH7.0 以上。石灰土分布星散，出现在玉林、灵山的石峰；土层浅薄且覆盖率很低，微酸性至微碱性反应，pH6.5～8.0。本区岩层花岗岩类占据广大的面积，风化壳厚，达 5～10m 或更深，但含砂量大，土壤松散，易引起冲刷，必须合理利用。

本区极少天然杂木林，主要残存于十万大山，次为六万大山。组成种类多南海植物区系成分。从残存的林分片段看，本区典型的森林为含有海南风吹楠、见血封喉（*Antiari toxiaria*）等由榄类、红鳞蒲桃、海南山竹子、紫荆木组成的季雨林，十万大山海拔 700m 以下的地方还有山枇杷、米老排林，水热条件优越的沟谷，则以华南坡垒和黄梁木、海南风吹楠为代表的湿润雨林，有一些地段，林冠时为密茂的藤竹（*Dinochloa orenuda*）所攀，远望俨似竹林。海拔 800m 以上过渡为山地季雨林化常绿阔叶林，如刺栲林、纳槁润楠林。海拔更高的地方，则过渡为山地常绿阔叶林，栲树、细枝栲、罗浮栲等组成建群种或共建种。海拔 1 200m 以上的山顶，有杜鹃矮林的分布。此外，面积不大的石灰岩山地，偶可见零星的黄葛榕、榕树、红楝子林。

热带海岸特有的红树林，过去本区防城、钦州、合浦一带海岸潮间带有大面积的分布，且成小乔林，由于滥伐特别是围海垦涂，现在已大为减少，且多呈灌丛状。由于位于北热带，红树林组成均较简单，共有 22 种。类型也较少，其中海榄雌，为红树林的先锋树种，在低潮带，粉砂成分较多处首先成林；在河流出口处，河水扩散所及的地段常为桐花树林先占据；此外，常见的还有红海榄林、木榄林，个别地段则出现秋茄树林，均生长在淤泥聚积的海滩，而在特大潮汛或风潮才漫溢的高潮线上下，则有海漆半红树林。

本区次生阔叶林也很少，在丘陵山地常由亮叶猴耳环、亮叶杜英、枫香、鸭脚木和黄桐等组成；保存较好的地段，出现榄类、刺栲、八角枫、鸭脚木等以及由黄杞、亮叶猴耳环、海南蒲桃、海南山竹子、细枝栲等组成的次生林，面积都不大。低丘台地平原上，天然阔叶林已基本绝迹，只在村旁时可见到残留的红鳞蒲桃林及榄类林片段，反映出这些地方原来也曾为季节雨林所占据。

本区占绝对优势的森林为半天然或天然的马尾松林，不论阶地、台地、丘陵和山地都有分布。在一般砂、页、泥岩上，且土层又较深厚湿润的地区，多是铁芒萁桃金娘马尾松林；在花岗岩上及其他砂砾多的地段，常以鹧鸪草岗松马尾林占优势；在人为干扰多、土壤深厚而沙性大的贫瘠阶地上，多为蜈蚣草桃金娘马尾松林。本区的马尾松林，在背风的山地高丘生势尚好，但在风大的山脊部，树高明显降低，近似矮林状；而在低平地方，生长都不良，枝密节疤多，弯曲、矮小，难以成林，反映这种亚热带林种已不适应热带和强风的气候条件。沿海台地的一些地方，还有代表本区的天然热带针叶林南亚松林，比马尾松生势好得多，但残存已很少了。

人工林沿海地区有木麻黄、台湾相思防护林；低丘台地有各种桉树林，以窿缘桉、柠檬桉为主，近年较大面积引种的火力楠以及湿地松、火炬松、加勒比松表现还不错。竹林常见为簕竹、撑篙竹和粉单竹；至于广西最常见的杉木林，本区山地间有栽培，以六万大山较多。在地形隐闭的沟谷区，生势还过得去，随着坡位向上，急剧变劣；至于丘陵台地，过去曾大量试种，很难成林，更不能成材。经济林方面，本区曾是广西橡胶林的主要种植区，过去在低丘台地，较普遍种植，现在保存较好的，见于北流双头岭至博白马子嶂一线以南，屏障优越的小环境，一般能安全越冬；但在阴雨连绵，平流寒特别严重的个别年份，也不免受寒害，而以防城南部最轻。八角林、肉桂林也有一定面积，主要分布于十万大山东南面的防城县，多生长在群峰相掩的低山高丘；在地形开朗、风害频繁的低丘、台地无栽培。大果油茶林除北部的横县较少外，其他地方皆常见。此外，本区的茶园也不少，尤以灵山和横县为多。

果品以热带的种类为主，如荔枝、龙眼、香蕉、木菠萝、菠萝、木瓜、杧果、榄类、偶有椰子和槟榔，近年一些国营农场引种不少的柑橙。

本区大部分属于低平地区，开发较早，交通发达，人烟稠密。因面森林的性质发生了明显的变化，长期以来，天然林极少，遭受反复滥伐，几乎殆尽，大面积退化为灌草丛。但50年代后积极造林，目前多数地方，为前述的半天然林和人工林代替。但不少地方由于燃料缺乏，灌丛、草丛仍不断受到破坏，处在向下演替中，甚至沦为次生裸地。常见的灌草丛为原马尾松林下的灌木和草本组成，如岗松灌丛、桃金娘灌丛和鹧鸪草草丛、蜈蚣草、红裂稃草（*Schizachyrium sanguineum*）草丛和铁芒萁草丛。在溪河沿岸，保存较好的地段，常见散生有鱼尾葵的水翁木（*Cleistocalyx operculatus*）丛林。丘陵山地还有红锥、黄杞灌丛；白背桐、水锦树、中平树、大沙叶、滨盐肤木灌丛和五节芒草丛；白茅草丛；芒穗鸭嘴草（*Ischamum aristatum*）、刺芒野古草草丛。在沿海台地一带，有厚皮树、密花树、降真香（*Acronychia peciuculata*）灌丛和细叶裸实、鹊肾树（*Streblus aspex*）、黄槿、酒饼簕、刺篱木（*Flacourtia indica*）、刺葵、露兜勒、仙人掌等组成的各种耐旱的及旱生刺灌丛，后者常出现在沙地上。

本区森林覆盖率不算低，其中用材林 107.08 万 hm^2，木材蓄积量 1 215.88 万 m^3（表13-2）。由于多处在中幼林期，尤其是不适应热带气候的马尾松林占优势，单产偏低，平均每公顷仅 10.4m^3。虽然本区原生性杂木林极少，却蕴藏着不少的热带珍贵树种，如华南坡垒（万年木）、黄叶树、苏木、紫荆木、格木、小叶红豆和世界仅产广西的名贵植物金花茶。其他速生优良用材树种不胜枚举。

表 13-2 桂东南林区森林资源一览表

森林总面积（万 hm^2）	覆盖率（%）	森林总蓄积（万 m^3）	其中						灌草丛	
			马尾松林		人工林		杂木林			
			面积（万 hm^2）	（%）	面积（万 hm^2）	（%）	面积（万 hm^2）	（%）	面积（万 hm^2）	（%）
107.08	36.9	1 215.88	81.27	75.9	18.69	17.5	7.07	6.6	58.51	20.2

注：灌草丛的%指占林区总面积的%

至于广西境内，红树林是本区特有，用途多样，可提供用材、优良栲胶原料，海榄雌的种子和秋茄树、木榄等的胚轴可供食用或酿酒；但主要是防潮护堤，又是多种海产动物栖息繁殖的场所。林副资源除前述栽培外，木本粮油植物有山枇杷、蝴蝶果、风吹楠、海南风吹楠、桄榔、油楂果；药用植物有砂仁、黄精、光滑丁公藤、安息香（*Styrax japonica*）和白木香（*Aquilaria sinensis*）。其他工业原料还有大宗的紫胶和多种白藤。动物资源方面，兽类中有猴类、麂子、果子狸、鼯鼠、穿山甲等；禽类主要有白鹇、鹧鸪、环颈雉、毛鸡、鸳鸯、绿头鸭等。

广西以本区水热条件最为优越，是发展热带经济林和用材林的好地方。本区地势较低，极少石灰岩山地，土地便于利用，且土层深厚或较深厚，但大面积花岗岩地区，如利用不合理，可导致严重的冲刷；再则常风较大，且有台风为害，这些不利影响，应注意加以克服，在沿海地方营造防护林很有必要。本区还有大面积宜林荒山，海滨沙滩和潮间带裸地也不少，必须加速林业建设，尽快绿化起来。

关于树种的选择和布局问题。经济林以八角、肉桂、紫胶寄主树、安息香为主，前两种宜在高丘低山发展，其次为土沉香、油茶和千年桐；橡胶是赤道无风带树种，在未育出更为耐寒品系之前，要严格选择优越的小环境栽培。红树林应加以保护，严格控制利用，并积极发展，分别潮间带的不同情况选造前述各种红树林或半红树林。滨海沙滩可造木麻黄林以防风固沙。海岸及农田防护林宜选耐贫瘠、防风力强的木麻黄、台湾相思、柠檬桉、谷桉和窿缘桉。沿海各县市的低丘、沙质土的台地也可选用它们作先锋树种。还可考虑南亚松以及湿地松等。为了解决当地当前薪炭林的紧缺，尽可能高度密植，以便提早间伐。为了充分利用热带的光热资源，在林冠下可选择一些较耐荫的热带树种造林，还可种植砂仁(*Amomum villosum*)、白藤等林下植物，高丘及海拔700m以下的山地，用材林重点考虑刺栲、火力楠、苦梓、米老排，其次为红鳞蒲桃、海南蒲桃、格木、紫荆木、黄桐、小叶红豆、华南坡垒、海南风吹楠、黄叶树、黄梁木等。海拔700m以上的山地，刺栲、火力楠、苦梓、米老排，小叶红豆仍可选择，还可考虑荷木、细枝栲、大果马蹄荷、木莲等。果品以热带种类为主，宜适当发展柑、橙、柚以及当地优良的梨、李品种，以调节市场各季节的需用。

关于本区大面积的马尾松林，除山地山丘外，多数地方生长不良，不能成材，要用上述热带树种改造，先在树冠下造林，待成长起来，才将松树采伐利用。

本地原生性森林极少，应严禁破坏，除已建立的保护区外，其他杂木林也应保护。

参 考 文 献

[1] 侯学煜．中国自然地理植物地理（下册），中国植被地理．北京：科学出版社，1988

[2] 中国植被编辑委员会．中国植被．北京：科学出版社，1980

[3] 李治基等．从植被地理分布的规律略谈划分广西热带和亚热带的依据及其特征．植物生态学与植物

学丛刊，2（2），1964
[4] 广西壮族自治区地质局．广西壮族自治区地质图，1∶500 000．1976
[5] 中国科学院华南热带生物资源考察队等．广西地貌区划，1963
[6] 广西壮族自治区气象局资料室．广西气象资料，1982
[7] 中国科学院《中国自然地理》编辑委员会．中国自然地理，土壤地理．北京：科学出版社，1981
[8] 侯学煜．中国境内酸性土钙质土和盐碱土的指示植物．北京：科学出版社，1954
[9] 吴征镒．论中国植物区系的分区问题．云南植物研究第一卷第1期，1979
[10] 李士砀．龙胜里骆林区植物区系特点．广西农学院学报，第一期，1985
[11] 胡舜士等．广西常绿阔叶林的群落学特点．植物学报，21（4），1979
[12] 温肇穆．龙胜县里骆林区杉木人工林营养元素的研究．广西农学院学报，第二期，1983
[13] 广西农学院林学系等．蚬木的生态与营林问题．植物生态学研究报告集．第一集，北京：科学出版社，1978
[14] 胡舜士，王献溥．广西石灰岩地区季节性雨林的群落学特点．东北林学院学报．1980年第四期
[15] Richards P. W.，1952：The Tropical Rain Forest. Cambridge University Press. 张宏达等译．热带雨林．北京：科学出版社，1959
[16] Beard，J. S. 1944，Climax Vegetation in Tropical America Ecology，25（2）

第四篇

展　　望[①]

当今，森林的发展，已不再是纯自然动态，而已进入现代科学干预和人力促进的发展新阶段。

展望广西森林发展的前景，今从广西森林的现状、森林发展的设想和必要措施、林种的三向发展 3 个方面分述于后。

① 由李治基汇编

第十四章

广西森林的现状[①]

第一节　森林的特色和优势

由于热带和亚热带环境因子的影响，广西森林显示了自己独特的风貌，森林的这些特色在全国其他省（自治区）是没有的或是少有的。

1. 森林的特色

广西位于我国南部，濒临热带海洋，北回归线横贯中部，受热带季风和亚热带季风的不同影响，因而，森林兼备三向地带性，即：纬度地带性、经度地带性、垂直地带性以及非地带性的特点。

森林的纬度地带性：是从南向北为热带、南亚热带、中亚热带，3个不同地带的森林存在不同的景象。森林的经度地带性：是由于降水量从东向西递减，形成南亚热带东部为湿润常绿阔叶林，偏西部为半湿润常绿阔叶林的差异。森林的垂直地带性：是山地随着地势的升高，热量递减，雨量递增，从而导致森林垂直地带性的变化。森林的非地带性：主要是喀斯特、石灰岩地层广布，在石灰土的作用下，分布着石灰岩特有的森林类型，是隐域性的森林，但同样受气候的制约，而打上地带性的烙印。此外，由于地貌的作用，局部地域的生境又偏离地带性的特点，出现相邻地带性的森林类型。所有这些独特的不同风貌，成了广西森林的一大特色。

广西森林的特殊性、类型的复杂多样性，为森林的发展提供了群落学的指示和物种基地，人们会不断地探索、认识这一自然规律，在人为和科学的作用下，使广西森林的发展充分体现这一特色，并向更理想的境界发展。

---

① 执笔人：黄刻崖

2. 森林发展的优势

广西森林的发展，具有气候、土地、物种等资源的优势。由于热带海洋季风气候的作用，大部分地区夏长冬短或没有冬季气候，热量丰富，雨量充沛，又雨热同季，气候资源的优势，使森林植物生长期长，林木成林成材快。广西山地、丘陵占的比重大，加上部分台地和平原绿化地段，绿化面积可达60%以上，土地资源的优势，为森林的发展提供了广阔的空间。由于地域特殊，森林物种繁多，有许多名贵珍稀资源，为开发利用提供了不同的门路和优势。这些得天独厚的自然条件，可以使广西成为我国一个有特色的重点林区，使广西的生态环境趋向良性循环，并有利于社会经济的顺利发展。

第二节　森林发展的趋势和问题

50年代以来，在“绿化祖国”的号召推动下，广西森林覆盖面积在不断恢复和扩大。然而，森林的发展有两种趋势：一是天然阔叶林经历漫长的历史进程，遭到严重破坏，面积缩减，现在仍处于一方面继续受破坏；一方面又在缓慢的保护恢复之中，比率在减少。二是人工针叶林在迅速地发展，比率在增长。森林覆盖率的扩大，主要是人工和飞机播种针叶林的增长，是人工选择的发展占优势。这就使得远山深谷的原生性森林在减少，近山丘陵新造森林在增长；森林面积在增加，阔叶林比率和森林质量在下降，以致广西旱涝灾害频繁，水土流失严重，在一定程度上制约着社会经济的发展。

具体归纳起来主要存在如下的几个问题。

（1）森林覆盖率低，且分布不均匀，人均森林面积少。广西土地总面积2 376万hm^2，据1990年资料，有森林面积602.17hm^2，森林覆盖率为25.34%，而分布不均匀，除了集中较多的桂东北、桂东南和桂西北3个地区，森林覆盖率达到47.42%外，桂西南和桂中山地、桂中岩溶地区的森林覆盖率只为11.76%和13.97%。据1985年资料，按人口平均广西每人只有林0.13hm^2，是世界人均数1.04hm^2的12.5%，人均森林面积少。

（2）森林蓄积量低，人均占有材积少。据1985年统计，广西森林总蓄积量为2.41亿m^3，按人口平均每人只有林木蓄积量5.7m^3，只为全国人均9.1m^3的62.64%，为世界人均65m^3的8.8%。从这些比率看，广西还是少林缺材地区。全区只有24个县（市）人均林木蓄积量达到25.57m^3，有8个县人均有11.17m^3，超过全国和全区的水平；而有62个县（市）人均林木蓄积量不超过3m^3，其中有34个县（市）只有1m^3左右，是严重少林缺材县（市）。

（3）原生森林遭破坏后，留下残次林多，疏残林地达到54.74万hm^2。有的天然林继续遭到破坏，不少珍稀森林和树种已大为减少和濒于灭绝，已列入《中国植物红皮书》的广西濒危植物共有113种，许多是珍稀的热带树种和古代孑遗树种。这些森林物种资源，必须着意加强保护，并力促其繁衍。

（4）林种比例失当，不利于社会经济的发展。据1990年资料，在现有林面积的602.17万hm^2中，用材林402.88万hm^2占66.90%，经济林98.92万hm^2占16.43%，防护林85.96万hm^2占14.23%，薪炭林12.97万hm^2占2.15%，特种用途林1.44万hm^2占0.24%。防护林比例小，按覆盖陆地面积的比例计算，只占3.62%，对改善生态环境，只起了部分作用。薪炭林的面积太小，不利于解决农村能源问题。

（5）人工用材林树种单调，纯林多，针叶林比重大，优良阔叶树种、特别是热带优质材用树种尚未提到议事日程。1990年资料，人工用材林241.57万hm^2，其中针叶林235.81万hm^2占97.62%。因此，阔叶树材种日益减少，资源日见枯竭。

（6）经济林经营粗放、产量低、经济效益差，影响林农的经营积极性。如油茶在全区最高年平均产茶油70.5kg/hm^2。八角年平均株产果2kg，而优树高产株平均年产15～40多kg。经济林在选优育种，集约经营，提高产量和经济效益方面有很大潜力。

（7）掠夺性的采挖森林副产，使资源濒于灭绝。森林中的许多植物种群，都可提供经济价值很高的产品，如血竭、绞股蓝等的开发，有的可以填补国内空白，有的可以替代进口，节约外汇。但是，如果对森林野生资源只采挖利用，不反馈更新，将会使可贵的资源日益枯竭。如栲胶原料杨梅、余甘子等就已出现这样的趋势。因此，工业利用的开发，首先应该是从资源的选育培植开始，达到基地化、产业化，才会有广阔的发展前景。

认真思考森林存在的隐忧，才能在今后人工选择发展中实行科学经营的道路。

第三节 保护和扩大森林的紧迫感

广西森林的现状，与社会经济生活的发展，存在着两个尖锐的矛盾。

第一个尖锐的矛盾是由于森林覆盖面积少、森林质量低，出现频繁的自然灾害，严重地影响着工农业生产和社会生活的正常发展，这就形成了与经济发展的尖锐矛盾。

在广西的特定环境中，气候资源具有很大的优势，但也具有不可忽视的灾害性气象因素。广西雨水充沛，但季节分配不匀，出现南春旱，北秋旱、石山地区四季闹旱的现象；由于雨季集中和有时雨量较集中，出现大暴雨，造成洪涝灾害，年年都有旱涝灾情损失的报告。沿海地区年年都有台风、暴潮的危害。生态的恶化成了尖锐的矛盾，严峻地教育人们要求生态良性循环，要求恢复和扩大森林，使森林真正成为整个自然生态平衡的杠杆。

第二个尖锐的矛盾是地面生物资源绝大部分来源于森林，而生物资源又是经济生活必不可少的物质基础。森林生物资源供应不足，社会经济的发展将为其所困。我国是少林国家，广西森林蓄积量又大大低于全国平均水平，因此，森林生物资源的短缺，又将与工农业生产的日益发展和人民生活需要的日益增长，成为尖锐的矛盾。

当前，农村能源的不足，已障碍着生产和生活，又增加了社会对解决农村能源问题的负担。广西胶合板工业由于资源不足，要依赖进口木材；广西造纸工业使用的浆种构成的比例：木浆只占 27%，竹浆占 10.07%；发达国家的造纸业 90%以上是采用木浆；广西造纸档次上不去，就与使用的浆种有关；因而纸浆、纸张也要依赖于进口一部分。现在，林产化学工业、制药工业、食品工业、日用化工业等等，也都广泛取用森林野生资源，将来野生资源会有不继之日。所有这些都已显示了森林物产的重要与不足，将严重阻碍社会经济的向前发展。

所以恢复和扩大森林，提高森林的质量和发展森林的多样性，在广西已有紧迫感。

第十五章

广西森林发展的设想和必要措施[①]

第一节　发展设想的根据和目标

森林的自然资源和自然景观，非常现实地产生社会经济效益，影响人类文明的发展。由于森林生态资源与自然生产力，森林生物资源与社会生产力、森林环境资源与社会文明有着密切的不可分割的内在联系，而我们社会主义建设的第一任务是发展生产力，所以森林的综合效益，具有重要的战略意义，这是我们对森林发展设想的根据。从广西的实际出发，力求大地生态平衡，面向市场经济和社会公益，充分发挥森林具有的优势，努力克服存在问题，创造丰富多彩的高产优质高效的森林资源，为社会主义经济建设作出应有的贡献。主要发展目标应要求如下：

（1）提高森林覆盖率　森林覆盖率体现一个国家或地区的国土治理水平，也是反映一个国家或地区森林资源丰富程度的指标。森林覆盖率高，并分布较均匀，是现代经济发展的要求。因此，不但林区应绿化覆盖，农区也有绿化覆盖的要求，才能达到森林覆盖分布较均匀的目的。根据保护陆地，改善广西生态环境全貌的要求，广西森林覆盖率应在50%以上，这是较理想的和可能实现的目标。广西造林绿化规划要求绿化广西，已基本实现。

（2）调整林种比例　合理的林种比例的规划和实现，是体现一个国家或地区森林经营的科学水平。所以应按森林类型区划的客观自然规律与经济生活的要求，制定恰当的林种比例。广西现有的森林，用材林比重大，防护林、经济林和薪炭林比例小。对此，广西林业区划做了调整规划的布局，使用材林、防护林、经济林和薪炭林的比例，由1990年的67：14：16：3调整为54：22：15：9，逐步到达40：30：20：10的理想比例。为了国土保安，

---

① 执笔人：黄刻崖

加大生态防护林的比例安排是正确的。这样，将来的森林才能充分发挥最佳的生态环境效益和社会经济效益。

(3)提高森林的生产力　提供高产优质高效益的森林资源，是现代经济发展的要求，也是森林走上现代科学经营的必然趋向和标准要求。过去，广西森林生产力处于江河日下，不断蜕变。在自然更新的条件下，要几十年甚至上百年森林地力才能复原；但在社会的强烈要求下，通过人工更新，又由于多次利用和耕作粗放，肥力下降和土壤矿物质缺项没有得到补充，因而森林生产力逐渐降低，如单位木材蓄积量和出材量较低。据国家和地方四级联合专项调查资料：融水县四荣林区每公顷杉木蓄积量仅有 60 多 m^3。当前，国营林场经营较好的每公顷出材量达 $100m^3$ 左右，低的仅有 50 多 m^3。林木年生产量一般为 $3\sim4.5m^3$，离国家对丰产林年生长量应达 $10.5m^3$ 以上（而现在有的试验林达到 $15m^3$ 以上）的要求，差距还很远。因此，应通过选育良种，集约经营，高标准（每公顷年生长在 $10\sim15m^3$ 以上）要求，提高森林生产力是非常必要的。

(4)大幅度增加阔叶林的比重　扩大阔叶林覆盖面积，是提高森林质量的重要途径。科学和现实要求生态良性循环，要求森林物质多样丰富，只有大幅度的增加阔叶林，增加森林复层结构才能办得到。当前，广西森林是纯林多，针叶林多，森林质量差，提供市场的材种日益单纯，特种用材硬木材日益短缺，不能适应多种需要。因此，要在今后的绿化造林中大幅度增加阔叶树种，不但要求防护性的生态林要实现以阔叶树为主的混交林，提高生态效益；商品性经营的专业林，也应增加速生高产优质适用的阔叶树种的比重，以扩大阔叶林面积，增强生态效应和培育多样的森林物产，以及改变材种单调的局面。

第二节　森林发展的布局

根据广西森林特点、发展优势及存在问题，为了实现森林发展的设想，要按适地适树原则并采取相应的必要措施，开展高标准的营造森林。同时，应参照前述的森林分区，作出森林发展的合理布局，提出重点发展的、以及适当发展的森林类型（或树种）。

北热带地区应强调发展热带森林资源，利用当地雨林、季雨林所蕴藏的珍贵树种造林，如窄叶坡垒、擎天树、紫荆木、格木、红鳞蒲桃、苏木等优质特用材树种；桂西南石灰岩石山以蚬木林为主，其他如剑叶龙血树、桄榔，蝴蝶果等经济林木也应考虑利用；速生优良树种如黄梁木、黄桐、八宝树、任豆、顶果大等可在相适应的荒山首先造林。该地带又为八角、肉桂的主产区，产品为国内外市场看好，应从选育良种、提高单产、品质方面持续发展；果木林应以发展荔枝、龙眼、榄类、杧果等热带优质果品为主。

南亚热带可就桂东山地丘陵、桂中石山、桂西北山原作出布局。其中桂东已成为松香基地，但马尾松纯林经营粗放、生长量低，今后应选用高产脂松树或改造为针阔混交林；在本地带、特别是南部，每多屏障良好局部较暖的环境，仍可发展热带林，还应适当发展刺栲、细枝栲、火力楠等常绿阔叶林，以及肉桂、八角等经济林。

中亚热带地区历来是杉木、毛竹、马尾松林主产区，桂北山地是众多江河的发源地，针叶林一般都宜改造为针阔混交林，并宜营造栲类、润楠类、荷木等常绿阔叶林；该地区中山还很少人工林，应选择当地能适应冷凉潮湿的树种，如银荷木、水锥栲、南华木、檫木、水青冈、桦木、南方木莲、马桂树、香果树等营造常绿或常绿落叶阔叶混交林；经济林中的银杏宜列为重点对象。

第三节 发展多层林和农牧区育林

广西自然条件优越，有利于经营多层混交林，从天然林的多层性已反映出来，在造林实践上也已得到证明并取得一定经验。多层混交林可充分利用林地空间，明显地提高森林生产力和生态效益，增强森林抗逆性；林下灌草层也宜经营各地经济价值高的土特产和药材，如砂仁、白藤、金花茶、三七、郁金、巴戟、青天葵、灵香草、绞股蓝、两面针、千斤拔、甘葛、马尾千斤草、天麻、花粉等，否则这些土特产和药材只靠掠夺性的采收天然资源，将导致产量下降，资源枯竭。

多层混交林的营造，在理论上和技术上都较单纯林复杂得多，关键在于研究并处理好种间关系，应深入总结现有人工混交林的规律和经验加以推广，并从天然林的调查研究中找出规律，试验推广。

封山育林不失为发展天然林的一种好方法，应利用树种天然更新或群落演替的客观规律，选择有母树下种的地方，如疏残林、邻接森林的荒坡等实行封山育林。但是，广西森林经过长期反复的破坏，宜林荒山多属草丛或灌草丛，封山育林难见成效，因此主要还是依靠人工造林。在人烟稀少的大面积宜林的边远山地，实践证明飞机播种造林是成功的，当然还必须研究推广飞播阔叶树种的造林技术，提高保存率。

广西境内残存的原生性森林，已成为珍贵的自然资源、种子库、基因库，应加强保护管理，严禁主伐利用。此外，还应全面地严禁毁林垦荒和游耕方式的破坏森林。

为使森林分布较为均匀，农区也要造林，以改善生境，提高收入，并缓和农区民用材和能源紧张状态。因此，宜采用速生树种（包括竹类），认真执行四旁植树造林。

农区内及边缘的荒丘台地，采用轮伐期短的矮林作业，生产小规格材及薪柴。

牧地或牧场选择抗牛害树种如荷木类，营造混牧林，以改良环境，有利于草场为优良的草种所演替和牲畜生活。

对农作物不理想的地类，宜改为果园或经济林。

第十六章

广西林种的三向发展[①]

今后，森林的发展必然置于人为经营之下，根据森林的功能和效益，以及经营目的、方式和手段的不同，林种的经营将会出现三向发展的前景：一是以改善生态面貌为目的的生态林，一是以商品性经营为目的的专用林，另一种是以保护基因和物种以及为科研、教学、旅游、疗养等服务为目的的环境特种用途林。

上述三种不同方向发展的森林，经营的方针、政策和技术要求也是不同的，科学地加以区分，为现代经济和生态建设，为现代科学和人民生活服务，将会大有好处。

第一节　生态林的发展

依赖森林改善人类的生存环境，已成当今世界的共识和要求。广西森林的发展，将为改善广西大地环境作出应有的奉献。

生态林是以发挥森林生态效益为主要目的的森林。广西生态林的建设，应从战略的高度和全方位的观点出发，全面规划，因地制宜，合理布局，以改善广西自然生态全貌，克服地理气候的劣势，抵御频繁的气象灾害，提供优良的生存环境为第一要务。建设好的生态林要严加保护，禁止主伐，可以收取资源使用费以维持经营。在适宜的地段，也只可在林下经营林副特产，达到生态、经济两用的要求。

根据广西实际，生态林的重点发展应是：①江河上游的水源涵养林；②滨海地区的海防林；③石山地区的生态调节林；④干旱区的水分调节林；⑤水土冲刷地区的水土保持林。兹分述于后。

1. 江河上游的水源涵养林

据广西水文总站资料，广西年平均水资源量为 2 280 亿 m^3，而全区工农业用水量仅为

---

① 执笔人：黄刻崖

300 亿 m^3 左右，占水资源量的 13%。水资源虽然十分丰富，关键在提高森林覆盖率和森林质量，才能发挥森林应有的截流、涵养的和调节降水的作用，充分利用水资源并减免水旱灾害。因此，营建水源涵养林，可从小流域治理着手，在山上拦水蓄水，是改善广西生态全貌的首要工程。

广西现有较大面积的水源林保护区 35 个，面积 66.72hm^2，可涵养水源 91.57 亿 m^3，灌溉农田 32 万 hm^2，而这些生态利用林只占广西土地总面积 3.62%，比率很小；其灌溉面积却占全区农田面积的 19.75%，比率很大，说明水源林生态效益很好。

广西柳江、红水河、右江、桂江、贺江、南流江等几条大河上游雨季多雨，因此下游多洪涝；而旱季少雨，又易受旱灾，一年中河川流量很不稳定，影响水电工程、农田灌溉和航运。在大河上游集雨面积营建水源涵养林，如按防护林占森林的 30%匡算，这几条大河上游应扩大和选点营建水源涵养林达到 202.47 万 hm^2，使涵养水源达到 227.78 亿 m^3。再从大河中、下游的小流域治理，营建水源涵养林和水土保持林，构成广西全境的水源防护林体系，总面积约可达到 350 万 hm^2 以上，涵养水源可达到 390 亿 m^3。加上其他林种 969.57 万 hm^2，涵养水源 436.31 亿 m^3，广西森林涵养水源总量可达到 826.31 亿 m^3，即可望满足工农业用水的需要，扩大水耕地面积，提高自流灌溉能力，并可减少或防止旱涝发生，消减广西最大的自然灾害。

附：原有 35 个水源林保护区名录如下：

青狮潭（灵川）、海洋山（全州、灌阳、恭城、灵川、兴安、阳朔）、架桥岭（永福、荔浦、阳朔）、寿城（永福、临桂）、九万山（融水、罗城、环江）、布柳河（天峨）、澄碧河（百色）、百东河（百色、田阳）、大王岭（百色）、那佐（西林）、西大明山（扶绥、隆安、大新、崇左）、滑水冲（贺县）、姑婆山（贺县）、十万大山（上思、防城、钦州）、五福宝顶（全州）、银殿山（恭城）、千家洞（灌阳）、泗涧山（融水）、驯乐（环江）、穿洞河（天峨）、三匹虎（天峨、南丹）、花贡（西林）、黄连山（德保）、地州（靖西）、古龙山（靖西、德保）、弄化（那坡）、德孚（那坡）、农信（那坡）、达洪江（平果）、西岭山（富川）、天堂山（容县）、下雷（大新）、青龙山（龙州），春秀（龙州）、六万山（浦北）等水源林保护区。

2. 滨海地区的海防林

广西北部湾海岸线全长 1 593km，现有生态林的海岸 227km；滩涂 4 万 hm^2 保存防浪护堤的红树林只有 0.81 万 hm^2。所以，沿海防风、防沙、防浪、防潮侵袭的森林生态环境效应水平很低。因此，滨海地区海防林体系的建设，是广西改善生态环境全貌的又一主要工程。

滨海地区常遭来自海洋的台风、暴潮灾害。据 1954～1972 年资料，沿海受台风袭击平均每年 6 次，1984 年 9 月 6 日的 10 号强台风在沿海登陆，倒塌房屋 4 200 多间，毁农田 9.87 万 hm^2，经济损失 2.7 亿多元。1986 年 7 月 21 日 9 号台风引起暴潮，发生海啸潮位高达 8.95m，毁堤 3 262 处，有 112 个乡镇 42 150 户受灾，毁农作物共 5.03 万 hm^2，倒塌房屋

45 600多间，灾民23 000人，经济损失3.49亿元。可见台风和暴潮灾难是沉重的。但据钦州市灾后调查，凡是有红树林护堤阻浪的地段，围堤不崩或少崩，损失甚轻；有木麻黄防护林的村庄，不见灾情，足见海防生态林效益显著。

因此，滨海地区应重视因害设防，营造防风固沙林，防浪护堤林，水土保持林，水源涵养林，以及村庄、农田的林网、林带，一并组成海防生态林体系。据广西林业规划设计，滨海地区海防生态林体系总计要造林20多万hm^2，滩涂营造红树林3.13万hm^2，现正有待于纳入决策、投资和付诸实施。

3. 石山地区的生态调节林

石山地区的生态调节林，应是改善广西生态环境全貌的第三个主要的重点工程。石山地区27个县（市）的土地面积共772.2万hm^2，占广西土地总面积的32.5%，主要集中在桂西南和桂中、桂北，现有森林面积99.29万hm^2，覆盖率为12.9%，只为全区平均森林覆盖率25.34%的一半。因此，石山地区经常出现易旱易涝的灾情，据1980～1983年的统计资料，石山地区水灾面积占全区受灾面积的44.23%，旱灾占了33.66%，是广西生态环境最恶劣的地区。但是，石山地区的生态改善还未真正列上议事日程，有的石山森林灌丛还在继续减少。因此，拯救1/3土地上的生态危机实属至关重要。

石山区蕴藏着许多广西特有的名土特产：蚬木、金丝李、苏木等名贵木材、青檀、芸香竹、构树等造纸原料，环草、铁皮兰、青天葵、龙血树、绞股蓝等名贵中药材，都是在国内市场、甚至在国际市场上享有盛誉的传统产品。石山区恢复森林覆盖，难度虽大，但恢复和发展森林物产是刻不容缓的。

绿化石山的主要目标是调节生态。然而如不结合开发利用，不能脱贫致富，良好的生态环境也不能保持。因此，石山区的生态建设要纳入农田基本建设范畴，在开发中要使石山区资源形成优势，形成产业，形成一定规模的商品生产基地，在生态良性循环的前提下，有计划合理地利用资源。

石山地区的27个县（市）宜林石山、半土石山和土山面积共647.67万hm^2，用封造结合的办法，及早绿化起来，以调节气候，改变生态面貌和发展生产。

4. 干旱区的水分调节林

右江河谷、左江流域、桂中地区（来宾及宾阳、贵港的北部）是广西少雨干旱地区，特别是前两区域年降水量只有1 100～1 200mm左右，而蒸发量却大于降水量，扩大这三大干旱片的水分调节林，是改善广西生态环境全貌的又一组成部分。这三个地区雨季迟、气温高、高温日数多、蒸发量大，因而春旱秋旱，成了主要自然灾害，除了相应地采取工程措施外，扩大森林覆盖，调节水分，是那里改善生态环境的主要任务。

这三大干旱片都先后建立国营林场群和发动群众绿化造林。培育的森林，除了桂中来宾片破坏较大，石山区生态恶劣，旱涝仍较严重外，左江、特别是右江片的森林，都已起到了一定的生态效应，给当地带来增产增收和解决人畜饮水的效益。

三大干旱片的现有森林，主要还是以经济经营为目的的人工纯林或针叶林，应逐步改造部分现有林为以杂木阔叶林为主体的针阔混交林，使之成为生态效益好的林分。同时，三大干旱片尚有大片荒山宜林地，森林面积可以扩大，水分调节林也应随之扩大。这样生态环境面貌可以改观，水旱灾情可以缓解，工农业生产得以发展。

5. 水土冲刷区的水土保持林

森林植被是裸地的保护层，森林的破坏、消失，是土壤侵蚀的主要根源。据遥感调查资料：广西土壤侵蚀面积达 9 812.6km²。土壤侵蚀面大于 100km² 的县有 38 个，占广西县数的 42%。桂东云开大山西侧的苍梧、岑溪、容县和蒙山、荔浦都是土壤侵蚀严重的县。过去侵蚀轻微的林区县，如龙胜、资源、三江、融水、隆林、田林、西林、昭平等地由于森林、特别是阔叶林遭到大量砍伐，大片烧荒垦殖，也已造成相当严重的土壤侵蚀。由于土壤流失，土层减薄，肥力下降，甚至耕地被毁或丢荒，河床、水库淤塞，洪患增多。

所以，在水土冲刷区营造水土保持林，是改善广西生态环境全貌的第五项重点工程。以生态利用为主的森林应以阔叶树为主体，但在有些冲刷严重区的土地已贫瘠到阔叶树无法生存的境地，应因地制宜以马尾松或灌木为先锋树种，再逐步育成针阔混交林。

第二节 专用林的发展

为市场提供森林的主副产品，无疑是属于商品性经营的森林。这类森林的经营，要适应和满足现代工业生产和社会的需要，遵循市场规律与社会商品生产需求出发，进行生产经营活动，因此，将发展成各种不同专用林种。

尽管各种专用林在其生长的过程中，仍然产生一定的生态效应，但是不可能按生态利用和环保的指标要求来经营。

各种专用林要在国家和地区宏观经济规划的指导下，发展成定向、定性基地化规模经营。用材林和经济林都是商品性经营的森林。按广西林业区划确定的用材林占森林面积的 40%，经济林(包括果木林)占 20%的比例实施，将来广西用材林面积可达到 527.83 万 hm²，经济林面积可达 263.91 万 hm²，即可大量提供森林产出的生物商品和原材料，满足经济发展和人民生活的需要。

专用林的现代化经营，应作为产业的第一生产车间，实行生产、加工、销售一条龙，向市场提供最终商品，这是专业林发展的必然趋向。只有基地化才能使企业具有优势；只有产业化，按市场需求生产，才能取得经营效益；只有实现工业化，综合利用，才能实现最大增值，扩大经济效益。

(一) 用材林的专业经营

用材林的经营是以提供木材为其主要任务。工业发达的国家，木材 90%以上进入工业加工，制成成品或半成品，提供市场的需要，这是现代木材工业发展的规律。我国现代化经济建设发展，也必然走上这条轨道。因此，用材林的经营首先要确定将来木材产品进入什么工业的问题，要按特定的经营目的定向培育、定向生产、定向经营森林是迈向工业化现代化重要的一步。

因此，木材作为原材料，要适应特定产品的工艺要求，以最短的生产周期，达到优质、高产的技术经济指标进行生产，以取得最大的经济效益。

50年代初期，广西确定杉木、马尾松、桉树为三大造林树种，现已成为广西人工林优势树种。据1990年资料，杉木纯林经营面积79.7万hm^2，活立木蓄积量2 880.37万m^3；马尾松157.56万hm^2，蓄积量5 906.6万m^3；桉类5.76万hm^2，蓄积量66.71万m^3。由于工业发展迅速，木材代用品层出不穷，以致木材用途发生了根本性的变化，这也就推动着木材生产要按市场需要实现工业化。根据现有用材林资源和工业发展趋向，广西发展锯材、造纸、纤维、浆粕和人造板工业具有优势，主要又将是以造纸、纤维和浆粕工业为大头。如按现有松、桉资源的50%投入造纸工业，以10年（桉树5～6年）为经营周期，每年可造纸121万t，可成为广西经济的主要支柱之一。

此外，广西有各种阔叶硬材树种，随着生产生活发展，对有较高经济价值的特种工艺用材如器乐材、造船材、手工艺材……等的需要，将有所发展，必须及早作出规划，以促多种阔叶用材树种的发展。

（二）经济林的专业经营

广西有大面积经济林，历来多是商品性经营，而且多数产品都是主要外贸出口产品。但是，由于市场的变化或产品产量、质量低，经济效益差，有些种类渐趋失去经营价值，前景可能出现黯淡，如油茶、油桐林有一时期，现有林老化，发展不快，经营面积在减少。而市场走俏的经济林产品，经营面积在不断扩大，如茶叶1985年经营面积3.36万hm^2，1990年增至3.84hm^2，增长14%；肉桂林由1.92万hm^2扩大到2.4万hm^2，增长50%；八角林由5.28hm^2扩大到11.52hm^2，增长1.2倍；果木林发展更快，由4.32万hm^2扩大到24.01万hm^2，增长5.6倍。可见市场需求和商品价值观念，决定着经济林的发展前景。

从发展的现状看，经济林现代化经营已经列入经济战略项目，并已开展基地化营林的有百色地区的八角、杧果、大果山楂（台湾林檎）；玉林和南宁地区的荔枝、龙眼；灌阳、富川、平南的枣子；恭城、平乐的柿子；防城港、平南、岑溪的肉桂等等，这些经济林的产品并已有了工业加工的系列商品问世。经济林产品的开发利用正方兴未艾。

第三节 特种用途林的发展

自然保护区、森林公园和一些地方的风景林，是以森林生态自然环境作为特殊利用的特种用途林，在现代科学经济迅猛发展和现代生活的迫切要求下，自然保护区和森林公园两者都将有更多更快的发展。

自然保护区的森林应厉行保存自然生态、基因、物种、科研和教学基地；森林公园应有纯自然景观，并具有动植物园的特色，适于旅游、疗养和并有教学科学考察的价值；两者对森林环境的特殊利用有类似之处，所以有的自然保护区与森林公园结合经营。如龙胜花坪自然保护区、隆安龙虎山自然保护区等已分别被纳入桂林、南宁的旅游景点。

自然保护区要做到保护与科研相结合、保护与生产和服务相结合，为开拓经济创造条件，适当开放旅游，在保护区内划出相当地段营建森林公园，显示地带性的森林特色，接受科学考察和教学活动，吸引游客览胜疗养，更好地为公众和国际社会服务，增加保护区经济效益，活跃保护区的现代生活气息是很必要的。

（一）自然保护区

广西各类森林自然保护区（不包括35个水源林保护）29个，其中属于热带地区的13个、南亚热带7个，中亚热带9个。在这29个自然保护区中有5种类型，即综合自然保护区、珍贵树种自然保护区、珍贵动物自然保护区、鸟类自然保护区、红树林自然保护区。名录如下：

1. 综合自然保护区（12个）

（1）弄岗自然保护区（龙州县）

（2）花坪自然保护区（龙胜、临桂县）

（3）猫儿山自然保护区（兴安、资源县）

（4）大明山自然保护区（武鸣、马山、上林、宾阳县）

（5）大瑶山自然保护区（金秀县）

（6）陇瑞自然保护区（宁明县）

（7）岑王老山自然保护区（田林、凌云县）

（8）元宝山自然保护区（融水县）

（9）大平山自然保护区（桂平县）

（10）木沦自然保护区（环江县）

（11）龙虎山自然保护区（隆安县）

（12）大哄豹自然保护区（隆林县）

2. 珍贵树种自然保护区（4个）

（1）防城港金花茶保护区（防城港市）

（2）光坡南亚松保护区（防城港市）

（3）陇均蚬木保护区（武鸣县）

（4）银竹老山冷杉保护区（资源县）

3. 珍贵动物自然保护区（4个）

（1）大新珍贵动物保护区（大新县）

（2）扶绥珍贵动物保护区（扶绥县）

（3）崇左珍贵动物保护区（崇左县）

（4）古修珍贵动物保护区（蒙山县）

4. 鸟类自然保护区（6个）

（1）涠洲岛鸟类自然保护区（北海市）

（2）金钟山鸟类自然保护区（隆林县）

（3）猫街鸟类自然保护区（西林县）

（4）建新鸟类自然保护区（龙胜县）

（5）三锁鸟类自然保护区（融安县）

（6）拉沟鸟类自然保护区（鹿寨县）

5. 红树林自然保护区（3个）

（1）山口红树林自然保护区（合浦县）

（2）山脚红树林自然保护区（防城港市）

（3）水井坑红树林自然保护区（钦州市）

森林自然保护区合计总面积953.52km²，其中有林面积485.77km²，只占51.93%，因此，自然保护区还应作出宏观规划和发展计划，通过种种手段，扩大森林面积。自然保护区的营建、扩建和管护原则，可划分核心区、经营区等保护地段：

核心区：对原生性森林动植物群落类型或动植物区系成分的生态，实行严格保护。

经营区：繁殖培育孑遗森林及濒危物种，饲养珍贵动物，适宜地段开辟森林公园和旅游疗养胜地，尽量争取列入当地旅游景点。

广西还应更多地选点营建森林保护区；特别是桂东南地区绝大部分县（市）都还没有森林保护区，这一地区又多是水土流失严重的地区，还有许多流量较大的河流，在较大的远山深谷都应营建保护区森林，以保护生态，保存物种。

现有的各级（国家级、自治区级、地县级）森林自然保护区，已建立有管理机构的只有19个单位，还有10个单位尚待建立。已有管理机构的保护区有的也只有干部而没有工人，有的则只有几个工人而没有管理干部，缺乏技术力量，说明现有管理机构还是较松散的、不健全的、水平较低的。因此，应引起重视，采取有力措施，把保护区的管护加强起来，使发挥应有的更大的作用。

在所有保护区中，只有花坪、岸岗、大瑶山三个综合自然保护区经过综合科学考察，大明山、猫儿山、涠洲岛三个保护区只经营一般的调查勘测，而绝大多数保护区都还未进行过综合科学考察。为了把保护区纳入科学管理，提高管理水平，并使之更好地为社会经济建设服务，应组织科技力量，有计划地进行全面的综合考察，作出科学论断，为保护区的经营和发展提供指导性意见。

（二）森林公园

广西已有国家级森林公园5个、区级森林公园2个，另有一批在筹划或申报审批中，随着经济的飞跃发展和生活水平的不断提高，还将有更多的森林公园特用林的出现。

附：（一）国家级森林公园名录

北海：冠头岭森林公园

南宁：良凤江森林公园

桂林：龙泉森林公园

柳州：三门江森林公园

桂平：龙潭森林公园

（二）区级森林公园

贺州：姑婆山森林公园

南宁：广西壮族自治区林业科学研究院森林公园

这些森林公园的建立是适时的，有待进一步完善和规范化。森林公园必须是突出森林环境利用这一特点，要保持大面积的纯自然景观；又应以动植物园方式培植一定范围的园区，显示出地带性的特色；还可培植若干小块干形美观的高大乔木林，建立部分小块乔灌花果区，并划出部分渔猎区，以这样的模式建立的森林公园，才适应旅游、疗养、野外玩乐、科研和教学等多种活动，也才可广招来客，办得兴旺。

植物中名和拉丁名对照表

（按笔画顺序排列）

一画

一品红　Euphorbia pulcherrima
一包针　Rhynchospora rubra
一枝黄花　Solidago virga-aurea

二画

二花珍珠茅　Scleria biflora
二列叶柃　Eurya distichophylla
七姐妹藤　Stauntonia hexaphylla
七叶一枝花　Paris polyphylla
七叶薯蓣　Dioscorea esquirolii
八角　Illicium verum
八角枫　Alangium chinense
八角莲　Dysosma versipellis
八宝树　Duabanga grandiflora
九头兰　Cymbidium floribundum
九里香　Murraya paniculata
九节风　Sarcandra glabra
九节木　Psychotria rubra
十大功劳　Mahonia fordii
十字苔草　Carex cruciata
人心果　Manilkara zapota
人面子　Dracontomelon duperreanum
人面竹　Phyllostachys aurea
了哥王　Wikstroemia indica

三画

三角车　Rinorea bengalensis
三角榄　Canarium bengalense
三角叶风毛菊　Saussurea deltoides
三脉荚蒾　Viburnum triplinerve
三脉紫菀　Aster ageratoides var. trinervius
三叶橡胶　Hevea brasiliensis
三叶木通　Akebia trifoliata
三花冬青　Ilex triflora
三尖杉　Cephalotaxus fortunei
三叉苦　Evodia lepta
三叉蕨　Tectaria subtriphylla
三七　Panax noto-ginsing
土密树　Bridelia monoica
土党参　Campanumoea javanica
土床香　Croton cascarilloides
土茯苓　Smilax glabra
下龙新木姜　Neolitsea alongensis
大青　Clerodendron cyrtophyllum
大八角　Illicium majus
大托菝葜　Smilax perfoliata
大风艾　Blumea balsamifera
大红花　Hibiscus rosa-sinensis
大沙叶　Aporosa chinensis
大序苔草　Carex prainii
大野芋　Colocasia gigantea
大羽新月蕨　Abacopteris multilineata
大明山青冈　Cyclobalnopsis daimingshanensis
大花第伦桃　Dilllenia turbinata
大样酸藤子　Embelia rudis
大头茶　Gordonia axillaris
大节竹　Indosasa crassiflora
大鳞石栎　Lithocarpus elizabethae
大新木姜　Neolitsea chuii
大蛇根草　Ophiorrhiza cantoniensis

大明山松 Pinus taiwanensis var. daimingshanensis
大绿竹 Dendrocalamopsis grandis
大翼萼藤 Porana spectabilis
大王椰子 Roystonea regia
大米草 Spartina anglica
大绣线菊 Spiraea japonica var. fortunei
大叶水团花 Adina polycephala
大叶山楝 Aphanamixis grandifolia
大叶苔草 Carex scaposa
大叶朴 Celtis philippinensis
大叶仙茅 Curculigo capitulata
大叶青冈 Cyclobalanopsis jenseniana
大叶蚊母树 Distylium macrophyllum
大叶桉 Eucalyptus robusta
大叶千斤拔 Flemingia macrophylla
大叶山竹子 Garcinia xanthochymus
大叶算盘子 Glochidion lanceolarium
大叶玉兰 Magnloia henryi
大叶木莲 Manglietia megaphylla
大叶野樱 Prunus macrophylla
大叶崖角藤 Rhaphidophora hookeri
大叶藤 Tinomiscium tonkinensis
大叶相思 Acacia auriculaeformis
大叶球子草 Peliosanthes macrophylla
大叶水罗白 Tacca chantrieri
大果蜡瓣花 Corylopsis multiflora
大果五加 Diplopanax stachyanthus
大果榕 Ficus auriculata
大果山竹子 Garcinia tinctoria
大果冬青 Ilex macrocarpa
大果山楂 Malus lausdoumeri
大果山香圆 Turpinia pomifera
大果木姜 Litsea lancilimba
大果虎皮楠 Daphniphyllum macrocarpum
大果牡荆 Vitex tripinnata
小果拟赤杨 Alniphyllum fortunei var. microcarpum
小果油茶 Camellia meiocarpa
小果金花茶 Camellia microcarpa
小果冬青 Ilex micrococca
小果蔷薇 Rosa cymosa
小果香椿 Toona microcarpa
小果枣 Ziziphus oenoplia
小叶黑面神 Breynia hyposauropus
小叶山柳 Clethra bodinieri
小叶青冈 Cyclobalanopsis myrsinaefolia
小叶山柿 Diospyros dumetorum
小叶楷木 Pistacia weinmannifolia
小叶买麻藤 Gnetum parvifolium
小叶大节竹 Indosasa parvifolia
小叶红光树 Knema globularia
小叶女贞 Ligustrum sinense
小叶海金砂 Lygodium scandens
小叶桑 Morus australis
小叶红豆 Ormosia microphylla
小叶石楠 Photinia parvifolia
小叶冷水花 Pilea microphylla
小叶九节 Psychotria tutcheri
小叶榉 Zelkova sinica
小花蜘蛛抱蛋 Aspidistra minutiflora
小檗 Berberis mingetensis
小簕竹 Bambusa flexuosa
小方竹 Chimonobambusa convoluta
小飞蓬 Erigeron canadensis
小帽桉 Eucalyptus microcorys
小花青藤 Illigera parviflora
小花木兰 Magnolia sieboldii
小钻 Kadsura longipedunculata
小盘木 Microdesmis caseariaefolia
小新木姜 Neolitsea uumbrosa
小毛蒟 Piper puberulum
小化香树 Platycarya glandulosa
小凤尾蕨 Pteris actiniopteroides
小狗骨柴 Tricalysia fruticasa
上思青冈 Cyclobalanopsis delicatula
上思厚壳树 Ehretia tsiangii

川桂 Cinnamomum wilsonii
川续断 Dipsacus asper
川芎 Ligusticum wallichii
川楝 Melia toosendan
千金榆 Carpinus tsiangii
千年健 Homalomena occulta
千层塔 Lycopodium serratum
千果榄仁 Terminalia myriocarpa
千年桐 Vernicia montana
马尾松 Pinus massoniana
马桑 Coriaria nepalensis
马唐 Digitaria sanguinalis
马兰藤 Dischidanthus urceolatus
马蹄荷 Exbucklandia populnea
马尾千金草 Lycopodium fargesii
马尾树 Rhoiptelea chiliantha
马连鞍 Streptocaulon griffithii
马蓝 Streobilanthes flaccidifolius
马蹄竹 Bambusa lapidea
马蹄蕨(观音座莲) Angiopteris fokiensis
山合欢 Albizzia kalkora
山麻杆 Alchornea rugosa
山地五月茶 Antidesma montanum
山桂花 Bennettiodendron brevipes
山柑 Cansijera rheedii
山木通 Clematis armandii
山柳 Clethra fabri
山菅兰 Dianella ensifolia
山榄叶柿 Diospyros siderophyllus
山杜英 Elaeocarpus sylvestris
山枇杷 Eriobotrya fragrans
山榕 Ficus harlandii
山芝麻 Helicteres angustifolia
山桐子 Idesia polycarpa
山胡椒 Lindera glauca
山药 Dioscorea opposita
山麦冬 Liriope spicata
山钓樟 Lindera metcalfiana
山橿 Lindera reflexa
山玉兰 Magnolia delavayi
广西巴豆 Croton kwangsiensis
广西芒木 Eriolaena kwangsiensis
广西狗牙花 Ervatamia kwangsiensis
广西山茉莉 Huodendron tomentosum var. kwangsiensis
广西大风子 Hydnocarpus kwangsiensis
广西石栎 Lithocarpus dictyoneurus
广西木莲 Manglietia tenuipes
广西紫麻 Oreocnide kwangsiensis
广西密花树 Rapanea kwangsiensis
广西杜鹃 Rhododendron kwangsiense
广西棕竹 Rhapis filiformis
广西青梅 Vatica guangxiensis
广西乌饭树 Vaccinium kwangsiense
广西马兜铃 Aristolochia kwangsiensis
广西铁仔 Myrsine elliptica
广东琼楠 Beilschmiedia fordii
广东来江藤 Brandisia swinglei
广东假吊钟 Craibiodendron kwangtungense
广东冬青 Ilex kwangtungensis
广东念珠藤 Alyxia levinei
广东山胡椒 Lindera kwangtungensis
广东润楠 Machius kwangtungensis
广东五针松 Pinus kwangtungensis
广东木瓜红 Rehderodendron kwangtungensis
广东杜鹃 Rhododendron kwangtungense
广东厚皮香 Ternstroemia kwangtungensis
广东拟黄叶木 Xanthophytopsis kwangtungensis
广东含笑 Michelia tsoi
广东白兰花 Michelia foveolata
广东万年青 Agaonema modestum
广叶参 Trevesia palmata
广福杜鹃 Rhododendron kwangfuense
广宁红花油茶 Camellia semiserrata
叉叶苏铁 Cycas micholitzii
干旱毛蕨 Cyclosorus aridus

干果木 Xerospermum bonii
女贞 Ligustrum lucidum
卫矛科 Celastraceae
弓果黍 Cyrtococcum patens
飞蛾槭 Acer oblongum
飞机草 Eupatorium odoratum

四画

天峨槭 Acer wangchii
天门冬 Asparagus cochinchinensis
天南星 Arisaema heterophyllum
天麻 Gastrodia elata
天料木 Homalium cochinchinensis
天鹅抱蛋 Nephrolepis cordifolia
天料木科 Samydaceae
天花公 Trichosanthes chingiana
云山青冈 Cyclobalanopsis nubium
云山伯乐树 Bretschneidera yunshanensis
云实 Caesalpinia sepiaria
云贵山茉莉 Huodendron biaristatum
云南莲座蕨 Angiopteris yunnanensis
云南大沙叶 Aporosa yunnanensis
云南樟 Cinnamomum glanduliferum
云南青冈 Cyclobalanopsis glaucoides
云南苏铁 Cycas siamensis
云南鼠刺 Itea yunnanensis
云南黄檀 Dalbergia yunnanensis
云南假鹰爪 Desmos dumosus
云南黄杞 Engelhardtia spicata
云南水青冈 Fagus longipetiolata f. yunnanica
云南黄素馨 Jasminum mesnyi
云南油杉 Keteleeria evelyniana
云南粗叶木 Lasianthus henryi
云南润楠 Machilus yunnanensis
云南白桐 Mallotus yunnanensis
云南菠萝栎 Quercus dentata var. oxyloba
云南木瓜红 Rehderodendron tsiangii
太平杜鹃 Rhododendron championae
五裂槭 Acer oliverianum
五月茶 Antidesma bunius
五角紫金牛 Ardisia quinquegona
五加科 Araliaceae
五叶薯蓣 Dioscorea pentaphylla
五色梅 Lantana camara
五桠果叶木姜 Litsea dilleniifolia
五节芒 Miscanthus floridulus
五膜草 Pentaphragma sinense
五列木 Pentaphylax euryoides
无患子 Sapindus mukorossi
无根藤 Cassytha filiformis
无柄米槠 Castanopsis carlesii var. sessilis
无盖鳞毛蕨 Dryopteris scottii
无忧花 Saraca asoca
无宝山冷杉 Abies yuanbaoshanensis
车前 Plantago asiatica
车前草 Plantago major
车筒竹 Plantago sinospinosa
木菠萝 Artocarpus heterophyllus
木榄 Bruguiera gymnorrhiza
木棉 Bombax malabarica
木豆 Cajanus cajan
木麻黄 Casuarina equisetifolia
木槿 Hibiscus syriacus
木蝴蝶 Oroxylum indicum
木花生 Jatropha curcas
木姜子 Litsea cubeba
木莲 Manglietia fordiana
木薯 Manihot esculenta
木犀科 Oleaceae
巨桉 Eucayptus grandis
中越密脉木 Myrioneuron tonkinense
中平树 Macaranga denticulata
中华锥花 Gomphostemma chinensis
中华大节竹 Indosasa sinica
中华槭 Acer sinense
中华复叶耳蕨 Arachniodes chinensis

中华艾纳香 Blumea pubigera
中华山柳 Clethra cavaleriei
中华水锦树 Wendlandia uvariifolia var. chinensis
中型沿阶草 Ophiopogon intermedius
牛矢果 Osmanthus matsumuranus
水冬瓜 Adina racemosa
水杨梅 Adina rubella
水蔗草 Apluda mutica
水黄竹 Bambusa gibba
水槟榔 Capparis masaikai
水锥栲 Castanopsis eyrei
水榕 Cleistocalyx operculatus
水麻 Debregeasia edulis
水青冈 Fagus longipetiolata
水柳 Homonoia riparia
水松 Glyptostrobus pensilis
水单竹 Lingnania papillata
水筒木 Ficus harlandii
水仙石栎 Lithocarpus naiadarum
水杉 Metasequoia glyptostroboides
水椰 Nypa fruticans
水芫花 Pemphis acidula
水竹 Phyllostachys heteroclata
水龙骨科 Polypodiaceae
水黄皮 Pongamia pinnata
水石梓 Sarcosperma laurinum
水东哥 Saurauia tristyla
水丝梨 Sycopsis sinensis
水锦树 Wendlandia uvariifolia
少叶黄杞 Engelhardtia fenzellii
少脉沿阶草 Ophiopogon paucinervis
见血飞 Toddalia asiatica
见血封喉 Antiaris toxicaria
日本厚朴 Magnolia hypoleuca
日本杜英 Elaeocarpus japonicus
日本女贞 Ligustrum japonicum
日本鞭苔 Bazzania japonica
毛花猕猴桃 Actinidia eriantha
毛黄肉楠 Actinodaphne pilosa
毛杨桐 Adinandra glischroloma
毛八角枫 Alangium kurzii
毛阿芳 Alphonsea mollis
毛颖草 Alloteropsis semialata
毛大沙叶 Aporosa villosa
毛白鹤藤 Argyreia capitata
毛瓣金花茶 Camellia pubipetala
毛桂 Cinnamomum appelianum
毛叶黄牛木 Cratoxylon dasyphyllum
毛叶轴脉蕨 Ctenitopsis devexa
毛枝青冈 Cyclobalanopsis helferiana
毛叶青冈 Cyclobalanopsis kerrii
毛蕨 Pteris exeelsum
毛排钱草 Desmodium blandum
毛果算盘子 Glochidion eriocarpum
毛果扁担杆 Grewia eriocarpa
毛柄珍珠菜 Lysimachia capillipes
毛柃 Eurya groffii
毛桐 Mallotus barbatus
毛稔 Melastoma sanguineum
毛坡垒 Hopea mollissima
毛球兰 Hoya villosa
毛冬青 Ilex pubescens
毛木蓝 Indigofera hirsuta
毛鼠刺 Itea homalioidea
毛杨梅 Myrica esculenta
毛麻楝 Chukrasia tabularis var. velutina
毛荔枝 Nephelium chryseum
毛青檀 Pteroceltis tatarinowii var. pubescens
毛鸦胆子 Brucea mollis
毛序花楸 Sorbus keissieri
毛杜仲藤 Parabarium huaitingii
毛叶铁榄 Sinosideroxylon pedunculatum var. pubifolium
毛枝绣线菊 Spiraea martinii
毛荚蒾 Viburnum harryanum
毛钩藤 Uncaria hirsuta

毛竹 Phyllostachys pubescens
毛竹叶椒 Zanthoxylum planispinum form. ferrugineum
毛倒吊笔 Wrightia tomentosa
长叶木姜 Litsea elongata
长叶木兰 Magnolia paenetalauma
长叶柞木 Xylosma longifolium
长叶桂木 Artocarpus lanceolatus
长生铁角蕨 Asplonium prolongatum
长叶龙吐珠 Clerodendron wallichii
长倒卵叶山龙眼 Helicia obovatifolia var. mixta
长圆叶酸藤子 Embelia oblongifolia
长果冬青 Ilex purpurea
长尾粗叶木 Lasianthus longicauda
长柄石栎 Lithocarpus longipedicellatus
长柄荷木 Schima longipetiolata
长梗润楠 Machilus longipedicellata
长梗铜钱树 Paliurus hirsutus
长梗冬青 Ilex pedundulosa
长苞铁杉 Tsuga longibracteata
长序砂仁 Amomum thyrsoideum
化香树 Platycarya strobilacea
牛耳枫 Daphniphyllum calycinum
牛耳朵 Didymocarpus eburneus
牛筋藤 Malaisia scandens
牛老药藤 Thysanospermum diffusum
风车藤 Hiptage benghalensis
风吹楠 Horsfieldia glabra
风藤 Kadsura heteroclita
凤梨 Ananas comosus
凤凰木 Delonix regia
凤凰竹 Bambusa multiplex
凤尾竹 Bambusa multiplex var. riviereorum
凤尾草 Pteris multifida
凤尾蕨 Pteris nervosa
乌口果 Elaeocarpus decurvatus
乌口树 Tarenna mollissima
乌冈栎 Quercus phillyraeoides
乌饭树 Vaccinium bracteatum
乌蔹莓 Cayratia japonica
乌蕨 Stenoloma chusanum
乌泡 Rubus gentilianus
乌桕 Sapium sebiferum
乌榄 Canarium pimela
乌药 Lindera strychnifolia
乌柿 Diospyros cathayensis
乌材 Diospyros eriantha
爪哇白发藓 Leucobryum javense
勾儿茶 Berchemia racemosa
心叶蚬木 Burretiodendron esquirolii
心叶山茶 Camellia cordifolia
心基杜鹃 Rhododendron cardiobasis
火绳树 Eriolaena malvacea
火麻树 Laportea chingiana
火筒树 Leea indica
火花树 Mayodendron igneum
火炬松 Pinus taeda
火柴子树 Viburnum fordiae
火棘 Pyracantha fortuneana
六月雪 Serissa foetida
方叶五月茶 Antidesma ghaesembilla
方竹 Chimonobambusa quadrangularis
巴东清风藤 Sabia emarginata
巴戟天 Morinda officinalis
巴哈马加勒比松 Pinus caribaea var. bahamensis
双花草 Dichanthium annulatum
双飞蝴蝶 Crawfurdia fasiculata
王桉 Eucayptus regnans
文殊兰 Crinum asiaticum
文冠果 Xanthoceras sorbifolia
斗竹 Arundinaria spongiosa
友水龙骨 Polypodium amoenum
孔雀润楠 Machilus phoenicis
孔雀豆 Adenanthera pavonina
邓恩桉 Eucalyptus dunnii

五画

玉叶金花 Mussaenda pubescens
玉竹 Polygonatum officinale
玉米 Zea mays
石栎 Lithocarpus glabra
石榴 Punica granatum
石楠 Photinia serrulata
石山嘉榄 Garuga floribunda var. gamblei
石山山竹子 Garcinia bracteata
石山野樱 Prunus zippenliana
石生铁角蕨 Asplenium saxicola
石壁杜鹃 Rhododendron bachii
石岩枫 Mallotus repandus
石蝉草 Peperomia dindygulensis
石仙桃 Pholidota chinensis
石笔木 Tutcheria championi
石珍茅 Neyraudia reynaudiana
石山榕 Ficus virens var. sublanceolata
石菖蒲 Acorus gramineus
石斛 Dendrobium nobile
石山樟 Cinnamomum saxatile
石油菜 Pilea cavaleriei
石灰花楸树 Sorbus folgneri
平果金花茶 Camellia pingguoensis
平顶紫金牛 Ardisia depressa
平滑楼梯草 Elatostema laevigatum
平阳厚壳桂 Crytocarya chingii
古钩藤 Cryptolepis buchanani
龙牙草 Agrimonia viscidula
龙头竹 Bambusa vulgaris
龙须藤 Bauhinia championii
龙吐珠 Clerodendron thomsonae
龙须草 Eulaliopsis binata
龙脑香 Dipterocarpus turbinatus
龙船花 Ixora chinensis
龙珠果 Passiflora foetida
龙眼 Dimocarpus longan
龙州棕竹 Rhapis robusta
龙爪稷 Eleusine coracana
东方枫香 Liquidambar orientalis
东方古柯 Erythroxylum kunthianum
东方乌毛蕨 Blechnum orientale
东京密脉木 Myrioneuron tonkinensis
东京双翼豆 Peltophorum tonkinensis
东京紫玉盘 Uvaria tonkinensis
东京闭鞘姜 Costus tonkinensis
东京枫杨 Pterocarya tonkinensis
东京槭 Acer tonkinensis
东京桐 Deutzianthus tonkinensis
东京蜘蛛抱蛋 Aspidistria tonkinensis
东京马蹄荷 Exbucklandia tonkinensis
东京梭子果 Eberhardtia tonkinensis
东兴金花茶 Camellia tunghinensis
东南鳞毛蕨 Dryopteris championii
艾麻 Laportea crenulata
打铁树 Rapanea linearis
叶轮木 Ostodes paniculatus
四川樱桃 Prunus droseracea
四角蒲桃 Syzygium tetragonum
四瓣崖摩 Amoora tetrapetala
四瓣米仔兰 Aglaia tetrapetala
四脉金茅 Eulalia quadrinervis
四籽海桐花 Pittosporum tonkinense
四角柃 Eurya tetragonoclada
四季青 Viburnum cylindricum
四数木 Tetrameles undiflora
北越龙脑香 Dipterocarpus retusus
凹脉金花花 Camellia impressinervis
凸脉冬青 Ilex editicostata
禾串树 Bridelia balansae
白饭树 Fluggea virosa
白蜡树 Fraxinus chinensis
白颜树 Gironniera subaequalis
白牛胆 Inula cappa
白背桐 Mallotus apelta

白兰花 Michelia alba
白雪花 Plumbago zeylanica
白豆杉 Pseudotaxus chienii
白辛树 Pterostyrax psilophylla
白杜鹃 Rhododendron moulmainense
白木香 Aquilaria sinensis
白叶藤 Cryptolepis sinensis
白瑞香 Daphne papyracea
白桂木 Artocarpus hypargyreus
白眼竹 Arundinaria maculosa
白灯笼 Clerodendron mandarinorum
白香薷 Elsholtzia blanda
白蝉 Gardenia jasminoides var. fortuniana
白茅 Imperata cylindrica
白檀 Symplocos paniculata
白桦 Betula platyphylla
白及 Bletilla striata
白藤 Calamus tetradactylus
白栎 Quercus fabri
白龙船花 Ixora henryi
白萼素馨 Jasminum albicalyx
白花含笑 Michelia mediocris
白花鱼藤 Derris alborubra
白花前胡 Peucedanum praeruptorum
白面苎麻 Boehmeria clidemioides
白翅子树 Pterospermum niveum
白叶安息香 Styrax subnivea
白叶瓜馥木 Fissistigma glaucescens
白花羊蹄甲 Bauhinia acuminata
白花油麻藤 Mucuna birdwoodiana
白花酸藤子 Embellia ribes
白背厚壳桂 Cryptocarya maclurei
瓜子金 Dischidia chinensis
瓜馥木 Fissistigma oldhami
冬桃 Elaeocarpus assimilis
包果石栎 Lithocarpus cleistocarpus
仙茅 Curculigo orchioides
仙人掌 Opuntia dillenii
仪花 Lysidice rhodostegia
印度栲 Castanopsis indica
丛花厚壳桂 Cryptocarya densiflora
圣蕨 Dictyocline griffithii
半夏 Pinellia temata
半边旗 Pteris semipinnata
半枫荷 Semiliquidambar cathayensis
尼泊尔野古草 Arundinella nepalensis
尼泊尔肉穗草 Sarcopyramis nepalensis
尼泊尔水冬哥 Saurauia nepalensis
台湾山龙眼 Helicia formosana
台湾冬青 Ilex formosana
台湾铁杉 Tsuga formosana
台湾相思 Acacia richii
台湾扁柏 Chamaecyparis obtusa var. formosana
台湾五针松 Pinus morrisonicola
台湾肉豆蔻 Myristica cagayanensis
台湾栲 Castanopsis formosana
台湾杉 Taiwania cryptomerioides
台湾旋蒴苣苔 Boea swinhoii
凹脉金花茶 Camellia impressinervis
凹脉红淡比 Cleyera incornuta
凹脉柃 Eurya impressinervis
凹叶瓜馥木 Fissistigma retusum
凹叶女贞 Ligustrum retusum
凹叶木兰 Magnolia sargentiana
加勒比松 Pinus caribaea
对叶榕 Ficus hispida
对叶藓 Distichium capillaceum
丝栗栲 Castanopsis platyacantha
丝葱 Allium ledebourianum
甲竹 Lingnania remotiflora
甘蔗 Saccharum sinense
兰香草 Caryopteris incana
兰花蕉 Orchidantha chinensis
鸟巢蕨 Neottopteris nidus

六画

江南桤木 Alnus trabeculosa

江南星蕨 Microsorium fortunei
江南花楸 Sorbus hemsleyi
江南油杉 Keteleeria cyclolepis
江南野海棠 Bredia fordii
安息香科 Styracaceae
安息香 Styrax japonica
安南牡荆 Vitex annamensis
安石榴 Punica granatum
羊角杜鹃 Rhododendron cavaleriei
羊角拗 Strophanthus divaricatus
羊刀尖 Fordiophyton strictum
羊蹄甲 Bauhinia purpurea
交让木 Daphniphyllum macropodum
米仔兰 Aglaia odorata
米饭花 Vaccinium sprengelii
米浓液 Teonongia tonkinensis
米念芭 Tirpitzia ovoides
兴安落叶松 Larix gmelini
兴安山荚蒾 Viburnum propinquum
西畴青冈 Cyclobalanopsis sichaurensis
西南远志 Polygala wattersii
西南山茶 Camellia pitardii
西南香楠 Randia henryi
西南凤尾蕨 Pteris wallichiana
西贡蕉 Musa sapientum
西藏山茉莉 Huodendron tibeticum
西伯利亚落叶松 Larix sibirica
西伯利亚红松 Pinus sibirica
西伯利亚云杉 Picea obovata
西桦 Betula alnoides
灰楸 Catalpa fargesii
灰毛浆果楝 Cipadessa cinerascens
夹竹桃科 Apocynaceae
夹竹桃 Nerium indicum
灯台树 Bothrocaryum controversum
灯笼树 Enkianthus chinensis
老虎刺 Pterolobium punctatum
老鼠簕 Acanthus ilicifolius
地钱 Marchantia polymorpha
地桃花 Urena lobata
地菍 Melastoma dodecandrum
地苓苋 Deeringia amaranthoides
地瓜榕 Ficus tikoua
地枫皮 Illicium difengpi
过山风 Schizandra viridis
过江龙 Entada phaseoloides
百叶卷柏 Selaginella moellendorffii
耳状苣苔 Oreocharis auricula
耳叶榕 Ficus cunia
耳草 Hedyotis auricularia
朴树 Celtis sinensis
异株木樨榄 Olea dioica
异色桉 Eucalyptus deversicolor
异盖鳞毛蕨 Dryopteris decipiens
异叶双唇蕨 Schizoloma heterophyllum
羽叶楸 Stereospermum chelonoides
羽叶鞭苔 Bazzania albicans
羽叶金合欢 Acacia pennata
阴香 Cinnamomum burmannii
买麻藤科 Gnetaceae
买麻藤 Gnetum montanum
刚莠竹 Microstegium cilatum
刚毛药花 Barthea barthei
团叶槲蕨 Drynaria bonii
尖嘴林檎 Malus melliana
尖叶山茶 Camellia cuspidata
尖叶粗叶木 Lasianthus acuminatissimus
尖叶厚壳桂 Cryptocarya acutifolia
尖尾筱竹 Thamnocalamus cuspidatus
尖果栾树 Koetreuteria bipinnata var. apiculata
尖叶木蓝 Indigofera zollingeriana
光叶玉兰 Magnolia nitida
光叶海桐 Pittosporum glabratum
光叶合欢 Albizzia lucidior
光叶石栎 Lithocarpus hancei
光叶山矾 Symplocos lancifolia

光叶倒吊笔 Wrightia laevis
光叶粗叶木 Lasianthus acuminatissimus
光叶石楠 Photinia glabra
光叶显脉新木姜 Neolitsea phanerophlebia form. glabra
光叶海南樫木 Dysoxylum hainanense var. glaberrimum
光叶粗叶木 Lasianthus glaberrima
光叶柃 Eurya nitida
光叶水青冈 Fagus lucida
光皮桦 Betula luminifera
光高粱 Sorghum nitidum
光榕 Ficus glaberrima
光清香藤 Jasminum lanceolarium
光滑丁公藤 Erycibe laevigata
光亮密网蕨 Phymatodes lucida
多脉青冈 Cyclobalanopsis multinervis
多脉樫木 Dysoxylum lukii
多花卫矛 Euonymus myrianthus
多花可爱花 Eranthemum polyanthum
多花瓜馥木 Fissistigma polyanthum
多花野白芋 Colocasia indica
多花猪菜藤 Merremia boisiana
多花泡花树 Meliosma myriantha
多花黄精 Polygonatum cyrtonema
多穗石栎 Lithocarpus polystachyus
多毛茜草树 Randia acuminatissima
多体蕊黄檀 Dalbergia polyadelpha
多香木 Polyosma cambodiana
多裔黍 Polytoca digitata
当归藤 Embelia parvifolia
竹叶椒 Zanthoxylum planispinum
竹叶草 Oplismenus compositus
竹叶青冈 Cyclobalanopsis bambusaefolia
竹叶木姜 Litsea pseudoelongata
竹叶荷木 Schima bambusifolia
竹节草 Chrysopogon aciculatus
竹节树 Carallia brachiata
竹柏 Podocarpus nagi
血胶树 Eberhardtia aurata
血桐 Macaranga henryi
全叶核实 Drypetes integrifolia
全缘叶小柑 Micromelum integerrimum
全缘火棘 Pyracantha atalantioides
全缘鳞毛蕨 Dryopteris integrifolia
合柱金莲木 Sinia rhodoleuca
伞花木 Euryocrymbus cavaleriei
伞房花桉 Eucalyptus gummifera
华南露兜树 Pandanus austro-sinensis
华南坡垒 Hopea chinensis
华南木姜 Litsea greenmaniana
华南云实 Caesalpinia nuga
华南青冈 Cyclobalanopsis edithae
华南石栎 Lithocarpus fenestratus
华南皂荚 Gleditsia fera
华南吴茱萸 Evodia austrosinensis
华南铁杉 Tsuga chinensis var. tchekingensis
华南紫萁 Osmunda vachellii
华南山矾 Symplocos handelii
华南朴 Celtis austro-sinensis
华南毛柃 Eurya ciliata
华山矾 Symplocos chinensis
华马钱 Strychnos cathayensis
华润楠 Machilus chinensis
华东润楠 Machilus leptophylla
华四粉块藤 Secamone sinica
华三芒草 Aristida chinensis
华山姜 Alpinia chinensis
华溪桫 Chisocheton chinensis
华丽杜鹃 Rhododendron farrerae
华风车子 Combretum alfredii
华柃 Eurya chinensis
华卫矛 Euonymus chinensis
华里白 Hicriopteris chinensis
华杜英 Elaeocarpus chinensis
华中铁角蕨 Asplenium sarelii

舌缕竹　Bambusa fimbriligulata
红松　Pinus koraiensis
红树　Rhizophora apiculata
红楣　Anneslea fragrans
红桧　Chamaecyparis formosensis
红薯　Ipomoea batatas
红桑　Acalypha wikesiana
红椿　Toona ciliata
红茴香　Illicium henryi
红背桂　Excoecaria cochinchinensis
红车木　Syzygium rehderianum
红豆杉　Taxus chinensis
红紫珠　Callicarpa rubella
红润楠　Machilus thunbergii
红边竹　Phyllostachys rubromarginata
红豆树　Ormosia hosiei
红茄苳　Rhizophora mucronata
红海榄　Rhizophora stylosa
红荷木　Schima wallichii
红山梅　Artocarpus styracifolius
红花木　Casearia membranacea
红花荷　Rhodoleia championii
红花木莲　Manglietia insignis
红花羊蹄甲　Bauhinia blakeana
红花紫荆　Bauhinia variegata
红花八角　Illicium dunnianum
红花青藤　Illigera rhodantha
红皮　Styrax suberifolia
红皮糙果油茶　Camellia crapnelliana
红脉麦果　Rhamonella rubrinervis
红背山麻杆　Alchornea trewioides
红色新月蕨　Abacopteris rubra
红毛羊蹄甲　Bauhinia pyrrhoclada
红岩杜鹃　Rhododendron haofui
红裂稃草　Schizachyrium sanguineum
红淡比　Cleyera japonica
红果树　Stranvaesia davidiana
红果坚木　Dysoxylum binectariferum
红鳞蒲桃　Syzygium hancei
红毛禾叶蕨　Grammitis hirtella
红叶树　Helicia cochinchinensis
红叶藤　Santalodes microphyllum
网脉桂花　Osmanthus reticulatus
网脉紫薇　Lagerstroemia suprareticulata
网脉核实　Drypetes perreticulata
网脉守宫木　Sauropus reticulatus
网脉山龙眼　Helicia reticulata
肉实树　Sarcosperma arboreum
肉桂　Cinnamomum cassia
吊丝竹　Dendrocalamus minor
吊壁伸筋草　Lycopodium casuarinoides
吊钟花　Enkianthus quinqueflorus
吊灯花　Hibiscus schizopetalus
吊兰龙胆　Gentiana atkensonii
似铁屎米　Canthium simile
纤序鼠李　Rhamnus nepalensis
纤细龙脑香　Dipterocarpus gracilis
纤细鳞毛蕨　Dryopteris tenuicula
纤毛鸭嘴草　Ischaemum ciliare
阳桃　Averrhoa carambola
闭花木　Cleistanthus saichikii
芒草　Miscanthus sinensis
芋头　Colocasia esculenta
曲尾藓　Dicranum scoparium
池杉　Taxodium ascendens
任豆　Zenia insignis
观音座莲　Angiopteris fokiensis

七画

两广樱桃　Prunus adenodonta
两广梭罗树　Reevesia thrysoidea
两广沿阶草　Ophiopogon chingii
豆腐木　Premna confinis
豆瓣菜　Peperomia reflexa
赤杨　Alnus japonica
赤桉　Eucalyptus camaldulensis

赤苍藤 Erythropalum scandens
走马胎 Ardisia gigantifolia
麦冬 Ophiopogon japonicus
壳斗科 Fagaceae
壳菜果 Mytilaria laosensis
连香树 Cercidiphyllum japonicum var. sinense
芸香科 Rutaceae
芭蕉 Musa basjoo
花红 Malus asiatica
花生 Arachis hypogaea
苎叶蒟 Piper boehmeriaefolium
苏木科 Caesalpiniaceae
苏木 Caesalpinia sappan
苏铁蕨 Brainia insignis
苏门答腊金合欢 Acacia glauca
杏香兔儿风 Ainsliaea fragrans
李 Prunus salicina
灵香草 Lysimachia foenum-gracecum
灵川钻地风 Schizophragma choufenianum
灵川大节竹 Indosasa lingchuanensis
杧果 Mangifera indica
杨梅 Myrica rubra
杨梅叶蚊母树 Distylium myricoides
杨叶肖槿 Thespesia populnea
杨桐 Adinandra millettii
扶芳藤 Euonymus fortunei
拟赤杨 Alniphyllum fortunei
扭肚藤 Jasminum amplexicaule
扭黄茅 Heteropogon contortus
肖韶子 Dimocarpus fumatus
肖婆麻 Helicteres hirsuta
肖榄 Platea latifolia
肖异木患 Allophylus racemosus
杉木 Cunninghamia lanceolata
杜英 Elaeocarpus decipiens
杜仲 Eucommia ulmoides
杜仲藤 Parabarium micranthum
杜茎山 Maesa japonica
杠竹 Sinobambusa henryi
岗松 Baeckea frutescens
旱冬瓜 Alnus nepalensis
围涎树 Pithecellobium clypearia
谷木 Memecylon ligustrifolium
谷木冬青 Ilex memecylifolia
谷桉 Eucalyptus smithii
余甘子 Phyllanthus emblica
含羞草科 Mimosaceae
含笑花 Michelia figo
伯乐树 Bretschneidera sinensis
卵叶杜鹃 Rhododendron ovatum
何首乌 Polygonum multiflorum
饭甑青冈 Cyclobalanopsis fleuryi
辛果漆 Drimycarpus racemosus
冷饭团 Kadsura coccinea
冻绿 Rhamnus utilis
沙梨 Pyrus pyrifolius
沙针 Osyris wightiana
沙田柚 Citrus grandis
沙竹 Phyllostachys propinqua
沙巴含笑 Michelia chapanensis
沟叶结缕草 Zoysia matrella
鸡毛松 Podocarpus imbricatus
鸡尾木 Excoecaria venenata
鸡骨香 Croton crassifoilus
鸡眼草 Kummerowia striata
鸡眼藤 Morinda umbellata
鸡屎藤 Paederia scandens
鸡窦簕竹 Bambusa funghomii
鸡爪簕 Randia sinensis
鸡爪茶 Rubus henryi
尾叶山茶 Camellia caudata
尾叶紫薇 Lagerstroemia caudata
尾叶香楠 Randia merrillii
尾叶水锥栲 Castanopsis eyrei var. caudata
尾叶美丽山胡椒 Lindera pulcherrima var. attenuata

尾叶桉 Eucalyptus urophylla
尾叶槌果藤 Capparis urophylla
角果木 Ceriops tagal
皂荚 Gleditsia sinensis
庐山石韦 Pyrrosia sheareri
庐山厚朴 Magnolia officinalis subsp. biloba
驱蚊树 Litsea euosma
驱骨九节 Psychotria siamica
君迁子 Diospyros lotus
阿丁枫 Altingia chinensis
阿萨姆婆罗双 Shorea assamica
陀螺果 Melliodendron xylocarpum
陈氏山矾 Symplocos chunii
陆均松属 Dacrydium
里白 Hicriopteris glauca
纳槁润楠 Machilus nakao
卤蕨 Acrostichum aureum

八画

兖州卷柏 Selaginella involvens
卷叶湿地藓 Hyophila involuta
变异鳞毛蕨 Dryopteris varia
变色杜鹃 Rhododendron versicolor
变叶裸实 Gymnosporia diversifolia
空心花 Maesa perlarius
宛田红花油茶 Camellia polyodonta
单性木兰花 Kmeria septentrionalis
单叶牡荆 Vitex rotundifolia
单果阿芳 Alphonsea monogyna
单室茱萸 Mastixia alternifolia
单穗鱼尾葵 Caryota monostachya
单子南蛇藤 Celastrus monospermus
泡竹 Pseudostachyum polymorphum
泡桐 Paulownia fortunei
泡花润楠 Machilus pauhoi
泡叶龙船花 Ixora nienkui
沿阶草 Ophiopogon bodinieri
油桐 Vernicia fordii
油杉 Keteleeria fortunei
油梨 Persea americana
油茶 Camellia oleifera
油棕 Elaeis guineensis
油竹 Lingnania surreta
油瓜 Hodysonia macrocarpa
油叶石栎 Lithocarpus oleaefolia
河八王 Narenga porphyrocoma
波缘山矾 Symplocos sinuata
青皮 Vatica mangachapoi
青檀 Pteroceltis tatarinowii
青蒟 Piper betle
青冈 Cyclobalanopsis glauca
青蒿 Artemisia apiacea
青皮竹 Bambusa textilis
青篱竹 Arundinaria gigantea
青香茅 Cymbopogon caesius
青钱柳 Cyclocarya paliurus
青荚叶 Helwingia japonica
青钩栲 Castanopsis kawakamii
青藤仔 Jasminum nervosum
青天葵 Nervilia fordii
青篱柴 Tripitzia sinensis
青榨槭 Acer davidii
青山安息香 Styrax macrothyrsus
奇羽鳞毛蕨 Dryopteris sieboldii
茅栗 Castanea sequinii
茅叶苔草 Carex cryptostachys
苦竹 Pleioblastus amarus
苦楝 Melia azedarach
苦槠 Castanopsis sclerophylla
苦枥木 Fraxinus retusa
苦梓含笑 Michelia balansae
苦槛蓝 Myoporum bontioides
茎花柿 Diospyros longchowensis
茎花崖爬藤 Tetrastigma cauliflorum
苗山冬青 Ilex chingiana
苗山槭 Acer miaoshanicum

苗山小檗 Berberis impedita
苹婆 Sterculia nobilis
枫香 Liquidambar formosana
枫杨 Pterocarya stenoptera
枇杷 Eriobotrya japonica
构树 Broussonetia papyrifera
板蓝 Baphicacanthus cusia
板栗 Castanea mollissima
杭子梢 Campylotropis macrocarpa
枝花李榄 Linociera ramiflora
枝花木奶果 Baccaurea ramiflora
杷叶山矾 Symplocos cochinchinensis
顶果木 Acrocarpus fraxinifolius
刺梨 Rosa roxburghii
刺葵 Phoenix hanceana
刺凿 Photinia davidsoniae
刺桑 Taxotrophis macrophylla
刺栲 Castanopsis hystrix
刺桐 Erythrina variegata
刺楸 Kalopanax septemlobus
刺叶冬青 Ilex hylonoma var. glabra
刺篱木 Flacourtia indica
刺果藤 Buettneria aspera
刺头复叶耳蕨 Arachniodes exilis
刺芒野古草 Arundinella setosa
轮叶木姜 Litsea verticillata
降香黄檀 Dalbergia odorifera
建兰 Cymbidium ensifolium
建润楠 Machilus oreophila
披针叶南五味子 Kadsura lancilimba
虎皮楠 Daphniphyllum oldhami
齿叶黄皮 Clausena dentata
枣 Ziziphus jujuba
岩生鹅耳枥 Carpinus rupestris
岩栎 Quercus acrodonta
岭南酸枣 Allospondias lakonensis
岭南山茉莉 Huodendron biaristatum var. parviflorum
岭南柿 Diospyros tutcheri
坡柳 Dodonaea viscosa
垂柳 Salix babylonica
垂叶榕 Ficus benjamina
罗汉松 Podocarpus macrophyllus
罗汉果 Thladiantha groevenorii
罗浮栲 Castanopsis fabri
罗浮柿 Diospyros morrisiana
罗浮槭 Acer fabri
罗浮杜鹃 Rhododendron henryi
罗浮泡花树 Meliosma fordii
罗浮冬青 Ilex lohfauensis
罗裙子 Schizandra henryi
昆栏树 Trochodendron aralioides
昆明崖豆藤 Millettia reticulata
金竹 Phyllostachys sulphurea
金茅 Eulalia speciosa
金橘 Fortunella margarita
金丝李 Garcinia paucinervis
金钱松 Pseudolarix amabilis
金钱槭 Acer sinensis
金樱子 Rosa laevigata
金花树 Blastus dunnianum
金花茶 Camellia nitidissima
金发草 Pogonatherum paniceum
金毛狗 Cibotium barometz
金毛石栎 Lithocarpus chrysocomus
金鸡脚 Phymatopsis kitahawa
金果榄 Tinospora sagittata
金果瓜馥藤 Fissistigma cupreonitena
金星蕨 Parathelypteris glanduligera
金莲木 Ochna integerrima
金合欢 Acacia farnesiana
金银花 Lonicera japonica
肥牛草 Didymocarpus hedyotideus
肥荚红豆 Ormosia fordiana
肥牛树 Cephalomappa sinense
爬山虎 Parthenocissus heterophylla

爬墙蜈蚣 Rhaphidophora hongkongensis
狗牙根 Cynodon dactylon
狗骨柴 Tricalysia viridiflora
狗骨木 Swida wilsoniana
狗骨 Ilex cornuta
狗奶柴 Styrax confusa
狗尾草 Setaria viridis
狗脊 Woodwardia japonica
细花杜鹃 Rhododendron minutiflorum
细叶谷木 Memecylon scutellatum
细叶香茶菜 Plectranthus ternifolius
细叶云南松 Pinus yunnanensis var. tenuifolia
细叶藤橘 Pothos repens
细叶桉 Eucalyptus tereticornis
细枝栲 Castanopsis carlesii
细枝柃 Eurya loquaiana
细刺栲 Castanopsis tonkinensis
细子龙 Amesiodendron chinense
细柄草 Capillipedium parviflorum
细柄五月茶 Antidesma filipes
细柄萸叶五加 Acanthopanax evodiaefolius var. gracilis
帚状鼠李 Rhamnus virgata
咀签 Gouania leptostachya
竹柏 Podocarpus nagi
败酱 Patrinia scabiosaefolia
线蕨 Colysis elliptica
肾耳唐竹 Sinobambusa nephroaurita
线条楼梯草 Elatostema lineolatum
念珠藤 Alyxia sinensis
鱼尾葵 Caryota ochlandra
画眉草 Eragrostis pilosa

九画

柊叶 Phrynium capitatum
香蕉 Musa nana
香艾 Blumea aromatica
香楠 Randia canthioides
香椿 Toona sinensis
香果树 Emmenopterys henryi
香木莲 Manglietia aromatica
香合欢 Albizzia odoratissima
香叶树 Lindera communis
香面叶 Lindera caudata
香花木 Tsoongiodendron odorum
香籽含笑 Michelia hedyosperma
香秋海棠 Begonia handelii
香港樫木 Dysoxylum hongkongense
香港四照花 Dendrobenthamia hongkongensis
香港鹰爪 Artabotrys hongkongensis
香港猴欢喜 Sloanea hongkongensis
香港崖角藤 Rhaphidophora hongkongensis
香港瓜馥木 Fissistigma uonicum
鬼针草 Bidens bipinnata
茜木 Pavetta hongkongensis
茜草 Rubia cordifolia
茶辣 Evodia rutaecarpa
茶 Camellia sinensis
茶条山矾 Symplocos ernestii
茶条木 Delavaya yunnanensis
茶秆竹 Arundinaria amabilis
草海桐 Scaevola sericea
茸毛木蓝 Indigofera stachyoides
革叶铁榄 Sinosideroxylon wightianum
革叶冬青 Ilex championii
革命菜 Gynura crepidioides
茹菜 Raphanus sativus var. oleiferus
茵芋 Skimmia reevesiana
荩草 Arthraxon hispidus
荔枝 Litchi chinensis
药乌檀 Nauclea officinalis
春花木 Raphiolepis indica
春兰 Cymbidium goeringii
星状山矾 Symplocos stellaris
星宿草 Lysimachia fortunei
星毛冠盖藤 Pileostegia tomentella

星蕨 Microsorium punctatum
贵州毛栲 Castanopsis kweichowensis
贵州山柳 Clethra esquirolii
贵州杜鹃 Rhododendron rivulare
贵州泡花树 Meliosma henryi
贵州玉叶金花 Mussanda esquirolii
显脉新木姜 Neolitsea phanerophlebia
显脉山绿豆 Desmodium reticulatum
美人蕉 Canna indica
美山矾 Symplocos decora
美叶石砾 Lithocarpus calophyllus
美丽马醉木 Pieris formosa
美丽山胡椒 Lindera pulcherrima
美丽胡枝子 Lespedeza formosa
美丽木蓝 Indigofera pulchella
美丽南烛 Lyonia formosa
美丽复叶耳蕨 Arachniodes amoena
美脉花楸 Sorbus caloneura
思茅黄檀 Dalbergia szemaoensis
思茅酒饼簕 Atalantia racemosa var. henryi
扁果润楠 Machilus platycarpa
扁桃 Mangifera persiciforma
扁蒴藤 Pristimera arborea
穿鞘花 Forrestia chinensis
虾公木 Bridelia fordii
虾子花 Woodfordia fruticosa
蚂拐竹 Sasa kwangsiensis
响叶杨 Populus adenopoda
哈氏狗脊 Chieniopteris harlandii
突脉榕 Ficus vasculosa
狭基巢蕨 Neottopteris anthrophyoides
狭叶杜英 Elaeocarpus lanceaefolius
胜红蓟 Ageratum conyzoides
洒金榕 Codiaeum variegatum
脉叶罗汉松 Podocarpus neriifolius
钝齿芹叶铁线莲 Clematis apiifolia var. obtusidentata
钝叶黄檀 Dalbergia obtusifolia
钝叶桂 Cinnamomum bejolghota
络石 Trachelospermum jasminoides
绒毛番龙眼 Pometia tomentosa
绒毛青冈 Cyclobalanopsis gomeziana
绒毛赤竹 Sasa tomentosa
绒润楠 Machilus velutina
砂仁 Amomum villosum
秋茄树 Kandelia candel
剑叶南烛 Lyonia ovalifolia var. lanceolata
剑叶龙血树 Dracaena cochinchinensis
冠盖藤 Pileostegia viburnoides
钩栗 Castanopsis tibetana
钩藤 Uncaria rhynchophylla
钩枝藤 Ancistrocladus tectorius
柑 Citrus reticulata
柘树 Cudrania tricuspidata
柚木 Tectona grandis
柏木 Cupressus funebris
柏拉木 Blastus cochinchinensis
柞木 Xylosma racemosum
柳杉 Cryptomeria fortunei
柳桉 Eucalyptus saligna
柳叶菝葜 Smilax lanceaefolia var. lanceolata
柳叶润楠 Machilus salicina
柿树 Diospyros kaki
柿叶木姜 Litsea monopetala
枸骨 Ilex cornuta
柠檬桉 Eucalyptus citriodora
柠檬黄金花茶 Camellia limonia
柄果木 Mischocarpus fuscescens
抱栎 Quercus glandulifera
树参 Dendropanax dentiger
树紫珠 Callicarpa arborea
树头菜 Crataeva unioculari
轻木 Ochroma lagopus
南烛 Lyonia ovalifolia
南桦 Betula austro-sinensis
南亚松 Pinus latteri

南山花 Prismatomeris tetradra
南蛇簕 Caesalpinia minax
南洋杉 Araucaria cunninghamii
南洋楹 Albizzia falcataria
南岭栲 Castanopsis fordii
南岭黄檀 Dalbergia balansae
南岭柞木 Xylosma controversum
南岭箭竹 Sinarundinaria basihirsuta
南岭山矾 Symplocos confusa
南天竹 Nandina domestinca
南华杜鹃 Rhododendron simiarum
南川沿阶草 Ophiopogon bockianus
南方红豆杉 Taxus chinensis var. mairei
厚朴 Magnolia officinalis
厚藤 Ipomoea pes-caprae
厚皮香 Ternstroemia gymnanthera
厚皮树 Lannea grandis
厚壳树 Ehretia thyrsiflora
厚壳桂 Cryptocarya chinensis
厚荚相思 Acacia crassicarpa
厚叶琼楠 Beilschmiedia percoriacea
厚叶吊兰 Cymbidium pendulum
厚叶素馨 Jasminum pentaneurum
厚叶鼠刺 Itea coriacea
厚叶八角枫 Alangium handelii
厚叶红淡比 Cleyera pachyphylla
厚果鸡血藤 Millettia pachycarpa
映山红 Rhododendron simsii
咸水草 Cyperus malaccensis var. brevifolia
威灵仙 Clematis chinensis
省藤 Calamus platyacanthoides
保定柿 Diospyros potingensis
盾翅藤 Aspidopterys concava
盾叶木 Macaranga henricorum
弯叶枣 Ziziphus incurva
珍珠茅 Scleria levis
临桂绣球 Hydrangea linkweiensis
洪都拉斯加勒比松 Pinus caribaea var. hondurensis
牯岭鹅耳枥 Carpinus viminea
柔弱润楠 Machilus gracillima
总序山矾 Symplocos racemosa
矩鳞油杉 Keteleeria oblonga
鸦胆子 Brucea javanica
庭藤 Indigofera decora
亮叶槭 Acer lucidum
亮叶桦 Betula luminifera
亮叶杨桐 Adinandra nitida
亮叶杜英 Elaeocarpus nitentifolius
亮叶山矾 Symplocos lancefolia
亮叶猴耳环 Pithecellobium lucidum
亮叶鸡血藤 Millettia nitida
亮叶厚皮香 Ternstroemia nitida
亮绿爬山虎 Parthenocissus thomopsonii
亮毛红豆 Ormosia sericeolucida

十画

海木 Heynea trijuga
海芋 Alocasia macrorhiza
海莲 Bruguiera sexangula
海桑 Sonneratia caseolaris
海漆 Excoecaria agallocha
海棠花 Malus spectabilis
海菜花 Ottelia acuminata
海杧果 Cerbera manghas
海岸桐 Guettarda speciosa
海金沙 Lygodium japonicum
海榄雌 Avicennia marina
海棠叶莓 Rubus malifolius
海南蒟 Piper hainanense
海南蒲桃 Syzygium cumini
海南冬青 Ilex hainanensis
海南韶子 Nephelium topengii
海南苹婆 Sterculia hainanensis
海南肖榄 Platea hainanensis
海南新樟 Neocinnamomum hainanense

海南杨桐 Adinandra hainanensis
海南粗榧 Cephalotaxus hainanensis
海南樫木 Dysoxylum hainanensis
海南石梓 Gmelina hainanensis
海南坡垒 Hopea hainanensis
海南密花树 Rapanea faberi
海南木樨榄 Olea hainanensis
海南菜豆树 Radermachera hainanensis
海南山龙眼 Helicia hainanensis
海南风吹楠 Horsfieldia hainanensis
海南大风子 Hydnocarpus hainanensis
海南木五加 Dendropanax hainanensis
海南厚壳桂 Cryptocarya hainanensis
海南阿丁枫 Altingia obovata
海南丁公藤 Erycibe hainanensis
海南五针松 Pinus fenzeliana
海南椴 Hainania trichosperma
海南栲 Castanopsis hainanensis
栗叶算盘子 Glochidion fagifolium
铁榄 Sinosideroxylon wightianum
铁仔 Myrsine africana
铁线子 Manilkara hexandra
铁屎米 Canthium dicoccum
铁力木 Mesua ferrea
铁锥栲 Castanopsis lamontii
铁带藤 Tetrastigma planicanle
铁坚杉 Keteleeria davidiana
铁冬青 Ilex rotunda
铁芒萁 Discranopteris linearis
铁包金 Berchemia lineata
铁角蕨 Asplenium trichomanes
铁线蕨 Adiantum capillusveneris
钻地风 Schizophragma integrifolium
格木 Erythrophloeum fordii
栝楼 Trichosanthes kirilowii
桂花 Osmanthus fragrans
桂竹 Phyllostachys bambusoides
桂单竹 Lingnania funghomii
桂林槭 Acer kweilinense
桂林石楠 Phatinia chihsiniana
桂林乌桕 Sapium chihsinianum
桂南木莲 Manglietia chingii
桂北槭 Acer chingii
桐花树 Aegiceras corniculatum
栓皮栎 Quercus variabilis
桃 Prunus persica
桃花心木 Swietenia mahogani
桃金娘 Rhodomyrtus tomentosa
桃叶珊瑚 Aucuba chinensis
核桃 Juglans regia
栲树 Castanopsis fargesii
桄榔 Arenga pinnata
桔梗 Platycodon grandiflorus
粉苹婆 Sterculia euosma
粉单竹 Lingnania chungii
粉花石斛 Dendrobium loddigesii
粉背青冈 Cyclobalanopsis oxyodon
梁山慈竹 Dendrocalamus farinosus
笔罗子 Meliosma rigida
盐肤木 Rhus chinensis
资源冷杉 Abies ziyuanensis
资源木姜 Litsea pedunculata
射干 Belamcanda chinensis
蚕豆 Vicia faba
蚌壳椒 Zanthoxylum dissitum
蚬木 Burretiodendron hsienmu
蚝猪刺 Berberis julianae
荷木 Schima superba
荷花玉兰 Magnolia grandiflora
莎萝单竹 Schizostachyum funghomii
酒饼簕 Atalantia buxifolia
凉衫竹 Sinobambusa intermedia
通城虎 Aristolochia fordiana
圆柏 Sabina chinensis
圆叶乌桕 Sapium rotundifolium
圆叶菝葜 Smilax ovalifolia

圆果雀稗　Paspalum scrobiculatum
圆果化香树　Platycarya longipes
扇叶槭　Acer flabellatum
扇叶铁线蕨　Adiantum flabellulatum
缺萼枫香　Liquidambar acalycina
翅果龙脑香　Dipterocarpus altus
翅柄瘤足蕨　Plagiogyria stenoptera
翅荚香槐　Cladrastis platycarpa
翅子树　Pterospermum lanceaefolium
倒吊笔　Wrightia pubescens
倒叶瘤足蕨　Plagiogyria dunnii
倒挂铁角蕨　Asplenium normale
倒卵叶山龙眼　Helicia obovatifolia
破布叶　Microcos paniculata
家麻树　Sterculia pexa
鸭嘴草　Ischaemum aristatum
鸭脚木　Schefflera octophylla
臭茉莉　Clerodendron fragrans
臭根子草　Bothriochloa intermedia
艳山姜　Alpinia zerumbet
拿拉藤　Naravelia pilulifera
调羹树　Heliciopsis lobata
珙桐　Davidia involucrata
窄叶蚊母树　Distylium dunnianum
窄基红褐柃　Eurya rubiginosa var. attenuata
绢毛相思　Acacia holosericea
皱叶狗尾草　Setaria plicata
桑枝米碎木　Decaspermum gracilentum
积雪草　Centella asiatica
豺皮樟　Litsea rotundifolia var. oblongifolia
绣球绣线菊　Spiraea blumei
珠眼石栎　Lithocarpus iteaphylloides
烟斗石栎　Lithocarpus corneus
高山松　Pinus densata
高山栲　Castanopsis delavayi
高山榕　Ficu altissima
高良姜　Alpinia officinarun
柴龙树　Apodytes cambodiana

十一画

黄樟　Cinnamomum porrectum
黄杞　Engelhardtia roxburghiana
黄柏　Phellodendron chinense var. glabriusculum
黄槿　Hibiscus tiliaceus
黄豆　Glycine max
黄杉　Pseudotsuga sinensis
黄荆　Vitex negundo
黄皮　Clausena lansium
黄桐　Endospermum chinense
黄檀　Dalbergia hupeana
黄竹　Bambusa textilis var. glabra
黄槐　Cassia surattensis
黄连　Coptis chinensis
黄栀子　Gardenia jasmioides
黄梁木　Anthocephalus chinensis
黄梨木　Boniodendron minius
黄牛木　Cratoxylon ligustrinum
黄果厚壳桂　Cryptocarya concinna
黄连木　Pistacia chinensis
黄玉兰　Michelia champaca
黄叶树　Xanthophyllum hainanensis
黄背草　Themeda triandra
黄牙果　Garcinia oblongifolia
黄葛树　Ficus lacor
黄毛青冈　Cyclobalanopsis delavayi
黄毛榕　Ficus fulva
黄毛豆付木　Premna fulva
黄毛五月茶　Antidesma fordii
黄椿木姜　Litsea variabilis
黄果榕　Ficus championi
黄枝润楠　Machilus vericolora
黄枝油杉　Keteleeria calcarea
黄牛奶树　Symplocos laurina
硃砂根　Ardisia crenata
野菊　Chrysanthemum indicum
野梨　Pyrus calleryana

野葛 Pueraria lobata
野柿 Diospyros kaki var. silvestris
野古草 Arundinella hirta
野香茅 Cymbopogon tortilis
野黄桂 Cinnamomum jensenianum
野鸦椿 Euscaphis japonica
野枇杷 Eriobotrya caraleriei
野蚂蝗 Dendrolobium triangulare
野牡丹 Melastoma candidum
野樱桃 Prunus pseudocerasus
野花椒 Zanthoxylum cuspidatum
野漆树 Toxicodendron succedaneum
野木瓜 Stauntonia chinensis
野木菠萝 Artocarpus chaplash
野葡萄 Vitis pentagona
野芭蕉 Musa balbisiana
麻栎 Quercus acutissima
麻楝 Chukrasia tabularis
麻竹 Dendrocalamus latiflorus
麻藤竹 Neohouzeana coradata
麻疯桐 Pisonia grandis
麻叶绣线菊 Spiraea cantoniensis
密蒙花 Buddleja officinalis
密榴木 Milliusa chunii
密花美登木 Maytenus confertiflora
密花树 Rapanea neriifolia
密花火棘 Pyracantha densiflora
密花核实 Drypetes confertiflora
密花假卫矛 Microtropis confertiflora
斜叶榕 Ficus gibbosa
斜叶澄广花 Orophea anceps
斜脉暗罗 Polyalthia plagioneura
斜脉胶桉 Eucalyptus kirtoniana
第伦桃 Dillenia indica
梨果米仔兰 Aglaia roxburghiana
梨果崖摩 Amoora roxburghiana
梨叶悬钩子 Rubus pirifolius
甜茶 Rubus suavissimus
甜大节竹 Indosasa angustata
雀稗 Paspalum thunbergii
雀梅藤 Sageretia theezans
深山含笑 Michelia maudiae
深紫木蓝 Indigofera atropurpurea
深裂叶羊蹄甲 Bauhinia corymobosa
深绿卷柏 Selaginella doederleinii
淡竹叶 Lophatherum gracile
淡紫百合 Lilium brownii
粗糠柴 Mallotus philippinensis
粗叶木 Lasianthus chinensis
粗叶榕 Ficus simplicissima
粗叶悬钩子 Rubus alceaefolius
粗齿冷水花 Pilea sinofasciata
粗齿兔儿风 Ainsliaea grossedentata
粗喙秋海棠 Begonia crassirostris
粗壮润楠 Machilus robusta
粗榧 Torreya grandis
绿片苔 Aneura pinguis
绿萼梅 Prunus mume var. viridicalyx
绿润楠 Machilus viridis
绿叶山杜英 Elaeocarps sylvestris var. viridescens
绿黄花羊耳蒜 Liparis chloroxantha
绿樟 Meliosma squamulata
绿竹 Sinocalamus oldhami
银杉 Cathaya argyrophylla
银杏 Ginkgo biloba
银桦 Grevillea robusta
银荷木 Schima argentea
银钟花 Halesia macgregorii
银叶树 Heritiera littoralis
银毛树 Messerschmidia argentea
银鹊树 Tapiscia sinensis
铜钱树 Paliurus hemsleyanus
崖州竹 Bambusa textitis var. gracilis
崖棕 Guihaia argyrata
假肉桂 Neolitsea levinei
假思桃 Photinia beauverdiana

假毛竹 Phyllostachys kwangsiensis
假蓝靛 Indigofera suffruticosa
假鹰爪 Desmos cochinchinensis
假吊钟 Craibiodendron stellatum
假槟榔 Archontophoenix alexandrae
假苹婆 Sterculia lanceolata
假黄杨 Syzygium buxifolium
假刺藤 Embelia scandens
假山龙眼 Heliciopsis henryi
假鹊肾树 Pseudostreblus indica
假肥牛树 Cleistanthus petelatii
假桂乌口树 Tarenna attenuata
假轮叶厚皮香 Ternstroemia pseudoverticillata
偏瓣花 Plagiopetalum esquirolii
偏叶榕 Ficus cunia
檵木 Loropetalum chinense
粘木 Ixonanthes chinensis
猫尾木 Markhamia cauda-felina
猫儿杜鹃 Rhododendron maoerense
猪血木 Euryodendron excelsum
猪笼草 Nepenthes mirabilis
猪腰豆 Whitfordiodendron filipes
猪脚润楠 Machilus cathayensis
基脉润楠 Machilus decursinervis
断肠草 Gelsemium elegans
菩黍树 Prosartema stellaris
萝芙木 Rauvolfia verticillata
萝卜 Raphanus sativus var. longipinnatus
菝葜 Smilax china
菜豆树 Radermachera sinica
常春藤 Hedera nepalensis var. sinensis
常绿榆 Ulmus lanceaefolia
常绿重阳木 Bischofia javanica
常绿樗树 Ailanthus fordii
匙叶草 Latouchea fokiensis
雪松 Cedrus deodara
桫椤 Alsophila spinulosa
球兰 Hoya canosa
球果木莲 Manglietia globosa
球米草 Oplismenus undulatifolius
望天树 Parashorea chinensis
绸缎藤 Bauhinia kerrii
绵石栎 Lithocarpus henryi
寄树兰 Robiquetia succisa
婆罗双树 Shorea robusta
旋蒴苣苔 Boea hydrometrica
猕猴桃 Actinidia chinensis
兜兰 Paphiopedilum parishii
副萼翼核果 Ventilago calyculata
鹿角杜鹃 Rhododendron stamineum
隐脉琼楠 Beilschmiedia obscurinervia
隐翼 Crypteronia paniculata

十二画

喜树 Camptotheca acuminata
葵叶扁担杆 Grewia abutilifolia
落叶松 Larix gmelini
落羽松 Taxodium distichum
落地生根 Kalanchoe pinnata
湿地松 Pinus elliottii
棒柄花 Cleidion brevipetiolatum
棱枝冬青 Ilex angulata
棱翅蒲桃 Syzygium nienkui
棕叶芦 Thysanolaena maxima
棕榈 Trachycarpus fortunei
椰子 Cocos nucifera
榔榆 Ulmus parvifolia
棉花 Gossypium hirsutum
棚竹 Indosasa longispicata
琼楠 Beilschmiedia intermedia
硬毛石笔木 Tutcheria hirta
斑叶桉 Eucalyptus punctata
斑皮桉 Eucalyptus maculata
斑鸠菊 Vernonia cinerea
斑苦竹 Pleioblastus maculatus
斑茅 Saccharum arundinaceum

越南油茶 Camellia vietnamensis
越南枝实 Cladogynos orientalis var. tonkinensis
越南桂木 Artocarpus tonkinensis
越南柘树 Cudrania cochinchinensis
越南安息香 Styrax tonkinensis
越南牛栓藤 Connarus tonkinensis
越南叶下珠 Phyllanthus cochinchinensis
越南冰水花 Pilea alongensis
越南山胡椒 Lindera tonkinensis
越南榆 Ulmus tonkinensis
越橘爱花 Agapetes vaccinioides
博落回 Macleaya cordata
鼎湖钓樟 Lindera chunii
掌叶树 Brassaiopsis glomerulata
掌叶榕 Ficus hirta
掌叶木 Handeliodendron bodinieri
紫玉盘 Uvaria microcarpa
紫凌木 Decaspermum fruticosum
紫弹树 Celtis biondii
紫荆木 Madhuca pasquieri
紫花黄檀 Dalbergia assamica
紫花前胡 Peucedanum decursivum
紫背天葵 Begonia fimbristipula
紫色凤仙花 Impatiens siculifera var. porphyrea
紫线青皮竹 Bambusa textilis var. maculata
紫脉鹅耳枥 Carpinus purpurinervis
紫茎 Stewartia sinensis
紫树 Nyssa sinensis
紫麻 Oreocnide frutescens
紫萁 Osmunda japonica
紫竹 Phyllostachys nigra
紫楠 Phoebe sheareri
黑莎草 Gahnia tristis
黑荆树 Acacia mearnsii
黑桫椤 Alsophila podophylla
黑弹树 Celtis bungeana
黑黄檀 Dalbergia fusca
黑面神 Breynia fruticosa
喙核桃 Annamocarya sinensis
喙果皂帽花 Dasymaschalon rostratum
晚花吊钟 Enkianthus serotina
短萼黄连 Coptis chinensis var. brevisepala
短药蒲桃 Syzygium brachyantherum
短叶黄杉 Pseudotsuga brevifolia
短叶罗汉松 Podocarpus brevifolius
短序润楠 Machilus breviflora
短梗新木姜 Neolitsea brevipes
短柄幌伞树 Heteropanax brevipedicellatus
短柄抱栎 Quercus glandulifera var. brevipetiolata
短柄白背柿 Diospyros glaucifolia var. brevipes
短柱络石 Trachelospermum brevistylum
短茎紫金牛 Ardisia brevicaulis
短穗鱼尾葵 Caryota mitis
短柱柃 Eurya brevistyla
短翅黄杞 Engelhardtia colebrookiana
铺地黍 Panicum repens
铺地蜈蚣 Lycopodium cernuum
锈叶新木姜 Neolitsea ferruginea
锈毛棋子豆 Cylindrokelupha balansae
腋花络石 Trachelospermum axillaris
疏花卫矛 Euonymus laxiflorus
疏花沿阶草 Ophiopogon sparsiflorus
猴欢喜 Sloanea sinensis
猴面石栎 Lithocarpus balansae
鹅掌楸 Liriodendron chinense
粤黄檀 Dalbergia benthami
番木瓜 Carica papaya
番石榴 Psidium guajava
湖北海棠 Malus hupehensis
湖南杨桐 Adinandra bockiana var. acutifolia
湖南连翘 Hypericum ascyron
阔叶瓜馥木 Fissistigma chloroneurum
阔叶沿阶草 Ophiopogon patyphyllus
阔叶山麦冬 Liriope platyphylla
阔叶楼梯草 Elatostema platyphyllum
阔叶猕猴桃 Actinidia latifolia

阔叶十大功劳　Mahonia bealei
阔瓣白兰花　Michelia platypetala
寒竹　Chimonobambusa marmorea
割舌树　Walsura robusta
酢浆草　Oxalis corniculata

十三画

蒙自合欢　Albizzia bracteata
蒲桃　Syzygium jambos
蒲葵　Livistona chinensis
蒲竹仔　Indosasa hispida
蒜头果　Malania oleifera
椴树　Tilia tuan
榄李　Lumnitzera racemosa
榄仁树　Terminalia catappa
楝科　Meliaceae
楝叶吴茱萸　Evodia meliaefolia
楹树　Albizzia chinensis
楠木　Phoebe bournei
雷公藤　Tripterygium hypoglaucum
鹊肾树　Streblus asper
蜈蚣草　Eremochloa ciliaris
蜈蚣蕨　Pteris vittata
幌伞枫　Heteropanax fragrans
腺山矾　Symplocos glandulifera
腺毛泡花树　Meliosma glandulosa
腺花盾叶木　Macaranga adenantha
腺柄山矾　Symplocos adenopus
腺边山矾　Smyplocos punctato-marginata
腺叶山矾　Symplocos adenophylla
腺叶野樱　Prunus phaeostica
腺萼木　Mycetia sinensis
鼠刺　Itea chinensis
鼠刺乌饭树　Vaccinium iteophyllum
矮红果树　Stranvaesia davidiana var. undulat
微花藤　Iodes ovalis
锯叶竹节树　Carallia diplopetala
锡叶藤　Tetracera asiatica
滇枣　Ziziphus yunnanensis
滇新樟　Neocinnamomum caudatum
滇油杉　Keteleeria esquirolii
滇琼楠　Beilschmiedia yunnanensis
滇桂兔儿风　Ainsliaea henryi
滇黔水锦木　Wendlandia uvariifolia var. dunniana
滇须芒草　Andropogon yunnanensis
锥栗　Castanea henryi
锥栗栲　Castanopsis chinensis
滨盐肤木　Rhus chinensis var. roxburghiana
满山香　Gaultheria yunnanensis
新木姜子　Neolitsea aurata
新月蕨　Abacopteris aspera
新疆冷杉　Abies sibirica
福建柏　Fokienia hodginsii
福建乌饭树　Vaccinium carlesii
福建粗叶木　Lasianthus hartii
慈竹　Sinocalamus affinis
椽竹　Bambusa textilis var. fusca
椽篱竹　Bambusa textilis var. albo-striata
暗色菝葜　Smilax opaca
摆竹　Indosasa shibataeoides
弄岗金花茶　Camellia longgangensis
弄岗通城虎　Aristolochia longgangensis

十四画

瑶山箬竹　Indocalamus barbatus
瑶山乌饭树　Vaccinium yaoshanicum
瑶山金耳环　Asarum insigne
瑶山常山　Dichroa yaoshanensis
瑶山舌蕨　Elaphoglossum sinii
瑶山丁公藤　Erycibe sinii
酸叶胶藤　Ecdysanthera rosea
酸藤子　Embelia laeta
酸枣　Choerospondias axillaris
酸豆　Tamarindus indica
碟斗青冈　Cyclobalanopsis disciformis
蔷薇科　Rosaceae

蔓胡颓子 Elaeagnus glabra
蔓斑鸠菊 Vernonia scandens
蔓生莠竹 Microstegium vagans
蔓性千斤拔 Flemingia philippinensis
槐树 Sophora japonica
榛科 Corylaceae
榛叶荚蒾 Viburnum corylifolium
槟榔石栎 Lithocarpus areca
槟榔 Areca cathecu
榕叶冬青 Ilex ficoides
榕树 Ficus microcarpa
截裂翅子树 Pterospermum truncatolobatum
嘉宝山柳 Clethra kaipoensis
嘉榄 Garuga pinnata
嘉赐树 Casearia glomerata
蝉翼藤 Securidaca inappendiculata
算盘子 Glochidion puberum
算盘竹 Indosasa glabrata
算盘子密榴木 Miliusa glochidioides
菅草 Themeda gigantea var. villosa
箬叶竹 Indocalamus longiauritus
箬竹 Indocalamus tessellatus
簕竹 Bambusa bambos
漆树科 Anacardiaceae
褐毛金茅 Eulalia phaeothris
褐叶青冈 Cyclobalanopsis stewardiana
熊巴耳 Phyllagathis cavaleriei
蜡瓣花 Corylopsis sinensis
蜘蛛抱蛋 Aspidistra elatior
翠柏 Calocedrus macrolepis
翠云草 Selaginella uncinata
刺柊 Scolopia chinensis

十五画

醉香含笑 Michelia macclurei
樟叶槭 Acer cinnamomifolium
樟叶荚蒾 Viburnum cinnamomifolium
樟科 Lauraceae
樟树 Cinnamomum camphora
橄榄 Canarium album
橄榄科 Burseraceae
豌豆 Pisum sativum
蝶形花科 Papilionaceae
蝴蝶树 Heritiera parvifolia
蝴蝶果 Cleidiocarpon cavaleriei
箭叶淫羊藿 Epimedium sagittatum
箭竿竹 Monocladus solidus
箭竹 Sinarundiaria nitida
篦筹竹 Schizostachyum pseudolima
篌竹 Phyllostachys nidularia
横枝竹 Indosasa patens
撑篙竹 Bambusa pervariabilis
墨兰 Cymbidium sinense
潺槁树 Litsea glutinosa
瘤果砂仁 Amomum muricarpum
瘤果花楸 Sorbus granulosa
缝萼乌饭树 Vaccinium fimbricalyx
膝柄木 Bhesa sinensis
樱叶石楠 Photinia prunifolia
蕨菜 Pteridium aquilinum var. latiusculum
槲蕨 Drynaria fortunei
槲栎 Querus alinea
槭树科 Aceraceae

十六画

鹧鸪草 Eriachne pallescens
糙叶树 Aphananthe aspera
糙花竹 Arundinaria scabriflora
糖胶树 Alstonia scholaris
薄叶红厚壳 Calophyllum membranaceum
薄叶青冈 Cyclobalanopsis blakei
薄叶山矾 Symplocos anomala
窿缘桉 Eucalyptus exserta
黔桂伯拉木 Blastus cavaleriei
篦子三尖杉 Cephalotaxus oliveri
篱竹 Arundinaria hendsii

黔竹　Dendrocalamus tsiangii

橙　Citrus sinensis

薜荔　Ficus pumila

橐吾千里光　Senecio ligularis

十七画

穗花杉　Amentotaxus argotaenia

臀形果　Pygeum topengii

翼核果　Ventilago leiocarpa

勒俛　Zanthoxylum avicennae

簕竹　Bambusa blumeana

十八画

檫木　Sassafras tzumu

藤构　Broussonetia kazinoki

藤槐　Bowringia callicarpa

藤橘　Pothos chinensis

藤竹　Dinochloa orenuda

藤黄檀　Dalbergia hancei

翻白叶树　Pterospermum heterophyllum

镰叶山龙眼　Helicia falcata

镰叶瘤足蕨　Plagiogyria distinctissima

鞭叶铁线蕨　Adiantum caudatum

十九画以上

麒麟叶　Epipremnum pinnatum

露兜树　Pandanus tectorius

黧蒴栲　Castanopsis fissa

鳞尾木　Lepionurus latisquamus

鳞始蕨　Lindsaea cultrata

鳞毛蚊母树　Distylium elaeagnoides

鳞轴短肠蕨　Allantodia hirtipes

魔芋　Amorphophallus rivieri

植物拉丁名和中文名对照表

（按字母顺序排列）

A

Abacopteris　新月蕨属
Abacopteris aspera　新月蕨
Abacopteris multilineata　大羽新月蕨
Abacopteris rubra　红色新月蕨
Abies　冷杉属
Abies sibirica　新疆冷杉(西伯利亚冷杉)
Abies yuanbaoshanensis　元宝山冷杉
Abies ziyuanensis　资源冷杉
Acacia　金合欢属
Acacia auriculaeformis　大叶相思
Acacia crassicarpa　厚荚相思
Acacia farnesiana　金合欢
Acacia glauca　苏门答腊金合欢
Acacia holosericea　绢毛相思
Acacia mearnsii　黑荆树
Acacia richii　台湾相思
Acacia pennata　羽叶金合欢(蛇藤)
Acalypha　铁苋菜属
Acalypha wikesiana　红桑
Acanthopanax　五加属
Acanthopanax evodiaefolius var. gracilis　细柄萸叶五加
Acanthus　老鼠簕属
Acanthus ilicifolius　老鼠簕
Aceraceae　槭树科
Acer　槭属
Acer chingii　桂北槭(苗山槭)
Acer cinnamomifolium　樟叶槭
Acer davidii　青榨槭(青蛤蟆)
Acer fabri　罗浮槭
Acer flabellatum　扇叶槭
Acer kwangsiense　广西槭
Acer kweilinense　桂林槭
Acer lucidum　亮叶槭
Acer miaoshanicum　苗山槭
Acer oblongum　飞蛾槭
Acer oliverianum　五裂槭
Acer sinense　中华槭
Acer tonkinense　东京槭(粗柄槭)
Acer wangchii　天峨槭
Acorus　菖蒲属
Acorus gramineus　石菖蒲
Acrocarpus　顶果木属
Acrocarpus fraxinifolius　顶果木
Acronychia　山油柑属
Acronychia pedunculata　山油柑(降真香)
Acrostichum　卤蕨属
Acrostichum aureum　卤蕨
Actinidiaceae　猕猴桃科
Actinidia　猕猴桃属
Actinidia chinensis　猕猴桃
Actinidia eriantha　毛花猕猴桃(毛冬瓜)
Actinidia latifolia　阔叶猕猴桃
Actinodaphne　黄肉楠属
Actinodaphne pilosa　毛黄肉楠
Adenanthera　海红豆属
Adenanthera pavonina　孔雀豆(海红豆)
Adiantum　铁线蕨属
Adiantum capillusveneris　铁线蕨
Adiantum caudatum　鞭叶铁线蕨(有尾铁线蕨)

Adiantum flabellulatum 扇叶铁线蕨(过檀龙)
Adina 水团花属
Adina polycephala 大叶水团花(黄棉木)
Adina racemosa 水冬瓜(鸡仔木)
Adina rubella 水杨梅(小叶水团花)
Adinandra 杨桐属
Adinandra bockiana var. acutifolia 湖南杨桐
Adinandra glischroloma 毛杨桐
Adinandra hainanensis 海南杨桐
Adinandra millettii 杨桐
Adinandra nitida 亮叶杨桐
Agapetes 树罗卜属
Agapetes vaccinioides 越橘爱花
Aegiceras 桐花树属
Aegiceras corniculatum 桐花树
Ageratum 胜红蓟属
Ageratum conyzoides 胜红蓟
Aglaia 米仔兰属
Aglaia odorata 米仔兰
Aglaia roxburghiana 梨果米仔兰
Aglaia tetrapetala 四瓣米仔兰
Aglaonema 粤万年青属(广东万年青属)
Aglaonema modestum 粤万年青(广东万年青)
Agrimonia 龙牙草属
Agrimonia viscidula 龙牙草
Ailanthus 臭椿属
Ailanthus fordii 常绿樗树
Ailanthus guangxiensis 广西樗树
Ainsliaea 兔儿风属
Ainsliaea fragrans 杏香兔儿风
Ainsliaea grossedentata 粗齿兔儿风
Ainsliaea henryi 滇桂兔儿风
Akebia 木通属
Akebia trifoliata 三叶木通
Alangiaceae 八角枫科
Alangium 八角枫属
Alangium chinense 八角枫(华瓜木)
Alangium handellii var. coriaceifolium 厚叶八角枫
Alangium kurzii 毛八角枫
Albizzia 合欢属
Albizzia bracteata 蒙自合欢
Albizzia chinensis 楹树
Albizzia falcataria 南洋楹
Albizzia kalkora 山合欢(山槐、白花合欢)
Albizzia lucidior 光叶合欢
Albizzia odoratissima 香合欢
Alchornea 山麻杆属
Alchornea rugosa 山麻杆
Alchornea trewioides 红背山麻杆
Allantodia 短肠蕨属
Allantodia hirtipes 鳞轴短肠蕨
Allium 葱属
Allium ledebourianum 丝葱
Allophylus 异木患属
Allophylus racemosus 肖异木患
Allospondias 岭南酸枣属
Allospondias lakonensis 岭南酸枣
Alloteropsis 毛颖草属
Alloteropsis semialata 毛颖草
Alniphyllum 赤杨叶属
Alniphyllum fortunei 赤杨叶
Alniphyllum fortunei var. microcarpum 小果赤杨叶
Alnus 赤杨属
Alnus japonica 赤杨
Alnus nepalensis 桤木(旱冬瓜、蒙自桤木)
Alnus trabeculosa 江南桤木
Alocasia 海芋属
Alocasia macorhiza 海芋
Alphonsea 藤春属(阿芳属)
Alphonsea mollis 毛阿芳
Alphonsea monogyna 单果阿芳(藤春)
Alpinia 山姜属
Alpinia chinensis 华山姜(山姜)
Alpinia kwangsiensis 广西山姜
Alpinia officinarum 高良姜

Alpinia zerumbet 艳山姜
Alsophila 桫椤属
Alsophila podophylla 黑桫椤
Alsophila spinulosa 桫椤(树蕨、龙骨风)
Alstonia 鸡骨常山属
Alstonia scholaris 糖胶树
Altingia 蕈树属
Altingia chinensis 阿丁枫(半边枫、蕈树)
Altingia obovata 海南阿丁枫
Alyxia 念珠藤属
Alyxia levinei 广东念珠藤
Alyxia sinensis 念珠藤
Amentotaxus 穗花杉属
Amentotaxus argotaenia 穗花杉
Amesiodendron 细子龙属
Amesiodendron chinense 细子龙
Amomum 豆蔻属
Amomum muricarpum 瘤果砂仁(疣果豆蔻)
Amomum thyrsoideum 长序砂仁
Amomum villosum 砂仁
Amoora 崖摩属(米仔兰属)
Amoora roxburghiana 梨果崖摩(梨果米仔兰)
Amoora tetrapetala 四瓣崖摩(四瓣米仔兰)
Amorphophallus 魔芋属
Amorphophallus rivieri 魔芋
Anacardiaceae 漆树科
Ananas 凤梨属
Ananas comosus 凤梨(草菠萝)
Ancistrocladus 钩枝藤属
Ancistrocladus tectorius 钩枝藤
Andropogon 须芒草属
Andropogon yunnanensis 滇须芒草
Angiopteridaceae 观音座莲科
Angiopteris 观音座莲属
Angiopteris fokiensis 观音座莲(马蹄蕨、福建观音座莲)
Angiopteris yunnanensis 云南座莲(云南马蹄蕨)
Aneuraceae 片叶苔科
Aneura 片叶苔属
Aneura pinguis 绿片苔
Annamocarya 喙核桃属
Annamocarya sinensis 喙核桃
Anneslea 茶梨属(红楣属)
Anneslea fragrans 红楣
Anthocephalus 黄梁木属(团花属)
Anthocephalus chinensis 黄梁木(团花)
Antiaris 见血封喉属
Antiaris toxicaria 见血封喉(箭毒木)
Antidesma 五月茶属
Antidesma bunius 五月茶
Antidesma filipes 细柄五月茶
Antidesma fordii 黄毛五月茶
Antidesma ghaesembilla 方叶五月茶
Antidesma montanum 山地五月茶
Aphanamixis 山楝属
Aphanamixis grandifolia 大叶山楝
Aphananthe 糙叶树属
Aphananthe aspera 糙叶树
Apluda 水蔗草属
Apluda mutica 水蔗草
Apocynaceae 夹竹桃科
Apodytes 柴龙树属
Apodytes cambodiana 柴龙树
Aporosa 大沙叶属(银柴属)
Aporosa chinensis 大沙叶(银柴)
Aporosa yunnanensis 云南大沙叶(云南银柴)
Aporosa villosa 毛大沙叶(毛银柴)
Aquifoliaceae 冬青科
Aquilaria 沉香属
Aquilaria sinensis 白木香(土沉香)
Arachis 落花生属
Arachis hypogaea 花生(落花生)
Arachniodes 复叶耳蕨属
Arachniodes amoena 美丽复叶耳蕨
Arachniodes chinensis 中华复叶耳蕨
Arachniodes exilis 刺头复叶耳蕨(复叶耳蕨)

Araliaceae 五加科
Araucariaceae 南洋杉科
Araucaria 南洋杉属
Araucaria cunninghamii 南洋杉
Archontophoenix 假槟榔属
Archontophoenix alexandrae 假槟榔
Ardisia 紫金牛属
Ardisia brevicaulis 短茎紫金牛
Ardisia crenata 硃砂根
Ardisia depressa 平顶紫金牛
Ardisia gigantifolia 走马胎
Ardisia japonica 紫金牛(不出林)
Ardisia quinquegona 五角紫金牛(罗伞树)
Areca 槟榔属
Areca cathecu 槟榔
Arenga 桄榔属
Arenga pinnata 桄榔
Argyreia 白鹤藤属
Argyreia capitata 毛白鹤藤
Arisaema 天南星属
Arisaema heterophyllum 天南星
Aristida 三芒草属
Aristida chinensis 华三芒草
Aristolochia 马兜铃属
Aristolochia fordiana 通城虎
Aristolochia kwangsiensis 广西马兜铃
Aristolochia longgangensis 弄岗通城虎
Artabotrys 鹰爪花属
Artabotrys hongkongensis 香港鹰爪
Artemisia 蒿属
Artemisia apiacea 青蒿
Arthraxon 荩草属
Arthraxon hispidus 荩草
Artocarpus 桂木属
Artocarpus chaplasha 野木波罗
Artocarpus heterophyllus 木菠萝(菠萝蜜)
Artocarpus hypargyreus 白桂木
Artocarpus lanceolatus 长叶桂木
Artocarpus styracifolius 红山梅(二色波罗蜜、小叶胭脂木)
Artocarpus tonkinensis 越南桂木(东京波罗蜜、胭脂木)
Arundinaria 青篱竹属
Arundinaria amabilis 茶秆竹
Arundinaria gigantea 青篱竹
Arundinaria hendsii 篱竹
Arundinaria maculosa 白眼竹
Arundinaria pseudohendsii 广西篱竹
Arundinaria scabriflora 糙花竹
Arundinaria spongiosa 斗竹
Arundinella 野古草属
Arundinella hirta 野古草
Arundinella nepalensis 尼泊尔野古草(石珍芒、石芒草)
Arundinella setosa 刺芒野古草
Asarum 细辛属
Asarum insigne 瑶山金耳环(土细辛)
Asparagus 天门冬属
Asparagus cochinchinensis 天门冬
Aspidistra 蜘蛛抱蛋属
Aspidistra elatior 蜘蛛抱蛋
Aspidistra minutiflora 小花蜘蛛抱蛋
Aspidistra tonkinensis 东京蜘蛛抱蛋
Aspidopterys 盾翅果属
Aspidopterys concava 盾翅藤(盾翅果)
Aspleniaceae 铁角蕨科
Asplenium 铁角蕨属
Asplenium normale 倒挂铁角蕨(倒挂草)
Asplenium prolongatum 长生铁角蕨
Asplenium sarelii 华中铁角蕨
Asplenium saxicola 石生铁角蕨
Asplenium trichomanes 铁角蕨
Aster 紫菀属
Aster ageratoides var. trinervius 三脉紫菀
Atalantia 酒饼簕属
Atalantia buxifolia 酒饼簕

Atalantia racemosa var. henryi 思茅酒饼簕
Aucuba 桃叶珊瑚属
Aucuba chinensis 桃叶珊瑚
Averrhoa 阳桃属
Averrhoa carambola 阳桃
Avicennia 海榄雌属
Avicennia marina 海榄雌(白骨壤)

B

Bambusa 簕竹属
Bambusa bambos 簕竹
Bambusa fimbriligulata 舌缝竹
Bambusa flexuosa 小簕竹
Bambusa funghomii 鸡窦簕竹
Bambusa gibba 水黄竹(泥竹)
Bambusa multiplex 凤凰竹
Bambusa multiplex var. riviereorum 凤尾竹(观音竹)
Bambusa lapidea 马蹄竹(油簕竹)
Bambusa pervariabilis 撑篙竹
Bambusa sinospinosa 车筒竹
Bambusa blumeana 簕竹(簕竹)
Bambusa textilis 青皮竹
Bambusa textilis var. albo-striata 椽篙竹
Bambusa textilis var. fusca 绿竹(椽竹)
Bambusa textilis var. glabra 黄竹
Bambusa textilis var. gracilis 崖州竹
Bambusa textilis var. maculata 紫线青皮竹
Bambusa vulgaris 龙头竹
Baccaurea 木奶果属
Baccaurea ramiflora 枝花木奶果(木奶果、火果)
Baeckea 岗松属
Baeckea frutescens 岗松
Baphicacanthus 板蓝属(马蓝属)
Baphicacanthus cusia 板蓝(蓝靛、马蓝)
Barthea 刚毛药花属(芭茜属)
Barthea barthei 刚毛药花(芭茜、棱果木)
Bauhinia 羊蹄甲属
Bauhinia acuminata 白花羊蹄甲
Bauhinia blakeana 红花羊蹄甲
Bauhinia championii 龙须藤
Bauhinia corymbosa 深裂叶羊蹄甲(深裂羊蹄甲)
Bauhinia kerrii 绸缎藤(绸缎木)
Bauhinia purpurea 羊蹄甲
Bauhinia pyrrhoclada 红毛羊蹄甲
Bauhinia variegata 红花紫荆(红花羊蹄甲)
Bazzania 鞭苔属
Bazzania albicans 羽叶鞭苔
Bazzania japonica 日本鞭苔
Begonia 秋海棠属
Begonia crassirostris 粗喙秋海棠(大叶半边莲)
Begonia fimbristipula 紫背天葵
Begonia handelii 香秋海棠(短茎秋海棠)
Beilschmiedia 琼楠属
Beilschmiedia fordii 广东琼楠
Beilschmiedia intermedia 琼楠(二色琼柳)
Beilschmiedia obscurinervia 隐脉琼楠
Beilschmiedia percoriacea 厚叶琼楠
Beilschmiedia yunnanensis 滇琼楠
Belamcanda 射干属
Belamcanda chinensis 射干
Bennettiodendron 山桂花属
Bennettiodendron brevipes 山桂花
Berberis 小檗属
Berberis impedita 苗山小檗
Berberis julianae 蚝猪刺
Berberis mingetensis 小檗
Berchemia 勾儿茶属
Berchemia lineata 铁包金(老鼠耳)
Berchemia racemosa 勾儿茶
Betulaceae 桦木科
Betula 桦木属
Betula alnoides 西桦
Betula austro-sinensis 南桦(华南桦)
Betula luminifera 光皮桦(亮叶桦)
Betula platyphylla 白桦

Bhesa 滕柄木属(华库林木属)
Bhesa sinensis 滕柄木(华库林木)
Bidens 鬼针草属
Bidens bipinnata 鬼针草
Bischofia 重阳木属
Bischofia javanica 常绿重阳木(大果重阳木、秋枫)
Blastus 柏拉木属
Blastus cavaleriei 黔贵柏拉木(黔贵野锦香)
Blastus cochinchinensis 柏拉木(野锦香)
Blastus dunnianum 金花树
Blechnum 乌毛蕨属
Blechnum orientale 东方乌毛蕨(乌毛蕨)
Bletilla 白及属
Bletilla striata 白及
Blumea 艾纳香属
Blumea aromatica 香艾
Blumea balsamifera 大风艾(艾纳香)
Blumea pubigera 中华艾纳香
Boea 旋蒴苣苔属
Boea hydrometrica 旋蒴苣苔
Boea swinhoii 台湾旋蒴苣苔
Boehmeria 苎麻属
Boehmeria clidemioides 白面苎麻
Bombacaceae 木棉科
Bombax 木棉属
Bombax malabaricum 木棉
Boniodendron 黄梨木属
Boniodendron minius 黄梨木
Bothriochloa 孔颖草属
Bothriochloa intermedia 臭根子草
Bothrocaryum 灯台树属
Bothrocaryum controversum 灯台树
Bowringia 藤槐属
Bowringia callicarpa 藤槐
Brainia 苏铁蕨属
Brainia insignis 苏铁蕨
Brandisia 来江藤属
Brandisia kwangsiensis 广西来江藤
Brandisia swinglei 广东来江藤
Brassaiopsis 罗伞属
Brassaiopsis glomerulata 掌叶树
Bredia 野海棠属
Bredia fordii 江南野海棠
Bretscheidera 伯乐树属
Bretschneidera sinensis 伯乐树(南华木、钟萼木)
Bretschneidera yunshanensis 云山伯乐树(云山南华木)
Breynia 黑面神属
Breynia fruticosa 黑面神
Breynia hyposauropus 小叶黑面神
Bridelia 土密树属
Bridelia balansae 禾串树
Bridelia fordii 虾公木
Bridelia monoica 土密树
Broussonetia 构属
Broussonetia kazinoki 藤构(小构树)
Brucea 鸦胆子属
Brucea javanica 鸦胆子
Brucea mollis 毛鸦胆子
Bruguiera 木榄属
Bruguiera gymnorrhiza 木榄
Bruguiera sexangula 海莲
Buddleja 醉鱼草属
Buddleja officinalis 密蒙花(黄饭花)
Buettneria 刺果藤属
Buettneria aspera 刺果藤
Burretiodendron 蚬木属
Burretiodendron esquirolii 心叶蚬木
Burretiodendron hsienmu 蚬木

C

Caesalpiniaceae 苏木科
Caesalpinia 云实属
Caesalpinia minax 南蛇簕
Caesalpinia nuga 华南云实(假老虎簕)
Caesalpinia sappan 苏木

Caesalpinia sepiaria 云实
Cajanus 木豆属
Cajanus cajan 木豆
Calamus 省藤属
Calamus platyacanthoides 省藤(宽刺藤)
Calamus rhabdocladus 山白藤(黄藤、手杖藤)
Calamus tetradactylus 白藤(鸡藤)
Callicarpa 紫珠属
Callicarpa arborea 树紫珠(大紫珠)
Callicarpa rubella 红紫珠
Calocedrus 翠柏属
Calocedrus macrolepis 翠柏
Calophyllum 红厚壳属
Calophyllum membranaceum 薄叶红厚壳(薄叶海棠)
Camellia 茶属
Camellia caudata 尾叶山茶
Camellia cordifolia 心叶山茶
Camellia crapnelliana 红皮糙果油茶(博白大果油茶)
Camellia cuspidata 尖叶山茶
Camellia euphlebia 显脉金花茶
Camellia impressinervis 凹脉金花茶
Camellia limonia 柠檬黄金花茶
Camellia longgangensis 弄岗金花茶
Camellia meiocarpa 小果油茶
Camellia microcarpa 小果金花茶
Camellia nitidissima 金花茶
Camellia oleifera 油茶(普通油茶)
Camellia pingguoensis 平果金花茶
Camellia pitardii 西南山茶
Camellia polyodonta 宛田红花油茶
Camellia pubipetala 毛瓣金花茶
Camellia semiserrata 广宁红花油茶(南山茶)
Camellia sinensis 茶(茶叶)
Camellia tunghinensis 东兴金花茶
Camellia vietnamensis 越南油茶(大果油茶)
Campanumoea 金钱豹属
Campanumoea javanica 土党参
Camptotheca 喜树属
Camptotheca acuminata 喜树
Campylotropis 杭子梢属
Campylotropis macrocarpa 杭子梢
Canarium 橄榄属
Canarium album 橄榄(白榄)
Canarium bengalense 三角榄
Canarium pimela 乌榄(黑榄)
Canna 美人蕉属
Canna indica 美人蕉
Cansjera 山柑属
Cansjera rheedii 山柑
Canthium 鱼骨木属
Canthium dicoccum 铁屎米(鱼骨木)
Canthium simile 似铁屎米
Capillipedium 细柄草属
Capillipedium parviflorum 细柄草
Capparis 槌果藤属
Capparis masaikai 水槟榔(马槟榔)
Capparis urophylla 尾叶槌果藤(尾叶马槟榔)
Carallia 竹节树属
Carallia brachiata 竹节树
Carallia diplopetala 锯叶竹节树
Carex 苔草属(苔属)
Carex cryptostachys 茅叶苔草
Carex cruciata 十字苔草
Carex prainii 大序苔草
Carex scaposa 大叶苔草
Carica 番木瓜属
Carica papaya 番木瓜
Carpinus 鹅耳枥属
Carpinus purpurinervis 紫脉鹅耳枥
Carpinus rupestris 岩生鹅耳枥
Carpinus tsiangii 千金榆
Carpinus viminea 牯岭鹅耳枥(雷公鹅耳枥、大穗鹅耳枥)
Caryopteris 莸属

Caryopteris incana 兰香草
Caryota 鱼尾葵属
Caryota mitis 短穗鱼尾葵
Caryota monostachya 单穗鱼尾葵
Caryota ochlandra 鱼尾葵
Casearia 嘉赐树属
Casearia glomerata 嘉赐树
Casearia membranacea 红花木(膜叶嘉赐树)
Cassia 决明属
Cassia surattensis 黄槐
Cassytha 无根藤属
Cassytha filiformis 无根藤
Castanea 栗属
Castanea henryi 锥栗(桂林锥)
Castanea mollissima 板栗
Castanea sequinii 茅栗
Castanopsis 栲属(锥栗属)
Castanopsis carlesii 细枝栲(白锥、小红栲)
Castanopsis carlesii var. sessilis 无柄米栲
Castanopsis chinensis 锥栗栲(华栲)
Castanopsis delavayi 高山栲
Castanopsis eyrei 水锥栲(甜槠)
Castanopsis eyrei var. caudata 尾叶水锥栲(尾叶甜槠)
Castanopsis fabri 罗浮栲
Castanopsis fargesii 栲树(川鄂栲)
Castanopsis fissa 黧蒴栲(裂斗锥栗、大叶栎)
Castanopsis fordii 南岭栲
Castanopsis formosana 台湾栲(黄椆栲)
Castanopsis hainanensis 海南栲
Castanopsis hystrix 刺栲(红锥)
Castanopsis indica 印度栲(印度锥)
Castanopsis kawakamii 青钩栲
Castanopsis kweichowensis 贵州毛栲
Castanopsis lamontii 铁锥栲(鹿角栲)
Castanopsis platyacantha 丝栗栲(丝栗)
Castanopsis sclerophylla 苦槠
Castanopsis tibetana 钩栗(山板栗)
Castanopsis tonkinensis 细刺栲(东京栲、越南栲)
Casuarinaceae 木麻黄科
Casuarina 木麻黄属
Casuarina equisetifolia 木麻黄
Catalpa 梓属
Catalpa fargesii 灰楸
Cathaya 银杉属
Cathaya argyrophylla 银杉
Cayratia 乌蔹莓属
Cayratia japonica 乌蔹莓
Cedrus 雪松属
Cedrus deodara 雪松
Celastraceae 卫矛科
Celastrus 南蛇藤属
Celastrus monospermus 单子南蛇藤
Celtis 朴属
Celtis austro-sinensis 华南朴
Celtis biondii 紫弹树
Celtis bungeana 黑弹树
Celtis philippinensis 大叶朴(菲律宾朴)
Celtis sinensis 朴树
Centella 积雪草属
Centella asiatica 积雪草(崩大碗)
Cephalomappa 肥牛树属
Cephalomappa sinense 肥牛树
Cephalotaxus 三尖杉属
Cephalotaxus fortunei 三尖杉
Cephalotaxus hainanensis 海南粗榧
Cephalotaxus oliveri 篦子三尖杉
Cephalotaxus sinensis 粗榧
Cerbera 海杧果属
Cerbera manghas 海杧果
Cercidiphyllum 连香树属
Cercidiphyllum japonicum var. sinense 连香树
Ceriops 角果木属
Ceriops tagal 角果木
Chamaecyparis 扁柏属
Chamaecyparis formosensis 红桧

Chamaecyparis obtusa var. formosana 台湾扁柏
Chieniopteris 狗脊蕨属
Chieniopteris harlandii 哈氏狗脊(假狗脊)
Chimonobambusa 方竹属(寒竹属)
Chimonobambusa convoluta 小方竹
Chimonobambusa marmorea 寒竹
Chimonobambusa quadrangularis 方竹
Chisocheton 溪杪属
Chisocheton chinensis 华溪杪(溪杪)
Choerospondias 南酸枣属(酸枣属)
Choerospondias axillaris 酸枣(南酸枣)
Chrysanthemum 菊属
Chrysanthemum indicum 野菊
Chrysopogon 金须茅属
Chrysopogon aciculatus 竹节草
Chukrasia 麻楝属
Chukrasia tabularis 麻楝
Chukrasia tabularis var. velutina 毛麻楝
Cibotium 金毛狗属
Cibotium barometz 金毛狗(金毛蕨)
Cinnamomum 樟属
Cinnamomum appelianum 毛桂
Cinnamomum bejolghota 钝叶桂
Cinnamomum burmannii 阴香(广东桂)
Cinnamomum camphora 樟树
Cinnamomum cassia 肉桂
Cinnamomum glanduliferum 云南樟(油樟)
Cinnamomum jensenianum 野黄桂(野黄樟)
Cinnamomum porrectum 黄樟
Cinnamomum saxatile 石山樟(岩樟)
Cinnamomum wilsonii 川桂
Cipadessa 浆果楝属
Cipadessa cinerascens 灰毛浆果楝
Citrus 柑属
Citrus grandis 沙田柚(柚子)
Citrus reticulata 柑
Citrus sinensis 橙
Cladogynos 枝实属
Cladogynos orientalis var. tonkinensis 越南枝实
Cladrastis 香槐属
Cladrastis platycarpa 翅荚香槐
Clausena 黄皮属
Clausena dentata 齿叶黄皮
Clausena emarginata 小叶黄皮
Clausena excavata 山黄皮(野黄皮)
Clausena lansium 黄皮
Cleidiocarpon 蝴蝶果属
Cleidiocarpon cavaleriei 蝴蝶果
Cleidion 棒柄花属
Cleidion brevipetiolatum 棒柄花
Cleistanthus 闭花木属
Cleistanthus petelatii 假肥牛树
Cleistanthus saichikii 闭花木
Cleistocalyx 水榕属
Cleistocalyx operculatus 水榕(水翁木)
Clematis 铁线莲属
Clematis apiifolia var. obtusidentata 钝齿芹叶铁线莲
Clematis armandii 山木通(小木通)
Clematis chinensis 威灵仙
Clerodendron 赪桐属
Clerodendron cyrtophyllum 大青(路边青)
Clerodendron fragrans 臭茉莉
Clerodendron mandarinorum 白灯笼
Clerodendron thomsonae 龙吐珠
Clerodendron wallichii 长叶龙吐珠(垂茉莉)
Clethra 山柳属
Clethra bodinieri 小叶山柳
Clethra cavaleriei 中华山柳(江南山柳)
Clethra esquirolii 贵州山柳(南岭山柳)
Clethra fabri 山柳
Clethra kaipoensis 嘉宝山柳(大叶山柳)
Cleyera 红淡比属(肖柃属)
Cleyera incornuta 凹脉红淡比(肖柃)
Cleyera japonica 红淡比(红淡)
Cleyera pachyphylla 厚叶红淡比(厚叶肖柃)

Cocos 椰子属
Cocos nucifera 椰子
Codiaeum 变叶木属
Codiaeum variegatum 洒金榕(变叶木)
Colocasia 芋属
Colocasia esculenta 芋头
Colocasia gigantea 大野芋(多花大野芋)
Colocasia indica 多花野白芋
Colysis 线蕨属
Colysis elliptica 线蕨
Combretum 风车藤属
Combretum alfredii 华风车子
Connarus 牛栓藤属
Connarus tonkinensis 越南牛栓藤
Coptis 黄连属
Coptis chinensis 黄连
Coptis chinensis var. brevisepala 短萼黄连
Coriaria 马桑属
Coriaria sinica 马桑
Cornaceae 山茱萸科
Corylaceae 榛科
Corylopsis 蜡瓣花属
Corylopsis multiflora 大果蜡瓣花(多花蜡瓣花)
Corylopsis sinensis 蜡瓣花
Costus 闭鞘姜属
Costus tonkinensis 东京闭鞘姜(光叶闭鞘姜)
Craibiodendron 假木荷属
Craibiodendron kwangtungense 广东假吊钟
Craibiodendron stellatum 假吊钟(火炭木)
Crateva 鱼木属
Crateva unilocularis 树头菜(鱼木)
Cratoxylon 黄牛木属
Cratoxylon dasyphyllum 毛叶黄牛木
Cratoxylon ligustrinum 黄牛木
Crawfurdia 双蝴蝶属
Crawfurdia fasciculata 双飞蝴蝶
Crinum 文珠兰属
Crinum asiaticum 文珠兰
Croton 巴豆属
Croton cascarilloides 土床香(银叶巴豆)
Croton crassifolius 鸡骨香
Croton kwangsiensis 广西巴豆
Crypteronia 隐翼属
Crypteronia paniculata 隐翼
Cryptocarya 厚壳桂属
Cryptocarya acutifolia 尖叶厚壳桂
Cryptocarya chinensis 厚壳桂
Cryptocarya chingii 平阳厚壳桂
Cryptocarya concinna 黄果厚壳桂
Cryptocarya densiflora 丛花厚壳桂
Cryptocarya hainanensis 海南厚壳桂
Cryptocarya maclurei 白背厚壳桂
Cryptolepis 白叶藤属
Cryptolepis buchanani 古钩藤
Cryptolepis sinensis 白叶藤
Cryptomeria 柳杉属
Cryptomeria fortunei 柳杉
Ctenitopsis 轴脉蕨属
Ctenitopsis devexa 毛叶轴脉蕨
Cudrania 蔓芝属
Cudrania cochinchinensis 越南柘树(蔓芝)
Cudrania tricuspidata 柘树
Cunninghamia 杉木属
Cunninghamia lanceolata 杉木(杉树)
Cupressaceae 柏科
Cupressus 柏木属
Cupressus funebris 柏木(垂柏)
Curculigo 仙茅属
Curculigo capitulata 大叶仙茅
Curculigo orchioides 仙茅
Cycadaceae 苏铁科
Cycas 苏铁属
Cycas micholitzii 叉叶苏铁
Cycas siamensis 云南苏铁(山菠罗)
Cyclobalanopsis 青冈属
Cyclobalanopsis bambusaefolia 竹叶青冈

Cyclobalanopsis blakei 薄叶青冈(栎子青冈)
Cyclobalanopsis daimingshanensis 大明山青冈
Cyclobalanopsis delavayi 黄毛青冈(黄栎)
Cyclobalanopsis delicatula 上思青冈(粤桂椆)
Cyclobalanopsis disciformis 碟斗青冈
Cyclobalanopsis edithae 华南青冈
Cyclobalanopsis fleuryi 饭甑青冈
Cyclobalanopsis glauca 青冈
Cyclobalanopsis glaucoides 云南青冈(滇青冈)
Cyclobalanopsis gomeziana 绒毛青冈(绒毛椆)
Cyclobalanopsis helferiana 毛枝青冈(陀螺椆)
Cyclobalanopsis jenseniana 大叶青冈
Cyclobalanopsis kerrii 毛叶青冈
Cyclobalanopsis multinervis 多脉青冈
Cyclobalanopsis myrsinaefolia 小叶青冈(细叶青冈)
Cyclobalanopsis nubium 云山青冈(亮叶青冈)
Cyclobalanopsis oxyodon 粉背青冈(曼青冈、曼椆)
Cyclobalanopsis sichaurensis 西畴青冈
Cyclobalanopsis stewardiana 褐叶青冈(黔椆)
Cyclocarya 青钱柳属
Cyclocarya paliurus 青钱柳
Cyclosorus 毛蕨属
Cyclosorus acuminatus 渐尖毛蕨
Cyclosorus aridus 干旱毛蕨
Cylindrokelupha 棋子豆属
Cylindrokelupha balanae 绣毛棋子豆
Cymbidium 兰属
Cymbidium ensifolium 建兰
Cymbidium floribundum 九头兰(多花兰)
Cymbidium goeringii 春兰
Cymbidium pendulum 厚叶吊兰(硬叶吊兰)
Cymbidium sinense 墨兰
Cymbopogon 香茅属
Cymbopogon caesius 青香茅
Cymbopogon tortilis 野香茅(扭鞘香茅)
Cynodon 狗牙根属
Cynodon dactylon 狗牙根
Cyperus 莎草属
Cyperus malaccensis var. brevifolius 咸水草(短叶莎草)
Cyrtococcum 弓果黍属
Cyrtococcum patens 弓果黍

D

Daphne 瑞香属
Daphne papyracea 白瑞香
Daphniphyllum 交让木属(虎皮楠属)
Daphniphyllum calycinum 牛耳枫
Daphniphyllum macrocarpum 大果虎皮楠
Daphniphyllum macropodum 交让木
Daphniphyllum oldhami 虎皮楠(南宁虎皮楠)
Dalbergia 黄檀属
Dalbergia assamica 紫花黄檀
Dalbergia balansae 南岭黄檀
Dalbergia benthami 粤黄檀
Dalbergia fusca 黑黄檀
Dalbergia hancei 藤黄檀
Dalbergia hupeana 黄檀
Dalbergia obtusifolia 钝叶黄檀(牛肋巴)
Dalbergia odorifera 降香黄檀
Dalbergia polyadelpha 多体蕊黄檀
Dalbergia szemaoensis 思茅黄檀
Dalbergia yunnanensis 云南黄檀
Dasymaschalon 皂帽花属
Dasymaschalon rostratum 喙果皂帽花
Davidia 珙桐属
Davidia involucrata 珙桐
Debregeasia 水麻属
Debregeasia edulis 水麻
Decaspermum 子楝树属
Decaspermum fruticosum 紫凌木(米碎木)
Decaspermum gracilentum 桑枝木米碎木
Deeringia 地苓苋属
Deeringia amaranthoides 地苓苋(地灵苋)
Delavaya 茶条木属

Delavaya yunnanensis　茶条木(滇木瓜)
Delonix　凤凰木属
Delonix regia　凤凰木
Dendrobenthamia　四照花属
Dendrobenthamia hongkongensis　香港四照花
Dendrobium　石斛属
Dendrobium loddigesii　粉花石斛
Dendrobium nobile　石斛
Dendrocalamopsis　绿竹属
Dendrocalamopsis grandis　大绿竹
Dendrocalamus　牡竹属
Dendrocalamus farinosus　梁山慈竹
Dendrocalamus latiflorus　麻竹
Dendrocalamus minor　吊丝竹
Dendrocalamus tsiangii　黔竹
Dendrolobium　假木豆属
Dendrolobium triangulare　野蚂蝗(假木豆)
Dendropanax　树参属(木五加属)
Dendropanax dentiger　树参(半枫荷)
Dendropanax hainanensis　海南木五加
Derris　鱼藤属
Derris alborubra　白花鱼藤
Desmodium　山蚂蝗属
Desmodium blandum　毛排钱草
Desmodium reticulatum　显脉山绿豆
Desmos　假鹰爪属
Desmos cochinchinensis　假鹰爪(酒饼叶)
Desmos dumosus　云南假鹰爪
Deutzianthus　东京桐属
Deutzianthus tonkinensis　东京桐
Dianella　山菅兰属
Dianella ensifolia　山菅兰
Dichanthium　双花草属
Dichanthium annulatum　双花草
Dichroa　常山属
Dichroa yaoshanensis　瑶山常山
Dicranopteris　芒萁属
Dicranopteris linearis　铁芒萁
Dicranum　曲尾藓属
Dicranum scoparium　曲尾藓
Dictyocline　圣蕨属
Dictyocline griffithii　圣蕨
Didymocarpus　长蒴苣苔属
Didymocarpus eburneus　牛耳朵
Didymocarpus hedyotideus　肥牛草(耳草长蒴苣苔)
Digitaria　马唐属
Digitaria sanguinalis　马唐(马唐草)
Dillenia　第伦桃属
Dillenia indica　第伦桃
Dillenia turbinata　大花第伦桃
Dimocarpus　龙眼属
Dimocarpus longan　龙眼
Dimocarpus fumatus　肖韶子(山荔枝)
Dinochloa　藤竹属
Dinochloa orenuda　藤竹
Dioscorea　薯蓣属
Dioscorea esquirolii　七叶薯蓣
Dioscorea opposita　山药(薯蓣)
Dioscorea pentaphylla　五叶薯蓣
Diospyros　柿属
Diospyros cathayensis　乌柿
Diospyros dumetorum　小叶山柿(崖柿)
Diospyros eriantha　乌材
Diospyros glaucifolia var. brevipes　短柄白背柿
Diospyros kaki　柿树
Diospyros kaki var. silvestris　野柿
Diospyros longchowensis　茎花柿
Diospyros lotus　君迁子
Diospyros morrisiana　罗浮柿
Diospyros potingensis　保定柿
Diospyros siderophyllus　山榄叶柿(枚辣柿)
Diospyros tutcheri　岭南柿
Diplopanax　大果五加属
Diplopanax stachyanthus　大果五加(马蹄参)
Dipsacus　川续断属

Dipsacus asper 川续断
Dipterocarpus 龙脑香属
Dipterocarpus altus 翅果龙脑香
Dipterocarpus gracilis 纤细龙脑香(长毛龙脑香)
Dipterocarpus retusus 北越龙脑香(东京龙脑香)
Dipterocarpus turbinatus 龙脑香(油树)
Dipteronia 金钱槭属
Dipteronia sinensis 金钱槭
Dischidanthus 马兰藤属
Dischidanthus urceolatus 马兰藤
Dischidia 瓜子金属＝眠树莲属
Dischidia chinensis 瓜子金
Distichium 对叶藓属
Distichium capillaceum 对叶藓
Distylium 蚊母树属
Distylium dunnianum 窄叶蚊母树
Distylium elaeagnoides 鳞毛蚊母树
Distylium macrophyllum 大叶蚊母树
Distylium myricoides 杨梅叶蚊母树
Dodonaea 坡柳属
Dodonaea viscosa 坡柳
Dolichandrone 猫尾树属
Dolichandrone cauda-felina 猫尾木
Dracaena 龙血树属
Dracaena cochinchinensis 剑叶龙血树(龙血树)
Dracontomelon 人面子属
Dracontomelon duperreanum 人面子(人面果)
Drimycarpus 辛果漆属
Drimycarpus racemosus 辛果漆
Drynaria 槲蕨属
Drynaria bonii 团叶槲蕨
Drynaria fortunei 槲蕨
Dryopteris 鳞毛蕨属
Dryopteris championii 东南鳞毛蕨(华南鳞毛蕨)
Dryopteris decipiens 异盖鳞毛蕨
Dryopteris integrifolia 全缘鳞毛蕨
Dryopteris scottii 无盖鳞毛蕨
Dryopteris sieboldii 奇羽鳞毛蕨
Dryopteris tenuicula 纤细鳞毛蕨
Dryopteris varia 变异鳞毛蕨
Drypetes 核果木属(核实木属)
Drypetes confertiflora 密花核实
Drypetes integrifolia 全叶核实
Drypetes perreticulata 网脉核实
Duabunga 八宝树属
Duabunga grandiflora 八宝树
Dysosma 八角莲属
Dysosma versipellis 八角莲
Dysoxylum 樫木属
Dysoxylum binectariferum 红果樫木
Dysoxylum hainanense 海南樫木
Dysoxylum hainanense var. glaberrimum 光叶海南樫木
Dysoxylum hongkongense 香港樫木
Dysoxylum lukii 多脉樫木

E

Eberhardtia 梭子果属
Eberhardtia aurata 血胶树(山枇杷)
Eberhardtia tonkinensis 东京梭子果
Ecdysanthera 花皮胶藤属
Ecdysanthera rosea 酸叶胶藤
Ehretia 厚壳树属
Ehretia thyrsiflora 厚壳树
Ehretia tsangii 上思厚壳树
Elaeagnus 胡颓子属
Elaeagnus glabra 蔓胡颓子
Elaeis 油棕属
Elaeis guineensis 油棕
Elaeocarpus 杜英属
Elaeocarpus assimilis 冬桃
Elaeocarpus chinensis 华杜英(小冬桃)
Elaeocarpus decipiens 杜英
Elaeocarpus decurvatus 乌口果(乌口杜英)
Elaeocarpus japonicus 日本杜英(薯豆杜英)
Elaeocarpus lanceaefolius 狭叶杜英

Elaeocarpus nitentifolius 亮叶杜英
Elaeocarpus sylvestris 山杜英(红山梅)
Elaeocarpus sylvestris var. viridescens 绿叶山杜英
Elaphoglossum 舌蕨属
Elaphoglossum sinii 瑶山舌蕨
Elatostema 楼梯草属
Elatostema laevigatum 平滑楼梯草
Elatostema lineolatum 线条楼梯草
Elatostema platyphyllum 阔叶楼梯草
Eleusine 蟋蟀草属
Eleusine coracana 龙爪稷(鸭脚粟)
Elsholtzia 香薷属
Elsholtzia blanda 白香薷
Embelia 酸藤子属
Embelia laeta 酸藤子
Embelia oblongifolia 长圆叶酸藤子
Embelia parviflora 当归藤
Embelia ribes 白花酸藤子
Embelia rudis 大样酸藤子
Embelia scandens 假刺藤
Emmenopterys 香果树属
Emmenopterys henryi 香果树
Endospermum 黄桐属
Endospermum chinense 黄桐
Engelhardtia 黄杞属
Engelhardtia colebrookiana 短翅黄杞(毛叶黄杞)
Engelhardtia fenzellii 少叶黄杞(广东黄杞)
Engelhardtia roxburghiana 黄杞
Engelhardtia spicata 云南黄杞
Enkianthus 吊钟花属
Enkianthus chinensis 灯笼树
Enkianthus quinqueflorus 吊钟花
Enkianthus serotina 晚花吊钟
Entada 榼藤子属
Entada phaseoloides 过江龙(榼藤子)
Epimedium 淫羊藿属
Epimedium sagittatum 箭叶淫羊藿
Epipremnum 麒麟尾属
Epipremnum pinnatum 麒麟叶
Eragrostis 画眉草属
Eragrostis pilosa 画眉草
Eranthemum 可爱花属
Eranthemum polyanthum 多花可爱花
Eremochloa 蜈蚣草属
Eremochloa ciliaris 蜈蚣草
Eriachne 鹧鸪草属
Eriachne pallescens 鹧鸪草
Ericaceae 杜鹃花科
Erigeron 飞蓬属
Erigeron canadensis 小飞蓬(加拿大飞蓬)
Eriobotrya 枇杷属
Eriobotrya cavaleriei 野枇杷
Eriobotrya fragrans 山枇杷
Eriobotrya japonica 枇杷
Eriolaena 火绳树属
Eriolaena kwangsiensis 广西芒木
Eriolaena malvacea 火绳树
Ervatamia 狗牙花属
Ervatamia kwangsiensis 广西狗牙花
Erycibe 丁公藤属
Erycibe hainanensis 海南丁公藤
Erycibe laevigata 光滑丁公藤
Erycibe sinii 瑶山丁公藤
Erythrina 刺桐属
Erythrina variegata var. orientalis 刺桐
Erythropalum 赤苍藤属
Erythropalum scandens 赤苍藤
Erythrophleum 格木属
Erythrophleum fordii 格木(铁力木)
Erythroxylum 古柯属
Erythroxylum kunthianum 东方古柯(吊丝红)
Eucalyptus 桉属
Eucalyptus camaldulensis 赤桉
Eucalyptus citriodora 柠檬桉
Eucalyptus deversicolor 异色桉
Eucalyptus dunnii 邓恩桉

Eucalyptus exserta 窿缘桉
Eucalyptus grandis 巨桉
Eucalyptus gummifera 伞房花桉
Eucalyptus kirtoniana 斜脉胶桉(广西野桉)
Eucalyptus maculata 斑皮桉
Eucalyptus microcorys 小帽桉
Eucalyptus punctata 斑叶桉
Eucalyptus regnans 王桉
Eucalyptus robusta 大叶桉
Eucalyptus saligna 柳桉(柳叶桉)
Eucalyptus smithii 谷桉
Eucalyptus tereticomis 细叶桉
Eucalyptus urophylla 尾叶桉
Eucommia 杜仲属
Eucommia ulmoides 杜仲
Eulalia 金茅属
Eulalia phaeothriis 褐毛金茅(棕茅)
Eulalia quadrinervis 四脉金茅
Eulalia speciosa 金茅
Eulaliopsis 拟金茅属
Eulaliopsis binata 龙须草(拟金茅)
Eupatorium 泽兰属
Eupatorium odoratum 飞机草
Euonymus 卫矛属
Euonymus chinensis 华卫矛
Euonymus fortunei 扶芳藤
Euonymus laxiflorus 疏花卫矛
Euonymus myrianthus 多花卫矛(大果卫矛)
Euphorbiaceae 大戟科
Euphorbia 大戟属
Euphorbia pulcherrima 一品红
Eurya 柃属
Eurya brevistyla 短柱柃
Eurya chinensis 华柃(米碎花)
Eurya ciliata 华南毛柃
Eurya distichophylla 二列叶柃
Eurya groffii 毛柃(岗柃)
Eurya impressinervis 凹脉柃
Eurya loquaiana 细枝柃
Eurya nitida 光叶柃(细齿叶柃)
Eurya rubiginosa var. attenuata 窄基红褐柃
Eurya tetragonoclada 四角柃
Euryocrymbus 伞花木属
Euryocrymbus cavaleriei 伞花木
Euryodendron 猪血木属
Euryodendron excelsum 猪血木
Euscaphis 野鸦椿属
Euscaphis japonica 野鸦椿
Evodia 吴茱萸属
Evodia austrosinensis 华南吴茱萸
Evodia lepta 三叉苦
Evodia meliaefolia 楝叶吴茱萸
Evodia rutaecarpa 茶辣(吴茱萸)
Exbucklandia 马蹄荷属
Exbucklandia populnea 马蹄荷(白克木)
Exbucklandia tonkinensis 东京马蹄荷(大果马蹄荷)
Excoecaria 海漆属
Excoecaria agallocha 海漆
Excoecaria cochinchinensis 红背桂
Excoecaria venenata 鸡尾木

F

Fagaceae 壳斗科
Fagus 水青冈属
Fagus longipetiolata 水青冈(长柄山毛榉)
Fagus longipetiolata f. yunnanica 云南水青冈
Fagus lucida 光叶水青冈
Ficus 榕属
Ficus altissima 高山榕
Ficus auriculata 大果榕(大耳榕)
Ficus benjamina 垂叶榕
Ficus championi 黄果榕
Ficus cunia 耳叶榕(偏叶榕)
Ficus cyrtophylla 偏叶榕(弓叶榕)
Ficus fulva 黄毛榕

Ficus gibbosa 斜叶榕
Ficus glaberrima 光榕
Ficus harlandii 水筒木(哈氏榕、山榕)
Ficus hirta 掌叶榕(佛掌榕)
Ficus hispida 对叶榕
Ficus lacor 黄葛树(黄葛榕)
Ficus microcarpa 榕树(小叶榕)
Ficus pumila 薜荔(凉粉果)
Ficus simplicissima 粗叶榕
Ficus tikoua 地瓜榕
Ficus vasculosa 突脉榕
Ficus virens var. sublanceolata 石山榕
Fissistigma 瓜馥木属
Fissistigma chloroneurum 阔叶瓜馥木
Fissistigma cupreonitena 金果瓜馥木
Fissistigma glaucescens 白叶瓜馥木
Fissistigma oldhamii 瓜馥木
Fissistigma polyanthum 多花瓜馥木
Fissistigma retusum 凹叶瓜馥木
Fissistigma uonicum 香港瓜馥木
Flacourtia 刺篱木属
Flacourtia indica 刺篱木
Flemingia 千斤拔属
Flemingia macrophylla 大叶千斤拔
Flemingia philippinensis 蔓性千斤拔
Flueggea 白饭树属
Flueggea virosa 白饭树
Fokienia 福建柏属
Fokienia hodginsii 福建柏
Fordiophyton 异药花属
Fordiophyton strictum 羊刀尖(劲枝异药花)
Forrestia 穿鞘花属
Forrestia chinensis 穿鞘花
Fortunella 金橘属
Fortunella margarita 金橘
Fraxinus 白蜡树属
Fraxinus chinensis 白蜡树
Fraxinus retusa 苦枥木

G

Gahnia 黑莎草属
Gahnia tristis 黑莎草
Garcinia 山竹子属
Garcinia bracteata 石山山竹子(大苞山竹子)
Garcinia oblongifolia 黄牙果(长叶山竹子、岭南山竹子)
Garcinia paucinervis 金丝李
Garcinia tinctoria 大果山竹子
Garcinia xanthochymus 大叶山竹子
Gardenia 栀子属
Gardenia jasminoides 黄栀子(栀子)
Gardenia jasminoides var. fortuniana 白蝉
Garuga 嘉榄属
Garuga floribunda var. gamblei 石山嘉榄(多花白头树)
Garuga pinnata 嘉榄(白头树)
Gastrodia 天麻属
Gastrodia elata 天麻
Gaultheria 白珠树属
Gaultheria yunnanensis 满山香
Gelsemium 胡蔓藤属
Gelsemium elegans 断肠草
Gentiana 龙胆属
Gentiana atkensonii 吊兰龙胆
Ginkgoaceae 银杏科
Ginkgo 银杏属
Ginkgo biloba 银杏
Gironniera 白颜树属
Gironniera subaequalis 白颜树
Gleditsia 皂荚属
Gleditsia fera 华南皂荚
Gleditsia sinensis 皂荚(皂角)
Glochidion 算盘子属
Glochidion eriocarpum 毛果算盘子
Glochidion fagifolium 栗叶算盘子
Glochidion lanceolarium 大叶算盘子

Glochidion puberum 算盘子
Glycine 大豆属
Glycine max 黄豆(大豆)
Glyptostrobus 水松属
Glyptostrobus pensilis 水松
Gmelina 石梓属
Gmelina hainanensis 海南石梓
Gnetum 买麻藤属
Gnetum montanum 买麻藤
Gnetum parvifolium 小叶买麻藤
Gomphostemma 锥花属
Gomphostemma chinensis 中华锥花
Gordonia 大头茶属
Gordonia axillaris 大头茶
Gossypium 草棉属
Gossypium hirsutum 棉花(高地棉)
Gouania 咀签属
Gouania leptostachya 咀签
Grammitis 禾叶蕨属
Grammitis hirtella 红毛禾叶蕨
Grevillea 银桦属
Grevillea robusta 银桦
Grewia 扁担杆属
Grewia abutilifolia 葵叶扁担杆
Grewia eriocarpa 毛果扁担杆
Guettarda 海岸桐属
Guettarda speciosa 海岸桐
Guihaia 崖棕属
Guihaia argyrata 崖棕(石山棕)
Gymnosporia 裸实属
Gymnosporia diversifolia 变叶裸实(细叶裸实)
Gynura 三七草属
Gynura crepidioides 革命菜(野茼蒿)

H

Hainania 海南椴属
Hainania trichosperma 海南椴
Halesia 银钟花属
Halesia macgregorii 银钟花
Hamameldaceae 金缕梅科
Handeliodendron 掌叶木属
Handeliodendron bodinieri 掌叶木
Hedera 常春藤属
Hedera nepalensis var. sinensis 常春藤
Hedyotis 耳草属
Hedyotis auricularia 耳草
Helicia 山龙眼属
Helicia cochinchinensis 红叶树(越南山龙眼)
Helicia falcata 镰叶山龙眼
Helicia hainanensis 海南山龙眼
Helicia formosana 台湾山龙眼
Helicia obovatifolia 倒卵叶山龙眼
Helicia obovatifolia var. mixta 长倒卵叶山龙眼(褐毛山龙眼)
Helicia reticulata 网脉山龙眼
Heliciopsis 假山龙眼属
Heliciopsis henryi 假山龙眼
Heliciopsis lobata 调羹树
Helicteres 山芝麻属
Helicteres angustifolia 山芝麻
Helicteres hirsuta 肖婆麻(硬毛山芝麻)
Helwingia 青荚叶属
Helwingia japonica 青荚叶
Heritiera 银叶树属
Heritiera littoralis 银叶树
Heritiera parvifolia 蝴蝶树
Heteropanax 幌伞枫属
Heteropanax brevipedicellatus 短柄幌伞枫
Heteropanax fragrans 幌伞枫
Heteropogon 黄茅属
Heteropogon contortus 扭黄茅
Hevea 橡胶树属
Hevea brasiliensis 三叶橡胶(橡胶树)
Heynea 海木属
Heynea trijuga 海木
Hibiscus 木槿属

Hibiscus rosa-sinensis 大红花(朱槿)
Hibiscus schizopetalus 吊灯花
Hibiscus syriacus 木槿
Hibiscus tiliaceus 黄槿
Hicriopteris 里白属
Hicriopteris chinensis 华里白(中华里白)
Hicriopteris glauca 里白
Hiptage 飞鸾果属
Hiptage benghalensis 风车藤
Hodysonia 油渣果属
Hodysonia macrocarpa 油瓜(油渣果)
Homalium 天料木属
Homalium cochinchinensis 天料木
Homalomena 千年健属
Homalomena occulta 千年健
Homonoia 水柳属
Homonoia riparia 水柳
Hopea 坡垒属
Hopea chinensis 华南坡垒(万年木)
Hopea hainanensis 海南坡垒(坡垒)
Hopea mollissima 毛坡垒
Horsfieldia 风吹楠属
Horsfieldia glabra 风吹楠
Horsfieldia hainanensis 海南风吹楠(海南霍而飞)
Hoya 球兰属
Hoya carnosa 球兰
Hoya villosa 毛球兰
Huodendron 山茉莉属
Huodendron biaristatum 云贵山茉莉
Huodendron biaristatum var. parviflorum 岭南山茉莉
Huodendron tibeticum 西藏山茉莉
Huodendron tomentosum var. kwangsiensis 广西山茉莉
Hydnocarpus 大风子属
Hydnocarpus hainanensis 海南大风子
Hydnocarpus kwangsiensis 广西大风子
Hydrangea 绣球属
Hydrangea linkweiensis 临桂绣球
Hyophila 湿地藓属
Hyophila involuta 卷叶湿地藓
Hypericum 金丝桃属
Hypericum ascyron 湖南连翘

I

Idesia 山桐子属
Idesia polycarpa 山桐子
Ilex 冬青属
Ilex angulata 棱枝冬青
Ilex championii 革叶冬青
Ilex chingiana 苗山冬青
Ilex cornuta 枸骨
Ilex editicostata 凸脉冬青(厚叶冬青)
Ilex ficoides 榕叶冬青
Ilex formosana 台湾冬青
Ilex hainanensis 海南冬青
Ilex hylonoma var. glabra 刺叶冬青
Ilex kwangtungensis 广东冬青
Ilex lohfauensis 罗浮冬青
Ilex macrocarpa 大果冬青
Ilex memecylifolia 谷木冬青
Ilex micrococca 小果冬青
Ilex pedunculosa 长梗冬青
Ilex pubescens 毛冬青
Ilex purpurea 长果冬青(冬青)
Ilex rotunda 铁冬青
Ilex triflora 三花冬青
Illicium 八角属
Illicium difengpi 地枫皮
Illicium dunnianum 红花八角
Illicium henryi 红茴香
Illicium majus 大八角
Illicium verum 八角
Illigera 青藤属
Illigera parviflora 小花青藤
Illigera rhodantha 红花青藤(毛青藤)

Impatiens 凤仙花属
Impatiens siculifera var. porphyrea 紫色凤仙花(大叶水指甲)
Imperata 白茅属
Imperata cylindrica 白茅
Indigofera 木蓝属
Indigofera atropurpurea 深紫木蓝
Indigofera decora 庭藤
Indigofera hirsuta 毛木蓝
Indigofera pulchella 美丽木蓝
Indigofera stachyoides 茸毛木蓝
Indigofera suffruticosa 假蓝靛
Indigofera zollingeriana 尖叶木蓝
Indocalamus 箬竹属
Indocalamus barbatus 瑶山箬竹
Indocalamus longiauritus 箬叶竹(粽粑竹)
Indocalamus tessellatus 箬竹
Indosasa 大节竹属
Indosasa angustata 甜大节竹
Indosasa crassiflora 大节竹(斜箨大节竹)
Indosasa glabrata 算盘竹
Indosasa hispida 蒲竹仔
Indosasa lingchuanensis 灵川大节竹
Indosasa longispicata 棚竹
Indosasa parvifolia 小叶大节竹
Indosasa patens 横枝竹
Indosasa shibataeoides 摆竹
Indosasa sinica 中华大节竹
Inula 旋覆花属
Inula cappa 白牛胆(羊耳朵)
Iodes 微花藤属
Iodes ovalis 微花藤
Ipomoea 番薯属
Ipomoea batatas 红薯(番薯)
Ipomoea pes-caprae 厚藤
Ischaemum 鸭嘴草属
Ischaemum aristatum 鸭嘴草(芒穗鸭嘴草)
Ischaemum ciliare 纤毛鸭嘴草
Itea 鼠刺属
Itea chinensis 鼠刺
Itea coriacea 厚叶鼠刺
Itea homalioidea 毛鼠刺
Itea yunnanensis 云南鼠刺(滇鼠刺)
Ixonanthes 粘木属
Ixonanthes chinensis 粘木
Ixora 龙船花属
Ixora chinensis 龙船花
Ixora henryi 白龙船花
Ixora nienkui 泡叶龙船花(长叶龙船花)

J

Jasminum 素馨属
Jasminum albicalyx 白萼素馨
Jasminum amplexicaule 扭肚藤
Jasminum lanceolarium 光清香藤
Jasminum mesnyi 云南黄素馨(迎春花)
Jasminum nervosum 青藤仔(香花藤)
Jasminum pentaneurum 厚叶素馨
Jatropha 麻疯树属
Jatropha curcas 木花生(麻疯树)
Juglandaceae 胡桃科
Juglans 胡桃属
Juglans regia 核桃(胡桃)

K

Kadsura 南五味子属
Kadsura coccinea 冷饭团
Kadsura heteroclita 风藤
Kadsura lancilimba 披针叶南五味子
Kadsura longipedunculata 小钻(南五味子)
Kalanchoe 伽蓝菜属
Kalanchoe pinnata 落地生根
Kalopanax 刺楸属
Kalopanax septemlobus 刺楸
Kandelia 秋茄树属
Kandelia candel 秋茄树(秋茄)

Keteleeria 油杉属
Keteleeria calcarea 黄枝油杉
Keteleeria cyclolepis 江南油杉
Keteleeria davidiana 铁坚杉(铁坚油杉)
Keteleeria esquirolii 滇油杉
Keteleeria evelyniana 云南油杉
Keteleeria fortunei 油杉
Keteleeria oblonga 矩鳞油杉
Kmeria 单性木兰属
Kmeria septentrionalis 单性木兰(细蕊木兰)
Knema 红光树属
Knema globularia 小叶红光树
Koelreuteria 栾树属
Koelreuteria bipinnata var. apiculata 尖果栾树
Kummerowia 鸡眼草属
Kummerowia striata 鸡眼草

L

Lagerstroemia 紫薇属
Lagerstroemia caudata 尾叶紫薇
Lagerstroemia suprareticulata 网脉紫薇
Lannea 厚皮树属
Lannea grandis 厚皮树
Lantana 马缨丹属
Lantana camara 五色梅
Laportea 艾麻属
Laportea chingiana 火麻树(麻风树)
Laportea crenulata 艾麻
Larix 落叶松属
Larix gmelini 兴安落叶松(落叶松)
Larix sibirica 西伯利亚落叶松
Lasianthus 粗叶木属
Lasianthus acuminatissimus 尖叶粗叶木
Lasianthus chinensis 粗叶木(鸡尿树)
Lasianthus glaberrima 光叶粗叶木
Lasianthus hartii 福建粗叶木
Lasianthus henryi 云南粗叶木
Lasianthus longicauda 长尾粗叶木

Latouchea 匙叶草属
Latouchea fokiensis 匙叶草
Lauraceae 樟科
Leea 火筒树属
Leea indica 火筒树
Lepionurus 鳞尾木属
Lepionurus latisquamus 鳞尾木
Lespedeza 胡枝子属
Lespedeza formosa 美丽胡枝子
Leucobryum 白发藓属
Leucobryum javense 爪哇白发藓
Ligustrum 女贞属
Ligustrum japonicum 日本女贞
Ligustrum lucidum 女贞
Ligustrum retusum 凹叶女贞
Ligustrum sinense 小叶女贞
Ligusticum 藁本属
Ligusticum wallichii 川芎
Lilium 百合属
Lilium brownii 淡紫百合(百合)
Lindera 山胡椒属
Lindera caudata 香面叶(尾叶山胡椒)
Lindera communis 香叶树
Lindera chunii 鼎湖钓樟
Lindera glauca 山胡椒
Lindera kwangtungensis 广东山胡椒
Lindera metcalfiana 山钓樟
Lindera pulcherrima 美丽山胡椒
Lindera pulcherrima var. attenuata 尾叶美丽山胡椒
Lindera reflexa 山橿(山姜)
Lindera strychnifolia 乌药
Lindera tonkinensis 越南山胡椒(东京山胡椒)
Lindsaea 鳞始蕨属
Lindsaea cultrata 鳞始蕨
Lingnania 单竹属
Lingnania chungii 粉单竹
Lingnania funghomii 桂单竹(吊竹)

Lingnania papillata 水单竹
Lingnania remotiflora 甲竹
Lingnania surreta 油竹
Linociera 李榄属
Linociera ramiflora 枝花李榄
Liparia 羊耳蒜属(羊耳兰属)
Liparia chloroxantha 绿黄花羊耳蒜(绿花羊耳蒜)
Liquidambar 枫香属
Liquidambar acalycina 缺萼枫香
Liquidambar formosana 枫香
Liquidambar orientalis 东方枫香(苏合香)
Liriodendron 鹅掌楸属
Liriodendron chinense 鹅掌楸(马褂木)
Liriope 山麦冬属
Liriope platyphylla 阔叶山麦冬
Liriope spicata 山麦冬
Litchi 荔枝属
Litchi chinensis 荔枝
Lithocarpus 石栎属
Lithocarpus areca 槟榔石栎(槟榔柯)
Lithocarpus balansae 猴面石栎
Lithocarpus calophyllus 美叶石栎(粤桂石栎)
Lithocarpus chrysocomus 金毛石栎(金毛柯)
Lithocarpus cleistocarpus 包果石栎(包果柯)
Lithocarpus corneus 烟斗石栎(烟斗柯)
Lithocarpus dictyoneurus 广西石栎(显脉石栎)
Lithocarpus elizabethae 大鳞石栎(大鳞柯)
Lithocarpus fenestratus 华南石栎(华南柯)
Lithocarpus glaber 石栎(椆木)
Lithocarpus hancei 光叶石栎(光叶柯)
Lithocarpus henryi 绵石栎
Lithocarpus iteaphylloides 珠眼石栎(珠眼柯)
Lithocarpus longipedicellatus 长柄石栎(长柄柯)
Lithocarpus naiadarum 水仙石栎(水仙柯)
Lithocarpus oleaefolia 油叶石栎(油叶柯)
Lithocarpus polystachyus 多穗石栎(多穗柯)
Litsea 木姜子属
Litsea atrata 黑果木姜
Litsea cubeba 木姜子(山苍子)
Litsea dilleniifolia 五桠果叶木姜
Litsea elongata 长叶木姜(毛叶木姜)
Litsea euosma 驱蚊树
Litsea glutinosa 潺槁树
Litsea greenmaniana 华南木姜
Litsea lancilimba 大果木姜
Litsea monopetala 柿叶木姜
Litsea pedunculata 资源木姜(红皮木姜)
Litsea pseudoelongata 竹叶木姜
Litsea rotundifolia var. oblongifolia 豺皮樟(椭圆叶豺皮木姜)
Litsea variabilis 黄椿木姜
Litsea verticillata 轮叶木姜
Livistona 蒲葵属
Livistona chinensis 蒲葵
Lonicera 忍冬属
Lonicera japonica 金银花
Lophatherum 淡竹叶属
Lophatherum gracile 淡竹叶
Loropetalum 檵木属
Loropetalum chinense 檵木
Lumnitzera 榄李属
Lumnitzera racemosa 榄李
Lycopodium 石松属
Lycopodium casuarinoides 吊壁伸筋草(灯笼草)
Lycopodium cernuum 铺地蜈蚣
Lycopodium fargesii 马尾千金草
Lycopodium serratum 千层塔(蛇足石松)
Lygodium 海金砂属
Lygodium japonicum 海金砂
Lygodium scandens 小叶海金砂
Lyonia 南烛属
Lyonia formosa 美丽南烛
Lyonia ovalifolia 南烛
Lyonia ovalifolia var. lanceolata 剑叶南烛
Lysidice 仪花属
Lysidice rhodostegia 仪花(麻粑木)

Lysimachia 珍珠菜属
Lysimachia capillipes 毛柄珍珠菜
Lysimachia foenum-graecum 灵香草
Lysimachia fortunei 星宿草

M

Macaranga 血桐属
Macaranga adenantha 腺花盾叶木(盾叶木)
Macaranga denticulata 中平树
Macaranga henricorum 盾叶木
Macaranga henryi 血桐
Machilus 润楠属
Machilus breviflora 短序润楠
Machilus cathayensis 猪脚润楠
Machilus chinensis 华润楠
Machilus decursinervis 基脉润楠
Machilus gracillima 柔弱润楠
Machilus kwangtungensis 广东润楠
Machilus leptophylla 华东润楠
Machilus longipedicellata 长柄润楠
Machilus nakao 纳槁润楠
Machilus oreophila 建润楠
Machilus pauhoi 泡花润楠(泡花楠)
Machilus phoenicis 孔雀润楠
Machilus platycarpa 扁果润楠
Machilus robusta 粗壮润楠(两广润楠)
Machilus salicina 柳叶润楠
Machilus thunbergii 红润楠
Machilus velutina 绒润楠(绒楠)
Machilus versicolora 黄枝润楠
Machilus viridis 绿润楠
Machilus yunnanensis 云南润楠
Macleaya 博落回属
Macleaya cordata 博落回
Madhuca 紫荆木属
Madhuca pasquieri 紫荆木
Maesa 杜茎山属
Maesa japonica 杜茎山
Maesa perlaria 空心花(鲫鱼胆)
Magnoliaceae 木兰科
Magnolia 木兰属
Magnolia delavayi 山玉兰
Magnolia grandiflora 荷花玉兰
Magnolia henryi 大叶玉兰
Magnolia hypoleuca 日本厚朴
Magnolia nitida 光叶玉兰
Magnolia officinalis 厚朴
Magnolia officinalis subsp. biloba 庐山厚朴
Magnolia paenetalauma 长叶木兰
Magnolia sargentiana 凹叶木兰
Magnolia sieboldii 小花木兰
Mahonia 十大功劳属
Mahonia bealei 阔叶十大功劳
Mahonia fordii 十大功劳
Malaisia 牛筋藤属
Malaisia scandens 牛筋藤
Malania 马兰木属
Malania oleifera 蒜头果
Mallotus 野桐属
Mallotus apelta 白背桐(野桐)
Mallotus barbatus 毛桐
Mallotus philippinensis 粗糠柴
Mallotus repandus 石岩枫
Mallotus yunnanensis 云南白桐
Malus 苹果属
Malus asiatica 花红
Malus hupehensis 湖北海棠
Malus lausdoumeri 大果山楂
Malus melliana 尖嘴林檎
Malus spectabilis 海棠花
Mangifera 杧果属
Mangifera indica 杧果
Mangifera persiciforma 扁桃
Manglietia 木莲属
Manglietia aromatica 香木莲
Manglietia chingii 桂南木莲

Manglietia fordiana 木莲
Manglietia globosa 球果木莲
Manglietia insignis 红花木莲
Manglietia megaphylla 大叶木莲
Manglietia tenuipes 广西木莲
Manihot 木薯属
Manihot esculenta 木薯
Manilkara 铁线子属
Manilkara hexandra 铁线子
Manilkara zapota 人心果
Marchantia 地钱属
Marchantia polymorpha 地钱
Markhamia 猫尾木属
Markhamia cauda-felina 猫尾木
Mastixia 单室茱萸属
Mastixia alternifolia 单室茱萸
Mayodendron 火烧花属
Mayodendron igneum 火花树(火烧花)
Maytenus 美登木属
Maytenus confertiflora 密花美登木
Melastoma 野牡丹属
Melastoma candidum 野牡丹
Melastoma dodecandrum 地菍(铺地锦)
Melastoma sanguineum 毛稔
Meliaceae 楝科
Melia 楝属
Melia azedarach 苦楝
Melia toosendan 川楝
Meliosma 泡花树属
Meliosma buchananifolia 山様叶泡花树
Meliosma fordii 罗浮泡花树
Meliosma glandulosa 腺毛泡花树
Meliosma henryi 贵州泡花树
Meliosma myriantha 多花泡花树
Meliosma rigida 笔罗子
Meliosma squamulata 绿樟
Melliodendron 陀螺果属
Melliodendron xylocarpum 陀螺果
Melodinus 山橙属
Melodinus suaveolens 山橙
Memecylon 谷木属
Memecylon ligustrifolium 谷木
Memecylon scutellatum 细叶谷木(盆状谷木)
Merremia 鱼黄草属
Merremia boisiana 多花猪菜藤
Messerschmidia 砂引草属
Messerschmidia argentea 银毛树
Mesua 铁力木属
Mesua ferrea 铁力木
Metasequoia 水杉属
Metasequoia glyptostroboides 水杉
Michelia 含笑属
Michelia alba 白兰
Michelia balansae 苦梓含笑(苦梓)
Michelia champaca 黄玉兰
Michelia chapanensis 沙巴含笑(广东含笑)
Michelia figo 含笑花
Michelia foveolata 广东白兰花(野木兰)
Michelia hedyosperma 香籽含笑(香籽楠)
Michelia macclurei 醉香含笑(火力楠)
Michelia maudiae 深山含笑
Michelia mediocris 白花含笑
Michelia platypetala 阔瓣白兰花
Michelia tsoi 广东含笑
Microcos 破布叶属(布渣叶属)
Microcos paniculata 破布叶
Microdesmis 小盘木属
Microdesmis caseariaefolia 小盘木
Micromelum 小芸木属
Micromelum integerrimum 全缘叶小柑(小芸木)
Microsorium 星蕨属
Microsorium fortunei 江南星蕨
Microsorium punctatum 星蕨
Microstegium 莠竹属
Microstegium ciliatum 刚莠竹
Microstegium vagans 蔓生莠竹

Microtropis 假卫矛属
Microtropis confertiflora 密花假卫矛
Miliusa 野独活属
Miliusa chunii 密榴木(野独活)
Miliusa glochidioides 算盘子密榴木
Millettia 崖豆藤属
Millettia dielsiana 山鸡血藤
Millettia nitida 亮叶鸡血藤(亮叶藤)
Millettia pachycarpa 厚果鸡血藤(厚果崖豆藤)
Millettia reticulata 昆明崖豆藤(鸡血藤)
Mimosaceae 含羞草科
Miscanthus 芒属
Miscanthus floridulus 五节芒
Miscanthus sinensis 芒(芒草)
Mischocarpus 柄果木属
Mischocarpus fuscescens 柄果木
Mitrephora 银钩花属
Mitrephora maingayi 山蕉
Monocladus 单支竹属
Monocladus solidus 箭秆竹
Morinda 巴戟天属
Morinda officinalis 巴戟天
Morinda umbellata 鸡眼藤
Moraceae 桑科
Morus 桑属
Morus australis 小叶桑
Mucuna 黎豆属
Mucuna birdwoodiana 白花油麻藤
Murraya 九里香属
Murraya paniculata 九里香
Musa 芭蕉属
Musa balbisiana 野芭蕉
Musa basjoo 芭蕉
Musa nana 香蕉
Musa sapientum 西贡蕉(大蕉)
Mussaenda 玉叶金花属
Mussaenda esquirolii 贵州玉叶金花
Mussaenda pubescens 玉叶金花
Mycetia 腺萼木属
Mycetia sinensis 腺萼木
Myoporum 苦槛蓝属
Myoporum bontioides 苦槛蓝
Myricaceae 杨梅科
Myrica 杨梅属
Myrica esculenta 毛杨梅
Myrica rubra 杨梅
Myrioneuron 密脉木属
Myrioneuron tonkinensis 东京密脉木(中越密脉木)
Myritaceae 桃金娘科
Myristica 肉豆蔻属
Myristica cagayanensis 台湾肉豆蔻
Myrsinaceae 紫金牛科
Myrsine 铁仔属
Myrsine africana 铁仔
Myrsine elliptica 广西铁仔
Mytilaria 壳菜果属
Mytilaria laosensis 壳菜果(米老排)

N

Nandina 南天竹属
Nandina domestica 南天竹
Naravelia 锡兰莲属
Naravelia pilulifera 拿拉藤
Narenga 河八王属
Narenga porphyrocoma 河八王
Nauclea 乌檀属
Nauclea officinalis 药乌檀
Neocinnamomum 新樟属
Neocinnamomum caudatum 滇新樟
Neocinnamomum hainanense 海南新樟
Neohouzeana 李海竹属
Neohouzeana coradata 麻藤竹
Neolitsea 新木姜子属
Neolitsea alongensis 下龙新木姜子
Neolitsea aurata 新木姜子

Neolitsea brevipes 短梗新木姜
Neolitsea chuii 大新木姜
Neolitsea ferruginea 锈叶新木姜
Neolitsea levinei 假肉桂
Neolitsea phanerophlebia 显脉新木姜
Neolitsea phanerophlebia form. glabra 光叶显脉新木姜
Neolitsea umbrosa 小新木姜
Neottopteris 巢蕨属
Neottopteris anthrophyoides 狭基巢蕨(斩龙剑)
Neottopteris nidus 乌巢蕨(巢蕨)
Nepenthes 猪笼草属
Nepenthes mirabilis 猪笼草
Nephelium 韶子属
Nephelium chryseum 毛荔枝
Nephelium topengii 海南韶子
Nephrolepis 肾蕨属
Nephrolepis cordifolia 天鹅抱蛋(肾蕨、圆羊齿)
Nerium 夹竹桃属
Nerium indicum 夹竹桃
Nervilia 芋兰属
Nervilia fordii 青天葵
Neyraudia 类芦属
Neyraudia reynaudiana 石珍茅(类芦)
Nypa 水椰属
Nypa fruticans 水椰
Nyssaceae 紫树科
Nyssa 紫树属
Nyssa sinensis 紫树

O

Ochna 金莲木属
Ochna integerrima 金莲木
Ochroma 轻木属
Ochroma lagopus 轻木
Oleaceae 木犀科
Olea 木犀榄属
Olea dioica 异株木犀榄
Olea hainanensis 海南木犀榄
Ophiopogon 沿阶草属
Ophiopogon bockianus 南川沿阶草
Ophiopogon bodinieri 沿阶草
Ophiopogon chingii 两广沿阶草
Ophiopogon intermedius 中型沿阶草
Ophiopogon japonicus 麦冬(沿阶草)
Ophiopogon paucinervis 少脉沿阶草
Ophiopogon platyphyllus 阔叶沿阶草
Ophiopogon sparsiflorus 疏花沿阶草
Ophiorrhiza 蛇根草属
Ophiorrhiza cantoniensis 大蛇根草
Oplismenus 球米草属
Oplismenus compositus 竹叶草
Oplismenus undulatifolius 球米草
Opuntia 仙人掌属
Opuntia dillenii 仙人掌
Orchidantha 兰花蕉属
Orchidantha chinensis 兰花蕉
Oreas 山毛藓属
Oreas martiana 山毛藓
Oreocharis 马铃苣苔属
Oreocharis auricula 耳状苣苔
Oreocnide 紫麻属
Oreocnide frutescens 紫麻
Oreocnide kwangsiensis 广西紫麻
Ormosia 红豆属
Ormosia fordiana 肥荚红豆
Ormosia hosiei 红豆树
Ormosia microphylla 小叶红豆(紫檀木)
Ormosia sericeolucida 亮叶红豆
Orophea 澄广花属
Orophea anceps 斜叶澄广花
Oroxylum 千张纸属
Oroxylum indicum 木蝴蝶(千张纸)
Osmanthus 木犀属
Osmanthus fragrans 桂花
Osmanthus matsumuranus 牛矢果

Osmanthus reticulatus 网脉桂花
Osmunda 紫萁属
Osmunda japonica 紫萁
Osmunda vachellii 华南紫萁
Ostodes 叶轮木属
Ostodes paniculatus 叶轮木
Osyris 沙针属
Osyris wightiana 沙针
Ottelia 水车前属
Ottelia acuminata 海菜花
Oxalis 酢浆草属
Oxalis corniculata 酢浆草

P

Paederia 鸡屎藤属
Paederia scandens 鸡屎藤
Paliurus 马甲子属
Paliurus hemsleyanus 铜钱树
Paliurus hirsutus 长梗铜钱树
Panax 人参属
Panax noto-ginseng 三七(田七、野三七)
Pandanus 露兜树属
Pandanus austro-sinensis 华南露兜树
Pandanus tectorius 露兜树
Panicum 黍属
Panicum repens 铺地黍
Papilionaceae 蝶形花科
Paphiopedilum 兜兰属
Paphiopedilum parishii 兜兰
Parabarium 杜仲藤属
Parabarium huaitingii 毛杜仲藤
Parabarium micranthum 杜仲藤
Parashorea 柳安属
Parashorea chinensis 望天树(擎天树)
Parathelypteris 金星蕨属
Parathelypteris glanduligera 金星蕨
Paris 重楼属
Paris polyphylla 七叶一枝花
Parthenocissus 爬山虎属
Parthenocissus heterophylla 爬山虎
Parthenocissus thomopsonii 亮绿爬山虎
Paspalum 雀稗属
Paspalum scrobiculatum 圆果雀稗
Paspalum thunbergii 雀稗
Passiflora 西番莲属
Passiflora foetida 龙珠果
Patrinia 败酱属
Patrinia scabiosaefolia 败酱
Paulownia 泡桐属
Paulownia fortunei 泡桐
Pavetta 大沙叶属
Pavetta hongkongensis 茜木
Peliosanthea 球子草属
Peliosanthea macrophylla 大叶球子草
Peltophorum 盾柱木属
Peltophorum tonkinensis 东京双翼豆(银珠)
Pemphis 水芫花属
Pemphis acidula 水芫花
Pentaphragma 五膜草属
Pentaphragma sinense 五膜草
Pentaphylax 五列木属
Pentaphylax euryoides 五列木
Peperomia 草胡椒属
Peperomia dindygulensis 石蝉草
Peperomia reflexa 豆瓣菜
Persea 鳄梨属
Persea americana 油梨(鳄梨)
Peucedanum 前胡属
Peucedanum decursivum 紫花前胡
Peucedanum praeruptorum 白花前胡
Phellodendron 黄柏属
Phellodendron chinense var. glabriusculum 黄柏
Phoebe 楠木属
Phoebe bournei 楠木
Phoebe sheareri 紫楠
Phoenix 刺葵属

Phoenix hanceana 刺葵
Pholidota 石仙桃属
Pholidota chinensis 石仙桃
Photinia 石楠属
Photinia beauverdiana 假思桃(中华石楠)
Photinia chihsiniana 桂林石楠
Photinia davidsoniae 刺凿(椤木石楠)
Photinia glabra 光叶石楠
Photinia parvifolia 小叶石楠
Photinia prunifolia 樱叶石楠
Photinia serrulata 石楠
Phrynium 柊叶属
Phrynium capitatum 柊叶(粽叶)
Phyllagathis 锦香草属
Phyllagathis cavaleriei 熊巴耳(锦香草)
Phyllanthus 叶下珠属
Phyllanthus cochinchinensis 越南叶下珠
Phyllanthus emblica 余甘子
Phyllostachys 毛竹属(刚竹属)
Phyllostachys aurea 人面竹
Phyllostachys bambusoides 桂竹(五月季竹)
Phyllostachys heteroclata 水竹
Phyllostachys kwangsiensis 假毛竹
Phyllostachys niduaria 篌竹(花竹)
Phyllostachys nigra 紫竹
Phyllostachys propinqua 沙竹(早园竹)
Phyllostachys pubescens 毛竹
Phyllostachys rubromarginata 红边竹
Phyllostachys sulphurea 金竹
Phymatodes 密网蕨属
Phymatodes lucida 光亮密网蕨
Phymatopsis 假密网蕨属
Phymatopsis kitahawa 金鸡脚
Picea 云杉属
Picea obovata 西伯利亚云杉
Pieris 马醉木属
Pieris formosa 美丽马醉木
Pilea 冷水花属
Pilea alongensis 越南冷水花
Pilea cavaleriei 石油菜
Pilea microphylla 小叶冷水花
Pilea sinofasciata 粗齿冷水花
Pileostegia 冠盖藤属
Pileostegia tomentella 星毛冠盖藤
Pileostegia viburnoides 冠盖藤
Pinanga 山槟榔属
Pinanga discolor 山槟榔
Pinellia 半夏属
Pinellia ternata 半夏
Pinaceae 松科
Pinus 松属
Pinus caribaea 加勒比松
Pinus caribaea var. bahamensis 巴哈马加勒比松
Pinus caribaea var. hondurensis 洪都拉斯加勒比松
Pinus densata 高山松
Pinus elliottii 湿地松
Pinus fenzeliana 海南五针松
Pinus koraiensis 红松
Pinus kwangtungensis 广东五针松(华南五针松)
Pinus latteri 南亚松
Pinus massoniana 马尾松
Pinus morrisonicola 台湾五针松
Pinus sibirica 西伯利亚红松(新疆五针松)
Pinus taeda 火炬松(大德松)
Pinus taiwanensis var. daimingshanensis 大明山松
Pinus yunnanensis var. tenuifolia 细叶云南松
Piper 胡椒属
Piper betle 青蒟
Piper boehmeriaefolium 苎叶蒟
Piper hainanense 海南蒟
Piper hancei 山蒟
Piper puberulum 小毛蒟
Pisonia 腺果藤属
Pisonia grandis 麻疯桐
Pistacia 黄连木属

Pistacia chinensis 黄连木
Pistacia weinmannifolia 小叶楷木
Pisum 豌豆属
Pisum sativum 豌豆
Pithecellobium 猴耳环属
Pithecellobium clypearia 围涎树
Pithecellobium lucidum 亮叶猴耳环(亮叶围涎树)
Pittosporum 海桐花属
Pittosporum glabratum 光叶海桐
Pittosporum tonkinense 四籽海桐花
Plagiogyria 瘤足蕨属
Plagiogyria distinctissima 镰叶瘤足蕨
Plagiogyria dunnii 倒叶瘤足蕨
Plagiogyria stenoptera 翅柄瘤足蕨(狭翅瘤足蕨)
Plagiopetalum 偏瓣花属
Plagiopetalum esquirolii 偏瓣花
Plantago 车前草属
Plantago asiatica 车前
Plantago major 车前草
Platea 肖榄属
Platea hainanensis 海南肖榄
Platea latifolia 肖榄
Platycarya 化香树属
Platycarya glandulosa 小化香树
Platycarya longipes 圆果化香树
Platycarya strobilacea 化香树
Platycladus 侧柏属
Platycladus orientalis 侧柏
Platycodon 桔梗属
Platycodon grandiflorus 桔梗
Plectranthus 香茶菜属
Plectranthus ternifolius 细叶香茶菜
Pleioblastus 苦竹属
Pleioblastus amarus 苦竹
Pleioblastus maculatus 斑苦竹
Plumbago 蓝雪属
Plumbago zeylanica 白雪花
Podocarpaceae 罗汉松科
Podocarpus 罗汉松属
Podocarpus brevifolius 短叶罗汉松
Podocarpus imbricatus 鸡毛松(岭南罗汉松)
Podocarpus macrophyllus 罗汉松
Podocarpus nagi 竹柏
Podocarpus neriifolius 脉叶罗汉松
Pogonatherum 金发草属
Pogonatherum paniceum 金发草
Polyalthia 暗罗属
Polyalthia plagioneura 斜脉暗罗
Polygala 远志属
Polygala wattersii 西南远志
Polygonatum 黄精属
Polygonatum cyrtonema 多花黄精(黄精)
Polygonatum officinale 玉竹
Polygonum 蓼属
Polygonum multiflorum 何首乌
Polyosma 多香木属
Polyosma cambodiana 多香木
Polypodiaceae 水龙骨科
Polypodium 水龙骨属
Polypodium amoenum 友水龙骨
Polytoca 多裔黍属
Polytoca digitata 多裔黍
Pometia 番龙眼属
Pometia tomentosa 绒毛番龙眼
Pongamia 水黄皮属
Pongamia pinnata 水黄皮
Populus 杨属
Populus adenopoda 响叶杨
Populus davidiana 山杨
Porana 翼萼藤属
Porana spectabilis 大翼萼藤
Pothos 藤橘属
Pothos chinensis 藤橘(石柑子)
Pothos repens 细叶藤橘(百足藤)
Premna 豆腐柴属
Premna confinis 豆腐木

Premna fulva 黄毛豆腐木
Prismatomeris 三角瓣花属
Prismatomeris tetrandra 南山花
Pristimera 扁蒴藤属
Pristimera arborea 扁蒴藤(二籽扁蒴藤)
Prosartema 菩黍树属
Prosartema stellaris 菩黍树(博沙坦马)
Proteaceae 山龙眼科
Prunus 樱属
Prunus adenodonta 两广樱桃
Prunus droseracea 四川樱桃
Prunus macrophylla 大叶樱桃
Prunus mume var. viridicalyx 绿萼梅
Prunus persica 桃
Prunus phaeosticta 腺叶野樱桃(腺叶野樱)
Prunus pseudocerasa 野樱桃
Prunus salicina 李
Prunus zippenliana 石山野樱
Pseudolarix 金钱松属
Pseudolarix amabilis 金钱松
Pseudostachyum 泡竹属
Pseudostachyum polymorphum 泡竹
Pseudostreblus 假鹊肾树属
Pseudostreblus indica 假鹊肾树
Pseudotaxus 白豆杉属
Pseudotaxus chienii 白豆杉
Pseudotsuga 黄杉属
Pseudotsuga brevifolia 短叶黄杉
Pseudotsuga sinensis 黄杉
Psidium 番石榴属
Psidium guajava 番石榴
Psychotria 九节属
Psychotria rubra 九节木
Psychotria siamica 驳骨九节
Psychotria tutcheri 小叶九节
Pteridium 蕨属
Pteridium aquilinum var. latiusculum 蕨(蕨菜)
Pteris 凤尾蕨属
Pteris actiniopteroides 小凤尾蕨
Pteris exeelsum 毛蕨
Pteris multifida 凤尾草
Pteris nervosa 凤尾蕨
Pteris semipinnata 半边旗
Pteris wallichiana 西南凤尾蕨
Pteris vittata 蜈蚣蕨(蜈蚣草)
Pterocarya 枫杨属
Pterocarya stenoptera 枫杨
Pterocarya tonkinensis 东京枫杨
Pteroceltis 翼朴属
Pteroceltis tatarinowii 青檀
Pteroceltis tatarinowii var. pubescens 毛青檀
Pterolobium 老虎刺属
Pterolobium punctatum 老虎刺
Pterospermum 翅子树属
Pterospermum heterophyllum 翻白叶树
Pterospermum lanceaefolium 翅子树
Pterospermum niveum 白翅子树
Pterospermum truncatolobatum 截裂叶翅子树
Pterostyrax 白辛树属
Pterostyrax psilophyllua 白辛树(裂叶白辛树)
Pueraria 葛属
Pueraria lobata 野葛(野葛藤)
Punicaceae 安石榴科
Punica 安石榴属
Punica granatum 安石榴(石榴)
Pygeum 臀果木属
Pygeum topengii 臀形果
Pyracantha 火棘属
Pyracantha atalantioides 全缘火棘
Pyracantha densiflora 密花火棘
Pyracantha fortuneana 火棘
Pyrrosia 石韦属
Pyrrosia sheareri 庐山石韦
Pyrus 梨属
Pyrus calleryana 野梨(豆梨)
Pyrus pyrifolia 沙梨

Q

Quercus 栎属
Quercus acrodonta 岩栎
Quercus acutissima 麻栎
Quercus alinea 槲栎
Quercus dentata var. oxyloba 云南菠萝栎
Quercus fabri 白栎
Quercus glandulifera 枹栎
Quercus glandulifera var. brevipetiolata 短柄枹树
Quercus phillyraeoides 乌冈栎
Quercus variabilis 栓皮栎

R

Radermachera 菜豆树属
Radermachera hainanensis 海南菜豆树
Radermachera sinica 菜豆树(牛尾木)
Randia 山黄皮属
Randia acuminatissima 多毛茜草树
Randia canthioides 香楠
Randia henryi 西南香楠
Randia merrillii 尾叶香楠
Randia sinensis 鸡爪簕
Randia spinosa 山石榴
Rapanea 密花树属
Rapanea faberi 海南密花树
Rapanea kwangsiensis 广西密花树
Rapanea linearis 打铁树
Rapanea neriifolia 密花树
Raphanus 萝卜属
Raphanus sativus var. longipinnatus 萝卜(萝白)
Raphanus sativus var. oleiferus 茹菜
Raphiolepis 石斑木属
Raphiolepis indica 春花木(车轮梅)
Rauvolfia 萝芙木属
Rauvolfia verticillata 萝芙木
Reevesia 梭罗树属
Reevesia thyrsoidea 两广梭罗树
Rehderodendron 木瓜红属
Rehderodendron kwangtungensis 广东木瓜红
Rehderodendron tsiangii 云南木瓜红
Phamnaceae 鼠李科
Rhamnus 鼠李属
Rhamnus nepalensis 纤序鼠李
Rhamnus virgata 帚状鼠李
Rhamnus utilis 冻绿
Rhamnella 猫乳属
Rhamnella rubrinervis 红脉麦果
Rhaphidophora 崖角藤属
Rhaphidophora hongkongensis 爬墙蜈蚣(香港崖角藤)
Rhaphidophora hookerii 大叶崖角藤
Rhapis 棕竹属
Rhapis filiformis 广西棕竹
Rhapis robusta 龙州棕竹
Rhizophora 红树属
Rhizophora apiculata 红树
Rhizophora mucronata 红茄苳
Rhizophora stylosa 红海榄
Rhododendron 杜鹃花属
Rhododendron bachii 石壁杜鹃(紫杜鹃)
Rhododendron cardiobasis 心基杜鹃
Rhododendron cavaleriei 羊角杜鹃
Rhododendron championae 太平杜鹃
Rhododendron farrerae 华丽杜鹃
Rhododendron haofui 红岩杜鹃
Rhododendron henryi 罗浮杜鹃
Rhododendron kwangfuense 广福杜鹃
Rhododendron kwangsiense 广西杜鹃
Rhododendron kwangtungense 广东杜鹃
Rhododendron maoerense 猫儿杜鹃
Rhododendron minutiflorum 细花杜鹃
Rhododendron moulmainense 白花杜鹃
Rhododendron ovatum 卵叶杜鹃
Rhododendron rivulare 贵州杜鹃
Rhododendron simiarum 南华杜鹃

Rhododendron simsii 映山红(杜鹃花)
Rhododendron stamineum 鹿角杜鹃
Rhododendron versicolor 变色杜鹃
Rhodoleia 红花荷属
Rhodoleia championii 红花荷(红苞木)
Rhodomyrtus 桃金娘属
Rhodomyrtus tomentosa 桃金娘
Rhoiptelea 马尾树属
Rhoiptelea chiliantha 马尾树
Rhus 盐肤木属
Rhus chinensis 盐肤木
Rhus chinensis var. roxburghiana 滨盐肤木
Rhynchospora 刺子莞属
Rhynchospora rubra 一包针(刺子莞)
Rinorea 三角车属
Rinorea bengalensis 三角车
Robiquetia 寄树兰属
Robiquetia succisa 寄树兰(小叶寄树兰)
Rosaceae 蔷薇科
Rosa 蔷薇属
Rosa cymosa 小果蔷薇
Rosa laevigata 金樱子
Rosa roxburghii 刺梨
Rourea 红叶藤属
Rourea microphylla 红叶藤
Roystonea 王棕属
Roystonea regia 大王椰子(王棕)
Rubiaceae 茜草科
Rubia 茜草属
Rubia cordifolia 茜草
Rubus 悬钩子属
Rubus alceaefolius 粗叶悬钩子
Rubus gentilianus 乌泡
Rubus henryi 鸡爪茶
Rubus malifolius 海棠叶莓
Rubus pirifolius 梨叶悬钩子
Rubus suavissimus 甜茶(甜茶悬钩子)
Rutaceae 芸香科(柑橘科)

S

Sabia 清风藤属
Sabia emarginata 巴东清风藤
Sabina 圆柏属
Sabina chinensis 圆柏(桧柏)
Saccharum 甘蔗属
Saccharum arundinaceum 斑茅
Saccharum sinense 甘蔗
Sageretia 雀梅藤属
Sageretia theezans 雀梅藤
Salicaceae 杨柳科
Salix 柳属
Salix babylonica 垂柳
Samydaceae 天料木科
Sapindaceae 无患子科
Sapindus 无患子属
Sapindus mukorossi 无患子
Sapium 乌桕属
Sapium chihsinianum 桂林乌桕
Sapium discolor 山乌桕
Sapium rotundifolium 圆叶乌桕
Sapium sebiferum 乌桕
Sapotaceae 山榄科
Saraca 无忧花属
Saraca asoca 无忧花(火焰花)
Sarcandra 草珊瑚属
Sarcandra glabra 九节风(九节茶、草珊瑚)
Sarcopyramis 肉穗草属
Sarcopyramis nepalensis 尼泊尔肉穗草
Sarcosperma 肉实属
Sarcosperma arboreum 肉实树
Sarcosperma laurinum 水石梓
Sasa 赤竹属
Sasa guangxiensis 广西赤竹
Sasa tomentosa 绒毛赤竹
Sassafras 檫木属
Sassafras tzumu 檫木(檫树)

Sauropus 守宫木属
Sauropus reticulatus 网脉守宫木
Saurauia 水东哥属
Saurauia nepalensis 尼泊尔水东哥
Saurauia tristyla 水东哥
Saussurea 风毛菊属
Saussurea deltoides 三角叶风毛菊
Scaevola 草海桐属
Scaevola sericea 草海桐
Schefflera 鹅掌柴属
Schefflera octophylla 鸭脚木
Schima 荷木属
Schima argentea 银荷木
Schima bambusifolia 竹叶荷木
Schima longipetiolata 长柄荷木
Schima superba 荷木
Schima wallichii 红荷木
Schizachyrium 裂浮草属
Schizachyrium sanguineum 红裂浮草
Schizandra 五味子属
Schizandra henryi 罗裙子
Schizandra viridis 过山风
Schizoloma 双唇蕨属
Schizoloma heterophyllum 异叶双唇蕨
Schizophragma 钻地风属
Schizophragma choufenianum 灵川钻地风
Schizophragma integrifolium 钻地风
Schizostachyum 篦箦竹属
Schizostachyum funghomii 莎萝单竹
Schizostachyum pseudolima 篦箦竹
Scleria 珍珠茅属
Scleria biflora 二花珍珠茅
Scleria levis 珍珠茅
Scolopia 箣柊属
Scolopia chinensis 箣柊
Secamone 鲫鱼藤属
Secamone sinica 华四粉块藤(华鲫鱼藤)
Securidaca 蝉翼藤属
Securidaca inappendiculata 蝉翼藤
Selaginella 卷柏属
Selaginella doederleinii 深绿卷柏
Selaginella involvens 兖州卷柏
Selaginella moellendorfii 百叶卷柏
Selaginella uncinata 翠云草
Semiliquidambar 半枫荷属
Semiliquidambar cathayensis 半枫荷
Senecio 千里光属
Senecio ligularis 橐吾千里光
Serissa 六月雪属
Serissa foetida 六月雪
Setaria 狗尾草属
Setaria plicata 皱叶狗尾草
Setaria viridis 狗尾草
Shorea 娑罗双属
Shorea assamica 阿萨姆娑罗双
Shorea robusta 娑罗双
Sinarundiaria 箭竹属
Sinarundiaria nitida 箭竹
Sinarundiaria basihirsuta 南岭箭竹
Sinia 辛木属
Sinia rhodoleuca 合柱金莲木(辛木)
Sinobambusa 唐竹属
Sinobambusa henryi 杠竹
Sinobambusa nephroaurita 肾耳唐竹
Sinobambusa intermedia 凉衫竹
Sinocalamus 慈竹属
Sinocalamus affinis 慈竹
Sinocalamus oldhami 绿竹
Sinosideroxylon 铁榄属
Sinosideroxylon pedunculatum 山胶木(铁榄)
Sinosideroxylon pedunculatum var. pubifolium 毛叶铁榄
Sinosideroxylon wightianum 铁榄(革叶铁榄)
Skimmia 茵芋属
Skimmia reevesiana 茵芋
Sloanea 猴欢喜属

Sloanea hongkongensis 香港猴欢喜
Sloanea sinensis 猴欢喜
Smilax 菝葜属
Smilax china 菝葜
Smilax glabra 土伏苓
Smilax lanceaefolia var. lanceolata 柳叶菝葜
Smilax opaca 暗叶菝葜
Smilax ovalifolia 圆叶菝葜
Smilax perfoliata 大托菝葜
Solidago 一枝黄花属
Solidago virga-aurea 一枝黄花
Sonneratia 海桑属
Sonneratia caseolaris 海桑
Sophora 槐属
Sophora japonica 槐树
Sorbus 花楸属
Sorbus caloneura 美脉花楸
Sorbus folgneri 石灰花楸
Sorbus granulosa 瘤果花楸
Sorbus keissleri 毛序花楸
Sorbus hemsleyi 江南花楸
Sorghum 高粱属
Sorghum nitidum 光高粱
Spartina 大米草属
Spartina anglica 大米草
Spiraea 绣线菊属
Spiraea blumei 绣球绣线菊
Spiraea cantoniensis 麻叶绣线菊
Spiraea japonica var. fortunei 大绣线菊
Spiraea martinii 毛枝绣线菊
Stauntonia 野木瓜属
Stauntonia chinensis 野木瓜
Stauntonia hexaphylla 七姐妹藤
Stenoloma 乌蕨属
Stenoloma chusanum 乌蕨(乌韭)
Stephania 千金藤属
Stephania tetrandra 山乌龟
Sterculiaceae 梧桐科
Sterculia 苹婆属
Sterculia euosma 粉苹婆
Sterculia hainanensis 海南苹婆(小苹婆)
Sterculia lanceolata 假苹婆
Sterculia nobilis 苹婆
Sterculia pexa 家麻树
Stereospermum 羽叶楸属
Stereospermum chelonoides 羽叶楸
Stewartia 紫茎属
Stewartia sinensis 紫茎
Stranvaesia 红果树属
Stranvaesia davidiana 红果树
Stranvaesia davidiana var. undulata 矮红果树
Streblus 鹊肾树属
Streblus asper 鹊肾树
Streptocaulon 马连鞍属
Streptocaulon griffithii 马连鞍
Strobilanthes 马蓝属
Strobilanthes flaccidifolius 马蓝
Strophanthus 羊角拗属
Strophanthus divaricatus 羊角拗
Strychnos 马钱属
Strychnos cathayensis 华马钱
Styracaceae 安息香科
Styrax 安息香属
Styrax confusa 狗奶柴
Styrax japonica 安息香
Styrax macrothyrsus 青山安息香
Styrax suberifolia 红皮安息香
Styrax subnivea 白叶安息香
Styrax tonkinensis 越南安息香(东京安息香)
Swietenia 桃花心木属
Swietenia mahogani 桃花心木
Swida 梾木属
Swida wilsoniana 狗骨木
Sycopsis 水丝梨属
Sycopsis sinensis 水丝梨
Symplocaceae 山矾科

Symplocos 山矾属(灰木属)
Symplocos adenophylla 腺叶山矾
Symplocos adenopus 腺柄山矾
Symplocos anomala 薄叶山矾
Symplocos chinensis 华山矾
Symplocos chunii 陈氏山矾(乌脚木)
Symplocos cochinchinensis 杷叶山矾
Symplocos confusa 南岭山矾
Symplocos decora 美山矾
Symplocos ernestii 茶条山矾
Symplocos glandulifera 腺山矾
Symplocos handelii 华南山矾
Symplocos lancifolia 光叶山矾(亮叶山矾)
Symplocos laurina 黄牛奶树
Symplocos paniculata 白檀
Symplocos punctato-marginata 腺边山矾
Symplocos racemosa 总序山矾
Symplocos sinuata 波缘山矾
Symplocos stellaris 星状山矾
Symplocos sumuntia 山矾
Syzygium 蒲桃属
Syzygium brachyantherum 短药蒲桃
Syzygium buxifolium 假黄杨
Syzygium cumini 海南蒲桃
Syzygium hancei 红鳞蒲桃(红车)
Syzygium jambos 蒲桃
Syzygium levinei 山叶蒲桃
Syzygium nienkui 棱翅蒲桃
Syzygium rehderianum 红车木
Syzygium tetragonum 四角蒲桃

T

Tacca 蒟蒻薯属
Tacca chantrieri 大叶水罗白(蒟蒻薯)
Taiwania 台湾杉属
Taiwania cryptomerioides 台湾杉
Tamaricaceae 柽柳科
Tamarindus 酸豆属
Tamarindus indica 酸豆
Tapiscia 银鹊树属
Tapiscia sinensis 银鹊树
Tarenna 乌口树属
Tarenna attenuata 假桂乌口树
Tarenna mollissima 乌口树
Taxodiaceae 杉科
Taxodium 落羽杉属
Taxodium ascendens 池杉
Taxodium distichum 落羽杉
Taxotrophis 刺桑属
Taxotrophis macrophylla 刺桑
Taxus 红豆杉属
Taxus chinensis 红豆杉
Taxus chinensis var. mairiei 南方红豆杉
Tectaria 三叉蕨属
Tectaria subtriphylla 三叉蕨(三羽三叉蕨)
Tectona 柚木属
Tectona grandis 柚木
Teonongia 条隆胶树属
Teonongia tonkinensis 米浓液(条隆胶)
Terminalia 榄仁树属
Terminalia catappa 榄仁树
Terminalia myriocarpa 千果榄仁
Ternstroemia 厚皮香属
Ternstroemia gymnanthera 厚皮香
Ternstroemia kwangtungensis 广东厚皮香
Ternstroemia nitida 亮叶厚皮香
Ternstroemia pseudoverticillata 假轮叶厚皮香
Tetracera 锡叶藤属
Tetracera asiatica 锡叶藤
Tetrameles 四数木属
Tetrameles nudiflora 四数木
Tetrastigma 崖藤属
Tetrastigma cauliflorum 茎花崖爬藤
Tetrastigma planicaule 铁带藤(扁担藤)
Thamnocalamus 筱竹属
Thamnocalamus cuspidatus 尖尾筱竹(筱竹)

Themeda 菅属
Themeda gigantea var. villosa 菅草
Themeda triandra 黄背草
Theaceae 茶科
Thespesia 肖槿属
Thespesia populnea 杨叶肖槿
Thladiantha 赤瓟属
Thladiantha groevenorii 罗汉果
Thymelaeaceae 瑞香科
Thysanolaena 棕叶芦属
Thysanolaena maxima 棕叶芦
Thysanospermum 流苏子属
Thysanospermum diffusum 牛老药藤(流苏子)
Tiliaceae 椴树科
Tilia 椴树属
Tilia tuan 椴树
Tinomiscium 大叶藤属
Tinomiscium tonkinense 大叶藤
Tinospora 青牛胆属
Tinospora sagittata 金果榄(青牛胆)
Tirpitzia 青篱柴属
Tirpitzia ovoidea 米念芭
Tirpitzia sinensis 青篱柴
Toddalia 飞龙掌血属
Toddalia asiatica 见血飞
Toona 香椿属
Toona ciliata 红椿
Toona microcarpa 小果香椿
Toona sinensis 香椿
Torreya 榧树属
Torreya grandis 粗榧(榧树)
Toxicodendron 漆树属
Toxicodendron succedaneum 野漆树(木蜡树)
Toxicodendron sylvestris 山漆树(木蜡漆)
Trachelospermum 络石属
Trachelospermum brevistylum 短柱络石
Trachelospermum axillaris 腋花络石
Trachelospermum jasminoides 络石
Trachycarpus 棕榈属
Trachycarpus fortunei 棕榈
Trema 山黄麻属
Trema orientalis 山黄麻
Trevesia 广叶参属
Trevesia palmata 广叶参
Tricalysia 狗骨柴属
Tricalysia fruticasa 小狗骨柴
Tricalysia viridiflora 狗骨柴
Trichosanthes 栝楼属
Trichosanthes chingiana 天花公(天花粉)
Trichosanthes kirilowii 栝楼
Tripterygium 雷公藤属
Tripterygium hypoglaucum 雷公藤(粉背雷公藤)
Trochodendron 昆栏树属
Trochodendron aralioides 昆栏树
Tsoongiodendron 观光木属
Tsoongiodendron odorum 香花木(观光木)
Tsuga 铁杉属
Tsuga chinensis var. tchekingensis 华南铁杉(南方铁杉)
Tsuga formosana 台湾铁杉
Tsuga longibracteata 长苞铁杉
Turpinia 山香圆属
Turpinia arguta 山香圆
Turpinia pomifera 大果山香圆
Tutcheria 石笔木属
Tutcheria championi 石笔木
Tutcheria hirta 硬毛石笔木

U

Ulmaceae 榆科
Ulmus 榆属
Ulmus lanceaefolia 常绿榆
Ulmus parvifolia 榔榆
Ulmus tonkinensis 越南榆
Uncaria 钩藤属
Uncaria hirsuta 毛钩藤

Uncaria rhynchophylla 钩藤
Urena 梵天花属(地桃花属)
Urena lobata 地桃花
Uvaria 紫玉盘属
Uvaria microcarpa 紫玉盘
Uvaria tonkinensis 东京紫玉盘

V

Vaccinium 乌饭树属
Vaccinium bracteatum 乌饭树
Vaccinium carlesii 福建乌饭树
Vaccinium fimbricalyx 缕萼乌饭树
Vaccinium iteophyllum 鼠刺乌饭树
Vaccinium kwangsiense 广西乌饭树
Vaccinium sprengelii 米饭花
Vaccinium yaoshanicum 瑶山乌饭树
Vatica 青梅属
Vatica mangachapoi 青皮(青梅)
Vatica guangxiensis 广西青梅
Ventilago 翼核果属
Ventilago calyculata 副萼翼核果
Ventilago leiocarpa 翼核果
Verbenaceae 马鞭草科
Vernicia 油桐属
Vernicia fordii 油桐(光桐)
Vernicia montana 千年桐(皱桐)
Vernonia 斑鸠菊属
Vernonia cinerea 斑鸠菊
Vernonia scandens 蔓斑鸠菊
Viburnum 荚蒾属
Viburnum cinnamomifolium 樟叶荚蒾
Viburnum corylifolium 榛叶荚蒾
Viburnum cylindricum 四季青(水红木)
Viburnum fordiae 火柴子树
Viburnum harryanum 毛荚蒾
Viburnum propinquum 兴山荚蒾
Viburnum triplinerve 三脉荚蒾
Vicia 蚕豆属(野豌豆属)
Vicia faba 蚕豆
Vitex 牡荆属
Vitex annamensis 安南牡荆(越南牡荆)
Vitex negundo 黄荆(荆条)
Vitex quinata 山牡荆
Vitex rotundifolia 单叶牡荆
Vitex tripinnata 大果牡荆(越南牡荆)
Vitis 葡萄属
Vitis pentagona 野葡萄

W

Walsura 割舌树属
Walsura robusta 割舌树
Wendlandia 水锦树属
Wendlandia uvariifolia 水锦树
Wendlandia uvariifolia var. chinensis 中华水锦树
Wendlandia uvariifolia var. dunniana 滇黔水锦树
Whitfordiodendron 猪腰豆属
Whitfordiodendron filipes 猪腰豆(细梗密束花)
Wikstroemia 荛花属
Wikstroemia indica 了哥王
Woodfordia 虾子花属
Woodfordia fruticosa 虾子花
Wooodwardia 狗脊蕨属
Wooodwardia japonica 狗脊
Wrightia 倒吊笔属
Wrightia laevis 光叶倒吊笔
Wrightia pubescens 倒吊笔
Wrightia tomentosa 毛倒吊笔

X

Xanthoceras 文冠果属
Xanthoceras sorbifolia 文冠果
Xanthophyllum 黄叶树属
Xanthophyllum hainanense 黄叶树(黄叶木)
Xanthophytopsis 拟黄叶树属
Xanthophytopsis kwangtungensis 广东拟黄叶木
Xerospermum 干果木属

Xerospermum bonii 干果木(假荔枝)

Xylosma 柞木属

Xylosma controversum 南岭柞木

Xylosma longifolium 长叶柞木

Xylosma racemosum 柞木

Z

Zanthoxylum 花椒属

Zanthoxylum avicennae 簕棁

Zanthoxylum cuspidatum 野花椒(花椒簕)

Zanthoxylum dissitum 蚌壳花椒

Zanthoxylum planispinum 竹叶椒(竹叶花椒)

Zanthoxylum planispinum form. ferrugineum 毛竹叶椒

Zea 玉蜀黍属

Zea mays 玉米

Zelkeva 榉属

Zelkova sinica 小叶榉

Zenia 翅荚木属

Zenia insignis 任豆(翅荚木)

Ziziphus 枣属

Ziziphus jujuba 枣(红枣)

Ziziphus oenoplia 小果枣(毛叶枣)

Ziziphus incurva 弯叶枣

Ziziphus yunnanensis 滇枣

Zoysia 结缕草属

Zoysia matrella 沟叶结缕草

广西森林分区图

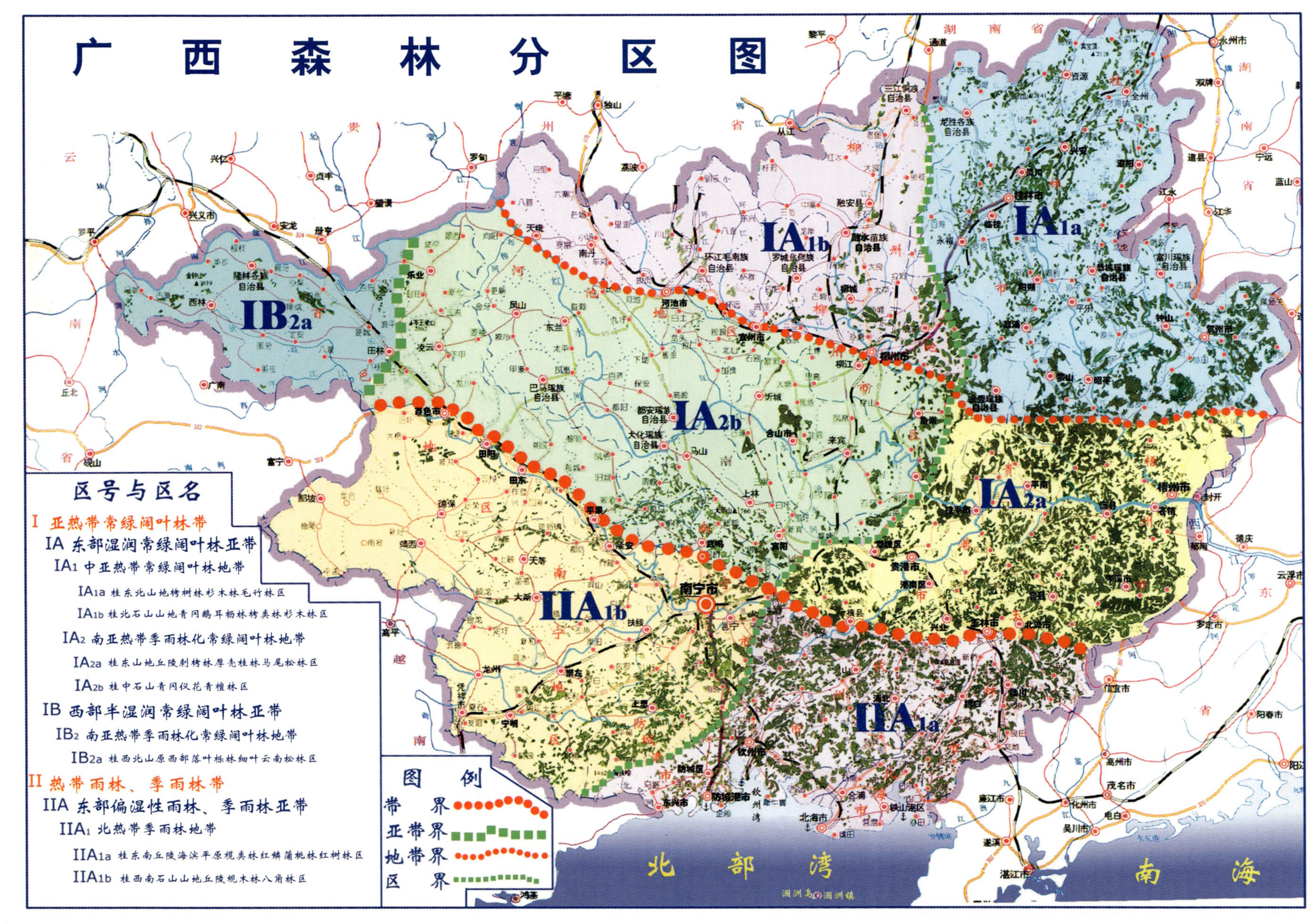

区号与区名
I 亚热带常绿阔叶林带
IA 东部湿润常绿阔叶林亚带
IA1 中亚热带常绿阔叶林地带
IA1a 桂东北山地椅树林杉木林毛竹林区
IA1b 桂北石山山地青冈鹅耳枥林椅类林杉木林区
IA2 南亚热带季雨林化常绿阔叶林地带
IA2a 桂东山地丘陵刺椅林厚壳桂林马尾松林区
IA2b 桂中石山青冈仪花青檀林区
IB 西部半湿润常绿阔叶林亚带
IB2 南亚热带季雨林化常绿阔叶林地带
IB2a 桂西北山原西部落叶栎林细叶云南松林区
II 热带雨林、季雨林带
IIA 东部偏湿性雨林、季雨林亚带
IIA1 北热带季雨林地带
IIA1a 桂东南丘陵海滨平原榄类林红鳞蒲桃林红树林区
IIA1b 桂西南石山山地丘陵蚬木林八角林区
图例
带界
亚带界
地带界
区界
IA1a
IA1b
IA2a
IA2b
IB2a
IIA1a
IIA1b
南宁市
柳州市
桂林市
梧州市
河池市
百色市
北海市
钦州市
玉林市
贵港市
北部湾
南海

广西森林类型图

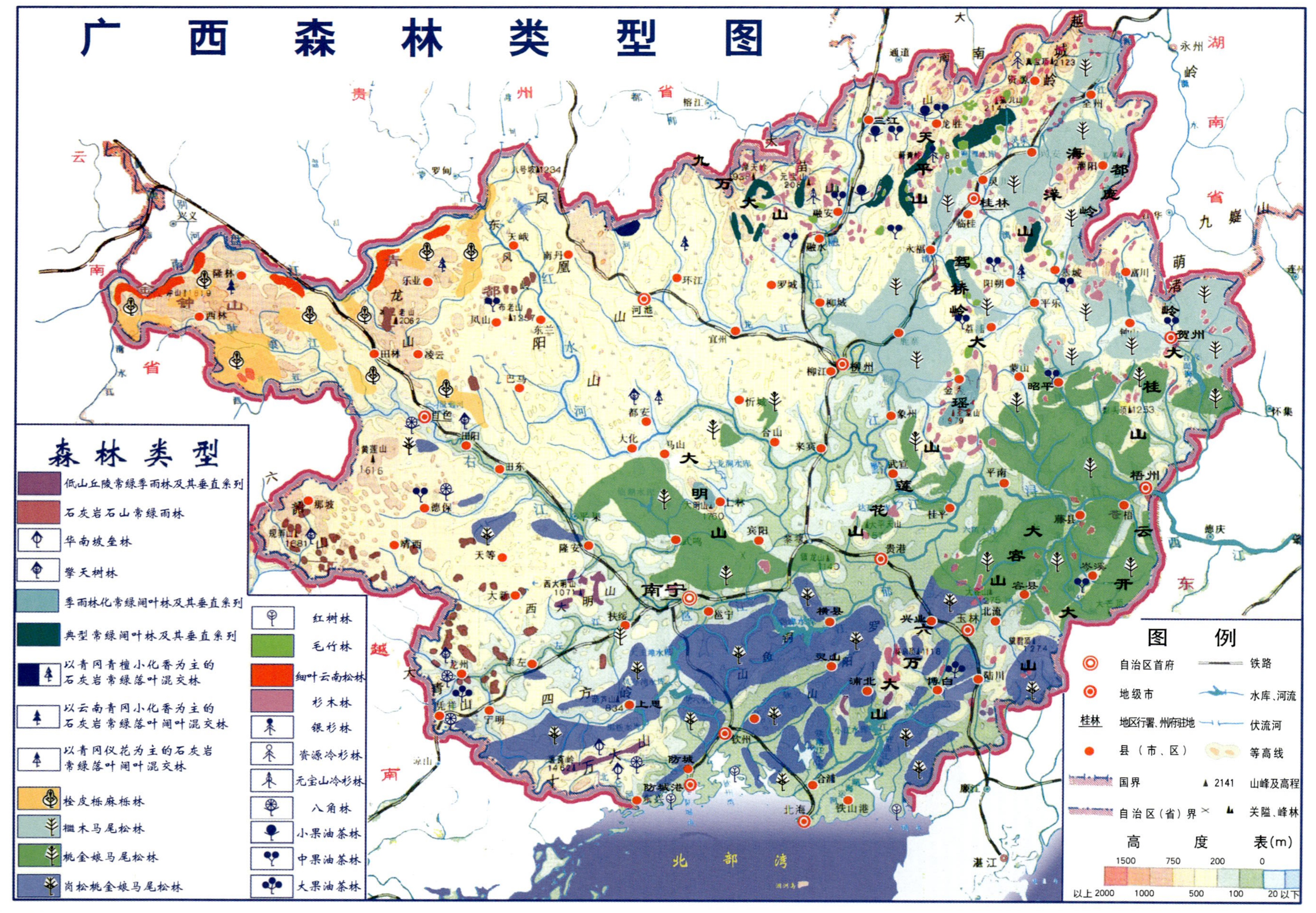

森林类型
低山丘陵常绿季雨林及其垂直系列
石灰岩石山常绿雨林
华南坡垒林
擎天树林
季雨林化常绿阔叶林及其垂直系列
典型常绿阔叶林及其垂直系列
以青冈青檀小化香为主的石灰岩常绿落叶混交林
以云南青冈小化香为主的石灰岩常绿落叶阔叶混交林
以青冈仪花为主的石灰岩常绿落叶阔叶混交林
栓皮栎麻栎林
檵木马尾松林
桃金娘马尾松林
岗松桃金娘马尾松林
红树林
毛竹林
细叶云南松林
杉木林
银杉林
资源冷杉林
元宝山冷杉林
八角林
小果油茶林
中果油茶林
大果油茶林
图例
自治区首府
地级市
地区行署、州府驻地
县（市、区）
国界
自治区（省）界
铁路
水库、河流
伏流河
等高线
山峰及高程
关隘、峰林
高度表(m)
1500 750 200 0
以上 2000 1000 500 100 20 以下
北部湾
南宁
桂林
柳州
梧州
北海
钦州
玉林
百色
河池
贺州
防城港

自然景观

1 资江风光（伍荔霞摄）
2 桂林漓江风光（韦健康摄）

1

2

森林类型

天然林

1

2

3

4

5

6

7

8

9

1 高山原始林（韦健康摄）
2 高山矮林（许志宏摄）
3 红树林（许志宏摄）
4 元宝山冷杉林（许志宏摄）
5 铁杉林（韦健康摄）
6 榉木林（韦健康摄）
7 水源涵养林（韦健康摄）
8 针阔混交林（许志宏摄）
9 石山封山育林（韦健康摄）

人 工 林

1 人工马尾松林（韦健康摄）
2 人工杉木林（韦健康摄）

1

2

3 4 5 6

人工林

3 格木林（许志宏摄）
4 西南桦人工林（伍荔霞摄）
5 桉树速生丰产林（韦健康摄）
6 台湾杉林（韦健康摄）
7 石山绿化树种——任豆树林（韦健康摄）
8 毛竹林（韦健康摄）
9 马尾松人工林病虫害防治（韦健康摄）

7

8

9

1

2

经济林

1 松脂基地（韦健康摄）
2 采摘玉桂皮（韦健康摄）
3 沙田柚（韦健康摄）
4 龙眼（韦健康摄）
5 银杏（韦健康摄）
6 荔枝
7 杧果（韦健康摄）
8 柿子（韦健康摄）
9 八角

3

4

5

6

7

8

9

自然保护区

1

1 金秀大瑶山国家级自然保护区万亩变色杜鹃花（韦健康摄）
2 金秀大瑶山国家级自然保护区（韦健康摄）
3 木论国家级自然保护区（韦健康摄）
4 花坪国家级自然保护区（许志宏摄）
5 弄岗国家级自然保护区（许志宏摄）
6 龙虎山国家级自然保护区（许志宏摄）

2

3

4

5

6

珍稀野生动植物

1

2

1 珍稀一级保护植物——银杉（许志宏摄）
2 古榕树（韦健康摄）
3 珍稀一级保护植物——金花茶（韦健康摄）
4 高山罗汉松（韦健康摄）
5 广西蚬木王（韦健康摄）

3

4

5

珍稀动物

1 国家二级保护动物娃娃鱼（韦健康摄）
2 国家一级保护动物鳄蜥（韦健康摄）
3 国家一级保护动物蟒蛇（韦健康摄）

1

2

3